아이를 착하고 똑똑하고 건강하게

키우고 싶은 엄마 아빠의 꿈.

그 꿈을 이루어 보세요.

요즘엔 하나, 아니면 둘만 낳아 키우다 보니,

아기 키우기에 대한 관심도 다양해져서

천편일률적인 해답만으로는 만족할 수가 없죠.

내 아이에 딱 맞는 그런 방법을 찾는 엄마, 아빠라면

이 책을 꼭 보세요.

어느 순간 아기 키우기에 대해

안심하고 있는 자신을 발견하게 될 거예요.

New Kid's Plan

한권으로 끝내는

첫아기 쉽게 키우기

아기에게 꼭 필요한 것이 무엇인지 알려준다

아기를 키우다 보면 당황하는 경우가 생기기도 하고, 어떻게 해야 좋을지 막막한 경우가 생기기도 한다. 또한 아기들은 천차만별이어서 어느 것 하나 속시원한 해결책이 없다는 것이다. 이 책은 이런 엄마들의 불안, 그리고 궁금증을 다양한 각도에서 세밀하게 접근하여 정리했다. 특히 똑똑하고 건강한 아기를 갖고 싶어하는 엄마, 아빠를 위해 두뇌 발달 자극법에 대해 내용 할애를 많이 했다.

아기의 성장 발달 단계에 맞춰 자극을 주고, 다양한 체험도 해보게 하자

아기들은 성장 발달 과정에서 단계적으로 필요한 여러 가지 경험을 몸소 체험하고, 자극을 받으면서 성장한다. 예를 들어 시각적인 경험은 생후 6개월 동안 완성되는 감각 기관으로 6개월 동안 보는 경험이 차단되면 시각 능력이 상실되어 평생 동안 못보게 된다는 연구 발표도 있다. 언어 능력 역시 필요한 시기에 습득을 안하면 언어 능력을 잃게 된다. 인도의 늑대 소년이 그 대표적인 예이다.

이와 같이 아기의 발달 단계를 알고 거기에 맞춰 적합한 자극을 주고, 다양한 체험을 하게 해 줌으로써 아기들은 건강하고 똑똑하게 자랄 수 있다. 단, 조급한 나머지 아기의 발달 단계를 벗어난 앞당긴 자극과 경험은 오히려 역효과라는 것을 알아 두자. 아기가 무엇을 원하고 무엇을 할 줄 아는 지 인내심을 갖고 관찰하면서 기다리는 것이 지혜로운 '아기 키우기' 방법이다.

신생아에서 60개월까지 단계별로 구체화시킨 이 책은 훌륭한 농부가 물을 줄 때와 주지 않을 때를 가려 열매 가득한 농작물을 거두듯이 아기에게 꼭 필요한 것이 무엇인지를 꼭 집어서 알려 준다.

아빠의 참여가 절대적으로 필요하다

이 책의 책속 부록으로 기획한 '좋은 아빠' 편은 '아기 키우기'에서 아빠의 역할이 얼마나 중요하고 가치가 있는지를 알게 하고, 좋은 아빠가 되기 위해서는 무엇을 어떻게 해야 하는지를 구체적으로 가르쳐주는 책이다. '아이의 눈높이'에 맞춰 대화도 나누고, 아이와 즐겁게 놀면서 실천할 수 있는 아이 키우는 방법이 책 안에 가득하다.

곽노의 (철학 박사. 서울 교대 특수 교육과 교수)

0개월 ~5세 아기 키우기 포인트

1~6 개월

옹알이하고, 목 가누고, 젖먹이는 시기

- 초유를 먹인다.
- 아기 맛사지로 신체를 자극하고 스킨십을 나눈다.
- 옹알이에 적극적으로 대꾸해 준다.
- 수면, 수유, 배변 등의 생활리듬을 만들어 준다.
- 오감을 자극한다.
- 후반 무렵 이유식을 시작한다.

7~12 개월

기고, 앉고, 걸음마 하는 시기

- 아기들은 성장 속도가 모두 다르므로 다른 아기와 비교하지 않는다.
- 월령에 맞는 장난감을 골라준다.
- 본격적인 이유식에 신경을 쓴다.
- 낯가림이 시작된다.
- 젖뗄 준비를 한다.

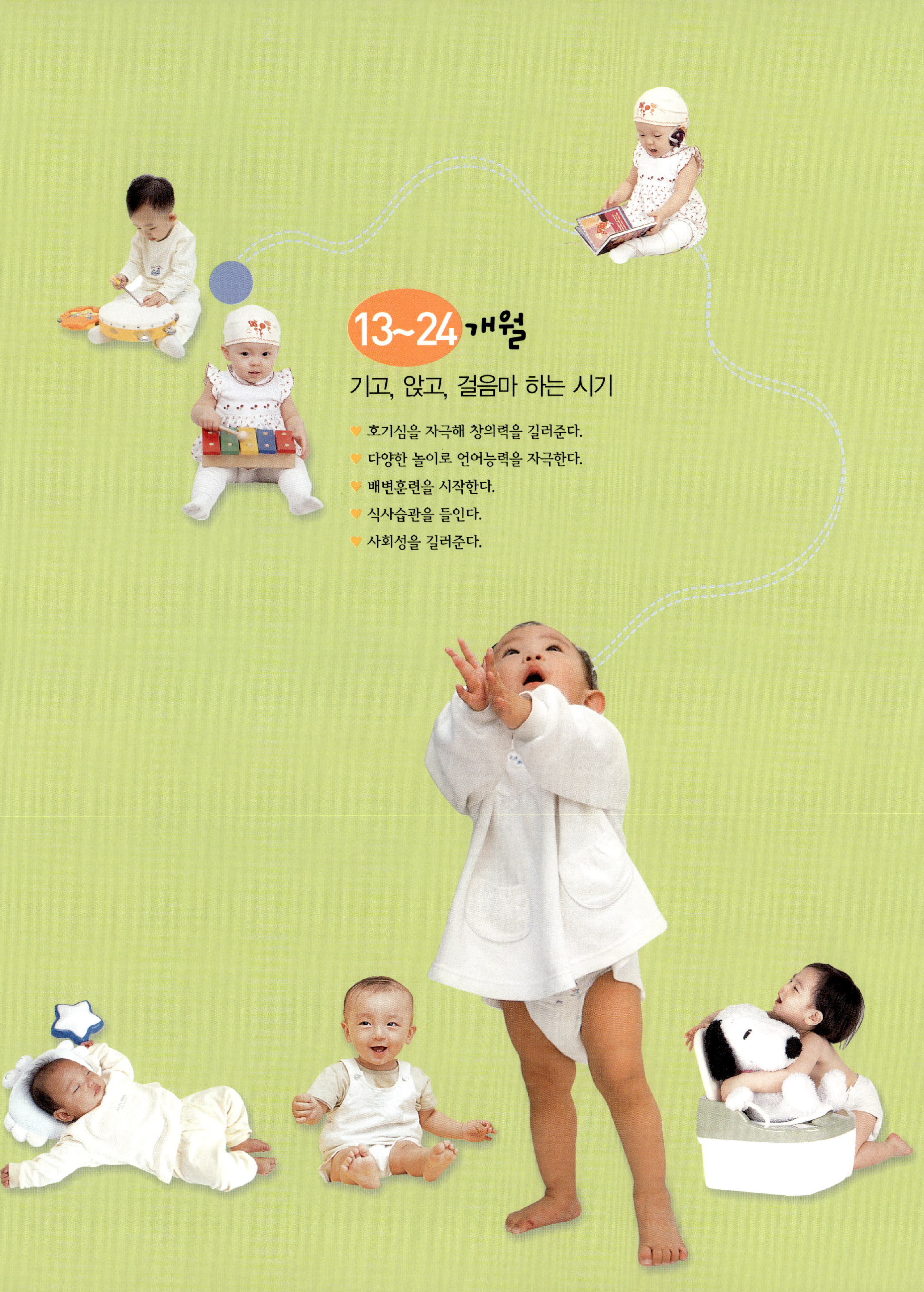

13~24개월
기고, 앉고, 걸음마 하는 시기
호기심을 자극해 창의력을 길러준다.
다양한 놀이로 언어능력을 자극한다.
배변훈련을 시작한다.
식사습관을 들인다.
사회성을 길러준다.

25~36개월

미운 세 살, 자아가 싹트는 시기

- ♥ 생활습관을 길들인다.
- ♥ 놀이를 통해 배우게 한다.
- ♥ 예절과 공중도덕을 가르친다.
- ♥ 자신감을 길러준다.
- ♥ 혼자 세수하고 이를 닦는 습관을 길러준다.
- ♥ 적절한 놀잇감과 책을 골라준다.
- ♥ 엄마 일을 돕게 한다.

37~48개월

못 말리는 네살, 유아원에 가는 시기

- ♥ 아이의 재능을 놓치지 않는다.
- ♥ 성교육을 시작한다.
- ♥ 친구와 놀게 한다.
- ♥ 집중력을 키워준다.
- ♥ 아이의 어떤 질문에도 성의껏 대답한다.
- ♥ 장난감을 정리 정돈하게 한다.
- ♥ 반항기가 시작되므로 이에 대처한다.

37~48개월

철들 나이, 유치원에 가는 시기

- ♥ 재능을 보이는 분야의 조기교육을 시작한다.
- ♥ 나눔에 대해 가르친다.
- ♥ 혼자 옷 입고 벗기를 할 수 있게 한다.
- ♥ 거짓말을 하기 시작하므로 이에 대처한다.
- ♥ 엄마 일을 적극적으로 돕게 한다.
- ♥ 말하기를 가르친다.
- ♥ 장난감과 책을 직접 고르게 한다.

THANKS TO ···

촬 영 협 찬

모델
고용화 · 공명섭 · 김민정 · 장태일 · 함종호

아기모델
강동우 · 강정하 · 고경록 · 고야희지 · 고하은 · 고혜림 · 권라혜 · 김가현 · 김동언 ·
김석준 · 김소연 · 김은경 · 김주연 · 김철현 · 박주언 · 변덕환 · 변장환 · 성서현 ·
손지우 · 송성민 · 송승연 · 신수현 · 심정호 · 양민석 · 엄동현 · 오지은 · 유두정 ·
유세정 · 이상균 · 이승현 · 이인균 · 이인성 · 이태건 · 이현서 · 정지인 · 조성윤 ·
조하연 · 최승우 · 최은영 · 한승헌 · 한우준 · 한창희 · 호우승 외

의상
나이키(02-2006-5700) · 베이직 하우스(02-523-9185) · 질경이(02-744-5606) ·
톰키드(02-3475-6114) · 해피아이(02-3481-9483) · 레노마 주니어(031-436-4430)

헤어 & 메이크업
박준미장 청담점(02-511-1414)

아기용품 & 소품
아가방(02-527-1300) · 아벤트(02-588-1555) · 치코(02-568-0470) ·
해피랜드(02-3282-5700) · 토이스쿨(02-539-4123) · 아이큐박스(02-548-1970) ·
구니카(02-761-8947) · 문진 미디어(02-2140-2500) · 지나월드(02-3449-0300) ·
토이플러스(031-715-0300) · 까사미아(02-516-9408) · YK물산(02-3452-8700)

장소협찬
알파벳 스트릿 주니어 영어학원(02-522-0505) · 아이들 치과(02-591-2275) ·
GF 소아과(02-522-5119)

도움말
김상환(영동고등학교 상담교사) · 신충호(이익훈 어학원 강사) ·
한국 몬테소리(02-3481-5017~8) · 한국 시찌다 교육원(02-3444-0735) ·
오르다 코리아(02-561-4500) · 한국프뢰벨(1566-0800) ·
Dr.고 아이사랑(02-522-6088)

집 필 및 감 수 해 주 신 분 들

곽노의
철학박사 ·
서울교육대학교
특수교육학과 교수

이병래
문학박사
중부대학교
유아교육학과 교수

유구종
문학박사
광주대학교
유아교육학과 교수

김진호
문학박사
안양과학대학
유아교육학과 교수

주은희
아동발달심리학박사
한양여자대학
유아교육과 교수

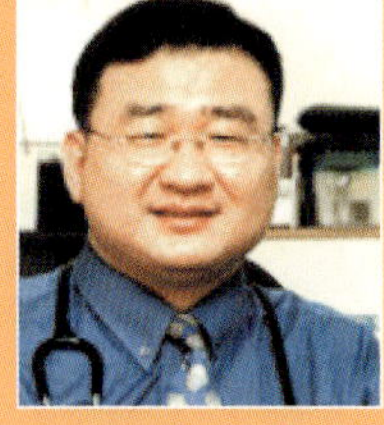

김길영
의학박사
건양대학교 병원
소아과 전문의

고시환
GF소아과 원장

CONTENTS

Part 8

333 IQ · EQ · CQ · SQ · MQ 높여주는 연령별 게임과 놀이

Part 9

365 영어 잘하는 아이로 키우고 싶다

Part 10

382 우리아이, 이렇게 키우고 싶다

요즘 뜨는 창의력 개발 인기 플랜

PART 1 우리 아기, 어떻게 키울까?

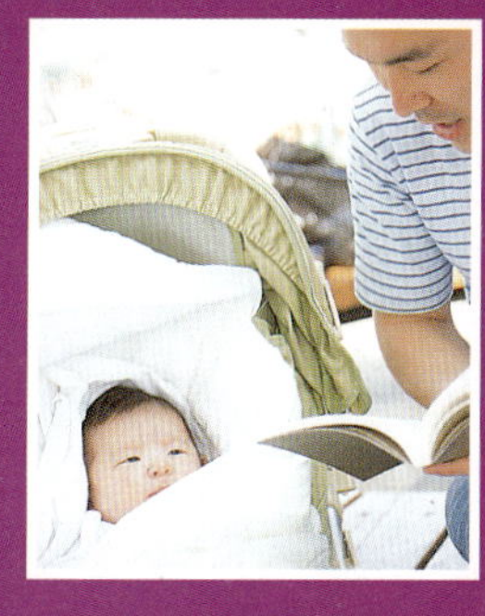

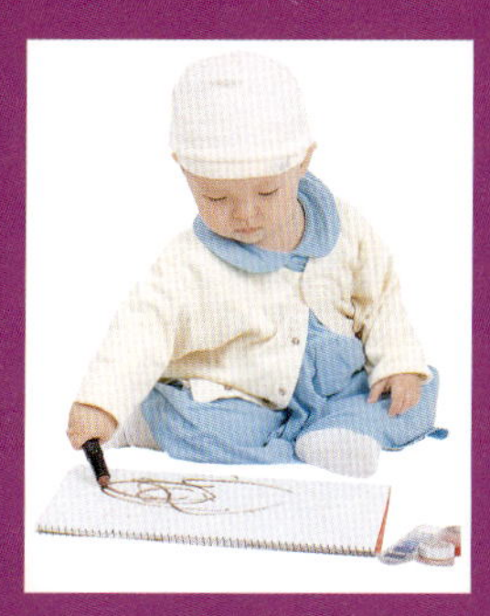

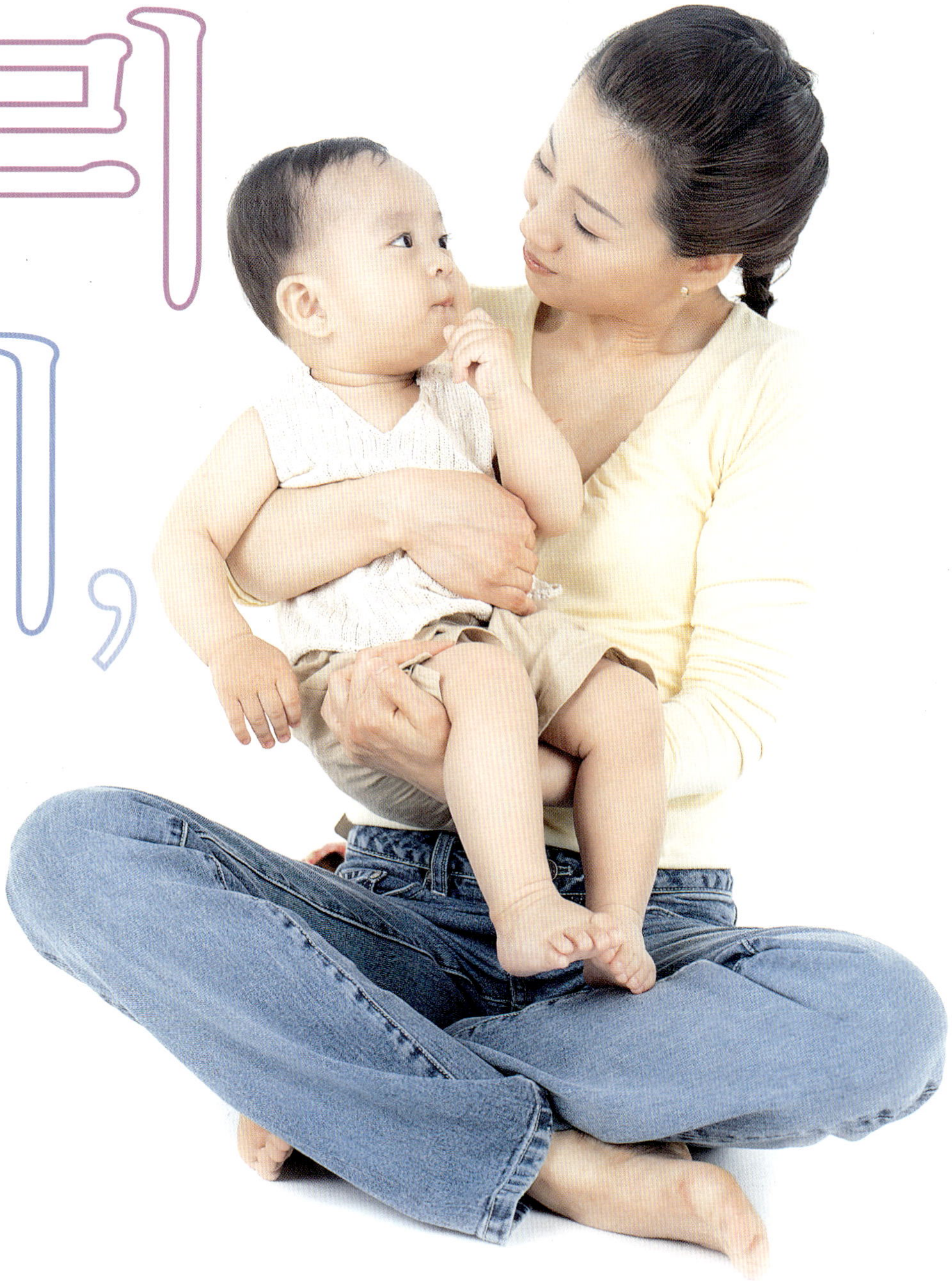

아기를 건강하고 바르게 키우려면 엄마 아빠의 아기키우기 계획이 바로 서 있어야 한다. 임신을 확인한 순간부터 엄마와 아빠는 아기 키우기의 방향과 구체적인 비용 계획을 세워야 한다. 알짜배기 부모가 되기 위한 생활 속 노하우, 알뜰 아이디어를 공개한다.

아기키우기
원칙 세우기

가족 모두의 축복 속에 태어난 소중한 내 아기. 아기를 건강하고 바르게 키우려면 엄마 아빠의
계획이 바로 서 있어야 한다. 아무런 계획이나 원칙 없이 아기를 키우다가는
트러블이 생기기 쉽고 아이 역시 혼란스러워진다. 엄마, 아빠, 또는 함께 사는 가족 모두
아기키우기에 대해 진지하게 이야기를 나누고 실천하도록 하자.

아기가 태어나기 전에
원칙을 세운다

소중한 아기를 건강하고 똑똑하게 키우
려면 엄마, 아빠의 아기키우기 계획이 바로
서 있어야 한다.

엄마, 아빠가 아
무런 계획이나 원칙 없
이 아기를 키우다가는 조그만
일에도 서로 의견이 달라 다
투게 되고 아이 역시 혼란
스러워진다.

아기를 사이에 놓고 부부가
싸우지 않는다

아기가 생기기 전에는 별로 싸울 일 없
이 좋기만 하던 부부가 아기가 생기면서
자주 싸우게 되는 경우가 있다.

아기를 키우면서 엄마, 아빠 사이에 또는
아기를 봐주는 사람 사이에 원칙이 확실이
서 있어야 한다.

부부의 역할
분담을 확실하게 나눈다

아기키우기 원칙을 세울 때는 구체적
인 수칙, 가령 아기가 어떤 일을 했을 때
혼을 내고, 체벌은 어떻게 하며,
그때 한 사람은 어떤 태도를 취
일 것인지 하는 것은 물곤 부부
의 역할 분담도 확실하게 나누어
두는 것이 중요하다.

아기를 봐주는 사람과
끊임없이 대화한다

일하는 엄마의 경우 부부가 세운 아기
키우기 원칙을 할머니나 아기를 돌봐주는
아주머니에게도 알려주어 아기 돌보기에
문제가 생기지 않도록 한다.

그러기 위해서는 엄마와 아기를 돌보는
사람 사이에 많은 대화가 필요하다.

성장 단계에
맞춰 다양한 자극을 준다

아기의 월령과 성장단계에 맞춰 얼마나
다양한 자극을 접하느냐에 따라 아기의
신체적·정신적·지적 능력이 달라진다.
이 시기에 부모가 그 역
할을 제대로 해 주지
못하면 아기의 성장이
느려질 수 있음을 기억
하자.

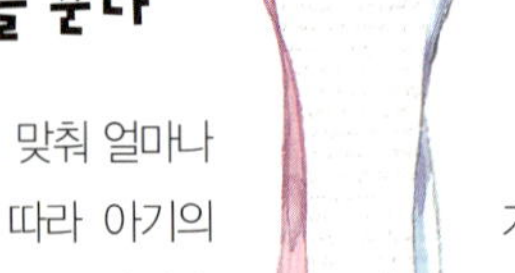

원칙을 기록하여 가족이
모두 볼 수 있게 붙여 놓는다

부부가 세운 아기키우기 원칙을 자세히
기록하여 냉장고나 식탁 등 잘 보이는 곳
에 붙여두고 자주 읽으면 아이에 대해 일
관된 태도를 가질 수 있다.

또 계획을 세우거나 고치면서 더 관심
을 갖고 관찰하게 되어 아이가 무엇을 좋
아하는지도 잘 이해하게 된다.

언제 무엇을 가르칠 것인지 미리 정한다

조기교육의 열풍 속에서 엄마들은 과연 언제, 무엇을, 어떻게 가르칠 것인가로 끝없이 고민한다. 하지만 이것은 정해진 방법이 없다. 내 아이를 부모만큼 잘 아는 사람은 없으므로 아이의 소질과 성격에 맞는 교육 원칙을 세워 소신껏 밀고 나가자.

개성을 칭찬해 준다

매사 긍정적이고 적극적인 성격의 아이로 키우고 싶다면 잘한 일이 있을 때는 충분히 칭찬해 준다는 원칙을 세운다. 남과 다른 개성도 칭찬해 준다. 칭찬 속에서 자란 아이는 정서적으로 안정되고 모든 일에 적극적이고 긍정적인 사고를 하게 된다.

아이 일에 너무 간섭하지 않는다

아이의 행동에 너무 지나치게 간섭을 하게 되면 창의성 있는 아이로 키우기 어렵다. 아이 스스로 자유롭게 놀도록 도와주고 작은 것 하나라도 아이 힘으로 해냈을 때 칭찬과 격려를 많이 해주는 것이 창의적인 아이로 키우는 지름길이다.

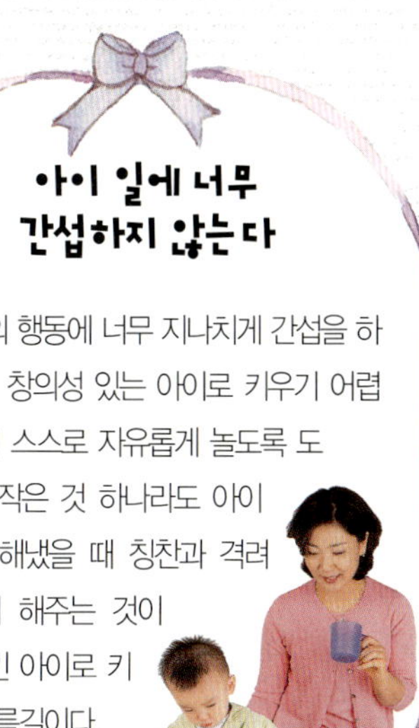

내 아이에게 맞는 것을 정한다

아무리 좋은 아기 키우는 방법이 있고 원칙이 있다 해도 내 아이에게 맞지 않는 것이라면 아무 소용이 없고 오히려 역효과를 낼 수 있다.

잘한 일이 있으면 칭찬을 듬뿍 해주고, 잘못한 일이 있으면 따끔하게 혼을 내어 사과할 줄 아는 긍정적인 아이로 키운다.

첫아이는 동생과 다른 원칙이 필요하다

큰 아이의 경우 동생이 태어나면서 부모의 애정을 빼앗겼다고 생각해 동생을 질투할 수 있다. 이럴 때 부모는 큰 아이를 존중해 주어야 하며 절대 동생과 비교해서는 안 된다. 큰 아이는 동생과 다른 원칙을 세워 키우도록 한다.

형일 경우 동생 돌보기에 참여토록 한다

큰 아이가 동생을 가족의 일원으로 받아들이고 아끼고 사랑해 주기를 바란다면 동생 돌보기에 직접 참여시켜 보자. 동생에게 우유를 먹이게 하거나 기저귀 심부름을 시킨다거나 하는 것이 큰 아이에게는 좋은 경험이 된다.

아기에게는 부모가 모델임을 잊지 말자

어떤 원칙을 세우든 아이에게 가장 좋은 모델은 부모라는 점을 명심하자. 아이는 아빠, 엄마를 가장 많이 보고 자라기 때문에 자기도 모르게 부모의 성격과 버릇, 생활태도까지 닮아간다는 점을 기억해야 할 것이다.

다양한 환경을 만들어준다

아기 키우기 원칙을 세운 후에는 아이의 성장에 도움이 되도록 주변환경을 다양하게 제공해 주고 접촉하는 사람들 또한 다양하게 만들어주도록 한다. 또한 기억해야 할 것은 아기의 발달과정과 성장에 관한 공부를 게을리 해서는 안 된다는 점이다.

남을 배려하는 마음을 길러주자

마음이 따뜻하고 남을 배려하는 아이로 키우고 싶다면, 친구와 싸울 때도 친구의 입장에서 생각해 보게 하고, 벌을 주고 나서도 꼭 껴안아주도록 한다. 남을 배려하는 마음, 씩씩하고 당당하게 세상을 살아나가는 지혜를 부모가 먼저 보여주자.

아기키우기
시간표 짜기

아이를 키우기 시작하면 책 한 권 읽을만한 시간 내기도 어렵다. 이런 고민을 해결해 주는 게
바로 엄마와 아이의 생활리듬에 맞추어 시간대별로 꼼꼼한 시간표를 짜는 것.
엄마는 남는 시간에 취미생활이나 공부를 할 수 있고, 맞벌이 엄마는 자투리 시간을 이용해
아기에게 사랑을 전하고 집안 일을 요령 있게 처리할 수 있다.

기본적인 생활은 정해진 시간에 한다

식사 시간과 잠자는 시간은 물론 노는 시간, 외출·산책시간, 책이나 비디오 보는 시간, TV시청·공부시간, 아빠와의 놀이 시간 등을 넣어 시간표를 짜되 먹고 자는 등의 기본적인 생활은 되도록 정해진 시간에 하도록 시간표를 짠다.

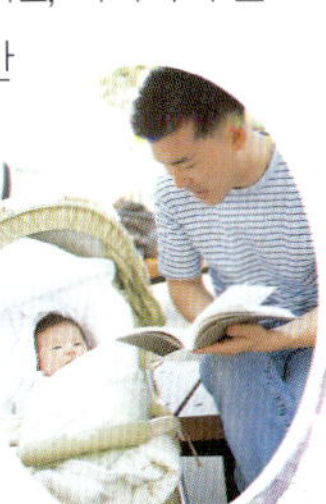

3세 미만의 아기에게는 놀이시간을 많이 할애한다

3세 미만의 아기를 둔 경우 다양한 놀이나 경험을 할 수 있는 시간을 충분히 넣어 스케줄을 짠다.

이 시기 아기에게는 놀이 하나하나가 바로 신체발달은 물론 정서·지능 발달에 직접적인 자극을 주므로 다양한 놀이를 경험하게 해 준다.

놀이 후에는 물건을 정리하는 시간을 갖는다

놀이를 한 후에는 아이가 자기 물건을 스스로 정리하는 시간을 갖게 한다. 자기 물건을 정리하는 습관은 아이의 독립심을 길러주는 동시에 엄마가 장난감을 정리하는 시간을 단축시키므로 일석이조의 효과가 있다.

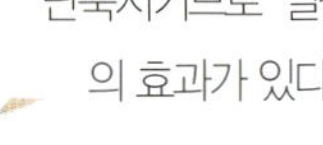

하루에 1~2시간은 밖에서 놀게 한다

아이들은 집중 시간이 짧아 한 가지 놀이에 금방 싫증을 낸다. 그러므로 똑같은 놀이를 강요하지 말고 새로운 놀이를 하게 한다. 온종일 집안에서 노는 것보다는 하루 1~2시간씩 바깥에서 충분히 뛰어 놀게 한다.

아빠와 함께 할 수 있는 일이 무엇인지 의논한다

아빠가 할 수 있는 일이 무엇인가 함께 의논해서 시간표에 넣는다. 직장에 다니는 엄마는 물론 전업주부인 엄마라도 남편이 회사에서 일하는 동안 아기키우기와 살림에 지쳐있으므로 퇴근 후에는 아내의 부담을 덜어주도록 한다.

아빠의 샤워 시간에 아기 목욕을 시킨다

아기의 목욕이라든지 아내 혼자서 하기 힘든 일 등은 아빠의 도움을 적극적으로 받도록 한다.

예를 들어 아빠의 샤워시간에 아기 목욕을 시키게 하면 따로 시간을 내지 않아도 좋고 아빠와 아기의 스킨십 시간을 늘리는 좋은 기회가 된다.

아기가 걷기 시작하면 아빠와 신체놀이를 하게 한다

체력이 많이 소모되는 무등 태우기와 같은 신체 놀이는 아빠와 함께 하도록 한다. 아기가 걷기 시작하면 엄마가 아기를 데리고 놀기에는 힘이 부족할 때가 많으므로 이런 놀이는 아빠가 퇴근 후 잠시라도 놀아주게 하는 것이 좋다.

밤중에 아기에게 우유를 먹일 때는 아빠에게 맡긴다

밤중에 아기가 깨서 분유를 찾을 때는 한두 번은 아빠가 도와주는 것이 좋다. 돌 전의 아기는 밤에 자주 깨기 때문에 엄마는 충분히 잠을 잘 수 없어 다음 날 살림을 하려면 지치게 된다. 이때는 아빠가 조금만 도와주어도 훨씬 수월하다.

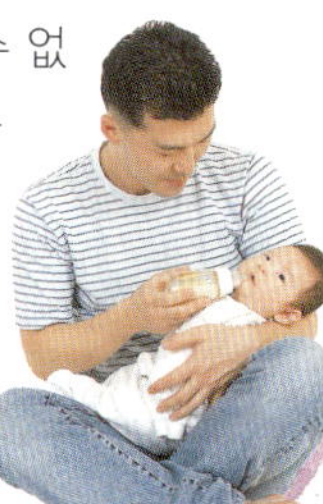

휴일에는 엄마 혼자 외출하는 시간을 갖는다

휴일에는 엄마만의 시간을 가져보자. 그리고 아빠는 집에서 아이를 데리고 놀거나, 공원에 나가 놀거나, 주말 특식을 만들어 주는 등 아이를 전담하여 돌보게 한다. 부자간의 유대감 형성에 좋은 기회가 될 것이다.

시간표를 작성했으면 눈에 띄는 곳에 붙여 놓는다

여러 가지를 고려해 아기키우기 시간표를 완성했다면 냉장고나 식탁 유리 아래 등 눈에 잘 띄는 곳에 붙여둔다. 그리고 상황에 맞게 조금씩 변화를 주면서 융통성 있게 활용하도록 한다.

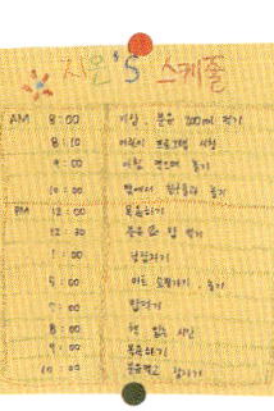

아이가 잠든 후에 집안 일을 한다

밀린 집안 일은 아기가 잠든 후에 처리하도록 한다. 맞벌이 엄마의 경우 청소, 빨래 등 집안 일이 쌓이기 쉬운데, 그렇다 하더라도 아기가 깨어있을 때는 아기 돌보기에 힘쓰고 집안 일은 요일별로 나누어 아기가 잠든 후에 하는 것이 좋다.

출근시간에 쫓기는 아침에도 아기를 꼭 안아준다

3세 이하의 시기에 부모로부터 충분한 스킨십을 받지 못한 아기는 정서적으로 불안정해지기 쉽다.

아기와 많은 시간을 보내지 못하는 맞벌이 부부의 경우일수록 아기를 자주 안아주고 놀아주면서 아기로 하여금 항상 사랑 받고 있다는 느낌을 갖게 해 주어야 한다.

청소나 빨래는 요일을 정해두고 한꺼번에 한다

아기가 잠든 다음 집안 일을 시작했을 때 무리하게 모든 것을 끝내려고 하지 말자. 오늘 다 못한 일은 과감하게 내일로 미루는 용기도 필요하다. 청소나 빨래는 매일 하는 것보다 며칠에 한 번씩 한꺼번에 하면 시간이 절약된다.

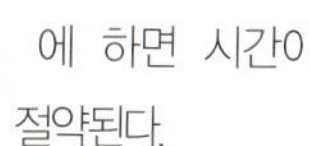

출근 준비는 전날 밤에 해 둔다

아침에 아기 짐을 챙겨 맡기고 출근하려면 그야말로 한바탕 전쟁을 치러야 한다. 따라서 전날 밤에 짐을 미리 챙겨두는 것이 좋다. 엄마의 옷이나 가방 등 출근 준비도 함께 해놓도록 한다.

가끔씩 아이에게 전화로 사랑을 전한다

가끔씩 직장에서 아이에게 전화를 걸어 사랑을 전하도록 한다. 아이가 어려 전화 통화가 어렵다면 엄마나 아빠 목소리로 동화나 자장가를 녹음해 두었다가 들려주는 것도 좋다.

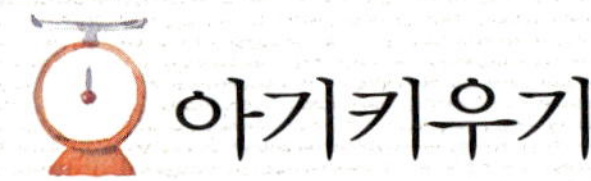
아기키우기

비용 계획 세우기

아기를 낳고 키우는 데 드는 비용은 결코 만만치 않다. 아기가 커갈수록
가계에서 아기를 키우는 데 드는 지출 부담은 더욱 커진다. 따라서 미리미리 구체적인 장·단기
아기키우기 비용 계획을 세워 두어야 한다. 아울러 불필요한 쓰임은 최대한 줄이고
꼭 필요한 비용만 지출하는 생활 속 노하우가 필요하다.

구체적인 비용 계획을 세운다

통계에 따르면 3세 이하 아기를 둔 부모가 아기 한 명을 키우는데 드는 비용(교육비 포함)이 월 평균 20만원을 훨씬 넘는다고 한다. 한국교육개발원 자료에 의하면 아이 1명당 유치원에서 대학 졸업까지 드는 공·사교육비가 1억 2천만원이 넘는 것으로 조사됐다.

아기용품 임대업체를 이용한다

최근 아기용품 임대업체들이 많이 생겨났는데 이곳을 잘 활용하면 경제적이고 편리하게 아기용품을 사용할 수 있다. 침대, 보행기, 유모차, 캐리어 등의 용품들은 특정 시기가 지나면 필요가 없어지므로 임대해서 쓰는 것도 좋은 방법이다.

바꿔 쓰거나 물려 쓰는 습관을 들인다

동생이 있거나 곧 가질 계획이라면 대여하는 것보다 사서 쓰는 것이 더 나을 수 있지만, 아이가 하나밖에 없는 가정이라면 비슷한 또래가 있는 친척이나 이웃으로부터 아기용품을 물려받아 쓰거나 바꿔 쓰는 것이 현명하다.

간단한 장난감을 직접 만든다

간단한 장난감이나 학습 교구를 엄마, 아빠가 아이와 함께 만드는 것도 아기 키우는 비용을 절감하는 동시에 좋은 교육이 된다. 아이 옷을 엄마가 직접 만들어 주는 것도 마찬가지다. 아이 장난감이나 옷값이 만만치 않은 요즘, 아이 장난감과 옷 만들기에 도전해 보자.

아기의 예방접종은 보건소를 이용한다

아기의 예방접종은 보건소를 이용해 보자. 보건소에서는 영유아의 각종 예방접종이 무료이며, 기본적인 약값만 내면 간염, 뇌염, 풍진 등 전염병 예방접종을 맞을 수 있다. 또 1차적인 감기나 일반적인 내과 진료를 저렴한 비용으로 이용할 수 있다.

아이를 직접 가르친다

엄마가 직접 아이를 가르치면 사교육비를 절약할 수 있고 아이에 대해 더 많은 것을 이해할 수 있게 된다. 만약 자신이 없다면 문화센터나 구청, 복지관 등 여러 기관에서 운영하는 프로그램을 먼저 배운 다음 아이를 가르쳐 보자.

가까운 도서관을 자주 이용한다

도서관이나 사회복지관에서 아이들을 대상으로 저렴한 가격에 한글쓰기 강좌나 독서지도, 현장학습 등의 프로그램을 운영하는 곳이 많다. 특히 어린이 도서관은 아이들은 물론 엄마들이 볼만한 비디오와 책들이 많이 비치되어 있으므로 자주 이용하자.

품앗이 교육을 한다

엄마들 4~5명이 모여 영어에 자신 있는 엄마는 영어를, 수학에 자신 있는 엄마는 수학을, 예체능에 재능이 있는 엄마는 예체능을 가르쳐 사교육비를 줄여보자. 품앗이 교육은 아이들의 사회성도 높여주고, 엄마들은 아기 키우기 정보를 나눌 수 있어 1석 3조의 효과가 있다.

아기 돌잔치 계획 세우기

태어나서 처음 맞이하는 생일. 이 날은 아기뿐만 아니라 엄마에게도 특별한 날이 된다. 때문에 어디서, 어떻게 치러야 하는지,
다른 사람들은 어떤 식으로 치렀는지 궁금하기 마련. 일생에 한 번뿐인 아기 돌잔치.
돌잔치를 치루기 전 준비과정부터 장소에 따른 장단점, 장소 섭외에 필요한 전화번호까지 꼼꼼히 알아보자.

돌잔치 전 알아 두기!

● 초대할 손님들의 나이와 성향을 파악해 장소를 선택한다

장소를 선택하려면 우선 초대할 손님의 범위를 정하고 나이와 성향을 파악해야 한다.

예를 들어 조촐하게 가족 단위로 손님을 초대할 것이라면 집에서 치르거나 가족단위의 룸을 예약하는 것이 좋다. 가족보다는 비슷한 연배의 친구들이 더 많이 참여하게 될 경우 이벤트가 다양하게 진행되는 장소를 선택해야 돌잔치를 재미있고 성공적으로 치러낼 수 있다.

● 3개월 전 예약은 기본, 부대시설 확인은 필수

맘에 드는 장소에서 하고 싶다면 장소를 물색하고 적어도 3개월 전에 예약을 마쳐야 한다. 또한 돌잔치는 주로 주말에 하기 때문에 대중교통보다 자가용을 이용하는 손님이 많다. 따라서 장소를 선택할 때 주차공간이 확보되어 있는지 확인해 보아야 한다.

● 인터넷을 적극 활용한다

요즘은 돌잔치 전문 사이트들도 많이 있으며 포털 사이트 안에서 소모임도 많이 만들어져 있다. 이런 곳에 들어가 장소에 대한 평이나 부대비용, 음식 맛, 돌잔치 품평 등을 올린 엄마들의 의견을 먼저 들어 보는 것도 좋다. 100% 정확한 정보가 아닐 수도 있지만 이런 정보들이 장소 결정에 어느 정도 도움을 줄 것이다.

● 기억에 남을 만한 선물을 준비한다

조금 더 기억에 남는 돌잔치를 하고 싶다면 저렴하면서도 실용적인 답례품을 준비하는 것도 좋다. 답례품 역시 하객층을 고려해서 친지에게는 아이 사진과 감사 문구를 넣을 수 있는 것으로, 회사 동료나 이웃에게는 저렴하면서도 실용적인 것으로 준비하는 것이 포인트. 답례품에 할애하는 비용은 돌잔치 총 비용의 5% 이내로 하는 것이 알맞다.

돌잔치 어디서 할까?

● 호텔에서 할 경우

이런 점이 좋아요 장소가 독립되어 있어 오붓하고 근사하게 잔치를 치룰 수 있다. 호텔 직원들이 친절하고 세심하게 도와주고 서빙을 해 주기 때문에 손님들이 편안하고 조용한 분위기 속에서 식사와 식을 즐길 수 있다. 호텔에 따라 다르지만 예약하기 전 이벤트 여부는 알아보는 것이 좋다. 호텔 멤버십카드를 갖고 있으면 10~15% 정도 할인 가격에 이용할 수 있다.

이런 점이 아쉬워요 다른 장소에 비해 가격이 비싸다. 또한 개인 뷔페라서 음식이 추가되지 않는다는 단점도 있다. 20~30명 정도만 초대하면 가격의 부담도 덜고 오붓하고 근사하게 잔치를 치러낼 수 있다. 호텔에 따라 돌상과 음식만 제공하기 때문에 특별한 이벤트가 없는 경우가 있다. 이런 경우 이벤트를 따로 섭외해 진행해야 한다.

● 뷔페에서 할 경우

이런 점이 좋아요 뷔페의 경우 진행자가 따로 있어 잔치의 분위기를 재미있게 리드해 주고 음식이 늘 구비되어 있어 늦게 온 손님들에게도 같은 음식을 제공할 수 있다. 또한 음식의 종류도 다양해 어린이나 친구들 모두 각자 기호에 맞추어 즐길 수 있다. 또한 예상 인원보다 손님이 많아지더라도 음식이 늘 구비되어 있기 때문에 당황하지 않고 손님들을 편하게 대접할 수 있어 좋다. 뷔페의 경우 건물이 크기 때문에 대부분 넓은 주차공간이 확보되어 있다는 장점도 있다.

이런 점이 아쉬워요 뷔페의 경우 대부분 큰 홀을 3~4팀이 나누어 이용하게 된다. 때문에 칸막이로 정확한 공간이 구분되어 있지 않은 경우 많이 소란스러울 수 있다. 손님의 수가 적고 오붓한 돌잔치를 원하는 경우는 피하는 것이 좋다.

● 일반 음식점에서 할 경우

이런 점이 좋아요 단독 홀이 마련되어 있어 조용하고 독립적인 분위기를 즐기기에 좋다. 또한 음식을 따로 서빙해 주기 때문에 어른들도 낯설어하지 않고 편안하게 즐길 수 있다. 가까운 친지와 친구들만 불러서 단란하게 돌잔치를 치루고 싶다면 한정식집, 중식당 같은 일반 음식점을 이용해 보는 것도 좋다.

이런 점이 아쉬워요 예상보다 인원이 많아질 경우 여분의 음식과 테이블이 모자랄 수 있으므로 인원을 꼼꼼히 체크해 두어야 한다. 이벤트 업체에 따로 의뢰하면 식을 조금 더 재미있게 진행할 수 있다.

● 패밀리 레스토랑에서 할 경우

이런 점이 좋아요 과일 돌상, 인형 장식 등 볼거리가 많고, 전문 사회자의 진행이 잔치의 재미를 더한다. 신나는 음악과 풍선장식, 사진 보드, 덕담 보드 등이 무료로 제공되며 각 패밀리 레스토랑에 따라서 색다른 돌잔치를 경험할 수 있다. 대부분 단독 룸이 마련되어 있으나 그리 큰 편이 아니므로 인원의 제한이 있다.

이런 점이 아쉬워요 젊은 감각의 색다른 분위기를 즐길 수 있어서 좋긴 하지만 어른들이 즐기기에는 다소 생소한 분위기일 수 있다. 때문에 어른들이 불편해할 수 있다는 점을 고려해야 한다. 또한 음식 종류 역시 스테이크 등 양식이 대부분이기 때문에 나이 드신 손님이 많다면 피하는 것이 좋다. 패밀리 레스토랑 특유의 분위기를 정신 없다고 느끼거나 음식이 입에 맞지 않을 가능성이 있다.

신생아,
PART
2

신생아, 이렇게 생겼어요 ● 아기가 태어나면 이런 검사를 받아요 ●

생후 1개월이면 이런 건강검진을 받아요 ● 아기가 잘 자라고 있는지 궁금해요 ●

눈여겨 보아야 할 아기의 상태 ● 신생아 생활 패턴 만들기 ● 수유 · 수면 · 울음 · 배변 리듬

생활패턴 만들기

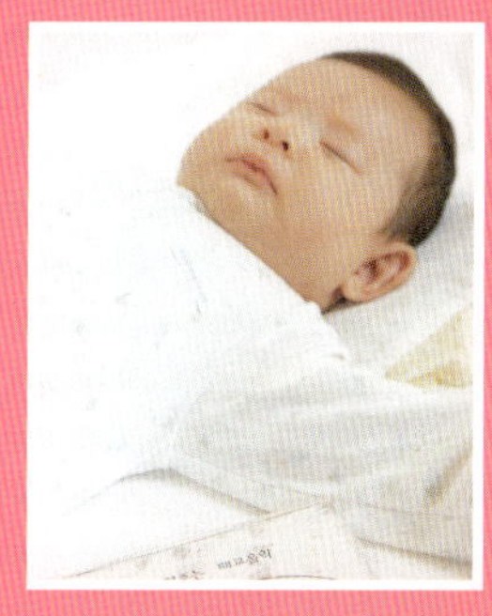

시도 때도 없이 자고 먹고 싸고를 반복하는 신생아, 엄마의 하루가

편안해지려면 하루빨리 아기의 수면 · 수유 · 배변 리듬을 파악하고

아기 울음에 익숙해져야 한다. 갓 태어나서 받는 검사에서부터 생

후 1개월에 받는 기본검진까지 신생아의 모든 것을 알아본다.

신생아, 이렇게 생겼어요

갓 태어난 아기는 외형상 여러 가지 신체적 특징을 띠고 있다. 우선 좁은 산도를 통과해 세상에 나오느라 머리 모양이 뾰족해 불균형인 것처럼 보인다. 또 온몸에는 우유빛의 태지가 덮여 있으며 푸르거나 붉은 반점이 나 있기도 한다. 이외에도 구체적으로 신체 부위별로 어떤 특징이 있는지 알아보자.

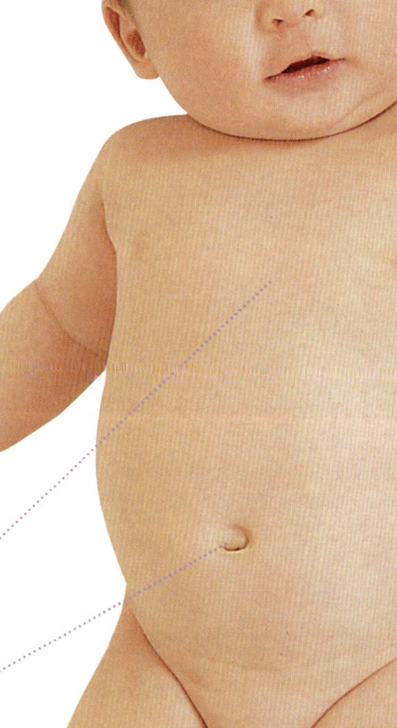

머리 꼭대기가 움푹 패였어요

아기의 머리 꼭대기를 만져 보면 말랑말랑하고 뼈가 없는 '대천문'이 있다. 대천문은 출산시엔 머리 모양이 길게 변해 산도를 통과하기 쉽게 하고, 출생 후에는 뇌의 성장발육을 돕는다.

6주까지는 사물을 정확히 보지 못 해요

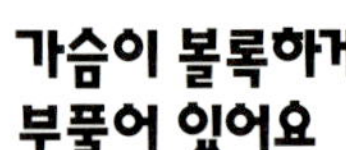

생후 6주까지는 사물을 정확히 보지 못하나 명암은 어느 정도 느껴 빛을 보면 눈이 부셔 한다. 생후 1~2주가 지나면 어느 정도 물체가 식별되는데 안고 있는 사람의 얼굴이 희미하게 보인다.

청각은 잘 발달돼 있어요

신생아는 청각이 예민해 작은 소리에도 깜짝깜짝 잘 놀란다. 뱃속의 아기에게 음악이나 태담을 들려주었던 것처럼 이때도 음악을 들려주고 다정한 톤으로 어르거나 좋은 이야기를 들려준다.

가슴이 볼록하게 부풀어 있어요

남아든 여아든 신생아는 유방이 볼록하게 부풀어 있다. 만져보면 응어리가 만져지거나 젖이 나오기도 하는데 엄마의 유방을 자극하던 호르몬이 아기의 유선에 영향을 주어 나타나는 현상이다.

손·발톱이 길고 평발이에요

임신 16주 경부터 자라기 시작한 아기의 손·발톱은 태어날 때는 다 완성돼 길이가 길다. 너무 길면 얼굴에 상처를 낼 수 있으므로 잘라주고 손싸개를 씌워준다. 또 신생아의 발은 평발이다.

탯줄 자른 부분이 젖어 있어요

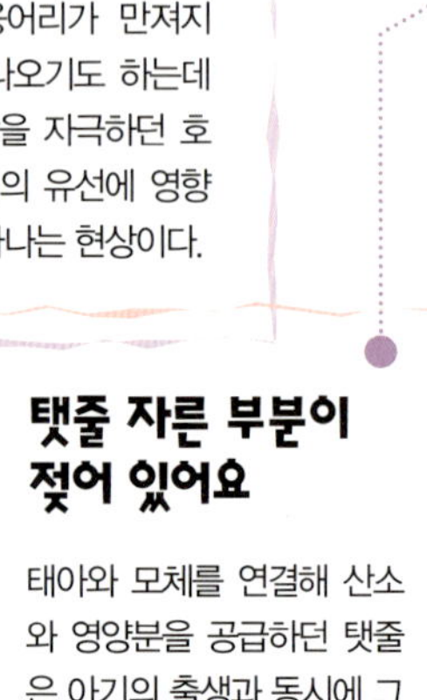

태아와 모체를 연결해 산소와 영양분을 공급하던 탯줄은 아기의 출생과 동시에 그 역할이 끝난다. 자른 탯줄은 출생 후에는 촉촉하지만 생후 10일 정도면 딱딱하게 말라 자연스럽게 떨어진다.

온몸은 쭈글쭈글 주름투성이에 배만 볼록 나오고 머리만 큰 4등신의 몸매. 이것이 갓 태어난 아기의 모습이다. 그래서 열 달 동안 뱃속에 예쁜 아기와 만날 날만

기다려온 엄마는 이런 아기의 모습에 당황하기도 한다. 그러나 얼마 지나지 않아 예쁘고 사랑스러운 아기의 모습이 되므로 전혀 걱정할 필요가 없다.

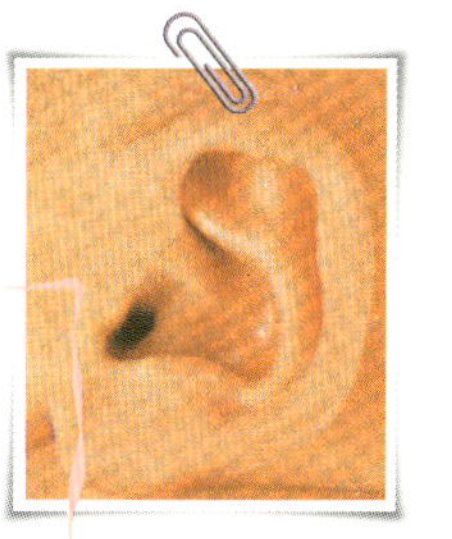

머리의 비율이 커 4등신 몸매예요

신생아의 머리 크기는 어른의 1/3 이상이지만 몸통은 어른의 1/20 이하로 머리에 비해 몸통이 작다. 또한 남아가 여아보다 평균적으로 몸무게는 3kg, 키는 50cm 정도 더 크다.

피부색은 붉은빛을 띠고 있어요

양수 속에 오래 있었기 때문에 갓 태어났을 때는 붉은색이다가 2~3일 정도 지나면 조금씩 노란색을 띤다. 아직 간기능이 미숙해 일시적인 황달을 보이는데 이것을 '신생아 황달' 이라 부른다.

몽고반점이 있어요

흔히 '몽고반점' 이라고 부르는 멍 같은 퍼런 자국이 어깨나 등, 엉덩이, 넓적다리 등에 있다. 크기는 일정하지 않고, 자라면서 색깔이 엷어지다가 저절로 없어진다. 그러나 드물게는 치료가 필요한 경우도 있다.

머리카락이 제법 자라있어요

임신 16주부터 나기 시작한 머리털이 태어날 때는 제법 새까맣고 더부룩하게 자라 있다. 이 머리털을 '배냇머리' 라고 하는데, 출생 후 3개월 무렵이 되면 조금씩 빠져 새 머리털이 난다.

체온이 어른보다 0.5℃ 높아요

갓 태어난 아기의 체온은 37~38℃까지 오르다가 2~3일이 지나면 37℃ 안팎으로 안정된다. 체온 조절 능력이 미숙해 방이 너무 더우면 체온이 올라가고 호흡이 빨라질 수 있으므로 주의한다.

온몸이 쭈글쭈글한 주름투성이에요

온몸이 흰색의 태지로 덮여 있고 쭈글쭈글한 주름이 많이 잡혀 있어 거칠다. 그러다 3~4일이 지나면 피부가 벗겨지기 시작해 생후 4주 후면 완전히 벗겨져 뽀얗고 부드러운 피부로 바뀐다.

1 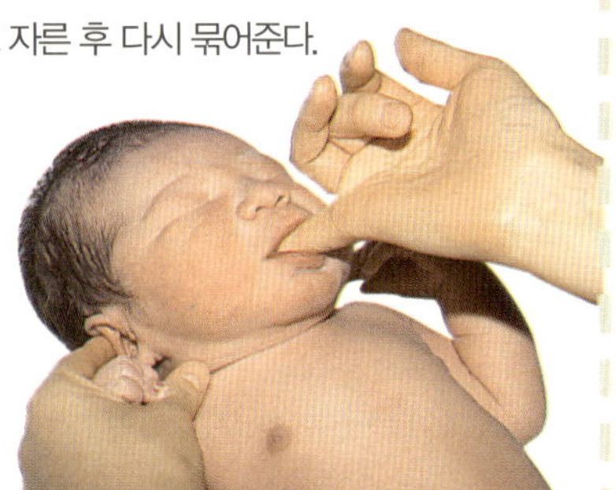
입속 검사 아기의 입과 폐 안의 양수, 이물질을 없애 숨을 쉬게 해준 다음, 길게 잘라 지혈해 두었던 탯줄을 3~4cm만 남기고 자른 후 다시 묶어준다.

2 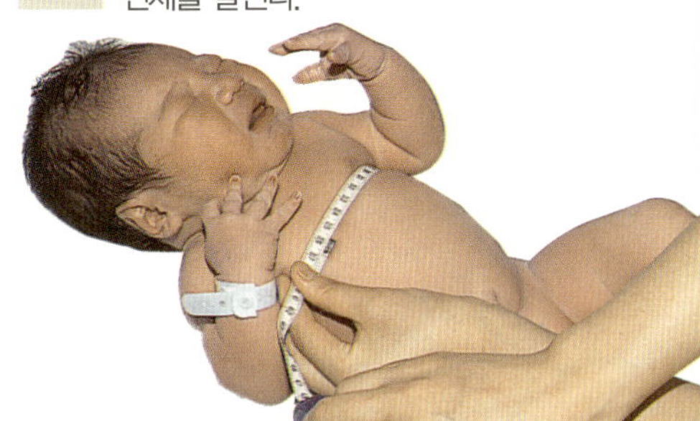
몸무게·키 검사 소독수로 눈에 들어있는 양수를 잘 닦아내는 등 말끔히 씻고, 아기의 몸무게와 키, 머리둘레, 가슴둘레를 재고 몸 전체를 살핀다.

3 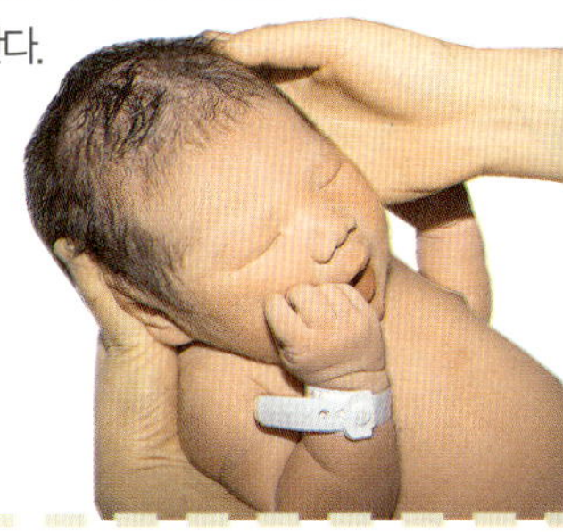
머리 검사 좁은 산도를 통과하느라 머리에 이상이 생기지 않았는지 살펴본다. 대천문을 만져보아 두개 봉합선과 두개의 혈종 여부를 확인한다.

아기가 태어나면
이런 검사를 받아요

아기가 태어나면 받아야 하는 검사가 이것 저것 많다. 또 생후 1개월이 되면 기본적인 건강검진도 받아야 하고…. 알아 두었다가 시기를 놓치지 말고 아기 건강 체크를 해보도록 한다.

4 **목·눈·코 검사** 목을 만져보아 혹이 있는지 살펴보고, 아기를 앞뒤로 흔들어 눈을 뜨는지, 눈동자의 상태가 정상인지 본 다음 입에 손을 넣어 콧구멍이 열려 있는지, 구개열은 없는지도 확인한다.

5 **귀 검사** 귀의 위치도 본다. 귀가 눈보다 낮으면 다운증후군 등 염색체 이상을 의심해 볼 수 있기 때문이다. 손바닥의 주름 모양이 길게 한 줄로 이어진 경우에도 다운증후군이 의심된다.
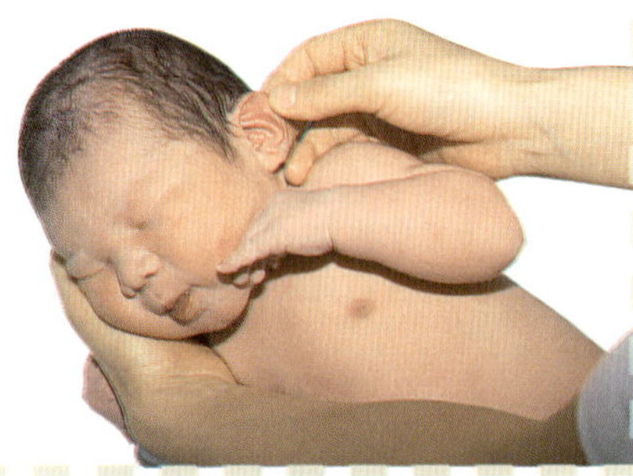

6 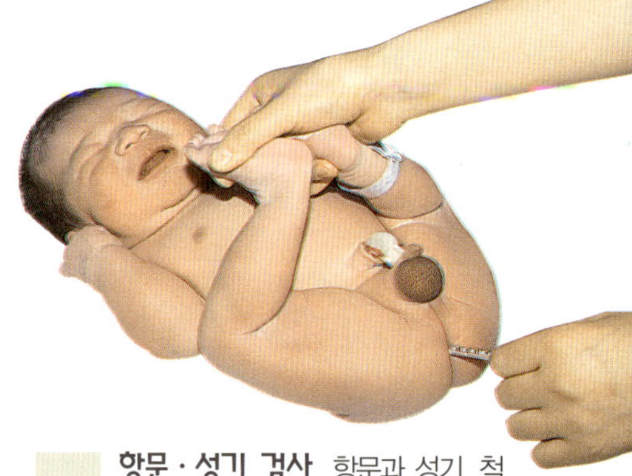
심장검사 심장의 박동수, 장운동을 체크하며 호흡이 좋은 지도 본다. 배를 손으로 눌러 간과 비장의 크기와 위치도 확인하는데, 위치에 이상이 있으면 심장기형을 의심한다.

7 
항문·성기 검사 항문과 성기, 척추의 모양이 정상인가 살핀다. 특히 남아는 한쪽 음낭이 유난히 크면 음낭수종, 서혜부탈장이 있을 수 있다.

8 **피부색 검사** 아기의 몸이 건강한 살색이 아니고 창백하면서 청색을 띤다면 '청색증'일 수 있다.

9 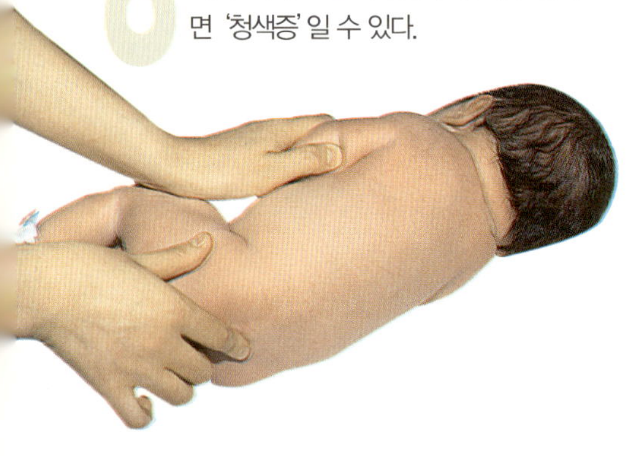
혈액 검사 선천성 대사 이상여부를 알기 위해 생후 2일이 지나면 아기의 발뒤꿈치에서 피를 뽑아 혈액검사를 한다. 신진대사에 필요한 효소가 적거나 없어서 정신박약이나 심신장애가 되는 경우를 예방하기 위한 것이다.

10 **고관절 검사** 누운 상태에서 양쪽 다리를 직각으로 세우고 다리 높이에 차이는 없는지 본 후 양쪽으로 벌려본다. 180°로 벌어져야 정상.

아기의 몸 전체를 잘 살피고 나면 간단한 반사능력 검사를 한다. 갓 태어난 아기라도 어떤 자극을 주면 본능적으로 타고난 반사반응을 나타내는데, 반사능력의 정상 여부가 신경과 근육의 성숙도를 판단하는 데 중요하기 때문이다. 신생아의 반사반응에는 다음과 같은 종류가 있다.

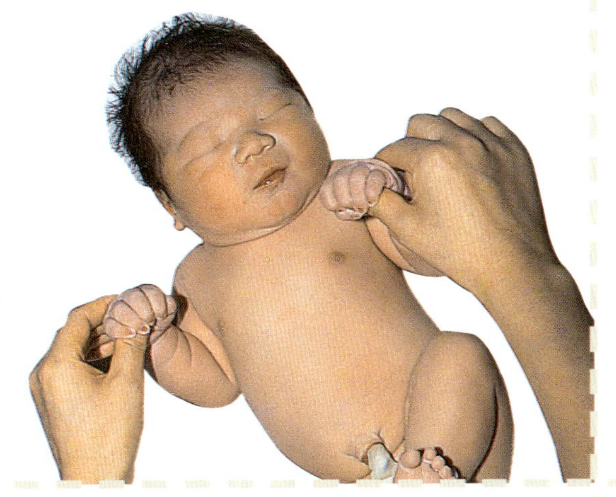

◀ 쥐기 반사 아기의 손바닥을 손가락으로 가볍게 자극하면 무의식적으로 손을 꽉 쥔다. 이때 쥐는 힘은 생각보다 강해 손가락을 올리면 아기도 따라 움직이며, 발도 자극을 주면 오므리는 반응을 보인다.

▼ 일으키기 반사 아기의 근육이 제대로 움직이는지 알아볼 수 있는 반사로, 아기의 두 손을 잡고 일으키는 시늉을 하면 아기도 몸을 일으키며 힘을 준다.

모로 반사 아기를 건드리거나 가볍게 들어올렸다가 갑자기 내리면 놀라서 팔다리를 가슴 쪽으로 모으고 손은 무언가를 껴안는 듯한 동작을 한다. 자극이 심하면 울기도 한다.

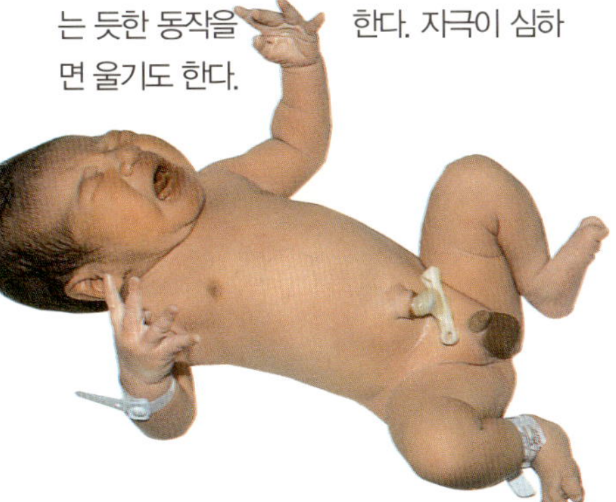

먹이찾기 반사 아기의 입술에 손을 갖다 대면 반사적으로 자극을 받은 방향으로 입을 돌리고 입술을 내밀며 빨려고 하는 반응이다.

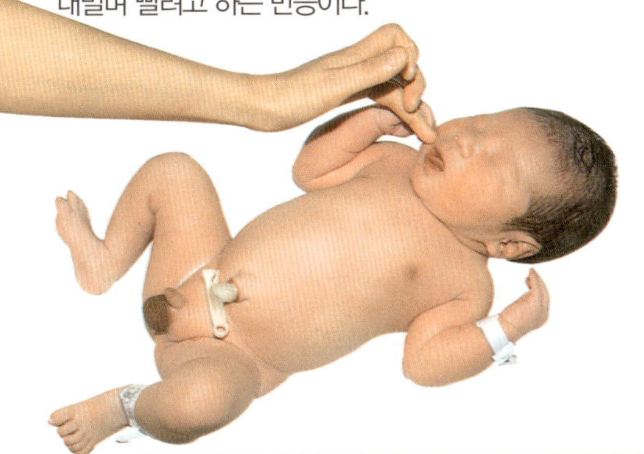

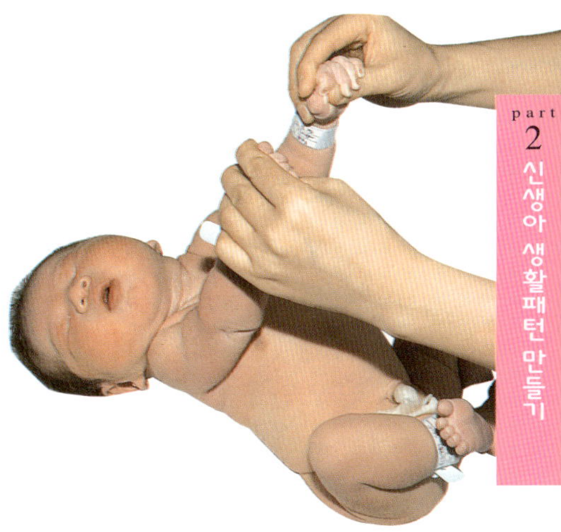

● 신생아 검진에 반드시 필요한 반사검사

아기가 잘 자라고 있는지 궁금해요

남아				나이	여아			
체중(kg)	신장(cm)	두위(cm)	흉위(cm)		체중(kg)	신장(cm)	두위(cm)	흉위(cm)
3.40	50.8	34.6	33.4	신생아	3.30	50.1	34.1	33.1
4.56	55.2	37.3	38.7	1개월~	4.36	54.2	36.6	36.1
5.82	59.0	39.2	39.7	2개월~	5.49	58.0	38.5	38.9
6.81	62.5	40.7	41.7	3개월~	6.32	61.1	39.9	40.6
7.56	65.2	41.9	42.7	4개월~	7.09	63.8	41.0	41.7
7.93	66.8	42.8	43.4	5개월~	7.51	65.7	41.9	42.5
8.52	69.0	43.7	44.1	6개월~	7.95	67.5	42.6	43.1
8.74	70.4	44.1	44.7	7개월~	8.25	69.1	43.2	43.7
9.03	71.9	44.7	45.3	8개월~	8.48	70.5	43.8	44.3
9.42	73.5	45.2	45.9	9개월~	8.85	72.2	44.4	44.8
9.68	74.6	45.7	46.4	10개월~	9.24	73.5	44.7	45.4
9.77	76.5	46.1	47.0	11개월~	9.28	75.6	45.4	45.9
10.42	77.8	46.4	47.4	12개월~	10.01	76.9	45.6	46.6
11.00	80.1	47.1	48.0	15개월~	10.52	79.2	46.2	47.2
11.72	82.6	47.7	48.7	18개월~	11.23	81.8	46.8	47.9
12.30	85.1	47.9	49.4	21개월~	12.03	84.4	47.2	48.6
12.94	87.7	48.4	50.0	2년~	12.51	87.0	47.7	49.1
15.08	95.7	49.6	51.9	3년~	14.16	94.2	48.7	50.5

우리나라 아기들의 발육표준치(대한소아과협회)

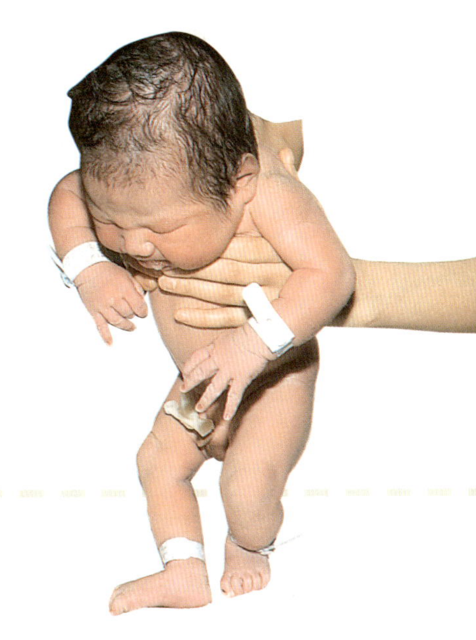

걸음마 반사 아기를 걸음마 시키듯 상체를 약간 앞쪽으로 기울여 주면 발을 높이 들면서 걸음마 흉내를 내는 것을 말한다. 아기의 양쪽 겨드랑이 밑을 감싸고 편평한 바닥에 양발을 딛게 해 똑바로 세우면 나타난다.

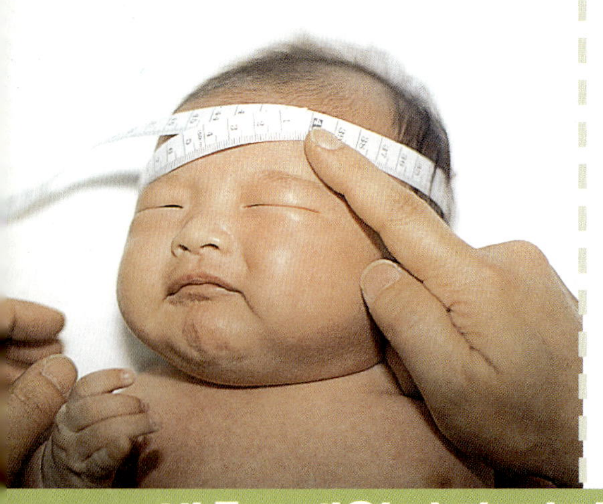

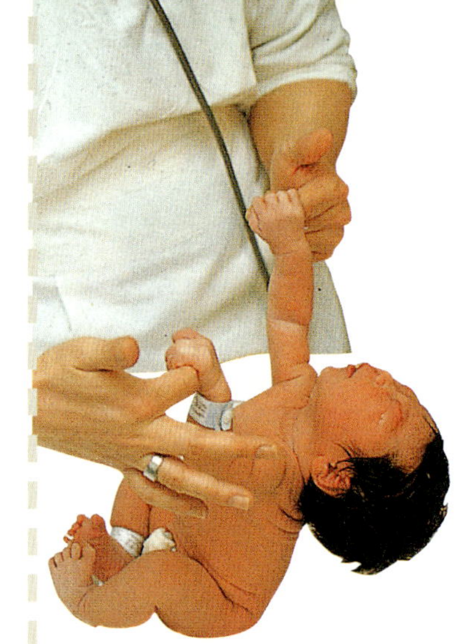

◀ 머리둘레나 키, 가슴둘레, 몸무게 등을 재서 성장정도가 정상인지를 본다. 키는 1개월이면 평균 4~5cm, 가슴둘레는 평균 5~6cm, 몸무게는 평균 1kg 정도 늘어난다. 이런 성장 정도는 개인차가 크므로 심하게 차이가 나지 않으면 크게 걱정하지 않아도 된다.

▶ 아기의 신경반사가 정상적인지를 보는 몇 가지 반사반응(쥐기반사, 모로반사, 걸음마반사, 일으키기반사, 먹이찾기반사)을 관찰한 후에 신체부위를 자세히 살핀다.(오른쪽 사진은 일으키기 반사)

생후 1개월이면 이런 건강검진을 받아요

불면 날아갈 세라 쥐면 꺼질 세라 엄마의 가슴 졸이며 키운 지 생후 4주. 아기가 정기검진을 받는 시기다. 꼭 어디가 아프지 않더라도 정기검진으로 아기의 건강상태를 체크한다.

생후 4주 정기검진 때 아기의 발육 상태를 체크한다

출산한 병원이나 가까운 소아과 중에서 믿고 다닐만한 병원을 정해 1개월 정기검진을 받으면 된다. 치료받을 증세가 있으면 이때 치료한다.

이와 동시에 아기의 발육상태나 전염성·유전적 질환 유무를 꼼꼼히 체크하고 육아상담과 예방접종 계획도 세우도록 하자. 생후 4주 이내에 시켜야 하는 BCG 접종도 이날 하면 된다.

그러나 생후 4주 전이라도 아기가 배꼽이 오래도록 짓물러 있다거나 열이 심하거나 다른 이상이 있을 때는 정기검진을 기다리지 말고 빨리 병원에 가서 치료를 받아야 한다.

아기의 이상증세나 육아 궁금증을 미리 메모해 간다

1개월 건강검진을 받기 전에 엄마는 아기의 이상증세나 궁금한 점을 미리 메모해 가는 게 좋다. 또 아기 수첩이나 보험카드, 진찰권은 물론 기저귀, 비닐봉지, 갈아 입힐 옷, 수유용품, 타월, 장난감까지 준비는 진료 전날에 해 둔다.

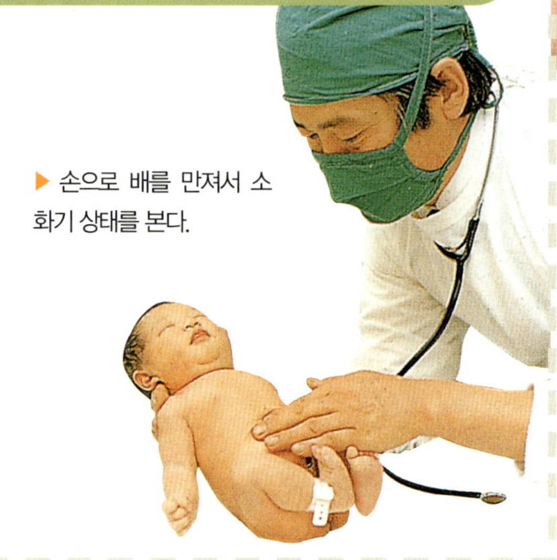

▶ 손으로 배를 만져서 소화기 상태를 본다.

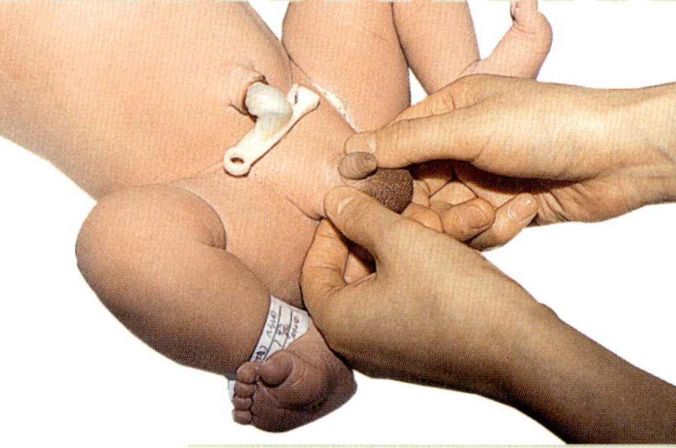

배꼽의 이상이나 대천문의 상태, 목, 등뼈의 발달상태, 성기 등을 꼼꼼히 살펴본다.

눈여겨보아야 할 아기의 상태

아직 전반적인 신체기능이 미숙한 신생아기는 어느 때보다 조심해서 보살펴야 하는 시기다. 아기는 아직 스스로 의사표현을 못하므로 엄마가 항상 아기가 어디가 어떻게 불편한지 눈여겨 보아야 한다.

	정상	비정상	의심되는 질병
호흡이 나쁘다	신생아의 호흡수는 1분에 40여 회 정도가 정상.	잠자는 아기의 1분간 호흡수가 60~80회 이상이거나 호흡할 때마다 신음소리를 내거나, 숨을 들이마실 때 가슴이 오므라든다.	허파가 충분히 열리지 않는 폐초자막증, 폐렴, 폐출혈, 뇌의 질병이나 심장병·횡격막 이상이 의심된다.
잘 놀란다	신생아는 아직 뇌신경의 발달이 미숙해 조그만 자극에도 잘 놀란다. 하지만 대개는 점차 자라면서 좋아진다.	외부자극이 없는데도 혼자서 놀라고 증상이 계속 심해진다면 질병 때문일 가능성이 있으므로 검사를 받아보는 것이 좋다.	울고 난 후나 외부자극 때문에 손발을 계속 떨거나 눈동자가 옆으로 돌아가며 떠는 게 불규칙하다면 간질일 가능성도 있다.
땀이 많다	신생아는 땀이 많아 땀띠가 잘 생긴다. 젖을 먹을 때나 잠이 든 지 1~2시간이 지나 이마나 머리에 땀이 나는 것은 정상적이다.	평소보다 갑자기 땀을 많이 흘릴 때는 병적인 원인일 수 있다. 특히 한밤중에 열이 나면서 경기를 하면 빨리 병원으로 데려간다.	패혈증이나 세균성 뇌막염 등 빨리 치료해야 하는 세균감염이 원인일 수 있다.

선천성 대사 이상 검사

아기는 태어날 때 몸 안의 신진대사에 꼭 필요한 효소를 갖게 되는데 이 효소가 없거나 너무 적어서 생기는 질병을 조기에 알아내는 것이
'선천성 대사 이상 검사' 다. 이 검사는 생후 3~7일 사이에 신생아의 발 뒤꿈치에서 혈액을 채취하여 실시한다.

선천성 대사 이상이란 신생아의 체내에 특정 효소가 없어 구토, 장기 손상, 정신 지체 등을 일으키는 것을 말한다.

이 검사는 생후 3~7일 사이에 실시하게 되는데, 방법은 신생아의 발뒤꿈치에서 혈액을 채취하여 채혈용 여과지에 묻힌 후 건조시켜서 검사실에 보내게 된다.

선천성 대사 이상은 특히 뇌에 영향을 미칠 가능성이 크며 간이나 신장 등에도 장애를 일으키게 된다.

현재 우리나라에 알려져 있는 대사 이상 질환은 200여종이 되지만 그중 조기 진단으로 질환을 치료할 수 있는 증상 5가지를 소개한다.

○ 선천성 대사 이상은 뇌에 큰 영향을 미치며 간이나 심장 등에 장애를 일으킬 수 있다.

● 선천성 갑상선 기능 저하증

신생아 4,000~6,000명 당 1명의 비율로 나타나는 질환이다. 이것은 신체에서 여러 대사작용과 심혈관 기능 유지, 중추신경계, 골격계의 성장과 발달, 조혈 기능 증가의 작용을 하는 중요한 호르몬인 갑상선 호르몬이 부족한 병으로, 영아기에는 황달, 변비, 수유 곤란 등으로 나타나며 근긴장 저하 및 심확대, 심잡음 등이 나타날 수 있다.

그리고 영아기 이후에는 신체 발달 저하, 지능 저하, 행동 및 언어 장애와 신경학적 증상들이 나타날 수 있다. 하지만 생후 4주 이내에 치료를 시작하면 대부분 성장과 발달에 대한 예후가 좋다.

● 페닐케톤뇨증

지능 장애, 담갈색 모발, 피부의 색소 결핍을 초래하는 유전성 질환이다. 한국인의 발생 빈도는 70,000~80,000명 중에 한 명 꼴이다. 증상은 영아기에 구토, 습진, 담갈색 모발과 흰 피부색이 나타나며 경련이 일어나고 지능 저하를 일으킨다.

하지만 생후 1개월 이내에 치료를 시작하면 이와 같은 증상은 나타나지 않는다. 특수분유로 식이요법을 시행한다.

● 갈락토즈혈증

효소 장애로 갈락토즈를 포도당으로 바꾸지 못하고 체내에 갈락토즈가 축적되는 질환으로 80,000~90,000명 중에 1명 꼴로 나타나며 열성으로 유전된다.

출생 후 발육부전, 구토, 간비종대, 황달, 설사 등이 나타나며 수개월 후 백내장, 정신 운동 발육 지연을 보이며 간경변, 산증, 아미노산뇨 등으로 진행한다. 치료는 유당이 함유되지 않은 분유를 먹어야 한다.

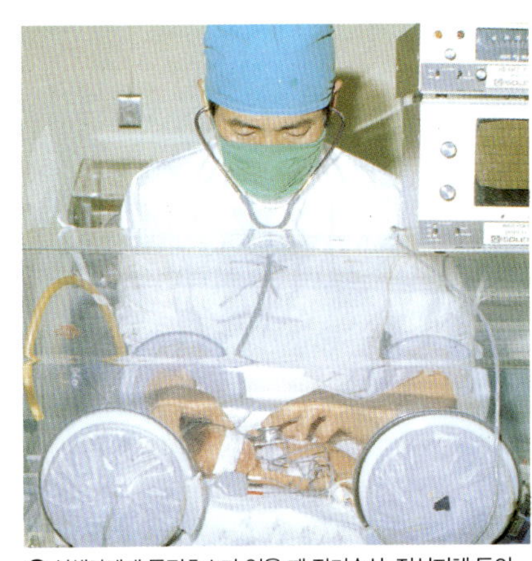

○ 신생아에게 특정효소가 없을 때 장기손상, 정신지체 등의 증상이 나타날 수 있다.

● 선천성 부신과형성증

15,000명 중 한 명 정도 나타나는 비교적 흔한 선천성 질환이다. 효소의 결핍으로 호르몬의 불균형을 일으켜 출생 시 태아의 성기 발달 장애로 남성화를 일으키고 색소 침착을 나타내며, 전해질 이상으로 염분이 소실되는 증상을 나타낸다.

나이가 들면서 점차 남성화가 지속되고 성장이 촉진되어 조기 사춘기가 일어날 수 있다. 약물 투여로 촉진된 성장과 사춘기를 정상적으로 조절한다.

● 호모시스틴뇨증

20만 명 당 한 명 꼴로 나타나는 합성 효소 장애에 의한 열성 유전 질환으로 지능 장애, 경련, 보행 장애 등의 정신 신경 증상, 수정체 탈구, 시력 장애, 근시, 백내장 등의 안 증상, 골다공증, 안면발적 등의 증상이 있고 혈전 형성이 나타나기도 한다.

비타민 B6와 메티오닌이 적은 식이요법으로 치료한다.

신생아 생활 패턴 만들기

수유 리듬

아기가 자라 자연스럽게 수유간격이 생길 때까지는 젖을 먹고 싶어할 때 먹이는 게 가장 좋다. 3~4개월 무렵부터는 수유 간격이 점차 길어져서 자기 전에 젖을 충분히 먹이면 자다가 배가 고파 잠을 깨는 일이 없이 아침까지 잘 잘 수 있다.

자라면서 수유간격에 리듬이 생긴다

갓 태어난 아기는 거의 온종일 잠만 자는 것 외에 먹고 싸는 게 일이다. 생후 1개월 동안 우유는 하루에 3~4시간 간격으로 6~7회 정도, 모유는 1~2시간 간격으로 10~15회 정도 먹는다. 한 번 먹는 데 걸리는 시간은 15~20분 정도로 젖을 먹으려고 깼다가 다 먹고 안정되기까지는 30분 걸린다.

젖먹이는 간격은 아기의 싸이클에 맞춘다

아기가 젖을 먹고 싶어할 때는 너무 시간에 구애받지 말고 먹이는 것이 좋다. 아무 때나 젖을 준다고 아기가 버릇이 나빠지는 것은 아니므로 조금 더 자라 자연스럽게 수유 간격이 생길 때까지는 제한하지 않도록 한다.

3~4개월 무렵이 되면 밤중 수유를 하지 않아도 된다

대부분의 아기들은 자라면서 먹는 양이 늘고 수유 간격은 점차 길어져서 3~4개월 무렵이 되면 밤중 수유를 하지 않아도 된다. 이때는 밤에 자기 전에 젖을 충분히 먹이면 자다가 배가 고파 깨는 일이 없이 아침까지 잘 잘 수 있다.

아기가 배가 고파 보챌 때는 일단 달랜 다음 젖을 먹인다

일단 아기의 수유리듬을 파악하고 나면 아기가 잠에서 깨어날 때라든가 아기가 배고파질 때 등을 미리 알아차려 아기가 울기 전에 먹일 수 있게 된다. 아기는 참지 못해 보채며 울곤 한다. 이때는 젖을 먹이기 전에 아기를 편안하게 안고 달랜 후 젖을 먹인다.

수면시간이 길고 얕은 잠이 많다

신생아는 잠자는 시간은 많지만 수면 주기는 40~60분으로 어른의 90~120분에 비해 오히려 짧은 편이다. 그럼에도 불구하고 3~4개의 주기가 연속적으로 이어지기 때문에 3~4시간 동안은 계속 잠을 잔다. 이 수면 주기가 끊어지거나 배가 고플 때, 또는 기저귀가 젖어 불편할 때 아기는 자다가 깨서 울곤 한다.

실내온도와 습도가 적당해야 기분 좋게 잘 수 있다

아기는 자라면서 긴 수면 시간도 줄고, 렘수면이 차지하는 비중도 낮아지게 된다. 그렇다면 아기가 가장 기분 좋게 잘 수 있는 환경은 어떤 것일까. 바로 22~23℃의 실내온도, 50% 정도의 습도가 유지될 때라고 한다. 아울러 환한 빛이나 시끄러운 소리 등의 외부자극이 적고 변화가 크지 않은 곳이 좋다.

수면 리듬

태어난 지 얼마 안 되는 신생아는 거의 하루종일 잠만 잔다. 그러다가도 밤중에는 오래 자지 못하고 여러 번 깨서 엄마를 힘들게 한다. 하지만 생후 3개월 무렵이 되면 어느 정도 수면리듬이 생겨서 아기 돌보기가 다소 쉬워진다.

신생아는 렘수면이라는 얕은 잠을 잔다

신생아기의 잠은 50~70%가 '렘수면'이라는 얕은 잠이며, 깊은 잠과 얕은 잠을 반복해서 잔다. 어른의 잠은 25% 정도가 렘수면 상태인데 비하면 아기의 수면은 훨씬 불안정한 셈이다. 렘수면 상태에서는 몸은 자고 있지만 뇌는 깨어 있는 상태이기 때문에 가벼운 외부 자극에도 쉽게 깨어 울곤 한다. 아기가 자면서 웃거나 가볍게 움직일 때가 바로 렘수면 상태다.

아기들의 수면 시간은 개인차가 크다

많은 엄마들이 아기가 다른 아기들보다 잠이 없거나 너무 많으면 걱정하는데, 그럴 필요가 없다. 어른도 그렇지만 아기들의 수면시간 역시 개인차가 크다. 따라서 아기가 잠이 좀 적거나 많더라도 잘 먹고, 잘 놀고, 잘 큰다면 수면 시간을 억지로 늘리거나 줄일 필요가 없다.

밤낮이 바뀐 아기들은 목욕을 시켜 개운한 상태로 재워본다

간혹 이 시기에 밤낮이 바뀐 아기들 때문에 고생하는 엄마들도 있다. 이럴 때는 낮 동안에 아기를 놀게 하고, 낮잠을 조금만 재운다. 그리고 밤에 재우기 전에 개운하게 목욕을 시키고 조용한 환경을 만들어주면 효과가 있다. 한동안 신경을 쓰면 정상적인 수면리듬을 갖게 된다.

생후 1개월이 지나면 잠자는 시간이 줄어든다

신생아의 평균 수면 시간은 하루에 16~20시간 정도, 아기마다 조금씩 달라 16시간 정도 자는 아기가 있는가 하면 18~20시간을 자는 아기도 있다. 이 같은 수면시간은 1개월이 지날 무렵부터 줄어든다.

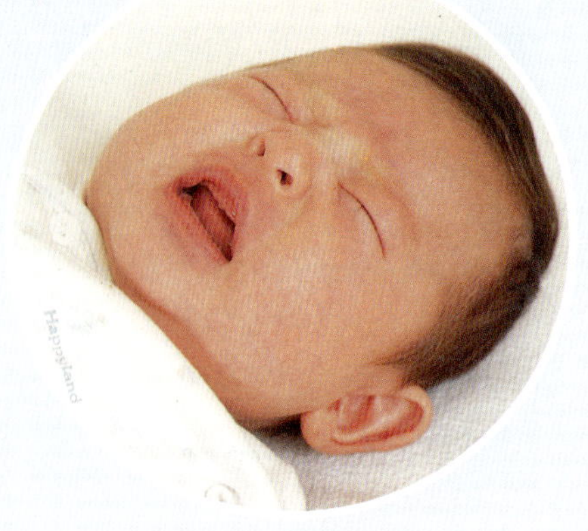

배가 고플 때

숨을 한 번 크게 쉬었다가 잠깐 사이를 두는 식으로 독특한 리듬을 갖는다. 수유리듬이 생긴 아기라면 시간을 보면 쉽게 알 수 있다. 이때는 아기에게 얼른 젖을 먹이거나 우유를 타주면 울음을 그친다. 불안해진 심리상태도 젖이나 우유를 먹으면서 엄마와의 접촉을 통해 안정감을 찾게 된다.

아플 때

어디가 아프거나 크게 놀랐을 때의 울음소리는 갑자기 숨이 넘어갈 듯 울다가 중간에 숨을 멈추는 등 변화가 크다. 따라서 다른 울음소리와는 쉽게 구별된다. 이때는 울다 지치면 멈추겠거니 하고 그대로 두어서는 안 된다. 30분 이상 발작적으로 계속 운다면 어딘가 아픈 것이므로 병원으로 데리고 간다.

신생아 생활 패턴 만들기

울음 리듬

아직 말을 못하는 갓난아기는 다른 의사표현 수단이 없는 만큼 조금만 불편해도 울곤 한다. 아기들은 말이 곧 울음인 셈이다. 그러나 초보 엄마는 아기가 울면 당황한 나머지 서둘러서 달래려다 오히려 아기를 더 울리기도 한다. 아기의 울음을 이해하면 신생아 돌보기가 한결 수월하다.

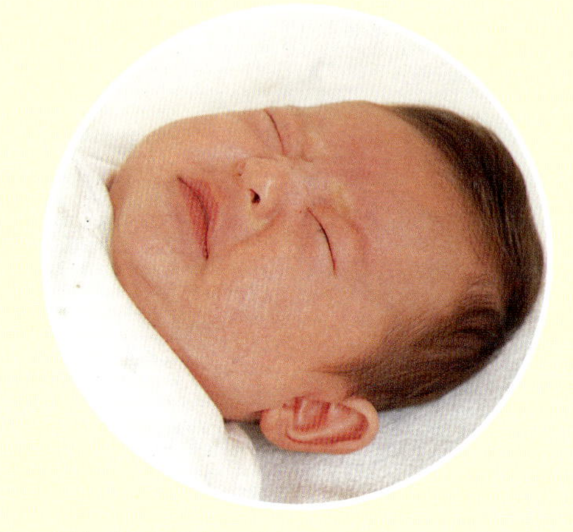

졸려서 울 때

졸릴 때도 약간 화가 난 듯이 운다. 졸린 데도 잠을 잘 수 없어 엄마에게 재워달라고 신호를 보내는 것이다. 이때는 아기를 안고 조금씩 흔들면서 자장가를 불러주면 좋다. 또 아기는 잠들 무렵, 체온이 높아지고 머리가 가려워지기 쉬우므로 안은 채 머리를 만져주듯이 가볍게 긁어주면 편안해져 기분 좋게 잠이 든다.

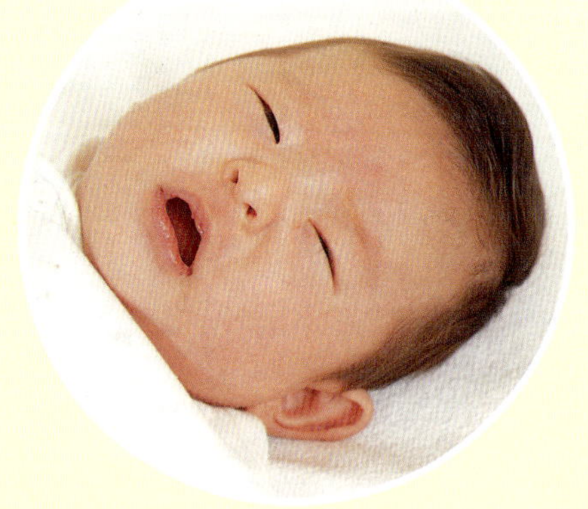

짜증날 때

화가 나서 울 때는 배가 고파서 울 때보다도 더 소리가 크고 강렬하며 신경질적인 데가 있다. 보통의 울음 또는 배가 고파서 우는 울음을 그대로 두었을 때 이렇게 짜증난 울음을 울기 쉽다. 이때는 달래기가 무척 힘들다. 꽤 오랫동안 안아주거나 안정시켜 주어야 겨우 울음이 진정된다.

안아달라고 울 때

배가 고프거나 아픈 것도 아니고 기저귀도 방금 갈아주었는데도 이유 없이 운다면 이때는 엄마에게 안아달라고 하는 소리다. 이럴 때는 엄마가 안아주면 울음을 뚝 그치는데 이때, 아기의 손발을 쭉쭉 펴주는 간단한 체조나 맛사지를 해주며 함께 시간을 보내면 아기는 언제 그랬냐는 듯 좋아한다.

아기들은 자기의 울음에 엄마가 반응해 주기를 원한다

우는 것만이 유일한 의사표현 수단인 아기는 울어도 아무도 알아주지 않거나 오히려 꾸중을 들으면 더 불안한 상태로 빠지게 된다. 이런 경험이 쌓이면 아기는 울어야 할 때도 울지 않게 되거나 반대로 계속 울기만 하는 아기가 되기도 한다.

일단 아기가 울면 잘 달래주고 우는 원인을 해결해주어 안정된 상태로 만들어주는 것이 최선이다.

기저귀가 젖었을 때

힘없이 울거나 자지러지듯이 우는 경우가 아니라면 거의 기저귀가 젖어 불편해서 우는 때가 많다. 이때는 약간 보채듯이 우는 게 특징이다. 얼른 새 기저귀로 갈아주면 금방 기분이 나아져서 웃으면서 놀거나 잠이 든다. 기저귀를 간 후 젖이나 우유를 먹이면 아기는 엄마와의 접촉을 통해 안정감을 찾게 된다.

배변 리듬

생후 48시간 내에 첫 대소변을 보는 것을 시작으로 아기는 이제 먹는 만큼 싸는 게 일이다. 배변리듬은 아기마다 모두 다르므로 일단 아기가 잘 놀고, 잘 먹고, 잘 자고, 몸무게가 꾸준히 증가한다면 대소변의 횟수나 묽은 정도만 보고 크게 걱정할 필요는 없다.

배설을 잘 하는 아기가 건강하다

신생아는 먹는 양만큼 잘 배설한다. 그래야 건강하다는 증거다. 잘 먹고 잘 싸는 아기일수록 쑥쑥 잘 자라기 마련이다. 그래서 아기 소변의 양은 젖을 얼마나 먹느냐에 따라 많기도 하고 적기도 하다.

신생아의 첫 소변

갓난아기의 첫 소변은 출생 후 48시간 이내에 나온다. 횟수는 처음에는 하루에 6~8회 정도 배설하다가 차츰 먹는 양이 늘어나므로 생후 14일 무렵이 되면 2배로 잦아져 하루에 15회 정도로 많아진다.

가끔 오줌을 싼 기저귀가 붉은 색이 되는 경우가 있는데, 초보엄마는 어디가 아픈가 싶어 걱정하게 된다. 그러나 신생아의 오줌에 많이 섞여 있는 요산 때문이므로 그리 걱정할 필요가 없다.

신생아의 첫 대변

신생아의 첫 대변은 '태변'이라고 해서 흑녹색의 끈적끈적한 변이다. 태변은 생후 24시간 이내에 나온다. 그 후 생후 2주까지는 약간

묽고 점액성 있는 변을 보다 점차 녹갈색의 정상변을 하루에 3~4회 정도 본다. 생후 1달 반 정도가 지나면 일정한 배변리듬이 생기게 된다.

우유 먹는 아기와 모유 먹는 아기의 변에는 차이가 있다

대변의 상태는 모유를 먹느냐, 우유를 먹는냐에 따라 조금씩 다르다. 모유를 먹는 아기는 녹색을 약간 띤 난황색의 변을 본다. 모유 먹인 아기의 변은 약간 시큼한 냄새가 나고 일정한 형태가 없이 묽은 편이다.

우유를 먹는 아기의 변은 황금빛으로 이와는 다르며, 변이 굳어져 일정한 모양을 갖추는 특징이 있다. 대변의 횟수도 모유를 먹는 아기가 좀 더 많다.

대소변으로 건강상태를 파악한다

신생아기를 포함한 수유기에는 황색·난황색·황록색·녹색을 띠면서 달콤새콤한 냄새가 나면 정상변에 속한다. 알맹이가 있거나 약간 점액질이더라도 걱정할 필요는 없다. 그러다 이유기가 되면 먹은 음식의 색깔이 대변에 영향을 주게 된다. 시금치를 먹이면 변이 녹색을 띠고 귤을 먹이면 변이 노랗게 되는 식이다.

하루 10~15회의 대소변을 본다

신생아는 적어도 하루에 10~15회 정도로 대소변을 자주 보지만 균에 감염되거나 호흡기병 등 다른 병이 동반되어 설사를 할 때는 더욱 배변횟수가 늘어난다. 설사를 해도 아기가 기분이 좋고 잘 먹는 가벼운 설사라면 괜찮지만 심해서 구토, 발열, 경련

이 온 경우, 설사를 하면서 대변의 색이 붉거나 끈적끈적할 때는 의사에게 빨리 보이도록 한다.

이때는 아기가 오줌을 누는 횟수가 많이 줄어들고 입안이 바짝 마르며 너무 보채거나 또는 너무 기운이 없어 한다.

설사를 할 때는 엉덩이가 짓무르기 쉬우므로 미지근한 물로 아기의 엉덩이를 씻어준 후 잘 말린 후에 기저귀를 채워주어야 한다.

Baby Clinic

서둘러 병원에 가야 할 아기의 변

● 비타민 K 결핍증

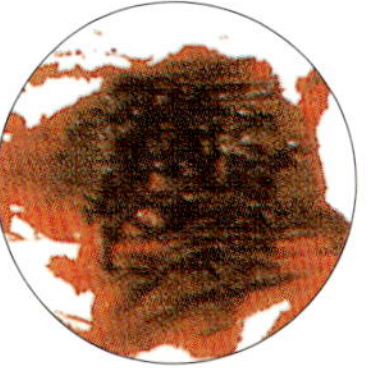

↑ 장내에서 출혈이 일어나 혈변이 나오고 검붉거나 검은 콜타르 상태.

● 백색변성 설사증

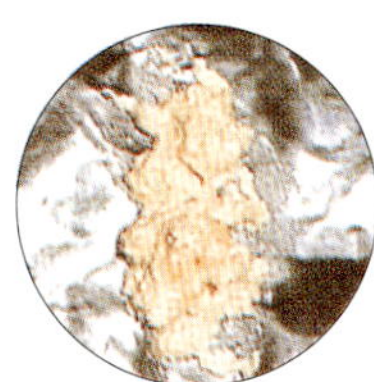

↑ 로타바이러스에 의한 설사. 색깔이 쌀뜨물처럼 새하얀 물 같은 변.

● 선천성 담도 폐쇄증

↑ 엷은 황색을 띤 변.

● 장중첩증

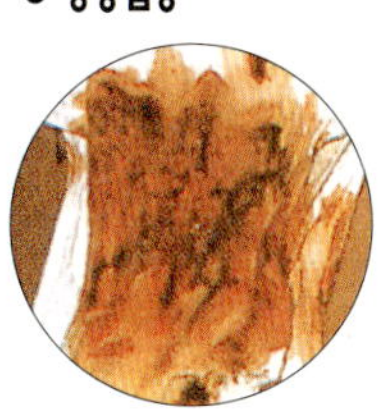

↑ 점액이 섞인 혈변. 끈적끈적하다.

태어나서 처음 만나는 아기 물건

먹이기부터 재우기까지 신생아 용품

어떤 상황에서도 조심 조심 다뤄야 하는 신생아 시기에는 필요한
보조 용품들이 특히 많다. 아이가 꼭 써야 하는 육아 용품에는 어떤 것들이 있는지,
그 쓰임에 따라 어떤 것을 골라 주어야 하는지 알아본다.

수유 용품

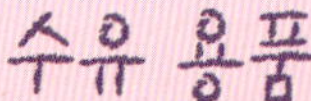

젖병의 종류에 따라, 젖꼭지의 재질에 따라
아기들이 써야 하는 용품들은 월령별로 다양하다.
아이들에게 적절한 수유용품에는 어떠한 것이 있는지
어떤 제품을 고르는 것이 좋은지 알아보자

실리콘 젖꼭지

엄마 젖을 닮은 디자인과 촉감으로 아기들이 쉽게 적응할 수 있게 도와주는 젖꼭지. 월령별로 신생아용 느린속도, 중간속도, 빠른 속도로 나눠 사용할 수 있다. **아벤트**

유축기

외출할 때나 지나치게 젖이 불었을 때 기구를 이용해서 젖을 짜내어 젖병에 보관해 놓을 수 있다. 유축기로 짜낸 젖은 젖병에 따로 옮겨 담을 필요 없이 그대로 냉장고에 보관할 수 있다. **아가방**

젖병 건조대

젖병을 삶거나 소독한 후에 깨끗하게 건조 보관할 수 있는 건조대. 젖꼭지 보관 케이스가 함께 들어있어 편리하고 위생적으로 젖꼭지를 건조, 보관할 수 있다. **YK물산**

1회용 젖병 수유 세트

외출시 간편하고 위생적으로 사용할 수 있는 1회용 젖병. 특히 1회용 젖병을 사용하면 아기가 빠는 정도에 따라 비닐팩이 수축되어 헛 공기를 삼키지 않아 배앓이가 줄어든다. **아가방**

모유 보관 비닐팩

일회용 젖병을 부착한 유축기를 사용하여 모유를 착유한 다음 비닐팩에 담아 내장 또는 냉동 보관을 가능하게 하는 제품. 멸균소독이 되어 있어 안심하고 사용할 수 있다. **아가방**

젖병 소독기

젖병을 일일이 삶을 필요 없이 소독할 수유용 기구들을 잘 정리해 담은 다음 뚜껑을 닫고 전기만 꽂으면 수유 기구들을 한꺼번에 소독할 수 있다. 엄마들의 일을 줄여주는 육아 보조 용품. **파코라반 베이비**

휴대용 분유 케이스

아기의 수유량 만큼 분유를 담아 휴대할 수 있다. 분유를 먹는 아기의 경우 외출시에 꼭 필요한 제품이다. **해피랜드**

젖병

월령별로 아기가 먹는 양에 따라서 젖병의 크기와 젖꼭지를 다양하게 선택해 사용해야 한다. **아가방**

기저귀 용품

아기들이 항상 착용하고 있어야 하는 것이 바로
이 기저귀. 그렇기 때문에 어떤 것을 골라야 하는지,
어떤 종류가 필요한지 가장 세심하게
신경 써 주어야 하는 용품 중 하나이다

일회용 기저귀

외출할 때나 밤에 여러 번 기저귀를 갈아 채우기가 번거로울 때 편리한 일회용 기저귀. 남·녀 월령에 따라 각각 다르게 만들어져 나온다.

기저귀 커버

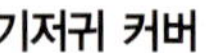

아기의 대소변으로부터 아기 옷이나 침구가 더럽혀지는 것을 방지하면서 기저귀를 고정시켜 주는 역할을 하는 아기의 위생용품. **아가방**

천 기저귀

면 기저귀는 흡습성이 뛰어나기 때문에 아기의 피부에 가해지는 자극을 최소화 할 수 있다. 면 기저귀를 사용할 때는 소변이 새는 것을 방지하기 위해 기저귀 커버를 씌우는 것이 좋다.

침구 용품

아기의 보온과 외부로부터 보호하는 기능을 하는 침구류. 용도에 따라 어떤 용품을 사용해야 하는지, 아기에게 어떤 것들이 필요한지 알아본다

겉싸개

외출 시 아기를 감싸는 겉싸개는 보온효과 뿐만 아니라 외부의 바람과 빛으로부터 아기를 보호하는 기능을 한다. 실내에서 이불이나 깔개로도 사용이 가능하다. 아가방

방수요

방수요 커버는 아이의 대소변으로부터 요를 더럽히는 것을 막아주고 요를 항상 청결하게 유지시켜 주는 기능을 한다. 아가방

이불

섬유 내에 항균, 방취 기능을 함께 가지고 있는 아기 전용 이불. 촉감이 부드러워 민감성 아기 피부에 좋다. 아가방

속싸개

사각 한쪽모서리에 꼬깔 형식으로 되어 있어서 외출 시 모자대용으로 감쌀 수 있어 유용하다. 또한 목욕타월 용도로도 사용 가능하다. 아가방

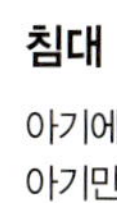

침대

아기에게 편안한 잠자리를 제공하는 아기만의 공간. 아기의 성장에 따라 매트리스의 조절이 가능하며 하단에 서랍과 수납 공간이 있어 사용이 편리하다. 해피랜드

좁쌀 베개 · 짱구 베개

신생아용 베개는 주로 낮에 사용하여 머리모양을 예쁘게 만들어 주는 짱구 베개와 밤에 사용하여 머리에 열을 식혀 줄 수 있는 찬 곡식이 들어있는 좁쌀베개 2가지를 함께 장만하는 것이 좋다. 아가방

기타 아기 용품

신생아 · 유아기는 완전히 엄마에 의존해서 크는 시기이므로 가장 많은 종류의 생활 용품들이 필요하다. 신생아 · 유아 용품은 아기에게 자극이 없는 것, 확실하게 아이를 보호해 줄 수 있는 것들을 고르도록 한다

배꼽띠

배꼽띠는 출산 후 아기의 떨어진 배꼽을 보호해 주는 역할을 한다. 아가방

가제 손수건

순면으로 만들어 흡습성이 뛰어나며 피부를 보호하는 아기 전용 손수건. 아가방

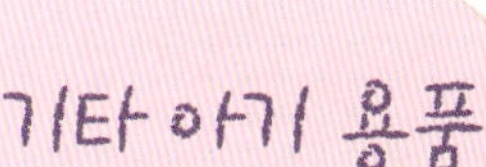

손싸개, 발싸개

손과 발을 보호하기 위한 신생아용 장갑 및 양말. 위험 물체로부터 아기를 보호하며 보온효과도 있다. 아가방

우주복

기저귀를 찬 상태에서도 자유롭게 몸을 움직일 수 있도록 몸을 푹 감싸주는 외출복. 상하의가 붙어 있어 옷을 입히고 벗기기도 편하다. 아가방

전자 체온계

전자체온계는 일반 수은체온계보다 3배 이상 측정이 빠르며, 체온을 알아보기가 편리하다. 체온계에 가장 최근의 측정 체온이 표시되어 이전의 체온을 확인할 수 있다. 아가방

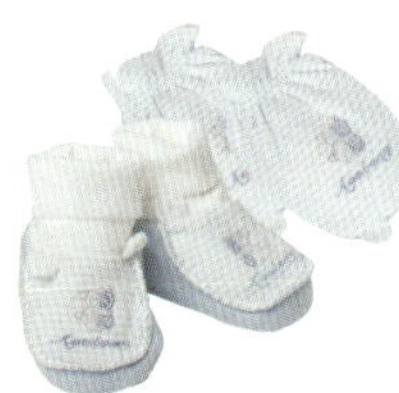

신생아용 모자

아이들은 피부가 약하고 머리숱이 적기 때문에 외부의 직사광선이나 공해로부터 보호해 주어야 한다. 따라서 외출할 때는 모자를 반드시 씌운다. 아가방

배내 저고리

순면 소재로 아기가 태어나서 처음 입는 신생아용 옷. 여밈이 끈으로 되어 있어 아기의 몸에 맞게 자유롭게 조절할 수 있다. 생후 4개월까지 입힐 수 있다. 아가방

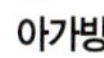

아기띠

아기의 체중을 분산시켜 좀 더 가볍고, 안정감있게 아기를 안거나 업을 수 있는 육아 보조 용품. 목을 가누기 시작할 때부터 사용할 수 있다. 아가방

유모차

외출할 때의 필수 용품. 이동과 보관이 쉬우며 등받이의 각도 조절이 다양하다. 유모차는 아기의 월령에 따라 그 종류가 각각 다르다. 아가방

코 흡입기

혼자 코를 풀지 못하는 아이들의 코를 안전하고 편리하게 제거할 수 있는 위생용품. 코가 딱딱해져서 나오지 않을 경우 식염수를 2~3방울 떨어뜨려 부드러워지면 사용한다. 아가방

카시트

위험한 자동차 여행에 필수인 카시트. 일반 자동차 의자 보다 포근하게 아기를 잡아주는 역할을 하며 그 종류에 따라 햇빛 가리개, 긴급 자동 잠금장치, 머리 받침 등의 보조 안전장치가 준비되어 있다. 아가방

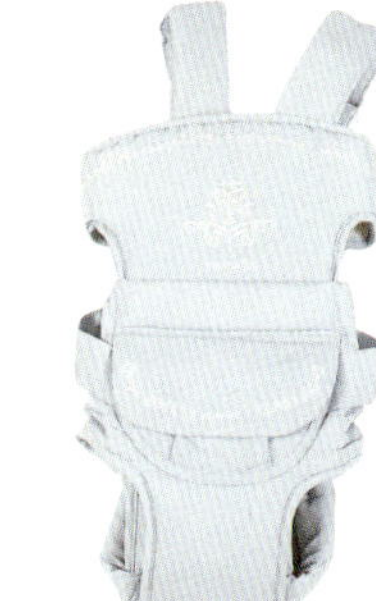

우리 아기,

PART 3

연령별 아기방 꾸미기 ● 장소에 따른 아기 방 수납 아이디어 ● 잠자리 꾸미기 & 잠 재우기

목욕시키기 ● 기저귀 갈아주기 ● 옷 입히고 벗기기 ● 안아주기 ● 약 먹이기 ● 아기 달래기

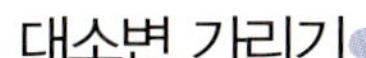

대소변 가리기 ●  외기욕 & 첫 외출하기 ● 아기에게 필요한 목욕 ● 위생용품

매일 돌보기

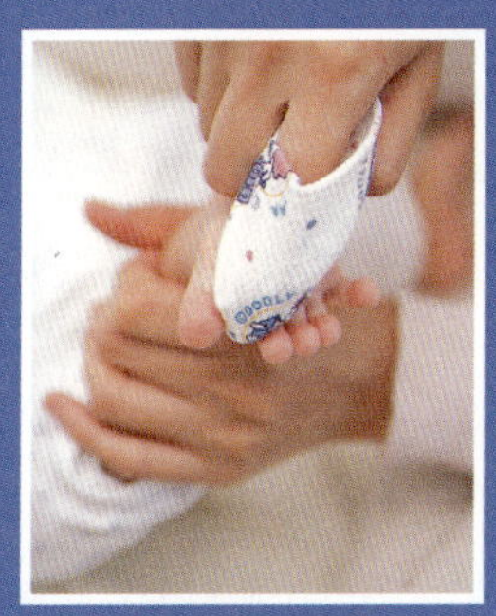 

모든 것이 서툴기만 한 초보 엄마와 아빠. 매일 거듭되는 안아주기에서 잠재우기, 울음 달래기, 목욕시키기, 약 먹이기, 대소변 가리기까지, 자신 있게 아기를 돌볼 수 있는 요령을 소개한다. 연령별·장소별 아기방 꾸미기와 수납 아이디어도 배워보자.

아기 방 꾸미기

하루의 대부분을 잠을 자며 지내는 신생아에서부터 맘껏 뛰놀 수 있는 공간이 필요한 취학 전 아이까지
다양한 연령의 아기 방 꾸밈 요령과 장소에 따른 수납 아이디어, 쾌적한 방 관리 방법을 소개한다.
엄마의 사랑과 정성이 듬뿍 담긴 방을 아기에게 선물해 보자.

신 생 아

갓 태어난 아기는 거의 하루종일 잠만 자기 때문에 포근하고 쾌적하며 안정감이 느껴지는 방으로 꾸미는 것이 좋다. 엄마도 이 시기에는 많은 시간을 아기와 함께 지내기 때문에 아기 잠자리 옆에 젖을 먹이거나 쉴 수 있는 자리를 마련하도록 한다.

벽지와 침구 선택하기

포근하고 따스한 느낌을 주기 위해서는 아기의 침구와 커튼, 벽지 등의 색상을 흰색이나 엷은 파스텔톤으로 고른다. 아기의 침구를 흰색으로 마련하면 신생아에게 일어날 수 있는 태열과 땀띠 등 피부에 일어나는 트러블을 비교적 빨리 알아차릴 수 있어 좋다. 엄마의 침구도 비슷한 색상으로 맞추면 안정감을 갖게 된다. 이 시기의 아기 방은 아기가 일시적으로 머무르는 공간이므로 인테리어보다는 아기가 편안하게 먹고, 놀고, 잘 수 있게 배려하는 것이 중요하다.

↪ 흰색이나 엷은 파스텔톤 색상의
침구를 선택한다.

연령별 아기 방 꾸미기

아기의 월령에 따라 방 꾸밈이 달라져야 한다. 아기가 성장하면서 컬러계획, 가구배치, 수납 공간 확보 등 바꿔야 할 부분이 많아지므로 방 꾸밈의 포인트를 파악하여 변화를 주자.

아기 침대는 벽쪽으로 마련한다.

침대 근처에 아기용품 바구니를 둔다.

방 · 꾸 · 미 · 기

point 1 아기 자리는 통로를 피해 벽 쪽으로 마련한다. 틈새바람이 스며들지 않고 직사광선이 들지 않는 창문에서 조금 떨어진 곳이 좋다.

point 2 아기에게 빛이 직접 닿지 않는 곳에 스탠드를 은은하게 켜 두면, 불을 켜지 않아도 한밤중에 수시로 깨는 아기를 편하게 돌볼 수 있다.

point 3 아기 시선이 닿는 곳에 커다란 공이나 모빌을 달아 준다.

point 4 아기 자리 부근에 아기용품을 정리해 놓을 수 있는 상자나 바구니를 마련해 필요할 때마다 꺼내 쓸 수 있게 한다.

영아(백일 무렵)

생후 백일쯤 되면 주변 사물에 대한 호기심이 생기기 시작하므로 평범하게 꾸미기보다는 전체적으로 밝고 선명한 원색으로 꾸며 아기의 시선을 자극하도록 한다. 또한 수납 공간을 효율적으로 활용해 육아용품을 깔끔하게 정돈한다.

엄마와 아기의 공간을 분할한다

아기가 활동하는 시간이 점점 일정해지므로 같은 방이라도 엄마와 아기의 공간을 자연스럽게 분할해 산뜻하게 바꾸어 본다. 한 가지로 컨셉을 정해 연출하면 좀 더 수월하게 방을 꾸밀 수 있다. 아기가 기어다니기 시작하면 손이 닿는 위치에 있는 물건은 모두 치우고, 손이나 몸이 끼어서 다칠 수 있는 곳에는 안전장치를 하도록 한다.

방 · 꾸 · 미 · 기

point 1 아기 침대 옆에 딸랑이나 작은 인형을 달아 준다.

point 2 아기 침대 아래쪽 벽면에 수납장을 두고 수납장 위에 벽걸이를 마련한다. 벽걸이에는 주머니를 걸어 잃어버리기 쉬운 아기 물건을 정리한다.

point 3 아기의 눈높이에 맞추어 벽장식이나 플라스틱 거울을 붙여 둔다. 상자를 이용한 놀이기구도 마련해서 점점 왕성해지는 아기의 호기심을 충족시켜 준다.

point 4 작은 탁자를 놓아 아기를 돌보면서 커피를 마시거나 책을 읽을 수 있는 엄마의 공간으로 활용한다.

◐ 침대 옆에 탁자를 놓아 엄마의 공간으로 활용한다.

컬러상자를 여러 단 쌓아 사용한다.

찍찍이로 붙였다 뗐다 할 수 있게 한다.

방 · 꾸 · 미 · 기

point 1 바닥에 퍼즐매트를 깔아 미끄럼을 방지하고 놀잇감으로도 이용한다.

point 2 침구는 색상이 알록달록하고 아기자기한 무늬가 들어 있는 것으로 마련한다.

point 3 아기의 성장에 맞추어 컬러 상자를 여러 단으로 쌓아 사용한다.

point 4 콘센트에는 덮개를 씌우고 전선줄은 드러나지 않도록 잘 감춘다.

point 5 아기의 손이 닿는 부분은 찍찍이로 붙였다 뗐다 하는 벽장식을 걸어 둔다.

유아(돌 이후)

걸음마를 시작하면서 활동이 한참 왕성해질 시기이므로 자유롭게 놀 수 있는 공간을 마련해 준다. 쓸데없는 물건은 모두 치워서 밝고 넓으면서 단순한 느낌이 들도록 꾸미는 것이 좋다. 부쩍 늘어난 아기용품은 침실에 쌓아 두지 말고, 다른 장소로 옮겨서 수납한다. 만약 아기의 놀이 방을 만들기 힘들면 집안에서 아기가 놀기에 가장 적당한 장소를 골라 놀이 공간으로 꾸며 준다.

통일된 분위기를 연출한다

놀이 공간을 꾸밀 때는 되도록 아이의 정서를 고려해서 하나의 주제를 잡아 벽지와 바닥재, 소품 등을 배치하면 통일된 분위기를 연출할 수 있다. 또 필요하지 않은 가구 등은 미리 치워서 아기가 충분히 움직일 수 있는 공간을 만들어 주고, 아기가 혼자 놀 때도 엄마가 안심하고 집안 일을 할 수 있도록 방안의 안전 점검에 신경을 쓴다.

취학 전 아이

신체 발달이 어느 정도 이루어진 이 시기의 아이들은 행동 반경이 넓어지고 활동적인 놀이를 즐긴다. 그러므로 방 안에 최소한의 가구만 놓아 아이가 활발하게 놀 수 있는 공간을 확보해 주는 것이 중요하다.

◀◀ 원색과 부드러운 색의 적절한 조화

움직임의 폭이 가장 넓고 활동적인 놀이를 즐기는 시기이므로 아이 방에 많은 물건을 사들이는 것보다는 맘껏 뛰놀 수 있는 여유공간을 만들어 주는 게 중요하다. 특히 이 시기의 아이들은 낙서와 그림 그리기를 좋아하므로 한쪽 벽에 흰 종이나 칠판을 달아 그림 그릴 공간을 만들어주도록 한다. 그대로 방치하면 자칫 산만해지기 쉽고, 지나치게 통제하거나 간섭하면 소극적인 아이가 될 수 있다. 또한 원색 위주의 아이 용품을 사용해 색에 대한 인식을 길러주고 그 뒤 부드러운 색을 적절히 가미해 안정감을 키워준다.

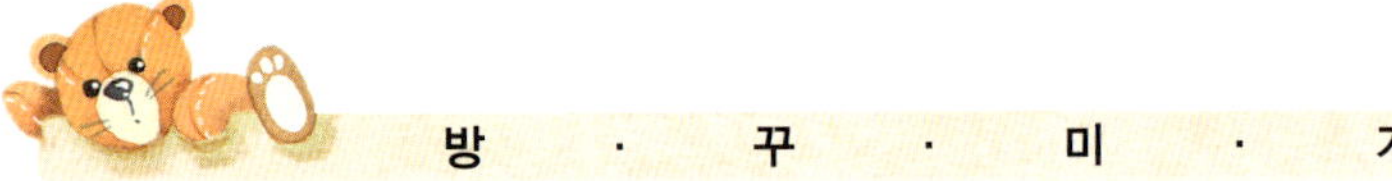

point 1 아이 방에 나무나 종이 박스를 마련해서 놀이용 테이블과 의자, 장난감을 정리하는 습관을 길러 준다.

point 2 낙서를 하거나 그림을 그릴 수 있는 곳을 별도로 마련해 준다.

point 3 빨강, 노랑 등의 원색은 아이의 성격을 밝고 환하게 길러준다.

point 4 불필요한 가구와 소품을 자제하여 공간을 넓게 사용한다. 그 대신 놀이 기구 등을 설치해 준다.

point 5 아이가 늘 사용하는 일상 용품 등은 밖에서도 잘 보이는 투명한 플라스틱 바구니에 수납한다.

point 6 아이의 손이 닿는 높이 한도 내에 물건을 수납해 스스로 물건을 꺼내고 정리할 수 있게 한다.

⊕ 아이 방에 정리함을 마련해 물건을 스스로 정리할 수 있게 한다.

⊕ 벽에 낙서를 할 수 있는 공간을 따로 만들어준다.

⊕ 원색 침대나 소품은 아이의 성격을 밝게 길러준다.

Mom & Baby

부부 침실에 아기 방을 마련할 때의 수납 아이디어

✳ 아이디어 1 아기 침대 밑 바구니를 수납장으로 이용한다 유아용 침대 밑은 수납공간으로 활용하기에 적당하다. 바구니에 아기 옷이나 용품을 정리하면 공간을 효율적으로 활용할 수 있다.

✳ 아이디어 2 선반이 있는 가구 바구니에 수납한다 부부침실의 장롱이나 서랍장 한켠을 비우고 아기를 위한 공간으로 활용한다. 이 때 바구니나 수납 상자 등을 이용해 수납하는 것이 정리하기 편리하다.

✳ 아이디어 3 서랍장과 수납도구는 한자리에 정리한다 서랍장이나 바구니, 상자 등은 아기 침대나 침구를 중심으로 정리한다. 부부 침실 한켠이지만 아기의 공간임을 나타내 주도록 한다.

⊕ 서랍장이나 바구니는 아기 침대나 침구를 중심으로 정리한다.

쾌적하게 관리하기

아이 방은 예쁘게 꾸미는 것도 중요하지만 깨끗하게 유지해 안락하고 쾌적한 방이 되어야 한다. 여러 가지 위험과 질병으로부터 아이를 보호하는 아이 방 쾌적 관리법을 알아보자.

청소를 주기적으로 해준다

아이 방은 특히 청소할 때 신경을 많이 써야 한다. 방바닥에 흩어져 있는 물건을 제대로 치우지 않으면 아이에게 사고가 생길 수도 있고, 먼지와 오염된 공기, 침구나 장난감 등에 묻은 병균으로 아이가 감염될 수도 있기 때문이다. 또한 침구와 봉제 인형 등은 세탁과 일광소독을 철저히 하고 플라스틱 장난감도 주기적으로 씻도록 한다.

○ 아기 침구나 봉제인형 등은 세탁과 일광소독을 철저히 한다.

▶▶ 아이 침대에는 가드를 설치한다

아이 침대가 있다면 꼭 가드를 설치하는 것이 좋다. 가드는 침대를 구입할 때 옵션으로 구입할 수 있는데, 아이가 침대에서 굴러 떨어지지 않게 안전장치를 미리 마련해 두어야 한다. 영아용 침대에는 범퍼를 설치해 아기가 침대에 부딪히지 않게 한다.

○ 아기가 침대에서 굴러 떨어지지 않도록 가드를 미리 설치해 두어야 한다.

실내 온도와 환기에 신경 쓴다

아이 방의 온도는 겨울엔 20℃ 전후, 여름엔 25~27℃가 적당하다. 습도는 50~60% 정도를 유지한다. 공기가 건조하면 가습기를 사용해 습도를 조절하고, 1시간에 한 번씩 환기를 시켜 공기가 오염되는 것을 방지한다.

빛이나 소리로부터 아이를 보호한다

TV나 오디오, 취침등처럼 강한 빛이나 소리가 나는 것은 아이 방에 두지 않는다. 시끄러운 소리와 TV화면에서 나오는 빛이 아이의 깊은 잠을 방해하기 때문이다. 취침등은 침대 밑이나 바닥에 가깝게 두거나 갓을 씌운 스탠드로 은은하게 빛을 조절해 준다.

○ 아기 방은 자주 환기를 시켜 공기를 오염되지 않게 한다.

○ TV소리나 오디오소리 등 아기의 잠을 방해하는 요인들은 미리 없앤다.

Mom & Baby

매일 해야 하는 청소

✷ **청소기로 먼지를 제거한다** 아이 방은 매일 청소기를 이용해 먼지를 제거한다. 먼지가 쌓이면 호흡기 질병에 걸리기 쉽고 진드기가 생길 수 있으므로 특히 유의해서 청소해야 한다.

✷ **침구류를 털어낸다** 아이가 자고 일어난 침구류는 반드시 먼지를 털어내도록 한다. 자는 동안에 쌓인 먼지와 몸에서 떨어진 각종 비듬과 오물류를 제거해야 진드기 발생을 줄일 수 있다.

✷ **침구류를 갈아준다** 아이는 자면서 땀과 침을 흘리거나 우유 등을 흘리는 경우가 많으므로 침구류는 매일 갈아주는 것이 좋다. 여의치 않을 경우 큰 타월이나 얇은 패드를 이용해 매일 갈아주면 이불을 매일 세탁하지 않아도 청결을 유지할 수 있다.

일주일에 한 번 해야 하는 청소

✷ **침구류를 일광 소독한다** 침구류에는 진드기 등 병균을 옮길 수 있는 각종 세균이 생기기 쉬우므로 일주일에 한 번은 침구류를 일광소독 해주는 것이 좋다.

✷ **봉제 인형을 세탁한다** 봉제 인형도 침구류와 마찬가지로 먼지와 진드기 등이 생기기 쉬우므로 일주일에 한 번은 깨끗하게 세탁해 햇빛에 말려 청결을 유지한다.

✷ **장난감을 세척한다** 아이들은 장난감을 입에 넣고 빨거나 음식물 등을 묻히기 쉽다. 플라스틱류의 장난감은 일주일에 한 번 정도 물로 세척해 주는 것이 좋다.

▶▶ 도배지 대신 신문지 활용하기

아이들은 낙서를 하면서 상상력을 키워간다. 마음껏 낙서를 할 수 있게 아이들 손이 닿는 높이까지 벽 전체를 신문지로 도배한다.

▶▶ 벽에 메모장 만들어 주기

아이들은 스티커를 좋아해 벽 여기저기에 스티커를 붙인다. 그러면 벽이 지저분해진다고 혼내지 말고 차라리 벽에 메모장을 만들어 걸어 주자. 아이들 방도 훨씬 깨끗해지고 아이의 정서도 안정될 수 있다.

◆ 낙서를 즐기는 아이를 위해 신문지를 바른다.　　◆ 스티커 붙이기를 좋아한다면 메모장을 마련한다.

다양한 아이디어로 꾸미기

많은 돈을 들이지 않아도 얼마든지 아이방을 신나는 놀이터로 만들 수 있다. 여러 가지 아이디어로 재미있고 실용적인 아이 방을 만들어 보자.

▶▶ 낡은 서랍장을 인형의 집으로

낡은 서랍장을 그냥 버리지 말고 깨끗하게 색칠한 다음 인형의 집을 만들어 주거나 장난감 수납공간을 만들어주면 좋다. 만들 때 아이들과 같이하면 더 좋다.

◆ 낡은 서랍장은 인형을 수납하는 공간으로 이용한다.

벽화 그려주기

벽이 단조롭고 비어 보인다면 아이 방에 벽화를 그려주는 것도 좋다. 아이에게 상상력을 길러줄 수 있고 독특하게 꾸밀 수 있어 일석이조다.

환한 방 만들기

아이 방은 환하면서 산만하지 않은 분위기로 꾸며야 한다. 아이들이 좋아하는 컬러의 천으로 창을 반정도만 가리도록 재단하고 시접처리를 해주면 아주 예쁜 커튼이 된다.

다양한 침대헤드로 변화 주기

아이들의 침대 헤드는 반드시 단정할 필요는 없다. 컬러 우드락으로 예쁜 그림이나 귀여운 동물모양을 오려서 장식을 해주거나, 갖가지 쓰고 남은 헝겊으로 장식해 주면 아이들의 상상력이 더욱 발달한다.

▶▶ 선반형 수납장으로 공간활용하기

아이 방에 쓸 수납장에 문짝이 달려있으면 아이들이 사용하기에 불편하다. 아이방 수납장은 한쪽이 노출되어 있는 선반형으로 마련하는 것이 정리하기에도 편하고 공간활용에 더 효과적이다.

◆ 아이 방 수납장은 여닫이가 없는 선반형으로 마련한다.

접착시트로 분위기 바꾸기

아이 방은 손때가 묻거나 닳아서 낡아 보이기 쉽다. 이럴 때는 접착시트를 사다가 붙여보자. 지저분한 부분도 가릴 수 있을 뿐 아니라 방의 분위기도 확 바뀌게 된다.

◀◀ 침대나 책상 밑을 놀이터로 꾸미기

아이들은 구석이 어두운 곳에 들어가 놀기를 좋아한다. 침대나 책상 밑을 정리하고 커튼을 달아주고 장난감을 넣어 둔다면 아이들만의 꿈을 키울 수 있는 공간이 된다.

만화나 동물 캐릭터로 감성지수 키우기

아이 방의 인테리어는 감성지수와 관련이 많다. 만화나 동화의 캐릭터, 동물이나 식물에서 표현되는 친근감 있는 디자인이 좋다.

◆ 아이들은 구석에서 놀기를 즐기므로 침대 아래를 놀이터로 만들어주면 좋아한다.

장소에 따른 아기 방 수납 아이디어

부부침실에 만들까, 방을 따로 마련할까. 장소별 아기방 꾸미기와 요리조리 수납 아이디어를 배워보자.

부부침실 한켠에 아기 방을 마련하는 경우

아기 방을 따로 만들지 않고 부부 침실 코너에 마련하는 경우 공간 활용을 잘 해야 한다. 우선 아기 침대나 침구는 부부 침대 가까운 곳에 두고 수시로 아기를 살필 수 있도록 해야한다.

특히 수납에 신경을 써야 하는데 한 곳에 수납도구나 서랍장을 두고 정리하거나 침대 밑, 주변 가구를 최대한 활용해 수납을 해결해야한다.

❖ 부부 침실에 아기 침대를 놓을 때는 공간 활용을 잘한다. 침대 밑이나 주변 가구를 최대한 활용하자.

꾸 · 밈 · 아 · 이 · 디 · 어

point 1 아기 사진이나 장난감, 매일 쓰는 아기 용품은 잘 보이는 곳에 두는 것이 좋다. 아기 침대 옆에 예쁜 선반을 달면 장식과 수납을 모두 해결할 수 있다.

point 2 아기 침대나 침구가 놓인 벽, 천장에는 아기를 위한 공간 연출을 한다. 아기가 좋아하는 그림이나 스티커, 조명 등으로 아기만의 공간을 만들어 준다.

❖ 아이 방 벽에 선반을 달아 장식품을 올려놓거나 아기용 가방이나 소품을 걸어둔다.

아기 방을 따로 마련하는 경우

아기에게 방을 따로 만들어 주면 독립심을 키울 수 있다. 빛이 잘 드는 방으로 선택하고 채광을 조절할 수 있게 아기방을 따로 마련할 수 있는 경우는 공간을 넓게 사용할 수 있다.

아기 옷이나 용품들은 MDF박스와 수납상자 등에 정리해 보자. 페인트나 물감을 이용해 칠하거나 시트지를 붙이면 한결 깨끗해 보인다.

꾸 · 밈 · 아 · 이 · 디 · 어

point 1 박스 가구 위에 MDF 나무판을 올려 장식장으로 활용한다. 사진 액자나 장난감 등을 올려놓으면 예쁘다.

point 2 장식 효과 만점인 화이트 선반은 아기 방 꾸밈에 자주 쓰이는 아이템이다. 장식품도 올려놓고 옷을 걸 수 있어 편리하다.

point 3 5~6개월이 지나면 아기들은 뒤집고 구르기를 할 수 있으므로 이때는 반드시 쿠션 침대 가드를 준비해야 한다. 특히 아기 침대나 바닥, 엄마 침대에서도 사용할 수 있는 동그란 쿠션 가드는 플라스틱 가드보다 더 실용적이다.

point 4 박스 가구로 장식효과와 수납을 동시에 해결한다. MDF 박스 가구는 6천~7천원이면 구입할 수 있다. 박스 가구를 여러 개 겹쳐 놓거나 아이의 키에 맞게 낮게 늘어놓으면 수납도 해결되고 장식장으로도 사용할 수 있다.

point 5 수납박스를 박스 가구 사이에 놓아 내의류와 장난감을 수납한다. 수납박스는 따로 구입하지 않아도 종이로 직접 만들거나 포장박스 등을 색질하거나 색지를 붙여 활용할 수 있다.

point 6 아이 침대 난간에 자투리 천을 이용해 수납 주머니를 만들어 본다. 우유병이나 책, 가제수건 등을 다용도 주머니에 넣어두면 바로 꺼내서 사용하기 편리하다.

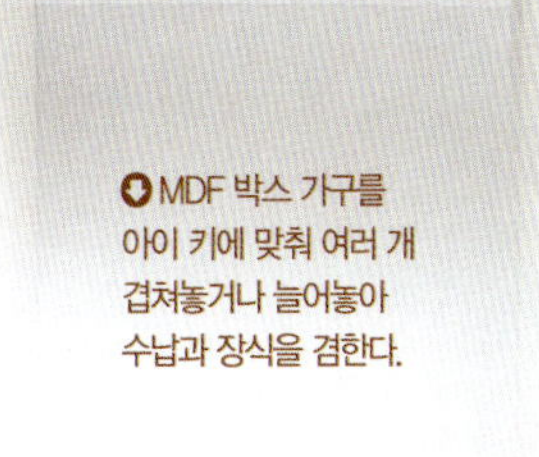

❖ MDF 박스 가구를 아이 키에 맞춰 여러 개 겹쳐놓거나 늘어놓아 수납과 장식을 겸한다.

❖ 침대 난간에 다용도 주머니를 달아둔다.

잠자리 꾸미기 & 잠재우기

아기가 편히 잘 수 있는 환경 만들기에 도전해 보자. 잠자리가 편안하지 않으면 아기는 자꾸 보채고 잠투정이 심해진다.
아기에게 쾌적한 잠자리를 만들어 주기 위해서는 온도, 습도, 환기, 빛 조절, 소음 체크까지
엄마의 세심한 배려가 필요하다.

잠재우기 위한 환경

○ 방안의 습도는 가습기를 틀어놓거나 빨래 건조대를 방안에 들여놓아 조절한다.

실내온도는 22~23℃ 정도, 습도는 50% 전후가 적당하다

신생아는 하루 16~20시간 정도 잠을 자며 지낸다. 밤낮을 가리고 잠자는 시간이 조절되기까지는 몇 개월이 걸리며 일단 밤낮을 가리게 되더라도 잠자는 시간은 상당히 길다고 할 수 있다. 다시 말해 갓 태어난 아기에게 가장 필요한 것은 기분 좋게 잠을 잘 수 있는 환경이다.

쾌적한 잠자리를 위한 실내온도는 22~23℃ 정도가 적합하고, 습도는 50% 전후가 가장 적당하다. 또 빛이나 소음의 자극이 적고 변화가 크지 않은 곳을 선택하는 것이 좋다.

빨래나 기저귀를 방 안에 널어 습도 조절을 한다

실내공기는 보송보송한 정도가 좋지만 숨을 쉬었을 때 코 점막이 마를 정도로 건조하면 아기에게 좋지 않다.

특히 난방을 하는 겨울에는 아기 방에 가습기를 틀어놓아 습도를 조절한다. 이때 향균호과가 있는 가습기를 이용하면 아기의 건강에 도움이 된다. 만약 가습기가 없다면 빨래 건조대를 집안에 들여놓아 습도 조절을 하거나 최소한 기저귀라도 방 안에 널어놓아서 아기가 건조함을 느끼지 않는다.

어른이 쾌적하다고 느낄 정도가 적당하다

여름에는 실내온도와 바깥온도의 차이가 5℃ 이상 나지 않도록 신경을 써야 한다. 실내와 실외의 기온 차이가 너무 심하면 몸이 식어 오히려 아기에게 부담을 줄 수 있기 때문이다. 선풍기도 아기 피부에 직접 쏘이지 말고 벽 쪽으로 향하게 하여 반사되는 약한 바람을 쐴 수 있게 하는 것이 바람직하다.

1개월이 지나면 어른이 쾌적하다고 느끼는 정도의 환경이면 아기에게도 적합하다.

편안한 잠자리

아기 잠자리는 가정의 생활 패턴에 맞춘다

아기 잠자리를 침대로 할 것인지 이불로 할 것인지는 각 가정의 생활 패턴에 맞추어 결정하면 된다. 다만 선택하기 전에 각각의 장단점을 체크해 보아 아기가 편안해할 잠자리, 엄마가 아기를 돌보기에 편리한 잠자리를 선택하면 된다.

침대를 사용할 때는 칸막이가 있는 것을 선택한다

칸막이가 설치되어 있는 아기 침대는 아기가 잘 때 조금 뒤척여도 떨어질 위험이 적고 이불을 움직이지 않고도 공간 이동을 할 수 있어 편리하다.

또 침대 높이가 있으므로 침대 아래나 발치 쪽에 아기에게 필요한 약간의 물건들을 안심하고 놓아둘 수 있어 편리하다.

○ 아기 침대는 칸막이가 되어 있고 공간 이동이 가능한 것으로 선택한다.

침대 안에 물건을 놓아두면 위험하다

티슈나 가제수건 등 아기 돌보기에 자주 쓰이는 물건을 침대 안에 두는 경우가 있다. 그러나 그것들은 아기가 움직일 때 얼굴을 덮어 질식할 수 있는 위험이 있으므로 주의해야 한다. 모빌 역시 아기 시선의 직선 위에 달아놓지 말고 45° 정도 비껴 내려간 정도의 위치에 단단히 고정시키도록 한다.

에어컨이나 히터, 방문, 창 옆에 아기 침대를 두지 않는다

냉난방기의 바람이 직접 닿는 곳이나 기기 바로 옆, 창문이나 출입문 옆은 온도 변화가 심하므로 아기 잠자리를 만들기에 적합하지 못하다. 특히 방문 쪽은 온도나 습도의 변화가 많고 문을 열고 닫을 때 진동이나 빛을 받기 쉬우므로 될 수 있으면 방문 쪽은 피하도록 한다.

아기 이부자리는 큼직한 것을 고른다

아기 잠자리는 제법 자라서도 쓸 수 있도록 큼직한 것을 구입하는 것이 좋다. 신생아기를 지난 아기는 잠을 잘 때 몸을 많이 움직이므로 이부자리가 조금 큰 것이 안전 면에서도 좋다.

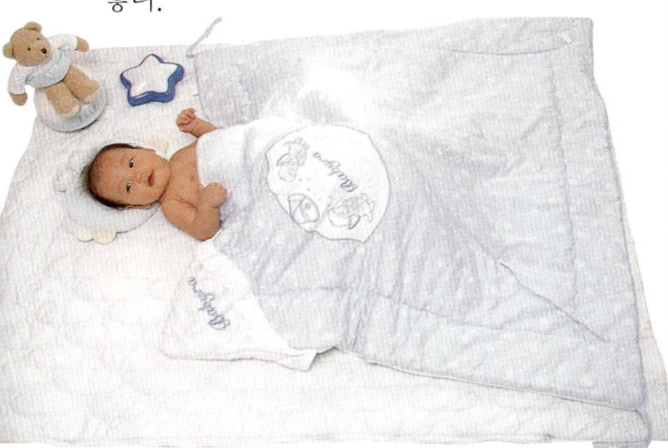

◐ 아기용 이부자리는 제법 자라서도 사용할 수 있도록 큼직한 것을 고른다.

소음이 심한 곳은 피한다

텔레비전이나 음악 소리가 시끄러우면 아기들은 불안해진다. 따라서 깜짝깜짝 놀라기도 하고 잠도 잘 이루지 못한다. 아기 방은 되도록 소음이 적은 곳에 위치하는 것이 좋다.

아기를 재우는 여러 가지 방법

바로 재우기

많은 엄마들이 아기의 두상을 예쁘게 만들어 주고 싶어 엎어 재우고 싶어하지만 유아돌연사가 걱정되어 이러지도 저러지도 못하는 경우가 많다. 이럴 때는 아기를 똑바로 재우되 가운데가 움푹 패인 짱구 베개를 이용하면 된다.

단, 아기를 똑바로 눕혀서 재울 경우, 아기가 토했을 때 토사물이 기도로 넘어갈 위험이 있으므로 아기가 젖을 먹은 지 얼마 안되었거나 감기 증세가 있어 토할 위험이 있을 때는 머리를 약간 옆으로 돌려놓거나 모로 뉘여 토사물이 넘어가 질식하는 위험을 막아주도록 한다.

◐ 우유를 먹인 다음 바로 똑바로 뉘어서 재우는 것은 위험하다.

Mom & Baby

잠버릇 들이기

● 아기의 생체리듬에 맞춘다

신생아는 처음 석 달간은 거의 대부분의 시간을 잠을 자며 보내므로 억지로 잠자는 시간을 조절하려 해서는 안 된다. 아기가 배가 고파 울면 젖을 주고 피곤해하면 재워주어야 한다. 그야말로 먹고 자는 아기의 생체리듬에 맞춰주어야 하는 시기인 것이다.

● 먹인 후 바로 재우지않는다

3개월이 넘어가면 생체리듬은 조금씩 규칙적으로 되어 대부분 밤에 자게 되지만 이때도 아기에게 스스로 잠들도록 하는 버릇을 들이기에는 무리가 있다. 다만 아기가 젖을 먹은 후 바로 잠이 드는 버릇은 들이지 않는 것이 좋으므로 가능한 한 수유 후에는 깨어있게 하는 훈련이 필요하다.

● 먹고 자는 시간을 일정하게 유지한다

이 시기에는 하루에 14시간 정도 잠을 자는데 12시간 정도는 밤에 자게 된다. 또 한번 잠이 들면 자다 밤에 깨는 일도 줄어들고 낮에는 두세 번 정도 낮잠을 자는 리듬을 갖게 되므로 엄마는 아기의 먹고 자는 시간을 일정하게 유지하려는 노력이 필요하다. 늘 같은 시간에 재우고, 밤중에 일어나서 우유를 달라고 보채지 않도록 재우기 전에 충분히 먹이는 것이 좋다.

● 울더라도 금방 안아주지 말고 한템포 늦춰 반응한다

만약에 잠들기 전에 충분히 먹였는데도 깨서 운다면 아기에게 문제가 생긴 것이지만 약간 어르거나 흔들기만 해도 다시 잠이 든다면 배가 고프거나 몸이 아파서 우는 것이 아니라 잠에서 깰 때마다 엄마가 얼러주는 것에 익숙해졌기 때문이다. 이럴 때는 아기 스스로 마음을 가라앉히고 아무도 얼러주지 않아도 혼자 잘 수 있도록 반응을 한 템포 늦추는 작전이 필요하다.

● 혼자 잠드는 버릇을 들인다

아기를 재울 때 "잘 자라."하고 인사를 한 다음 혼자 잠이 들도록 내버려둔다. 아기가 울어도 5분 정도는 그대로 둔다. 그래도 계속해서 운다면 아기가 혹시 아프거나 기저귀를 갈아야 하는 것은 아닌지 체크해 본다. 이때도 아기 곁에 오래 머물지 말도록 하고, 우유를 주거나 안아주어도 안 되면 반드시 아기가 깨어있는 상태에서 자리를 비우되 10분 후까지도 계속 운다면 다시 아기 곁으로 다가가 엄마가 멀지 않은 곳에 있음을 알려준다. 이렇게 울음을 그칠 때까지 15분 간격으로 아기를 안심시켜 준다. 다음 날은 15분에서 20분, 그 다음은 25분으로 아기에게 가 보는 시간을 늦추어 혼자 잠들 수 있게 해야 한다.

◐ 아기가 잠에서 깨서 울더라도 금방 안아주지 않는다.

엎어 재우기

엎어 재우기는 신세대 엄마들이 선호하는 아기 재우기 방법이다. 단 신생아기일 경우 목을 가눌 수 없으므로 엄마의 세심한 배려가 필요하다.

아기를 엎어 재우게 되면 우선 순환기의 활동이 부드러워지고, 다리를 자유롭게 움직일 수 있어 고관절 탈구를 예방할 수 있으며, 숙면을 취하는 경향이 있다.

물론 단점도 무시할 수는 없다. 우선 아기가 엎드려 자다가 몸을 뒤척이게 되면 코가 바닥에 닿아 질식할 위험이 있고, 엄마가 아기의 얼굴을 살피기 어려우며, 아기가 깨었을 때 제일 먼저 보이는 것이 바닥이기 때문에 정서적 공허감이 생겨 손가락을 심하게 빨아 부정교합이 될 가능성이 있다.

만약 이런저런 상황을 생각해 보아서 엎어 재우기로 결정했다면 일단 엎어 재우는 시기를 목을 가누게 된 후로 잡는다. 그리고 가급적이면 낮 시간에만 이 방법으로 재워 본다.

그리고 침대보다는 이불을 사용하고, 침대를 사용할 때는 매트리스가 딱딱한 것을 선택하며, 아기가 몸을 뒤척이더라도 흐트러지지 않게 고정시켜 주어야 한다. 이불도 푹신푹신한 것은 피한다. 또한 베개나 수건, 인형 등을 아기 곁에 두면 아기 얼굴을 덮어 질식사할 위험이 있으므로 주의한다.

좌우로 돌려가며 재우기

뒤통수가 눌리지 않도록 하기 위해 아기 머리를 옆으로 돌려놓거나 모로 뉘여 놓는 방법을 사용하는 엄마들은 한쪽 머리만 눌리지 않도록 아기가 잘 때 적당한 간격으로 머리 방향을 바꾸어 주어야 한다.

아기에 따라 오른쪽이나 왼쪽 방향 중 어느 한쪽을 더 좋아하는 경우가 있는데, 그렇다 하더라도 양쪽의 균형을 맞추어 주도록 한다. 아기가 싫어하는 방향으로 고개를 돌려놓았을 때는 반대쪽에 쿠션이나 이불, 수건 등을 적당히 접어 괴어 두면 고개를 잘 돌리지 못한다.

만약 아기가 그것을 괴로워하면 빼두었다가 아기가 잠들었을 때 다시 해주도록 한다. 시간적으로 좌우 돌려놓기가 힘들 때는 아기가 우유를 먹는 시간을 기준으로 한 번은 오른쪽, 한 번은 왼쪽으로 돌려놓으면 된다.

계절별 아기 잠자리 체크 포인트

봄 · 가을

타월 지 이불+배내옷+얇은 긴 팔 아기 옷

춥지도 덥지도 않은 계절에는 이 정도가 적당하다. 한밤중이나 기온이 떨어지는 새벽녘에는 이불을 2장 겹쳐서 덮어준다.

여름

타월 지 여름용 이불+여름용 아기 옷

여름에는 짧은 속옷이나 여름용 아기 옷 한 장으로 충분하다. 냉방을 해서 실내 온도를 25℃ 정도로 조절해 놓았다면 타월로 만든 이불이나 목욕 타월을 한 장 덮어주면 된다.

겨울

목화솜 이불+얇은 이불+배냇가운+겨울용 아기 옷

난방이 잘 되지 않을 경우 온도차가 있으므로 이불 위에 얇은 이불을 더 덮어주어 조절한다. 난방이 잘 되는 경우라면 옷을 너무 많이 입히지 말고 내의류 정도면 적당하다.

아기 잠버릇 고치기

밤과 낮이 바뀐 아기

밤낮이 바뀐 아기의 경우, 제 시간에 잠을 재우기가 힘들다. 신생아기에는 아기가 밤낮이 바뀌어도 정상적인 성장 과정으로 볼 수 있지만 6개월이 지나서까지 밤에 놀고 낮에 자는 아기라면 정확하게 밤과 낮의 리듬을 찾아줄 필요가 있다. 하지만 이 무렵에는 이미 습관이 되어 바로잡기가 쉽지는 않을 것이다.

이럴 때는 잠자는 시간과 아침에 일어나는 시간을 조금씩 앞당기도록 노력하고 낮잠을 재우는 습관을 들이거나 낮에 신나게 활동적으로 놀게 하는 것도 효과가 있다. 아기가 푹 잘 수 있는 환경을 만들어 주어 정상적인 밤낮의 리듬을 찾을 수 있도록 도와주자.

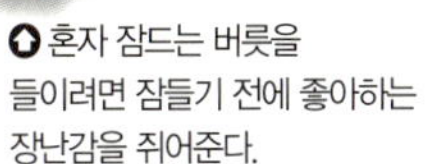

❶ 혼자 잠드는 버릇을 들이려면 잠들기 전에 좋아하는 장난감을 쥐어준다.

잠투정이 심한 아기

아기의 잠투정은 습관으로 볼 수 있다. 신생아기에 엄마가 아기를 재울 때 안아주거나 업어주거나 하여 재우기 마련인데, 이것이 버릇이 되어 엄마가 안아주거나 업어주지 않으면 잠이 들지 못하거나 자다가도 자꾸 잠을 깨는 경우이다. 그러므로 아기 때부터 엄마는 아기를 재울 때 심리적인 안정을 찾아주어 혼자서 잠이 드는 버릇을 들이도록 한다. 편안한 음악을 틀어주거나 취침등을 켜주거나 평소에 좋아하는 인형이나 장난감을 손에 쥐어 주어 혼자 잠이 들게 하고 아기가 잠이 든 다음에도 잠시동안은 아기 곁에 있어주도록 한다.

밤에 깨서 우는 아기

밤에 습관적으로 깨서 우는 아기들이 있다.

맞벌이 부부의 경우 이렇게 자다가 몇 번씩 깨서 잠을 설치게 되면 다음 날 회사 생활이 너무 힘들게 된다. 아기가 칭얼댈 경우는 등을 토닥여주거나 아기가 자던 방향을 살짝 바꿔 준다. 잠들기 전에 우유를 양껏 먹이는 것도 도움이 된다.

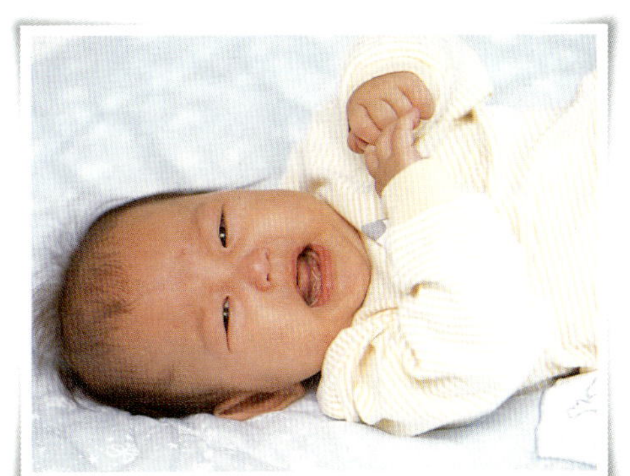

❶ 자다가 습관적으로 깨서 우는 아기는 잠들기 전에 우유를 먹인다.

두돌을 전후한 시기부터는 낮 생활의 스트레스가 꿈에 나타난 듯 자다 깨서 엄마 미워, 형아 미워, 하며 꿈속에 있는 듯 눈을 감고 우는 아기들도 있다.

특히 생후 4개월 이후부터 아기는 분리불안을 느끼게 되므로 밤에 깨서 엄마를 찾는 경우가 많다. 그럴 때는 자장가를 불러주거나 평소 아기가 좋아하는 음악을 틀어주어 다시 잠이 들 수 있게 한다.

아기가 운다고 해서 무작정 안아주거나 업어주게 되면 이것이 버릇이 되어 밤마다 깨서 우는 아기를 재우느라 밤 시간을 다 보내게 될 것이므로 주의한다.

단 버릇을 고친다는 이유로 자지러지게 우는 아기를 30분 이상 내버려두어서는 안 된다. 이럴 때는 잠시 안아서 진정을 시킨 다음 다시 눕히고 등을 토닥이며 자장가를 불러주거나 하여 아기의 마음을 편안하게 해준다.

자다 깨서 우유를 찾는 아기

생후 3개월 이후에는 사실 밤중에 젖을 먹일 필요가 없다고 한다. 하지만 아기의 발달 단계에는 차이가 있으므로 3개월이 지났다고 해서 무조건 밤중 수유를 중지해 버리는 것은 바람직하지 않다.

다만 3개월이 지나면 밤중에는 젖먹이는

간격을 늘린다거나 하는 조절이 필요하다. 또한 밤중에 젖을 먹일 때는 불을 켜지 않은 상태에서 먹여, 지금은 낮이 아니며 밤에는 잠을 자야 하는 것이라는 것을 알게 해야 한다. 아기의 밤중 수유는 아기가 자라면서 자연스럽게 해결되는 것이므로 조급하게 생각할 필요는 없다.

이를 가는 아기

자면서 이를 가는 것은 습관성이다. 이는 무의식적으로 발생하는 것으로 뚜렷한 원인은 없다. 다만 정신적인 불안이나 긴장, 치아 교열상의 문제 때문에 생기는 현상이라고 하는데, 이때 엄마가 아기를 깨워서 못하게 하거나 어젯밤에 왜 그렇게 이를 갈았느냐고 혼을 내면 아기는 당황하게 된다.

이럴 때는 잠들기 전에 아기가 심신이 안정될 수 있도록 동화책을 읽어주거나 자장가를 불러주거나 부드러운 음악을 틀어주거나 얼굴이나 손발 등을 만져주어 편안한 마음으로 잠들 수 있게 해주어야 한다. 그러다 보면 아기의 이 갈기도 많이 완화가 될 것이다.

❶ 잠들기 힘들어 하는 아기는 잠들기 전에 동화책을 읽어주어서 심신이 안정되게 한다.

목욕시키기

아기가 목욕을 할 때마다 운다면 엄마는 목욕 시간이 두려워진다. 사실 신생아를 다루는데 있어 가장 힘든 일 중 하나가 아기 목욕시키기다. 하지만 몇 번만 해보면 금방 요령이 생겨 아기와 엄마 모두 즐거운 시간이 될 수 있다. 대부분의 아기들은 물을 좋아하므로 용기를 가지고 도전해 보자.

목욕시키기 전에 알아둘 일

목욕은 하루에 한 번 시킨다

아기의 피부가 정상으로 돌아오는 생후 3개월까지는 계절에 상관없이 매일 목욕을 시키도록 한다. 목욕은 아기의 청결과 피로회복은 물론, 신진대사를 촉진시키고 아기의 마음을 안정시키는 역할까지 한다. 특히 땀을 흘리기 쉬운 여름에는 하루에 한 번 이상 목욕을 시키는 것이 좋다.

아기의 컨디션을 살핀다

목욕 전에 아기의 몸 상태를 꼭 체크해 본다. 체온이 정상인지, 감기 기운은 없는지, 수유 전후 30분 이내인지, 습진은 없는지 살펴서 뭔가 문제가 있다고 생각될 때는 무리하게 목욕을 시키지 말고 다음 날로 미루는 것이 현명하다. 대신 따뜻한 타월로 자주 몸을 닦아주도록 한다.

목욕물의 온도는 37~40℃가 적당하다

아기를 목욕시킬 때는 실내온도 조절이 중요하다. 온도는 24~27℃ 정도가 알맞다. 대개 아기들은 목욕을 시키기 위해 옷을 벗기고 목욕이 끝난 후 옷을 입히는 순간의 온도 차이로 감기에 걸릴 수 있으므로 특히 겨울에는 실내온도에 신경을 써야 한다.

목욕물을 준비할 때는 찬물을 먼저 욕조에 붓고 더운물을 섞어 37~40℃를 만들어야 한다. 목욕물의 온도를 확인하는 방법은 엄마의 팔꿈치나 손목 안쪽을 담가보아 따뜻한 정도면 된다. 손은 아무래도 감각이 둔하므로 팔꿈치나 손목을 이용하여 재는 것이 좋다.

갈아 입힐 옷을 미리 준비해 둔다

목욕 후 갈아 입힐 옷을 미리 한쪽에 준비해 둔다. 날씨가 추울 때는 따뜻한 방바닥에 옷을 깔아놓았다가 입히면 좋다.

목욕용품을 꺼내 둔다

목욕에 사용될 샴푸나 가제수건, 아기용 비누 등은 미리 뚜껑을 열어 둔다. 그래야 목욕 중에 당황하지 않고 쉽고 빠르게 아기 목욕을 끝낼 수 있다.

❶ 아기 목욕을 시키기 전에 목욕에 사용될 용품들을 미리 준비해 두어 목욕 중에 당황하지 않게 한다.

아기 허벅지까지 잠길 정도로 물을 채운다

목욕물의 양은 아기 허벅지가 잠길 정도가 적당하다. 물이 너무 많으면 주위로 물이 넘쳐흘러 뒷처리가 번거로우므로 최대한 욕조 높이의 1/2 정도까지만 물을 부어 넘치거나 튀지 않도록 한다.

❶ 적당한 목욕물의 온도는 엄마의 팔꿈치를 담가보아 따뜻한 정도면 적당하다.

목욕 타월을 접어 앞치마로 두른다

아무리 조심스럽게 목욕을 시킨다 하더라도 아기 목욕이 끝날 무렵이면 엄마 옷은 많이 젖어 있게 된다. 그러므로 아기 몸을 닦아줄 목욕 타월을 반으로 접어 빨래 집게로 고정시켜 앞치마처럼 두르면 목욕 후 그대로 목욕 타월로 이용할 수 있어 더욱 좋다.

❶ 목욕타월을 두르면 옷도 젖지 않고 목욕 후 아기 몸을 바로 닦을 수 있다.

신생아기에는 비누를 사용하지 않는다

신생아를 목욕시킬 때는 가급적이면 비누를 사용하지 않는 것이 좋다. 가제수건과 물만으로도 충분히 깨끗하게 목욕할 수 있으므로 부위에 따라 비누를 사용하는 것이 좋다.

하지만 얼굴이나 몸에 하얀 비늘 같은 것이 일어난 경우에는 가제에 유아용 비누를 조금 묻혀 살살 문질러 닦도록 한다.

실전!
아기 목욕시키기

1 아기 받쳐 안기

① 아기 목욕을 시킬 때의 기본 동작은 왼손으로는 아기의 목, 오른손으로는 사타구니를 받쳐준다. 만약 엄마가 왼손잡이라면 반대로 아기를 받치면 된다. 아기의 목을 받칠 때는 손가락으로 받치는 것이 아니라 손목과 손바닥으로 받쳐야 한다.
② 왼손의 손목으로 아기의 목을 받치고 손가락으로 귀를 눌러 귀에 물이 들어가지 않게 한다.

2 욕조에 아기 담그기

목과 엉덩이를 확실하게 받쳐 발부터 물 속에 담그고 엄마 팔꿈치를 욕조 가장자리에 붙인다. 이때 아기가 입고 있던 배내옷이나 얇은 가제수건으로 몸을 살짝 덮어 넣으면 아기가 놀라지 않고 물의 온도에 서서히 적응할 수 있다.

3 얼굴 닦기

물에 적셔 짠 가제로 눈 끝부터 눈 꼬리를 향해 한쪽 눈씩 닦는다. 한쪽 눈을 다 닦았으면 가제수건을 바꾸거나 헹구어 짠 다음 얼굴을 S자 혹은 3자를 그리듯이 닦는다. 아기가 안정된 상태에서 귀나 귀 뒤, 코도 닦는다.

4 몸 씻기기

① 검지와 중지로 아기의 목을 끼우듯이 해서 목둘레를 씻긴다. ② 목둘레를 씻긴 다음 가슴부터 배를 손바닥으로 빙글빙글 원을 그리듯이 씻긴다.

5 팔다리 씻기기

① 아기의 팔이나 다리를 가볍게 잡고 위에서부터 아래로 부드럽게 쓸어 내리듯이 씻기는 것이 포인트.
② 젖은 가제로 팔다리의 접히는 부분을 깔끔하게 닦아낸다. 비눗기를 닦아내지 않고 씻으면 아기를 놓칠 위험이 있다. 반드시 한쪽 팔씩 씻겨 비눗기를 닦아내고 다른 팔을 씻기도록 하자.

6 등 씻기기

① 아기를 엎은 상태로 하여 등부터 엉덩이까지 씻겨 내려간다.
② 배를 씻길 때와 마찬가지로 손바닥으로 빙글빙글 원을 그리듯이 씻긴다. 비눗기를 씻어낼 때는 얼굴에 비눗물이 튀지 않도록 주의하면서 씻어낸다.

7 외음부 씻기기

아기를 다시 앞을 보게 안은 다음 마지막으로 외음부를 닦아준다. 남자아기는 고환 뒤를 특히 잘 씻어주어야 하고 여자아기는 음순 주변을 깨끗이 씻어주도록 한다.

8 머리 감기기

머리카락을 뒤로 쓰다듬듯이 하며 아기의 두피를 맛사지하듯 감긴다. 그런 다음 물에 적신 가제로 머리를 닦아 더러움을 씻어낸다. 1개월이 지난 후에는 땀과 먼지 그리고 배냇머리가 빠지기 때문에 소량의 샴푸를 사용해 깨끗하게 씻어내도 괜찮다.

9 헹구기

① 헹굼물을 미리 준비해 두었다가 아기를 다시 한번 담궈 온몸을 헹구어 낸다.
② 꼭 짠 가제수건으로 아기의 머리카락을 쓰다듬듯이 닦아준다. 아기를 욕조에서 꺼낼 때 흔들어서 물기를 터는 것은 금물. 목욕은 10분 이내로 끝내도록 한다.

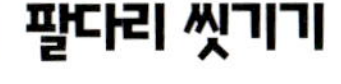

목욕 후 온몸 손질하기

물기 닦기

point 안에서 바깥으로 닦는다

① 흡수력이 좋은 타월을 반으로 접어 아기를 대각선으로 눕힌 다음 몸을 온전히 감싸 물기를 완전히 닦아낸다.
② 목이나 겨드랑이, 다리가 접히는 부분 등은 습진이 생기기 쉬우므로 특히 꼼꼼히 닦아준다. 손가락과 발가락 사이도 잘 닦아준다.
③ 그런 다음 아기를 옆으로 돌려 뉘여 등을 닦아주거나 안아 일으켜 등을 가볍게 두드려 닦는다.

눈 손질하기

point 안에서 바깥으로 닦는다

① 아기 얼굴 닦는 전용 가제를 준비하여 더운물에 적신 다음 물기를 적당히 짠다.
② 가제를 엄마 손가락에 감아 안쪽에서 눈 꼬리를 향해 그림 그리듯 닦고 난 뒤 가제의 면을 바꾸거나 한 번 헹궈 다른 쪽 눈을 닦는다.
③ 눈곱이 잘 떨어지지 않을 때는 가제에 물기를 더하여 닦아낸다.

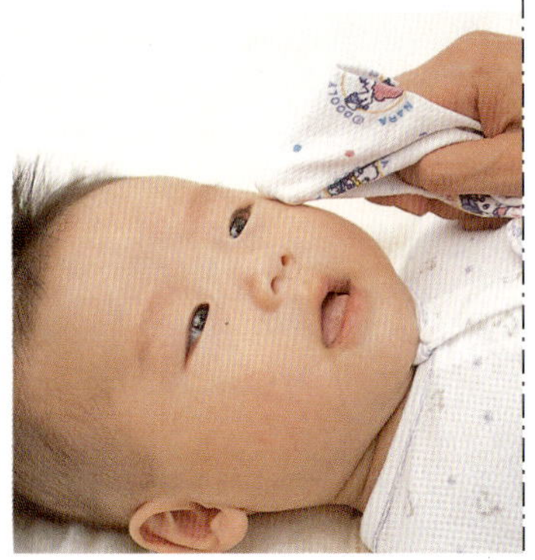

코 손질하기

point 얼굴을 고정시키고 면봉으로 닦아낸다

① 코 가운데 약간 들어간 부분에 출혈점이 있으므로 그곳을 면봉으로 찌르지 않도록 주의하면서 면봉의 솜 부분의 반 정도까지를 조심스럽게 코 안으로 넣는다.
② 면봉을 돌려가면서 콧방울 입구의 벽을 따라 움직이다가 살며시 잡아 뺀다. 코딱지가 있더라도 너무 구석까지 집어넣지는 말아야 한다. 대체로 콧물과 함께 나온다.

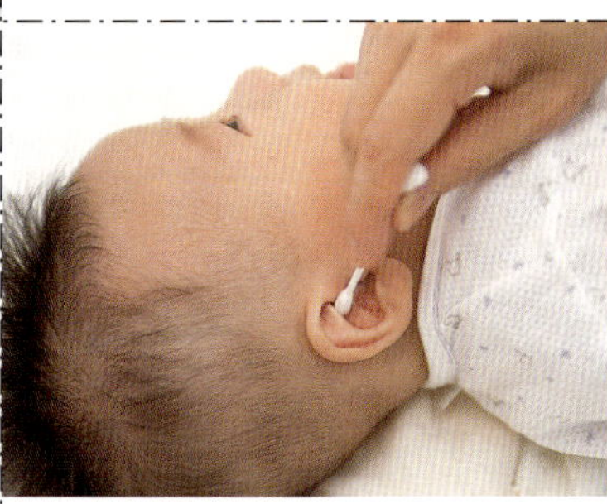

귀 손질하기

point 귓바퀴 쪽을 중심으로 닦아준다

① 아기를 옆으로 누이고 머리를 가볍게 누른 다음 면봉 솜 부분을 반 정도 귓속에 넣고 구멍 입구를 따라 빙글빙글 돌리면서 2~3번 닦는다.
② 귓바퀴는 때가 끼기 쉬우므로 주름을 따라 잘 닦아낸다.
③ 귀 뒷 부분은 습진이 생기거나 귀와의 연결 부분이 갈라져 피가 나오는 경우도 있으므로 목욕할 때, 물로 잘 씻기고 목욕 후에는 물기를 말끔히 닦아준다.

입 손질하기

point 입 속과 입 주위를 깨끗이 닦아낸다

① 입 주위는 젖이나 우유, 침 등으로 지저분해지기 쉽다. 아기 피부는 약해서 더러운 상태로 오래 두면 발진이 생기게 되므로 아기의 입 주위가 지저분해지면 바로 물에 적신 깨끗한 가제로 입 안을 부드럽게 닦아낸다.
② 입 속에 하얀 찌꺼기가 있으면 적신 가제를 손에 감아 가볍게 한두 번 닦아낸다. 입을 벌릴 때는 몸을 꼭 받치고 턱을 조금 위로 향하게 하는 것이 요령이다.

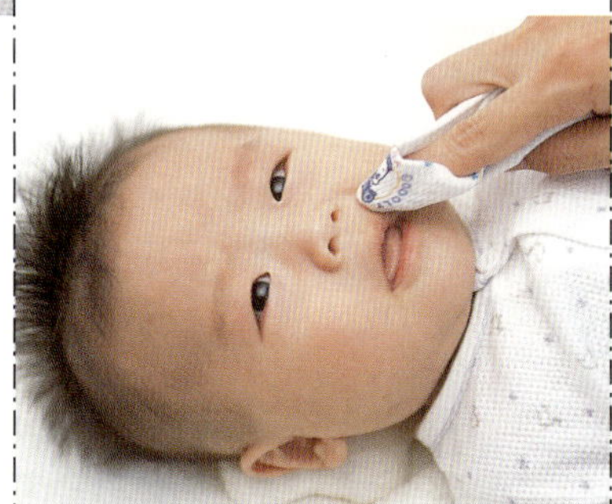

손·발 손질하기

point 손가락과 발가락 사이를 깨끗이 닦아준다

① 손을 닦을 때는 물에 적셔 짠 가제나 수건으로 손을 벌려서 손가락 사이사이의 때를 닦아낸다. 아기가 손을 좀처럼 벌리지 않을 때는 손바닥을 아래로 향하게 해서 엄마의 손바닥에 올려놓고 손을 가볍게 누르면 수월하게 아기 손이 벌어진다.
② 발을 닦을 때도 발가락 사이사이, 마디마디 접히는 부분을 잘 닦아준다. 세게 잡아당기지 않게 주의하면서 닦아준다.

배꼽 손질하기

point 탯줄이 떨어진 다음에는 배꼽도 가볍게 씻긴다

① 탯줄이 떨어지고 배꼽 부분이 잘 말랐다면 목욕을 할 때 배를 씻으면서 배꼽도 가볍게 씻어준다. 생후 1개월이 지나면 비누를 살짝 묻혀서 씻어내도 괜찮다.
② 목욕 후에는 면봉으로 수분을 닦아낸다. 생후 1개월 이내의 아기는 알코올 소독액을 배꼽에 한두 방울 떨어뜨린 후 닦아내도록 한다. 이때 너무 꾹꾹 누르지 않도록 주의한다.

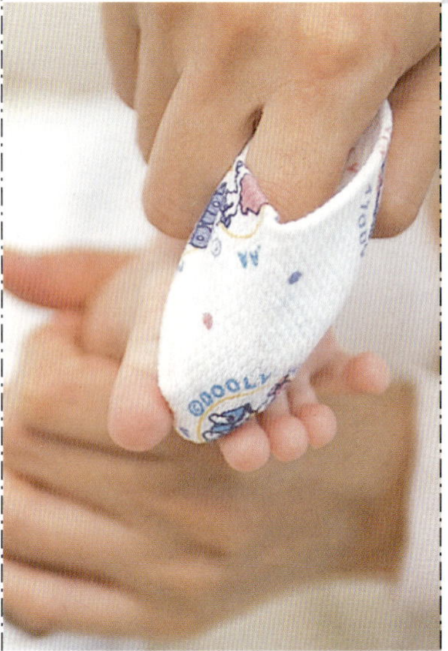

손톱·발톱 손질하기

point 아기를 움직이지 않게 고정시키고 천천히 깎는다

① 가위는 끝이 둥근 아기전용 가위를 준비한다. 날 끝이 위로 올라가 있는 쪽을 위로 향하게 해서 늘 쓰는 손에 잡는다. 반대 손으로는 아기의 손가락을 꼭 잡는다. 하얗게 각질화된 부분을 두세 번에 나누어 천천히 깎는다.
② 발톱도 마찬가지 요령으로 깎는다. 아기 손톱이나 발톱은 자주 깎을 필요는 없다. 그리고 너무 바짝 깎지 않도록 주의한다.

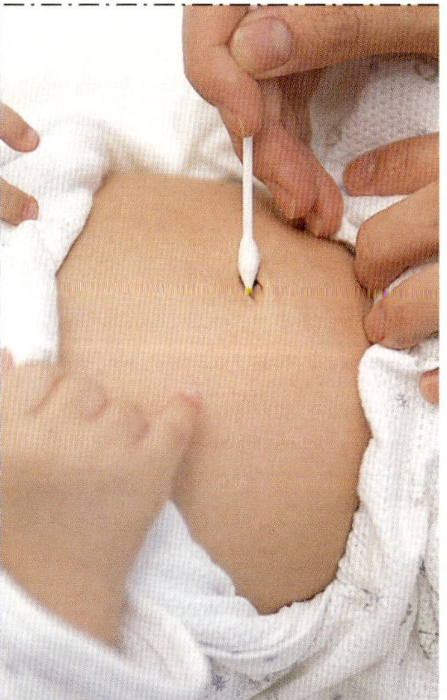

아기 상태가 안 좋을 때
부분목욕 시키기

아기 컨디션에 따라 목욕의 방법을 달리한다

37.5℃ 이상 열이 있고 기침 또는 콧물이 나고 기분도 좋지 않으며 나른해 보이는 증상이 있을 때는 목욕을 피하는 것이 좋다. 이럴 때는 아기의 옷을 벗기지 않고 얼굴, 목, 손, 엉덩이를 간단히 닦아주는 부분목욕을 시키자.

부분목욕이란 아기에게 옷을 입힌 채 물에 적신 가제로 온 몸을 구석구석 닦아주는 것으로 닦는 순서는 전신목욕과 같다. 부분목욕은 특히 배꼽이 떨어지기 전, 배꼽을 통한 감염이 걱정되거나 엄마 혼자 아기를 목욕시킬 엄두가 나지 않을 때 편리하고 안전하게 할 수 있는 목욕법이다.

부분목욕 시키기

물에 적신 가제로 온 몸을 닦아준다

끓여서 식힌 물에 가제를 적셔 적당히 물기를 짠 다음 옷을 입힌 채로 아기 온 몸을 구석구석 닦아준다. 닦는 순서는 전신목욕 순서와 같이 한다.

1 먼저 얼굴을 닦는다

머리를 왼손으로 받치고 무릎에 앉힌 뒤 얼굴을 닦아준다. 눈은 안에서 바깥쪽으로 닦고, 귀 뒤쪽과 얼굴, 턱, 목의 접히는 부분도 닦아준다. 침이나 우유찌꺼기도 잘 닦아낸다. 다 닦은 후에는 부드러운 수건으로 물기를 닦는다.

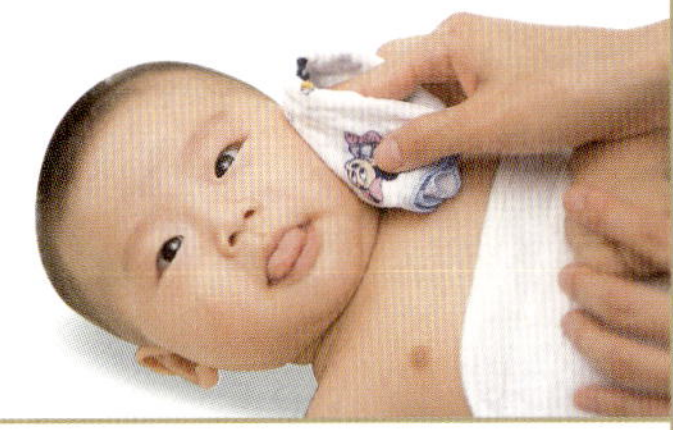

2 겨드랑이와 팔을 닦는다

얼굴을 다 닦고 부드러운 수건으로 물기를 닦은 다음에는 다시 젖은 수건으로 겨드랑이와 팔을 깨끗하게 닦아준다.

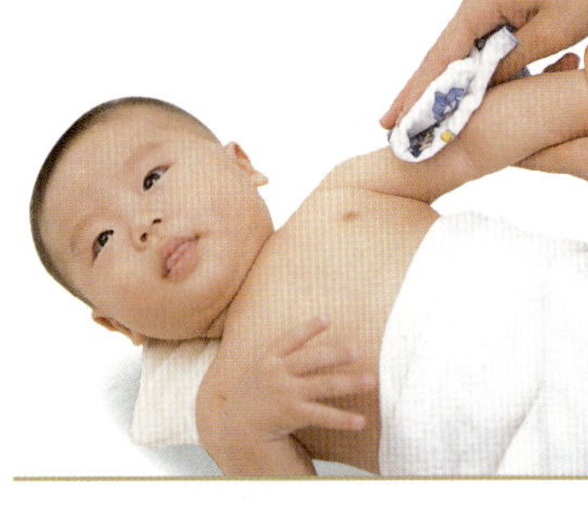

6 엉덩이를 닦는다

아랫도리와 기저귀를 벗기고 왼손으로 양 발을 잡고 사타구니를 닦아준다. 엉덩이에 변이 묻어있으면 베이비 로션을 묻혀 부드럽게 닦아낸다. 다리도 함께 닦아준다.

7 파우더로 마무리한다

온 몸을 다 닦은 후에는 부드러운 수건으로 가볍게 두드리듯이 물기를 닦아내고 목과 겨드랑이, 사타구니에 아기용 크림이나 파우더를 발라준다.

3 손과 발을 닦는다

손가락을 조심스럽게 편 다음 손바닥, 손등, 손가락 사이사이를 닦는다. 다 닦은 다음에는 부드러운 수건으로 말린다. 발도 마찬가지 방법으로 닦는다.

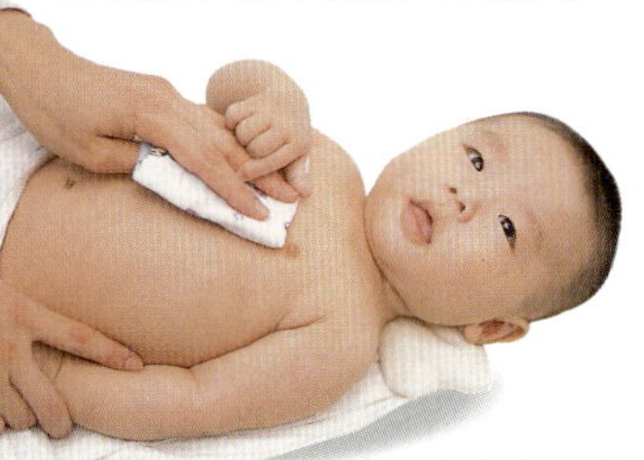

4 가슴과 배를 닦는다

가슴과 배 부분을 드러낸 다음 원을 그리듯 닦아준다.

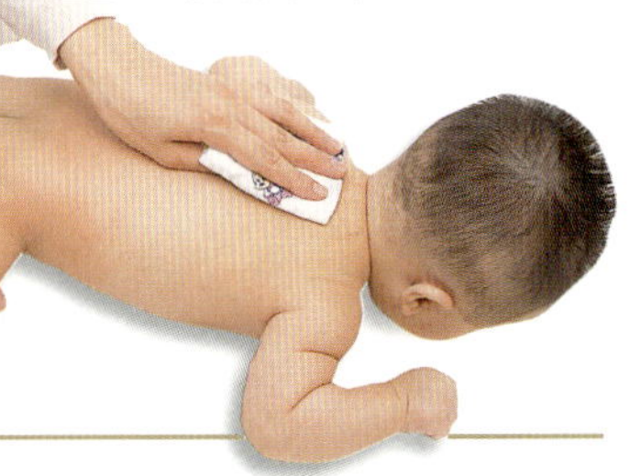

5 엎어놓고 등을 닦인다

등도 배 부분을 닦는 것처럼 둥글게 원을 그리며 닦아준다.

피부 트러블 손질하기

기저귀 발진

● 증상 젖은 기저귀를 오래 차고 있으면 엉덩이에 변이 닿아 쉽게 짓무르게 된다. 특히 종이 기저귀를 오랫동안 사용할 경우 증세가 더욱 심각해져 무엇이 살짝 스치기만 해도 쓰라려서 고통스러워하게 된다.

● 손질 기저귀를 갈 때마다 미지근한 물로 엉덩이를 씻어 잘 말린 다음 건조한 상태에서 기저귀를 채운다.

지루성 습진

● 증상 지루성 피부염은 생후 1~2개월 경의 아기들에게 생기기 쉽다. 머리나 눈썹, 귀 주위에 노란 기름이 끼며 노란색 딱지가 비듬처럼 생기거나 빨간 발진이 생기기도 한다.

● 손질 목욕 전에 머릿결과 반대 방향으로 가볍게 빗어준 다음 매일 비누나 베이비 샴푸로 머리를 감긴다. 일주일 정도면 깨끗해진다.

땀띠

● 증상 땀을 많이 흘리는 아기에게 많이 나타난다. 긁으면 고름이 생겨 염증이 피부 깊숙이 번질 염려가 있으므로 미리 예방한다.

● 손질 목욕을 시킬 때, 목이나 겨드랑이 등 살이 접히는 부분을 비누로 깨끗이 씻어주고 물기를 잘 닦아준다. 그리고 통기성이 좋은 옷을 입힌다.

젖먹이 습진

● 증상 생후 3개월까지는 땀샘과 피지샘의 기능이 미숙한 반면 신진대사가 활발하여 습진이나 트러블이 나타나기 쉽다. 이를 젖먹이 습진이라 하는데, 성장함에 따라 사라진다.

● 손질 젖을 먹은 뒤나 땀을 많이 흘렸을 때 따뜻한 물에 적신 가제로 얼굴 전체를 깨끗이 닦아주면 젖먹이 습진 예방에 도움이 된다.

뽀득 뽀득 시원하게 닦아볼까?

아기에게 필요한 목욕·위생용품

조그만 자극에도 아기들은 상처를 입거나 크게 다칠 수 있다. 때문에 아기들이 쓰는 물건들은 하나하나 세심하게 살펴보고 구입을 해야 한다. 아이들이 주로 사용하는 용품들의 용도와 상황에 따라 어떤 것들이 필요한지 알아본다.

베이비 치약

과일 향이 아기들의 이 닦는 시간을 즐겁게 해 준다. 베이비 치약은 칫솔질이 미숙한 아이들이 삼켜도 안전한 것으로 고른다. Chicco

실리콘 칫솔

칫솔은 0~6개월 아이들이 사용하기에 적당한 용품으로 잇몸에 적당한 자극과 맛사지를 함께 해 준다. 때문에 잇몸과 치아의 건강에 좋다. 아벤트

유아용 칫솔

이 닦기 연습을 시작하는 아이들에게 친근감을 줄 수 있는 캐릭터 칫솔. 이 닦는 연습을 쉽게 익힐 수 있게 도와주는 보조도구이다. 아가방

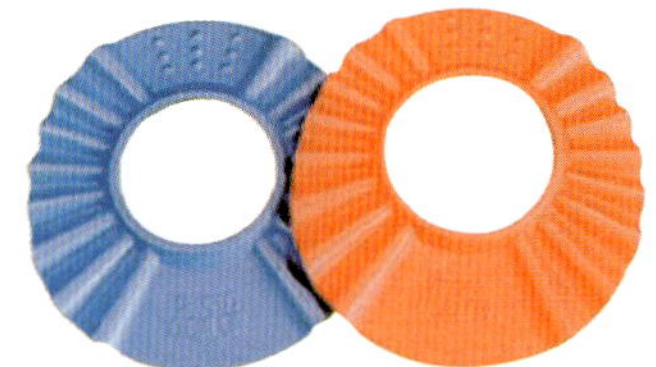

샴푸 캡

샴푸할 때 비눗물이 눈에 들어가지 않도록 머리에 씌워주는 제품으로 머리감기를 싫어하는 아이에게 효과적으로 사용할 수 있다. 양쮸

목욕 타월

맛사지용 아기 목욕 타월. 손 주머니가 있어 사용하기가 편하며 촉감이 부드럽고 거품이 많이 나 아이와의 목욕 시간이 즐거워진다. 아가방

목욕 온도계

물에 잠기도록 만들어진 제품으로 하단부에 온도를 감지하는 센서가 있어 색의 변화를 통해 편리하게 물 온도를 잴 수 있다. YK물산

목욕 의자

혼자 앉기 힘든 아기의 목욕시키기를 쉽게 도와주는 목욕 보조 의자. 바닥면이 흡착판으로 간단히 고정되고 아기를 앉힌 채로 회전이 되므로 엄마가 힘들지 않게 목욕을 시킬 수 있다. YK물산

베이비 욕조

아기를 편안하게 목욕시키는 욕조. 신생아 목욕 시에는 특히 안전하게 등받이가 있는 제품이 좋다. 아가방

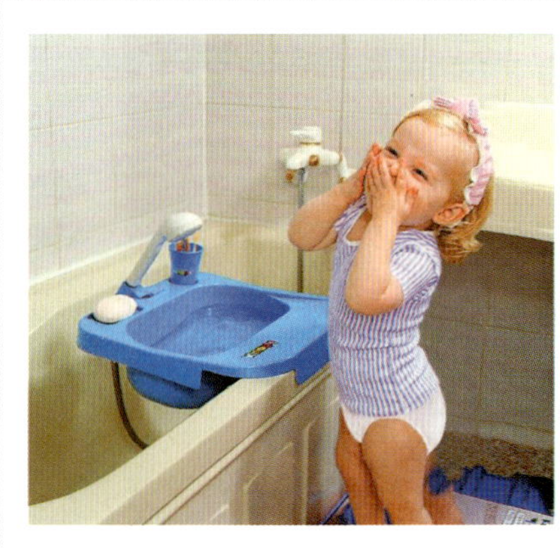

아기 세면대

아기 키에 맞춘 아기 세면대로 아기 혼자서 똑바른 자세로 씻을 수 있도록 만들어져 올바른 세면습관을 길러준다. 또한 직접 인형을 씻겨주는 놀이를 통해서 위생습관을 익힐 수 있다. 욕조나 샤워기에 맞게 설계되어 있어 간편하게 설치, 제거할 수 있다. 키노피 월드

베이비 케어 용품

보들 보들, 무방비 상태의 아기 피부를 보호해 주는
역할을 하는 바디 케어 제품. 자극은 최대한 줄이고
아기의 피부를 건강하게 만들어 주는
아기 용품 이야기

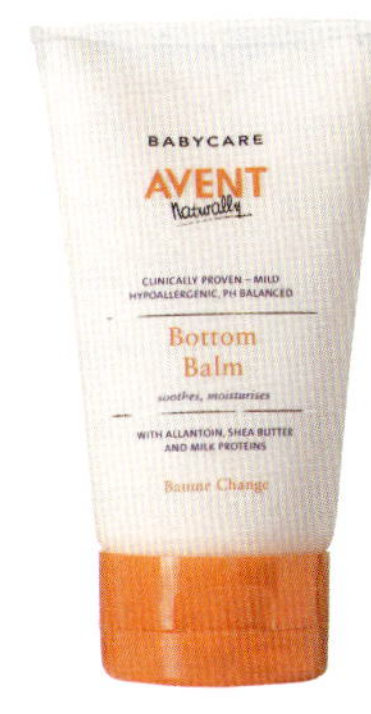

기저귀 크림

단백질 성분 분해효소가 아기 기저
귀를 갈아줄 때 남아있는 피지와
오래된 각질성분을 녹여 불순물을
제거해 주는 역할을 한다. 또한 민
감한 엉덩이 부분의 진정효과가 있
다. **아벤트**

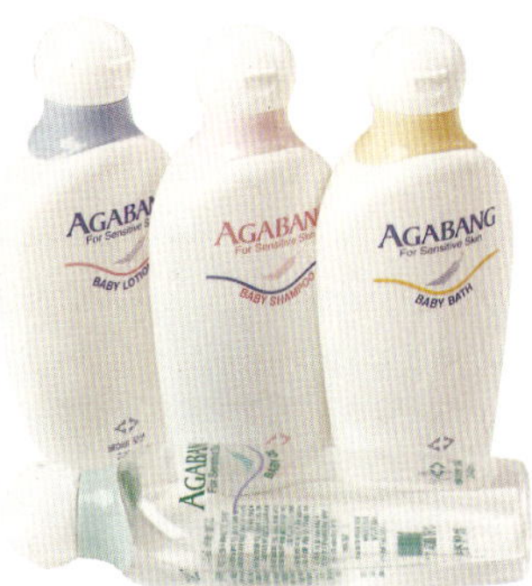

베이비 바스 · 샴푸 · 오일

아기 피부에 보호막을 형성해 주는 베
이비 바디 제품들. 자극이 없고, 눈에
들어가도 따갑지 않은 샴푸나, 바디 제
품이 좋다. **아가방**

베이비 로션

민감한 아기 피부를 외부의 자극으
로부터 보호해 주는 역할을 하는
용품들. 항상 촉촉함을 유지시켜
주며 아기 피부의 보호막을 형성해
준다. **Chicco**

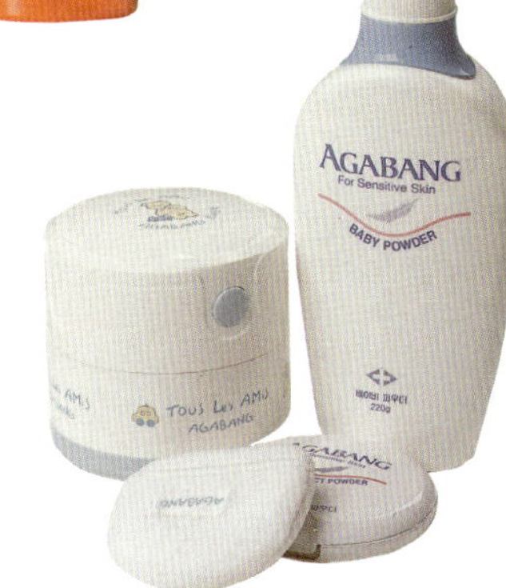

베이비 파우더

목욕이나 샤워 후 전신 또는 겨드
랑이, 엉덩이, 목 등 부분적으로 피
부가 겹쳐지는 부위에 바르면 땀이
차는 것을 막아준다. **아가방**

베이비 비누

보습, 영양 성분이 들어있어 아기
피부에 자극 없이 사용할 수 있는
클렌징 용품. **아가방**

물비누

아기들이 좋아하는 거품용 목욕 세
정제로 목욕을 싫어하는 아기들을
욕실로 끌어들일 수 있다. 무리하
게 닦아내지 않고도 아기 피부를
깨끗하게 유지시켜 준다. **Chicco**

기타 용품

아기들만의 위생 · 안전용품. 목욕 중에 가지고
놀 수 있는 장난감부터 아기들의 몸을 깨끗하게
닦아주는 위생용 티슈까지. 아기들에게
꼭 필요한 위생 유아용품을 모았다

욕실 물총놀이 세트

물에 띄울 수 있는 펌프형태로
만들어져 물총놀이가 가능한
장난감으로 목욕 시간을 즐겁
게 도와준다. **YK물산**

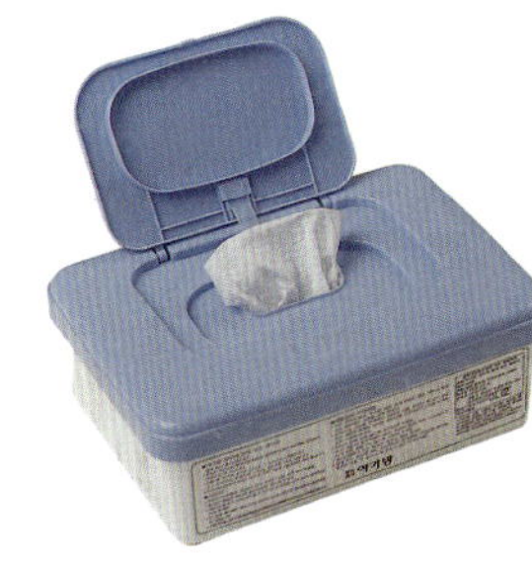

물 티슈

부드러운 아기 피부에 자극을 주지
않고 닦아주는 역할을 하는 용
품. 외출시에 항상 휴대해야 하
는 필수품이기도 하다.
아가방

유아용 손톱가위

약한 손톱을 안전하게 잘라줄
수 있는 손톱가위. 손에 의한
세균 감염은 질병을 유발
시키는 큰 요인 중 하
나이기 때문에 손의 위
생 관리는 엄마가 특별히
신경을 써야 한다. **아가방**

면봉

아기용 면봉은 위생처리가 된
순면 솜으로 만들어져 이물질
을 제거하는 데 자극을 주지
않는다. 또한 강한 자극에도 부
드럽게 휘어지는 플라스틱 막
대를 사용해 안전하다. **아가방**

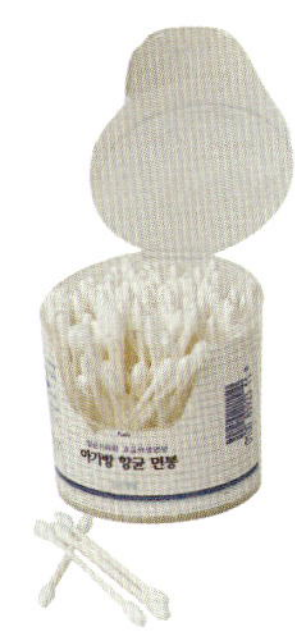

미끄럼 방지 매트

미끄러지기 쉬운 욕실이나 욕조
바닥에 부착해 미끄럼을 방지하
는 안전용품. 아기들이 좋아하는
다양한 디자인이 있다.부착 시에
는 접착면의 이물질을 제거한 후
접착한다. **YK물산**

기저귀 갈아주기

갓 태어난 아기는 먹고 자고 쉬하고 응가 하는 것이 일상의 전부다.
그리고 아기는 그 리듬을 잘 타야만 건강하게 자랄 수 있다. 하루에도 몇 번씩 처리해야 하는 기저귀 갈기,
포인트를 밟아 하나하나 따라하다 보면 금새 솜씨 좋은 엄마가 돼 있을 것이다.

천 기저귀와 종이 기저귀 비교하기

천 기저귀의 장단점

면 100%로 연약한 아기 피부에 자극이 적다. 직접 천을 구입한 후 양옆을 오버록 처리하면 쉽게 만들 수 있는데 기저귀감 한 필이면 10장 정도를 만들 수 있다. 아기 용품 점에서 파는 제품은 특수 면 처리를 하였기 때문에 피부 자극이 적고 흡수가 잘 되어 더욱 좋다. 신생아는 변을 자주 보기 때문에 적어도 20~30개는 있어야 하고 안전핀, 기저귀 커버도 준비하도록 한다.

◐ 천기저귀는 아기 피부에 자극이 적고 흡수가 잘 되지만 세탁과 건조에 어려움이 따른다.

단, 천 기저귀는 사용할 때마다 세탁해서 건조시켜야 하므로 잔손이 많이 가고, 종이 기저귀만큼 흡수력이 좋지는 못한 단점이 있다. 천 기저귀를 쓸 때는 빨래도 잘 해야 한다. 세제는 자극성 없는 것을 선택하고 충분히 헹궈야 한다. 삶아주면 더욱 좋고 빨래가 끝난 기저귀는 즉시 말린다.

종이 기저귀의 장단점

사용하기 편리하지만 비용이 많이 드는 종이 기저귀는 기저귀 커버를 따로 사용하는 패드형, 접착 띠가 부착된 반 팬티형, 완전 팬티형으로 구분된다. 이중 접착 띠를 붙여서 팬티처럼 입는 반 팬티형이 가격 면에서나 편리함 등에서 가장 대중적이다. 팬티형은 팬티처럼 되어 있어 걷는 아기들이 사용하기에 적당하다.

신생아기에 자주 발생하는 기저귀 발진 같은 피부질환을 예방하기 위해서는 천 기저귀를 사용하는 것이 좋지만 아기가 대소변을 볼 때마다 지체없이 갈아주고 아기 피부를 짓무르지 않게 할 자신이 없다면 차라리 물기를 잘 흡수하는 종이 기저귀를 이용하는 편이 낫다.

◐ 종이기저귀는 사용과 처리 방법이 편리해 엄마의 수고를 덜어주지만 비용이 많이 든다.

Mom & Baby

기분 좋게 기저귀를 갈아주기 위한 준비

● 기저귀 전용 바구니를 준비한다

아기는 시간과 장소를 가리지 않고 쉬를 하며 응가를 한다. 따라서 미리 기저귀를 갈아 채우는 데 필요한 물품들을 정리해 두지 않으면 엄마는 당황하게 된다. 기저귀와 엉덩이를 닦아 줄 가제 수건, 물 휴지, 면봉, 베이비 오일, 소독약, 발진용 크림 등 모든 용품들을 한 눈에 볼 수 있도록 정리하여 두면 아기의 울음에 빠르게 대처할 수 있다.

● 안전하고 편안한 장소를 선택한다

아기는 잠깐 한눈 파는 사이에 사고를 당할 수 있으므로 기저귀를 갈 때는 안전하고 편안한 상태에서 갈아주도록 한다. 기저귀는 한 장소에서 갈아주는 것이 아기 정서에 좋다. 사람들의 왕래가 잦고 불안정한 공간에서는 아기가 존중받고 있다는 느낌을 가지지 못해 은연중에 상처를 받게 된다. 집안에서 가장 아늑하고 편안한 분위기의 장소를 선택하고, 외출했을 때도 가급적이면 한적하고 조용한 곳에서 기저귀를 갈아주도록 한다.

● 장난감을 쥐어주어 움직이지않게한다

엄마가 기저귀를 가는 동안 아기가 이리저리 움직이면 엄마는 애를 먹게 된다. 이럴 때는 아기의 관심을 끌 수 있는 장난감을 손에 쥐어준다. 그런 다음 아기가 장난감에 빠져있는 동안 재빠르게 기저귀를 갈아주면 된다.

◐ 기저귀를 갈때 아기에게 장난감을 쥐어주면 쉽게 기저귀를 갈 수 있다.

순서대로 살펴보는 기저귀 갈기

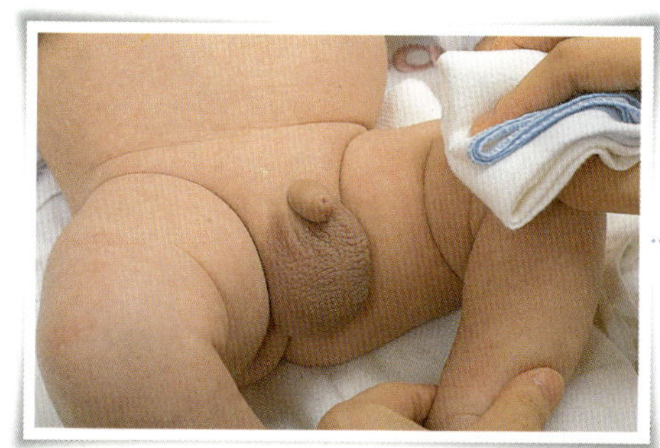

1 윗도리를 걷어올린다

바닥에 전용 매트를 깐 다음 그 위에 아기를 눕히고 배내옷이나 속옷 깃에 대소변이 묻지 않게 옷을 위로 말아 올리고 집게로 단단히 고정시킨다.

2 대소변을 닦아낸다

① 발목 윗 부분을 잡고 엉덩이 밑에 손을 넣어 들어올린다.
② 천 기저귀를 사용하고 있을 경우 차고 있던 기저귀에서 더러워지지 않은 부분으로 대변을 닦고 기저귀를 빼낸 후 티슈나 물 휴지로 깨끗이 닦아낸다. 대변이 등에 묻었으면 옷을 벗기고 비누를 사용해 좌욕을 시킨다.

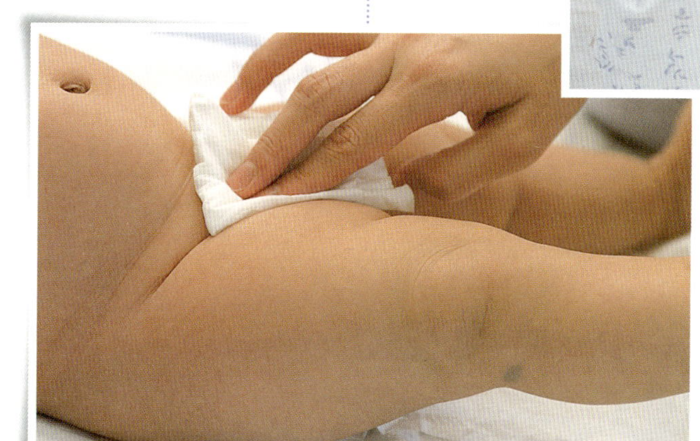

3 다리와 배 사이 접힌 부분을 닦는다

① 신생아의 대변은 묽기 때문에 살이 접히는 부분에 묻기 쉽다. 다리와 배 사이의 접힌 부분을 펴서 위에서 아래로 정성껏 닦아준다.
② 커다란 가제를 조그맣게 접어 닦는 면을 여러 번 바꿔가면서 꼼꼼하게 닦는다. 하지만 깨끗하게 닦는다는 생각에 마구 문지르지 않도록 주의한다.

4 엉덩이와 항문 주위를 꼼꼼히 닦는다

항문 주위는 의외로 잊기 쉽다. 꼼꼼하게 대변 찌꺼기까지 닦아내어 피부가 부르트지 않도록 한다.

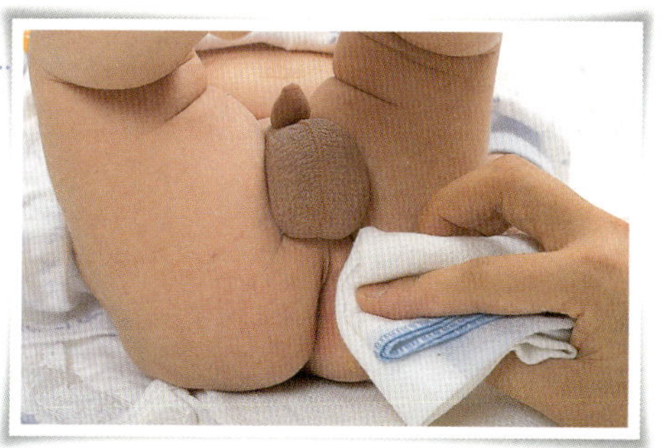

5 엉덩이를 말린다

물로 엉덩이를 씻긴 후 마른 가제로 물기를 닦아낸 다음 옷을 입히기 전에 잠시 그대로 놀게 하여 아래를 보송보송하게 해준다. 외음부와 엉덩이에 연고를 살짝 바르거나 고추에 바셀린을 발라 기저귀 발진이 생기지 않게 하는 것도 좋다.

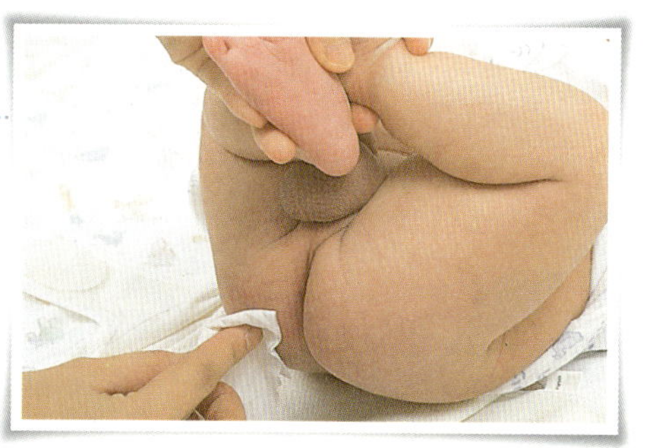

6 남자 아기 닦기 포인트

① 음낭 밑이나 옆은 슬쩍 닦는 것만으로는 대변 찌꺼기가 남기 쉬운 부분이다. 단 섬세한 부분이므로 피부를 잡아당기지 말고 부드럽게 닦아낸다.
② 고추와 그 뒤에도 대변이 묻어있을 수 있으므로 잘 닦아낸다. 고추도 섬세한 부분이므로 물 휴지나 가제로 가볍게 닦는다.

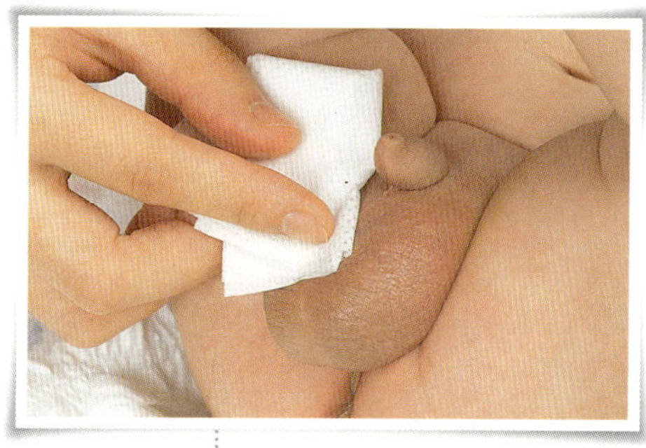

7 여자 아기 닦기 포인트

① 음순을 닦을 때는 요도에 균이 들어가지 않게 가제나 물 휴지로 앞에서 뒤로 꼼꼼하게 닦는다. 생식기 안쪽을 닦으려고 음순을 잡아당겨서는 안 된다.
② 찌꺼기가 묻었을 때는 문지르지 말고 조금씩 살살 닦아낸다.

기저귀 채우기

천 기저귀 채우는 요령

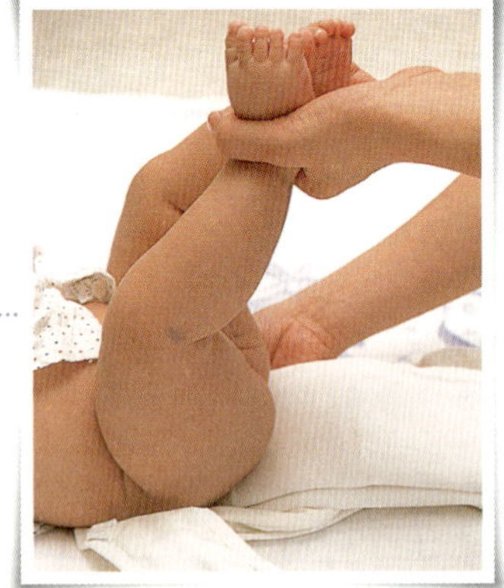

1 기저귀를 엉덩이 밑에 깐다

① 기저귀를 적당한 크기로 접어 기저귀 커버 위에 놓는다.
② 한 손으로 아기의 허리를 받치면서 엉덩이를 들어올리고 기저귀 커버를 밀어 넣는다. 엉덩이의 위치를 기저귀 중심보다 약간 앞쪽으로 놓으면 대소변이 새지 않는다.

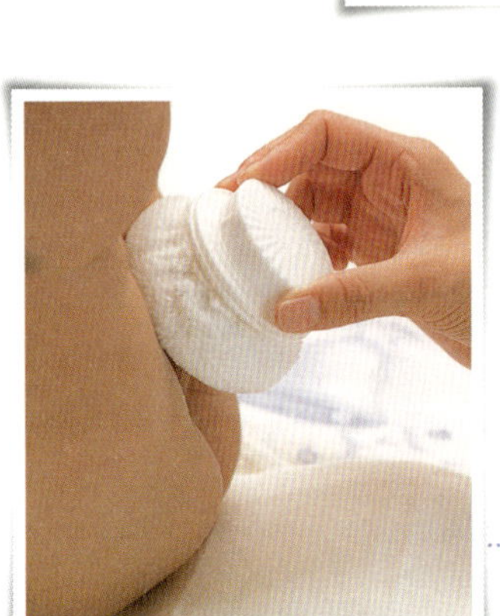

2 기저귀를 접어 올린다

① 기저귀를 채울 부분에 아기용 연고나 파우더를 발라준 다음 기저귀의 중간 부분이 아기의 다리 사이에 오도록 접고 양쪽 끝을 차례로 겹쳐 놓는다.
② 기저귀는 아기 다리가 자연스럽게 벌어진 상태에서 접고, 기저귀에 자연스런 주름이 잡히게 해서 채운다.
③ 남자 아기는 고추가 아래로 향하게 해서 채운다.

3 기저귀를 채운다

배와 기저귀 커버 사이는 손가락이 3~4개 들어갈 정도의 여유를 두어 공기가 통하게 하고, 아기의 등으로 대소변이 새어나오지 않도록 기저귀 커버와 등 사이에 틈을 주지 말고 꽉 채운다.

4 기저귀 커버로 고정시킨다

기저귀 위에 기저귀 커버를 대고 좌우가 대칭이 되도록 고정시킨다. 기저귀가 밖으로 빠져 나와 있으면 기저귀 커버만으로 집어넣어 주고 좌우대칭이 되게 잘 채워졌는지 확인하면 기저귀 채우기가 완성된다.

종이 기저귀 채우는 요령

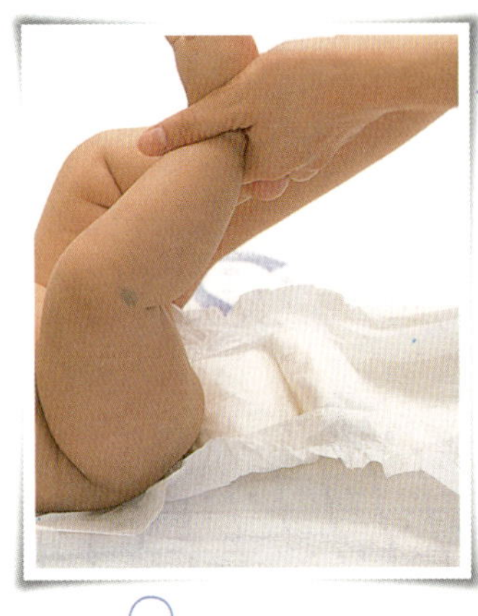

1 엉덩이 아래 기저귀를 깐다

① 엉덩이 밑으로 손을 넣어 엉덩이를 들어올린 뒤에 새 기저귀를 깐다.
② 대소변이 새는 것을 막기 위해 엉덩이를 기저귀 앞쪽에 자리잡는다.

2 파우더를 바른다

기저귀를 찰 부분에 파우더나 아기용 연고를 발라준다.

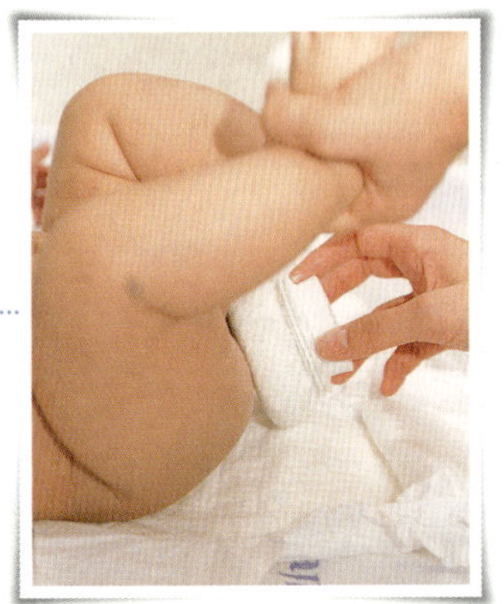

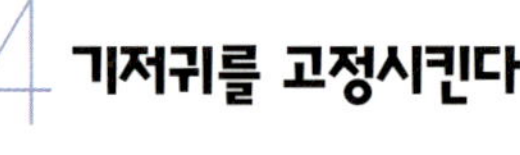

3 기저귀를 올린다

기저귀의 중심이 아기의 다리 사이에 오게 한 다음 기저귀의 앞부분을 옆으로 펼쳐 주름을 펴듯이 잡고 배꼽이 가려지지 않게 기저귀 끝을 맞춘다.

4 기저귀를 고정시킨다

① 허리부분 기저귀에 표시된 마크를 기준으로 접착테입을 붙여 고정시킨다.
② 배 옆으로 종이 기저귀와의 사이에 손가락이 3~4개정도 들어갈 만큼 여유를 두어 공기가 통하게 한 다음 양쪽 허리 부분을 고정시킨다.

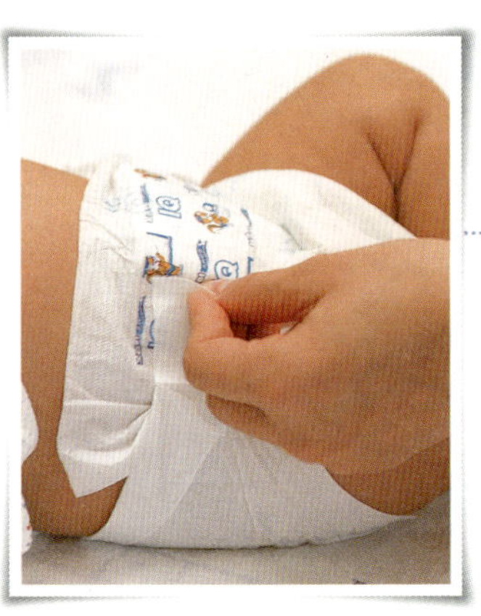

젖은 기저귀 처리하기

천 기저귀 처리하는 요령

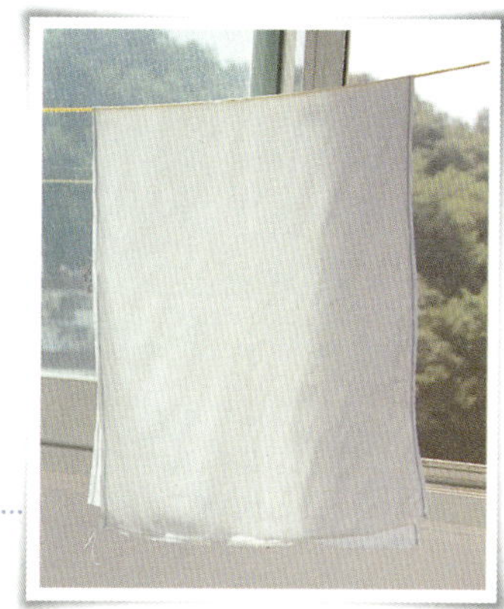

1 오물을 털어 내고 가볍게 씻는다

① 빼낸 기저귀에 묻은 변을 화장실 변기에 털어 낸다. 쉽게 떨어지지 않을 때는 낡은 칫솔이나 브러시로 털어 낸다.
② 액체 세제를 묻혀 대강 문질러 얼룩을 지운다.

2 애벌 빨래한 기저귀를 담가둔다

① 세제를 풀어놓은 물 속에 넣고 얼룩이 진 부분을 잘 문질러서 빨아놓는다.
② 애벌빨래한 기저귀를 세제를 탄 물에 담가 두었다가 어느 정도 모아서 세탁하는 것이 편리하다. 이때 대변 묻은 기저귀와 소변 묻은 기저귀를 구분해서 담가둔다.

3 삶아서 소독한다

① 기저귀가 다 모이면 찬물에 충분히 헹군 후 세제와 함께 세탁기 속에 넣고 빨거나 삶도록 한다. 표백제는 잘 헹구지 않으면 아기 피부에 큰 자극이 될 수 있으므로 되도록 사용하지 않는다.
② 햇볕에 잘 말려 살균 소독을 한다.

종이 기저귀 처리하는 요령

부피를 최소한으로 줄인다

① 기저귀에 묻어있는 대변을 털어 낸다.
② 대변이나 소변이 묻었던 면을 안쪽으로 해서 작게 만든 다음 기저귀의 접착 테입으로 고정시킨다. 부피를 최소한으로 줄이면 냄새도 쉽게 배어 나오지 않고 쓰레기양도 줄일 수 있다.

신문지에 싸서 버린다

① 작게 접은 기저귀를 신문지에 한 번 더 싸서 냄새가 새지 않게 한다.
② 기저귀를 모아두는 쓰레기봉투를 만들어 그곳에 모아 두고 입구를 꼭 봉해 둔다.

Mom & Baby

모유 먹는 아기와 우유 먹는 아기의 변

● 모유를 먹이는 경우

대변에서 독특한 냄새가 나고 어떤 때는 달걀을 휘저어 놓은 것 같이 보일 때도 있다. 2~3주일이 지나면 대변의 색깔은 연한 노란색으로 변하고 반죽해 놓은 것 같은 상태가 된다.

2~3주일이 지나면 아기는 아무런 이상이 없는데도 가끔 연한 초록색의 점액질이 섞여 응고된 변을 보는 경우가 있는데 이는 극히 정상이다.

● 우유를 먹이는 경우

생후 2~3주일이 지나면 가끔 하루나, 길면 일주일동안 대변을 보지 않는 경우가 있다. 그러다 가 갑자기 기저귀가 가득 찰 정도로 대변을 보게 되고(연속적으로 두 번에 걸쳐 보는 경우도 있다) 다시 2~3일 동안은 대변을 보지 않기도 한다.

어떤 아기들은 생후 1주일 동안 물 같은 대변을 하루에 여러 차례, 즉 젖을 먹일 때마다 거의 매번 보기도 한다.

우유를 먹는 아기들의 대변은 대개 잿빛이 도는 노란색이고 묽기가 진흙과 같기도 하며 초록색일 때도 있다. 아기가 젖을 먹든 우유를 먹든 간에 아주 단단하고 작은 콩알 같은 대변을 보게 되는 경우는 수분이 부족하기 때문이다. 즉 젖을 적게 먹였다는 증거이다.

❶ 신생아의 초변.

❶ 모유 먹는 아기의 대변. 아직도 초변이 약간 섞여 있다.

❶ 우유 먹는 아기의 대변 역시 초변이 약간 섞여 있다.

❶ 모유 먹는 아기의 정상적인 대변.

❶ 우유 먹는 아기의 정상적인 대변.

옷 입히고 벗기기

몸을 잘 가누지 못하는 아기에게 옷을 갈아 입히기란 여간 조심스러운 것이 아니다.
잘못 잡아당겼다가 팔이 빠지지는 않을까 걱정스럽기도 하다.
하지만 조금만 익숙해지면 어렵지 않게 입힐 수 있으므로 차근차근 입히고 벗기는 연습을 해보자.

새 옷 손질하기

가격표와 탭은 잘라내고 입힌다

아기의 옷도 플라스틱 핀이나 클립으로 가격표를 고정시켜 놓는 경우가 있다. 그리고 목덜미나 봉재 봉합선에 붙어있는 탭은 화학섬유로 되어 있으므로 입히기 전에 꼭 칼이나 가위로 잘라내 주어야 한다. 연약한 아기의 피부에 닿으면 상처가 나거나 빨갛게 부풀어 오를 수 있기 때문이다.

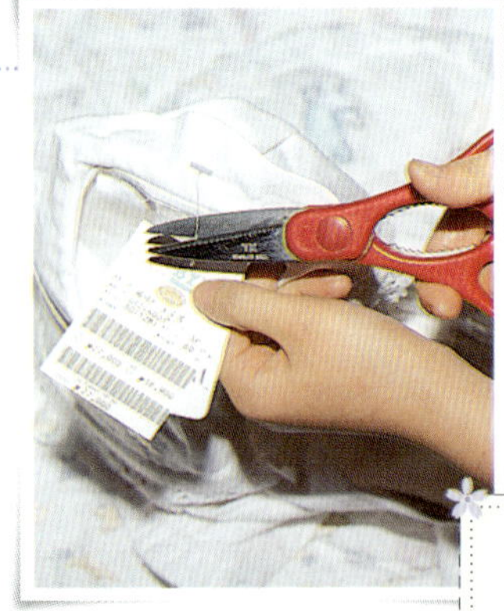

일단 옷을 사면 가격표를 떼어낸 다음 여기저기 잘 살펴서 아기의 약한 피부에 상처가 날만한 것들이 있는지 살피고 미리 없앤다.

속옷은 한 번 헹군 다음에 입히는 것이 좋다

아기의 옷은 무엇보다 땀 흡수와 피부 보호가 잘 되는 것인지를 따져보아야 한다. 색상이나 디자인은 나중 문제이므로 선택 시 주의한다. 아기 옷은 면 종류라고 해도 무조건 안심할 수가 없다. 때문에 산 즉시 입히지 말고

한 번 물에 헹구어 입히는 것이 좋다. 먼지나 이물질로 인해 때가 탈 수도 있으며 옷 자체에 풀이나 유연제 등이 묻어있을 수 있기 때문이다. 세제는 사용하지 말고 물로 헹구기만 해도 충분하다.

새 옷은 물에 한번 헹궈서 유연제나 풀, 먼지와 같은 이물질을 제거한 다음 아기에게 입힌다.

앞트임 옷 입히고 벗기기

위아래가 붙은 커버올을 입힌다

갓 태어난 아기는 배냇저고리와 가운만을 입히지만 3개월쯤 지나게 되면 겉옷으로 위

아래가 붙은 커버올을 입히는 것이 좋다. 이 시기가 되면 아기의 움직임이 활발해져 뒤척이다가 배가 드러나거나 옷이 감길 수 있으므로 위아래가 붙은 커버올을 입힌다.

흔히 우주복이라고도 불리는 이 옷은 아기도 편안하고 엄마도 쉽게 입히고 벗길 수 있어 아기 다루기가 수월하다. 단, 사이즈는 적당히 헐렁한 정도가 알맞다. 옷이 꼭 끼는 것도 좋지 않지만 너무 커도 아기가 부담스럽기 때문이다.

트임은 끈이나 스냅단추로 되어 있는 것이 좋다

옷을 갈아 입히거나 기저귀를 갈 때, 목욕을 시킬 때 등 손쉽게 입히고 벗길 수 있는 스냅단추로 되어 있는 것이나 끈으로 묶는 디자인을 택한다. 스냅 단추로 된 커버올은 대개 목에서부터 가랑이까지 붙어 있어서 아기 옷을 입히고 벗기는 시간도 줄이고 아기도 기분 좋게 입을 수 있다.

하지만 아기의 팔다리는 아직도 연약한 상태이므로 옷 입히고 벗기는 요령을 익혀 아기가 불안을 느끼지 않게 능숙한 솜씨를 발휘해야 한다.

아기가 조금 커서 활동량이 많아지면 입고 벗기 편한 우주복을 입힌다.

앞트임 옷 입히는 요령

백일 무렵의 아기는 움직임이 활발해져 이리저리 뒤척이다 배가 드러날 수도 있고 옷이 휘감길 수도 있으므로 적당한 크기의 편안한 우주복을 입히는 것이 좋다.

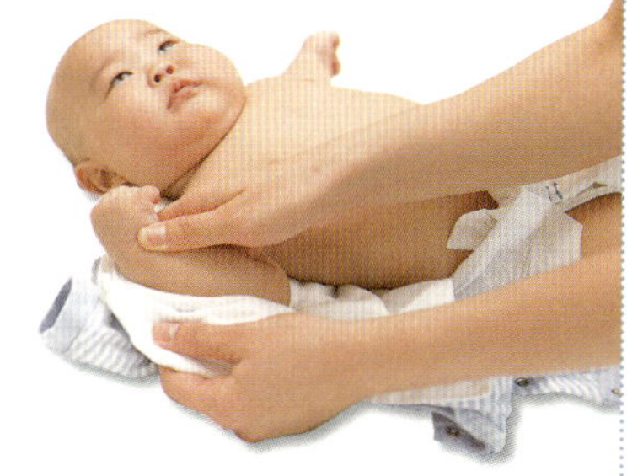

3 아기 팔꿈치를 받치면서 한쪽 소매에 아기 팔을 넣는다

소매를 바깥쪽과 안쪽 양방향으로 잡아 아기 팔이 들어가기 쉽게 한다. 한 손으로 팔꿈치를 부드럽게 받치면서 소매 입구로 아기 손을 가져간 다음 옷을 잡아당긴다.

2 겹쳐놓은 옷 위에 아기를 눕힌다

방의 온도를 따뜻하게 해놓은 상태에서 아기의 목을 받쳐 안은 다음 겹쳐놓은 옷 위에 아기를 눕힌다.

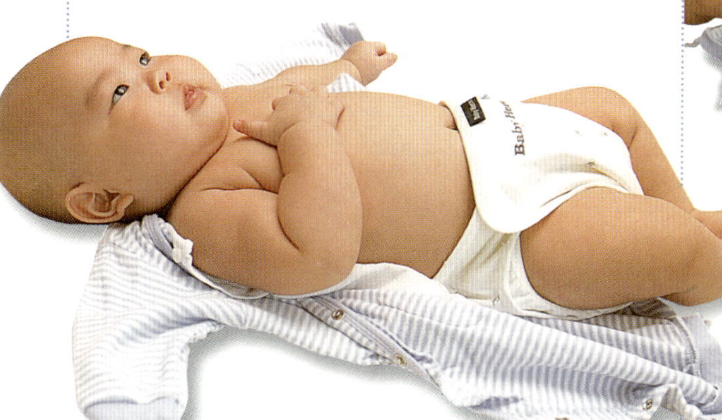

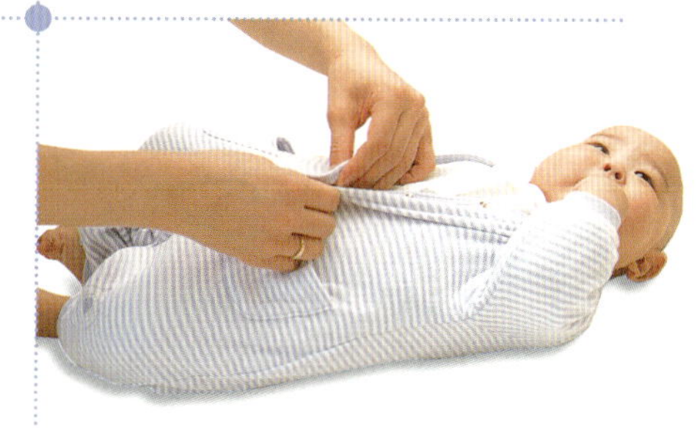

4 여밈 부분이 끈일 때

속옷이 늘어져 휘감기지 않도록 손으로 속옷을 잘 정리한 다음 오른쪽 옷섶이 아래로 가게 왼쪽 옷섶이 위로 오게 놓은 다음 가지런히 맞추어 끈을 묶는다.

1 겉옷과 속옷을 겹쳐서 준비한다

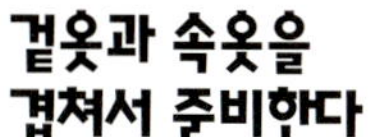

아기 옷을 갈아 입히기 전에 침대나 요 위에 아기의 겉옷과 속옷의 소매를 겹쳐 팔이 쉽게 통과할 수 있도록 미리 준비해 둔다.

5 여밈 부분이 단추일 때

단추를 채울 때는 잘못하여 아기 배를 누르지 않도록 엄마가 손을 단추 아래에 대고 두 손가락을 마주 눌러 단추를 채워야 한다. 다리 부분의 단추를 채울 때는 발목 쪽부터 채워나가야 단추가 어긋나지 않는다.

앞트임 옷 벗기는 요령

옷을 벗기는 요령은 입히는 것의 반대 순서로 해나가면 된다. 옷을 벗길 때도 반드시 아기의 팔꿈치를 받쳐서 아기가 많이 움직이지 않도록 한다.

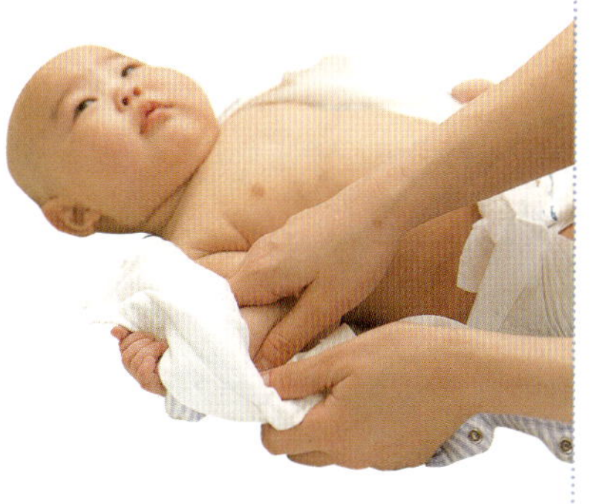

아기 팔꿈치를 한 손으로 받친다

여밈 단추를 풀어 앞이 벌어지면 한 손으로 부드럽게 아기의 팔꿈치를 받친다. 아기의 팔은 받치기만 할 뿐 움직이는 것은 엄마의 손과 옷 뿐이다. 소매를 다른 한쪽 손으로 모아 잡는다.

소매를 펼쳐 옷에서 팔을 살짝 빼낸다

모아 쥔 손으로 소맷부리를 되도록 넓게 펴서 팔꿈치를 잡은 팔을 옷에서 뺀다. 이렇게 하면 힘들이지 않고도 쉽게 팔이 빠진다. 반대쪽 소매도 마찬가지로 벗긴다.

아기는 서늘하게 키운다

아기를 푹 싸서 따뜻하게 키우는 육아법은 좋지 않다. 예전부터 산모는 산후조리 때 뜨거운 방에서 몸조리를 했고 아기 또한 옷 입히고, 수건으로 싸고, 이불을 두 겹으로 똘똘 말아 푹 싸서 키우곤 했다. 그러나 아기를 덥게 키우면 고열이 생길 수 있고 수분 소실로 탈수가 되기도 하며, 열이 더 심하게 나기도 한다.

체온조절 능력이 부족한 아기는 너무 덥지도 춥지도 않은 상태, 즉 약간 서늘한 상태가 좋다. 아기 옷을 입히고 적당히 두꺼운 이불로 싸주는 정도로 한다. 방안의 온도는 22~25℃, 습도는 50~60% 정도가 적당하다.

바지 입히고 벗기기

생후 3개월쯤 되면 아기의 다리에 어느 정도 힘이 생기므로 바지를 입힐 수 있다. 무릎을 굽혀 잡은 자세가 흐트러지지 않도록 주의한다.

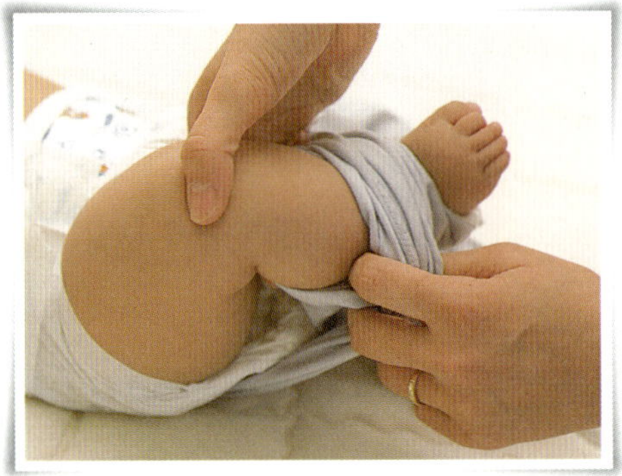

바지 가랑이를 모아 잡고 아기의 다리를 끼운다

바지는 가랑이에 신축성이 있고 넓게 벌어지는 것을 고르도록 한다. 한 손으로 아기 무릎을 잡고 바지 가랑이로 엄마 손을 넣은 다음 아기 발을 쥐고 바지 가랑이를 끼워 넣는다. 발을 잡았으면 먼저 발목까지 입힌 다음 다른 쪽 반도 같은 방법으로 끼워 넣는다. 이때 다리를 당기지 않도록 조심한다.

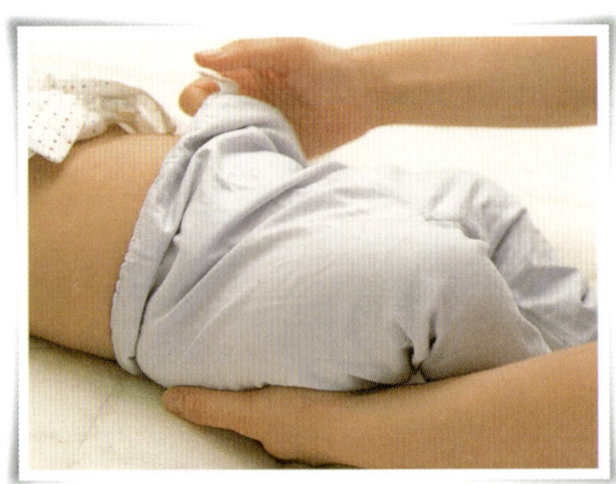

엄마 손으로 아기 엉덩이를 받쳐 배까지 끌어올린다

양다리가 모두 발목까지 끼워졌으면 한쪽 다리씩 바지를 잡아 올려 마지막으로 엉덩이를 한쪽 손으로 받치며 조금씩 위로 끌어올린다.

벗길 때는 무릎을 잡고 발을 빼낸다

벗길 때도 역시 엄마 손으로 아기 엉덩이를 받치고 다른 쪽 손으로 바지를 내린 다음 한쪽 손으로 아기 무릎을 받치고 바지를 내려 발을 빼낸다. 발목에 무리가 가지 않도록 주의하면서 바지 가랑이를 살짝 잡아당기는 것과 무릎이 퍼지지 않게 받쳐주는 것이 중요하다.

티셔츠 입히고 벗기기

목도 가누지 못하는 아기에게 티셔츠를 입히는 것은 무리지만 최근에는 목 부분이나 어깨 부분에 스냅 단추를 단 아기용 티셔츠가 많이 나와 있다. 목 부분을 최대한 벌려서 입힌다면 크게 힘들지 않다.

티셔츠 입히는 요령

목 부분의 스냅단추를 풀어 최대한 벌리고 엄마 손이 구멍 안으로 들어가 아기 얼굴을 덮지 않도록 조심한다.

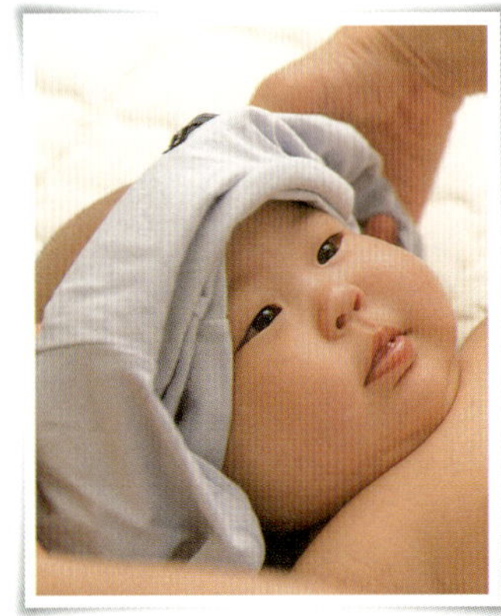

1 목둘레를 최대한 넓게 벌린다

목이나 어깨 부분의 스냅단추를 열고 최대한 넓게 벌려 옷 전체를 목 부분으로 모아 잡고 아기 머리에 끼워 넣는다. 얼굴 쪽에 옷이 닿지 않게 하고 입이나 코가 막히지 않도록 주의한다.

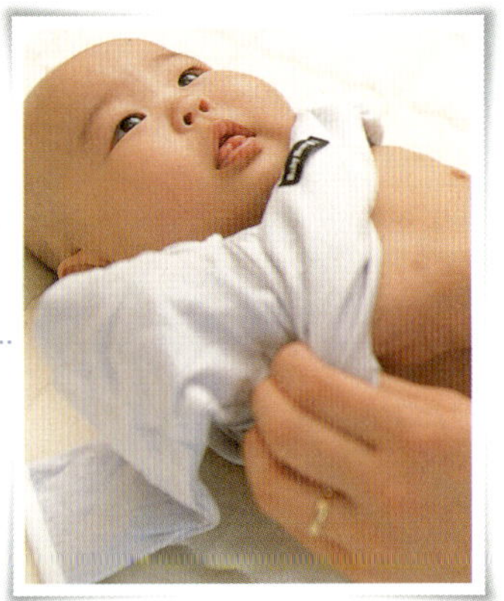
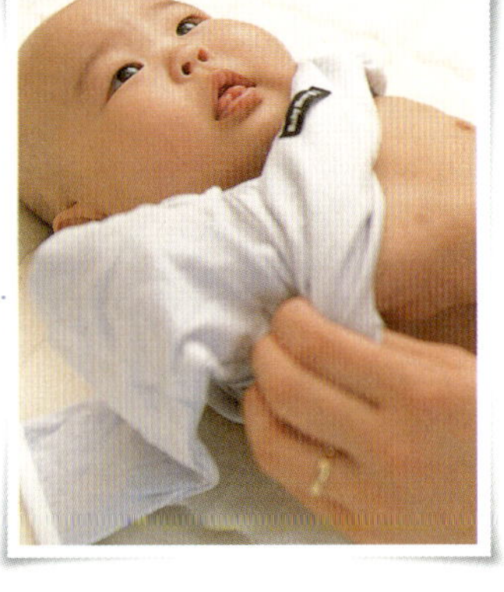
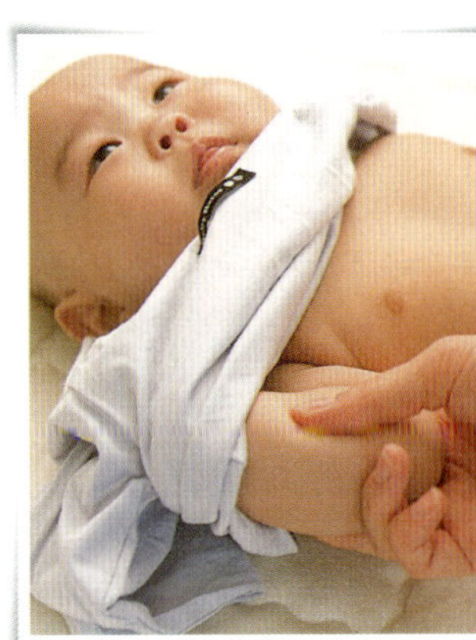

2 양손을 옷 속에 넣고 한 손으로 들어올린다

목에 부담을 주지 않도록 주의하면서 머리를 껴안듯이 양손을 옷 속에 넣고 다른 한 손으로 옷을 잡아 밑으로 끌어내린다.

3 팔꿈치를 받치면서 팔을 넣는다

소맷부리를 어깨까지 모아 잡고 엄마 손을 넣고 다른 손으로 아기의 팔꿈치를 받치면서 손을 소매 입구 쪽으로 가져가 팔을 빼낸다.

티셔츠 벗기는 요령

무리하게 잡아당기면 아기의 목, 어깨, 관절에 무리가 갈 수 있으므로 주의하여 벗긴다.

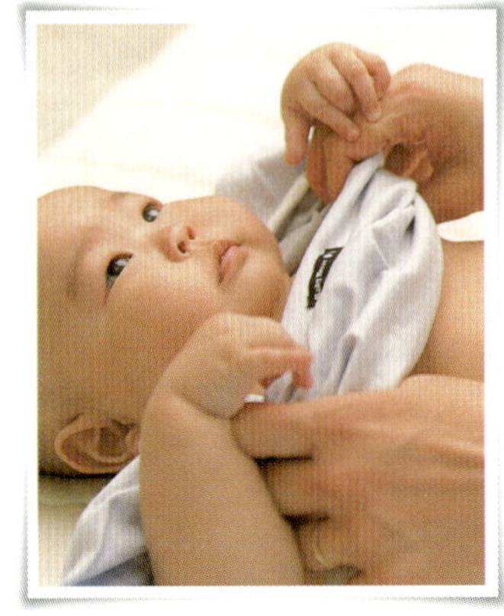

팔꿈치를 잡고 팔을 소매에서 살짝 잡아 뺀다

팔꿈치를 잡고 팔을 소매에서 살며시 잡아 뺀 후 옷을 목까지 걷어올려 손을 넣는다.

목둘레를 최대한 벌려 아기 얼굴을 빼낸다

되도록 목둘레를 넓게 벌려 단추가 얼굴에 닿지 않도록 조심하면서 아기의 얼굴을 옷에서 빼낸다.

안아주기

아기 다루기에 서투른 초보 엄마와 아빠는 아기를 선뜻 안아 올리기가 겁나기 마련이다.
할머니, 할아버지 품에 안겨 있으면 쌔근쌔근 잘도 자면서 엄마가 안기만 하면 우는 아기 때문에
당황하는 경우도 많다. 하지만 기본 요령을 익혀 아기를 안아주면 금방 능숙해질 수 있다.

아기를 안을 때 조심할 점

아기를 안을 때는 천천히 부드럽게 다룬다

아기가 아직 신생아일 경우, 초보 엄마나 아빠는 아기 다루기가 조심스러워 선뜻 안지를 못한다. 하지만 아기를 조심조심 품에 안는 연습을 해보자.

아기를 안을 때는 천천히 부드럽게, 될 수 있는 한 살며시 안는다. 아기가 안아달라고 울 때 당황하여 번쩍 들어올리게 되면 아기는 기분이 더욱 나빠져 더 크게 울게 된다. 아기들은 조심스럽게 다루어질 때 안도감을 느낀다는 것을 알아두자.

아기를 들거나 내려놓을 때는 허리를 구부려 엄마와 일정한 거리를 유지한 상태로 움직이도록 하고 아기를 눕힐 때는 등을 대고 똑바로 눕히거나 옆으로 눕히는 것이 안전하다.

3~4개월까지는 목을 안정되게 지탱해 주어야 한다

신생아들은 무릎이 구부러져 다리를 M자 모양으로 벌리고 있다. 아기를 안을 때 이 자세를 흐트러뜨리지 않고 안아주어야 아기가 불편해하지 않는다. 또 아기가 목을 가누게 되는 3~4개월까지는 목을 지탱하면서 아기의 체중을 안정되게 받쳐주도록 한다.

이때 팔로만 아기를 들게 되면 아기도 불편할뿐더러 엄마도 쉽게 피로해지므로 엄마의 팔, 다리 등 신체 부분을 이용해 아기의 몸 전체를 받치는 기분으로 안아주도록 한다.

목을 가누면 다양한 자세로 안아준다

아기가 목을 가누게 되면 엄마가 아기를 다루는 일이 한결 수월해지지만, 아기의 몸무게도 그만큼 늘어나므로 한 자세로 장시간 안고 있기가 힘들어진다.

아기가 목을 가눌 수 있게 되면 엄마의 무릎이나 쿠션 등을 이용해 다양한 자세로 안아주면 아기도 편안해한다.

Mom & Baby

아기띠로 안아주기

● **장시간 띠를 하고 있으면 아기가 부담스러워 하므로 주의한다**
젖을 먹인 후 30분간은 아기가 우유를 토할 염려가 있으므로 아기 띠로 안지 않도록 한다. 특히 너무 어릴 경우에 오랫동안 띠를 사용하면 아기에게 부담이 되므로 피한다.

● **벨트를 어깨에 메고 허리 잠금 고리를 조절한다**
처음인 경우 아이를 떨어뜨릴까 봐 너무 꼭 조여서 고정시키는 경향이 있다. 그러면 엄마도 아기도 괴로우므로 여유가 있도록 벨트, 잠금 고리 등을 조절해야 한다.

● **잠금 고리를 채우고 아기 띠 사이즈를 조절한다**
우선 아기 띠를 어깨에 메고 허리 잠금 고리를 채운다. 몸에 맞도록 사이즈를 조절한 다음 아기를 넣을 수 있도록 한쪽 어깨를 내린다.

● **아기를 안아 올려 다리를 아기 띠 구멍에 넣는다**
아기의 머리를 받치면서 안아 올려 엄마 어깨에 받치고 잠깐 안아주어 아기 기분을 안정시킨다. 목

을 받친 채로 아기를 아기 띠 구멍에 넣고 고정시킨다. 이때 한 구멍에 아기 발이 모두 들어가지 않도록 하고 아기 옷이나 피부를 고리로 짓누르지 않도록 주의한다.

● **목을 고정하고 아기의 상태를 살핀다**
풀어두었던 한쪽 어깨 끈을 메고 목 받침대로 아기 목이 안정되게 고정되도록 한다. 코나 입이 천으로 막히지 않았는지, 아기가 편안해 하는지 자주 확인한다. 목을 가눌 때까지는 아기 엉덩이를 받쳐주는 것이 안전하다.

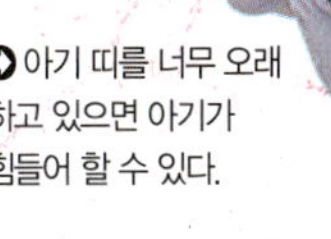

○ 아기 띠를 너무 오래 하고 있으면 아기가 힘들어 할 수 있다.

옆으로 안아주기

엄마 가슴이나 팔꿈치에 아기 머리를 걸쳐 편안하게 해 주고, 체중을 엄마 넓적다리에 싣는다.

● 엄마 넓적다리에 앉힌다

체중을 다리로 받치면 팔이 피로하지 않다. 아기가 안심할 수 있도록 엄마 가슴 쪽으로 얼굴이 오게 하여 안는다.

● 목을 받치고 안아 올린다

엄마가 늘 쓰는 손으로 목을 받치고, 다른 손으로 엉덩이를 받쳐서 안아 올린다. 다소 목이 흔들리거나 꺾어지더라도 당황하지 말고 자세를 바로잡도록 한다.

● 팔꿈치에 아기의 머리를 올려놓는다

엄마는 어깨 힘을 빼고 팔꿈치를 뻗지 말도록. 아기가 울기 시작하면 가슴 부근을 가볍게 두드려주면 가라앉는다.

● 머리를 받친 손으로 다리를 받친다

오른손으로 가볍게 아기의 다리를 잡으면 안정감이 더 있다. 오랫동안 안아 줄 때는 방향을 바꾸어 안는 등 엄마 팔의 관절을 구부린 채 오래 있지 않도록 한다.

세워서 안아주기

아기 팔을 엄마 어깨에 걸치도록 하고 목과 등, 엉덩이를 받쳐준다.

● 목을 받치고 높이 올려 어깨에 기대준다

아기 팔이 엄마 어깨에 닿는 정도가 적당하다. 단, 트림을 시킬 때는 아기 가슴이 어깨에 닿을 정도로 안는다.

● 팔로 아기의 엉덩이를 받친다

팔로 아기 엉덩이를 받쳐주면 안정된 자세가 된다. 머리를 어깨에 기대고 있어 오래 안고 있어도 팔이 아프지 않다.

아빠가 안아주기

아기를 안을 때 너무 조심스럽게 대하면 아기는 오히려 힘이 든다. 편안한 마음으로 아기를 안아야 아기도 편하다. 아기가 울더라도 당황하지 말고 등이나 엉덩이를 토닥여 아기를 진정시킨다.

● 몸을 움츠리고 아기를 안으면 아기는 답답하다

자기도 모르게 어깨에 힘이 들어가 몸을 움츠리고 안으면 아기는 답답하게 느낀다.

● 안고만 있지 말고 말을 걸어주거나 어르며 놓아준다

아빠나 엄마의 목소리를 듣는 것만으로도 아기는 안심하는 법이다. 처음에는 쑥스러울 지도 모르지만 용기를 내어 아기와의 대화를 시도해 보자.

● 손가락이나 어깨에 힘을 너무 넣으면 아기가 불안해진다

익숙하지 않은 상태에서 아기를 안게 되면 자기도 모르게 긴장하여 자세가 딱딱해진다. 아빠가 긴장하면 아기가 불안해지므로 편안한 마음으로 아기를 안아준다.

● 너무 높이 안으면 피로해진다

팔꿈치를 뻗쳐 올려 아기를 안으면 어깨에 힘이 들어가 지칠 뿐이다. 아기의 하반신을 자기의 넓적다리로 받칠 만한 낮은 위치에서 안는 것이 편하다.

● 아기의 등을 가볍게 두드려준다

조심스레 아기를 안아 올렸는데 '으앙' 하고 울음을 터뜨리면 아빠는 당황하여 아기를 안은 어깨나 손에 힘이 들어간다. 하지만 이것은 아기를 한층 불쾌하게 만들어 울음소리는 더 커지게 마련이다. 이럴 때는 당황하지 말고 엉덩이나 등, 팔 등을 부드럽게 토닥여 주자. 아기의 기분이 한결 나아질 것이다.

누워있는 아기 일으키는 요령

머리부터 엉덩이까지를 편평하게 유지하여 안아 올린다.

● 누워있는 상태를 유지하며 안아 올려야 편안하다

머리만 일으키는 상태가 되어 아기가 불안해한다. 가능한 한 누워있는 상태를 유지하면서 움직인다는 기분을 잊지 말도록 한다.

손을 엉덩이 밑으로 넣어 목 뒤쪽까지 받친다

위아래가 붙은 우주복을 입고 있을 때는 옷깃을 편평하게 잘 매만진 다음 머리 받칠 손을 엉덩이 밑으로 넣어 목 뒤쪽까지 깊숙이 넣고 손과 팔 전체로 받쳐 일으킨다.

● 한 손으로 어깨를, 다른 손으로 목과 등을 받친다

한 손을 어깨와 팔 부분에 집어넣어 조금 들어 올리고, 다른 손을 반대쪽으로 끼워 넣어 목부터 등을 받치면서 안아 올리는 것도 좋다.

상대방에게 아기를 건네주는 요령

앉은 자세에서 아기 목과 사타구니를 받쳐서 상대에게 건네준다.

목과 다리 사이를 받친다

아기 다리 사이에 손을 확실하게 끼워 넣고 다른 손으로 목을 받치면 떨어뜨릴 염려가 없다. 상대의 손위에 제대로 올려졌나 확인한 다음 손을 살짝 내려 놓는다.

● 서투를 때는 앉은 자세에서 건네주는 것이 좋다

선 자세에서 아기를 건네주다가 갑자기 아기가 보채거나 손발을 버둥거린다면 당황하게 된다. 아기 안기에 익숙하지 않을 때는 앉은 자세에서 아기를 건네주는 것이 좋다.

보행기에 지나치게 의존하면 걸음마가 늦어진다

보행기는 되도록 쓰지 않는 편이 좋다. 날마다 몇 분 정도씩 보행기를 타는 정도라면 문제될 것은 없다. 하지만 너무 오래 동안 보행기를 타면 아기가 스스로 생각하고 실패를 거듭하면서 걸음마를 배우려는 의욕을 잃고 보행기라는 도구에 의존해 버리기 쉽기 때문이다.

● 보행기는 아기의 상상력과 창의력을 빼앗기도 한다

또, 아기에게서 상상력이나 독창력을 빼앗는 셈이 되기도 한다. 연구에 따르면 하루의 대부분을 보행기와 더불어 보내는 아기는 운동 능력이 뒤떨어지며, 특히 바르게 걷는 법을 배우는 시기가 늦어지기 쉽다고 한다.

● 생후 1년 동안 당하는 사고 중 보행기 사고는 압도적으로 높다

보행기는 또한 안전성과도 관계가 있다. 아기가 생후 1년 동안에 당하는 사고 중에서 보행기에 의한 것이 상위를 차지할 만큼 많다고 하니까 혹시 보행기를 선물 받았다면 얼마간 쓰다가 알뜰 장터에라도 내놓는 편이 나을지도 모른다.

치아가 나는 순서

치아는 대개 아래 앞니 1번이 제일 먼저 나오고, 그 다음 위 앞니 2번이 나온다. 나머지는 아래 번호 순서대로 나온다.

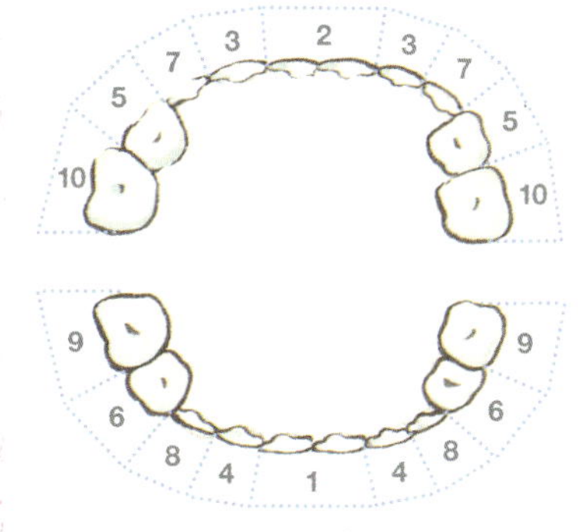

약 먹이기

열나고, 기침하고, 배 아프고, 토하고, 설사하고, 넘어져서 상처 나고…. 아기들은 여러 가지 이유로 병원을 찾게 되고,
약을 먹이게 된다. 그러나 입에 쓴 약을 아기가 넙죽넙죽 받아먹을 리 만무하다.
그래도 먹이지 않을 수 없다. 요령 있게 약 먹이는 방법을 알아보자.

요령 있게 약 먹이기

아기의 관심을 끌만한 이야기를 하면서 자연스럽게 접근한다

아기에게 약을 먹이기 위해서는 요령이 필요하다. 만약 구구한 설명이나 칭찬을 하면서 약을 먹이려 하면 아기는 자기가 싫어하는 무엇임을 알아차리기 때문에 아무렇지도 않은 것처럼 혹은 다른 이야기를 해 주면서 약을 입에 갖다 대야 둥지의 아기 새처럼 입을 벌리고 잘 받아먹게 된다.

먹지 않으려고 발버둥치는 아기에게 억지로 약을 먹이면 부작용이 생길 수 있다.

약을 억지로 먹이면 부작용이 생길 수 있다

약을 먹지 않으려고 발버둥치는 아기에게 강제로 약을 먹이는 것은 부작용의 원인이 될 수 있다. 이럴 때는 아기의 상체를 약간 높인 상태에서 고개를 약간 옆으로 돌리게 하고 양쪽 볼을 눌러 자연스럽게 입이 벌어지도록 해서 먹인다. 간혹 할머니, 할아버지들은 아기의 코를 잡거나 상체를 뒤로 젖혀 약을 먹이기도 하는데 이런 방법은 좋지 않다.

시럽은 정확한 용량대로 먹인다

아기의 개월 수에 맞춰 의사의 처방에 따라 정확한 복용량을 먹인다.

아기가 맛있어 한다고 해서 조금 더 준다거나 해서는 안 된다. 시럽에는 아기가 먹기 좋도록 당분을 넣는 경우가 많으므로 먹고 난 후에는 물을 마시게 하여 입안을 헹궈주고 수건으로 입 주위를 닦아준다.

약을 먹인 후에는 따뜻한 물을 마시게 한다

대개 아기에게 조제되는 알약은 물에 쉽게 녹는 것이므로 시럽처럼 만들어 먹일 수 있다. 그렇지 않을 때는 알약을 부수어 가루약으로 만든 다음 1작은술 정도의 설탕물, 꿀, 시럽 등에 섞어 먹이도록 한다. 단, 돌 전의 아기에게는 꿀이 위험할

약은 개월 수에 맞춰 정확한 복용 량을 재서 먹여야 한다.

수 있으므로 반드시 전문의와 상담 후 먹이도록 한다. 가루약이 소량일 경우에는 엄마가 손을 깨끗이 씻은 다음 손가락에 묻혀서 아기에게 젖을 빨 듯이 빨게 하는 방법도 괜찮다. 약을 먹인 후에는 즉시 따뜻한 물을 마시게 한다.

약을 먹일 때는 함께 먹이는 음식과의 관계를 잘 알아서 먹여야 한다.

안약은 아기가 잘 때 넣는다

눈에 바르는 연고나 안약은 아기가 잘 때 넣는다. 어린 아기의 경우 아기의 두 다리를 엄마의 허리에 감고 몸을 바로 눕혀 엄마의 두 무릎과 한 손으로 머리를 붙잡아 움직이지 못하게 하고 다른 한 손으로 약을 먹인다. 이 자세는 아기의 코에 약을 넣을 때도 알맞은 자세다.

아기가 즐겨먹는 주스에 약을 섞지 않는다

마실 것과 함께 약을 줄 때는 아기가 평소에 자주 먹는 우유나 오렌지주스는 피하도록 한다. 즐겨먹는 주스에 약을 섞어 맛이 이상해지면 한동안 우유나 오렌지주스를 먹지 않으려 하기 때문이다. 또한 약을 먹일 때는 함께 먹이는 음식과의 관계를 잘 알아서 주도록 한다.

예를 들어 빈혈약은 홍차나 녹차와 먹여서는 안되며 변비약이나 항생제는 우유와 함께 먹이면 안 된다. 또한 과일주스도 특정 성분의 흡수를 막을 수 있으므로 의사와 상의해서

먹이도록 한다. 아이스크림이나 요구르트는 약을 먹일 때 살짝 섞어 먹여도 괜찮다.

◐ 약 먹일 때 우유, 주스에 섞어 먹이면 한동안 아기가 우유나 주스를 거부할 수 있다.

좌약은 물이나 오일을 살짝 발라 항문에 쏙 집어넣는다

좌약도 의사의 진단 아래 실시해야 한다. 먼저 아기의 양다리를 위로 잡아 올린 다음 소량의 물이나 오일을 바른 좌약의 앞부분을 항문에 쏙 집어넣는다. 그리고 손가락으로 아기 항문을 잠시 꼭 눌러주어 좌약이 잘 삽입되게 한다. 좌약은 실온에서 녹을 수 있으므로 반드시 냉장고에 보관한다.

약을 먹고 토했을 때는 시간에 따라 재복용을 결정한다

아기가 먹기 싫은 약을 먹고 토하는 경우가 있다. 이럴 때는 약을 먹인 지 얼마나 되었는지 확인해 본

다음 다시 먹일 것인지 그냥 둘 것인지를 결정한다. 예를 들어 20분 이내에 토했다면 다시 한 번 먹이고 20분이 지난 다음에 토했다면 먹이지 않아도 된다. 그리고 아기가 약 먹기를 너무 힘들어하면 1회 분량을 한꺼번에 먹이지 말고 두 번에 나누어 먹이는 것도 방법이다. 토한 양이 적을 때는 20분 이내라 하더라도 그냥 둔다.

먹고 남은 약은 과감하게 버린다

병원에서 받아온 약이 조금 남았을 때 그것이 아깝다고, 혹은 다음 번에 먹이려고 냉장고에 보관하는 경우가 있다. 하지만 먹다 남은 약은 바로 버리는 것이 좋다. 특히 아기들이 많이 먹게 되는 물약은 쉽게 변질되고 시간이 지나면서 약효도 떨어진다. 엄마가 보기에 같은 증상이라 하더라도 지난 번 감기와 이번 감기의 유형은 다를 경우가 많으므로 약을 보관했다가 다시 먹이는 일이 없도록 한다.

◐ 병원에서 받아온 약을 먹이고 좀 남았을 때는 과감하게 버리도록 한다.

쉽게 피로감을 느끼는 아기에겐 비타민을 먹인다

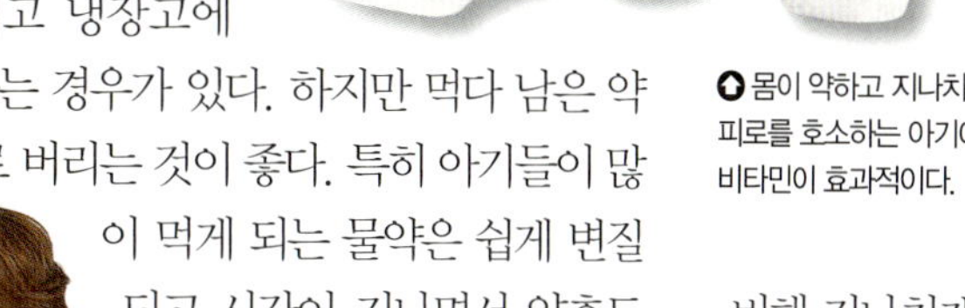

아기 몸에 영양을 공급하고 허약한 체질을 개선하는 데 효과가 있는 어린이 영양제. 대부분의 어린이 영양제에는 비타민 A, B, C, 칼슘, 인, 마그네슘 등이 고루 함유되어 있어 종합비타민제라고 할 수 있다. 또래 아기들에 비해 지나치게 얼굴이 창백하거나 몸무게가 적게 나가고 쉽게 피로감을 느끼는 아기라면 영양제를 복용해 보는 것도 괜찮다.

◐ 몸이 약하고 지나치게 피로를 호소하는 아기에겐 비타민이 효과적이다.

영양제를 과다 복용하면 부작용이 생길 수 있다

그러나 영양제의 성분이나 효능을 제대로 파악하지도 않은 채 무작정 좋다는 이야기에 현혹되어 영양제를 먹이다 보면 과다복용으로 인한 부작용이 생길 수도 있다. 예를 들어 비타민 A를 지나치게 복용했을 경우, 간에 손상을 가져올 수 있고 식욕 감퇴, 발진 등의 증상이 나타날 수 있고 칼슘 과다 복용일 경우에는 설사, 구토, 두통, 신경기능장애 등을 유발할 수 있다. 또한 철분 과다복용 시에는 심장이나 간에 부담을 주게 된다.

따라서 영양제를 복용하고자 할 때는 아기의 체질과 상태를 고려해 영양제를 선택해야 하며 한번쯤은 전문의를 찾아 진찰을 받은 다음 아기에게 알맞은 영양제를 선택하는 것이 바람직하다.

같은 영양제를 어른과 아이가 함께 복용해서는 안 된다

흔히 시판되는 어린이 영양제는 용량을 늘리면 어른도 함께 복용할 수가 있다. 하지만 그렇다

반드시 의사의 처방을 받는다

● 엄마는 의사가 아니다

의사의 진단과 지시 없이 약을 먹이거나 한 번 먹였던 약을 다음에 비슷한 병에 걸렸다고 생각될 때 다시 먹이면 안된다.

한 예로 감기에 걸려 기침하는 아기에게 의사는 기침약을 처방해 주었다. 2개월 뒤 아기가 다시 기침을 하자 엄마는 의사에게 보이지도 않고 그때의 처방대로 약을 먹였다. 처음 1주일 동안엔 약이 듣는 것 같았지만 곧 기침이 더 심해져 결국 의사에게 보여야만 했다. 그 결과 이번에는 단순한 기침이 아니라 백일해였는데 의사에게 즉시 보이지 않았기 때문에 백일해 치료가 1주일이나 늦어지고 다른 아이들과 격리시켜야 하는데도 어울리게 둔 것이었다.

● 같은 증상이라도 다른 병일 수 있다

감기나 두통, 복통을 같은 방법으로 몇 번 치료해본 부모는 마치 전문가가 된 것 같은 착각을 하기 쉽다. 하지만 부모가 알고 있는 것은 실로 아주 제한된 것에 지나지 않는다. 부모는 서로 다른 원인으로 인한 두통이나 복통을 같은 원인으로 보게 되지만 의사는 서로 다른 원인임을 알아내고 서로 다른 처방을 할 수 있다. 약을 잘못 쓰면 오히려 그것 때문에 열이나 종기가 나고 빈혈과 같은 부작용이 생길 수 있으므로 주의한다.

◐ 엄마의 짐작만으로 아기에게 약을 먹여선 안 된다. 반드시 의사의 처방을 받자.

고 해서 어른용 영양제를 용량을 줄여 아기에게 먹여서는 안 된다. 아기에게는 반드시 어린이 영양제를 먹이도록 한다.

또 한 가지 주의할 것은 아기가 허약하다고 해서 영양제에 매달리거나 영양제를 만병통치약으로 생각해서는 안 된다는 점이다. 그리고 아기가 영양제 먹기를 거부할 때는 억지로 먹이지 않도록 한다. 오히려 아기 몸에 부담을 줄 수도 있기 때문이다.

맛이 있다고 해서 용량을 초과해 먹이지 않는다

아기가 좋아하도록 맛과 모양을 달콤하고 예쁘게 만들어놓은 영양제를 아기는 약이라고 생각하기보다는 과자나 사탕 정도로 생각하기 쉽다. 때문에 자꾸만 달라고 보채기도 하고 엄마, 아빠가 잠깐 자리를 비운 사이에 뚜껑을 열고 여러 개를 한꺼번에 먹을 수도 있다. 그러므로 영양제 과다복용으로 인한 식욕감퇴, 간 기능 이상 등의 부작용을 피하려면 영양제를 아기 손이 닿지 않는 곳에 보관해 두도록 한다.

❶ 영양제는 아기 손이 닿지 않는 곳에 보관해 두도록 한다.

생후 12개월부터 영양제를 먹일 수 있다

영양제는 생후 12개월이 지난 다음에야 먹일 수 있다. 이유식 단계를 지나 어른들과 함께 식사를 하게 될 무렵 부족한 영양소를 보충한다는 차원에서 먹이는 것이 영양제이기 때문이다.

대개의 경우 영양제는 두 돌이 지날 무렵 먹이는 것이 일반적이다. 잘못된 식습관으로 인한 영양 부족 현상을 보완해 주려는 의도에서 비롯되는 것이 대부분이다. 그러므로 아기가 편식을 하지 않고 무엇이든 잘 먹으면 꼭 영양제를 먹일 필요가 없다. 다시 말해 영양제 복용 시기는 연령보다도 그 증상이 더욱 중요하다고 할 수 있다.

보약 먹이기

보약은 생후 6개월 이후부터 먹일 수 있다

대부분의 한약은 생후 6개월이 지나면 먹일 수 있다. 하지만 지나치게 허약하거나 질병이 있는 경우에는 백일 무렵부터도 먹일 수 있다. 단 이럴 경우는 반드시 전문의의 처방이 있어야 한다. 그리고 녹용이 들어 있는 한약은 최소한 돌은 지난 다음 먹이는 편이 안전하다.

❶ 녹용이 든 한약은 최소한 돌이 지난 다음에 먹이도록 한다.

모유를 먹이는 산모의 경우 산후 조리 시에 엄마가 보약을 먹어 간접적으로 아기에게 전하기도 한다. 이럴 때도 한의사의 진단을 꼭 받아야 한다.

보약은 환절기에 먹이는 것이 좋다

보약은 보통 겨울이나 겨울에서 봄으로 넘어가는 환절기에 먹이는 것이 좋다. 이때 약을 먹이면 다음 한 해 동안 성장이나 질병 예방의 자양분이 되고 면역력을 길러줄 수 있기 때문이다.

또는 체질에 따라 견디기 힘든 계절이나 병이 많이 나타나는 계절이 있는데 그럴 때는 그 계절 전의 환절기에 한약이나 보약을 먹이는 것이 효과적이다. 때문에 여름만 되면 식욕이 없고 힘이 없는 아이에게는 여름으로 접어드는 환절기에 한약이 필요하다고 할 수 있다.

아기의 체질과 상태를 고려해야 한다

유아기는 내장 기관들이 완성되어가는 시기이고 성장 속도만큼 몸의 회복력도 빠른 시기이다. 때문에 이

때 먹은 보약의 효과는 어른이 되어서 먹는 보약보다 그 효과가 훨씬 크다고 한다. 심지어 어른이 되어 먹은 보약의 효과가 1년 간다면 유아기에 먹은 보약의 효과는 10년을 간다는 이야기가 있을 정도다.

어떤 사람들은 너무 어려서 보약을 먹게 되면 머리가 나빠진다고도 하는데 사실 이 말은 근거 없는 이야기이다. 다만 아기의 체질과 건강상태, 소화 기능 등을 고려하여 한약을 복용할 경우 몸의 양기와 음기를 동시에 보충해 주어 아기의 신체를 건강하게 해주기 때문에 효과적이다. 단, 전문의와 상의 없이 한약이나 보약을 먹였을 경우 발열이나 설사 등 신체 이상이 나타날 수 있으므로 주의한다.

반드시 전문의의 진단을 받은 후 복용한다

한약에도 부작용이 있을 수 있다. 그러므로 단순한 보약이라 하더라도 반드시 전문의의 진단이나 처방을 받아서 먹이도록 한다. 아무리 좋은 약재라 하더라도 아기의 체질이나 건강상태에 따라서 독이 될 수도 있기 때문이다.

특히 한약재 중에는 소아에게 해로운 약재들이 있는데 어른에게 좋은 것이라고 해서 무턱대고 아기에게도 먹이게 되면 그 부작용으로 오히려 병을 얻게 되는 수가 있다. 아기들은 아직 장기가 완성되지 않은 상태이므로 보약을 먹일 때는 조심, 또 조심을 하도록 한다.

❶ 한약을 먹일 때는 반드시 한의사의 처방을 받아서 먹여야 부작용을 막을 수 있다.

아기 달래기

아기는 울음을 통해 배고픔, 분노, 고통 등 자신의 감정과 불만을 표현한다.
아기의 우는 소리를 들어보면 몇 가지 패턴이 있음을 알 수 있다. 요구 사항에 따라 우는 방법이 다르므로
그 소리의 패턴을 익혀두어 아기가 무엇을 원하는 지 알아 적절하게 대처하도록 하자.

아기는 울음으로 불만을 말한다

아기가 숨이 넘어갈 듯 우는 데에는 분명히 이유가 있다. 어디가 아프다거나 배가 고프다거나 기저귀가 젖었다거나, 잠이 온다거나, 목이 마르거나, 너무 덥다거나 하는 욕구불만을 나름대로 호소하는 것이다.

이럴 때는 엄마가 아기의 불만을 직감적으로 찾아내서 문제를 해결해 주어야 하는데 초보 엄마가 아기의 울음을 이해하기란 쉽지가 않다.

진땀을 흘리며 아기를 달래는 데도 아기의 울음소리가 더욱 커질 때, 엄마는 더욱더 당황하게 된다. 이럴 때는 일단 침착한 태도로 아기의 상태를 살펴서 이유가 무엇인지 찾아내도록 해야 한다. 하지만 이것을 아는 데는 경험이 필요하다.

다양한 울음소리의 패턴

배가 고플 때의 울음

숨을 한 번 크게 쉬었다가 잠깐 사이를 두는 식으로 독특한 리듬을 갖고 있는데 쉽게 말하면 '스타카토' 식으로 끊어서 운다. 이때 아기

❶ 아기의 다양한 울음소리의 패턴을 잘 알아서 아기의 불만을 해결해 준다.

에게 젖이나 우유를 먹이면 곧 만족스러워 하며 울음을 그치게 되고, 젖을 먹으면서 엄마와의 신체적 접촉을 통해 안정감을 찾게 된다.

기저귀가 젖었을 때의 울음

불편함을 호소하는 울음이므로 보채듯이 우는 경우가 많다. 힘없이 울거나 자지러지듯이 우는 경우가 아니라면 대개 기저귀 탓이므로 빨리 기저귀를 살펴보아 새 기저귀로 바꿔주어야 한다. 축축한 기저귀 때문에 울었던 것이라면 보송보송한 기저귀를 갈아주었을 때 대부분 금방 기분이 좋아져서 잠이 들거나 방글방글 웃으며 놀게 된다. 이때 아기와 함께 놀아주는 것도 아기의 정서에 큰 도움이 된다.

안아주기를 원할 때의 울음

아기에 따라 다르지만 응석을 부리듯이 다소 약하고 작은 목소리로 울 때는 응석을 부리며 안아달라고 하는 경우다. 배가 고픈 것도 아니고 기저귀가 젖은 것도 아닌데 아기가 울음을 그치지 않을 때는 대개 이런 경우인데 이때 아기를 안아주면 언제 그랬냐는 듯이 방실방실 웃으며 매우 좋아한다. 아기는 혼자서 뒤집거나 움직일 수 없기 때문에 엄마가 안아주기를 바라는 경우가 많다.

졸음이 올 때의 울음

아기마다 차이가 있긴 하지만 졸린데도 잠을 잘 수 없을 때 아기들은 대개 화가 난 듯이 울곤한다. 이럴 때는 아기를 안고서 가볍게 흔들면서 자장가를 불러주거나 배를 톡톡 두드리면서 머리를 가볍게 쓰다듬어주면 쉽게 잠이 든다. 아기는 잠이 들 무렵이면 체온이 높아지고 머리가 가려워지기 쉽다.

❶ 아기가 졸려서 울 때는 노리개 젖꼭지를 물리거나 쓰다듬어 준다.

우는 아기 달래는 기본 요령

우유나 젖을 준다

기저귀를 살펴보고 안아주었는데도 계속 울고 점점 더 짜증을 부리듯 울 때는 배가 고파서인 경우가 많다. 수유 리듬이 생긴 아기라면 시간을 보면 판단이 가능하다.

신생아 때는 울 때마다 젖을 주어도 상관없지만 생후 1개월이 지나면 아기가 운다고 해서 무조건 젖이나 우유를 들이밀 것이 아니라 배가 고파서 우는 것인지 다른 이유 때문인지를 잘 살펴서 수유 리듬을 체크해 가며 아기를 달랠 필요가 있다.

⊙ 아기의 수유 리듬을 체크해 두면 아기의 울음에 대처하기 쉬워진다.

기저귀를 갈아준다

기저귀가 젖어 있어도 아무렇지도 않은 얼굴로 울지 않은 아기도 있지만 대부분의 아기는 불편함을 울음으로 호소한다. 기저귀를 갈아주어 기분이 좋아지면 함께 놀아주도록 한다.

안아준다

젖을 먹은 지 얼마 되지 않았고 기저귀도 아무렇지도 않은데 울음을 그치지 않을 때는 잠깐 안아주어 보자. 엄마나 아빠 품이 그리워서 우는 경우도 많으므로 포근하게 안아 잠깐 바깥 공기를 쐬어주면 금방 방실거린다.

등을 토닥이며 자장가를 불러준다

아기는 잠이 오는데도 잘 수 없을 때 짜증스럽게, 화가 난 듯 울기도 한다. 이럴 때는 아기 가슴을 엄마 몸에 붙이듯이 안아 머리를 가볍게 쓰다듬어 주거나 아기를 안고 가볍게 흔들면서 자장가나 편안한 리듬의 동요 등을 불러준다. 할머니가 불러주시던 구전 자장가를 배워 흥얼거려주면 아기는 편안함을 느끼며 쉽게 잠이

⊙ 아기를 안고 가볍게 흔들면서 구전 자장가를 불러주면 아기는 편안하게 잠이 든다.

들기도 한다. 개월 수에 상관없이 아기는 잠들 무렵 체온이 높아지고 머리가 가려워지기 쉬우므로 몸을 손바닥으로 톡톡 가볍게 두드려주면서 반대 손가락으로 가볍게 머리를 긁어주면 아기는 기분 좋게 잠이 든다.

얼러준다

여러 방법으로 달래보아도 계속 울 때는 '하나 둘' 구령을 붙여가며 아기의 손발을 움직인다. 아기는 의외로 단조로운 움직임을 좋아하므로 금새 방실방실 웃는 얼굴이 된다. 엄마, 아빠가 아기에게 얼굴을 가까이 댔다가 멀리 떨어졌다 하는 것을 반복하는 것도 아기를 달래는 좋은 방법이다. 또 뺨을 대고 비벼주거나 코와 코, 눈과 눈을 맞추며 놀아주면 아기는 금방 즐거워하게 된다.

말 걸며 놀아주기

자연스럽게 말을 건다

혼자 하는 대화에 익숙하지 않은 초보 엄마나 아빠의 경우 아기에게 말을 건네는 것이 어색하기 마련이다. 하지만 '까꿍까꿍'과 같은 단조로운 말이라도 자꾸 건네다 보면 자연스러워진다.

미소를 지으며 아기와 눈을 맞춘다

아무리 많은 말을 한다 해도 아기와 눈을 마주하지 않으면 효과는 반으로 줄어든다. 목욕 중에도 간간이 아기와 눈맞춤을 하고 말을 걸어 주어 두려움을 갖지 않게 해준다.

혼잣말이 쑥스럽더라도 자꾸 시도해 본다

일방적으로 말을 건다는 것이 무척 어색하겠지만 차츰 자연스러워진다. 그리고 날이 갈수록 더 많은 이야기를 아기에게 들려줄 수 있게 될 것이다.

말은 천천히, 말끝을 끄는 듯이 한다

빠른 말은 아기를 피곤하게 한다. 목소리 톤에 상관없이 천천히 말을 하도록 하자. 어차피 아기가 알아듣지도 못할텐데 하는 생각으로 말없이 아기를 바라만 보지 말고 무슨 말이든 해주도록 한다.

장난감을 사용해 놀아주기

아기 손에 장난감을 쥐어준다

아기는 반사작용에 의해 손바닥을 자극하면 움켜잡으려는 본능이 있다. 이 반사작용의 시험 방법으로 엄마의 손가락이나 연필 같은 것을 아기의 손가락에 대 보면 강하게 움켜쥐는 것을 볼 수 있다.

끈 달린 장난감을 눈앞에서 흔들어 눈이 따라오게 한다

아기 장난감을 따라 좌우로 천천히 움직인다. 처음에는 장난감을 바라보는 일이 잘 안될 수 있지만 걱정할 필요는 없다. 또한 아기의 눈에서 30cm 이내에서 하지 않으면 아기는 보지 못한다.

울음 달랜 아기와 놀아주기

양손을 잡고 가볍게 구부렸다가 쭉 편다

그런 다음 아기의 양손을 잡고 좌우로 벌리거나 양손을 가슴 앞에서 가볍게 구부렸다가 쭉 펴는 동작을 해 본다.

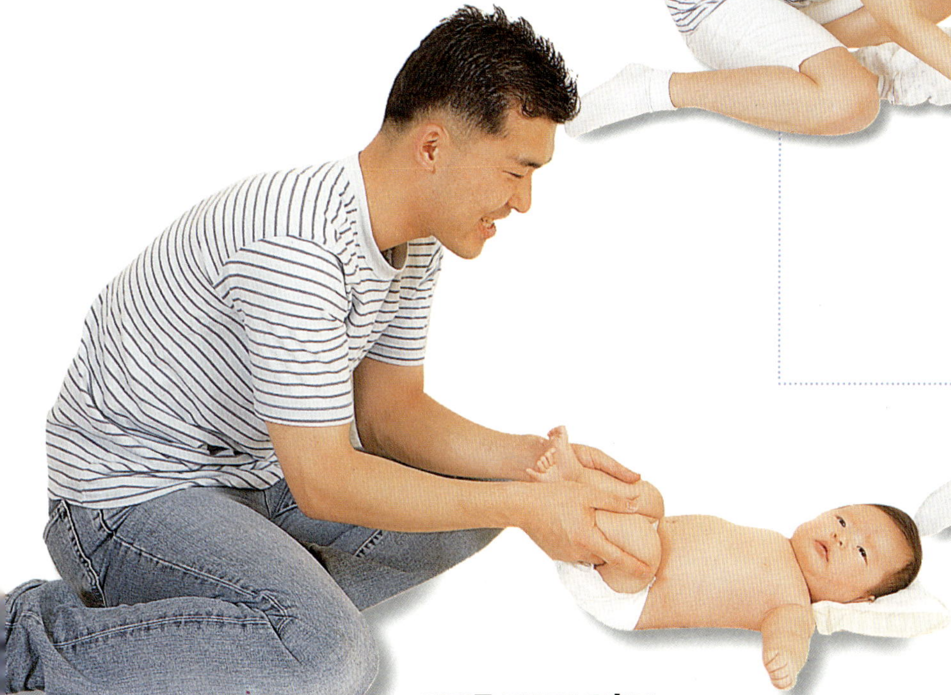

다리를 가볍게 굽혔다 폈다 한다

아기의 팔다리를 가볍게 어루만져준 상태에서 아기의 다리를 굽혔다 폈다 하면서 아기의 양발을 잡고 무릎을 구부린 상태로 양 발바닥을 마주보게 하여 가볍게 반동을 주듯이 '콩콩' 부딪히는 운동을 시켜본다.

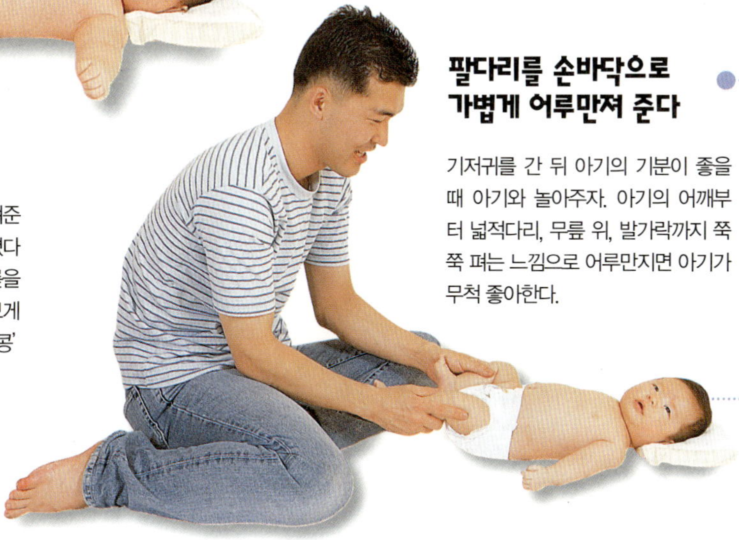

팔다리를 손바닥으로 가볍게 어루만져 준다

기저귀를 간 뒤 아기의 기분이 좋을 때 아기와 놀아주자. 아기의 어깨부터 넓적다리, 무릎 위, 발가락까지 쭉쭉 펴는 느낌으로 어루만지면 아기가 무척 좋아한다.

대소변 가리기

생후 12~18개월 무렵이면 아기는 변이 나올 것 같은 느낌을 감지하게 된다.
두 돌 무렵이 되면 대부분의 아기들이 대소변을 가릴 준비를 하게 되는데, 아직 기저귀에 익숙한 아기는 변기가
낯설기만 하다. 이때 엄마는 사랑과 인내심을 가지고 아기의 배변 훈련을 지켜보는 것이 중요하다.

대소변 가리기를 위한 단계별 트레이닝

1단계 화장실을 놀이공간처럼 편안한 곳으로 만든다

배변 트레이닝 장소는 일정한 곳으로 정해 두는 것이 좋다. 아기용 변기를 이용하든 화장실 용변기에 아기용 변기시트를 놓고 배변을 보든, 일단 쉬가 마렵거나 응가가 마려울 때는 이곳에서 한다는 인식을 심어줄 필요가 있다.

아기가 그것을 쉽게 받아들이게 하려면 화장실을 쾌적하고 밝은 이미지로 꾸며놓아야 한다. 아기가 좋아하는 그림이나 인형들을 놓아두고 아기가 자주 드나들 수 있게 하면 아침에 일어나거나 낮잠을 자고 일어난 후 자연스럽게 화장실로 아기를 이끌 수 있게 될 것이다.

아기가 배변훈련에 거부감을 갖지 않게 하려면 변기나 화장실을 놀이공간처럼 느끼게 해 주어야 한다.

2단계 아기의 실수를 받아들이고 칭찬을 아끼지 않는다

아기들은 기저귀에 익숙해져 있기 때문에 변기에 앉아 응가를 하거나 쉬를 한다는 것에 대해 부담을 느끼게 된다. 심지어 두려워하기도 하여 변기에 앉기만 하면 응가를 하지 못하는 아기들도 있다. 그 때문에 변비가 생기는 경우도 있다. 변기에 쉬나 응가를 하지 못하고 옷에다 실례를 하고 화장실 이외의 곳에서 배변을 보는 아기는 엄마가 주의해서 다뤄야 한다. 무조건 혼을 내면 아기는 배변훈련에 더욱 공포를 가지거나 반감을 가지게 되어 오히려 실패할 확률이 높다.

어쩌다 한 번, 우연히라도 아기가 화장실에서 배변을 하게 되었을 때는 과장된 듯한 칭찬을 해주도록 한다. 이것이 앞으로의 배변훈련에 첫걸음이 될 것이기 때문이다.

3단계 반복적인 학습이 필요하다

한 번이라도 변기에서 쉬를 하거나 응가를 했다면 아기는 커다란 경험을 한 셈이 된다. 이것은 아기의 이후 생활이나 행동에 큰 영향을 미칠 수도 있다. 이것이 습관으로 자리잡기 까지는 아기에 따라 다르긴 하지만 많은 반복이 필요하다. 아기가 배변훈련을 몸으로, 머리로 인식하게 될 때까지 엄마의 끊임없는 인내가 요구된다.

배변훈련은 끊임없는 반복이 요구되므로 엄마의 인내가 필요하다.

4단계 팬티를 입혀 실수했을 때의 불쾌감을 맛보게 한다

한 번 두 번 화장실에서 볼일을 보는 횟수가 늘어난다면 서서히 기저귀를 벗기고 팬티로 갈아 입혀 본다. 물론 아기가 이 단계에서 배변 가리기를 완벽히 할 수 있게 된다는 것은 아니다. 오히려 이제부터 시작이다.

아기는 꽤 오랫동안 팬티에 실수를 하게 될 것이고 엄마는 이해와 사랑으로 아기를 감싸야 할 것이다. 아기가 팬티를 적시더라도 화를 내지 말고 "어, 팬티에 쉬를 했네. 갈아입어야겠다. 쉬를 싸니까 척척해서 기분이 나쁘지? 다음 번엔 화장실에 가서 변기에다 쉬하자." 라고 하며 부드럽게 아기의 실수를 지적하고 다음 번을 기대하는 것이 중요하다.

아기 자신도 옷에다 쉬를 싸거나 응가를 했

을 때 기분이나 느낌이 좋지 않음을 자연스럽게 느끼게 되므로 그 불쾌감을 없애기 위해 차츰 실수의 횟수를 줄이려는 노력을 하게 된다.

5 단계 말로 배변 욕구를 표현하게 한다

이제 아기는 변기에 볼일을 보는 것이 많이 익숙해졌을 것이다. 가끔씩은 실수를 하겠지만 배변의 욕구가 느껴지면 손으로 가리킨다거나 '쉬, 응가' 하는 말들을 조금씩 할 수 있게 된다.

이 시기부터는 본격적으로 의사를 표현하는 말을 가르치도록 한다. '쉬 마려워요' '응가 마려워요' 라는 말을 정확하게 하여 자신의 배변 의사를 엄마에게 할 수 있게 하는 훈련이 필요하다. 배변 트레이닝은 개인차가 많으므로 엄마는 다른 아기들과 비교하거나 초조하게 생각하지 말고 느긋한 마음으로 지켜보아야 한다.

성공적인 배변 트레이닝을 위해 지켜야 할 일

변기에 앉아있는 시간은 2~3분이면 충분하다

아기용 변기를 사용할 경우, 변기를 두는 장소를 일정하게 정해두도록 한다. '배변은 항상 이곳에서 한다' 라는 것을 아기에게 인식시켜야 하기 때문이다. 또한 변기에 앉아있는 시간은 2~3분을 넘지 않도록 한다. 2~3분 정도면 아기가 충분히 변을 볼 수 있는 시간이다. 만약 아기가 2~3분이 넘도록 용변을 보지 못한다면 잠시 그쳤다가 변의가 느껴질 때 다시 보게 하는 것이 옳다. 너무 오랫동안 변기에 앉혀놓으면 아기도 부담스러워하고 변비의 원인이 될 수 있으며 아기가 변기를 싫어할 수 있다.

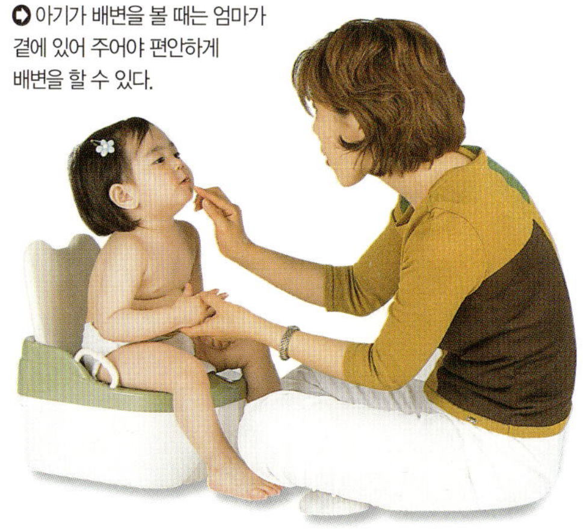

엄마가 곁에 있어준다

아기가 배변을 보고 있을 때는 반드시 화장실 문을 열어놓는다. 문이 닫혀 있으면 아기가 공포를 느낄 수 있기 때문이다. 가장 좋은 방법은 엄마가 아기 곁에 있어주는 것인데 잠시 자리를 비우더라도 아기가 엄마의 모습을 볼 수 있도록 반드시 문을 열어두도록 한다. 아기의 배변이 끝나면 꼭 칭찬을 해준다.

아낌없이 칭찬한다

사람들은 배설 후 자기도 모르게 쾌감과 자신감을 느끼게 마련이다. 배변훈련을 시작한

Mom & Baby

성기를 만지작거릴 때

● 예민하게 반응하지 않는다

아이가 자기 몸을 탐색하는 것은 극히 정상적인 행동이다. 자기 손으로 생식기를 만지작거리다가 그 부분이 아주 민감하며 스스로 자극을 줄 때 즐거울 수 있다는 경험을 하게 되는 것도 정상적인 호기심의 발달이다.

손가락 빨기와 마찬가지로, 자기 몸의 일부를 즐거움을 위해 쓸 줄 아는 능력이 생긴다는 것은 건전한 성장인 셈이다.

● 다른 화제로 관심을 돌린다

아이가 생식기를 만지작거릴 때 지나치게 예민하게 대처하지 말도록 한다. 코를 후비는 것이나 마찬가지로 다루는 게 좋다. '더럽다' 와 같은 말은 절대로 써서는 안 된다.

성장하는 아이의 건전한 성욕의 일부는, 자기 몸을 사용해서 기분이 좋아지는 것의 가치를 아는 데에 있기 때문이다.

너무 예민하게 반응하지 말고 '고추를 자꾸 만지면 고추가 아파해' 또는 '자꾸 잠지를 만지면 지저분한 벌레가 들어가서 이야 해' 라고 타이르며 화제를 바꿔 아이의 관심을 옮기도록 한다. 그리고, 서너 살 무렵이 되면 남녀의 성기 차이, 아기씨 이야기 등 성교육을 시작하도록 한다.

아기에게도 이런 느낌을 알게 하는 것이 중요하다. 그러기 위해서는 엄마의 넘치는 칭찬이 필요하다. 아기는 엄마의 칭찬을 먹으며 자란다. 어떤 일이건 그렇겠지만 이 배변훈련 또한 엄마의 격려와 칭찬이 아기를 성공으로 이끈다.

옷에다 실례를 하지 않고 변기를 찾아 배변을 했을 때는 "우리 아기, 변기에다 쉬(응가)했네. 아유, 예뻐라." "우리 아기 정말 착하다. 어쩜 이렇게 예쁘지? 정말 튼튼한 응가를 눴네."라고 조금은 과장된 칭찬을 해주도록 한다.

이런 엄마의 반응에 아기는 어깨가 으쓱해지며 자기가 뭔가를 해냈다는 자신감을 얻게 된다. 칭찬과 더불어 아기가 하고 싶어하는 것이나 먹고 싶어하는 것을 상으로 주어도 효과가 있다.

실수를 하더라도 나무라지 않는다

몇 단계를 거치면서 아기의 배변훈련이 많이 되고 심지어 혼자서 화장실이나 변기에 앉아 배변을 할 수 있게 되었다 하더라도 아기는 가끔 순간적인 판단 미스로 옷에 실례를

하게 되기도 한다. 특히 아기들은 놀이에 열중하고 있거나 TV에 빠져있을 때 쉬나 응가가 마렵다는 사실을 깜빡 잊기도 하고, 그 순간을 놓치기 싫어서 참다가 옷에 실수를 하기도 한다.

이럴 때 엄마가 무조건 야단을 치게 되면 지금까지 해왔던 아기의 노력이 헛수고로 돌아갈 위험이 있으므로 "노느라고 쉬 하는 걸 깜빡 잊었구나. 다음부터는 쉬하고 와서 놀자." 혹은 "비디오가 너무 재미있어서 응가를 참다가 실수했구나. 그럴 때는 엄마가 잠깐 멈춤을 해 줄테니까 응가 하고 와서 다시 보자. 알았지?"하며 아기를 나무라지 말고 위로해 주고 격려해 주며 다음을 기약하도록 한다.

배변 전후의 느낌이나 기분을 알 수 있게 도와준다

엄마는 적당한 시간 간격을 두고 아기를 화장실에 데리고 가서 배변을 보게 한다. 그런데 이때 타이밍이 굉장히 중요하다. 아기는 쉬를 하고 싶지 않더라도 엄마가 쉬하자 하고 말하면 억지로 몇 방울이라도 쉬를 하게 된다.

하지만 방광이 차기도 전에 쉬를 하는 버릇이 들면 소변을 하는 횟수가 지나치게 늘어날 수 있으므로 주의해야 한다.

그러므로 엄마가 임의로 시간을 정해 배변훈련을 하기보다는 어느 정도 시간이 흐르면 아기가 스스로 '쉬' 라고 외칠 수 있게 훈련시킨다. 아기들은 대개 아주 급할 때가 되어서야 쉬, 응가를 외치게 되는데 이럴 때 배변을 시키면 배변 전후의 느낌 변화를 스스로 깨우칠 수 있게 되어 자연스럽게 배설 후의 쾌감을 맛볼 수 있게 된다. 이것이 배변훈련의 핵심이다.

➊ 아기가 배변훈련에 성공했을 때는 칭찬을 듬뿍 해주며 격려한다.

➊ 아기는 놀이에 열중하거나 TV에 빠져있으면 쉬나 응가가 마렵다는 사실을 잊기 쉽다.

배변 후에는 물을 내리고 반드시 손을 씻게 한다

아기가 어릴 때는 용변을 본 후 엄마가 아랫도리를 깨끗이 씻겨주는 경우가 많다. 하지만 차츰 개월 수가 늘어가면서 스스로 물을 내리고 뒷처리를 하는 방법도 가르친다.

아기가 스스로 배변을 보고 뒷처리를 할 수 있게 되려면 유치원 무렵은 되어야 하겠지만 아기 때부터 연습을 시켜서 나쁠 것은 없다.

대개 아기들은 용변을 본 다음 물 내리는 것을 재미있어 한다. 용변을 본 다음에는 자기가 본 용변을 보여주고 건강한 변을 보았다는 것을 알려주어 아기가 변에 대해 저항감을 갖지 않도록 해준다.

아기가 스스로 용변을 본 다음 닦을 수 있게 되면 특히 여자아기일 경우 반드시 앞에서 뒤로 닦아야 함을 일러주도록 한다. 세균에 감염될 위험이 있기 때문이다. 또한 용변을 본 다음에는 반드시 손을 깨끗이 씻어야 한다는 것도 가르친다.

➊ 용변을 본 다음에는 반드시 물을 내리고 손을 씻는 습관을 들인다.

개월별 소변 트레이닝

신생아기의 아기는 방광에 오줌이 쌓이면 반사적으로 나온다. 그러므로 엄마는 기저귀가 젖으면 그때그때 갈아주어야 한다. 젖은 기저귀를 오래 차고 있으면 기저귀 발진이 생길 수 있으므로 주의한다.

0~6개월

6~10개월

방광이 점점 커지고 어느 정도 오줌이 모일 때까지는 참을 수 있게 된다. 쉬가 마려울 때 우는 아기도 있으므로 잘 살펴 아기가 쉬나 응가를 하는 시간 간격을 체크해두면 배변훈련에 도움이 된다.

이 무렵의 아기는 스스로 방광이 가득 차서 소변을 보고 싶다는 감각을 느끼게 된다. 아기가 걸음마를 시작하고 한마디 두마디 말을 할 수 있게 되면 쉬, 응가 라는 말을 가르쳐 배변의사를 표현할 수 있게 한다.

10~18개월

18~24개월

방광이 아주 커져서 소변을 보는 간격이 상당히 길어지므로 방광에 꽤 많은 양의 소변이 모일 때까지 소변을 참을 수 있게 된다. 대변의 경우 소변보다 나오는 느낌을 쉽게 알 수 있으므로 소변보다 쉽게 훈련을 할 수 있다. 이때가 바로 배변훈련을 시작하기에 적합한 시기이다. 아기가 대소변이 마렵다는 표시를 해오면 재빨리 변기나 화장실로 데려간다.

혼자서 화장실에 갈 수 있고 변기에 앉아 대소변을 볼 수 있게 된다. 혼자 하는 것이 익숙하지 않은 아이라 하더라도 엄마는 아기 눈치를 봐서 화장실에 데려갈 것이 아니라 아기가 '쉬 마려워요, 응가 마려워요'라고 할 때까지 기다렸다가 화장실에 데려가도록 한다. 배변을 본 뒤에는 반드시 물을 내리게 한다. 아직은 배변 후 뒷처리가 미숙하지만 차츰 연습을 시키도록 한다.

24~30개월

30~36개월

배설기능이 많이 발달해서 밤에도 대개 기저귀를 차지 않게 된다. 기저귀는 갑자기 채우지 않기보다는 서서히 시도하는 것이 좋다. 기저귀가 젖지 않는 날이 늘면 그때쯤 벗겨서 재우도록 한다.

외기욕 & 첫 외출하기

하루 대부분의 시간을 잠만 자던 아기, 생후 1개월이 지날 무렵이면 엄마, 아빠는 슬슬 외출을 생각하게 된다.
하지만 신생아가 바깥 공기와 접촉하는 것은 매우 큰 자극이므로 외출을 하기 전에 워밍업이 필요하다.
일단 외기욕을 시키고 피부를 단련시킨 다음 계절이나 기후, 시간, 장소 등을 고려해 외출을 시도해 보자.

외기욕 하기

외기욕 하기 전에 알아두어야 할 일

햇빛이 피부를 건강하게 만든다

외기욕은 아기들에게 필수적이다. 햇볕 속에 있는 자외선이 피부에서 비타민 D를 만들고 이것이 모유나 우유를 먹을 때 위장에서 칼슘흡수를 촉진시켜 뼈를 튼튼하게 만들기 때문이다. 또 외부 공기와의 접촉을 통해 외부세계에 대한 적응력을 키워주기도 한다.

특별한 장소와 시간이 필요치 않다

외기욕을 하기 위한 특별한 시간과 장소를 정할 필요는 없다. 날씨가 맑고 바람이 불지 않는 따뜻한 날, 아기가 누워 있는 방의 창문을 열어 햇볕이나 바깥 공기를 쐬어주면 된다. 거실 창 옆에 얇은 담요를 깔고 그 위에 아기를 눕혀 햇볕이나 공기를 쐬어주는 것도 효과적이다. 아기의 기저귀나 옷을 갈아 입힐 때 자연스럽게 잠시 외기를 접하도록 하면 된다.

새로운 자극이 생활 리듬을 갖게 한다

바깥 공기가 아기의 볼과 손발에 닿는 순간, 피부는 자극을 받고 혈관은 수축하게 되는데 따뜻한 실내로 들어오거나 창문을 닫으면 다시 피부가 이완되고 혈관이 늘어난다. 이때 기관지와 폐의 점막이 외부 세계에 단련되어 감기에 대한 저항력이 생긴다. 외기욕이라는 새로운 자극을 경험한 아기는 잘 자고, 잘 먹고, 기분도 좋아진다.

아기의 건강상태를 보아가며 진행한다

아기가 열이 오르고 재채기를 하거나 컨디션에 이상이 보일 때나 보채고 짜증을 낼 때는 외기욕을 피한다. 아기의 건강과 기분이 좋고 엄마에게도 여유가 있을 때 기분전환으로 무리 없이 진행하는 것이 현명하다.

외기욕 하는 방법

기저귀를 갈거나 옷을 갈아 입힐 때를 이용한다

첫 외기욕을 할 때는 굳이 옷을 다 벗길 필요는 없다. 다만 기저귀를 갈거나 옷을 갈아입히는 등 피부를 드러낼 기회가 있을 때, 곧바로 옷을 입히지 말고 5~10분 정도 바깥 기운

을 잠깐 쏘이게 한다. 그것만으로도 '외기욕'이 된다. 옷차림 그대로 베란다에 나가 바깥 공기를 쐬게 하는 것도 좋다.

발부터 시작하여 외기욕 하는 부분을 늘려간다

발부터 햇볕을 쬐게 하여 차츰 익숙해지면 허벅지, 가슴, 등, 엉덩이 순으로 외기욕 하는 부분을 늘려나간다.

햇살이 좋고 통풍이 잘되는 곳을 택한다

햇볕이 잘 들고 바람이 강하게 불지 않는 창가가 가장 좋다. 아기가 누워있는 방 자체의 통풍이 잘 되도록 해주는 것만으로도 좋다.

햇볕 아래서 맛사지를 해준다

잠시 햇볕을 쬐어 체온이 올라가면 온몸을 부드럽게 맛사지해 준다. 특별한 방법은 없고 온몸 구석구석을 조물조물 만져주면 된다.

생후 2개월 무렵부터 시작한다

생후 60일이 지나면 조금 추운 듯 해도 아기를 데리고 밖으로 나가보자. 외기욕과 일광욕을 시킬 수 있는 좋은 기회인 동시에 한참 시청각 기능이 발달할 시기이므로 새로운 세계를 접하는 것은 신체 감각기관을 보다 발달시킬 수 있는 좋은 자극이 되기 때문이다.

햇살 좋은 날 오전에 30분 정도면 적당하다

아기들은 체온 조절 능력이 미숙하기 때문에 적응하기 좋은 시간대를 고르는 것이 좋다. 여름에는 무덥지 않고 맑은 날 오전 10시경이나 선선한 저녁 무렵, 20~30분 정도 산책을 시도해 보자. 한겨울을 제외한 봄, 가을에는 오전 10시 이후의 따뜻한 시간대가 알맞다.

장소는 될 수 있는 한 사람이 혼잡한 곳이나 배기 가스가 많은 곳은 피하도록 한다.

○ 햇살 좋은 날, 오전 10시경이 아기와 산책하기에 좋은 날이다.

산책 시 필요한 필수품을 챙긴다

밖에 나갔을 때 아기가 칭얼대거나 배고파하거나 추위를 느낄 수 있으므로 종이 기저귀, 물 티슈, 파우더, 분유, 갈아입을 옷, 가제수건, 따뜻한 보리차, 갑자기 쌀쌀해졌을 때 덮어줄 수 있는 얇은 카디건 등을 준비한다. 만일의 사태를 대비해 의료보험증 등도 챙겨 가는 것이 좋고, 산책이 일상화되면 피크닉용 매트를 가져가서 잠시 자연을 벗하다 와도 좋다.

○ 가끔은 유모차에서 내려 아기를 안고 산책하는 것도 좋다.

Mom & Baby

외출 장소에 따른 아기 준비물 챙기기

✽ **시내 쇼핑** 젖먹이 아기라면 젖병과 분유는 필수로 챙겨야 한다. 그 외 간식류는 현지에서 직접 구입한다. 아기의 컨디션이 가장 좋고 잠자는 시간과 식사 시간대를 피할 수 있는 오전 10시 전후가 나들이하기 가장 좋은 시

아기와의 외출 시에는 젖병이나 분유, 기저귀 등을 반드시 챙긴다.

간. 백화점이나 쇼핑센터는 냉방 시설이 잘 되어 있어 감기에 걸리기 쉬우므로 아기에게 입힐 가벼운 외투를 준비한다.

✽ **유원지 · 놀이공원** 아기가 걸음마를 시작하면 산책을 겸해서 공원이나 어린이를 위한 놀이공원에 가는 것도 좋은 경험이 된다. 이때는 장난감과 유모차를 준비한다. 유모차를 가져가면 잠깐 낮잠을 재울 수도 있고 이동할 때도 편리하다. 아기가 먹을 음식은 집에서 평소 먹던 대로 준비해 간다. 만약을 대비해 물휴지와 여벌의 옷을 준비한다.

✽ **바닷가** 바닷가의 햇볕은 아기의 여린 피부에 너무 강하므로 자외선 차단 크림을 발라주고 긴소매 옷을 입히는 등 각별히 신경을 써야 한다. 아기와 함께 해수욕을 하려면 햇볕이 아직 따갑지 않은 아침 시간대를 이용한다. 파라솔을 이용해 그늘을 만들어주고 그늘에 작은 비닐 풀을 만들어 놀게 하면 좋다. 바닷물에 들어갔다 나왔을 때는 소금기를 깨끗하게 씻어내 준다. 생수를 준비해서 일광에 데운 뒤 쓰면 요긴하다. 바닷가는 기온 차가 크기 때문에 어린 아기들이 적응하기 쉽지 않으므로 주의한다.

✽ **산과 계곡** 옷은 가장 편한 차림으로 입히고, 반드시 모자를 씌운다. 아기들은 주변 환경이 바뀌면 흥분한 나머지 잠을 못 자는데, 여행기간이 길어지면 그 여파로 울거나 보채는 일이 잦다. 가능하면 집에서와 유사한 잠자리를 마련하되 텐트 사용은 삼간다. 아기를 위한 먹을거리와 생필품은 출발하기 전에 미리 구입한다.

안거나 유모차에 태워 산책한다

대부분의 엄마들은 아기를 유모차에 태워 산책하는 것을 편하게 여긴다. 하지만 유모차만 태우면 아기에게 말을 걸거나 반응을 보기가 어렵다. 가끔은 안고서 산책을 하는 것도 좋겠다. 하지만 아기가 안는 것보다 유모차를 태우는 것을 더 편안해 하면 아기가 좋아하는 방법을 선택하도록 한다.

손발을 움직일 수 있는 편한 옷을 입힌다

산책은 아기의 운동시간이기도 하다. 손발을 많이 움직일 수 있도록 활동적인 스타일의 옷을 입힌다. 단 너무 두껍게 입히지 않도록 한다.

산책 후에는 반드시 얼굴과 손발을 닦아준다

즐거운 산책을 마친 다음에는 아기도 엄마, 아빠도 기분이 아주 좋을 것이다. 아기가 땀을 흘렸다면 간단하게 목욕을 시키고 옷을 갈아 입힌다. 샤워가 어려운 상황이라면 손발이라도 깨끗이 닦아준다. 짧은 산책이었다 하더라도 반드시 더러워진 손발이나 얼굴을 젖은 타월로 닦아주도록 하자.

❶ 유모차로 계단을 오르내릴 때는 한 손으로 아기를 안고 한 팔로 유모차를 끼고서 이동하는 것이 편하다.

❶ 산책 후에는 반드시 아기의 얼굴과 손, 발을 깨끗이 닦아주도록 한다.

유모차는 아기의 허리에 힘이 생기기 시작하는 생후 4~5개월부터 만 2세 정도까지 사용하게 된다. 유모차를 운전할 때에는 특히 주의해야 한다. 아기를 태우고 나가면 여기저기 돌발상황이 생길 수 있기 때문이다. 유모차를 안전하게 사용하려면 다음과 같은 상황에 주의해야 한다.

계단을 오르내릴 때

유모차를 운전할 때 계단은 가장 어려운 코스다. 계단을 가장 안전하게 오르내리는 방법은 아기를 안고 유모차를 한쪽 팔에 끼고 오르내리는 것이다.

엘리베이터를 탈 때

유모차를 가지고 엘리베이터를 탈 때에는 다른 사람에게 피해를 주지 않도록 제일 나중에 타도록 한다. 엄마가 먼저 뒷걸음질해 들어가고 핸들을 앞으로 돌릴 수 있다면 아기가 엄마를 보게 한 다음 들어간다.

낮은 턱을 올라갈 때

낮은 턱이 나타나면 유모차 앞을 약간 들어올려 누울 수 있도록 한 다음 올라간다. 만약 핸들이 앞으로 전환해 엄마와 아기가 마주보고 있는 상황이라면 유모차 앞을 들어올렸을 때 아기가 앞으로 쏠려 위험할 수 있으므로 반드시 같은 방향을 보게 한 후 들어올린다.

꼭 필요한 것부터 구입한다

백화점에 들어서면 우선 필요한 것부터 먼저 구입하도록 한다. 아기가 갑자기 울어댈 수도 있고 피곤해질 수도 있으므로 필요한 쇼핑을 먼저 한 후 아기의 상태를 고려해 나머지 볼일을 본다.

평일 오전을 이용한다

백화점은 평일 오전이 가장 한산하다. 오후나 세일 기간은 되도록 피해서 쇼핑을 하는 것이 좋다.

❶ 아기와의 백화점 쇼핑은 평일 오전 시간을 이용한다.

화장실이나 유아용 휴게실을 이용한다

아기가 울거나 피곤해할 경우 화장실이나 유아용 휴게실을 이용해 아기를 쉬게 한다. 또 요즘엔 볼풀장이나 아동극장 등을 마련해 아기들을 맡기고 쇼핑을 할 수 있는 시설도 마련되어 있으므로 이용하도록 하자.

버스를 이용할 때는 1시간 이내로 한다

버스와 같은 대중 교통 수단을 이용할 경우에는 가는 도중에 길이 막혀도 차에서 내릴 수 없으므로, 1~2시간의 단거리 이동 외에는 되도록 피하는 것이 좋다.

기차는 아기에게 가장 쾌적한 교통 수단이다

좌석만 확보된다면 기차는 1~3세 아기에게

가장 알맞은 교통 수단이다. 교통 체증으로 짜증내는 일도 없고, 공간에 여유가 있어 걸어다닐 수 있는 데다, 부모의 손길이 아기에게만 향할 수 있어 좋다. 아기를 데리고 기차를 탈 때는 반드시 좌석을 미리 예매한다. 그러나 진동이 심하고 차내가 밝은 데다 소란스럽기 때문에 의외로 아기들이 짜증을 낼 수 있다. 또, 기차는 냉방이 잘 돼 있어 추울 수도 있으니 이를 대비해 가볍게 걸칠 수 있는 외투, 잠이 들었을 때 덮어줄 수 있는 타월이나 얇은 담요를 준비한다.

2세 미만 아기는 비행기여행을 피한다

비행기는 이·착륙 때 기압차 때문에 귀가 멍멍하다. 이때 아기가 놀라 울면 젖이나 우유를 먹이는 것이 도움이 된다. 그러나 비행기 여행은 국내 여행을 제외하고는 대체로 여행 시간이 길고 움직일 공간이 좁아 아기들에게는 짜증이 나고 힘든 여행이 되기 쉽다. 비행기를 탈 때는 아기가 좋아하는 그림책이나 장난감을 반드시 휴대해 아기가 보챌 때를 대비해야 한다.

장시간 외출은 가능한 한 피한다

피크닉 같은 외출은 3~4개월은 되어야 가능하지만 2개월만 지나면 꼭 해야 할 외출일 경우 장거리라도 할 수 있다. 하지만 아주 급한 일이 아니라면 장시간 외출은 피하는 것이 좋다. 장거리 여행은 5~6개월부터 시작하는 것이 무난하고 승용차를 탈 때는 아기용 시트를 이용하여 뒷좌석에서 뒤를 보게 고정해서 태운다.

○ 외출 전에는 아기의 컨디션을 살피는 것이 가장 중요하다.

아기용품을 꼼꼼히 챙긴다

젖병과 분유, 물, 보리차 등의 수유기구와 물 휴지, 휴지, 가제수건, 기저귀, 여분의 옷, 쓰레기를 담을 비닐봉지 등의 아기용품을 꼼꼼히 챙긴다. 그래야 아기가 갑자기 배가 고프거나 목이 말라 울 때 바로 문제를 해결해줄 수 있다. 아기의 외출복과 여벌옷은 입고 벗기 편한 것으로 선택한다. 외부 온도나 상황에 따라 적절히 입히고 벗길 수 있어야 하기 때문이다.

○ 아기와의 외출을 계획할 때는 젖병과 분유, 보리차, 기저귀, 여벌 옷 등을 반드시 챙긴다.

3개월까지의 아기는 어른보다 하나 정도 더 입힌다고들 하지만 추위를 느끼는 정도는 개인에 따라 다르고 특히 요즘은 난방시설이 잘 되어 있기 때문에 옷을 너무 많이 입히게 되면 오히려 좋지 않다. 약간 날씨가 추운 듯하면 유모차에 태우지 말고 업거나 앞으로 안아 엄마의 코트로 감싸주도록 한다.

아기의 건강 상태를 살핀다

아기의 기분이 좋지 않고 열이 나며 감기 증세가 있을 때는 아무리 중요한 일이라도 외출을 해서는 안 된다. 또 외출 중이거나 외기욕 중에 갑자기 열이 오르고 재채기를 연발하거나 보채거나 짜증을 내면 곧바로 중단하고 집으로 돌아오도록 한다.

아기를 데리고 떠나는 여행에 가장 적합한 이동 수단은 아무래도 자동차다. 그래도 4시간 이상의 장거리 이동은 피하는 것이 좋다. 아기가 잠든 밤이나 새벽에 떠나면 아기도 덜 힘들어하고 엄마, 아빠도 이동하기가 훨씬 수월하다.

식후 30분 후에 출발해야 멀미를 막을 수 있다

출발하기 전에 음식물을 먹였다면 30분 정도는 기다렸다가 출발해야 멀미를 할 위험이 없다. 만일 아기가 멀미를 해서 토할 때는 차를 세우고 시원한 그늘에서 보리차를 먹이면서 쉬었다 가도록 한다.

차내 온도와 습도를 조절한다

날씨가 덥다고 어른 기준으로 에어컨을 켜놓거나 춥다고 해서 히터를 장시간 틀어놓는 것은 아기에게 좋지 않다. 차 안의 온도는 항상 바깥 온도와 5℃ 이상 차이가 나지 않게 유지하도록 한다. 에어컨이나 히터를 장시간 틀어놓게 되면 실내가 건조해져 목감기에 걸리기 쉽다. 이럴 때 물수건 등을 창에 걸쳐 놓으면 실내가 건조해지는 것을 막을 수 있다. 또 30분 간격으로 차 문을 열어서 자주 환기를 시켜주면 실내 건조도 막고, 온도 조절을 하는 데도 효과적이다.

○ 여행시 에어컨이나 히터를 장시간 틀면 감기에 걸리기 쉽다.

안전사고를 예방한다

안전 문제도 절대 방심해서는 안 된다. 자동차 뒤 선반에는 무거운 물건을 올려놓지 않는다. 차가 급정거하거나 가파른 길을 오르내릴 때에 뒤 선반에 올려진 물건이 아기 쪽으로 떨어질 수 있기 때문이다.

출발하기 전에는 반드시 도어 안전 장치를 확인하고 절대로 아기를 차에 혼자 두지 말자. 특히 여름철에는 복사열로 인해 내부의 온도가 급상승하기 때문에 아기가 질식할 위험이 높으며, 아기가 장난을 치다가 차 문이 잠겨버리기라도 하면 밀폐된 공간에 갇힐 염려가 있다.

아기와 함께 가는 휴가계획 세우기

● ● ●

떠나기 전에 체크해봐야 할 것들

아기와 함께 휴가를 계획했다면 여러 가지 준비해야 할 것들이 많다. 아기에게 필요한 물품을 준비하는 것도 중요하지만, 그밖에도 여행을 떠나기 전에 반드시 체크해봐야 할 것들이 있다.

◑ 아기와의 여행을 계획할 때는 사전에 현지의 날씨와 숙박시설 등을 꼼꼼히 체크해야 한다.

날씨를 체크한다

아기와 함께 외출할 때는 바깥 날씨를 먼저 살펴야 한다. 아직 체온 조절이 미숙한 아기는 날씨에 민감하게 반응하기 때문이다. 따라서 여행지에서도 되도록 따뜻한 오후 시간대에 외출하는 게 좋다. 여름이라면 자외선이 가장 강한 낮 12시에서 2시 사이의 외출은 피하도록 한다. 날씨가 너무 춥거나, 너무 덥거나, 바람이 많이 불거나, 지나치게 건조한 날도 아기와의 외출을 삼가야 하는 날이다.

아이의 컨디션을 살핀다

여행이나 나들이를 할 때는 아기의 컨디션을 최대한 고려해야 한다. 아기의 건강 상태가 조금이라도 의심스럽다면 무리한 바깥 나들이는 시도하지 않는 게 좋다. 나들이, 특히 장거리 여행은 아기의 컨디션이 최상일 때에 맞춰 계획을 잡아야 한다.

숙소 및 시설 예약을 확인한다

아기와 함께 여행을 떠날 때 가장 우선적으로 고려해야 할 것이 바로 숙소문제다. 공간이 너무 협소하거나 청결하지 못해 잠자리가 불편하면 아기의 컨디션이 좋게 유지될 리가 없다. 깨끗하고 조용한 곳으로 선택하되, 집과 비슷한 시설을 갖춘 곳이라면 더욱 좋다. 호텔이나 콘도미니엄, 장급 이상의 여관을 선택하고, 텐트 숙박은 피한다.

◑ 아기를 데리고 여행할 때는 호텔이나 콘도 정도의 숙박시설을 이용하는 것이 안전하다.

● ● ●

아기와 함께 가는 여행지 선택하기

일단 떠나기로 했다면 어디로 갈지를 결정해야 한다. 물론 결국은 엄마 아빠가 가고 싶은 곳으로 가게 되겠지만, 아무래도 아기를 데려가는 여행이라는 것을 충분히 고려해서 여행지를 선택해야할 것이다.

장소와 일정을 정한다

사람이 너무 많고 시끄러운 곳은 피하는 것이 좋으며, 되도록 이동시간이 너무 길지 않은 가까운 곳으로 가는 게 좋다. 장거리 여행은 아기가 6개월 이상은 되어야 가능한데, 이 또한 이동시간이 너무 긴 여행은 피하도록 한다.

백일이 지난 아기라면 서너 시간 정도에 이동할 수 있는 범위 내에서 여행지를 선택하는 것이 바람직하다.

여행지에 대한 자료를 모은다

잠은 어디서 잘지, 식사는 어떻게 해결할지, 어떤 볼 만한 것들이 있는지, 무엇이 유명한지 등등을 자세히 알아보도록 한다. 운이 좋으면 계획한 여행기간 중에 여행지에서만 참

◑ 여행 경비 예산을 미리 뽑아 보아, 현지에서 당황하는 일이 없도록 한다.

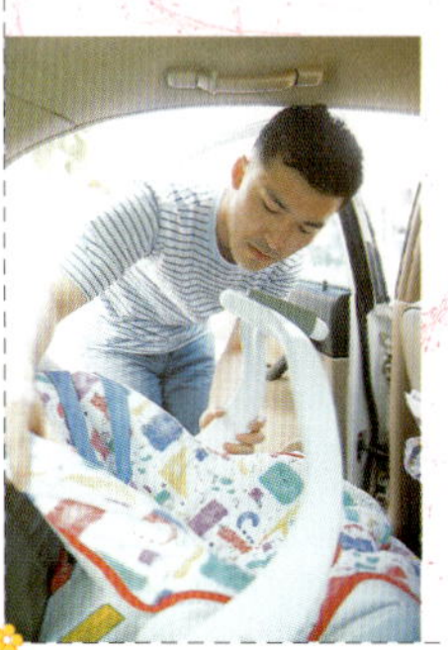

자동차 여행 시 꼭 필요한 카시트

✳ **카시트는 반드시 뒷좌석에 설치한다** 아이를 데리고 승용차를 이용할 때는 반드시 카시트는 뒷좌석에 설치한다. 안전벨트로 단단히 고정시킨 후 아이를 태우고 카시트에 장착된 안전벨트도 단단히 고정한다. 앞좌석에 카시트를 설치하는 경우가 종종 있는데 사고가 났을 경우 에어백이 터지게 되면 매우 위험하므로 반드시 뒷좌석에 설치한다.

✳ **돌 이전 아기는 뒤보기를 해 준다** 돌 이전의 아기를 카시트에 태울 경우 반드시 조수석과 등을 맞댄 뒤보기로 설치한다. 앞으로 설치하면 급정거를 했을 경우 매우 위험하기 때문이다.

✳ **카시트의 경사도는 45˚가 적당하다** 아기 머리를 등받이에 딱 붙였을 때 카시트와 뒷좌석의 등받이가 45˚ 각도를 유지하는 것이 가장 안전하다. 그 각도가 유지되지 않을 경우 수건을 돌돌 말아 카시트 밑에 고정시켜서 기울기를 조절하는 것이 좋다.

가할 수 있는 독특한 행사에 참석할 수도 있다. 물론 도심 속에서 공해에 찌든 공기만 마시던 아기에게 신선하고 맑은 공기를 쐬어주는 것만으로도 여행을 떠난 의미는 충분하다. 그러나 여행지에 대한 정보를 미리 알고 가면 여행을 보다 충실히 즐길 수 있음은 물론 예상치 못한 상황이 벌어졌을 때 대처하기도 쉽다. 요즘엔 인터넷 검색만으로도 원하는 정보를 충분히 얻을 수 있다.

예상 경비를 뽑아본다

여행지 못지 않게 역시 중요한 것은 비용. 어떤 곳에 가서 얼마 동안 지낼지 결정했다면 그것을 바탕으로 경비를 계산해서 예산을 세워본다. 숙박비나 교통비, 식대를 기본으로 해서 준비물을 구입하거나, 현지에서 쓸 비용까지 모두 포함한 경비를 뽑아보는 것이다.

실전! 아기를 위한 짐 꾸리기

여행을 떠날 때는 무엇보다 아기의 짐을 꾸리는 것이 큰일이다. 어른이야 조금 부족해도 참고 견딜 수 있지만, 아기의 경우는 준비물이 아기의 건강과 직접적으로 연관되기 때문이다. 반드시 꼼꼼히 체크하고 챙겨서 여행지에 가서 당황하는 일이 없도록 한다.

일회용 기저귀

기저귀는 종이 기저귀로 넉넉하게 준비한다. 특히 여행을 할 경우에는 아기가 갑작스런 환경의 변화로 설사를 할 수 있으므로 여유 있게 준비한다. 짐의 부피를 줄이고 필요할 때 바로 사용할 수 있도록 포장을 제거한 후 꺼내기 쉽게 가방에 넣어간다.

분유·우유

분유는 아기가 평소에 먹는 분유를 필요한 만큼 준비해 가면 된다. 우유는 만일 장기 여행이고, 식료품 등을 쉽게 구입할 수 없는 곳으로의 여행이라면 멸균 우유를 준비해 가면 좋다. 멸균 우유는 우유의 영양소를 그대로

장거리 여행을 위해 미리 체크할 것들

● **자동차를 점검한다** 여행을 떠나기 전에 자동차의 상태를 점검해야 한다. 에어컨 콘덴서를 청소하고 곰팡이 제거제를 뿌려둔다. 여행지 지도와 안내 책자를 챙긴다.

● **교통편을 예약한다** 항공권이나 기차표 등은 적어도 일주일 전에, 만일 주말이나 휴가철 등 성수기라면 적어도 한 달 전쯤에 예약을 해둬야 한다.

● **숙소 및 시설을 예약한다** 비수기에는 일주일 전 성수기에는 한 달 전쯤에 예약을 하도록 한다.

● **일기 예보를 확인한다** 하루 전에는 출발하는 당일을 비롯, 여행기간 동안의 일기 예보를 확인해서 그에 대비하도록 한다.

● **소아과에 다녀온다** 동네 소아과에 가서 아기의 건강 상태를 체크해보고 현지 사정에 맞게 예방주사 등을 접종한다.

● **아기를 배불리 먹인다** 출발하기 1시간 전쯤에 아기를 배불리 먹여두면 번거로움을 피할 수 있고 아기도 최상의 컨디션을 유지할 수 있다.

완전 멸균 처리한 제품으로, 냉장 보관하지 않고도 상온에서 10주 이상 장기 보관할 수 있기 때문이다. 멸균 우유는 대부분의 우유 회사에서 출시되고 있다.

물·과즙

아기는 수분을 충분히 보충해주어야 하므로 식힌 보리차나 과즙 등 마실 것을 따로 준비한다. 과즙은 너무 시거나 달지 않은 것으로 50~100cc 정도 준비하고, 물은 끓여서 식힌 맹물이나 보리차가 좋다. 특히 분유를 바로 먹일 수 없을 경우, 보리차나 과즙은 아주 유용하다.

옷

장거리 여행이라면 하루 2벌(여름에는 3벌) 정도씩을 기본으로 해서 여분의 옷을 추가로 준비한다. 여행지에서는 보통 손빨래를 하게 되므로 빨리 마르는 소재를 선택한다. 날씨가 쌀쌀해질 것을 대비해 두툼한 긴소매 점퍼 등은 꼭 한 벌씩 준비하도록 한다.

구급약

아기에게는 항상 크고 작은 사고가 뒤따르게 마련이다. 이에 대비해 바셀린이나 일회용 반창고, 상처에 바르는 피부 연

고, 해열제, 체온계, 핀셋, 소독약 등 간단한 약품을 준비해 가면 아기가 갑자기 아프거나 다쳤을 때 당황하지 않고 신속히 대처할 수 있다. 만일 멀미가 유난히 심한 아기라면 소아과 전문의와 상의해서 미리 멀미약을 처방받아 가져가는 것이 좋다.

젖병

모유를 먹는 아기라도 상황에 따라 수유할 수 없는 형편이 될 수도 있으므로 반드시 챙기도록 한다. 분유를 떼어서 하루 2~3회 정도만 젖병이 필요한 아기라면 3개 정도 준비하면 된다. 만일 우유를 떼지 못한 아기라면 일회용 젖병을 준비해 가는 것도 좋다.

놀잇감

아기가 여행지의 낯선 환경에 적응하는 데는 다소 시간이 걸린다. 차가 막히거나 기다리는 시간이 길어져 아기가 심심해하거나 짜증스러워할 수 있다. 이럴 때를 대비해 아기가 평소에 갖고 놀던 장난감이나 책을 가져가도록 한다. 소리가 나는 장난감을 준비하면 아기를 보다 쉽게 달랠 수 있다. 이 밖 의료보험증, 모자, 큰 타월, 베이비 오일, 자외선 차단 크림 등도 아기와 함께 떠나는 여행에 필수품들이다. 또, 아기가 쓰던 베개나 이불 등을 가져가면 낯선 환경에서 잠을 자는 데 도움이 된다.

우리 아이,
PART
4

1~6개월 옹알이하고, 목 가누고, 젖먹는 시기/7~12개월 기고, 앉고, 걸음마 하는 시기/

13~24개월 걷고, 뛰고, 말문이 트는 시기/25~36개월 자아가 싹트는 시기/

37~48개월 유아원에 가는 시기/   49~60개월 철들 나이, 유치원에 가는 시기

어디까지 할 수 있을까?

1~60개월. 아기키우기 포인트와 습관들이기, 교육프로그램 등 아

기의 신체발달과 지적발달을 돕는 다양한 정보를 소개한다. 각 시

기에 나타나는 엄마들의 궁금증도 꼭꼭 집어 풀어준다.

구태여 아기의 몸무게나 키를 잴 필요는 없지만, 자녀의 성장 과정을 알고 싶어하는 부모들이 의외로 많다. 그런 부모들을 위해 1개월에서 60개월까지의 평균 수치와 최소 수치, 최대 수치를 표시하여 그래프로 만들었다. 내 아이는 신체 성장 발달 수준이 어느 정도인지 그래프에 표시하여 곡선을 그어 보자.

♥ 도표에 아기의 치수를 기록하려면, 먼저 가로축에서 아기의 개월 수를 찾아 해당하는 곳에 직선을 긋는다. 그 다음, 세로 축에서 아기의 무게나 키를 찾아 횡선을 긋는다. 두 선이 만나는 곳에 굵은 점을 표시한다. 점을 연결하면 아기의 성장 곡선이 된다.

♥ 아기의 키를 재기 위해서는 아기의 발과 뒤꿈치를 모으고 벽에 어깨를 붙여 벽에 기대어 서게 한다. 아기의 턱을 자연스럽게 위로 올림으로써 아기의 머리가 똑바로 고정되게 한다. 부모의 여건이 허락된다면 6개월에 한번씩 아기의 키를 재보아 아기가 얼마나 자랐는지 확인해 본다.

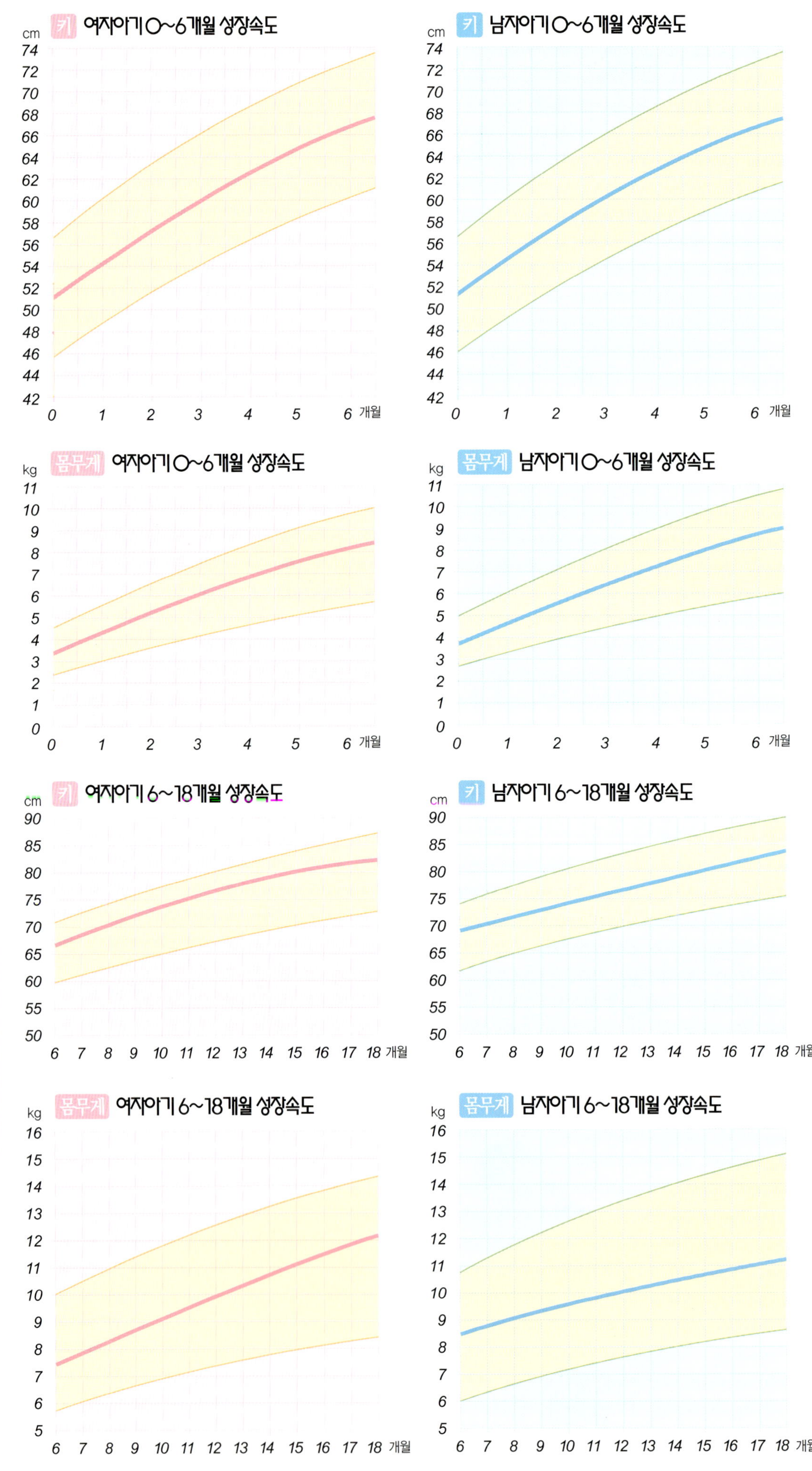

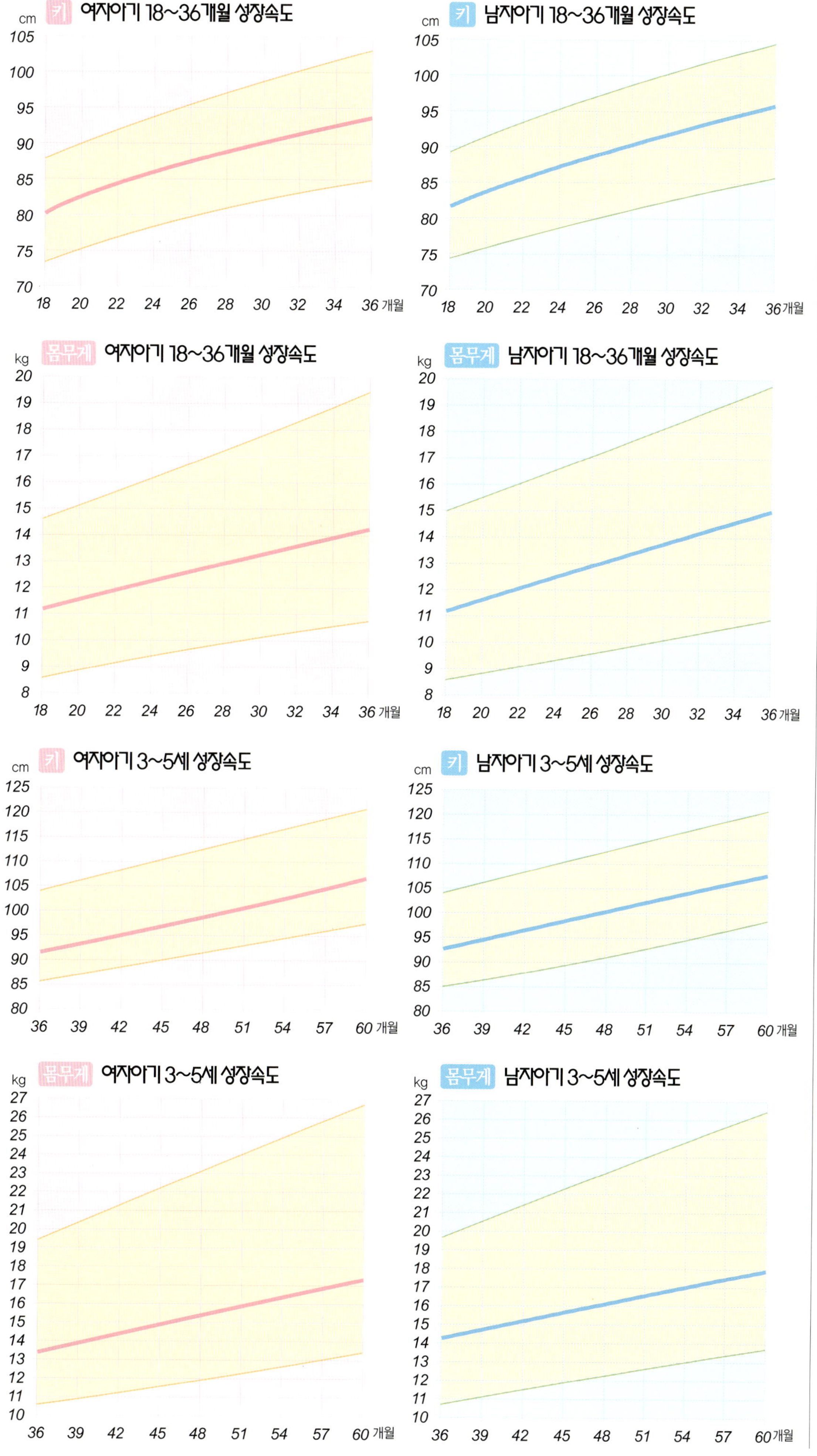

키와 몸무게

♥ 아기의 성장을 평가하는 가장 중요한 기준은 '아기가 얼마나 행복하게 잘 지내는가'이다. 누가 보아도 아기가 행복해 보인다면 아기의 키나 몸무게에 대해 걱정하지 않아도 좋다.

♥ 점점 증가하는 아기의 키와 몸무게를 도표에 기록하다 보면 매우 흥미를 느끼다가도, 아기의 성장 패턴이 조금이라도 평균에서 벗어나면 걱정이 될 것이다. 그러나 아기를 같은 연령대의 다른 아기와 비교하는 것은 금물이다.

♥ 같은 연령의 '평균적인' 키나 몸무게의 범위는 매우 넓다. 각 태어난 아기의 몸무게는 2.5~4.5kg 정도가 되며, 다섯 살 소년의 평균 몸무게는 13.5~26.5kg이다.

♥ 각 도표는 대부분의 아이들에 해당하는 키나 몸무게의 범위를 보여준다. 색칠된 띠 중앙의 빨강 선은 '평균적인 어린이 치수'를 나타낸다. 즉 어린이의 절반은 빨강 선 아래에 해당하며, 절반은 빨강 선 위에 해당한다. 바깥 선은 매우 예외적인 치수를 보여주는데, 여기에 해당하는 어린이는 거의 없을 것이다. 혹시 내 아이가 여기에 해당된다면 담당 소아과 의사와 상의해야 한다.

♥ 정기적으로 기록한 아이의 치수는 중앙선과 거의 평행을 이루어야 한다. 그렇지 않다면 치수를 정확하게 측정하지 않았거나 혹은 정확한 도표를 이용하지 않았을 것이다. 그래도 걱정이 된다면 담당 주치의와 상의하는 것이 좋다.

아이들에겐 한계가 없어요.

아이들은 눈에 보이는 모든 것을

그 자리에서 하고 싶어하지요.

바로 그래서 아이들은 자신의 능력 범위를

벗어나는 일도 무모하게 하고,

그것이 때로는 감당할 수 없는 위험을

부르기도 합니다.

개월에 맞는 적절한 놀이와 운동으로

몸도 마음도 건강한, 똑똑한 아이로 키우세요.

자연은 부모에게 아기를 준 동시에

아기 키우기의 모든 어려운 상황을 이길

놀라운 능력도 주었답니다.

마음의 소리에 가만히 귀기울여 보세요.

자신과 아기를 위한

가장 현명한 판단이 들려올 거예요.

1~6 개월

옹알이하고, 목 가누고, 젖먹이는 시기

여아 : 키 54.2cm 몸무게 4.4kg   남아 : 키 55.2cm 몸무게 4.6kg

이 달 말에 우리 아기 여기까지 할 수 있다

STEP 1

90% 가능
대부분 할 수 있다

1 양쪽 손과 발이 따로 놀지 않고 똑같이 움직인다

2 엎어놓으면 머리를 들어 올리려고 애를 쓴다

3 엄마 얼굴을 똑바로 쳐다본다

STEP 2

75% 가능
웬만하면 할 수 있다

1 소리나는 방향으로 고개를 돌린다

2 아기 눈앞에 어떤 물건을 들고 좌우로 천천히 움직이면 잠깐동안 시선이 따라온다

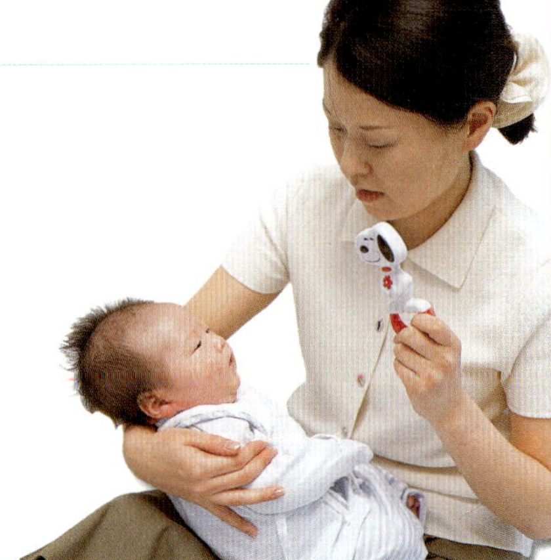

STEP 3

50% 가능
할 수 있는 아기도 있다

1 엎어놓으면 잠시 고개를 들어 올린다

2 아기 눈앞에 어떤 물건을 들고 좌우로 천천히 움직이면 계속해서 시선이 따라온다

3 엄마가 웃어주면 아기도 따라서 미소짓는다

4 단순한 울음 외에 초기 단계의 옹알이 같은 소리를 낸다

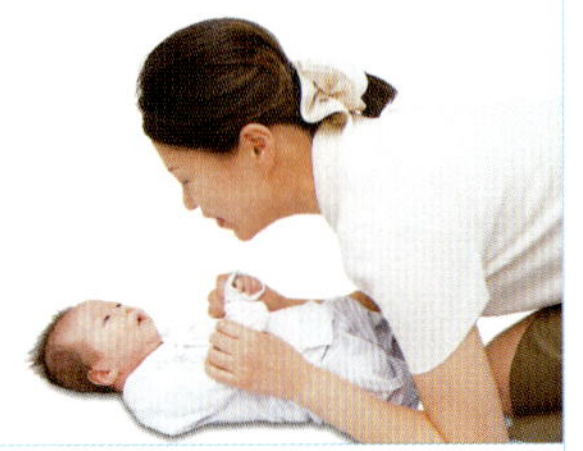

STEP 4

25% 가능
하기에 벅차다

1 엎어놓으면 고개를 이리저리 뒤척이다가 조금 들어 올린다

2 두 손을 마주 잡을 줄 안다

3 똑바로 세워 안고 개개를 받쳐주면 목이 휘청거리지 않고 어느 정도 가눈다

4 아기 눈앞에 어떤 물건을 들고 좌우로 천천히 움직이면 고개를 돌려 양 방향으로 180도 정도까지 시선이 따라온다

5 기분이 좋으면 자연스러운 미소를 짓는다

6 엄마가 얼러주면 눈을 맞추고 웃는다

아기 카우기 포인트

아기들은 성장 속도가 모두 다르다

Point 1 단계별 발달 유형을 알아둔다

아기들의 성장 발달에는 기본적인 유형이 있어서 대부분의 아기들은 이런 유형을 따라 성장한다. 첫 번째 특징은 먼저 머리에서 시작해 발 쪽으로 발달한다는 것. 그래서 아기들은 머리를 들어올린 후 앉기 위해 허리를 지탱하게 되고, 그 다음 두 다리로 설 수 있게 된다.

두 번째 특징은 중심에서 각 부위로 발달한다는 것이다. 팔을 사용하게 되면 손을 사용하게 되고, 손을 사용하게 된 후에야 손가락을 사용할 수 있게 된다.

그 다음으로 간단한 것에서 복잡한 것으로 옮겨가게 되는데, 물체에 초점을 맞출 줄 알게 되면 다음에는 물체를 따라 시선을 옮겨갈 줄도 알게 된다.

Point 2 신체발달과 지능발달 속도는 아기마다 다르다

아기의 신체 발달이 늦으면 지능 발달도 늦는 게 아닐까 걱정하는 엄마들이 많다. 하지만 신체 발달이 약간 늦었던 아기가 똑똑하게 자라는 경우가 많다. 아기가 보여주는 감각운동 기술과 사회성 기술은 지능과는 별로 관계가 없기 때문이다.

어떤 아기는 6주가 되었을 때 눈을 맞추며 웃을 수 있었는데, 6개월이 될 때까지 장난감을 갖고 놀 줄 모르는 경우도 있다. 또 어떤 아기는 옹알이는 빠른데 걸음마는 돌이 한참 지나서야 하는 경우도 있다.

대부분의 아기들은 이처럼 신체와 지능, 정서 등 모든 분야의 발달 속도가 일정하게 진행되지 않는다.

중요한 것은 주변의 다른 아기들이나 신체 발달 기준표에 연연해 조바심을 내지 않는 것이다. 다만 아기가 한 달 전에 비해 무엇이 얼마나 발달했는지 하는 정도만 비교해 보도록 한다.

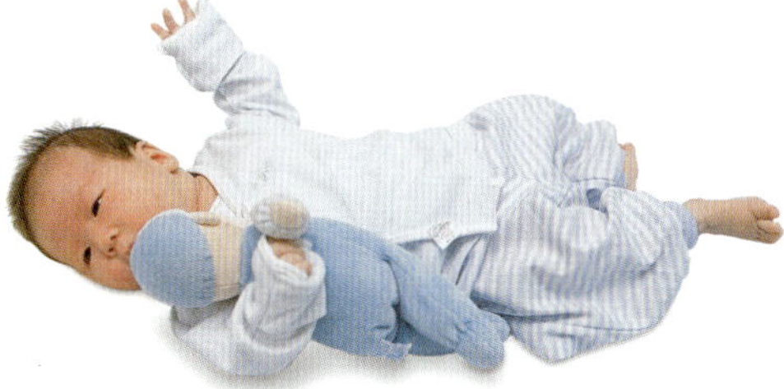
⊕ 아기의 신체발달과 지능발달은 개인차가 크므로 그다지 신경 쓰지 않아도 된다.

Q 모유와 분유를 섞어서 먹이고 있는데 트림이 잘 안 나옵니다. 트림 나올 때까지 시간이 꽤 걸려서 걱정인데요.

A 무리해서는 안 된다. 모유를 먹일 경우 아기의 입과 엄마의 유두가 빈틈없이 잘 맞아서 공기를 마시는 일이 적기 때문에 트림이 나오지 않는 경우에도 걱정할 필요가 없다.

우유 먹는 아기 역시 우유병을 잘 물어서 공기를 덜 마실 경우 트림이 나오지 않을 수도 있다.

아기를 안고 엉덩이를 토닥토닥 두들겨 주기만 해도 트림은 나오는 법이다. 트림을 할 때까지 몇 번이고 안고서 등을 두드리는 엄마도 있지만 젖이나 우유를 토하지 않는 한 너무 무리하지 않아도 된다.

Q 아기 변 색깔이 녹색이에요. 모유 외에 아무 것도 먹이지 않는데, 병일까요?

A 신체에 이상이 있는 것은 아니다. 녹색의 변은 장 속이 산성이 되어 소화액인 담즙의 색소가 노란색에서 녹색으로 변한 것이다.

또, 변을 보고 나서 기저귀를 갈아 줄 때까지 시간이 길면 공기와 접촉되어 녹색으로 변하는 수도 있다.

두 경우 다 신체적인 이상이나 질병은 아니니까 걱정하지 않아도 된다.

Point 3 적절한 자극과 환경이 발달을 돕는다

아기마다 발달 속도가 다른 것은 어느 정도 유전의 영향을 받기 때문이라고 한다. 다시 말해 아기에게는 저마다 성장에 대한 프로그램이 내재되어 있어 일정한 때가 되면 머리를 들어 올리고, 앉고, 걸음마를 시작하게 되는 것이다. 하지만 아기의 발달에 있어 환경은 무시할 수 없는 조건이다. 아기의 발달 단계에 따라 적절한 환경을 만들어주지 못하면 아기의 발달은 늦어지기 때문이다. 충분한 사랑으로 건강하게 보살피며, 적절한 자극을 주는 것이 무엇보다 중요하다.

⊕ 아기 개월에 따른 적절한 자극은 성장 발달을 돕는 역할을 한다

Point 4 수면 리듬을 만들어 준다

깨어있는 시간이 늘고 잠자는 시간이 줄어들기 시작한다. 서서히 외부의 자극을 느끼기 시작할 때이므로 낮 동안에 깨어있는 시간을 늘려주도록 하고 밤에는 엄마와 아기가 함께 자는 습관을 들인다.

엎드려 재우면 머리가 좋아질까?

머리가 좋아진다는 설이 있기는 하지만, 아직 공인된 것은 아니다. 아기를 엎드려 재우면 이불을 차내지 못하게 되고, 팔, 등, 가슴, 근육 등의 발달이 좋아지며, 머리 모양이 좋아진다. 또 만약의 경우 아기가 젖을 토할 때 기도가 막히는 것을 방지할 수 있다.

그러나 목을 제대로 가누지 못할 때는 머리를 들 수 없고, 목을 좌우로 움직이지 못해 질식할 수도 있으므로, 목을 가눌 수 있는 3~4개월 정도까지는 엎어 재우지 않는 것이 안전하다. 그러나 목욕시킨 후나 일광욕을 할 때 피부건강을 위해 잠시 엎드려 놓고 주의 깊게 살펴보도록 한다.

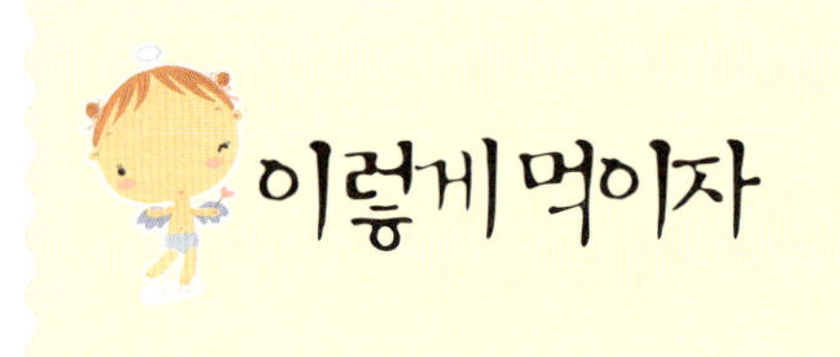

이렇게 먹이자

초유 먹이는 것을 잊지 않는다

POINT 1 초유를 먹인다

갓난아기의 영양을 생각한다면 엄마 젖만큼 좋은 것은 없다. 엄마 젖은 음식물을 흡수하는 데 필요한 장내 세균의 번식을 돕고 소화·흡수가 잘 되게 하며 아기의 정서발달에도 좋은 영향을 미친다.

엄마 젖 중에서도 아기를 낳은 다음 날부터 약 5일 정도까지 분비되는 초유는 질병으로부터 아기를 보호하는 면역체가 많이 들어 있으므로 꼭 먹이도록 한다.

◗ 젖 먹이는 시간을 정해놓고 계획성 있게 먹이도록 한다.

POINT 2 엄마젖과 같은 느낌을 가질 수 있도록 배려한다

엄마가 유선염에 걸렸거나 만성 질환이 있을 때, 직장문제 등 불가피한 사정으로 엄마젖을 먹일 수 없을 때는 아기가 엄마젖을 먹는 것과 같은 느낌을 가질 수 있도록 최대한 배려해서 먹이도록 한다. 엄마젖과 비슷한 형태의 젖꼭지를 선택하고 먹이는 양과 시간을 잘 조절한다. 중요한 것은 젖을 먹이는 동안 꼭 안아주어 아기가 사랑 받고 있다는 느낌을 받게 해주어야 한다는 것이다.

Q 침대 위에 달아둔 모빌을 알아차리지 못해요 시력에 이상이 있는 건 아닐까요?

A 신생아는 눈에서 20~35cm 떨어진 물건에는 초점을 가장 잘 맞추지만, 이보다 더 떨어지거나 가까우면 초점이 맞지 않아 희미하게 보일 뿐이다. 또 태어난 지 몇 달 동안은 옆을 쳐다보는 시간이 많아 침대 바로 위에 걸어둔 모빌에 관심을 보이지 않을 수 있다.

아기가 모빌을 보지 않는다면 모빌을 걸어둔 장소가 적당한 곳인지 다시 한 번 체크해 볼 것. 신생아의 시각능력을 평가하고 싶다면 얼굴에서 25~35cm 떨어져서 왼쪽이나 오른쪽에 플래시를 비춰본다. 잠깐 동안이라도 빛에 집중한다면 정상. 만약 계속해서 초점을 맞추지 못하거나 빛 쪽으로 시선을 돌리지 못한다면 의사와 상담해 보는 것이 좋다.

Q 열이 자주 오르내려요. 병원에 가보지 않아도 괜찮을까요?

A 태어나서 1개월도 되지 않아 38~39℃ 정도로 열이 갑자기 오르다가 내려가는 경우가 있는데, 수분이 부족하여 일어나는 '일과성열' 또는 '기이열' 때문이다. 열이 오를 때는 젖을 충분히 먹이거나 보리차를 자주 먹이도록 한다.

하지만 '신생아 패혈증' 같은 심한 질환과 관련이 있을 수 있으니 의사와 상의하는 것이 좋다.

◗ 신생아는 20~35cm 이상 떨어져 있는 물건은 알아차리지 못한다.

POINT 3 수유 시간을 대략 정한다

태어나서 처음 몇 주 동안은 젖을 빠는 힘이 약하지만 얼마 안 가 잘 먹게 된다. 한번에 먹는 양이 점점 늘면서 젖 먹는 간격도 줄어 밤에는 잠만 자게 된다. 젖 먹는 시간이나 간격은 아기에 따라 다르지만, 시간을 대략 정해 놓고 계획성 있게 주는 것이 좋다.

POINT 4 트림을 시킨다

아기는 젖과 함께 공기를 마시게 되어 잘못하면 먹고 토할 수 있다. 그러므로 젖을 먹이고 나면 반드시 아기를 세워 안고 등을 쓰다듬어 트림을 시킨다. 아기에 따라 젖을 먹인 후 20~30분이 지나서 트림을 하거나, 트림을 안할 수도 있으므로 조급하게 생각할 필요는 없다.

1개월 무렵에 꼭 해야 할 교육 프로그램

인지발달 놀이

아기와 대화하기

갓 태어난 아기라도 오감을 통해 모든 것을 느낄 수 있다. 젖을 먹이고 기저귀를 갈아주고 목욕을 시키고 잠을 재우는 등 아기를 돌보는 모든 과정에서 엄마는 끊임없이 아기에게 말을 걸고 부드럽게 어루만져 줌으로써 아기로하여금 기분좋은 경험을 하게 해 준다.

사회성발달 놀이

눈 맞추기

아기가 보는 앞에서 이쪽저쪽으로 왔다갔다 하면서 움직여 본다. 이때 아기가 움직임을 쫓아 쳐다보는지 잘 살펴보고, 만일 아기가 쳐다보지 않으면 가까이 다가가 말을 걸고 미소짓거나 딸랑이를 흔들어 준다. 아기와 눈이 마주치면 엄마의 다정한 목소리를 들려준다. 아기가 움직임을 따라가며 쳐다보는 것에 익숙해지면 거리를 점점 더 멀리해본다.

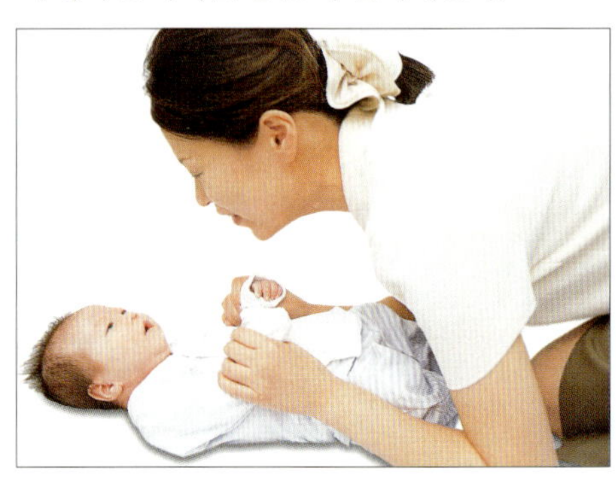

◗ 아기와 자주 눈을 맞추고 끊임없이 대화를 나누어야 한다.

만 O2 개월

여아 : 키 58.0cm 몸무게 5.5kg

남아 : 키 59.0cm 몸무게 5.8kg

이 달 말에 우리 아기 여기까지 할 수 있다

STEP 1

90% 가능
대부분 할 수 있다

1 아기 눈앞에 어떤 물건을 들고 좌우로 천천히 움직이면 한동안 시선이 따라온다

2 소리나는 방향으로 고개를 돌린다

3 엄마가 웃어주면 아기도 따라서 미소짓는다

4 단순한 울음 외에 초기 단계의 옹알이 같은 다양한 소리를 낸다

STEP 2

75% 가능
웬만하면 할 수 있다

1 엎어놓으면 잠시 고개를 들어 올린다

2 아기 눈앞에 어떤 물건을 들고 좌우로 천천히 움직이면 끝까지 계속해서 시선이 따라온다

STEP 3

50% 가능
할 수 있는 아기도 있다

1 엎어놓으면 고개뿐만 아니라 팔꿈치를 짚고 가슴을 잠깐 들어올린다

2 똑바로 세워 안고 고개를 받쳐주면 목을 가눈다

3 한쪽 방향으로 구를 수 있다

4 손가락 끝으로 작은 물건을 쥘 수 있다

5 눈앞에 작은 물건이 있으면 관심을 갖고 쳐다본다

STEP 4

25% 가능
하기에 벅차다

1 엎어놓으면 머리를 번쩍 들어 올린다

2 아기 눈앞에 물건을 들고 좌우로 천천히 움직이면 시선이 양쪽으로 180° 따라온다

3 두 손을 마주 잡을 줄 안다

4 기분좋으면 자연스러운 미소를 짓는다

5 입을 한껏 벌리고 벙글거리며 웃는다

6 얼러주면 기뻐서 소리 지른다

7 자음과 모음을 조합해 '마마' '아구' 같은 소리를 낸다

아기 키우기 포인트

아기와의 사랑 나눔을 시작하자

POINT 1 아기의 다양한 신체의 언어를 이해한다

아기는 다양한 방법으로 자기의 감정이나 원하는 것을 표현한다. 특히 구체적인 목적이나 즐거움을 위해 소리를 지르고 그것을 즐기곤 한다. 이러한 아기들의 행동은 어른들이 자신을 위해서나 다른 사람을 위해서 노래를 부르는 것과 같다.

하지만 아기는 목소리를 사용하는 데 무척 서툴다. 그렇기 때문에 소리와 함께 손발을 흔들고 몸을 흔드는 등 온몸으로 자신의 의사 표현을 한다. 이럴 때는 아기의 옹알이에 적극적으로 대꾸해주는 것이 무엇보다 중요하다. 절대로 엄마 혼자 이야기하는 일이 없도록 한다.

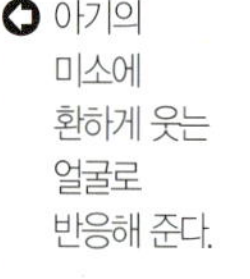

아기의 미소에 환하게 웃는 얼굴로 반응해 준다.

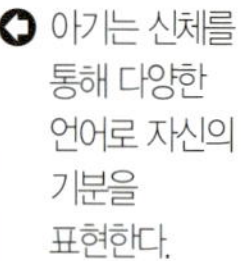

아기는 신체를 통해 다양한 언어로 자신의 기분을 표현한다.

아기는 엄마·아빠가 많이 만져주고 쓰다듬어 주는 것을 좋아한다.

POINT 2 늘 웃는 얼굴로 대한다

아기가 미소를 띠는 것은 감정이 생겼다는 증거다. 아기의 웃음은 일종의 반응과 같은 것으로, 부모가 자주 웃어주지 않으면 아기 역시 웃지 않게 된다. 늘 웃는 얼굴로 아기를 대하도록 하자.

POINT 3 스킨쉽을 하면서 '사랑한다'는 말을 건넨다

웃음이란 시각에만 의존하는 반응이 아니다. 잘 보지 못해도 만져주거나 다정하게 말을 걸면 좋은 감정이 전달되어 환히 웃는다. 자주 만져주는 것은 아기에게 매우 중요하다. 아기에게 '너를 사랑해' 하고 말하는 것처럼 만져주고 쓰다듬어주도록 한다.

POINT 4 아기의 기대를 만족시켜 준다

아기는 엄마가 자기의 기대대로 대해 주기를 바란다. 예를 들어 아기는 배가 고플 때 울음으로 엄마에게 신호를 보내고 나서 엄마가 젖을 주기를 기다린다. 이때 엄마가 오는 소리가 들리면 엄마를 보지 않고도 울음을 그치게 된다. 또 아기가 변을 보면 닦아주고 나서 기저귀를 갈아주게 되는데, 이때 아기는 무엇인가를 기대하는 듯이 보인다.

이것 역시 젖 먹기를 기다리는 것이다. 이때 만일 엄마가 젖을 주지 않고 아기를 그대로 눕히면 아기는 더 이상 참지 못하고 울음을 터뜨리게 된다. 이렇듯 아기가 기대하는 것을 엄마가 해주지 않으면 아기는 좌절감을 느끼게 되고 엄마에 대한 기대는 깨지고 만다. 따라서 엄마는 아기의 기대에 일관성 있게 반응해 서로 신뢰 관계를 구축하고, 아기가 커서 원만한 사회생활을 할 수 있는 기초를 만들어 주어야 한다.

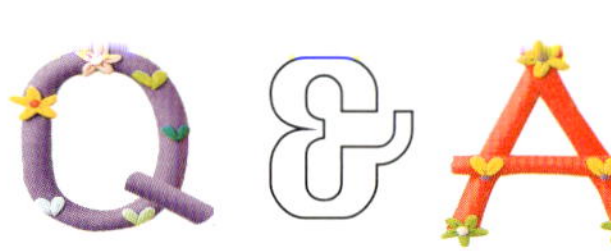

Q & A
무엇이든 물어보세요

Q 아기에게 과즙을 먹이는 게 좋다고 하는데 언제쯤부터 먹이는 것이 좋을까요?

A 언제부터 먹는 게 좋을는지는 아기가 가르쳐 줄 것이다. 아직은 젖이나 분유만 먹는 시기이므로 과즙 같은 것에 대해서는 생각하지 않아도 된다. 젖만 먹기에도 아직은 힘든 시기이기 때문이다. 엄마나 아빠가 된장국 같은 것을 먹을 때 아기가 먹고 싶어하는 듯한 눈치라면 된장국 윗 국물을 조금 떠서 맛을 보여주자. 아기가 좋아하는 듯하면 두세 모금 떠 먹여 본다. 먹는다면 물론 좋지만 아직 서두를 필요는 없다. 아기가 원할 때 먹이도록 하자.

Q 때때로 젖이 부풀어서 몹시 아픕니다. 이럴 때는 어떻게 해야 좋을까요. 젖을 계속해서 먹일 수 있을는지요.

A 젖을 짜야 한다. 유두를 짜 보았을 때 유즙이 샤워처럼 쏟아지는지 본다. 몇 줄기만 튈 뿐이라면 유관이 막혀 있는 것이다. 유두의 유관이 막혀 있으면 젖이 밖으로 나오지 못하기 때문에 젖이 부풀어오르고 아프게 된다. 그냥 방치하면 유선염이 될 수 있으므로 되도록 빨리 조치를 하는 게 좋다. 유두 아래쪽을 꼭 쥐고 유방이 가벼워졌다는 느낌이 들 때까지 비틀어 짜 주도록 한다. 그리고 아기에게 몇 번이고 젖을 물려주면 막혔던 것도 풀리고 아픔도 잦아들게 된다. 통증이 너무 심할 때는 병원을 찾아가는 게 좋겠다.

Q 요즘 손가락을 자주 빱니다. 때로는 주먹을 그냥 입에 넣기도 해요. 모유가 부족해서 그러는 것일까요.

A 결론부터 말하자면 모유가 부족해서 그러는 게 아니다. 아기들은 태어나서 한 달만 지나면 손가락이나 손을 빨기 시작한다. 때로는 주먹을 입에 넣기도 한다. 모유 부족 때문이라고 생각하는 엄마들이 많은데 입으로 핥아서 여러 가지 물건을 확인하려고 하는 것이 아기들의 행동 중 하나이기도 하고, 아기가 자기 손가락을 얼굴 한가운데까지 가져갈 수 있을 정도로 발달했다는 증거이기도 하다. 이 시기 아기들이 손가락을 빠는 것과 나중에 유아기에 손가락을 빠는 것은 전혀 그 의미가 다르다. 모유 부족 때문이라거나 엄마와의 친근감 부족 때문에 손가락을 빠는 것이 아니니까 전혀 걱정할 필요가 없다.

이유식은 서두르지 말고 아기가 원할 때 주도록 한다.

이렇게 먹이자

수유 리듬을 만들어준다

POINT 1 수유 간격, 횟수, 먹이는 시간을 정한다

하루에 먹는 양이 늘어나고 먹는 시간도 일정해지는 시기. 이 무렵에는 3시간 간격으로 하루 6회, 4시간 간격으로 5회 정도 수유하는 것이 좋다. 3개월까지는 밤중에 깨서 배고파 우는 경우가 많지만, 밤에는 되도록 수유 간격을 늦춰서 적당한 리듬을 만들어주는 것이 좋다.

POINT 2 수유 시간에 융통성을 갖는다

수유시간이 잘 지켜지지 않을 때는 정해진 수유 시간에서 10~15분 정도만 융통성을 갖고 젖을 줘보자. 수유시간을 좀 늦추고 싶다면 함께 놀면서 시간을 보내도록 하고, 좀 당기려면 잠에서 깨어나자마자 바로 젖을 물리도록 한다. 이렇게 일주일 정도 하다보면 자연스럽게 수유시간이 정해져서 아기 돌보기가 훨씬 쉽게 느껴진다.

POINT 3 젖 먹는 태도에 따라 양을 조절한다

수유에 걸리는 시간은 젖이 잘 나오면 15분, 길어도 20분을 넘지 않도록 한다. 아기들은 보통 처음 5분 동안은 반 이상을 먹고, 그 다음 5분 동안은 나머지 양을 먹게된다. 만약 30분 이상 젖을 물고 있다면 젖이 부족한 것이므로 우유를 더 주어 만족할 만큼 먹이도록 한다.

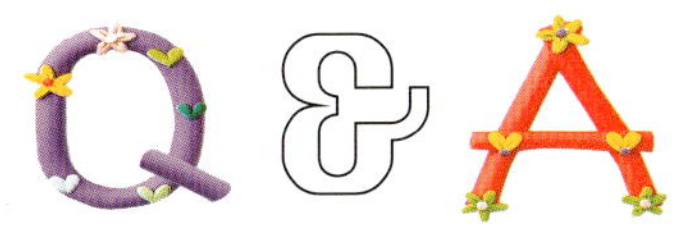

무엇이든 물어 보세요

Q 분유로 키우고 있습니다. 세 시간마다 분유를 먹이라고 들었는데 수유 간격이 그렇게 일정하게 되지 않아요. 어떻게 하면 좋을까요?

A 엄마와 노는 시간을 늘려 보자. 분유 양이 어느 정도나 되는지 살펴보고 지금까지보다 조금 양을 늘려서 먹여 본다. 혹시 아기가 울기만 하면 당장 우유병을 물려주고 있지는 않은지 아기가 우는 것은 꼭 배가 고파서 만은 아니다. 엄마와 놀고 싶어서 그럴 수도 있다.

2개월이면 안고 산책을 할 수도 있는 시기니까 좀 더 아기와 같이 놀다가 우유병을 물려주도록 해 보자. 그렇게 하면 먹는 간격이 지금보다 벌어지게 될 것이다.

Q 아기가 눈을 못 맞추는 것 같아요. 자꾸 다른 곳을 쳐다보는 것 같은데 괜찮을까요?

A 태어난 지 얼마 되지 않은 아기는 두 눈을 제대로 사용하지 못해, 물체를 보려고 해도 한쪽 눈이 엇갈리게 되어 초점을 잘 맞출 수가 없다. 그래서 아기가 초점을 가장 잘 맞출 수 있는 20~30cm 앞에

서 물체를 움직여도 아기는 눈으로 따라가지 못하는 경우가 많다.

그러나 2개월 째가 되면 이보다 더 멀리 떨어진 곳에서 움직이는 물체도 여러 방향으로 시선이 따라가게 된다. 3개월 째가 되면 아기는 시야를 더욱 넓히기 위해 머리뿐만 아니라 눈도 자유롭게 돌리고, 한 번에 몇 분씩 움직이는 물체를 좇기도 한다.

Q 젖이 모자라는데, 우유를 먹으려 하지 않아 걱정이 됩니다.

A 엄마젖을 몇 번 먹어보지 않았던 신생아도 우유를 거부하는 경우가 있는데, 이것은 후각과 관계가 있다. 갓 태어난 아기는 냄새나 맛에 민감한 반응을 보여 시큼하고 쓴 액체는 싫어하지만, 달콤한 액체는 무척 좋아해 우유의 달콤한 맛을 대부분 좋아한다.

그런데도 우유를 싫어하는 것은 젖을 먹을 때 느꼈던 엄마의 냄새에 익숙해져 젖만을 요구하는 것이다. 그러므로 우유를 먹일 때도 엄마 냄새를 맡을 수 있도록 젖을 먹이는 자세로 안고 먹이는 것이 좋은 자세이다.

◐ 신생아는 아직 눈을 제대로 사용하지 못하므로 초점을 잘 맞출 수가 없다.

2개월 무렵에 꼭 해야 할 교육 프로그램

신체발달 놀이

손으로 물건 잡기

✿ 젖병이나, 고무풍선, 장난감 등 아기가 좋아하는 물건을 아기가 손을 뻗어야 닿을 만한 곳에 둔다. 아기가 관심을 갖지 않으면 물건을 아기 가까이로 가져가 쳐다보게 한다.

✿ 아기가 손을 내밀면 그 물건을 조금씩

◐ 아기가 앞에 있는 물건에 관심을 보이며 잡으려 하면 칭찬해 준다.

위로 올린다. 아기가 잡기 위해 손을 뻗으면 잘했다고 칭찬해 준다.

✿ 아기가 색종이를 잡거나 잡으려고 손을 뻗치면 칭찬해 준다.

✿ 아기를 눕힌 상태에서 엄마가 목에 색색의 색종이를 손에 들고 아기가 색종이를 살짝 잡을 수 있게 한다.

사회성 발달 놀이

옹알이 해주면서 어르기

✿ 젖을 먹이거나 기저귀 갈아줄 때, 안아줄 때 아기에게 미소지으면서 말을 건다.

✿ 아기를 돌볼 때는 아기처럼 옹알이를 하면서 어르고 아기의 옹알이에 똑같은 소리로 반응한다.

✿ 아기가 우는 소리를 내도 똑같은 소리로 반응해 주고, 미소를 지으며 안아준다.

여아 : 키 61.1cm 몸무게 6.3kg

남아 : 키 62.5cm 몸무게 6.8kg

이 달 말에 우리 아기 여기까지 할 수 있다

part 4 어디까지 할 수 있나

STEP 1

90% 가능
대부분 할 수 있다

1 아기 눈앞에 어떤 물건을 들고 좌우로 천천히 움직이면 계속해서 시선이 따라온다

2 엎어놓으면 잠시 고개를 들어 올린다

STEP 2

75% 가능
웬만하면 할 수 있다

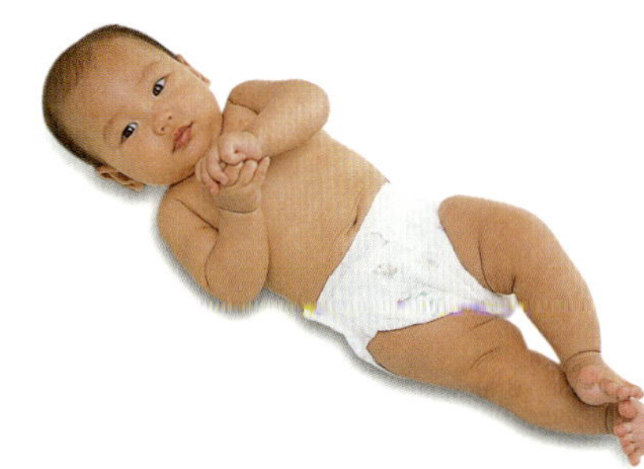

1 엎어놓으면 고개뿐만 아니라 팔꿈치를 짚고 가슴을 잠깐 들어올린다

2 두 손을 마주잡을 줄 안다

3 소리내어 웃고 기분 좋으면 소리를 지른다

4 기분 좋으면 벙글벙글 웃는다

STEP 3

50% 가능
할 수 있는 아기도 있다

1 똑바로 안았을 때 목을 가눌 수 있다

2 몸을 움직여 한쪽 방향으로 구를 수 있다

3 손가락으로 작은 물건을 쥘 수 있다

4 눈앞에 작은 물건이 있으면 관심을 갖는다

5 얼러주면 기뻐서 소리를 지른다

6 자음과 모음을 조합해 '마마' '아구' 같은 소리를 낸다

STEP 4

25% 가능
하기에 벅차다

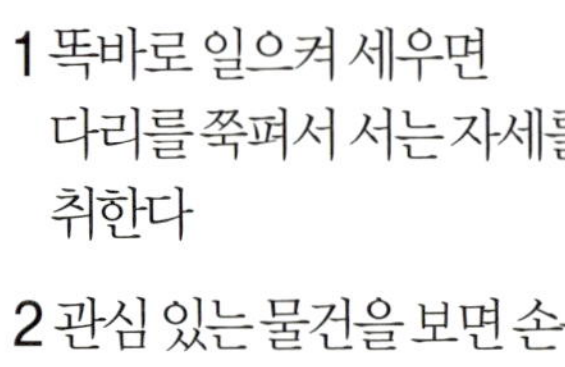

1 똑바로 일으켜 세우면 다리를 쭉펴서 서는 자세를 취한다

2 관심 있는 물건을 보면 손을 뻗어 가져가려고 한다

3 엄마 목소리를 알아듣는다

4 못마땅한 게 있으면 울음 대신 짜증섞인 소리를 낸다

아기 키우기 포인트

아기의 욕구를 만족시켜 준다

Point 1 우는 아기는 안아준다

아기가 울 때마다 안아주면 자기밖에 모르는 이기적인 아기가 되기 쉽다고 외면하는 것은 좋지 않다. 이렇게 되면 아기는 기대가 충족되지 못해 무력감을 느끼게 되고 다른 것을 빠는 습관을 보이기도 한다. 이런 습관은 신체적·정서적 발달 지체로 연결될 수 있다.

Point 2 본능적 욕구를 충족시켜 준다

아기는 자기가 접한 환경과는 상관없이 오직 본능에 따라 행동하는 특성이 있으므로 아기의 욕구는 반드시 충족되어야 한다. 이런 본능적인 욕구가 충족되지 못하면 자아 발달이 제대로 이루어질 수 없다.

반면에 기본적인 욕구가 충족되면 아기는 자기확신과 자제력을 갖게 되며 근육과 감각기관을 최대한 자유롭게 활용할 수 있는 능력이 생긴다. 뇌가 어느 수준으로 성숙될 때까지는 적당한 자극으로 아기의 발달을 도와줘야한다.

Point 3 변함 없는 사랑과 관심을 보여준다

신생아 초기의 본능적인 욕구가 얼마나 충족되었나에 따라 아기의 성격이 결정된다. 아기의 욕구는 대부분 엄마의 관심을 얻고자 하는 것이므로 변함 없는 사랑과 관심을 보여주는 것이 중요하다.

본능적 욕구가 충족되면 아기는 지적인 호기심이 커지게 되고 정서적으로 안정을 찾을 수 있어 성격 발달에 좋은 영향을 주게 된다.

무엇이든 물어 보세요

Q 갑자기 젖 먹는 횟수가 많이 늘었어요. 거의 한 시간마다 울어댑니다.

A 아기가 급격하게 자라는 시기다. 3개월이 되면 아기들은 목을 가누게 되는데 이렇게 급격하게 성장할 때는 젖을 아주 많이 먹는다. 젖만 먹고 자라는 아기들이니까 당연한 일이다. 혹시 젖이 부족한 게 아닌가 싶어서 분유를 더 먹이는 엄마들도 있지만 이런 상태는 오래 가지 않으므로 아기가 원하는 대로 먹이도록 하자.

Q 언제나 같은 방향을 향해 눕습니다. 머리 모양이 납작해지는 건 아닐까요.

A 성장하면서 자연스럽게 나아진다. 아기들은 언제나 가장 편안한 자세로 눕기 때문에 일부러 자세를 고쳐 줄 필요는 없다. 목을 반대쪽으로 해 놓아도 얼마 안 가 스스로 편한 자세로 돌아가고 만다. 돌아누울 수 있게 되거나 목을 가눌 수 있게 되어 누워 있는 시간이 줄어들면 머리 모양은 자연스럽게 나아지게 된다.
머리 모양의 변형을 막아준다는 일명 짱구 베개가 시중에 나와 있긴 하지만 목의 움직임을 고정시켜 버리기 때문에 100% 바람직한 것은 아니다.

Q 아기가 밤에 푹 잠들어 있을 때도 기저귀를 갈아주어야 하는지요.

A 아기가 자고 있는 동안에는 기저귀를 갈아 줄 필요가 없다. 기저귀를 갈아주다가 아기가 잠을 깨게 되면 수면 리듬이 흐트러지게 되기 때문이다. 아기가 울면서 잠을 깬다면 그 때 갈아주도록 한다. 엉덩이가 지저분하면 아기는 잠을 깨고 울게 마련이다.

Q 아기가 아직 말을 할 줄 모르니까 제가 하는 말도 의미를 이해하지 못할 것이라는 생각이 들어요. 언제부터 말을 이해할 수 있나요?

A 아기가 아직 말의 정확한 의미는 모른다 하더라도 그 말의 뒤에 있는 엄마의 기분은 갓 태어난 아기도 느낄 수 있다. 엄마가 이해하는 것과는 차이가 있으니까 이해한다기보다는 느낀다고 표현해야 할 것이다. 엄마의 부드러운 말투는 아기에게 기분 좋은 느낌과 안심이 되는 느낌을 주고, 분노가 포함된 말투는 공포를 준다.

엄마의 부드러운 말투는 그대로 아이에게 전해져 좋은 느낌을 준다.

이렇게 먹이자

젖먹이는 습관을 길들인다

Point 1 잘 크고 있는지 정기적으로 체크한다

이 시기가 되면 먹는 양이 눈에 띄게 늘어나므로 젖이 부족하지 않은지 잘 살펴보아야 한다. 아기가 잘 크고 있는지 늘 신경 써서 정기적으로 체중을 체크해 보고, 체중이 정상적으로 늘지 않으면 우유를 보충해 주어야 한다.

이 시기가 되면 우유를 규칙적으로 먹이고 밤중에는 가능한 먹이지 않는 습관을 들인다.

아기의 본능적인 욕구가 충족되지 않으면 자아 발달이 제대로 이루어지기 힘들다.

Point 2 수유 간격을 일정하게 한다

수유 간격이 일정하면 위가 주기적으로 활동하고 쉴 수 있어 소화기관이 튼튼해진다. 수유 간격은 보통 3~4시간 정도로 하면 된다. 젖 먹을 시간이 안 되었는데 무엇인가 먹고 싶어한다면 보리차를 먹이고 노리개 젖꼭지를 충분히 빨게 해준다. 이렇게 하면 수유 간격을 유지하기가 어렵지 않다.

Point 3 밤중 수유를 중단한다

3개월 무렵부터는 하루 수유 횟수를 5~6회 정도로 해서 규칙적으로 먹이는 것이 좋다. 그래야 무리 없이 이유식을 시작할 수 있다. 밤중 수유도 이때부터 중단하는 것이 좋다. 밤에 아기가 배가 고파 보채면 우유 대신 보리차 등을 줘서 달래고 차츰 줄여 가도록 한다.

❶ 노리개 젖꼭지는 3개월 이후, 아기의 관심을 딴 데로 돌리면서 자연스럽게 끊는다.

POINT 4 빨기 욕구를 충족시킨다

아기에게는 '구순 본능'이 있어 입을 통해 만족을 얻고 정신적으로 발달하게 된다. 빠는 행위를 통해 자신이 원하는 것을 얻고 있다는 만족감을 얻게 되는 것이다. 뿐만 아니라 젖을 빨면 아기 머리로 많은 혈액이 공급되어 얼굴 근육과 뇌 근육의 발달이 원활해진다.

수유 간격이 너무 길면 기다리는 동안 예민해지고 입의 활동이 부족해져서 신경질적인 아기로 자라게 된다. 빨기에 대한 욕구가 충족되지 않으면 아기는 무엇이든지 빨려고 하는 습관이 생기고 한꺼번에 너무 많이 먹어 소화장애를 일으키기도 한다.

POINT 5 '빠는 욕구'에서 벗어나 다양한 발달을 하게 한다

빨기 욕구가 만족스러운 정도로 이루어지면 입은 이제부터 빨기를 대신해 옹알이를 하거나 물어뜯기를 하는 등 다양한 발달을 하게 된다. 이때부터는 빨기를 대신해서 흥미를 느낄 만한 것을 줌으로써 아기의 '빠는 욕구'를 다른 데로 돌릴 수 있도록 한다. 이렇게 해서 입을 통해서만 즐거움을 얻고자 하는 집착에서 벗어나 단계적인 발달을 해나갈 수 있도록 도와준다.

노리개 젖꼭지를 떼려면

아기에게 노리개 젖꼭지를 물리는 것을 꺼려 하는 엄마들은 무언가를 물고 있어야만 만족해 하는 아기가 걱정될 것이다. 그러나 실제로 손가락을 빠는 것보다 놀이 젖꼭지를 빠는 버릇을 고치기가 훨씬 쉽다. 보통 3개월이 지나면 빠는 본능이 줄어들므로 이때가 버릇을 고치기 가장 좋은 때이다. 아기가 의식하지 않는 가운데 젖꼭지가 입에서 떨어져 나올 때를 기다렸다가 젖꼭지를 안 보이는 곳에 두고, 아기의 요구에 잘 응해주면 젖꼭지 빠는 것에 흥미를 잃게 되어 자연스럽게 버릇을 고칠 수 있다.

무엇이든 물어 보세요

Q 아기의 고추 끝이 빨갛게 변했고, 가끔 칭얼대며 웁니다.

A 부분적으로 발생하는 '기저귀 발진'일 가능성이 높다. 이것은 흔히 나타나는 증세로, 기저귀를 자주 갈아주고 연고제를 바르면 금방 낫는다. 가끔 소변보기 어려울 정도로 붓는 경우가 있는데, 이것이 요도로 퍼지면 흉터가 생길 수 있으므로 가능한 한 빨리 치료를 받도록 한다. 천 기저귀를 빨 때는 반드시 기저귀 전용 린스를 사용하고, 발진이 심할 때는 흡수력이 좋은 종이 기저귀를 사용하도록 한다.

Q 아직도 목을 가누지 못해 안거나 업는 게 힘이 듭니다.

A 대부분의 아기들은 3개월 무렵에 목을 가누게 되는데, 아기에 따라 2개월 또는 4개월에 목을 가누는 수도 있으므로 아직은 너무 걱정하지 않아도 된다. 하지만 4개월이 지나도록 목을 가누지 못한다면, 양육 방법에 문제가 있거나 병적인 원인이 있을 수 있다. 목 가누기뿐 아니라 그 외의 발달이나 전신의 발육 등을 종합적으로 살펴보아 이상이 느껴지면 소아과 전문의와 상담하도록 한다.

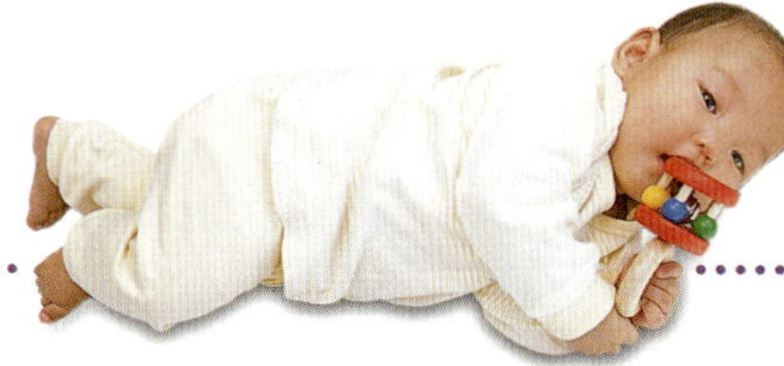

❶ 아기가 빠는 욕구에서 즐거움을 얻는 단계에서 벗어날 수 있도록 도와주어야 한다.

3개월 무렵에 꼭 해야 할 교육 프로그램

입으로 물건 가져가기

❋ 엄마가 아기 손을 잡고 흔들어 주거나 아기의 두 손으로 짝짜꿍 놀이를 하게 한 다음 아기 얼굴에 아기 손을 갖다댄다.

❋ 아기 손에 과자나 장난감을 쥐어 주고 아기 스스로 손을 끌어당겨 입으로 가져가도록 도와준다. 아기가 과자나 장난감을 쥐지 못하면 아기 손을 잡고 살짝 이끌어준다.

❋ 아기를 잡은 손을 차츰 느슨하게 해서 아기 스스로의 힘으로 할 수 있도록 해준다.

손의 움직임 느끼기

❋ 아기 눈앞에 아기의 팔을 가져다주어 자신의 손을 볼 수 있게 해준 다음 손을 흔들어 주어 손의 감각을 느끼게 한다.

❋ 아기 손을 아기 얼굴에 갖다 대주어 손으로 자신의 얼굴을 만지게 해준다.

❋ 아기 팔에 고리 모양의 딸랑이 등을 끼워서 자신의 손이 움직일 때마다 소리가 나는 것을 알게 해준다.

❶ 아기 손을 잡고 짝짜꿍을 시키거나 손 흔들기 놀이를 시켜 손의 움직임을 느끼게 한다.

❶ 아기 손에 장난감이나 과자를 쥐어주어 아기 스스로 그것을 입으로 가져가는 연습을 시킨다.

0~3개월

시·청각 자극 장난감

아기는 생후 4주까지 색이나 명암을 구별하지 못한다. 하지만 한 달이 지나면서 가까운 거리에 있는 빛을 볼 수 있게 되므로 이 시기에는 시각을 자극하는 모빌이나 청각을 자극하는 딸랑이, 음악소리가 나는 것이 좋다.

🐻 딸랑딸랑 아기곰

열쇠를 돌리고, 흔드는 활동을 통해 손 조작 능력을 발달시킬 수 있으며, 분리해서 치아 발육기로도 사용할 수 있다. 버튼을 누르면 불빛과 음악이 나와 아기의 청각·시각을 자극시킨다.

🐻 삐에로 팔찌

아기의 손이나 발에 끼워주면 움직일 때마다 소리가 나므로 아기는 행동을 반복하게 된다. 반복 행동은 아기의 운동량을 증가시키고 운동신경을 발달시킨다.

🐻 테디 노리개

유모차나 침대에 걸어주는 모빌형 장난감. 테디 노리개를 잡아당기고 입에 넣으면서 운동 기술을 익히게 된다. 아기가 입에 넣고 빨아도 안전하다.

🐻 뉴아치 모빌

침대에 부착해서 여러 가지 장난감을 걸 수 있는 모빌. 걸려있는 장난감들을 손으로 만지고 즐기면서 신체운동 능력을 발달시킬 수 있으며, 부드러운 헝겊 소재로 만들어져 있어 편안한 정서를 가질 수 있다.

🐻 딸랑딸랑 얼룩소

손으로 만질 때는 그냥 딸랑이지만 하트 모양의 버튼을 누르면 멜로디와 영어 문장이 나와 아기의 청각을 자극한다. 딸랑이의 구슬을 세면서 숫자 학습도 할 수 있다.

🐻 아기모빌

모빌의 기하학적 무늬는 아기의 집중력을 도와주며, 그래픽 카드를 잡기 위해 손을 뻗치는 동작을 함으로써 간단한 신체 운동도 가능하다.

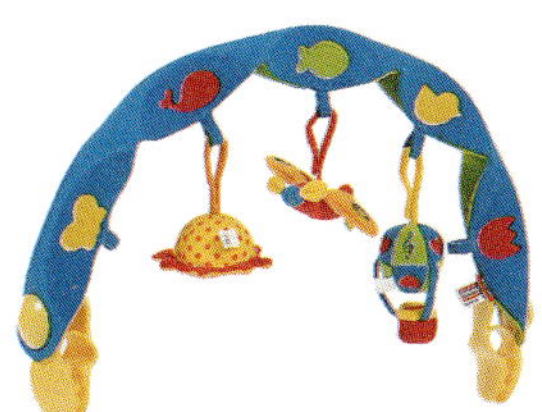

🐻 아치 놀이방

유모차와 아기 침대 등에 연결할 수 있는 장난감. 아기의 시각운동능력과 눈과 손의 협응력을 발달시켜 준다.

🐻 모짜르트 심포니

놀이 모드와 학습 모드로 나뉘어져 있는 멜로디 인형. 여덟 가지의 다양한 클래식과 세 가지의 영어문장을 들을 수 있어 아기의 청각을 자극한다.

🐻 멜로디 베어

손잡이를 당기면 멜로디가 나와 아기의 청각을 발달시키며 음악에 대한 감각도 키워준다.

🐻 신나는 아기놀이터

아기가 매트에 눕거나 앉아 봉에 연결된 여러 가지 장난감을 가지고 놀면서, 촉각과 청각에 관한 새로운 느낌을 받을 수 있다.

제품 협찬

토이 플러스(031-715-0300)
아이큐 박스(02-548-1970)
토이스쿨(02-539-4123)

만 04 개월

여아 : 키 63.8cm 몸무게 7.1kg   남아 : 키 65.1cm 몸무게 7.6kg

이 달 말에 우리 아기 여기까지 할 수 있다

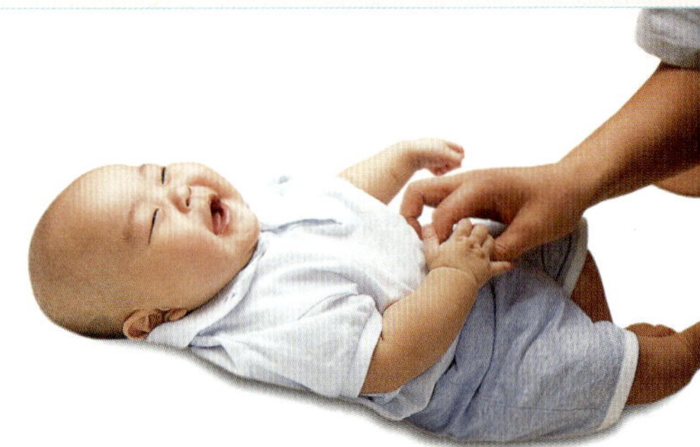

STEP 1
90% 가능
대부분 할 수 있다

1 엎어놓으면 머리를 번쩍 들어 올린다

2 아기 눈앞에 어떤 물건을 들고 좌우로 천천히 움직이면 시선이 양쪽으로 180도 따라온다

3 두 손을 마주잡을 줄 안다

4 소리내어 웃고 기분 좋으면 소리를 지른다

STEP 2
75% 가능
웬만하면 할 수 있다

1 엎어놓으면 고개 뿐만 아니라 팔꿈치를 짚고 가슴을 잠깐 들어올린다

2 몸을 움직여 한쪽 방향으로 구를 수 있다

3 눈앞에 작은 물건이 있으면 관심을 갖고 쳐다본다

4 얼러주면 기뻐서 소리 지른다

5 관심 있는 물건을 보면 손을 뻗어 가져가려고 한다

STEP 3
50% 가능
할 수 있는 아기도 있다

1 앉혀 놓으면 머리와 몸을 세운다

2 엄마 목소리를 알아듣는다

3 자음과 모음을 조합해 '마마' '아구' 같은 소리를 낸다

4 못마땅한 게 있으면 울음 대신 짜증 섞인 소리를 낸다

STEP 4
25% 가능
하기에 벅차다

1 손을 잡고 일으켜 세우면 다리를 쭉 펴고 힘을 준다

2 베개나 쿠션을 받쳐 주고 앉혀 놓으면 잠깐 앉아 있는 자세를 유지한다

3 소리나는 방향으로 몸을 돌린다

4 갖고 놀던 장난감을 가져가려고 하면 빼앗기지 않으려고 잡아당기거나 화를 내며 운다

아기 키우기 포인트

손가락을 많이 빨지만 걱정하지 않아도 된다

아기들이 손가락을 빠는 것은 엄마 뱃속에서부터 형성된 습관이다. 아기가 무엇이든 입으로 가져가는 것은 꼭 먹기 위해서가 아니라 물체를 확인하고 즐거움을 얻기 위해서이기도 하다. 우연히 손이 입에 들어갔다가 손가락이 입에 즐거운 감각을 준다는 사실을 알고는 습관이 되는 것이다.

아기가 손가락을 빠는 모습을 보고 처음에는 귀엽게 생각하다가 나중에는 도가 지나쳐 나쁜 습관이 될까봐 걱정하는 엄마들도 있다. 그렇다면 손가락을 빠는 습관은 좋은 것일까 나쁜 것일까.

Point 1 일시적인 습관이므로 걱정하지 않는다

아기가 손가락을 심하게 빨면 정서적으로 불안정한 게 아닐까 염려하는 부모들이 많다. 그러나 젖먹이 아기의 경우 손가락을 빠는 것은 염려할 만한 문제가 아니다.

손가락을 너무 심하게 빨거나 영구치가 나오는 시기까지 엄지손가락을 빨면 입 모양이 변하거나 치아의 정상적인 발달을 저해해 입의 기형을 초래할 수도 있지만, 일시적인 거라면 크게 염려하지 않아도 된다.

영구치가 나기 전이라면 손가락 빠는 습관이 없어지면서 입 모양도 정상으로 돌아오게 된다. 더욱이 영구치가 나올 때쯤 되면 아이 스스로 손가락 빨기를 그만둘 정도로 성숙하게 된다.

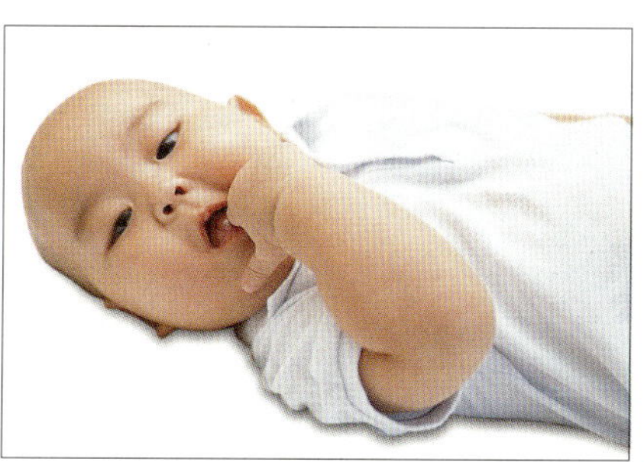

● 젖먹이 아기의 손가락 빨기는 염려할 만한 문제가 아니다.

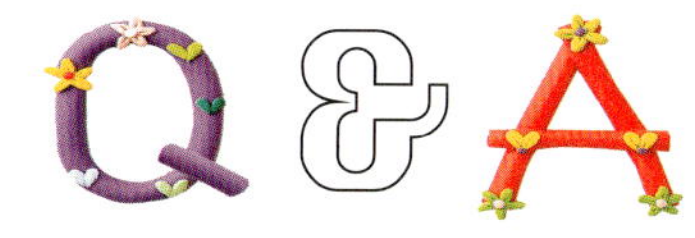

Q 젖이 거의 나오지 않습니다. 그런데도 분유를 먹으려고 하지 않아요. 어떻게 해야 할까요?

A 엄마 스스로 젖이 거의 안 나온다고 생각하지만 아기가 기분 좋게 잘 지내면서 분유를 먹으려 하지 않는다면 모유로 충분하다는 증거다. 4개월까지 모유만 먹인 아기라면 앞으로도 모유만으로 계속할 수 있다. 아기가 급격하게 성장할 때는 젖을 자주, 많이 먹는다. 그럴 때는 엄마 젖이 일시적으로 아기의 요구에 맞게 생산되지 못할 수도 있다.

Q 4개월에 접어들면서부터 낮잠을 전혀 자지 않아요. 이러다가 수면 부족이 되는 건 아닐까요?

A 몸을 많이 움직여서 놀게 해 주자. 지금까지는 놀기→식사→수면→배설을 반복하는 생활을 해 왔지만 4개월에 접어들면 젖이나 분유를 먹었다고 해서 금방 잠이 들지는 않게 된다. 낮 동안 깨어 있는 시간도 길어지고 움직임도 활발해지게 된다. 아기가 깨어 있는 동안은 마음껏 몸을 움직이면서 놀 수 있도록 해 준다. 그렇게 하면 잠도 잘 자게 된다. 그리고 아기에게 수면 부족이란 것은 있을 수 없으니까 걱정하지 않아도 된다.

Q 아기가 너무 심하게 울어요. 얼굴이 새빨개지고 코 밑에 땀을 흘리면서 웁니다.

A 아기는 화가 나 있는 것이다. 이렇게까지 운다면 엄마가 꽤 오래 동안 아기를 못 본척한 게 아닌지. 울어도 엄마가 자기를 봐 주지 않으니까 아기가 화가 난 것이다. 게다가 온몸으로 화를 내기 때문에 땀까지 흘리는 것이다. 이렇게 될 정도로 울려서는 안 된다. 아기가 울면 우선 안아 주면서 달래야 한다. 그렇게 해 준다면 이렇게까지 화를 낼 일도 없을 것이다.

● 아기에게는 수면부족이 없으므로 잠이 적다고 걱정할 필요가 없다.

Point 2 젖이 부족한지 살펴본다

엄마젖을 먹일 경우, 젖을 충분히 빨리지 않으면 빨기 본능이 충족되지 않아 이를 보상받기 위해서 엄지손가락을 빨 수도 있다. 아기가 젖을 먹을 때마다 조금 더 먹기를 원하는 것 같으면 젖이 나오지 않더라도 젖을 빨게 해준다.

Point 3 유아기 습관은 억제할 필요 없다

손가락 빨기는 아기가 성장함에 따라 나타나는 자연스런 행동이므로 4살 전까지는 억제하지 않는 것이 좋다고 육아 전문가들은 말한다.

연구 결과에 따르면 아기들의 절반 가량은 12개월이 지나서도 손가락을 계속 빨고 18개월에서 21개월 무렵에 더욱 심하다고 한다.

5살 정도가 되면 80%, 6살이 되면 95%가 스스로 손가락 빠는 습관을 버리게 되는데, 잠잘 때 손가락을 빠는 아기들은 이런 버릇이 더 오래 간다고 한다.

Point 4 손을 이용한 다른 즐거움을 찾아준다

아기가 손가락 빨기에 너무 집착한다면 손을 이용하여 할 수 있는 다른 즐거움을 찾을 수 있도록 해준다. 장난감을 주거나 손을 사용하는 짝짜꿍놀이, 눈·코·입 놀이 등을 함께 하여 손가락을 입에 가져가지 못하게 한다. 이때 손이나 팔을 잡아서 손가락을 움직이지 못하게 하는 것은 좋지 않다.

Point 5 늦도록 빤다면 정서적 문제를 고려해 본다

영구치가 나오고 손가락 빠는 습관을 버릴 때가 됐는데 또래 아이들보다 오랫동안 심하게 손가락을 빤다면 이런 습관을 버릴 수 있도

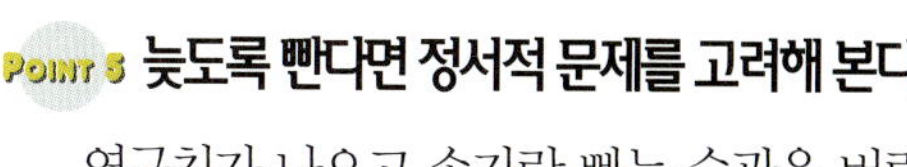

● 아기의 손가락 빨기를 막으려면 장난감을 주거나 손을 이용한 놀이를 시켜 관심을 돌린다.

록 도와준다. 치아기구를 사용하게 하는 것도 한 가지 방법. 그러나 간혹 정서적인 문제로 손가락을 빠는 아이도 있으므로 정도가 심하면 소아정신과 의사와 상담해 보는 것이 좋다.

이때 주의할 점은 아이에게 너무 심하게 말리면 아기는 자신이 매우 잘못된 아이라는 생각을 갖게 되므로 거부감을 갖지 않도록 해야 한다는 것. 엄마 역시 자책감을 갖지 않는다. 손가락을 빠는 것이 엄마의 잘못은 아니기 때문이다. 아이의 자연스러운 발달과정으로 손가락을 빠는 것은 해롭지 않으며 아이에게 정서적인 문제가 있는 것이 아니라는 것을 설명해 주어야 한다.

월령에 맞는 장난감을 골라 준다

아이들에게 장난감은 놀잇감이자 신체적·정신적 발달을 돕는 교육 도구이기도 하다. 그렇기 때문에 아기에게 주는 장난감은 신중

히 골라야 한다. 겉모양만 그럴듯한 제품이나 폭력적인 장난감들은 아기에게 좋지 않은 영향을 미친다. 아기의 올바른 지적·정서적 발달을 위해 다음과 같은 사항들을 꼼꼼히 살펴보고 장난감을 구입하도록 한다.

Point 1 월령에 맞는 장난감을 골라 준다

굳이 장난감에 표시된 연령에 연연할 필요는 없다. 아기가 장난감에 흥미를 보이는 것이 아기의 수준에 맞는 것이라고 보면 된다.

어떤 엄마들은 아기가 빨리 지적 성장을 하기 바라는 마음에서 아기가 흥미를 보이지 않는데도 나이보다 높은 단계의 장난감을 가지고 놀기를 원한다. 연령에 적합하지 않는 장난감은 아이에게 나쁜 영향을 줄 수 있고 그

장난감을 갖고 놀 시기가 되면 이미 그것에 싫증나 있어 놀이 자체에 흥미를 잃게 된다.

장난감에 표시된 대상 연령을 참고로 또래 아기보다 좀더 일찍, 혹은 좀더 나중에 갖고 놀 수 있다는 것을 알아두자.

Point 2 잘 갖고 놀 수 있는 장난감을 고른다

아기가 그 장난감을 원래의 사용방식에 알맞게 갖고 놀고 있다면 아기에게 맞는 것이다. 장난감을 골라 줄 때 그동안 학습한 기술들을 완전히 익힐 수 있도록 돕거나 이제 막 접촉한 새로운 기술을 향상시킬 수 있게 하는 것으로 고른다. 너무 쉬우면 싫증이 나고 너무 어려우면 좌절감을 주므로 능력에 맞는 장난감을 선택하는 것이 중요하다.

Point 3 자극 발달에 도움을 주는 것을 고른다

아기의 발달에 따라 눈과 손의 협응능력, 대근육·소근육의 운동 통제 능력, 인과관계의 개념, 색과 모양 구별과 짝짓기, 청각 구별, 공간 관계, 사회적·언어적 발달, 상상력, 창의성 등을 학습하는 데 도움을 줄 수 있는 장난감인지 살펴본다.

Point 4 너무 복잡한 것, 단조로운 것은 피한다

너무 높은 단계의 장난감이나 위의 형제가 갖고 노는 장난감은 너무 복잡해서 부모의 도움 없이는 갖고 놀 수가 없다. 장난감을 가지고 놀 때 일일이 도움이나 간섭을 받게 되면 그것에 흥미를 잃게 되기 쉽다. 심한 경우 아기 스스로 열등감을 느낄 수도 있으므로 조심해야 한다.

아기의 신체적·정신적 발달에 비해 장난감이 너무 단조로운 경우 아기들은 자극을 받지 못하고 싫증을 느끼게 된다. 나아가 그 장난감과 관련된 놀이는 물론 그와 관련된 모든 놀이활동에 대해서까지 흥미를 잃게 된다.

Point 5 위험하거나 잘 부서지지 않는 것을 고른다

위험한 장난감은 어린 아기들에게 적절하지 않다. 게다가 아기들은 새로운 장난감을 보면 관심을 가지고 탐색하는 경향이 있는데 장난감이 부서지기 쉬운 것이라면 마음껏 관찰하지 못하게 된다. 혹시 장난감을 가지고 놀다가 깨뜨리게 되면 죄의식까지 느끼게 되어 놀이에 대해 부정적인 태도를 갖게 된다.

Q 우리 아기는 표준치보다 우유를 항상 더 먹으려고 합니다.

A 표준량이라는 것은 평균을 기준으로 한 것으로, 모든 아기들에게 이 양만큼만 먹이라는 것은 아니다. 표준량을 먹고도 부족해할 때는 10~20cc 가량 더 주도록 한다.

그러고도 더 먹으려고 한다면 우유에 곡분 같은 것을 첨가해 주거나 우유를 조금 더 진하게 타서 먹인다. 여름이라면 수유 시간 사이에 보리차를 더 주도록 한다.

Q 우는 아기를 흔들어 달래면 머리 속이 흔들려 뇌에 이상이 있을 수 있다는데, 정말 그런가요?

A 절대로 그렇게 해서는 안 된다. 이 시기는 아직 목을 완전하게 가누지는 못하는 시기다. 이런 때 아기를 흔들면 뇌의 혈관이 끊어지는 수가 있다. 뇌가 흔들리는 것은 아니지만 혈관이 끊겨 뇌 손상을 입게 되는 것이다.

조금 큰 아기일 경우, 마구 흔들어 주면 처음에는 좋아하는 것처럼 보이지만 금방 무서워하면서 어쩔 줄 모르게 된다. 그걸 보면서 엄마, 아빠는 아기가 좋아하는 것으로 착각하기도 하는데, 이런 행동은 절대 하지 않도록 주의한다.

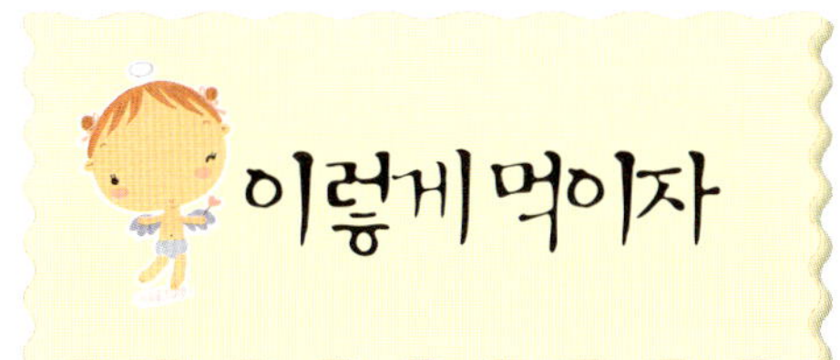

이렇게 먹이자

우유나 젖 이외의 다른 맛을 알게 한다

Point 1 이유 시기를 잘 선택한다

아기들은 태어날 때부터 '흡철 반사' 즉 '빨고 삼키는 반사' 능력을 갖고 있어 본능적으로 젖을 빨아먹는다. 또한 익숙하지 않은 고형의 물질이 혀에 닿으면 본능적으로 밀어내는 '밀어내기 반사' 능력도 갖고 태어난다.

그러나 4~5개월 무렵이 되면 이런 초기의 반사가 사라지게 되어 입안에 들어온 음식물을 혀로 밀어 넣어 삼키는 능력이 생기게 된다. 음식물을 삼키는 법을 알게 되었을 때가 이유식을 시작하는 시기. 이때부터 시작해서 6개월쯤 되면 본격적으로 이유식을 먹이는 것이 좋다.

Point 2 소화능력이 생긴 후 고형식을 먹인다

대부분의 엄마들은 아기가 다양한 종류의 음식을 먹고 영양분을 골고루 섭취해야 건강하게 자란다고 생각한다. 그러나 어린 아기의 경우 소화기관이 성숙되지 못해 여러 가지 음식을 받아들일 능력이 부족하다고 소아과 전문의들은 이야기한다. 그래서 5~6개월 이전까지는 젖 외의 음식은 먹이지 말라고 한다.

언제부터 고형식을 먹이기 시작해야 하는지에 대해서는 이처럼 견해가 달라 초보 엄마들로서는 혼란스럽기만 하다.

최근 연구 결과에 따르면 고형식을 먹이는 것은 일정한 시기가 있는 것이 아니며 개개인의 발달 정도에 따라 시기를 결정하는 것이 좋다고 한다. 소화기관이 아직 미숙한 아기에게 무리해서 다양한 종류의 음식을 먹이기보다는 소화·흡수 능력이 생긴 후에 고형식을 먹이는 것이 좋다. 잘못하면 아기에게 알레르기 반응이 생길 수 있으니 음식 선택에 특히 주의를 기울이도록 한다.

Point 3 이유식과 함께 젖을 계속 먹인다

이유식을 시작했더라도 아기가 돌이 되기 전까지는 젖을 떼지 말고 계속해서 먹이는 것

○ 이유식을 시작한 아기라 하더라도 돌 무렵까지는 우유를 계속 먹이도록 한다.

이 좋다. 아기가 이유식을 잘 먹어 비타민과 미네랄을 충분히 섭취한다고 하더라도 아기의 정상적인 성장 발달을 위해서 엄마 젖이나 우유가 반드시 필요하다는 사실을 기억하자.

Point 4 보리차로 수분을 보충해 준다

엄마 젖이나 우유는 영양뿐 아니라 수분 공급을 위해서도 중요하다. 아기가 아프거나 아주 더운 경우를 제외하고는 젖이나 우유로 필요한 수분을 충분히 공급할 수 있다.

그러나 아기가 이유식을 시작하면 수분 섭취량이 줄어들어 갈증을 자주 느끼게 된다. 이럴 때는 보리차나 생수를 끓여서 식혔다가 조금씩 주도록 한다. 이 시기의 아기는 아직 컵을 사용하지 못하므로 무리해서 컵에 주려고 하지 말고 우유병에 담아 주도록 한다.

Point 5 아기의 상태에 따라 적당한 양을 준다

갓난아기는 배가 불러도 표현을 하지 못한다. 그래서 많은 엄마들이 필요 이상으로 많이 먹이는 수가 있다. 그러나 4~5개월 정도가 되면 배가 불러 그만 먹고 싶다거나 더 먹고 싶다는 것을 여러 가지 방법으로 표현한다.

입을 벌리고 고개를 앞으로 굽혀 젖병을 찾는 듯한 몸짓을 하는 것은 더 먹고 싶다는 것이고, 고개를 돌리거나 몸을 뒤로 젖히는 것은 충분히 먹었다는 뜻이다. 이런 표현을 잘 이해하여 아기에게 적당한 양의 음식을 주도록 한다.

4개월 무렵에 꼭 해야 할 교육 프로그램

신체 발달 놀이

두 팔 짚고 머리와 가슴 일으키기

✽ 아기를 바닥에 엎드리게 해놓고 위에서 소리 나는 장난감이나 딸랑이, 방울 등을 흔들어 아기가 머리를 들고 위를 쳐다보도록 유도한다.

✽ 엎드려 있는 아기 앞에 거울을 놓고 아기가 거울을 쳐다보기 위해 고개를 들도록 한다. 아이가 머리를 들어올릴 때 머리, 배, 팔, 근육이 발달하게 된다.

○ 아기 시선 위에서 놀잇감을 흔들어 보여 아기가 엎드린 상태에서 가슴을 들어올리게 한다.

○ 엎드린 아기 앞에 거울을 놓고 가슴을 들어올리게 하여 가슴, 배, 팔 근육을 운동시킨다.

인지 발달 놀이

엄마 얼굴 보고 미소 짓기

✽ 엄마가 머리를 좌우로 흔들면서 아기를 어르고 웃어준다. 아기가 쳐다보면 아기 배를 살살 간질여 아기가 미소짓게 한다. 엄마의 얼굴 표정에 따라 아기가 미소를 지으면 간질이기를 멈춘다.

✽ 아기를 쳐다보면서 입술을 움직이거나 혀로 입천장을 울려서 옹알이 소리나 기타 다른 소리를 낸다.

✽ 아기와 놀아줄 때는 다양하고 다소 과장된 여러 가지 얼굴 표정, 즉 놀라고 기뻐하는 표정들을 지어서 아기가 웃도록 해준다.

○ 아기의 배를 간질여서 아기가 미소를 짓게 한다.

만 05 개월

여아 : 키 65.7cm 몸무게 7.5kg

남아 : 키 66.8cm 몸무게 7.9kg

이 달 말에 우리 아기 여기까지 할 수 있다

STEP 1

90% 가능
대부분 할 수 있다

1 엎어놓으면 고개뿐 아니라 팔꿈치를 짚고 가슴을 잠깐 들어 올린다

2 한쪽 방향으로 구를 수 있다

3 관심 있는 물건을 보면 손을 뻗어 가지려고 한다

4 눈앞에 작은 물건이 있으면 관심을 갖고 손을 뻗는다

5 손가락으로 딸랑이 같은 장난감을 익숙하게 잡는다

6 소리내어 웃고 기분 좋으면 소리를 지른다

STEP 2

75% 가능
웬만하면 할 수 있다

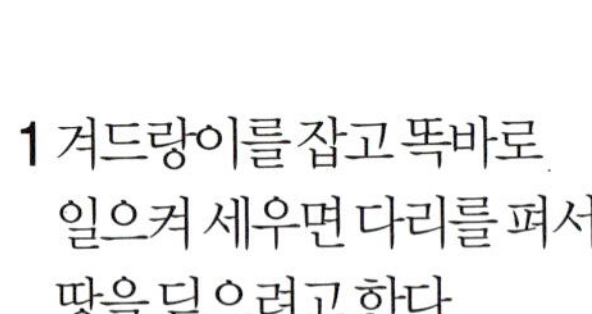

1 겨드랑이를 잡고 똑바로 일으켜 세우면 다리를 펴서 땅을 딛으려고 한다

2 앉혀 놓으면 똑바로 앉는다

3 엄마 목소리를 알아듣는다

4 자음과 모음을 조합해 '마먀' '아구' 같은 소리를 낸다

5 못마땅한 게 있으면 울음 대신 짜증을 낸다

STEP 3

50% 가능
할 수 있는 아기도 있다

1 손을 잡고 일으켜 세우면 다리를 쭉 펴고 힘을 준다

2 어깨를 잡고 앉혀 놓으면 머리와 몸을 세우고 혼자서 앉는다

3 소리나는 방향으로 몸을 돌린다

4 갖고 놀던 장난감을 빼앗으려고 하면 빼앗기지 않으려고 잡아당기거나 화를 내며 운다

STEP 4

25% 가능
하기에 벅차다

1 배밀이를 한다

2 앉은 상태에서 손을 짚고 스스로 몸을 일으킨다

3 한쪽 손에 쥐고 있던 작은 물건을 다른 손으로 옮긴다

4 과자를 손에 쥐고 먹을 줄 안다

5 바닥에 떨어진 작은 물건에 관심을 보인다

6 밥풀과자 같은 작은 물건들을 움켜쥔 후 들어올린다

7 장난감을 빼앗으려고 하면 빼앗기지 않으려고 잡아당기거나 화를 내며 운다

8 '가가가가' '마마마먀' '바바바뱌' 같이 자음과 모음을 조합해서 소리낸다

아기 키우기 포인트

사고력이 발달하는 시기다

5개월이 지나서부터는 아기의 기억력, 사고력이 눈에 띄게 발달하기 시작한다. 그에 따라 탐구력과 모험심도 점점 발달해 가만히 있지 않으려는 경향이 있다. 아기의 행동을 주의깊게 살펴서 능력을 더욱 키울 수 있도록 도와주는 것이 좋다.

Point 1 보이지 않는 물건을 찾을 줄 안다

지금까지는 눈앞에 보이는 것만 세계의 전부라고 생각했지만 이제부터는 보이지 않는 물건도 어딘가 있을 거라는 것을 알게 되며 또 찾을 수 있게 된다.

Point 2 탐색하기 시작한다

기어다니기와 짚고 일어서기가 능숙해지면 아기의 탐색이 시작된다. 가고 싶은 곳에 마음대로 갈 수 있게 되고, 손바닥의 감각이 갑자기 예민해지며, 뇌가 발달함에 따라 서서히 사물을 탐색하는 지혜가 생기는 시기이기도 하다. 따라서 손에 닿는 물건들은 다 만져보고 열린 서랍 속의 물건이나 옷가지도 있는 대로 꺼내 마구 흩어 놓는다.

Point 3 흉내내는 것을 좋아한다

아기의 모든 발달은 흉내내기에서부터 시작된다. 언어, 사회적 행동, 정서 등 모든 영역을 흉내내고 이를 반복함으로써 발달하게 되는 것이다.

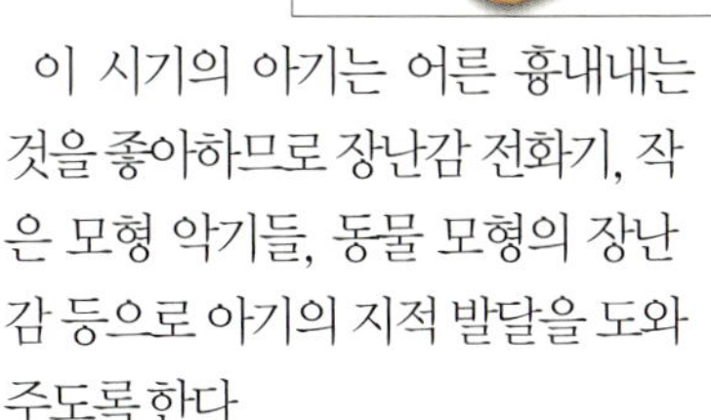

◆ 엄마와 옹알이 대화를 많이 나눈 아기는 말문이 빨리 트인다.

이 시기의 아기는 어른 흉내내는 것을 좋아하므로 장난감 전화기, 작은 모형 악기들, 동물 모형의 장난감 등으로 아기의 지적 발달을 도와주도록 한다.

무엇이든 물어 보세요

Q 아기를 혼자 재우는데 방의 불이 켜져 있으면 자지 않습니다. 캄캄하게 해 주는 편이 좋을까요?

A 밝은 상태에서도 잠을 잘 자는 아기도 있지만 대부분은 어른들의 움직임이 느껴지는 밝은 방에서는 자지 않는다. 이런 것들이 모두 자극으로 작용하기 때문이다. 아기가 잠들 때까지는 방을 약간 어두운 상태로 해 두고 엄마가 옆에 같이 누워 있는 게 좋다. 너무 어두우면 아기가 무서워할 수도 있다.

Q 과즙은 언제부터 먹여야 좋을까요? 또한 먹기 시작한다면 100%과즙이 좋은가요?

A 5, 6개월이 되어 이유식을 시작하게 된 다음에는 과즙을 먹여도 된다. 시판하는 주스 중에서 과즙 100%라고 되어 있는 것은 아기에게 너무 진하므로 희석시켜 먹이는 게 좋다. 또, 설탕이 들어 있는 것은 피해야 한다. 시판하는 주스 중에서 과즙 10%라고 되어 있는 것은 희석시킨 것이 아니라 전체에서 과즙이 10%만 들어 있고 나머지는 설탕이나 탄산이라는 뜻이니까 주의해야 한다. 과일은 손쉽게 구할 수 있고 과즙도 간단하게 만들 수 있으니까 직접 만들어 먹이는 게 가장 좋다.

Q 아기가 낯을 가리기 시작하는지, 작은 가게에 들어가면 울음을 터뜨립니다.

A 낯선 장소는 불안감을 준다. 환경 변화는 모두 아기에게 자극이 되는 것이다. 집에서 한 발자국만 나가면 보는 것 듣는 것 움직이는 것 전부가 다 새로운 자극이다. 이 자극이 아기의 울음으로 이어지게 된다. 아기가 울 때는 "괜찮아, 괜찮아." 하면서 달래 주고, 아기가 불안해 하고 있다는 것을 이해해 주어야 한다. 운다고 서둘러 집으로 가려고 하지 말고 장소를 바꿔서 아기와 느긋한 시간을 가지도록 하는 게 좋다.

◆ 아기가 불안감을 느끼면 잠시 장소를 바꿔 아기를 안정시킨다.

Point 4 위험한 물건은 치워 둔다

아기의 행동 반경이 넓어지면서 그만큼 위험 요소도 많이 생기게 된다. 이 시기에는 집안 구석구석에 있는 위험한 물건들을 치워두어야 한다.

아기가 삼킬만한 물건은 손에 닿지 않는 곳에 놓아 두고 대신 안전한 장난감을 다양하게 주도록 한다. 손가락의 움직임을 돕는 장난감이나 몸 전체를 움직일 수 있는 기구 등이 이 시기에 적당한 장난감이다.

◆ 아기가 기게 되면 이것저것 어지럽히고 손에 닿는 것은 무엇이든 뒤진다.

언어 능력을 길러준다

태어나서 3개월 정도 되면 옹알이를 시작하고 4개월 정도 되면 웃거나 엄마의 말소리도 알아들으며 반응할 줄도 안다. 12개월쯤 되면

버릇 들이기

아기 건강을 위해 알아둘 일

벌꿀은 열량 함유량이 적고 갓 태어난 아기에게 건강상 문제를 일으킨다.

벌꿀은 클로스트리듐 보툴리늄의 원인이 되는 물질을 함유하고 있는데, 이 물질은 성인에게는 무해하지만 아기에게는 보툴리누스 중독(변비와 함께 일어나는 병으로 젖을 잘 빨지 못하며 식욕이 떨어지면서 무기력 증세를 보인다)을 일으킬 수 있다.

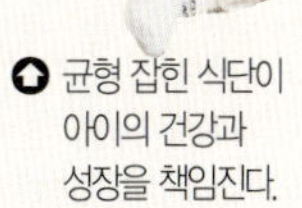

◆ 균형 잡힌 식단이 아이의 건강과 성장을 책임진다.

이러한 중독은 드물지만 폐렴이나 탈수증 등의 심각한 병을 유발할 수도 있다. 옥수수 시럽 또한 이러한 물질을 함유할 수 있으므로 아기에게 먹이지 않는 것이 좋다. 하지만 아기의 분유 속에 들어 있는 것은 괜찮다고 한다.

'엄마' '아빠' 와 같은 몇 마디의 단어를 말하기도 한다.

이 시기에 엄마는 아기에게 많은 말을 해주고 웃어주며 아기가 내는 소리에 즉각적으로 반응을 보여주자. 또 같은 단어를 여러 번 되풀이해서 들려주면 아기는 이를 모방해 점점 사회적인 의사소통을 할 수 있게 된다.

POINT 1 말이 필요한 환경을 만들어 준다

말이란 주위 사람들과의 관계 속에서 자연스럽게 배우게 되는 것이므로 자극이 적은 환

➡ 아기의 언어발달은 모방을 통해 이루어지므로 부모가 좋은 본보기가 되어준다.

경에서 자라난 아기는 자연히 말이 늦게 발달한다.

과보호 속에서 자란 아기는 뭐든지 부모가 알아서 해주기 때문에 말할 필요성을 못 느껴 자연히 말이 늦게 발달하게 된다.

아기가 말을 배우기 시작할 때는 적극적으로 의사 표시를 할 수 있도록 환경을 만들어 주는 것이 중요하다.

POINT 2 아기에게 말을 많이 해준다

아기의 언어 발달은 모방에 의해 이루어진다. 엄마가 같은 말을 자주 되풀이해 주면 아기도 자연스럽게 따라하게 된다.

말뿐만 아니라 표정, 몸짓, 말투 등도 매우 중요하다. 엄마 아빠 모두 천진난만한 어린애가 되어 아기의 언어 발달에 좋은 본보기 역할을 해주도록 하자.

POINT 3 잘 듣지 못하면 청력을 체크해 본다

청력에 이상이 있으면 말을 늦게 하는 경우가 많다.

생후 4~5개월 무렵의 아기가 큰 소리에 반응이 없거나 돌이 되었는데도 자기 이름을 부르는 소리에 반응이 없다면 청력에 이상이 있는지 한번 검사해 보도록 한다.

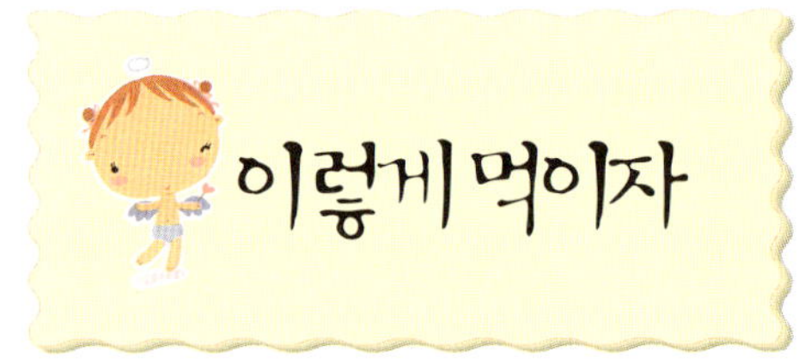

새로운 음식에 길들여 준다

아기가 자라면서 이제부터는 젖이나 우유 외에 새로운 음식을 길들이도록 한다. 이유시기의 식사 습관을 형성하고 먹는 방법을 익히는 것은 무엇보다 중요하다. 유아기 때 형성한 습관이 성장한 이후의 식사 습관에까지 영향을 미치기 때문이다.

POINT 1 이유식을 시작한다

보통의 아기들은 이 시기에 이유를 시작하는 것이 적당하다. 마르고 작은 아기라도 장이 약하거나 설사를 하지 않는다면 이유식을 시작해도 상관없다. 성장이 빠르고 체중이 많이 나가는 아기들은 2~3개월부터 이유식을 시작하기도 한다.

POINT 2 아기가 배가 고파하는지 살핀다

아기가 배가 고파하는지부터 살피는 것이 우선이다. 배가 고프면 익숙하지 않은 새로운 방법으로 서툴게 먹는 것이 성이 안 차 짜증을 낼 수 있다. 처음 이런 감정을 갖게 되면 이유 자체를 거부할 수 있다. 배가 고플 때는 몇 분 동안 젖을 빨리거나 우유를 반 병 정도 먹여 허기를 없앤 후 시작한다. 긴

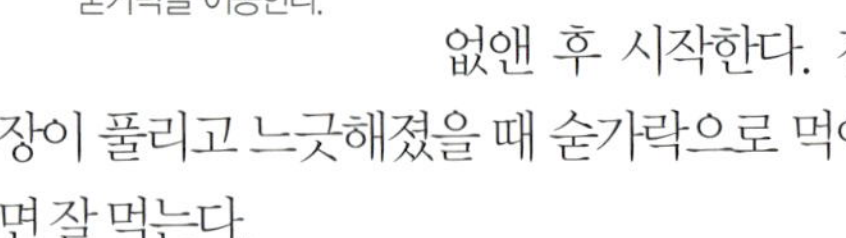

➡ 이유식은 영양 보충뿐 아니라 식습관 형성의 의미도 있으므로 반드시 숟가락을 이용한다.

장이 풀리고 느긋해졌을 때 숟가락으로 먹이면 잘 먹는다.

POINT 3 숟가락으로 먹이는 연습을 한다

간혹 이유식을 젖병에 담아 주는 엄마들이 있다. 이유식은 영양 보충뿐만 아니라 식사 습관을 형성하는 의미도 크므로 숟가락으로 음식을 떠서 아기에게 먹이는 것이 좋다. 아기들은 태어나 처음 느끼는 감촉과 맛, 입의 동작 등을 새롭고 흥미롭게 받아들일 것이다.

Q 때때로 소변 색이 너무 진해 마치 갈색 같아 보이기도 합니다. 뭔가 잘못된 건 아닐까요?

A 소변보는 횟수가 적어서일 수 있다. 횟수가 적으면 색깔도 진해진다. 소변의 색은 원래 엷은 노란색이거나 흰빛을 띤 노란색이다. 그러나 소변 횟수가 적으면 색이 진해지게 된다. 때때로 갈색을 띠기도 하는데 이것은 요산 때문이지 특별한 질환이 있어서 그런 것이 아니므로 걱정하지 않아도 된다.

Q 아기가 계속 귀를 잡아당기는데, 귀에 어떤 감염이 발생한 건 아닌지 모르겠어요.

A 아기에겐 손가락, 손, 발가락, 발, 성기, 귀 등 모두가 관심 있는 대상들로, 아기가 귀를 잡아당기고 나서 울거나 불편해 하지 않고 열이 나거나 어떤 지병의 징후도 보이지 않으면 호기심에 의한 장난일 가능성이 많다. 어떤 아기들은 이가 날 때 자기 귀를 가지고

야단법석을 떠는 경우도 있지만 대개 귀 바깥쪽이 빨갛게 되는 것은 감염 증세가 아니고 아기가 계속 귀를 만졌기 때문이다. 만약 문제가 있어 보이면 의사와 상의하도록 한다.

Q 10개월 된 아이입니다. 언제부턴가 TV를 많이 보기 시작하는데 해롭진 않을까요?

A 1세 정도까지는 TV를 보지 않게 하는 것이 좋다. 눈의 기능이 어느 정도 발달하는 4~5개월 이후부터 아기는 TV에 흥미를 가지게 되는데, 이는 빛의 명암이나 움직이는 도형을 보면서 재미를 느끼기 때문이다. 이때 엄마가 아기와 함께 하루 종일 TV를 보면 아기의 언어 발달에 방해가 된다. 언어발달은 아기와 엄마 사이의 대화의 양과 질에 따라 많은 영향을 받는데, TV에서 흘러 나오는 말들은 일방적이기 때문이다.

➡ TV시청 시간이 길면 아기의 언어발달에 방해가 된다.

↥ 아기가 이유식 먹기를 싫어하면
억지로 먹이지 않는다.

음식을 자연스럽고 쉽게 삼킬 수 있게 되기까지는 많은 연습이 필요하므로 너무 무리하게 훈련시키지 않도록 한다.

POINT 4 조금씩 먹이다가 서서히 늘려 간다

처음부터 많은 양을 먹이려 하지 말고 하루에 세 번 정도로 해서 조금씩 먹여 본다. 잘 먹으면 서서히 양을 늘려 가는 것이 좋다. 아기가 싫어하면 일주일 후쯤 다시 시작한다.

이유식을 할 때는 조그만 숟가락이나 티스푼이 아기 입 크기에 적당하다. 처음 아기에게 떠 넣어 준 것을 다 받아먹을 때까지 기다렸다가 다시 한 숟가락 떠 넣어 준다. 만약 아기가 입을 다물거나 고개를 돌리는 등 싫어하는 표현을 하면 억지로 떠 넣어 주지 말고 그만 먹인다.

POINT 5 즐겁게 먹도록 도와준다

이유식을 처음 시작할 때 영양가에 집착해 아기 입맛에 당기지 않는 음식을 주는 것은 절대 금물. 그보다는 아기가 즐겁게 먹을 수 있도록 도와주도록 한다. 아기들은 일단 처음 맛보는 것은 입 밖으로 밀어내려는 경향이 있다. 몇 번 시도해 봐도 계속 안 먹으려고 하면 좀 늦추었다가 일주일 후에 다시 시작하도록 한다.

POINT 6 편안한 자세로 음식을 먹인다

이유식을 할 때도 젖이나 우유를 먹일 때처럼 아기를 포근하고 편안하게 엄마 무릎 위에 앉히고 가슴에 기대게 한다. 이때 아기를 너무 꼭 안거나 손을 못 움직이게 하지 않도록 주의한다.

보행기 사용할 때 주의할 점

주의점 1 아기에게 시험 운전을 하게 한다

보행기 사용 전에 가장 좋은 방법은 아기에게 미리 한 번 타보게 한다. 만약 집에 보행기가 없다면 가게에 가서 모델 제품을 한 번 타보게 하는 것도 좋은 방법. 그때 아기가 좋아하고 보행기 안에 푹 빠지지만 않는다면 보행기 타는 데는 별 문제가 없다.

주의점 2 보행기에 너무 오래 있지 않게 한다

아기가 보행기를 타고 있는 시간은 한 번에 30분 정도가 좋다. 보행기는 아기에게 인위적으로 이동할 수 있는 힘을 길러주는 것인데, 너무 오래 타다 보면 오히려 역효과를 내게 된다. 또 아기는 일정한 시간 마루바닥에서 놀아야 기어다니는데 도움이 되고 배를 들어올리는 것과 같은 기술을 배울 수 있으므로 너무 오랫동안 보행기에 있지 않게 한다.

주의점 3 아기가 걷고 있을 동안 항상 살펴 본다

아기가 보행기를 타면 아직 많이 이동하지는 못하지만 그래도 아기에게서 눈을 떼서는 안 된다. 벽을 밀쳐 몇 발짝 가게 되면 순식간에 방 끝으로 가 버리기 때문이다.

주의점 4 보행기 주변에 위험물을 없앤다

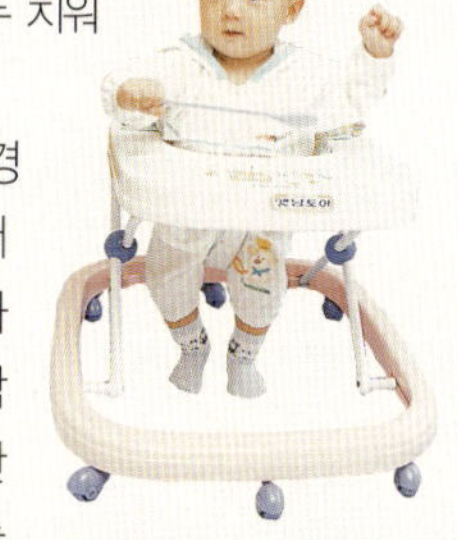

아기가 보행기를 탔을 때 가장 위험한 곳은 계단 꼭대기다. 따라서 아기가 보행기를 타고 계단 근처에서 마음대로 왔다갔다하게 하는 건 절대 금물. 또 아기의 손이 닿는 곳에 있는 위험한 물건은 모두 치워 놓도록 한다.

이 외에도 문지방, 경사가 다른 곳(카펫에서 마루로)은 가지 않게 하고 장난감, 신문지 조각들 등 걸려 넘어질 만한 위험한 물건은 치워놓도록 한다.

↥ 보행기는 하루 30분 이상 태우지 않는다.

5개월 무렵에 꼭 해야 할 교육 프로그램

신체 및 운동기능발달 놀이

통 속에 있는 물건 꺼내기

❋ 엄마가 아기에게 통 속에서 물건 꺼내는 것을 보여주면서 "자, 이제 꺼냅니다."라고 말하며 여러 번 되풀이해 준다.

❋ 그 물건을 다시 넣고 통을 가리키며 아기에게 "우리 아기도 꺼내 볼까?"라고 말하면서 아기가 물건을 꺼내도록 아기의 손을 잡고서 도와준다.

➦ 장난감 통에서 물건 꺼내기를 시켜본다.

인지 발달 놀이

거울 속의 얼굴 보기

❋ 아기를 안고 거울 앞에 서서 "거울 속에 아기가 있네."라고 말한다.

❋ 아기가 거울 속에 있는 자기 모습을 보고도 웃지 않으면 엄마의 얼굴을 거울 속에 비치게 한 다음 아기 얼굴을 가리켜 비교해 보도록 한다. 이때 아기에게 밝은 색의 모자나 스카프 등 주의를 끌만한 것을 이용해 자기 모습을 쉽게 찾을 수 있게 한다.

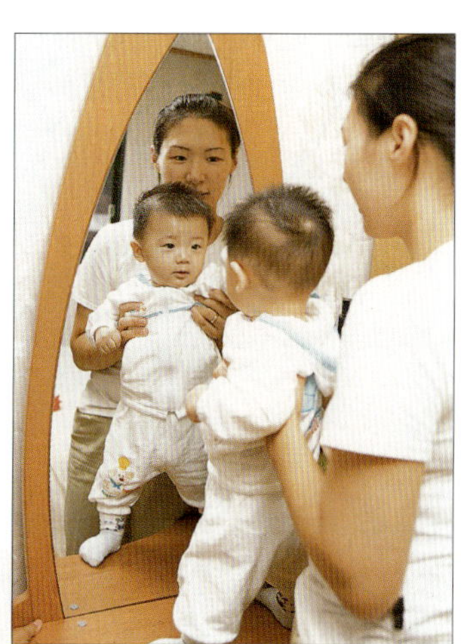

➦ 거울 앞에 아기를 세워놓고 거울 속 자신을 느껴보게 한다.

만 06 개월

여아 : 키 67.5cm 몸무게 8.0kg

남아 : 키 69.0cm 몸무게 8.5kg

이 달 말에 우리 아기 여기까지 할 수 있다

STEP 1

90% 가능
대부분 할 수 있다

1 겨드랑이를 잡고 똑바로 일으켜 세우면 다리를 펴서 땅을 딛으려고 한다

2 앉혀 주면 머리와 몸이 똑바로 앉는다

3 엄마 목소리를 알아 듣는다

4 자음과 모음을 조합해 '마마' '아구' 같은 소리를 낸다

STEP 2

75% 가능
웬만하면 할 수 있다

1 어깨를 잡고 앉혀 놓으면 머리와 몸을 세운다

2 손을 잡고 일으켜 세우면 다리를 쭉 펴고 힘을 쥰다

3 기어다니면서 물건을 손에 잡는다

4 소리나는 방향으로 몸을 돌린다

5 갖고 놀던 장난감을 가져가려고 하면 빼앗기지 않으려고 잡아당기거나 화를 내며 운다

STEP 3

50% 가능
할 수 있는 아기도 있다

1 사람이나 벽, 의자, 소파 등을 짚고 일어선다

2 앉혀 주면 잠시 중심을 잡고 앉는다

3 앉은 상태에서 손을 짚고 스스로 몸을 일으킨다

4 과자를 손에 쥐고 먹을 줄 안다

5 배밀이를 하기 시작한다

STEP 4

25% 가능
하기에 벅차다

1 엎드린 상태에서 앉을 줄 안다

2 앉아 있다가 몸을 일으킨다

3 엄지와 집게손가락만으로 작은 물건을 들어 올린다

4 '맘마' 나 '엄마' 같은 소리를 낸다

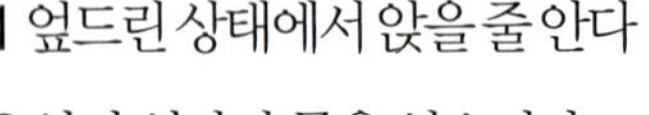

아기 키우기 포인트

오감을 자극해 감각을 길러준다

6개월 무렵이 되면 아기는 신체적·정서적·지적으로 급격한 발전을 하게 된다. 보고 듣고 만지고 맛보면서 오감을 통해 자극을 받아 새로운 감각을 키워가게 된다. 새록새록 성장해 가는 아기들에게 발달영역에 맞는 자극을 해주고 이끌어주면 더욱 효과적으로 키울 수 있다.

Point 1 신체 및 운동기능을 발달시킨다

앉기, 기기, 걷기, 공 던지기, 보행기 타기 등의 활동을 위해 대근육의 힘을 길러주어야 한다. 이를 위해 눕혀 놓았다가 엎어놓고, 엎어 놓았다가 기대 앉게 하고, 앉혀 놓았다가 일으켜 세우는 등 아기의 위치를 자주 변화시켜 주는 것이 좋다. 다음과 같은 동작을 취하게 하면 대근육 발달에 도움이 된다.

⊙ 걷기, 보행기 타기 등 다양한 동작을 하게 하여 대근육의 힘을 길러준다.

• 엄마 무릎에 놓고 일으켰다 앉혔다 해준다.
• 엄마와 아기가 마주보고 아기의 양손으로 엄마의 양쪽 검지를 잡게 한 다음 끌어올려 서게 해준다.
• 쿠션이나 베개를 대주어서 똑바로 앉게 해준다.
• 하나, 둘, 셋, 넷 구령을 붙이면서 손과 발을 들어 올리게 해준다.
• 가끔씩 양쪽 발을 바깥으로 벌리고 '개구리' 자세로 앉게 해준다.

무엇이든 물어 보세요

Q 이유식을 시작하고 싶은데 한 번에 입에 넣어 주는 양이 어느 정도여야 하는지 모르겠어요.

A 처음 먹이는 것은 우선 티스푼 한 숟가락에서부터 시작한다. 아기용 스푼일 경우 한 스푼이 약 3g 정도이므로 깎아서 세 스푼 정도가 된다. 아기들은 대개 2~3스푼이면 만족한다. 혀로 밀어낸다면 더 이상 안 먹겠다는 뜻이니 먹이지 않는 것이 좋다.

Q 낮잠을 잘 때면 작은 소리에도 금방 잠을 깨요. 너무 민감한 게 아닐까요?

A 아기가 자다가 깬다면 억지로 다시 재우려고 하지 않는 것이 좋다. 깨어나 운다면 안아서 달래 주도록 한다. 엄마와 같이 몸을 움직이는 놀이를 많이 하면 낮에도 푹 잘 수 있게 된다.

Q 당근이나 토마토 같은 음식을 먹이면 그대로 변에 섞여 나오는데 영양 섭취가 충분할까요?

A 물론 영양 섭취는 제대로 하고 있다. 이유식을 시작하면 대변이 달라지게 되는데, 당근이나 토마토 같은 것은 소화되지 않고 그대로 배설되는 경우가 흔하다. 그래서 빨간 대변 때문에 엄마가 깜짝 놀라기도 한다. 하지만 음식을 먹일 때 죽 같은 형태로 만들어 먹였다면 걱정할 필요가 없으며 영양 섭취도 제대로 되고 있다.

⊙ 깊은 잠을 자지 못하는 아이는 낮에 몸을 많이 움직이는 놀이를 시켜본다.

Q 리모컨이나 휴대 전화 갖고 놀기를 좋아합니다. 고장을 낼까봐 빼앗으면 화를 내면서 울어요.

A 아기들은 반짝이는 것을 아주 좋아한다. 리모컨이나 휴대 전화는 크기도 아기 손에 잡기 적당한데다 단추 같은 것이 많이 붙어 있고 빛을 내기까지 한다. 게다가 엄마나 아빠가 늘 사용하는 물건이니까 더욱 더 좋아하는 것이다. 아기가 갖고 놀고 있을 때는 억지로 빼앗지 말고 다른 곳에 정신을 쏠리게 한 다음 아기 눈과 손이 닿지 않는 곳에 둔다.

Point 2 인지능력 및 언어능력을 발달시킨다

이 시기의 아기는 인지능력이 급성장한다. 아기는 제일 먼저 엄마, 아빠, 언니, 오빠 등을 인식하고, 다음으로 '우유' '빠이빠이' '안 돼' 와 같은 기본적인 단어들을 인식한다.

그 다음에는 '우유 먹자' 거나 '예쁘다' 는 등의 단순하고 자주 듣는 문장들을 이해할 수 있게 된다.

스스로 말을 하는 것보다 남의 말을 알아듣는 것을 먼저 배우게 된다. 처음에는 모든 것이 서툴러도 엄마, 아빠가 적극적으로 도와주면 발달이 빠르다.

Point 3 사물의 개념을 알려준다

사과는 빨갛고, 공은 둥글고, 자동차는 빠르고, 인형은 부드럽다는 등 사물에 대한 개념과 그것을 설명하는 말을 가르쳐준다. 처음에는 이런 단어들이 아기에게는 의미 없는 것일 수 있지만 계속 반복하다 보면 결국에는 아기도 이해하게 된다.

특별한 사실과 개념을 가르치는 것과 더불어 배우는 과정과 그것을 즐기는 것 또한 그에 못지 않게 중요하다는 것을 알아두자.

아기 이는 언제부터 닦아주는 것이 좋을까?

흔히 젖니는 영구치도 아니고 곧 빠질 이니까 별로 신경 쓰지 않아도 된다고 생각한다. 그러나 젖니는 영구치가 나기 위한 자리를 잡는 것이므로, 젖니가 썩어 빠지게 되면 그 자리에 잇몸 부위가 완전히 변형될 수 있다. 또 이가 좋지 않으면 씹기가 어려워 먹는 것을 꺼리게 되고, 그러다가 영양부족을 초래할 수도 있다.

젖니는 깨끗하고 촉촉한 가제수건으로 닦아주도록. 어금니가 날 때까지는 가제수건이 더 많이 사용되겠지만, 아주 작은 아기용 칫솔을 사용하는 것이 아기에게 양치질하는 습관을 갖게 하는데 도움이 된다. 이 두 가지 방법을 적절히 사용하는 것이 최선의 방법이다.

⊙ 가제수건이나 실리콘 칫솔을 이용해 아기의 젖니를 닦아주는 습관을 들인다.

POINT 4 아기의 지적 능력을 자극한다

아기의 지적 능력을 자극하기 위한 방법으로 원인과 결과 관계를 관찰할 수 있게 도와준다. 예를 들면 컵 안에 물을 가득 채우고 아기가 컵을 거꾸로 들게 함으로써 물이 담긴 컵을 거꾸로 들면 물이 쏟아진다는 사실을 알게 하는 것이다.

아기가 좋아하는 장난감을 천으로 가렸다가 천을 벗기고 보여주는 게임이나 까꿍놀이 등을 통해 대상영속성 개념을 이해하게 하는 것도 좋다.

POINT 5 청각과 지각을 동시에 자극시킨다

주변의 사소한 소리에도 귀를 기울이도록 주의를 환기시켜 준다.

강아지가 멍멍 짖는다거나 소방차가 사이렌을 울리며 거리를 지나가면, '강아지가 멍멍 짖고 있네' 혹은 '소방차 소리 들었니?' 등의 말을 해줌으로써 아기가 소리에 적응하도록 도와준다.

➡ 아기는 자신의 경험을 통해 호기심을 충족시킬 수 있으므로 아기가 탐색할 수 있는 시간을 충분히 준다.

➡ 아기는 부모의 말을 통해 훨씬 많은 것을 배울 수 있다.

➡ 다양한 소리를 접하여 하여 아기가 소리에 적응하게 해 준다.

POINT 6 호기심과 창의력을 마음껏 발휘하게 한다

아기들은 장난감이나 모든 물건을 원래의 사용법대로만 갖고 놀지 않는다. 나팔을 가지고 북처럼 두드리는가 하면, 책을 보는 것보다는 찢는 것을 더 좋아하기도 한다.

이처럼 특별한 방식으로 장난감을 사용하고 싶어하더라도 혼내지 말고 아기에게 실험하고 탐색할 기회를 주도록 한다. 아기는 부모의 발과 자신의 경험을 통해 훨씬 많은 것들을 배우며 호기심과 창의력이 발달하게 된다는 사실을 기억하자.

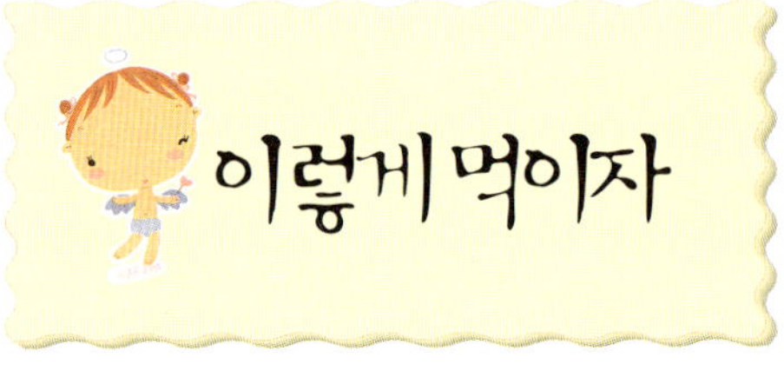

본격적으로 이유식을 시작한다

POINT 1 다양한 맛을 경험시킨다

본격적으로 이유식에 들어간 만큼 여러 가지 재료로 음식의 다양한 맛을 즐기도록 해준다. 아직도 주식은 젖이나 우유가 되지만 이제부터는 이유식에 많은 비중을 두고 영양 섭취를 해야하므로 균형 잡힌 식단을 짜는 것이 중요하다.

이유식도 제법 걸쭉하게 조리한다. 숟가락을 기울여서 조금씩 뚝뚝 떨어지는 정도의 묽기면 적당하다.

POINT 2 음식 고유의 맛을 알게 한다

이유식 기간 동안 아기는 음식 고유의 맛을 길들이게 된다. 따라서 이것저것 다양한 재료를 섞어서 먹이기보다는 각각의 음식을 따로따로 먹여서 음식 하나 하나마다의 독특한 맛을 느낄 수 있도록 한다.

POINT 3 편식을 할 때는 다른 음식과 섞어 먹인다

아기가 골고루 먹지 않고 편식을 한다면 아

젖을 짜 두었다가 우유병으로 먹이고 싶을 때

아기가 원하는 것은 엄마의 따뜻한 젖가슴이지 고무나 실리콘 젖꼭지가 아니다.

방법 1 배고플 때나 젖 먹는 중간에 우유병을 준다

배가 덜 고플 때는 이것저것 가릴 수가 있으니 배고픈 상태에서 우유병을 줘본다. 그러나 어떤 아기들은 엄마젖을 잔뜩 기대하고 있을 때 우유병을 들이밀면 우유병에 대한 적대감을 느끼는 수도 있다.

그렇다면 아기가 가장 배가 고플 때 우유병을 주지 말고 젖 먹이는 사이에 한 번 줘본다. 이런 경우에는 아기가 그냥 한 번 먹어볼 수도 있고, 간식으로 생각하고 받아들일 수도 있다.

방법 2 무관심하게 행동한다

아기에게 우유병을 줄 때, 이번에도 안 먹으면 어떡하나 하고 불안해 하거나 허둥지둥 행동하지 말

도록. 엄마의 이런 행동들 때문에 오히려 아기가 더 신경을 쓰고, 거부감을 나타낼 수도 있기 때문이다.

방법 3 먹기 전에 우유병을 가지고 놀게 한다

우유병을 아기 입에 집어넣기 전에 아기에게 우유병을 가지고 놀게 해본다.

아기는 뭐든 손에 잡히는 것은 입에 넣어 보므로, 우유병도 자신의 장난감으로 생각하여 입에 넣을 수 있다.

방법 4 젖병에 젖 이외의 것을 넣어 줘본다

아기들은 젖을 먹던 엄마의 따뜻한 가슴을 생각해 내어 젖이 든 젖병을 거부하기도 한다. 그러므로 처음부터 우유병에 젖을 넣어주기보다, 처음에는 분유나 묽게 탄 사과주스 같은 내용물을 넣어주는 것이 더 효과가 있다.

방법 5 물러설 때를 알아야 한다

아기가 우유병에 거부감을 표시하면 억지로 주려고 하지 말고, 곧바로 포기하고, 다른 날 다시 한 번 해본다. 적어도 몇 주일에 걸쳐 며칠에 한 번씩, 지속적으로 우유병을 줘본다.

➡ 아기가 우유병과 친해져야 젖떼기가 쉬워진다.

가가 어떤 것을 싫어하고 어떤 것을 좋아하는
지 눈여겨본 후에 다른 음식들과 적절히 섞어
먹여 본다. 예를 들어 아기가 고기를 잘 안 먹
으려고 한다면 아기가 좋아하는 야채 종류에
다진 고기를 조금만 섞어 줘 본다. 잘 받아먹
으면 다음부터 차츰 고기의 양을 늘리면서 야
채의 양을 줄이도록 한다.

● 아기가 싫어하는 음식은 좋아하는 음식에 조금씩 섞어서 먹여
  적응시킨다.

Point 4 비타민 C 섭취를 충분히 한다

탄수화물이나 단백질 중심의 영양에서 차츰
비타민과 미네랄을 늘려 나가야 하는 시기.
특히 비타민 C는 면역성을 강화시켜 감기를
예방하는 효과가 있으며 수분 보충을 위해서
라도 과일주스를 자주 먹이도록 한다.

Point 5 알레르기 유발 식품은 신중하게 먹인다

아기에게 이유식을 할 때는 식품 선정에 신
중해야 한다. 식품 중에는 알레르기를 일으킬
수 있는 식품이 있는데 대표적인 것이 달걀,
두유, 밀가루 음식 등이다.

알레르기 유발 식품을 먹일 때는 처음에 조
금만 먹여 봐서 피부에 빨갛고 우툴두툴한 두
드러기가 생기는지 살펴본다.

두드러기가 난다거나 알레르기가 있는 가족
이라면 아기가 10~12개월이 되기 전에는 이
런 음식을 삼가도록 한다.

달걀 같은 것은 특히 흰자가 알레르기를 가
장 잘 일으키므로 처음에는 완숙한 달걀의 노
른자만 으깨어 먹인다.

컵을 사용하는 시기는 언제쯤이 좋을까?

이 시기에 컵을 사용하게 하는 가장 큰 목적은
젖꼭지나 숟가락 외에도 맛있는 것을 먹을 수 있
는 수단이 있다는 것을 가르쳐주는 데 있다. 대부
분의 아기들은 이제까지 친숙하게 먹어 왔던 모
유나 우유를 가지고 장난하는 것은 좋아하지 않
는다. 젖은 언제나 젖꼭지를 통해 나왔기 때문에
젖꼭지에서 나오는 것이 당연하며 그 당연한 사
실이 현실에서 뒤집어졌을 때 혼란에 빠질 수도
있다. 그러니 처음에는 컵에 물이나 주스를 아주
조금만 담아 먹이면서 조금씩 양을 늘리고, 차츰
우유도 넣어 주도록 한다.

● 조금씩 아기에게 컵 사용이
  익숙해지게 도와주자.

6개월 무렵에 꼭 해야 할 교육 프로그램

앉아서 공 주고받기

엄마가 먼저 앉은 다음 아기가 두 손으로 엄
마 다리를 짚고 앉도록 해준다. 또는 베개나
이불 같은 것으로 아기를 받쳐 준 다음 엄마와
아기가 마주보고 앉아 공 주고받기 놀이를 한
다. 이렇게 하면 아기에게 앉는 연습을 시킬
수 있다.

여러 가지 손 운동

아기의 작은 손가락과 손을 능숙하게 발달
시켜줌으로써 여러 가지 필수적인 기술들을
숙달할 수 있게 해 준다. 물건을 잡고 만지는
등 다양한 활동들을 통해 아기는 소근육을 발
달시킬 수 있으며 부드러운 인형 같은 것을 가
지고 놀면 동작이 더욱 민첩해진다.

이 시기에 손가락 운동을 많이 시키는 것이
좋다. 처음에 부모가 짝짜꿍 놀이, 눈·코·입
놀이 같은 손으로 하는 게임을 직접 시범 보여
주면 아기가 곧잘 따라 한다. 천으로 만든 다양
한 크기의 공을 손으로 굴리게 하거나 나무, 플
라스틱, 천 등으로 만든 단순한 형태의 블럭을
가지고 놀게 하는 것도 손가락 운동에 좋다.

● 물건을 만지고 잡는 다양한
  활동들을 통해 아기의
  소근육을 발달시킨다.

손 내밀어 물건 잡기

아기가 좋아하는 장난감이나 눈에 띌 만한
물건을 아기의 손 가까이에 내밀어, 아기가
손을 내밀면 그 물건을 주고 아기가 손을 내밀
지 않으면 아기 손을 잡아서 물건 쪽으로 내밀
게 해준다.

물건을 아기에게 내밀 때는 아기에게 "아가
야, 우유병을 잡아볼래?"와 같이 말을 걸고,
아기가 물건을 잡으려고 손을 내밀면 웃어준다.

● 아기가 좋아하는
  장난감을 이용해
  물건 잡기를
  연습한다.

대인관계 가르치기

이 시기의 아기들은 여러 가지 방식으로 미
소짓고, 웃고, 비명을 지르고, 자기 뜻을 전달
하며 누구에게나 친근함을 표시하려고 한다.
그래서 사회화 촉진 시기인 6개월 무렵이 여
러 다양한 연령의 사람들에게 아기를 소개하
기에 적절한 것으로 본다. 사람을 만날 때마
다 아기에게 '안녕' 하고 간단히 인사하는 것
을 가르치고, 이 외에도 빠이빠이나 뽀뽀하는
것들을 가르친다.

신체 발달 자극 장난감

이 시기의 아기는 장난감을 입에 갖다 대는 행동으로 질감과 형태에 대해 알려고 한다. 그러므로 다양한 소리가 나는 딸랑이, 구슬 달린 유모차, 봉제인형 등이 적당하다. 눈에 보이는 것은 무조건 입으로 가져가므로 입에 물어도 안전한 제품을 선택하는 것이 중요하다.

회전 곰돌이

노란 버튼을 누르면 곰돌이가 그네를 타면서 아기의 시각을 자극한다. 링을 돌리면서 숫자놀이도 할 수 있다.

컬러 공

신축성이 뛰어나 손으로 눌렀다 떼면 다시 본래의 모양으로 돌아오는 자극 장난감. 컬러 공을 바닥에 놓고 아기의 발바닥을 올려놓으면 아기는 발바닥에 새로운 감각을 느끼게 된다.

감각 도형세트

각기 다른 재질과 소리, 자극 무늬를 지닌 헝겊 도형세트. 이 도형세트를 가지고 놀면서 아기는 시각, 청각, 촉각을 동시에 발달시킬 수 있다.

거북이

긍정적인 표현의 목소리가 담겨 있는 EQ발달 장난감. 거북이와 놀면서 상상력과 가상능력을 키워 나갈 수 있어 사회성 발달에 도움이 된다.

베이비볼 플러스

손으로 굴리면 불빛이 반짝거리고 멜로디가 흘러나온다. 또한 영어 인사말, 동물 이름, 울음소리 등을 배울 수 있다.

롤리베어

곰돌이 모양의 오뚜기. 파스텔 컬러의 부드러운 소재로 아기에게 포근한 촉감은 물론, 시각적인 편안함도 안겨준다. 오뚜기가 움직일 때 들리는 차임벨 소리는 아기의 청각을 자극시키며, 누웠다 일어나는 오뚜기의 움직임으로 인과관계를 인지할 수 있게 된다.

단풍나무 치아발육기

잇몸과 이를 튼튼하게 해주는 치아 발육기. 링의 굵기와 엄마의 손가락 굵기가 비슷해 아기에게 편안함을 준다.

고양이 치아 발육기

흔들면 작고 부드러운 소리가 나서 아기의 시각 및 청각에 자극을 주고, 이가 날 무렵에는 아기의 잇몸을 단련시켜 준다.

까꿍쥐

스틱을 올리고 내리면 생쥐가 나타나고, 사라질 때마다 재미있는 소리가 나오는 장난감. 아기의 대상영속성(눈앞에 당장 물체가 보이지 않지만 존재하고 있다는 것을 인지하는 능력)을 개발시키는데 효과적이다.

헝겊 자극 애벌레

아기의 인지능력에 맞는 기본색 네 가지로 이루어진 부드러운 헝겊 장난감. 애벌레의 부분 부분에 숨겨져 있는 각기 다른 소리와 놀이를 통해 아기의 사고를 높일 수 있다. 촉각, 시각, 청각 등의 기본 감각 발달에도 효과가 좋다.

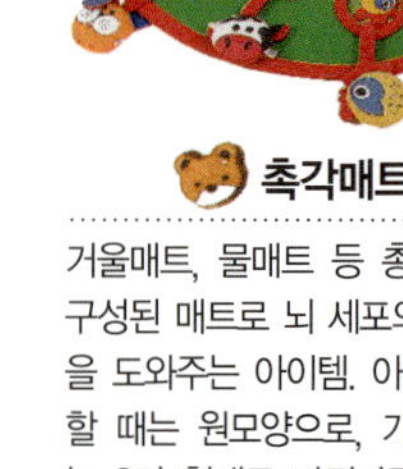

촉각매트

거울매트, 물매트 등 총 네 부분으로 구성된 매트로 뇌 세포의 활발한 발달을 도와주는 아이템. 아기가 뒤집기를 할 때는 원모양으로, 기기 시작할 때는 S자 형태로 바꿔가면서 좌뇌와 우뇌를 동시에 발달시킨다. 걸어다닐 때는 원통으로 세워 공을 넣을 수 있게 바꿔준다.

7 - 12 개월

기고, 앉고
걸음마 시작하는 시기

만 07개월

이 달 말에 우리 아기 여기까지 할 수 있다

STEP 1

90% 가능
대부분 할 수 있다

1 손을 잡고 일으켜 세우면 다리를 쭉 펴고 힘을 준다

2 기어다니면서 물건을 손에 잡는다

3 화나는 감정이나 노여움을 표현한다

4 혼자서 과자를 먹는다

STEP 2

75% 가능
웬만하면 할 수 있다

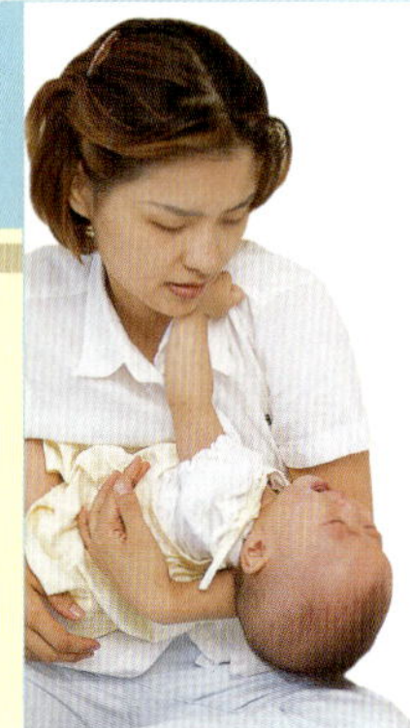

1 겨드랑이를 잡고 똑바로 세우면 깡충깡충 뛰거나 다리에 힘을 주고 꼿꼿이 선다

2 엎드려 있다가 일어나 앉는다

3 쥐고 있던 작은 물건을 다른 손으로 옮긴다

4 '가가가가' '마마마마' 같이 자음과 모음을 조합한 소리를 낸다

STEP 3

50% 가능
할 수 있는 아기도 있다

1 사람이나 벽, 의자, 소파 등을 짚고 일어선다

2 엎드린 상태에서 자연스럽게 손을 짚고 앉는다

3 좋아하는 장난감이 손에 닿지 않는 곳에 있으면 잡으려고 애를 쓴다

4 '까꿍' 하면서 장난을 치면 깔깔거리며 좋아한다

STEP 4

25% 가능
하기에 벅차다

1 가구나 벽을 붙잡고 걷는다

2 앉은 상태에서 양손으로 바닥을 짚고 엉덩이를 치켜들며 몸을 일으켜 세운다

3 어른이 하는 것을 따라서 '짝짜꿍' 이나 '빠이빠이' 를 한다

4 발음이 명확치 않지만 '맘마' 나 '엄마' 와 비슷한 소리를 한다

아기 키우기 포인트

영재아는 이런 점이 다르다

Point 1 발달이 대체로 빠르다

뒤집기나 앉기, 걷기, 말하기 등 모든 것을 일찍 시작하는 아기는 영재아일 가능성이 높다. 지금까지 신체 발달이나 인지능력이 빠른 편이었다면 앞으로도 계속 빠른 속도로 발달할 확률이 많다.

특히 언어발달이 빠른 아이들은 지능도 대체로 높은 편이어서 언어능력이 영재아를 판별하는 대표적인 기준이 되기도 한다. 하지만 절대적인 것은 아니며, 어떤 영재아들은 늦게까지 말을 못하기도 한다.

Point 2 기억력과 관찰력이 뛰어나다

영재아들은 사소한 것도 잘 기억해낼 뿐만 아니라 그 기억력에 근거해서 변화된 사물에 대해 금방 알아차리는 관찰력이 남다르다. 예를 들어 엄마의 헤어스타일이 바뀌었거나 아빠의 안경이 바뀐 것을 바로 알아차린다.

하지만 관찰과 학습에 너무 몰두한 나머지 밤에 잠을 잘 자려 하지 않는 경향이 있다. 이런 경우 잠잘 시간이 되면 조용하고 안정적인 환경을 만들어 주는 것이 중요하다.

Point 3 호기심과 집중력이 있다

아기들은 대부분 호기심이 많은 편이며 이런 호기심이 바탕이 되어 정신적·지적으로 발달해 간다. 눈에 보이는 것마다 손을 뻗어 만지려 하고, 입으로 가져가 빨고, 두드려 보

영재아는 다른 아이들에 비해 발달이 빨라 앉기, 걷기 등을 일찍 시작한다.

무엇이든 물어보세요

Q 아기가 잘 울지 않아요. 감정이 풍부하지 못해서 그런가요?

A 아기가 울면서 요구하기 전에 엄마가 모든 것을 다 알아서 처리해 주는 건 아닌지 반성해 보자. 배가 고파서 울기 전에 엄마가 먼저 알아서 먹여 주고, 기저귀도 제 때 척척 갈아주면 아기는 울 필요가 없어진다. 아기의 요구를 미리 알아차려서 해 주는 것은 좋지만 아기 스스로 요구를 해 나간다는 것은 더 중요한 일이다. 아기가 잠을 깨면 먼저 같이 놀아 주자. 그리고 아기가 스스로 요구할 때까지 기다려서 대처해 나가면서 자립하도록 도와주자.

Q 잠들고 나서 30분 정도 지나면 땀을 무척 많이 흘립니다.

A 대부분의 아기는 땀을 많이 흘린다. 하지만 이것은 병이 아니다. 깊은 잠에 빠지는 순간 땀을 흘려서 몸에 쌓인 열을 밖으로 내보내는 것이다. 이렇게 하지 않으면 깊은 잠을 잘 수가 없다.

고하는 것은 모두 호기심 때문이다.

그 중에서도 영재아들은 호기심이 더욱 왕성하다. 그래서 호기심이 한 번 발동하면 자신이 하던 것을 모두 잊어버리고 거기에 몰두하는 경향이 있다.

대부분의 영재아는 호기심이 많아 보이는 것을 만지고, 두드리고 빨려고 한다.

사람은 깊은 잠을 자면 체온이 35℃ 정도로 낮아진다. 눈을 뜨고 활동할 때는 36℃ 정도이므로 깊은 잠을 자기 위해서는 하루 종일 움직이면서 쌓인 열을 몸밖으로 내 보내야만 한다. 그래서 잠에 빠지면 땀을 흘리게 되어 있는 것이다. 여름에는 특히 땀을 더 많이 흘리므로 잠잘 때 잠옷 사이에 타월을 한 장 넣어 주는 게 좋다.

Q 감기 때문에 약을 먹어야 하는데 아기에게 젖을 먹이지 않는 편이 좋을까요?

A 젖을 먹이고 난 직후에 약을 먹으면 된다. 엄마가 약을 먹으면 젖을 먹이지 않는 것이 좋다고 말하는 사람도 있지만 감기약 같은 경우에는 괜찮다. 약 성분이 아주 조금 젖으로 나오지만 아기에게 영향을 주지는 않는다. 젖을 먹여서는 안 되는 약은 항정신성 의약품, 간질 약 정도이다. 젖을 먹이고 난 직후에 감기약을 먹도록 하자. 약을 먹고 나서 30분 정도 지나면 혈중 농도가 올라가므로 그 다음 번 젖 먹이는 시간쯤 되면 약 성분이 젖에 거의 남아 있지 않게 된다.

아이가 원하는 것을 요구할 때까지 엄마가 기다려 주어야 아이의 자립심이 발달한다.

Point 4 창의력과 독창성을 보인다

돌 이전의 아기들은 대개 문제를 해결하는 능력이 모자라지만, 영재아는 가르쳐 주지 않아도 뜻밖의 창의력을 발휘해 문제를 해결한다. 예를 들어 서랍을 빼내어 딛고 올라서서

7~8개월 무렵에는 엄마에게 받은 면역이 없어진다

아기들은 태어날 때 엄마의 몸으로부터 면역성을 선물로 안고 태어난다. 그래서 6개월 정도까지는 별로 감기에 걸리지도 않고 열에 들뜨지도 않는다. 만일 6개월 이전에 열이 나고 다른 증세를 보이면 반드시 의사와 상의하도록.

그러나 7~8개월이 지나면 이야기가 달라진다. 엄마에게서 받은 면역성이 없어지는 데다 감기에 걸린 다른 사람들과 접촉하는 기회도 많아 감기도 잘 걸리고 배탈도 잘 난다. 다른 시기보다 이 시기는 엄마들이 조금 마음을 놓을 때이기도 하므로 안심하지 말고 지금까지 아기 돌보기에 게을리 하지 않았듯이 보살핌에 더욱 정성을 기울이자.

물건을 꺼낸다거나, 의자 뒤에 끼여서 빠져나오지 않는 장난감을 도구를 사용해서 빼낸다거나, 층계를 내려올 때 뒤쪽으로 내려오는 등 지혜로운 행동을 보인다. 또한 말문이 트이지 않았을 때도 얼굴 표정이나 손 발을 사용해 의사 전달을 잘 한다.

영재아가 될 자질이 있는 아이들은 장난감을 사용하는 방법도 특별하고 집에 굴러 다니는 일상용품을 창의성을 발휘해 놀잇감으로 사용하면서 가상놀이를 하는 것을 즐긴다.

Point 5 연결력 · 지각력이 뛰어나다

영재아는 지각력과 통찰력이 뛰어나서 아주 어린 나이에도 아빠가 옷을 입으면 출근할 거라는 것을 알아차리고, 엄마가 슬프거나 화가 나 있다는 것을 알고 달래려고 하는 경향이 있다.

영재아는 다른 아기들보다 더 많이, 그리고 더 일찍 사물들 사이의 관계를 보고 기존의 지식을 새로운 상황에 적용할 수 있다.

9~10개월 정도밖에 안 되었는데 집에서 아빠가 읽던 책을 서점에서 보고서 '아빠'라고 말할 수도 있으며, 백화점 엘리베이터를 타면 아파트의 엘리베이터에서처럼 버튼을 찾아 누르려고 한다.

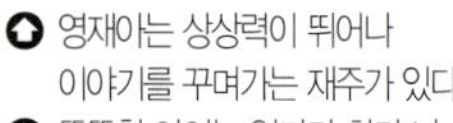

Q & A

무엇이든 물어 보세요

Q 최근 들어 아기의 소변에서 냄새가 많이 나는 것 같습니다.

A 이유식이 진행되면 대변만 달라지는 것이 아니라 소변 냄새도 달라지게 된다. 암모니아 냄새가 심해지는 수가 있다. 특히 생선이나 계란 같은 단백질을 먹기 시작하면 그 영향이 크다. 하지만 소변 냄새만 신경 쓰일 뿐 아기가 잘 먹고 잘 논다면 걱정하지 않아도 된다.

Point 6 상상력이 풍부하다

영재아는 상상력이 뛰어나 이야기를 꾸며가는 재주가 있다. 그래서 돌이 지나지 않아도 가상놀이를 할 수 있다. 예를 들어 커피를 마시는 척하거나 아기를 흔들어 재우는 척하기도 하며, 조금 크면 게임을 만들어 내고 가상친구를 만들어 게임에 참여시키기도 한다.

Point 7 유머감각이 있다

한 달 이전의 아기들도 생활 속에서 조화가 맞지 않는 것을 보면 이상하다는 듯 깔깔거리며 웃는다.

예를 들어 엄마가 장난감에 걸려 넘어져 주스잔을 엎지르는 모습이라든지, 눈에 써야 할 안경을 머리 위에 걸친것을 보면 까르르 웃음을 터뜨리기도 한다.

무리한 영재학습, 오히려 성장 발달에 장애가 된다

영재아로 키우고 싶은 욕심에 아기에게 심하게 강요하는 것은 바람직하지 않다고 아동 발달 전문가들은 지적한다. 물론 정규교육을 받기 훨씬 전에 다양한 기술들을 가르치는 것이 가능하기는 하지만, 그렇게 밀어붙이기식 학습은 차근차근 배워가는 전통적인 학습 패턴보다 장기적으로 보았을 때 이치에 합당하지 않다는 이야기다.

아기들은 태어나자마자 뒤집고 앉고 서는 등 신체를 사용하는 방법을 배우고, 수백 개 단어의 의미뿐 아니라 입술과 혀를 적절히 사용해서 발음하는 방법을 배우며, 타인에 대한 애착을 형성하고 신뢰감을 쌓고 대상영속성 개념을 획득하는 등 태어나서 배워야 할 것이 아주 많다.

이러한 기본적인 학습 외에 영재로 만들기 위한 추가적인 학습을 한다는 것은 오히려 기본적인 발달을 무시해 버리거나 더디게 하는 결과를 낳을 가능성이 있으므로 주의해야 한다.

Q 지능 개발용 장난감은 언제부터 갖고 놀게 해야 효과적일까요?

A 아기가 보고 듣는 것은 모두 다 장난감이라고 생각하자. 예를 들어 벽에 걸려 있는 그림도 누워서 볼 때와 앉아서 볼 때 전혀 인상이 달라지는데 아기 역시 그렇게 느낀다. 이처럼 하나의 물건이 여러 가지 이미지로 아기에게 작용을 해서 아기의 지능을 발달시켜 나가는 것이다.

특별한 지능 발달용 장난감은 따로 필요하지 않다. 아무리 뛰어난 지능 발달용 장난감이라 하더라도 혼자서 갖고 놀게 한다면 아기는 금방 싫증을 내고 만다. 엄마가 같이 놀아 주지 않으면 지능은 충분히 발달될 수 없다.

아기가 잘 먹고, 논다면 소변에서 나는 냄새에 크게 신경쓰지 않아도 된다.

이렇게 먹이자

이유식을 조금씩 늘린다

Point 1 이유식과 함께 우유도 계속 먹인다

이 시기가 되면 아기들은 이유식에 잘 적응하기 때문에 특별히 젖을 빠는 것만을 고집하지 않는다. 만일 아기가 이유식을 잘 먹지 않는 것 같으면 젖이나 우유를 좀 더 보충해 주도록 한다.

아기가 아무리 다른 음식을 많이 먹는다 할지라도 젖이나 우유는 영양이 풍부한 식품이므로 계속해서 먹이는 것이 좋다.

아이가 하기 싫어하는데도 억지로 학습을 시키면 오히려 역효과가 난다.

POINT 2 수유는 줄이고 이유식 횟수는 늘린다

수유 횟수는 줄이면서 이유 횟수는 점점 늘려나가도록 한다. 7개월에는 하루 2회 이유식을 준다. 아기가 잘 받아먹고 발육에 이상이 없다면 다음 달로 넘어가면서 점점 3회로 늘려가는 것이 좋다.

POINT 3 식사량과 시간은 컨디션에 따라 조절한다

어떤 때는 아기가 많이 먹고 나서도 겨우 3～4시간만에 또 먹으려고 울어대고, 그 다음에는 아주 조금만 먹으려고 하는 경우도 많다. 이때는 엄마의 편의와 아기의 요구가 잘 들어맞는지를 살펴가면서 융통성 있게 조절해 나간다.

아기가 너무 많이 먹는것 같아 우유를 주지 않거나, 적게 먹는것 같아 억지로 먹일 필요는 없다.

이렇게 해서 아기의 일상생활이 일관성 있게 계획표에 따라 이루어진다면 얼마 안가 아기는 규칙적으로 식사하게 될 것이다.

POINT 4 이유식은 먹기 좋게 썰거나 으깨서 준다

두부, 삶은 감자, 야채 찐 것, 국수 등을 부드럽게 으깨거나 대충 썰어 주어 오물오물 씹어 먹을 수 있게 한다.

특히 발육에 필요한 생선, 닭고기, 쇠고기 등 단백질이 풍부한 음식물을 아기가 먹기 좋게 잘게 썰어 야채와 함께 푹 끓여 조리해 준다.

아이가 씹어먹을 수 있게 부드러운 식품을 주도록 한다.

7개월 무렵에 꼭 해야 할 교육 프로그램

신체발달 놀이

기어가기

7개월 무렵이 되면 아기가 서서히 기어다니기 시작한다. 기는 행동은 앉거나 서거나 하는 다른 자세와는 확연히 구분되는 것으로, 앞으로의 운동기능 발달에 매우 중요한 '사건'이다. 그러므로 신체발달을 위한 놀이로 아기에게 기어가는 연습을 시키도록 한다.

✽ 아기를 기는 자세로 놓아두고 한쪽 발을 뒤로 잡아당겼다가 놓아주면 아기는 반사적으로 그 발을 앞으로 당기게 된다. 양쪽 발을 번갈아 해주도록 하고, 차차 발 잡아당기는 힘을 약하게 하다가 나중에는 발만 잡아준다.

✽ 아기를 바닥에 엎드리게 해놓고 아기가 좋아하는 장난감이나 과자 등을 아기 손이 조금 못 미치는 곳에 둔다. 아기가 앞에 놓인 장난감이나 과자를 보도록 하기 위해 마룻바닥을 두드리며 아기에게 말을 건다. 아기가 장난감이나 과자들에 손을 뻗으면, 그것을 상으로 아기에게 준다.

✽ 아기가 잘하면 물건들을 점점 아이에게서 멀리 떨어진 곳에 둔다. 그러나 처음부터 멀리 두지는 않도록. 아기가 그것들을 향해 기어가다가 먼저 포기할 지도 모르기 때문이다.

✽ 엄마도 함께 기는 동작을 하면서 "장난감 가지러 가자" 거나 "아빠 찾으러 가자" 라고 말하여, 기는 행동이 아기에게 어떤 목적을 위한 행동임을 느끼게 해준다.

인지발달 놀이

소리나는 장난감 흔들기

✿ 아기에게 장난감이나 방울, 종 등을 쥐어주고 어떻게 끈을 흔들었을 때 소리가 나는지 엄마가 먼저 보여준다.

✿ 장난감을 손으로 흔들거나 두드려서 소리가 나면 잘했다고 칭찬해준다. 잘 잡지 못해서 소리가 안 나면 엄마가 아기의 손을 잡고 위아래로 흔들어 소리를 낼 수 있게 도와준다.

✿ 똑같은 종 두 개를 이용하여 한 개는 엄마, 다른 하나는 아기에게 주어 엄마를 따라하게 하면 아기는 더욱 즐겁게 장난감을 흔들 것이다.

아이가 길 때는 옆에서 엄마도 같이 기어주도록 한다.

아이의 양쪽 발을 잡아당겼다 놓아주면 반사적으로 그 앞을 앞으로 당기게 된다.

두드리거나 흔들면 소리가 나는 장난감을 주어 아기의 호기심을 자극한다.

만 08 개월

part
4 어디까지 할수있나

이 달 말에 우리 아기 여기까지 할 수 있다

STEP 1

90% 가능
대부분 할 수 있다

1 똑바로 세우면 다리에 힘을 준다

2 엎드려 있다가 일어나 앉는다

3 한 손에 쥐고 있던 물건을 다른 손으로 옮겨 잡는다

4 작은 물건들을 손으로 움켜쥔 후 들어 올린다

5 과자를 손에 쥐고 혼자 먹을 줄 안다

STEP 2

75% 가능
웬만하면 할 수 있다

1 엎드린 상태에서 자연스럽게 손을 짚고 앉는다

2 사람이나 벽, 의자, 소파 등 다른 것을 짚고 일어선다

3 좋아하는 장난감이 손에 닿지 않는 곳에 있으면 잡으려고 애를 쓴다

4 갖고 놀던 장난감을 가져가려 하면 빼앗기지 않으려고 잡아당기거나 화를 내며 운다

5 '까꿍' 하면서 장난을 치면 깔깔거리며 좋아한다

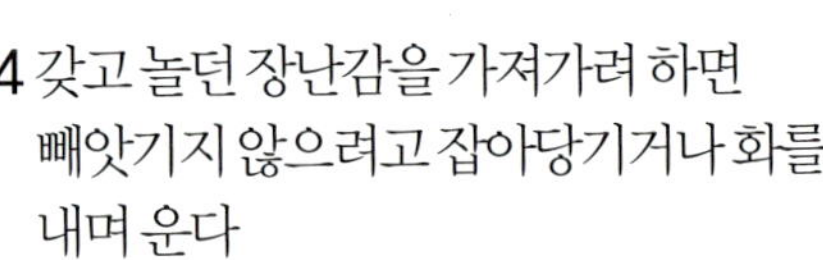

STEP 3

50% 가능
할 수 있는 아기도 있다

1 앉아 있다가 일어서려고 한다

2 무릎으로 활발하게 기어다니다가 관심 있는 물건이 있으면 손을 뻗쳐 잡는다

3 손가락을 이용해 작은 물건을 집어 올린다

4 발음이 명확치 않지만 '맘마' 나 '엄마' 와 비슷한 소리를 한다

STEP 4

25% 가능
하기에 벅차다

1 붙잡아주면서 걸음마를 시키면 한 두 걸음 걷다가 손을 놓고 잠깐 서 있을 수 있다

2 '짝짜꿍' '도리도리' '빠이빠이' 같은 행동을 따라 한다

3 슬슬 눈치가 생겨 '안돼' 라는 금지의 말을 이해한다

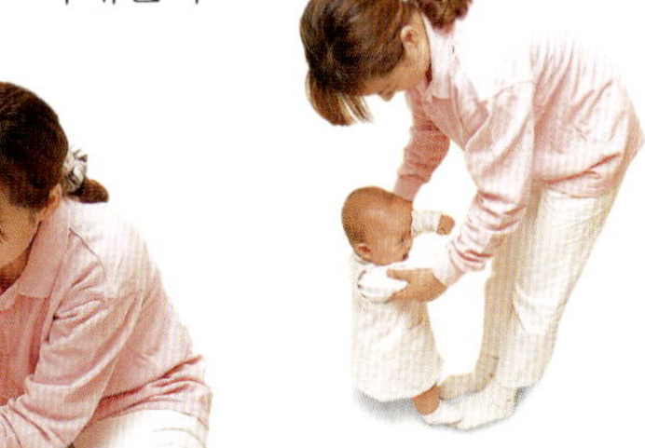

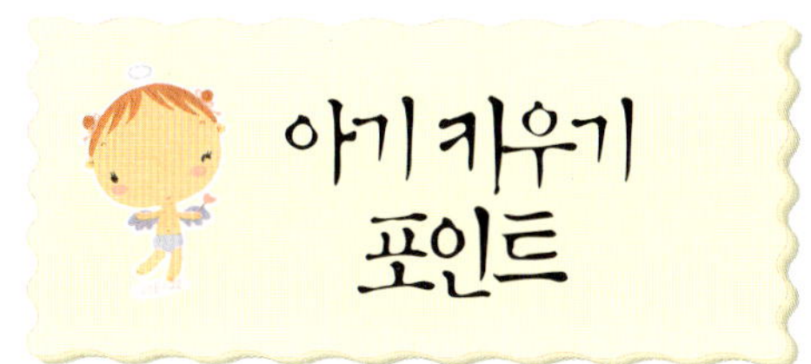

아기 키우기 포인트

아기의 정서 안정도 측정하기

이 시기의 아기는 생리적 안정감이 정신 발달상태를 판단하는 중요한 기준이 된다. 태어난 지 1년이 안 되더라도 아기의 식사량, 호흡, 정서적 집중 능력, 옹알이 등의 특징을 관찰함으로써 지능검사를 할 수 있다.

예를 들면 엄마와 잠시 떨어져야 한다거나, 하루 일과가 변경된다거나, 아기의 생활에 낯선 사람이 등장하는 등 아기에게 긴장을 주는 상황에서도 보통 때처럼 잠을 잘 자는지, 운동기능이 정상적인지 측정할 수 있다.

아래는 아기의 안정감 정도를 측정하는 간단한 검사이다. 검사는 아기의 일과가 평소와 다름없는 날에 실시하고 아기로 하여금 낯선 관찰자가 있다는 사실을 알아차리지 못하게 한다.

Point 1 정서 안정도 체크 리스트

아기가 낮잠에서 깨어난 후, 보통 때 우유 먹던 시간 바로 전에 엄마가 방으로 들어와 아기 잠자리 옆에 앉는다. 그런 다음 아기가 볼 수 있는 위치에서 우유가 가득 든 우유병을 뜨거운 물에 담가 우유를 데운다. 그러면서 아기의 반응을 관찰한다.

A타입 반응 : 엄마와 우유병을 번갈아 보면서 좋아서 기다린다

이런 반응은 아기의 정신 발달이 원만하고 통합이 잘 이루어졌음을 나타낸다.

조금만 기다리면 먹고 싶은 우유를 먹을 수 있다는 기대감에 좋아서 옹알이를 하고 손발을 버둥거리며 팔을 뻗어 엄마에게 가려고 하는 행동은 배고픔을 느끼는 것과 정서적 욕구가 분화 되었음을 표현한 것이다.

*분석 : 통합이 잘 된 아기 (높은 안정도)

A타입의 아기는 정신발달이 높은 수준에까지 이르고 있다. 정서적 · 생리적 욕구가 충분히 만족되었기 때문에 안정감과 신체 기능이

Q & A

무엇이든 물어 보세요

Q 처음 먹어 보는 음식은 금방 뱉어 내고 맙니다. 어딘가 잘못이 있는 걸까요?

A 아기가 새로운 음식에 익숙해질 때까지는 시간이 걸린다. 애써 만든 이유식을 금방 뱉어내면 엄마는 화가 나겠지만 아기에게는 모든 것이 새로운 경험이라는 것을 기억하자.

처음으로 먹어 보기 때문에 맛에 익숙하지 못해 뱉어 내고 마는 수도 있다. 또, 음식이 좀 단단하게 느껴져서 그럴는지도 모른다. 아기들은 맛에 아주 민감하므로 그런 감각을 인

정상적으로 통합되어 있는 것이다. 그래서 우유를 탈 동안 계속해서 기다릴 수 있고 이에 대해 즐거움을 표현할 수 있다.

또 배고픔을 느끼는 것과 엄마를 보게 되는 두 가지 자극에 대해 모두 반응하면서 보채는 대신 옹알거리며 즐거워하는 것이다.

B타입 반응 : 엄마와 우유병을 보면서 계속 운다

배가 고팠던 경험이 많거나, 자주 혼자 있었다거나, 병 때문에 고통을 받았던 경험이 있었던 아기들은 엄마나 우유병을 보면 참지 못하고 울 뿐 엄마를 향해 손을 뻗치는 것 같은 정서적이고 조직화된 반응을 보이지 못한다.

*분석 : 보통 수준으로 통합된 아기 (보통의 안정도)

⊙ 우유를 타는 엄마를 보면서 좋아하는 아이는 정서적으로 안정되어 있다.

정해 주도록 하자. 어쩌면 아직 배가 고프지 않아서 그럴 수도 있으므로 식사시간 간격을 좀 더 늘리는 것도 하나의 방법이 될 수 있다.

Q 아기가 8개월이 다 되었는데도 아직 기려고 하지도 않고 배밀이만 합니다. 발달이 너무 늦는 것이 아닐까요?

A 기는 것은, 아기의 전반적인 발달상태를 가늠해 볼 수 있는 기술이 아니다.

어떤 아기들은 6개월에도 기지만 7~9개월 사이에 기는 것이 보통이다. 또 어떤 아기들은 전혀 기지를 않고, 단지 몸을 일으키고, 붙잡고 돌아다니다가 걷는다.

기는 것은 앉거나 일으키기와는 달리, 모든 아기의 발달 패턴을 예측할 수 있는 부분이 아니기 때문에 대부분의 평가 척도에 포함되지 않는다.

⊙ 아이의 배밀이는 성장발달에 따라 개인차가 있다.

아기가 계속 울어대는 것은 기본적으로 정서가 불안하기 때문이다. 이 유형의 아기는 실망에 대한 두려움이나 화를 즉각적으로 나타내 보이며, 감정 표현을 대부분 부정적인 방향으로 나타낸다.

C타입 반응 : 잠깐 동안 관심을 보이다가 바로 산만해진다

이런 아기는 우유병과 엄마에 대해 잠간 동안 관심을 보이지만 곧 주의가 산만해지거나 잠을 잔다. 만성적으로 정서적 · 생리적 욕구 불만에 쌓인 아기는 명백히 병적인 반응을 보인다

*분석 : 통합이 안 된 아기 (낮은 안정도)

자신이 원하는 것을 얻기 위한 시도를 하지 않는 이런 반응은 이미 자신이 원하는 기본적 욕구가 좌절되는 것에 대해 방어적인 태도를 보이는 것이다.

이런 C타입의 아기는 정신적 · 신체적으로 건강하지 못하다는 것을 의미하며, 기본적인 욕구를 인식하고 대처할 능력이 없다는 것을 보여준다.

아기의 이런 정신적 · 신체적 기능의 불균형을 통합시키기 위해서는 엄마의 끊임없는 사랑과 관심이 필요하다.

이렇게 먹이자

엄지손가락과 집게손가락을 사용할 수 있게 된다

POINT 1 위험한 것을 못 먹게 살핀다

엄지손가락과 집게손가락으로 물건을 집는 능력은 대부분의 아기가 9~12개월이 되어야 발달할 수 있지만, 8개월 무렵에 이미 이런 능력이 있는 아기도 있다.

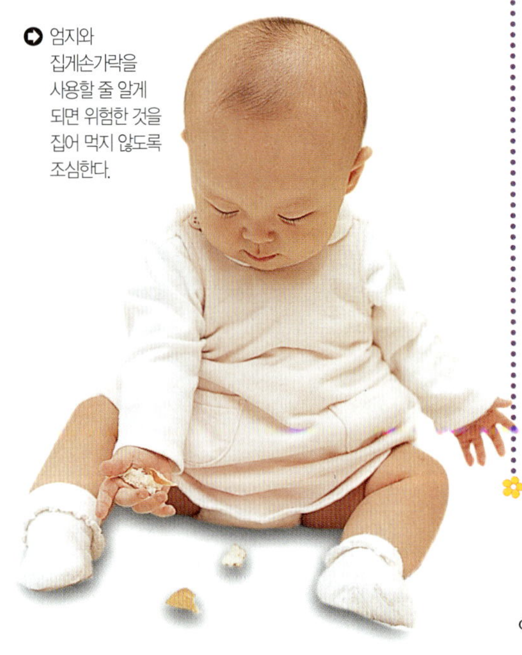

◐ 엄지와 집게손가락을 사용할 줄 알게 되면 위험한 것을 집어 먹지 않도록 조심한다.

손가락 사용은 두뇌활동을 돕는다

어린 아이의 놀이 활동은 단순한 놀이가 아니라 머리 좋은 아기로 키우는 데 결정적인 역할을 한다. 특히 손과 손가락을 자유자재로 움직이는 활동은 뇌의 발달과 깊은 관계가 있기 때문에 요즘에 손을 자극하는 놀이나 교육법이 특히 주목을 받고 있다. 손가락을 사용하기 시작하는 이 시기에는 특별한 도구 없이 엄마와 함께 노래 부르며 손으로 동작을 표현하기, 사물 집기 등의 놀이가 신체와 두뇌 발달에 좋은 영향을 끼친다. 되도록 섬세한 손동작을 많이 해서 자연스럽게 소근육의 발달을 꾀하는 것이 중요하다.

Q & A
무엇이든 물어 보세요

Q 날마다 새벽 1시쯤이면 꼭 깨서 웁니다. 이럴 때 어떻게 대처해 주어야 할까요?

A 원인은 수면 리듬이 그 시간에 깨도록 되어 있기 때문이다. 아기들은 자면서 일정한 수면 리듬을 2~3시간 간격으로 반복하게 되어 있다. 잠이 깊지 않은 수면기에는 작은 자극에 대해서도 반응하기 쉽다. 이 아기는 하필 그 시간대가 새벽 1시쯤인 것이다. 이럴 때는 엄마가 아기 손을 잡고 옆에서 같이 자도록 하자. 아기는 다시 잠이 들 것이다.

Q 기저귀 가는 것을 무척이나 싫어해요. 어떻게 하면 쉽게 기저귀를 갈아 줄 수 있을까요?

A 아기와 놀면서 갈아주도록 해 보자. 기저귀 가는 것이 싫어서 우는 게 아니라 누워 있기 싫어서 우는 것일 수 있다. 엄마가 서둘러서 기저귀를 갈아주려고 하면 그럴수록 아기는 싫어하면서 피하려 한다. 빨리 갈아주기 위해 아기 몸을 누르거나 야단을 치면 더욱 더 싫어하게 되므로 좀더 느긋한 마음으로 대하도록 해 보자. 기저귀를 갈아주면서 피부 맛사지를 해주는 등 기저귀 가는 시간을 엄마와 아기의 노는 시간으로 만들면 아기는 싫어하지 않게 될 것이다. 아기에게 기저귀를 가는 것이 기분 좋은 일이라는 말을 해주는 것도 중요하다. 처음에는 이해하지 못하지만, 되풀이해서 말해 주면 아기도 이해하게 될 것이다.

◐ 아기를 위로 던졌다가 받는 놀이는 두개골과 눈에 상처를 줄 수 있다.

Q 공중에 던졌다가 받아 안는 놀이를 아기가 좋아하는데 안전한 건지 걱정이 돼요.

A 안전하지 않다. 너무 거친 장난은 특히 2살 이하의 어린 아기에게는 극히 위험하며, 손상을 입을 수도 있다. 아기의 머리는 나머지 신체 부분에 비해 무겁고 목근육이 완전히 발달되지 않았기 때문에 머리를 완전히 지지해 주지 못하여 앞뒤로 움직이면 두개골에 손상을 입을 수 있다. 또 눈의 외상도 염려된다. 망막 이탈이나 시신경이 손상되면 지속적인 시각 장애가 될 수 있고, 심하면 눈이 멀 수도 있으니 조심한다.

Q 우리 아기는 8개월이 다 되었는데도 아직 이가 하나도 나지 않아 걱정입니다.

A 보통 아기는 6~7개월 정도에 첫 이가 나지만 2개월에 나는 아기부터 12개월에 나는 아기까지 아주 다양하다. 이가 나는 속도는 주로 유전에 의한 것이 일반적이며, 지능이나 성장 발달과는 관계가 없다. 또 2살 중반 정도에 어금니가 나기 전까지는 이가 난 아기나 이가 나지 않은 아기나 똑같이 씹기 위해 잇몸을 사용하므로, 음식을 먹는 데도 별 문제가 되지는 않는다.

일단 엄지와 집게손가락을 사용하게 되면 아기는 땅콩이나 동전 같은 아주 작은 물건을 들어올릴 수 있게 되고 그것을 입으로 넣다가 질식할 위험에 노출하게 된다. 그러므로 이때부터는 아기가 위험한 것을 먹지 않도록 항상 주의해서 살펴야 한다.

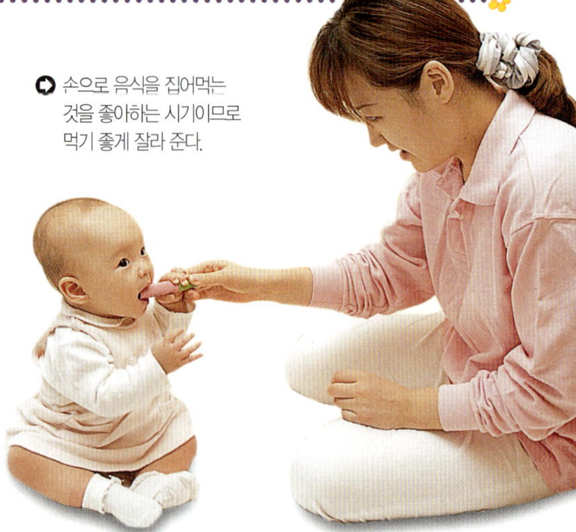

◐ 손으로 음식을 집어먹는 것을 좋아하는 시기이므로 먹기 좋게 잘라 준다.

POINT 2 위생에 신경 쓴다

아기가 혼자서 입으로 음식을 가져갈 수 있게 되면 숙달된 솜씨로 입으로 집어넣을 수 있는 음식물 수가 급속히 증가하게 된다. 처음에는 밥이나 빵 조각을 손 전체로 움켜쥐고 입으로 집어넣어 먹는데, 이는 손가락 하나하나를 움직이는 방법을 아직 배우지 못했기 때문이다. 이 시기에는 보이는 것은 모두 손으로 집어 입으로 가져가려고 하므로 손을 늘 깨끗하게 해주고 식품 위생에도 신경을 써야 한다.

POINT 3 집어먹기 좋게 조각내어 준다

처음에는 손가락으로 집어먹는 음식물이 보조적 역할을 하지만 아기가 혼자 먹을 수 있게 되면 하루 음식물 섭취량의 많은 부분을 아기가 손으로 혼자 먹게 된다. 이 시기엔 손가락으로 먹기 좋게 4~5조각으로 나눠 깨지지 않는 그릇에 음식을 주도록 한다.

8개월 무렵에 꼭 해야 할 교육 프로그램

❂ 엄마가 먼저 맛있게 씹어먹는 모습을 보여 주면서 아이도 따라하게 한다.

Point 4 엄마가 '냠냠' 씹어 먹는 모습을 보여준다

아기가 음식을 받아먹을 때 엄마도 같이 '냠냠' 씹는 모습을 보여주어 음식을 씹는 연습을 하도록 유도해 본다. 그러면 아이도 재미있어서 음식을 씹는 연습을 좋아하게 된다. 이때 음식물은 입안에서 혀와 턱을 움직이는 힘만으로도 부서질 수 있는 것이 좋다.

Point 5 단단하고 자극적인 음식은 피한다

소화기관이 미숙하고 이도 나지 않았으므로 입 속에서 분해되지 않거나 잇몸으로 으깨지지 않는 음식물은 주지 않는다. 팝콘, 땅콩, 완두콩이나 당근, 피망 같이 단단한 음식, 자극적인 음식, 고깃덩어리 등도 좋지 않다.

장난감 옮기기

❉ "자, 이 아기 인형을 이쪽 손에서 저쪽 손으로 옮겨 보자"라고 이야기해 주면서 장난감이나 아기가 좋아하는 물건을 가지고 엄마가 직접 한쪽 손에서 다른 쪽 손으로 옮기는 모습을 보여준다.

❉ 그 다음에 아기의 한쪽 손에 물건을 쥐어주고 아기가 흥미를 느끼는 또 다른 물건을 왼쪽 손 가까이 내밀어서 처음에 가졌던 물건을 오른쪽 손으로 옮기도록 유도한다.

처음 이 놀이를 해주면 아기는 한 손에 쥐었던 물건을 바닥에 내려놓고 다른 새로운 것을 잡으려 할 것이다. 하지만 반복적으로 놀이를 하다보면 점차 물건을 옮길 수 있게 된다.

❂ 아이의 오른쪽 손에 장난감을 쥐어준 후 또 하나를 주어 다른 손으로 옮기게 한다.

거울에 얼굴 비추기

❉ 아기와 함께 거울 앞에 서서 "우리 아기 어디 있니?"라고 해본다.

❉ 아기가 거울에 비친 자신을 가리키면서 팔을 뻗치거나 거울을 두드리면 "우리 아기가 여기 있었구나" 하면서 칭찬해 준다.

❉ 아기가 거울 속의 자신을 발견하지 못하면 아기 손가락을 잡고 거울에 비친 모습을 짚으면서 "아기 여기 있네!"라고 말해준다.

❉ 엄마나 아빠도 거울에 비치게 하여 아기에게 "엄마 어디 있니?" 혹은 "아빠 어디 있니?"라고 물어서 아기가 가리키도록 해본다.
아이가 엄마나 아빠를 가리키면 칭찬해 준다.

❂ 아이와 같이 거울을 보면서 그림 속의 아이를 손가락으로 지적한다.

독서하는 부모가 책읽기 좋아하는 아이로 키운다

엄마가 책을 보는 시간보다 텔레비전 앞에서 보내는 시간이 더 많으면 아기에게 책을 읽어주는 효과가 줄어든다. 때문에 아기에게 젖을 먹이거나 우유병을 줄 때 책을 들고 몇 줄이라도 읽는다거나, 아기가 놀 때 아기방에서 엄마가 책을 읽는 것, 아기가 잠들 때까지 잠자리에서 책을 읽는 모습은 아기에게 좋은 교육이 될 수 있다.

아기에게 적합한 책으로 시작한다

• 그림이 아기의 주의를 끌 정도로 매력적이고, 내용이 단순하게 구성되어 있는 책이 좋다.

• 묘사된 등장인물의 행위와 감정이 그림에 잘 표현되어 있으며, 한 개의 그림에 1~3개의 문장만이 제시되어 있다.

• 아기가 주위에서 쉽게 들을 수 있는 어휘들로만 사용되어 있으며, 한 문장을 구성하는 낱말 수가 적다.

• 아기의 일상 생활 경험과 밀접한 내용을 담고 있다.

재미있게 읽어준다

읽어주는 엄마의 음정과 목소리 억양이 중요하다. 천천히 읽어주고, 단조

❂ 그림책을 읽어줄 때는 감정을 풍부하게 살리고 과장된 목소리로 읽어준다.

로운 이야기도 쾌활하게 읽어준다. 적절한 과장과 강조를 섞어가며 읽는다. 또 읽다가 중요한 부분에서 잠시 멈추면 더욱 극적인 효과가 있다.

읽기 습관을 들여준다

아기의 계획표에 읽기를 포함시킨다. 하루에 적어도 두 번, 낮잠 자기 전, 목욕 후, 잠자기 전 몇 분씩이라도 좋다. 아기가 잘 받아들이기만 한다면 계획표대로 해나간다.

아기 전용 책꽂이를 만든다

엄마, 아빠와 함께 읽는 것을 싫어하는 아기가 혼자서 읽는 것은 좋아하는 경우도 있으니, 아기가 책을 볼 수 있도록 자그마한 책꽂이를 만들어준다. 이 때 싫증내지 않도록 위치를 자주 바꿔주는 것이 좋다.

만 09 개월

이 달 말에 우리 아기 여기까지 할 수 있다

STEP 1

90% 가능
대부분 할 수 있다

1 엎드린 상태에서 손을 짚고 앉는다

2 관심이 있는 장난감이 손에 닿지 않는 곳에 있으면 집으려고 애를 쓴다

3 갖고 놀던 물건을 떨어뜨리면 그 물건을 찾기 위해 시선을 아래로 돌리고 집으려고 애를 쓴다

STEP 2

75% 가능
웬만하면 할 수 있다

1 엎드린 자세에서 앉은 자세로, 앉은 자세에서 일어선 자세로 옮길 수 있다

2 사람이나 벽, 의자, 소파 등을 짚고 일어선다

3 기어다니며 눈에 띄는 물건을 손에 잡는다

4 손가락을 이용해 작은 물건을 집어 올린다

5 '까꿍놀이'를 하면 좋아한다

STEP 3

50% 가능
할 수 있는 아기도 있다

1 가볍게 잡아주면 한두 걸음 걷는다

2 가구나 사람을 잡고 걷다가 손을 놓고 잠깐 서 있을 수 있다

3 '짝짜꿍' '도리도리' '빠이빠이' 같은 행동을 따라 한다

4 눈치가 생겨 '안돼'라는 금지의 말을 이해한다

STEP 4

25% 가능
하기에 벅차다

1 붙잡아주지 않아도 잠깐 동안 서 있을 수 있다

2 공을 굴려 주면 다시 상대방에게 굴려 주는 공 굴리기 놀이를 할 수 있다

3 엄지손가락과 집게손가락 끝으로 작은 물건을 거뜬히 들어올린다

4 비록 흘리긴 하지만 혼자서 컵을 잡고 마실 수 있다

5 말귀를 알아 듣는다

6 '맘마'나 '엄마'라는 단어를 분명히 발음하고 그 외 한두 개 정도의 단어를 말할 수 있다

아기 키우기 포인트

낯가림에 대처하자

전에는 누구를 보든지 방긋방긋 웃던 아기가 가까운 이웃이 다가가려고 해도 울고 낯을 가린다. 그만큼 성숙했기 때문이다. 아기는 보통 8~9개월이 되면 엄마 아빠 외에 자신을 돌봐주는 사람이 누군지 알게 된다. 그래서 자기를 돌봐주는 사람에게는 더욱 애착을 갖게 되고 그 외의 낯선 사람은 피하게 된다.

이러한 낯가림 현상은 자연스러운 것이며 사회성이 발달하면서 낯가림도 차츰 줄어들게 되므로 그리 걱정할 필요는 없다.

POINT 1 억지로 낯가림을 없애려 하지 않는다

낯가림이 심해지는 9개월 무렵에는 일단 애착이 형성된 할머니나 아빠도 갑자기 거부할 수 있다. 연구 보고에 의하면 이 시기의 아기 10명 중 2명만이 전혀 타인을 두려워하지 않거나, 아니면 이러한 시기가 너무 빨리 지나가서 알아차리지 못하는 것이라고 한다.

갑자기 유난스럽게 낯가림을 한다고 해서 억지로 낯선 사람과 친하게 하지 말아야 한다. 아기에게 갑자기 친하게 다가오는 사람이 있다면 아기가 놀라지 않게 해달라고 미리 당부한다. 갑자기 아기를 껴안으려 하거나 들어 올리려고 하지 말고 아이의 거부감을 서서히

낯가림은 자연스러운 현상이므로 억지로 없애려고 하지 않는다.

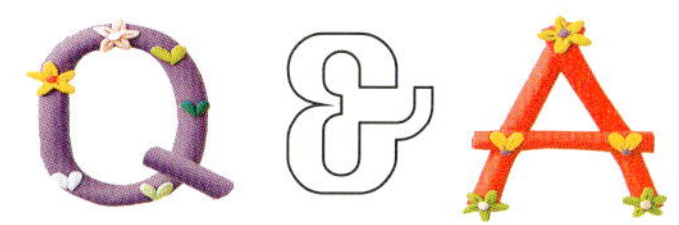

무엇이든 물어 보세요

Q 스푼으로 음식을 떠 먹이면 스푼이나 포크를 입에 물고 좀처럼 내놓지 않습니다.

A 이럴 때는 조금 놀게 한 다음에 밥을 먹게 한다. 그리고 엄마가 숟가락을 빼앗으려고 하지 말고 우선 아기에게 맡겨 두자. 아기에게 맡겨 버리면 오히려 금방 입에서 뺀다. 입에 물고서 스푼이나 포크의 모양을 확인하고 있는 것인지도 모를 일이다. 억지로 빼앗으려고 하면 할수록 아기는 절대로 입에서 내놓으려 하지 않는다. 조금 놀게 한 다음에 다시 먹이도록 한다.

아기에게 스푼이나 포크는 신기한 물건이므로 장난감처럼 가지고 놀게 한다.

Q 아기가 오전, 오후로 30분씩밖에 낮잠을 자지 않는데도 아침이면 6시 반에 일어납니다. 잠이 부족하지 않을까 걱정이에요.

A 아기에게는 피곤이 남지 않으므로 걱정할 필요가 없다. 아기들은 피곤하면 알아서 잠을 자기 때문에 수면 부족이 되는 경우가 없다. 아기가 낮잠을 짧게 자는 경우는 대부분 엄마가 바쁠 때이다. 30분이라도 좋으니까 아기와 같이 놀아 주는 시간을 갖도록 하자. 아기가 기어다닐 때는 엄마도 아기 옆에서 같이 기어 보자. 아기가 아주 좋아한다. 그런 다음 즐거운 분위기에서 이유식이나 젖을 먹이도록 한다. 아기를 재울 때는 등을 토닥거려 주거나 노래를 불러 주면 좋다.

Q 요즘 저녁 무렵이면 너무 울어서 엄마 이외에 다른 사람하고는 같이 있기를 못합니다.

A 집안 일을 좀 빨리 마무리하고 같이 놀아 주도록 한다. 10개월 무렵이면 낯을 심하게 가린다. 낯가림이 시작되어도, 기분이 좋을 때는 다른 사람이 안아 주어도 상관없지만 저녁 무렵이 되어 아기가 피곤하거나 배가 고프면 아기는 엄마만을 필요로 하게 된다. 역시 가장 안심이 되는 사람은 엄마이기 때문이다.

저녁 식사 준비도 할 수 없을 정도라는 생각이 들겠지만 아기가 다른 사람과 기분 좋게 잘 놀 수 있을 동안에 좀 빨리 집안 일을 끝내 놓고 아기가 엄마만 찾는 시간대에는 아기와 같이 놀아 주도록 하자. 또 엄마가 아기를 업고 집안 일을 하는 것도 좋다.

Q 집에 있으면 하루에 서너 번 대변을 보는데 외출하면 집에 올 때까지 단 한 번도 대변을 보지 않습니다.

A 어떤 아이에게나 흔한 현상이다. 아기뿐 아니라 어른 중에도, 여행을 가면 절대로 대변을 보지 못한다는 사람이 꽤 많을 것이다. 변비의 원인 중 하나로 교감 신경 자극 증상이라는 것이 있는데 이것은 긴장이나 자극이 강한 곳에 갈 때 대변이 멎어 버리는 것을 뜻한다.

외출을 하면 교감 신경의 자극이 강해지고 집에 돌아오면 약해진다. 그래서 아기는 집으로 돌아오자마자 대변을 보고 싶어지게 되는 것이다. 그러므로 걱정하지 않아도 된다.

친근감으로 바꾸도록 노력하는 것이 더 중요하다는 것을 일깨워 주도록 한다.

POINT 2 탁아 상황을 체크해 본다

엄마와 떨어져서 잘 지내는 아기가 있는가 하면 엄마가 잠깐 동안이라도 안 보이면 불안해하며 우는 아기가 있다. 이런 아기들은 엄마가 직장 때문에 다른 사람에게 아이를 맡겨야 하는 경우 무척 힘들어진다. 이럴 때는 아기가 새로운 탁아모와 같이 지내기 전에 서로 친해지는 시간을 갖도록 한다.

그러나 아기가 자기를 돌봐주는 사람과 같이 있을 때 계속 칭얼거리거나 잘 먹지 않으며 보챈다면 돌보는 방법에 문제가 있는 것은 아닌지 체크해 보는 것이 좋다. 어쩌면 탁아모가 아이에게 필요한 관심과 사랑을 적절하게 주지 못하고 있는지도 모르기 때문이다.

그렇지 않은 경우라면 엄마와 떨어진 슬픔의 시기가 지나갈 때까지 좀더 함께 있는 시간을 만들어 주는 것이 좋다.

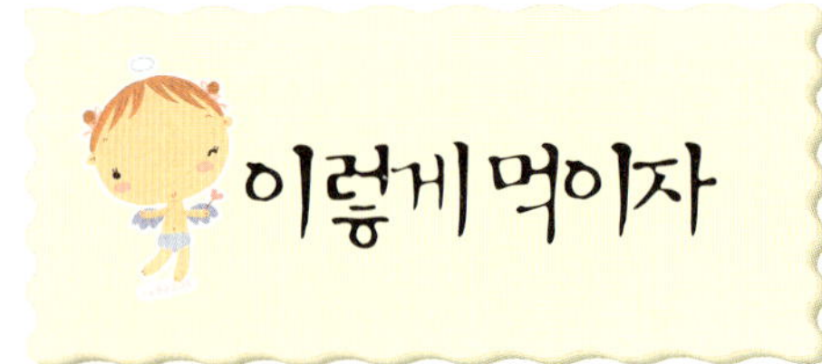

이렇게 먹이자

식사습관을 바르게 형성시켜 준다

식사습관이 서서히 형성되는 시기이다. 이 때는 맛에 대해 더욱 민감해지고 좋아하는 맛에 대한 기호가 강하게 생기게 되므로, 아기가 좋아하는 음식이라고 무조건 많이 주지 않도록 한다. 가장 중요한 것은 올바른 식습관을 만들어 주는 것이다.

Point 1 일관성 있는 태도를 취한다

아기가 좋아하는 음식을 너무 제한하거나 영양적으로 우수한 음식만 먹도록 강요하는 것은 바람직하지 않다. 아이에게 좋지 않은 것이라고 제한하다가도 아기가 보채서 어쩔 줄 없이 준다면 아이는 다음엔 더 집요하게 보채게 된다. 먹이지 않을 거라면 아무리 아이가 보채도 일관성 있는 태도로 끝까지 주지 않는 것이 중요하다.

Point 2 다른 맛이 섞인 우유를 주지 않는다

바나나 맛이나 딸기 맛, 초콜릿 맛처럼 다른 성분이 섞인 우유를 먹이지 않는다. 이들 우유는 설탕을 많이 함유하고 있어 우유 속의 칼슘 흡수를 감소시킬 수 있기 때문이다. 또한 이들 우유에는 바나나, 딸기 등의 원재료가 들어간 게 아니라 그러한 맛을 내는 식품 첨가물을 넣은 것이기 때문에 아기들에 따라서는 알레르기 반응을 일으킬 수도 있다.

Point 3 단맛에 길들여지지 않게 한다

단 음식을 주기 시작하는 시기는 늦으면 늦을수록 좋다. 반드시 단맛을 섞어 먹여야 아이가 잘 먹을 거라고 생각해선 안 된다. 아이들은 어떤 음식도 있는 그대로 받아들일 수 있다.

돌 전부터 단맛이 나는 음식을 주기 시작하면 나중에 그런 음식을 제한하기가 어려워지므로 아예 처음부터 설탕이 든 음식을 주지 않도록 한다.

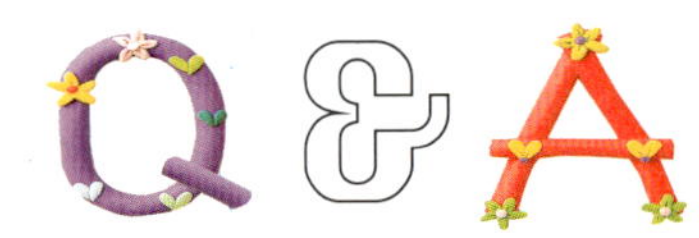

Q&A
무엇이든 물어 보세요

Q 태어날 때부터 머리털이 없었는데 아직도 복숭아 털 길이밖에 되지 않아요. 괜찮을까요?

A 머리털이 나지 않는다면 큰 걱정거리일 것이다. 하지만 이가 안 나는 것처럼 이 시기에 머리가 안 나는 것도 특별한 케이스는 아니다. 계속해서 머리가 안 나는 게 아니라, 머리카락이 가는 아이에게서 나타나는 일반적인 현상이므로 두고볼 필요가 있다. 두 살까지는 그렇게 많이 나지는 않겠지만, 곧 머리카락이 나올 것이다.

Q 혼자서 잘 놀기 때문에 엄마로서는 무척 편합니다. 그런데 한편으로는 걱정이 돼요.

A 그냥 둬서는 안 된다. 혼자서 논다 하더라도 아기는 주위를 둘러보고 엄마가 있는지를 확인한다. 엄마가 있다는 것을 알면 안심하고 다시 혼자 놀기 시작하는 것이다. 만약 엄마가 보이지 않으면 큰 소리로 울면서 찾기 시작할 것이다. 아기를 그냥 혼자 두지 말고 가끔씩 "엄마도 같이 놀고 싶은데" 하고 말을 걸어 주도록 한다.

아기가 싫어한다면 "그럼, 엄마는 여기에서 보고 있을게" 하면 된다. 혼자서 놀다가 싫증이 나면 아기는 엄마 옆으로 다가올 수 있으므로 그때 같이 놀아 주도록 한다. 혼자서 잘 논다고 해서 아기만 두고 외출하거나 해서는 안 된다.

아이가 혼자 잘 논다고 해도 가끔씩 엄마가 놀아주어야 한다.

Point 4 단것 대신 과일과 야채로 입맛을 길들인다

과자를 준다든지 비스킷을 줄 때마다 잼을 발라 주는 것은 바람직하지 않다. 단맛이 나는 과자나 케익 대신 달콤하면서 새콤한 맛이 나는 과일을 줘서 자연스럽게 과일을 좋아하는 습관을 만들어준다. 과일에 입맛이 길들여지면 차츰 단맛이 없는 야채도 좋아하게 된다.

또한 아이에게 음식을 챙겨주는 방법에 있어서도 엄마가 신경을 써 주어야 한다. 아기 이유식은 대부분 으깨거나 즙을 내는 것이 보통이다. 이런 형태 없는 음식들을 그대로 주면 아이들 역시 입에 대려고 하지 않는 경우가 있다. 따라서 이 음식들을 깨지지 않는 예쁜 접시에 담아 주면 아기들의 관심을 끌게 할수 있다.

사탕이나 케익 대신 과일을 주어 과일 맛에 익숙해지게 한다.

돌 전에는 단맛이 나는 음식을 너무 많이 주지 않도록 한다.

9개월 무렵에 꼭 해야 할 교육 프로그램

손가락으로 과자 집어들기

플라스틱 접시 위에 과자를 담아 아기 앞에 놓고 엄마가 손가락으로 집어드는 모습을 보여준다.

✱ 아기도 따라서 집어들게 한다.

✱ 아기가 잘 따라하지 못하면 엄마가 아기의 손을 잡고 도와준다. 이때 손 전체로 잡지 않고 손가락으로 잡게 유도한다.

아기에게 엄마의 눈, 코, 입을 가리키면서 신체부위를 알게 한다.

리듬감 익히기

이 시기가 되면 양손으로 드는 것이 능숙해지고 소리를 듣는 즐거움도 알게 된다.

✱ 북이나 탬버린 같이 두드려서 소리가 나는 악기를 준비해서 엄마가 아기 손을 잡고 함께 쳐준다. 피아노가 있다면 엄마가 아기를 앞에 안게 하고 피아노 앞에 앉아 함께 쳐보는 것도 좋다.

✱ 엄마가 피아노를 칠 수 있다면 동요 반주에 맞춰 노래를 불러주면서 아기에게는 북이나 탬버린 같은 것으로 장단을 맞추면서 두드리게 하면 무척 재미있어 한다.

아기, 이제 안심하고 맡기세요

갑자기 일이 생겨 아기를 맡겨야 하는데, 돌봐줄 사람이나 맡길 곳이 없어 난감할 때가 많다. 이럴 때 집으로 와서 아기를 봐주는 방문 탁아업체를 이용해 보자.

전혀 모르는 사람에게 아기와 집을 맡겨야 한다고 생각하면 선뜻 내키지 않을 수도 있다. 그러나 이런 방문 탁아업체에서 보내주는 탁아모는 신분이 확실하며, 일정기간 동안 교육을 받은 전문 탁아모이므로 안심해도 된다.

회원제로 운영되는 '아이들 세상'(1년 가입비 9만9천원)은 2시간당 1만2천원에 아기를 봐준다.

1시간 추가시 4천원이 추가되고, 아이가 둘일 경우 시간당 5천원이 추가된다. 영어동화 베이비시터를 이용할 경우 2시간에 3만원이 적용되며, 주 2회 50분 수업을 고정으로 받을 경우 12만원, 주 3회 50분 수업을 받을 경우 18만원이다. 대한주부클럽에서는 오전 8시~ 오후 6시까지 아이를 봐줄 경우 3만5천원이고 시간별로 아이를 봐줄 경우에는 1시간에 5천원을 받는다. 아이가 둘일 경우 5천원이 더 추가된다.

아이들 세상 : 전국 1588-0065
대한주부클럽 : 02-752-4222~9

신체부위 가리키기

신체 부위를 가리키며 사물의 개념을 이해하게 된다.

✱ 아기의 얼굴을 가리키며 눈, 코, 입을 하나씩 만져보게 한다. 눈, 코, 입을 가리키면서 각 부분의 이름을 '눈·코·입' 하면서 부르도록 한다. 아기는 재미있어하면서 금방 신체부위의 이름을 익히게 된다.

'까꿍' 놀이

볼 수 없어도 물체는 존재한다는 인식인 '대상 영속성 원리'를 이해하게 하는 놀이. 장난감이 사라지면 이전에는 그 장난감이 존재하지 않는다고 생각했지만, 이 놀이를 통해 그 장난감이 어디엔가 있다는 것을 알게 된다.

북이나 탬버린처럼 두드리면 소리가 나는 악기로 리듬감을 익혀준다.

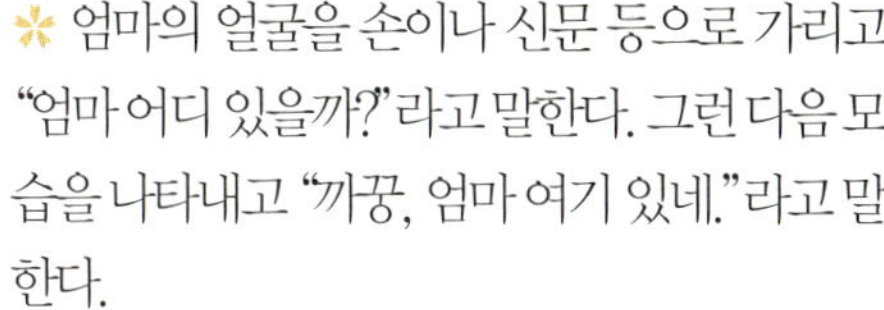

통에 아기가 좋아하는 장난감을 넣은 후 스스로 찾아보게 한다.

아이가 좋아하는 사탕이나 장난감을 접시 위에 놓고 손가락으로 집게 한다.

✱ 엄마의 얼굴을 손이나 신문 등으로 가리고 "엄마 어디 있을까?"라고 말한다. 그런 다음 모습을 나타내고 "까꿍, 엄마 여기 있네."라고 말한다.

✱ 엄마 대신 인형을 손수건으로 일부만 덮어 안 보이게 하고 까꿍놀이를 해도 된다. 아이들은 '까꿍' 하면서 모습이 나타나면 까르르 웃으며 무척 좋아한다.

크기 표현하기

✱ 먼저 "우리 아기 잘 먹고 이렇게 많이 컸네."라고 말하고 아기에게 다시 "우리 아기 얼마만큼 크지?"라고 되묻는다.

✱ 아기가 가능한 한 넓게 팔을 펴도록 도와주면서 "이만큼"이라고 먼저 이야기해 준다.

숨겨진 장난감 찾기

✱ 아기가 보는 앞에서 장난감을 상자 속에 넣고 신문지나 천으로 덮는다. 이때 숨긴 물건을 완전히 감추지 말고 일부만을 가려서 그것이 없어져 버린 것이 아니라는 것을 알 수 있도록 한다.

✱ 그런 다음 "우리 아기가 좋아하는 아기 인형이 어디 있을까?"라고 말하면서 아기에게 물어본다.

✱ 아기가 상자 위에 덮여진 신문지나 천을 들추면 "아기 인형이 여기 숨어 있었네."라고 말하면서 칭찬해준다.

여아 : 키 73.5cm 몸무게 9.3kg　　　남아 : 키 74.6cm 몸무게 9.7kg

이 달 말에 우리 아기 여기까지 할 수 있다

STEP 1

90% 가능
대부분 할 수 있다

1 사람이나 벽, 의자, 소파 등을 짚고 일어선다

2 기어다니며 눈에 띄는 물건을 손에 잡는다

3 아기가 좋아하는 물건을 빼앗으려고 하면 빼앗기지 않으려고 잡아당기거나 화를 내며 운다

4 '까꿍놀이'를 하면 깔깔거리며 좋아한다

5 '맘마'나 '엄마' 같은 소리를 한다

STEP 2

75% 가능
웬만하면 할 수 있다

1 가구를 붙잡고 발을 떼어 놓는다

2 엎드린 자세에서 앉은 자세로, 앉은 자세에서 일어선 자세로 옮길 수 있다

3 손에 있던 물건을 떨어뜨리면 그 물건을 찾기 위해 시선을 아래로 돌리고 집으려고 노력한다

4 손가락을 이용해 작은 물건을 집어 올린다

5 '짝짜꿍' '곤지곤지' '빠이빠이' 같은 행동을 따라 한다

6 눈치가 생겨서 '안돼'라는 금지의 말을 이해한다

STEP 3

50% 가능
할 수 있는 아기도 있다

1 잡아주지 않아도 잠깐 동안 서 있을 수 있다

2 '맘마'나 '엄마' 같은 단어를 제법 분명하게 발음한다

3 '짝짜꿍' '도리도리' '빠이빠이' 같은 행동을 따라 한다

STEP 4

25% 가능
하기에 벅차다

1 붙잡아주지 않아도 혼자서 선다

2 걸음을 한 발짝씩 떼어놓는다

3 엄지와 집게손가락 끝으로 작은 물건을 거뜬히 들어올린다

4 비록 흘리긴 하지만 혼자서 컵을 잡고 마실 수 있다

5 공을 굴려 주면 다시 상대방에게 굴려 주는 공 굴리기 놀이를 할 수 있다

6 말귀를 알아듣는다

7 원하는 것을 표현하는 수단으로 우는 것 외에 몸짓, 손짓 등을 사용할 수 있다

아기 키우기 포인트

창의력을 길러준다

아기들의 지적 성장은 호기심에서 비롯된다. 이 호기심이 바탕이 되어 창의력이 길러지며 지적, 정신적으로 발달해 간다.

말을 하고 걷게 되면서 아기들의 탐색 활동은 더욱 활발하고 다양해진다. 그러므로 이러한 아기들에게는 호기심을 충분히 만족시킬 수 있도록 배려해야 한다. 아기들에게 세상을 탐색하고 학습할 기회를 주는 것은 지적 발달을 위해 매우 중요한 일이다.

Point 1 호기심을 자극한다

아기들은 눈에 보이는 것마다 손을 뻗어 만지려 들고 입으로 가져가 빨기도 하며 두드려 보곤 한다.

이런 행동을 못하게 하거나 꾸짖는 것은 모처럼 부풀어오른 호기심에 찬물을 끼얹는 결과가 된다. 오히려 실컷 하도록 그냥 내버려두거나 호기심을 적극적으로 자극하는 것이 좋다. 가끔은 사물에 대한 관심을 유도하면서 호기심의 방향을 바꾸어 주는 것도 괜찮다.

무엇보다도 아기가 호기심을 충분히 만족시킬 수 있어야 창의력이 발달된다는 사실을 명심하자.

Point 2 다양한 환경에 접할 기회를 만들어준다

하루종일 집안에서만 지내는 아기는 보는 것, 듣는 것, 경험하는 것이 똑같을 수밖에 없다. 변화 없는 환경은 아이의 발달을 더디게 하는 반면 다양한 경험은 지적 발달에 도움이 된다.

아기와 함께 나들이를 하면서 길가에 피어 있는 꽃이나 지나가는 사람들, 빵빵거리고 달리는 자동차를 구경시켜 주는 것은 좋은 학습 경험이 된다. 운동장, 공원, 박물관, 장난감가게, 음식점, 쇼핑센터 등 다양한 환경에 접하게 하는 것도 창의력 계발을 위한 한 방법이다.

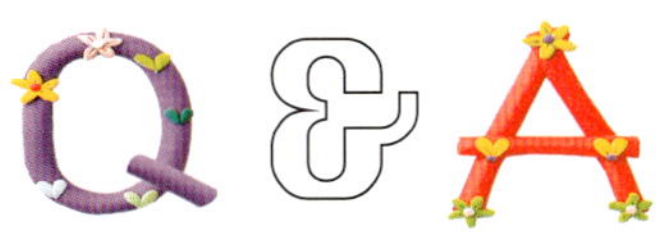

무엇이든 물어보세요

Q 소변보는 횟수와 양이 오전중에는 적고 오후에는 많아집니다.

A 밤중에 젖을 먹지 않으면 오전중에는 소변양이 적어진다. 소변의 양은 젖과 식사를 통해서 섭취하는 수분의 양에 따라 달라지기 때문이다. 밤중에는 거의 먹지 않기 때문에 아침에 일어나 소변을 보면 오전 중에 그 양이 적은 건 당연하다. 낮 동안에는 식사 외에도 보리차나 과즙 같은 것을 마시게 되므로 그 영향으로 소변의 양이 늘어나는 것이다. 다만, 하루 내내 소변 횟수도 양도 적다면 조심할 필요가 있다.

Q 음식을 잘 씹지 않고 그냥 삼켜 버립니다. 소화에는 좋지 않겠다는 생각이 드는데, 괜찮을까요?

A 이 시기는 아직 씹어서 소화시키는 단계가 아니므로 그냥 삼켜도 괜찮다. 아기에게 씹는 연습을 시키고 싶다면 당근, 오이 같은 것을 막대 모양으로 잘라서 손에 쥐어 주도록 한다. 오징어는 맛도 좋기 때문에 아기가 씹기에는 아주 좋다.

Q 낮잠 자는 시간대가 너무 늦은 시간대여서 이웃 아이들과 놀 수 있는 시간이 없습니다.

A 이 시기에서는 아직 다른 아기들과의 놀이 같은 것은 생각하지 않아도 되므로 억지로 같이 놀게 하려고 애쓰지 않아도 된다. 엄마가 최고의 놀이 상대인 시기이므로 엄마가 아기와 충분히 놀아준다면 억지로 다른 아이들과 놀게 할 필요는 없다. 아기가 기어다니면 엄마도 같이 기고, 아기가 뭔가를 붙잡고 선다면 엄마 몸을 붙잡고 서는 노력이 필요하다. 이런 식으로 엄마와 같이 몸을 써서 논다면 식사도 잘 하고 밤에는 잠도 빨리 자게 된다. 그러면서 낮잠 자는 시간대도 자연스럽게 앞당겨지게 될 것이다.

Point 3 손가락을 사용하는 놀이를 시킨다

손가락을 많이 사용하는 놀이는 창의력 발달에 도움이 된다. 돌리고, 비틀고, 밀고, 누르고 당기는 등 여러 가지로 손을 사용함으로써 우뇌 계발을 유도하기 때문이다. 대표적인 것으로 나무 쌓기 · 블록놀이 · 모양 맞추기 등이 있는데, 아기의 월령에 따라 단계를 조절해 주면 몇 시간 동안 아기가 집중하고 놀 수 있다. 아기가 성장함에 따라 좀더 복잡한 놀이로 옮겨가게 하려면 부모가 여러 번 시범을 보이는 것이 좋다.

Point 4 활동적인 아기로 키운다

아기가 활동할 수 있는 공간을 넓혀 주는 것도 중요하다. 걸음마가 시작되면 모서리가 있는 가구 등은 치워 마음껏 활동할 수 있게 도와주어야 한다. 위험한 물건은 아기 손이 닿지 않는 곳에 두는 것도 요령이다.

활동적이지 못한 아기는 활동적이 되도록 조금씩 유도한다. 장난감이나 아기가 좋아하는 물건을 아기가 닿지 않는 곳에 놓아두면 그것을 갖기 위해 여러 가지 방법으로 이동하게 할 수도 있다. "엄마 잡아봐!"라고 하면서 따라오게 하거나 "엄마가 잡으러 간다."며 장난으로 겁을 줘서 아기가 달아나도록 하는 것도 좋은 방법이다.

배변 훈련을 시킨다

Point 1 강요하지 않고 격려하며 가르친다

대소변 가리기에 너무 집착한 나머지 엄격하게 훈련을 시키면 아기가 스트레스를 받아 오히려 안 좋은 결과를 가져올 수 있다. 배변 훈련은 강요하지 말고 격려하면서 가르치는 것이 좋다. 완전히 준비될 때까지 기다렸다가 두 살쯤 됐을 때 본격적인 배변훈련에 들어가도록 한다.

Point 2 긍정적인 이미지를 갖게 한다

훈련에 성공하기 위해서는 긍정적인 이미지를 갖는 것이 중요하다. 변이 더럽고 불쾌한 것이라고 느끼게 해서는 안 된다. 기저귀를 갈아줄 때 불쾌한 얼굴을 하거나 불쾌한 표현을 하는 것은 변이란 '더럽고 불쾌한 것'이라는 부정적인 이미지를 형성할 수 있다. 대신 "우리 아기 똥도 예쁘게 쌌네. 시원하지?"라고 말하거나 "잘 먹고 똥도 잘 싸는 걸 보니 이제 쑥쑥 크겠네."라는 식으로 반가운 표현을 한다. 무엇보다 배변은 자연스러운 생리현상이며 성장을 위해 도움이 되는 것이라는 식의 개념을 갖게 해주는 것이 좋다.

Point 3 배변의 징후를 보일 때 그것의 의미를 가르쳐준다

아이가 갑자기 힘을 준다거나 진저리를 친다거나 하면 대변이나 소변을 보았을 가능성

○ 아이가 스트레스를 받을 수도 있으므로 배변훈련을 강요하지 않는다.

이 높다. 이처럼 배변의 징후를 보이는 행동을 하면 그것이 어떤 행동인지를 아기에게 말해 준다.

그리고 나서 아기에게 기저귀를 보여줌으로써 행동과 결과를 자연스럽게 연결시켜 준다. 젖은 기저귀를 갈 땐 기저귀가 젖은 이유를 설명해 주면 도움이 된다.

Point 4 엄마 아빠가 배변하는 모습을 보여준다

부모나 형, 또는 누나가 변을 볼 때 화장실에 데리고 들어가 실제로 보여 주고 어떤 일이 일어났는지도 설명해 준다. "엄마, 아빠, 형, 누나 모두 화장실에 가고, 너도 크면 그렇게 할거야."라고 설명해 준 다음 변기의 물을 내리게 하고 변기 속으로 빨려 들어가는 것을 함께 지켜본다.

○ 아이의 이유식은 엄마와 아기가 모두 건강할 때 시작한다

Point 5 예쁜 아기용 변기를 준비해 준다

한 살 무렵이 되면 호기심이 가장 발달하고 비교적 순해져서 변기와 친해지기가 쉽다. 아기가 혼자서 변기에 앉아 있고 싶어한다면 아기 변기를 사주도록 한다.

아기 변기를 고를 때는 편리하고, 오래 앉아 있어도 피로하지 않으며, 색상이 화사하고 부드러운 것을 선택한다

Q 눈을 왜 계속 깜빡일까요? 버릇이 되지는 않을까 걱정이에요.

A 아기의 단순한 호기심 때문일 가능성이 많다. 아기는 눈을 뜨고 있으면 세상이 어떻게 보이는지 알고 있지만 눈을 조금 감으면, 혹은 눈을 얼른 감았다 뜨면 어떻게 보일까 궁금하다. 그런 호기심으로 계속해서 눈을 깜빡거릴 수 있다. 단, 아기가 사람이나 물건을 잘 알아보지 못하거나 초점을 잘 맞추지 못한다면 즉시 의사를 찾도록 한다. 이 밖에 곁눈질하는 것 또한 일시적인 습관인데, 다른 증세가 따른다거나 오래도록 지속적이지 않다면 걱정할 필요는 없다.

Q 붙잡고 걷기를 좋아합니다. 혼자서 하게 두면 울어대는데 어떻게 해야 할까요?

A 하고 싶은 만큼 시키도록 한다. 아기는 계속해서 1시간 이상 붙잡고 걷지는 못 한다. 아기가 하고 싶은 만큼, 싫증이 날 때까지 붙잡아 주면 그 다음에는 혼자서 앉아서 놀게 된다. 붙잡고 걷기를 하고 싶었는데 엄마가 바쁘다고 중간에 못하게 해 버리면 언제까지고 그에 대한 불만이 남게 된다. 그렇게 되면 오히려 엄마에게 더 붙어 있으려 하게 될 것이다. 우선은, 하고 싶어하는 만큼 하도록 해 주는 게 엄마에게도 편한 일이 된다.

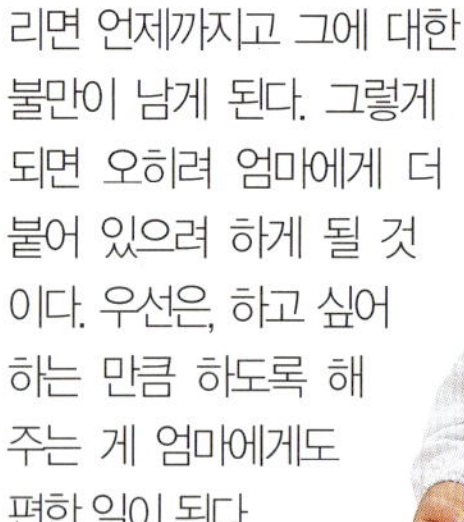

○ 아이가 사물이나 사람을 잘 알아보지 못하거나 초점을 맞추어 못하면 병원을 찾는다.

젖 뗄 준비를 시작한다

Point 1 이유식은 엄마와 아기가 가장 편안할 때 먹인다

젖먹이는 것이 불편해지면서 일상의 여러 가지 활동을 방해하기 시작하면 젖먹이는 일이 귀찮게 여겨지게 된다.

이렇게 되면 엄마의 부정적인 감정이 아기에게 전달되어 엄마와 아기 모두에게 문제가 된다. 그런 경우 젖을 떼는 것이 적절하다.

하지만 젖을 뗄 시기가 되었더라도 돌봐줄 사람이 바뀌었다거나 이사·여행·엄마의 재취업 등 일상생활에 다른 중요한 변화가 있을 경우엔 젖떼는 일을 잠시 뒤로 미루는 것이 좋다. 가능하면 엄마와 아기가 변화에 적응할 기회를 가진 다음 젖을 떼도록 한다.

Point 2 적절한 시기에 젖을 떼는 것은 정신과 치아의 건강에 좋다

한 살이 지나서까지 계속 젖을 먹는 아기는 의존적인 성격이 되어버리기 쉽다. 뿐만 아니라 이가 나는 시기에 모유나 우유를 빨면 입 속에 계속 젖이 고여 있어 이가 상할 수 있으므로 치아 건강을 위해서도 젖을 떼는 것이 좋다.

낮 동안 기분 좋을 때 젖 대신 이유식을 주면서 조금씩 수유의 횟수를 줄여 가면 금방 이유식에 익숙하게 될 것이다.

Point 3 이유식으로 필수 영양소를 보충한다

모유에는 질병과 싸우는데 필요한 항체가 들어있으므로 처음 1년 동안은 모유를 먹이는 것이 좋다. 그 시기가 지나면서부터는 고형 음식물의 섭취를 늘리도록 한다.

돌 무렵이면 엄마 젖의 단백질 함유량이 불충분할 뿐 아니라 아연, 구리, 칼륨을 포함한 몇 가지 필수적인 영양분이 결핍되어 있으므로 한 살이 넘은 아기에게 반드시 모유를 먹일 필요는 없다.

Point 4 건강이 안 좋으면 젖떼기를 미룬다

아기가 아프거나 성장의 한 과정으로 스트레스를 받을 때도 젖떼기를 보류하는 것이 좋다. 또 아기의 성장에 비해 공급되는 모유의 양이 모자라면 아기의 몸무게가 줄어들고 성장도 활발하지 못하며 짜증을 낼 수도 있다. 이럴 땐 고체 음식물, 이유식 등을 추가하면서 완전히 젖떼는 일을 잠시 뒤로 미룬다.

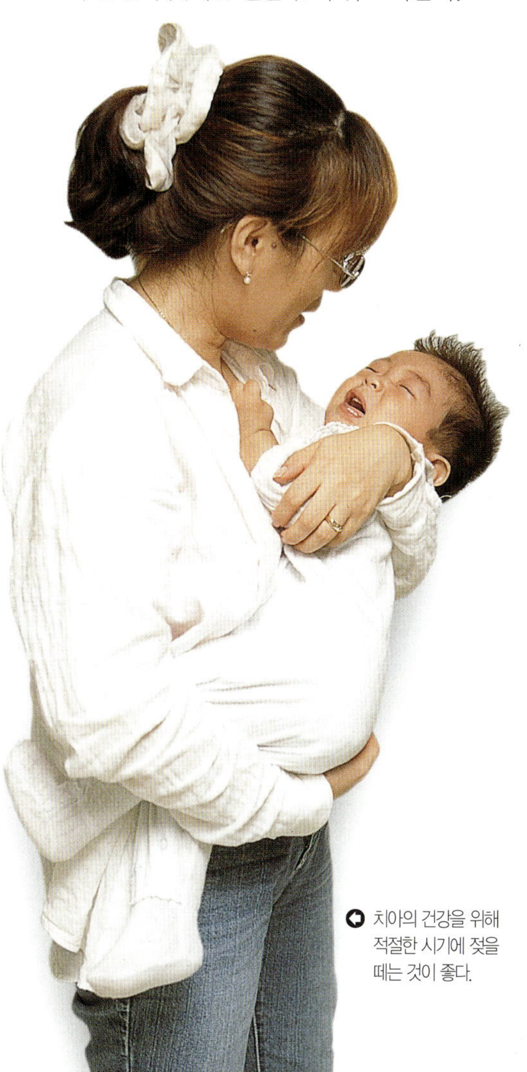

○ 치아의 건강을 위해 적절한 시기에 젖 떼는 것이 좋다.

벽이나 침대 모서리에 머리를 부딪치는 아이

아이가 머리를 흔드는 것은 6개월경부터, 부딪치는 것은 9개월경부터 시작한다. 이런 습관들은 아무리 오래 지속하게 된다 해도 3살쯤에는 버리게 된다. 아기의 그런 행동에 혼을 내고 귀찮게 하면 더 악화될 뿐이다. 만약 화가 나서 머리를 부딪치는 것이 아니라 즐거워 하는것 같으면 걱정하지 않아도 된다. 단지 너무 오랫동안 계속되고 신체에 이상을 보이면 의사와 상의를 하거나 적당한 조치가 필요하다.

• 자주 껴안아 주고 얼러준다. 깨어 있는 시간과 잘 시간에 특별한 사랑과 관심을 보인다.

• 흔들의자에 앉아 흔들어보게 하는 등 하루 동안 아기에게 색다른 리듬활동을 하게 한다. 장난감 악기나 숟가락 등으로 소리를 내보게 한다. 의자에 앉혀서 밀어주거나 손을 이용한 게임을 하거나 음악을 틀어주는 것도 효과가 있다.

• 낮 시간에는 활동적인 놀이를 할 수 있는 시간을 많이 갖게 하고, 잠자리에 들기 전에는 자장가를 불러주거나 동화책을 읽어주며 긴장을 풀 수 있는 시간을 갖게 한다.

• 침대에서도 머리를 계속 부딪친다면 잠 때까지 누이지 말고, 침대 귀퉁이를 부드러운 것으로 대준다. 그리고 가능하면 벽이나 가구에서 떨어진 곳에 아기를 누인다.

○ 소리가 나는 장난감을 이용한 리듬활동으로 머리 부딪치는 행동을 없앨 수 있다.

10개월 무렵에 꼭 해야 할 교육 프로그램

신체 및 운동 기능 발달 놀이

양손으로 집어 마시기

앞으로 손을 잘 사용하기 위해서는 손가락 힘을 길러주어야 한다. 우유병이나 컵 등을 양손으로 집어 입으로 갖고 가 마시는 연습을 시키도록 한다.

❋ 우유나 물, 또는 약간 걸쭉한 미음이나 수프 같은 음식을 컵에 담아 준비한다. 이때 컵에 가득 차도록 음식을 많이 담게 되면 컵을 드는 데 힘이 들 뿐 아니라 쏟을 수 있으니 조금만 담아서 주도록 한다.

❋ 아기가 컵을 들어 입으로 가져가고 다시 내려놓을 수 있도록 엄마가 아기 뒤에 앉아서 아기의 양손을 잡고 가르쳐 준다.

❋ 잘 하면 칭찬해 주고 아기 혼자서 잡고 마실 수 있도록 한다.

○ 우유나 물을 컵에 조금만 담아 두 손으로 들고 마시는 연습을 시킨다.

○ 엄마, 아빠나 특정한 사물의 음절을 여러 번 되풀이해서 들려준다.

언어발달 놀이

두 개의 다른 음절을 결합하기

❋ 아기에게 '야', '바'와 같은 두 개의 다른 음절을 여러 번 되풀이해서 소리내어 들려주고 아기가 따라서 소리내 보도록 한다. 이때 작은 소리보다는 큰 소리로 엄마가 정확하게 천천히 소리내 주는 것이 중요하다.

❋ 아기가 소리내는 음절을 잘 따라하면 여러 가지 다른 음절들을 소리내서 따라하도록 하고 잘 하면 칭찬해 준다.

❋ '엄마' '아빠' '맘마' 등 각각의 음절을 결합시킨 단어를 우선 따로따로 한 음절씩 소리내서 따라 하도록 한다. 그다음 두 음절을 합한 단어를 들려주어 따라 하게 한다.

여아 : 키 75.6cm 몸무게 9.3kg   남아 : 키 76.5 cm 몸무게 9.8kg

이 달 말에 우리 아기 여기까지 할 수 있다

STEP 1

90% 가능
대부분 할 수 있다

1 엎드린 상태에서 앉은 자세로, 앉은 상태에서 일어선 자세로 옮길 수 있다

2 손가락을 이용해 작은 물건도 집어 올릴 수 있다

3 '안돼' 라는 금지의 말을 이해한다

STEP 2

75% 가능
웬만하면 할 수 있다

1 뭔가에 의지해서 걸음마를 시작한다

2 손에 있던 물건을 떨어뜨리면 그 물건을 찾기 위해 시선을 아래로 돌리고 집으려고 노력한다

3 '짝짜꿍' 과 '빠이빠이' 를 따라한다

4 '안돼' '더럽다' '위험하다' 등의 말뜻을 이해한다

STEP 3

50% 가능
할 수 있는 아기도 있다

1 아무것도 잡지 않은 상태에서 잠깐 동안 서 있을 수 있다

2 손가락이 예민해져서 손가락만으로 물건을 집을 수 있다

STEP 4

25% 가능
하기에 벅차다

1 뭔가에 의지하지 않고 혼자서 설 수 있다

2 걸음을 한 발짝씩 내딛는다

3 공을 굴려 주면 상대방에게 다시 굴려주거나 던질 수 있다

4 컵에 물이나 주스를 담아 주면 혼자서 들고 마신다

5 울음 외에 표정이나 몸짓 등으로 원하는 것을 표현한다

6 발음이 분명하지 않은 말을 다양하게 한다

7 '엄마' '아빠' 같은 단어를 제법 말할 수 있다

아기 키우기 포인트

지적 능력을 발달시켜 준다

돌이 가까워지면서 아기의 지적 능력은 놀라운 속도로 발달한다. 그러므로 이 시기에는 이해력 및 언어능력, 수개념 등을 적극적으로 계발시켜 지적 능력을 발달시킨다.

Point 1 사물의 이름을 가르쳐 준다

집안의 여러 물건들이나 신체의 부분 명칭, 거리에서 보이는 것들, 주변의 모든 사람들의 이름을 가르쳐주고 소리내어 말하도록 한다. 타인의 이름뿐 아니라 아기의 이름을 자주 사용해 아기의 정체감 발달을 도와준다.

또 '이것' '저것' 등의 대명사 사용법도 가르쳐주고 기회 있을 때마다 '빨간색 풍선이네' '노란 꽃 봐라' 등 색깔 이름을 말해주도록 한다.

Point 2 기본적인 언어 개념을 가르쳐 준다

아기의 지적 영역 발달을 위한 몇 가지 기본적인 개념들을 가르쳐준다.

'큰' 과 '작은' : 작은 공 옆에 큰 공을 놓고 비교해서 가르친다.

'위' 와 '아래' : 아기를 들어 올렸다가 다시 내려놓는다. 높은 선반에 블럭을 올려놓았다가 다시 바닥에 내려놓는다.

'안' 과 '밖' : 블럭을 상자 안에 넣었다가 다시 꺼낸다.

'뜨겁다' 와 '차갑다' : 뜨거운 커피 잔, 찬 우유, 따뜻한 물, 찬물 등을 만져 보게 한다.

'텅 빈' 과 '가득 찬' : 컵에 주스를 가득 채웠다가 비워서 보여준다. 박스에 모래를 가득 채웠다가 비운다.

'서 있는' 과 '앉은' : 서 있다가 앉고, 앉았다가 서기를 반복해 보여준다.

'젖은' 과 '마른' : 젖은 옷과 마른 옷을 비교한다.

● 실제의 물건을 가지고 큰 것과 작은 것 젖은 것과 마른 것 등의 개념을 가르친다.

● 아이에게 사물 이름을 알려줄 때는 색깔 이름을 같이 말해주는 것이 좋다.

Q 자기 전에 꼭 젖을 먹어요. 충치가 생기지나 않을까 걱정이 되는데 괜찮을까요?

A 단 것을 피하고 이를 잘 손질하면 걱정하지 않아도 된다. 충치가 생기기 쉬우니까 젖을 먹이지 말라는 말을 하는 사람들도 있지만 충치의 원인은 젖이 아니다. 충치가 걱정된다면 단 것을 먹이지 말고, 이유식을 한 다음에 이를 가제로 잘 닦아주는 등 이 손질을 잘 해 주는 것이 중요하다.

Q 밤중에 3~4시간마다 젖을 달라고 보채는데 젖을 먹이면 그칩니다. 계속 먹여야 할까요?

A 아직까지 이 개월에는 밤중에 두 번 정도 젖을 먹는 아기들이 있다. 엄마는 이제 밤에는 젖을 먹지 않아도 될 것이라고 생각하겠지만 아기에게는 필요하다. 그러므로 아기가 원하면 먹이도록 한다. 또, 밤에 깨서 우는 것은 무서운 꿈을 꾸었기 때문일 수도 있다. 이럴 때 엄마 젖으로 아기의 마음을 안정시켜주는 것은 아주 좋은 방법이다.

Q 낮밤을 잘때 옷을 입고 신발을 신은 채 자도 괜찮은가요?

A 아기는 자면서 열을 발산시켜 체온을 낮추면서 숙면을 하게 된다. 양말을 신고 있으면 더워서 보채게 될 수도 있으므로 양말을 신은 채 잠들었다면 벗겨 주도록 한다.

Q 안고서 빙글빙글 돌려주면 까악 까악 하면서 좋아하는데 혹시 아기에게 무리가 가는 놀이는 아닐는지요?

A 좋아하는 것이 아니다. 아기가 까악 까악, 소리를 내는 것을 좋아서 그런다고 생각해서는 안 된다. 아기는 깜짝깜짝 놀라면서, 본인 스스로는 어떻게도 할 수 없기 때문에 얼굴이 딱딱하게 굳어 있을 것이다. 아기의 발달상 이시기의 강력한 움직임은 없으므로 공포심만 남게 된다.

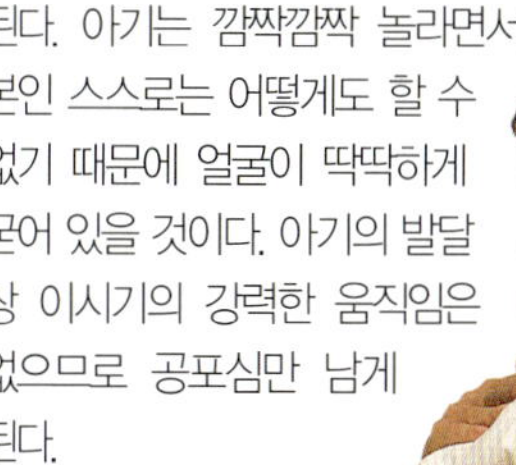

● 아이를 빙글빙글 돌릴 때 아이가 좋아하는 것처럼 보여도 속으로는 무서워 할 수 있다.

Point 3 잘못된 발음을 자연스럽게 바로잡아 준다

아기가 잘못 발음하는 것이 귀엽더라도 엄마가 똑같이 그렇게 발음하면 아기가 혼란스러워한다. 그러므로 유아어에서 벗어나 차츰 표준어를 발음할 수 있게 도와준다. 잘못 발음한 단어를 고쳐줄 때는 핀잔을 주듯이 하지 말고 유연한 접근을 통해 아기의 자존심을 상하지 않게 가르친다.

Point 4 단순한 표현으로 말해준다

어른이 사용하는 말을 쓴 다음에는 아기가 쓰는 축약어로 다시 말해 준다. 예를 들어 "이제 철수랑 엄마랑 산책하러 가자"라고 한 다음에는 "엄마랑 철수, 어이 가"라고 다시 얘기한다.

또한 한 문장으로 길게 말하지 말고 한 단계씩 끊어서 단순하게 말해 준다. "곰돌이를 들어서 엄마한테 줘요"라고 말하는 대신에 "곰돌이를 들으세요" 한 다음에 "자, 이제 그 곰돌이 엄마한테 주세요"라고 단계를 나누어 이야기해 주면 아기의 이해력을 발달시키는데 도움이 된다.

Point 5 이야기를 들어주면서 표현을 유도한다

아기가 무슨 말인지 모르는 말로 더듬거리며 말해도 주의 깊게 들어주면서 "참 재미있구나!" "아, 그래" 등으로 장단을 맞춰 준다. 아기의 발음이 올바른 발음과 차이가 있다 해도 말을 하려는 것 자체로 의미가 있으므로 인내심을 가지고 아기가 대답할 때까지 기다려 준다.

아기가 필요한 것을 표현하도록 유도해 말을 할 수 있게 도와주고, 아기가 여전히 비언어적 반응을 보이면 그 물건의 이름을 댄 후에 그 물건을 주도록 한다.

Point 6 원인과 결과를 연결할 수 있게 한다

'벽에 있는 스위치를 올리면 방이 밝아지고 다시 내리면 어두워진다' '책을 찢으면 다시는 읽을 수 없게 된다' '컵을 기울이면 물이 쏟아진다' 는 등의 개념을 설명해 주면서 원인과 결과를 이해시킨다.

아이가 알아듣지 못하는 말을 해도 참을성 있게 기다려준다.

Point 7 책읽기에 흥미를 갖게 한다

이 시기의 아기들은 3, 4분 이상을 지속해서 책을 읽지 못한다. 책을 읽어 주다가 주의가 산만해지면 아기에게 친근한 물건을 가리키게 하면서 얘기를 이어간다. 그리고 나서 아기가 전에 보지 못한 새로운 것을 보여주면서 주의를 환기시킨다.

장난감을 마음대로 가지고 노는 아이

손에 들고 흔드는 장난감인데 밟고 논다거나 하는 식으로 제대로 갖고 놀지 않는 아이들이 있다. 어른들의 입장에서 본다면 장난감을 용도에 맞게 갖고 놀면 좋겠다고 생각할 것이다. 하지만 걱정하지 않아도 된다.

오히려 이런 아기가 독창적이고 창의적이라고 할 수 있다. 어른이 생각하는 것보다 훨씬 더 많은 것을 생각해 내서 스스로 노는 방법을 넓혀 나가고 있는 것이기 때문이다. 엄마는 장난감 설명서대로 갖고 놀기를 바라겠지만 아기의 가능성은

이렇게 멋지다는 것을 가르쳐 주고 있다고 할 수 있다. 강요하지 말고 아기가 하고 싶은대로 하도록 놔두도록 한다.

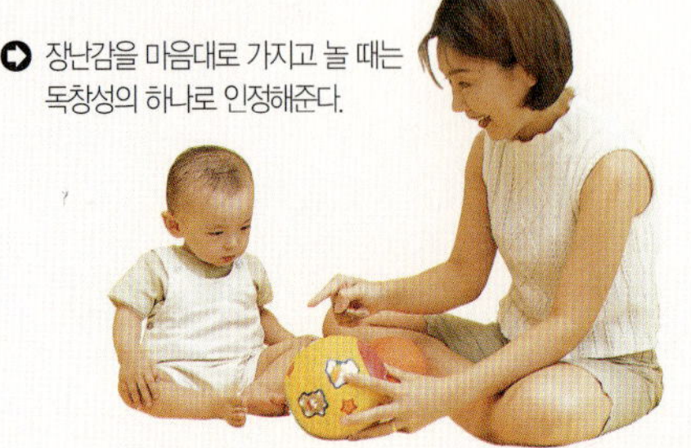

장난감을 마음대로 가지고 놀 때는 독창성의 하나로 인정해준다.

Q & A

무엇이든 물어 보세요

Q 아이의 다리가 활처럼 굽은 O자형 이어서 걱정입니다.

A 거의 모든 아기들은 두 살까지 다리가 활처럼 구부러져 있고, 서 있을 때 무릎이 닿지 않는다. 10대가 되어야만 무릎이 닿게 된다.

10대가 되면 무릎과 발목이 평행 상태로 되고 다리가 정상적인 모양이 되는 것이다. 그러므로 특별한 조치는 하지 않아도 된다. 드문 경우이지만 한 쪽 다리만 굽었다든지, 한 쪽 무릎만 안쪽으로 굽었다든지, 걷기 시작하면서 오히려 더 굽게 되는 다리 등은 의사에게 검진을 받을 필요가 있다.

Q 아직 일어서지를 못해 걱정이에요.

A 일어서기가 좀 늦다고 생각된다면 아기의 주변환경이 아기가 일어서는 시도를 하는데 얼마나 도움이 되는지는 살펴본다. 미끄러운 양말이나 구두보다는 미끄러지지 않게 바닥처리 된 양말을 신기고, 아기가 좋아하는 장난감을 일어나서 잡을 수 있는 위치에 놓아두는 것이 도움이 된다. 또한 아기가 일어서는 것을 부모가 지속적으로 도와 줘야 한다.

장난감을 아이가 잡을 수 있는 곳에 놓아 일어설 수 있는 환경을 만들어 준다.

Point 8 수학적 사고방식을 길러준다

수학적 사고방식을 키워주는 것도 지적 능력 발달에 중요하다. 계단을 올라가면서 '하나, 둘, 셋' 하고 세거나, 과자를 주면서 '너는 과자 두 개, 엄마는 과자 한 개 줄께' 라고 말하거나 '풀은 많고 꽃은 적다' 라고 말하는 등 생활 속에서 아기에게 숫자 세기를 알려주어 수학적 개념을 키워 준다.

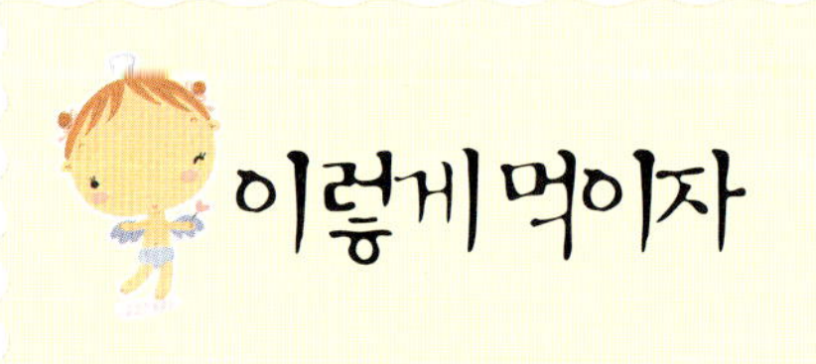

이렇게 먹이자

젖먹이기를 마무리한다

숟가락으로 떠주는 음식을 받아먹거나 컵에 담긴 주스를 마시거나 할 때가 바로 젖떼기를 시작하는 좋은 시점이다. 젖떼기를 할 때는 준비기간을 거친 다음 아기의 컨디션이 좋을 때 본격적으로 시도해 아기에게 무리가 없도록 한다.

Point 1 준비기간을 갖는다

준비단계 없이 갑자기 엄마 젖을 떼는 것은 어렵기도 할뿐만 아니라 아기에게 신체적·정서적으로 깊은 상처를 남길 수 있다는 것을 기억해야 한다. 또한 갑자기 젖 먹이기를 멈춘 엄마에게도 신체적인 변화가 올 수 있으므로 다음의 두 가지 방법 중 선택해서 서서히 준비를 하는 것이 바람직하다.

아이가 책 읽기를 지루해하면 친근한 물건을 가지고 주의를 환기시킨다.

• **일정한 시간에 일정한 양을 줄이는 방법**

가장 일반적인 방법은 아기가 적응할 수 있는 일정 시간에 일정한 양을 줄이는 것이다. 예를 들어, 아기가 엄마 젖에 대한 관심이 가장 떨어지고 먹는 양이 적은 시간에 그 양을 줄이는 것으로, 이때 엄마 젖 대신 분유나 과자, 죽 등 다른 음식을 먹여야 한다.

그러나 이른 아침과 늦은 저녁의 수유는 젖떼는 마지막 순간까지 해야 한다는 것을 기억해 둔다.

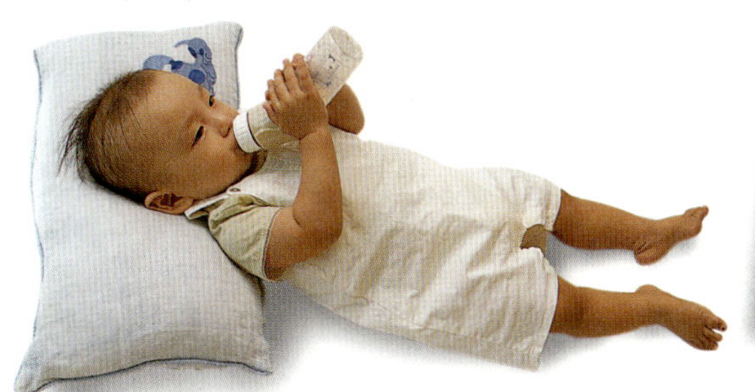

○ 젖을 떼려면 일정한 시간에 일정한 양만큼 조금씩 줄여간다.

• **젖먹일 때마다 일정량을 줄이는 방법**

하루종일 아기와 함께 있는 엄마라면 특정한 시간보다는 젖먹일 때마다 일정하게 줄이는 것이 효과적이다. 매번 젖 먹이기 바로 전에 약 30cc의 우유를 컵이나 젖병에 담아 먹이고 엄마 젖은 그만큼 적게 먹인다. 몇 주에 걸쳐 시행하면서 컵이나 젖병으로 먹는 양을 단계적으로 늘려 가면 엄마 젖은 줄어들게 되어 젖떼기가 끝난다.

Point 2 서서히 연습을 시킨다

엄마 젖을 먹던 아기가 우유병이나 컵으로 마시는 것을 익히기까지는 시간이 꽤 걸리므로 젖을 떼기 전부터 우유병이나 컵, 숟가락 등으로 먹는 방법을 연습해야 한다. 젖을 떼려면 최소한 6개월 전부터 우유나 주스, 물 같은 것을 병이나 컵을 사용해 먹이는 연습을 시켜야 한다. 그래야 아기가 작은 양의 우유나 물을 탄 과일 주스를 먹여도 탈 없이 소화할 수 있다.

Point 3 아빠가 도와주면 더욱 효과적이다

아기들은 엄마보다 아빠가 먹여 주는 것을 더 잘 받아들이는 경향이 있다. 아빠가 컵을 받쳐 주거나 숟가락으로 떠 먹여 주면 아기들은 의외로 재미있어 하면서 잘 받아먹는다. 이유식을 효과적으로 하기 위해서는 아빠의 도움을 적극적으로 구하도록 한다.

젖떼기 할 때의 체크포인트

• **퇴보단계를 모르고 지나칠 수 있다**

때때로 병에 걸렸거나, 이가 나면서 고통스러워하거나, 장소나 일상생활의 변화 등으로 아기가 그 전보다 엄마 젖을 더 원하게 되는 수가 있다. 하지만 이것은 일시적인 퇴보현상이다. 아기의 생활이나 상태가 정상적이 되면 다시 엄마의 계획대로 젖떼기를 할 수 있다.

• **젖떼기는 엄마의 사랑을 떼는 것이 절대 아니다**

젖먹이는 일을 멈추는 것이 엄마와 아기 사이의 유대나 사랑을 감소시킬지 모른다는 생각은 전혀 할 필요가 없다. 젖먹이는 시간을 줄이고 아기와 활동적인 상호작용을 늘여 사랑이나 유대감이 더 높아진다는 것을 알게 한다.

• **손가락을 빠는 것도 자연스런 일이다**

엄마 젖이 멀어지면 엄지손가락이나 담요 같은 다른 대상을 찾을 수 있지만 이것은 지극히 정상적이고 건강한 증세이다. 아기가 나중에 독립적으로 될 수 있도록 특별한 관심과 안정감을 주도록 한다. 아기는 곧 엄마 젖을 먹는 경험을 잊게 되고 새로운 관심과 성장으로 더욱 건강하게 자라게 될 것이다.

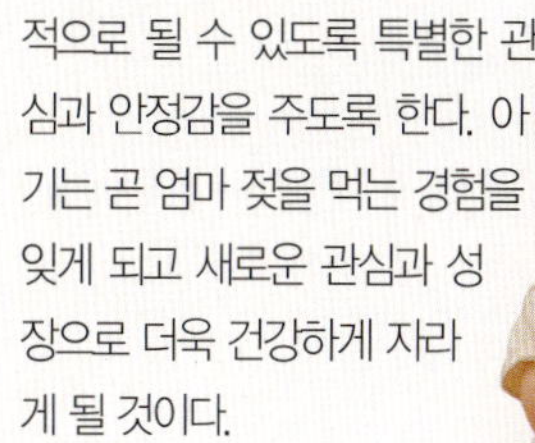

○ 아이가 젖을 떼면서 손가락을 빠는 것은 자연스러운 현상이므로 나무라지 않는다.

11개월 무렵에 꼭 해야 할 교육 프로그램

바구니 안에 물건 넣고 빼기

아이들은 바구니나 통 안에 물건을 집어넣는 것을 아주 좋아한다. 그래서 놀이를 즐기고 난 다음 정리할 때 신이 나서 장난감 바구니에 장난감을 집어넣곤 한다. 이때 무조건 바구니 속에 넣게 하지 말고 사물의 이름을 가르쳐 주거나 분류를 하면서 넣게 하면 인지 발달에 도움이 된다.

아기가 흥미를 느낄 수 있는 다양한 물건들을 준비해서 아기가 혼자 꺼내고 넣을 수 있도록 유도하고 잘 하면 칭찬을 해준다.

○ 바구니에 장난감을 하나씩 넣게 하면서 그 이름을 알려준다.

소리나는 장난감 갖고 놀기

소리에 대한 감각을 키워주는 것은 언어 발달에 도움이 된다. 이 시기에는 소리나는 장난감을 갖고 놀게 하는 것이 좋다. 아기에게 소리나는 장난감을 줄 때는 흔들거나 눌렀을 때 소리가 난다는 것을 먼저 보여준 다음 아기가 직접 장난감으로 소리를 내보도록 한다. 음료수 캔이나 병, 조그만 통 속에 단추, 콩, 모래 등을 넣고 내용물이 보이지 않도록 잘 봉한 다음 흔들어 여러 가지 소리를 느낄 수 있게 한다. 아기가 직접 흔들어 소리를 냈을 때는 칭찬해 주고 신나는 놀이를 즐기도록 한다.

질문에 행동으로 대답하기

"우리 아기 코 어디 있지?"라고 물어보아 아기로 하여금 자기 코를 만져보게 하고, "인형이 어디 있나" 하고 물어보아 아기가 손으로 인형을 가리키게 한다. 이렇게 엄마를 따라서 만져보기, 쳐다보기, 가리키기, 흉내내기 등의 놀이를 한다. 이런 놀이를 여러 번 반복하면 혼자서도 잘 하게 된다.

만 12 개월

여아 : 키 76.9cm 몸무게 10.0kg　　　　　남아 : 키 77.8cm 몸무게 10.5kg

이 달 말에 우리 아기 여기까지 할 수 있다

STEP 1

90% 가능
대부분 할 수 있다

1 사람이나 가구 등을 붙잡고 걸음마를 시작한다

2 손에 있던 물건을 떨어뜨리면 그 물건을 찾기 위해 시선을 아래로 돌리고 집으려고 노력한다

3 손짓으로 원하는 것을 가리킨다

4 '더럽다' '안 된다' '위험하다' 등의 말뜻을 이해한다

STEP 2

75% 가능
웬만하면 할 수 있다

1 컵에 물이나 주스를 담아 주면 혼자서 들고 마신다

2 '짝짜꿍'과 '빠이빠이'를 한다

3 아무것도 잡지 않은 상태에서 잠깐 동안 서 있을 수 있다

4 손가락이 예민해져서 손가락만으로 물건을 집을 수 있다

STEP 3

50% 가능
할 수 있는 아기도 있다

1 뭔가에 의지하지 않고도 혼자서 설 수 있다

2 걸음을 한 발짝씩 내딛는다

3 공을 굴려 주면 서툴지만 다시 굴려주거나 던질 수 있다

4 울음 외에 표정이나 몸짓 등으로 원하는 것을 표현한다

5 발음이 분명하지 않은 단어를 다양하게 말한다

STEP 4

25% 가능
하기에 벅차다

1 뒤뚱거리며 걸음을 시작한다

2 '아빠' '지지' '어부바' 같은 말을 한다

3 말귀를 알아듣고 적절히 반응한다

아기 키우기 포인트

감성 지수(EQ)가 높은 아이로 키운다

정서가 풍부한 아기들은 아름다운 마음씨와 고운 품성을 갖추게 된다. 아기들도 기쁨이나 슬픔, 분노, 미움, 사랑 등의 다양한 정서를 경험한다. 그러나 이런 특별한 감정을 스스로 이해하고 풀기에는 아직 어리고 서툴다. 정서가 풍부한 아이로 키우려면 그런 감정들은 긍정적인 방법으로 바르게 풀 수 있도록 도와주어야 한다.

이따금 그런 감정들이 해소되지 못할 때 누구를 때리거나 소리를 지르거나 물건을 부수는 등 엉뚱한 행동으로 억눌린 감정을 발산하기도 한다. 아기가 자신의 감정을 정확히 파악하고 스스럼없이 털어놓을 수 있는 자연스러운 분위기를 만들어 주는 것이 정서 발달을 돕는 포인트라고 할 수 있다.

Point 1 감정을 표현할 수 있게 한다

아기도 다양한 정서적 경험을 하게 되고 이따금 나쁜 감정을 가질 수 있다. 이때 아기의 마음 속에 자리한 나쁜 감정이 빠져나갈 수 있게 도와주는 것이 필요하다.

아기들에게 어떤 감정은 느껴선 안 된다고 설교하는 대신 '엄마는 네가 어떤 기분인지 이해를 한다' 는 식으로 아기가 스스럼없이 자기의 감정을 표현할 수 있는 자연스런 기회를 줘야한다.

어떤 내용이든 아기가 하는 말에 화를 내거나 야단을 쳐서는 절대 안 된다. 아기의 이야기를 진지하게 들어주고 공감의 표시를 보여주면 아기는 자신의 생각, 느낌을 솔직하게 털어놓게 되고 이것만으로도 문제가 해결되는 경우가 많다.

Point 2 자신감을 심어준다

아기가 만 1세가 지나고 환경과 자신에 대해 신뢰감이 생겼을 때 자기 자신에 대해 눈을 뜨기 시작한다. 아기는 걷고 말하며 물건을 다룰 수 있게 되는 능력과 더불어 '나는 할 수 있다'

Q & A
무엇이든 물어 보세요

Q 이유식을 여러 가지 만들어 이것저것 먹이려 해도 정해 놓은 것 외에는 안 먹어요

A 애써 만든 이유식을 아기가 제대로 먹지 않으면 실망스럽다. 그래서 아기에게 야단을 치는 엄마도 있다. 엄마의 그런 기분은 이해하지만 얼마 지나면 다른 것을 먹게 되기도 하니까 걱정하지 않아도 된다. 또, 엄마가 맛있게 먹고 있으면 엄마가 먹는 것을 자기도 먹고 싶어하게 되기도 하니까 억지로 먹이려하기 보다는 즐거운 식사를 할 수 있는 분위기를 만들어 주는 편이 낫다.

Q 아무리 심하게 야단을 쳐도 울지 않습니다. 왜일까요. 울지 않는 아이가 왠지 얄밉기만 해요.

A 너무 야단을 많이 치는 건 아닌지 생각해 본다. 야단을 쳐도 울지 않는 것은 겁이 나서 참고 있기 때문이다. 아기는 울면 또 야단을 맞을 것이라고 생각하는 것이다. 이런 식으로 엄마에게 야단을 많이 맞으면 아기는 자기도 모르는 사이에 다른 사람들에게 폭력이나 폭언을 휘두르게 된다.

아기가 겁을 낼 때는 울고 싶어도 울지 못하는 상태라고 생각해야 한다.

Q 자기 뜻대로 되지 않으면 물건을 집어던지면서 울어댑니다.

A 자기 뜻대로 되지 않는 상태는 어떤 상태일지 몸을 많이 사용하는 놀이를 같이 해 보자. 아기가 원하는 것과 엄마가 해 주는 것 사이에 차이가 있다면 아기가 불만족스러울 건 당연하다. 어른도 욕구가 만족되지 않으면 여기저기 분풀이를 하게 된다. 아기가 물건을 던지면 다른 방향으로 그 물건을 굴려 보자. 그리고 엄마와 아기가 같이 기어서 그 물건을 집으러 가보는 것이다. 이런 식으로 몸을 써서 활동적인 놀이를 하면 효과가 있을 것이다.

◆ 아이가 울며 물건을 집어 던질 때는 그 물건을 집어 놀이를 해본다.

는 사고가 발달해 자아 존중감이 생기게 된다.

이 시기에는 아기에게 자유를 주도록. 과잉보호나 지나친 모성애는 '하지 말라' 는 경험이나 수치심의 정서를 경험하게 된다. 수치심을 느끼면 좌절감이 생기고, 공격적인 기질까지 길러질 수 있다.

Point 3 '안 돼!' 보다는 호기심을 격려한다

걸음마 시기는 곧 탐험시대로, 아기는 하루종일 온 집안을 구석구석 돌아다니게 된다. 탐구심과 호기심이 왕성한 이때 엄마나 아빠가 아기의 호기심을 억압하면, 배우려는 욕구

◆ 아이가 자신의 감정을 마음껏 발산할 수 있는 분위기를 만들어 준다.

◆ 집안의 휴지를 모조리 뽑아버리는 등의 행동을 해도 그냥 지켜보는 것이 좋다.

가 짓밟힐 뿐 아니라 싹트는 자신감에 상처를 주게 된다.

부모가 지나치게 '못 써!' '안돼!' '하지 마!' 등의 말을 많이 사용하게 되면 아기는 주위의 것이 모두 위험하다거나 절대로 만지면 안 된다는 인상을 갖게 될 것이다.

Point 4 부모는 아기의 거울이라는 점을 인식하자

이 시기의 아이들은 대부분 부모의 눈을 통해 세상을 보게 된다. 예를 들어 부모가 세상을 적대적이고 위협적인 곳으로 생각한다면 아기는 세상에 대한 견해를 부모와 비슷하게 가지기 쉽다.

반면에 부모가 다른 사람들을 우호감과 신뢰감을 가지고 본다면 아기도 다른 사람들에 대해 긍정적이고 낙관적인 견해를 가지게 될 것이다. 아기들은 부모에 의해 세상에 대한 감정을 긍정적으로 가질 수도 있고 부정적으로 가질 수도 있다. 그러므로 부모들은 이 점을 아주 중요하게 인식하고 있어야 한다.

Point 5 그림책을 읽어 준다

정서 발달을 위해서 색이 곱고 예쁜 그림책을 보여 준다. 그림책을 읽을 때는 엄마가 내용을 재미있게 들려주면서 그림을 설명하도록 한다. 이와 함께 그림 그리기를 시켜 보는 것도 좋다. 당장 그림을 그릴 수 없더라도 자기 스스로 선을 긋고 색을 치료하는 작업을 통해 아름다움에 대한 정감을 갖게 되며 정서를 풍부하게 해준다.

Point 6 음악을 들려준다

오감 중에서 시각과 청각은 아기들의 지적 발달을 촉진시키는 중요한 기능을 한다. 음악은 아이들의 정서 안정에 큰 도움이 된다. 늘 음악을 틀어주고 음악적 환경 속에 있게 하고 아기와 함께 자주 노래를 부르는 것도 좋다.

↪ 아이는 부모의 행동과 가치관을 닮아가므로 아이 앞에서 함부로 행동하지 않는다.

무엇이든 물어 보세요

Q 우유병에 너무 애착을 갖고 있어서 잠시도 우유병을 떼어놓지 않아요.

A 곰 인형이나 담요처럼 우유병은 어린아이에게 정서적인 위안을 주고 만족을 준다. 하지만 돌이 훨씬 지나서까지 집착한다면 해로울 수 있다. 우유병 젖꼭지는 이를 손상시킬 뿐 아니라, 구강 발달을 저해할 수 있으며, 바람직한 식생활 습관을 들이기 힘들게 한다. 그밖에 아기의 영양에도 좋지 않아 하루 종일 우유나 주스를 넣어 빨게 되면 아기의 시장기를 만족시키게 되고 다른 음식에 대한 식욕을 억제하기 때문에 균형 있는 음식물 섭취가 제대로 이뤄지지 않는다. 때문에 돌이 지나면서는 우유병에서 졸업시켜야 한다. 우유병을 완전히 떼는 것이 힘들다고 생각되면 우유병을 빼는 시간, 장소, 방법을 제한해 본다. 하루에 두 세 번만 우유병으로 주고 식사 사이에는 간식이나 컵으로 마실 것과 함께 보충한다.

↪ 우유병을 강제로 떼어놓기 전에 장소와 시간 등을 제한해 본다.

Q 이불 속에 들어가서 잠들 때까지 1시간 이상이 걸립니다.

A "아가, 자자, 엄마 여기 있으니까 걱정 말고 코~ 자자."하고 천천히 말해 준다. 아니면 책을 읽어 주거나 노래를 불러 줘도 안정감을 느껴서 잠들기 쉽다. 엄마가 옆에 누워서 아기 손을 꼭 잡아 주는 것도 좋다. 손을 빼도 가만히 있다면 깊이 잠든 것이다.

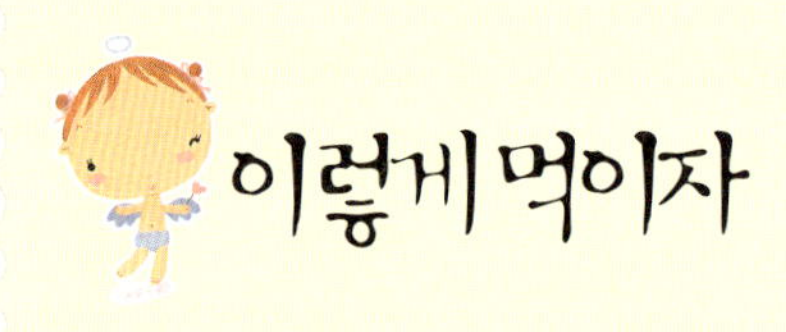

이렇게 먹이자

식습관을 길들인다

어려서부터의 식습관이 커서도 유지된다. 본격적인 이유식에 들어가면서부터 아기가 먹는 음식들은 아기가 나중에 좋아하게 되는 음식에 많은 영향을 미치게 되며, 아기의 건강을 유지하는 데도 필수적이다. 좋은 식습관을 갖게 하기 위해서는 어려서부터 입맛을 바로잡아 주는 것이 중요하다.

↪ 어릴 때의 식습관이 커서도 유지되기 때문에 아이의 입맛을 바로 잡아주려는 부모의 노력이 필요하다.

Point 1 가족 전체가 좋은 식습관을 가진다

아기의 식습관은 식구들의 식사습관을 따라가게 되어 있다. 식사시간이 불규칙하거나 자주 거르거나, 편식을 하는 등 좋지 않은 식습관은 아기에게도 영향을 미친다. 어른들의 식습관도 좋지 않으면서 아기에게만 절제된 습관을 강요하는 것은 바람직하지 않을 뿐만 아니라 비효과적이므로 아기에게 올바른 식습관을 기르게 하려면 부모가 먼저 모범을 보인다.

Point 2 영양을 고르게 섭취시킨다

아기들은 돌이 지나면서부터 눈에 띄게 성장한다. 슬슬 걸음마를 하기 시작하면서 운동량이 많아지고 열량의 소모도 급격히 많아진다. 그런 만큼 이 시기에는 영양 섭취에 각별히 신경을 써야 한다. 아직은 먹이는 양이나 음식이 제한되어 있고 입맛 또한 다양하게 길들여지지 않았기 때문에 이왕이면 적은 양이라도 영양을 고루 섭취할 수 있도록 신경 쓴다.

Point 3 가공음식 대신 자연음식을 먹인다

아기들은 어른보다 면역력이 약하고 체구 또한 작기 때문에 각종 화학첨가물이 들어있는 가공식품의 위험성에 더 민감하다.

가능하면 자연상태에 가까운 음식을 먹이고 정제한 것보다는 정제하지 않은 것, 가공품보다는 신선한 고기와 치즈, 과일, 야채 등을 선

○ 칼로리는 낮지만 영양가가 풍부한 음식을 먹여 신체의 균형을 잡아준다.

택한다.

한번 조리한 것은 오랫동안 보관하지 말고 그때그때 조리해서 바로 먹이는 것이 좋으며 불필요하게 공기, 열, 물에 노출시키지 않도록 주의한다.

Point 4 고영양 저칼로리 음식을 선택한다

아기가 체중 미달이거나 좀처럼 체중이 늘지 않는다면 칼로리 함유량이 많으면서 영양이 풍부한 음식을 선택한다.

하지만 운동량에 비해 섭취량이 지나치게 많으면 살이 찌기 쉽다.

특히 이 시기의 아기가 급작스럽게 몸무게가 증가한다면 음식물을 줄이는 것이 해결책은 아니다. 어렸을 때라도 저칼로리 고영양 음식을 선택해서 신체의 균형을 이루도록 한다. 같은 음식이라도 신선한 과일, 야채, 쌀, 잡곡 빵과 같이 칼로리는 적으면서 영양분이 많은 음식이 좋다.

초콜릿 한 개에 포함된 100kcal와 바나나에 포함된 100kcal가 영양에 있어서 똑같지는 않듯이 곡식에 포함된 100kcal와 과자에 포함된 100kcal는 영양에 있어서 같지 않다는 점을 알고 음식을 꼼꼼히 따져 선택하도록 한다.

아기가 걸음마를 시작하는 시기

결론적으로 말하자면 빨리 걷거나 늦게 걷는 것이 발달적인 문제를 나타내지는 않는다.

어떤 아기는 몇 주에서 몇 달 전부터 걷기 시작하지만 어떤 아기는 돌이 훨씬 지난 이후에도 걷지 못한다. 여러 연구 결과에 의하면 첫발을 떼는 평균 연령을 13~15개월로 보고 있다.

억지로 걷는 연습을 시킬 필요는 없지만, 아기가 몸을 움직이는 데 방해받지 않도록 옷을 두껍게 입히지 말고, 기고 잡고 서고 뒷걸음질치도록 걷기 쉬운 공간과 환경을 만들어주고, 걸으려고 하면 잠시 손을 붙잡아 주도록 한다.

12개월 무렵에 꼭 해야 할 교육 프로그램

인지발달 놀이

손뼉치기

❋ '짝짜꿍' '곤지곤지' '도리도리' 등을 엄마가 시범을 보이고 아기에게 따라하게 한다.
❋ 아기가 잘 따라 하면 칭찬해 주고 안아 준다.
❋ 엄마가 시범을 보이지 말고 아기에게 '짝짜꿍' '곤지곤지' 등을 하라고 말하고 아기 혼자 하게 한다. 잘했을 경우 칭찬을 해준다.

물건 사용하기

❋ 주변에 있는 물건이나 장난감을 가지고 그것을 사용하는 흉내를 내본다.
❋ 과일이 있는 그림책을 보면서 과일을 '냠냠' 먹는 흉내, 장난감 전화기를 들고 '여보세요' 라고 말하는 흉내, 꽃에 코를 갖다 대고 '흠흠' 하면서 냄새를 맡는 흉내 등 여러 가지 흉내내기를 통해 다양한 사물들에 대한 관심과 흥미를 북돋아준다.

○ 장난감 전화로 실제로 전화받는 흉내를 내게 한다.

인지발달 놀이

눈·코·입 말하기

❋ "눈 어디 있지?" "코 어디 있지?" 하는 식으로 눈, 코, 입, 손, 발 등의 신체부위를 물어 아기가 직접 자신의 신체 부위를 가리키게 한다.
❋ 엄마가 신체 부위를 가리키며 "이게 뭐지?" 라고 물어 아기가 이름을 말해 보도록 한다.

물건의 이름 말하기

❋ 우유, 장난감, 신발, 사과 등 주변에 있는

○ 짝짜꿍, 곤지곤지 등을 알려준 후 아기가 혼자 해보게 한다.

물건들의 이름을 엄마가 여러 번 정확하게 말해주고 나서 엄마가 그 물건을 가리키면 물건의 이름을 말하도록 한다. 정확하지 않더라도 비슷하게 맞추면 칭찬해 준다.

장난감 찾아오기

❋ 물건을 안 보이는 곳에 감추었다가 아기에게 찾아보게 한 후 그 물건의 이름을 말해 보게 하는 것도 언어 발달에 도움을 준다.
❋ 아기의 장난감을 소파 뒤에 숨겨 둔 후 "우리 아기 곰 인형이 어디 있을까? 한 번 찾아보세요"라고 아기에게 이야기한다.
❋ 아기가 소파 뒤에 가서 인형을 찾아 가지고 오면 "우리 아기가 곰 인형을 찾았구나. 그래 이게 뭐지?" 라고 다시 물어 아기가 '곰' 이라고 말하도록 유도한다.

○ 물건을 안보이게 감추었다가 어디에 있는지 찾아보게 한다.

근육과 신체 자극 장난감

이 시기의 아기는 앉아서 양손을 모두 쓸 수 있다. 그러므로 손으로 흔들면 소리가 나거나
굴릴 수 있는 장난감이 좋다. 또한 손가락 움직임을 돕고 기억력을 키우며
몸 전체를 움직여 놀 수 있어 발육을 촉진시키는데 도움을 줄 수 있는 장난감으로 선택해야 한다.

🐻 뉴 아치핸들

용도와 장소에 맞게 부착이 가능한 장
난감으로 매달린 장난감을 만지면서
손의 사용능력을 발달시킬 수 있다.

🐻 소프트블럭

기억력 훈련에 좋은 헝겊 블럭. 각 면
마다 다른 그림이 그려져 있어 똑같은
그림이나 연관된 그림을 찾아보는 놀
이를 할 수 있으며, 찾은 그림으로 아
기를 꾸미는 놀이도 할 수 있다.

🐻 헝겊도형상자

헝겊상자의 모양에 맞는 도형을 끼워
넣는 장난감. 상자 안에 넣을 수 있는
네가지 헝겊 도형은 재질, 색상, 소리
가 모두 달라 아기의 촉각·시각·청
각을 발달시킨다.

🐻 강아지

아기가 기거나 걷기 시작할 때 좋은
장난감. 강아지를 아기 앞에 놓고 걸
음마를 시키면 아기의 움직임을 촉진
시킬 수 있다.

🐻 회전 딸랑이

공을 돌리면 링이 딸깍 소리를 내면서
돌아가고, 공은 구멍이 뚫린 원 속을
돌아간다. 시각, 청각, 촉각적 자극에
이어 손가락 운동을 통한 두뇌개발에
도움을 준다.

🐻 유모차 드라이버

시각·청각·촉각의 감각 학습과 인
과 학습을 유도할 수 있는 장난감으로
손조작 능력 및 손과 눈의 협응력을
기를 수 있다.

🐻 삑삑이 생쥐

생쥐의 머리를 누르거나 꼬리를 잡아
당기면 재미있는 소리가 난다. 아기는
생쥐의 반응이나 소리에 흥미를 보이
며 이로 인해 인과관계를 알게 된다.

🐻 댕글링

아기의 감각 발달과 이해력 발달에 좋
은 장난감. 빨간 구슬을 밑으로 당기
면 댕글링의 두 팔이 올라가면서 만세
를 부른다.

🐻 뚝딱뚝딱 해머아저씨

기본적인 운동 능력과 영어 학습을 동
시에 만족시키는 장난감. 해머를 사용
해 해당 버튼을 치면 알맞은 영어단어
가 나온다.

🐻 농장매트

다양한 촉감과 청각, 시각발달을 도
와주는 농장매트. 바스락 소리가 나
는 거울 햇님, 딸랑이 농장 도구등
매트 곳곳에서 다양한 촉감과 청
각, 시각을 경험할 수 있다.

10~12개월

두뇌 발달 자극 장난감

돌을 전후한 아기는 움직이는 장난감에 흥미를 갖게 되므로 다양한 기능을 가진 장난감을 접하는 것이 좋다. 또한 보고 듣는 지각발달을 위해서는 나팔, 피리 등을, 운동기능 발달을 위해서는 끄는 장난감 등을 주도록 한다.

몬테소리책
단추 잠그기, 손가락 인형 놀이 등 소근육 활동과 관련된 놀이로 아기의 손 조작 능력을 최대한 발달시킬 수 있다.

자동차 롤러코스터
레일을 따라 움직이는 구슬의 경쾌한 소리가 아기들의 호기심을 자극하며, 바퀴가 달려 있어 걸음마를 할 때 끌고 다닐 수 있다.

뮤지컬 밴드
단순한 건반 기능뿐만 아니라 블럭 형태의 네 마리 동물 인형을 끼워 넣으면서 색깔, 도형, 동물 이름의 영어 단어를 배울 수 있다.

마이대디 레코더
가족 구성원과 주변 사물을 영어로 재미있게 배울 수 있는 장난감. 레코드 기능이 있어 영어 단어를 녹음해 아기에게 가르칠 수 있다.

로렌즈 기차
모양이 다른 블럭으로 여러 가지 모습을 만들 수 있는 기차 장난감. 블럭을 꽂음으로써 아기는 눈과 손의 협응력을 발달시킬 수 있으며, 색 감각과 구성 감각을 키울 수 있다.

맥스 강아지
아기들이 막 발걸음을 떼기 시작하는 때에 굴리거나 끌 수 있는 장난감으로, 걸음마와 대근육 발달에도 도움이 된다. 역할놀이의 소품으로 활용할 수 있다.

알렉산더 도형맞추기
동그라미, 세모, 네모를 모두 끼우는 도형맞추기 놀이를 통해 아기는 기본 도형을 인지할 수 있으며 눈과 손의 협응력과 조절력을 발달시킬 수 있다.

로렌즈블럭 플러스
다양한 모양의 원색 블럭이 들어 있어 아기의 색과 모양 인지발달에 도움이 되며, 여러 가지 구성물을 통해 구성력, 창의력, 조절력 등을 발달시킬 수 있다.

링링이
몸체에 크기가 다른 링을 끼웠다 뺐다 할 수 있는 장난감. 손으로 링을 끼움으로써 눈과 손의 협응력, 손 근육을 발달시킬 수 있으며, 크기와 서열에 대한 개념을 인식할 수 있다.

동화나라 책상
플라스틱으로 만든 책장을 넘기면 영어 이야기가 나오며, 다양한 버튼이 있어 아기의 손동작을 유도할 수 있다.

상상력 자극 장난감

걷기 시작하는 이 시기의 아이는 눈에 보이는 모든 것을 탐색하려고 한다.
직접 만져보고, 던져보고 맛을 보는 등 모든 방법을 동원해 사물을 관찰하고 싶어한다.
또한 스스로 생각할 수 있는 능력이 발달하는 시기이므로 호기심을 충족시키면서
손가락을 발달시킬 수 있는 장난감이 좋다.

몬타나코스터

레일이 만드는 공간에서 마음껏 상상
하며 놀 수 있으며, 구슬을 여기저기
로 옮기는 과정에서 과학의 기초적인
원리도 깨달을 수 있다.

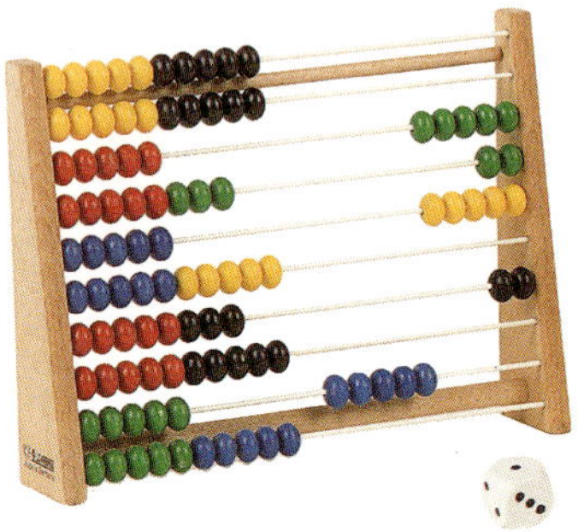

놀이판과 주사위 세트

셈 놀이판과 주사위를 이용해서 손바
닥으로 구슬 훑어보기, 색깔 찾아 옮
겨보기, 수만큼 옮겨보기, 대·소 비교
해보기 등의 놀이를 할 수 있다.

삑삑트럭

노란 꼭지를 누르면 '삑삑' 소리가 나
며, 트럭을 직접 움직여 보면서 소·
대 근육을 발달시킬 수 있다.

도형구멍끼우기

놀이판에 세워진 막대에 적절한 도형
을 찾아 끼우면서 색, 모양, 서열을 구
분할 수 있게 된다. 또한 눈과 손의
협응력도 키울 수 있다.

2단 퍼즐

각 탈것의 생김새와 특징을 알 수 있
으며, 퍼즐의 겉과 속 모습이 2단으로
분리되어 있어 흥미를 돋궈준다.

미니사자

이제 막 걷기에 재미를 붙인 아이들이
끌고 다니기 좋은 장난감. 끌고 다닐
때마다 딸랑딸랑 방울소리가 나서 아
이의 호기심을 자극한다.

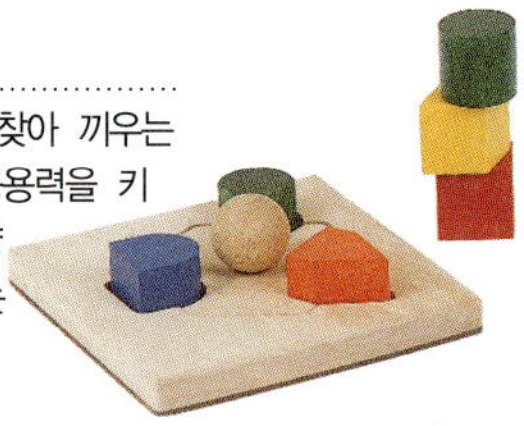

매치퍼즐

각 모양에 맞는 블럭을 찾아 끼우는
놀이를 통해 사고력과 응용력을 키
울 수 있으며, 같은 모양
과 다른 모양을 찾아내는
변별력도 기를 수 있다.

그루비 인형

아이들이 한 손으로 잡기 편한 크기의
인형. 다양한 옷들로 코디를 하면서
미적 감각을 기를 수도 있으며 친구들
과의 역할놀이도 가능하다.

냉장고

실제 냉장고와 같은 디자인으로 내부 공
간이 넓어서 여러 가지 물건을 넣어보며
자연스럽게 역할놀이를 할 수 있다.

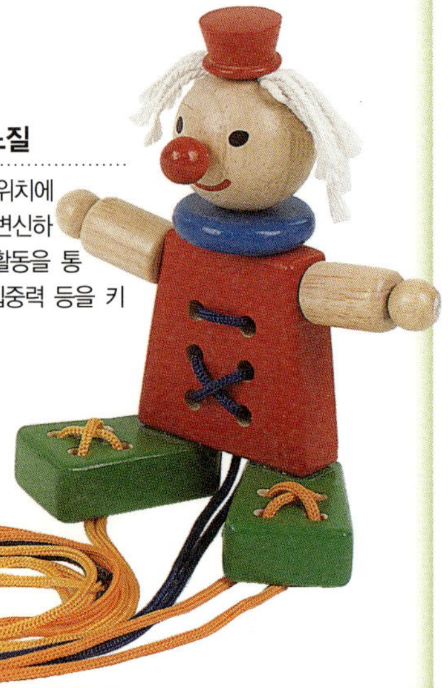

삐에로 바느질

끈이 들어가는 구멍의 위치에
따라 다양한 모습으로 변신하
는 삐에로. 끈을 끼는 활동을 통
해 눈과 손의 협응력, 집중력 등을 키
울 수 있다.

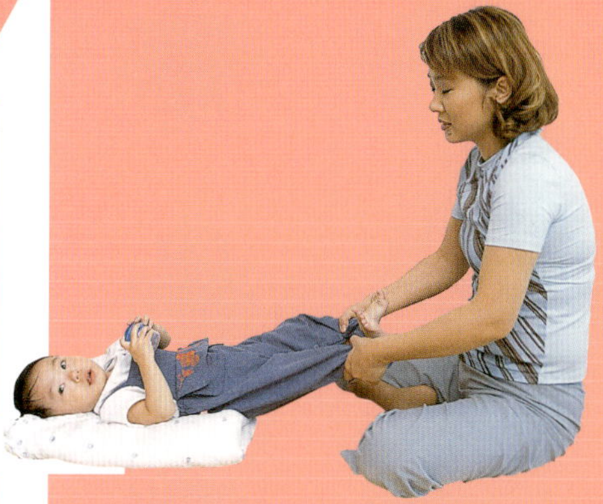

13~24 개월

걷고, 뛰고,
말문이 트이는 시기

만 **13-15** 개월

여아 : 키 79.2cm 몸무게 10.5kg　　　　　남아 : 키 80.1cm 몸무게 11.0kg

이 달 말에 우리 아기 여기까지 할 수 있다

		13개월	14개월	15개월
STEP 1	**90% 가능** **대부분 할 수 있다**	1 스스로 몸을 일으켜서 선다 2 서 있다가 주저앉을 수 있다 3 걸음마를 시작한다 4 신이 나면 손뼉을 친다 5 울음 외에 표정이나 몸짓 등으로 원하는 것을 표현한다	1 완전히 선다 2 손의 기능이 다양해진다 3 '빠이빠이' 하면서 손을 흔든다 4 용도에 맞게 '엄마' '맘마' 등의 단어를 분명히 말한다 5 '안된다' '이리와' '놀자' 와 같은 말의 뜻을 이해한다	1 걸음마가 능숙하다 2 바닥에 떨어진 물건을 보고 몸을 굽혀 물건을 집는다 3 '맘마' '응가' 등 유아어로 의사 표시를 한다
STEP 2	**75% 가능** **웬만하면 할 수 있다**	1 완전히 선다 2 손의 기능이 다양해진다 3 시키는 대로 잘 따라 한다 4 '빠이빠이' 하면서 손을 흔들어 인사를 한다 5 '엄마' '맘마' '아빠' 라는 단어를 분명히 말한다	1 걸음마가 능숙하다 2 바닥에 떨어진 물건을 보고 몸을 굽혀 물건을 집는다 3 '맘마' '응가' 등 유아어로 의사표시를 한다	1 숟가락을 혼자 쥐고 먹는다 2 컵에 물이나 주스를 담아 주면 흘리지 않고 마신다 3 그레파스를 쥐고 선을 긋는다
STEP 3	**50% 가능** **할 수 있는 아기도 있다**	1 걸음마가 능숙해진다 2 컵에 물이나 주스를 담아주면 흘리지 않고 마신다 3 낙서를 한다 4 '맘마' '응가' 등 유아어로 의사표시를 한다	1 숟가락을 혼자 쥐고 먹는다 2 크레파스를 쥐고 선을 긋는다 3 '응가' '지지' 등 단어를 3개 이상 사용한다	1 '눈' '코' '입' 을 연관지어 가리킬 수 있다 2 혼자서 숟가락을 사용해서 먹는다 3 손의 기능이 예민해져서 블럭을 쌓아올린다
STEP 4	**25% 가능** **하기에 벅차다**	1 숟가락을 혼자 쥐고 먹는다 2 단추를 채우지 않은 웃옷을 벗을 수 있다 3 크레파스를 쥐고 선을 긋는다 4 '응가' '지지' 등 유아어의 표현이 늘어난다	1 쫓아가면 종종거리며 달아난다 2 손의 기능이 예민해져서 블럭 쌓기를 할 수 있다 3 '눈' '코' '입' 을 연관지어 가리킬 수 있다	1 혼자서 숟가락이나 포크를 사용해서 먹는다 2 인형에게 음식을 먹인다 3 계단에 엎드려 기어올라간다

아기 키우기 포인트

생활 습관을 길들인다

Point 1 수면습관을 바로잡아 준다

밤에 잠을 잘 안 자는 아이, 잠버릇이 안 좋은 아이 등 수면습관에도 슬슬 개성이 나타나는 시기이다. 부모가 특히 신경을 써서 바로잡아 주도록 한다.

• 잠이 줄어든 경우

이 시기가 되면 낮잠은 물론 밤잠도 줄어든다. 낮잠은 1시간~1시간 반 정도로 충분하니 아이의 이런 변화에 빨리 적응하도록 도와준다. 너무 늦게 낮잠을 자면 밤잠이 늦어지므로 점심 시간을 앞당기는 방법을 써서 낮잠을 일찍 자게 하는 것이 좋다. 낮잠을 일찍 자고 일어나야 밤잠도 잘 자게 되며, 다음 날 일찍 일어나는 습관을 들일 수 있다.

• 잠버릇이 나쁜 경우

잠버릇이 나쁜 것은 넘치는 힘을 발산하거나 긴장감을 풀기 위한 방법이다. 3세 전후에 저절로 사라지므로 걱정할 것은 없다. 하지만 유난히 잠버릇이 심한 아이라면 새로운 환경이나 변화에 대한 긴장감과 스트레스를 줄여 주도록 한다.

• 너무 일찍 깨는 경우

식구들이 다 자는 시간에 너무 일찍 잠자리에서 깨어나 식구들을 힘들게 하는 아이가 있다. 이런 아이는 반대로 잠자리에 드는 시간을 점차로 늦추고 자기 전에 우유나 주스 등 물기 많은 음식을 배불리 먹이지 않는다.

물기 많은 음식을 먹고 자면 소변이 마려워 깨는 경우가 있기 때문이다. 또 아침 햇살이 너무 많이 들어오지 않도록 차단시키는 것도 한 방법이다.

Point 2 생활태도를 가르친다

걷기 시작하면서 활동의 범위가 넓어진 아이들은 주변을 자유롭게 탐색하게 된다. 이때 어른들의 시각에서 위험하거나 성가시다고 해서 무조건 '안 돼' '위험해' 라고 하며 금지하게 되면 아이들은 스트

Q & A

무엇이든 물어 보세요

Q 밥은 거의 먹지 않고 젖만 먹으려고 합니다. 영양 부족이 되지나 않을까 걱정이에요.

A 이 시기의 아기는 젖만으로는 영양이 모자란다. 그래서 금방 배가 고파 울면 엄마는 다시 젖을 물리는 악순환이 이어지게 된다. 아기가 운다고 금방 젖을 물리지 말고 먼저 엄마가 같이 놀아 주도록 한다.

같이 몸을 움직이는 놀이를 하고 근처 공원으로 가서 놀고 난 다음 밥을 먹여보자. 주먹밥을 만들어 공원으로 가서 같이 먹어도 좋다. 몸을 움직이고 생활 리듬을 만들어 준다는 게 중요한 일이다.

Q 변을 잘 보지 못해 관장을 해주곤 하는데 습관이 되진 않을까 걱정입니다.

A 변을 3~4일 동안 보지 못한다 하더라도 건강하게 잘 놀고 별로 고통스러워하는 기색이 없다면 그냥 둬도 된다. 관장을 한다고 해서 그것이 습관이 되는 일은 없지만 가능한 한 관장에 의존하지

레스가 쌓여 부모에게 반발하게 된다. 불가피하게 금지시켜야 되는 경우라면 다음과 같은 원칙을 적용해 보자.

• 안 되는 이유를 설명한다

아이가 벽에 낙서를 했을 때 무조건 안 된다고 야단만 칠 것이 아니라 "벽은 낙서를 하는 곳이 아니란다." 라고 설명해 준다. 또한 뜨거운 다리미를 만지려고 할 때 "다리미는 뜨거우니까 만지면 안 돼." 라고 이유를 말해 주면서

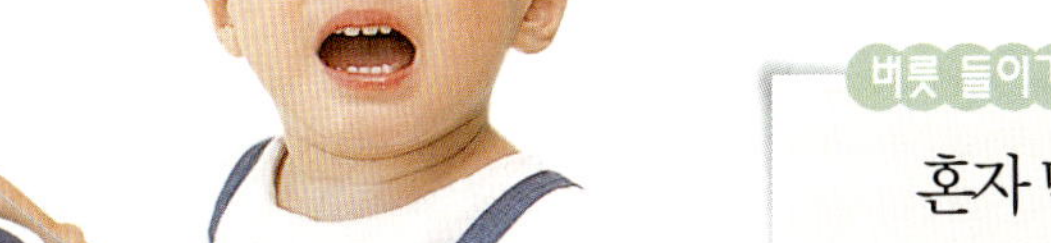

않는 것이 좋다. 음식을 골고루 먹이고 있는지, 몸을 많이 움직이고 있는지 평소의 생활 습관을 다시 한 번 점검해 보도록 하자. 생활 습관을 고치는 것으로도 변의 상태는 좋아질 수 있다.

Q 아기가 업지 않으면 잠이 들지 않습니다. 습관이 되면 어쩌죠?

A 이불이 좀 더운 건지도 모른다. 업히면 엄마와 몸이 밀착되고 엄마 냄새도 맡을 수 있어서 아기는 안정감을 느끼게 된다. 때문에 업어서 재우는 건 바람직한 일이다.

낮 동안에는 엄마가 아기를 업고 재우면서 집안 일도 할 수 있는 장점이 있다. 엄마가 같이 누워서 재우려고 해도 금방 이불을 차내고 일어난다면 이불이 좀 더운 게 아닌 지 살펴보아야 한다. 얇은 이불을 덮어 주고 아기 손을 꼭 잡아 주면 안심하고 잠들 수 있을 것이다.

❖ 엄마에게 업히면 아기가 안정감을 느낄 수 있기 때문에 편안하게 잠들 수 있다.

실제로 아이 손을 재빨리 살짝 다리미에 닿게 하여 뜨겁다는 것을 알려 준다.

• 기분에 따라 오락가락하지 않는다

엄마의 기분에 따라 오락가락하는 것은 좋지 않다. 전에는 유리컵을 만졌을 때 아무 소리 안 하다가 오늘은 안 된다고 야단치는 등 일관성 없는 태도를 보이면 아이는 혼란을 느끼게 된다.

• 아이를 존중하며 말한다

아주 긴박한 상황이 아니라면 단호하게 "안 돼!"라고 말하는 것보다 "이런 것은 안 했으면 좋겠다." 라는 식으로 아이를 존중하고 인정하는 태도를 보이는 것이 중요하다.

버릇 들이기

혼자 먹는 습관 키워주기

아기들은 숟가락질이 서툴러 입에 들어가는 것보다 흘리는 것이 더 많다. 처음엔 지저분하고 어설프겠지만 꾸준히 연습을 하다 보면 스스로 잘 할 수 있게 되고, 독립심과 자율성이 키워진다.

때문에 엄마가 참을성 있게 기다려줘야 한다. 숟가락에 잘 붙는 밥이나 으깬 감자 등으로 자신감을 주는 것이 필요하다.

Point 3 위험요소를 제거한다

활동이 많아지면서 사고에 노출되기 쉬운 시기이다. 그래서 엄마가 잠시 한눈을 파는 순간, 아이는 어느새 일을 저지르곤 한다.

안전을 위해 무엇보다 중요한 것은 이렇게 예기치 못한 일이 일어날 것을 대비하여 사전에 대처하는 것이다. 아이 주변에 위험한 것은 없는지 미리 체크해 보도록 하자.

• 전기·가스 – 전기 콘센트는 안전용품으로 막아 두거나 테이프 등으로 막아 작은 핀이나 젓가락 같은 것을 끼우지 못하게 한다. 가스도 사용 후 밸브를 꼭 잠가 두어 혹시 아이가 손잡이를 돌리더라도 가스가 새어 나오지 않게 한다.

• 장난감 – 장난감의 성분을 잘 고려해서 주도록 한다. 납 성분이 들어 있는 페인트 칠을 하지는 않았는지, 모서리가 뾰족해 위험하지는 않은지 점검해보고 구입하는 것이 좋다. 장난감이 망가진 것은 고쳐 주어 위험 요소를 제거한다.

• 창문 – 유아뿐만 아니라 초등학생들도 창문을 통한 사고의 위험이 높다. 특히 방충망에 몸을 기대고 밖을 내다 보다 추락하는 경우가 많으므로 아이 혼자 놀게 할 때는 창문을 꼭 잠가두고, 창문에 쇠창틀을 설치해 두는 것이 안전하다.

• 잠자리 – 아이가 자는 머리맡에는 떨어질 위험이 있는 물건을 올려놓거나 걸어 놓지 않는다.

• 놀이터 – 깨진 유리나 철사, 못, 걸려넘어지기 쉬운 돌부리 등이 있는지 살펴보고 치워준다.

• 그 외의 기타 환경 – 불안하게 세워진 커다란 꽃병이나 위쪽이 무거운 탁상용 스탠드, 불안정하고 흔들리는 전등 같은 것은 없는지 점검해 둔다. 그밖에 주변에 가위, 칼 등 위험한 물건을 두지 않는다.

Point 4 놀이를 통해 배우게 한다

아이들은 놀이를 통해 성장하고 지적 발달을 할 수 있는 기초가 만들어진다.

놀이는 그 자체가 만족을 주는 것이므로 절대 가볍게 생각해서는 안 된다. 의도적인 교육보다도 더욱 아이들의 피부에 와 닿는 효과적인 교육이 바로 놀이라는 사실을 잊지 말자.

• 소꿉놀이 – 사회 적응력이 높아진다

아이들은 소꿉놀이를 하면서 또래 친구들과 함께 공유하는 방법, 차례를 기다리는 것, 다른 사람의 권리를 이해하고 인정하는 일등 간접적으로 사회적 경험을 하게 된다.

• 역할놀이 – 여러 역할을 경험한다

놀이를 통해 경찰, 소방관, 과학자, 음악가 등 여러 역할을 경험하면서 주변 세계를 자연스럽게 배우게 된다.

• 병원놀이 – 병원에 대한 두려운 감정이 없어진다

분노, 공포, 슬픔 등의 감정은 놀이를 통해 사라질 수 있다. 병원 가기를 두려워하던 아이도 아픈 인형을 치료하는 병원놀이를 하면서 자연스럽게 병원에 친근함을 느끼고 나쁜 감정이 없어지게 된다.

이밖에도 다양한 놀이를 하면서 많은 언어들을 자연스럽게 반복적으로 접할 수 있어 언어 발달에 많은 도움이 되며 놀이를 통해 자신감이 생기기도 한다.

Point 5 가족을 일깨워준다

핵가족화가 일반화되면서 할아버지, 할머니와 떨어져 사는 아이들이 흔하다. 떨어져 살면서도 한 가족이라는 유대감을 일깨워 주어서 가족의 따뜻함을 느끼게 해주도록 하자.

적어도 한 달에 한두 번 이상 할아버지, 할머니 댁을 방문하거나 집에 모셔온다.

이제 말을 막 배우기 시작한 아이는 전화기에 대고 말하고 듣는 것을 좋아한다. '할머니', 또는 '할아버지' 하고 부르게 하거나 목소리를 직접 들려줘 보기도 한다. 틈날 때마다 앨범을 보여주거나 가족의 모습이 담긴 비디오 테이프를 틀어주는 것도 좋은 방법이다.

집안을 덜 어지럽히고 노는 방법

아기들은 집안 곳곳을 돌아다니며 서랍, 휴지통, 장난감 등 마구잡이로 흐트러뜨리며 노는 것을 좋아한다. 이러한 행동은 아이의 운동기능 발달측면에서 볼 때 무척 중요한 영역이므로 넓은 아량으로 이해해 주자. 하지만 조금 덜 어지럽히면서도 아이의 운동기능을 발달시킬 수 있도록 하기 위한 방법을 소개한다.

1 안전하게 보관한다 위험한 물건이 있는 서랍이나 상자는 잠궈 두거나 손에 안 닿는 곳에 보관한다.

2 허용할 것은 허용한다 아이는 물건을 꺼낼 때 즐거움을 느낀다. 알록달록한 옷감과 실 리본이 들어있는 통이나 나무 주걱, 계량컵 등이 들어있는 서랍 등은 만질 수 있게 해준다.

3 넣기 게임을 한다 서로 차례대로 순서를 정해 넣어 보거나 각자 다른 물건을 빨리 집어넣는 게임을 해보자.

4 이유를 설명해 준다 '이 물건들 때문에 엄마가 앉을 수가 없구나' '밟아서 깨지면 어떻게 하니' '이렇게 꺼내 놓으니까 지저분하잖니' 등 이유를 분명히 얘기해 준다.

이 시기에 꼭 해야 할 교육 프로그램

발목 잡아당기기

❋ 아이를 만세 자세로 눕힌 다음 엄마가 아이의 양발목을 꽉 쥐고 천천히 끌어당겨 몸이 이동한다는 감각을 익히게 한다. 이때 반드시 옷을 입힌 채로 끌어당겨 부드럽게 이동하도록 한다.

무릎 위에 놓고 흔들어주기

❋ 엄마가 바닥에 다리를 펴고 앉아 양 무릎 위에 아이를 세우고 손이나 허리를 받쳐주면서 무릎을 사용하여 가볍게 흔들어준다.

❋ 처음에는 겨드랑이, 허리에서 익숙해지면 손의 순서로 바꾸어 잡아주고, 익숙해지면 상하좌우로 흔들어 준다.

앉아 있다가 일어서기

❋ 아이가 앉아 있으면 손이 닿지 않는 곳에 과자를 들고 서 있는다.

❋ 아이가 과자를 잡으려고 일어서서 손을 뻗치면 칭찬하면서 과자를 준다.

❋ 처음에는 일어서게 도와주다가 차차 도움을 줄여 아이가 스스로 일어서게 한다.

❋ 엄마의 도움 대신 의자를 이용해서 아이가 일어서도록 한다. 처음에는 높은 의자를 주다가 점점 더 낮은 의자를 줘서 지지도가 약해지게 한다.

◐ 아이의 옷을 입힌 채로 발목을 잡고 끌어당겨 몸이 이동한다는 감각을 익히게 한다.

◐ 아이에게 계단 오르기를 시켜보고 잘하면 혼자 할 수 있게 유도한다.

◐ 엄마 무릎에 아이를 세우고 가볍게 흔들어 주는 놀이는 아이 몸의 균형 감각을 익힐 수 있게 도와준다.

걸음마 연습하기

❋ 아이를 벽에 기대어 서 있게 한 후 아이가 넘어지면 잡을 수 있는 거리에서 엄마가 손을 내밀어 "아가야, 이리 온." 하고 말한다.

❋ 1~2cm 정도 간격으로 작은 의자 두 개를 놓아두고 아이를 그 가운데 세운 다음 엄마와 아빠가 각각 의자에 앉아서 아이가 이쪽에서 저쪽으로 왔다갔다하도록 부른다. 의자 사이의 간격을 조금씩 넓혀 가면서 아이가 잘할 때마다 칭찬해준다.

계단 기어오르기

❋ 아이를 계단 밑에 엎드리게 해서 손과 무릎을 짚고 기어올라가도록 도와준다. 잘하면 칭찬해주고 점차 도움을 줄여 혼자서 할 수 있게 유도한다.

신체 부위 가리키기

❋ "우리 아기 코 어디 있나?" 하고 물은 다음 "여기 있지." 라고 말하며 아이 손을 가져다가 코를 짚게 한다. 이어서 "우리 아기 코 어디 있니?" 하고 다시 묻고 아이 혼자서 지시대로 신체 부위를 지적할 수 있도록 한다.

❋ 아이가 완전하게 알게 되면 입과 눈 등 다른 부위를 추가한다.

❋ 아이를 목욕시킬 때 신체 부위의 이름을 말해 주면 그 단어가 가리키는 신체 부위를 알게 하는 데 도움이 된다.

물건 이름 대기

❋ 아이가 이름을 정확하게 알고 있는 몇 가지 물건들을 이용해 물건을 들고 "이게 뭐지?" 라고 묻는다.

❋ 아이가 대답을 못하면 물건의 이름을 말해 주고 아이에게 따라하게 한다. 아이가 자기 힘으로 대답할 수 있을 때까지 계속한다.

❋ 실제 물건 대신 그림책에 나오는 물건을 가리키며 물어봐도 된다.

음식을 뱉는 습관이 있는 아이 버릇들이기

아이들은 부모가 안 된다고 소리치면서도 결국은 웃고 만다는 것을 안다.

때문에 자신의 행동이 엄마나 아빠의 관심이나 흥미를 끌게 되면, 그 행동을 더욱 하고 싶어하는 것이다. 다음과 같은 방법으로 버릇을 고쳐 보도록 한다.

1 음식을 바꿔 본다 딸기 같은 과일류, 주스, 요구르트 등은 아이들이 뱉으면서 재미를 느끼는 것들이므로, 빵이나 작게 자른 치즈, 익힌 당근이나 과자 같이 뱉기 어려운 음식을 주도록 한다. 그리고 아이에게 좋아하는 음식을 주지 않는 이유를 자세히 설명해 준다.

2 관심을 보이지 않는다 아이가 먹고 있을 때 무관심한 척하면서 음식을 뱉어내는 소리가 들려도 돌아보지 않는다. 처음에는 더욱 심하게 소리를 내며 뱉어내지만, 어느 정도 지나면 자신의 행동이 부모의 관심을 끌지 못함을 알고 더 이상 그런 행동을 하지 않게 된다.

3 음식을 빼앗는다 계속 음식을 뱉어내면 간단하고 확실하게 '뱉으면 안 돼' 라고 말한다. 그리고 '먹는 것 갖고 장난치면 치워버릴 거야' 라고 덧붙인다. 그래도 계속 하면 과감하게 그릇을 치워버린다. 당장은 부모의 말을 잘 이해하지 못 하지만 곧 그 의미를 알게 될 것이다.

식구들 이름 말하기

✽ 아이 앞에서 식구들의 이름을 자주 불러서 익숙하게 한 다음 아이가 식구들의 이름을 구별할 수 있게 되면 공을 주고서 "이 공을 형에게 줘.", "할머니께 숟가락 하나 갖다 드릴래?" 등으로 말해준다.

✽ 식구들을 앉게 한 다음 아이가 정확하게 이름을 부르면 불린 사람이 아이에게 공을 던지게 한다.

✽ 아이에게 식구들 이름을 물어보게 한다. 식구들의 이름을 듣고 부를 기회가 많은 식사 시간에 이런 놀이를 하면 좋다.

인지발달 놀이

바구니에서 장난감 꺼내기

✽ 장난감 바구니에 각기 다른 장난감을 3~4개 정도 집어넣고 "엄마에게 곰 인형 꺼내 줄래?", "이번에는 공을 꺼내 볼까?"라고 하면서 하나씩 꺼내게 한다. 이때 바구니가 넘어져서 쏟아지지 않도록 바구니를 붙들어 준다. 잘하지 못할 때는 아이의 손을 이끌어서 도와주다가 점차 도와주는 것을 줄이고 말로만 힌트를 준다.

✽ 능숙하게 하면 빨래 바구니에서 자기 옷을 꺼내거나 수저통에서 숟가락으로 꺼내게 하는등 엄마를 돕게 한다.

낙서하기

✽ 엄마가 먼저 도화지에 그림을 그리는 모습을 보여준 다음, 아이에게 크레파스를 쥐어주고 아이 손을 같이 잡은 채 그림을 그린다. 아기 손에 힘이 들어가면 손을 떼고 아이가 마음대로 낙서하게 한다.

✽ 벽에 종이나 신문지를 붙여주고 마음대로 낙서하게 한다.

생활 습관 들이기

숟가락 사용하기

✽ 숟가락을 입에 넣고 음식을 먹는 연습을 시킨다.

✽ 숟가락의 음식을 잘 받아먹으면 아이 손에 숟가락을 쥐어준 다음 엄마가 도와주면서 숟가락을 입안에 넣게 한다.

무엇이든 물어 보세요

Q 차를 타기만 하면 금방 잠들어 버리면서도 요 위에서는 잠들기까지 시간이 너무 많이 걸립니다. 왜 그럴까요?

A 아기들은 흔들리는 것을 무척 좋아하기 때문에 자동차는 아기에게 요람 같은 역할을 한다. 밤에 깨서 우는 아기를 차에 태우고 드라이브를 했더니 잠이 들더라는 경험을 가진 사람도 많을 것이다. 차에서는 자다가 집에 돌아오면 잠을 깨는 경우도 많다. 아기가 정말로 졸렸던 게 아니라 요람처럼 흔들리는 차 속에서 기분이 좋아져 깜빡 졸았던 것일 뿐일지도 모른다. 매일 매일의 생활 속에서 리듬이 제대로 갖춰져 있는지를 한 번 체크해 보기 바란다.

Q 11시부터 3시 정도까지 낮잠을 자고 어떤 때는 그보다 더 많이 자기도 합니다. 너무 많이 자는 게 아닐까요?

A 밤에도 잘 잔다면 상관이 없다. 잘 자는 것은 평소와 다른 생활을 할 경우가 많다. 손님이 왔다거나 많은 사람들 속에서 있었다거나, 하는 식으로 평소와는 다른 자극을 많이 받아 정신적으로 피곤하면 잘 자게 되는 것이다. 또, 아프기 시작할 때나 병의 회복기에 있을 때도 잘 잔다.

Q 밖에서 노는 것을 아주 좋아하는데 하루에 몇 시간 정도 놀게 하는 것이 적당할까요?

A 오전 중에 공원에서 많이 놀게 해 주자. 빨래나 청소 같은 집안 일을 오전 중에 다 끝내야만 개운하다는 엄마들도 많지만 아기의 생활 리듬으로 볼 때 바깥에서 노는 시간대는 오전중이 좋다. 세탁기는 좀 이른 시간에 돌려놓고 청소는 집에 돌아온 다음에 하도록 하자. 바깥에 나갈 때는 간식거리는 갖고 나가지 말고 보리차만 물통에 넣어서 들고 나가는 게 좋다. 오전 중에 많이 논 아기는 밥도 잘 먹고 잠도 잘 잔다.

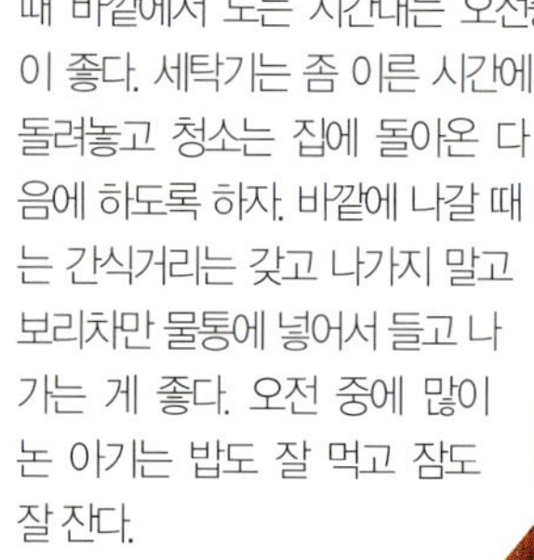

➲ 아이의 바깥놀이는 오후 시간보다 오전 중이 좋으며 놀이를 나갈 때는 보리차를 준비하도록 한다.

빨대 사용하기

✽ 요구르트 병에 빨대를 꽂은 다음 아이 입에 물려 준다.

✽ 아이가 빨지 못하면 요구르트 병을 기울여 빨대 대롱에 요구르트가 흘러나오게 한 뒤 아이 입에 대준다.

✽ 빨대에서 요구르트가 나온다는 것을 알고는 곧 빨대를 쪽쪽 빨게 된다.

컵 들고 마시기

✽ 손잡이가 달린 컵을 아기에게 양손으로 잡

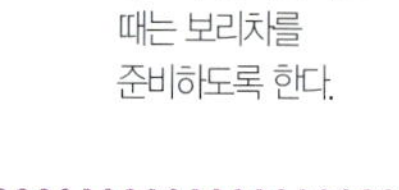

➲ 바구니 안에서 엄마가 말하는 물건을 꺼내는 활동을 통해서 인지 발달을 도울 수 있다.

게 한 다음 아이를 도와서 컵을 입에서 가져가게 한다.

✽ 차차 엄마 손을 떼고 혼자 잡게 한다.

✽ 쏟아지지 않도록 컵에 물을 조금 담아 주고 마시게 한다.

✽ 컵 속의 물이 튀어 넘치지 않게 컵을 얌전히 내려놓는 방법을 엄마가 실제로 시범을 보이며 가르쳐준다.

세수하기

✽ 대야에 물을 받아 놓고 아이에게 손을 넣어 보게 한다.

✽ 엄마가 손에 물을 묻혀서 얼굴을 문지르는 것을 보여주고 아이가 흉내내게 한다.

✽ 아이에게 세면대에서 손으로 물장구를 쳐 보게 하면 더욱 재미있어 한다.

➲ 처음에는 물이 쏟아지지 않도록 조금만 담아 컵을 잡는 연습을 시작하고 서서히 익숙해지도록 한다.

만 16-18 개월

이 달 말에 우리 아기 여기까지 할 수 있다

	16개월	17개월	18개월
STEP 1 **90% 가능** 대부분 할 수 있다	1 뭐든지 잘 따라 한다 2 크레파스를 쥐고 선을 긋는다 3 숟가락을 혼자 쥐고 먹는다	1 '응가' '지지' 등 유아어를 서너개 사용한다 2 컵에 물이나 주스를 담아 주면 흘리지 않고 마신다	1 계단을 엎드려 기어올라간다 2 블럭 쌓기를 할 수 있다 3 '응야' '까까' '어부바' 등의 유아어를 다양하게 사용한다 4 '눈' '코' '입' 을 연관지어 가리킬 수 있다
STEP 2 **75% 가능** 웬만하면 할 수 있다	1 '눈' '코' '입' 을 연관지어 가리킬 수 있다 2 '응가' '지지' 등 유아어를 서너개 사용한다	1 계단을 엎드려 기어올라간다 2 손의 기능이 예민해져서 블럭 2개를 쌓을 수 있다 3 '응가' '지지' '까까' '어부바' 등의 유아어를 다양하게 사용한다	1 쫓아가면 종종거리며 달아난다 2 혼자서 숟가락이나 포크를 사용해서 먹는다 3 '눈' '코' '입' 뿐만 아니라 '손' '발' '무릎' 등 다양한 신체 부위를 가리킬 수 있다
STEP 3 **50% 가능** 할 수 있는 아기도 있다	1 걷기와 뛰기의 중간 단계로 겅중거리며 달린다 2 계단을 엎드려 올라간다 3 혼자서 숟가락이나 포크를 사용해서 먹는다 4 '응가' '지지' '어부바' 등의 유아어를 다양하게 사용한다	1 스스로 옷을 벗으려고 잡아당긴다 2 블럭쌓기가 능숙해져서 쓰러지지 않고 쌓을 수 있다 3 인형에게 우유 먹이는 놀이를 한다	1 물건을 쓰러지지 않게 차곡차곡 쌓을 수 있다 2 물건 이름을 이야기하면 사진이나 그림책 속에서 연관지어 가리킨다
STEP 4 **25% 가능** 하기에 벅차다	1 공을 앞으로 굴린다 2 단추가 채워지지 않은 웃옷을 벗을 수 있다 3 인형에게 우유 먹이는 놀이를 한다	1 공을 들어올려 던진다 2 물건 이름을 이야기하면 사진이나 그림책 속에서 연관지어 가리킨다 3 말귀를 어느 정도 알아듣는다 4 블럭 네 개를 쌓아 올린다	1 칫솔질을 해주면 '아' 하고 입을 벌린다 2 실제 사물과 그림을 대부분 연관지을 수 있다 3 단어를 사용해 의사표현을 한다

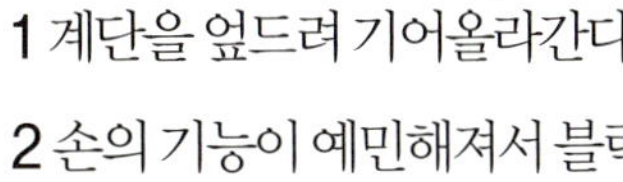

아기 키우기 포인트

예절과 식사습관을 가르친다

이 시기가 되면 어느 정도 말을 알아듣고 칭찬과 꾸중이 효과를 발휘한다. 때문에 이 시기를 습관 형성에 중요한 시기라고 보는 것도 이런 이유다. 이 시기에 올바른 습관을 형성하지 못하면 나중에 바로잡기가 쉽지 않다. 올바른 가치관과 매너, 식사습관 등을 길러주어 바람직한 성장을 이룰 수 있도록 도와주자.

Point 1 기다림의 의미를 알게 한다

두 돌 이전의 아이들은 욕구 충족이 바로 이루어지지 않으면 조금도 참지 못하고 울고 보채는 경향이 있다.

아이들에게는 지금, 현재에 대한 개념만 있어 기다림이란 걸 모르기 때문이다. 그래서 조금만 있으면 식사를 할텐데도 그 사이를 못 참아 아이가 배가 고프다고 보채는 경우가 있다. 이럴 때는 배고픔을 면할 정도로만 음식을 조금 주고 잠깐 기다리면 더 맛있는 것을 주겠다고 약속한다. 이렇게 해서 아이 스스로 기다림에 대한 가치를 깨닫게 한다.

'기다린다' 는 것에 익숙하지 않다면 아이의 관심을 다른 곳으로 돌리는 것도 좋다. 엄마와 함께 놀이를 한다든지 아이가 좋아하는 노래를 같이 불러 잠시 잊도록 한다.

만 두 살 무렵이 되어야 '잠깐 기다린다' 는 것을 어느 정도 이해할 수 있게 되고 세 살 무렵이 되어야 얼마간의 시간을 기다리는 '인내심' 이란 것이 싹틀 수 있다. 성장 발달의 한 과정으로 인내심이 생길 때까지는 기다려 주는 자세가 필요하다.

Point 2 음식은 식탁에 앉아서 먹게 한다

어려서의 버릇이 자라서도 계속 유지될 수 있으므로 이 시기부터 아이에게 올바른 식사습관을 길러주어야 한다.

이제부터라도 먹여주는 것을 중단하고 스스로 먹을 수 있도록 유도한다. 혼자 먹을 수 있을 만큼 숟가락 사용이 능숙하지 못하더라도 아이는 숟가락질하는 것에 재미를 느껴 먹으려고 할 것이다. 숟가락질이 서툴러 흘리는 것이 더 많겠지만 이런 과정에서 겪는 일시적인 배고픔도 아이에게는 소중한 경험이다.

음식을 앞에 놓고 돌아다니거나 딴청을 부

Q 분유 통의 기준량에 맞춰서 먹이고 있는데 나날이 살이 찌는 것 같아요.

A 분유통에 적혀 있는 양은 평균량이다. 아기가 먹고 싶어하는 양과는 다르지만 엄마로서는 아기가 얼마나 먹고 싶어하는지를 알 수가 없다. 분유의 경우 좀 많다 싶게 먹이게 되는 경우가 많은 것이 사실이다.

살이 찌는 이유는 꼭 분유량 때문만은 아니다. 생활을 어떻게 하고 있는지 다시 한 번 체크해 보자. 엄마와 잘 노는지, 오전 중에는 밖에 나가서 마음껏 몸을 움직이고 있는지 아기나 엄마나 집안에만 틀어박혀서 집안에서만 하는 놀이로 만족하고 있는 것은 아닌지 생각해보고 엄마와 같이, 활동 영역을 넓혀 보도록 한다.

Q 장난감에 금방 싫증을 내요. 성격에 문제가 있는건 아닐까요?

A 아기가 그 장난감에 집중하지 않으면 엄마는 곧장 다른 장난감을 사줘야겠다고 생각하는 경우가 많다. 싫증 나서 던져 버렸던 장난감이라도 얼마 지나고 나면 다시 찾아서 갖고 노는 경우가 많다. 싫증을 낸다고 해서 계속 새것만 사 주면 물건을 소중하게 여기는 마음, 참을 줄 아는 마음을 기르기 어렵다. 장난감에 싫증이 난 것 같으면 밖으로 데리고 나가자. 바깥에는 장난감 역할을 할 수 있는 물건들이 무척 많이 있다.

➡ 장난감에 싫증를 잘내는 아이는 바깥놀이로 관심을 돌려준다.

Q 젖을 뗄 수가 없습니다. 충치가 될까봐 걱정되는데 어떻게 하죠?

A 충치와 모유는 직접적인 관계는 없다. 충치가 생기는 세 가지 요소는 치아의 질, 설탕, 그리고 스트레스이다. 한 살을 넘기면 이미 젖만 먹는 것은 아니다. 설탕이 들어간 과자나 주스를 먹게 될 것이다.

충치는 이런 음식 속의 설탕 때문에 생긴다. 주스 대신에 보리차를 먹이는 게 좋다.

또, 늘 야단을 맞거나 싫은 마음을 갖는 상황에서 생활하게 되면 몸 속의 혈액 흐름이 나빠져서 치아에까지 영향을 주게 되므로 주의한다. 젖을 먹이기 때문에 충치가 된다는 생각은 버리자.

➡ 숟가락과 포크를 잡고 음식을 먹기 시작하는 시기이기 때문에 지금부터 올바른 식사습관을 익혀야 한다.

리는 버릇은 초기에 바로잡아야 한다. 아이를 쫓아다니면서 먹이려고 하다가는 학교에 들어갈 나이가 되어서까지 이런 버릇을 못 고치게 된다. 아이가 배불리 먹은 것 같지 않아도 우선은 음식을 치웠다가 나중에 아이가 배고프다고 하면 그때 반드시 식탁에 앉아 먹도록 가르친다.

Point 3 예절과 공중도덕을 가르친다

공중도덕과 예절은 현대 사회에서 사람들과 관계를 맺으며 살아가기 위해서는 꼭 필요한 요소이므로 어려서부터 몸에 배도록 가르치는 것이 좋다. 하지만 한꺼번에 가르치려고 하기보다 끈기를 갖고 조금씩 꾸준히 가르쳐서 자연스럽게 몸에 배도록 한다.

중요한 것은 아이의 대화나 일상생활에서 부모 자신이 항상 '고마워' '미안하지만' 등의 표현을 자주 사용해 본보기를 보여야 한다는 것이다. 또한 부모가 아이 앞에서 손님들에게 "안녕히 가세요." "고맙습니다." 등의 말을 대신 해주면 아이 스스로 공손한 예절을 배우게 된다.

POINT 4 책에 재미를 붙이게 한다

책 읽는 것을 좋아하는 아이로 키우기 위해서는 어려서부터 습관을 길러 주어야 한다. 책은 얼마나 많이 읽느냐 하는 것보다 어떤 것을 읽느냐가 더 중요한데, 그런 점에서 좋은 책을 선택해서 꾸준히 읽어줄 필요가 있다. 아이들에게는 그림이 크고 밝으며 사실적인 것, 글에 운율이 있는 책이 좋다.

책을 읽어줄 때는 하루 중 일정한 시간을 정해서 꾸준히 읽어주는 습관을 들이도록 한다. 단조로운 말투보다는 동화구연하듯이 감정을 넣어 재미있게 읽어주고, 여러 가지를 다양하게 읽히기보다는 같은 책을 여러 번 반복해서 읽어주는 것이 좋다.

무엇보다 중요한 것은 부모가 책 읽는 모범을 보이는 것. 부모가 책읽기를 좋아하면 아이들도 자연스럽게 책읽기를 좋아하게 된다.

아기들에게는 그림이 크고 밝으며 사실적인 것 혹은 글에 운율이 있어 재미있게 읽어줄 수 있는 책이 좋다.

POINT 5 TV, 비디오 등 시청각 매체를 교육 도구로 활용한다

요즘 아이들에게는 TV나 비디오 등 시청각 매체가 미치는 영향을 무시할 수 없다. 이들 시청각 매체는 잘만 활용하면 좋은 교육 도구가 될 수 있다. 18개월 무렵이 되면 하루 30분

정해진 시간이 되면 TV를 끄고, TV 속 상황을 연출하거나 이야기를 만들어 보는 놀이를 해본다.

정도 시청하게 하는데, 처음엔 부모가 좋은 프로그램을 정해서 보여 주는 것이 좋다.

우선 좋은 프로그램을 선정해서 보여주고, 정해진 시간이나 프로그램이 끝나면 TV를 끄는 습관을 들이도록 한다. 식사를 하면서 TV를 보는 습관은 좋지 않으므로 식사시간에는 TV를 끄도록 한다.

TV 보는 것을 엄마가 일을 할 동안 아이를 혼자 있게 하는 수단으로 사용해서는 안 된다. 엄마가 함께 보면서 등장하는 동물이나 인형들이 하는 행동에 대해 서로 얘기도 하고 따라해 보게 하는 것이 교육적으로 바람직하다.

POINT 6 칭찬과 꾸중은 일관성 있게 한다

아이 스스로 옳고 그름을 판단하고 스스로 자신을 통제할 수 있는 바탕을 길러주기 위해서는 규율이 필요하다. 그러기 위해서는 다음 몇 가지 원칙을 정해 놓고 훈련을 시키는 것이 좋다.

· 적절하고 공정한 주의를 준다
· 착한 일을 하면 반드시 칭찬해 준다
· 잘못하면 적절한 벌을 내린다
· 처벌은 즉각적으로 시행한다
· 똑같은 행동에는 항상 같은 반응으로 일관성 있게 가르친다
· 처벌에 대한 정당한 이유를 설명해 준다
· 적절하고 공정한 처벌 뒤에는 용서하고 깨끗이 잊는다

POINT 7 긍정적인 자아를 형성시켜 준다

아이들은 부모의 양육태도나 주변 환경에 영향을 많이 받는다. 의도적이든 의도하지 않든 부모의 사는 모습이 아이의 가치관 정립에

Q & A
무엇이든 물어 보세요

Q 머리 좋은 아이로 키우고 싶은데 어떻게 해야 될까요?

A 매일매일의 놀이가 뇌를 발달시킨다. 아기의 순조로운 심리적 발달을 원한다면 이른바 '조기 교육'이라는 단어는 잊는 게 좋다. 세 살까지에 뇌가 발달하는 부분이 많은 것은 확실하지만 조기 교육으로 이루어질 수 있는 것은 아니다. 세 살까지의 어린이의 행동은 일방적이다. 부모가 그런 행동에 충분히 관여해 주는 것이 뇌 발달로 이어지는 것이다. 날마다 엄마와 같이 건강한 활동을 하는 것이 결국은 뇌 발달을 촉진시키게 되는 것이다.

Q 낮잠을 자지 못하고 뒤척여서 걱정입니다. 예민해서 그러는 걸까요?

A 어린 시절 수면의 특징이라고 할 수 있다. 아침에 일어나 보면 밤에 잘 때와 정 반대의 자세로 누워 있는 경우도 있다. 일반적으로 수면의 리듬에는 눈을 꼭 감고 움직이지 않는 깊은 수면(넌 렘기), 눈을 감고 있기는 하지만 팔 다리를 움직이는 얕은 수면(렘기), 한 쪽 눈을 떴다 감았다 하는 시기의 세 가지

가 있다. 1회의 수면에서는 이런 패턴이 몇 차례 반복된다. 몸을 뒤척이거나 많이 움직이는 시기는 렘기인데 아기는 어른에 비해 렘기가 길어서 줄곧 몸을 움직이는 것처럼 느껴지는 것이다. 이 시기 아기는 잠을 깬다고 해도 확실하게 깨는 것은 아니므로 엄마가 옆에서 토닥토닥 어루만져 주면 다시 잠이 들 것이다.

엄마 옆에만 있으려고 하는 아이의 경우 혼자 있는 것이 익숙해지게 한 다음 서서히 어울려 놀게 하는 것이 좋다.

Q 우리 아이는 엄마 옆에만 붙어 있으려고 하고 다른 아이들과는 전혀 어울리지 않아요.

A 갑자기 많은 아이들과 어울리게 하는 것보다 요일별로 놀이계획을 세워 한두 명씩 차근차근 어울려 놀게 한다. 또는 엄마가 아이를 데리고 다른 아이들 옆에서 놀이를 함께 해본다. 놀이를 하다가 아이가 따라 오면 그대로 두었다가, 다시 애들이 노는 곳으로 데리고 가는 것을 반복한다. 아이가 차츰 10~15분 정도 혼자 있는 것에 익숙해지면 친구들과 어울리게 도와준다.

커다란 영향을 끼친다.

아이에게 긍정적인 자아와 올바른 가치관을 정립시켜 주기 위해서는 부모가 먼저 자신의 가치관을 분명히 실천해야 한다. 일상생활에서 부모가 모범을 보이는 것만큼 확실한 교육은 없다.

그 가운데 가장 대표적인 것이 약속인데, 특히 아이와의 약속은 반드시 지켜야 한다. 행동뿐만 아니라 그 이유를 설명해줘서 정직하게 사는 것이 거짓말을 하는 것보다 좋다는 것을 깨닫게 한다.

탐구심을 길러준다

아이들은 태어날 때부터 지적 호기심을 갖고 태어난다. 이 지적 호기심을 어떻게 길러주느냐에 따라 창의적인 아이로 자랄 수도 있고 그렇지 않을 수도 있다. 지적 호기심과 탐구력은 초기 학습을 가능하게 하는 원동력이다. 이 지적 호기심을 발전시키기 위해서는 다음과 같은 부모의 관심과 노력이 필요하다.

Point 1 호기심과 모험심을 길러 준다

탐색하기를 좋아하는 아이 주변은 항상 지저분하기 쉽다. 보는 것마다 궁금해서 만져보고, 뒤집어보고, 엎어놓고 하기 때문이다. 심지어 화분의 나뭇잎을 모두 떼어내거나, 아빠가 보지도 않았는데 신문을 모두 찢어 놓는 경우도 있다. 하지만 집을 어지럽힌다는 이유로 이런 행위를 막아서는 안 된다.

허용될 수 있는 범위 내에서는 아이의 실험정신을 발휘하게 해주고 격려해 주는 것이 바람직하다.

Point 2 질문에 성의 있게 대답한다

말을 하기 시작하면서 질문이 부쩍 많아진다. 보는 것마다 "이거 뭐야?"를 반복하는 아이에게 가능하면 모든 질문에 대답해 준다. 귀찮다고 얼렁뚱땅 대답을 하거나 짜증을 내서는 절대 안 된다. 오히려 아이의 질문에 대답하면서 또 다른 질문을 유도해내는 것이 좋다.

이러한 과정에서 부모가 학습을 강요하거나, 틀렸을 때 속상해 하면서 아이를 구박하면 아이는 배우는 것을 두려워하게 된다.

손님이 왔을 때 이렇게 해주세요

모든 것이 아직 자기 위주인 아이들은 타인에 대한 배려가 부족하다. 그래서 손님이 왔을 때 조심스럽게 행동해야 하고 손님을 배려해야 한다는 개념이 없다. 그래서 자기 곁에만 있던 엄마가 잠시 손님과 이야기를 나누기라도 하면 칭얼대거나 큰소리로 울며 엄마의 관심을 끌려고 한다.

낯선 손님과 잠깐이라도 성공적인 만남을 가질 수 있도록 아기를 조금씩 훈련시켜 보자.

- **아이가 조용히 있기를 기대하지 않는다** – 아이가 오랫동안 혼자 잘 놀아주기를 바라는 것은 과욕이다. 손님이 오랜 시간 머문다면 가끔 손님과 이야기하던 것을 멈추고 아이와 함께 놀아준다.
- **손님 때문에 아이와 하던 놀이를 멈추지 않는다** – 아이와 놀이를 하고 있었다면 손님이 왔더라도 잠시 기다리게 하거나, 아이와 놀아주면서 손님과 번갈아 가며 대화를 한다.

Point 3 다양한 놀이와 경험을 유도한다

아이들은 다양한 놀이와 경험을 통해 많은 것을 배우게 된다. 놀이터에서 그네를 타거나 미끄럼틀을 타면서도 요령을 터득하고, 모래놀이나 점토놀이를 통해 손동작이 몰라보게 다양해진다.

또한 엄마와의 바깥 나들이에서 배우는 것도 많다. 가끔은 시장이나 백화점에 데리고 가서 다양한 사람과 지나가는 자동차 등을 구경시켜 주도록 한다. 그밖에 책이나 TV, 비디오 등을 통해 간접 경험을 함으로써 상상력이 길러지기도 한다.

손가락을 심하게 빤다

Point 1 만 4~5살까지는 걱정하지 않아도 된다

아기들은 태어날 때부터 '구순본능'을 갖고 태어나 입을 통한 욕구를 만족시키려는 경향이 있다. 그래서 손가락이나 장난감 등 무엇이든지 눈에 보이는 것은 입으로 가져가 빨려는 버릇이 있다.

- **아이를 뒷전에 팽개치지 않는다** – 손님이 왔을 때 엄마와 함께 손님을 맞이하고 아이가 좋아하는 책이나 인형을 손님에게 보여주게 한다.
- **조용히 있으면 칭찬해준다** – 손님이 왔을 때 아이가 보채지 않고 조용히 있었다면 아이의 행동을 칭찬하고 보상해 준다.
- **방문 시간을 잘 조정한다** – 미리 약속 가능한 손님이라면 시간을 잘 조정해서 되도록 아이가 잠자는 시간에 방문을 하도록 한다.

이러한 버릇은 대부분 돌 무렵이 되면 자연스럽게 없어진다. 하지만 아이들 중에는 늦게까지 손가락 빠는 버릇을 버리지 못하는 경우도 상당수 있다. 그렇더라도 만 4살까지는 정상적인 행동 유형으로 볼 수 있으므로 염려할 필요는 없다.

Point 2 손을 이용한 놀이를 유도해 관심을 돌린다

오히려 손가락을 빨지 못하게 하면 그 행동에 더 집착하게 되므로 지나치게 억제하지 않는다. 대신 블럭놀이나 그림 그리기, 악기 두드리기 등 아이가 두 손을 이용해서 할 수 있는 놀이를 유도해 아이의 관심을 다른 곳으로 돌려준다. 또한 푹 자고 푹 쉬게 해줌으로써 정서적으로 편안한 상태를 유지시켜 주는 것이 좋다.

○ 손가락을 빠는 행동을 억지로 못하게 하면 오히려 그 행동에 집착 할 수 있으므로 자연스럽게 다른 곳으로 아이의 관심을 유도한다.

이 시기에 꼭 해야 할 교육 프로그램

공 굴리기

✿ 마루 바닥에 엄마와 아이가 1m 쯤 떨어진 위치에서 다리를 넓게 벌리고 마주앉는다.

✿ 엄마가 먼저 아이에게 공을 굴려 보낸 다음 아이 손으로 공을 짚게 한다. 아이가 잡은 공을 엄마에게 되돌려 굴려 주도록 도와준다.

✿ 잘하면 칭찬하면서 점점 더 멀리 떨어져 앉아 굴린다.

나무블럭 쌓기

나무블럭 서너 개를 위로 탑처럼 쌓아 보게 한다. 처음에는 엄마가 아이의 손을 잡고 도와주다가 익숙해지면 혼자 하도록 유도하고 점차 높이 쌓게 한다.

고리 끼우기

✿ 나무나 플라스틱으로 된 기둥을 쓰러지지 않게 고정시켜 놓고 다양한 색깔의 동그란 고리를 준비해서 엄마가 먼저 기둥에 끼워 넣는 시범을 보여준다.

✿ 아이에게 고리를 쥐어 주고 손을 잡아준 채 기둥에 끼워 넣도록 도와준다.

✿ 잘하면 칭찬해 주고 아이가 방법을 터득하면 점차 도움을 줄인다.

물건 분류하기

✿ 인형 두 개와 공 두 개를 준비해서 엄마가 공 하나를 들고 아이에게 "다른 공을 찾아보세요."라고 말한다. 다음에는 인형을 가지고 똑같이 한다.

✿ 장난감 대신 물건의 모습이 그려진 그림책과 실제 물건을 준비해서 그림책에서 그 물건을 찾게 한다.

퍼즐 맞추기

✿ 아이가 좋아하는 동물이나 음식 등이 그려

진 퍼즐을 준비해서 그림 맞추기를 한다. 이때 그림은 되도록 간단하고 큰 것이 좋다.

✿ 처음에는 엄마가 도와주면서 같이 하다 차차 아이 혼자 하도록 지켜본다. 아기가 퍼즐을 완성하면 칭찬해 주는 것을 잊지 않는다.

'있다', '없다' 말하기

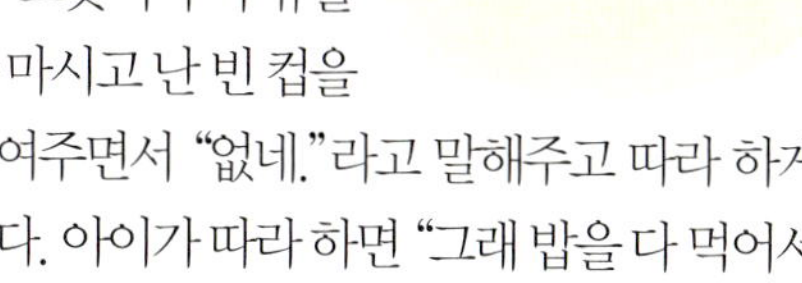

✿ 밥을 다 먹고 난 빈 그릇이나 우유를 다 마시고 난 빈 컵을 보여주면서 "없네."라고 말해주고 따라 하게 한다. 아이가 따라 하면 "그래 밥을 다 먹어서 없지?"라고 말하며 칭찬해 준다.

✿ 아이와 함께 장난감을 갖고 놀다가 잠시 장난감을 감추고 손에 아무 것도 없는 것을 보여주면서 "없다."라고 말한다.

장난감 이름 대기

✿ 장난감 통 속에 손을 넣어 아이가 좋아하는 장난감을 꺼내게 한다.

✿ 아이가 장난감 하나를 꺼내면 엄마가 먼저 장난감 이름을 말하고 나서 아이에게 따라 하게 한다.

✿ 그 다음에는 엄마가 장난감을 꺼내서 아이에게 물어보며 장난감 이름을 말할 수 있도록 유도한다.

갓난아기 때부터 사용하던 베개만 좋아하는 아이

이 시기엔 애착이 가는 물건에 집착을 보이는 아이들이 많다. 어딜 가든지 아빠, 엄마가 따라다니는 것이 아니라는 것을 알게 될 때이므로, 무엇인가 안심시켜줄 것이 필요한 것이다. 또한 공포심이 커지는 시기이므로 이런 물건들은 아이에게는 큰 위안이 된다. 따라서 이런 물건들을 강제로 뺏지 말고 다음과 같은 방법을 써보자.

1 야외에 갈 때는 손수건, 남의 집 방문에는 가방 등 그 장소에 어울리는 적절한 물건을 대신 가져가게 해본다.

◐ 대부분의 아이들이 이 시기가 되면 공포심이 커지기 때문에 유난히 한가지 물건에 애착을 보이게 된다.

2 쇼핑을 갈 때 '차 안까지는 괜찮지만 백화점 안에서는 안 된다' 든지, '집안은 괜찮지만 놀이터는 안 된다' 는 식으로 물건의 사용 횟수를 줄여 간다.

3 그 물건을 자주 씻어 냄새를 없애도록 한다. 친숙한 냄새를 제거하는 것은 애착을 끊는데 도움을 준다.

4 퍼즐이나 블럭 등 아이가 좋아하는 물건을 자주 쥐어 주어 잠시라도 아이가 그 물건을 잊게 만든다.

5 집착이 심하다면 원인을 살펴본다. 아이가 집에서 스트레스를 받지는 않는지, 놀이방에 보낸다면 그곳 환경은 어떤지, 몸에 이상은 없는지 등 원인을 알아본다.

◐ 엄마와 마주보고 하는 공 놀이는 아이의 소근육과 대근육을 발달시키는데 효과적이다.

일상 생활 훈련을 시킬 때는 엄마가 먼저 시범을 보여 아이가 자연스럽게 따라할 수 있도록 한다.

생활 습관 들이기

모자 쓰기

✤ 아이가 보는 앞에서 엄마가 모자를 써 보이고 나서, 모자를 벗어서 아이에게 주고 써보게 한다.

✤ 아이에게 모자를 주고 머리에 쓸 수 있도록 엄마가 도와준다. 아이가 자신의 행동을 볼 수 있도록 거울 앞에서 시키는 것이 좋다.

✤ 잘하면 칭찬해주고 다음에는 엄마 머리, 그 다음에는 인형 머리에 모자를 씌우고 벗기게 한다.

Q & A
무엇이든 물어 보세요

Q 밤중에 보채다가 깨는 경우 충분히 놀게 한 다음 다시 재우는 것이 좋을까요?

A 아기를 일부러 일어나게 할 필요는 없다. 아직 졸린 것 같다면 달래서 다시 재우도록 한다. 달래 줄 때 아기가 일어나서 놀려고 한다면 그때는 같이 놀아 주는 것도 좋다. 아빠가 귀가해 있는 시간이라면 아빠와 같이 놀게 해도 좋다. 잠시 동안 몸을 많이 움직이는 놀이를 하면 금방 다시 잠들게 된다.

Q 큰 아이와 달리 작은 애는 늘 칭얼거리고 잘 울어요. 여자아이라서 그럴까요?

A 성별과는 관계가 없다. 칭얼거린다면 뭔가 이유가 있을 것이다. "왜 그래? 엄마한테 뭐 할 말 있어?" 하고 물어보자. 대답을 하지 않을 경우 화가 나기 쉽지만 화를 냈다가는 점점 더 아이의 입을 열기 어려워진다. "그럼, 나중에 엄마한테 얘기해 줘. 지금은 엄마가 일을 좀 하고 있을께 괜찮지?" 하는 식

양말 벗기

✤ 아이 발에서 양말을 반쯤 벗긴 다음 양말 끝을 아이 손에 쥐어주고 잡아당겨서 마저 벗으라고 말한다.

✤ 잘하면 칭찬해주고, 다음에는 엄마가 신은 양말을 벗겨 보게 한다.

✤ 처음에는 아이가 벗기기 쉽게 조금 큰 양말을 준비한다.

으로 접근해 보도록 한다. 그런 다음 꼭 껴안아 준다. 엄마가 자기 기분을 풀어주었다는 것을 깨달으면 칭얼거리는 횟수도 줄어들 것이다.

Q 변 보기를 아주 힘들어해요. 어떤 식으로 도와주어야 하나요?

A 엄마의 한쪽 손은 아기 항문 부분에, 또 한 쪽 손은 배에 대고 시계 방향으로 천천히 둥글게 맛사지를 해 주도록 한다. 배와 항문 양쪽을 자극해 주면 배변하기가 쉬워진다.

또, 손가락으로 항문 주변을 가볍게 자극해 주는 것도 효과적이다. 배변할 때마다 운다면 뭔가 병이 숨어 있을 수도 있으므로 일단 병원에서 진찰을 받아 보는 것도 좋다. 또, 변을 부드럽게 하기 위해서는 바깥에서 많이 놀게 해 주고, 고구마나 우엉 같이 섬유소가 많은 채소를 듬뿍 섭취하게 해 준다.

아이가 변기에 앉는 것이 즐거운 것이라는 느낌을 가질 수 있도록 엄마가 옆에서 재미있는 이야기를 들려주어 변기에 앉는 습관을 길러 준다.

배변훈련 시키기

✤ 기저귀를 갈아줄 때마다 "쉬-쉬" 하면서 매번 같은 말을 아이에게 들려준다.

✤ 식구들이 변기에서 용변 보는 모습을 보여 주고 아이도 변기에 앉혀 본다. 변기가 너무 크면 유아용 변기나 아기용 변기커버를 준비한다.

✤ 아이가 변기에 앉을 때마다 칭찬해 주고 변기에 앉아 있는 동안 재미있는 이야기를 들려주어 변기에 앉는 습관을 기르도록 한다.

✤ 아이가 소변이 마려울 때쯤 되면 변기에 앉히고, 소변을 볼 때까지 아이 곁에서 기다려 준다. 하지만 5분 이상 앉아있게 하지 않는다.

버릇 들이기

엄마만 좋아하는 아이

아이들은 대부분 자신이 원하는 것을 가장 잘 해내는 사람이 엄마라고 생각한다. 엄마만 좋아하는 것은 정상적인 발달과정이므로 걱정할 필요 없지만, 다음과 같은 점에 주의한다.

공범자가 되지 않는다

아이에게 선택된 것을 자랑스럽게 생각하면서 아빠의 참여를 함께 거부할 경우 아이는 엄마 외의 사람들을 싫어하게 된다.

가끔은 아빠에게 아이를 맡기고 외출한다

아빠와 아이가 함께 있는 시간을 주어 아이로 하여금 아빠에 대한 신뢰감과 또다른 재미를 느끼게 해준다. 확인전화도 안하는 것이 좋다.

좋은 역할만 욕심 내지 않는다

아이가 싫어하는 일은 아빠에게 맡기고 본인은 좋아하는 역할만 하지 않았는지 생각해 본다.

차이점을 인정하고 신뢰한다

아빠의 육아법이 자신과 다르다 해도 자신의 육아법을 주장하거나 강요하지 않는다. 엄마가 아빠의 양육 태도를 신뢰해야 아이도 아빠를 신뢰하게 된다.

아빠를 격려하고 칭찬한다

아이가 들을 수 있도록 아빠를 칭찬하고 고마움을 표시한다.

만 19-21 개월

여아 : 키 84.4cm 몸무게 12.3kg   남아 : 키 85.1cm 몸무게 12.3kg

이 달 말에 우리 아기 여기까지 할 수 있다

	19개월	20개월	21개월
STEP 1 **90% 가능** 대부분 할 수 있다	1 계단을 빠르게 기어오른다 2 주변의 사물 이름은 많이 알고 있다 3 '눈' '코' '입' 뿐만 아니라 '손' '발' '무릎' 등 다양한 신체 부위를 가리킬 수 있다	1 종종거리며 뛰어다닌다 2 혼자서 숟가락이나 포크를 사용해서 먹는다 3 "책상 위에서 인형 가져와." 같은 두 문장 이상의 말을 알아듣는다	1 블럭 쌓기를 한다 2 몸짓 대신 말로 의사표시를 한다 3 신체 부위의 명칭을 대부분 알고 있다
STEP 2 **75% 가능** 웬만하면 할 수 있다	1 인형에게 우유 먹이는 놀이를 한다 2 단어를 6개정도 사용해서 말을 한다 3 "안방에 가서 공 가져와라." 같은 두 문장 이상의 말을 알아듣는다	1 머리 위로 공을 던진다 2 공을 앞으로 찬다 3 신체 부위의 명칭을 대부분 알고 있다 4 사용할 수 있는 단어가 늘어난다	1 단추가 채워지지 않은 웃옷을 벗을 수 있다
STEP 3 **50% 가능** 할 수 있는 아기도 있다	1 머리 위로 공을 던진다 2 블럭 4개를 쌓을 수 있다 3 실제의 물건과 그림책 속의 사물을 연관지을 줄 안다 4 신체부위의 명칭을 대부분 알고 활용한다	1 그림책 속의 엄마, 아기를 실제의 엄마 아기와 연관지어 말한다 2 손과 발을 이용해서 공놀이를 한다 3 블럭 6개를 쌓아 올린다	1 레고 블럭을 여러 개 끼워 맞춘다 2 칫솔질을 해주면 '이' 하고 입을 벌린다 3 뜻을 알아들어 심부름도 한다
STEP 4 **25% 가능** 하기에 벅차다	1 신체 부위의 명칭을 알고 두 사람의 신체 부위를 연관지어 말한다 2 엄마의 도움 없이 손을 씻을 수 있다	1 달리기를 한다 2 끼워 맞추는 레고 블럭을 가지고 논다	1 양말을 발에 끼우고 잡아당긴다

사회성을 키워준다

자기 주변의 세계에 흥미를 갖기 시작하면서 아이들은 같은 또래의 아기나 조금 더 자란 아기에게도 관심을 갖게 된다. 산책하러 공원이나 놀이터에 나가면 놀고 있는 아이들을 가만히 관찰하기도 하고 조금 다가가기도 한다.

하지만 막상 또래의 아이들과 함께 놀게 하면 처음에는 같이 노는 데 익숙하지 않아 함께 있으면서도 각자의 놀이에 열중하는 것이 일반적이다. 그러다가 어느 틈엔가 다른 아이와 어울려 놀게 된다. 될 수 있는 대로 친구들과 함께 놀게 해 사회 속에서 관계를 맺으며 살아가는 방법을 가르쳐 주자.

Point 1 아이의 마음을 살펴준다

아이에게 세심한 주의를 기울여 마음을 살펴주어야 마음도 건강하고 성격도 원만한 아이로 자랄 수 있다.

혹시 아이가 아파하거나 괴로워하지는 않는지 아이의 마음을 살펴서 달래주고 위로해 주도록 한다.

○ 아이의 잘못으로 어떠한 상황이 벌어졌을 때 엄마가 가장 먼저 할 일은 아기의 마음을 살펴주는 것이다.

Q 뭐라고 줄곧 떠들기는 하는데 의미를 전혀 알 수 없어요. 언제까지 이럴까요?

A 세 살 정도까지는 아직 입이나 혀의 기능이 충분하지 않기 때문에 발음이 확실하지 못한 경우가 많다. 이해가 가지 않는다 하더라도 맞장구를 쳐주면서 이야기를 들어주도록 한다. 꼭 의미가 확실하게 전달되지 않는다 하더라도 누군가가 들어주고 있다는 것에 신뢰감을 느낄 수 있다.

도저히 무슨 말인지 잘 모르겠다면 "미안, 잘 모르겠어. 어떻게 해 달라는 거야?" 하고 아기에게 행동으로 보여 달라고 해 보는 것도 좋은 방법이다. 그래서 이해가 되었다면 엄마가 말로 확인해 주도록 한다. 발음이라든지 말투는 성장해 가면서 점점 확실해지므로 지금은 말을 하는 즐거움을 공유하도록 하자.

아이가 넘어지거나 다쳤을 경우 수선스럽게 대하지 말고 많이 다치지 않았는지, 괜찮은지 조용히 묻는 것이 좋다.

비록 아이가 잘못해 사고가 났더라도 우선은 다친 데가 없는지 살펴서 안정시켜 주는 것이 좋다. 그런 다음 아이가 잘못한 점을 일깨워 줘서 그 행동을 되풀이하지 않게 한다.

정신적인 상처를 입었을 때도 육체적인 상처를 입었을 때와 마찬가지로 안정이 필요하니 아이로 하여금 부모에게 모든 것을 털어놓고 편한 마음을 가질 수 있게 용기를 북돋워 준다.

Q 또래보다 말이 많이 늦은 것 같아요. 언제쯤 제대로 말할 수 있게 될까요?

A 말이 늦은 것 같다면서 걱정하는 엄마들이 무척 많다. 말을 하기 시작하는 시기에는 개인차가 크다고 알려 주어도 엄마로서는 걱정이 되는 게 사실이다. 엄마 입장에서는 빨리 제대로 말했으면 싶겠지만 차분히 기다리도록 한다. 주변 아이들과 비교해서는 절대로 안 된다. 오히려 아이에게 스트레스만을 안겨줄 뿐이다. 아이 스스로 말할 수 있게 될 때까지 기다리도록 한다. 단, 엄마가 언제나 일방적으로만 말하면 아기의 말이 늦어질 수 있다는 것을 명심하자.

○ 아직 혀의 기능이 미숙해 발음이 부정확 하지만 이런 아이의 표현에 맞장구를 쳐주어야 말하는 것에 자신감을 가질 수 있다.

Point 2 친구를 사귀게 도와준다

이 무렵의 아이는 상대방을 이해하고 관계 속에서 행동하는 능력이 부족하다. 그 때문에 같이 어울려 논다고 해도 자신밖에 모르는 경우가 많다. 그러므로 가능한 사회성 발달을 위해 또래 친구들과 어울려 놀게 해준다.

친구와 어울리기 전에 엄마와 아빠가 아이의 상대가 되어 친구 역할을 꾸준히 해주면 또래 친구들과 사귀는 데 도움이 된다. 사회성을 익히는 데 장애가 되는 지나친 소극성이나 부끄러움 등의 문제점도 친구를 사귀기 전에 미리 고쳐준다.

아기들도 개성이 있다

유아기의 아기들만큼 행동 유형이나 발달 상태가 거의 비슷한 연령그룹도 없을 것이다. 그러나 이 시기의 아기들도 분명한 개인차를 지니고 있다. 즉 아기 고유의 천성적 자질이나 성향을 지니고 있는 것이다. 원래가 조용하고 차분한 성향을 지닌 아이에게 말괄량이 삐삐를 기대하는 것은 아이의 자아존중심을 해치게 되는 나쁜 결과를 가져올 수 있다.

그보다는 '얼마나 그림을 잘 그렸는지, 어떤 책을 읽고 있는지, 얼마나 퍼즐을 잘 맞추었는지' 등 아이의 장점을 더욱 북돋워줄 수 있는 데에 관심을 쏟는 것이 바람직하다. 그럼에도 불구하고 걱정이 된다면 담당 의사나 아동상담소에 상의해보고 아이의 이런 행동이 몸의 기능에 이상이 있어서 그런 것인지 또는 어떤 심리적인 이유 때문에 그런 건지 분명히 파악하는 것이 좋다.

○ 아이들은 개인차가 심하기 때문에 변화를 기대하기 보다 아이가 가진 성향을 장점으로 키워주어야 한다.

친구를 처음 사귈 때는 여러 명이 어울리게 하기보다는 한 친구부터 사귀는 것이 좋다. 특히 세 명이 함께 노는 경우 한 아이는 다른 두 아이에게 따돌림을 받는 수가 있으므로 주의한다.

Point 3 동물을 사랑하는 마음을 갖게 한다

대부분의 아이들은 동물을 좋아한다. 그래서 강아지나 비둘기를 보면 쫓아가서 만져보려고 한다. 아이에게 동물을 사랑하는 마음을 갖게 하는 일은 사람과 관계를 맺는 것만큼이나 중요하다.

아이가 동물을 접촉할 때는 몇 가지 명심해야 할 것이 있다. 동물들을 괴롭히거나 약올리는 행동은 절대 못하게 한다. 이런 행동은 나쁜 짓일 뿐만 아니라 상당히 위험하며, 동물도 사람과 마찬가지로 느낌이 있으므로 다치지 않게 해야 한다는 것을 인식시켜 준다.

가능하면 공원이나 동물원, 애완동물 가게 등 다양한 곳에서 여러 종류의 동물들과 접할 수 있게 해주는 것이 좋다. 또는 집에서 직접 강아지나 고양이를 기르게 해 보는 것도 사회

성 발달에 도움이 된다. 아이가 어리다면 털이 날리는 동물보다는 금붕어나 햄스터같이 관리하기 쉬운 것을 선택하도록 한다.

Point 4 나누는 마음을 갖게 한다

어려서부터 나누고 베푸는 마음을 길러 주면 남을 생각하고 이해하는 포용력을 배우게 되어 마음이 너그러운 어른으로 자라게 된다. 사랑이 넘치는 가정에서 자란 아이들은 감정이 풍부하다.

부모가 먼저 아이들에게 본을 보여 불쌍한 사람에게 뭔가 베풀고 나누어주는 것이 즐겁고 만족스러운 일이라는 걸 알게 해준다.

Point 5 남녀의 성 역할을 이해시킨다

두 돌 무렵이 되면 남자아이는 남자아이의 성향이, 여자아이는 여자아이의 성향이 조금씩 나타난다. 그러나 자신의 성별과 다르게 행동하는 아이들이 간혹 있는데, 그렇다고 이상하게 볼 것은 없다.

여자아이가 남자아이 같다거나 남자아이가 여자 같다고 해서, 또는 여자아이가 남자아이들이 갖고 노는 자동차, 로봇 같은 장난감을 좋아한다거나, 남자아이가 여자아이들이 갖고 노는 인형을 좋아한다고 해서 성적인 특성을 의심하는 것은 지나친 감이 있다.

그래도 아이의 그런 행동이 걱정된다면 역할놀이를 통해 행동과 태도를 변화시켜 보자. 또는 아이에게 다양한 장난감을 줘서 다양한 놀이를 체험하게 하는 것도 좋을 것이다.

Point 6 나쁜 행동은 바로잡아 준다

아직 도덕적인 개념이 정립되어 있지 못한 이 시기의 아이들은 옳고 그름에 대한 변별력이 없다. 그런 만큼 나쁜 행동은 그때그때 바로잡아 줄 필요가 있다.

잘못된 행동을 했을 때 그것이 잘못된 일이라는 것을 가르쳐주는 것도 중요하지만 그런 행동이 왜 나쁜 것인지도 일깨워 주어야 한다. 마찬가지로 옳은 행동에도 그 이유를 설명하고 칭찬을 꼭 해주어야 한다. 단, 아이가 잘못을 했을 때, 잘못된 행동은 탓하되 절대로 아이 자체를 탓하지 않아야 한다.

책이나 TV를 보면서 등장인물의 행동과 아이의 행동을 비교해서 옳고 그름을 물어보는 것도 도덕적 개념을 일깨워줄 수 있는 한 방법이다.

Q & A 무엇이든 물어보세요

Q 뭐든지 다 "싫어!"하고 외치는데 벌써 반항이 시작된 걸까요?

A 빠른 아기는 돌 무렵부터 "싫어, 싫어"를 시작한다. 지금까지는 무엇이든 엄마가 하라는 대로 했지만 이제부터는 자기 의사를 표시하게 되는 것이다. 자아에 대한 감각이 생겨나 자기와 엄마가 별개라는 생각을 어렴풋이 하게 되는 것이라 할 수 있다. 이 시기의 아기는 "싫어"라고 할 때의 엄마 반응을 살피면서 자기를 확인한다. 이럴 때는 화제를 돌리거나 장소를 옮기거나 해서 기분 전환을 시도해 보는 것도 좋은 방법이다.
아직은 엄마가 기분 전환을 시키기에 좋은 시기이다. 이렇게 뭐든지 다 "싫어" 하는 시기는 약 6개월 정도 지속되다가 괜찮아진다.

Q 그림 그리는 것을 좋아하는 편인데 벽이나 바닥에 낙서를 하듯이 마구 칠해 놓습니다. 그렇다고 크레파스를 없앨 수는 없고, 좋은 방법이 없을까요?

A 아이는 이미 크레파스의 사용법을 알고 있고, 좋은 그림을 그리고 있다고 생각한다는 점을 알아야 한다. 집안이 지저분해진다고 해서 크레파스를 감춘다는 것은 아이의 예술적 표현을 박탈하는 행위와 같다. 그림 그리기는 장려되어야 할 일이지 금지될 일은 아니다. 온 집안 벽마다 그림을 그리는 것은 옳지 않다는 것을 알리되 아이가 자기 방에만 그림을 그리는 경우에는 아이의 그림에 대해 칭찬을 하는 등의 배려를 잊지 않는다.

아이가 정해진 장소내에서만 그림을 그렸을 때는 칭찬을 해 준다.

이 시기에 꼭 해야 할 교육 프로그램

계단 올라가기

❋ 처음에는 아이 손을 잡고 높이가 조금 있는 문턱을 넘어가는 연습을 한다.

❋ 다음으로 낮은 계단을 올라가는 연습을 시킨다. 안 된다고 기어올라가게 하지 말고 엄마가 손을 약간 끌어당겨서 아이가 발을 떼고 올라가도록 도와준다.

❋ 엄마가 뒷걸음질로 계단을 오르면서 아이가 한 계단씩 따라 올라갈 때마다 칭찬해 준다.

선 그리기

❋ 넓은 종이를 준비한 다음 밀리지 않게 고정시킨다.

❋ 종이에 색연필로 가로, 또는 세로로 선을 긋는 것을 보여준 다음 아이에게 색연필을 쥐어주어 엄마처럼 그리게 한다. 처음에는 어떤 자국만 내어도 칭찬해 준다.

❋ 엄마가 연필로 선을 그려주고 그 선을 따라서 아이가 색연필로 선을 그리게 한다.

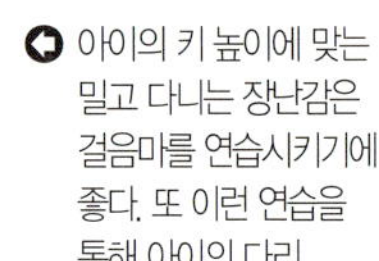

◐ 아이의 키 높이에 맞는 밀고 다니는 장난감은 걸음마를 연습시키기에 좋다. 또 이런 연습을 통해 아이의 다리 근육이 발달한다.

장난감 유모차 밀기

❋ 밀고 다니는 장난감이나 아이의 키 높이에 맞는 유모차를 잡고 걸어가면서 밀게 한다. 처음에는 엄마가 아이 손을 잡고 같이 한다.

❋ 끈으로 박스를 연결해 줘서 장난감이나 다른 물건들을 싣고 끌고 다니게 하면 아이가 훨씬 재미있어 한다.

◐ 처음에는 집안의 문턱을 오르고 내리는 것부터 시작해서 서서히 바깥 계단으로 장소를 옮겨 연습을 해본다.

◐ 사진이나 그림책에서 실제 인물이나 사물을 찾아보게 한다.

떼를 잘 쓰는 아이

추운 겨울인데도 코트를 안 입으려 한다거나, 자기가 좋아하는 책을 갑자기 찢어버리고 나서 찢어진 책을 보며 우는 행동이 엄마의 눈으로는 도저히 이해가 가지 않는다. 이런 행동은 아직 독립하기에 어리지만 아이는 나름대로 자신이 결정을 내리고 싶어하기 때문이다. 이런 무분별한 행동은 배가 고프거나 졸립거나 혹은 기분이 나쁠 때 나타나기 쉽다. 이럴 때일수록 무작정 혼내지 말고 다음과 같이 해보자.

기본적인 성격차를 고려한다 어떤 아이들은 까다로운 성격 때문에 무분별한 행동을 하기도 한다. 성격 자체가 무분별한 것인지, 까다로운 성격을 갖고 있어 다루기 힘든 아이인지를 먼저 체크해 본다.

먹을 것을 주고 쉬게 한다 배가 고프거나 졸릴 때는 아이를 다루기가 어렵다. 잘못된 행동을 혼내기 전에 먹을 것을 주고 쉬게 한다. 또 아이가 무분별한 행동을 할 때는 즐거운 노래를 불러주거나 다른 말을 걸어 아이의 관심을 돌리도록 한다.

무분별한 행동을 받아들이지 않는다 예를 들어 차 안에서 제자리에 앉아 있지 않거나 책장에서 책을 모두 빼내는 등의 행동을 하면 가만히 보고만 있지 말고, 반드시 그때마다 고쳐 주도록 한다.

잘못했으면 적절한 벌을 준다 먼저 아이 스스로 자신의 행동이 잘못됐음을 깨닫게 만든다. 그리고 벌을 주는데, 아이가 마음의 상처를 입을 것 같으면 분명하게 꾸짖는 정도로 끝낸다.

◐ 아이들이 떼를 쓸 때는 무조건 혼내지 말고 아이의 상태를 충분히 보고 그에 맞는 적절한 대응을 해야 한다.

그림책에서 실제 물건 찾기

❋ 사진으로 된 그림책에서 실제의 물건과 같은 것을 찾아 아이 앞에 그 물건과 그림책을 나란히 놓는다.

❋ 아이가 잘 아는 다른 물건들을 가지고 반복하면서 그림을 찾게 하고 이름을 말해 준다.

❋ 아이에게 책에서 그 물건과 똑같은 것을 찾게 한다.

자기 이름 말하기

❋ 거울에 아이를 비춰 주면서 "이게 누구지?" 라고 물은 다음 아이에게 이름을 말해 주고 따라 하게 한다.

❋ 거울을 치우고 다시 아이에게 "네 이름이 뭐지?" 라고 묻는다. 그런 다음 아이를 가리키면서 "은지." 라고 대신 대답한다. 반복하

면서 이름을 작게 들려주거나 이름 첫 자만 말해 주고 아이가 자기 이름을 말하게 한다.

음식 이름 말하기

✿ 음식을 준비해서 앞에 놓고는 아이에게 주기 전에 "이 음식이 뭘까요?"라고 물으며 음식 이름을 말하게 한다.

✿ "이것은 우리 은지가 좋아하는 '카스텔라'지."라고 음식 이름을 말해 준다. 그리고 나서 곧바로 "이게 뭐지?"라고 물어본 후에 맞추면 "맞았어. 우리 은지 카스텔라 먹자."라고 말하면서 준다.

✿ 아이가 간식을 먹고 싶어할 때마다 간식을 아이에게 내밀면서 그 이름을 맞추게 하거나, 간식을 줄 때 처음에 조금만 줘서 아이가 그 이름을 부르며 더 달라고 하도록 유도한다.

생활 습관 들이기

점퍼 벗기

✿ 엄마가 먼저 점퍼 앞자락을 양손으로 벌린 다음 팔을 빼는 모습을 보여주고 아이에게 따라하게 한다.

✿ 아이가 점퍼의 소매를 잡아당겨서 벗도록 도와준다.

신발 벗기

✿ 인형 신발을 벗겨 보는 연습을 시킨다.

✿ 같은 방법으로 자기 신발을 스스로 벗게 해 본다. 이때 아이의 발보다 조금 큰 듯한 신발을 신겨야 벗기가 쉽다.

양말 신기

✿ 아이의 발에 양말을 끼워준 다음 양말의 목 부분을 잡아당겨서 양말을 신긴다.

✿ 이번에는 다른쪽 발에 양말을 반쯤 끼워준 다음 아이 스스로 잡아당겨서 양말을 신도록 한다. 이때 되도록 넉넉한 크기의 양말로 해야 금방 들어간다.

Q 엄마가 눈앞에 있어야만 놀아요. 혼자서는 놀 줄을 모르는데 어떻게 해야 할까요?

A 혼자 놀 수 있다는 것은 이미지의 세계에서 놀 수 있다는 것으로서 지적으로 발달했다는 표시다. 그 전까지는 엄마가 상대가 되고 엄마를 중심으로 해서 놀던 것이, 조금씩 거리를 넓혀 나갈 수 있게 되는 것이다. 엄마 옆에 딱 달라붙어 있다가 조금 떨어지는가 싶으면 다시 딱 달라붙는 행동을 반복하는 아기들도 있다. 아기에게 엄마는 일종의 안전기지 비슷한 존재라고 할 수 있다. 그러한 기지에서부터 점점 떨어져 가는 것, 그것이 성장이다. 지금은 그 도중에 있기 때문에 엄마로부터 보호받고 있다는 안정감을 원하는 것이다. 아기가 엄마를 원할 때는 거부하지 말고 받아들이도록 하자. 그러면 차츰 혼자 노는 것에도 익숙해질 것이다.

Q 음식에 대해 좋고 싫은 것이 너무 분명해서 걱정입니다.

A 이 무렵의 아기들은 싫어한다고 해도 정말로 싫어하는 건 아닌 경우도 있다. 그래서 어떤 때는 멀쩡하게 잘 먹다가 갑자기 싫다고 하기도 한다. 같은 재료라 하더라도 간을 달리 맞춘다거나 조리 방법을 바꿔서 변화를 주어보자. 또, 아기가 싫어하는 것이라 하더라도 "한 번 먹어 볼까" 하는 마음을 불러일으키도록 하는 것이 중요하다. 색깔이나 담는 방법을 궁리해 보는 것도 좋고, 엄마가 아기 앞에서 맛있게 먹어 보이는 것도 좋은 방법이다. "영양이 편중되지 않도록 이것만은 꼭 먹여야지" 하는 식으로

엄마가 지나친 의욕을 보이는 것은 별로 좋은 일이 아니다. 그렇게 생각을 하게 되면 엄마에게나 아기에게나 식사를 한다는 게 스트레스로 작용하게 된다. 모처럼 만든 음식을 아기가 먹지 않으면 안타깝겠지만, 특별히 마르거나 약하지 않다면 영양에 문제가 생기지 않으므로 너무 무리하지 않는 게 좋다. 싫어한다면 얼마간 그냥 두었다가 타이밍을 잘 봐서 다시 한 번 먹여 보는 방법이 좋겠다.

Q 열심히 놀고 있을 때는 말을 걸어도 전혀 반응이 없어요. 혹시 귀가 잘 안 들리는 건 아닐까요?

A 열심히 놀고 있을 때는 주의가 놀이에 집중되어 있으므로 뒤에서 아무리 불러도 돌아보지 않을 수 있다. 아이에게 말을 걸 때는 아이 눈을 보면서 해야 한다. 텔레비전을 열심히 보고 있는 아이를 부엌에서 아무리 불러봐야 돌아볼 리가 없기 때문이다. 그럴 때는 아이 옆으로 가서 눈을 보면서 "엄마가 아까부터 불렀는데 안 들렸어?" 하고 말하도록 하자. 귀에 문제가 있는지를 확인하고 싶다면 아이 바로 뒤에서 갑자기 큰 소리를 내 보자. 돌아 본다면 들리는 것이고 만일 돌아보지 않는다면 문제가 있는 것이다. 들리지 않는 아이라면 말을 하지 못하는 등의 장해가 이미 나타났을 것이다. 그래도 걱정이 된다면 한 번 병원에 들러 보도록 한다.

❶ 아이들은 자신이 좋아하는 놀이를 할 때 완전히 집중하게 되므로 엄마가 부르는 것에 반응을 하지 않을 수도 있다.

또래 친구들의 장난감을 빼앗는 아이

이 시기에는 내 것과 네 것에 대한 인식이 전혀 없기 때문에 남의 것을 빼앗게 된다. 그 때문에 엄마가, 장난감을 빼앗긴 아기에게 사과를 하러 다니는 경우도 허다하다. 그리고 아이가 친구 것을 빼앗아 놀다가 싫증을 내면 들고 가서 상대 아기에게 건네주고 다시 한 번 사과하도록 한다.

이런 일은 앞으로도 계속될 것이다. 내 것은 내 것이고 남의 것도 내 것이라는 식의 태도는 입학하기 전 아이들의 특징 중 하나이기도 하다. 성장의 한 단계라고 생각해야 할 것이다.

만 22-24 개월

여아 : 키 87.0cm 몸무게 12.0kg   남아 : 키 87.1cm 몸무게 12.9kg

이 달 말에 우리 아기 여기까지 할 수 있다

	22개월	23개월	24개월
STEP 1 **90% 가능** **대부분 할 수 있다**	1 종종거리며 뛰어다닌다 2 음악을 틀어주면 춤추는 시늉을 한다 3 사용할 수 있는 단어가 여섯 개 정도이다	1 공을 앞으로 찬다 2 칫솔질을 해주면 '이' 하고 입을 벌린다 3 말뜻을 알아들어 물건 갖고 오라는 심부름을 곧잘 한다	1 블럭 4개를 쌓아 올린다 2 실제의 물건과 그림책 속의 사물을 연관지을 줄 안다 3 인형을 아기 다루듯이 한다 4 단추가 채워지지 않은 웃옷을 벗을 수 있다
STEP 2 **75% 가능** **웬만하면 할 수 있다**	1 공을 발로 찰 줄 안다 2 블럭 4개를 쌓아 올린다 3 두 가지 지시를 따라한다	1 '찌찌' '배꼽' 등 신체의 이름을 대부분 안다	1 블럭을 6개 쌓아 올린다 2 그림책 속의 엄마, 아기를 실제의 엄마, 아기와 연관지어 말한다 3 공을 앞으로 던진다
STEP 3 **50% 가능** **할 수 있는 아기도 있다**	1 넘어지지 않고 달릴 수 있다 2 엄마의 도움 없이 손을 씻고 세수하는 시늉을 한다 3 블럭 6개를 쌓아 올린다	1 '여기' '저기' 등 방향을 가리킬 수 있다 2 '아가, 맘마' 라거나 '똥, 지지' 하는 식으로 연결되는 낱말을 이어서 말할 수 있다	1 깡총거리며 제자리에서 뛴다 2 점퍼를 입고 팔을 잘 끼운다
STEP 4 **25% 가능** **하기에 벅차다**	1 깡총거리며 제자리에서 뛰어 오를 수 있다 2 '아가, 맘마' 라거나 '똥, 지지' 하는 식으로 연결되는 낱말을 이어서 말할 수 있다	1 제법 멀리까지 달리기를 할 수 있다 2 혼자서 점퍼를 입을 수 있다	1 연필로 선을 그린다 2 단어를 두 세 개정도 연결해 대화가 가능하다 3 주변에 보이는 물건의 이름을 거의 다 맞출 수 있다 4 블럭 여덟 개를 쌓아 올린다

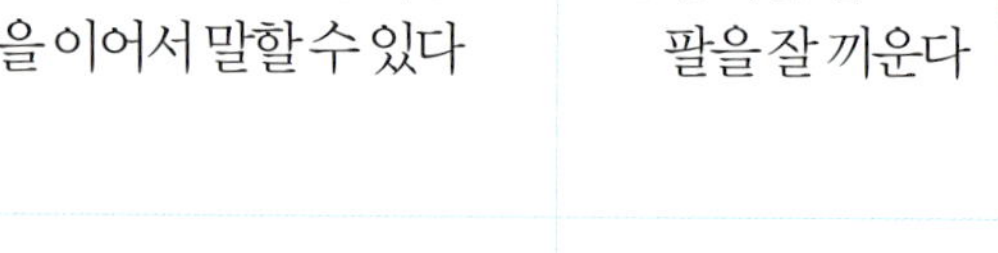

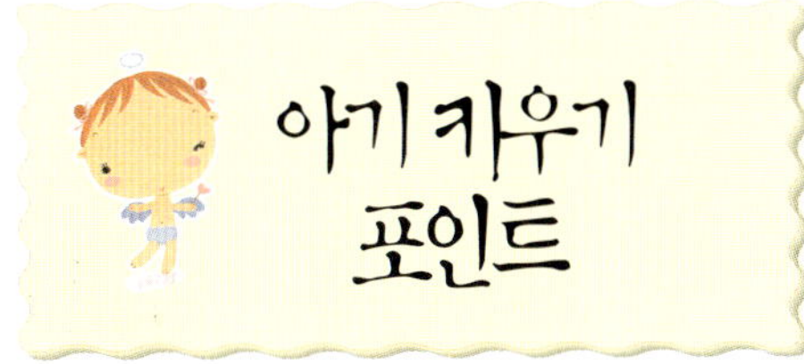

아기 키우기 포인트

자신감을 길러준다

Point 1 긍정적인 자아를 길러준다

유아기 아기의 특징은 고집이 세고 자기밖에 모른다는 것이다. 이런 것은 자아가 강하기 때문에 나타나는 현상이다.

잘못하면 이기적인 특성이 나타날 수 있지만 긍정적인 방향으로 이끌어주면 갈등이나 문제에 보다 능동적으로 대처할 수 있는 아이로 성장할 수 있다. 또한 스스로의 삶에 매우 긍정적이며 인간관계가 원만한 사람으로 성장할 수 있다.

어릴 때부터 '나는 중요하고 가치 있는 좋은 사람이다' 라고 믿고 자란 아이들이 나중에 자신에 대해 보다 높은 자부심을 지닌 성인으로 성장할 가능성이 높다고 한다.

긍정적인 자아를 키우는 것은 아이 본인의 몫이지만 부모의 따뜻한 격려와 배려에 따라 더욱 자연스럽고 바람직한 방향으로 이끌 수 있다는 것을 알아두자.

Point 2 분별력을 가르친다

아이들은 항상 자신이 모든 것의 첫 번째가 되어야 한다고 생각한다. 이러한 자기 중심적 행동은 아이가 지나치게 이기적인 것이 아니라 앞으로도 많은 것을 배울 것이 있다는 것을 의미하며 점차적으로 다른 사람의 권리를 존중하는 모습을 나타낼 수 있는 전 단계까지 자랐음을 의미한다.

따라서 이러한 행동은 다른 집단이나 놀이방과 같은 사회적 접촉을 많이 경험하면서 곧 사라지게 되며 엄마가 다음과 같이 함으로써 아이의 그런 성장발달을 도울 수 있다.

우선, 아이는 다른 사람들보다는 엄마에 대해 덜 경쟁심을 느낄 것이다. 따라서 점심을 먹을 때 샌드위치를 먹는 차례를 정하거나, 목욕통에서 물놀이하는 차례, 혹은 책을 읽어줄 때 아이에게 책 페이지를 넘기게 하는 등의 차례를 기다리게 하는 연습을 시킨다.

아이와 차례를 정할 때 항상 아이가 첫 번째

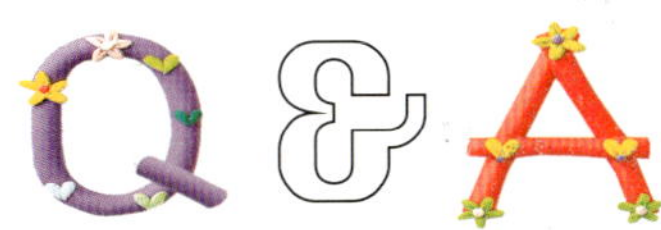

Q & A
무엇이든 물어보세요

Q 마음에 들지 않는 일이 있으면 머리를 벽에 부딪혀 가면서 화를 냅니다. 어떻게 해야 할까요?

A 이 시기는 이렇게 하고 싶다거나 저렇게 되었으면 좋겠다는 식의 이미지가 생길 무렵이다. 자기 생각대로 되지 않아서 화가 나는 것은 그런 이미지를 자기 능력이 쫓아가지 못하기 때문이다. 자기에 대해서 뿐 아니라 주변 인물에 대해서도 이미지가 확실히 생기지만 현실에서는 그것이 잘 실현되지 못하기 때문에 화를 내게 되는 것이다.

또, 이렇게 과장된 표현을 하는 것은 엄마의 반응을 기다리고 있을 가능성도 있다. 그 전

◑ 아이가 화가나 과격한 행동을 보이면 그 상황에서 벗어나 다른 놀이를 시작할 수 있도록 도와주는 것이 좋다.

까지는 그냥 내버려 두었다가도 머리를 벽에 부딪치면 달려가거나 하지는 않았는지 생각해보자. 아이가 무엇 때문에 화를 내는 것인지 그 이유를 안다면 도와줄 수 있을 것이다. 그래도 심하게 행동하면 기분 전환을 시도하는 것도 좋다. 번쩍 안아서 다른 곳으로 데리고 가, 아이가 좋아하는 놀이를 시작하는 것도 좋은 방법이다.

Q 야단을 쳐도 싱글싱글 웃어요. 몇 번씩 반복해서 말해야 합니다.

A 이 월령에는, 말하는 것을 단번에 이해해서 알게 하기는 어렵다. 야단을 맞을 당시에는 안다고 하더라도 금방 잊어버리기 때문이다. 엄마가 보기에는 일부러 그러는 것 같을지도 모르지만 아이에게는 매번 새로운 일이다. 그러므로 나중에 한꺼번에 몰아서 야단을 치는 것은 별로 효과가 없다.

나쁜 짓을 했을 때는 바로 그 자리에서 야단을 쳐야 한다. 단, 나쁜 짓 한 것에 대해서만 야단을 쳐야지 반복해서 그런 짓을 한다고 야단을 쳐서는 안 된다. 아기가 반성하는 태도를 보이지 않는다거나 싱글싱글 웃는다고 해서 엄마를 무시하는 것은 절대 아니다. 어른이 생각하는 것만큼 아이들의 주의력은 지속적이지 못하기 때문이다.

가 되도록 하지 말자. 되도록 교대로 할 수 있도록 한다.

차례 지키기 놀이를 할 때는 아이가 힘들어 할 때까지 해서는 안된다. 그리고 가능하면 당신의 아이가 활기가 있을 때 하도록 한다. 아이가 피곤하거나 배가 고프거나 짜증이 나 있을 때는 이런 연습은 피하도록 한다.

차례 지키기에서 타이머를 이용하는 방법도 있다. 예를 들어 "시계가 울리면 너의 차례는 끝나고 친구차례야."라고 하는 방법으로 단체 놀이나 게임에서 공정한 심판 역할로 타이머를 사용하는 것이 차례를 지키는 습관을 기르는데 매우 효과적이다.

◑ '타이머 놀이' '샌드위치 먹는 차례 지키기' 등 다양한 놀이를 통해서 아이에게 자연스럽게 차례를 기다리는 습관을 가르쳐준다.

◑ 아이의 자기 중심적인 행동은 엄마와의 놀이를 통해서 점차 다른 사람을 존중할 수 있도록 발전시킬 수 있다.

POINT 3 모든 사람이 다르다는 것을 인식시킨다

만일 방안 가득 젖먹이 아기들만 있다면 그 아기들은 누가 살이 찌고 누가 마르고 누가 피부가 검고 누가 흰 피부를 지니고 있는지 전혀 인식하지 못한다. 그러나 조금만 더 자란 아이들이라면 그들은 이런 차이를 금방 구분할 수 있다.

이러한 차이점에 대하여 알게 되는 인식의 능력은 아이들이 성장하면서 자연스럽게 갖게 된다. 아이들은 '차이' 나 '다름' 에 대해 매우 민감하게 반응하며, 그것을 싫어한다.

아이들은 요람에서 기어나올 때부터 편견이라는 것이 노출되어 있으며 만 2세경이 되면 실제로 그러한 편견들을 표출하기 시작한다. 대개 만5세가 되면 자리를 잡아서 만9세 정도가 되면 그의 평생을 가도 변하지 않을 만큼 확고하게 굳어버리게 된다. 따라서 아이를 편견이나 조급성이 없는 바람직한 아이로 키우기를 원한다면 지금이 바로 그러한 사람으로 자라도록 가르치기 위한 가장 적당한 시기이다.

• **자아존중감을 심어준다** – 자신에 대해 가지고 있는 좋은 느낌은 다른 사람에 대해서도 좋은 느낌을 갖게 해준다. 자아존중의 마음을 갖지 않는 사람은 대개 자신의 주변을 비방하는 자세를 가지게 되므로 아이가 자기 자신에 대해 긍정적인 자세를 가질 수 있도록 해준다.

• **아이와 아이의 본질을 연결시킨다** – 다른 사람들에 대하여 좋은 감정을 느낄 수 있도록 하기 위해서는 가족, 인종, 종교, 윤리 등 먼저 자신과 주변의 모든 일들과 잘 동화할 수 있어야 한다.

• **아이의 정서적인 욕구를 알아야 한다** – 사랑과 관심 또는 보호가 부족한 아이들은 다른 사람들에게 적대적으로 대하게 된다. 아이가 자신이 사랑을 받고 있다고 느끼게 해주고, 또 다른 사람들로부터 사랑을 받을 수 있는 능력을 가지고 있다는 것도 느끼게 해주자.

• **아이를 인정한다** – 무조건적으로 개인차나 결함 등과 같은 서로간의 다른 면들을 인정받아온 아이는 다른 사람들의 방식도 쉽게 인정하게 된다.

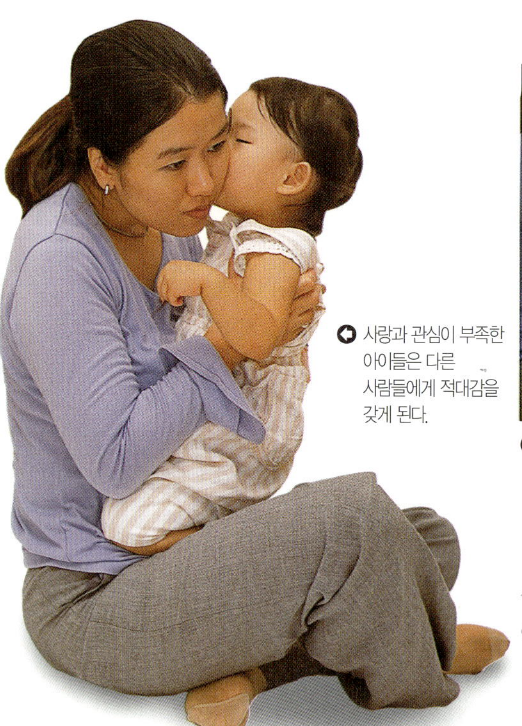

⬅ 사랑과 관심이 부족한 아이들은 다른 사람들에게 적대감을 갖게 된다.

⬆ 이 시기 아이들에게는 '내 것' 만 존재하기 때문에 나눔에 대해 가르쳐 주는 것이 좋다.

• **감정을 개발할 수 있도록 돕는다** – 다른 사람들의 느낌을 이해하고 받아들일 수 있는 아이는 무엇을 하든 다른 이에게 피해를 끼치려고 하지 않는다.

• **개인차를 아이에게 알린다** – 어린 나이 때부터 많은 다른 환경에서 살아온 사람들을 보아온 아이는 개인차에 대하여 불안이나 협박 또는 의심의 눈으로 보기보다는 편하게 느끼면서 자란다. 될 수 있는 한 다양한 아이들의 놀이 집단이 있는 놀이터를 많이 이용한다.

POINT 4 타인을 존중하는 마음을 길러준다

아이에게 있어 너의 것, 또는 우리 것이란 애당초 없다. 단지 아이들에게는 '내 것' 만이 존재한다.

비록 이 시기의 아이들이 자기 것이란 소유권에 대한 개념을 어느 정도는 인식하기 시작하지만 아직까지는 다른 사람도 자기와 마찬가지로 소유권이 있음을 이해하지 못한다. 따라서 이 시기의 아이들이 가장 좋아하는 말 중의 하나가 바로 '내 것' 이라는 말이다.

그렇다고 이 시기 아이들의 자기 것에 대한 집착 성향이 장차 이기적인 사람으로 성장하게 될 것이라는 의미는 아니다. 단지 이 시기 아이들의 자기 주체성의 확보나 권리의 한계 설정 또는 개인으로서의 독자성을 확보하고 나타내고자 하는 전형적인 행동양식으로 이해하면 된다. 그렇다고 그대로 둘 수는 없는 일, 나눔의 미덕을 가르치는 것이 바람직하다.

POINT 5 운동을 시킨다

요즘 대부분의 부모들은 아이들이 제대로 엎드리기도 전에 또는 제대로 걷기도 전에 유아 운동반에 등록을 시키거나 수영반에 등록하는

자기가 고른 옷만 입으려는 아이

자기 주장이 강한 아이들은 동의표시가 없이 자기에게 무엇인가를 강요하면 매우 싫어한다. 이런 아이들을 상대할 때에는(옷 입히는 것이든지 음식을 먹이는 것이든지 어느 경우에나) 다음과 같은 사항을 염두에 두어야 한다.

1 아이에게 옷을 입히기 전에 따뜻한 마음으로 안아 주어 아이나 엄마 모두 안정된 마음을 갖도록 유도한다. 만약 아이가 옷을 입는 동안 힘들어 하면 도와주거나 안아주어 진정시킨다.

2 옷을 입는 동안 이야기의 화제를 바꾸어 아이가 옷을 입는 것에만 온 신경을 곤두세우지 않도록 유도한다. 밖에 비가 온다든지 오후에 무엇을 하며 놀 것인가 등, 상황에 따라 적당한 얘기를 해준다.

3 아이에게 선택권을 먼저 주는 것이 좋다. 그러나 선택할 수 있는 것들이 모두 상황에 따라 적절한 것이어야 한다.

4 아이가 손쉽게 성공적으로 옷을 입도록 도와준다. 아이의 선택에 아낌없이 칭찬을 해준다. 아기가 옷을 택했을 때 그것이 비록 당신의 마음에 들지 않더라도 칭찬을 해주는 것이 좋다.

⬇ 자기 주장이 강한 아이들은 무엇인가를 강요하면 싫어하기 때문에 아이에게 선택권을 주도록 한다.

등 아이들 신체단련 운동에 매우 열성을 보인다. 하지만 이러한 부모님들의 열성과는 대조적으로 요즘의 아이들은 과거의 아이들에 비해 신체적으로 더 많은 문제점을 나타내고 있다.

예전의 아이들에게 있어 운동이란 또래끼리 뛰어노는 활동적인 놀이를 통해 이루어지는 극히 자연스러운 것이었지만 요즘의 아이들은 보통 방안에 틀어박혀 비디오를 보거나 컴퓨터 게임을 하는 등 비활동적인 운동을 더 많이 하기 때문이다.

또한 대부분의 아이들이 운동을 자연스런 일상생활 속 놀이 활동을 통해서 하는 것이라 생각하기보다는 어떤 정해진 시간에 정규적인 교육프로그램을 통해서만 할 수 있다고 생각하고 있다.

아이들의 이런 사고방식을 바로 잡아주고 TV나 비디오 게임과 같이 비활동적인 운동 환경에서 보다 활발하고 즐거운 마음으로 운동할 수 있는 환경을 만들어 주는 것이 바로 엄마 몫이라는 것을 알아야 한다.

Q 늘 같은 대답만 해주는데도 똑같은 질문을 수없이 되풀이 합니다.

A 엄마는 늘 같은 대답을 한다고 생각하지만 엄마가 기분 좋게 대답해 줄 때, 마지못해 대답해 줄 때, 건성으로 대답해 줄 때 등등 아이에게는 전부 다르게 느껴진다. 따라서 아이가 몇 번을 묻더라도 늘 똑같이 부드러운 목소리로 부드럽게 대답해 주는 게 오히려 질문을 덜하게 하는 방법이 될 수 있다.

Q "안 돼, 못하겠어."하고 외쳐서 도와주려고 하면 싫다고 해요.

A 자기 주장을 해서 엄마의 관심을 끌어봄으로써 엄마가 자기를 어디까지 받아들일 수 있는지 시험하고 있는 것이라 볼 수 있다. 어쩌면, 자기가 하고 있는 일이 얼마나 힘든지를 말로 표현하여 스트레스를 발산하고 있는 것인지도 모른다. 결국 도와달라는 의미가 아니라 알아달라는 의미일 것이다. 도

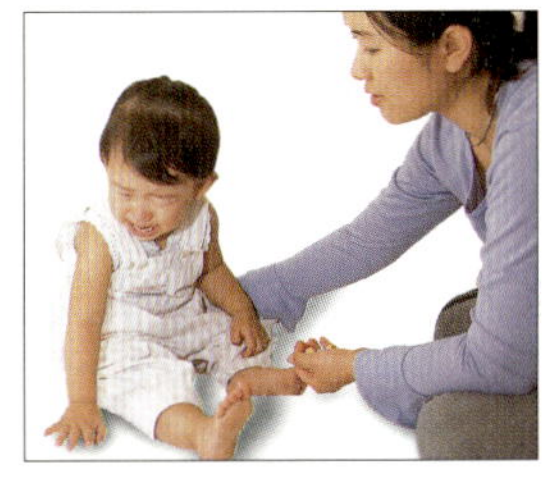

와주는 것도 좋지만 아이가 얼마나 힘든지를 이해한다는 듯이 말을 해 주고 아이에게 맡겨도 괜찮을 것 같다.

도저히 손을 댈 수 없을 만큼 심하면 엄마가 다른 방으로 들어가 버리는 것도 하나의 방법이다.

Q 아이가 항상 눈을 심하게 깜박거려요. 못하게 해도 고쳐지지 않습니다. 어떻게 해야 할까요?

A 이것은 '틱' 이라는 증상이다. 틱은 그 아이에게 긴장과 불안감이 너무 많이 나타나는 현상이다. 그런 긴장과 불안의 배경에 엄마 자신의 불안감이 작용하는 경우도 많다.

다시 말해서 엄마가 스트레스를 많이 갖고 있어서 아이에게 부드럽게 잘 대하지 못할 경우 아이와의 사이에 심리적인 거리가 생기게 된다. 그럴 때 아이는 긴장 상태에 빠져서 무의식적인 근육 움직임이 나타나는 것이다. 그러므로 아무리 주의를 주고 못하게 해도 고쳐지기 어렵다. 틱 현상을 고치려면 병원을 찾아 상담하는 편이 좋다.

Point 6 여행을 할 때는 아이 입장에서 생각한다

아이와 함께 여행을 하거나 장기간 또는 단시간의 바깥 나들이를 나가는 경우 아이들이 즐겁고 행복해 하지 않는다면 아무런 의미가 없다. 그렇기 때문에 어디를 가든지 떠나기 전에 반드시 아이의 입장에서 신중하게 계획하고 점검해야 한다.

엄마의 입장에서 보면 정말 오랜만에 떠나는 기대하던 휴가인데 아이가 여행의 중심이 되어

또래 친구들과 뛰어 노는 활동을 통해서 아이들은 자신감을 얻을 수 있다

언어 발달이 이루어지는 이 시기에는 엄마가 아이의 가장 좋은 모델이 된다.

야 한다는 것이 어찌보면 서운하겠지만 결국 그렇게 하는 것이 당신이 내릴 수 있는 가장 현명한 판단이라는 것을 금방 알게 될 것이다.

Point 7 언어발달 능력을 키운다

말을 처음 배우는 아이들에게 어떤 것이 맞다는 것과 어떤 것이 틀리다는 것을 알기를 기대하는 것은 과욕이다. 누구나 처음부터 말을 잘 하는 것은 아니며 모든 사람들이 다같이 실수를 하면서 배우게 된다.

아이는 이제 막 여러 단어들을 이어서 문장을 말하는 것에 대단한 흥미와 만족을 느끼며 탐구하고 있는 중이다. 이럴 때 아이에게 지나치게 복잡하고 어려운 문법을 가르치려 하는 것은 바람직하지 않다.

오히려 이런 시기에 아이에게 중압감을 느끼게 하면 아이가 말하는 것을 두려워하게 되어 언어 구사력이 떨어지거나 심하면 아예 말하는 것 자체를 거부하는 성향을 나타낼 수도 있다. 아이가 올바르게 말하는 것을 배우고 깨우칠 수 있는 충분한 시간을 주고 부모가 아이의 좋은 모델이 되어 주어야 한다.

Point 8 좋은 식습관을 가르친다

아이의 식습관을 올바르게 가르치는 것은 매우 중요한 일이다.

언어 발달이 이루어지는 이 시기에는 엄마가 아이의 가장 좋은 모델이 된다.

• 잘 먹도록 흥미를 이끌어 낸다 – 아이가 맛있게 좋은 영양소를 취할 수 있도록 도와준다. 만약 사탕이나 감자튀김을 대신하기 위해서라면 예쁜 당근으로 바꾸는 것이 좋다.

• 가족들의 식습관이 아이에게 본보기가 되게 한다 – 가족 전체가 모범을 보여 아이가 '우리 가족은 식생활이 중요하다는 것을 알고 항상 최선을 추구한다' 라는 강한 인식을 갖게 해준다.

• 예외를 둔다 – 어떤 특별한 날을 맞이했을 때는 아이가 어느 정도는 만족할 수 있도록 배려해 주는 것이 아이들이 사탕이나 기타 다른 음식들에 대한 호기심을 누그러뜨릴 수 있게 하는 방법이다.

이 시기에 꼭 해야 할 교육 프로그램

신체 및 운동기능 발달 놀이

의자에 앉기

✽ 큰 의자와 작은 의자를 갖다 놓고 엄마가 큰 의자에 앉은 다음, 아이에게 작은 의자를 가리키며 엄마처럼 앉아보라고 한다.

✽ 처음에는 균형 잡으면서 앉도록 도와주다가 점차 혼자 앉을 수 있게 북돋아준다.

허리를 굽혀서 떨어뜨리지 않고 물건 집어 올리기

✽ 서 있는 아이에게 공을 굴려 주고 집어 올리게 한다.

✽ 엄마가 허리를 굽혀서 공을 집는 모습을 보여주고 아이도 따라하게 한다. 아이가 잘 하면 점차 작은 물건으로 바꾸어서 허리를 더 많이 굽혀 집어올릴 수 있게 한다.

동그라미 그리기

✽ 커다란 종이를 펼쳐 놓고 엄마가 먼저 크레파스로 동그라미를 그려 보인 다음 아이의 손을 잡고 크레파스로 동그라미 모양을 그리도록 가르쳐 준다.

✽ 처음에는 엄마가 그린 동그라미의 금을 따라 가면서 그려보게 하다가 점차 혼자서 그려보게 한다.

✽ 잘 그렸다고 칭찬해 주고 아이가 그린 동그라미 속에 웃는 얼굴을 그려 넣어 주면 아이가 재미있어 한다.

인지발달 놀이

가족 얼굴 찾기

✽ 커다란 가족 사진을 펼쳐놓고 "누나 어디 있지?" 하고 물어 아이가 손으로 누나의 얼굴

❀ 가족 사진이나 그림을 펼쳐 놓고 그림찾기를 해 본다.

을 가리키게 한다.

✽ 할아버지, 삼촌 등 한 사람 한 사람씩 가리키게 한다.

그림 찾기

✽ 아이에게 그림책을 보여주고 "공이 어디 있을까, 한번 찾아볼래?" 하고 말한다. 아이가 잘 못하면 엄마가 물건 이름을 말하면서 아이 손을 잡아 그 물건을 가리키게 한다. 그런 다음 아이 스스로 할 수 있도록 다시 "공이 어디 있지?" 하고 묻는다.

✽ 그 페이지에 있는 공 그림에 익숙해지면 책을 덮고 아이에게

➡ 처음 사물 찾기 놀이를 시작할 때는 아이가 잘 아는 물건이 있는 동화책을 이용하는 것이 효과적이다.

그 그림을 찾아보라고 한다.

이때, 책은 페이지 수가 아주 적고 두꺼운 종이로 된 작은 이야기책을 준비하는 것이 좋다.

언어발달 놀이

동물 울음소리 내기

✽ 동물 그림이나 비디오를 보여주면서 엄마가 직접 동물 울음소리를 들려주거나 비디오에서 나오는 소리를 들려준다.

✽ 아이에게 동물 울음소리를 따라하게 한다.

✽ 동물 그림을 보여주고 그 동물의 울음소리를 들려준 다음 아이에게 동물 이름을 말해 보게 한다.

그림과 사물 연결하기

✽ 잘 아는 물건의 그림이 들어가 있는 책을 보고 그 물건을 지적하면서 이름을 말하게 한다. 처음에는 간단한 것에서 점차 여러 가지 물건의 그림이 나와 있는 것을 고른다. .

✽ 헌 잡지 등에서 아이가 알 만한 물건들을 오려 스크랩북을 만들어 사용한다.

생활 습관 들이기

배변훈련 시키기

✽ 낮 동안에는 기저귀를 채우지 않는다.

✽ 아이가 '응가' 또는 '쉬'를 하면 "응가 할 거야?" 또는 "쉬 마렵다구?" 하면서 즉시 화장실로 데려간다.

✽ 몸을 꼰다든가 발을 동동 구르는 등 소변 마려운 태도를 보이는지 지켜본다.

✽ 소변을 가릴 때는 칭찬해 주고, 쌌을 때는 모른척해서 쑥스러운 마음을 갖게 한다.

바지 벗기

✽ 바지 허리에 손을 집어넣어 아래로 밀어 내리는 것을 보여주고 따라하게 한다.

✽ 혼자서 벗어보려고 바지를 조금 내리거나 완전히 벗으면 칭찬해 준다.

지퍼 올리고 내리기

✽ 길이 잘 든 지퍼 달린 점퍼를 준비한다.

✽ 지퍼 손잡이 구멍에 튼튼한 끈을 매어 주고 아이에게 끈을 잡고 지퍼를 올리고 내리게 한다.

✽ 아이가 잘 하면 끈 길이를 점차 줄여서 나중에는 지퍼 손잡이만 잡고 여닫게 한다.

침착성이 부족한 아이

침착성이 없다는 것은 어떻게 행동해야 좋을지 모른다는 뜻이다. 이런 행동의 배경에는 대개, 야단을 심하게 치는 엄마가 존재한다고 한다. 혹시 야단을 많이 치지는 않는지 반성해보자.

특히 형과 아우 중에서 늘 형만 야단을 칠 경우 동생은 침착성을 잃고 우왕좌왕하게 된다. 자기는 야단 맞기가 싫으니까 도망치려는 것이다. 늘 야단만 치고 있다면 정말로 야단을 칠 만한 일인지 아닌지 다시 한 번 생각해 보도록 한다.

25 ~ 36 개월

미운 세 살,
자아가 싹트는 시기

만 25-27 개월

이 달 말에 우리 아기 여기까지 할 수 있다

STEP 1

90% 가능
대부분 할 수 있다

1 두 개의 단어를 연결시켜 말할 수 있다
2 간단한 집안 일을 도울 수 있다
3 글씨를 혼자서 쓰려고 한다
4 블럭 4개를 쌓아 올린다

STEP 2

75% 가능
웬만하면 할 수 있다

1 그림을 보고 이름을 말한다
2 세 가지 명령 중 두 가지를 따른다
3 공을 앞으로 던질 수 있다
4 30° 이내의 수직선을 흉내내서 그린다
5 혼자서 건포도나 장난감을 병에서 쏟는다

STEP 3

50% 가능
할 수 있는 아기도 있다

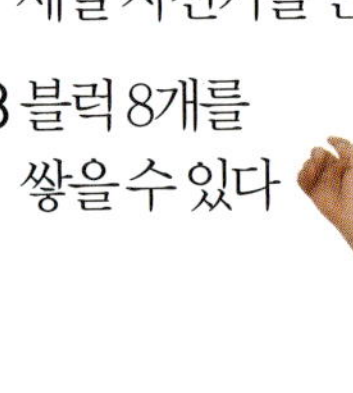

1 복수단어를 사용한다
2 끈 없는 신을 신는다
3 손을 씻고 닦는다
4 술래잡기 놀이를 한다
5 한발로 1초 정도 서 있을 수 있다

6 제자리에서 뛴다
7 세발 자전거를 탄다
8 블럭 8개를 쌓을 수 있다

STEP 4

25% 가능
하기에 벅차다

1 자신의 이름을 말한다
2 엄마와 쉽게 떨어진다
3 멀리뛰기를 한다
4 동그라미를 그린다

아기 키우기 포인트

동생이 태어날 경우에 대비한다

POINT 1 동생이 생길 거라고 미리 말한다

만약 동생이 생긴다면 동생이 태어나기 전에 자신이 형이 될 것이라는 사실을 미리 알려주자. 그래서 동생이 태어나는 것을 기다리면서 기쁜 마음가짐으로 준비하도록 해야 한다.

POINT 2 아이가 충격 받지 않도록 신경 쓴다

아이가 태어나면 아무래도 집안의 관심이 그쪽으로 쏠리게 마련이지만, 이러한 일로 아이가 충격을 받지 않도록 신경을 써야 한다.

이제까지는 자기가 집안의 중심이었다가 어느 날 갑자기 관심이 동생에게 쏠리는 것은 아이에게 커다란 충격이다. 그래서 가족의 관심을 끌기 위한 방법으로 여러 가지 새로운 행동을 시도하기도 한다.

POINT 3 갓난아기를 흉내내기도 한다

태어난 갓난아기를 귀여워하기 전에 갓난아기를 때리거나 잡아당기는 행동을 한다.

그리고 자기도 갓난아기와 똑같은 대접을 받으려고 갓난아기가 하는 행동을 흉내내기도 한다. 예를 들면 이미 소변을 잘 가리면서도 일부러 오줌을 싸고 젖병을 빨려고 하는 경우도 있다.

ⓞ 큰 아이가 충격을 받지 않도록 동생이 태어나기 전에 그 사실을 미리 알려준다.

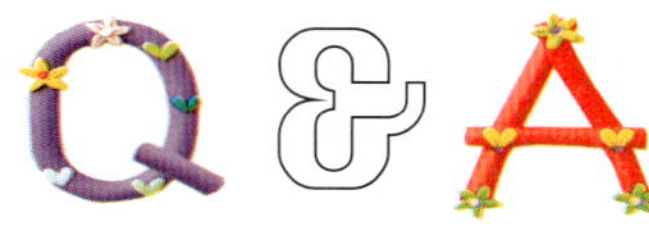

Q & A
무엇이든 물어 보세요

Q 자기 방을 정리하도록 하는 것이 아직은 이른가요?

A 방을 어질러 놓는 것이 보기 싫어서 엄마가 치우는 것이라면 역시 지나친 간섭이라고 할 수 있다. 사실 26개월 무렵의 아이가 혼자서 방을 정리한다는 것은 아직 무리라고 할 수 있다. "엄마랑 누가 빨리 하나 내기하자!" 하고 잘 타일러서 함께 놀이하는 기분으로 정리를 시켜보면 어떨까? 그렇게 하면 엄마가 아이의 일을 나서서 챙기지 않고도 정리 정돈이 된다.

Q 아직 말이 서투른데 유치원에 들어가서 친구들에게 따돌림을 받지 않을까요?

A 아이들은 서로 통하는 것이 있어서 또래 집단끼리 마음이 일치하는 것을 느낀다. 어른의 경우에도 서로 이야기를 나눌 때 '아, 마음이 딱 맞아', '궁합이 맞아' 라고 느낄 때가 있는데 아이들도 마찬가지다. 물론 아이들은 언어가 아닌 다른 방법을 사용한다. 아이들에게는 말보다 행동을 통한 또래끼리의 확인이 자연스럽기 때문이다.

비록 말을 한다 해도 이 연령의 아이들은 말과 행동이 일치하지 않는다. 다른 아이의 물건을 뺏은 아이에게 "빌려줘" 라고 해 보렴, 하고 시켜도 '빌려줘' 라고 말하기 전에 뺏는 경우가 종종 있다. "자, 가져" 라고 말하면서도 주지 않고 뒤로 뺀다든가 하는 행동도 마찬가지이다.

만 5세쯤이 되어야만 겨우 자신의 행동과 말을 일치시키는 연습을 할 수 있다.

Q 무서운 꿈을 꾸는지 잠을 자면서 울거나 잠꼬대를 해요.

A 언제부터 아기들이 꿈을 꾸느냐에 대해서는 개인적인 차이가 있지만 대개 만 2세를 전후해서 꿈을 꾸기 시작한다. 이 나이에는 낮에 이루지 못한 욕구가 충족되는 꿈을 꾸는 경우가 많으나 어떤 아기는 불만스러운 꿈을 꾸느라고 울거나 잠꼬대를 하기도 한다.

깨어 있을 때의 판단력이나 지능 정도에는 비교도 안될 만큼 비논리적이고 이해가 안 되는 꿈이 보통이다.

하지만 이런 현상은 정상이며 무의식 세계에 잠재해 있는 욕구가 변화하여 꿈으로 나타나는 것이므로 활발한 정신활동의 증거이기도 하다.

POINT 4 관심을 끌려고 나쁜 행동을 하기도 한다

엄마의 관심을 자기 쪽으로 끌기 위해 지금까지는 하지 않았던 이상한 나쁜 행동을 하기도 한다. 이러한 행동이 지금 시기에는 잘 나타나지 않지만, 네 살 정도가 지난 다음 동생이 태어났을 때 특히 심하게 나타난다.

ⓞ 가족들의 관심을 끌기 위해 아이가 이상한 행동을 한다면 꾸짖기보다 아이가 느끼는 감정을 이해하려고 노력한다.

POINT 5 아이의 감정을 생각해 본다

만약 아이에게 이와 같은 일이 나타난다면 아이를 꾸짖기 전에 부모가 먼저 반성해 볼 할 필요가 있다.

자기의 기분을 잘 나타낼 줄 모르는 어린아이가 온몸으로 새로운 '침입자' 인 동생에게 저항하는 모습을 생각해 보자. 얼마나 안타까운 기분인지 아이의 입장이 되어보고 아이의 심정을 헤아려주는 부모가 정말 훌륭한 부모라는 사실을 잊지 말자.

ⓞ 동생이 적이 아니라 동지임을 인식시킨다.

혼자 있는 연습을 시킨다

Point 1 엄마와 떨어지는 습관을 들인다

아이는 매일 아침부터 저녁까지 엄마의 보살핌을 받고 있는데 엄마는 하루종일 집에 있는 경우가 많기 때문에 아이도 어느새 집안에서 지내는 것이 습관이 되기 쉽다.

그래서 이 무렵부터 가능하면 엄마에게서 떨어져 지내는 습관을 들이면 좋다. 엄마가 가는 곳을 항상 졸졸 따라다니는 것이 아니라 엄마가 설거지를 하는 동안 혼자 거실에서 놀게 해보자.

● 아이를 혼자 놀게 할 때는 조금씩 시간을 늘려가며 아이의 노는 모습을 관찰하도록 한다.

물론 다루기 쉬운 아이의 경우 처음부터 가능한 아이도 있고 엄마한테서 떨어지지 않으려고 떼를 쓰는 아이도 있을 것이다. 혹은 어릴 적부터 집안 울타리 안에 아이 혼자 놀 수 있는 놀이 장소가 있어서 그런 곳에서 자라 혼자 노는 것에 익숙한 아이도 있다.

이러한 아이는 문제가 덜 하겠지만 대개의 가정에서는 이 나이까지 엄마와 찰싹 달라붙어 생활하는 아이가 많기 때문에 이 무렵부터는 혼자서 노는 습관을 들이도록 한다.

Point 2 아이 혼자 노는 모습을 살펴본다

다행히 이 무렵에는 조금씩 자아에 눈을 뜨기 시작하고 자립하고자 하는 마음이 생기는 때이므로 그것을 잘 이용하면 어렵지 않게 아이에게 혼자 노는 습관을 들일 수 있다.

다만, 처음부터 완벽하게 하려고 해서는 안 된다. 10분이나 15분 간격으로 계속 아이를 살펴보아야 한다. 아이는 혼자서 예기치 않은 일을 저지르기도 하며, 엄마가 무심결에 방치한 곳에 아이에게 매우 위험한 물건이 있는지도 모르기 때문이다.

Point 3 오랫동안 혼자 두지 않는다

아이를 오랫동안 혼자 두면 다음부터는 혼자 있는 것을 싫어한다. 때문에 아이가 혼자 있는 것을 싫증내지 않는 가운데 엄마가 함께 어울려 말을 건네거나 상대를 해주면 성공적으로 이러한 습관을 들일 수 있다. 지나치게 엄마 곁에선 떨어지지 않으려는 아이라면 처음에는 엄마의 모습이 잘 보이는 곳에서 놀게 하면 된다.

Point 4 혼자 놀게 한 뒤에 간식을 준다

처음에는 혼자서 놀게 하는 시간을 간식 시간 전으로 하여 아이가 혼자서 논 다음에 곧 간식을 주도록 한다. 그렇게 하면 아이가 혼자서 논 다음에는 맛있는 간식을 먹을 수 있다는 것을 알기 때문에 혼자서 노는 것을 싫어하지 않게 된다.

● 혼자 놀게 한 후에는 반드시 말을 걸어 아이가 혼자 노는 것에 싫증을 느끼지 않게 한다.

이런 식으로 혼자서 잘 놀게 되면 간식 대신에 밖으로 나가 놀게 하거나 친구와 놀이를 하게 유도하면 차츰 간식을 주지 않아도 곧잘 혼자서 놀게 된다.

노는 장소는 화창한 날에는 가능하면 햇빛이 비치는 방이 좋고, 울타리가 있는 뜰이 있다면 뜰에 나가 노는 것이 좋다.

Point 5 어리광을 부릴 때마다 상대해주면 의존형이 되기 쉽다

혼자서 노는 동안 볼일이 있어서 엄마에게 오는 것은 괜찮지만 계속 엄마만 따라 다니는 아이가 있다. 이런 아이는 의존형의 아이를 둔 엄마는 마음을 굳게 먹고 아이를 버릇을 고쳐 줄 각오를 해야 한다. 혼자 있는 것이 측은하게 보여서 엄마가 자꾸 상대해 주다 보면 이것이 하나의 습관으로 형성될 수 있고 마마보

장난감에 싫증을 잘 내는 아이

아이를 귀여워한 나머지 또는 시끄러워지는 것이 귀찮아서 무심결에 아이가 원하는 것을 사줘 버리는 경향이 종종 있는데 아이들은 물건에 대해 쉽게 싫증을 느끼기 때문에 요구하는 것을 모두 들어주면 끝이 없다.

만약 아이가 장난감에 싫증을 잘 내면 이렇게 해보자.

엄마와 함께 장난감을 만들어 본다 … 장난감 진열장에 쌓여있는 그런 장난감보다 더 재미나는 일이 있다는 것을 가르쳐 주자.

예를 들면 엄마와 함께 장난감 상자를 만들면서 상자에 종이를 바르게 하거나, 크고 작은 여러 가지 상자를 만들어 보게 하는 것도 좋다. 종이를 둥글게 자르거나 사각으로 잘라 접시를 만드는 등 아주 단순한 작업만으로도 충분하다.

재료는 빈 요구르트병, 우유 팩, 티슈상자, 접는 종이, 광고지 등 생활 속에서 쉽게 구할 수 있는 것들을 사용하면 훨씬 좋다. 이러한 과정을 통해서 아이는 다양한 능력을 키우게 된다.

먼저 아이의 정서를 안정시켜 준다 … 아이의 정서가 안정되어 있을 때는 쓸데없이 물건을 갖고 싶어하지 않는다. 그렇기 때문에 아이를 마음껏 놀게 하고 마음 닿는 데까지 어리광을 부리게 해주는 것이 좋다.

이로 진전될 수도 있기 때문이다.

초등학교에 들어가도 무엇이든 일일이 선생님에게 말하지 않으면 만족하지 못하는 아이가 있다. 이런 아이는 선생님이 잘 설명을 해주어도 모든 사람에게 공통적으로 말해 주는 그러한 설명에는 만족하지 못하고 자기에게만 개인적으로 설명해 주기를 바라는 성향이 되기 쉽다. 또한 결과에 대해서도 마찬가지여서 선생님에게 개인적으로 보여주지 않고는 만족하지 못하기도 한다.

이것은 1대 1, 다시말해 엄마와 아이가 직접적으로 1대 1로만 지내오다가 큰 무리 속에 참가했을 때 나타나는 현상으로, 엄마와 마찬가지로 선생님도 직접 자신에게 말을 걸어 주지 않으면 상관하지 않는다는 태도에서 나오는 것이다.

○ 아이가 부리는 응석을 모두 받아주면 의존형 아이로 자라게 되므로 주의하도록 한다.

스스로 할 수 있게 도와준다

Point 1 혼자서 손과 얼굴을 닦게 한다

이 시기의 아이는 점점 스스로 하게 습관을 들이는 것이 좋다. 먼저 아이 손을 잡고 닦는 법을 가르쳐 준다. 그리고 아이에게 혼자서 해보라고 해서 혼자서 잘 닦으면 칭찬을 해준다. 또는 인형을 씻겨서 물기를 닦아주는 놀이를 해보게 한다.

아이가 쓰기 쉽게 큰 수건보다는 작은 수건을 사용하게 한다. 아이 혼자만 쓸 수 있는 개인용 수건을 마련해서 좋아하는 그림이나 모양의 수를 놓거나 이름을 새겨 주면 더욱 좋다. 수건걸이를 아이의 키에 알맞은 곳에 만들어 주어서 아이 스스로 수건을 벗기고 걸 수 있게 해주는 것도 잊지 말자.

아이가 물기를 잘 닦고 나면 상으로 손에 로션을 주어서 얼굴에 바르도록 해준다.

Point 2 빨대를 사용하게 한다

큰 플라스틱 빨대에 음료를 채워 한쪽 끝을 손가락으로 막고 다른 쪽 끝을 아이 입에 넣어

말이 너무 늦은 아이

아이의 언어 발달은 전적으로 엄마가 어떻게 하느냐에 달려 있다. 2세가 넘으면, 아이는 "맘마 주세요." "아빠 회사." 등 두 단어를 연결시켜 말을 한다. 그런데 2세가 넘었는데 한 단어의 말도 못한다면 정상이라고 보기 어렵다. 아이의 말이 늦은 것은 여러 가지 원인이 있을 수 있다.

자폐증을 의심해 볼 수 있다 … 그러나 엄마가 부르면 아이가 돌아보면서 확실히 반응을 나타내고 말귀도 어느 정도 알아듣는 것 같다면 자폐아가 아니다.

아이와 함께 노는 시간을 많이 갖지 않았기 때문이다 … 대부분의 아이들은 1세가 조금 지나면 다른 사람과 함께 장난감을 가지고 노는 것을 좋아하며, 자신이 무엇을 했을 때 부모의 반응을 보고 그 효과를 확인하거나 시험해 보는 것을 좋아

한다. 아이들은 이러한 과정을 통해, 자신의 운동 능력을 발달시키고 부모님에 대한 신뢰를 쌓아나가며 정서를 안정시켜 나간다. 그리고 자기의 욕구를 말로써 표현하려고 노력하는 것이다. 그런데 부모가 조용한 것을 좋아해서 아이와 함께 놀아주는 시간을 갖지 않는다면 이런 현상이 나타날 수 있다.

○ 혼자서 노는 것을 좋아하는 아이는 말이 늦어질 수 있으므로 다양한 사람들과 접촉할 수 있는 기회를 만들어 준다.

서 빨아먹게 해본다. 아이가 빠는 동안 차츰 빨대를 기울여 주면 좋다.

아이가 잘 빨지 못하면 약간 짠 크래커를 먹게 한 다음 아이가 물을 먹고 싶어할 때 아이가 좋아하는 음료를 컵에 담아 빨대로 먹게 해본다. 잘 빨아먹으면 칭찬을 해준다.

아이에게 빨대 빠

○ 여러 가지 조각 퍼즐을 이용해 같은 도형끼리 연결시키는 방법을 알려준다.

는 법을 가르쳐 줄 때는 처음에 빨대를 아주 짧게 잘라서 만든 짧은 빨대부터 시작해 점점 긴 빨대를 사용하여 물을 마셔보게 해야 한다.

그리고 튜브 용기에 빨대를 꽂아서 튜브를 눌러 줌으로써 음료가 쉽게 빨대로 올라가도록 해주고 아이에게도 튜브 용기를 눌러 보게 한다.

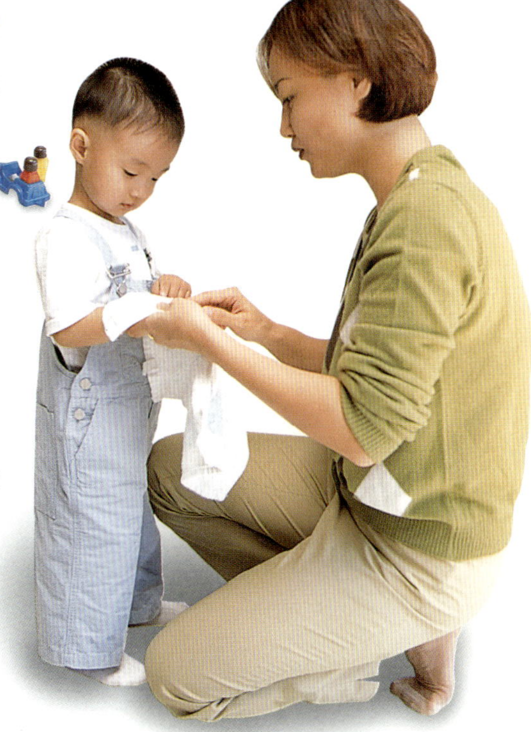

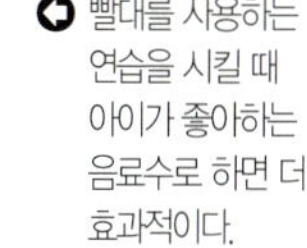

○ 빨대를 사용하는 연습을 시킬 때 아이가 좋아하는 음료수로 하면 더 효과적이다.

○ 아이가 쓰기 편한 조그만 수건을 준비해 손과 얼굴을 스스로 닦는 습관을 길러준다.

이 시기에 꼭 해야 할 교육 프로그램

두 단어 문장 만들어 보기

✤ 아이가 '공' 하고 한 단어로 말하면 엄마가 그 말에 다른 단어를 결합하여 아이에게 다시 말해 준다. '큰 공, 내 공, 의자 위의 공' 등 아이가 단어들을 붙여 말해 보게 한다.

✤ 아이가 두 단어를 결합시킨 문장을 말할 때 실제로 그것이 나타내는 것은 두 단어의 의미보다 더 많을 수도 있다. 그러므로 아이가 "우유, 컵."이라고 말하면 컵을 가리키며 "컵에 든 우유가 먹고 싶은가 보구나." "그래, 컵에 우유가 들어 있어." 이렇게 엄마는 아이가 무엇을 말하려고 하는지를 잘 생각해서 덧붙여 말해 주는 것이 좋다.

✤ 아이와 이야기를 나눌 때는 간단한 문장을 사용하는 것이 좋다. 그리고 이 때 엄마는 아이가 이해할 수 있는 말을 가려서 사용하는 것이 좋다.

명사와 동사를 사용한 문장 만들기

✤ 아이가 밥을 먹고 있다면 "영훈이가 먹는구나." 또는 "영훈이가 저녁 먹는구나."라고 말한 다음 "너 뭐하고 있니?"라고 물어본다. 필요하다면 한 번쯤 되풀이해서 말해 준다.

❶ 아이와 이야기를 나눌 때는 이해할 수 있는 말로 간단한 문장을 만들어 사용한다.

✤ 머리 빗기, 문 닫기, 손 씻기, 공 차기와 같은 게임으로 활동을 하면서 "엄마가 무엇을 하고 있지?" "너는 무엇을 하고 있지?" 하고 아이에게 물어본다.

✤ 간단한 동작을 나타내는 그림을 보거나 그림을 그려서 "이 아이가 무엇을 하고 있지?" 또는 "무슨 일이 일어났지?"라고 물어 본다.

✤ 그날 일어났던 일이나 경험한 것을 아이가 두 단어로 된 문장으로 말해 보게 하고 아이가 하는 말을 따라 해준다.

화장실 가고 싶을 때 하는 말 사용하기

✤ 용변을 나타내는 특정한 말을 정해서 항상 그 말을 사용해 본다. 기저귀를 차는 아이일 때는 기저귀를 갈아주면서 그 말을 사용하도록 한다.

✤ 아이가 대소변이 마려울 때 바지를 끌어당기거나 참는 몸짓을 하면 "쉬하고 싶어서 그래?" 하고 물어보고 그렇다고 표현하면 "쉬라고 말해."하고 아이에게 가르쳐 준다.

"~가 무엇을 하고 있니?"라는 질문에 답하기

✤ 엄마가 일상적인 활동들을 하고 있을 때 '먹고 있다', '밥을 하고 있다', '청소를 하고 있다', '머리를 빗고 있다', '그네를 타고 있다', '달리고 있다', '잠자고 있다' 등으로 엄마가 하고 있는 일을 말해준다.

✤ 아이에게 "나는 무엇을 하고 있고, 너는 무엇을 하고 있니?"라고 물어보는 것으로 시작해 본다. 아이가 대답을 안 하면 그 활동의 내용을 아이에게 이야기해 준다.

✤ 책에 나와 있는 그림을 보고 사람들이 무엇을 하고 있는지 아이에게 말해 보게 한다.

세 조각으로 된 그림 맞추기

✤ 동그라미부터 시작하여 한 번에 한 가지 모양씩 아이에게 건네준다. 아이가 잘 모르면 맞는 자리를 지적해 주고 아이의 손을 이끌어 준다. 도움 없이도 아이가 동그라미를 맞출 수 있으면 아이에게 네모를 주고, 그 다음에는 세모를 주어 맞추어 넣도록 해 본다.

✤ 아이에게 맞추어야 할 곳을 손가락으로 더듬어 보게 하고 그 모양과 같은 모양을 찾아보게 한다.

✤ 색깔을 표시해서 빨간 동그라미는 빨간 자리에, 푸른 세모는 푸른 곳에, 노란 네모는 노란 자리에 맞추어 넣어 보게 한다. 이런 단계에서 아이가 잘 하면 차차 색깔 힌트를 없애 나간다.

그림을 보고 물건이름 말하기

✤ 먼저 집 안에서 흔히 볼 수 있는 물건들을 실제로 보여 주면서 이름을 말하게 한다. 그리고 나서 그림책이나 잡지 등에서 과자, 탁자, 의자, TV, 침대 등의 사진을 오린다. 이 사진들을 실물 옆에 갖다 놓고 사진의 물건 이름을 말해 보게 한다. 다음에는 사진만 따로 보여주고 이름을 말하게 한 후 맞으면 칭찬을 해 준다.

아이에게 말을 가르칠 때 알아두어야 할 일

단어의 갯수보다는 아름다운 말을 가르치자

이 시기의 아이에게는 단순히 단어의 수를 늘려 가기보다는 좀더 정확하고 아름다운 말을 가르쳐 주는 것이 무엇보다 중요하다. 그러므로 엄마는 아이에게 정확하고 아름다운 말을 많이 사용하고, 아이 수준에 맞는 그림책을 읽어 주면 훨씬 좋은 효과를 얻을 수 있다. 그리고 집안에서 쓰는 말 외에, 바깥에서 쓰는 말에도 익숙해지도록 바깥으로 데리고 나가 언어 훈련을 하는 것도 좋은 방법 중의 하나이다.

아이가 말하고 싶은 대로 말하게 하자

이 시기에 가장 중요한 것은 말하려는 아이의 욕구를 충족시켜 주는 일이다. 예전에는 아이가 말을 할 때 유아어를 절대 사용하지 못하도록 했으며, 아이가 유아어로 말하면 대답을 해 주지 않는 것이 좋다고 했다. 그러나 지금은 그 반대의 주장이 더욱 우세하다. 즉, 아이의 언어 교육에서 가장 중요한 것은 말하고 싶은 아이의 의욕을 억누르지 않는 것이다.

물론 아이가 차츰 유아어를 줄이도록 유도하는 것도 잊어서는 안 되는 일이다. 어른들이 말할 때, 아이가 끼여들더라도 귀찮다고 생각하지 말고, 가능하면 대꾸를 많이 해 주는 자세도 필요하다.

언어 발달은 2세까지가 대단히 중요한 시기이다. 이 무렵에 정상적인 언어 발달이 이루어지지 않으면, 여러 가지 언어 장애가 생길 우려가 있다.

❶ 말을 가르칠 때 놀이를 통해 자연스럽게 가르친다.

✿ 아이에게 간단한 그림책을 보여주면서 그림의 이름을 말하게 한다.

✿ 아이와 함께 그림책을 보면서 아이가 궁금하게 생각하는 물건의 이름을 가르쳐 준다.

세로 줄 따라서 그려보기

✿ 벽에 종이를 붙여 두고 엄마가 먼저 위쪽에서부터 아래로 세로 줄을 그은 후 아이에게 엄마처럼 줄을 그어 보라고 한다. 필요하다면 직접 도와주다가 아이가 잘 하게 되면 점차 스스로 혼자 해보게 한다.

✿ 아이에게 마분지로 세로 줄 견본을 만들어 주어서 세로 줄을 그을 때 이용하게 한다.

✿ 분필, 크레파스, 색연필, 매직펜 등을 이용해 본다.

✿ 종이의 위쪽과 아래쪽에 스티커를 붙이고 선으로 이어 보게 한다.

엄마가 시키는 일 하기

✿ 식사 시간에 아빠나 형제들을 불러오도록 아이에게 부탁한다.

✿ "아빠한테 신문 좀 갖다 드리겠니?" "이것을 식탁 위에 가져다 두었으면 좋겠다." "기저귀 하나만 가져다 주겠니?" 등과 같은 간단한 심부름을 시켜 본다. 심부름을 하고 나면 아이에게 도와주어서 고맙다는 인사를 꼭하도록한다.

✿ 처음에는 일을 아이와 같이 해서 도와주고 점차 아이 혼자 해 보도록 한다. 아이가 엄마를 도와주면 잘 했다는 칭찬을 해 준다.

➊ 아이와 이야기를 나눌 때는 이해할 수 있는 말로 간단한 문장을 만들어 사용한다.

손가락을 빠는 아이

손가락을 빨지 않도록 환경을 만들어 준다

낮에 밖에서 재미있는 놀이를 할 수 있도록 분위기를 마련해 주면 아이는 나름대로 놀이에 열중하게 되고, 적어도 그 동안에는 손가락을 빨지 않을 것이다.

아이에게 불안감을 주지 않는다

아이가 듣고 있는데서 "우리 아이는 손가락을 빨아서 걱정이에요."라고 푸념을 늘어놓아서는 안 된다. 아이의 마음이 더욱 불안해져서 손가락 빨기가 좀처럼 줄어들지 않는다.

손가락을 입에 넣는 것을 보았다면 엄마와 아이만이 알 수 있는 눈짓을 하거나 고개를 살래살래 흔들어 하지 않았으면 좋겠다는 표시만 하는 것도 좋은 방법이다.

잘 타일러 본다

두돌이 지나면 대부분의 아이들은 부모의 말을 어느 정도 이해할 수 있기 때문에 잘 타일러 보는 것이 우선이다. 아이가 알아들을 수 있도록 설명을 하고 나서 아이가 손가락을 빨지 않는 모습을 보여 준다면 그 순간 재치 있게 칭찬해 주자. "조금만 있으면 유치원에 갈 수 있겠구나. 이제 다 컸으니까 손가락도 빨지 않겠네?"하는 식으로 엄마의 기대를 살짝 드러내는 것도 좋다.

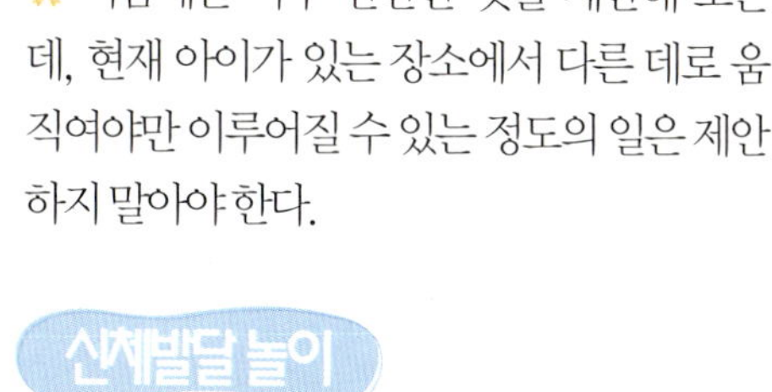

➊ 아이는 불안감을 느끼면 더 자주 손가락을 빨게 된다.

✿ 처음에는 아주 간단한 것을 제안해 보는데, 현재 아이가 있는 장소에서 다른 데로 움직여야만 이루어질 수 있는 정도의 일은 제안하지 말아야 한다.

손잡이나 핸들 돌려보기

✿ 아이의 손을 잡고 손잡이를 돌리게 한다. "돌려 봐." 하고 이야기 하면서 아이가 흥미를 가질 수 있게 한다.

➊ 벽에 큰 종이를 붙여놓고 아이가 좋아하는 색깔의 크레파스를 이용해 세로 줄을 그어보게 한다.

✿ 손잡이나 핸들이 달린 장난감을 이용해 본다. 아이가 보는 데서 아이가 좋아하는 장난감이나 과자를 찬장에 넣어 두고 문을 닫은 다음 아이에게 찾아보라고 한다.

✿ 엄마가 벽장에 들어가서 문을 닫고 아이 보고 엄마를 찾아보게 한다.

✿ 엄마를 도와서 문 손잡이를 돌려서 잠그게 하고, 엄마에게 문을 열어 주도록 한다.

✿ 아이에게 노래가 나오는 장난감의 스위치를 돌려서 껐다 켰다 하도록 해 본다.

✿ 큰 플라스틱 나사를 사용해서 돌리는 기술을 발달시킨다.

제자리에서 두 발로 점프해 보기

✿ 아이의 양손을 잡고 서서 엄마가 무릎을 굽힐 때 아이도 따라 굽히게 한다. 엄마가 두 발을 모아서 점프할 때 손을 들어 올린다. "뛰어 봐." 하고 말해 주면서 아이의 흥미를 돋우어 준다.

✿ 고무 튜브 위에 합판을 깔고 그 위에서 뛰게 한다.

✿ 아이가 점프하는 동작을 알 때까지 침대 위에서 뛰게 한다.

✿ 농구에서 점프 슛하는 것처럼 아이에게 점프하게 한다. 아이의 양팔을 머리 위로 올려주면 아이가 그 반동으로 위로 뛰어오르기 쉬워진다.

만 28-30 개월

여아 : 키 90.9cm 몸무게 13.4kg　　　　　　남아 : 키 92.2cm 몸무게 14.1kg

이 달 말에 우리 아기 여기까지 할 수 있다

STEP 1

90% 가능
대부분 할 수 있다

1 그림을 보고 이름을 말한다

2 세 가지 명령 중 두 가지 정도는 행동으로 옮길 수 있다

3 공을 앞으로 던질 수 있다

STEP 2

75% 가능
웬만하면 할 수 있다

1 블럭 8개를 쌓아 올린다

2 30° 이내의 수직선을 흉내내서 그린다

3 혼자서 건포도나 장난감이 든 병을 쏟을 수 있다

STEP 3

50% 가능
할 수 있는 아기도 있다

1 복수단어를 사용한다

2 끈 없는 신을 혼자 신을 수 있다

3 손을 씻고 닦는다

4 술래잡기 놀이를 한다

5 순간적이지만 한발로 서 있는다

6 제자리에서 껑충 뛴다

7 세발 자전거를 탄다

STEP 4

25% 가능
하기에 벅차다

1 자기 이름을 말한다

2 혼자서 옷을 입을 수 있다

3 엄마와 쉽게 떨어진다

4 멀리뛰기를 한다

5 동그라미를 그린다

아기 키우기 포인트

적절한 놀잇감과 책을 골라준다

POINT 1 장난감은 튼튼한 것으로 고른다

남자아이의 경우 힘차게 미는 장난감을 가지고 놀 수 있게 해 주는 것이 좋다. 이것은 신체 발달에도 매우 유익하다. 다만 장난감은 매일 가지고 놀고, 심하게 다루기 때문에 우선 튼튼한 것으로 골라야 한다. 자동차 장난감을 살 때에는 뒤집어 봐서 바퀴축이 단단한 것을 고르도록 한다.

부모 입장에서는 모양이 좋은 장난감을 고르고 싶지만, 이 시기 연령에는, 바깥에서 비를 맞거나 바람이 불어도 망가지지 않을 만큼 튼튼한 장난감이 좋다.

만약 장난감 자동차의 바퀴축이 약한 것 같으면 인근에 있는 철공소에 가서 단단한 것으로 바꿔 주도록 한다.

어떤 집에서는 첫째 아들에게 사준 큰 장난감 자동차를 셋째 아이까지 차례로 물려주고, 그 후에는 이웃집 아이에게까지 물려주는 경우도 있다.

POINT 2 나무토막은 좋은 장난감이다

나무토막은 아이에게 정적인 느낌을 주는 좋은 놀잇감으로 이 시기 아이에게 알맞다. 나무토막은 너무 작지 않은 단순한 형태가 좋은데 특히 작은 블럭 형태가 좋고 크기는 2배, 4배 정도가 되는 3~4가지 종류를 준비해 주는 것이 좋다. 이러한 장난감은 가격도 저렴하고 매우 유용하다.

또한 이 시기에는 인형을 사 주더라도 실제 사람처럼 부드럽고 탄력이 있어서 물 속에 넣어도 괜찮은 종류가 좋다. 떨어뜨려도 부서지지 않고 그다지 무겁지도 않아서 아이가 가지고 놀기에도 편하고 안전하다.

POINT 3 좋은 그림책을 보여준다

이 시기에 그림책에 관심을 갖기 시작하는 아이도 있으므로 아이가 관심을 갖고 있다면 자연스럽게 그림책을 보여 주어도 괜찮다. 하

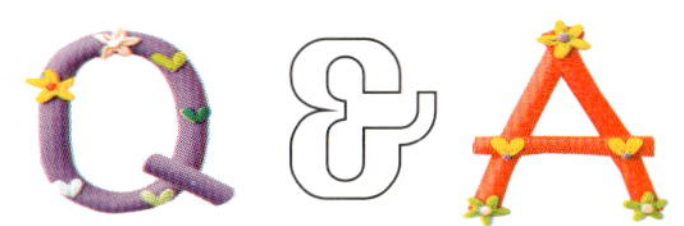

● 아이가 말을 더듬는 이유는 생각과 말이 뒤엉키기 때문이다.

Q 아이가 성기를 가지고 놀아서 걱정이예요. 어떻게 말려야 할까요?

A 유아기는 호기심이 많고 여러 가지 일에 흥미를 느끼게 마련이다. 아이들은 자기 손으로 자기 몸을 만져서 몸에 대하여 배우고 있는 것이다. 엄하게 야단을 치면 오히려 성기에 대한 특별한 의식을 갖게 되어, 성에 관한 사고 방식이 잘못 되는 수가 있다. 그러나 성기를 만지는 것이 불결하다는 것만은 가르쳐 줄 필요는 있다. 또한 아이가 자신의 성기를 가지고 노는 것은 지루하거나 활동하고 싶은 욕구가 채워지지 않아서 생기는 경우가 많다. 그러므로 그런 때에는 아이가 흥미를 가질 수 있는 놀이를 할 수 있도록 해주는 것이 바람직하다.

Q 말을 더듬는데 걱정이 됩니다. 커서까지 말을 더듬으면 어떻죠?

A 2세에서 5세까지는 언어능력의 급격한 발달이 이루어지는 반면 하고자 하는 의미가 제대로 표현되지 못해서 머릿속의 말과 큰 혼란을 일으키는데 이때 아이는 자연히 어느 정도 말을 더듬게 된다. 그때는 절대로 부모 자신이 심각해 하는 내색을 하지 말고 자연스럽게 들어주면서 더듬지 않는 말을 반복하게 해주는 것이 좋다.

아이에게 "천천히 해라.", "다시 해라." 하고 초조하게 강요하는 것은 오히려 역효과를 낸다. 또한 심리적인 요인 때문일 수도 있으므로 아이가 정서적인 불안을 느끼지 않도록 안정시켜 주는 것이 중요하다.

Q 자기보다 어린아이를 때리고 넘어뜨려요. 어떻게 하면 버릇을 고칠 수 있을까요.

A 이러한 행동은 자기의 힘이 강해졌다는 것을 과시하고 싶어서 그러는 것이기 때문에 싸움도 공부라고 생각하여 침착하고 여유 있는 태도로 지켜보는 것이 좋다.

이때 엄마가 너무 강경한 태도를 취하면 엄마에 대한 화풀이로써 다른 아이를 더 괴롭힐 수도 있기 때문에 체벌은 하지 않는 편이 좋다. 물어뜯거나 때리는 행동도 말로써 표현할 수 있게 되면 자연히 없어지는 것이므로 성급하게 서두를 필요가 없다.

이 시기에는 무엇보다도 같이 놀고있는 친구에 대해서 관심을 갖도록 하며 싸움하는 것을 두려워하지 말고 적극적으로 놀 수 있는 기회를 만들어 주는 것이 좋다.

● 자동차 장난감은 디자인보다는 바퀴가 튼튼한 것으로 고른다.

● 나무블럭은 단순하면서도 너무 작지 않은 것으로 고른다.

지만 아직 손가락 움직임이 서툴기 때문에 책을 잡아당기기 일쑤이고, 그러다 보면 쉽게 그림책은 찢어지게 된다.

그렇기 때문에 이음새가 튼튼한 그림책이 좋다. 그리고 아이는 책장 넘기는 것이 수월하지 않기 때문에 종이는 두꺼운 것이 좋다.

그림책 속에 있는 그림의 수는 꼭 많지 않아도 된다. 생활 속에서 쉽게 볼 수 있는 강아지나 고양이, 기차, 자동차와 같은 그림들이 들어 있으면 그것으로 적당하다.

그림은 복잡하지 않으면서 색상과 형태가 선명한 것이 좋고, 그림의 크기도 비

교적 커서 실물과 유사한 느낌을 줄 수 있는 것이 좋다.

요즘에는 TV의 영향으로 어린아이들도 다양한 종류의 그림들을 경험하기는 하지만 그래도 이 시기에는 사실적인 그림이 아이 발달에 좋다.

그림책을 주면 그냥 장난감처럼 가지고 놀기만 하는 아이가 있는가 하면, 찢고 싶어하는 아이가 있는데 후자의 아이인 경우에는 잡지나 신문지 같은 놀잇감을 주는 것이 더 낫다.

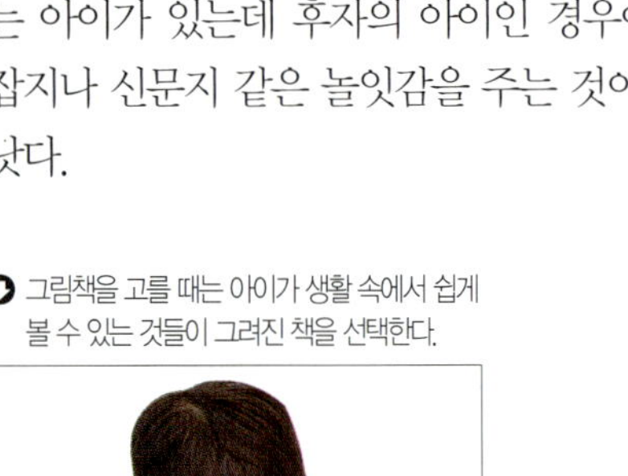

○ 그림책을 고를 때는 아이가 생활 속에서 쉽게 볼 수 있는 것들이 그려진 책을 선택한다.

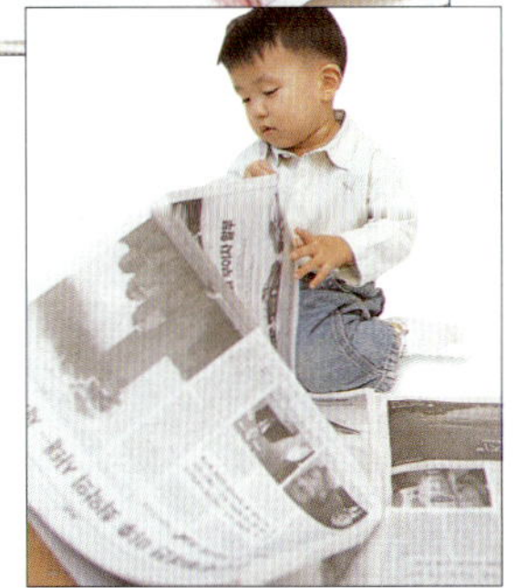

○ 그림책을 찢는 아이는 차라리 잡지나 신문을 놀잇감으로 주는 것이 훨씬 효과적이다.

왼손잡이 아이

대체로 왼손잡이는 생후 1년 반이 지나야 그 성향을 나타내지만, 나중에 바뀌는 경우도 많다. 그리고 왼손잡이로 확실하게 결정되는 시기는 훨씬 뒤인 초등학교에 들어갈 무렵이다.

무리하게 고치려면 역효과가 생긴다

무리한 방법을 동원해서 왼손 사용을 고치면 아이에게 말더듬이 증세, 단식, 이유없는 반항, 우울증과 같은 부작용이 나타날 수 있다. 서서히 양손을 다 사용할 수 있도록 자연스럽게 유도하는 것이 좋다.

양손잡이는 지능이 골고루 발달한다

일상 생활에서 왼손잡이가 커다란 불편을 느끼는 것은 글쓰기 정도에 지나지 않는다. 그러므로 글쓰기만 오른손을 사용하도록 잘 지도하고, 나머지는 아이의 자연스런 습관에 맡기는 것이 지혜로운 방법이다. 왼손잡이를 무조건 오른손잡이로 만들기보다는 오히려 양손잡이로 키우는 것이 지능 발달에 더 효과적이다.

○ 왼손잡이를 억지로 고치려 하면 역효과가 날 수 있다.

사물의 이름을 외우게 한다

POINT 1 흥미와 관심을 갖게 한다

2~3세 아이는 사물의 이름에 대한 흥미가 매우 강하다. 그러므로 이 시기에 사물의 이름을 많이 알게 하는 것은 생각하는 힘, 즉 사

○ 컵 3개에 각각 다른 물건을 넣은 뒤 아이가 '무엇'이라는 질문을 하게 유도하는 놀이를 해본다.

고력을 길러 주는 중요한 요소가 된다.

아이들에게 사물의 이름을 알게 한다고 해도 중학생들이 영어 단어를 외우는 방법처럼 해서는 안 되며, 어디까지나 그 사물에 대한 흥미와 관심을 갖게 하는 방법으로 해야한다.

또한 아이와 대화를 할 때는 '이것', '저것', '그것'과 같은 대명사는 가능한 사용하지 말고 그 물건의 이름을 정확하게 말해 주는 것이 좋다.

POINT 2 아이의 질문에 즐겁게 대답해 준다

2~3세 아이의 언어 발달은 주로 물건 이름에 대한 흥미를 통해서 이루어진다. 그래서 이 시기의 아이들은 "이건 뭐예요?", "저건 뭐예요?" 하는 질문을 많이 하게 된다.

그 질문을 다 들다 보면 귀찮기도 하고, 대답하기도 힘들어 아이들의 질문을 그만 무시해 버리는 경우가 있는가 하면, 때로는 짜증스런 얼굴로 "몰라, 몰라, 어서 저리 나가지 못해!"라고 하면서 그들의 질문을 잘라 버리는 경우도 있다.

그러나 아이가 질문을 하면 다소 귀찮더라도 그 물건의 이름과 그 물건이 갖고 있는 특성, 그리고 그 물건이 하는 역할 등에 대해 엄마는 즐거운 마음으로 간단하면서도 재미있게 대답해 주어야 한다.

질문하는 것을 꾸짖거나 귀찮아하면 아이는 비록 묻고 싶고, 알고 싶은 것이 있어도 야단 맞는 것이 두려워 앞으로도 질문을 하지 않게 된다. 대개의 경우 생각이 많고 지적 호기심이 강한 아이가 질문을 많이 하며, 질문을 많이 하는 아이일수록 지능도 빨리 발달한다.

스스로 할 수 있게 도와준다

POINT 1 화장실에 가고 싶다고 말하게 한다

아이가 몹시 소변이 마려워할 때, 화장실에 가고 싶어하는지를 물어 본다. 이때 아이가 '화장실에 가고 싶어'라는 표현을 하게 하는 것이 중요하지 실제로 가고안가고는 관계없다.

아이가 화장실에 가고 싶다는 말을 하지 않더라도 가끔 화장실에 가고 싶지 않느냐고 물어 보고 아이가 화장실에 가고 싶다는 말을 하면 칭찬해 준다.

만약 옷에 오줌을 싸더라도 옷을 즉시 갈아 입혀줄 것이 아니라, 아이 스스로 갈아입게 해

본다. 다른 식구들도 화장실에 가고 싶을 때는
'화장실에 가고 싶다' 는 표현을 해본다. 그러
면 아이는 어른들의 모습을 보고 배우게 된다.

Point 2 혼자서 신발을 신게 한다

자기 발 크기보다 큰 신발을 가지고 시작해
본다. 발가락끝을 신발 속으로 미끄러져 들어
가게 한 다음 신발 뒤꿈치를 잡아당겨서 신는
방법을 가르쳐 주다가 점차 신발 크기를 줄여
서 아이 발에 맞는 크기를 가지고 신어 보게
한다. 아이가 잘하면 "잘 했다, 너 혼자서 신발
을 신을 줄 아는구나."라고 칭찬해 준다.

아이가 잘 하지 못하면 엄마가 거의 다 신겨
주고 뒤꿈치만 아이가 집어넣게 하다가 나중
에는 반쯤 신겨주고 나머지는 아이가 넣도록
하여 점차 아이 힘으로 신는 부위를 늘려 가
는 것도 좋은 방법이다. 아이 신발에 끈이 있
으면 끈을 푸는 방법을 보여 주자.

처음에는 구두처럼 딱딱한 신발을 이용하
다가, 익숙해지면 테니스화나 슬리퍼 모양으
로 된 신발 종류로 바꾸어 간다.

Point 3 이 닦는 법을 가르친다

아이의 칫솔과 치약을 따로 놓아두어 아이
것이라는 표시를 해준다. 엄마가 아이와 함께
이를 닦으면서 아이에게 따라 해보라고 하고
이를 닦고 나면 칭찬해 준다.

처음에는 잘 하지 못하므로 아이 손을 잡고
도와주다가 점차 잘 하게 되면 아이 스스로
혼자 하게 둔다. 거울을 보면서 칫솔질을 하
게 하는 것도 도움이 된다.

아이의 손을 잡고 아래위로 칫솔질하는 동
작을 가르쳐 주고, 아이가 잘 따라 할 수 있게
될 때까지 말로 계속 이야기해 준다.

Point 4 잘 먹게 한다

엄마들 중에는 아이가 잘 먹지 않아 걱정인
사람이 많다. 하지만 식욕이 없는 원인은 여
러 가지로 구분되며 원인별 대책이 필요하다.

• 몸이 아프기 때문이다

감기가 들어 열이 난다든지, 설사를 하는 급
성의 병일 때에도 식욕이 떨어지지만 만성병
일 때도 대부분 식욕이 떨어진다. 식욕이 없
으면서 보통 때보다 활동을 하지 않는다던가,
기분상태가 좋지 못하고 열이 있다든지 하는
증세가 나타나면 곧 소아과 전문의의 진찰을

엄마의 EQ를 높이는 7가지 방법

부모의 감성지수가 곧 아이의 감성지수다. 아이
의 EQ를 높이고 싶다면 우선 부모부터 EQ 능력
을 높이도록 하자.

1 감정을 바르게 인식한다 … 부모가 느끼는 기
분 상태를 아이에게 그대로 해소한다든가 전달하
지 않도록 주의한다. 부부간의 갈등을 아이에게
풀어버리는 행동은 아이의 EQ를 전혀 고려하지
않는 행동이다.

2 아이의 감성지수 자체를 수용한다 … 아이가
느끼는 감정을 바르게 인식하고 무엇 때문에 그
렇게 표출하는지 이해하고 수용하는 것이 중요하
다. 아이가 왜 그렇게 행동했는지 그 원인을 찾아
내고 빨리 대처하도록 한다.

3 한 번 더 생각한다 … 어떤 상황이 벌어졌을
때 부모가 즉각적으로 자극적인 말이나 행동을
해서는 안 된다. 잠깐 멈추고 다시 한번 생각한
다음 행동해야 한다. 이런 단계를 통해 감정을 조
절하는 능력을 키울 수 있다.

4 자연스러운 감정표출을 한다 … 사소한 일에
도 고마움과 기쁨을 상대방에게 전달하는 습관을
아이에게 보여주도록 한다. 부모가 진심으로 감
사하는 마음을 아이가 보면
그대로 닮아간다.

5 고정관념에서 벗어나라 …
고정관념은 EQ와 상극이다. 어
떤 사물이나 상황에 대한 고정관
념에서 벗어나 사물을 새로운 시
각으로 바라보자. 그러면 생각이
달라지고, 행동이 변화되고, 습관
과 성품, 인생관도 달라진다.

**6 아이 앞에서 남을 자주 칭찬
한다** … 아이에게 긍정적인 사고
를 키워주는 좋은 방법은 아이
앞에서 남을 마음껏 칭찬하는
일이다. 남을 비난하고 흉보고
단점을 들춰내는 행동은 아이
에게 부정적인 사고, 불필요한
경쟁심만을 부추길 뿐이다.

7 자신의 일에 책임을 진다 … 부모 자신이 스스
로 한 일에 대해 전적으로 책임을 지는 자세를 보
여준다. "너 때문에 실패한 거야. 모두 네 탓이야."
이런 발언은 무책임한 아이로 키우는 지름길이다.

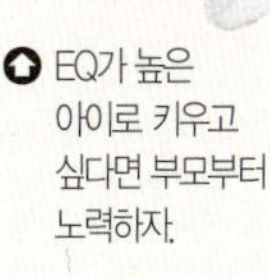

○ EQ가 높은
아이로 키우고
싶다면 부모부터
노력하자.

받아 보도록 하는 것이 좋다.

• 간식을 많이 주거나 조리법이 단조롭기 때문이다

식사 문제 때문에 식욕부진이 생기는 경우
도 많이 있다. 식사내용이나 조리법이 단조로
워서 식욕을 느끼지
못하는 때도 있고
간식을 너무 단것이
거나, 너무 많이 주

었을 때도 식사 때 밥을 제대로 먹지 않게 된
다. 이럴 때는 식사를 준비할 때 차리는 모양
과 식기의 색깔, 조리의 형태에도 신경을 쓰
고, 간식은 부족하다고 생각될 정도로 주는
것이 좋겠다. 가끔 밖에서 식사를 하거나 다
른 아이들과 같이 식사를 할 수 있
는 기회를 만들어 주는 것도 식욕
을 돋구는 한방법이다.

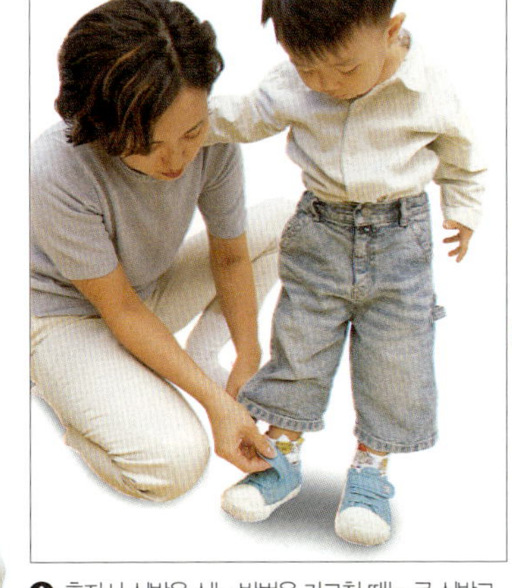

○ 혼자서 신발을 신는 방법을 가르칠 때는 큰 신발로
연습을 시킨 후 익숙해지면 자신의 신발을 신게 한다.

○ 다른 가족들도
아이 앞에서
'화장실에 가고
싶다'라는 표현을
해서 아이가 그
말에 익숙해지게
한다.

○ 아이가 칫솔질을 잘
하지 못하면 거울을
이용해 자신의
모습을 보면서 하게
하자.

이 시기에 꼭 해야 할 교육 프로그램

'어디에' 라는 질문에 대답하기

❀ 상자, 컵, 접시 같은 몇 가지 용기와 작은 물건 하나를 준비한다. 엄마는 아이가 보는 데서 그 물건을 여러 가지 용기에 떨어뜨린 다음 '~가 어디에 있지?' 라고 물어 본다.

❀ 식구들이 집에서 나가거나 방을 나가서 다른 장소로 갈 때, 식구들이 가는 곳을 아이에게 말해 준다. 그런 다음 "아빠는 어디 계시지?" 라고 물어 본다.

❀ 몇 가지 물건들을 아이 주변에 놓아둔다. '~가 어디에 있지?' 라고 물어 보고 아이가 대답을 하면 그 물건을 가져오게 한다.

손가락 펴서 나이 표시하기

❀ 처음에는 "너는 세 살이야." 하고 아이 나이만큼 엄마 손가락을 펴 들고 세어 보인 다음 아이에게 따라 하게 하거나 나이만큼 아이의 손가락을 펴 준다. 점차 아이 혼자 힘으로 자기 나이만큼 손가락을 펴 보이도록 하고 잘 하면 칭찬해 준다.

❀ 아이의 한 손은 두 손가락, 다른 손은 한 손가락을 펴서 나이를 표현하게 하면 더 쉬울 수도 있다.

❀ 펴 든 손가락 외에 다른 손가락들은 손바닥 쪽으로 접고 나머지 한 손으로 접은 손가락을 잡게 하면 가르치기가 좀 더 쉽다.

성별 말해 보기

❀ 성별에 적절한 장난감과 옷들을 마련해 준다.

❀ 아이가 '아빠와 같은 남자인지' 또는 '엄마 같은 여자인지' 를 아이에게 말해 준 다음 아이에게 자기가 남자인지 여자인지 물어 본다.

❀ 아이에게 "너는 빨리 달릴 수 있는 씩씩한 남자구나." 또는 "그 옷을 입으니 참 예쁜 여자아이구나." 등과 같이 말해 준다.

❀ 식사시간에 다른 식구들이 자신들을 남자 또는 여자라고 아이에게 말해 준다.

❀ 아이들은 자기가 마지막으로 들은 말을 그대로 대답하는 경우가 있으므로 아이에게 물을 때는 "남자니, 여자니?" 또 "여자니, 남자니?" 하는 식으로 순서를 바꾸어서 물어 보는 것도 필요하다.

가로줄 그려보기

❀ 아이가 따라 하도록 종이 왼쪽 끝에서 오른쪽 끝으로 재빨리 가로줄을 긋는다. 그런 다음 아이에게 크레파스를 주어 엄마가 그린 것을 따라서 그려보게 한다.

❀ 처음에는 엄마가 아이 손을 잡고 선을 긋도록 이끌어 주다가 아이가 잘하게 되면 차차 아이 손을 느슨하게 잡아 준다.

❀ 처음에는 아이에게 엄마가 그린 것 위에 덧 그리게 하다가 나중에는 따로 선을 하나 그려보라고 한다.

❀ 탁자나 마루 위에 신문지를 펴놓고 그리게 하면 아이가 큰 동작으로 그리는데 도움이 된다.

↩ 가로선 긋는 연습을 할 때 아이가 잘 하지 못하면 처음에는 엄마가 아이 손을 같이 잡고 그려본다.

익숙해지면 점차 신문지 크기를 작게 해 준다.

❀ 종이 양쪽에 조그만 물건을 그려 놓고 아이가 가로 선을 그어서 두 물건을 이어보게 한다.

동그라미 그려보기

❀ 엄마가 큰 동작으로 동그라미 그리는 모습을 아이에게 보여준다.

❀ 아이의 손을 잡고 엄마와 함께 크레파스로 동그라미를 그려보면서 칭찬해 준다.

❀ 크레파스를 쓰기 전에 아이에게 손가락으로 종이 위나 밀가루, 모래에 동그라미 그리는 연습을 해 보게 하는 것도 좋다.

❀ 엄마가 그린 동그라미 위에 덧 그리게 한 다음 자기 혼자 따로 동그라미를 그려보게 한다. 그리고 아기가 그린 동그라미 안에 웃는 얼굴을 그려 넣어 준다.

❀ 처음에는 큰 신문지를 이용하다가 점차 종이 크기를 줄여간다.

↩ 아이가 좋아하는 장난감을 잘 보이는 곳에 올려두고 '어디에 있는지' 물어본다.

같은 옷감 찾아보기

✤ 각각 두 개의 다른 바구니에 똑 같은 옷감 천을 담아 놓는다. 아이에게 한쪽 바구니에서 옷감 하나를 고르게 하고 다른 바구니에서 그 것과 똑 같은 옷감을 찾아보게 본다.

✤ 처음에는 옷감을 두세 가지만 가지고 시작 하다가 잘 찾으면 몇 가지 옷감을 더 추가해 서 해 본다.

✤ 옷감의 촉감이 어떤지를 말해 보게 한다

음악이나 이야기 잘 듣기

✤ 아이에게 간단하고 재미있는 이야기를 들 려준다.

✤ 아이가 이야기를 잘 들었는지를 알아보기 위 해 그 이야기와 관련된 간단한 질문을 해 본다.

✤ 재미있는 이야기를 해 주기 전에 엄마가 어떤 것을 물어 볼 거라고 아이에게 미리 말 해 준다.

✤ 매일 비슷한 시간에 이야기를 읽어 주면서 책 읽는 시간이 아이와 엄마 모두에게 재미있 고 편안한 시간이 되도록 한다.

✤ 간단한 동작을 할 수 있는 음악을 들려주 고 아이와 함께 춤을 춘다. 나중에는 음악에 맞추어 아이 혼자 동작을 할 수 있는지 관찰 해 본다.

'~ 해 주세요' '고맙습니다' 라는 말 하기

✤ '~ 해 주세요' '고맙습니다' 와 같은 말을 사용할 때 칭찬하고 간식을 준다.

✤ 아이에게 어떤 일을 시킬 때 "문 좀 닫아 주 세요. 고맙습니다."라는 말을 사용한다.

✤ 다른 식구들도 이런 언어를 사용하도록 한다.

✤ 처음에는 아이에게 하나하나 가르쳐주다 가 점차 "어떻게 말해야 하는 거지?" 하면서 단서만을 준다.

뒤로 걷기

✤ 넓은 장소를 택해서 엄마가 먼저 뒤로 걷는 모습을 보여 주고 아이에게 따라 하게 한다.

✤ 아이의 손을 잡고 뒤로 걷는 것을 도와 준다.

✤ 아이와 마주보고 서서 아이의 양 손을 잡고 엄마가 아이 쪽으로 한 걸음씩 앞으로 나가 면서 아이의 발끝을 건드려 주어 그 발을 뒤로 움직일 수 있 도록 도와 준다. 아 이가 뒤로 갈 때 '뒤 로~' 하고 말해 주 면서 부추긴다.

멀리에서 공 던지기

✤ 처음에는 아이와 마 주 앉아서 공 굴리기를 시작하고, 다 음에는 서서 공 굴리기를 해 본다. 그러다가 나중에는 공던지기를 해 본다.

✤ 바구니에 공을 던져서 집어넣는 놀이를 해 본다.

✤ 아이와 30㎝ 정도 떨어진 곳에 앉아서 공 을 굴려 준다.

✤ 엄마가 아이 뒤에 앉아서 공을 잡고 있는

공놀이를 할 때는 아기와 엄마와 마주보면서 공을 굴리는 것으로 시작한다.

아이의 양팔을 잡고 공 던지는 방법을 가르쳐 준다. 아이가 잘 하게 되면 칭찬을 해 주고 스 스로 할 수 있게 조금씩 도움을 줄여 나간다.

✤ 아이와 1m정도 떨어진 곳에 서서 엄마한 테 공을 던져 보라고 한다. 아이가 엄마 있는 방향으로 잘 던지면 칭찬을 해 준다.

✤ 빈 박스를 이용하여 공 던져 넣기를 해 본 다. 다른 식구들도 아이와 함께 해 본다.

계절별 유아의 건강 관리

★ 봄

급격한 기후의 변화에 따라 아기들의 의복도 기후에 맞추어 조절해 입혀 체온 유지에 힘써야 한다.

또한 봄철에는 꽃가루가 바람에 날아다녀 알레 르기 체질의 아기는 알레르기 현상을 일으키게 되므로 유의해야 한다. 날씨가 화창할 때는 외부 로 나와 다른 아이들과 어울리도록 하되 사고가 많은 때이므로 항상 주의를 기울여야 한다.

★ 여름

여름은 신체를 단련하는 계 절이다. 아기는 돌아다니는 것을 좋아하기 때문에 평소 에 접하지 못했던 넓은 바 다나 산으로 나가게 되면 정신도 맑아질 것이다.

계절에 맞게 아이의 신체를 단련시켜야 건강하게 자란다.

여름에는 더위 때문에 땀으로 수분을 잃게 되 므로 충분한 수분을 보충해 주어야 한다.

★ 가을

가을은 좋은 계절이지만 여름의 더위가 가시면 서 아침저녁으로는 싸늘할 정도로 온도가 내려가 서 하루 중의 일기 변화가 심하므로 감기에 걸리 기 쉽다. 늦가을에는 차가운 공기로 인해 두드러 기에 걸리기도 쉽다.

추운 겨울에 대비해서 될수록 밖에서 놀게 하 여 신체를 단련시킨다.

★ 겨울

겨울은 추위 때문에 저항력이 약한 아기들이 질병에 걸리기 쉽다. 인두염, 편도선염, 기관지염, 폐렴 등이 많이 발병된다. 실내 온도를 높일 때 공기가 한층 건조되어 점막이나 피부의 건조를 촉진하게 되므로 물을 끓여 증기를 뿜게 하든가, 방안에 빨래를 넣어 놓거나 가습기를 설치해 습 기를 유지시키는데 신경을 써야 한다. 실내 온도 는 20℃, 습도는 65%가 이상적이다. 겨울에는 실 내의 공기가 혼탁하기 쉬우므로 수시로 환기를 시켜 주어야 한다.

이 달 말에 우리 아기 여기까지 할 수 있다

STEP 1

90% 가능
대부분 할 수 있다

1 엄마가 하는 세 가지 명령 중 두 가지는 따를 수 있다

STEP 2

75% 가능
웬만하면 할 수 있다

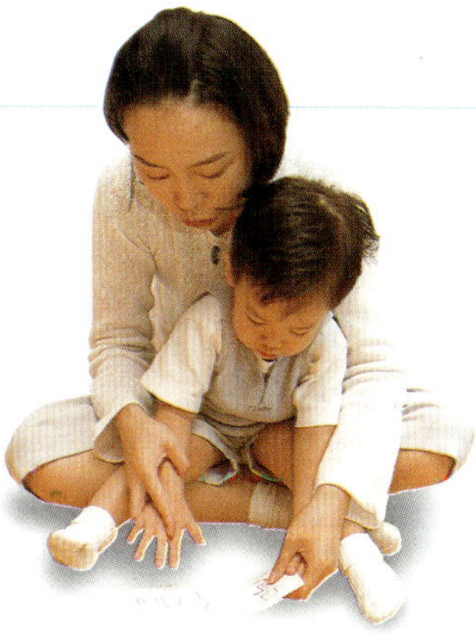

1 복수단어를 사용한다
2 혼자서 끈 없는 신을 신는다
3 손을 씻고 닦는다
4 한발로 1초 동안 서 있을 수 있다
5 제자리에서 껑충 뛴다

6 세발 자전거를 탄다
7 블럭 8개를 쌓는다
8 30° 이내의 수직선을 흉내내서 그린다
9 건포도나 장난감이 든 병을 쏟을 수 있다

STEP 3

50% 가능
할 수 있는 아기도 있다

1 자기 이름을 이야기한다
2 혼자서 옷을 입을 수 있다
3 술래잡기 놀이를 한다
4 멀리뛰기를 한다
5 동그라미를 그린다

STEP 4

25% 가능
하기에 벅차다

1 배고프다, 피곤하다, 춥다라는 말의 뜻을 이해한다
2 3개의 전치사를 이해한다
3 세 가지 색을 알아본다
4 단추를 채울 수 있다

5 엄마와 쉽게 떨어진다
6 한발로 5초 정도 서 있을 수 있다

아기 키우기 포인트

TV 보는 방법을 가르쳐준다

Point 1 지나친 TV 시청은 문제가 된다

요즘 아이들은 태어나면서부터 TV를 접하게 되고 성장하는 과정 내내 TV에 나오는 대상을 친구 삼아 지낼 정도로 TV를 많이 접하면서 자란다.

이런 환경에서 부모가 TV를 즐겨보는 경우, 아이들도 자연스럽게 TV를 많이 보게 되고 또 당연히 좋아하게 된다. 물론 TV를 통해 아이가 얻는 부분도 있겠지만 TV가 일방적으로 전달하는 경우가 많기 때문에 아이의 언어나 지적 능력에 지장을 초래할 수도 있으므로 주의해야한다.

Point 2 TV를 흉내내면서 매력을 느낀다

TV에 대한 아이의 행동은 개인차가 있다. 어떤 아이는 한 살 전후부터 열심히 TV를 보기도 하고, 반대로 TV보다는 자기의 활동 쪽에 흥미와 관심을 보이는 아이도 있다. 그리고 두 살 전후가 되면 자기가 좋아하는 탤런트나 광고가 결정되는 경우가 많다. 때로는, 아이가 좋아하는 것 중에 좋지 않은 것도 많지만 그것을 억지로 막기는 어렵다. 어른이 들어도 민망스러운 내용을 아이는 그 말의 내용도 모르면서 단지 그 리듬이 좋거나 표현하는 것이 재미있어 흉내내거나 매력을 느끼며 그 시간을 즐기기도 한다.

Point 3 폭력 장면은 아이에게 좋지 않다

내용에서 특히 문제가 되는 것은 폭력 장면이다. 아이는 '형사물'을 좋아하지만 이러한 프로그램에서는 때리거나 차고 싸우는 장면이 반드시 나온다.

이것은 아이에게 어떤 영향을 줄까? 몇 년 전까지만 해도 나쁜 영향을 준다는 설과 TV에서의 싸움은 아이의 욕구불만을 해소하여 오히려 좋다는 설이 대립되어 한마디로 단정할 수 없었다. 그러나 그 이후에 이루어진 연구에 따르면 두 살부터 세 살 무렵의 아이들은 폭력 장면을 흉내내기 때문에 좋지않다는 결론이 나왔다.

Q 자립심이 부족하고 너무 의존하려고 해요. 이러다 마마보이가 되는건 아닌지 걱정이 되네요.

A 10분이나 15분 간격으로 엄마가 잘 보이는 장소에 좋아하는 놀이를 할 수 있는 환경을 만들어주고 혼자 놀게 하자. 처음에는 엄마가 옆에서 이야기를 하면서 상대해 주다가 혼자 노는 시간을 조금씩 늘려 나간다. 놀이가 끝나고 맛있는 간식을 먹을 수

아이의 자립심을 키워주려면 흥미를 끌만한 물건이나 환경을 만들어 준다.

아이 혼자 TV보는 시간이 많아지거나 TV에 너무 열중하지 않게 엄마와 노는 시간을 늘린다.

있게 해주면 더욱 좋은 효과를 기대할 수 있다. 노는 장소도 실내에만 한정시키지 말고, 다른 아이들이 많은 공원이나 놀이터에 데리고 나가 놀도록 하는 것이 좋다. 물론 처음에는 놀다가 엄마에게 자주 오겠지만, 시간이 지나면 이러한 현상도 점점 줄어들게 된다.

Q 아이가 가만히 있기 못하고 너무 산만해서 걱정입니다.

A 활발한 아이 중에는 움직임이 매우 심해서 장난감을 계속해서 바꾸거나, 무엇이든지 깊은 관심을 보이지 않고 날뛰듯이 행동을 해서 때로는 비정상적인 것처럼 보이는 경우가 있다. 그렇지만 엄마가 불렀을 때 똑바로 대화를 할 수만 있다면 그다지 문제가 될 것은 없다. 정서적으로 불안정한 모습을 보이는 아이에게는 장난감을 줄 때도 한 번에 많은 것을 주지 말고 한 가지 장난감을 주도록 한다.

Point 4 부모가 먼저 TV 보기를 자제한다

두 살부터 세 살 무렵의 아이에게는 가능하면 폭력 장면을 보이지 않는 것이 좋다. 두 살부터 세 살 무렵에는 가능하면 부드러운 내용만을 보여주는 것이 좋다. 그러기 위해서는 폭력 장면을 포함한 채널은 가능하면 식구가 보지 않거나 또는 아이가 잠들고 나서 보도록 해야 한다.

그러나 아이가 지나치게 TV에 집착해서 TV 앞을 떠날 줄 모른다면 아이에게 보지 말라고 타이르고 가르쳐야 하는데 먼저 부모가 TV를 켜지 말아야 아이가 따르게 된다.

싸움을 잘 하는 아이

이 또래의 아이들은 소유욕이 강하기 때문에 싸움을 하는 것이 당연하다. 하지만 이런 경우에 부모들이 해야 할 일을 알아보자.

싸움에 간섭하지 말고 지켜보자

아이들은 싸움을 되풀이하면서 상대도 나와 같이 갖고 싶어한다' 라는 것을 조금씩 알게 된다. 상처 날 염려가 없으면 지켜보고 있어도 좋겠고, "이번에는 바꿔서 사용해 보자." 하는 식으로 엄마가 적당히 간섭하는 것도 좋은 방법이다.

동생과 싸운다면 질투를 느끼는 것이다

어린 남동생의 장난감을 빼앗는 것은 친구의 경우와 조금 다르다. 아직 응석을 부리고 싶은 엄마, 아빠가 무의식중에 "너는 누나니까"라고 하면서 아이가 양보하도록 요구하는 경우가 많다.

이런 부모의 행동은 질투의 강한 원인이 되기도 한다.

이럴 경우에는 우선 아이의 기분을 중요하게 생각해주고 동생을 그 장소에서 벗어나게 하여 다른 것에 관심을 가질 수 있도록 하는 것이 좋다. 엄마에게서 인정을 받는 아이는 동생을 사랑할 줄 알게 되고 동생에게 양보할 줄 아는 마음의 여유를 갖게 된다.

친구와 싸워서 상처가 났다면 그 아픔을 통해 싸움은 나쁜 것이라는 사실을 인식시킨다.

이것만은 꼭 가르치자

자기 일은 자기가 하게 한다

이 시기 아이의 가장 두드러진 특징 중 하나는 자기의 주장이 강해지고 남에게 간섭받는 것을 싫어한다는 데 있다.

길을 가거나 계단을 오를 때 엄마가 손을 잡으려고 하면 뿌리치고 혼자서 걸어가는가 하면, 그림책의 책장을 넘겨주려고 해도 엄마의 손을 밀어내고 서투른 자기 손으로 넘기겠다고 고집을 부린다.

모자를 쓰고 신을 신는 일, 물을 마시고 초콜릿 껍질을 벗기는 일 등 사소한 모든 일도 자기 힘으로 하겠다고 떼를 쓴다. 2살이 되면서 조금씩 나타나기 시작하는 이런 반항적인 행동은 2살 반 정도가 되면 더욱 심해진다.

이 시기 아이의 반항적인 행동과 고집은 아이 마음에 자아가 싹트고 있다는 증거이며, 독립을 위한 첫발을 내딛고 있다는 증거이다. 그러므로 부모들은 아이들의 이런 행동을 긍정적인 눈으로 보아야 한다.

Point 1 하고 싶어하는 일은 일단 시킨다

만약 아이가 사탕이나 과자 껍질을 자기 손으로 벗기겠다고 하면, 그때는 기쁜 마음으로 아이에게 맡겨 두자. 그러면 아이는 사탕이나 캐러멜을 먹으려면 우선 껍질부터 벗겨야 하

🔴 아이가 혼자 물을 마시려고 한다면 비록 여기저기 물을 흘리더라도 그냥 놔둔다.

고, 껍질을 벗기려면 종이가 겹쳐진 곳부터 벗겨야 잘 벗겨진다는 것을 쉽게 알게 될 것이다.

신발을 신을 때도 아이가 스스로 신어 보게 먼저 발끝을 앞쪽으로 깊이 넣어야 하고, 그렇게 하려면 발을 신발에 넣은 후에 발끝을 콩콩 찧는 것이 제일 좋은 방법이라는 것을 알게 된다.

만약 이 시기에 그 모든 일을 엄마가 대신해 줌으로써 아이로 하여금 자기가 하는 것보다 엄마에게 맡기는 것이 훨씬 더 편하고 또 잘할 수 있다는 것을 알게 한다면, 그 아이는 부모의 도움에서 영원히 벗어나지 못하게 된다.

Point 2 엄마 일을 조금씩 도와보게 한다

이 나이의 아이들은 엄마가 부엌에서 무슨 일을 하고 있으면 곁에 와서 자기도 그 일을 돕겠다고 하는 경우가 많다.

이럴 때는 자기의 밥그릇이나 수저 등을 가져다 나르는 것과 간단하고 위험하지 않을 만한 일을 찾아서 엄마를 도울 수 있게 해 주는 것이 좋다. 가지고 놀던 장난감을 상자 속에 넣을 때도 아이와 함께 넣으면서 그 순서와 방법을 가르쳐 준다면 이것 또한 소중한 교육이 될 것이다.

자기 주변의 일을 자기 스스로 하게 하는것은 아이의 독립심과 책임감을 길러주는 데 있어서 뿐 아니라, 지능의 발달을 촉진시켜 주는데도 중요한 역할을 한다.

Point 3 친구들과 어울려 놀게한다

또래 아이들이 있는 곳에 데리고 가서 친구들을 만날 수 있는 기회를 자주 마련해 주자. 아이들은 의외로 친구들과 쉽게 친해지는 경우를 많이 볼 수 있는데, 만약 우리 아이가 다

🔴 과잉 보호 속에서 자란 아이는 쉽게 또래 친구들과 어울리지 못한다.

🔴 아이는 혼자의 힘으로 무언가를 하면서 점차 자립심과 독립심을 키워가게 된다.

른 아이들과 어울리지 못한다면 그 원인을 찾아보자.

• 지나친 과잉보호가 원인

과잉 보호 속에서 자란 아이는 엄마 부터 아이가 또래 친구와 노는 것을 불안해 하기 때문에 결국 자기 아이를 점점 아이들 사회에서 떼어놓는 결과를 가져오게 된다. 이때는 적극적으로 친구들을 집으로 불러서 놀게 한다든지 아이를 친구 집으로 놀러 가도록 해서 사회성을 키워주도록 한다.

• 애정 없는 가정에서 자란 것이 원인

이런 아이들은 자기중심적으로 되기 쉬우므로 같이 놀려고 하는 아이가 없어서 외톨이가 되는 수도 있다. 지능이 지나치게 높거나 낮아도 놀이의 수준이 맞지 않아 어울리지 못하는 경우도 있다.

외동 아이나 과잉보호를 받고 자란 아이들은 스스로 하고 싶어하는 일을 엄마나 할머니가 대신해 주었기 때문에 커서도 남이 자기 일을 대신해 주기를 바라는 경우가 많다. 그 때문에 결국 친구들과도 잘 어울리지 못하게 되고 곧 배척을 당하는 경우가 많다.

스스로 할 수 있게 도와준다

Point 1 컵으로 수돗물 받기

이 시기에는 양치질을 할 때 혼자 수돗물을 받는 연습을 시키는 것이 좋다. 먼저 수도꼭지에 손이 닿을 수 있도록 의자나 받침대를 놓아주고 컵은 안전한 플라스틱 컵이나 종이 컵을 사용한다.

먼저 컵을 갖다 대고 수도꼭지를 틀고 잠그는 것을 엄마가 실제로 보여 주면서, 그 동작에 대해서 말로 설명을 해주고 아이가 직접 해 보게 한다.

실제로 양치질을 할 때는 아이를 세면대로 데려가서, 컵에 물을 받을 수 있게 도와주고 차차 아이 혼자서 물을 받을 수 있게 한다.

Point 2 혼자서 세수하기

엄마가 세수할 때 아이도 따라 하게 해보자. 먼저 엄마가 아이에게 세수하는 방법에 대해서 잘 이야기해 주고 얼굴에 묻어 있는 지저분한 것을 거울을 보고 스스로 씻어 보게 하자. 아이가 혼자 세수를할 때 칭찬을 해 주면 더욱 잘하게 된다.

세수를 잘하게 되면 세면대에 물을 받는 것부터 물을 빼는 것까지 가르쳐 준다. 세수하는 순서를 그림으로 그려서 화장실 벽에 붙여 두고 엄마가 없어도 그림을 따라서 세수할 수 있게 해 주는 것도 좋은 방법이다.

그리고 화장실에 도표를 붙여 두고 아이 혼자서 스스로 세수했을 때마다 스티커를 붙이게 해준다.

⊙ 아이가 혼자 양치질 세수 등을 하게 하려면 인형으로 연습해 볼 수 있는 시간을 준다.

무엇이든 물어 보세요

Q 고집이 너무 세서 걱정이에요. 어떻게 가르쳐야 할까요.

A 2세가 되면 자신의 부모와 다른 별개의 인격체라는 의식이 싹트며, 그래서 부모가 제공하는 모든 것을 거부하고 반항한다. 그러나 3세가 되면 다시 균형 잡힌 모습을 보인다. 그렇기 때문에 아이에게 이런 반항기가 찾아왔다는 것은 이제 아이가 자율성을 획득하려는 아주 건강하고 정상적인 현상이므로 걱정할 필요가 없다.

오히려 2세 반이 되었는데도 얌전하고 반항할 줄 모르는 아이가 더 큰 문제를 안고 있는 경우가 있다. 만약 아이가 무엇을 하려는데 장애물 때문에 그 행동이 잘 되지 않아 짜증을 낸다면 엄마가 "이 못된 쓰레기통, 왜 우리 아기를 못살게 구는 거야."하면서 그 대상을 꾸짖어보자.

그러면 아이가 기뻐하는 모습을 볼 수 있을 것이다. 이러한 생활을 통해 아이는 "아, 이렇게 하면 안 되는구나. 이 일은 엄마의 도움을 받아야 하는구나. 이럴 땐 엄마가 칭찬을 해 주는구나. 이런 짓을 하면 누구나 싫어하네."하고 스스로 느끼면서 아이는 이 시기를 자연스럽게 지나게 된다.

Q 아이가 청소기 소리만 나면 울고 유난히 무서워해요.

A 아이가 두려워할 때는 우선 아이를 침착하게 안심시키는 것이 좋다. 그리고 아이를 안고서는 "자, 괜찮아. 어디 거기에 한 번 가볼까?"하면서 무서워하는 대상이 있는 쪽으로 함께 가보면 아이의 불안감이 훨씬 줄어든다. "뭐가 무섭다고 그래! 괜히 유난 떨지 말고 조용히 해! 너 자꾸 그러면 몽달귀신이 잡아간다." 하고 아이를 윽박지르게 되면 오히려 아이는 점점 자신감을 잃고 전보다 더 무서워하게 되므로 조심해야 한다.

Q 아이가 한 가지 놀이에 집중해서 놀지 못하는 것 같아요.

A 이 시기 아이들이 보는 것 듣는 것은 모두 새로워서 여기저기로 눈을 돌리는 것은 당연한 일이다. 그러므로 아이가 흥미를 보이는 것 옆에서 그냥 놀게 두면 자연스럽게 거기에 집착을 해서 열중하게 된다. 그러기 위해서 부모가 할 일은 우선 아이가 즐거워 할 수 있는 놀이를 찾아주는 일이 중요하다. 그런 다음 시간을 갖고 서서히 집중력을 키워나가도록 도와주면 된다.

⊙ 아이가 즐거워 할 수 있는 놀이를 빨리 찾아주는 것이 중요하다.

Point 3 잠잘 때 오줌 싸지 않게 하기

잠잘 때 오줌을 싸지 않게 하려면 잠자기 전에 변기에 앉는 버릇을 갖게 해야 한다. 무엇보다 자기전에는 음료수를 주지 않아야 한다. 그리고 아이가 오줌을 싸지 않았을 때는 칭찬을 해 주고, 오줌을 쌌더라도 벌을 주거나 꾸짖지 않아야 한다. 오줌 싼 요를 널어 말릴 때는 아이에게 도와 달라고 부탁해 보자.

아이가 잠을 깼을 때 오줌을 싸지 않았으면 바로 오줌을 눌 수 있게 해 준다. 아이들은 잠에서 깨어나는 순간 오줌을 싸는 경우가 많으므로 아이가 잠을 깨는 기척이 나면 바로 화장실에 데려 가도록 한다.

활동을 많이 한 아이가 지능이 높다

갓 태어난 아기는 아직 두뇌의 활동이 미숙하다. 아기의 뇌세포는 처음에는 서로 복잡하게 뒤엉켜 있을 뿐 아직 연결되어 있지 않기 때문이다. 두뇌의 발달은 바로 뇌세포가 서로 연결되기 시작하는 과정이며, 서로 복잡하게 연결될수록 두뇌의 발달이 활발해지는 것이다.

두뇌 발달이 가장 활발하게 이루어지는 시기는 대개 3단계로 본다. 첫 번째 단계는 태어나면서부터 3세까지, 두 번째 단계는 4세부터 7세까지 그리고 세 번째 단계는 8세부터 10세까지이다.

10세 전후가 되면 두뇌가 거의 완성되고 그 이후 18세까지는 오랜 시간을 두고 아주 느린 속도로 두뇌의 발달이 이루어진다.

⊙ 두뇌가 활발하게 발달하는 시기를 놓치지 말고 아이를 자극한다.

이 시기에 꼭 해야 할 교육 프로그램

언어발달 놀이

과거 시제 사용해 보기

✽ 아이에게 '갔다' '했다' '~였다' 와 같은 과거 시제를 사용해서 말해 준다.

✽ 누군가가 그 장소를 떠나는 것을 아이에게 보여준다. 그런 다음 아이에게 "그 사람은 어디에 갔지?"라고 아이에게 물어 보고 "~에 갔다."하고 대답을 하게 해 본다.

✽ '했다' '~였다' 의 동사도 이와 같은 방법으로 해 본다.

✽ 식구들이 둘러앉아 한 명이 "누가 상점에 갔니?"라고 물을 때 차례대로 대답하게 하고 아이가 맨 나중에 대답을 하게 해서 다른 사람의 대답을 흉내내게 해 본다.

"이게 뭐지?"라고 물어 보기

✽ 어른들이 서로 질문하고 대답하는 모습을 아이에게 보여 준다.

✽ 서로 돌아가며 방안에 있는 물건이나 동물 소리를 듣고 무슨 동물인지를 알아 맞춘다. 주머니 속에 숨겨진 물건을 알아 맞추는 놀이를 한다.

✽ 신체 부분이나 아이의 물건을 가리키면서 "이게 뭐지?"하고 아이에게 물어보고 아이가 대답을 하게 한다.

✽ 탁자 위에 물건들을 얹어 놓고 보자기나 종이로 덮어놓은 다음 "이게 뭘까?"하고 아이에게 물어 본 다음, 덮은 것을 벗기고 물건 이름을 말해 보게 한다.

여러 가지 대명사 말해 보기

✽ 아이에게 "이것은 누구 장난감이지?" "옷은?" "누가 과자를 먹고 싶은데?"와 같은 질문을 한다.

✽ 엄마가 열쇠나 옷 같은 엄마 물건에 대해서 '내 것' 이라는 말을 사용한다. "이 지갑은 내 거야." "이 구두는 내 것이지."와 같이 말하면서 엄마 물건을 가리킨다.

✽ 서로 물건을 주고 받으면서 "그것을 제게 주세요."하고 말한다.

✽ 아이가 말을 하고 있을 때는 잘 듣고 있다가 아이가 '나', '내게', '내 것' 과 같은 말을 사용하면 칭찬해 준다.

✽ 아이에게 말을 할 때는, 말에 들어 있는 대명사를 강조하여 아이가 그 대명사에 관심을 갖도록 해 준다.

인지발달 놀이

지시하는 대로 가리키기

✽ 여러 가지 다양한 크기를 가지고 있는 놀잇감을 모은다.

⊙ 색연필을 쥐는 것이 서투르면 엄마가 아이의 손을 잡고 그려보도록 한다.

⊙ 아이의 주머니 속에 '무엇' 이 들어 있는지 알아 맞추는 놀이를 통해 물건의 이름을 알게 한다.

✽ 아이 앞에 큰 연필과 작은 연필을 놓아둔다. 종이를 준비해 주고 큰 연필로 그려보게 한다.

✽ 아이에게 집안의 크고 작은 물건들을 찾아보게 한다.

✽ 1주일 동안 엄마가 아이에게 물건들을 '크다' '작다' 하고 말해준다. 그후에 아이에게 크고 작은 물건들을 가리켜보게 한다.

✽ 발자국을 크게 떼어놓기, 작게 떼어놓기, 크게 점프하기, 큰 의자에 앉기, 작은 의자에 앉기 등과 같은 행동을 하게 한다.

십자 모양(+) 따라서 그려보기

✽ 크레파스, 분필, 색연필, 싸인펜 등을 이용한다.

✽ 아이에게 세로 선을 따라 그리게 한 다음, 가로 선을 따라서 그려보게 하고 십자모양을 한 번에 그리는 것을 보여주고 따라하게 한다.

✽ 십자 모양을 점선으로 표시해 놓고 아이에게 그 위에 덧 그리게 한다.

✽ 아이가 잘 하게 되면 혼자서 그려보게 한다.

✽ "가로 줄 하나를 옆으로 그어보자. 이제 세로줄을 밑으로 그어보자." 하며 말을 해 준다.

소리나는 물건 이름 말해 보기

✽ 전화벨이 울리면 "전화가 울리네."하고 말해주고 난 뒤 다른 물건들의 소리가 나면 "무엇에서 나는 소리일까?" 하고 아이에게 물어 본다.

✽ 엄마가 동물 소리를 내면서, 아이에게 그런 소리를 내는 동물 이름을 말해 보게 한다.

✽ 동물그림을 오려 놓고 엄마가 내는 소리와 같은 소리를 내는 동물을 찾아보게한다.

✽ 주위에서 흔히 들을 수 있는 소리들을 녹음해서 아이에게 들려주고, 무슨 소리인지를 말해 보게 한다.

사회성발달 놀이

엄마 일 도와주기

✽ 장난감을 치워보게 하고 잘 치우면 칭찬을 해 준다.

✽ 자기가 먹은 그릇은 스스로 싱크대에 갖다 넣게 하고, 잘 하면 칭찬해 준다.

✽ 엄마가 먼지를 털 때 아이에게 헝겊을 주어 엄마 흉내를 내보게 한다.

⊙ 집안에 있는 물건들을 이용해 '크다' '작다' 의 의미를 가르친다.

✿ 엄마가 이불을 개거나, 빨래 감을 빨래 통에 넣을 때나, 책 정리를 할 때 아이에게 도와 달라고 부탁한다.

✿ 방 청소를 할 때 아이에게 쓰레받기를 받치고 있게 하고 엄마가 비로 쓸어 담는다. 도와 준 것에 대해 고맙다고 말한다.

역할 놀이하기

✿ 헌 옷과 여러 가지 모자를 마련한다.

✿ "너는 엄마를 하고, 엄마는 가게 아줌마를 할게."하고 아이와 엄마의 역할을 구분한 다음 역할에 따라 옷을 입는다.

✿ "오늘은 어떤 사람이 되고 싶니?"하고 아이의 의견을 물어본 다음, 아이가 원하는 역할에 맞는 모자, 옷, 기타 장식품 등을 마련해 준다.

✿ 간호사, 의사, 소방관, 농부, 운전기사 등이 쓰는 모자를 준비해 주거나 직접 아이와 함께 만들어 본다. 아이와 함께 각 사람들의 역할에 적합한 물건들을 찾아서 모습을 꾸며 본다.

신체발달 놀이

5~6개의 블럭 쌓기

✿ 아이 앞에 블럭을 5~6개 갖다 놓고 탑 쌓기 놀이를 하게 한다.

✿ 블럭이 6개 정도 쌓일 정도의 벽 높이에 스티커를 붙여 놓고 스티커에 닿을 만큼 탑을 쌓아 보라고 한다.

✿ 잘 쌓으면 아이가 원하는 대로 탑을 무너뜨리게 한다.

✿ 스펀지, 음료수 캔, 책 등 다른 재료들을 가지고 쌓는 연습을 하게 한다.

✿ 잘 쌓으면 아이가 원하는 대로 탑을 무너뜨리게 한다.

책장 넘겨보기

✿ 아이가 넘기면서 볼 수 있는 책을 준비한다.

✿ 엄마가 이야기를 읽어 주고, 아이에게 다음 장을 넘기게 해 준다. 도와줘서 고맙다고 말을 해 준다.

✿ 가능한 책장이 두꺼운 종이로 된 그림책을

사용한다. 책장을 잘 넘기도록 도와준다.

✿ 아이에게 자기 사진을 보여주고 넘겨야 될 다음장에 아이 사진을 끼워두고 아이가 그 장을 넘겨서 자신의 사진을 찾아 보게 한다.

아이를 다른 사람 손에 맡기게 될 경우

엄마가 직장에 나갈 때는 아기를 보살펴 줄 적당한 사람을 구하거나
믿을 만한 탁아소를 선택해야 한다. 아기가 어리면 어릴수록 아기의 특성을 잘 이해하며
엄마와 같이 애정을 가지고 제대로 돌보아줄 사람을 구하는 일이 중요하다.

베이비시터는 유머러스한 사람이 좋다 … 잔소리를 많이 하지 않으며 아기를 즐겁게 해 줄 수 있는 유머 감각과 재치가 있으면 더욱 좋다. 부득이한 경우가 아니면 한 아기만을 돌보는 사람을 구하도록 해야 한다. 그리고 아기를 돌보는 사람이 자주 바뀌는 것은 좋지 않다. 엄마와 떨어져 지내는 것만으로도 불안한 아기에게 자꾸만 낯선 사람이 나타나는 것은 아기를 더 불안하게 할 뿐 아니라 정서적인 면에서도 좋지 못한 결과를 초래할 수 있다.

할머니가 아기를 돌봐 줄 경우 응석받이가 안되게 한다 … 엄마가 직장에 나갈 때 외할머니나 친할머니의 도움을 받는 경우가 많다. 할머니는 아기를 길러 본 경험이 있고 엄마에 못지 않은 사랑을 베풀게 되므로 안심하고 맡길 수 있다.

간혹 손자에 대한 사랑이 지극한 나머지 과잉보호를 하게 되어 아기의 버릇이 나빠지는 경우도 있으므로 할머니는 평소에 엄마에게 해 오던 이상의 응석을 피우면 받아 주지 않도록 해야 한다. 그리고 육아 방법의 문제를 놓고 엄마와 할머니 사이에 갈등이 생기지 않도록 많은 대화를 나누는 것이 좋다.

탁아소에 맡길 경우 보모의 역할을 체크한다 … 아기를 안전하게 돌보아 줄 보모가 있는 탁아소라면 아기를 안심하고 맡길 수 있다.

요즘은 맞벌이 부부가 늘어남에 따라 여러 곳에서 직장에 다니는 엄마들을 대신해서 아기를 맡아 주고 있다. 그러나 아무리 좋은 탁아소라 하더라도 엄마가 돌아오기 전에 먼저 끝나게 되면 불편한 점이 많을 것이다. 특히 유의할 점은 아기가 아플 때에는 누가 어떻게 돌보아 주도록 해야 할 것인가를 생각해 두어야 한다.

엄마가 직장에 나갈 때 … 옛날과는 달리 요즘에 와서 핵가족화 되어 가고 있는 추세인데다 여성의 사회 참여 기회가 많게 되어 아빠가 직장에 나가는데도 아기를 돌보아 주어야 할 엄마까지 직장에 나가는 경우가 많게 되었다.

34-36 개월

여아 : 키 94.2cm 몸무게 14.2kg   남아 : 키 95.7cm 몸무게 15.1kg

이 달 말에 우리 아기 여기까지 할 수 있다

STEP 1

90% 가능
대부분 할 수 있다

1 복수단어를 사용한다
2 끈 없는 신을 신는다
3 제자리에서 껑충 띈다
4 세발 자전거를 탈 수 있다
5 30° 이내의 수직선을 흉내내서 그린다
6 혼자서 건포도나 장난감이 든 병을 쏟는다

STEP 2

75% 가능
웬만하면 할 수 있다

1 손을 씻고 닦는다
2 한발로 1초 동안 서 있을 수 있다
3 넓이뛰기를 할 수 있다
4 동그라미를 그린다
5 블럭 8개를 쌓는다

STEP 3

50% 가능
할 수 있는 아기도 있다

1 이름을 말할 수 있다
2 배고프다, 피곤하다, 춥다를 이해한다
3 단추를 채운다
4 엄마가 지켜보면 옷을 입을 수 있다
5 술래잡기 같은 놀이를 한다

STEP 4

25% 가능
하기에 벅차다

1 3개의 전치사를 이해한다
2 세 가지 색을 알아본다
3 반대와 비슷한 말 3개 중 2개를 안다
4 엄마와 쉽게 떨어진다
5 혼자서 옷을 입는다
6 한 발로 5초 정도 서 있을 수 있다
7 십자모양(+)을 그릴 수 있다

아기 키우기 포인트

짜증내는 버릇을 없애준다

POINT 1 짜증을 내는 이유를 알아낸다

이 시기에는 발을 버둥거리며 비트는 버릇이 생기는데 심한 아이는 엎어져서 울기도 하고, 화를 잘 내기도 하고, 발을 버둥거리며 심하게 떼를 쓰기도 한다. 이것은 반항기의 시작반응이라고도 할 수 있는데 2세 후반 무렵에는 이런 반항기의 모습이 심해진다. 이런 현상이 나타나는 이유를 알아보자.

• **기대를 몰라주기 때문이다**

이 시기의 아이에게는 무엇이든 자신이 생각하는 대로 하고 싶은 기대가 생기기 시작하는데 주위 사람들이 그 기대를 몰라주기 때문에 아이는 화를 내게 된다. 어른이라면 말로 할 수 있겠지만 아이는 아직 그렇게 할 수 없기 때문에 몸 전체로 표현하는 것이다.

• **손과 발이 자신의 뜻대로 되지 않기 때문이다**

자신의 손과 발이 자신이 생각하는 대로 움직일 정도로 발달하지 않았기 때문에 오히려 짜증을 부리는 경우도 있다.

• **도구가 뜻대로 움직여주지 않기 때문이다**

이 무렵의 아이는 아직 사람과 물건을 구별할 수 없다. 그래서 도구나 물건을 움직이고 싶어도 뜻대로 움직이지 않으면 짜증을 부리게 된다.

• **몸이 피로하기 때문이다**

집중력이 있는 아이는 한 가지 일에 30분 혹

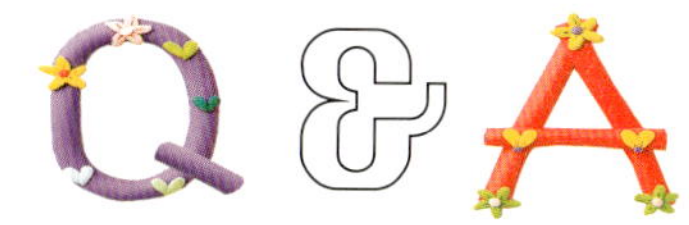

무엇이든 물어 보세요

Q 다른 아이보다 잠을 많이 자지 않는데 괜찮을까요?

A 아이에게 필요한 수면 시간이 얼마인가 하는 문제는 개인마다 차이가 있다. 시간보다는 아이의 건강 상태를 기초로 검토해야 하는데 아이가 아침에 혼자서 기분 좋게 일어나거나, 하루종일 활기차게 잘 놀고, 몸무게도 순조롭게 늘어나고 있다면, 수면 시간이 표준보다 적어도 그다지 걱정할 필요가 없다.

아이가 밤에 잠을 안 자려고 하는 이유는, 낮잠을 너무 많이 잤기 때문이므로 가능하면 낮잠 시간을 앞당기고 저녁까지 재우지 않는 것이 좋다.

오후에 자는 아이는 가능하면 낮잠 시간을 앞당기고 저녁까지 재우지 않도록 하는 것이 좋다. 오후 늦게까지 자고 밤 10시가 지나도록 눈을 말똥거리는 것은 아이의 건강과 올바른 습관을 위해서 좋지 않다. 늦어도 8시 무렵에는 재우는 것이 좋다.

그래야 아이는 아이 나름대로 올바른 수면 리듬을

은 그 이상도 매달리는 경우가 있다. 어른이라면 스스로 피로해진 것을 알기 때문에 쉬거나 다른 일로 기분을 전환시키지만 어린아이는 그것을 모르기 때문에 피로해지면 짜증을 부리게 되는 것이다.

POINT 2 원인에 따라 다르게 대처한다

아이가 잘 하지 못하는 일 때문에 짜증을 부린다면 다른 일로 주의를 돌려주면 된다.

도구나 물건이 생각하는 대로 움직이지 않는다고 짜증을 부리면 가로막는 책상이나 의

몸에 익히게 되며 부모는 부모대로 부모만의 시간을 가질 수 있어 일거 양득의 효과를 얻게 된다.

Q 낮에는 잘 놀다가 밤이면 다리가 아프다고 주물러 달라고 해요.

A 밤에만 다리가 아픈 것은 성장기 아기에게 흔히 있는 성장통으로 다리근육이 피곤해서 그런 경우도 있다. 낮에 신나게 놀다 보면 다리가 아픈 줄도 모르고 놀지만, 저녁이 되면 긴장도 풀리고 활동하던 근육도 피곤해질 수밖에 없다. 이런 경우에는 주물러 주거나 더운물로 찜질을 해주면 아픈 것이 덜해질 수 있고 잠을 자고 나면 대체로 괜찮아지기 때문에 그다지 염려할 필요는 없다. 하지만 근육통이 심한 것 같으면 소아과선생님과 상의하자.

자를 두들겨주며 그것에다 꾸지람을 한다. 피로에서 오는 짜증이라면 잠깐 안아주거나 이제까지 하던 일을 칭찬해주면 금방 가라앉게 된다.

POINT 3 버릇이 된 아이는 잠시 놔둔다

생활 속에서 매일 짜증을 반복하다가 점점 버릇이 되어 무언가 마음에 들지 않으면 곧 짜증을 내버리는 아이가 있다.

부모 쪽에서는 아이의 기분을 맞춰주기 때문에 짜증내는 버릇이 고쳐지지 않게 되는데, 이럴 때는 그냥 잠깐 놔두는 것이 좋다. 그래서 좀 지나고 나서 다른 일로 말을 건네거나 아이의 기분을 전환시켜 주자.

첫째와 둘째는 키우는 방법을 달리한다

POINT 1 맏이에겐 부담을 주면 안 된다

첫 아이는 늘 많은 기대와 희망을 받고 자란다. 그래서 첫째 아이는 이런 관심과 사랑을 늘 당연시하거나, 부모가 더 많은 것을 해주기를 은근히 기대하게 된다. 부모 역시 첫 아이에게 기대를 많이 하게 되는데 기대가 많은 만큼 그 기대에 미치지 못할 경우엔 다른 형제

에 비해 더욱 많은 꾸중을 듣게 되므로 마음 속으로는 배려와 사랑을 더욱 많이 받고 싶어 한다. 따라서 '너는 형이니까', '너는 어른스 럽게 해야 한다' 라는 부담을 주지 않아야 자 유스러운 아이로 자랄 수 있다.

POINT 2 둘째는 시기심이 생기기 쉽다

둘째가 가장 싫어하는 것은 물건 물려 받는 것이다. 첫째와 막내는 새 물건을 갖는 경우 가 많은데, 둘째는 거의 맏이의 물건을 물려 받게 된다. 그러므로 아이에게 물려받기를 잘 이해시키지 않으면 열등감이 생길 수도 있으 므로 아이가 잘 알 수 있도록 설명해 주고 사 랑으로 감싸줘야 한다.

때때로 새 옷을 사주기도 하고 부모를 독차 지할 기회도 주어 불만족스러운 감정을 풀어 주는 것도 필요하다.

POINT 3 막내는 외로움을 타기 쉽다

형과 나이 차이가 많이 나는 막내는 모든 행 동의 기준이 자신에게 있기 때문에 응석을 부 리지 못하면 좌절하기 쉽다. 또한 자기 중심 적이어서 다른 사람에게 소외당하기도 쉽다.

형과 연년생인 막내는 부모나 형제에게 보 호받고 싶어하면서 의지하려고만 하거나 정 반대로 사랑 받고 싶은 기분을 스스로 절제해 서 외톨이로 자라기 쉽다.

이때 아이를 잘 관찰해야 한다. 아이가 외로 움을 느낀다면 자신을 사랑하는 부모가 늘 함 께 있다는 것을 알게 해야 한다.

문자나 숫자에 흥미 이끌어 내기

아이가 자동차나 기차 같은 것을 타고 다니는 것을 좋아한다면 그 이름이나 역 이름을, 동물을 좋아한다면 동물의 이름부터 시작하는 것이 좋

아이가 숫자에 관심을 보이지 않으면 아이가 좋아하는 것을 이용해 흥미를 끌어본다.

다. 좋아하는 TV 프로그램의 채널 숫자를 말해 주거나 "짧은바늘이 3인 곳에 왔으니까 간식을 먹을까?" "긴바늘이 6인 곳에 왔으니까 텔레비전 이 시작되겠네?" 하는 식으로 대화 속에서 자연스 럽게 문자를 경험하게 하는 것도 효과가 있다.

엄마가 가르치려고, 시키려고, 대답하게 하려고 의도적으로 노력하면 할수록 아이는 싫증을 내게 되고, 엄마에게 야단 맞고 싶지 않아서 피하고자 하므로 아이의 흥미를 이끌어내는 것이 무엇보다 중요하다.

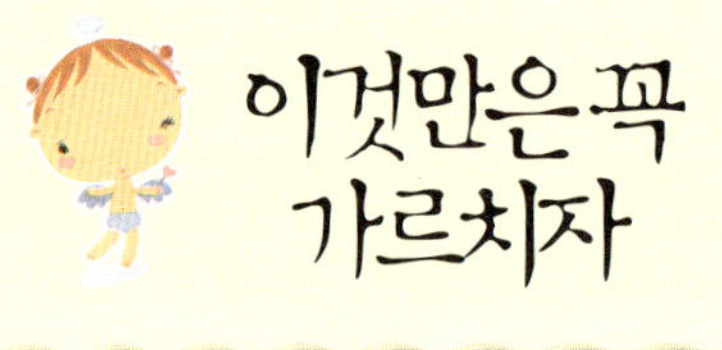

음악 · 그림에 흥미를 갖게 한다

POINT 1 좋아하는 노래를 여러 번 들려준다

이 나이쯤 되면 아이가 좋아하는 노래가 생 기고, 자주 듣는 대중가요가 텔레비전에서 흘 러나오면 조금씩 따라 흥얼거리기도 한다.

노래는 되도록 짧고, 밝고, 부르기 쉬운 동요 를 많이 들려주는 것이 이상적이지만, 이 나 이 때는 꼭 동요만 들려주어야 할 필요는 없 다. 대중가요라고 해도 아이가 좋아하는 것이 면 가급적 많이 들려주도록 한다. 그것만으로 도 음감과 표현력을 길러주고 아이의 마음을 그만큼 즐겁게 해 줄 수 있기 때문이다.

POINT 2 다양한 방법으로 리듬감을 길러준다

이 나이 때는 카셋트나 CD로 노래만 들려줄 것이 아니라, 리듬에 맞춰서 몸을 움직이게 함으로써 리듬감도 길러 주어야 한다. 리듬에 맞춰 걸어보거나 손 박자를 치거나 악기를 사 용하면 더욱 음악에 흥미를 갖게 된다.

POINT 3 그림도구를 항상 준비해 둔다

2~3세가 되면 아이는 그림에 흥미를 갖기 시작하며, 연필이나 크레파스가 있으면 무엇 인가를 그려보고 싶어한다. 이럴 때는 성가시 다고 해서 물리쳐 버릴 것이 아니라, 항상 가까 운 곳에 종이와 크레파스를 준비해 두었다가 아이가 요구하면 즉시 내어 줄 수 있도록 해야 한다. 아이가 그린 그림에 대해서도 아무리 못 그려도 반드시 칭찬하고 기뻐해 주어야 한다.

POINT 4 단순하고 쉬운 그림책을 보여준다

이 시기의 아이들은 동물을 보면 동물의 눈, 코, 입, 귀 등을 자신의 것과 비교해 가면서 쳐 다보고, 주전자, 신발, 가방, 세발 자전거 등

아이가 그림에 흥미를 느끼게 되는 나이가 되면 아이 주위에 다양한 미술 재료를 놓아주도록 한다.

자기가 갖고 있는 물건이나, 잘 알고 있는 물건이 나오면 몹시 반가워하기도 하고 놀라워하기도 한다. 그러므로 그림책을 많이 보여줌으로써 사물에 대한 관찰력을 길러 주고, 알고 싶어하는 욕구를 북돋워 주어야 한다.

스스로 할 수 있게 도와준다

Point 1 위험한 곳을 알려준다

아이에게 계단이나 튀어나온 가구가 얼마나 위험한지를 말해 주고, 어떻게 해야 다치지 않는 지를 가르쳐 준다. 또한 위험한 장소에는 빨간 종이를 붙여서 '위험 장소' 라는 것을 표시해 놓는다.

다리미 등 화상을 입기 쉬운 물건은 직접 그 물건을 보여 주면서 위험하다는 사실을 알려준다.

만약 아이가 부주의해서 다쳤을 때는 야단을 치지 말고, 오히려 그 기회를 통해서 위험한 상황을 피하는 방법에 대해 이야기 해준다.

Point 2 똑딱단추를 열고 닫게 한다

헝겊에 똑딱단추(스냅 단추)를 달아서 아이에게 열어 보게 한다. 처음에는 엄마가 도와주다가 점차 아이 혼자서 해보게 하는데, 입지 않는 헌 옷이나 인형에게 입힌 옷을 가지고 단추를 열고 닫게 해도 된다.

옷의 단추를 열 줄 알게 되면, 아이가 옷을 갈아입을 때 혼자서 단추를 열어 보게 한다.

Point 3 목욕할 때 팔·다리를 씻게 한다

목욕하는 시간을 즐겁게 하기 위해서는 욕조에서 장난감을 가지고 놀면서 인형이나 자기 장난감에 묻은 지저분한 것을 아이가 닦아 보게 한다. 아이가 욕조에 들어가면 아이 혼자서 팔·다리를 닦아 보도록 시간을 주고, 목욕이 끝나면 아이 혼자 한 행동에 대해서 칭찬을 해 준다. 이런 과정을 통해서 자기 몸은 자기가 닦아야 한다는 것을 알 수 있게 해 준다.

질문이 많은 아이

성실하게 대답해 준다

2세 후반부터 6세까지의 아이들은 자기를 둘러싼 세상 모든 것이 질문의 대상이 된다. 그리고 이 무렵의 왕성한 지적 호기심은 아이들의 언어와 두뇌 발달에도 지대한 영향을 끼친다.

대개 1세 반이 되면 "이게 뭐야?" 라는 질문을 많이 하고, 3세부터는 "왜? 어째서?" 와 같은 질문을 많이 한다. 그러나 아이들은 정확한 대답을 들으려고 질문하는 것이 아니다. 그렇기 때문에 알맞은 대답이 생각나지 않더라도 귀찮게 여기지 말고 진지하고 성실하게 대답해 주어야 한다.

과학적인 대답보다 동화적인 대답이 좋다

이 시기의 아이들은 생물과 무생물을 구별하지 못하며 모든 사물에 생명이 있다고 생각한다. 그러므로 이 무렵의 아이가 "오늘은 왜 해가 없지?" 하고 물으면 "날이 흐려서 구름에 가려서 안 보인단다." 라고 하는 과학적인 대답보다는 "오늘은 해가 몸이 아파서 놀러 나오지 않았나 봐." 하는 동화식의 대답이 더욱 유익하다.

아이와 함께 동화속 놀이를 한다

그림책은 이 시기의 아이들에게 훌륭한 길잡이 역할을 한다. 2세 전후의 아이는 일상 생활을 주제로 한 생활 그림책에 흥미를 보이지만, 3세가 가까워지면 이야기에 스토리가 있고 극적인 반전이 있는 동화책을 좋아하게 된다.

이 때 엄마가 아이에게 책을 읽어주고, 아이와 함께 동화 속의 주인공이 되어 같이 연기도 해보면 아이들의 상상력과 정서가 풍부해지고 언어 구사력도 향상될 뿐만 아니라, 아이들의 수많은 질문도 동화책 속에 녹아들어 엄마를 귀찮게 하지 않게 된다.

이 시기의 문제 행동

거짓말을 한다

Point 1 현실과 상상을 구분하지 못해서이다

거짓말은 애정 결핍 상태에서 주위의 관심을 끌려는 의도이거나 불리하다고 생각되는 입장일 때의 자기 방어를 위한 행동이기도 하다. 유아기에는 현실과 이상, 희망에 대한 객관적인 구별이 확실하지가 않다. 즉 공상이나 상상의 내용을 현실과 구분하지 못하고 그대로 표현하는 것이 거짓말이 되는 것이다.

아이들이 거짓말을 할 때는 무조건 화를 내지 말고 차근차근 타일러 바로 잡아 주어야 한다.

갖고 싶은데 갖지 못하게 하고, 먹고 싶은데 먹지 못하게 하고, 놀고 싶은데 놀지 못하게 하는 등 원하는 것을 얻을 수 없을 때 거짓말을 하는 것으로 아이들의 거짓말은 가능성의 세계와 현실을 구별하지 못하는 데서 오는 것이라고 볼 수 있다.

그러나 만 6세 이후에 하는 거짓말은 다분히 의도적인 것이므로 처음부터 차근차근 타일러 바로잡아야 한다.

Point 2 꾸짖기 보다 부드럽게 타이른다

이 시기의 아이는 대개 의도적인 거짓말을 하는 것이 아니다. 단지 생각과 현실이 다른 데서 나타나는 현상일뿐이다. 그러므로 거짓말이라고 규정짓고 엄하게 꾸짖기 보다는 부드럽게 타이르는 것이 낫다.

Point 3 한 번 한 약속은 꼭 지킨다

아이들은 거짓말을 부모에게서 배우는 경우가 많다. 엄마가 늘 어느 순간을 모면하기 위해 거짓말을 했을 경우 알게 모르게 아이도 그것을 배우게 된다. 또한 엄마에 대한 믿음이 없어지므로 반사회적인 행동을 하게 된다.

아이에게 장난감이나 간식을 사주기로 해놓고 그냥 지나치거나 놀러 가자고 약속해 놓고 지키지 않는 등의 일이 반복되면 아이는 저절로 거짓말하는 방법이나 태도를 배우게 된다.

이 시기에 꼭 해야 할 교육 프로그램

➡ 책속 동물이나 사람의 행동을 흉내내게 해 본다.

언어발달 놀이

'~이 아닌 것' 물건 표현해 보기

❋ 아이가 이름을 알고 있는 물건(예를 들면 컵)을 하나씩 내놓고 아이에게 다른 이름을 대며 "이것은 컵이 아니야."라고 말해 준다. 그 다음에 두 가지 물건을 내놓고 '컵이 아닌 것'을 아이가 가리키게 한다.

❋ 엄마가 하는 일을 아이가 지켜보고 있을 때 이야기를 하면서 '아니다'라는 말을 자주 사용한다.

❋ 아이에게 "컵이 어디 있지?"를 물어 보고 다른 물건을 집어 들고는 "이것은 컵이 아니야."라고 말한다. 그 물건을 내려놓고 컵을 집어 들고는 "이것이 컵이야."라고 말해 준다.

물건 종류 구별해서 말해 보기

❋ 여러 가지 종류의 물건이나 그 그림들을 섞어 놓고 아이에게 동물을(또는 음식) 모두 골

➡ 물건의 종류를 구별해서 놓게 하는 것으로 분류의 개념을 익힐 수 있다.

라서 엄마에게 갖다 달라고 한다. 아이가 빠뜨린 것이 있으면 아이에게 남은 것을 찾아보게 한다.

❋ 엄마가 물건이나 그 그림을 들고 "이것은 동물일까? 음식일까?"라고 물어서 아이가 둘 중 하나에 대답해 보게 한다.

'할 수 있다', '할 것이다' 표현하기

❋ 아이에게 이야기를 해 줄 때 '할 것이다', '할 수 있다'라는 말을 사용한다.

❋ 아이에게 그림을 보여 주고 "짖을 수 있는 것이 뭐지?"하고 물어 본다. 아이에게 "개는 짖을 수 있지."와 같이 대답하게 한다. 동물, 사람 등의 그림을 이용해 본다.

❋ 아이에게 한 두 시간 후에 상점에 갈 것이라고 말해 준 다음 다시 "누가 갈 것인가?" "어디로 갈 것인가?"와 같은 일에 대해 아이에게 물어보고 대답을 하게 한다.

❋ 아이가 하는 이야기를 잘 들어보고 할수 있다, 할 것이다와 같은 말을 사용하면 칭찬해 준다.

인지발달 놀이

여러 가지 바구니 차례대로 포개 보기

❋ 크기가 각각 다른 4개의 바구니를 준비한다.

❋ 처음에는 바구니 두 개만 가지고 어떻게 포개는지를 보여 주고 아이가 포개는 방법을 알

게 되면 바구니 수를 하나씩 늘려 간다.

❋ 엄마가 "제일 작은 것을 집어넣어 볼까? 좋아, 이제는 탁자 위에 남아 있는 것 중에서 제일 작은 바구니를 찾아보고, 들고 있는 바구니를 그 속에 집어넣어 볼까?"하고 말해 준다.

❋ 크기가 각각 다른 바구니를 5개 준비하여 크기 순서대로 하나씩 차례로 나열해 보게 한다.

그림 속의 행동 알아보기

❋ 엄마가 책을 읽어 주다가 책 속에 있는 그림을 가리키면서 어떤 행동을 하고 있는지를 아이에게 설명해 준다.

❋ 다른 식구들이 하고 있는 행동을 가리키면서 무엇을 하고 있는지를 말해 준다.

❋ 엄마가 우는 것, 뛰는 것, 다림질 하는 것, 요리 하는 것, 바느질하는 흉내를 내면서 아이에게 엄마가 무엇을 하고 있는지 추측하게 한다.

❋ 잡지나 책을 보면서 그림 속에 나타난 것이 무엇을 하는 것인지 아이에게 말해 보게 한다.

❋ 아이 앞에 그림들을 놓고, 각각 그림에 있는 활동들을 차례로 돌아가며 해보는 놀이를 한다. 그림과 같은 행동을 해 보이고 어느 그림인지 가리켜 보게 한다.

실제 도형과 그림 도형 맞추어 보기

❋ 먼저 엄마가 실제 공과 그림으로 그린 공을 어떻게 서로 연결시키는지 아이에게 보여주고, 아이에게 따라서 해 보게 한다.

❋ 동그라미, 네모, 세모 도형을 같은 모양의 그림과 맞추어 보게 한다.

❋ 같은 모양의 도형끼리 똑같은 색깔을 칠해 같은 도형을 맞추어 보게 한다. 아이가 색깔에 익숙해지면 색깔이 없는 그림으로 같은 도형끼리 맞추어 보게 한다.

버릇 들이기

질투심 많은 아이 길들이기

엄마, 아빠가 언제나 사랑하고 있다는 것을 보여준다

이 시기에는 질투심이 강해진다. 엄마와 주위사람으로부터 인정받고 싶은 욕구가 강한데 그 기분이 만족되지 않으면 질투와 반항이 강하게 나타난다. 특히 엄마의 관심이 다른 사람, 특히 동생에게 쏠리는 것을 너그럽게 보아주지 못한다. '형이니까, 누나니까' 하

고 이해하기를 바라는 것은 무리이다.

엄마가 언제나 자기를 사랑해 주고 있다는 것, 자기를 인정해 주고 있다는 것을 아이가 알아차리도록 하자. 또 식기를 운반하는 등 단순한 일을 거들게 하여 자기가 도움이 되고 있다고 생각할 수 있게 하는 것도 중요한 일이다.

엄마에게 자기자신이 인정을 받고 있다는 것을 알고 있으면 쓸데없이 질투를 하지 않게 된다.

➡ 자신이 먹은 그릇은 직접 싱크대에 넣게 하고, 잘 하면 칭찬을 해준다.

사회성발달 놀이

지적하는 물건 선택해 보기

✽ 우유와 주스, 장난감 자동차와 기차 등 비슷한 종류의 물건을 2가지 정도 제시하고 그 중 하나를 골라 보게 한다.

✽ 파란색 옷과 빨간색 옷 중에서 어느 것을 입을 것인지, 동물 그림책과 장난감 그림책 중에서 어느 것을 볼 것인지, 사람 인형과 곰 인형 중에서 어떤 것을 안고 자고 싶은지 등을 아이가 그 중에서 한 가지를 골라 보게 한다.

자신의 기분을 말로 표현하기

✽ 먼저 엄마의 기분을 아이에게 말해 준다. 그런 다음 아이가 느끼고 있는 현재의 기분 상태를 말해 보게 한다.

✽ 가족이 어떤 감정을 표현했을 때 아이에게 "화가난 거야?, 아니면 기쁜 거야?" 하고 물어서 아이가 그 사람의 감정을 알아맞히게 한다.

✽ 사람들이 울거나, 웃는 장면이 나오는 책을 아이에게 읽어 주고 그 사람이 왜 웃거나 우는지를 물어 보고 대답하게 한다.

✽ 잡지에 나온 사람을 보고 그 사람의 기분을 말해 보게 한다.

✽ 화가 날 때는 "엄마는 ~때문에 아주 화가 나 있단다."하는 식으로 아이에게 말해 주어서, 아이가 자신의 감정을 표현할 때 본보기가 될 수 있게 한다.

원이나 선 모양 그려보기

✽ 크레파스를 이용해서 원 그려보기 놀이를 해 본다. 익숙하면 선도 그려본다.

✽ 크레파스를 잘 이용하면 색연필이나 굵은 연필도 이용해 본다. 이때 잡는 방법에 너무 집착하지 말자.

◑ 밀가루 반죽이나 찰흙을 굴려서 공 만들기를 해 본다.

◑ 여러 가지 물건을 손에 쥐고 어떤 것을 갖고 싶어하는지 아이가 직접 고르게 한다.

무엇이든 물어 보세요

Q 몸도 건강하고 잘 노는데 바람소리에도 겁을 먹을 만큼 불안해해요.

A 무서운 것을 모르는 시기를 지나 이 세상을 알기 시작하면 누구나 불안을 느끼게 된다. 겁이 많은 아이는 상상력과 감수성이 풍부하기 때문인지도 모른다. 하지만 불안은 스스로 이겨내는 수밖에 없기 때문에 무섭지 않다고 말을 해도 별 효과가 없다.

바람소리를 무서워하는 경우에는 '더워서 땀이 났는데 바람이 부는 대로 갔더니 땀이 다 마르고 시원하고 기분이 좋더라'라고 말해 바람은 좋은 것이구나 하는 생각이 들도록 해 보는 것도 불안을 없애는 좋은 방법이다.

신체발달 놀이

포장지 풀어 보기

✽ 과자, 크래커, 장난감, 책 등 다양한 물건을 포장해서 아이의 흥미를 이끌어 준다.

✽ 물건을 여러 겹으로 포장해서 식구들이 순서대로 돌아가면 포장지를 한 겹씩 벗겨 나가는 게임을 한다. 포장지를 마지막으로 벗기는 사람이 그 물건을 가지도록 하고 적어도 한 번쯤은 아이가 그 물건을 가질 수 있도록 미리 순서를 조정해 둔다.

찰흙으로 공 만들기

✽ 밀가루 반죽이나 찰흙을 조금 떼어 손바닥에 놓고 양손으로 굴리거나, 탁자 위에 놓고 굴

Q 남자아이가 지나치게 어둠을 무서워해요. 문제가 있는 건 아닐까요?

A 이 시기의 아이들은 공상과 현실이 완전히 구분되어 있지 않기 때문에, 세상에 있는 모든 것들은 마음을 가지고 있고, 이야기를 하며, 움직이고 있다는 생각을 하고 있다. 그렇기 때문에 아이들은 대개 어둠을 두려워한다. 그럴 때는 화장실의 불을 환하게 해주거나 낮에 무서운 이야기를 들려주거나 텔레비전의 공포물을 보지 않게 하는 것도 좋다.

◑ 여러 겹으로 포장된 상자를 뜯는 놀이를 통해 손가락을 자유롭게 사용하게 한다.

리면서 공 만드는 방법을 아이에게 보여 준다.

✽ 아이에게 새 둥지 모양을 만들어 주고, 아이가 찰흙으로 만든 공을 새알처럼 둥지에 넣을 수 있게 해 준다.

✽ 엄마를 도와 과자반죽을 공처럼 굴리게 하거나 만든 공을 햇볕에 말려보게 한다.

버릇 들이기

빗나간 행동을 하는 아이

이런 행동은 자아가 눈뜨기 시작하는 나이에 자주 나타난다. 자아는 세 살 정도부터 눈뜨기 시작해서 자기 의사를 통하게 하려는 마음이 강해진다고 한다. 그렇기 때문에 먼저 왜 마음을 끄는 행동을 하려고 하는가를 생각해봐야 한다. 혹시 아이가 자아에 눈 뜨고 주위 사람들에게 자기를 인정받고 싶어하는 마음에서 이런 행동을 한다면 억제할 필요가 없다. 만일 지나치게 행동한다면 떠들썩하게 문제 삼는 것보다 분명한 태도로 대하는 것이 좋다.

또한 아이가 부모의 관심을 끌기 위해 빗나간 행동을 하기도 한다. 부모와의 접촉이 적다면 어떻게 해서든지 관심을 자기에게 향하게 하려고, 엉뚱하게 행동하는 경우도 있다. 이 경우에는 부모의 자녀에 대한 애정 부족이라고도 생각할 수 있으므로, 아이와의 접촉을 되도록 많이 갖고, 아이가 하는 이야기를 많이 들어주는 것이 좋다. 또한 안아 주고, 함께 어울려 놀아 주면서 스킨십을 갖는 것이 중요하다.

사회성 발달 자극 장난감

활발하게 바깥놀이를 시작하는 시기인 만큼 신체를 많이 움직이게 해주는 장난감과
친구들과 어울려 사회성을 키울 수 있는 장난감이 좋다. 주의할 점은
다른 시기보다 활동이 많아지므로 장난감은 견고하고 안전한 것으로 선택해야 한다.

🐻 스토리 퍼즐

이야기가 들어있는 3단 퍼즐. 각 단을 차례로 맞추는 과정에서 아이는 시간의 흐름에 따른 변화를 발견하게 되고 과학적 호기심을 갖게 된다.

🐻 패턴블럭

제시 카드 위에 맞는 모양의 블럭을 찾아 구성하는 놀잇감. 구성력이나 창의력을 기를 수 있으며, 전체와 부분에 관한 개념도 알게 된다.

🐻 사다리미끄럼

계단 경사가 완만해서 아이가 쉽게 올라갈 수 있으며 설계도 안전하다. 미끄럼틀 아래에서 터널 놀이나 숨바꼭질놀이도 할 수 있다.

🐻 덤프트럭

짐칸이 위·아래로 움직여 더욱 실감나는 놀잇감. 역할놀이의 소품으로 사용하면서 사회성 및 언어 발달을 향상시킬 수 있다.

🐻 숫자스텝

수에 대한 기초를 배울 수 있는 놀잇감. 여러 가지 방법으로 수에 맞는 수량과 부피, 면적의 개념을 확실하게 형성할 수 있다.

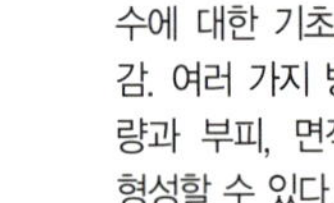

🐻 밸런스 게임

인형이 들고 있는 접시 위에 원목 칩을 올리면서 균형을 잡는 게임. 칩이 쏟아지지 않게 균형을 잡는 방법을 생각하면서 문제 해결력과 사고력을 키울 수 있다.

🐻 지오아트

2개의 보드에 색고무줄을 걸어 여러 가지 모양을 만들 수 있는 놀잇감. 제시카드에 없는 새로운 모양을 만들면서 독창성과 창의력을 키울 수 있다.

🐻 펠리컨 퍼펫

감각놀이, 손놀이, 언어 놀이를 할 수 있는 놀잇감. 인형에 손을 넣고 입을 움직이면 실제 펠리컨 소리와 비슷한 소리가 나온다.

🐻 대칭퍼즐

같은 모양의 퍼즐 2조각을 합쳐 동그라미, 네모 등을 만드는 퍼즐 놀잇감. 대칭의 개념, 전체와 부분의 개념 등을 배울 수 있다.

🐻 컴비노 II

32조각의 도형조각들을 이용해 제시카드의 그림을 맞추는 과정에서 조합능력은 물론 사고력과 문제 해결력을 기를 수 있다.

제품 협찬
토이 플러스(031-715-0300)
구니카(02-761-8947)

37~48 개월

못말리는 네 다섯 살, 유아원에 가는 시기

37-39 개월

이 달 말에 우리 아기 여기까지 할 수 있다

STEP 1

90% 가능
대부분 할 수 있다

1 복수단어를 사용한다
2 혼자서 손을 씻고 닦는다
3 한발로 1초 동안 서 있는다
4 넓이 뛰기를 한다
5 동그라미를 그린다
6 8개의 블럭을 쌓을 수 있다

STEP 2

75% 가능
웬만하면 할 수 있다

1 자기 이름을 말한다
2 엄마가 지켜보는 가운데 옷을 입는다
3 술래잡기 같은 놀이를 한다

STEP 3

50% 가능
할 수 있는 아기도 있다

1 배고프다, 피곤하다, 춥다라는 말의 의미를 이해한다
2 3개의 전치사를 이해한다
3 세 가지 색을 알아본다
4 단추를 채울 수 있다
5 엄마와 쉽게 떨어진다
6 한발로 5초 정도 서 있는다

STEP 4

25% 가능
하기에 벅차다

1 반대와 비슷한 말 3개 중에 2개를 안다
2 혼자서 옷을 입는다
3 한발로 10초 정도 서 있을 수 있다
4 한발로 껑충 뛴다
5 십자모양(+)을 그린다

아기 카우기 포인트

성교육에 신경을 쓴다

POINT 1 성에 대한 태도가 형성된다

남자아이는 만 한 살 전후부터 발가벗겨두면 성기를 장난감으로 삼아 노는 경우가 종종 있다. 이것은 달리 무슨 의미가 있는 것이 아니라 가끔 손이 닿았을 때 만지기 시작하다가 좀더 자라면 이것을 의식적으로 만져 감각을 느끼며 장난감처럼 조사하려는 행동을 하게 되는 것이다.

어릴 때는 성기로 손이 가면 다시 손이 가지 않도록 팬티를 단단히 입히면 되고, 더 자라서 의식하고 만지면 자연스럽게 손을 빼서 잡아주거나 다른 놀이감을 주어 관심이 다른 데로 가도록 한다.

성에 관한 기본 태도는 4세를 전후하여 형성된다. 이 시기에 아이가 성에 관한 질문을 하거나 성적인 놀이를 하고 있을 때 보이는 태도는 앞으로 아이가 성을 대하는 태도를 결정하는 데 영향이 있다.

○ 아이가 자신의 성기를 만질 때 당황하여 혼내지 않고 관심을 다른 곳으로 돌려준다.

POINT 2 사회적 역할을 가르치는 성교육

성교육은 성기교육도, 성행위 교육도 아니다. 인간관계 속에서 성의 의미를 올바르게 파악하고 남성, 여성으로서 각자의 사회적 역할에 따른 활동을 가르치는 것이다.

무엇이든 물어보세요

Q 유치원에서는 착한 아이인데 집에 돌아오면 왜 응석받이가 될까요?

A 아이가 유치원에서 착한 행동을 하고 있다면 유치원에 들어간 지 얼마 안되어서 대단히 긴장하고 있거나 엄마가 "유치원에 가면 착하게 행동하는 거야."라고 말하니까 스스로도 잘 해야 한다고 생각하고 있는 것이다.

그렇지만 집에 돌아와서까지 그것을 요구하는 것은 조금 무리이다. 집에 와서까지 착실한 아이를 기대하는 것은 팽팽한 고무줄을 더욱 잡아당기는 것과 같아서 끊어져 버릴 위험이 있다.

그러므로 유치원에 들어가서 얼마동안은 집에 돌아와서 어리광을 부리거나 아기 같은 행동을 해도 야단치거나 뿌리치는 태도를 취하지 말고 아이가 유치원에서의 긴장을 풀도록 따뜻하게 받아 주는 것이 좋다.

아이는 말을 해도 알아듣지 못하지만 부모의 행동을 보고 생활하는 가운데 자연히 성 역할이라는 것을 이해하면서 자라게 된다. 그러나 아직 '자기'가 남자인지 여자인지 자각이 없는 경우가 많기 때문에 이 무렵부터 남녀의 역할에 대해서는 분명히 가르치는 것이 바람직하다. 그렇게 하면 초등학교 상급반이 되어 성교육을 좀더 구체적으로 받을 때도 어려움 없이 이해할 수 있게 된다.

POINT 3 성에 대한 질문에는 당황하지 말자

이 시기의 아이들이 흔히 하는 "아기는 어디에서 태어나죠?" "난 어디에서 왔죠?" 등의 질문은 "아저씨의 머리는 왜 벗겨졌죠?"라는 질문처럼 전혀 성적인 의미를 갖지 않는다.

그러므로 아이의 이런 질문에 당황하여 너무 상세하게 설명해 주는 것보다는 그 질문에 대하여 아이의 생각을 물어보는 것이 좋다. 그러면 아이는 아이 나름대로 생각하여 해답을 찾는다. 물론 그 해답이 전혀 엉뚱하더라도 비웃지 말고 친절하게 들어줘야 한다. 그러면 엄마는 아이가 어느 정도 생각하고 있는지, 아이에게 어느 정도의 답이 적절한지를 알게 된다.

Q 자꾸 밖으로만 나가려 합니다.

A 3세가 되면 아이는 친구를 찾고 친구와 노는 즐거움을 찾아 자꾸 밖으로 나가려는 호기심에 부풀게 된다.

그러나 아이가 밖으로 나가려는 것은 독립심과 사회성을 키우기 위한 자발적인 표현이므로, 이러한 행동을 무조건 제한하거나 꾸짖어서는 안 된다. 오히려 이런 기회를 아이의 사회성과 독립심을 키워 주는 계기로 삼아야 한다.

대신 아이가 혼자서 밖으로 나갈 때는 집을 잃어버리지 않도록 옷이나 신발 등에 집 주소를 새겨 넣어 주는 것이 필요하다. 그리고 나갈 때는 엄마나 주위 어른에게 꼭 말하고 나가는 버릇을 기르게 하며, 어른이 없을 때는 나가고 싶더라도 기다리거나 나가더라도 집 근처에서 놀도록 주의를 줘야 한다.

○ 아이가 밖에서 놀 때는 신발이나 옷 등에 주소를 새겨 넣는 등 여러 가지 주의를 주도록 한다.

블럭 놀이만 좋아하는 아이

아이가 블럭 놀이만 한다면 한 가지 놀이에 장시간 집중할 수 있다는 뜻으로 받아 들인다. 매일 블럭 쌓기에 열중하고 똑같은 놀이를 반복하고 있는 것 같아도 잘 보면 처음에는 평면적으로만 맞추었던 블럭을 입체적으로 조립하기도 하며 나아가서는 조립법이 복잡한 큰 입체 구성으로 진전한다. 또 처음에는 짜 맞추는 것만을 즐기고 있지만 스스로 조립한 것에 "자동차가 완성되었다."는 따위로 의미를 붙이게 된다.

그리고 다음 단계에서는 미리 "로봇을 만들어야지"하며 의도를 가지고 조립하게 된다.

다만 지나치게 한 가지 놀이에만 치중하는 경향이 있다면 블럭 놀이가 끝났을 때 엄마와 함께 할 수 있는 다른 놀이로 유도하거나 밖에 데리고 나가서 친구끼리 노는 재미도 경험하게 하는 것이 좋다.

○ 아이가 놀이에 집중하고 있을 때는 방해하지 않도록 한다.

친구와 놀게 한다

POINT 1 친구에게 관심을 가지기 시작한다

이 나이의 아이들은 반항도 대개 사라지고 점점 부드러워지며 또래 친구들과 놀고 싶어한다. 이전에는 놀이 상대가 항상 어른이어서 비슷한 나이의 아이가 다가와도 함께 놀지 않았다.

그러나 이제 비슷한 또래의 아이를 보면 함께 놀려고 한다. 물론 또래 아이와 같이 있어도 서로 엄마 옆에 있을 뿐, 두 아이가 한 가지 일을 가지고 놀지는 않는다. 하지만 이것만으로도 서로 즐거워한다. 그래서 또래 아이와 싸우더라도 집으로 돌아가면 "또 가, 또 가." 하면서 또 놀러가고 싶어하는 것이다.

POINT 2 친구를 만날 기회를 만들어준다

친구를 좋아하는 낌새가 보이면 엄마가 가능하면 기회를 만들어 친구와 노는 것에 익숙해지도록 도와주어야 한다. "저 아이는 안 된다. 이 아이도 안 된다."고 하면서 노는 상대를 선별하게 되면 아이가 친구와 노는 것이 어렵고 힘들어진다. 무엇보다 자연스러운 방식으로 친구를 사귀고 노는 습관을 들이는 것이 중요하다. 친구는 또래의 친척이나 이웃이 좋고, 가능하면 멀리서 찾아오는 즐거운 상대가 좋다.

● 아이에게 옷 입는 방법을 알려주고 실제로 해보게 한다. 어려워하면 인형으로 연습을 해보게 한다.

● 감기에 걸렸을 때는 손수건이나 티슈 등을 아이의 주머니에 넣어주고 코 푸는 것을 자연스럽게 익히게 한다.

스스로 할 수 있게 도와준다

POINT 1 단추 끼우는 법을 알려 준다

먼저 스웨터를 아이 머리에 씌우고 아이가 팔을 집어넣고 스웨터를 끌어내릴 때까지 엄마가 도와준다. 코트의 목 부분이 아이 쪽을 향하도록 코트를 바닥에 놓아두고 아이가 몸을 앞으로 굽혀서 양팔을 코트 소매에 낀 다음 코트를 머리 위로 해서 뒤로 넘긴다. 아이가 도움 없이 잘 입으면 칭찬해 준다. 아이가 스웨터를 잘 입으면 단추 끼우는 법을 설명해 주고 아이에게 끼워 보게 한다.

단추 달린 지갑이나 주머니에 과자나 사탕을 넣어서 아이에게 주고 열게 해도 좋다. 시간이 걸리더라도 아이가 혼자 옷을 입도록 내버려둔다.

POINT 2 혼자서 코를 풀게 한다

아이 손이 닿는 곳에 휴지를 준비해 주고, 휴지를 언제 사용하는지 말해 준 후, 아이가 스스로 휴지로 코를 닦아서 휴지통에 버릴 수 있게 한다. 먼저 엄마가 코 닦는 법을 보여 주고 따라 해 보게 한 다음 잘하면 칭찬해 준다.

아이에게 손수건이나 휴대용 휴지 등을 호주머니에 넣고 다니게 하고 특히 감기에 걸렸을 때는 꼭 가지고 다니게 하여 자연스럽게 익히도록 한다.

무엇이든 물어 보세요

Q 자기의 욕구가 통할 때까지 울기도 하고 떼를 씁니다.

A 아이가 주위의 눈을 아랑곳하지 않고 대자로 누워 마음에 드는 물건을 사 달라고 떼를 쓰며 울거나, 남의 상품을 마구 만지면 주위의 눈을 의식하지 말고 단호히 안 되는 일은 안 된다고 분명하게 여러 번 말해야 한다. 그래도 그런 일이 자주 반복된다면 부모대신 함께 쇼핑을 나가는 친구나 주위 사람에게 타일러 달라고 부탁해도 좋다.

쇼핑 장소에서 물건을 사 달라고 조르는 것은 '안아 주기'와 비슷해서 아이의 요구를 적절하게 들어주면 만족하게 되고, 받아주지 않으면 욕구불만만 쌓이게 된다. 그러므로 아이가 사달라고 조르는 행동은 자연스러운 것이다. 나이가 들면 이러한 요구도 적어지므로 지나치게 아이를 야단치거나 절제시키는 것은 좋지 않다.

Q 아이가 인사를 잘 하지 않아요. 인사성 밝은 아이로 키우고 싶은데요.

A 아이는 부모가 인사하는 것을 보고 배운다. 갓난아기가 깨어 있을 때 엄마가 "잘 잤니?"라고 인사하고 잠재울 때에도 "잘 자라."고 말해 줌으로써 자연스럽게 인사하는 법을 배우는 것이다.

아이가 인사를 하지 않는 원인으로는 식구들이 바빠서 아이한테 인사말을 해주지 않고 있었다던가, 생활 시간이 엇갈려서 인사말을 익힐 기회가 없었기 때문이다. 그러므로 어색하더라도 먼저 부모가 쑥스러움을 없애고 인사하는 습관을 가져야 한다.

● 아이가 요구하는 것을 지나치게 거부하게 되면 욕구불만이 생길 수 있으므로 무리하게 절제시키는 것은 좋지 않다.

이 시기의 문제 행동

지나치게 고집이 세고 주위가 산만하다

Point 1 원하는 것을 해줄 때까지 떼를 쓴다

만 2~4세까지의 아이들은 자기가 갖고 싶은 것, 하고 싶은 것을 만족시키는 데에 열중하는 시기이므로 제 뜻대로 하려고 고집을 부리고 반항을 한다. 하지만 이것은 정상적인 발달 과정이다. 신체적으로도 어느 정도는 마음대로 움직일 수 있게 되었고, 자아에 눈을 뜨게 되는 최초의 시기이므로 무엇이든 자기의 뜻대로 하고 싶은 것이다.

그러므로 아이가 떼를 쓴다고 고집이 센 아이라고 부정적으로 보는 것은 잘못이다. 오히려 자신의 요구에 충실하며 활동력이 왕성한 튼튼한 아이라고 긍정적으로 받아들이는 것이 바람직하다.

→ 아이가 울며 떼를 쓰면 고집이 세다고 무조건 화만 내지 말고 활동력이 왕성하다며 긍정적으로 받아들이자.

Point 2 흉내내기 놀이를 함께 해본다

이 시기가 되면 다른 사람의 입장이 되어 생각하는 것이 가능하다. 즉 자신이 다른 사람에게 영향을 준다는 것을 인식하게 되는데 실생활에서 접하게 되는 여러 가지 역할을 흉내냄으로써 다른 사람의 입장이 되어 보는 것이다. 역할 놀이를 함께 해보도록 한다.

예를 들면 엄마의 역할을 아이에게 맡기고, 아이의 역할을 엄마가 맡아 아기가 고집을 부리는 장면을 연출해 본다. 이처럼 다른 사람의 역할을 해봄으로써 자신의 행동을 통제하는 것을 배우고 상대의 입장을 이해하는 능력이 생기게 된다.

나쁜 말을 사용하는 아이

너무 과민 반응을 보이지 않는다

어린아이가 나쁜 말을 사용하면 주위의 어른들은 대체로 기를 쓰고 못하게 하려고 한다. 하지만 주위 사람들이 요란한 반응을 보이면 아이는 재미있어서 점점 더 이상한 말을 사용하게 된다. 그러므로 처음에는 조용히 주의를 주고 다음에는 가능한 한 무관심한 척 행동하는 것이 좋다. 아무리 이상한 말을 하더라도 주위에서 아무도 반응을 보이지 않는다면 곧 시들해지게 된다.

나쁜 말 하는 것을 두려워하지 않아야 한다

밖에 나가서 나쁜 말을 배워 왔다고 친구를 탓하는 것은 부모들의 좋지 않은 습관이다. 가정에서 올바른 언어를 사용한다면 아이들은 자연스럽게 그것을 익혀가게 마련이다. 친구들로부터 배운 유행어 등은 일시적인 열병과 같은 것이다. 이를 두려워해서 친구들과의 놀이를 제한하거나 친구와 놀지 못하게 해서는 안 된다. 이 나이의 아이는 단어보다 친구가 훨씬 중요하기 때문이다.

Point 3 특별히 열중하는 일도 없는데 활동량이 많아 부산하다

산만한 아이는 한 가지 놀이에 열중하지 못하고 특별히 하는 일도 없는데 활동량이 많아서 부산스러워 보인다. 그리고 물건을 잘 잊어버린다든지 집중하고 있는 시간이 다른 아이에 비해 너무 짧은 것이 특징이다.

집중력이란 어떤 상황이나 사건을 보고 들은 다음 그것을 이해하고, 그것에 대해 적절하게 반응하는 능력을 말한다. 이러한 인식이나 지각 능력이 부족할 경우 집중 능력이 떨어져 주위가 산만해진다.

Point 4 서투른 보상 때문에 아이의 집중력이 떨어진다

아이의 집중력이 떨어지는 원인으로 부모님의 서투른 보상이 있다. '이것을 하면 네가 원하는 어떤 것을 주겠다'는 식으로 아이를 유혹하는 것이다. 예를 들면 엄마하고 책을 같이 읽으면 아이가 좋아하는 아이스크림을 주겠다고 하는 등 아이에게 행동을 요구하고 대신 보상을 해주는 경우가 있다.

그런데 이런 식의 경험을 많이 한 아이는 보상이 주어지지 않으면 노력을 하지 않게 될 수

→ 심리적으로 불안한 아이는 집중력이 떨어지고 주위가 산만하다.

있으며 이것이 아이의 집중력을 약화시키는 요인이 된다.

Point 5 심리적으로 불안하면 집중력이 떨어진다.

심리적 · 정신적으로 불안한 아이도 집중력이 떨어진다. 정신적인 불안은 외부에 많은 것을 의존하게 되는데, 외부적 자극에 민감하게 반응해서 집중력이 떨어지게 되는 것이다. 그 외에 인내심이 부족해서일 수도 있고, 발육 부진이나 기능 부진, 선천적인 유전이 원인일 수도 있다.

Point 6 집중력은 부모의 칭찬으로 길러진다

아이가 집중력이 약하고 움직임이 부산하다고 야단을 쳐서는 안 된다. 차라리 그러한 행동에 무관심한 태도를 보이도록 한다. 또한 주위에 주의를 끌 만한 관심거리를 줄이는 것이 좋다. 책을 읽을 때는 다른 책을 옆에 두지 말고, 놀이에 열중하고 있을 때는 창문을 닫아 시끄러운 소리가 들리지 않게 해 준다. 그리고 잠시라도 집중하고 몰두하는 모습을 보인다면 관심을 가지고 칭찬해 주는 것도 좋다.

집중하는 시간은 부모의 칭찬이나 격려에 따라 더욱 길어질 수 있다.

→ 집중력은 부모의 칭찬과 격려로 더욱 길어질 수 있으므로 놀이에 열중하고 있을 때는 조용한 환경을 마련해 준다.

집중해서 동화듣기

✤ 아이에게 간단하고 재미있는 동화책을 읽어주고 그림에 있는 것을 이야기하게 한다.

✤ 아이가 잘 이해했는지 그 동화에 대해서 간단하게 질문을 해 본다.

✤ 동화책을 읽어주기 전에 나중에 물어 볼 질문을 미리 아이에게 말해 준다.

✤ 아이가 동화를 듣지 않으려고 하면 자명종을 이용하여 1~2분 동안으로 시간을 맞추어 둔 다음 아이가 시계 벨이 울릴 때까지 이야기를 잘 들으면 칭찬을 해 준다. 차차 동화 듣는 시간을 늘려간다.

두 가지 말에 따라 행동해 보기

✤ "네 책을 엄마에게 갖다 주고 장난감 상자의 뚜껑을 닫아라." 또는 "공을 잡고 문을 닫아라." 등과 같이 아이에게 친숙한 물건이나 일에 관련된 행동을 하게 한다.

○ 아이가 좋아하는 동화책을 읽어 준 후 동화책과 관련된 질문을 한다.

○ 짝짓기 놀이를 통해 아이의 인지 능력을 발달시킬 수 있다.

✤ 처음에는 한 가지만으로 시작하고, 아이가 할 수 있으면 두 가지 말로 늘려본다.

✤ 아이에게 엄마 말을 주의 깊게 잘 듣고 엄마가 말한 꼭 그대로 하라고 말한다. 그리고 껑충 뛰거나 점프하는 등 재미있는 활동을 하게 한다.

✤ 아이에게 자기가 해야 할 행동을 미리 말해 보게 한다.

하나씩 짝지어 보기

✤ 탁자 위에 컵 세 개를 놓고 아이에게 구슬 세 개를 주면서 각 컵마다 구슬 하나씩을 넣어 보라고 한다.

✤ 종이의 왼쪽 가장자리에 세로로 그릇 세 개를 그리고, 오른쪽 가장자리에 세로로 숟가락 세 개를 그린 다음 아이에게 그릇 하나에 숟가락 하나씩 줄을 그어 잇게 한다.

✤ 아이에게 엄마가 상 차리는 것을 돕게 한다. 엄마는 밥그릇을 놓고 아이에게 밥그릇 하나에 숟가락 한 개씩 놓게 한다.

✤ 아이에게 한 사람마다 과자를 한 개씩 나누어주게 한다.

말하는 대로 신체 부위 가리키기

✤ 얼굴부터 "이건 눈이야."라고 말하면서 엄마가 자기 눈을 가리키고 아이에게도 엄마를 따라서 자신의 눈을 가리키게 한다. 잘하면 다른 부위도 이와 같이 한다.

✤ 전신이 다 비치는 거울 앞에 아이와 같이 서서 아이에게 엄마가 이름을 부르는 대로 신체 부위를 짚거나 움직이게 한다.

✤ 인형의 신체 부위를 가리키면서 이름을 말해 보게 하거나, 동요를 부르면서 놀이를 해 본다.

✤ 아이가 맞게 가리킨 부위에는 스티커를 붙이게 한다.

남자, 여자 구별해 보기

✤ 책을 읽어 주면서 그림에 나타난 인물들을 남자, 여자로 지적해 준다. 그런 다음 엄마가 그림 하나를 짚어서 아이에게 남자인지 여자인지 말하게 한다.

✤ 남자 인형과 여자 인형을 이용하여 아이에게 인형의 성별에 맞는 옷을 입히게 한다.

'규칙 지키기' 놀이하기

✤ 아이에게 다른 아이늘이 하는 행동을 지켜보게 한 후 아이들의 행동을 설명해 준다.

✤ '앞사람 따라하기' 놀이를 해 본다.

✤ 다른 아이들과 함께 차례를 지키거나, 다른 아이의 행동을 따라 해야 하는 놀이 상황을 마련해 준다.

어른들께 인사하기

✤ 아빠가 집에 돌아오신다고 가정하고 아이 자신이 아빠가 되기도 하고, 다시 아이 자신이 되기도 하는 역할놀이를 해 본다.

✤ 인형과 출입문을 만들어 놓고 아이가 손님을 맞아들이고 인사하는 놀이를 해본다.

✤ 엄마가 사람들에게 인사하며 맞아들일 때 아이도 따라 하게 한다.

✤ 아이도 알고 있는 손님이 오기로 되어 있을 때는 아이에게 미리 알려 주고, 손님이 오면

아이가 성기를 만지며 놀 때

대부분의 부모들은 아이가 성기를 만지는 것을 발견하게 되면, 당황하거나 깜짝 놀라면서 "너 뭐 하는 거니? 그러면 안돼"라며 야단을 치게 된다. 이러한 부모님들의 행동은 아이들이 '이걸 만지고 놀면 더러운 거구나.' 라는 느낌을 갖게 할 수 있다. 또는 엄마, 아빠의 놀라는 모습이 재미있어서 성기를 만지는 일을 계속할 수 있다.

그러므로 아이가 성기를 만지는 것을 발견했을 경우에는 당황하지 말고, 아이의 손을 가만히 떼어서 살짝 잡아준다거나 관심을 끌 수 있는 재미있는 놀이감을 주도록 한다. 또는 바깥에서 같이 뛰어 놀아주는 것도 좋은 방법이다.

● 인사하는 방법을 알려 준 후 실제로 집안 식구에게 인사를 시켜본다.

맞으러 나가 아이가 손님에게 인사할 기회를 준다.

Q & A
무엇이든 물어 보세요

Q 우리 집 아이를 못살게 구는 다른 집 아이에게 어떻게 주의를 줘야 할까요?

A 아이들끼리 괴롭히고, 괴롭힘을 당하는 것은 놀이터나, 유치원에 가보면 빈번히 일어나는 일이다. 이런 경우 괴롭히는 아이에게 말하는 것도 좋지만 아이의 부모와 먼저 상의하는 것이 좋다. 아이가 어릴수록 악의가 있어서 하는 행동이 아니므로 부모로서도 말하기 쉽다.

그러나 그런 결심을 했다면 입장이 바뀔 수도 있다는 점을 항상 생각해서 조심스럽게 말해야 한다. 이번에는 자신이 괴롭힘을 당하는 아이의 부모 입장이었지만 언제 괴롭히는 아이의 부모가 될지 모르는 것이다.

Q 아이가 운동신경이 둔한 것 같아요.

A 운동신경은 아동기 특히 3세 때까지의 운동 체험의 양에 따라 결정된다. 또한 이 시기는 겁이 없어 아무 행동이나 즐겨서 하므로 운동 기술을 습득시키기 위해서는 가장 이상적인 시기라 할 수 있다. 그러므로 여러 동작의 세계를 풍부하게 체험시켜 주면 점점 운동신경이 좋아질 것이다.

신체발달 놀이

세 조각 퍼즐 끼워 맞춰보기

✹ 동그라미부터 시작해서 한 번에 한 가지 모양씩을 아이에게 주고 각 도형에 맞는 도형틀에 끼워넣게 한다. 바른 자리를 찾아 넣지 못하면 아이 손을 잡고 끼워 넣도록 도와 준다. 아이가 제 힘으로 동그라미를 맞추어 넣을 수 있으면 다음에는 네모를 주고, 그 다음은 세모를 주어 맞추어 넣게 한다.

✹ 빈자리 모양을 따라 손가락으로 만져 본 후, 맞을 것으로 생각되는 모양을 찾게 한다.

✹ 끼워 넣을 자리 바로 옆에 각 도형을 놓아 두고 아이에게 끼워 넣게 해본다.

✹ 동그라미, 네모, 세모의 세 가지 도형으로 된 큰 나무 판 퍼즐을 사용해 본다. 처음에는 동그라미 하나만 뽑아내고 네모와 세모를 아이가 맞추어 보게 한다. 잘하지 못하면 도와

주다가 아이가 자신의 힘으로 틀리지 않고 잘 맞추게 될 때까지 반복하게 한다.

✹ 손가락으로 도형의 가장자리와 빈곳의 테두리를 만져 보게 하면 같은 모양을 찾아내는 데 도움이 된다.

가위질 해보기

✹ 아이의 손가락을 가위의 바른 위치에 넣어 준다. 엄마가 아이 손을 감싸 쥐고 자르면서 "벌리고" "오므리고" 하고 말해 준다.

✹ 처음에는 가느다란 종이 조각을 가위로 잘라 보게 한다.

✹ 아이가 가위를 잘 다루지 못하면 집게로 헝겊 공을 집어 올리는 연습을 한다.

✹ 처음에는 아이가 가위질 할 동안 엄마가 종이를 들고 있다가 차츰 아이가 혼자 종이를 들고 자르게 해본다.

● 점프하는 방법을 가르칠 때는 낮은 바닥에서 점차 높은 바닥으로 조금씩 높이를 높여 간다.

20㎝ 정도의 높이에서 점프해 보기

✹ 길바닥에 분필로 선을 그리거나 양탄자 위에 실로 선을 만들어 놓고 아이가 금과 금 사이를 뛰게 해본다.

✹ 바닥에 여러 가지 색깔의 원을 놓아두고 한 원에서 다른 원으로 뛰어 들어가게 해본다.

✹ 양탄자 가장자리에서 맨바닥으로 점프하게 해본다. 점프를 잘 했으면 박수를 쳐주고 기뻐 해 준다.

✹ 8㎝ 정도 높이(두께)의 책에서 바닥으로 점프를 해보게 한다. 차차 높이를 높여 가고 그 때마다 칭찬을 해 준다.

✹ 계단의 맨 아랫단에서 뛰어 내리도록 유도하고 아이가 넘어질 경우를 대비해 잡을 수 있도록 아이 앞에 팔을 내밀고 서 있는다.

● 아이가 가위질에 익숙해지면 혼자 신문지나 종이를 자르게 한다.

● 여러가지 도형을 각 도형에 맞는 틀에 끼워넣게 한다.

40-42 개월

여아 : 키 | 94.2cm 몸무게 | 14.2g　　　　　　남아 : 키 | 95.7cm 몸무게 | 15.1kg

이 달 말에 우리 아기 여기까지 할 수 있다

STEP 1

90% 기능
대부분 할 수 있다

1 엄마가 지켜보는 가운데 혼자서 옷을 입는다

STEP 2

75% 기능
웬만하면 할 수 있다

1 자기 이름을 말한다

2 술래잡기 놀이를 한다

3 한발로 5초 동안 서 있을 수 있다

4 세가지 색을 알아본다

STEP 3

50% 기능
할 수 있는 아기도 있다

1 배고프다, 피곤하다, 춥다라는 말의 의미를 이해한다

2 3개의 전치사를 이해한다

3 단추를 채울 수 있다

4 엄마와 쉽게 떨어진다

5 한발로 5초 동안 서 있을 수 있다

6 한발로 껑충 뛴다

7 십자모양(+)을 그린다

STEP 4

25% 기능
하기에 벅차다

1 혼자서 옷을 입는다

2 한발로 10초 동안 서 있는다

3 앞, 뒤꿈치를 붙이고 걷는다

4 사람의 머리, 몸통, 다리를 그린다

5 반대와 비슷한 말 3개 중에 2개를 안다

아기 키우기 포인트

아이의 질문에 한 번 더 생각한다

Point 1 질문을 학습의 기회로 삼는다

아이가 질문을 많이 하기 시작한다는 것은 말하는 능력과 생각하는 능력이 생겼다는 증거이다. 처음에는 "저건 뭐야?"라고 물건의 이름을 묻기 시작하는데, 이는 곧 '새로운 단어를 배울 준비가 됐어요' 라는 신호이다.

그러다가 조금 더 나이가 들면 단순히 이름을 묻는 데서 한 걸음 나아가 "왜?" "어째서?" 하는 질문이 시작된다. 이때를 이용하여 학습의 기회로 삼는 것도 좋다. 아이는 단지 단순히 질문을 하고 대답을 듣는 데서 재미를 느끼기 때문일 수도 있지만, 이렇게 질문을 하고 대답을 구하는 과정에서 아이는 말이 늘고 조리 있게 생각하고, 표현하는 능력이 발달한다.

Point 2 질문으로 생각하는 습관을 기른다

이 시기의 아이들은 "왜 그래요?" "이건 뭐예요?"라는 질문을 자주 한다. 부모의 입장에서는 귀찮다고 생각되겠지만 아이는 이런 과정을 통해서 생각하는 습관을 가지게 된다. 만약 아이들이 귀찮게 질문을 한다고 꾸짖어버리면 아이는 사물을 관찰하지 않게 될 것이고 가령 관찰하더라도 그것에 대하여 이상하게 생각하지 않을 것이다.

무엇이든 물어 보세요

Q 친구와 너무 싸움을 해서 걱정이에요. 사이좋게 노는 방법을 어떻게 일러주어야 할까요?

A 이때까지는 집안에서 뭐든지 혼자 차지하고, 언제든지 자기 생각대로 할 수 있었지만, 다른 사람의 것을 빌리려면 상대의 승낙이 있어야 하고 때로는 자기 것도 빌려주어야 한다는 것을 이해하지 못해서 싸우는 것이다.

엄마가 "사이좋게 놀아야지." "친구 것을 뺏으면 안 돼." 하며 가르치는 것만으로는 불충분하다. 말과 함께 실제의 경험을 쌓는 것이 필요하므로 친구와 놀고 있을 때 될 수 있는 한 어른은 그 놀이 속에 들어가지 말고 싸움이 일어나도 아이들끼리 해결하도록 하는 것이 좋다.

그러므로 아이의 질문을 귀찮게 생각하지 말고 성의껏 대답해 줘야한다.

또한 아이의 질문에 "왜 그럴까? 엄마도 그걸 생각하고 있단다." 라고 대답하면 아이는 엄마도 잘 모른다고 생각하여 좋은 답을 얻기 위해 이번에는 스스로 생각하는 법을 배우게 된다.

Point 3 '어디 있니?' 라는 질문을 배우게 하자

아이는 한 살 반이 지나면 여러 가지에 대해 묻기 시작하는데 대개는 주위 사람들의 흉내내기로부터 시작된다. 엄마와 아이가 그림책을 보다가 "멍멍이가 어디 있니?" "토끼는 어디 있니?" 하고 질문을 계속하면 나중에 아이는 "멍멍 어디?" 하며 묻거나 스스로 그것을 발견하고 즐거워한다. 그럴 때 곧 답하지 않고 "어디 있을까요?" 하고 함께 찾아보는 노력을 기울이면 아이의 발달에 좋은 영향을 미친다.

◐ 아이에게 '어디' 와 관련된 질문을 해서 그 의미를 알게 한다

Q 친구들과 잘 어울리지 못해요. 내년이면 유치원에 가야 할 텐데 걱정이에요.

A 먼저 우리 아이가 왜 친구와 어울리지 못하는지 그 원인을 관찰할 필요가 있다. 놀이나 운동에 자신이 없어서 놀림거리가 될까봐 놀이에 끼지 못한다면, 가족이 함께 그 놀이를 해 보아 아이가 자신을 갖도록 해 주어야 한다.

그리고 친구들과 놀 기회가 적었던 아이라면, 시간이 나는 대로 공원에 데리고 가서 친구들과 어울릴 기회를 많이 주고, 좋아하는 친구가 생기면 그 친구를 집으로 초대하거나, 또 그 친구 집에 혼자서 놀러 가게 하는 것도 좋은 방법이다.

처음에는 잘 놀지 못하고 금방 집으로 돌아오더라도 단념하지 말고 꾸준히 아이를 격려해야 한다.

◐ 내성적이거나 수줍음을 잘 타는 아이는 친구를 집으로 초대해서 놀게 한다.

Point 4 '무엇?' 이라는 질문에는 간단하게

아이들은 엄마를 따라 쇼핑을 하게 되면 진열장의 물건을 가리키며 어디에 쓰는지도 잘 모르면서 "이건 뭐지?"하고 묻곤 한다. 이럴 때 엄마가 "이건 난로야"라고 대답하면 아이는 "응"하고 알아들은 것처럼 대답한다. 아이는 물건의 이름을 들으면 이미 그 물건을 알았다고 생각해 버리므로 "추울 때 불을 붙여 따뜻하게 하는 거야"하는 등 길게 설명할 필요는 없다.

Point 5 '왜?' 라는 질문에 스스로 해결하게 하자

아이가 좀 더 자라서 만 세 살 전후가 되면 "왜?"를 연발하기 시작한다. "엄마, 왜 바다는 파래?" "왜 달은 우리만 따라다녀?"하며 왜, 왜를 반복하는 것이다. 이 시기의 아이들은 인과관계를 이해하지 못하기 때문에 사실을 설명해도 어떻게 강이 바다로 가는지 이해하기 어렵지만 '왜'라는 질문을 하는 동안 아이는 생각하며 자라고 있는 것이다. 왜라는 질문에 대해서는 가능하면 짧게 대답해 주되 그것으로 부족한 경우에는 "너는 어떻게 생각하니?" "우리 백과사전을 찾아보자, 동물백과를 보러가자." 하고 답하면서 함께 문제를 해결하는 노력이 필요하다.

Point 6 아이의 수준에 맞게 답해 주자

아이가 "왜 전차는 저렇게 사람이 많이 탔는데도 빨리 달리지?" 또는 "왜 목욕탕 물 속에서는 손이 작아 보이지?" 등의 질문을 한다면 너무 어렵게 답해 줄 필요가 없다.

이럴 때 아이를 과학적으로 기르려는 부모는 가능하면 진실에 가깝게 답을 해주려고 생각하기 때문에 전기의 힘이 대단하다거나, 물 속에서 빛이 굴절한다는 것을 말해 주기도 한다.

하지만 이 무렵 아이의 머리는 아직 거기까지 발전하지 않기 때문에 이것을 사람에 빗대어 "전차는 힘이 세니까 사람이 아무리 많이 타도 괜찮아. 씨름 선수라면 네 친구 몇 명을 업고도 잘 달리듯이 전차도 힘이 세단다." 라는 설명으로도 충분하다.

두 번째 질문 같은 경우는 "아니 엄마 손도 작아졌네. 왜 그럴까?"하면서 여러 가지 물건이 작아지는 것을 보여주면 그것으로 알았다는 듯이 매우 만족해 한다. 이 무렵에는 이처럼 아이를 여러 가지 사실에 눈을 돌리게 하는 것이 아이의 상상력과 사고력을 높이는 길이다.

아이의 질문에는 아이의 수준에 맞춰 대답하는 것이 훨씬 효과적이다.

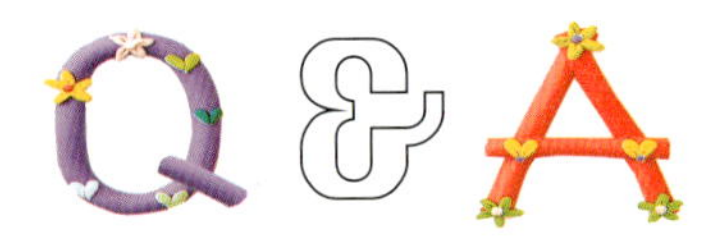

무엇이든 물어보세요

Q 성에 관한 질문에는 어떻게 대답해야 할까요?

A 이 시기 아이들의 이러한 질문은 "해는 왜 떠 있지? 자동차에 바퀴는 왜 있지, 사과는 왜 빨갛지?"하는 수많은 질문과 조금도 다를 바가 없다. 이 시기 아이들의 성에 대한 이해의 정도는 질문해 온 아이처럼 '옷이나 머리 모양으로 남녀의 차이'를 구분하는 정도로 매우 초보적인 수준이다.

그러므로 아이들이 무심코 한 질문에 엄마가 당황해 하거나 얼굴이 붉어지고 공연한 질문을 한다고 아이를 윽박지르면, 아이는 자기가 잘못한 줄 알고 당혹감을 느끼면서도 속으로는 더욱 더 큰 호기심이 생긴다.

그렇다고 아이가 이해할 수 없을 정도까지 상세하게 설명할 필요는 없다. 아이의 발달 단계에 맞추어 대답해 주는 것이 현명하다. 아이들은 비슷한 시기에 같은 종류의 질문을 되풀이한다. 그러나 아이가 성장하면서 그 질문의 패턴이 달라지므로 그 시기와 수준에 맞게 대답을 해 주는 것이 좋다.

성교육은 아이의 발달시기와 수준에 맞춰 주도록 한다.

이것만은 꼭 가르치자

스스로 할 수 있게 도와준다

Point 1 장난감부터 정돈하게 한다

친구와 놀 때 장난감을 많이 가지고 노는데, 정돈하는 습관은 여기서부터 시작된다. 물론

자기가 사용한 물건은 스스로 정리하게 하는 습관을 들이자.

아주 어릴 때에는 스스로 정돈할 수는 없기 때문에 엄마가 거들어 주지만 놀고 나면 항상 정돈해야 한다는 것을 가르쳐야 한다. 방법은 이 시기의 아이는 무엇이든 살아 있다고 생각하는 점을 이용하여, "자동차가 집으로 돌아가고 싶다고 하네."라고 말해 줌으로써 보관 장소를 집으로 생각하고 거기에 갖다 두게 하면 된다.

Point 2 제자리에 놓는 습관을 들인다

집안에 물건 놓는 장소를 정해 두고 쓰고 나서 제자리에 갖다 두게 하는 습관을 들이면 큰 어려움 없이 자연스럽게 물건을 잘 정돈할 수 있게 된다. 이 습관은 이 나이에 충분히 들일 수 있으므로 아직 어리다는 생각으로 시기를 놓치면 나쁜 습관이 들게 되므로 주의한다.

Point 3 오줌을 싸지 않게 한다

자리 가기 직전에 소변을 봤는지 물어 보고 보지 않았으면 화장실에 데려 가거나 혼자 갔다 오게 한다. 저녁 식사 후에는 아이가 마시는 음료수 양을 줄이고, 밤에는 기저귀를 아이에게 채우지 않고 요가 젖지 않도록 기저귀를 요 위에 깔아 둔다. 잘 때 오줌을 싸지 않았으면 칭찬해 주고 상으로 웃는 얼굴 스티커나 다른 특별한 모양의 스티커를 도표나 화장실 문에 붙이게 하는 것도 좋은 방법이다.

반대로 아이가 오줌을 쌌을 때는 야단

치지 말고 요 말리는 것을 돕게 한다. 그래도 아이가 매일 오줌을 싸게 되면 매 두 시간마다 살펴서 언제 오줌을 싸는지 알아본다. 그리고 아이가 항상 오줌 싸는 그 시간 전에 시계 벨이 울리도록 맞추어 놓고 아이가 잠에서 깨어 화장실에 가도록 한다.

POINT 4 사내아이는 소변보는 법을 가르친다

변기 앞에서 고추를 잡고 소변보는 법을 아이에게 가르친다. 처음부터 완벽하게 잘 할 수 있으리라는 기대는 하지 말아야 한다. 필요하면 받침을 딛고 소변을 보게 한다. 화장실에 도표를 붙여 놓고 서서 소변을 봤을 때는 스티커를 붙이도록 한다.

이 시기의 문제 행동

모든 일에 민감하게 반응한다

POINT 1 민감한 아이의 특징을 알아둔다

무엇에나 민감한 아이가 있다. 조금만 마음에 안들어도 우니까 엄마는 기가 약한 아이라고 생각하게 된다. 텔레비전을 보다가 슬픈 장면에서 눈물을 흘리거나, 친구와 놀다가 삐지면 집안으로 뛰어 들어가는 등 감정적으로 민감할 뿐만 아니라, 감각적으로도 과민하다.

그래서 파, 양파, 마늘과 같이 냄새가 나는 음식물도 싫어하고, 버스나 새집에서 나는 페인트 칠 냄새도 싫어한다. 또 버스를 좀 오래 타고 있으면 멀미가 나서 토하게 된다. 소리에도 민감해서 유아원에 가면 낮잠을 못 자고

❶ 민감한 아이는 감각적 감정적으로 예민해 조그만 자극에도 쉽게 반응을 보인다.

양보하는 마음 길러주기

이 시기의 아이들은 자기 물건에 대한 소유욕도 강하고 자기 일을 스스로 하려는 것처럼 다른 삶에도 도움을 주고 싶어한다. 그러므로 평소에 위험하지 않은 일은 아이 스스로 해 보도록 하는 것이 좋다. 예를 들어, 엄마가 모자를 쓰려고 할 때 아이가 달려와서 돕겠다고 하면, 귀찮더라도 아이에게 머리를 내밀며 "고맙습니다. 잘 씌워 주세요."하고 맡긴다. 그러나 여기서 주의해야 할 일은 그 결과에 대해 잘잘못을 따져서는 안 된다. 아이들은 자기 모자가 비뚤어져도 고쳐 쓰는 것을 싫어하는 것처럼 자기가 씌워준 모자를 엄마가 다시 고쳐 쓰면 화를 낸다. 아이는 엄마를 도와주었다고 생각하고 매우 기뻐하는데 엄마가 이를 무시하고 자기 마음대로 바꾸면 아이는 크게 실망하게 된다.

이런 아이들의 자기 중심성은 이 시기가 지나면 어느 정도 평정의 상태로 돌아가, 남에게 자신의 물건을 건네 줄 수 있게 되므로 걱정하지 않아도 된다. 대신 엄마는 아이의 행위 자체를 잘못된 것으로 여기고 혼내기보다는, 다른 사람을 도와주는 일의 의미를 아이 스스로 깨우칠 수 있도록 환경을 조성해 주어야 한다.

❶ 아이가 다른 사람을 도와주기 위한 행동을 했다면 혹시 잘못됐더라도 혼내지 말자.

유치원 소풍을 갈 때 버스에서 한 친구가 토하면 같이 토하게 된다.

POINT 2 아이의 기분을 이해하도록 한다

부모도 민감한 성격이라면 아이의 이런 면을 이해하겠지만 그렇지 않다면 아이의 기분을 이해하지 못한다. 그렇다고 해서 다른 아이보다 못하다고 생각하거나, 울보라든가 소심한 성격이라고 생각하는 것은 좋지 않다. 아이마다 성격이 다 다르듯 그런 아이가 가지고 있는 섬세한 마음을 소중하게 생각해서, 어른이 되더라도 이 민감성을 계속해서 가지도록 길러야 한다.

POINT 3 생활에 적응하도록 단련시킨다

아이를 단련 시킬 때는 다양한 방법을 이용해 본다. 버스 멀미를 하는 아이는 버스를 타고 가는 거리를 조금씩 늘려가면 되고, 유아원에서 낮잠을 못자는 아이는 선생님과 가장

가까운 곳에 눕히도록 해서 안심을 시킨다. 또한 아이가 밖에서부터 울며 들어왔을 때에는 때려서 다시 내보내거나 하지 말고, 재미나는 이야기를 해주며 사회에 잘 적응하도록 다독거려준다.

POINT 4 민감성을 재능으로 개발하자

민감한 아이도 자기의 성격을 이해해 주는 사람과 같이 살면 즐거운 삶을 누릴 수 있다.

또한 민감한 성격을 잘 개발해서 더 좋은 재능으로 이끌어낼 수 있다. 그러므로 좀 뚱뚱한 아이도, 민감한 아이도 각기 그 가지고 있는 특성을 살리는 것이 좋다.

❶ 아이가 지나치게 예민하거나 소심해져 있다면 줄넘기나 달리기 등의 신체활동을 통해 기분을 전환시켜 준다.

이 시기에 꼭 해야 할 교육 프로그램

자기의 성과 이름 말해 보기

❋ 아이에게 이름을 물어본다.

❋ 가족들이 차례로 돌아가면서 자기 이름에 성을 붙여서 말한다. "내 이름은 김경희, 네 이름은 김명호, 네 이름은 뭐니?" 등과 같이 이름 부르기를 한다.

❋ 아이와 이야기할 때 아이의 성을 붙여 이름을 부른다.

'어떻게' 라는 질문에 대답해 보기

❋ 일상적인 활동을 할 때 아이에게 "우리가 어떻게 상점에 갈 수 있을까?" "우리가 어떻게 그 문을 열까?" 등과 같은 질문을 한다.

❋ 대답하는 정도에 따라 점차 어려운 질문을 해 본다.

❋ 그림책을 보고 이야기를 들려주다가 중간 중간에 "어떻게 ~을 했을까?" 또는 "어떻게 ~를 할까?"와 같은 질문을 한다.

숫자 따라 세어보기

❋ 설거지를 하면서 밥그릇을 세고, 빨래를 개면서 수건을 세고, 책을 정리하면서 세어 본다. 아이에게 "1, 2, 3" 하면서 따라 하게 한다.

❋ 아이에게 1, 2를 따라 하게 하고, 잘 따라 하면 1, 2, 3까지 따라 하게 해서 숫자 세기에 재미를 붙이게 한다.

길고 짧은 물건 알기

❋ 생활용품 중에서 긴 것과 짧은 것을 모아 본다(빨대, 연필, 자, 국수, 양말 등).

❋ 아이 앞에 긴 빨대와 짧은 빨대를 놓아 두고 아이에게 긴 빨대를 가리켜 보라고 한다.

❋ 집안에 있는 물건들 중 아이에게 긴 것, 짧은 것을 지적하게 한다.

❋ 길고 짧은 이쑤시개나 막대기로 게임을 한다. 양손에 각각 긴 것과 짧은 것 하나씩 쥐고 두 손을 등 뒤에 숨긴다.

❋ 아이에게 어느 손에 짧은 것을 잡았는지 알아 맞추게 한다. 아이가 어느 한 손을 지적하면 양손을 모두 펴 보이고 아이에게 짧은 것을 가진 손을 가리켜 보게 한다.

짝이 되는 물건 구분하고 표현하기

❋ 아이 앞의 컵과 컵 받침, 바늘과 실을 놓아 두고 서로 짝이 되는 이유를 설명해 준다. 둘씩 짝짓는 시범을 보여 주고 아이에게 따라하

❋ 아이에게 물건 이름을 하나 말해 주고 그것과 짝이 될 수 있는 다른 물건을 생각해 보라고 한다.

❋ 짝이 되는 물건 여러 가지를 아이 앞에 놓아두고 아이에게 짝이 되는 것끼리 모으게 해본다.

❂ 장난감 전화기로 전화를 받는 방법을 알려 준 후 실제로 친한 사람의 전화를 받게 한다.

전화 받고 전화하기

❋ 장난감 전화를 가지고 전화 받는 놀이를 해 본다. 놀이를 하면서 전화 받을 때 사용하는 말을 가르쳐 준다.

❋ 할머니나 친한 사람에게 걸려온 전화를 아이 스스로 받아 보게 한다.

❋ 부모에게 전화하는 방법과, 부모가 전화를 했을 때 전화를 어떻게 받아야 하는지를 그림으로 그려서 아이에게 보여 준다. 그리고 그 그림을 보고 엄마와 함께 직접 해 본다.

❂ 물건이나 숫자 카드를 이용해 하나씩 세어주면서 아이에게 따라서 세게 한다.

밤에 오줌을 싸는 아이

아이에 따라 개인차가 있지만 만 3살이 되면 점차 밤에 오줌을 싸는 실수가 없어지게 된다. 그러므로 자기 전에 화장실에 가도 밤에 오줌을 싸 버리는 아이의 경우 자고 나서 몇 시간 후에 나오는지를 미리 알아두고 한 번 깨워 주는 것이 좋다.

밤에 오줌을 싸는 실수는 아이가 낮 시간을 보내는 것과도 관계가 있다. 지나치게 지쳐 있을 때나 흥분 상태일 때 심리적 스트레스가 쌓일 때는 실수하기 쉽다. 그러한 생각이 들 때는 실수 자체보다 오히려 그 원인을 제거해 주어야 해야 한다. 아이의 야뇨증은 엄마의 가르침이나 정신 상태에 의해서도 영향을 받으므로 엄마 자신이 안정을 취하고 느긋한 마음으로 아이를 대하는 것이 중요하다.

❂ 야뇨증이 있는 아이는 밤에 한번 깨워서 화장실에 가게 한다.

'~해 주세요', '고맙습니다'라고 말해 보기

✲ 문을 열 때 도와주거나 물건을 주워 줄 경우처럼 "~해 주세요." "고맙습니다."라고 말해야 하는 상황을 아이에게 알려 준다.
✲ 엄마나 다른 식구들이 아이에게 말할 때 "~해 주세요." "고맙습니다."라는 말을 적절하게 사용한다.
✲ 아이가 반응을 보이지 않으면 "뭐라고 해야 되지?"라고 말해 주고, 아이가 "~해 주세요."라고 말할 때까지 아이의 요청을 들어주지 않는다.
✲ 식사시간에도 아이 앞에서 "~해 주세요." "고맙습니다."라는 말을 사용하도록 한다.

신체발달 놀이

굴러 온 공을 발로 차기

✲ 공을 차는 것을 실제로 보여 준 다음 아이도 따라서 해 보게 한다.
✲ 조금 떨어진 곳에서 아이에게 공을 차주거나 굴려 주어서 아이가 엄마에게로 다시 차 보내게 해본다.
✲ 아이를 잡고 실제로 공 차는 동작을 가르쳐 준다. 무릎과 발목에서부터 다리를 움직이게 하고, 의자를 잡고 균형을 유지하도록 해 준다.
✲ 공을 차는 동작을 몇 차례 보여 준 다음 아이가 따라 하게 하고 칭찬을 해 준다.
✲ 처음 차기 시작할 때는 아이가 벽에 기대어 서 차게 해본다.
✲ 움직이는 공을 차는 연습을 하기 위해서 공을 줄에 묶어서 현관에 가로질러 매달아 두거나, 마당에 말뚝을 두 개 박아서 그 사이를 줄로 매달아 둔다. 그리고 아이에게 그 공을 차게 하면 공은 다시 아이에게로 되돌아가게 된다.

팔을 흔들면서 달리기

✲ 술래잡기, 경주하기 등 달리면서 하는 게임을 해본다.
✲ 형제나 아빠와 함께 달리기를 해본다.
✲ 아이의 손을 잡고 천천히 함께 달린다. 점차 걸음 속도를 빨리 하고 손을 놓는다.
✲ 빨리 달리다가 천천히 달리는 연습을 하면서 아이와 같이 해보고, 아이가 잘하면 혼자서 해 보게 한다.
✲ 경주용 말이나 토끼, 고양이 같은 동물을 흉내내면서 달려 보게 한다.

발끝으로 걸어보기

✲ 마분지로 발 모양을 만들어서 마루 위에 놓고, 아이가 엄마를 따라서 걸어 보는 놀이를 한다. 걸으면서 규칙을 정하기도 하고 아이와 함께 '하나, 둘…' 세면서 재미있는 방법으로도 해본다.
✲ 엄마가 발뒤꿈치를 들고 발끝으로 걸어가는 것을 보여주고 아이가 따라 하게 해본다.
✲ 처음에는 양말만 신고 발끝으로 걷게 하고 그 다음에는 구두나 슬리퍼를 신고 발끝으로 걸어 보게 한다.

발 뒤꿈치를 들고 발끝으로 걷는 연습을 시켜본다.

✲ 나무주걱이나 나무막대를 아이가 발꿈치를 들어야 닿을 수 있을 정도로 아이의 머리 위에 들고 있는다. 아이가 이것을 잡고 발끝으로 걸어서 따라오도록 하다가 차차 힘을 늦추어서 아이 혼자 손을 머리 위로 올려서 이 주걱을 잡고 걷도록 해 본다. 이렇게 하면 발끝으로 서서 걸을 때 균형을 유지할 수 있게 된다.
✲ 아이가 잘하면 잘 걷는다고 칭찬을 해준다.

Q & A 무엇이든 물어보세요

Q 아이가 사람을 물어서 곤란해요.

A 말을 하면 대답 대신 물려고 달려드는 아기가 있다. 이것은 2가지로 원인을 분석해 볼 수 있는데 첫째는 다른 사람의 관심을 끌기 위해, 둘째는 같은 또래의 아기들과 싸움을 할 때 공격과 방어를 위해서 물어뜯는 경우이다.

문제가 되는 것은 첫번째의 경우인데, 이러한 경우에는 집안을 말끔히 정리하고 위험한 물건은 아기의 손이 닿지 않는 곳에 치워 두는 등 마음껏 놀 수 있게끔 해주고 산책을 하거나 바깥에서 놀 기회를 많이 만들어 주도록 해야 한다.

그리고 엄마와 좀 더 가깝게 지낼 수 있도록 배려를 해 준다.

Q 사교적인 아이로 키우려면 어떻게 해야 할까요?

A 우선 엄마 혼자 말하고 있지는 않은지, 또 아이와 놀아주는 시간보다는 텔레비전에만 매달려 있거나, 엄마 자신이 말이 없어서 아이에게 별로 말을 걸지 않는지 그 원인을 찾아본다. 그리고 되도록 적극적으로 아이한테 말을 걸어주어야 한다.

아이가 그림책 보기를 좋아한다면 그림책을 보면서 이야기하자. 그러면 함께 시간을 갖는 즐거움을 알게 된다. 또한 집안에만 있게 하지 말고 아이와 함께 바깥 세상에 나가 접촉하게 하는 것이 좋다. 운동을 하거나 마음이 쏠리는 것에 접하게 하면 아이는 밝고 활발해질 것이다.

사교성이 부족한 아이는 운동을 시켜 활달하고 밝은 성격으로 키워준다.

버릇 들이기

왼손과 왼발을 사용하면 우뇌가 발달된다

왼손과 왼발을 자주 사용하면 오른쪽 뇌가 발달하고 창의적인 능력이 길러진다. 어릴 때부터 왼손으로 가위질이나 젓가락질, 글씨 쓰기, 그림 그리기, 가위바위보 등을 하거나 동전을 흩뜨려놓고 양쪽 발가락으로 번갈아 담기 등을 많이 하도록 해준다.

또한 오른쪽 뇌를 발달시킬 수 있는 놀이로 수수께끼 놀이, 스무고개 놀이, 같은 카드 찾기 놀이, 끝말 이어가기, 첫 글자로 시작하는 단어 말하기 등이 있는데, 이러한 상상놀이를 통해 아이들의 언어 능력과 추리 능력을 길러주는 것도 좋다.

43-45 개월

이 달 말에 우리 아기 여기까지 할 수 있다

STEP 1
90% 가능
대부분 할 수 있다

1 자신의 이름을 말한다
2 술래잡기 놀이를 한다
3 세가지 색을 알아본다

STEP 2
75% 가능
웬만하면 할 수 있다

1 배고프다, 피곤하다, 춥다라는 의미를 이해한다
2 엄마와 쉽게 떨어진다
3 한발로 5초 동안 서 있는다

STEP 3
50% 가능
할 수 있는 아기도 있다

1 3개의 전치사를 이해한다
2 혼자서 단추를 채울 수 있다
3 혼자서 옷을 입을 수 있다
4 한발로 껑충 뛴다
5 앞, 뒤꿈치를 붙이고 걷는다
6 십자모양(+)을 그린다
7 네모를 보고 흉내내어 그린다
8 반대와 비슷한 말 3개 중에 2개를 안다
9 한발로 10초 동안 서 있을 수 있다

STEP 4
25% 가능
하기에 벅차다

1 튀어 오른 공을 잡는다
2 사람의 머리, 몸, 다리를 그린다

아기 키우기 포인트

반항기의 대처 방법이 필요하다

이 시기의 반항은 두 살 때 생기는 버둥거림이나 짜증에 이어서 일어나는 것으로 원인도 비슷하지만 자아의 확립이 강해지기 때문에 두 살 무렵보다 훨씬 확고하게 자기를 주장하며 자기의 의욕을 관철하려고 한다. 그래서 부모의 처지에서 보면 대처하기 매우 어려운 시기이지만 아이에게 중요한 과정이므로 마음을 기울여 주어야 한다.

Point 1 한 가지 일을 완수하게 한다

이 시기의 아이는 무엇이든 스스로 하고 싶어한다. 그래서 가능하면 한 가지 일을 완수하게 하여 격려해 주는 것이 좋다. 한 가지 일을 완수했다는 것은 이 나이의 아이에게는 중요한 것이기 때문이다. 비록 나타난 결과가 하찮아도 칭찬해 주자. 웃옷을 입는 것이든 신발을 신는 것이든 어느 것이나 괜찮다.

Point 2 다른 사람을 도와주게 한다

이 나이의 아이는 자기 일을 스스로 하려는 것과 똑같은 기분으로 다른 사람에게 도움을 주고 싶어하기 때문에 위험하지 않은 것이라면 가능한 하도록 해주는 것이 좋다.

하지만 주의해야 할 것은 이 나이에는 모자

○ 장난감을 통 속에 넣는 일 등 아이가 할 수 있는 일을 골라 혼자서 끝마치게 해준다.

○ 어른이 볼 때는 불가능한 일이더라도 아이가 해보겠다고 하면 직접 해보게 한다.

Q 장난이 너무 심하고 일부러 딴전을 피웁니다.

A 3세가 지난 무렵의 아이들은 자기 동작과 말에 한창 재미를 느낀다. 또한 일부러 장난을 쳐서 주위 사람의 관심을 집중시키려는 욕구도 부쩍 늘어나는 시기이기도 하다. 어른의 입장에서 보면 아이의 버릇이 나빠진다고 걱정할 수도 있겠지만, 아이가 장난을 치고 딴전을 피우는 것은 아주 건강하고 행복한 마음이 있기 때문이다.

이 때, 엄마나 아빠가 "너 왜 대답을 안 하니? 어른이 부르면 빨리 대답을 해야지"하고 화를 내거나 안타까워하면 그 반응이 재미있어 다음에도 또 그런 행동을 반복한다.

가장 좋은 방법은 엄마 아빠가 모른 척 상대를 해 주지 않는 것이다. 그러면 아이도 그런 행동에 흥미를 잃고 그만둔다. 그러나 장난이 심하고 딴전을 피워 어른의 관심을 끌려는 아이일수록 창조성이 뛰어나

가 비뚤어졌어도 고쳐 쓰는 것을 싫어하는 것처럼 결과에 대해서는 그리 문제삼지 않기 때문에 자기가 도와준 것을 어른이 다시 고치면 매우 화를 낸다. 때문에 아이가 무슨 일을 거들어줄 때는 그 점도 염두에 두어야 한다.

Point 3 무엇이든 경험하도록 한다

반항기 아이를 다룰 때에는 아이의 기대를 불러일으키는 것이 중요하다. 그래서 가능하면 아이의 의욕을 존중하여 아이 스스로 하도록 해야 한다.

므로 아이의 이러한 심리를 이용해 엄마 아빠가 적극적으로 대처하면, 생활 습관이나 성장 발달에 커다란 도움을 줄 수 있다.

Q 그림을 그릴 때 항상 같은 그림만을 그립니다.

A 아이들이 그림을 그리는 행위는 어른과는 달리 그림을 그리기 위해서 그린다기보다는 그리고 싶어하는 욕구가 그림이 되는 것이다.

3세 무렵의 아이들은 아직 형태가 없는 그림을 그린다. 그렇다고 아이가 그림을 그릴 때 옆에 앉아서 잘 그려보라고 참견하거나 그림을 수정해 주면, 아이들은 금방 어른의 그림에 익숙해져서 같은 그림만을 그리게 된다. 그리고 나중에 색다른 것을 그리려고 해도 창의력이 부족해서 못 그리게 되는 것이다.

이처럼 너무 일찍부터 어른이나 주위 사람들에게 그림 그리기를 강요받거나 그리는 법을 배운 아이는, 이후에 그림을 그리려는 표현 욕구가 약해져 그림 내용이 발달하지 않는다.

○ 아이가 그림을 그릴 때 옆에서 참견을 하면 창의력이 없어진다.

또한 어른이 볼 때 도저히 넣을 수 없는 상자에 인형을 넣겠다고 하여 고집을 부리면 처음부터 하지 못하게 하거나 소용없다고 말해 버리지 말고 경험해 보도록 하면 스스로 깨닫게 된다. 그러다가 어느 틈엔가 어른과 자기를 비교하게 되면서 어른스러워지고 성장하게 되는 것이다.

Point 4 감정을 표현하는 방법을 가르친다

아이가 화가 나거나 우울할 때 기분전환을 할 수 있는 방법을 가르쳐 주는 것이 좋다. 아이에게 자신의 감정을 이야기하면서 어떻게 처리하면 좋을지를 물어보는 것도 한 방법이다. "네가 무척 화가 나 있구나. 너는 지금 어떻게 하고 싶니."하는 식으로 이야기를 해서 아이가 자신의 분노나 질투를 올바르게 조절할 수 있도록 도와준다.

예를 들어 화가 났을 경우 크게 심호흡을 하거나 라디오나 텔레비전을 크게 틀어 분노를 조절하게 한다.

○ 책을 너무 좋아해서 친구들과 잘 어울릴 수 없다면 또래 아이들이 많이 있는 곳에서 자주 놀게 한다.

책을 좋아하게 한다

Point 1 좋아하는 만큼 책을 읽게 한다

4세가 되면 책을 좋아하는 아이와, 그렇지 않은 아이가 확실해진다. 책이라면 무슨 책이든지 펼쳐 보는 아이는 책을 좋아하는 아이다. 또한 우연히 책방 앞을 지나가면 열심히 이책 저책을 펼쳐 보는 아이도 책을 좋아하는 아이다. 이런 아이에게는 좋아하는 만큼의 책을 보게 하는 것이 좋으며 엄마도 틈을 내서 책을 읽어 주도록 한다.

Point 2 책을 읽을 수 있는 환경을 조성해 준다

아이가 책을 읽을 때는 실내를 충분히 밝게 해주고, 자세를 똑바로 잡아주며, 너무 가깝게 책을 보지 않도록 주의를 줘야 한다. 근시안으로 되는 것을 방지하기 위해서이다.

○ 책을 좋아하는 아이로 키우려면 틈이 날 때마다 다양한 책을 읽어준다.

Point 3 책을 읽지 않는 아이는 방법을 바꿔보자

동화의 세계에는 흥미가 없지만, 자동차, 동물, 곤충 등 다른 것에 특별히 흥미를 가진 아이가 있다. 이런 아이들은 책을 줄 때 아이가 좋아하는 내용이 있는 책을 주자. 그러면 아이는 책을 탐독하고 결국 글자를 가르쳐 달라고 말하게 될 것이다.

올바른 성격으로 길러준다

Point 1 애정에 대한 욕구를 만족시켜 준다

아이에게 가장 중요한 것은 엄마·아빠와 주위 사람들의 사랑을 독차지하고 싶은 근본적인 욕구이다. 엄마·아빠는 이 욕구를 만족시켜 주고 형제가 있는 경우에는 편애가 없어야 한다. 아이를 마음으로 사랑하는 것만으로는 부족하다. 말과 행동으로 엄마의 사랑을 표현하면서 대해 주면 반항적인 행동을 하지 않는 아이로 성장하게 된다.

Point 2 원만한 가정환경에 힘쓴다

6세 이전은 성격이 형성되는 시기이므로 가정 환경이 아주 중요하다. 원만한 가정 생활은 아이들의 성격 형성에 좋은 영향을 주기 때문에 성격 형성이 제대로 이루어지도록 하려면 가정 환경이 원만하도록 힘써야 한다. 성격이 형성되고 난 뒤에 성격을 바꾸기란 어렵다.

Point 3 자신감을 갖게 한다

아이들은 부모가 자신을 신뢰하기를 원하는 욕구가 있는데 신뢰대신 열등감이나 좌절감이 쌓이게 되면 문제아가 될 수 있으므로 아이가 한 일에 대해서는 가급적 칭찬과 격려를 해주어 할 수 있다는 자신감을 갖도록 해야 한다. 그러나 그로 인해 지나친 경쟁 의식을 갖게 하는 것은 좋지 않으며, 아이가 한 일에 대해서는 결과보다 과정을 중요하게 생각해야 한다.

Point 4 독립심을 길러 준다

아이가 커갈수록 어떤 일을 직접 해보려고 할 때 할 수 있도록 기회를 주어야 한다. 예를 들면 옷을 입고 단추를 잠그는 일, 세수를 하는 일 등은 서툴더라도 혼자서 하도록 하고 칭찬과 격려를 해주도록 한다. 그렇게 하면 아이는 성취감과 함께 자립심이 생기게 된다.

Point 5 친구 관계에 관심을 가져야 한다

유아원 같은 곳에 보내서 사회성 발달이 원만해질 수 있도록 다른 아이들과 사귀고 놀 수 있는 기회를 만들어 주어야 한다. 좋은 친구 관계는 아이가 정상적으로 성장하는 데 많은 도움을 주게 되지만 좋지 않은 친구와 어울리면 거짓말, 상소리, 난폭한 행동 등 여러 가지 나쁜 행동

○ 아이가 한 일에 대해서는 칭찬과 격려를 해서 아이가 자신감을 갖게 한다.

Q 혼자서만 놀아서 걱정이에요

A 혼자서만 노는 아이는 스스로 자기 활동을 제한하므로 자신의 능력을 기를 기회를 잃게 된다. 게다가 신체적인 능력이나 지능, 기타의 능력이 친구들보다 뒤떨어진다. 그래서 친구들의 놀이에 끼지 못한다든지, 아이가 욕을 잘하고 밉상을 보이기 때문에 친구들이 같이 놀기를 싫어하게 되면서 점점 내성적인 아이로 변하기 쉽다.

이와는 반대로 지능이 너무 높아서 친구들과 노는 데 싫증을 느끼고 자기 혼자서 노는 것을 좋아하는 아이도 있으며 가족들이 내성적이어서 아이가 본받는 경우도 있다. 이런 경우는 되도록 아이를 밖에 내보내서 친구들과 노는 기회를 만들어 주고 아이의 친구들이 집에 놀러 오면 좀 귀찮더라도 반갑게 맞아주도록 한다.

을 하게 되는 수가 많다. 그러므로 아이가 어떤 친구들과 사귀고 있는지 되도록 집으로 오게 해서 사귀고 있는 친구들에게도 관심을 기울이자.

스스로 할 수 있게 도와준다

Point 1 위험한 물건이나 장소 피하기

난로에 닿으면 왜 안 되는지 등 집안의 특정 물건이나 장소가 왜 위험한지 설명해 준다. 위험한 물건과 해롭지 않은 물건들의 그림을 섞어 놓고 아이가 구별해 보게 하는 것도 좋다.

Point 2 혼자서 코풀기

아이에게 말로 설명하면서 실제로 코 푸는 법을 보여준 뒤에 아이의 손을 잡고 코 푸는 법을 가르친다. 아이가 코를 흘릴 때는 코를 풀고 닦으라고 말해 주고, 깔끔하게 닦고 나면 "깨끗해서 예쁘다."고 말해 준다.

주머니 달린 옷을 입히고 주머니에 휴대용 휴지나 손수건을 넣어 주는 것도 좋다. 그리고 스스로 코를 풀었거나 코를 풀도록

◐ 엄마가 먼저 코를 푸는 방법을 알려 준 다음 아이에게 따라하게 한다.

말했을때 잘 풀면 칭찬해 준다.

Point 3 옷을 옷걸이에 걸기

옷을 바닥에 펴놓고 양쪽 소매 부분에 옷걸이를 넣어 걸치게 하는 방법을 아이에게 보여주고, 옷을 옷걸이에 걸어서 벽의 고리에 건다.

아이의 옷 크기에 알맞은 플라스틱이나 나무 옷걸이를 준비하여 아이의 손이 닿는 곳에 두고 아이에게 옷을 걸게 한다.

◐ 큰 아이가 동생에게 질투를 느껴 일부러 동생을 세게 껴안는 등의 행동으로 동생을 괴롭힐 수 있다.

◐ 옷을 옷걸이에 거는 방법을 알려준 후 자신의 옷은 스스로 걸게 하는 습관을 들인다.

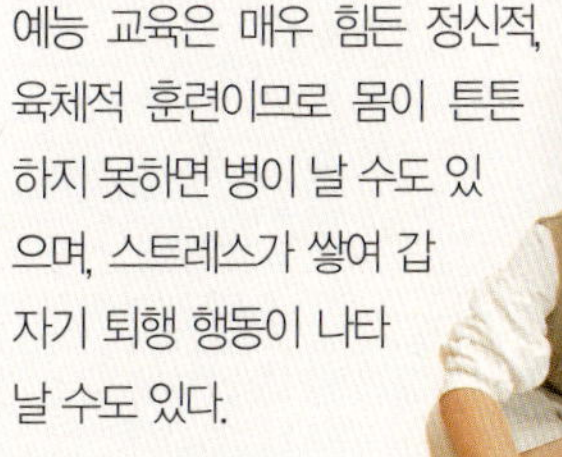

이 시기의 문제 행동

동생을 못살게 군다

새로 태어난 동생에게 질투심을 느끼는 것은 어찌 보면 당연한 일이다. 동생이 태어나면 같이 놀 수 있으리라고 기대를 했는데, 막상 동생이 태어났지만 아직 같이 놀 수 없을 뿐만 아니라 그 동안 받았던 엄마 아빠의 관심도 동생이 빼앗아 버렸다는 생각이 들기 때문이다. 그래서 동생을 일부러 세게 껴안거나 심한 경우에는 물건으로 해치는 수도 있고 갑자기 오줌을 싼다거나, 손가락을 빠는 것 같은 퇴행 행동을 보이기도 한다. 아이가 이와 같은 반응에 대처하는 방법은 다음과 같다.

Point 1 동생이 태어날 것을 미리 말해 준다

너무 일찍 말해 주지 말고 출산 일이 다가올 때 동생이 태어날 것이라고 말해 준다. 이야기해 줄 때는 단순하고 명확하게, 또 정직하게 말한다. 그리고 아기가 태어나는 것을 너무 희망적으로 이야기하지 않는 것이 좋다. 나중에 아기가 태어난 뒤 자기에게 손해가 왔을 때, 그 실망감으로 동생에 대한 감정이 더욱더 악화될 수 있기 때문이다. 또한 아기용품을 사러 갈 때 큰아이를 데리고 가서 어느 것을 살까 물어 보기도 하면서 아이 스스로가 동생을 맞이할 자세를 갖추도록 유도하면 앞으로 태어날 동생에 대한 적응이 훨씬 좋아질 것이다.

Point 2 인형을 돌보게 한다

엄마가 아기를 보살피는 것과 같이 인형에게 옷을 입히고, 목욕을 시키고, 음식도 먹여 주도록 지도하고, 그 때마다 "착하기도 하지. 아기를 잘 돌보아 주니까 무럭무럭 자라는구나."하면서 칭찬해 준다. 그러면 큰아이도 자연히 아기는 보호해야 하는 존재라는 것을 스스로 깨닫게 된다.

Point 3 놀이방에 보낸다

집에서 혼자 있는 것 보다 놀이방에서 여러 아이들과 사이좋게 어울리면 자연스럽게 자신의 욕심을 제어할 수도 있고 자기도 모르는 사이에 감정과 욕구를 충족시킬 수 있으므로, 아기에게 질투심을 덜 느끼게 된다.

예능적인 아이로 키우려면

예능 분야의 소질이 남보다 뛰어나야 한다 | 엄마가 객관적으로 평가하기란 쉽지 않으므로 전문가와 상담하는 것이 좋다. 재능이 없는데도 무조건 시키면 아이에게 고통만 줄뿐이다.

가정이 예술적인 분위기를 갖고 있어야 한다 | 집안의 분위기는 전혀 예술적이 아닌데, 아이에게 비싼 레슨비를 들여서 가르쳐 보아야 그 효과가 좋을 리 없다. 비싼 돈을 들이지 않고 예술적 소양을 기르기 위해서는 음악과 미술을 접할 기회를 많이 제공해 주는 것이 무엇보다 중요하다.

아이가 건강해야 한다 | 실기를 위주로 하는 예능 교육은 매우 힘든 정신적, 육체적 훈련이므로 몸이 튼튼하지 못하면 병이 날 수도 있으며, 스트레스가 쌓여 갑자기 퇴행 행동이 나타날 수도 있다.

◐ 예능적인 아이로 키우려면 소질과 여러가지 조건을 고려해야 한다.

언어발달 놀이

과거 동사 사용하기

❋ 이미 일어난 행동을 말할 때 과거 동사를 사용하여 아이에게 이야기한다.

❋ 뛰기, 차기 등과 같은 단어를 사용한다. 아이에게 이런 행동을 해 보게 한 뒤 무엇을 했는지 아이에게 물어본다. 아이가 과거 동사를 넣어 말하지 못하면 '뛰었다' '찼다' 와 같이 말해 주고 따라서 말해 보게 한다.

❋ 수저나 포크 등 아이에게 친숙한 물건을 이용해 숫자 세는 방법을 가르친다.

❋ 공원이나 상점을 갔다와서 엄마와 무엇을 했는지 아이에게 과거 동사를 넣어서 말해 보게 한다.

행동에 대해 말해 보기

❋ 아이가 무슨 일을 열심히 하고 있을 때 무엇을 하고 있는지 물어 본다.

❋ 엄마나 다른 식구들이 뭔가 하고 있는 것을 아이가 지켜보고 있으면 일을 다 마친 다음에 아이에게 식구들이 무엇을 하고 있었는지 물어 본다.

❋ 아이가 TV 프로그램을 지금 막 다 보았다면 아이에게 그 프로그램에서 본 것을 말해 보게 한다.

인지발달 놀이

엄마 따라서 열까지 세어보기

❋ 탁자 위에 같은 물건을 열 개씩 놓아두고 하나씩 세어 보인다.

❋ 엄마가 먼저 세고, 아이에게 엄마를 따라 세게 한 다음, 둘이 함께 세어 이쁜다.

❋ 장난감, 사탕 등 여러 가지 물건을 이용하여 아이에게 세어 보게 한다.

❋ 아이가 잘 모르면 "세~" "다~" 등으로 그 숫자의 첫소리를 내어 아이가 셋, 다섯 등으로 숫자를 말하게 해 준다.

❋ '열 꼬마 인디언' 과 같이 수를 세는 노래나 동요를 불러 주거나, 계단을 오르고 내리면서 수를 세어 본다.

종이에 대각선 그려보기

❋ 아이가 덧 그릴수 있도록 점선으로 대각선을 그려 준다.

❋ 아이의 연필 쥔 손을 같이 잡고 종이 한쪽 구석에서 반대편 구석으로 대각선을 긋도록 도와 준다.

❋ 서로 반대 편 구석에 각각 스티커를 하나씩 붙여 두고 아이에게 선으로 잇게 해본다.

❋ 종이를 대각선으로 접고 아이에게 접은 선 위를 따라서 그려보게 한다.

나무토막이나 구슬로 모양 만들기

❋ 여러 가지 모양의 나무토막을 이용한다.

❋ 아이에게 엄마를 따라 간단한 것을 만들게 한다.

❋ 엄마가 만든 모양을 아이가 같은 방향에서 볼수 있도록 아이 옆에 앉는다.

❋ 나무토막이나 구슬을 차례대로 놓은 후 맨 끝에 과자를 놓고 어떤 모양을 완성했을 때 그 과자를 갖게 한다.

버릇 들이기

연령별 그림 그리는 단계

아이들은 그 나이에 맞는 그림을 통해서 성장하는 모습을 이해할 수 있다. 부모가 욕심을 부려서 아이에게 더 잘 그릴 것을 강요하면 아이들의 자유로운 창조성이 없어져 버린다. 그림을 잘 그리고 못 그린다는 가치 판단을 떠나서 자기 마음을 열심히 솔직하게 표현한 그림이야 말로 좋은 그림인 것이다.

① 1년 5개월~2년 ··· 크레파스를 가지고 제멋대로 휘갈기는 '휘갈겨 그리기' 형태로 내용이 없다.

② 2~3년 ··· 아직도 '휘갈겨 그리기' 를 벗어나지 못하지만 선은 1세 때보다 훨씬 진해지고 또한 복잡해지며 동그라미도 많아진다.
형태를 알 수 없는 그림을 그려 놓고는 이름을 간혹 붙이는데 아이 혼자만이 그림 내용을 알 수 있다.

③ 3~4년 ··· 대부분의 그림에서는 형태를 찾아볼 수 없고, 이름을 붙이는 아이도 많지 않다. 간혹 어떤 아이는 자기가 본 사물을 그리겠다고 말하고 그리지만 처음의 의도대로 그리지는 못한다. 그리고 그리는 동안 다른 것을 닮으면 곧 그것으로 바꿔 그린다.

④ 4~5년 ··· 대부분의 아이들은 자기의 그림에 이름을 붙이지만, 설명을 듣지 않고는 무엇을 그렸는지 알 수 없다. 5세 이후에는 정삼각형 · 정사각형 · 사람 등을 자주 그리는데, 사물을 본 대로 그리기보다는 아는 대로 그린다. 그래서 밖에서 보이지 않는 사물의 내부를 그리거나, 항상 똑같은 옷을 입고 있는 엄마의 모습만을 그리는 것이다.

⑤ 5~6년 ··· 특별한 경우를 제외하면 이전의 시기보다 훨씬 세련된 그림을 그리고, 그리기 전에 무엇을 그릴 것이지 정하고 그린다. 어른이 보더라도 아이가 무엇을 그리는지 그림의 내용을 알 수 있다. 그러나 그림의 균형이 항상 가분수처럼 잘 맞지 않고, 아직 원근법을 모르기 때문에 대칭 비례가 맞지 않으며 강조하고 싶은 것만 크게 그린다.

❷ 아이가 그림을 그리기 시작하면 마음껏 창의력을 발휘할 수 있게 격려해 준다.

순서 기다리기

❋ 아이와 함께 형제들에게 나누어주기 게임을 해 본다.

❋ 세 명 이상의 다른 아이들과 함께 공을 굴리고 잡는 놀이를 해 본다.

❋ 식사시간에 나이 순서대로 밥을 떠 주고 아이에게 자기 순서를 기다리게 해 본다.

❋ 줄넘기 같은 놀이를 하면서 차례 지키기를 배우게 한다. 때때로 아이가 가장 먼저 해 보게 한다.

게임에서 규칙 지키기

❋ 식구들이 함께 큰 아이가 이끄는 게임을 해 본다. 처음에는 부모도 참여해서 아이가 엄마가 하는 요령을 따라서 해 보도록 한다.

❋ 처음에는 수건돌리기, 술래잡기 등 아주 간단한 게임부터 시작하고 아이가 규칙을 잘 따르면 칭찬을 해 준다.

❋ 이웃에 같은 또래가 없으면 친척집이나 아이가 있는 집에 데리고 가거나 놀이터에서 다른 아이와 같이 놀 기회를 마련해 준다.

미끄럼 타기

❋ 처음에는 아이를 엄마 무릎 위에 앉히고 미끄럼을 타게 한다.

❋ 미끄럼대 끝에서 60cm 정도 되는 곳에 아이를 앉혀 주고 미끄러져 내려오도록 해 주고

아이 혼자 미끄럼틀을 타게 하고 엄마는 밑에서 기다리고 있다가 받아준다.

말더듬는 아이 치료법

❋ 아이가 자신에게 일어난 일을 설명할 때, 비록 하찮은 일이라도 아이의 말이 끝날 때까지 진지하게 귀기울여 준다.

❋ 엄마가 아이에게 말을 할 때는 평화스러운 모습으로 천천히 차분하게 아이가 이해하기 쉬운 단어로 간단히 말한다.

❋ 아이가 일상 생활에서 스트레스나 긴장으로 인해 짜증을 내지 않도록 배려해 준다.

❋ "천천히 말해. 처음부터 다시 말해 봐. 말하기 전에 숨을 한 번 쉬고 충분히 생각해 봐." 하면서 말더듬는 행위를 지적하거나 비난하지 않는다.

❋ 아이가 있는 자리에서 아이의 말더듬는 행위를 걱정하거나 의논하지 않는다.

❋ 말을 잘했다고 상을 주거나 말을 더듬었다고 벌을 주지도 않는다.

❋ 아이가 말하는 중간에 끼여들어 상황을 뒤엎어 버리는 행동을 하지 않는다.

아이가 말을 더듬을 때 엄마는 조급한 마음이나 초조한 마음을 억제하고 아이를 대하는 것이 중요하다.

칭찬해 준다. 다음에는 좀더 높은 곳에 앉혀 두고 아이의 허리를 잡고 미끄러져 내려오게 해준다.

❋ 처음에는 낮은 미끄럼대를 이용하고 아이가 층층대를 올라갈 때는 곁에서 같이 걸어간다. 아이와 같이 미끄럼을 타며 내려올 때 아이의 허리에 팔을 둘러서 잡아 준다.

❋ 미끄럼대 아래에서 기다리고 있다가 아이가 미끄러져 내려오면 받아 준다.

앞으로 굴러보기

❋ 아이가 보는 앞에서 엄마가 앞구르기 하는 모습을 실제로 보여준다.

❋ 손을 바닥에 짚는 것부터 동작 하나 하나를 가르쳐주면서 도와준다.

❋ 아이가 앞구르기 자세를 취했을 때 발에 힘

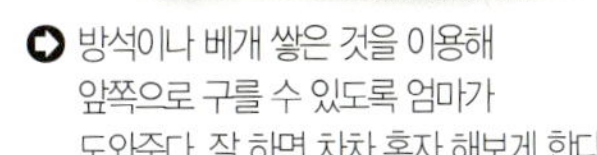

방석이나 베개 쌓은 것을 이용해 앞쪽으로 구를 수 있도록 엄마가 도와준다. 잘 하면 차차 혼자 해보게 한다.

을 주어 밀어 보라고 말해 본다. 점점 잘 하게 되면 칭찬을 해 준다.

❋ 받침 의자 또는 베개를 쌓은 것과 이불을 이용해도 좋다. 아이가 의자에 배를 대고 엎드려 머리와 어깨가 이불에 닿을 정도가 되게 도와주고 앞쪽으로 넘도록 해 준다.

계단 오르기

❋ 아이 뒤에 서서 아이의 한쪽 발을 잡고 다른 쪽 발이 놓인 계단을 건너 뛰어 그 다음 계단에 올려놓도록 도와준다.

❋ 아이가 혼자 그렇게 할 수 있으면 발을 잡아 올려 주던 것을 그만 두고 단지 움직여야 할 다리를 건드려만 준다.

❋ 아이의 손을 잡고 한 계단씩 발을 바꾸어 가며 올라가도록 도와주다가 차차 혼자 하게 해 본다. 이때 균형을 유지할 수 있도록 난간을 잡게 해준다.

46-48 개월

이 달 말에 우리 아기 여기까지 할 수 있다

STEP 1
90% 가능
대부분 할 수 있다

1 배고프다, 피곤하다, 춥다 등의 말을 이해할 수 있다

STEP 2
75% 가능
웬만하면 할 수 있다

1 3개의 전치사를 이해한다
2 혼자서 단추를 채운다

3 엄마와 쉽게 떨어진다
4 한발로 10초 동안 서 있을 수 있다
5 십자모양(+)을 그릴 수 있다
6 반대와 비슷한 말 3개 중에 2개를 안다

STEP 3
50% 가능
할 수 있는 아기도 있다

1 혼자서 옷을 입는다
2 한발로 껑충 뛴다
3 튀어 오른 공을 잡는다

4 앞, 뒤꿈치를 붙이고 걷는다
5 사람의 신체를 부분별로 그릴 수 있다 (머리, 몸통, 다리)

STEP 4
25% 가능
하기에 벅차다

1 물건의 성분을 안다
2 앞, 뒤꿈치를 붙이고 뒤로 걷는다
3 네모(□)를 보고 흉내낸다

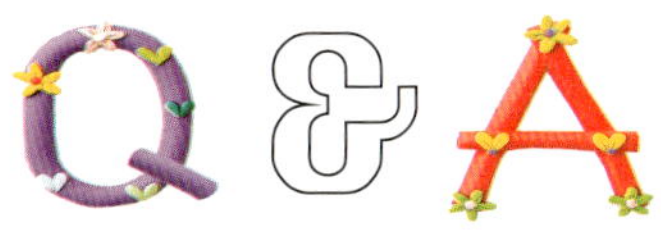

아기 키우기 포인트

책과 놀잇감 선택하는 요령

Point 1 집안 놀이는 노는 시간을 정한다

여자아이가 소꿉놀이 도구를 좋아하기 시작하는 시기이다. 특별히 새로운 것을 사주지 않아도 못쓰는 찻잔이나 낡은 찻상 따위가 좋은 놀잇감이 될 수 있다.

색종이, 종이 접기, 그리고 너무 날카롭지 않은 가위도 괜찮다. 아직 이 나이에는 잘 만들 수는 없지만 접기나 자르기는 대부분 재미있어 한다. 이런 놀이는 비가 오거나 감기가 걸렸을 때 하기 좋은 놀이지만 이런 놀이에 빠져 밖에 나가지 않게 될 염려가 있기 때문에 하루 중 시간을 정해서 주도록 한다.

Point 2 모래놀이나 물놀이를 할 때는 특히 조심한다

모래놀이나 물놀이는 야외에서 할 수 있는 가장 좋은 놀이이다. 이런 바깥 놀이를 할 때는 가능하면 볕이 잘 드는 곳을 정해 모래사장을 만들어 주고 친구들과 함께 즐겁게 놀 수 있게 해 준다. 다만 모래 속에는 유리 조각이나 날카로운 돌 따위가 들어 있을 수 있으므로 놀이 전에 세심하게 살펴주는 것이 필요하다.

물놀이는 여름철에만 가능하지만 이 놀이를 할 때는 입고 있는 것을 벗기고 처음부터 버려도 되는 것을 입히면 된다. 그러나 아무래도 물은 아이에게는 차갑기 때문에 위장이 나쁠 때는 이 놀이는 피한다. 그리고 이 무렵에는 친구들과 물놀이를 하다가 물 끼얹기 놀이가 되어 끝내는 싸우는 경우도 있기 때문에 엄마가 중재자의 역할을 해주어야 한다. 그리고 노는 시간을 처음부터 정해 두지 않으면 아이가 하루종일 하게 되므로 반드시 시간을 정해둔다.

집안에서 하는 미술놀이는 시간을 정해서 하는 습관을 들인다.

🔹 Q & A

무엇이든 물어보세요

Q 아이가 정리 정돈을 하지 않아요.

A 이 시기는 장난감을 많이 가지고 놀 시기이므로 정돈하는 습관을 들이는 것이 바람직하다. 처음부터 아이가 스스로 정리 정돈을 완벽하게 할 수는 없으므로 먼저 부모가 모범이 되어야 한다. 물론 엄마가 도와 줄 수 있지만, 놀고 나면 항상 스스로가 정돈해야 한다는 점을 먼저 가르치는 것이 중요하다.

예를 들어 엄마가 시범을 보이거나, 모든 물건이 살아 있다고 생각하는 아이의 심리를 이용해서 '자동차들이 지쳐서 모두 집으로 돌아가 쉬고 싶대' 하면서 정리 정돈을 하게 하면, 아이도 재미있게 따라 할 것이다. 또는 아이의 손이 닿는 곳에 정리 선반을 만들어 주어, 장난감을 정돈하기 쉽게 해 준다.

Q 아이다운 노래를 좋아했으면 좋겠어요.

A 아이가 좋아하는 노래는 아이의 생활과 밀접한 관계가 있으므로, 매일 텔레비전과 함께 살고 있는 아이가 텔레비전에 큰 영향을 받는 것은 당연하다. 아이가 자주 부르는 텔레비전의 만화영화 주제가나 유행가처럼 기억하기 쉽고 자극이 있는 노래는 반면 싫증내기 쉽고 언젠가 잊어버리게 된다. 그러므로 하나하나 금지할 필요는 없다. 또 부모가 아무리 노력해도 그만두게 할 수는 없다. 이런 시기라도 생활 속에서 동요나 명곡을 많이 들려주면 마침내 아이에게도 여러 가지 음악을 판별하는 귀가 자라게 되어 엄마가 권하는 노래의 장점을 알아차릴 것이다.

🔹 장난감을 한 가지씩 차례로 주면 아이는 열중해서 가지고 놀게 된다.

Point 3 오래 쓸 수 있는 장난감을 선택한다

이 나이가 되면 장난감 선물을 매우 좋아해서 자주 사주게 된다. 하지만 아이들은 장난감이 많으면 그것을 험하게 다루고 난폭해지는 나쁜 버릇이 생기므로 가능하면 오래 쓸 수 있는 것이 좋다. 또 한꺼번에 너무 많이 사주지 않도록 한다. 똑같은 것을 매일 주면 지루할 것이라고 생각하지만 결코 그렇지 않다. 아이는 자기의 발달에 적절한 장난감이라면 매일매일 갖고 놀게 된다. 무엇을 가장 좋아하는지는 조금만 주의하면 알 수 있기 때문에 이에 맞는 것을 조금씩 늘려가면 된다.

소꿉놀이에 열중한 아이에게는 도구가 되는 것을 조금씩 늘려 간다. 모래놀이 도구라면 터널로 쓸 둥근 상자, 다리 놓을 것, 판 위에서 굴릴 공 등, 한 가지 놀이를 펼칠 수 있는 것을 주면 된다. 이렇게 하지 않고 하나 하나씩 차례로 주면 아이는 기분만 상할 뿐 한 가지 일에 꾸준히 매달리는 습관을 갖지 못한다.

🔹 여러 가지 장난감 보다는 오랫동안 쓸 수 있는 한가지 장난감이 더 좋다.

Point 4 움직이는 그림이 있는 책을 준다

종이 재질이 단단한 것, 색채가 분명한 것이 좋다는 것은 말할 필요도 없다. 두 살 까지는 자동차가 꼭 움직이지 않아도 됐지만 이 시기가 되면 자동차나 자전거가 달리고 있는 것을 좋아한다.

여자아이에게는 인형놀이, 소꿉놀이 등이 나오는 것이 좋다. 글은 아이가 잘 알 수 있는 짧은 글이어야 한다.

이것만은 꼭 가르치자

사회성을 길러준다

POINT 1 모든 아이에게는 사회성이 잠재되어 있다

인간은 모두 다른 사람과 더불어 영향을 주고받으며 살아가는 존재이다.

사회성이란 이런 사회 속에서 원만하게 살아가기 위한 일종의 능력이라 할 수 있다. 또한 사회의 규칙을 존중하는 힘이라고도 할 수 있을 것이다.

아이에게 사회성을 길러 주기 위해서는, 사회성이 무엇인지를 부모가 알아야 한다. 하지만 사회성은 그리 특별한 능력이 아니다. 아기는 태어날 때부터 사회성을 발달시킬 수 있는 잠재적 능력을 갖고 있다.

예컨대 생후 1일 정도의 아기라도 병원 옆 침대의 아기가 울면 따라서 우는 경우가 있다. 또 아이는 자연적으로 생기는 소리나 무뚝뚝한 말소리에는 반응을 나타내지 않지만, 감정을 담긴 목소리로 말을 건네면 몸을 움직이기도 한다. 바로 이런 반응은 아이가 사회성의 잠재력을 가지고 있다는 증거가 된다.

아이의 사회성은 엄마와의 애착 관계가 제대로 이뤄졌을 때 발달할 수 있다

POINT 2 엄마와 아기와의 관계가 중요하다

사회성의 가장 기초가 되는 것은 엄마와 아기와의 관계이다. 아기에게는 먼저 엄마와의 강한 유대가 필요하고, 엄마와의 관계가 맺어지고 난 후에 서서히 주위 사람과의 관계를 만들어 간다. 아이의 사회성은 엄마와의 관계가 중요하기 때문에, 엄마와의 관계가 제대로 이뤄지지 않는다면 다른 사람과의 관계로 발전하지 않는다. 이러한 이론을 '스텝식 이론(단계별 이론)'이라고 한다.

아이가 가진 사회성은 시간이 지나면서 조금씩 발달되며, 생후 8~12개월이 되면 낯가림이 한창 심해진다. 또한 자신과 비슷한 또래의 아이나 조금 큰 아이를 보면 좋아하는 모습을 흔히 볼 수 있다. 스스로가 어떤 존재인지를 조금씩 알게 되는 자기 인식을 기초로 자신과 나이가 비슷한 아이를 보면 친근감을 갖기 때문이다.

POINT 3 아이들은 새로운 만남에 불안을 느끼다

걷기 시작할 무렵, 낯가림을 하거나 엄마만 쫓아다니는 행동을 보이는 것도 새로운 세계를 알게 되면서 흥미와 불안을 동시에 느끼기 때문에 마음이 복잡해지는 것을 표현하는 것이다.

그러나 아이는 사람과의 관계에 대해 많은 가능성을 갖고 있다. 아이는 가깝게 느껴지고 친숙하게 대하는 사람이라면 어떤 사람과도 밀접한 관계를 만들 준비가 되어 있다.

POINT 4 다른 사람과 사귀는 즐거움을 맛보게 한다

아이가 사람과 관계를 맺을 수 있는 가능성을 파이프라고 하면, 아이가 가진 파이프는 많다고 해야 한다. 엄마 한 사람에게 향한 파이프 하나밖에 없는 것이 아니라는 뜻이다.

장갑을 끼우는 연습은 일상생활 훈련에도 좋으며 아이의 소근육 발달에도 도움을 준다.

물론 아이에 따라서는 엄마와의 파이프가 상당히 굵은 경우도 있고, 여러 사람과 파이프가 연결되어 있는 경우도 있다. 아이가 가지고 있는 여러 개의 파이프 중에서 어느 파이프와 얼마나 친한 관계로 연결되는가 하는 것은 아이의 개성과 생활 환경에 따라서 달라진다.

점차 성장하면서 파이프의 숫자도 늘어나고 친구들도 많아지겠지만, 오히려 아이일 때 사람과 접하는 즐거움을 맛보게 하는 것이 아이의 사회성을 키우는 데는 도움이 된다.

스스로 할 수 있게 도와준다

POINT 1 이 닦기

아이가 칫솔질에 흥미를 가질 수 있도록 인형을 이용하여 역할놀이를 해본다.

- 아이 손에 알맞은 작은 칫솔을 사용한다. 처음에는 치약 없이 칫솔질만 하게 하다가 나중에는 치약을 조금 묻혀 준다.
- 엄마가 양치질할 때 아이도 이를 닦도록 하여 엄마 동작을 따라 하게 한다. 아이의 키와 맞는 곳에 거울을 준비하여 칫솔질하는 모습을 볼 수 있게 한다.
- 엄마와 함께 하루에 두 세 번씩 매일 같은 시간에 양치질을 한다.
- 아이의 칫솔과 치약을 정해진 곳에 두어서 아이가 찾아서 양치질할 수 있게 한다.

POINT 2 벙어리 장갑 끼기

- 벙어리 장갑에 엄지부터 끼워 넣고 손에 끼우는 방법을 아이에게 보여 준다.
- 아이 손에 너무 작거나, 큰 것을 피하고 알맞은 크기의 벙어리 장갑을 준비한다.
- 아이가 좋아하는 동물 얼굴 모양을 한 벙어리 장갑을 이용하여 아이의 흥미를 끈다.
- 처음에는 벙어리 장갑 끼는 것을 도와주고 차차 아이가 잘 하게 되면 조금씩만 도와준다.
- 처음에는 맨손으로 한쪽에 장갑 끼우는 연습을 시키고 잘 해 나가면 장갑 낀 손으로 나머지 손에 한 짝을 마저 끼우는 것을 가르친다.

이 시기에 꼭 해야 할 교육 프로그램

일상용품의 용도 말하기

❉ 아이에게 물건을 하나 보여 준 뒤 "이것으로 무엇을 하지?" 하고 물어보고, 아이가 대답을 못하면 엄마가 말해 준 뒤 다시 물어 본다.

❉ 실물 대신 그림을 제시하면서 같은 질문을 해본다.

❉ 아이가 대답을 못하면 엄마가 말 해 준 뒤 다시 물어 본다.

앞으로 일어날 일 표현하기

❉ 어떤 일을 하기 5~10분전에 "우리 둘이 목욕을 할거거든?" "가게에 가려고 하는 거야" 등으로 미리 말해 주고, 그 일을 하기 직전에 아이에게 무엇을 하려고 하는지 물어본다.

❉ 아이가 이러한 말들을 사용하면 칭찬해 주고 사용하지 못하면 적절한 문장으로 말해준다.

❉ 아이가 무엇인가 하고 싶어하는 표시를 내면 "너, ~하고 싶구나."하고 말로 표현하여 보인다. 아이가 하고 싶어하는 행동이나 갖고 싶은 물건을 주기 전에 아이에게 "~하고 싶다."라는 말을 하게 하거나 엄마가 말하는 것을 따라 말하게 한다.

빠진 부분 그려서 사람 모양 완성해 보기

❉ 사람을 그리고 팔과 다리처럼 빠진 것을 금방 알 수 있도록 신체의 두 가지 부분을 일부러 그려놓지 않는다. 아이에게 어느 부분이 빠졌는지 물어보고, 아이에게 빠진 부분을 그려보게 해본다.

❉ 아이와 엄마가 번갈아 신체 부분을 말하고 그 부분을 찾는다

❉ 아이가 빠진 부분을 알아내고 그것을 그려 놓을 수 있도록 각기 다른 부분을 빼 놓은 여러 가지 사람 모양을 그려본다.

❉ 처음에는 얼굴만 그린 것으로 시작하고 코를 빼 놓은 얼굴을 그린다. 아이에게 "무엇이 빠졌니?"하고 물어 본다. 아이가 빠진 부분을 잘 알아내지 못하면 "이 사람은 눈이 있니?" "그 사람 입이 있을까?" "코는 있니?" 하고 물어 보면서 힌트를 준다. 필요하다면 아이의 손을 잡아 얼굴의 바른 위치로 이끌어서 코 그리는 것을 도와준다.

❉ 각기 다른 부분들이 빠진 여러가지 얼굴을 그려본다. 아이가 알아내고 맞게 그리면 칭찬

❉ 그림 카드를 보면서 아이의 대답을 유도하는 형식으로 언어 발달 놀이를 한다.

❉ 팔이 없는 신체나 코가 없는 얼굴을 그려 빠진 부분을 그려보게 한다.

❉ 아이에게 전신 거울을 보게 한 후 거울에 비친 자신의 신체 부위를 말하게 한다.

❉ 미완성 네모를 그리거나 힌트를 주어 점만 찍은 후 완성 네모를 그리게 한다.

을 해 준다. 다른 식구들이 아이가 그려 놓은 것을 보고 칭찬해 주도록 아이가 완성한 그림들을 냉장고 등에 붙여 둔다.

❉ 융판에 헝겊 조각을 붙여서 사람 모양을 만든다. 각 부분을 붙이면서 아이에게 따라 하게 하고 각 신체 부분에 대해서 아이와 이야기를 나누어 본다.

❉ 전신을 볼 수 있는 거울에 비친 자신을 보게 하고 엄마가 가리키면 아이가 자신의 신체 부분에 대해 명칭을 말해 보게 한다.

네모모양 따라서 그려보기

❉ 네모를 그려 놓고 아이에게 손가락으로 그 위에 덧 그려 보게 한 다음 다시 크레파스로 덧 그리게 해본다. 필요하면 아이의 손을 이끌어 준다.

❉ 'ㄱ', 'ㄷ'와 같이 미완성 네모를 그려 주고 아이에게 완성시키도록 해본다. 차차 네모를 그리는 데 힌트를 줄여서 '∷' 처럼 점만 찍어 주고 그려보게 한다.

❉ 네 변을 모두 그린 다음 따라 그리게 하기보다는 한 변씩 엄마가 그리는 대로 따라서 그리도록 해본다. 그 다음에는 두 변(ㄴ), 다음에는 세 변(ㄷ)을 그린 후 따라 그리게 하고 나중에는 네 변을 모두 그려 주고 따라 그리게 해본다. 점점 잘 하게 되면 칭찬을 해 준다.

❉ 밀가루나 모래 위, 또는 풀 물감 위에 손가락으로 네모를 그려보게 한다.

❉ 아이가 네모를 그릴 때 "여기서 시작해서, 아래로 긋고 옆으로" 등과 같이 말을 해 준다.

색깔 이름 말해보기

❊ 처음에는 색깔 있는 물건 한 개만으로 시작한다. 아이에게 "이것은 무슨 색이지?" 하고 물어보고 잘 모르면 아이에게 색깔 이름을 말해 준다. "이 저금통은 빨간 색이야."하고 말해 주고 다시 "이것은 무슨 색이지?" 하고 물어 본다. 맞게 대답하면 칭찬을 해 주고 "맞았어. 이것은 빨간 색이야."하고 말해 준다.

❊ 같은 색깔로 된 장난감, 옷 등으로도 이와 같이 되풀이해 본다. 아이가 한 가지 색깔을 계속 맞게 말하면 두 번째 색깔을 위와 같은 방법으로 해 보고, 마지막에는 세 번째 색깔로 위와 같이 해본다.

❊ 아이에게 세 가지 색깔을 모두 제시하고 이름을 말하게 해본다. 아이에게 잡지, 책, 집 주위의 물건 중에서 그 세 가지 색깔로 된 것을 찾

● 엄마가 금지하는 일은 하지 않게 해서 어른의 말에 따르게 한다.

아보게 해본다. 잘 찾으면 칭찬을 해준다.

❊ 아이가 색깔 이름을 기억하는데 도움이 되도록 "초록색 풀" "노란색 병아리"와 같이 말을 많이 해준다.

❊ '색깔이 칠해진 계단'을 만들어 아이에게 올라가면서 각 계단의 색깔을 말하게 하여 맨 윗단까지 올라가면 과자를 준다.

❊ 색깔 이름을 말하게 할 때 "이것은 빨간색이니, 아니면 파란색이니?" 하고 물어서 둘 중에서 선택을 해 보게 한다.

❊ 아이에게 첫소리 부분을 들려주어 힌트를 준다. "이것은 무슨 색깔이지? 이것은 빨~"과 같이 말해 주고 아이가 나머지를 대답하게 해 준다.

Q 운동도 많이 하고 음식도 잘 먹는데 키가 잘 크지 않아서 걱정입니다.

A 키가 작은 어린이 중에는 선천적 유전적 저 신장 또는 영양결핍, 만성질환, 정서장애, 내분비 질환 등이 원인인 경우가 있다. 하지만 이 시기 아이에게 가장 흔한 것은 체질성 성장 지연이다. 체질성

성장 지연은 늦게 크는 아이라고 할 수 있다. 이런 증세의 아이는 병적인 상태는 아니지만 나이에 비해 키가 작고 사춘기 발현도 2~3년 정도 늦는 경우가 대부분이다. 부모나 친척 중 사춘기 지연이 있는 경우가 많다. 그러나 어릴 때에는 키가 작아도 늦게 크기 때문에 어른이 되면 정상적인 키로 성장하게 된다.

이 시기에는 단백질이 풍부하고 칼슘도 몸에 잘 흡수되는 우유와 유제품을 많이 섭취해야 한다. 반면 지방이 많거나 짠 음식은 피하는 것이 좋다. 지방이 많은 음식에는 성장 호르몬의 분비를 억제하는 지방산이 많이 포함되어 있으며 짠 음식 역시 칼슘을 빼앗아가므로 키가 자라는데 좋지 않은 영향을 미친다.

● "주황색 금붕어에게 먹이를 주자" 라는 식으로 주변에 있는 사물을 이용하여 색 찾기 놀이를 한다.

사회성발달 놀이

어른의 말에 따르기

❊ 어떤 행동을 말려야 할 때 "안 돼"하고 큰 소리로 말하고 아이의 손을 펴서 가지고 있는 것을 멀리 치워 버림으로써 아이가 하던 일을 그만 두게 만든다. 그런 다음 "착하다"고 말해 준다. 이런 일은 일관성 있게 해야만 한다. 같은 일을 어떤 날은 하도록 하고 또 다른 날은 못하게 해서는 안 된다.

❊ 너무 많은 지시를 하지 말고 꼭 따라야할 중요한 지시만을 한다. 아이가 따르지 않으면 그 일을 할 수 있도록 엄마가 참여해 도와준다.

❊ 아이가 하던 일을 그만 두게 할 때는 그만 하자고 엄마의 의견을 말해 주고, 아이가 하던 일을 마무리짓도록 시간적 여유를 준다.

● 빨간 저금통, 초록색 풀, 노란색 병아리 등의 구체적인 색을 제시한다.

● 색깔 계단을 만들어 각 계단의 색깔을 말하게 한다.

정해진 장소에서 놀기

✻ 엄마와 함께 나갔을 때 정해 준 곳에서만 잘 놀았으면 다음에는 잠시 동안 혼자 내보내 준다. 멀리 나가지 않고 정해진 곳에서만 놀면 칭찬해 주고 다음 번에는 좀더 오랫동안 놀 수 있게 해 준다.

✻ 아이가 혼자 나가 놀 때는 창문을 통해 지켜본다. 아이가 대문 밖으로 나가면 즉시 집 안으로 데리고 들어온다. 다음 날도 이와 같이 반복하고 아이에게 놀 수 있는 장소의 범위를 알게 해 준다.

✻ 자명종을 맞추어 아이가 노는 곳에 두고 아이에게 시계 종소리가 울리면 집에 들어오게 한다. 아이가 그 시간 내에서 놀다가 들어오면 칭찬을 해주고 아이가 좋아하는 과자를 준다. 다음 번에는 시간을 좀 더 늘려 준다.

친구들과 의논해서 놀이하기(30분간)

✻ 같은 또래의 아이들과 놀 수 있는 기회를 만들어 준다. '모래밭 놀이'나 '나무토막 놀이' 같은 것이 좋으며 나무토막은 여러 아이들이 가지고 놀만큼 충분히 준다.

✻ 집에서도 놀이를 할 수 있게 상황을 만들어 준다. 아이들이 놀이를 계획하거나 놀이를 시작하도록 도와주고 아이들끼리 서로서로 의논해서 적절한 놀이를 할수 있도록 해 준다.

➊ 이 시기에는 혼자서 조금씩 바깥놀이 적응을 시켜주는 교육이 필요하다.

➊ 종이에 다양한 크기의 선을 그려 아이가 자르도록 한 후 사슬 목걸이를 만들어 준다.

행진하기

✻ 적당한 장소에서 행진하기를 시작해 본다. 아이 앞에서 엄마가 먼저 실제로 행진을 해본다.

✻ 박자를 맞추기 위해 "왼발, 오른발" 하고 구령을 붙여 보거나 행진곡을 틀어 준다.

✻ 박자 감각을 기르기 위해서 북, 심벌즈나 다른 리듬 악기를 사용해본다.

✻ 리듬 소리가 크게 나오는 행진곡(따따따… 등)을 행진 보조에 맞추어 틀어 주고 행진을 잘 했다고 칭찬을 해 준다.

두 손으로 공 잡기

✻ 아이에게 팔을 내밀게 하고 공에서 눈을 떼지 않게 한 다음 "팔을 내밀어 봐, 공이 간다" 하고 말해 준다. 아이가 계속해서 공을 잘 잡으면 점차 아이와의 간격을 멀리 해 본다.

✻ 처음에는 크고 가벼운 비치볼 같은 것을 이용해 본다.

✻ 풍선을 잡아보게 하면서, 천천히 움직이는 물건을 어떻게 잡아야 하는지를 알 수 있게 해 준다.

직선 따라 자르기

✻ 종이에 굵은 선을 여러 개 그어 놓고 엄마가 들고 있는 동안 아이에게 선을 따라 자르게 한다.

✻ 여기에서 잘라진 종이 끈으로 고리를 만들어 엮어서 종이 사슬을 만들어 아이에게 상으로 준다.

✻ 대각선을 잘라 보게 한다.

✻ 처음에는 10cm 정도의 선을 잘라보게 하고, 아이가 잘 자르게 되면 차차 선의 길이를 늘려 나간다.

발표하기를 싫어하는 아이

사람들 앞에서 말을 잘 못하고 발표하기를 싫어하거나 집안에서는 말을 곧잘 하는데, 밖에 나가기만 하면 그저 조용히 어른들 옆에만 붙어 다니는 아이가 있다.

그 원인은 가정에서 부모가 아이를 너무 애지중지하여 밖에 나가 놀 기회가 없었기 때문이다. 다른 사람들과 어울려 논 경험이 적기 때문에 남들 앞에 나서면 무엇인가 뒤떨어진 것 같아 열등의식을 갖게 된다. 이런 아이는 대단히 기가 약하고 부끄럼을 많이 타며, 상처받기도 쉽다.

그러므로 이런 아이는 자주 밖에 내보내서 다른 아이들과 어울리게 해서 외부의 환경에 적응하는 힘을 길러 주어야 한다. 될 수 있는 대로 친구를 많이 사귈 기회를 만들어 줌으로써 활발하게 뛰어 놀게 하는 것이다. 아이가 잘못할 때 가혹하게 꾸짖어 자신감을 잃게 해서는 안되며, 아이의 감정을 발견해서 인정해 주고 칭찬해 주어야 한다. 그리고 아이가 말을 할 때 귀담아 들어 주고 흥미 있다는 반응을 보여주고, 가끔 질문도 하여 말을 많이 하도록 유도한다.

➊ 사람들 앞에서 말을 잘 못하는 아이는 아이가 말을 할 때 귀담아 들어준다.

37~60개월

집중력 향상 자극 장난감

이 시기에는 사회성이 급격히 발달하게 되므로 친구들과 어울려서 할 수 있는
퍼즐이나, 블럭, 인형놀이 등의 장난감이 좋다. 또한 집중력을 키워주고
언어 발달을 촉진시킬 수 있는 교육적인 장난감도 필요하다.

🐻 인형의 집

가족과 함께 인형의 집을 만들면서 언어표현력, 각 가족 구성원의 역할과 책임에 대하여 배울 수 있다.

🐻 바느질 놀이

여러 가지 컬러의 실을 바느질 해서 각종 인형을 만드는 놀잇감. 집중력과 창의력을 키울 수 있으며 완성된 인형으로 인형극도 할 수 있다.

🐻 도미노 레이스

온가족이 함께 즐길 수 있으며 집중력과 침착성을 발달 시킬 수 있다. 도미노 칩을 차례로 쓰러뜨렸을 때의 쾌감으로 스트레스도 해소된다.

🐻 레인보우 게임

6가지 컬러의 곡선 블럭으로 다양한 모양의 길을 만들 수 있다. 게임을 통해 사회성을 기를 수 있으며 전략적 사고와 규칙에 대해 이해할 수 있다.

🐻 페달트랙터

좌석의 뒷받침대가 허리까지 올라와 편안하게 앉을 수 있고, 자전거처럼 페달을 밟아 움직인다. 자동차 핸들로 방향 조절도 가능하다.

🐻 십자 블럭

십자 블럭과 스틱 블럭을 쌓고 무너뜨리면서 아이는 스트레스를 해소할 수 있으며, 2차원 또는 3차원의 구성물을 만들면서 공간에 대한 개념을 형성하게 된다.

🐻 공룡게이트볼

6개의 공룡게이트를 세워놓고 스틱으로 공을 넣는 놀잇감. 공을 넣기 위해 공간에 대한 지각력과 조절력이 배울 수 있다.

🐻 마을꾸미기 블럭

동물모형과 조그만 블럭으로 마을을 꾸미는 놀잇감. 마을을 꾸며놓고 역할 놀이도 할 수 있으며, 창의력과 표현력을 키울 수 있다.

🐻 휴대용 블럭책상

아이들의 신체적인 특징을 고려하여 편안하게 앉아서 놀도록 설계된 블럭책상. 블럭을 직접 꽂아 가며 놀이를 할 수 있다.

🐻 탱그램

그림을 완성시킬 수 있는 조각의 수가 제한되기 때문에 높은 사고력과 문제해결력을 필요로 한다. 창의력과 사고력을 길러주는데 좋은 놀잇감.

🐻 장난감 말

스틱 아래 부분에 바퀴가 달려 있어 끌고 다닐 수도 있으며, 손잡이가 있어 직접 탔을 때 승마하는 것 같은 기분을 느낄 수 있다.

49 ~ 60 개월

철들 나이,
유치원에 가는 시기

49-51 개월

이 달 말에 우리 아기 여기까지 할 수 있다

STEP 1

90% 가능
대부분 할 수 있다

1 혼자서 단추를 채울 수 있다
2 한발로 5초 동안 서 있는다
3 십자모양(+)을 그린다

STEP 2

75% 가능
웬만하면 할 수 있다

1 3개의 전치사를 이해한다
2 엄마와 쉽게 떨어진다
3 앞, 뒤꿈치를 붙이고 걷는다
4 한발로 껑충 뛴다
5 혼자서 옷을 입을 수 있다

STEP 3

50% 가능
할 수 있는 아기도 있다

1 반대와 비슷한 말 3개중 2개를 안다
2 튀어 오른 공을 잡는다
3 네모(ㅁ)를 보고 흉내내어 그린다
4 사람의 신체를 세 부분으로 나누어 그린다 (머리, 몸통, 다리)

STEP 4

25% 가능
하기에 벅차다

1 물건이 어떤 재료로 이루어져 있는지 그 성분을 안다
2 한발로 10초 동안 서 있는다
3 앞, 뒤꿈치를 붙이고 뒤로 걷는다
4 네모(ㅁ)를 보고 그대로 그릴 수 있다

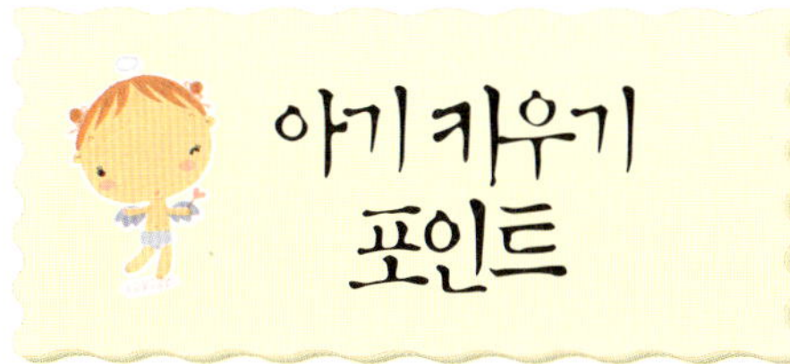

아기 키우기 포인트

조기교육은 능력에 맞춰 시작한다

아이들은 누구나 반드시 재능의 싹이 있다. 그것은 '소질' 이라고도 할 수 있고, '가능성' 이라고도 할 수 있다. 그러나 소질이나 가능성은 단지 소질에 지나지 않고, 가능성에 지나지 않는다. 그것을 발견하고, 바르게 기르고, 꽃 피우게 하고, 훌륭한 재능으로 교육시키는 것이 조기교육의 목적이다.

조기교육에서 중요한 것은 무조건 일찍 시작하는 것이 아니라 연령이나, 체력을 포함한 능력에 맞춰 시작하고 꾸준히 능력을 키워주는 것이다.

Point 1 한 가지 집중교육은 피한다

아이에게 레슨을 받게 해서 많은 기술을 습득하게 하는 것이 나쁘지는 않지만 이것도 저것도 안 되는 수가 있다. 간혹 무엇이든지 싫어하는 아이로 만들어 버릴 가능성도 있다.

바이올린의 경우, 레슨에 쫓겨서 아이에게는 중요한 놀이 시간이 줄어들 수 있다는 것을 기억해 두자.

일정한 기술 습득에 열심인 나머지 그 외에 있을지 모르는 또 다른 '가능성' 을 무시해 버릴 위험성도 있다.

Point 2 예능 분야의 재능은 일찍 키워준다

음악, 무용, 예능, 운동 등의 재능의 싹은 일찍부터 나타난다. 때문에 이들 예능분야는 조기교육으로 효과를 거둘 수 있는 재능이라고 할 수 있다. 그러면 어째서 이와 같은 재능이 일찍부터 나타나는 것인가? 그것은 '신체적인 기능이 훌륭한 것' 과 결부되는 능력이기 때문이다.

운동선수는 운동 기능이 충분하게 발달되어 있지 않으면 안되고, 예술가는 감각 기관이 예민하지 않으면 안 된다. 이와 같이 민감한 감각이나 운동기능의 기초는 성장이 두드러지는 유아기에 길러지는 것이다. 예능 분야의 감각을 적절한 방법으로 자극시켜 주면 예능 분야

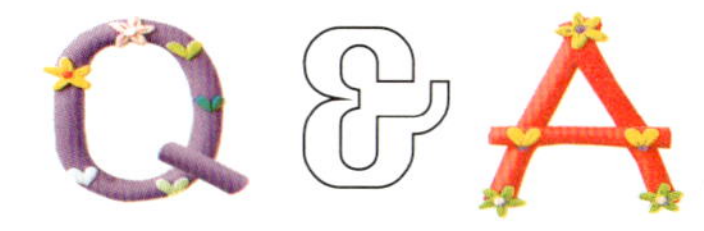

Q 나이 많은 아이들과 놀고 싶어해요.

A 아이들끼리의 상하 관계의 놀이는 사회성을 키우기 위해 매우 중요하다. 골목대장이나 그 명령으로 움직이는 아이가 있거나 때로는 그 입장이 역전하거나 하는 놀이 집단은 정말 어른 사회의 축소판이라고도 할 수 있다. 그러한 집단에서 아이는 자연히 사회에 대한 적응능력을 몸에 익혀 간다. 이

나이가 되면 슬슬 유치원이라는 집단생활에 들어갈 연령이므로 아이 나름대로 사회생활의 규칙을 어느 정도 알아두는 것이 좋다.

또한 아이의 세계에 너무 간섭하는 것은 좋지 않으므로 거리를 두고 넌지시 주시하여 만일의 경우에는 곧 도와줄 수 있도록 하는 것도 필요하다. 여하튼 부모 마음대로의 판단으로 아이의 놀이를 완전히 규제하는 것은 자제한다.

○ 아이들끼리 하는 상하 관계의 놀이는 사회성을 키우는 적절한 활동 중 하나이다.

는 나중에 커서 시작하는 것보다는 훨씬 큰 효과를 기대할 수 있다.

⬆ 예능 분야의 감각을 일찍 발견하여 적절한 자극을 해 주면 훨씬 큰 효과를 얻을 수 있다

Point 3 조기교육의 대상은 여러 가지가 있다

재능을 발휘하는 데는 한가지 능력만으로는 불가능하다. 어떤 일을 훌륭하게 성취하기 위해서는 한 가지 능력만으로 되는 것이 아니고, 여러 가지 능력을 종합해야 가능한 것이다.

예컨대 일에 열중할 수 있는 능력은 어느 일에도 공통되는 능력 중 하나이다.

지능지수가 140이상이라고 해서 그 사람이 반드시 재능 있는 사람이라고 할 수는 없다. 그 우수한 두뇌를 살려서 사회적으로 훌륭한 일을 함으로써 비로소 유능한 사람이라고 할 수 있는 것이다.

모든 사람이 좋아하는 성격이나, 다른 사람의 사정을 이해해 주는 따뜻한 마음씨, 좋은 사회성과 적극성, 협력심, 실행력, 계획성, 자주적인 의욕, 강인한 체력 등은 어떤 직업에 종사하더라도 필요한 능력이다.

한 가지 놀이를 계속하지 못하는 아이

집이 상가나 길 바로 옆이라 항상 시끄러운 환경이라면 커튼을 쳐서 방안을 안정된 분위기로 바꾸어 주는 것이 좋다. 그리고 하루에 한 번씩 엄마가 아이에게 책을 읽어 주거나 아이가 좋아하는 놀이를 충분히 할 수 있도록 해 주고, 잘하든 못하든 신경을 쓰지 말고 한 가지 일에 집중할 수 있도록 해 준다. 지나친 간섭과 강요를 하기보다는 아이가 자신감을 발휘할 수 있도록 칭찬을 많이 해 주는 것이 좋다. 그리고 밖에서 친구들과 힘차게 뛰어 놀 수 있는 기회를 많이 주는 것이 중요하다.

보통의 경우는 엄마가 적절한 환경을 조성해

주고 어느 정도의 시간이 경과하면 자연스럽게 없어지므로 크게 걱정할 문제가 아니다. 그러나 엄마가 아무리 노력해도 그 현상이 사라지지 않고 더욱더 심해진다면 전문가의 진단을 받아 보는 것이 좋겠다.

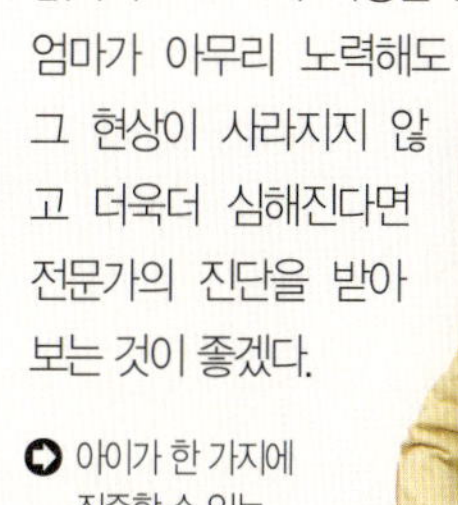
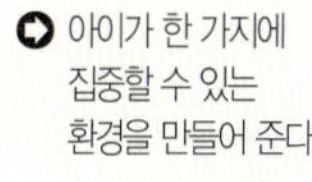

○ 아이가 한 가지에 집중할 수 있는 환경을 만들어 준다.

Point 4 재능을 좁게 생각해서는 안 된다

자기의 재능을 살리는 일을 하고 사는 사람이야말로 행복한 사람이다. 그러나 재능이라고 하면 예술이라든지, 기술이라든지, 무슨 특별한 것만 생각하게 되는 경향이 있다. '우리 집의 아이는 아무런 재능이 없어서'라고 말하게 되는 것은 반드시 이런 이유 때문이

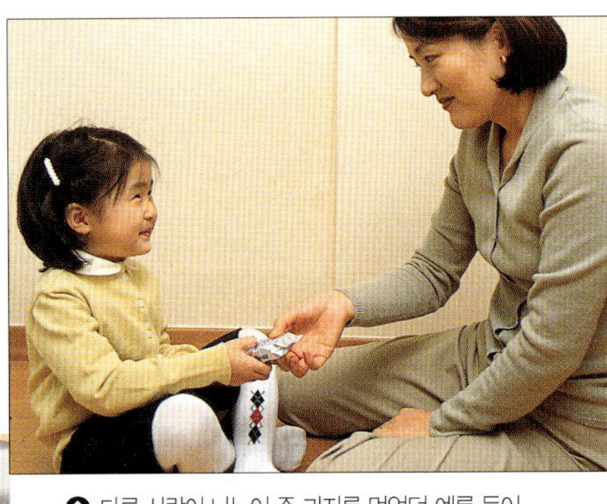

○ 사소한 장점이라도 엄마가 인정하고 격려해 줄 때 아이는 자신의 재능을 발휘할 수 있다.

다. 새로운 시대의 재능이라면 개인의 우수한 능력은 물론이고, 그 우수한 한 개인들이 모여서 협력함으로써 종합적인 힘을 발휘할 수 있는 능력이라고 말할 수 있다.

아이의 사소한 장점이나, 자랑스러운 점은 소중하게 생각하고, 인정하고, 격려해서 길러 나가도록 해야 한다.

아이 시절에 익숙해진 여러 가지 경험이 장래에 종합되어서 재능의 꽃이 피는 것이라고 생각해야 한다. 노력도 없이 어느 날 갑자기 꽃이 피는 재능이란 존재하기 힘들다.

○ 다른 사람이 나누어 준 과자를 먹었던 예를 들어 '나눔'을 가르친다.

나눔에 대해 가르친다

Point 1 자기 물건에 대한 소유욕이 커진다.

이 무렵부터는 자기에게 주어진 것은 자기 것이라는 관념을 갖게 된다. 이 나이가 되면 자기가 받은 물건을 다른 사람이 가지면 매우 싫어하게 된다. 자기가 받은 것은 필요가 있든 없든 일단 자기 소유이며 그런 뒤 자기 것으로서 다른 사람에게 넘겨주려는 경향이 나타나게 된다.

아이가 손님으로부터 과자를 받게될 때, 우리의 나쁜 습관이지만 "○○한테 줄게."하고 말하는 사람이 많다. 아이는 그런 말에 익숙하기 때문에 자기에게 준 것이라고 생각하고 자기만의 것이라고 인식한다. 그래서 형이나 누나에게도 나누어주지 않게 된다. 나누어주라고 말하면 투덜대기 시작한다.

Point 2 '나눔'에 대해 부드럽게 이해시킨다

이것은 자기와 다른 사람을 구별하기 시작하는 증거이기 때문에 무턱대고 욕심쟁이라고 나무라지 않는 것이 좋다.

그때는 "받은 과자를 모두 내 것이라고 하면 다른 사람은 어떻게 되지?"하고 이제까지 손님이 준 것을 모두 나누어 먹은 예를 들려준다. 자기가 받지 않았는데도 결국 자기도 나누어 받은 것을 알게 되면 아이는 그제야 깨닫고 자기에게 준 것도 모두에게 나누어주려고 한다.

그때에 "손님이 너에게 준다고 한 것은 너 혼자 먹으라는 것이 아니야. 너라면 아마 함께 잘 나누어 먹을 것이라고 생각하여 너에게 준 거야. 만약 네가 욕심쟁이처럼 나누어 먹지 않으면 다음부터는 너에게는 절대 주지 말라고 할 거야." 하고 말해 주면 된다.

아이는 자기가 신뢰 받는 것을 좋아하기 때문에 싫더라도 나누어 먹는 것에 동의한다. 이러한 방법으로 나누어 먹는 것을 가르치면 된다.

Q & A
무엇이든 물어 보세요

Q 장난감만 보면 무조건 사 달라고 졸라요.

A 이 시기의 아이들은 일생 중 호기심이 가장 왕성한 때이므로, 장난감 가게에 진열된 신기한 장난감을 보고 갖고 싶어하는 마음이 생기는 것은 당연한 일이다.

지적 호기심을 제한하는 환경에서 자란 아이들은 지능 발달이 늦고, 무기력한 사람으로 성장할 가능성이 크다. 그러나 아이들의 이러한 왕성한 호기심을 자꾸 새 장난감을 사 주는 것만으로는 만족시킬 수 없다. 이 시기는 호기심이 왕성한 만큼 사물이나 장난감에 대한 싫증도 빠르다. 새 장난감을 사 주어도 며칠 가지고 놀다가는 내팽개치고 또 다른 장난감을 사달라고 한다.

새 장난감은 특별한 날, 예를 들어 생일이나 어린이날, 또는 크리스마스에 받는 것이라는 인식이 들도록 선물을 사 줄 때의 규칙을 정해 놓고 일관성을 지키는 것이 중요하다. 그리고 장난감을 사 줄 때, 한 번에 1개씩 계획성 있게 사 주고, 다음에 갖고 싶은 물건을 물어 보아 선물에 대한 기대와 감사함을 동시에 갖도록 해야 한다.

Q 끈기가 없고 싫증을 잘 느껴요.

A 이 시기에는 아직 하나의 일에 집중하는 능력이 없다. 오히려 싫증을 내는 것이 보통이므로 하나의 일에 천천히 몰입하려고 하는 것이 무리일 것이다. 싫증을 잘 낸다는 것은 다시 말하면 그만큼 흥미의 대상이 넓다는 것이다. 어떤 의미에서는 좋아해야 할 일이다.

다만 싫증을 잘 내는 것은 할 수 없다 해도 뭐든지 하던 대로 그냥 내버려두는 습관이 되면 어른이 되어서도 결단성이 없는 사람이 될 수 있다. 이러한 현상이 일어나는 것을 피하려면 하나의 놀이가 끝나면 다음 놀이로 옮기기 전에 사용하던 도구를 정리한다든지 "자, 이 놀이는 이제 끝"하며 앞의 놀이에 결말을 짓도록 해 주어야 한다.

그러나 만약 놀이 도중에서 일일이 끝을 맺는 것이 놀이의 리듬을 중단시키고, 아이의 의욕을 없앤다고 생각할 때는 마지막에 "오늘 밖에서의 놀이는 끝. 자, 손을 씻고 도구를 정리하자"하며 끝을 맺으면 좋다. 즉, 끝을 맺는 습관을 들이게 하는 것이다. 설령 작은 일이라도 오랫동안 축적되면 성격형성에 큰 효과를 나타낼 수 있기 때문이다.

○ 장난감을 사줄 때는 규칙을 정해 선물에 대해 감사하는 마음을 갖게 한다.

이것만은 꼭 가르치자

생활습관을 가르친다

POINT 1 깨끗한 옷차림을 하는 습관을 들인다

아이에게 옷차림이나 머리를 깨끗이 하는 습관을 들이는 것이 좋다. 일반적으로 남자아이는 구질구질한 옷이라도 괜찮다고 생각하지만 남자아이도 찢어지지 않은 것, 구겨지지 않은 것을 깨끗이 입도록 습관 들여야 한다.

이것은 멋 부리는 것이 아니라 몸가짐이다. 몸가짐을 깨끗이 하는 것에 관심을 가지게 하면 아이는 윗도리를 벗어 의자에 잘 걸어 두게 된다. 이를 이용하여 손이 잘 닿는 곳에 보관하는 장소를 정하여 걸어 두게 하면 된다. 그리고 이 무렵에는 양말을 벗으면 꼭 다른 한 짝도 같이 넣어 두는 습관을 들이도록 한다.

POINT 2 이 닦는 습관을 들인다

만네 살이 지나면 간단한 옷이라면 스스로 벗거나 입게 된다. 또한 이것을 즐기기 때문에 가능하면 스스로 입을 수 있는 옷을 주는 것이 좋다. 그래서 아이 혼자서 할 수 없는 것만 도와주도록 한다.

이닦기도 잘할 수 있기 때문에 매일 잊지 않고 하도록 도와준다. 하지만 아침보다는 잠들기 전이나 저녁 식사 후에 하는 것이 더 중요하다.

이 닦기를 처음에는 즐거워하지만 점점 싫어하게 마련이다. 하지만 이 나이에는 말을 하면 어느 정도 알아들으므로 어른이 되어서도 좋은 이를 가지려면 지금부터 열심히 이를 닦아야 한다고 이야기해 주어야 한다.

스스로 할 수 있게 도와준다

POINT 1 엎지른 것 닦기

✻ 엎지른 것을 닦을 수 있도록 걸레나 스펀지를 정해진 장소에 둔다.
✻ 식구들 모두 자기가 엎지른 것은 자기가 닦도록 한다.
✻ 실수로 엎질러진 것에 대해 야단을 치거나 혼내지 않는다.
✻ 엎지른 것을 스스로 닦으면 칭찬 해 준다.

POINT 2 위험한 약물이나 해로운 물질 피하기

✻ 위험한 약물에는 무서운 그림 스티커를 붙여 두고 아이가 만지지 않도록 주의를 준다.
✻ 특정 스티커를 붙인 병들과 일반 상표를 붙인 병들을 아이 앞에 놓아두고 표에 따라 병을 구별해서 위험한 약물이 든 병 모양을 알 수 있게 한다. 그리고 병을 돌려놓아서 특정 스티커가 보이지 않더라도 병 모양으로 알아볼 수 있게 해 준다.

POINT 3 단추 열고 옷 벗어보기

✻ 앞에 단추가 달린 옷을 입을 때 아이가 단추를 잘 열 수 있게 해 준다.
✻ 큰 단추가 달린 옷을 입히고 단추 여는 것을 스스로 해 보게 한다. 차츰 단추 크기를 줄이고 필요하다면 말 또는 행동으로 도와준다.
✻ 우선 단추 하나만 남기고 다른 단추를 모두 열어 놓은 다음 아이에게 나머지 하나를 마저 열어 보게 한다. 점차 단추 수를 늘려서 열어 보게 한다.
✻ 모두 반쯤 열다가 둔 단추를 아이에게 마저 열게 하고 말로 지시해 준다. 차차 아이 혼자 모두 열어 보게 한다.

이 시기의 문제 행동

지나치게 신경질적이다

POINT 1 쉽게 감동하고 쉽게 상처받는다

신경질적인 아이는 뾰루퉁하고 화를 잘 내고, 과민하고 흥분하기 잘하고, 사소한 일에도 걱정을 하고, 깊이 잠들지 못하고, 조그만 소리에도 놀란다. 이런 성격을 형성하는 것은 체질적인 원인도 있겠지만 그보다는 신경질적

➊ 자기가 엎지른 물을 스스로 닦게 해서 책임지는 법을 가르친다.

아이 옷을 입힐 때는

아이에게 옷을 입힐 때는 너무 헐렁하지 않게 입힌다. 물론 아이가 자랄 것을 대비해서 넉넉한 사이즈로 구입하는 것은 좋지만, 입힐 때는 팔 길이나 허리 등을 조금씩 줄여서 입히는 것이 보기에도 좋고 아이의 자유로운 활동에도 도움이 된다.

색상도 가능하면 밝고 다양한 색으로 고르도록 한다. 그래야 어른이 되었을 때도 아이가 여러 가지 스타일의 옷을 자신 있게 입을 수 있다.

인 부모의 영향이 크다고 한다. 장난감을 입에 넣고 놀면 "이 녀석아 더러워, 얼른 입에서 빼지 못해"라고 야단을 치거나, 도화지에 그림을 그리다가 방바닥에 크레파스가 묻기라도 하면 "누가 그렇게 놀라고 했니"라고 윽박지른다. 이런 부모는 대개 아이가 말을 듣지 않으면 억지로 시키려 들기 때문에 아이는 화를 잘 내거나 짜증을 잘 내게 된다.

POINT 2 아이를 이해해야 한다

신경질적인 아이는 의외로 감수성이 예민하므로 별 생각 없이 한 말에도 충격을 받기 쉽다. 그러므로 조그만 일로 꾸짖거나 아이에게 상처가 될 말을 삼가는 것이 좋다. 되도록 부드럽고 따뜻한 말과 분위기로 타일러야 한다.

또한 엄마가 일관성이 없이 같은 일에 대해 야단을 치기도 하고 칭찬을 하기도 한다면 어떤 것이 옳고 그른지 알 수 없게 된다. 따라서 신경질적인 아이가 되기 쉽다. 이러한 것들을 해결하기 위해 기본적으로 엄마가 가져야 할 태도는 긍정적인 태도이다.

➊ 저녁 식사 후나 잠들기 전에 이 닦는 습관을 들인다.

이 시기에 꼭 해야 할 교육 프로그램

언어발달 놀이

세 단계로 된 지시어에 따라 행동하기

- 아이가 세 단계로 된 지시어에 따라 행동하지 못하면 두 단계 지시어부터 시작한다.
- 지시어에 따라 행동하기 전에 먼저 그 지시어에 대해 생각해 보게 한다.
- "구두를 들고 앉아서 신어보자." 등과 같이 어떤 물건을 사용하는 지시어부터 시작해 본다. 점차 다양한 지시어에 따라 행동해 보게 한다.

피동 문장 이해하기

- 인형이나 동물 장난감을 이용하여 능동적인 행동과 수동적인 행동이 이루어지는 장면을 보여 주면서 아이에게 문장으로 말해 준다. "강아지가 소를 쫓고, 소는 강아지에게 쫓기고 있네." 등으로 말해준다. 아이도 엄마처럼 인형이나 장난감을 가지고 행동을 해 보게 해본다.

'한 쌍' 이라는 개념 말해 보기

- 똑같은 두 개의 물건을 나타낼 때 구두 한 켤레, 장갑 한 켤레, 컵 한 쌍 등과 같이 '켤레', '쌍' 이라는 말을 사용해본다.
- 여러 가지 물건들을 한 쌍씩 꺼내 놓고 서로 섞어서 아이에게 같은 종류의 한 쌍을 찾아보게 한다.

비어 있는 부분을 연결하는 놀이 등을 통해서 아이는 점차 세모모양을 인식하게 되고 그릴 수 있게 된다.

'짝' '한 쌍' 이라는 개념을 실생활에서 많이 접하는 사물로 자연스럽게 알려주면 쉽게 익힐 수 있다.

- 짝이 있는 여러 가지 물건들을 섞어 놓고 아이에게 모두 짝을 맞추어 보라고 한다.
- 그림으로 그려진 물건들을 가지고 짝 찾기를 해 보게 한다.
- 양말 한 짝과 젓가락 2개 처럼 한 쌍 중 한 개만 그려 놓은 그림과, 한 쌍의 물건을 둘 다 그려 놓은 그림들을 보여준다. 그 중 한 쌍 모두를 그려 놓은 것을 아이가 찾아보게 한다.

인지발달 놀이

5가지 감각 말해 보기

- 집안에 있는 여러 가지 물건들의 감촉을 아이에게 말해 준다. 아이가 보는 것만으로 감촉을 말하지 못하면 만져 보게 한다.
- 융 판에 여러 가지 천을 붙여 놓고 아이의 눈을 가린 다음 거친, 부드러운, 매끄러운 천을 찾아보라고 해 본다.
- 처음에는 두 가지 감촉만 가르친다. 처음 시작할 때는 부드러운 것과 거칠거칠한 것처럼 아주 다른 감촉을 주는 것으로 가르친다. 두 가지 감촉을 아이가 확실히 알게 되면 점차 여러 가지 감촉으로 늘려 가면서 서로 더 비슷한 감촉도 구별해 보게 한다.
- 나무토막이나 스펀지로 육면체를 만들어서, 각 면에 여러 가지 감촉의 천을 붙인다. 아이가 그것을 바닥에 던지게 하고 윗면에 나온 천의 감촉을 만져 보고 말해 보게 한다.

세모모양 그리기

- 아이의 손을 잡고 세모를 그리도록 이끌어 준다. 아이의 손을 차차 느슨하게 잡아가면서 도움을 줄인다.
- 엄마가 그려 놓은 세모 위에 덧 그리게 하거나, 그 바깥에 조금 더 큰 모양을 따라서 그려보게 한다. 안쪽에 좀 더 작은 모양을 그려 보게도 한다.
- '∠' 와 같이 미완성인 모양을 그려 놓고 아이가 완성하게 해본다.
- 아이에게 '∵' 같이 점을 찍어 준 것을 연결하게 해본다. 차차 점들을 희미하게 그려준다.
- '∧' 과 같이 '텐트' 모양을 그리게 하고 밑에 가로줄을 그어서 텐트 바닥을 만들어 보라고 해본다.

버릇 들이기

남의 일에 지나치게 간섭하는 아이

남을 도와주고 싶은 마음이 왜 생기는가는 다음과 같이 생각할 수 있다. 하나는 자기 일은 다 했으니까 다른 사람을 도와줌으로써 다른 사람들보다 잘 할 수 있다는 우월감을 맛보기 위해서, 또 하나는 다른 사람이 곤란을 당하고 있을 때, 도와주려는 고운 마음씨에서 그런 행동을 하게 되는 것이다.

또한 엄마가 필요할 때만 도움을 부탁하고, 그렇지 않을 때에는 방해가 된다고 하면 애써 도와주려는 의욕의 싹이 시들어 버려서 도와주는 일을 싫어하게 된다. 그렇게 된 다음에 "도와주지 않겠니?"하고 도움을 청해 보았자 소용이 없다.

만일 바빠서 아이가 도와주는 것이 거추장스럽더라도 야단치지 말고, 아이가 할 수 있는 간단한 일을 시킨다든지, "이 일은 엄마가 하고, 다음에 네 도움이 필요할 때는 부탁할게." 하는 등의 적당한 말을 해 주자.

아이가 도와준다고 귀찮게 해도 거절하지 말고 간단한 일이라도 도와주게 한다.

어려울 때 도와 달라고 부탁하기

✽ 먼저 엄마가 아이에게 도와 달라는 부탁을 해 본다. 예를 들면 "이건 나 혼자서 못하겠는데 네가 좀 도와주겠니?" 하고 부탁을 해 본다.

✖ 아이가 어떤 일을 자기 혼자 못하겠다고 칭얼거리면, 어떤 식으로 도와 달라고 해야 하는지를 말해 준다.

✖ "~해 주세요." 와 "고맙습니다."라는 말은 어떨 때 사용하는지 가르쳐 준다.

✖ 무슨 일을 하다가 잘 안될 때 화를 내기보다는, 엄마에게 도와 달라고 부탁할 수 있도록 가르쳐 준다. 예를 들면 "내 자동차 좀 찾아 주세요."라고 도움을 요청하는 말을 가르쳐 준다. 나중에는 "도움이 필요할 때는 어떻게 해야 될까?" 하고 말해 주기만 하면 된다.

어른들과 대화 나누어 보기

✖ 어른들과 대화해 볼 수 있는 기회를 가져 본다.

✖ 모든 가족이 모여 식사하는 시간(가능하면 저녁시간)에 식구들이 각자 돌아가면서 하루 동안 일어난 일을 이야기해보는 시간을 가진다.

✖ 아이가 엉뚱한 이야기를 하더라도 놀리거나 웃지 말고, 가족들이 화제로 삼고 있는 내용을 아이에게도 이야기해 준다.

✖ 저녁 식사 때 가족들이 모인 자리에서 아이가 이야기할 내용을 엄마와 미리 의논해서 준비할 수 있게 해 준다.

달리면서 방향 바꾸기

✖ 릴레이를 하고 술래잡기를 해본다.
✖ "왼쪽으로 달려." "오른쪽으로 달려." 같은

❍ 가족들이 모인 자리에서 이야기할 수 있도록 엄마와 미리 연습한다.

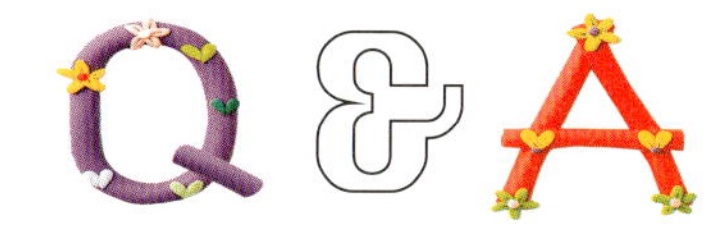

Q 여자아이들의 치마를 들춰요.

A 어린아이들에게는 치마를 들추는 것이 재미있는 놀이의 하나이며, 어른들이 생각하는 것과 같은 성적인 요소는 없다고 생각해도 좋다. 아이의 이러한 행동을 고치려면 먼저 엄마가 조금은 장난기를 발휘해야 한다. "수정이는 네가 치마를 들춰서 싫어하고 있어. 그래서 그것을 사과하는 뜻에서 내가 네 바지를 벗겨 주겠다고 약속해 버렸거든. 자아, 바지를 벗겨야겠어" 하고, 아이의 바지를 벗기는 것도 한가지 방법이다. 그러면 치마가 들춰진 아이의 기분을 본인도 알게 될 것이다. 장난은 체험적으로 내가 싫은 일은 남도 싫어할 것이라는 마음이나 다른 사람과 접촉하는 법칙을 배우는 좋은 기회다.

❍ 아이들은 단순히 재미있는 놀이로 치마를 들춘다.

말로 지시를 하여 '왼쪽', '오른쪽'과 같은 방향 지시의 말을 사용하게 해본다.
✖ 놀이를 할 때 동요를 부르면서 따라하게 하는 것도 좋다.

똑바른 널빤지 위를 걸어보기

✖ 마루 위에 널빤지를 놓고 엄마가 그 위를 균형 잡고 걸어가 보이는데, 뒤꿈치부터 발끝으로 옮겨 짚으면서 걷는다.
✖ 아이가 널빤지 위를 걷는 동안 엄마가 손을 잡아 주고 아이는 벽의 액자를 보게 한다든지 어느 한 지점을 보게 해본다. 널빤지에서 떨어지는 횟수가 적어지면 칭찬을 해 준다.
✖ 아이가 균형을 잡는 데 도움이 되도록 양손에 작은 블럭 같은 것을 쥐게 하거나 양팔을 옆으로 벌리게 해본다.
✖ 길이 1.2m, 넓이 30cm 정도 간격이 되도록 종이 테입을 마루 바닥에 여러 줄 붙여 두고 아이에게 종이 테입 사이를 걸어가게 해본다. 종이 테입 사이의 간격을 점차 줄여 가면서 연습하게 한 후 잘 하면 그 다음에 널빤지 위에서 걸어보게 한다.

앞으로 두발로 점프 해보기

✖ 엄마가 큰 소리로 숫자를 세며 앞으로 점프하는 것을 보여 준다. 아이에게 따라 하도록 하고, 점프하면 칭찬을 해 준다.
✖ 10번 정도 점프할 수 있는 적당한 장소에서 연습하는데, 아이가 점프할 때 큰 소리로 숫자를 세어서 몇 번이나 점프했는지 알려 준다.

욕을 잘하는 아이

이 시기 아이가 욕을 하는 것은 반항과 바깥 나들이로 인해 자연스럽게 발생하는 행동들이다. 이 때가 되면 아이들은 일상 회화가 능숙해지기 때문에, 가정에서 들어오던 대화만으로는 더 이상 신선한 자극을 받을 수 없게 된다.

그러다가 듣게 되는 이웃의 친구들이나 형들이 쓰는 대화는 아이들에게 매우 매력적이고 신선한 충격으로 다가와 금방 그 말투를 배우고 따라하게 된다. 이 무렵의 아이들은 천한 말이나 비속어를 사용함으로써 자신이 마치 형이 된 것과 같은 느낌, 또는 자기 존재가 인정받고 있다고 생각한다. 그리고 어른이 화를 내고 허둥대는 모습도 아이들로 하여금 비속어를 더 쓰게 만드는 한 요인으로 작용한다.

그러므로 엄마는 화내기보다는 "엄마는 그런 말을 알아듣지 못해. 다음부터는 엄마에게 그런 말 사용하지 말아라." 하고 처음에는 주의를 주고, 다음에 또 아이가 욕을 하면 모르는 척 대꾸하지 않는 것이 최선의 방법이다. 그러면 아이도 제풀에 지쳐 짧게는 1~2개월, 길게는 반년쯤 지난 다음에는 자연스럽게 그러한 습관이 없어질 것이다.

❍ 아이가 욕을 하면 무조건 화를 내기보다 주의를 주거나 대꾸를 하지 않는 것이 좋다.

52-54 개월

이 달 말에 우리 아기 여기까지 할 수 있다

STEP 1

90% 가능
대부분 할 수 있다

1 3개의 전치사를 이해한다

STEP 2

75% 가능
웬만하면 할 수 있다

1 엄마와 쉽게 떨어진다
2 혼자서 옷을 입는다
3 한발로 껑충 뛴다
4 앞, 뒤꿈치를 붙이고 걷는다

STEP 3

50% 가능
할 수 있는 아기도 있다

1 반대와 비슷한 말 3개중 2개를 안다
2 한발로 10초 동안 서 있는다
3 튀어 오른 공을 잡는다
4 네모(ㅁ)를 보고 흉내내서 그릴 수 있다
5 사람의 신체를 세 부분으로 나누어 그릴 수 있다(머리, 몸통, 다리)

STEP 4

25% 가능
하기에 벅차다

1 물건이 어떤 성분으로 이루어져 있는 지 안다
2 앞, 뒤꿈치를 붙이고 뒤로 걸을 수 있다
3 네모(ㅁ)를 보고 그대로 그린다

아기 키우기 포인트

거짓말이나 장난에 대처하는 요령

Point 1 아이를 체벌로 다스려서는 안 된다

장난이 심해서 아이를 꾸짖으면 아무리 꾸짖어도 알아듣지 못하기 때문에 다시 꾸지지게 된다. 장난꾸러기 아이를 혼낼 때 아이의 볼기를 때리는 것은 보통이고 빗자루를 들거나 심지어는 창고에 가두는 부모도 있다. 만약 아이를 창고에 가두었을 때 말을 잘 듣는다면 아이가 자신의 잘못을 깨달았기 때문이라기보다 창고가 무서워서일 것이다. 그리고 더 이상 창고가 무섭지 않게 되면 아이는 다시 심한 장난을 치게 될 것이고 부모는 아이에게 더 무서운 체벌을 하게 될 것이다.

결국 무서운 체벌을 받으면서 자란 아이는 체벌이 없는 곳에서 더 무시무시한 행동을 하게 될 수 있다. 지나치게 엄한 집안에서 오히려 비행아가 나오기 쉬운 것도 바로 이 까닭이다. 간단히 나무라는 것은 괜찮지만 아이를 체벌로 다스려서는 안 된다.

Point 2 체벌로 길러 온 아이 다루는 방법

이제까지 체벌로 기른 아이에게는 조금씩 너그럽게 대해주자. 꾸지람을 들을 것이라고는 생각했는데 뜻밖에도 꾸지람하지 않고 나중에 알아듣도록 말해 준다면 아이 나름대로 '나쁜 아이가 되지 말자. 좋은 아이가 되자.'고 다짐할 것이다.

그러나 이런 경우 보통 때라면 꾸지람을 들었을 텐데 이번에는 꾸지람하지 않았다는 사실을 통해 자기에 대한 부모의 사랑을 짐작하는 아이도 있다. 이리하여 꾸짖지 않으면 다시 장난을 반복한다. 하지만 이렇게 되었다 하더라도 모처럼 꾸짖지 않으려고 결심했던 것을 포기해서는 안 된다.

아이가 이렇게 나오는 기미가 있으면 오히려 부모가 아이에게 의지하면서 심부름을 부탁해 본다. 아이는 어른을 돕는 것을 즐거워하기 때문에 점점 장난의 빈도가 줄어들게 되고, 점점 하지 않게 될 것이다.

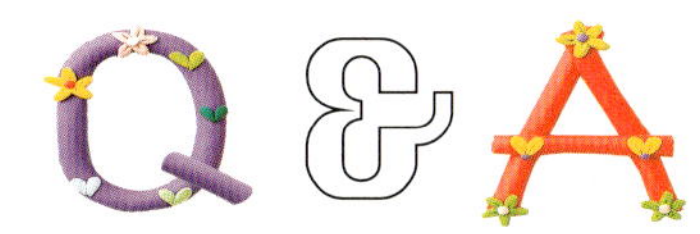

Q 유치원에서 학습은 하지 않고 놀이만 해요.

A 놀이는 아이들의 학습이라고 한다. 유아의 학습은 놀이가 중심이 되는 것은 사실이지만, 그 놀이는 가정에서의 놀이와는 달리 교육상의 어떤 목적을 지니고 있다. 유아에게 놀이는 일종의 일이며 학습이다. 그리고 그 놀이의 방법이 아이의 성장을 말해준다. 초등학교에서 실시되는 교과별 공부가 그대로 유치원의 공부라고 생각해서는 안된다.

특히 유치원에서의 놀이는 집단 속에서의 사회성과 협동심을 배우는데 매우 중요하다. 한 가지 물체를 만들면서 친구와 함께 만들어 내는 일의 기쁨을 맛보고, 협력의 중요성을 배우며, 놀이 기구를 독차지하지 않고 함께 쓰거나 양보하는 데서 다른 사람에 대한 관용도 배운다.

유치원 교육은 나름대로 특색을 가지고 있는 것이 특징이다. 스스로 해 보려는 의욕이나 자립심을 기르는 '마음 내면의 지도' 역시 중요한 것이므로 '놀기만 하는 교육'이라고 표면만을 보고 판단할 수는 없는 것이다. 한 번쯤 시간을 내어 유치원에 가서, 선생님의 이야기를 듣고, 교육의 내용을 이해해 보자. 유치원은 유치원마다 교육 방법에 특색이 있고, 결코 똑같을 수가 없다. 그러므로 어떤 유치원이 표준적인가를 한 마디로 말하는 것은 어렵지만, 유치원 환경조건에 대해서는 생각해 볼 수 있다.

또한 이럴때 중요한 것은 아이의 기분을 잘 맞추는 것이다.

"엄마!"하고 불렀을 때 하던 일에 열중하고 시큰둥하게 대꾸를 하면서 마음을 쏟지 않으면 아이는 민감하기 때문에 엄마가 자기와 멀어졌다고 느낄지도 모른다. 아이가 좋은 아이와 나쁜 아이의 갈림길에 서 있을 때에는 엄마의 마음은 언제나 아이를 향하고 있어야 하며 아이의 눈에서 무엇이든 읽어 낼 수 있어야 한다.

○ 무조건적인 체벌은 아이에게 더 나쁜 영향을 줄 수 있다.

○ 아이들에게 있어서 놀이란 어느 학습보다 더 중요한 배움의 과정이다.

버릇 들이기

유치원을 시시하게 여기는 아이

흔히 유치원에서 선생님이 동화를 이야기해 줄 때 "다 아는 건데, 뭘"하면서 들으려고 하지 않는 아이가 있다. 이런 태도가 몸에 배어 버리면 진지하게 사물을 생각하거나 대하는 태도가 길러지지 않고, 장래에 원만한 인간 관계를 가질 수 없게 된다. 또 모든 걸 다 알고 있다고 생각하기 때문에 어느 틈에 다른 사람들보다 뒤떨어지게 될 수도 있다.

유치원에서의 놀이나 학습은 같은 내용이라도 가정에서 하는 것과는 달리, '여럿이 하는 것'에 의의가 있다. 그 안에서 다른 사람의 입장을 알게 되고 협동심을 배우게 되는 것이다. 너무 아이가 하는 말을 액면 그대로만 받아들이지 말고, "네가 할 수 있는 것이나 모르는 것도 있을 거야. 그것을 친구나 선생님과 같이 해보는 거야."라고 말해 주도록 한다. 엄마까지 가세해서 "우리 아이는 무엇이든지 할 수 있다." "유치원에서 가르치는 것들은 수준이 너무 낮다."라고 생각한다면 그것은 잘못이다.

○ 아이가 유치원과 친구들에 재미를 느낄 수 있게 엄마도 놀이에 참여해 본다.

이것만은 꼭 가르치자

잘못한 것도 야단치지 않는다

Point 1 밖에서 있었던 일을 이야기하게 한다

만 네 살이 지나면 아이는 부모의 눈길이 미치는 곳에만 머물러 있지는 않는다. 그래서 부모가 모르는 일이 흔히 일어나게 된다. 유치원에서 돌아오면, 그리고 이웃집에서 돌아오면 거기서 있었던 일을 이야기하게 해 보자. 그때 무언가 잘못한 이야기, 심술궂은 짓을 한 이야기가 나오더라도 야단치지 말고 그런 것은 바로 엄마에게 이야기해야 한다고 용기를 북돋워 준다.

이 나이가 되면 아이 스스로도 자신의 잘못은 알고 있다. 때문에 잘못된 것은 종종 빼먹고 이야기하는 경우가 있다. 그럴 때에는 꾸짖지 말고 잘 들어주자.

나무라지 않는다는 것을 알면 다음부터는 이야기를 잘 하게 될 것이다.

또한 아이는 잘못을 저지르면서도 잘못하고 있다는 생각을 전혀 하지 않는 경우도 많다.

그러므로 무슨 일이든 밖에서 있었던 일은 엄마에게 밖에서 있었던 일을 말할 수 있도록 연습시켜주도록 한다.

스스로 할 수 있게 도와준다

Point 1 세수하기

❋ 언제 세수를 해야 하는지를 말해 주고 세수하고 나면 항상 예뻐해 준다.

⬤ 아이가 주눅들지 않고 잘못을 털어놓을 수 있게 용기를 북돋아준다.

❋ 아이 손이 닿는 곳에 비누, 수건 등을 마련해 둔다.

❋ 거울을 보거나 수도꼭지에 손이 닿을 수 있도록 필요하다면 받침대를 마련해 준다.

❋ 세수하는 법을 보여 주고, 필요할 때는 아이 손을 잡고 함께 도와준다. 차차 아이 혼자서 해 보게 하고 말로만 설명해 준다.

❋ 세면대의 물을 빼거나, 닦고 난 수건을 제자리에 거는 등 아이 혼자 힘으로 세수를 마쳤을 때는, 웃는 얼굴이나 깨끗한 얼굴 스티커를 주어서 화장실 벽의 도표에 붙이게 한다.

Point 2 스스로 코 풀고 닦기

❋ 화장실이나 아이의 손이 잘 닿는 방안에 화장지를 두어 사용하게 하고 칭찬을 해 준다.

❋ 아이가 감기 걸렸을 때는 휴지를 가지고 다니게 한다.

❋ 아이에게 손수건을 주어서 주머니에 넣고 다니게 하거나, 예쁜 휴지 주머니를 만들어 주어도 좋다.

❋ 엄마가 코를 닦으라고 하기 전에 아이가 스스로 코를 풀고 닦으면 칭찬해 준다.

Point 3 자다가 일어나서 소변보기

❋ 잠자기 바로 전에는 음료수를 마시지 않게 한다.

❋ 아이가 원하면 화장실과 방에 전등을 켜둔다.

❋ 자다가 오줌 싸지 않았을 경우 도표에 스티커를 붙이고 칭찬을 해 준다.

❋ 오줌을 쌌을 때는 꾸짖지 말고, 젖은 요를 아이와 함께 말리고 고무요 덮개를 깔아준다.

❋ 아이가 자는 방이 화장실과 너무 멀리 떨어져 있으면 아이가 자는 방에 변기를 넣어준다.

❋ 잠을 자다가 깨면 소변을 보고 자도록 해 준다.

⬤ 야뇨증을 고칠 수 있는 가장 좋은 방법은 오줌을 싸지 않았을 때 칭찬을 해주는 것이다.

Q 아이가 고자질을 잘 해요.

A 아이들은 인정받고 싶은 욕구로 고자질을 많이 한다. 아이에게는 엄마나 유치원 선생이 자기를 좀더 보아주었으면, 자기한테 관심을 가져 주었으면 하는 마음이 있기 때문에 그것이 고자질이 되어 나타나는 경우가 많다.

그러므로 때때로 아이가 고자질을 하러 왔을 때에는, "어머, 그랬구나. 영수는 나쁜 아이구나, 야단쳐 주어야지"하고 응해 주는 것도 문제이지만, 그렇다고 해서 그냥 내버려두거나 무시하거나 하면, 아이의 인정받고 싶어하는 기분이 충족되지 않으므로 효과를 바랄 수가 없다.

아이가 고자질을 할 때는 아이의 충족되지 않은 마음을 이해할 수 있어야 한다. 인정받고 싶은 욕구가 강한 아이는 자기가 외톨박이라든가, 다른 아이들한테 인기가 없다, 또는 무시당하고 있다는 마음을 강하게 가지고 있는 경우가 많다. 그러므로 충족되지 못한 마음을 잘 이해해 주고 아이가 주위로부터 따돌림을 당하고 있지 않은가, 또는 무시당하고 있지 않은가를 생각해봐서, 그 원인을 없애 주어야 한다.

거짓말을 자주 한다

Point 1 상상과 현실을 같이 받아들인다

4세 아이의 커다란 특징 중 하나는 놀라운 상상력이다. 그리고 이 시기의 거짓말은 넘치는 상상력이 현실과 뒤범벅이 되어 나오는 것으로 아이의 거짓말 자체를 심각하게 걱정할 필요는 없다.

즉, 이 시기의 거짓말은 어른을 속이려고 거짓말을 하는 것이 아니므로 무턱대고 윽박지르는 것은 옳지 않다. 부모가 이를 심하게 나무라면 말하는 것 자체에 자신감을 잃고 만다.

Point 2 거짓말은 분명하게 지적한다

엄마가 아이들의 거짓말에 잘 속아 넘어 가거나 거짓말하는 것이 신통해 감탄을 하면,

아이는 이를 재미있게 생각해서 공상에 의한 거짓말이 아닌 터무니없는 거짓말을 지어내어 하게 된다. 그러므로 아이가 한 말이 사실과 분명히 다르다는 것을 아이에게 자상하게 알려 줄 필요가 있다. 엄마는 아이가 거짓말을 하면 이야기를 다 듣고 난 뒤 "재미있는데, 정말 그렇다면 얼마나 좋겠니."하고 한 마디만 해 주면 된다. 그러면 자연히 아이들도 그것이 현실적이 아니며, 어른들도 다 알고 있다는 것을 스스로 느끼게 될 것이다.

남의 물건을 슬쩍 가져온다

Point 1 불만이 많은 아이에게서 나타난다

남의 물건을 슬쩍 가져오는 것 역시 거짓말과 마찬가지로 정서적인 불안이나 불만의 표현일 가능성이 많다.

정서 발달이 늦은 아이는 자기가 갖고 싶은 것이 눈에 띄면 아무런 의식 없이 자기 것으로 만든다. 자기가 갖고 싶은 것이 타인에게도 중요한 것이라는 점을 느끼지 못하기 때문이다.

Point 2 남의 물건을 가져오는 버릇은 확실히 고쳐준다

계획적으로 남의 물건을 슬쩍 가져오는 경우도 있다. 남의 물건에 손을 대는 일은 반드시 고쳐져야 할 버릇이다. 이런 습관을 미리 예방하려면, 그 원인을 찾아서 제거해 줌은 물론이고 소유관념에 대한 인식을 분명히 심어 주어야 한다. 만일 아이에게 이미 훔치는 버릇이 들었다면, 엄중하면서도 다정하게 타일러야 한다. 훔치는 행동이 왜 나쁜지를 깨닫도록 해야하며, 가장 중요한 것은 자신이 한 행위에 책임을 지게 하는 것이다. 예를 들면 아이가 가게의 물건을 그냥 들고 왔을 때에는, 부모가 그 아이와 같이 가게에 가서 값을 치르게 하고 잘못을 사과하도록 하는 것이다.

지나치게 겁이 많다

Point 1 무서움을 타더라도 놀리지 않는다

그 나이 또래의 다른 아이들에 비해 유독 겁이 많은 이유는, 원래 그런 경향을 타고났다기보다는 생활 습관에 의해서 한층 더해졌을 수 있으므로 아이가 겁을 먹어도 겁쟁이라고 놀리지 않는다.

Point 2 무서움은 학습되는 것이다

유별나게 겁이 많은 아이들은 첫 아이거나 외동아이여서 병에 걸리거나 상처를 입을까봐 매우 조심스럽게 키운 아이일 경우가 많다. 또한 내성적이거나 소극적인 성격의 아이

가 외부로부터 어떤 충격이나 영향을 받으면 무서움이 많아져 겁쟁이가 되는 경우가 있다.

특히 유치원에 가기 전까지 거의 모든 시간을 바깥출입이 잦지 않은 엄마와 아기가 단둘이 집에서만 지내는 경우, 이런 성격으로 형성되기 쉽다.

그리고 부모의 공포 심리가 아이에게 그대로 전달되어 나타나는 수도 있다. 아이와 함께 텔레비전을 보거나 어떤 것을 보았을 때 엄마가 먼저 놀라거나 불안한 표현을 하면 아이도 엄마와 같은 정도의 불안을 나타낸다.

또 다른 경우는 맏이인 경우 동생이 태어났을 때 나타난다. 동생의 출생으로 가족들의 관심을 끌 수 없다는 잠재 의식이 작용한 것이다.

Point 3 낯선 것에 익숙하게 한다

다른 사람과 너무 접촉이 없어서 낯선 것에 대한 무서움으로 겁쟁이가 되었다면 무언가를 제지하는 말을 덜 사용하고 새로운 환경에 대한 접촉이 자연스럽게 이루어지도록 해 준다. 예를 들어 이웃의 친구들과 놀 수 있게 자리를 마련해 주어 조금씩 낯선 것에 익숙해지도록 도와주는 것도 좋은 방법이다.

하지만 중요한 것은 아이의 무서움을 덜어 주는 데는 먼저 엄마가 아이에 대한 노파심을 극복해야 한다는 것이다. 즉 아이가 얌전히 놀지 않을 경우 호들갑스럽게 수선을 떨고 잔소리를 하는 것이 오히려 악영향을 미치기 때문이다.

발음이 부정확한 아이

5세 정도가 되면 대부분 발음이 정확해지게 된다. 물론 아이에 따라서는 초등학교에 들어간 후에도 발음이 정확하지 않는 경우가 간혹 있기는 하다. 그리고 남자아이가 여자아이보다 언어 발달이 늦고, 활동적인 아이일수록 말이 늦다. 같은 발음을 자꾸 실수한다든지, 까다로운 발음을 제대로 하지 못하는 경우도 일정한 시간이 경과하면 자연스럽게 발음할 수 있게 되므로 그다지 걱정할 문제는 아니다. 그러나 발음 기능 이상에 의한 구음 장애는 전문가의 진단을 받는 것이 좋다. 그리고 아이의 청력 이상 여부도 한번 체크해 보는 것도 좋다. 의외로 난청으로 인해 발음이 확실하지 않고 말을 늦게 까지 깨치는 경우가 많기 때문이다. 그리고 아이의 발음이 확실치 않다고 해서, 아이가 말하고 있는 도중에 꾸중을 하면 안 된다. 그럴수록 아이의 말을 잘 듣고 "매우 잘했어요, 또 한 번 이야기해 봐요." 하면서 가능하면 아이가 혀를 많이 움직일 수 있도록 도움을 주어야 한다.

가끔 혀 짧은소리 내는 아이들도 있는데, 이럴 경우에도 전문가와 상담해서 초등학교 입학 전에는 특수 언어 치료로 장애를 교정해주는 것이 좋다.

이 시기에 꼭 해야 할 교육 프로그램

두 문장 연결해서 사용하기

❋ 아이의 이야기를 잘 듣고 있다가 '그리고' '그래서'와 같은 접속사나 부사를 사용할 수 있는 내용이 나오면, 엄마는 이러한 접속사나 부사를 넣어서 그 문장을 다시 반복해 준다.

❋ 아이에게 무슨 일을 설명할 때 복합문을 사용해 본다.

❋ 아이에게 놀이터에서 재미있었던 두 가지 일을 엄마에게 말해 보게 한다.

물건의 위와 아래 표현하기

❋ 위와 아래가 분명히 구별되는 물건들을 택한다. 병, 탁자, 의자 등 아이에게 어디가 위이고 아래인지 말해 준다. 그런 다음 아이에게 위와 아래를 지적해 보게 한다.

❋ 아이에게 위와 아래에 물건들을 놓게 한다.

❋ 사다리 그림을 그리고, 사다리 위와 아래에 사람 그림을 그려서 보여주며 이야기 해 준다.

❋ 종이 위와 아래에 물건을 붙이거나 그려서 그림이 되게 한다. 다양한 스티커를 사용해서 아이가 놀이를 하고 싶게 흥미를 이끌어 준다.

그림에서 잘못된 점 찾아보기

❋ 그림에서 무엇이 잘못 되었는지를 아이에게 말해 보게 한다.

✚ 조각퍼즐 등을 이용해 물건의 위와 아래를 맞추는 놀이를 해본다.

❋ 아이에게 잘못 된 곳을 보여 주고 "닭이 빨간 달걀을 낳니?" "개들이 날아다닐까?" "집은 다리가 달렸을까?" 등과 같이 질문을 해본다.

그림 속에 있는 사물 기억해 보기

❋ 30초 정도 아이에게 그림을 살펴보게 한 후 그림을 덮고 그림 속에 "집, 자동차, 고양이, 사람, 나무" 등이 있었는지 없었는지를 말해 보게 한다.

❋ 처음에는 한 가지나 두 가지 물건만 그려진 아주 단순한 그림으로 시작하고 차츰 더 복잡한 그림을 사용해 본다.

❋ 아이에게 큰 그림 한 장을 보여 주고 잘 살펴보게 한 다음, 따로 한 가지씩 그려 놓은 그림들 중에서 큰 그림에 있었던 물건의 그림들이 어떤 것인지 골라 보게 한다.

✚ 그림 속 사물을 기억하게 하는 놀이가 아이의 인지능력을 발달시킨다.

하루와 관련된 이름 붙이기

❋ 아이에게 아침에 일어나서는 무엇을 하고 자기 전 밤에는 무엇을 하는지 물어본다. 어두워진 후 아이를 밖으로 데리고 나가서 밤에 빛나는 별과 달을 보게 해본다. 그리고 낮과 밤에 하는 활동에 관해 이야기해 본다.

❋ 아침 식사하고, 낮잠 자고, 아빠가 집에 오시고, TV 만화를 보는 등의 활동은 하루 중 언제 하는지 물어 본다.

❋ 매일의 활동을 그림으로 그린 후 각 활동들이 언제 일어났는지 말해 보게 한다.

없어진 물건 기억해서 말하기

❋ 아이 앞에 물건을 세 개 정도 놓고 각 물건의 이름을 말하게 한다. 아이에게 눈을 감으라고 한 후 물건 한 개를 치운다. 아이가 없어진 물건 이름을 말하면 칭찬을 해 준다.

❋ 매일 사용하는 물건들로 다양하게 바꿔본다.

❋ 점차 비슷한 색깔의 물건들도 이용하면서 수준을 높여간다.

8가지 색깔 이름 말하기

❋ 아이에게 자기가 말할 수 있는 한 많은 색깔 이름을 말해 보라고 한다.

❋ 스티커들을 보여준 후 색깔을 맞추면 상으로 아이에게 그 스티커들을 종이에 붙여서 그림을 만들게 해준다.

❋ 방안에 여러 가지 색깔의 색종이를 감추어 두고 아이에게 색종이들을 찾아서 그 색깔 이름들을 말해 보게 한다.

❋ 이 놀이를 할 때는 이가 이미 알고 있는 색깔부터 시작하고 차차 그 수를 늘려간다.

❋ 아이가 색깔 이름을 기억하는데 도움이 되도록 '빨간 소방차' '빨강, 파랑 신호등' 등과 같은 말을 사용해본다.

❋ 처음에는 "이것은 빨간색이니, 아니면 파란색이니?" 하는 등의 힌트를 주고 나중에는 첫소리의 운만 떼어 힌트를 준다.

❋ "파란 셔츠를 입어라." 또는 "주황색 연필을 가져오너라." "초록색 컵을 사용해라." 등과 같이 말해서 아이가 색깔을 알고 있는지 일상생활 중에서 자연스럽게 알아본다.

✚ 파란 셔츠, 초록색 컵, 주황색 연필 등 주변에 있는 사물로 색깔을 알게 한다.

◆ 모래찰흙이나 색깔찰흙으로 공을 만들어 다양한 동물을 만들어 본다.

◆ 아이에게 집안 일을 시킬 때는 아이가 흥미를 느낄 만한 것으로 골라 조금씩 시킨다.

혼자서 집안 일 하기

✿ 자기가 할 수 있는 일을 아이가 스스로 선택하게 한다. 아이가 선택한 일을 할 때 알고 있어야 할 사항이 있으면 아이에게 설명을 하고 일을 마치고 나면 칭찬을 해 준다.

✿ 아이가 일을 하고있는 동안, 엄마는 일이 어떻게 진행되고 있는지를 살펴보고, "잘 하고 있다."고 격려해 준다.

✿ 먼지 털기, 욕조 씻기 등 비교적 아이가 오랫동안 흥미를 가지고 할 수 있는 일을 고르는 것이 좋다. 엄마가 다른 일을 하면서 아이 근처에 있어주면 아이는 싫증을 내지 않고 잘 할 수 있다. 엄마는 옆에서 재미있게 해 보도록 격려해 준다.

다른 사람 앞에서 자기 표현 해보기

✿ 아이에게 동시 등을 자주 읽어 준다. 녹음된 것이 있으면 반복해서 들려주는 것도 좋다.

✿ 엄마가 동요를 불러 준다. 한 줄씩 부르면서 마지막 노랫말은 아이가 불러보게 해 준다. 점차아이가 부르는 노랫말을 길게 늘려 나간다.

✿ 인형을 가지고 대화를 해 보게 한다. 그러면서 아이가 인형을 가르쳐 보게 한다.

✿ 아이에게 할머니나 다른 낯익은 어른에게 자기 경험을 이야기하게 한다. 아이가 다른 사람과 이야기하는 데 자신감을 가질 수 있게 해 준다.

✿ 또래 친구들이 모여서 장기 자랑 같은 것을 하도록 놀이 시간을 만들어 준다.

줄 뛰어넘기

✿ 처음에는 마룻바닥에 놓아 둔 줄자, 실, 테이프 같은 것을 뛰어넘게 해본다.

✿ 바닥에서 2.5cm 정도 높이의 줄을 뛰어넘게 하고 차차 줄 높이를 높인다. 아이가 넘으려고 애쓰면 칭찬해 준다.

✿ 줄을 사이에 두고 엄마와 아이가 마주보고 선 다음 엄마가 아이 손을 잡고 위로 끌어당겨서 줄을 넘도록 도와준다.

✿ 의자 두 개를 벌려 놓고 다리에 바닥에서 5cm 높이가 되는 줄을 묶어 놓고 엄마가 그 줄을 뛰어넘어 보인다. 아이가 뛰어넘을 때 넘는 횟수를 세어 준다. 점점 많이 넘게 되면 칭찬 해 준다.

✿ 플라스틱 막대 등을 바닥에서 5cm 정도 높이로 걸어 놓고 아이에게 뛰어 넘는 연습을 하게 해본다.

찰흙으로 모양 만들기

✿ 엄마가 아이와 같이 찰흙으로 공을 만들어 각각 5개씩 갖는다. 엄마가 이 찰흙 공을 서로 붙여서 눈사람, 토끼, 고양이 등의 몸뚱이 만드는 것을 보여준다. 아이에게 따라 해 보라고 하며, 몸의 부분들을 붙일 때 말로 설명해 준다.

✿ 아이와 함께 찰흙으로 막대기 네 개와 장방형 하나를 만든다. 엄마가 찰흙 막대기를 붙여서 동물의 다리나 꼬리, 또는 의자나 탁자

◆ 종이에 굵은 나선을 그려 꼬리 자르기를 하거나 곡선을 잘라보게 한다.

의 다리 만드는 법을 아이에게 보여준다. 만든 것은 햇볕에 말려서 찰흙으로 만든 동물의 장난감 집으로 사용한다.

곡선 모양 자르기

✿ 네모난 종이의 네 귀를 둥글게 해본다.

✿ 동그라미를 오려 내는데, 엄마가 종이를 들고 아이가 자르는 대로 돌려준다.

✿ 종이에 굵게 나선을 그려서 '꼬리' 자르기를 해본다.

✿ 완만한 곡선으로된 모양으로 자르게해본다.

✿ 우선 굵은 선을 그려서 선 따라 오리게 해 준다. 아이가 자르는 동안 엄마가 종이를 잡고 돌려준다. 점차 말로만 "돌려보자", "선 따라 잘라보자" 하고 말을 해 주고 나중에는 아이 혼자 잘라보게 한다.

◆ 소극적인 아이는 또래 친구들을 만날 기회를 많이 만들어준다.

지나치게 소극적인 아이

집안에서는 활달한데 집밖에 나가면 주눅이 드는 아이는 우선 자립하는 습관을 갖도록 도와주어야 한다. 아이의 행동이 어설프고 서툴더라도 혼자서 해결할 수 있도록 간섭하지 말고 맡겨 두는 것이 바람직하다. 그리고 이러한 아이들은 같은 또래의 아이들과 사귈 수 있는 기회를 많이 주는 것이 필요하다.

또한 집안에서도 요구가 없고 말도 없이 혼자서 자기 일을 잘 해 내는데, 밖에 나가면 왠지 몸이 굳고 행동이 더욱더 소극적으로 변하는 아이들이 있다. 이러한 아이는 먼저 집안에서 자기 주장을 확실히 할 수 있도록 도와주어야 한다.

이 달 말에 우리 아기 여기까지 할 수 있다

STEP 1

90% 기능
대부분 할 수 있다

1 엄마와 쉽게 떨어진다
2 한 발로 껑충 뛸 수 있다

STEP 2

75% 기능
웬만하면 할 수 있다

1 반대와 비슷한 말 3개 중 2개를 안다
2 혼자서 옷을 입을 수 있다
3 앞, 뒤꿈치를 붙이고 걷는다
4 네모(ㅁ)를 보고 흉내내서 그릴 수 있다
5 사람의 신체를 세 부분으로 나누어 그린다(머리, 몸통, 다리)

STEP 3

50% 기능
할 수 있는 아기도 있다

1 한발로 10초 동안 서 있을 수 있을 수 있다
2 튀어 오른 공을 잡는다
3 앞, 뒤꿈치를 붙이고 뒤로 걸을 수 있다

4 네모(ㅁ)를 보고 그대로 그릴 수 있다
5 사람 신체를 여섯 부분으로 나누어 그린다(머리, 몸통, 팔, 다리)

STEP 4

25% 기능
하기에 벅차다

1 물건이 무엇으로 만들어져 있는지 그 성분을 안다

아기 키우기 포인트

이 시기에 알맞은 장난감

Point 1 자유롭게 다룰 수 있는 것이 좋다

여자아이의 장난감으로는 소꿉놀이 도구가 좋으며 인형도 괜찮다. 장난감을 고를 때에는 너무 비싼 것을 고른 후 이렇게 해서는 안되고 저렇게 해서도 안 된다는 식으로 자유롭게 갖고 놀지 못하게 해서는 안된다.

그렇다고 해서 너무 허술하게 만들어진 인형은 곧 손이 떨어지거나 머리가 벗겨진다. 여자아이는 인형을 조금 큰 후에도 몇 년 동안 쓰기 때문에 튼튼하고 다루기 쉬운 것을 사주면 된다. 크기는 아이가 안을 수 있는 정도가 좋다.

운동기구로서는 그네, 보조 바퀴가 달린 자전거도 좋으며 고무풍선이나 너무 잘 튀지 않는 공도 좋다. 그리고 물놀이는 세 살부터 초등학교 1학년 정도까지 매우 좋아하는 놀이이므로 물놀이를 할 수 있는 장난감을 주는 것도 괜찮다.

○ 고무풍선은 좋은 장난감이지만 너무 크게 불어서 터지지 않게 주의한다.

이 시기에 알맞은 그림책

Point 1 추상적인 것은 좋지 않다

지금까지 아이가 보던 그림책은 그림이 주된 것이었다. 그리고 가령 그림책에서 자동차를 보더라도 그 자동차를 보면서 아이는 자기가 알고 있는 다른 자동차만을 생각했을 것이다. 소꿉놀이에서도 마찬가지로 소꿉놀이를 하는 그림을 보면 아이는 자신이 알고있는 소꿉놀이를 생각하고 있을 것이다.

그러나 이 시기가 되면 그림에서 새로운 것을 알려고 하는 경향이 나타나기 시작한다.

무엇이든 물어 보세요

Q 아이가 불장난을 좋아해요.

A 아이가 불장난을 좋아한다면 덮어놓고 안 된다고 금지하기보다는 엄마가 곁에 있을 때에는 장난을 해도 괜찮지만 엄마가 없을 때에는 절대로 해서 안 된다는 것을 실행시키는 편이 바람직하다. 그리고 외출할 때는 성냥을 모두 감추어 두고 어느 정도 장난을 하도록 내버려두면 아이는 성냥을 가지고 불장난을 하지 않게 된다.

또한 화재의 무서움을 알게 할 필요도 있다. 성냥불 장난은 매우 위험한 장난이므로 먼저 불이 무서운 것임을 납득이 갈 만큼 이야기해 줄 필요가 있다.

물론 이 때에도 겁을 주어서 버릇을 고치려고 해서는 안 된다. 집에서 억압받고 있는 울분을 다른 곳에서 풀지 모르기 때문에 처벌 대신 납득시켜서 하지 못하게 해야 한다.

또한 화재가 난 현장을 구경시켜 주거나 아이를 데리고 소방서를 방문해 보는 것도 좋은 경험이 될 것이다. 실제로 견학을 시키면서 소방서의 구조, 소방대원들이 하는 일이나 화재가 무서운 것임을 친절하게 가르쳐 주는 것도 좋은 방법이다.

그래서 그림을 구석구석 살피고 여러 가지 질문을 하게 된다.

그리 어렵지 않은 글자도 좋아하게 되며 마음에 드는 것이 있으면 몇 번이고 읽어 달라고 하게 된다.

그런데 그때 아이에게 주는 그림책은 꼭 실물 그대로가 아니어도 괜찮지만 너무 추상적인 것은 좋지 않다. 색채도 선명한 것 뿐만 아니라 중간색이 섞인 부드러운 것도 좋다.

이 무렵이 되면 금방 문장을 배워 버리기 때문에 특히 올바른 말과 좋은 글이 담긴 그림책이 필요하다.

○ 서서히 이야기하는 방법을 배워 가는 시기이므로 적당히 말이 섞인 그림책을 주도록 한다.

part 4 어디까지 할 수 있나

버릇 들이기

같은 행동을 반복하는 아이

5세에 가까운 아이가 같은 동작을 되풀이하는 것은 이상한 징후이다. 이러한 반복 동작은 보통 1~2세 사이의 아이가 주위 환경을 탐색하는 과정에서 보이는 행동이기 때문이다. 그러므로 빠른 시일 안에 소아과나 아동상담소에 방문해서 정밀 검사를 받는 것이 좋다.

유아 강박 신경증 증상을 나타내는 아이들은 평소에 자기 표현이 서툴고 새로운 환경에 적응하고 친구들을 사귀는 데에도 시간이 많이 걸린다. 이러한 아이들은 쉽게 불안감을 느끼고, 기존의 불안감을 다 해소하기도 전에 다른 불안감이 더해지면서 그 증세가 더욱더 심해진다.

또한 가족은 아이가 무슨 일 때문에 불안해하는지 알려고 해도, 아이가 아무 말도 하지 않기 때문에 애를 먹는다. 그렇다고 아이에게 계속해서 무엇 때문에 불안한지 말해 보라고 강요한다면, 아이는 더 당황하고 불안해할 수 있으므로 주의해야

한다. 이러한 상황에서는 집안 분위기를 안정되게 만드는 것이 아이를 돕는 최선의 방법이다.

그리고 강박 신경증의 아이는 대체로 엄마와는 대단히 친한 반면 아빠와의 관계는 지극히 소홀한 것이 특징이다. 그러므로 이번 기회에 부모와 자녀 관계, 부부 관계를 다시 한 번 되돌아보고 부부가 힘을 합쳐서 대처해 가는 것이 중요하다. 상세한 치료 방법은 전문 상담가의 도움을 받도록 해야 한다.

○ 5세 정도의 아이가 같은 행동을 반복한다면 전문가의 상담이 필요하다.

이것만은 꼭 가르치자

인사 예절을 가르친다

POINT 1 인사하는 습관을 들인다

'다녀오겠습니다' '다녀왔습니다' '안녕하세요' '잘 먹겠습니다' '잘 먹었습니다' '안녕히 주무세요' 는 이 무렵에는 비교적 잘 하지만 아직 못하는 아이는 부모가 함께 이 시기에 익히도록 한다. 집안 사람에게는 '다녀왔습니다' 는 할 수 있지만 모르는 사람에게도 '안녕하세요' 하는 것은 이 시기에는 아직 잘 못한다.

'안녕하세요' 하고 소리를 내지 않더라도 그냥 고개만이라도 숙이도록 시켜야 한다. 스스로 할 수 없더라도 엄마가 시키면 도망치거나 엄마 뒤에 숨지 않고 인사하는 습관을 들이는 것이 좋다.

그리고 문 앞에 사람이 왔을 때에는 집안 사람이 나갈 때까지 모르는 척하고 가만히 있지 말고 엄마에게 알려주는 따위의 일도 이 무렵에 할 수 있어야 한다. 곧 이미 집안의 일원이라는 기분을 이 무렵부터 익히는 것이 좋다.

스스로 할 수 있게 도와준다

POINT 1 혼자서 벨트 차고 풀기

❋ 처음에는 아이가 벨트의 버클을 매고 풀 때 도와주고, 차츰 혼자 하도록 해준다.

❋ 벨트만 가지고 바닥에서 연습해 보게 하고, 잘 하면 아이가 직접 벨트를 매어보게 한다.

❋ 처음에는 큰 버클이 달린 벨트로 하다가, 어느 정도 익숙해지면 아이의 벨트에 알맞은 크기의 버클로 조정해 준다.

POINT 2 혼자서 옷 입기

❋ 옷을 입는 순서대로 펼쳐 놓아주고, 아이가 날씨에 알맞은 옷을 골라 입을 수 있게 도와준다.

❋ 혼자 옷 입도록 해 주고 다 입으면 칭찬을 해 준다. 옷 입기를 아이의 일과 중 하나로 해 두고, 혼자서 옷을 입을 수 있을 만큼 충분한 시간을 준다.

POINT 3 엄마와 상 차려 보기

❋ 숟가락과 젓가락을 따로 서랍에 넣어 둔다.

❋ 아이와 함께 식구 수대로 필요한 만큼 수를

❶ 처음에는 큰 벨트를 바닥에 놓고 연습하다가 직접 바지에 매어보게 한다.

❶ 상차리기는 아이가 직접 할 수 있는 숟가락이나 젓가락 놓기부터 시작한다.

세어 꺼낸다.

❋ 밥공기와 대접 등을 낮은 곳에 두어 아이가 식구 수대로 내려놓을 수 있게 해 준다.

❋ 처음 몇 번은 아이와 함께 상을 차리고 차차 아이 혼자 차려 보게 한다.

❋ 아이가 엄마를 도와서 차린 상을 식구들에게 자랑해 주고 칭찬을 해 준다.

❋ 밥이나 국은 엄마가 직접 차리고, 수저나 젓가락 등 단순한 것은 아이가 직접 놓을 수 있게 허락해 준다.

❋ 우선 수저 놓는 것부터 시작하고, 점차 음식을 모두 바른 장소에 놓게 해본다.

❋ 음식을 모두 차려 놓고 숟가락만 빠뜨려 놓은 후, 아이가 알아채고 가져다 놓을 수 있게 해 본다. 차차 한 가지씩 빠뜨리는 가지 수를 늘려 본다.

❋ 아이가 상차리는 것에 익숙해 졌다면 지금부터는 1:1대응에 대해서 서서히 익힐 단계. 아빠, 엄마, 아이의 숟가락과 젓가락을 따로 준비해서 각 자리에 맞게 놓아보는 연습을 시킨다.

글자에 전혀 흥미가 없는 아이

글씨는 쓰는 것보다는 읽는 쪽이 먼저이다. 손을 잡고 글씨를 쓰게 하려고 애를 써 보았자, 아이가 글씨에 흥미를 가지기 전에는 오히려 역효과가 되고 만다. 아이에게는 글씨를 쓰는 일 특히 받침 따위를 쓰는 일은 매우 어려운 것이다. 읽는 것부터 시작해서, 먼저 글자 모양을 익히게 해야 한다.

글씨는 말과 연결시켜서 익히게 하는 것이 효과적이다. 텔레비전이나 그림책 같은 시각에 의한 자극이 많기 때문에 아이한테는 어려울 듯한 말도, 뜻은 모르더라도 화면이나 그림을 보면 대충은 이해할 수가 있다. 먼저 '말' 을 익힐 필요가 있다. '가갸거겨……' 하고 기호식으로 익히게 하기보다는 말과 결부시켜서 익히게 하는 편이 훨씬 효과적이다. 잠자기 전에 동화를 읽어 주거나 퀴즈 같은 것으로 상상력을 길러 주어서 언어 환경을 풍부하게 해 주는 것도 좋은 방법이다.

그리고 글자가 있는 환경을 의도적으로 만들어서 저절로 흥미를 가질 수 있도록 하는 것도 좋은 방법이다. 또한 놀이를 하면서 흥미를 이끌어 보는 것도 좋은 방법이다. 놀면서 흥미를 기른다는 점에서 카드놀이만큼 좋은 것은 없다. 아이가 글자나 숫자에 흥미를 가지기 시작하면, 그것을 눈 깜짝할 사이에 익혀 버린다.

❷ 아이가 글자에 흥미가 없으면 글자를 좋아할 수 있는 환경을 만들어준다.

이 시기의 문제 행동

말하는 것이 서투르다

Point 1 아이의 말상대가 되 주어라

주위 사람에게 관심을 보이면서 자신을 상대해 주었으면 하고 바라는 아이는 말을 빨리 배우게 된다. 아이가 말을 얼마나 재미있게 그리고 효율적으로 배우느냐는 부모를 비롯한 주위의 반응에 달려 있다고 해도 과언이 아니다.

아이에게 말상대를 해 줄 때에는 우선 아이가 내뱉는 소리에 관심을 가져주어야 한다. 의미가 없는 음이나 소리라고 하더라도 관심을 갖고 자꾸 반응을 보이면 아이는 말하고 싶은 욕구를 자극받게 된다.

대부분의 엄마가 기저귀를 갈아주거나 젖을 먹이면서 아기에게 말을 건네는데, 그런 엄마의 행동은 아이가 말 배우기에도 아주 중요하다.

아이가 만1세가 된 후에도 같은 태도로 대해 주어야 한다. 사람과 친하고 사람을 좋아하는 아이가 되도록 하는 것이 말을 쑥쑥 자라게 하기 위한 전제 조건이다.

Point 2 좋아하는 사람의 말을 배운다

아이에게 있어 말의 본보기가 되는 사람은 우선 엄마다.

⊖ 산만한 아이에게는 그림을 그리거나 색종이를 오리는 등 열중할 수 있는 일을 시킨다.

⊖ 아이가 능숙하게 말을 잘 하길 원한다면 아이의 말 상대가 되어준다.

Q 아이가 친구들을 괴롭혀요.

A 다른 아이를 못살게 구는 것도 이 시기의 아이에겐 흔히 있는 일이다. 괴롭히고 괴롭힘을 당하는 행동을 통해서 사회생활을 배우기도 한다.

하지만 장난이나 남을 괴롭히는 것에 좋지 않은 동기가 있을 경우에는 반드시 주의를 줄 필요가 있다. 왜냐하면 이 시기의 아이가 음흉한 생각을 가진다는 것은 아이의 생활 어딘가에 아이를 압박하는 어떤 요소가 있다는 신호이기 때문이다. 예를 들면 교육을 엄하게 시키는 집의 아이는 부모나 선생님으로부터 착하다는 소리만 듣고 자라는 경우가 많다. 하지만 부모나 선생님으로부터 착하다는 말만 듣는 아이가 유아원에서는 남 모르게 아이들을 괴롭히는 말썽꾸러기로 변하는 경우를 의외로 많이 볼 수 있다.

때로는 어른의 눈이 미치지 않는 장소에서 장난하면서 남을 괴롭히는 아이도 있다. 그럴 때는 유치원 선생님과 상담한다든지, 아이가 자라고 있는 가정의 환경 조건에 대해서 다시 한 번 생각해 봐야 한다.

아이의 말 배우기를 위해서도 엄마는 아이에게 있어 동경의 대상이 되면 좋다. 아이가 제일 좋아하고 매력적이라고 생각할 수 있는 엄마가 되도록 하자. 자신의 마음을 잘 알아주는 사람, 어떤 일을 해도 상대가 되 주는 사람, 많이 놀아 주는 사람, 귀찮아하거나 화내지 않는 사람 등 아이에게 믿음과 동경의 대상이 되면 아이는 엄마의 말을 배우게 된다. 그렇기 때문에 말을 배우는 시기의 아이에게는 항상 이야기를 들려주고 동화책을 읽어 주는 엄마가 가장 매력적인 존재가 된다.

읽기가 능숙하거나 서투른 것, 사투리를 쓰고 안 쓰고에 대해서는 신경 쓰지 말고 개성이 풍부한 이야기를 해 주도록 한다. 재미있는 가락을 붙이거나 노래를 부르면서 이야기 해 주면 아이는 아주 즐거워한다. 꼭 동화에 나오는 이야깃거리가 아니어도 좋다.

수퍼마켓에서 만난 뚱뚱보 아줌마 이야기, 아빠의 셔츠 주머니에 종이를 넣고 세탁하는 바람에 종이가 꾸깃꾸깃해졌던 이야기 등 무엇이든 재미있게 얘기해 주자. 엄마가 어렸을 때의 이야기도 아이가 좋아하는 이야깃거리 중에 하나다.

주의가 산만하다

Point 1 건강상태가 나빠서일 수 있다

아이의 소동과 산만한 행동은 운동 감각을 훈련시키고 장래의 적극적인 태도나 투지를 길러주기도 하기 때문에 결코 나쁘다고 만은 할 수 없다. 만약 아이가 항상 꼼짝 않고 있기만 하다면 건강 상태가 나쁘거나 체력이 약하기 때문

⊕ 아기가 지속할 수 있는 놀이를 같이하거나 적극적으로 놀아주면서 아이의 정서를 안정시켜준다.

은 아닌가 하고 오히려 의심해 볼 필요가 있다.

아이가 너무 산만하다면 일단 엄마가 아이의 행동 속으로 들어가 친구가 된 뒤, 차분하게 정서적으로 안정된 수동적 놀이를 시켜주도록 해 보자. 점토로 만두를 빚는다든지, 큰 칠판에 분필로 자유롭게 그림을 그린다든지, 큼직한 색종이를 붙이는 등 손가락을 사용해서 몰두할 수 있는 일을 시켜보는 것이 좋다. 이처럼 다리 활동 에너지를 손의 활동으로 바꾸면 요란스런 소동이 사라져 부모는 한시름 놓이고, 아이도 활동하려는 욕구가 꺾이지 않아 좋다.

Point 2 아이와 적극적으로 놀아준다

아이와 함께 대화를 나눈다거나, 책을 읽어 준다거나, 음악을 들려주는 등 아이가 수동적인 입장이 되는 '수용 놀이' 를 해보는 것이다. 책이나 레코드는 부모가 곁에 있어야만 즐길 수 있지만, TV나 테입을 이용하면 부모가 계속 곁에 있지 않으면서도 놀이를 시킬 수가 있다.

이 시기에 꼭 해야 할 교육 프로그램

반대말 사용해 보기

✽ 아이에게 다음과 같은 것을 말해 주면서, 아이가 맞추어 보게 한다.
· 오빠(형)는 남자이고, 언니(누나)는__이다.
· 여름은 덥고, 겨울은__.
· 우리가 일어나 있는 동안은 낮이고, 잘 때는__이다.
· 코끼리는 크고, 강아지는__.

✽ 아이가 위와 같은 것을 말하지 못하면, 처음에는 그림을 보여 주면서 말 해 준다.

✽ 순서를 바꾸어서 해 본다. (예를 들어, 언니는 여자이고, 오빠는__이다.)

✽ 아이가 이런 물음에 답하지 못하면 두 가지 답을 주고 한 가지를 선택해 보게 한다. 예를 들면, '여름은 덥고, 겨울은 춥다' 와 '여름은 춥고, 겨울은 덥다' 라는 말을 해 주고 어느 것이 맞는지를 말 해보게 한다.

그림을 보지 않고 이야기 꾸며 보기

✽ 아이에게 그림이야기를 읽어줄때, 그그림이 무슨내용인지 엄마에게 설명해보게한다.

✽ 처음에는 간단하고 짧은 이야기를 아이에게 몇 번 되풀이해서 들려준다. 아이에게 엄마, 언니 또는 오빠에게 그 이야기를 다시 해보라고 부탁 해 본다. 이야기 내용을 점차 복잡하고 긴 것으로 바꾸고 보고, 엄마가 들려 준 이야기를 식구들에게 다시 이야기해 보게 한다.

글자 · 숫자 맞추기

✽ 탁자 위에 5개의 글자 카드를 펴놓는다. 엄마는 같은 글자 카드 5개를 손에 들고 아이에게 한 번에 한 장씩 뽑아 내어 그 카드를 탁자 위에 있는 같은 글자 카드와 맞추게 해본다.

✽ 글자나 숫자로 된 그림 맞추기 판을 사용해 본다. 아이에게 글자나 숫자를 제 자리에 끼워 맞추게 해본다.

✽ ㄱ, ㅇ, ㅍ 과 같이 모양이 아주 다른 것으로 시작해서 차차 모양이 비슷한 ㅅ, ㅈ, ㅊ 같은 것을 맞추게 해본다.

✽ 횡단 보도 표시, 신호등, 전화 표시등을 이

➡ 더 재미있고 쉽게 글자 공부를 하려면 글자가 쓰여있는 카드를 이용해 본다.

용해서 같은 표시끼리 서로 맞추어 보게 해본다.

사람 그리기 (머리, 몸체, 팔, 다리)

✽ 원과 선을 이용하여 사람을 그리고 엄마가 선을 하나씩 그을 때마다 아이에게 하나씩 따라 그리게 해본다. 이 때 말로 힌트를 준다.

✽ "잘 봐, 이 사람에게 더 그려 넣어야 할 것이 무엇일까?" 와 같이 간단히 말해준다.

✽ 모조지 위에 아이의 발이나 손을 올려놓고, 손이나 발 모양을 본떠 그린 다음 아이에게 그것을 색칠하게 하고 아이가 색칠하는 동안 신체 부위에 대해 이야기해 보게 하면서 사람의 신체부위에 관심을 갖게 한다.

✽ 아이에게 사람 모양의 일부를 그려 주고 완성하게 해본다. 완성된 그림을 본보기로 해본다.

➡ 아이의 손을 본 뜨게 한 다음 색칠하게 하거나, 신체의 일부만 그려주고 완성하게 한다.

➡ 겨울과 여름, 낮과 밤, 큰 것과 작은 것을 이용해 반대의 의미를 알려준다.

가게놀이 하기

✽ 실제 동전을 사용해본다. 아이에게 10원짜리 동전을 50원짜리와 함께 보여 주면서 10원짜리를 말하게 해본다. 다음에는 100원짜리와 같이 보여주면서 10원짜리를 말하게 해본다. 다른 동전으로도 이와 같이 되풀이 해본다.

✽ 탁자 위에 사탕이나 껌을 세 개 놓고 아이에게 10원짜리, 50원짜리, 100원짜리 한 개씩 준다. 아이에게 껌 값이 100원이라고 말해 주고 아이가 첫번에 100원짜리를 내면 아이에게 껌을 준다.

자기 잘못 사과하기

✽ 모든 식구들이 가정에서 예의 바르게 행동하는 것이 중요하며 누구든지 아이와의 관계에서도 예의를 지킬 줄 알아야한다.

✽ 엄마 자신부터 아이에게 예의 바른 행동을 보여준다.

✽ 아이가 어떤 잘못을 하고 나서도 사과를 하지 않으면, 엄마는 조용히 아무 말도 하지 말고 기다리는 행동을 보여주어 자연스럽게 아이의 주의를 집중시킨다.

아이가 알아채지 못하면 "이렇게 잘못을 했을 땐 뭐라고 말해야 할까?" 라고 하면서 아이가 잘못을 생각해 볼 수 있도록 한다. 아이가 사과할 줄 알면 칭찬을 해 준다.

순서 지켜 놀기

✽ 8~9명 정도의 또래 모임에서 순서를 지키며 놀 수 있게 도와준다.

✽ 아이들끼리 함께 모여 모래놀이, 미끄럼 타기, 나무토막 쌓기 등 순서가 필요한 놀이를 할 수 있게 해 준다.

✽ 엄마는 아이들이 하는 놀이에 개입하지 말고, 어떻게 놀고 있는지를 가끔 살펴보기만 하면 된다.

✽ '끝말잇기 놀이' 를 해서 차례 차례로 돌아가면서 한 아이씩 말을 이어 보게 한다. 또는 모두 둘러앉아서 한 아이가 어떤 종류를 제시하면, 모든 아이들이 차례로 돌아가면서 그 종류에 속하는 물건 이름을 말해 보게 한다. 예를 들면 '과일' 이라고 말하면 돌아가면서 '수박, 사과, 배, 감…' 등의 과일 이름을 대보게 한다.

한 발씩 계단 오르내리기

✽ 아이가 한 손은 계단 난간을 다른 한 손은 엄마 손을 잡게 한다.

✽ 아이의 한쪽 발에는 빨간 양말, 다른 쪽 발에는 파란 양말을 신겨 주고, 계단에 빨간색과 파란색 테이프를 번갈아 가며 붙여두고 색깔에 맞는 발로 한 계단씩 딛도록 해본다. 잘하게 되면 계단에 붙여놓은 테이프를 없앤다.

✽ 처음에는 짧은 계단이나 혹은 낮은 계단부터 시작하여 쉽게 계단 내려가기를 잘 할 수 있도록 해본다.

세발 자전거 타고 모퉁이 돌기

✽ 세발 자전거를 타고 지나는 길에 장애물을 놓아둔다.

✽ 엄마가 앞에서 이리저리 움직이고 아이에게 세발 자전거를 타고 뒤쫓아오게 해본다.

✽ 처음에는 아이의 뒤에 서서 손으로 핸들을 조정하여 회전하도록 도와준다. 점차 아이 혼자서 방향 조정을 할 수 있도록 도움을 줄인다.

✽ 세발 자전거를 타고 동그라미를 그릴 수 있을 만큼 넓은 장소에서 핸들을 넓게 회전할 때의 방향대로 꺾어 고정시켜 놓고 아이가 회

전 연습을 하게 해본다.

✽ 모래 상자 같은 물건의 주위를 자전거를 타고 돌게 해본다.

나사 돌려 맞추기

✽ 병과뚜껑, 암나사와수나사등을이용해본다.

✽ 엄마는 아랫부분을 잡고 있고, 아이는 윗부분을 돌려서 끼워 맞추게 해본다.

✽ 엄마가 아이 손을 잡고 뚜껑을 돌려서 닫도록 도와준다.

✽ 아이가 서투르면 병을 두 무릎 사이에 끼워서 움직이지 않도록 해준다. 왼손으로 병의 윗부분 근처를 잡고 오른손으로 병 뚜껑을 돌리게 해본다. 병 안에 장난감이나 과자 등을 넣어 두어서 아이가 뚜껑을 열고 싶어하는 마음이 생기도록 해준다.

✽ 우선 병 뚜껑을 나사 홈에 맞추어 병에 잘 끼워 주고 아이에게 뚜껑을 끝까지 돌려서 닫아보게 해본다.

● 손으로 쥐는 힘을 키우려면 병 뚜껑을 손으로 열게 하는 놀이를 시켜본다.

잘 잃어버리는 아이

신경질적인 아이는 앞질러 생각하는 경향이 있다. 선생님이나 친구들의 이야기를 반쯤만 듣고도 전체를 상상해 버리고, 친구들의 태도에 신경을 쓰거나, 그 다음 일에 마음을 쓰게 된다. 그래서 침착하지 못하고, 남의 말을 잘 듣지 못하거나 깜빡 잊게 되는 것이다.

● 덤벙거리는 아이는 자신의 가방을 스스로 정리하고 챙기는 습관을 길러준다.

이런 아이는 핀잔을 주거나 야단을 치기 전에 먼저 집에서나 유치원에서나 남의 이야기를 끝까지 들은 다음에 행동으로 옮기는 버릇을 길러 주는 것이 좋다.

집에 돌아오면 주머니나 가방 속에 있는 것을 전부 꺼내서 자기의 서랍이나 정리 상자 안에 넣어두게 하고, 가방이나 주머니를 비워 두게 한다. 그리고 아침에 다시 가방이나 주머니에 넣는 습관이 길러지면, 물건을 잊거나 빠뜨리는 일이 없어지고, 유치원의 통지 사항도 곧 엄마에게 넘겨주게 된다.

58-60 개월

이 달 말에 우리 아기 여기까지 할 수 있다

STEP 1

90% 가능
대부분 할 수 있다

1 반대와 비슷한 말 3개중 2개를 안다
2 혼자서 옷을 입는다
3 앞, 뒤꿈치를 붙이고 걷는다
4 사람 3부분을 그린다(머리, 몸통, 다리)

STEP 2

75% 가능
웬만하면 할 수 있다

1 한발로 10초 동안 서 있는다
2 튀어 오른 공을 잡는다
3 네모(ㅁ)를 보고 흉내낸다

STEP 3

50% 가능
할 수 있는 아기도 있다

1 물건의 성분을 안다
2 앞, 뒤꿈치를 붙이고 뒤로 걷는다
3 네모(ㅁ)를 보고 그린다
4 사람 6부분을 그린다(머리, 몸통, 팔, 다리)

STEP 4

25% 가능
하기에 벅차다

1 망치, 가위를 능숙하게 사용할수 있다
2 신발 끈을 맬수 있다
3 옷의 단추를 키울 수 있다
4 길이, 양, 수에 대한 개념을 가지게 된다
5 뇌, 뼈, 심장, 피, 혈관등 신체 구조를 알 수 있다

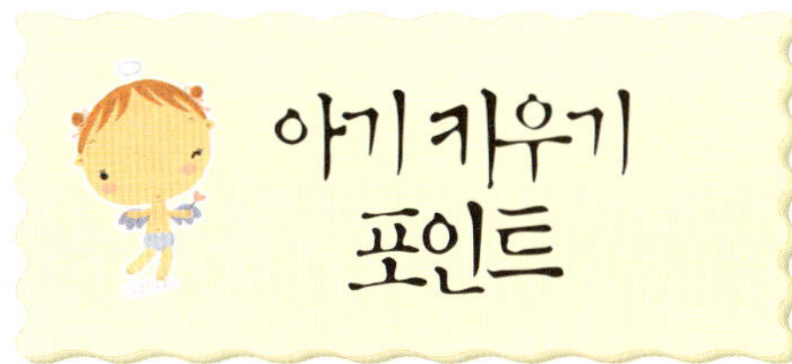

아기 키우기 포인트

다른 집 방문 예절을 가르친다

Point 1 아이에게 미리 주의시켜야 한다

외출하기 전에 아이에게 "남의 집에 가서는 조용히 해야 된다."는 사실을 다짐한다. 물론, 해서는 안 되는 일을 안 된다고 설득하는 것도 필요하다.

그러나 문제가 되는 것은 '아이가 하는 일이니까 뭐든 허용된다'라고 하는 부모의 태도일 것이다. 예를 들어 아이가 없는 가정을 방문했을 때, 아이가 잘못하여 그 집사람에게 꾸중을 받게 되면 부모들은 도리어 혼내는 집주인에게 정색을 하기 쉽다. 하지만 이러한 생각은 아이를 가진 부모가 가지기 쉬운 오만한 태도이다.

아이는 주위의 모든 사람 눈을 의식하면서 자란다. 초대하는 쪽도 그 나름대로 아이가 놀 수 있는 공간 등을 마련하거나 만져서 안될 것은 치우는 등의 배려가 필요하고, 부모도 미리 아이를 주의시키지 못한 것에 대해 미안해하는 마음가짐이 있어야 한다.

그리고 자신의 아이에 대해 좀더 겸허하게 객관적인 눈을 갖도록 노력하는 자세도 필요하다.

Point 2 친구 집에서의 예절을 가르친다

'아이들은 사람의 눈으로 자란다'고 했는데 이것은 친구끼리도 통용되는 말이다. 놀러 올 때마다 간식 달라고 조르고 여기 저기 함부로 손을 대는 등 예절이 갖춰지지 않은 아이에게는 다른 사람의 자녀이거나 내 아이이거나를 떠나서 타이르는 것이 정상이다.

또한 아이가 먼저 규칙을 정하는 것이 바람직하다. 그리고 정해진 규칙을 놀러온 아이에게도 마찬가지로 적용시킨다. "이 방엔 들어가지 말아라."하고 말해 둘 필요가 있다. 자신의 자녀에게도 "옆집에 가면 물건을 만질 때 만져도 좋은지 그 댁 어른에게 물어 보도록 해야 한다." 라고 기회가 있을 때마다 일러두는 것이 중요하다.

Q 아이에게 언제 글자를 가르쳐야 하나요?

A 4세 아이가 보기에 적합한 TV프로그램을 보여주고 즐거운 그림책을 주면 그것을 좋아하는 아이는 그런 과정을 통해서 자연스럽게 숫자나 한글을 스스로 알아보게 된다. 밖에 나가 놀기를 좋아하는 아이는 그 나름대로 상점의 간판이나 약국 간판, 지나가는 시내버스 번호를 본다거나 하면서 문자나 숫자를 익히게 된다.

아이에게 텔레비전도 보여주지 않고, 그림책도 주지 않고, 여러 가지 경험을 할 수 있는 기회를 주지도 않으면서 아이하고 마주앉아 글자나 숫자를 써 가면서 가르치려고 하는 것은 참으로 어리석은 방법이다. 그렇기 때문에 TV를 좋아하는 아이라면 TV를 통해서 그림책을 좋아하는 아이라면 그림책을 통해서 충분히 즐겁게 지낼 수만 있다면 아이는 자연히 글자와 숫자를 알 필요성을 느끼게 될 것이다.

이 나이에는 글자를 읽기만 하면 된다. 읽을 수 있는 글자는 쓸 줄 알아야 한다고 생각해서 아이에게 글을 쓰게 하는 것은 바람직하지 않다. 이 시기의 아이는 자기가 생각하고 있는 것을 문장으로 표현하기에는 아직 빠르기 때문에 무리하게 억지로 시키면 글자를 싫어하게 된다. 이 나이에는 자기가 생각하고 있는 것을 충분하게 표현하고 이야기 할 수 있는 아이로 기르겠다고 생각하는 것이 무엇보다 중요하다.

그림책이건 신문이건 아이가 좋아하는 것을 통해 문자를 가르치면 효과적이다.

또한 다른 집에서 전화를 쓸 때는 사전에 꼭 허락을 받는 등의 전화 예절을 가르친다.

집에서도 어른이 있는데 아이들이 전화를 받는 것을 훈련이라고 생각하고 아이에게 전화를 받게 하는 부모가 있지만 어린아이는 어른에게 전화를 바꿔 주는 데 시간이 걸리고, 전화받는 요령을 잘 몰라 상대에게 실례가 될 수도 있다.

아이가 유치원에 가게 됐을 때쯤 '우리 집의 규칙'으로 전화 받기 예절을 조금씩 가르쳐 주는 것이 좋다.

남의 집에서 전화를 쓸 때와 집에 걸려온 전화를 받을 때의 두 가지 경우를 모두 가르친다.

Point 3 이런 아이는 주의를 준다

✱ 멋대로 다른 집의 장롱을 열어 이것저것 들쑤시는 아이.

✱ 다른 사람의 집을 멋대로 마구 들어오는 아이나 태연하게 소파를 밟고 돌아다니는 아이 역시 주의를 준다.

✱ 간식을 줘도 고맙다고 하기는커녕 불평을 하는 아이.

✱ 다른 집의 냉장고를 거리낌없이 여는 아이와 그것을 보고도 아무 말도 하지 않는 엄마.

✱ 놀러 와서 집안 구석구석을 탐험 놀이하며 뒤지는 아이와 이부자리를 펴놓은 방을 돌아다니는 아이.

✱ 놀고 난 뒤 뒷정리를 안하고, 주의를 줘도 못 들은 체하는 아이.

✱ 다른 집을 방문하면 꼭 '뭐가 먹고 싶다'고 하는 아이.

이것만은 꼭 가르치자

남을 도울 줄 아는 아이로 키운다

Point 1 다른 사람을 즐겁게 돕도록 한다

네 살 무렵의 아이는 놀이와 마찬가지로 또한 그 이상으로 도와주는 것을 즐거워한다. 이보다 더 어릴 때에도 엄마는 때때로 아이에게 심부름을 부탁하기도 한다.

세 살까지는 자기가 실제로는 할 수 없으면서도 자기가 하려는 일을 다른 사람이 하면 화를 내곤 한다. 하지만 세 살이 지나면 아이는 아이 나름대로 자기 능력의 한계를 알게 된다. 그래서 자기가 도와줄 수 있는 범위 내에서 누군가를 돕는 것을 좋아하게 된다.

그러나 이 무렵의 심부름은 진정한 심부름이 아니다. 이 무렵의 아이는 놀이와 같은 생각으로 심부름을 즐기는 경우가 많다. 부모도 대개 아이가 하고 싶어 할 때에만 부탁하지만 참된 심부름은 아이가 놀고 싶거나 만화를 보고 싶어 하는 등 다른 것을 하고 싶을 때 그것을 참는 것임을 가르쳐 주는 것도 필요하다.

이것을 잘 할 수 있는 시기는 만 여섯 살이 지나야 되지만 그 이전이라도 나이에 맞는 간단한 것이라면 매일 정해둔 것을 시킬 수도 있다.

Point 2 사람을 돕는 습관을 들인다

아이에게 심부름을 시키면 시간이 걸리기 마련이다. 게다가 솜씨가 서툴기 때문에 신경질적인 부모는 곧바로 스스로 해 버리고 아이에게 시키지 않는 경우가 많다. 그렇지만 심부름을 하고 싶어하는 이 시기부터 사람을 성실하게 돕는 습관을 잘 들인다 하더라도, 아이가 좀 더 자라서 다른 일에 흥미를 갖게 되면 심부름을 잘 하지 않게 된다. 그런데 어리다고 해서 모처럼의 시기에 아무 일도 시키지 않고, 심부름도 못하게 한다면 이 시기의 특징인 아이 스스로 성장하고자 하는 아이의 '주도성' 대신에 열등감이 쌓일 수 있다. 이러한 특성은 이후에도 계속 아이에게 부정적인 영향을 미쳐 아이는 심부름을 싫어하는 아이, 다른 사람을 위해 일하거나 마음을 쏟기를 좋아하지 않는 아이로 변해갈 수 있다.

○ 어른 신발에서 아이 신발로 범위를 좁혀가며 신발 끈 끼우는 연습을 한다.

○ 심부름은 자신이 하고 싶을 때만 하는 것이 아니라 하기 싫을 때도 해야 하는 일임을 가르친다.

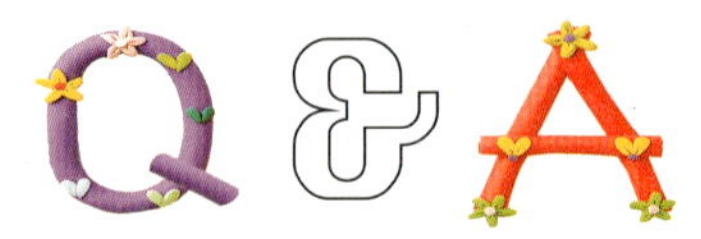

Q 하고 싶은 말을 제대로 하지 못해요.

A 엄마의 잔소리가 말이 없는 아이를 만든다. 일상 생활 속에서 아이가 자기의 요구를 분명하게 문장으로 말하지 않더라도 입만 열어도 벌써 뜻을 알아 버리지는 않는지, '물'이라는 말만 나와도 "물이 마시고 싶은 모양이구나. 잠깐 기다려, 엄마가 갖다 줄게" '오줌'이란 말만 나와도 "화장실에 가고 싶은 게로구나. 어서 다녀오렴. 손 씻는 걸 잊지 말고,"하는 식이다. 이와 같이 말할 틈도 없이 엄마와 접하고 있으면, 아이는 이야기 할 필요도 없게 되고, 아이가 말을 잘 하지 않게 되는 것은 당연하다. 시간은 걸리더라도 아이가 하는 말을 끝까지 들어주는 태도를 가져야 한다.

Q 숫자 세는 것이 아직 서툴러요.

A 하기 싫어하는 아이에게 억지로 시킨다고 되는 것은 아니다. 다른 아이에 비해 늦다고 억지로 시키려들면 숫자에 대한 거부감을 갖게되고, 셈에 대한 흥미를 잃게 되어 초등학교 입학 후에도 산수를 싫어하는 원인이 될 수 있다. 아이가 좋아하는 실물을 늘어놓고 끈기 있게 서서히 가르쳐야 한다. 스스로 흥미를 느끼고 세어보는데 관심을 기울이도록 하면 쉽게 익혀가게 될 것이다. 우선 자신 있게 아는 숫자만 물어보고 셀 수 있는 것만 세어보도록 하여 자신감이 생겼을 때 하나 또는 둘을 빼고 더하기도 하도록 하여 우선 흥미를 갖도록 하는 것이 중요하다.

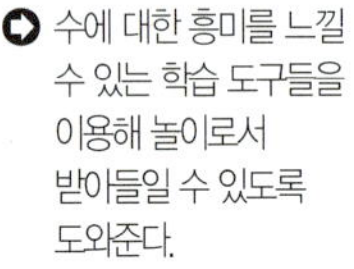

○ 수에 대한 흥미를 느낄 수 있는 학습 도구들을 이용해 놀이로서 받아들일 수 있도록 도와준다.

스스로 할 수 있게 도와준다

Point 1 옷걸이에 옷 걸기

✽ 옷을 옷걸이에 거는 것을 일과 중의 하나로 정해 준다

✽ 엄마가 말하지 않아도 옷을 옷걸이에 걸었을 때는 칭찬을 해 준다.

✽ 옷장의 옷걸이대 높이를 아이 키에 맞게 해주고, 옷걸이도 아이 키에 알맞도록 조정해준다.

Point 2 이웃집에 놀러 가기

✽ 아이가 너무 멀리 나가지 않도록 한계점을 알려 주고, 어디를 가든지 부모님께 말하고 갈 수 있도록 지도해 준다.

✽ 아이가 친구 집에 갈 때는 시간을 정해 주고, 정해진 시간 내에 돌아오도록 지도해 준다. 그러나 이 시기 아이들은 시간 개념이 정확하지 않기 때문에 부모가 연락을 하면 집에 돌아오는 것으로 아이와 약속한다.

Point 3 신발 끈 끼워보기

✽ 판자에 네 구멍을 뚫어 끈 끼우기 연습을 해본다. 엄마가 하는 방법을 따라서 아이가 끈을 끼워보게 한다. 아이가 잘 하면 끈을 끼울 구멍 수를 늘여 간다.

✽ 어른 신발로 연습하게 해 보는 것도 좋다.

이 시기의 문제 행동

또래와 자주 싸운다

POINT 1 싸움을 성장의 기회로 삼는다

'싸움을 위한 싸움'이 아니라 '성장을 위한 싸움'으로 만들려면 먼저 싸움을 잘 하는 아이의 특징에 대해 알 필요가 있다.

✽ 자기 기분을 잘 억제하지 못하고 느낀 것이나 생각한 것을 금방 표현한다.

✽ 다른 사람이 하는 말에 귀를 기울이지 못하고, 무슨 일이든지 자기 중심이 되기 쉽다.

✽ 활발한 아이끼리 모이기 쉽고 그렇게 되면 서로 자기 주장이 강하므로 다툴 거리가 생기게 되며 대립도 심해진다.

아이들 싸움과 관련해서 엄마가 조심해야 할 일이 있다. 엄마의 기분만으로 일방통행적인 생각을 고치고, 아이와의 마음의 교류를 깊게 해야 한다는 점이다. 또한 어깨 너머로 야단치지 말고 아이가 하는 말에 귀를 기울이고 아이의 기분을 이해하며 이야기를 해야 한다.

말하는 방법이 서투르다

POINT 1 말을 가르치기보다 대화로 이끌어라

가정 환경이 비슷한 두살 짜리 아이들을 4그룹으로 나누고 놀이 교재와 시간을 같게 한

⬆ 아이들은 싸움을 통해서 나름대로의 규칙을 배우면서 성장하므로 무조건 말리지 말자.

후 가르치는 법만 달리하여 6개월 후에 어떻게 변하는가를 조사했다.

첫 번째 그룹 | 선생님이 아이들에게 말을 가르치는 방법을 사용한 그룹이었다. 예를 들면 "이것이 뭔지 알겠니?" "트럭이에요." "짐을 나르는 거야."라는 식으로 적극적으로 가르쳤다.

두 번째 그룹 | 확장 그룹으로 했다. 첫 번째 그룹처럼 선생님이 아이들을 가르치는 것뿐만 아니라, 아이가 틀린 말을 하면 교정해 주는 것까지 실시했다. 예를 들어 아이가 "빵~ 빵~콰당!" 하고 말했을 때 "저런 자동차가 떨어졌구나." 하고 아이의 부정확한 말을 분명한 형태로 교정해 주었다.

세 번째 그룹 | 회화형 그룹으로 보통 응답하는 방식으로 이야기를 나눴다. 아이가 "빵~빵~콰당!" 하고 말했을 때는 두 번째 그룹에서 하는 방법처럼 교정해 주지 않고 "아, 떨어졌네! 큰일났구나." 하고 답하는 이야기 방식을 선택했다.

네 번째 그룹 | 다른 그룹과의 비교를 위해 특별히 아무 것도 하지 않았다.

결과는 어떠했을까? 가장 말 배우기가 향상된 그룹은 세 번째 그룹이었다. 실험을 통해 알 수 있는 사실은 특별히 가르친다거나, 정확한 말을 가르치려고 아이를 지도하기보다는 말한 것을 받아주는 이야기 형태의 교육이 가장 효과적이었다는 것이다. 답을 위한 답이 아니라 극히 당연한 이야기를 주고받은 것이 말을 쑥쑥 키워준다는 결론인 것이다.

POINT 2 아이는 말과 함께 느낌도 배운다

개를 싫어하는 엄마가 아이를 데리고 길을 가다가 개를 만났다고 하자. 엄마는 "워이! 저리가!" 하며 개를 쫓거나, "어유! 질색이야." "물리지 않게 빨리 가자."라고 말했다고 하자. 그럴 때 한창 말을 배우는 아이와 함께 있었다고 하면 그 아이는 '개'라는 말과 싫은 느낌, 혹은 무서운 느낌, 그러므로 피해야 한다는 사실을 연관지어서 생각하게 된다.

바로 아이는 단어를 입으로 말하는 것만 배우는 것이 아니라 말과 함께 그 사물에 대한 느낌이나 생각을 함께 연관지어 기억하기 때문이다.

이와 같이 한창 말을 배우는 나이의 아이에게는 부모가 사람이나 사물을 대하는 태도가 곧바로 전달되는 것이다. 말과 느낌을 연관시켜 기억하기도 하고, 말로 표현되는 부모의 감정이 아이의 감정이 되기도 한다.

➡ 낮에 아이를 바깥에서 많이 놀게 하면 밤에 피곤해서 쉽게 잠을 잘 수 있다.

밤에 자지 않는 아이

4~5세의 유아는 보통 10~11시간의 수면이 필요하다. 만약 아이의 수면이 부족하다면 가족이 협력해서 다음 일들을 시도해 본다.

1 취침시간을 정한다
아이와 이야기를 해서 생활 습관을 고치고, 일찍 자고 일찍 일어나는 것을 기본으로 한, 하루의 일정을 세워서 되도록 시간을 지키도록 지도한다.

2. 늦게까지 TV를 보는 일이 없도록 한다
아이에게는 일찍 자라고 성화를 하면서 어른들은 늦게까지 텔레비전을 보거나 이야기를 한다면 아이

는 자고 싶어도 쉽게 잠 들 수가 없다. 밤에는 조용히 지내도록 노력하여 아이가 일찍 자는 환경을 만들어 준다.

3 아이 방을 따로 만들어 준다
아이한테는 되도록 자신의 방을 주어 일찍 그 방으로 가게하고 실내를 어둡게 해서 엄마의 따뜻한 말로 잠들게 한다.

4 낮잠은 짧게 재우도록 한다
유치원에서 돌아온 후의 낮잠을 조금씩 짧게 해서, 나중에는 낮잠을 자지 않아도 되도록 한다. 유아에게

낮잠이 필요한 경우도 있지만, 너무 오래 자면 밤에 잠을 잘 자지 못하는 원인이 되기도 한다.

5 바깥놀이 시간을 늘린다
안에서만 놀게 하지 말고, 밖에 나가서 노는 시간이 많도록 한다. 밖에 나가 잘 놀지 않는 아이는, 엄마가 데리고 산책을 하는 것도 좋은 방법이다. 밖에서 몸을 마음껏 움직여서 놀고 난 뒤에는 식욕도 생기고, 적당한 피로로 잠도 잘 자게 된다.

이 시기에 꼭 해야 할 교육 프로그램

다른 종류의 물건 이름 말해 보기

❋ 그림 또는 실물을 이용해본다. 같은 종류인 물건 세 가지와 다른 종류인 것 하나를 꺼낸다. 예를 들어 강아지 세 마리와 고양이 한 마리를 보여주고, 아이에게 다른 종류에 속하는 것 하나를 찾아보게 한다.

❋ 처음에는 아이에게 글씨 쓰는 것, 타고 가는 것 등으로 모두 찾아보게 한 다음 어느 것이 '~하는 것' 이 아닌지를 물어 본다. 아이가 바르게 대답하면 칭찬해 주고, 점차 질문을 바꾸어서 질문해 본다.

끝말이 같은지 틀린지를 말해보기

❋ 아이에게 "개나리, 보따리, 미나리, 항아리." 등과 같이 끝소리가 같은 말들을 들려준다.

❋ 여러 가지 물건이 그려져 있는 그림들을 사용한다. 끝소리가 같은 물건의 그림들끼리 또는 같지 않은 물건의 그림들끼리 놓고, 엄마와 아이가 물건 이름들을 말해 보면서 서로 끝말이 같은지 다른지를 함께 이야기 해 본다.

❋ 한 가지 물건 그림을 꺼내 놓고 아이에게 이름을 말해 보게 한다. 그런 다음 2~3개의 그림을 더 보여 주고 아이에게 처음 보여준 물건과 끝소리가 같은 물건의 그림을 골라 보게 한다. 필요하면 힌트를 주다가 점차 아이 혼자 해 보게 한다.

복합문장 사용해 보기

❋ 말그대로 따라하기 놀이를 한다. 엄마가 복합문장을 말해 주고 아이에게 따라해 보게 한다. 아이가 잘 따라 하지 못하면 문장을 구분해서 하게 하다가 문장 전체를 따라서 해보게 한다.

❋ 예를 들면 '배가 고파하는 아이'의 모습이 그려진 그림을 보면서 아이에게 그 그림을 설명하게 해 본다. 아이가 말한 것을 들으면서 엄마가 복합문장이 되도록 필요한 단어를 첨가해 다시 되풀이해서 말해 준다.

8마디 노래 불러보기

❋ 노래를 처음부터 끝까지 여러 번 반복해서 부른다. 그런 다음 한 번에 한 줄씩 엄마와 같이 부르게 하고, 아이 혼자 부르게 해보다 차차 두 줄, 세 줄로 늘려 간다.

❋ 노래를 여러 번 반복한 후 엄마가 각 소절의 첫 부분을 부르고 아이가 나머지를 따라 부르게 해본다.

❋ 아이가 노래를 잘 부르게 되면 리듬악기나 율동도 함께 하게 해 본다.

물건을 '~뒤에' '~옆에' '~다음에' 놓기

❋ 아이에게 상자의 '뒤에' '옆에' '다음에' 서게 해본다.

❋ 짝으로 된 장난감을 이용한다. 예를 들면 의자 뒤에 고양이를 놓고 아이에게 엄마가 고양이를 어디에 놓았는지 물어 본다. 그런 다음 아이에게 같은 곳에 고양이를 놓고 자기가 고양이를 어디에 놓았는지 이야기 하게 된다. 점차 엄마가 실제로 의자 뒤에 고양이를 놓지는 않고 아이에게 의자 뒤에 놓으라고 말만 해 주는 등으로 도움을 줄여 간다.

❋ '옆' '뒤' '다음에' 모두 같은 그림을 이용해 본다. 예를 들면 의자 '옆', '뒤', '다음에' 모두 고양이 그림을 두고 아이에게 의자 뒤에 있는 고양이를 가리켜 보라고 해본다.

보기와 같이 1~10까지 같은 수만큼 놓기

❋ 나무블럭이나 작은 물건들을 이용해본다. 엄마와 아이가 각자 나무블럭 10개와 종이 1장을 가진다. 엄마가 나무블럭 10개 중 몇 개를 종이 위에 놓고 아이에게 같은 수만큼 놓게 해본다. 숫자는 말하지 않고 "엄마가 종이 위에 놓은 것만큼 놓아라."라고만 말해 준다.

❋ 아이가 맞게 놓았는지 자신이 알게 되도록 엄마가 놓은 것과 아이의 것을 하나씩 짝지어서 확인하게 하고 그것들이 같은지 알아보게 한다.

❋ 엄마가 놓아두는 숫자를 순서 없이 바꾸면서(1개, 3개, 7개, 4개 등) 아이에게 같은 수를 놓게 해본다.

사회성발달 놀이

협동놀이 하기

❋ 놀이터에서 차례로 미끄럼을 타고, 서로 회전대를 밀어 주고, 함께 시소를 타고 놀게 해 준다.

❋ 나무토막으로 함께 집을 짓고 놀게 한다.

❋ 함께 길을 만들고 각자 가지고 있는 장난감 자동차를 가지고 길에서 자동차 모는 놀이를 해 본다.

❋ 술래잡기, 수건돌리기 등의 놀이를 하며 놀게 한다.

❋ 아이들끼리 놀고 나면 칭찬을 해주고, 음료수 등 마실 것을 준다.

다른 사람에게 예의 지키기

❋ 아이가 코를 후비거나 머리를 긁적거리거나, 트림 같은 것을 할 때, 다른 사람 앞에서 그런 행동을 하는 것은 "좋은 행동이 아니라는 것"을 말해 준다.

❋ 아이가 고의적으로 혹은 주의를 끌기 위해서 바람직하지 못한 행동을 한다면 아이의 그러한 행동을 무시하거나, 자연스럽게 아이를 다른 곳으로 데려 간다.

❋ 아니면 아이를 지긋이 힘을 주어 껴안고 가만히 있는 것도 좋다. 아이가 계속 행동을 보이고 있으면 행동을 멈출 때까지 아이에게 관심을 주지 않는다. 그런 다음 아이에게 바르게 행동해 볼 수 있는 기회를 다시 주도록 한다.

허락받고 물건 쓰기

❋ 아이가 허락 없이 남의 물건을 갖는 것을 허용해 주지 않는다.

❋ 다른 식구들이 아이의 물건을 사용하게 될 때도 아이에게 허락을 구하도록 한다. 또 식구들끼리도 다른 사람의 물건을 사용하게 될 때는 서로서로 허락을 구하고 나서 사용하는 행동을 보여 주도록 한다.

❋ 아이 방에 들어갈 때는 꼭 노크를 한다.

❋ 아이에게 "이것은 엄마 물건이야."라고 말해 주고 아이가 사용하려고 하면 엄마에게 먼저 허락을 구하고 나서 사용하도록 한다.

신체발달 놀이

한 발로 계속해서 다섯 번 뛰기

❋ 처음에는 엄마 팔을 잡게 하고 아이와 함께 한 발로 뛰어서 마루를 건너간다. 다 뛰어온 후 잘 했다고 칭찬을 해 준다.

❋ 아이 앞에서 엄마가 총채나 막대기를 아이 가슴 높이로 들고 서서 아이가 한 손으로 이 막대기를 잡고 한 발로 뛰어보게 해본다. 엄마는 점차 막대기를 놓고 혼자 막대기를 잡고 한 발로 뛰게 해본다.

동그라미 오리기

❋ 종이에 검은색으로 굵게 동그라미를 그린다. 종이 두께를 다양하게 해본다.

❋ 두꺼운 종이에 지름 10cm 정도의 동그라미를 그리고, 그 안에 지름 5cm 정도의 동그라미가 될 때까지 몇 개의 동심원을 그려 넣는다. 아이에게 큰 동그라미부터 하나씩 자르게 해본다. 동그라미를 하나씩 자를 때마다 칭찬해주고 마지막으로 제일 작은 동그라미도 잘라보게 해본다.

❋ 아이에게 색종이를 주고 가위로 동그라미를 오려보게 한다.

말, 사람, 나무모양 그려보기

❋ 네모 위에 세모 지붕을 한 간단한 집을 그려 보이고 아이에게 따라 그리게 해 본다.

❋ 아이가 색연필, 크레파스, 싸인펜 등으로 그리게 해본다.

❋ 아이가 중요한 부분을 빼 놓고 그리지 않았으면 "그 집에는 문이 있을까?" "사람은 다리가 몇 개지?" 등의 질문을 해 주고, 아이가 다시 하려고 하면 칭찬을 해 준다. 이때 아이의 그림이 엄마가 그린 것과 똑같아야 할 필요는 없다.

Q 유아원은 몇 살 때 보내야 하나요?

A 유아원은 대부분 4살 때 보내게 되는데 유아원에 보내는 적기는 아이가 유아원에 나가 적응해 갈 수 있는 것 같이 보이는 때이다.

보통은 엄마들이 아이를 유아원에 보내게 되면 수를 읽고 쓰고 셈하는 것과 글자를 쓰는 것 등을 익혀 학교에 가면 공부를 잘 할 수 있게 될 것을 기대하는 마음이겠지만 수와 글자를 익히는 것은 아이가 유아원에서의 얻어야 하는 것 중의 극히 작은 부분에 불과하다.

아이는 유아원에 들어가서 다른 아이들과 같이 어울려 놀고 협조하며 나름대로 일을 계획하고 완성하는 방법을 터득하므로 공치기, 술래잡기, 춤추고 노래부르기 등의 시간을 갖게 한다.

❖ 크기가 다른 동그라미를 그려주고 하나씩 잘라보게 하거나, 색종이를 주고 동그라미를 오려보게 한다.

PART
5
우리 아이,

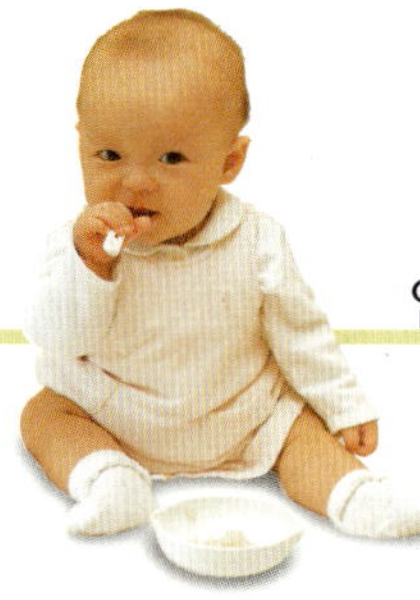

엄마 젖의 영양 ● 젖먹일 때의 자세 ● 젖 물리기 ● 젖떼는 방법 ● 우유 먹이기

이유식 먹이기 분량과 진행방법 ● 준비기 · 초기 · 중기 · 후기 · 완료기 이유식 ● 두뇌발달 유아식

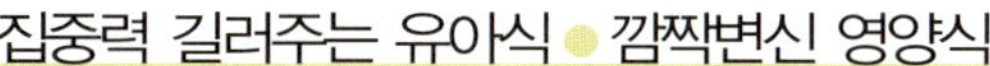

집중력 길러주는 유아식 ● 깜짝변신 영양식 ● '영양 듬뿍' 보양간식 ● 키가 쑥쑥 크는 영양식

두뇌 발달을 돕는 아기 음식

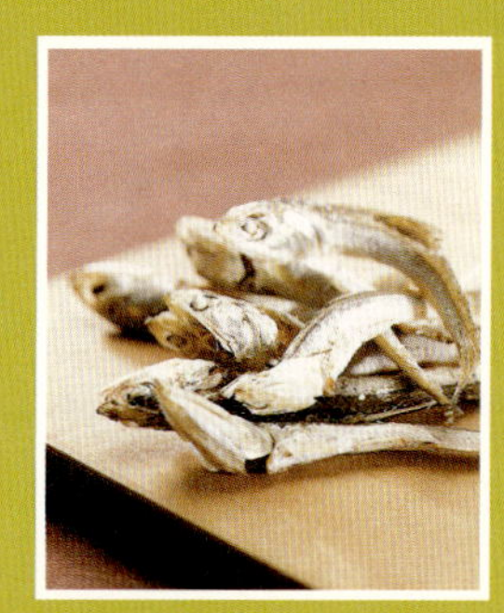

모유는 이상적인 완전식품이지만, 우유도 그 성분이 모유에 가깝게

구성되어 있으므로 그다지 걱정하지 않아도 된다. 분유 선택 요령

에서 타는 법, 아기 안는 법, 우유병 소독과 보관까지 꼼꼼히 살펴

본다. 단계별 이유식과 영양 유아식 · 간식 60가지도 소개한다.

엄마 젖 먹이기

아기에게 모유를 먹이는 것은 영양적으로도 우수할 뿐만 아니라,
신체적 접촉을 통해 엄마와 아기가 서로 적응해 나가는 자연스러운 과정 중 하나이다.

젖 트러블의 여러 가지 증세

젖이 너무 불어서 아프다

젖을 먹일 때 흔히 나타나는 '울혈' 증세는 유선에 모유가 그대로 고여 있기 때문에 나타나는 현상이다. 이때는 젖을 더욱 자주 먹이고 꾸준히 맛사지 하면 대부분 낫게된다. 심하게 아프면 유축기로 젖을 짜내고 물수건을 대 준다.

유방에 딱딱한 멍울이 생겼다

유방을 만져서 딱딱한 혹이나 덩어리가 만져지면 즉시 병원으로 간다. 그리고 더 자주 젖을 먹이고 따뜻한 타월로 유방을 맛사지하며, 젖먹이는 자세가 잘못되지 않았는지 되돌아본다.

젖꼭지에 상처가 생겨 아프다

아기가 유륜부까지 물지 않고 젖꼭지만 물고 있거나 유두와 함께 자기 아랫입술을 빨면 유두에 상처가 나기 쉽다. 이럴 때는 유두를 건조하게 유지해야 통증을 줄일 수 있다. 가능한 실내 공기에 유두를 노출시키고 젖을 먹인 후에는 드라이어 등으로 유두를 완전히 말리도록 한다.

엄마 젖의 영양

젖은 먹일수록 넉넉해진다

모유에는 유당이 많이 포함되어 있다. 유당은 뇌 발달의 정도와 비례하며 아기의 장내 특수한 세균, 예를 들어 비피더스 유당균의 성장을 촉진시키고 다른 유해한 세균의 증식을 억제함으로써 장의 질환을 예방한다. 모유 안에 들어 있는 철분 또한 우유보다도 훨씬 효과적으로 아기에게 흡수되므로 철분 결핍으로 인한 빈혈을 예방할 수 있다.

콜레스테롤이 많아 성인병을 예방한다

모유 안의 지방은 아기가 젖을 먹는 시기에 따라 달라져서 아기의 식욕을 조절하는데 도움이 된다. 또한 모유에는 콜레스테롤이 비교적 많이 함유되어 있는데, 이 콜레스테롤은 호르몬의 생성이나 신경조직의 발달에 절대적으로 필요한 성분이다. 그러므로 모유를 먹는 아기는 유아기에 다량의 콜레스테롤을 소화하기 때문에 성인이 되어서 콜레스테롤에 관련된 성인병에 걸리는 확률이 낮다.

◐ 아기에게 젖을 먹일 때는 눈을 맞추고 이야기를 하면서 먹여야 한다.

매번 양쪽 젖을 물리면 양이 줄어든다

출산 직후에는 젖의 생산이 적어 양쪽 젖을 모두 빨려야 할 때도 있으나 시간이 지나면서 자연히 넉넉해져서 아기는 한쪽 젖으로도 충분히 배를 채울 수 있다. 대개 입원시보다 퇴원후 집에 돌아왔을 때 젖이 덜 나올 수 있다. 이렇게 젖의 양이 줄어드는 것은 정신적·육체적 피로로 인한 것일 수 있으므로 편안한 마음으로 푹 쉬게되면 젖의 양이 다시 늘게 된다.

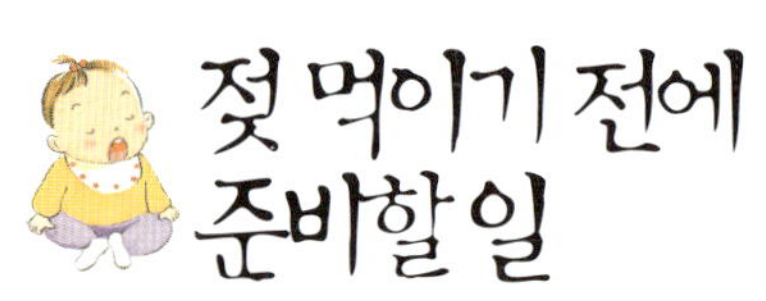

젖 먹이기 전에 준비할 일

손을 씻고 거즈로 젖꼭지를 닦는다

아기는 면역력이 약하기 때문에 젖을 먹이기 전에 청결히 하는 것이 중요하다. 손을 비누로 깨끗이 씻고 깨끗한 거즈를 따뜻한 물에 적셔 꼭 짠 후 젖꼭지를 닦는다.

유방을 맛사지하여 풀어준다

젖이 너무 불어서 팽팽하면 아기가 잘 빨 수 없으므로 젖을 먹이기 전에 손가락으로 젖꼭지와 유륜을 부드럽게 비벼서 풀어주어야 한다. 불어난 젖을 그대로 아기에게 먹이면 설사를 일으킬 수도 있으므로 조금 짜낸 후 먹이도록 한다.

또한 유두의 형태가 제대로 잡혀 있지 않으면 아기가 빨기도 힘들고 젖을 먹일 때 코가 눌려 호흡이 곤란해질 염려가 있으므로 잊지 말고 맛사지를 하자.

한 번 젖먹이는 시간은 20분 정도로 한다

젖먹이는 시간은 한 번 젖을 물릴 때 15~20분 정도가 적당하다. 그리고 한쪽에 5분 정도 젖을 물리면 다른 쪽으로 바꾸어 물리는 것이 좋다.

젖먹일 때의 자세

세워서 안기

젖무덤이 납작하여 젖 먹이기가 힘든 경우나 유두가 작을 때 좋은 자세다. 아기를 세워서 안을 때는 아기 몸을 엄마의 가슴 쪽으로 당겨 오른팔로는 아기 몸을 감싸 안고 왼손으로 아기의 머리를 받친 후 젖을 빨게 한다.

허리에 끼고 안기

앉아서 아기의 머리와 목을 손으로 받치고 아기의 몸과 다리를 팔꿈치와 허리 사이로 가게 하여 먹인다. 이때도 쿠션을 사용하면 좋다. 제왕절개 수술을 한 산모에게 좋은 자세다.

정면으로 안기

소파나 의자에 편안히 기대어 앉는다. 팔꿈치 안쪽에 아기의 머리를 대고 아기의 몸을 엄마 배 앞에 두어 엄마의 유방 정면에 아기의 머리가 오도록 안는다. 이때 아기를 받친 팔이 아프지 않도록 팔 밑에 쿠션을 받쳐도 좋다.

젖 먹일 때 엄마의 영양 섭취

아기에게 젖을 먹일 때는 엄마의 영양이 아기에게 그대로 전달되므로 엄마의 영양섭취가 중요하다. 특히 수유기에는 임신 후기보다도 많은 열량을 필요로 하므로 같은 영양소를 섭취하더라도 질이 높고 체내 흡수율이 좋은 식품을 섭취해야 한다. 다시 말해서 단백질이 필요할 때는 콩보다 쇠고기를 먹는 것이 더 좋다는 뜻이다.

또 인스턴트 식품이나 영양제 등을 먹는 것도 피해야 한다. 인스턴트 식품은 열량을 충당할 수 있어도 필요한 영양소는 얻을 수 없으므로, 필요한 영양소는 음식에서 자연스럽게 섭취해야 다른 영양소와의 균형이나 소화에도 무리가 없다. 즉, 양보다는 영양 면에서 균형 잡힌 식사를 하는 것이 중요하다.

젖 물리기

아이에게 처음 젖을 물리는 경우, 어떻게 해야할 지 당황하기 일쑤다. 하지만 엄마가 불안하게 생각하면 아이도 편안하게 젖을 먹을 수 없으므로 여유를 갖고 노력해보자.

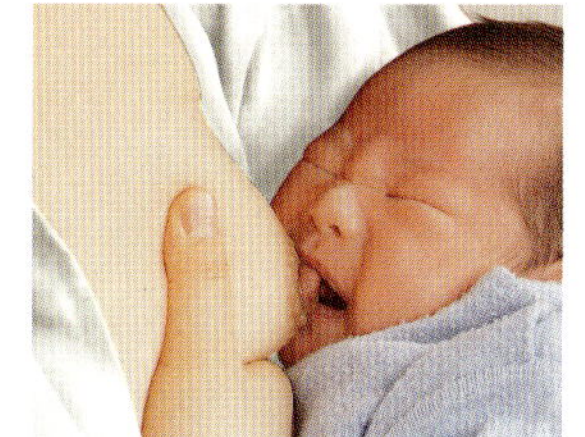 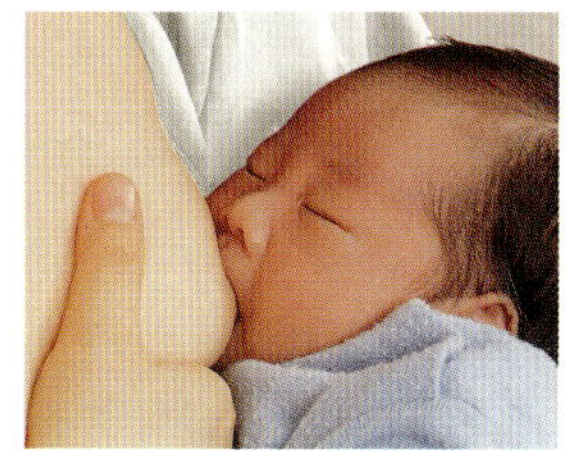 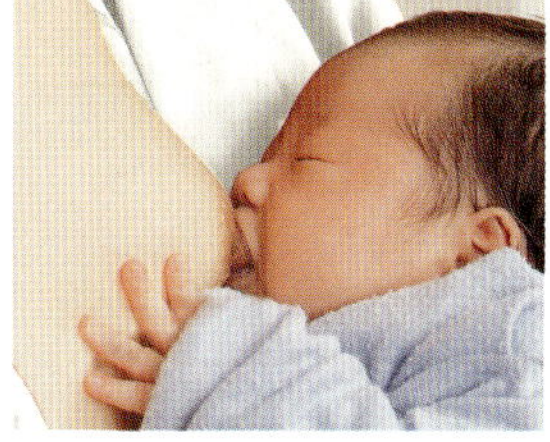 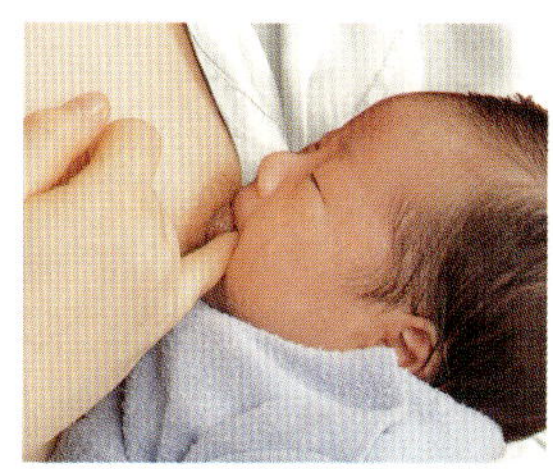 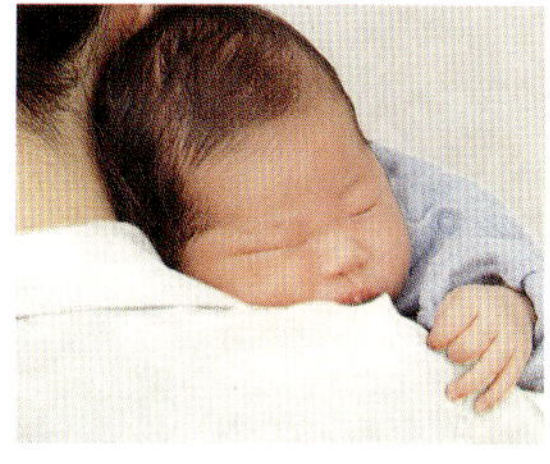

1 한손으로 유방을 받치고 아기의 입을 벌린다

가슴을 너무 세게 누르면 유선이 막히므로 주의한다. 아이가 엄마 젖꼭지를 찾으려 할 때 가까운 쪽 뺨을 가볍게 건드려 빨기 반사를 자극하면 아기는 유두로 머리를 돌리게 된다.

2 아기 입 중앙에 수직으로 젖꼭지를 물린다

젖꼭지가 아기의 입 한가운데에서 수직으로 가도록 한 손으로 먹이는 쪽 젖을 밑에서부터 받친다.

3 젖꼭지를 아기 혀에 올려놓듯이 깊이 물린다

아기의 입술이 젖혀 올라가 있고 귀와 관자놀이가 함께 움직이고 있다면 제대로 젖을 물고 있는 것이다.

4 젖꼭지 빼내기

아기가 젖을 다 먹었거나 한쪽 유방이 비워지면 엄마의 새끼손가락을 살짝 아기의 입으로 밀어 넣어 자연스럽게 젖꼭지를 뺀다. 아기의 흡입력은 매우 강하므로 무리해서 빼지 말도록 한다.

5 트림시키기

젖을 먹인 다음에는 아기를 세워 안아 엄마 어깨에 턱을 걸친 다음 등을 가볍게 두드리거나 쓸어주면서 트림을 시킨다.

모유는 아기의 최고 영양식

초유는 반드시 먹이자

초유는 임신 7개월부터 생성되어 출산 후 2일부터 분비되기 시작한다. 보통 일주일 정도 지속되며 진하고 투명한 황색을 띤다.

초유는 우수한 단백질은 물론 저지방산과 불포화지방산의 함량이 풍부하며 유당이 많이 포함되어 있고 아기에게 필요한 면역체도 많이 함유되어 있어 아기의 두뇌발달에도 좋은 영향을 미친다. 그러므로 초유는 반드시 아기에게 먹이는 것이 좋다.

젖이 모자랄 때

모유가 충분히 나오지 않거나 직장에 다니는 이유 등 여러 가지 형편으로 인해 정해진 어느 시간밖에 모유를 줄 수 없는 경우, 모유와 우유를 같이 먹이는 혼합 수유법으로 아기를 기르는 것도 괜찮다.

• 우유로 보충한다

생후 1~2개월 된 아기에게 좋은 방법으로 매 수유 시 모유를 주고 부족한 양만큼 우유로 보충하면 젖이 마르지 않기 때문에 모유 수유의 기간을 늘릴 수 있다.

• 정해진 시간에 준다

우유를 먹이는 시간과 모유를 먹이는 시간을 정해두고 일정하게 먹이는 습관을 들인다. 엄마가 직장에 다닐 때는 낮에는 우유를 주고 밤에는 모유를 준다.

✳ 손으로 젖짜기

우선 유방을 부드럽게 주물러 젖이 나오도록 유륜 쪽으로 쓸어내린다. 젖가슴 중앙 위에서부터 엄지손가락으로 힘있게 쓸어내리면 된다. 유두륜의 가장자리에 도달했을 때 안으로 눌렀다가 놓으면 젖이 뿜어져 나온다.

젖을 짜낸 다음에는 청결하게 닦고 자연적으로 마르게 둔다.

✳ 젖 보관하기

냉장실에 보관할 때 … 모유에는 세균을 억제하는 작용이 있어 6시간 정도는 실온에 두어도 상하지 않는다. 그러나 일단 짜낸 젖은 냉장고에 보관하는 것이 좋다. 또 먹일 때는 먹기 바로 직전에 꺼내 5~10분 정도 데운 다음 먹인다.

냉동실에 보관할 때 … 모유를 냉동실에 두게 되면 3개월까지 보관할 수 있다. 멸균 플라스틱 용기에 90cc씩 모아두는 것이 편리하다.

✳ 유축기로 젖짜기

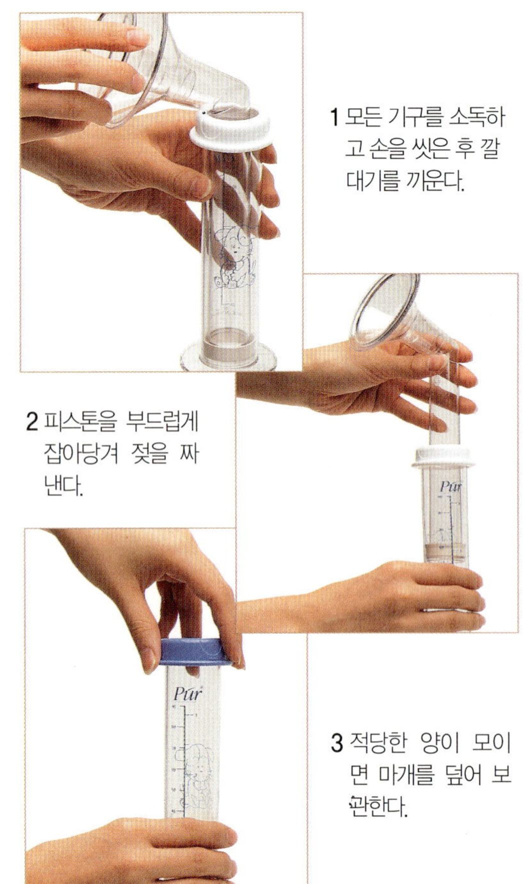

1 모든 기구를 소독하고 손을 씻은 후 깔대기를 끼운다.

2 피스톤을 부드럽게 잡아당겨 젖을 짜낸다.

3 적당한 양이 모이면 마개를 덮어 보관한다.

❶ 일반적으로 돌이 지나면 젖을 떼야하지만 이유식이 느리다면 서두를 필요는 없다.

✳ 서두르지 않는다

젖을 뗀다는 것은 아기에게 매우 특별한 일이다. 젖떼는 시기는 아기들마다 개인적인 차이가 있으므로 우선 이유식이 얼마나 진행되었는가, 젖의 양이 어느 정도인가로 판단해야 한다. 이유식의 진척이 느려서 모유의 역할이 상당히 크다면 무리하게 서둘러 젖을 뗄 필요는 없다.

✳ 돌이 지나면 반드시 떼야 한다

모유에 포함된 단백질은 돌 무렵의 아기에게는 불충분하다. 뿐만 아니라 아연, 구리, 칼륨을 포함한 몇 가지 필수적인 영양분이 결핍되어 있기 때문에 아기가 돌 무렵이 되면 젖을 떼야 한다.

✳ 아기가 건강할 때 시도한다

아기가 아프거나 이가 날 때, 이사를 했을 때, 여행을 갔을 때, 아기를 돌봐주는 사람이 바뀌었을 때, 혹은 다른 스트레스가 있을 때는 젖떼기를 시도하지 않는다. 아기가 정신적으로나 육체적으로 건강할 때가 젖떼기에 가장 적합한 시기다.

✳ 젖먹이는 간격을 서서히 줄인다

젖을 뗄 시기를 정하고 그로부터 1~2개월 전부터 천천히 젖먹이는 간격을 줄여가며 젖뗄 준비를 한다. 우선 아기가 다른 음식을 충분히 먹고 있는지 확인하고 식사의 횟수를 늘리며 젖 먹는 간격을 줄여 나간다.

우유 먹이기

분유의 원료인 우유와 모유는 근본적으로 다르지만 영양면에서 모유와 가깝도록
조제되어 있다. 그러므로 모유와 가장 비슷한 영양을 아기에게 공급할 수 있다.

먹이기 전에 알아둘 일

우유를 먹일 때는 물을 끓이기 위한 주전자와 우유병, 분유, 계량스푼 등이 필요하다. 그리고 분유와 우유병, 젖꼭지를 고를 때는 주의할 점이 있으므로 그 선택요령을 알아보자.

✱ 분유는 한가지를 사용한다

시중에 나와있는 분유는 영양면에서 거의 비슷하다. 그러므로 한가지를 결정했다면 그것으로 계속 먹이는 것이 좋다. 군이 바꾸고자 한다면 기존의 것과 배합해 먹이다가 새로운 분유를 점점 늘리는 방법으로 시간을 두고 서서히 바꿔가야 한다. 그리고 미숙아 분유나 설사용 분유, 알레르기 분유 등 아기의 신체적 특징에 따라 고를 수 있는 특수분유는 의사와 상의한 뒤에 증세에 따라 먹이도록 한다.

◑ 시판되는 분유의 영양소는 대부분 비슷하므로 믿을 수 있는 제품으로 고르도록 한다.

✱ 우유병은 플라스틱 제품이 좋다

우유병에는 유리 재질과 플라스틱 재질의 두 가지가 있는데 유리병은 열탕소독에 강하고 세게 닦아도 흠집이 나지 않아 위생적으로 세척할 수 있는 장점이 있다. 하지만 깨지기 쉽고 병이 무거워 신생아에게는 적합하지 않다. 요즘에는 플라스틱 병도 열에 강하고 휴대하기 편하기 때문에 많이 사용한다. 우유병은 4~5개 정도 준비하는 것이 좋다.

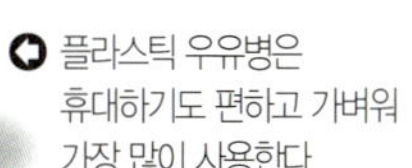

◑ 플라스틱 우유병은 휴대하기도 편하고 가벼워 가장 많이 사용한다.

✱ 젖꼭지는 우유용과 이유식용을 고루 갖춘다

젖꼭지는 우유용과 이유식용이 따로 있으므로 두 가지를 모두 구비해 두어야 한다. 이유식용은 우유용에 비해 구멍이 크므로 잘 구분해서 사용하도록 한다. 그리고 단계별로 우유용 3가지, 이유식용 3가지가 있으므로 아기의 월령에 맞추어 젖꼭지를 구입하도록 하자.

우유병 소독하기

✱ 끓여서 소독하기

1 ··· 우유병 속에 남아있는 찌꺼기를 깨끗이 없애기 위해 세제를 넣고 긴 솔로 구석구석 닦는다.

2 ··· 젖꼭지는 세제와 작은솔을 사용해서 바깥쪽을 닦은 후 뒤집어서 안쪽도 깨끗이 닦아낸다. 흐르는 물에 우유병과 젖꼭지를 충분히 헹군다. 이때 찬물로 헹구면 우유 찌꺼기와 세제 성분을 말끔히 없앨 수 있어 좋다.

3 ··· 우유병 소독기에 찬물을 붓고 깨끗이 닦은 우유병을 병 입구 쪽이 아래를 향하도록 병걸이 구멍에 거꾸로 끼운다. 우유병을 구멍에 돌려 끼운 후 젖꼭지와 뚜껑도 따로 분리해 헹궈서 우유병 사이사이에 차곡차곡 담는다.

4 ··· 100℃ 이상의 온도에서 5분 정도 팔팔 끓인 후 소독 집게로 꺼낸다. 병과 젖꼭지를 맞춰 두면 사용할 때 편리하다.

✱ 스팀 소독기로 소독하기

스팀 소독기는 물을 끓여 생기는 뜨거운 증기로 소독하는 방법. 시중에 나와 있는 스팀 소독기를 이용하면 편리하다. 열탕 소독과 마찬가지로 물이 끓기 시작하면 2~3분 정도 소독하여 바로 건진 다음 건조시킨다.

전자레인지로 소독하기

1 소독기의 가운데 오목한 부분에 물을 가득 붓는다.

2 구멍이 뚫려있는 중간 덮개를 놓고 홈에 맞추어 젖병과 젖꼭지를 꽂는다.

3 뚜껑을 덮어 전자레인지에 넣고 '강'에서 3~5분 정도 돌려 소독한다.

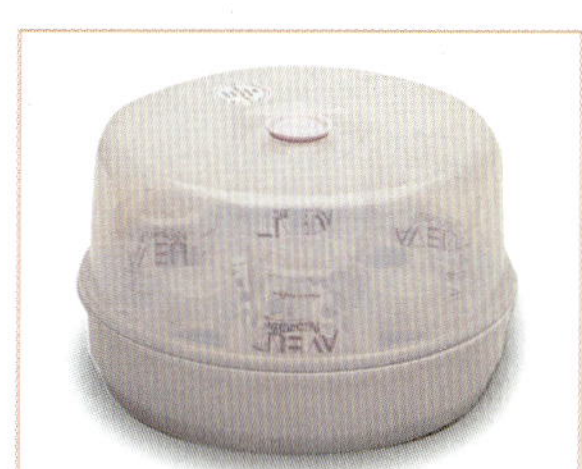

4 소독이 끝나면 젖병이 끼워진 채 중간 덮개를 들어내고 남은 물을 버린 다음 다시 중간 덮개를 덮어 보관한다.

1회용 젖병 사용법

아이를 데리고 외출을 하거나 여행을 할 때 1회용 젖병을 사용하면 훨씬 간편하다. 한번 쓰고 버리면 되므로 소독할 필요도 없다. 시중에도 많이 나와 있으므로 방법을 익혀서 편리하게 사용하자.

1 비닐팩을 반 접어 우유병에 넣는다.

2 비닐팩의 윗부분을 병 입구에 펼쳐 끼운다.

3 우유병 밑부분에 받침대를 끼운다.

4 물을 붓고 분유를 넣는다.

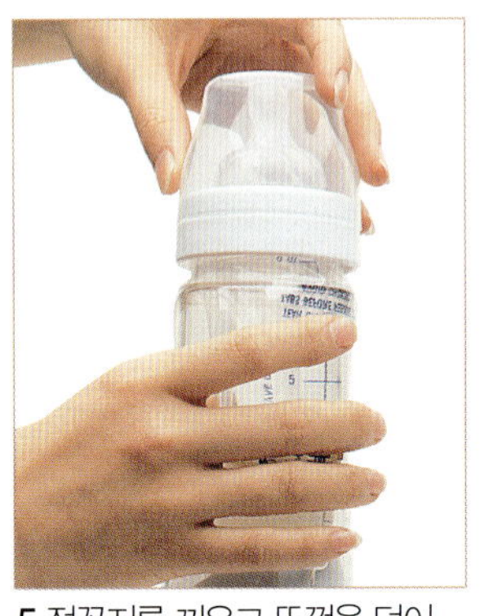

5 젖꼭지를 끼우고 뚜껑을 덮어 위, 아래로 흔들어 잘 섞는다.

아기에게 맞는 분유를 선택한다

분유를 먹이기로 결정한 엄마가 제일 먼저 고민하게 되는 부분은 과연 어떤 제품을 선택해야 할까 하는 것이다.

시중에 판매되는 제품들은 미숙아나 질병치료를 위한 특수 조제분유를 제외한다면 영양 면에서 두드러진 차이는 없다. 아기가 싫어하지 않고 소화에 무리가 없다면 어떤 것이라도 상관없다.

단, 제품을 바꾸어 먹이면 아기의 소화기능에 무리가 있거나 변의 상태가 달라져 체크가 어려워지므로 한번 정한 것을 계속 먹이는 것이 좋다.

우유 타는 방법

적은 양을 자주 먹는 신생아에게 우유를 먹이는 일은 생각보다 매우 번거롭다. 그러나 아기를 건강하게 키우는 데 필요한 수고라고 생각하고 정성껏 분유를 타보자.

1 … 비누로 손을 깨끗이 씻는다

우유병과 젖꼭지는 잘 소독되어 있는지, 분유와 스푼은 위생적으로 보관되어 있는지 살펴보고, 비누로 손을 깨끗이 씻는다. 물기를 닦는 타월도 청결한 것을 사용한다.

2 … 알맞게 식힌 물을 원하는 양의 반만큼 붓는다

깨끗한 식수를 미리 끓여서 식혀둔다. 분유 타기에 적당한 온도는 40~50℃ 정도이다. 뜨거운 물에 분유를 타면 입자가 엉키기 쉽고 단백질이 변질되거나 비타민 C가 파괴될 수도 있으므로 반드시 식힌 물을 사용한다. 물이 알맞게 식으면 타려고 하는 양의 1/2정도를 우유병에 부어둔다.

3 … 전용 스푼으로 분유를 깎아 떠서 정확한 분량을 섞는다

신생아는 소화능력이 부족하고, 분유는 모유에 비해 소화가 잘 되지 않으므로 전용 스푼으로 정확한 양을 계량한다. 스푼 위로 올라온 분유는 정확히 깎아내고 스푼을 대강 흔들거나 꾹 눌러 담지 않도록 한다.

4 … 분유를 녹인 후 나머지 물을 넣는다

분량의 분유를 넣어 잘 흔들어 응어리가 생기지 않도록 한다. 잘 섞였으면 나머지 절반의 물을 넣고 젖꼭지에 손이 닿지 않도록 주의하면서 캡을 꼭 끼운다. 물을 한 번에 다 부어버리면 가루와 물이 잘 섞이지 않으므로 주의한다.

5 … 온도가 적당한지 확인한다

아기가 먹기에 적당한 우유와 온도는 38℃ 정도. 40~50℃의 물에 분유를 탔다면 다 탔을 때쯤이면 알맞게 식어 있을 것이다. 먹기 전에 우유를 손목 안쪽에 떨어뜨려 보아 조금 따뜻하게 느껴지면 적당한 온도이다.

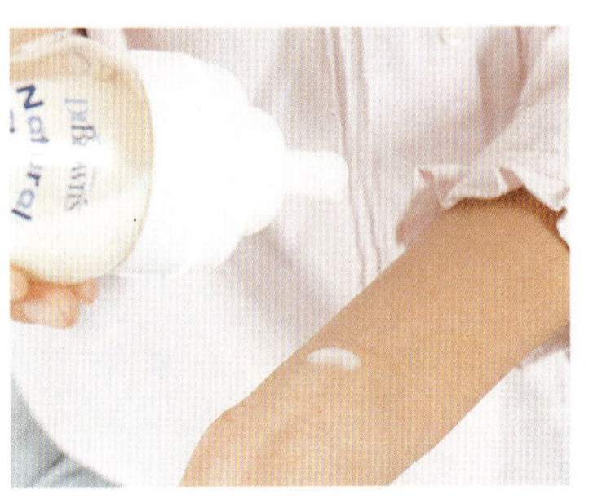

 우유 먹이기

모유와 마찬가지로 우유도 단순히 젖꼭지를 입에 대주는 것만으로는 아기가 편하게 먹기에 부족하다. 어떤 엄마라도 처음엔 서툴기 마련이지만 빨리 요령을 터득하는 것이 중요하다. 아기의 편안함을 배려하면서 차분한 마음으로 우유를 먹여보자.

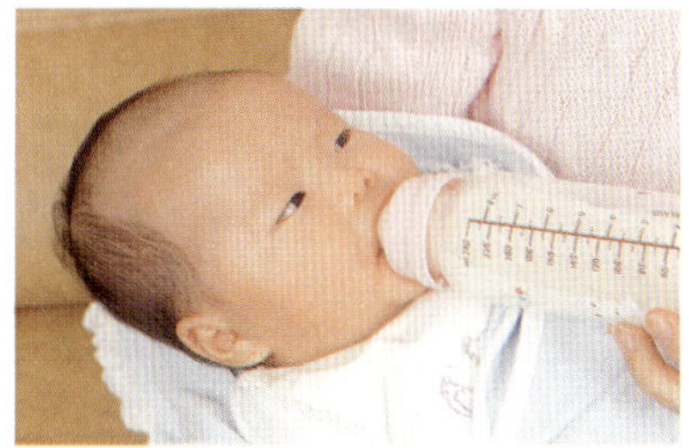

↑ 아기의 입 주변에 젖꼭지를 댄다

우유가 들어있는 우유병을 들고 젖꼭지를 아기의 입 주변에 대면 배가 고픈 아기는 곧 젖꼭지를 물려고 이리저리 입을 움직인다.

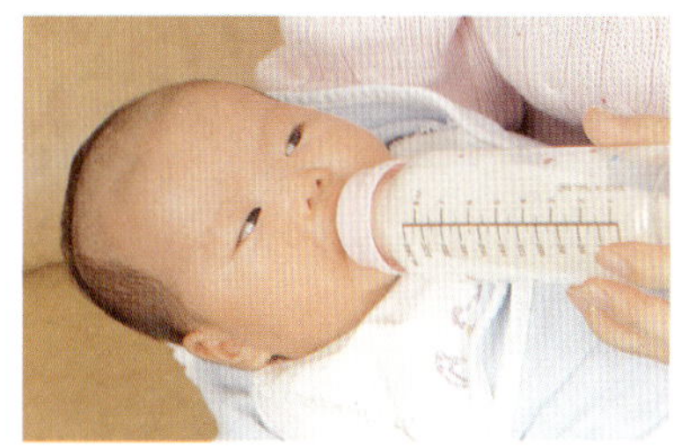

↑ 젖꼭지를 물게 해 준다

아기가 입을 벌리고 젖꼭지의 끝이 혀 위에 올라오도록 놓고 입 속으로 깊이 넣어준다. 젖꼭지 맨 위의 가는 부분이 아기의 입 속으로 완전히 들어가고 굵은 밑부분을 입으로 싸듯이 물고 있다면 성공이다.

↑ 병을 잘 잡아준다

아기가 편하게 젖꼭지를 물었으면 병을 잘 잡아주어야 한다. 물고 있는 상태가 흔들리지 않도록 잡고 적당히 기울여 아기가 우유와 함께 공기를 들여 마시지 않도록 해준다.

➜ 배불리 먹였으면 트림을 시킨다

젖을 먹인 후와 마찬가지로 우유를 먹은 뒤에도 반드시 트림을 시킨다. 아기의 배가 엄마의 어깨에 닿을 정도로 올리고 등을 쓸어주면서 트림을 시킨다. 안아 올리기 힘들면 편안히 엎드리게 하고 등을 쓸어주어도 된다.

분유를 먹일 때 주의할 점

· 우유병을 눕히지 않는다

우유병을 눕혀서 들면 젖꼭지 부분에 공기가 들어가기 쉽다. 공기가 들어가 버리면 아이는 우유와 함께 공기를 먹게 되므로 양이 차기도 전에 포만감을 느끼거나 토하기 쉬워진다.

· 먹던 우유를 다시 주지 않는다

우유는 상하기 쉬운 식품인데, 특히 상온에 방치해 두면 세균이 더 쉽게 번식된다. 냉장고에 보관을 했더라도 안심해서는 안 된다. 그러므로 남은 우유를 다시 아이에게 먹이지 않도록 한다.

· 아기가 젖꼭지 끝만을 물지 않게 한다

아기가 젖꼭지 끝만을 물고 있다면 턱이 움직여지지 않고 입술만을 움직여 젖꼭지를 빨아야 하므로 아기가 힘들어한다. 또 입 끝만으로 먹으면 토하기 쉽고 너무 많이 먹게 되는 원인이 되기도 한다.

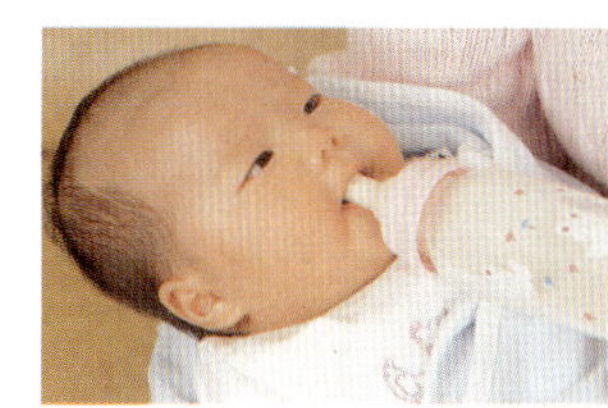

우리 아기 '냠냠' 맛있게 건강하게

아기 이유식

이유식이란 아기가 우유나 모유로부터 일상식으로 옮겨가기 위한 트레이닝 과정이다.
준비기, 초기, 중기, 후기, 완료기로 나뉘는 이유식을 순조롭게 진행시키기 위한 원칙과 요령을 소개한다.

시작하기 전의 체크 포인트

Point 1 4개월이 지나서 시작하는 것이 좋다

이유식을 일찍 시작한 아기일수록 음식 알레르기가 생길 확률이 높은 것으로 나타났다. 생후 4개월 이전의 아기는 장이 미숙하고 면역체계가 허술하기 때문에 알레르기 체질이 될 가능성이 많아지는 것이다.

Point 2 쌀죽으로 시작한다

이유식은 너무 일찍 시작해도 좋지 않지만 너무 오랫동안 우유나 모유에 길들여지면 이유식을 하기가 힘들어진다.

분유를 먹는 아기는 4개월 초, 모유를 먹는 아기는 5개월 말부터 이유식을 시작하되 쌀죽으로 시작하는 것이 좋다. 쌀에는 알레르기를 유발하기 쉬운 글루텐이 없고 맛이 담백하기 때문이다.

Point 3 귤이나 오렌지는 적어도 6개월 이후에 먹인다

예전에는 2~3개월경에 아기에게 과즙을 먹이는 경우가 많았다. 하지만 놀랍게도 귤이나 오렌지에 과민반응을 보이는 아기들이 많다는 연구결과가 나오면서 과즙은 6개월 이후, 9개월에서 돌 무렵에 먹

이는 것이 권장되고 있다. 가장 먼저 시작할 수 있는 과일은 사과, 배이다.

Point 4 과일즙은 생즙보다 퓌레형식으로 익혀서 준다

과일 이유식을 줄 때 생과일을 갈거나 짜서 주는 것은 조금 위험하므로 생후 6개월까지는 익혀서 퓌레형식으로 주는 것이 안전하다. 과일은 껍질을 벗기고 익힌 뒤 체에 걸러 주도록 한다. 단, 바나나는 그냥 주어도 무방하다.

Point 5 핑거푸드는 6개월부터 먹인다

아기가 앉을 무렵인 6~7개월경이 되면 손에 먹을 것을 쥐어주어 입으로 먹는 연습을 시킨다.

이때 음식은 입에서 살살 녹는 것으로 작은 조각을 낸 것이어야 한다. 찐 감자나 고구마, 치즈 등이 적당하다.

Point 6 단계별로 조리형태를 바꿔나간다

월령별로 아기의 입 움직임을 잘 관찰하여 준비기, 초기, 중기, 후기, 완료기의 단계에 맞게 조리의 형태를 바꿔나간다.

아침을 거르면 학습 능력이 저하된다

일정한 시간을 정해 이유식 리듬을 만든다. 이유식은 오전에 먹이는 것이 좋다. 그리고 매일 같은 시간대에 이유식 먹는 시간을 정해서 이유식 리듬을 만들어주는 것이 중요하다.

돌까지는 간하지 않은 음식을 먹인다

아기에게 주는 이유식은 간을 할 필요가 없다. 처음부터 엄마 입맛에 맞춰 음식을 먹이기 시작하면 나중에는 아기가 짠 음식만을 먹으려 하게 된다. 가능한 돌무렵까지는 간을 전혀 하지 않은 음식을 먹이는 것이 좋다.

✳ 미리 손질해 두는 이유식 재료 ✳

죽 | 냉동보관해 두었다가 필요할 때마다 조금씩 덜어서 사용한다. 조리시 우유나 육수를 조금 넣어주면 맛이 한결 좋아지고 묽기도 조절이 된다.

쌀가루 | 적당량의 쌀을 씻어서 말린 다음 믹서에 넣고 갈아 가루를 낸 다음 밀폐용기에 담아 보관한다.

쇠고기 | 다진 쇠고기에 다진 양파와 당근을 넣고 조그맣게 햄버거를 만들어 랩에 하나씩 싼 다음 냉동시킨다. 하나씩 꺼내 사용하면 된다.

닭고기 | 닭 육수를 만든 다음 잘 익은 닭고기를 꺼내 결대로 살을 찢어 비닐팩에 넣어 냉동 보관한다.

# 이유식에 필요한 용기

맑은 즙으로 시작해 조금씩 알갱이가 굵어지는 음식을 먹기 시작하는 아이에게 필요한 이유식 보조 도구들. 아이들의 신체 발달 시기에 적절하게 이용할 수 있도록 만들어진 이러한 도구들은 아이들의 바른 식습관을 형성시키는데 좋다.

소프트 스파우트 | 젖꼭지에서 컵으로 옮겨가는 중간단계를 연습할 수 있는 용품. **아벤트**

이유식 그릇 | 아이 혼자서 수저를 잡으려고 하는 12개월 이후에는 반찬과 함께 담을 수 있는 식판형 식기가 적당하다. **아기방**

스트로우 컵 | 서서히 젖꼭지를 떼는 연습을 하기 좋은 이유식 도구. 제품에 따라 실리콘 빨대만 별도로 판매하기도 한다. **아기방**

이유식 스푼 | 쥐고 사용하기 편하게 긴 손잡이로 되어 있는 이유식용 스푼. 아기의 부드러운 잇몸에 무리가 없이 디자인 된 것이 특징이다. **아벤트**

턱받이 | 아기가 젖을 흘리거나, 음식물을 토할 때 옷을 더럽히는 것을 방지하기 위한 이유식 필수 용품 중 하나. **아기방**

분마기(초·중기) | 쌀 등의 곡류를 잘게 으깰 때 사용한다. 이유식을 조리하기 전에 바로 으깨서 사용하기 좋다. **아기방**

손잡이 | 컵에 탈 부착이 가능해 아기가 컵을 쥐기에 편리하게 만들어 졌다. **아벤트**

고운 체(초기) | 맑은 즙을 받아 낼 때 사용하는 것으로 이유식 초기의 아이들에게 필요한 도구. 분마기로 빻아 놓은 가루를 거를 때도 편리하게 사용할 수 있다. **아기방**

과즙기(초·중·후기) | 귤이나 레몬 등 과일 즙을 내기 쉬우며, 위에서 눌러 짜면 영양소의 파괴 없이 그대로 먹일 수 있다. **아기방**

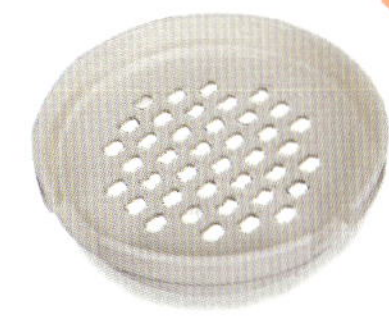

강판(초·중기) | 야채를 갈거나 과일의 즙을 낼 때 좋다. 강판 자체에 약간의 경사가 있어 한쪽으로 흘러 모아진다. **아기방**

매직컵(중, 대) | 흔들리거나 굴려도 새지 않는 넌스필 젖병으로 이동할 때 편리하게 사용할 수 있다. **아벤트**

밀봉 디스크가 있는 젖병 | 음료나 쥬스, 이유식을 보관할 때 흐르는 것을 막아 주어 편리하게 사용할 수 있다. **아기방**

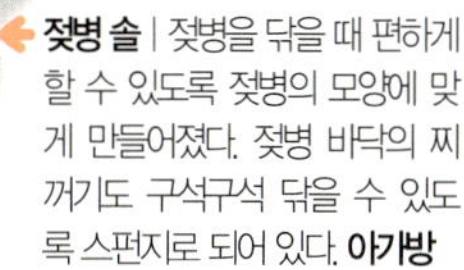

젖병 솔 | 젖병을 닦을 때 편하게 할 수 있도록 젖병의 모양에 맞게 만들어졌다. 젖병 바닥의 찌꺼기도 구석구석 닦을 수 있도록 스펀지로 되어 있다. **아기방**

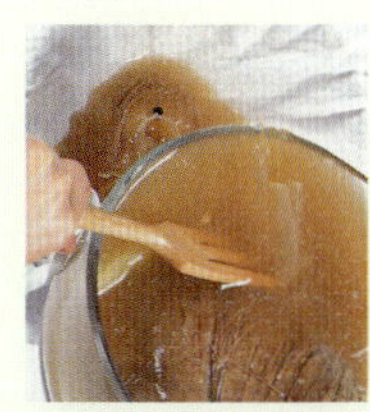

쇠고기 국물 | 사태를 1시간 정도 끓여서 거즈에 밭여 국물을 받는다. 제빙기에 얼려두고 필요한 만큼 한두 조각씩 꺼내서 쓴다.

닭고기 국물 | 닭날개 부분을 넉넉한 물에 넣고 끓여 식힌 다음 제빙기에 담아 냉동시킨다. 닭가슴살도 함께 넣고 끓인다.

녹색채소 | 물러지는 것을 막으려면 삶아서 물기를 꼭 짠 다음 적당한 크기로 잘라 랩에 싸서 냉동시킨다.

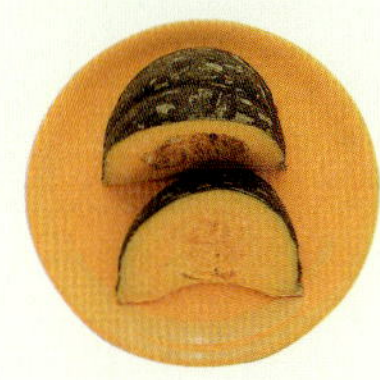

단호박 | 푹 쪄서 1회 분량씩 나눈 다음 랩에 각각 싸서 냉동 보관해 두었다가 하나씩 꺼내 녹인 다음 그대로 손에 들고 먹게 한다.

식빵 | 딱딱한 가장자리는 잘라내고 부드러운 속살만 남겨 통째로 보관한 것은 강판에 갈아서 빵죽에 사용하고 적당하게 자른 식빵은 우유나 수프에 넣어서 먹인다.

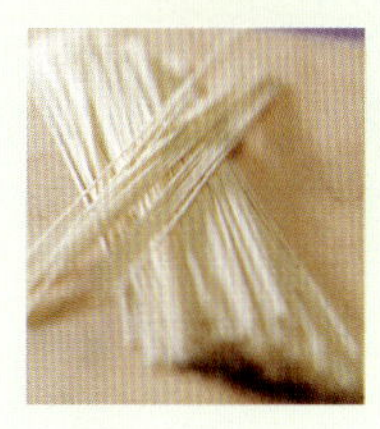

국수 | 이유식에 많이 사용되는 국수는 소면이다. 아기가 먹기 쉬운 길이로 잘라 빈 병에 밀폐 보관해 두고 사용한다.

이유식 먹이기 분량과 진행방법

조리형태	이유준기비	4	5	6	7	8	9
		이유초기			이유식 중기		
		걸쭉한 상태 (진한 죽 모양)			반고형식		
A 곡류, 고구마류	미음(분말도 가능) 5g 1작은술	아주 묽은 죽 5g 1작은술	빵죽·국수 고구마	30g 6작은술	묽은 죽 50g	된 죽 50g	100g	100g
B 채소류		5g 1작은술		10g 2작은술	20g 4작은술		30g 6작은술
과일류			과즙·갈아서 익힌것·으깨서 끓인것 10g				
우유, 요구르트	요구르트(우유 알레르기가 없을 경우) 1.5g ½작은술				치즈1g 20g 4작은술	치즈4g 50g 10작은술	치즈12g 100g
C 달걀							
두부, 콩제품	1회식에 달걀·두부·생선·고기 중에 어느 것이나 무방하다				5g 1작은술	10g 2작은술	
생선류				5g 1작은술	10g 2작은술	15g 3작은술	25g 5작은술
고기류							5g 돼지고기 1작은술

이유식 후기 / 완료기 표 (월령별)

	10	11	12	12개월 이후
	이유식 후기			완료기
	고형식			고형식
진밥		100g		→
		40g (8작은술)		
	100g			
치즈	치즈25g			
달걀	1/4개	1/3개	1/2개	1개
	20g (4작은술)	50g (10작은술)	50~70g	
			30g (6작은술)	
쇠고기·닭고기	15g (3작은술)	25g (5작은술)	30g (6작은술)	

이유식과 젖먹이기 횟수 표

시기	월령	이유식	우유 또는 엄마 젖
준비기			
이유초기	4	1번	5번
	5	1번	5번
	6	2번	5번
이유식중기	7	2번	5번
	8	2번	5번
	9	2번	5번
이유식후기	10	3번	5번
	11	3번	5번
	12	3번	5번
완료기	이후	4번	1번

준비기 이유식

이유 준비기는 액체로 된 젖만 먹던 아이가 입자가 있는 음식을 먹기 위해 준비를 하는 기간이라 할 수 있다.
일반적으로 한가지 재료로 된 묽은 음식으로 시작한다.

part 5 두뇌 발달을 돕는 아기 음식

일반적으로 이유식을 시작하는 시기는 4개월 이후가 가장 좋다고 하지만 그 전에 아기에게 이유식이라는 새로운 음식에 적응하게 하는 준비기가 필요하다. 그동안의 아기는 고픈 배를 채우기 위한 수단으로 젖을 '빠는 일'을 하는데, 이유 준비기를 거치면서 '빠는 일'로부터 '먹는' 일에 익숙해지는 것이다. 즉 아기는 젖 이외의 맛이나 숟가락과 만나는 준비를 하게되는 셈이다.

❋ 보리차나 미지근한 물로 시작한다

젖 이외에 최초로 주는 음식으로는 미지근한 차나 보리차 등이 적당하다. 또한 우유와 가까운 요구르트도 준비기의 이유식으로 알맞다. 요구르트를 고를 때는 제품의 형태가 아기에게 먹이기 적합한가를 꼼꼼히 다져보고, 설탕이나 과육이 들어있는 제품도 피하도록 한다. 이 외에도 곡류 등으로 묽게 죽이나 미음을 쓴 것도 이유식으로 좋다.

❋ 한번에 5g 정도만 먹인다

아기의 위는 수직에 가까운 모양을 하고 있으므로 무리하게 많이 먹거나 몸을 심하게 움직이면 위에 있는 음식물이 다시 나와 버린다. 엄마 입장에서는 많이 먹어서 충분히 영양을 보충해주고 싶겠지만 '한 숟가락만 더' 하고 먹이다 보면 소화시키기도 어렵고 쉽게 토해버리고 만다. 이 시기에는 맛을 익히고 숟가락을 길들이는 목적으로 주는 것이므로 5g(1작은술) 정도로만 주도록 한다.

국물·수프 만드는 법

❋ 다시마 국물 만들기

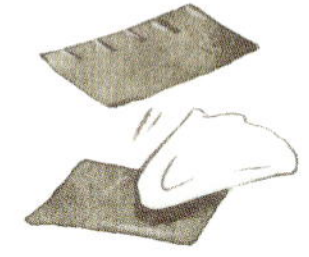  

❶ 다시마 2장을 젖은 행주로 닦은 다음 가위집을 넣는다.

❷ 다시마와 500cc의 물을 넣고 중불에 올려 놓고 끓기 바로 전에 꺼낸다.

❋ 멸치 국물 만들기

❶ 멸치 15g을 머리와 배, 내장을 떼낸다. 물 500cc를 준비한다.

❷ 냄비에 분량의 물을 붓고 멸치를 넣어 그대로 30분정도 불린다.

❸ 우러난 멸치 국물을 중불에 올려 7~8분간 끓인 뒤 체에 거른다.

❋ 채소 수프 만들기

❶ 채소 3~4 종류를 섞어서 100g 준비하여 적당한 크기로 자른다.

❷ 냄비에 500cc의 물을 붓고 준비한 채소를 넣은후 약한 불에 끓인다.

❸ 다 끓었으면 체에 밭여 거른다.

❋ 치킨 수프 만들기

❶ 닭날개 세 쪽과 향미채소 각 50g, 물 500cc를 준비한다.

❷ 냄비에 분량의 물과 재료를 넣고 보글보글 끓인다.

❸ 닭뼈가 물러질 정도로 끓인 후 체에 밭여 국물을 거른다.

한가지 음식을 묽게 만들어 먹인다

이유 준비기에 여러 가지 음식을 섞어 먹이는 것은 좋지 않다. 처음에는 1가지 종류로 시작해서 준비기가 끝나는 초기부터는 조금씩 배합해서 먹이도록 하고 아기가 부담을 느끼지 않을 정도로 묽게 만들도록 한다.

먹지 않으면 중단했다가 다시 준다

아기가 이유식을 잘 먹지 않는다고 해서 쉽게 포기하지 말자. 처음으로 먹는 음식이므로 익숙하지 않아서 그럴 수 있다. 그렇다고 입을 벌려 억지로 먹이지 말고 일단 중단했다가 다시 주도록 한다.

준비기 이유식	
시작하는 시기 & 식습관 들이기	– 4개월 전후가 적당하다 – 젖 이외의 맛이나 숟가락과 만나게 되는 준비를 하게 된다
준비기 이유식 재료	– 곡류 : 쌀가루 채소류 : 호박 기타 : 요구르트, 보리차
조리 포인트	– 처음에는 한 종류로 시작한다 – 준비기가 끝날 무렵 조금씩 식품을 배합해서 먹인다
한번에 먹이는 양	– 5g(1작은술) 정도가 적당하다

아기 이유식

쌀미음

재료 불린쌀 10g, 생수 200cc

만들기 1 불린쌀을 곱게 간 후 생수를 부어 10배 미음을 끓인다.
2 미음이 끓으면 거즈에 거른다.

고구마미음

재료 불린쌀 10g, 생수 200cc, 고구마 10g

만들기 1 불린쌀을 곱게 간 후 생수를 부어 10배 미음을 끓인다.
2 고구마는 손질하여 곱게 갈아 미음에 넣고 같이 끓여 거즈에 거른다.

단호박수프

재료 단호박 20g, 분유물 200cc

만들기 1 단호박은 껍질을 제거하고 찜통에 찐 후 곱게 으깬다.
2 분유물을 끓이다가 곱게 으깬 단호박을 넣어 푹 끓인 후 체에 거른다.

청경채미음

재료 불린쌀 10g, 생수 200cc, 청경채 10g

만들기 1 불린쌀을 곱게 간 뒤 생수를 붓고 10배 미음을 끓인다.
2 청경채는 데친 후 곱게 갈아 미음에 넣고 끓인 후 거즈에 거른다.

사과미음

재료 불린쌀 10g, 생수 200cc, 사과 10g

만들기 1 불린쌀을 곱게 간 뒤 생수를 넣고 10배 미음을 끓인다.
2 사과는 껍질과 씨를 제거한 후에 곱게 갈아 만들어 놓은 미음에 넣어 살짝 끓인 후 거즈에 거른다.

감자미음

재료 불린쌀 10g, 생수 200cc, 감자 10g

만들기 1 불린쌀을 곱게 간 뒤 생수를 넣고 10배 미음을 끓인다.
2 감자는 껍질을 제거하고 곱게 갈아 끓인 후 만들어 놓은 미음에 넣고 끓여 거즈에 거른다.

초기 이유식

처음 이유식을 시작할 때는 절대 급하게 서둘러서는 안 된다. 아이가 잘 먹지 않더라도
천천히, 조금씩 먹이도록 한다.

이유식을 시작하는 시기가 꼭 정해져 있는 것은 아니다. 하지만 대개 전문가들은 생후 4개월 무렵 몸무게가 6~7kg 정도가 되고, 어른이 음식을 먹는 모습을 보면서 입 모양을 오물거리며, 입으로 들어온 음식물을 혀로 밀어내지 않을 무렵이면 이유식을 하기에 적당한 시기라고 말한다. 보통 생후 5개월을 전후로 시작하는 경우가 많은데 아기마다 차이는 있다.

❍ 초기에는 당근과 고구마와 같은 식품을 으깨서 먹이는 것이 좋다.

✽ 처음에는 쌀죽을 먹인다

처음 이유식을 시작할 때 권장되는 음식은 쌀이다. 일반적으로 7배죽으로 시작하는데 이때 쌀은 불린 쌀을 갈아 만든 쌀가루를 이용하도록 한다. 7배죽이라고 하면 쌀가루 1에 물 7이 들어간 죽을 말한다. 현미를 갈아서 만든 죽도 괜찮다. 쌀죽을 1~2주정도 먹이다가 아기가 특별한 알레르기 증상을 보이지 않으면 야채를 첨가시킨다. 이때 알맞은 야채는 고구마, 강낭콩, 완두콩, 당근, 시금치 등이다. 이 중 당근과 시금치는 초기 이유식 마지막 즈음인 6개월 무렵에 넣는 것이 좋다.

✽ 야채는 1, 2주 단위로 1 가지씩 첨가한다

초기에는 대개 한번에 한 가지 재료로 만들되 3~4일 정도 간격을 두고 재료에 변화를 주도록 한다. 그래야 아기가 어떤 식품에 어떤 반응을 보이는지 관찰할 수가 있다. 특히 야채는 1~2주 단위로 1가지씩 첨가해서 6개월쯤 되었을 때는 쌀죽에 서너 가지 야채가 들어간 이유식을 먹게 한다.

✽ 이유 초기의 식사 스케줄 (1일 1회식과 2회식의 경우)

시 간	4~5 개 월	6 개 월
오전 6시경	모유 또는 분유 (원하는 만큼 준다)	모유 또는 분유 (원하는 만큼 준다)
오전 10시경	이유식+ 모유 또는 분유	이유식+ 모유 또는 분유
오후 2시경	모유 또는 분유 (원하는 만큼 준다)	모유 또는 분유 (원하는 만큼 준다)
오후 6시경	모유 또는 분유 (원하는 만큼 준다)	이유식+ 모유 또는 분유
오후 10시경	모유 또는 분유 (원하는 만큼 준다)	모유 또는 분유 (원하는 만큼 준다)

초기 이유식

시작하는 시기 & 식습관 들이기	– 생후 5개월 전후가 적당하다 – 몸무게가 6~7kg 정도 되고 어른이 음식을 먹는 모습을 보면서 입 모양을 오물거릴 무렵이면 된다
초기 이유식 재료	– 곡　류 : 쌀가루, 현미, 완두콩, 강낭콩, 고구마 – 채소류 : 당근, 시금치, 호박 – 과일류 : 바나나 – 견과류 : 밤
조리 포인트	– 요구르트나 미음처럼 숟가락을 기울이면 주루룩 떨어질 정도의 묽기가 적당하다 – 아기가 음식을 자꾸 뱉어내면 재료를 바꾸거나 입자를 더욱 곱게 만든다
한번에 먹이는 양	– 죽의 경우 1작은술로 시작해 6개월 무렵이면 50g(1/4컵) 정도를 먹이면 되고, 채소류는 1작은술(5g) 정도로 시작해 6개월 무렵이 되면 4작은술 까지 먹일 수 있다

아기 이유식

고구마귤미음

재료 불린쌀 10g, 생수 170cc, 고구마 10g, 귤 10g
만들기 1 불린쌀을 곱게 갈아 생수를 넣고 7배죽을 끓인다.
2 고구마는 껍질과 심을 제거한 후 삶아서 곱게 으깨고, 귤은 즙을 내어 둔다.
3 끓여놓은 미음에 고구마를 넣고 한소끔 끓이다가 귤즙을 넣어 살짝 끓인다.

감자애호박미음

재료 불린쌀 10g, 생수 170cc, 애호박 5g, 감자 10g
만들기 1 불린쌀을 곱게 갈아 생수를 넣고 7배죽을 끓인다.
2 애호박은 곱게 갈고, 감자는 찐 후 으깬다.
3 끓여놓은 미음에 애호박과 으깬 감자를 넣고 한소끔 끓인다.

바나나비타민미음

재료 불린쌀 10g, 생수 170cc, 비타민 5g, 바나나 10g
만들기 1 불린쌀을 곱게 갈아 생수를 넣고 7배죽을 끓인다.
2 비타민은 손질 후에 데쳐서 갈고, 바나나는 껍질을 까서 으깬다.
3 끓여놓은 미음에 비타민을 넣고 살짝 끓이다가 바나나를 넣어 한소끔 끓인다.

컬리플라워사과미음

재료 불린쌀 10g, 생수 170cc, 컬리플라워 10g, 사과 15g
만들기 1 불린쌀을 곱게 갈아 생수를 넣고 7배죽을 끓인다.
2 컬리플라워는 손질 후 곱게 갈고, 사과는 깨끗이 씻어 껍질과 속씨를 빼고 갈아둔다.
3 미음을 끓이다가 갈아놓은 컬리플라워와 사과를 넣어 살짝 끓인다.

단호박당근미음

재료 불린쌀 10g, 생수 170cc, 당근 5g, 단호박 10g
만들기 1 불린쌀을 곱게 갈아 생수를 넣고 7배죽을 끓인다.
2 당근은 손질 후 곱게 간다. 단호박은 깨끗이 씻어 껍질과 속씨를 빼고 삶은 후 곱게 으깬다.
3 미음을 한소끔 끓이다가 갈아놓은 당근과 단호박을 넣어 살짝 끓인다.

비타민배미음

재료 불린쌀 10g, 생수 170cc, 배 10g, 비타민 5g
만들기 1 불린쌀을 곱게 갈아 생수를 넣고 7배죽을 끓인다.
2 배는 갈아서 즙을 내고, 비타민은 데친 후 곱게 간다.
3 미음에 배와 비타민을 넣고 한소끔 끓인다.

중기 이유식

이유식 중기가 되면 아기들은 입을 오물오물거리기 시작한다. 이 기간 동안에는 아기의 성장이 무척 빠르므로
조리 형태와 이유식의 양도 그 전까지와는 달라지게 된다.

PART 5 두뇌 발달을 돕는 아기 음식

7~8개월 무렵이 되면 아기들은 먹는 음식이 다양해지고 작은 음식 조각을 빨리 씹을 수 있게 된다. 또 독립심이 강해지면서 혼자서 먹겠다고 떼를 쓰기도 한다. 이 시기가 되면 우유를 먹는 횟수를 줄이고 으깬 야채나 잘게 다진 고기 등의 고형 음식을 먹을 수 있게 한다.

9개월쯤 되면 국수나 부드러운 밥을 먹을 수 있는 아기도 있는데, 과일이나 야채를 줄 때는 단단한 섬유질을 반드시 제거하고, 생선을 먹일 때는 가시를 특히 조심해야 한다.

✿ 미각체험을 할 수 있게 다양한 메뉴를 구성한다

지금까지는 죽, 야채 등 단순한 맛에 길들여 왔지만 이제는 재료의 종류를 점차 늘려서 아기에게 다양한 미각을 체험할 수 있게 해준다. 우선 곡류나 채소를 죽 상태로 계속 주면서 닭고기, 쇠고기 등의 육류와 흰살생선 등의 건뇌 식품을 섞어서 다양한 메뉴를 구성하도록 한다.

가루낸 견과류를 이유식에 조금씩 섞어주거나 다시마국물이나 미역을 잘게 다져 익힌 것 등 해조류를 먹여보는 것도 좋다. 단, 김 등의 건어물을 그대로 먹이는 것은 아직 이르다. 또한 등푸른 생선의 경우 알레르기를 일으킬 수 있으므로 조심한다.

❂ 죽과 같이 미음보다 물기가 적은 음식을 조금씩 먹이도록 한다.

✿ 이유 중기의 식사 스케줄 (1일 2회식의 경우)

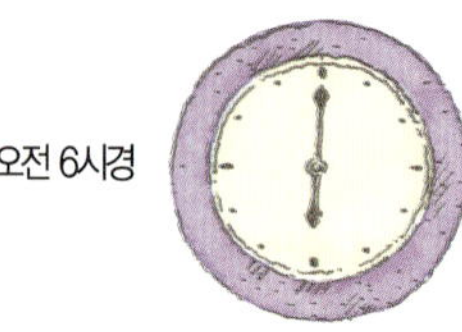

오전 6시경 — 모유 또는 분유(원하는 만큼 준다)

오전 10시경 — 이유식 + 모유 또는 분유

오후 2시경 — 이유식 + 모유 또는 분유

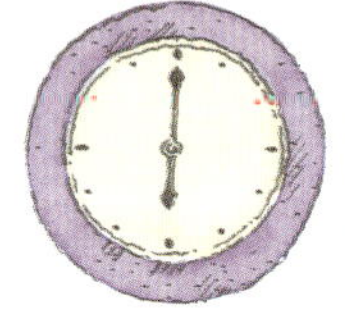

오후 6시경 — 모유 또는 분유 (원하는 만큼 준다)

오후 10시경 — 모유 또는 분유(원하는 만큼 준다)

손으로 집어 먹을 수 있는 핑거푸드를 준비한다

아기가 이유식을 먹는 도중에 칭얼거릴 때는 목이 말라서일 수 있으므로 미리 보리차를 준비해두면 좋다. 또한 이 시기의 아기는 손으로 집어먹는 음식들, 즉 토스트 조각이나 빵 조각, 익힌 당근 조각, 삶은 고구마, 바나나 등을 직접 손으로 집어먹는 것을 좋아하므로 핑거푸드를 준비해둔다.

중기 이유식	
시작하는 시기 & 식습관 들이기	– 생후 7~8개월 무렵이 되면 시작할 수 있다 – 혼자 먹겠다고 떼를 쓰기도 하는데, 혼자 먹는 습관을 들이는 것도 좋다 – 9개월 무렵이 되면 국수나 밥을 먹으려는 아기도 있다
중기 이유식 재료	– 곡　류 : 옥수수, 식빵, 국수, 옥수수, 완두콩, – 채소류 : 감자, 고구마, 호박, 시금치, 당근, 브로컬리, 양배추 – 과일류 : 사과, 배, 바나나 – 육　류 : 닭고기(가슴살), 쇠고기(다진 것) – 생선류 : 새우, 멸치, 흰살생선 – 기　타 : 두부, 달걀, 다진 미역
조리 포인트	– 입으로 오물거리면 형태가 없어져서 마실 수 있는 정도의 묽기가 적당하다 – 점차 물의 양을 줄여 끈적끈적한 상태로 옮겨간다 – 9개월 무렵에는 두부나 푸딩 정도의 굳기로 조리한다
한번에 먹이는 양	– 채소류는 30g(6작은술) 정도, 반고형식은 100g(1/2컵) 정도가 적당하다

아기 이유식

쇠고기파래죽

재료 쇠고기 갈은 것 15g, 파래김 5g, 팽이버섯 10g, 불린쌀 15g, 다시물 400cc, 참기름·통깨 조금씩

만들기 1 쇠고기 갈은 것은 다시 한번 잘 다진다. 파래김은 살짝 구워 잘게 부시고, 팽이버섯은 밑둥을 자른 후에 곱게 다진다.
2 불린쌀에 다시물을 넣고 끓이다가 준비한 쇠고기, 팽이버섯, 파래김을 순서대로 넣어 죽을 끓인다.
3 마지막에 참기름과 통깨를 빻아 넣고 한소끔 끓인다.

참치살애호박죽

재료 불린쌀 15g, 참치살 15g, 애호박 20g, 다시물 400cc, 김가루·참기름 적당량

만들기 1 불린쌀은 살짝 갈아 놓는다.
2 참치살은 손질하여 곱게 다진다.
3 애호박은 깨끗이 씻어 손질한 후에 잘게 다진다.
4 냄비에 불린 쌀을 넣어 볶다가 어느 정도 익으면 참치살과 애호박, 다시물을 넣어 푹 끓여 익힌다.
5 마지막에 김가루와 참기름을 넣어 버무린다.

새우달걀죽

재료 감자 20g, 새우살 15g, 참기름 적당량, 불린쌀 15g, 다시물 400cc, 달걀노른자 1/2개

만들기 1 감자는 껍질을 벗겨 잘게 다지고 새우살도 손질하여 다진다.
2 냄비에 참기름을 두르고 불린쌀을 충분히 볶는다.
3 쌀을 볶다가 다시물을 붓고 저어가면서 서서히 끓인다.
4 죽의 알맹이가 부드러워지기 시작하면 감자, 새우살 순으로 넣어 끓인다.
5 죽이 걸쭉해지면 달걀 노른자를 넣어 함께 익힌다.

닭살양배추죽

재료 닭가슴살 50g, 육수 400cc, 당근 10g, 양배추 10g, 불린쌀 15g, 참기름·깨 조금씩

만들기 1 닭가슴살은 삶아서 곱게 찢어 5mm 크기로 자르고, 닭육수는 체에 거른다.
2 당근은 곱게 다지고, 양배추는 데쳐서 잘게 다진다.
3 불린쌀은 한번 갈은 후 닭육수를 넣고 푹 끓인다.
4 쌀을 끓이다가 다져놓은 야채와 닭가슴살을 넣어 푹 끓인다.
5 어느 정도 끓으면 참기름과 깨를 넣는다.

단호박죽

재료 불린쌀 15g, 찹쌀 5g, 단호박 20g, 육수 400cc, 흑임자 가루 5g

만들기 1 불린쌀과 불린 찹쌀은 살짝 갈아둔다.
2 단호박은 껍질을 벗기고 씨를 뺀 후 찜통에 넣고 푹 익혀 으깬다.
3 쌀과 찹쌀에 육수를 넣고 끓이다 어느 정도 쌀알이 퍼지면 단호박을 넣고 골고루 섞어 끓인다.
4 죽이 어느정도 끓으면 볶은 흑임자 가루를 뿌린다.

대구살김죽

재료 대구살 20g, 느타리버섯 10g, 불린쌀 15g, 애호박 10g, 다시물 400cc, 김가루

만들기 1 대구살은 찜통에 넣고 쪄서 살만 발라 으깬다.
2 느타리버섯은 데친 후 곱게 다지고, 애호박도 손질하여 곱게 조금 더 다진다.
3 불린쌀을 볶다가 다시물을 붓고 끓인 후 대구살을 넣고 조금 더 끓인다.
4 죽이 한소끔 끓으면 준비한 야채를 넣고 푹 끓인다.
5 모든 재료가 알맞게 익으면 김가루를 골고루 뿌린다.

생후 10~12개월

후기 이유식

이 시기 아기들은 오전, 오후 2회이던 이유식을 오후 2시 수유 시간에도 추가해서 하루 3회 이유식 시간을 갖게 된다.
또한 밥알의 형태와 비슷한 죽을 먹기 시작한다.

먹는 것에 적극적인 관심을 보이기 시작하는 시기이다. 자립심이 발달해서 마음대로 하려고 고집을 부리기도 하므로 바람직한 식습관을 들여주어야 하는 중요한 때이기도 하다. 이 시기의 아기들은 좋아하는 것과 싫어하는 것이 생겨서 먹고 싶은 음식만 먹으려고 해 엄마와 실랑이를 벌이기도 한다. 하지만 이 시기 아기의 기호는 대개 일시적인 것이므로 먹지 않는 음식이라도 자꾸 아이 곁에 놓아두면 손이 가게 된다.

🌼 엄마, 아빠와 식탁에서 먹게 한다

이 시기에 식사 습관을 제대로 들이지 못하면 만 3세까지 두고두고 고생을 하게 된다. 우선 중요한 것은 앉아서 먹는 것이다. 간혹 누워서 먹는 아기들이 있는데 숨이 막힐 위험도 있거니와 스스로 먹는 습관을 들일 수 없게 된다. 6~7개월 무렵에 아기가 혼자 앉을 수 있다면 아기 식탁을 준비해 엄마, 아빠와 함께 식사하는 버릇을 길러준다.

🌼 올바른 식습관을 길러준다

이 무렵 아기는 이리저리 돌아다니거나 장난을 치면서 밥을 먹기도 하는데 30분 정도 아기가 마음대로 하도록 둔 다음 시간이 되면 식탁을 치우도록 한다.
아기가 아무리 울고 먹겠다고 보채더라고 식사시간 안에 밥을 먹지 않으면 밥을 주지 않겠다는 엄마의 굳은 의지를 보여줄 필요가 있다. 이렇게 한두 번 버릇을 들이면 아기의 식사 습관은 몰라보게 달라질 것이다.

❂ 식탁에 앉아서 음식을 먹는 습관을 길러준다.

🌼 이유 후기의 식사 스케줄 (1일 3회식의 경우)

오전 6시경	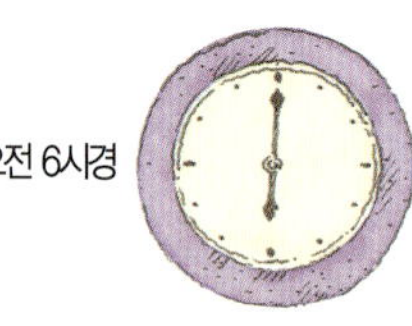	모유 또는 분유 (원하는 만큼 준다) 
오전 10시경		이유식+모유 또는 분유 (식후의 수유는 원하지 않으면 주지 않는다) 
오후 2시경		이유식+모유 또는 분유 (식후의 수유는 원하지 않으면 주지 않는다) 
오후 6시경	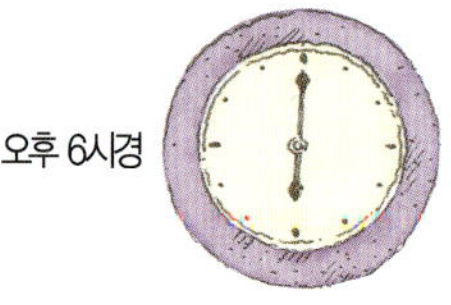	이유식+모유 또는 분유 (식후의 수유는 원하지 않으면 주지 않는다) 
오후 10시경		모유 또는 분유 (원하는 만큼 준다) 

※분유는 성장 단계별 조제 이유식으로 바꾼다.

이유식은 식단을 짜서 먹이도록 한다

이유식 양이 늘어나면 우유를 먹는 양이 줄어들거나 아예 우유를 먹지 않으려는 아기도 있다. 때문에 이유식의 영양 균형이 철저히 고려되어야 할 시기이기도 하다. 달걀, 생선, 고기 등의 단백질 식품, 무, 시금치, 옥수수 등의 비타민 식품, 밥이나 빵 등의 탄수화물 식품을 골고루 균형 있게 먹이도록 한다. 날마다 완벽한 영양군을 생각해서 메뉴를 짜기는 어려우므로 2~3일 단위로 영양분을 체크하여 식단을 짠 다음 번갈아 가며 먹이도록 한다.

후기 이유식

시작하는 시기 & 식습관 들이기	- 올바른 식습관을 들여야 할 중요한 시기다 - 좋아하는 음식, 싫어하는 음식이 생긴다 - 식탁에 앉아서 먹는 습관을 들인다 - 식사시간이 지나면 다 먹지 않았더라도 식탁을 치운다 - 식사시간에 돌아다니거나 장난을 치는 것을 금한다
후기 이유식 재료	- 곡　류 : 밥, 빵, 국수, 옥수수, 고구마, 감자 - 채소류 : 무, 시금치, 당근, 호박, 버섯, 콩나물 - 과일류 : 사과, 배, 멜론, 오렌지 - 육　류 : 쇠고기, 닭고기 - 생선류 : 흰살생선, 새우, 조갯살, 게살, 등푸른 생선 - 기　타 : 다시마, 호두, 두부, 달걀
조리 포인트	- 밥알의 형태를 완전히 알 수 있을 만큼의 죽 정도가 알맞다 - 잇몸으로 으깨어 먹을 수 있는 정도의 미트볼이나 크로켓 정도의 딱딱함이면 적당하다
한번에 먹이는 양	- 곡류 고형식은 1회에 100g(1/2컵) 정도가 적당하고 채소류는 30g(6작은술)으로 시작해 12개월 무렵에는 40g(8작은술) 정도면 적당하다

아기 이유식

게살무른밥

재료 게살 15g, 양파·당근·무 10g씩, 생선육수 100cc, 진밥40g, 김가루 조금

만들기 1 게살은 손질 후 곱게 찢고 양파, 당근, 무는 껍질을 제거한 후 3mm크기로 썬다.
2 냄비에 양파를 볶다가 당근, 무와 생선육수를 약간 넣어 어느정도 끓으면 게살과 진밥을 넣어 무른밥을 만든다.
3 무른밥에 김가루를 넣고 섞는다.

해물무른밥

재료 새우살 5마리 분량, 무 15g, 불린 미역 5g, 실파 5g, 참기름 조금, 다시물 50cc, 진밥 40g

만들기 1 새우살은 손질 후 다진다.
2 무는 5mm 크기로 썰고, 미역은 불린 후 같은 크기로 썬다. 실파는 송송 썬다.
3 냄비에 참기름 두르고 새우살과 미역을 볶다가 다시물을 붓고 진밥을 넣어 끓인다.
4 밥이 어느정도 익으면 무와 실파를 넣고 푹 끓여 무른밥을 짓는다.

삼색진밥

재료 연어살 15g, 시금치 10g, 진밥 40g, 양파 5g, 당근 5g, 육수 100cc

만들기 1 연어살은 찜통에 찐 후 잘게 부수고, 시금치는 데쳐서 5mm 크기로 썬다.
2 양파와 당근은 손질 후 5mm 크기로 썬다.
3 냄비에 연어살을 넣고 볶다가 손질해둔 야채를 넣고 볶는다.
4 재료가 어느정도 익으면 진밥과 육수를 약간 넣고 끓인다.

무른치즈밥

재료 닭고기 15g, 양배추 15g, 버터 조금, 닭육수 50cc, 진밥 40g, 치즈 1/2장

만들기 1 닭고기는 삶아서 결대로 찢고, 양배추는 가늘게 채 썬다.
2 냄비에 버터를 두르고 닭고기를 볶다가 양배추를 넣고 다시 한번 볶는다.
3 재료를 볶다가 닭고기 육수를 붓고 진밥을 넣어 약한 불에서 뭉근하게 끓인다.
4 밥이 끓으면 치즈를 다져 넣고 살짝 녹인다.

채소범벅

재료 고구마 30g, 건포도 5g, 분유물 50cc, 레먼즙·사과 갈은 것·깨 조금씩, 치즈 1/2장

만들기 1 고구마는 삶아서 곱게 으깨고, 건포도는 물에 불려 잘게 다진다.
2 분유물에 레먼즙과 사과 갈은 것, 깨를 넣어 살짝 끓여 소스를 만든다.
3 고구마에 건포도와 만들어 놓은 소스를 섞어 버무린 후 치즈를 다져 얹는다.

잔멸치야채밥

재료 잔멸치 5g, 양파 10g, 당근 10g, 완두콩 10g, 육수·전분물 조금씩, 진밥 40g, 참기름·깨 조금씩

만들기 1 잔멸치는 물에 담궈 짠기를 뺀 후 잘게 다진다.
2 양파와 당근은 5mm 크기로 자르고, 완두콩은 다진다.
3 팬에 잔멸치를 볶다가 육수를 붓고 양파, 완두콩, 당근 순으로 넣어 볶은 후 전분물을 약간 넣어 걸쭉하게 한다.
4 진밥에 참기름과 깨를 넣어 비빈 후 만들어 놓은 멸치 야채 소스를 넣고 골고루 섞는다.

완료기 이유식

돌이 지난 아기에게는 어른이 먹는 식사로 넘어가기 위한 과도기 형태의 이유식을 먹여야 한다.
이 때 음식의 종류나 조리 형태를 차츰 달리해야 무리가 없다.

이유식이 단계별로 잘 진행되었을 경우 이 무렵의 아기는 3회의 이유식을 확실하게 먹을 수 있게 된다. 오전 10시, 오후 2시, 오후 6시에 먹였던 이유식 리듬을 어른의 식사시간인 아침, 점심, 저녁으로 완전히 바꾸어 온 가족이 함께 식사를 하는 리듬을 새롭게 심어준다.

✿ 간이 부드러운 밥과 반찬을 먹도록 한다

돌이 지나면 젖병도 끊고, 분유도 끊고, 이유식도 차츰 중단해야 한다. 분유 대신 생우유를 먹이기 시작하는데 그 양은 하루 50~700ml 정도가 적당하다. 이제부터 아기는 엄마, 아빠와 같은 식탁에서 엄마, 아빠가 먹는 밥과 반찬을 함께 먹어야 한다. 단, 아기용 반찬은 엄마, 아빠용 반찬보다 간을 부드럽게 해야 한다. 이 무렵부터는 주식이 고형식이고 우유는 부식이 되는 것이다.

✿ 하루에 세번 이유식을 먹인다

이 시기 아기에게 필요한 영양은 단위 체중 당 에너지, 단백질의 양이 모두 어른의 3배에 가까울 정도이다. 이것을 3회의 이유식으로 다 섭취하기는 힘들다. 그러므로 아침 6시에 준 분유를 오전 10시에, 자기 전인 오후 10시의 분유는 오후 3시에 각각 200cc씩 먹여 영양을 보충하도록 한다. 즉 하루 3회의 식사와 2회의 간식 형태가 되는 것이다.

● 식탁에 앉아 어른들이 먹는 밥과 반찬을 간만 달리해서 먹게 한다.

✿ 이유 완료기의 식사 스케줄

오전 7시경	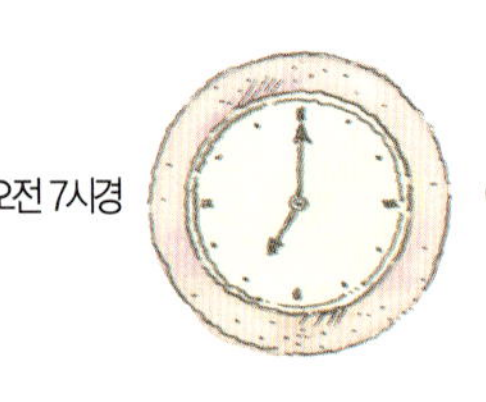 	이유식
정오 무렵	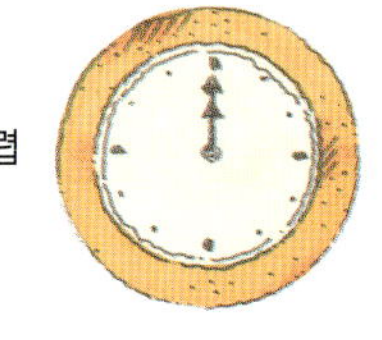 	이유식
오후 3시경		간식
오후 6시경		이유식
오후 10시경	 	모유 또는 성장 단계별 조제 이유식 (원하지 않으면 주지 않는다)

맛이 강하지 않은 간식을 만들어 준다

이 시기는 간식의 비중이 꽤 높은 시기이므로 간식도 주식과 마찬가지로 영양분을 생각해서 선택해야 한다. 달거나 맛이 강한 과자보다는 엄마가 손수 만든 튀김, 크로켓 전 등을 주면 좋다.

간식은 활동이 많은 오전 11시경과 오후 3시경이 적당하다. 너무 자주 간식 시간을 가지면 주식을 못 먹게 되므로 횟수는 두 번으로 제한한다.

인스턴트 식품은 아기의 입맛에는 맞게 만들어져 있지만 건강에 좋지 않은 첨가물들이 많이 함유되어 있으므로 가능하면 주지 않는다.

완료기 이유식

시작하는 시기 & 식습관 들이기	– 돌 전후로 시작한다 – 엄마 · 아빠가 먹는 밥과 반찬을 함께 먹기 시작한다 – 채소와 친해지게 한다
완료기 이유식 재료	– 곡　류 : 밥, 빵, 국수, 옥수수, 완두콩 – 채소류 : 무, 시금치, 당근, 호박, 버섯, 양배추, 양파, 오이, 토마토 – 과일류 : 사과, 배, 멜론, 딸기, 오렌지 – 육　류 : 쇠고기, 닭고기 – 생선류 : 흰살생선, 새우, 조갯살, 게살, 멸치, 등푸른 생선 – 기　타 : 치즈, 호두, 잣, 땅콩, 아몬드, 밤, 다시마, 두부, 달걀
조리 포인트	– 부드럽게 조리하고 크기를 작게 해서 한입에 먹을 수 있게 한다 – 구이, 튀김, 볶음 등으로 조리법을 넓혀 나간다 – 싫어하는 음식은 푹 무르게 삶아 으깨서 좋아하는 음식에 섞어 먹인다
한번에 먹는 양	– 1회에 진밥을 100g(1/2컵) 정도 먹이면 적당하다. 채소 섭취량은 40g(8작은술)로 시작해 50g(10작은술)으로 늘려간다

아기 이유식

야채솥밥

재료 단호박 20g, 호박씨 5g, 당근 5g, 무 10g, 참기름·깨 조금씩, 진밥 40g

만들기 1 단호박은 껍질과 씨를 제거한 후 1cm 크기로 자르고, 호박씨는 곱게 다진다.
2 당근과 무는 손질한 후에 1cm 길이로 얇게 채 썬다.
3 팬에 참기름을 두르고 단호박, 당근, 무를 넣고 볶다가 깨를 뿌린다.
4 진밥에 다진 호박씨와 볶은 야채를 넣고 골고루 비빈다.

닭살소면탕

재료 미역 10g, 실파 5g, 닭살 15g, 참기름 조금, 닭육수 1컵, 쌀국수 10g

만들기 1 미역을 씻어서 물에 불린 후 잘게 썰고, 실파는 5mm 크기로 썬다.
2 닭살은 삶아서 곱게 찢고, 국물은 거즈에 걸러 육수로 준비한다.
3 냄비에 참기름 두르고 미역을 볶다가 닭육수를 붓고 끓인다.
4 어느 정도 익으면 쌀국수를 삶아 짧게 잘라 넣고 끓인다.

어알탕

재료 흰살생선 10g, 감자 15g, 전분·달걀물 조금씩, 당근 10g, 다시물 100cc, 송송 썬 실파 조금

만들기 1 흰살생선은 손질한 후 감자와 전분, 달걀물을 넣고 갈아 조그맣게 완자를 만든다.
2 당근은 손질 후 7mm 크기로 사각썰기 한다.
3 다시물에 당근을 넣고 끓이다가 완자를 넣어 팔팔 끓인다.
4 완자가 익으면 송송 썬 실파를 넣어 끓인다.

버섯유부밥

재료 표고버섯 10g, 새우살 10g, 양파 5g, 유부 1/2장, 흰밥 40g

만들기 1 표고버섯은 데친 후 1cm 크기로 썬다.
2 새우살은 손질 후 0.5cm, 양파는 5mm 크기로 썰고 유부는 데친 후 양파와 같은 크기로 썬다.
3 팬에 새우살과 잘라 놓은 재료를 넣고 볶다가 어느정도 익으면 진밥을 넣어 볶는다.

시금치수제비

재료 시금치 20g, 쌀가루 20g, 감자 10g, 대파 5g, 멸치다시물 100cc, 참기름·깨소금 조금씩

만들기 1 시금치는 데친 후 으깨서 즙을 낸다.
2 쌀가루에 시금치 즙을 넣어 반죽한다.
3 감자는 손질 후 1cm 크기로 사각썰기 하고, 대파는 연한부분으로 어슷썰기 한다.
4 냄비에 멸치다시물을 넣고 끓이다가 준비한 수제비 반죽을 얇고 작게 떼어 넣은 후 감자와 대파를 넣어 팔팔 끓인다. 재료가 익으면 참기름과 깨를 넣는다.

닭야채덮밥

재료 닭고기 20g, 표고버섯 10g, 양파 10g, 육수·전분물 조금씩, 달걀 1/2개, 진밥 40g

만들기 1 닭고기는 삶아서 잘게 썰고, 표고버섯은 불린 후 갓만 가늘게 채 썬다.
2 양파는 껍질을 벗긴 후 잘게 다진다.
3 냄비에 양파를 볶다가 닭고기, 버섯, 육수를 넣는다.
4 재료가 익으면 전분물을 넣어 걸쭉하게 한 후, 달걀을 넣어 곱게 푼다.
5 진밥 위에 덮밥 소스를 얹는다.

'튼튼 쑥쑥' 성장발육에 도움 주는

유아식·간식

아이에게 간식은 부족한 영양을 보충하기 위해 꼭 필요하다. 특히 엄마가 만들어주는
간식은 맛과 영양이 뛰어날 뿐 아니라 아이들의 정서 발달에도 많은 도움을 준다.

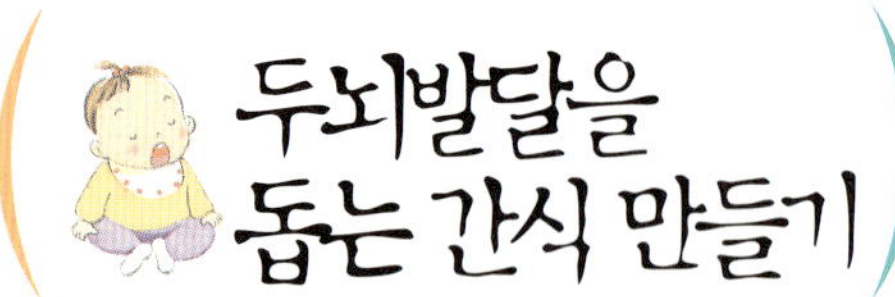

Point 1 10세 전까지 뇌 세포가 발달한다

뇌가 폭발적으로 발달하는 10세 전까지의 아이들은 뇌 발달을 위해 고른 영양 섭취가 필요하다. 사람은 1백60억 개 정도의 뇌 세포를 가지고 있는데 성장과정에서는 일부만이 활동한다. 성인이 되어서도 25%만이 활동을 하게 되는데, 잠자고 있는 나머지 뇌 세포를 얼마나 활용하느냐에 따라 두뇌 발달의 성패가 달려 있는 것이다.

Point 2 두뇌발달에 도움이 되는 식품을 선택한다

잘 먹는다는 것은 신체 건강을 위해서 필수임은 물론이고 두뇌발달에도 가장 우선시 되는 조건이다. 끼니를 거르면 머리가 띵해지고 판단력이 흐려지는데 그 이유는 뇌가 활동하는데 필요한 당분이 부족하기 때문이다. 아이를 똑똑하게 키우고 싶다면 어려서부터 뇌를 보호하고 발달시키는 식품을 많이 먹게 하는 것이 좋다. 아이가 그 식품을 싫어한다면 조리법을 달리해 잘 먹을 수 있게 한다.

Point 3 천연식품에 입맛을 길들인다

찐 감자, 찐 옥수수, 국수, 견과류 등의 천연 식품을 이용해 간단히 조리해서 먹이는 것이 가장 좋은 방법이다. 라면이나 과자와 같은 인스턴트 식품은 좋지 않은 기름에 튀겨서 나오는 것들이므로 인체에 유해하고 맛도 자극적이어서 입맛을 떨어뜨릴 위험이 있다. 이런 식품들은 잘 먹지 않는 아이로 만들거나 소아비만, 충치의 원인이 되기도 한다.

Point 4 편식은 뇌 발달에 방해가 된다

뇌 발달에는 고른 영양 섭취가 중요하다. 각 영양소가 뇌의 주요 성분을 만드는데 제 몫을 하기 때문이다. 편식을 하면 특정 부분의 영양 결핍이 이루어지기 쉬우며, 이러한 습관은 두뇌발달에도 좋지 않다.

아침을 거르면 학습 능력이 저하된다

아침에 눈을 뜨는 순간부터 뇌 세포도 서서히 활동을 시작한다. 뇌가 활동하는 데에는 많은 에너지가 필요한데, 끼니를 거르면 에너지 부족으로 인해 두뇌가 제 할 일을 다하지 못한다. 맛있게 아침식사를 하게 되면 에너지가 충전되고 또 씹는 것이 자극이 된다. 아침식사를 한 아이가 하지 않은 아이보다 집중력, 창조력이 뛰어났다는 보고서도 있다.

● 균형 잡힌 영양섭취로 바르게 자랐을 때 아이들은 몸도 마음도 튼튼해진다.

✱ 아이의 성장에 도움이 되는 식품들

구 분	곡 류	채소류	과일류	생선류	기 타
두뇌발달을 돕는 식품	현미, 조, 수수, 콩, 검은깨	마늘, 케일, 시금치, 브로콜 리, 비트, 양파, 양배추, 상추, 토마토, 셀러리, 오이	건포도, 블루베리, 딸기, 아보카도, 살구, 오렌지, 체리, 키위, 멜론, 바나나, 사과, 복숭아, 배, 수박	해산물, 멸치 등 뼈째 먹는 생선	호두, 호박씨, 밤, 땅콩, 잣
집중력을 길러주는 식품				멸치, 뼈째 먹는 생선	미역, 김, 다시마, 톳
편식하는 아이를 위한 식품		파, 당근, 감자, 버섯, 호박, 시금치, 우엉		동태 등 흰살생선	
튼튼한 아이로 키워주는 보양 식품	콩	산마, 버섯, 부추		장어	닭고기
키를 쑥쑥 자라게 해주는 식품		시금치, 당근	귤, 오렌지, 딸기, 감, 포도, 키위	정어리, 고등어 등의 등푸른 생선, 참치	

두뇌발달 유아식

바나나찹쌀빠스

요리 | 이보은

재료 바나나 6개, 녹말전분 조금, 튀김옷(달걀 2개, 찹쌀가루 · 물 2큰술씩), 튀김가루 적당량, 시럽(설탕 2컵, 샐러드유 2큰술)

만들기 1 바나나는 껍질을 벗기고 약 3cm 두께로 어슷하게 썬다.
2 달걀과 찹쌀가루를 물에 섞어 튀김옷을 만든다.
3 바나나에 녹말전분을 솔솔 뿌리고 튀김옷을 입혀 170℃ 기름에서 노릇하게 튀긴다.
4 팬에 샐러드유 2큰술과 설탕 2컵을 넣고 약한 불에서 서서히 녹여 시럽을 만든 뒤, 튀긴 바나나에 묻혀 물을 살짝 바른 접시에 담아낸다.

키위셔벗

요리 | 오은경

재료 키위 2개, 설탕 60g, 생수 1컵, 우유 1/2컵, 장식용 키위 1/2개

만들기 1 키위는 껍질을 벗기고 잘게 썰어 믹서에 넣어 간다. 냄비에 키위 간 것과 설탕을 넣어 잠깐 조린다. 키위 조린 것은 차게 식혀 생수와 섞는다.
2 그릇에 우유와 식힌 키위를 넣어 플라스틱 용기나 금속용기에 부어 냉동실에 넣어 12시간 정도 얼린다.
3 키위셔벗이 얼면 포크로 전체를 긁어준 후 다시 얼린다. 이 과정을 세 번 정도 반복한다.
4 셔벗을 담을 그릇이나 컵을 냉장고에 넣어 차게 두었다가 수저로 떠 담고 키위조각을 얹는다.

고구마코코아파우더

요리 | ○○○예

재료 고구마 1개, 설탕 100g, 우유 1/4컵, 크림치즈 100g, 오렌지술 1작은술, 코코아파우더

만들기 1 고구마는 껍질을 벗기고 한입 크기로 자른다.
2 내열용기에 고구마, 설탕, 우유를 넣어 랩을 씌우고 7~8분간 전자레인지에서 가열한 후 잘 으깬다.
3 크림치즈는 1/2작은 술 정도로 동그랗게 만들어 놓는다.
4 으깬 고구마에 오렌지술을 넣어 섞고 1큰술 정도의 분량으로 1개씩 나누어 크림치즈가 고구마 가운데로 들어가도록 1개씩 모양을 만든다.
5 모양이 잡힌 동그란 고구마에 코코아파우더를 골고루 뿌린다.

옥수수게살스프

요리 | 이보은

재료 통조림옥수수 200g, 물 10컵, 청주 2큰술, 냉동게살 100g, 기름 조금, 대파 2대, 녹말물 6큰술, 소금 · 후춧가루 조금씩

만들기 1 통조림옥수수는 체에 밭쳐서 물기를 뺀다.
2 냄비에 물과 청주를 넣고 끓이다 냉동게살을 찢어 넣고 끓여 익힌 뒤, 살만 건지고 육수는 그냥 둔다.
3 기름을 두른 냄비에 대파를 송송 썰어 넣고 볶다가 향이 나면 익힌 게살과 육수를 붓고 한소끔 끓인다.
4 육수가 끓으면 옥수수를 넣고 소금, 후춧가루로 간을 하고 더 끓인다. 수프에 녹말물을 풀고 걸쭉하게 농도를 맞춘 다음 그릇에 담는다.

아보카도 날치알김밥

요리 | 최승주

재료 아보카도 1/2개, 무순 1/2웅큼, 게맛살 2쪽, 오이 1/3개, 배합초(식초 2큰술, 설탕 1큰술, 청주 조금), 밥 2공기, 김 5장, 달걀 1개, 날치알 1/3컵

만들기 1 아보카도는 반으로 잘라 씨를 뺀 후 저며 썬다.
2 무순은 씻어 건지고 게맛살과 오이는 무순 길이로 잘라 가늘게 채썬다.
3 배합초를 끓여 식힌 후 밥과 고루 섞는다.
4 김은 구워 4등분으로 자르고, 달걀은 지단을 부쳐 2×8cm길이로 자른다.
5 김에 밥을 한 숟가락 정도 펴 담고 날치알, 아보카도 등을 얹어 돌돌 말고 달걀 지단으로 가운데를 감싼다.

매시드너트 야채샌드위치

요리 | 방영아

재료 감자 1개, 오이 1/2개, 땅콩 · 아몬드 20g씩, 옥수수 · 마요네즈 2큰술씩, 소금 조금, 식빵 6장, 스프레드소스(마요네즈 2큰술, 머스터드 1/2작은술, 꿀 1작은술)

만들기 1 감자는 껍질을 벗기고 삶아 으깨고 오이는 길이로 얇게 잘라 놓는다.
2 땅콩과 아몬드는 다지고, 옥수수 통조림은 물기를 뺀다.
3 볼에 으깬 감자와 옥수수, 다진 땅콩, 아몬드, 마요네즈와 소금을 넣고 섞는다.
4 분량의 재료대로 스프레드 소스를 만들어 식빵에 바르고 준비한 재료속을 넣은 후 다시 스프레드 소스를 바른 식빵을 얹는다.

집중력 길러주는 유아식

● 멸치야채주먹밥

요리 | 한보선

[재료] 당근 20g, 풋고추 2개, 파래김 1장, 잔멸치 50g, 청주 1큰술, 설탕 반작은술, 밥 1공기, 검은깨 조금

[만들기] 1 당근과 풋고추는 잘게 다진다.
2 파래김은 잘 구워 비닐봉지에 넣고 잘게 부수고, 잔멸치는 잡티를 없앤다.
3 팬을 달궈 기름을 두르고 청주, 설탕을 넣어 잔멸치를 볶은 후 당근, 풋고추, 밥을 순서대로 넣어 볶는다.
4 멸치를 넣어 볶은밥에 부순김과 검은깨를 넣어 먹기 좋은 크기로 만든다.

● 뱅어포 마요네즈소스구이

요리 | 방영아

[재료] 뱅어포 4장, 소스(마요네즈 3큰술, 갈은 양파 1큰술, 다진 마늘 1작은술, 물엿 1큰술, 청주 1큰술), 설탕 1/2큰술, 깨소금 1작은술

[만들기] 1 뱅어포는 손으로 다듬어 지저분한 것들을 떼어내고 손질한다.
2 마요네즈에 분량의 양념들을 넣어 구이소스를 만든다.
3 손질한 뱅어포에 구이소스를 고루 바른 다음 30분 정도 재워둔다.
4 프라이팬이나 그릴에 양념한 뱅어포를 넣어 굽는다. 원하는 크기로 잘라 담는다.

● 김넛트쿠키

요리 | 방영아

[재료] 박력분 280g, 베이킹파우더 1/2큰술, 김 2장, 땅콩 100g, 버터·설탕 120g씩, 달걀 2개

[만들기] 1 박력분과 베이킹파우더는 체에 두 세 번 내린다.
2 김은 가위로 가늘게 자르고, 땅콩은 곱게 다진다.
3 버터를 녹여 설탕과 잘 섞은 후 달걀을 넣고 거품기로 충분히 젓는다.
4 버터, 달걀, 설탕이 섞인 반죽에 체에 내린 가루를 넣어 가볍게 섞은 후 땅콩과 김을 넣는다.
5 오븐팬에 유지를 깔고 쿠키 반죽을 한 수저씩 떠서 180℃로 예열된 오븐에 넣어 15분 정도 굽는다.

● 다시마 고기말이조림

요리 | 방영아

[재료] 생다시마 100g, 얇게 썬 쇠고기 200g, 미나리 10줄기, 깻잎 10장, 소금·후춧가루·밀가루 조금씩, 조림장(간장·굴소스·물엿 1큰술씩, 청주·설탕 2큰술씩, 물 2컵, 참기름 1작은술)

[만들기] 1 생다시마는 물에 담궈 짠맛을 뺀 다음 15cm 길이로 자르고, 쇠고기는 소금과 후춧가루로 밑간한다.
2 미나리는 데친 후 찬물에 헹군다.
3 다시마를 펴고 그 위에 밀가루를 바른 다음 쇠고기와 깻잎을 얹고 둥글게 말아 미나리로 묶는다.
4 분량의 조림장 재료를 살짝 끓여 조림장을 만든다.
5 조림장에 다시마 고기말이를 넣고 조리다가 참기름을 넣어 버무린다.

● 톳나물오렌지무침

요리 | 방영아

[재료] 톳나물 100g, 소금 조금, 오렌지 1개, 오이 1/4개, 무침소스(오렌지즙 3큰술, 식초·레몬즙·설탕 1큰술씩, 깨소금 1작은술)

[만들기] 1 톳나물은 소금에 문질러 씻어서 줄기에서 훑어내려 체에 밭쳐 물기를 뺀다.
2 오렌지는 껍질을 벗기고 과육을 잘라 놓는다.
3 오이도 소금으로 문질러 씻어 둥글게 잘라 놓는다.
4 볼에 분량의 재료를 넣고 섞어 무침소스를 만든다.
5 볼에 톳나물과 오렌지, 오이를 넣고 무침소스를 넣어 조물조물 무친다.

● 두부치즈카나페

요리 | 방영아

[재료] 두부 100g, 소금 조금, 슬라이스치즈 2장, 게살 50g, 시금치 30g, 래디시·치커리 조금씩, 참깨소스(깨소금 2큰술, 간장 1/2큰술, 물 1 1/2큰술, 설탕 1/2작은술, 참기름 1작은술)

[만들기] 1 두부는 끓는 물에 소금을 넣고 부드럽게 데친다.
2 슬라이스치즈는 모양틀을 이용해 찍어 놓는다.
3 게살은 잘게 찢어 놓고, 시금치는 끓는 물에 소금을 넣고 데친 다음 갖은양념하여 무친다.
4 래디시는 둥글게 잘라 물에 담갔다 건지고, 치커리도 찬물에 담가 싱싱하게 준비한다.
5 데친 두부를 네모지게 자르고 그 위에 치즈와 게살, 시금치, 치커리를 얹어 장식하고 참깨소스를 뿌린다.

깜짝 변신 영양식

생선찹쌀버거구이

요리 | 이미화

재료 대구살 200g, 양파 1/2개, 실파 50g, 찹쌀가루 100g, 빵가루 1큰술, 달걀 1개, 소금·후춧가루 조금씩, 샐러드유 조금, 스테이크 소스 적당량, 곁들이 야채

만들기 1 대구는 껍질을 벗기고 살만 다진다.
2 양파는 다지고 실파는 송송 썬다.
3 그릇에 준비한 대구살, 양파, 실파와 찹쌀가루, 빵가루, 달걀을 넣고 소금, 후춧가루로 간하여 둥글고 도톰하게 스테이크를 빚는다.
4 팬을 달군 후 샐러드를 넣고 스테이크를 노릇하게 굽는다. 노릇하게 구운 스테이크를 담고 스테이크소스를 뿌린 후 곁들이 야채를 함께 담는다.

감자베이컨그라탕

요리 | 이미화

재료 감자 3개, 브로콜리 200g, 양파 1개, 베이컨 3장, 통조림 옥수수 1/2컵, 버터 조금, 피자치즈 200g, 화이트 소스(밀가루20g, 우유1컵, 버터 30g)

만들기 1 감자는 잘 쪄서 네모지게 썰고, 브로콜리는 살짝 데친다. 양파는 굵직하게, 베이컨은 잘게 썬다.
2 버터와 밀가루를 볶다가 우유를 붓고 간을 한 후 화이트 소스를 만든다. 팬에 양파와 베이컨을 볶는다. 그릇에 미리 준비한 재료를 넣고 화이트소스를 반만 붓는다.
3 그라탕 그릇에 버터를 바르고 재료를 넣은 후 남은 화이트 소스를 올리고 피자치즈를 뿌린다.
4 200℃로 예열된 오븐에서 20분동안 노릇하게 굽는다.

감자야채팬케이크

요리 | 방영아

재료 감자 300g, 슬라이스치즈 2장, 양파·홍피망 1/4개씩, 버터·밀가루 2큰술씩, 다진 파슬리 2작은술, 달걀 노른자 1개분, 소금·후춧가루 조금씩, 크림소스(밀가루·버터 1/2큰술씩, 우유 5큰술, 소금·흰후춧가루 조금씩)

만들기 1 감자는 삶아 껍질을 벗겨 채썬다. 치즈도 감자와 같은 두께로 채썬다. 양파와 홍피망은 곱게 다진다.
2 팬에 버터를 두르고 양파를 볶다가 홍피망을 볶는다.
3 밀가루와 버터를 볶다가 우유를 붓고 간을 해 크림소스를 만든다. 준비한 재료와 다진 파슬리, 크림소스, 밀가루, 달걀 노른자를 넣고 소금과 후춧가루로 간한다.
4 팬에 팬케이크 반죽을 넣고 굽는다.

애호박조갯살죽

요리 | 방영아

재료 애호박 80g, 바지락살 50g, 불린 쌀 1컵, 참기름 1큰술, 물 7컵, 소금 조금

만들기 1 애호박은 잘게 다진다.
2 바지락살은 소금에 문질러 씻은 다음 물기를 빼고 잘게 다진다.
3 쌀은 1시간 전에 미리 씻어서 체에 담아 물기를 빼둔다.
4 냄비에 참기름을 두르고 불린 쌀과 바지락살을 넣고 중불에서 은근히 볶는다.
5 쌀과 바지락을 넣어 볶다가 물을 넣고 잘 섞어준 다음 애호박을 넣어 중불에서 은근히 끓인다.
6 쌀이 퍼지고 애호박과 바지락살이 잘 어우러지면 소금으로 간을 한다.

우엉·시금치·당근 미니김밥

요리 | 방영아

재료 밥 2공기, 우엉·시금치·당근 50g, 소금 조금, 구운 김 2장, 삼배초(식초 2큰술, 설탕 1큰술, 소금 1/2작은술), 우엉조림양념(식용유·간장·청주·물엿 1작은술씩), 시금치무침양념(소금 조금, 깨소금·참기름 1/2작은술씩)

만들기 1 밥에 분량의 삼배초를 넣고 고루 섞는다.
2 우엉은 채썰어 볶다가 조림양념으로 조리고, 시금치는 데친 후 무침양념으로 무친다.
3 당근은 가늘게 채썰어 볶다가 소금으로 간하고, 김은 살짝 구워서 반으로 자른다.
4 김 위에 초밥을 펴고 우엉과 시금치, 당근을 각각 얹어 김밥을 만든다.

동태살뫼니에르

요리 | 방영아

재료 동태살 200g, 밀가루 1/2컵, 당근·브로콜리 50g씩, 버터 4큰술, 소금·후춧가루 조금씩, 소스(슬라이스치즈 치즈 1장, 마요네즈 3큰술, 다진 파슬리 1/2큰술, 소금 조금)

만들기 1 동태살은 포를 떠서 소금과 후춧가루로 밑간을 한다. 슬라이스 치즈를 다져서 분량의 소스 재료와 섞어 소스를 만든다. 동태살에 밀가루와 소스를 발라 샌드한 다음 동태살을 덮는다.
2 당근은 모양을 만들어 삶은 후 버터에 볶고 브로콜리도 송이를 떼어 데친 후 볶는다.
3 샌드한 동태살은 밀가루를 발라 노릇하게 지진 후 볶은 야채와 함께 낸다.

'영양 듬뿍' 보양 간식

● 버섯콩조림

요리 | 방영아

재료 표고버섯 4개, 양송이버섯 6개, 대두 1컵, 닭안심 150g, 생강즙 1큰술, 후춧가루 조금, 브로콜리 70g, 당근 50g, 식용유 2큰술, 참기름 1작은술, 통깨 1/2작은술, 조림간장(간장 · 청주 2큰술씩, 물엿 · 설탕 1큰술씩)

만들기 1 표고버섯은 밑동을 떼고, 양송이버섯은 껍질을 벗겨 2~4등분한다. 대두는 씻어서 불린다.
2 닭안심은 적당히 잘라 생강즙과 후춧가루로 밑간한다.
3 브로콜리는 작게 분리하고 당근도 같은 크기로 자른다.
4 팬에 닭안심을 볶다가 대두, 물 조금, 분량의 조림간장을 넣어 조린다.
5 어느 정도 졸면 당근, 브로콜리, 표고버섯, 양송이버섯을 넣고 조린 후 참기름과 통깨를 넣는다.

● 밤카스테라경단

요리 | 방영아

재료 밤 200g, 달걀 2개, 카스테라 1개, 생크림 2큰술, 소금 · 치커리 조금씩

만들기 1 밤은 속껍질까지 깨끗하게 벗긴 다음 찜통에 넣어 찐다. 찐 밤은 체에서 으깨어 곱게 내리고 달걀은 삶아서 노른자만 으깬다.
2 카스테라는 겉 부분을 떼어내고 체에 내려 가루를 만든다. 볼에 으깬 밤과 달걀 노른자, 생크림, 소금을 넣고 고루 섞어 놓는다.
3 골고루 섞은 재료로 한입 크기의 완자를 빚어 겉면에 물을 살짝 묻힌 다음 카스테라 가루를 묻힌다.
4 그릇에 밤 카스테라 경단을 담고 윗면에 치커리로 장식한다.

● 콘플레이크 치킨핑거

요리 | 방영아

재료 닭안심 300g, 생강즙 1큰술, 소금 조금, 콘플레이크 1컵, 다진 파슬리 1큰술, 빵가루 · 밀가루 1/2컵, 달걀 2개, 튀김기름 적당량, 허니머스터드 소스

만들기 1 닭안심은 길이로 반을 잘라 생강즙과 소금으로 밑간한다.
2 콘플레이크는 잘게 부수어 놓고, 파슬리도 다져서 종이타월에 싸서 물기를 없앤다.
3 콘플레이크에 빵가루와 다진 파슬리를 넣고 고루 섞어 튀김옷을 만든다. 밑간한 닭안심에 밀가루, 달걀물을 순서대로 묻힌 다음 튀김옷을 입힌다.
4 170℃의 튀김기름에 치킨 핑거를 넣고 노릇하게 튀긴다.
5 허니머스터드 소스를 곁들인다.

● 빈스소스가 있는 푸실리

요리 | 방영아

재료 푸실리 150g, 소금 · 식용유 조금씩, 빈스소스(강낭콩 · 완두콩 · 홀토마토 1/2컵씩, 양파 1/2개, 셀러리 1대, 당근 30g, 다진 마늘 1작은술, 다진 쇠고기 100g, 육수 1컵 반, 오레가노 1/2작은술, 소금 · 후춧가루 조금씩)

만들기 1 강낭콩과 완두콩은 살짝 데치고 양파, 셀러리, 당근은 곱게 다진다. 홀토마토는 으깬다.
2 팬에 다진 마늘과 양파, 셀러리, 당근, 다진고기를 순서대로 볶다가 홀토마토를 볶는다.
3 육수를 붓고 오레가노와 데친 강낭콩, 완두콩을 넣고 끓이다 소금과 후춧가루로 간한다.
4 분량의 재료대로 만든 빈스소스에 소금과 식용유를 넣고 삶은 푸실리에 끼얹는다.

● 두부깨스넥

요리 | 오은경

재료 두부 80g, 달걀 1개, 설탕 38g, 박력분 125g, 소금 2g, 검은깨 25g, 버터 15g, 덧가루용 밀가루 · 튀김기름 조금씩

만들기 1 두부는 칼 편으로 으깬 후 면보에 싸서 물기를 꼭 짠다. 그릇에 달걀과 설탕을 거품기로 저어 녹인 것, 두부 으깬 것을 넣고 섞는다.
2 박력분에 소금을 넣고 고운채에 내려 두부와 달걀 섞은물을 넣고 검은깨와 버터를 넣어 반죽한다.
3 도마위에 밀가루를 뿌리고 반죽을 0.1cm 두께로 얇게 밀어 사방 2cm 크기의 마름모 모양으로 자른다.
4 고온의 기름에 반죽 자른 것을 넣어 노릇하고 바삭하게 튀긴다.

● 감자닭고기크로켓

요리 | 이미화

재료 감자 2개, 닭안심 300g, 당근 30g, 양파 1/4개, 통조림 완두콩 3큰술, 소금 · 후춧가루 · 튀김기름 조금씩, 크로켓반죽(밀가루 · 버터 1큰술씩, 우유 1/2컵, 소금 · 후춧가루 조금씩), 튀김옷(밀가루 1/3컵, 달걀 1개, 빵가루 1컵)

만들기 1 감자는 쪄서 으깨고, 닭안심은 잘게 다진다. 당근과 양파도 잘게 다진다.
2 팬에 당근, 양파, 닭안심을 순서대로 볶다가 완두콩을 넣고 소금과 후춧가루로 간한다.
3 버터와 밀가루를 볶다가 우유를 붓고 간을 해서 크로켓반죽을 만든다.
4 크로켓반죽에 준비한 재료를 넣고 모양을 만들어 밀가루, 달걀, 빵가루 순서로 옷을 입힌다.
5 170℃의 튀김기름에 크로켓을 튀긴다.

키 쑥쑥, '올리브' 영양식

오렌지셔벗

요리 | 최주영

재료 생수 1컵, 설탕 80g, 오렌지 1개, 오렌지주스 1컵, 오렌지즙 1개분, 레먼즙 3큰술

만들기 1 생수 1컵에 설탕을 넣고 끓이다가 설탕이 녹으면 불을 끄고 식혀 시럽을 만든다.
2 오렌지는 과육이 보이도록 껍질을 깎아 속껍질을 제거하고 과육만 잘라낸다.
3 믹서기에 오렌지 주스와 오렌지 과육을 넣고 간 다음 오렌지즙과 레먼즙, 시럽을 섞어 그릇에 넣어 냉동실에서 얼린다.
4 약간 얼면 긁어내고 다시 얼리기를 몇 번 반복한 후 수저로 긁어 그릇에 담는다.

과일요구르트

요리 | 최주영

재료 오렌지 1/2개, 키위 1/2개, 딸기 2~3개, 바나나 1/2개분, 플레인 요구르트 2개

만들기 1 바나나와 키위는 껍질을 벗겨 사방 1cm 크기로 썬다.
2 딸기는 꼭지를 따고 씻어놓고, 오렌지는 과육만 골라 키위와 비슷한 크기로 자른다.
3 썰어놓은 과일은 1/3만 남기고 요구르트와 섞어 그릇에 담고 남은 것은 위에 먹음직스럽게 뿌린다.

우유치즈카탈라네

요리 | 방영아

재료 땅콩 50g, 달걀 노른자 2개, 설탕 3큰술, 밀가루 1큰술, 옥수수전분 2큰술, 우유 2컵, 슬라이스치즈 1장, 바닐라에센스 1/2작은술, 설탕 · 버터 조금씩

만들기 1 땅콩은 껍질을 벗겨 다진다.
2 달걀 노른자에 설탕을 넣어 거품기로 젓고, 밀가루, 옥수수 전분은 체에 내려 우유 1/4컵을 넣고 섞는다.
3 냄비에 남은 우유와 치즈, 다진 땅콩을 넣고 끓인 후 우유와 밀가루 섞은 것에 넣는다.
4 크림처럼 되면 불을 끄고 바닐라에센스를 섞는다.
5 예열 용기에 버터를 바른 다음 바닐라에센스 섞은 것을 담고 설탕을 뿌려 200℃로 예열된 오븐에 넣어 굽는다.

참치볼 카레소스강정

요리 | 방영아

재료 참치캔 150g, 양파 1/4개, 빵가루 5큰술, 녹말가루 1큰술, 달걀 1/2개분, 우유 2큰술, 넛맥 1/2작은술, 소금 · 후춧가루 조금씩, 소스(식용유 · 고추장 · 설탕 · 물엿 1큰술씩, 다진 양파 · 청주 2큰술씩, 토마토케첩 3큰술, 육수 · 간장 1/2큰술씩, 깨소금 1작은술)

만들기 1 참치는 기름기를 빼서 으깨고 양파는 다진다.
2 다진 참치에 양파, 빵가루, 녹말가루, 달걀, 우유, 넛맥, 소금, 후춧가루를 넣고 치대 완자를 빚은 후 팬에 넣고 익힌다.
3 팬에 다진 양파를 볶다가 고추장과 토마토케첩을 넣고 육수, 설탕, 물엿 청주, 간장, 깨소금을 넣고 소스를 만든다.
4 소스에 완자를 넣어 섞는다.

플레인요구르트드레싱 과일샐러드

요리 | 방영아

재료 사과 1/2개, 딸기 · 금귤 5개씩, 키위 · 바나나 1개씩, 치커리 조금, 레먼즙 1큰술, 플레인요거트 드레싱(플레인요거트 3큰술, 식초 · 레먼즙 1큰술씩, 설탕 · 다진 파슬리 1/2작은술, 소금 조금)

만들기 1 사과와 키위는 껍질을 벗기고 네모지게 자른다.
2 딸기와 금귤은 꼭지만 떼고 사과와 같은 크기로 자른다.
3 치커리는 찬물에 담가 싱싱하게 한다.
4 바나나는 껍질을 벗기고 사과와 같은 크기로 잘라 레먼즙을 뿌려 놓는다.
5 볼에 분량의 재료를 넣고 섞어 드레싱을 만든 다음 준비한 과일과 치커리를 넣고 섞는다.

고등어 피클샌드커틀릿

요리 | 방영아

재료 고등어 1마리, 생강즙 · 청주 1큰술씩, 후춧가루 조금, 오이 피클 2개, 밀가루 1/2컵, 달걀 1개, 튀김기름 적당량, 튀김옷(부순 크래커 1봉, 참깨 2큰술, 검은깨 1큰술), 머스터드 소스(머스터드 3큰술, 마요네즈 · 레몬즙 · 물 2큰술씩, 설탕 1큰술, 소금 · 흰후춧가루 조금씩)

만들기 1 고등어는 살만 2장 포를 떠서 생강즙과 청주, 후춧가루로 밑간을 한다. 오이피클은 길이로 얇게 썰어 놓고, 분량의 재료로 튀김옷을 만든다.
2 밑간한 고등어 사이에 밀가루를 바르고 오이 피클을 넣어 샌드한 후 밀가루와 달걀물, 튀김옷을 입힌다.
3 170℃의 튀김기름에 고등어를 튀긴 후 분량의 머스터드 소스를 만들어 끼얹는다.

우리 아이,
PART
6

0~2개월 ● 보여주고 들려주고 만지게 한다/2~4개월 ● 손과 손가락을 자극한다/

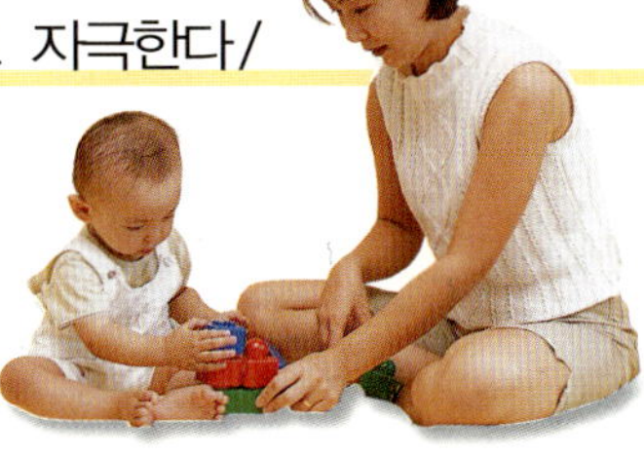

4~6개월 ● 운동신경을 자극한다/6~8개월 ● 호기심을 자극한다/8~12개월 ● 먹는 것으로 자극한다/

12~18개월 ● 생활습관을 자극한다/　　　　18~24개월 ● 듣고 말하는 것을 자극한다

두뇌 발달을 돕는 자극법

아기의 감각기를 자극해 두뇌 발달을 돕는 개월별 아기 체조를 소개한다. 보여주고, 들려주고, 만지게 하고, 손과 손가락·운동신경·호기심을 자극해 아기의 두뇌 발달에 기분 좋은 영향을 주고, 엄마와 아기의 유대감도 형성한다.

두뇌 발달을 돕는 기분 좋은 자극법

보여주고, 들려주고, 만지게 한다

여러 가지 생활 소음에 익숙해지게 한다

아기들은 환경 변화에 민감한 반응을 보인다. 어떤 아기는 외부 소리에 반사적으로 팔다리를 뻗으며 놀라기도 하는데, 그렇다고 해서 엄마가 너무 민감하게 소리를 내지 않으려고 조심스럽게 살금살금 행동할 필요는 없다, 오히려 여러 가지 생활 소음에 아기가 적응할 수 있도록 해준다.

처음에는 약한 소리에서 점점 큰 소리로 키워 가는 것이 좋다.

아기와 눈을 자주 맞춘다

갓 태어난 아기도 사물을 볼 수가 있다. 그러므로 엄마는 아기 얼굴 정면에서 천천히 멀리에서부터 가까이로 접근시켜 시선이 맞는 곳을 찾아낸 다음 오른쪽, 왼쪽으로 움직여가며 아기의 시선이 따

⊙ 아기는 물체를 봄으로써 뇌의 신경세포가 발달하므로 눈 맞추는 자극이 필요하다.

라올 수 있게 한다.

아기는 물체를 봄으로써 시각세포가 더 분화되므로 이런 자극을 하루에 몇 번씩 반복하는 것이 좋다. 기저귀를 갈 때도 아기가 엄마 얼굴을 볼 수 있도록 아기 뺨에 입김이 닿을 정도로 다가갔다 멀어졌다를 반복하며 계속해서 말을 걸어준다.

아기에게 적극적으로 말을 건다

아기는 아직 말을 못하지만 엄마가 하는 말의 일부는 이해할 수 있다. 엄마가 말을 걸 때 아기의 뇌세포가 반응한다는 얘기다. 이 반응은 아기가 자라 말을 할 수 있게 해주는 신경회로가 완성되어 가는 과정이므로 아주 중요하다고 볼 수 있다.

그러므로 아기가 알아듣지 못할 것이라고 단정하지 말고 아기를 안아주거나 기저귀를 갈아줄 때 적극적으로 말을 걸어줄 필요가 있다. 이때 엄마는 정확한 발음으로 똑같은 말을 되풀이해 주는 것이 좋다.

스킨십은 많이 할수록 좋다

최고의 스킨십은 아기가 엄마의 몸을 만지면서 젖을 먹을 수 있는 모유 육아라고 할 수 있다. 모유를 먹이는 자세 중에서도 가장 좋은 방법은 엄마가 옆으로 누워서 아기에게 젖을 먹이는 자세이다. 단, 목을 가누기 전의 아기일 때는 이 자세에서 엄마가 깜빡 잠들지 않도록 주의한다. 아이가 질식사하는 예가 있기 때문이다. 엄마가 엎드린 자세로 아기에게 젖을 먹이는 것도 좋다. 아기가 자유롭게 움직이면서 이리저리 엄마의 가슴을 좇기도 하고, 엄마 가슴 아래서 버둥거리기도 하며 엄

마에게 안겨서 젖을 먹을 때와는 다른 반응 패턴을 자연스럽게 배워나가게 된다.

젖은 기저귀는 바로바로 갈아준다

기저귀가 젖으면 바로 갈아주는 것이 원칙이다. 불쾌하고 쾌적한 느낌을 어려서부터 구분하게 하기 위해서라도 이것은 필요하다. 귀찮다고 젖은 기저귀를 방치하면 아기의 피부가 짓무를 수 있을 뿐 아니라 아기의 감각도 둔해지게 된다.

⊙ 기저귀가 젖은 채로 오래 두면 피부가 짓무를 뿐 아니라 아기의 감각도 둔해진다.

손과 손가락을 자극한다

손가락을 빠는 것은 의지가 싹튼다는 표시다

아기의 감각 중 가장 빨리 발달하는 곳은 입의 피부 감각이다. 아기가 자기 손가락을 입에 넣어 빨기 시작했다면 자기 의지로 손을 움직이기 시작한 것이다. 이것은 의지가 싹트기 시작했다는 표시이므로 높이 평가해 주도록 한다. 생후 몇 개월까지의 아기들이 손가락을 빨거나 무엇이든 입으로 가져가는 것은 뇌 발달 과정에서 일어나는 일로써, 반사기가 지나면 자연스럽게 사라지므로 크게 걱정하지 않아도 된다.

🧸 다섯 손가락으로 장난감을 잡게 한다

이 시기에는 다섯 손가락을 모두 써서 집을 수 있는 장난감이 좋다. 아기에게 쥐는 연습을 시키려면 우선 엄마의 새끼손가락을 쥐게 한다. 아기의 발달에 맞지 않는 장난감은 아무리 비싼 것이라 해도 아기의 성장에 아무런 도움을 주지 못하므로 발달에 맞는 장난감을 골라야 한다.

⊕ 엄마 손가락을 쥐게 하는 것부터 시작해 다섯 손가락으로 장난감을 쥐는 연습을 시킨다.

운동신경을 자극한다

🧸 엎어 키우는 아기가 목을 빨리 가눈다

아기가 빨리 목을 가눌 수 있기를 바란다면 엎어서 키워보자. 갓 태어난 아기도 엎어놓을 수 있으므로 가능하면 태어난 직후부터 하루 1~2회는 엎어놓도록 한다. 하지만 아기를 너무 폭신한 요 위에 엎어놓으면 요가 코를 막아 숨이 막힐 수 있으므로 엎어 놓을 때는 엄마의 세심한 주의가 필요하다.

⊕ 아기를 엎어 키우면 목을 빨리 가눌 수 있게 되지만, 폭신한 요에 숨이 막힐 수 있으므로 엄마의 세심한 주의가 필요하다.

🧸 목욕 체조로 팔다리 운동을 시킨다

아기를 목욕시키는 이유는 목욕을 하면 기분이 좋다는 것을 가르쳐주고, 생활리듬을 만들어주며, 물 속에서 자연스럽게 팔다리 운동을 하게 하기 위해서이다. 대부분의 건강한 아기는 물을 좋아하는데, 만약 아기가 물을 싫어한다면 그것은 목욕을 시킬 때 뭔가 실수를 했기 때문일 것이다.

아기가 목욕을 좋아하게 만드는 팔다리 운동을 소개한다.

♣ 목욕할 때 하는 팔다리 운동

1 욕조에 넣기

아기를 욕조에 넣는다. 엄마의 한쪽 손바닥을 목 뒤에 대서 두 귓구멍을 손가락으로 막고 새끼손가락을 아기의 턱에 대고 턱이 물에 잠길 정도까지 깊이 넣는다.

2 자유롭게 놀게 하기

엄마 몸에서 아기를 떼어 팔다리를 자유롭게 움직일 수 있게 한다. 이때 아기가 팔다리를 움직이면 마치 서서 수영을 하는 것처럼 보인다.

3 껴안아 주기

기분 좋은 듯 떠 있던 아기가 깜짝 놀라면 손을 꼭 잡아주고 울음을 터뜨리면 꼭 껴안고 달래준다.

🧸 팔다리 운동이 저절로 되는 기저귀 체조

아기가 기저귀를 차지 않았을 때 하는 것이 좋다. 기저귀 체조에는 3단계가 있는데, 이 시기의 아기에게는 1단계 체조가 적당하다. 첫날은 1회, 둘째 날은 2회, 셋째 날은 3회 정도 한다. 그 이상은 하지 않는 것이 좋다.

■ ■ ■ 기저귀 체조 1단계 ■ ■ ■

1 아기의 발 밑에서 앉아 기저귀를 빼내고 새 기저귀를 엉덩이 아래에 놓는다.

2 두 손으로 아기의 허벅지 아래 부분을 잡고 조금 들어올린다.

3 아기의 사타구니를 벌리고 스스로 다리를 뻗을 수 있도록 힘을 뺀 후 셋까지 센다.

4 기저귀를 채운 다음 말을 걸면서 허리에서부터 복숭아 뼈까지 쓰다듬는다.

2~4 개월

두뇌 발달을 돕는 기분 좋은 자극법

보여주고, 들려주고, 만지게 한다

눈·귀를 동시에 자극하는 장난감을 준다

아기가 목을 가눌 정도의 시기가 되면 자발적인 반응도 많아진다. 지금까지 소리를 듣고 목을 움직이는 것이 전부였다면 이제부터는 소리가 나는 쪽으로 목을 돌리고 그것을 눈으로 좇으면서 보려고 한다. 또한 장난감의 차이나 색깔의 차이도 알 수 있게 되어 이제까지는 바라보고만 있던 장난감을 손을 뻗어 잡으려 하게 된다.

이 시기에 알맞은 장난감은 아기가 만질 수 있으면서, 쥐거나 흔들면 소리가 나는 것이 좋다.

❶ 바라보고만 있던 장난감을 손을 뻗어 잡으려 하게 된다.

새로운 자극으로 반응을 이끌어낸다

아기가 자기 손을 지그시 들여다보는 행동을 시작한다. 자신의 의지로 사물을 물끄러미 응시하는 것이다.

아기는 주어진 자극에 대해 소리를 내거나 눈으로 좇거나 손으로 잡으려 하면서 그것을 이해해 나간다. 아기가 엄마나 사물을 물끄러미 바라보면 엄마는 '우, 우' 하는 소리를 내주

❶ 아기가 따분해할 정도로 자극을 주지 않으면 아기의 감각이 둔해진다.

도록 한다. 이것을 반복하다보면 아기도 엄마를 흉내내듯 '우, 우' 하는 소리를 내게 된다. 이 시기의 아기에게는 끊임없이 자극을 주어야 한다. 그 때문에 아기 주변에는 항상 안전하면서도 흥미를 끌 수 있는 장난감이 필요하다.

아기는 자극에 적극적으로 반응함으로써 뇌의 발달이 촉진되어 가는 것이다. 아기가 따분해할 정도가 되면 아기의 감각은 둔해지게 된다.

손과 손가락을 자극한다

장난감을 쥐는 연습이 필요하다

생후 3개월 정도가 되면 장난감을 쥐었다 놓았다 하는 연습도 필요하다. 이 시기에는 장난감의 색깔이나 형태의 차이 같은 것도 알게 되므로 아기가 정면에서 볼 수 있는 장난감을 달아놓아 좌우 눈을 똑같이 쓰게 해준다.

장난감을 줄 때는 처음부터 덥석 손에 쥐어

주지 말고 처음엔 40~50cm 떨어진 곳에 두었다가 차츰 가까이 가져가 손을 뻗어 쥘 수 있는 위치에 놓아준다.

이 시기에 좋은 장난감으로는 천에 달아놓은 단추, 작은 스펀지, 플라스틱, 열쇠 등인데 아기 침대 위에 매달아 아기가 쉽게 잡아당길 수 있게 해준다.

두 손의 협응력을 키워준다

아기가 스스로 손을 내밀지 않을 때는 가슴 위에 장난감을 두어서 양손으로 잡게 하거나 아기가 볼 수 있는 곳까지 들어올려 확실하게 보이게 한다.

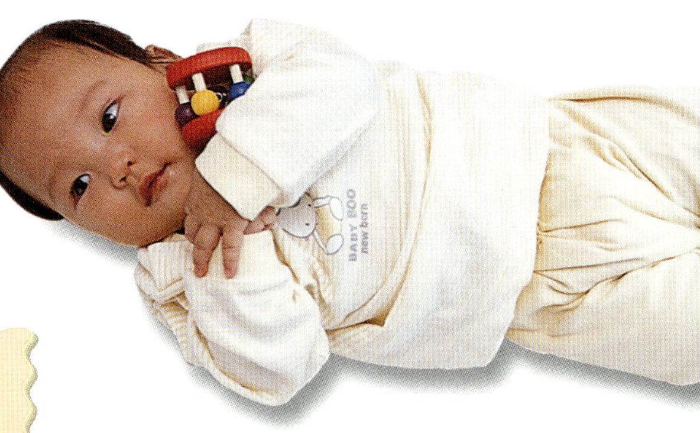
❶ 오른손잡이든 왼손잡이든 양손을 함께 쓸 수 있는 훈련을 시키는 것이 좋다.

아기가 오른손잡이인지 왼손잡이인지는 갓 태어난 아기가 위를 보고 누운 자세에서 깨어 있을 때 알 수 있다.

이때 시선이 오른쪽으로 가는 아기들은 대개 오른손잡이이고, 왼쪽을 보고 있는 시간이 긴 아기들은 왼손잡이일 가능성이 높다. 그러므로 엄마는 아기가 어느 손을 더 잘 뻗는가를 관찰했다가 양손을 함께 쓸 수 있는 훈련을 시킬 필요가 있다.

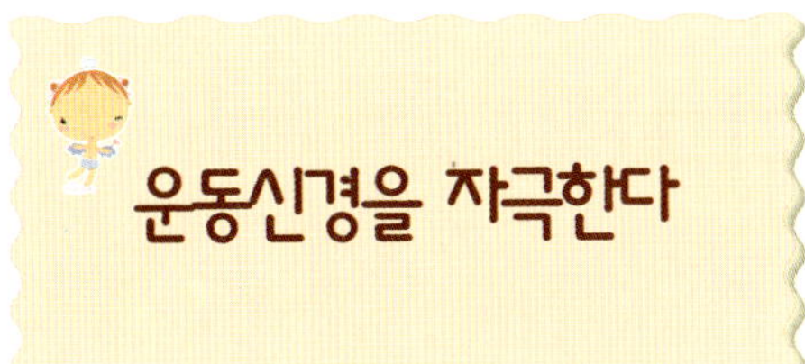

 **배밀이는 훌륭한 근육운동이다**

배로 기는 운동은 근육의 긴장과 이완을 가르치는 중요한 트레이닝이다. 목을 가누게 되면 아기는 등을 펴고 가슴을 젖히며 팔을 펴려고 하는데 엄마가 이 자연스러운 동작을 도와준다.

우선 엎드린 자세를 취하게 한 다음 아기가 팔다리를 움직이기 시작하면 등을 젖힐 때 힘이 들어가는 부분을 가볍게 눌러 등 젖히기를 도와준다. 아기가 힘을 빼고 머리를 바닥에 대면 등을 가볍게 쓰다듬어 준다. 아기가 끙끙거리면서 온 몸에 힘을 주어 등을 젖힌다면 '그래, 그래.' 라거나 '하나, 둘.' 하는 식으로 북돋아준다. 매일 한 번씩 이 훈련을 계속하면 자기 의지로 힘을 조절할 수 있게 되어 가능한 동작의 종류가 훨씬 늘어난다.

 **팔다리 운동이 저절로 되는 기저귀 체조**

기저귀 체조는 아기가 기저귀를 차지 않았을 때 하는 것이 좋다. 기저귀 체조에는 3단계

가 있는데, 이 시기의 아기에게는 2단계 체조가 적당하다. 이 체조를 첫날은 1회, 둘째 날은 2회, 셋째 날은 3회 정도 한다. 그 이상은 하지 않는 것이 좋다.

 **까꿍놀이는 뇌를 단련시켜 준다**

아기의 지능 훈련에는 '까꿍!' 이 아주 효과적이다. 아기의 뇌는 사용하면 할수록 더 발달되므로 이 트레이닝을 적극적으로 활용해 아기의 뇌를 단련시키면 머리 좋은 아기로 키울 수 있다. 적어도 하루에 다섯 번 정도는 하도록 하자. 엄마가 아기와 놀아준다는 것은 아기의 뇌를 발달시키는 것 외에도 아기와의 접촉을 늘려 정서가 풍부한 아이로 자랄 수 있게 해준다.

'까꿍놀이' 를 하는 요령은 우선 올이 성근 가제 같은 것을 아기의 얼굴 위에 살짝 덮었다가 얼른 걷어내면서 '까꿍!' 하고 외친다. 그리고 다음에는 덮는 시간을 약간 길게 한다. 아기가 버둥거리려고 할 때 또다시 '까꿍!' 하며 엄마의 웃는 얼굴을 보여준다. 팔다리를 버둥

거릴 때까지 덮어둔다는 것이 포인트이다.

아기의 얼굴에 가제를 덮어두면 처음엔 아기가 숨을 쉬기 위해 본능적으로 얼굴을 돌리는데, 몇 차례의 훈련을 거쳐 가제를 덮고도 숨을 쉴 수 있다는 것을 알게 할 필요가 있다.

어떤 것을 기대하면서 일정한 시간 동안 기다리는 것을 지연반응이라고 하는데 이것이 아기의 자아기능을 강화하는데 효과가 있다.

빨대를 사용하는 연습이 필요하다

빨기 반사와 빨기 반응을 잘 사용해 빨대로 우유 이외의 액체를 마시게 하는 훈련을 시작한다. 갓 태어난 아기도 젖꼭지를 반사적으로 물게 되는데 이것은 빠는 것과는 다르다. 빨대 속의 공기를 빠는 데는 의외로 강력한 힘이 필요하기 때문이다. 빨대 훈련은 아기가 수분을 원하는 목욕 후에 하는 것이 좋다. 컵에서 직접 빨대로 먹게 되면 아기는 '빠는 것'과 '마시는 것'의 차이를 알게 된다. 즉 빠는 방법의 차이를 학습한 셈이 되며 그만큼 복잡한 움직임을 할 수 있게 되는 것이다.

4~6개월

두뇌 발달을 돕는 기분 좋은 자극법

보여주고, 들려주고, 만지게 한다

색깔, 모양 등으로 흥미를 충족시킨다

이 시기에 중요한 트레이닝은 손을 사용하는 것으로 차츰 무거운 것이나 큰 것을 드는 연습을 하여 손의 힘을 길러야 한다. 그러므로 물체를 손가락으로 집는 훈련을 할 수 있는 놀이가 좋다. 단, 이 시기의 아기들은 손에 잡히는 물건은 무조건 입으로 가져가므로 주의해야 한다.

놀이를 통해 앞일을 예측하게 한다

움직이는 것을 눈으로 좇게 된 아기는 그 다음에 일어날 일을 예측하는 뇌가 발달하게 된다. 보이는 것, 들리는 것, 그리고 다음에 할 운동을 예측하는 것은 장래 능력을 높이기 위한 기초가 된다.

⊕ 놀이나 운동을 통해 다음 일을 예측할 수 있는 뇌를 발달시킨다.

예를 들면 손에 쥔 공을 떨어뜨린 다음 낙하 지점을 예측해서 앞쪽으로 시선을 돌리게 한다거나, 물건 뒤쪽으로 장난감 기차를 달리게 한 다음 기차가 나타나는 지점을 미리 예측하게 하는 등의 놀이를 통해 예측의 감각을 길러 줄 수 있다.

과거, 현재, 미래라는 시간의 개념을 터득하는데 중요한 트레이닝이 시작되는 시점이라고도 할 수 있다.

오감을 이용해 감성을 길러준다

아기의 감성을 기르기 위해서는 오감을 모두 사용하는 것이 중요하다. 손으로 만져본 장난감을 두드리면 소리가 난다는 사실을 알게 하고, 보는 것, 듣는 것, 만지는 것을 동시에 시켜서 장난감이 무엇인지를 이해하게끔 해야 한다. 장난감에서 느껴지는 질감이 엄마의 얼굴이나 손, 옷 같은 것에서 느껴지는 감촉과 어떻게 다른지 그 차이점 등을 익혀나가게 하면 아이의 감각발달은 한 층 빨라질 것이다. 아기에게 자장가를 불러주거나 함께 산책을 하는 것도 좋다.

혼자서 노는 연습을 시킨다

아기가 혼자서 20분 정도 놀 수 있고, 기분 좋게 앉아 있을 수 있다는 것은 머리를 집중해서 사용할 수 있다는 뜻이다. 아기가 혼자 놀기에 열중하는 시간이 길어지면 그만큼 단순한 놀이를 생각하고 응용할 수 있는 여유가 생

기게 된다. 깨어있을 때 끊임없이 움직이다가 조용하다 싶으면 자는 아기나 울음소리가 우렁찬 아기는 심신이 건강한 아기라고 생각하면 된다.

손과 손가락을 자극한다

작은 것을 잡는 훈련을 시킨다

아기들은 손가락 끝을 움직임으로써 뇌에 자극을 보내고 손가락 운동을 능숙하게 해 나가게 된다. 그리고 눈앞의 물체에 손을 뻗어 그것을 잡는 동작은 상당히 복잡하면서도 고도의 능력을 요구하는 것이므로 아기의 눈과 손의 협응력을 위해서는 아

⊕ 작은 것을 잡는 훈련을 시켜 뇌를 단련시킨다

주 중요한 자극이라고 할 수 있다.

단추나 동전집기는 좋은 훈련이 된다

이 시기의 손 훈련은 손가락 하나 하나로 물건을 집을 수 있게 하는 것이다. 특히 엄지손가락을 잘 쓸 수 있게 해 주면 뇌의 발달이 빨라진다.

단추, 동전 같은 것은 아기의 손가락 트레이닝에 최적인 장난감이다. 하지만 이런 것들은 입 안에 넣을 수 있는 위험한 것들이므로 엄마는 이 작은 물건들로 아기를 트레이닝 시키는

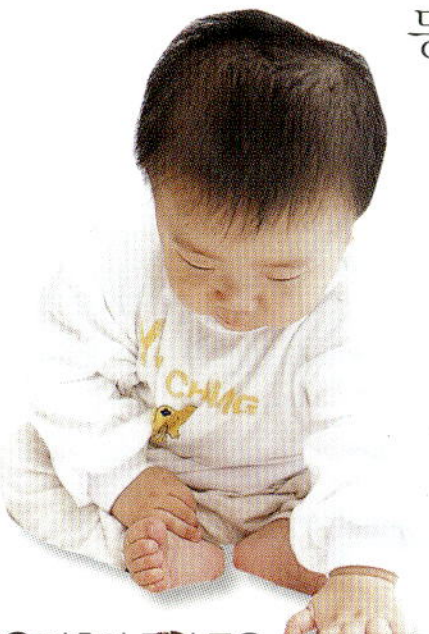

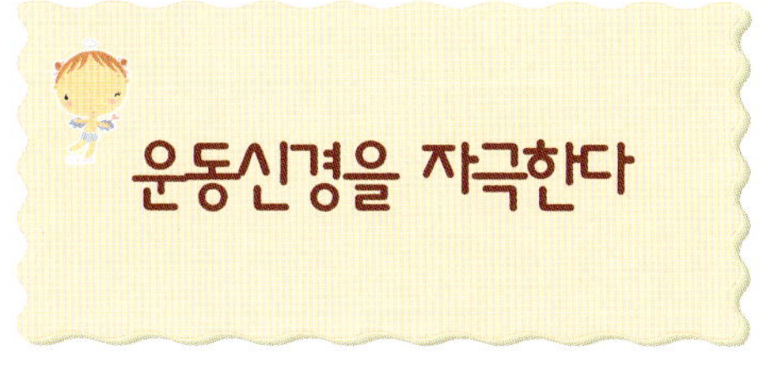

동안에는 아기에게 눈을 떼서는 안 된다.

만약 아기가 물건을 집는 것보다 그것을 입으로 가져가기에 바쁘다면 손가락 훈련이 좀 이른 것일 수 있다.

● 단추와 똑딱 단추 등은 아기의 손가락 트레이닝을 돕는 최적의 장난감이다.

운동신경을 자극한다

포대기 없이 업어 운동 감각을 기른다

운동 감각을 기르는 데에는 포대기 없이 그냥 업는 것이 효과적이다. 아기에게 무척 힘든 일일 것 같지만 사실 그렇지만도 않다. 처음 업을 때는 엄마가 허리를 구부려서 아기가 엎드린 것 같은 자세로 있다가, 차츰 아기의 허리 근처에 손을 대어 지탱하면서 서서히 윗몸을 일으켜 본다. 아기는 스스로 밸런스를 잡게 된다. 만약 아기가 점점 엄마 몸에서 멀어지는 느낌이 든다면 아직 업는 시기가 이르다고 볼 수 있다.

팔다리 운동이 저절로 되는 기저귀 체조

기저귀 체조는 아기가 기저귀를 차지 않았을때 하는 것이 좋다. 기저귀 체조에는 3단계가 있는데, 이 시기의 아기에게는 3단계 체조가 적당하다. 이 체조를 첫날은 1회, 둘째 날은 2회, 셋째 날은 3회 정도 한다. 그 이상은 하지 않는 것이 좋다.

엎드린 자세는 허리 근력을 길러준다

이 시기에는 등이나 허리 근육에 힘을 길러서 앉을 수 있도록 트레이닝 시킨다.

우선 자세반사를 이용해서 엎어놓은 자세에서 네 발로 기는 자세를 만드

● 엎드린 자세는 허리와 등의 근력을 길러주어 빨리 앉을 수 있게 도와준다.

는 것을 가르친다. 엎어놓으면 등이나 팔다리 근육이 움직이게 되는데 이런 자세를 반복시키면 결국 아기의 등이나 허리, 팔다리의 근력이 강해지면서 빠른 시기에 앉을 수 있게 된다.

자극에 대한 반응을 이끌어낸다

아기가 자극에 반응하는 것은 반사와 반응으로 나눌 수 있는데, 반사가 선천적인 것이라면 반응은 후천적인 학습에 의한 것이라고 할 수 있다.

기저귀 체조에서 엄마가 구령을 붙이면서 팔다리를 구부렸다 폈다 하다보면 나중에는 구령만 붙여도 아기 스스로 팔다리를 구부렸다 폈다 하는 반응을 보이게 된다. 기저귀 체조는 폐활량이 크고 건강한 아기로 자라게 하기 위해서도 아주 효과적인 운동이다.

■ ■ ■ 기저귀 체조 3단계 ■ ■ ■

1 아기의 무릎을 가지런히 해서 양다리를 아기의 얼굴 쪽으로 가까이 가져간다.

2 다섯 발가락을 순서대로 만져준다. 아기가 발을 잡고 싶어하면 잡고 만지게 해 준다.

3 아기 스스로 오른손으로 오른발을 잡게 한다. 그런 다음 왼손으로 왼발을 잡게 한다.

4 다음에는 오른손으로 왼발을, 왼손으로 오른발을 잡게 한다.

5 두 손으로 동시에 두 발을 들어올리게 한 후, 두 손을 교차시켜 동시에 두 발을 잡게 한다.

6 그대로, 뒹굴 거리며 몸을 좌우로 쓰러뜨려 평형 감각을 기르고 허리와 팔을 단련시킨다.

7 끝난 다음에는 몸을 마음껏 펴게 하고 온 몸을 쓰다듬는다.

호기심을 자극한다

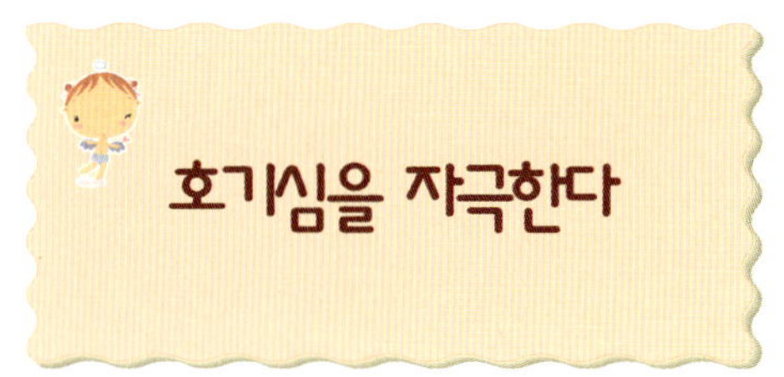

아기에게 자주 말을 건다

큰 소리나 소음에도 익숙해지고 소리를 구분할 줄 알게 되는 단계의 끝 무렵부터는 아기에게 말을 빨리 할 수 있게 하는 훈련을 시작한다. 이 트레이닝의 첫걸음은 엄마의 말 걸기이다. 예를 들어 아침에 일어나 처음으로 하는 말이 '안녕? 기분 좋아?' 라면 매일 아침 이 말을 반복했을 때 아기는 어느 순간 이 말의 뜻을 알아듣게 된다. 그러면서 말문이 트이는 것이다.

 수다쟁이 엄마를 둔 아기가 말을 빨리 배운다.

한 가지를 되풀이해서 기억하게 한다

앉는 시기의 아기는 급속하게 뇌의 신경회로가 발달하고 있으므로 보다 많은 자극을 주어서 반응을 일으키게 하고 발달을 촉진시키는 것이 중요하다. 이때 한 가지를 되풀이해서 기억시키는 것이 중요한데, 하나를 완전히 기억하지 못했는데 다른 것을 이것저것 교육시키면 뇌의 발달에 도움이 되지 않을 뿐 아니라 한 가지에 집중하지 못하는 아이로 자랄 가능성이 있다.

반복 자극이 뇌신경 발달을 돕는다

아기의 뇌는 똑같은 자극을 통해 기억을 하고 나중에는 말을 할 수 있게 된다. 또 말하는

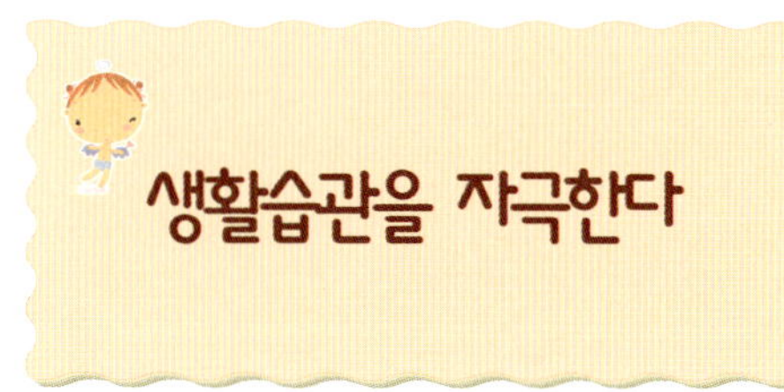 반복적인 자극은 아기의 뇌 발달에 좋은 영향을 끼친다.

사람의 입 모양을 열심히 살피다가 그 말의 의미를 알게 되며, 말문이 트이게 된다. 그런 의미에서 '까꿍!' 은 반복 자극으로 뇌를 발달시키는 중요한 놀이이므로 이 시기에는 여러 가지 방법으로 '까꿍!' 을 시도한다.

먹는 것으로 자극한다

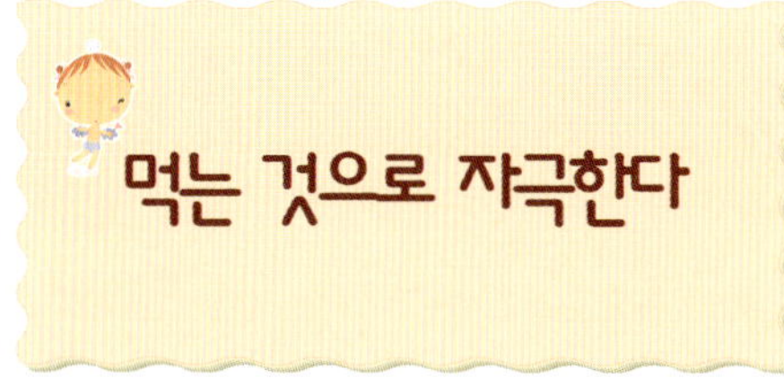

아기를 식탁에 앉혀 어른들이 먹는 모습을 보게 한다

목을 가누기 시작할 무렵의 아기는 어른들의 식사 모습을 물끄러미 바라보며 입 움직임을 눈으로 좇고 젓가락 놀림을 보며 식탁의 대화에도 귀를 기울인다. 그러다 자기도 입을 오물거린다. 엄마 젖 이외의 음식을 먹고 싶은 때가 된 것이다. 아기의 뇌는 여러 가지 자극을 받으면서 발달하므로 가능하면 아기를

 어른들이 식사하는 모습을 보고 입을 움직이거나 침을 흘리면 이유식을 시작해도 된다.

식사시간에 참석시켜 다양한 자극을 주도록 하자. 어른이 식사를 하고 있을 때 입을 움직인다거나 침을 흘린다면 이유식을 시작해도 된다는 신호이므로 월령에 구애받지 말고 이유를 시작하자.

처음에는 우유가 주식이므로 그 외의 것은 아주 조금씩 먹여본다. 같은 음식을 며칠동안 계속 주고 상태를 봐 가면서 종류와 양을 늘려나간다. 또 오징어나 다시마 같은 것을 손에 쥐어주면 빨거나 씹는 자극이 뇌에 전달되어 뇌 발달이 촉진된다.

생활습관을 자극한다

규칙적인 생활리듬으로 자극한다

앉을 수 있게 되면 놀이 시간이 많아지고 외출 시간도 늘어난다. 이럴 때일수록 규칙적인 생활을 해야 한다. 생활리듬이 흐트러지면 아기의 발육에 마이너스가 되므로 잠자기, 젖 먹이기, 놀이 시간을 언제나 규칙적으로 해야만 아기가 건강하게 자랄 수 있다.

이런 규칙적인 생활은 같은 자극을 되풀이하는 효과를 보여 아기 뇌의 신경회로를 늘려준다. 규칙적인 생활은 육아의 기본이다.

규칙적으로 기저귀를 갈아준다

규칙적인 습관 중에는 기저귀 갈기도 포함된다. 아기를 잘 관찰하다 보면 '아, 지금 오줌을 누려고 하는구나' 하는 것을 알 수 있게 된다. 그때 기저귀를 빼고 엉덩이를 쓰다듬어 주거나 쭉쭉이를 시켜주도록 한다. 그러면 아기는 기분 좋게 소변을 보게 되는데 이 기분을 아기가 기억하게 해주는 것이다.

일정한 시간이 되면 기저귀를 벗기고 아랫배를 문질러 주면 아기는 정해진 시간에 소변이나 대변을 보게 된다. 이것은 배변훈련의 첫걸음이기도 하다.

6~8개월

두뇌 발달을 돕는 기분 좋은 자극법

보여주고, 들려주고, 만지게 한다

종이 찢기 놀이는 집중력을 길러준다

이 시기의 아기가 즐겁게 하는 놀이에 종이 찢기가 있다. 아기는 신문 사이에 끼어 온 광고지, 신문, 주간지 등을 닥치는 대로 찢으면서 좋아하는데, 이때 중요한 것은 아기가 이 놀이를 집중해서 오랫동안 계속할 수 있는가 하는 것이다.

아기가 열심히 한 가지에 집중하고 있을 때는 그것을 그만두게 해서는 안 된다. 그리고 아기가 놀이에 싫증이 나서 다른 곳으로 눈을 돌릴 때쯤엔 다른 새로운 놀잇감을 주도록 하자. 아기를 새로운 놀이로 유도하는 방법은 간단하다. 엄마가 혼자서 재미있다는 듯이 놀고 있으면 아기는 자연히 그 놀이에 관심을 갖게

된다. 새로운 놀이가 그 전에 아기가 하고 있던 놀이를 응용할 수 있는 것이면 더욱 좋다. 이렇게 응용하는 능력이 바로 사고력이다.

손과 손가락을 자극한다

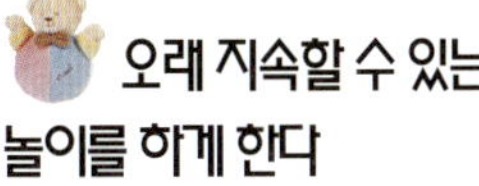

오래 지속할 수 있는 놀이를 하게 한다

놀이는 아기에게 집중력과 사고력을 길러준다. 냄비, 컵, 스푼, 주걱, 단추 달린 옷 등의 생활도구도 좋은 장난감이 될 수 있고, 다 먹고 난 우유팩이나 야쿠르트 병 같은 것을 이용해 엄마가 놀잇감을 만들어 주어도 좋다.

● 냄비, 컵, 숟가락 등은 아기의 사고력과 탐구심을 길러주는 좋은 장난감이다.

만지고 두들기고 입에 넣어 보면서 아기는 사물을 탐구하고 이해해 나간다. 여기서 중요한 것은 하나의 장난감으로 가능한 오랫동안 놀게 하는 것이다. 찢기 놀이, 핥기 놀이, 두드려 소리를 내는 놀이 등 오랫동안 마음껏 할 수 있게 하자.

집중할 수 있는 시간은 길수록 좋다

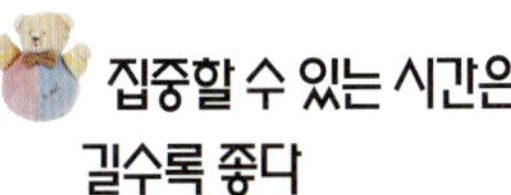

아기가 한 가지 놀이에 열중하고 있다면 말을 걸지 말고 멀리서 지켜보도록 한다. 무슨 일이 생겨 놀이가 중단되었다면 그

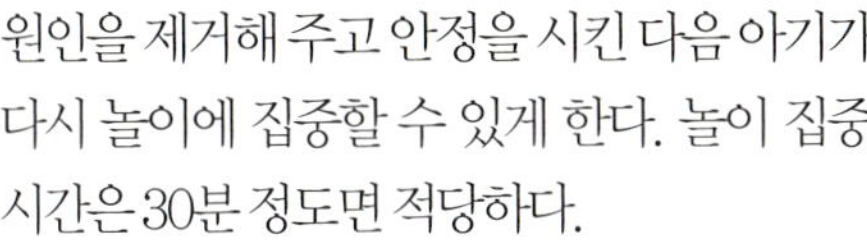

● 아기가 놀이에 집중해 있을 때는 방해하지 말고 멀리서 지켜본다.

원인을 제거해 주고 안정을 시킨 다음 아기가 다시 놀이에 집중할 수 있게 한다. 놀이 집중 시간은 30분 정도면 적당하다.

이렇게 놀이를 통해 집중력이 붙으면 아기는 단순한 놀잇감으로 복잡한 놀이를 할 수 있게 되며, 당연히 사고력도 붙게 된다. 이것은 결코 가르쳐서 할 수 있는 일이 아니다.

운동신경을 자극한다

근육을 길러 주는 앉기 놀이를 시킨다

앉기 놀이는 근육의 지속력을 길러준다. 이 시기의 아기는 잡아 주면 앉아있을 수 있으므로 잠시 앉은 자세로 놀게 해주고 그 다음엔 매트를 깔고 그대로 옆으로 넘어져 눕는 자세로 만들어 준다. 아직 앉기가 완전하지 않은 아기는, 앉혀 놓으면 머리가 점점 앞으로 기울어 바닥에 닿아 목을 다칠 수 있으므로 잘 살피다가 손으로 잡아 옆으로 넘어지게 해준다.

● 종이 찢기 놀이는 집중력과 사고력을 향상시켜 준다.

● 앉기 놀이는 근육의 지속력을 길러주는 좋은 운동이다.

이 자극을 되풀이하면 아기는 자세를 바꾸는 방법이 있다는 것을 알게 됨과 동시에 앉을 때 사용하는 근육을 점차 길러나갈 수 있다.

뛰는 운동이 평형감각을 단련시킨다

두 다리로 뛰기 위해서는 평형 감각을 길러야 한다. 아기의 양 겨드랑이 아래를 손으로 잡고 '통통' 뛰게 하는 훈련을 시작하자. '와, 정말 잘한다!'라고 하며 과장된 칭찬을 곁들이면 더욱 효과가 있다. 또한 엄마가 누워서 아기를 위로 올렸다 내렸다 하는 놀이는 물체가 상당한 속도로 다가올 때의 감각을 알게 하는 중요한 자극이다. 자기 얼굴이 크게, 빨리 움직이면서 물체를 보는 훈련이 되기도 한다. 발을 잡고 물구나무를 서게 해서 좌우로 흔드는 것도 평형 감각을 기르는 데 도움을 준다.

◑ 아기 겨드랑이 잡고 올렸다 내렸다 하는 놀이는 평형감각과 속도감각을 키워준다.

◑ 발끝으로 서는 놀이는 아기의 뇌 자극을 높이고 걸음마를 유도한다.

네 발로 기는 연습은 다리 힘이 길러진다

아기가 무엇인가를 잡고 서거나 잡고 걷기를 시작하고, 무릎을 대고 기면서 뒷걸음질도 칠 줄 알게 되었다면 다리 힘을 길러주는 기기 운동을 시켜보자.

손과 발바닥을 마루 바닥에 확실하게 붙이고 엉덩이가 너무 높아지지 않도록 엄마가 허리에 손을 대고 기어다니게 한다. 또 엄마의 발등에 아기를 태우고 리듬에 맞춰 걸어 다니는 운동도 좋다. 하루 한 번이면 충분하다.

◑ 네 발로 걷는 운동은 아기의 다리 힘을 길러준다.

발끝으로 서서 엄지발가락에 힘을 주게 하면 뇌의 자극이 높아진다

발끝으로 서서 엄지발가락에 힘을 주면 뇌에 주는 자극이 높아진다. 기다가 무언가를 잡고 설 수 있게 될 무렵에 아기를 맨발로 세워서 발가락으로 서있는 연습을 시킨다. 그러면 엄지발가락에 힘이 주어지면서 앞으로 한 발을 내딛게 되기도 한다.

경사가 진 오르막길을 기어오르게 하거나 붙들고 서기를 하게 되면 한층 발끝에 힘이 주어진다. 이때 엉덩이를 받쳐주는 것도 좋다. 아기는 되도록 맨발로 있게 해서 발바닥의 촉각과 바닥에 눌리는 감각을 익히게 한다.

호기심을 자극한다

자유롭게 놀 수 있는 장소를 마련해 준다

이 무렵의 아기는 혼자서 생각하게 하고 마음껏 돌아다니게 하는 것이 좋다. 또한 집중력을 한층 더 높이는 시기이기도 하다. 그러므로 집안을 정리해서 위험한 것을 없애고 아기가 마음껏 돌아다닐 수 있는 자유로운 구역을 만들어 주도록 한다.

특히 이 시기에는 손가락으로 물체를 잡을 수 있도록 자극을 주어야 한다. 단, 장롱의 손잡이, 텔레비전 스위치, 콘센트 같은 것에 손을 뻗을 수도 있으므로 천 테입 같은 것으로 감싸서 만지지 못하게 해 둔다.

야단치지 않을 수 있는 환경을 만든다

아기가 열중해서 놀고 있을 때 '이건 안돼.' 하면서 빼앗아 버리면 놀이를 중단시키게 되고 집중력과 호기심을 박탈하게 된다. 그러므로 야단을 치는 것보다는 야단칠만한 행동을 하지 않도록 환경을 구성하는 것이 중요하다. 넓은 공간을 주고 그 안에서라면 어떤 것을 만지건, 핥건, 아무 문제가 되지 않는 환경을 만들어 주도록 한다.

아기 혼자 까꿍놀이를 하게 한다

이 시기에도 까꿍놀이가 필요하다. 까꿍놀이는 학습 능력에 영향을 미치는 워킹 메모리(일시 기억) 능력을 높이는 효과가 있다. 워킹 메모리는 시냅스와 마찬가지로 학습 능력에 영향을 미치는 중요한 것이다.

처음에는 엄마가 손수건으로 엄마의 얼굴을 가렸다가 다시 보여주면서 '까꿍' 하고 놀래준다. 아기가 엄마의 까꿍에 익숙해지면 아기 혼자 까꿍놀이를 해보게 한다. 다음에는 아기의 얼굴을 천으로 감추게 한 다음 '까꿍!' 소리와 함께 자기 스스로 천을 벗기게 하면 된다. 전과는 다른 방법으로 놀게 해 주는 것이 좋다.

◑ 까꿍 놀이는 아기의 기억력 향상에 도움을 준다.

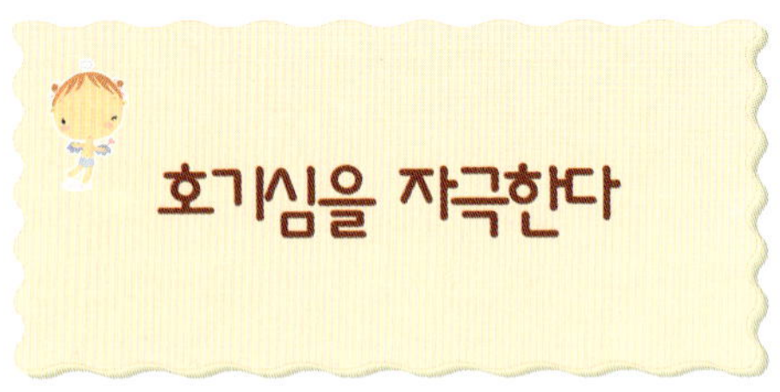

호기심을 억제한다

해서는 안될 일이 있다는 것을 가르친다

뇌의 시냅스가 급속도로 성장하는 시기에 워킹 메모리도 움직이게 된다. 워킹 메모리란 무엇인가를 하기 위해 일시적으로 해 두는 기억으로 무엇인가를 생각하거나 판단할 때도 사용된다.

예를 들어 아기가 장난감 상자 속에 있는 공

● 호기심이 넘치는 이 시기 아이들에게 해서는 안 될 일도 있다는 것을 가르친다.

을 꺼내 놀기 위해 공을 가지러 간다고 해 보자. 공을 집어 올 때까지 그것을 기억하고 있어야만 집어올 수 있다. 즉, 놀기 위해서 기억하고 있는 것이 바로 워킹 메모리인 것이다.

기다리는 일이나 참아야 하는 일 등 자기 기분을 억제하고 무엇인가를 하지 않은 채로 있는 것은 뇌의 기능 중 하나로 워킹 메모리와도 관계가 있다. 그러므로 무엇인가를 기대하며 기다리는 예측 반응이 가능하게 되면 참는 것이나 기다리는 것을 할 줄 알게 된다.

일반적으로 아기가 '〜을 해서는 안 된다'는 것을 이해할 수 있는 나이는 2〜3세 경이라고들 생각하지만, 이 시기부터 가르치는 것이 너무 빠른 건 아니다. 해도 좋은 일과 해서는 안 되는 일을 이해하고 난 다음에 가르치면 너무 늦다. 일찍부터 참는 훈련을 시작하도록 하자.

참을 줄 알았을 때는 칭찬을 해 준다

참는다는 것을 가르치는 데에는 참았을 때 칭찬을 해주는 것이 포인트가 된다. 예를 들어 아기가 손가락으로 전기 콘센트를 만지면 처음에는 손을 치우면서 '안돼!'라고 말해서 만져서는 안 된다는 것을 가르친다.

되풀이해서 가르치다가 아기가 콘센트를 보기만 하고 만지지는 않게 되면 '잘 참았어. 정말 착하다!' 하고 칭찬을 해준다. 그러면 아기는 콘센트를 만지지 않으면 칭찬을 받는다는 것을 기억하게 된다.

엄마가 간식을 줄 때까지 떼를 쓰지 않고 기다리거나 장난감을 치웠을 때도 크게 칭찬을 해주도록 한다. 그러면서 아기는 감정을 억제하고 참을 줄 아는 아기로 성장하게 된다.

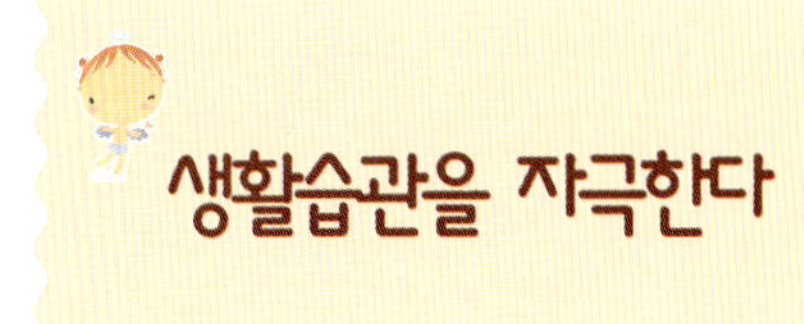
생활습관을 자극한다

아기 스스로 배변이나 배뇨 신호를 보내오게 한다

기저귀가 젖으면 바로 갈아주고 소변을 잘 보았을 때는 칭찬을 해주는 식으로 아기를 기르면 아기는 어느 순간 소변이 마려우면 스스로 신호를 하게 된다. 말을 할 줄 모르기 때문에 기저귀나 팬티 앞쪽을 잡아당기는 식으로 신호를 보낸다.

아기가 실수해서 기저귀가 젖어도 야단을 치지 말고, 배변과 배뇨 시간을 대충 짐작해서 화장실에 데리고 가거나, 변기를 대 주며 꼭 입으로 '쉬이〜'라거나 '오줌 누자'라고 말을 해준다. 이때 아기의 하복부를 쓰다듬으며 말을 걸어주는 것이 중요하다. 그러다 보면 아기는 어느새 기저귀가 젖기 전에 먼저 신호를 보내게 될 것이다.

충분한 수면을 취하게 한다

수면시간이 불규칙한 아기는 식욕이 없고 컨디션이 좋지 않으며 뇌에 주는 자극도 줄어든다. 놀이에 열중한 다음에는 수면을 충분히 취하게 하는 것이 아기의 뇌 발달에 좋다. 이제는 슬슬 낮잠 자는 습관을 들여야 한다.

● 잘 자는 아기가 식욕도 뛰어나고 뇌 발달도 왕성하다.

탈수증이 위험한 이유

아기가 설사나 구토증세를 보일 때는 탈수증에 특히 주의해야 한다. 아기는 몸을 구성하는 성분 중 수분의 비율이 어른보다 더 크기 때문이다.

● 설사나 구토 증세에는 수분 섭취가 필수다

신생아는 80% 이상이 수분으로 이루어져 몸의 활동을 지탱할 정도라고 한다. 그런데 설사나 구토가 심할 때는 이 수분이 몸에서 자꾸 빠져나가 탈수증이 염려된다. 체내의 수분이 심하게 줄어들면 몸의 장기나

세포의 활동이 둔해지고 혈액이 진해지면서 순환이 나빠지게 된다. 그러면 소변은 더욱 줄어들고 노폐물 배출이 어려워진다.

● 탈수가 시작되면 경련이나 쇼크가 올 수 있다

탈수가 되면 입술이 말라가고, 혀는 수분이 완전히 없어지며 눈은 푹 패이고, 몸이 축 늘어지면서 울기만 한다. 그대로 두면 의식도 차차 몽롱해지고 경련을 일으키며 맥이 급속히 약해질 수 있다.

8~12 개월

두뇌 발달을 돕는  기분 좋은 자극법

 보여주고, 들려주고, 만지게 한다

아기는 엄마의 입 모양을 흉내내며 말을 배워간다

아기의 능력은 지능 검사로 측정하기 어려울 정도로 미숙하지만 나중에 말을 배우고 말로 생각하는 기초가 되는 뇌 기능이 있는 것만은 확실하다. 그런 의미에서 말을 기억하게 하는 트레이닝이 필요하다. 아기는 입 모양을 보며 흉내를 내면서 말을 배워가므로 엄마가 가르치는 것이 가장 좋은 방법이다. 어느 정도 간단한 말을 할 수 있게 되면 숫자 트레이닝을 시작해도 된다. 이때 하나, 둘 하고 숫자를 말할 수 있게 하는 것보다는 '같은 것이 하나, 또 하나' 하는 식으로 헤아리는 방법의 개념을 익히는 것이 중요하다. 같은 것과 다른 것을 구별하는 것에서부터 아기의 지능은 발달해 간다.

 리듬 운동으로 청각발달을 돕는다

청각은 말을 할 수 있는가 없는가와 큰 관계가 있으므로 이 시기의 청각발달은 아주 중요하다. 청

각을 단련시키는 데에는 몸의 진동이 중요하므로 아기를 업고 노래에 맞춰서 몸을 흔들어 준다거나 음악소리에 맞춰 아기 혼자 몸을 움직이게 하면 청각을 자극할 수 있다. 나아가 말의 발달도 촉진시키게 된다.

많은 것을 보고 들어야 말을 빨리 한다

아기에게 많은 것을 보여주고 많은 말을 들려주면 언어발달이 빨라진다. 언어를 이해할 수 있는지 없는지는 태어나서 1년 정도까지에 어떤 소리를 들으면서 자랐는가, 들은 소리에 어떤 식으로 반응하고 뇌가 얼마나 발달했는가에 따라 달라진다. 그러므로 12개월까지의 아기에게 많은 소리를 듣게 하고, 말을 하지 못할 때부터 뇌에 언어 자극을 주어야한다.

❶ 음악에 맞춰 혼자 몸을 움직이게 하면 아기의 청각 발달을 촉진시킬 수 있다.

❶ 돌 전 아기에게는 많은 말을 들려주어 뇌에 언어자극을 주어야 말을 빨리 할 수 있다.

 손과 손가락을 자극한다

작은 것을 집어 컵 속에 넣는 훈련을 시킨다

엄지손가락과 다른 네 손가락을 각각 독립적으로 쓰게 되면 피부나 근육, 관절에서부터 뇌로 가는 자극이 한층 높아져 뇌 기능이 좋아지게 된다.

❶ 작은 사물을 집어서 옮기는 놀이는 아기의 손 기능과 뇌 기능 발달을 동시에 돕는다.

식사할 때 아기에게 스푼을 쥐어 주는 것도 트레이닝 효과가 있다. 컵이나 밥그릇은 손잡이가 있는 것으로 준비해 접시 안에 건포도 같은 것을 넣어서 아기가 끄집어내게 한다.

또는 두꺼운 종이를 잘게 잘라 헝클어놓고 그것을 집어서 컵 속에 넣게 하는 놀이 등으로 손가락의 운동 능력을 높여줌과 동시에 집중력을 길러준다.

아기의 손동작은 잡는다 → 쥔다 → 꼬집는다 순서로 발달하며 손과 뇌의 기능은 정비례한다는 것을 알아두자.

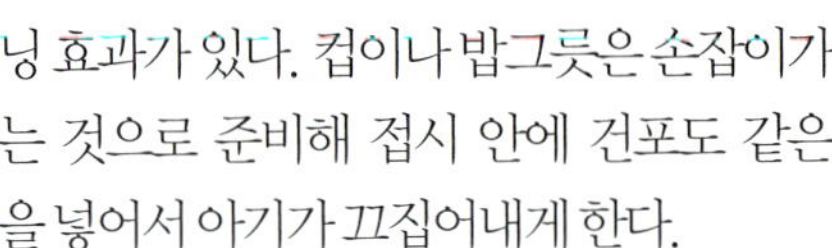 쌓고, 끼워 넣고, 뚜껑 닫는 놀이로 손끝을 단련시킨다

이 무렵의 아기에게는 손가락 끝에 신경을 집중시켜 놀 수 있는 쌓기, 뚜껑 닫기, 작은 구멍에 끼워 넣기 같은 놀잇감이 좋다. 나무 블럭 같은 장난감을 주고 우선 엄마가 시범을

보인 다음 아기에게 흉내내게 한다. 아기가 나무 블럭을 쌓거나 작은 구멍에 끼워 넣기를 잘 했을 때는 소리 내 박수를 치면서 충분히 칭찬을 해주도록 한다.

운동신경을 자극한다

요령 있게 넘어지는 방법을 가르친다

이 시기의 아기들은 정신 없이 돌아다니거나 높은 곳으로 기어올라가는 등 활발한 활동을 하기 때문에 잠시도 눈을 떼기 어렵다. 이 무렵에는 넘어질 때의 요령에 대해 가르쳐야 한다.

우선 손이 몸보다 먼저 바닥에 닿게 하려면 엄마 발등에 아기를 올려놓고 앞뒤로 걷는다거나 손을 붙들고 댄스를 하는 식으로 훈련을 해두는 것이 좋다. 또 허리를 붙들고 아기를 들어서 얼굴을 바닥 쪽으로 가까이 가게 하면서 흔들어 주어 자연스럽게 손을 바닥 쪽으로 뻗게 한다. 이 훈련을 하루에 1~2회 시킨다.

목욕 후 발끝으로 서서 만세를 부르게 한다

목욕을 시킨 다음에 '만세' 하면서 손을 들고 발끝으로 서게 한다. 발끝으로 통통 뛰는 것은 뇌에 자극을 준다. 또 테이블이나 매트리스 같은 것으로 경사를 만들어 맨발로 기어올라가게 하면 엄지발가락을 단련시킬 수 있다. 공원 모래사장

의 미끄럼틀 같은 것을 이용해서 날마다 연습하면 좋은 효과를 얻을 수 있다.

걷기가 확실해지면 평발에 신경을 써야 한다. 평발일 때는 발의 근육을 잘 쓰지 못하고 쉬 피로를 느끼게 된다. 그러므로 무언가를 붙잡고 서는 시기부터 맨발로 많이 걷고 서는 연습이 필요하다.

비탈길 오르내리기를 시킨다

엄지발가락을 자극시키는 데에는 경사진 곳을 오르는 것보다 내리막길을 내려가는 것이 더 효과적이다. 기어서 비탈길을 내려갈 때는 확실하게 엄지발가락에 힘을 주게 되기 때문이다.

동시에 팔에도 힘이 주어지므로 발과 팔의 근육을 단련시키는 데는 비탈길 오르내리기보다 좋은 운동이 없다.

호기심을 자극한다

혼자서 하고 싶어할 때는 그냥 지켜본다

걷기 시작할 무렵의 아기는 무엇이든 자기 스스로, 혼자서 하고 싶어한다. 아기의 반응이 극히 둔하므로 엄마는 초조해지기 쉽지만 절대로 손을 내밀어서는 안 된다. 아기가 느릿느릿 움직이더라도 조급해 하지 말고 그냥 지켜보도록 한다.

그런가 하면 곧잘 걸어서 마치 뛰는 것처

럼 전진하는 아기도 있다. 이런 아기는 몸을 잘 움직여 평형 감각을 맞출 줄 알며 넘어지는 것에도 능숙하다. 하지만 주변에는 위험한 요소가 많으므로 엄마가 하지 말라는 것은 안 해야 된다는 것을 가르쳐야 하며, '가지 마' 라고 말하면 동작을 멈출 줄 알게 하는 것이 중요하다.

같은 것과 다른 것을 구별하는 법을 가르친다

엄마의 눈 하나를 가리키고 아기 쪽에서 다른 쪽 눈을 가리킬 때 '눈 또 하나는?' 하고 물어보도록 한다. 같은 것처럼 보여도 다른 또 하나가 있다는 것을 가르치는 훈련으로, 수학 교육의 기초가 된다.

아기가 집안을 자유롭게 다니게 해준다

손끝으로 작은 것을 집거나 휴지를 하나씩 잡아 빼는 것은 이 시기의 아기들이 아주 좋아하는 놀이이다. 아기는 어디든 가고 싶어하고, 만지고 싶어하고, 조사하고 싶어한다. 때문에 생각지도 못했던 사고를 당하지 않도록 세심한 주의를 기울여야 한다. 아기가 집안을 자유롭게 돌아다닐 수 있도록 화장대 위까지 깨끗이 치워두자.

같은 말을 반복해서 가르쳐 기억하게 한다

호기심이 왕성한 이 시기의 아기는 그림책을 아주 좋아한다.

아기와 함께 책을 보면서 '이게 뭐지?' 하고 아기에게 묻고, 엄마가 다시 '고양이네' '강아지구나' 하면서 되풀이해 가르친다. 기억을 할 때까지 몇 번이고 반복해서 가르치는 것이 중요하다.

먹는 것으로 자극한다

처음 먹이는 것은 혀끝에 넣어 준다

처음으로 먹어보는 것에 대해서 아기는 언제나 '이건 뭐지?' 하는 반응을 보인다. 새로운 재료의 음식은 너무 뜨겁지 않게 체온 정도의 온도로 조리해서 스푼에 조금 뜬 다음 먼저 엄마가 맛보고 '아, 맛있어. 맛있다!' 하면서 아기에게 먹여준다. 아기가 한입 두입 받아먹으면 차츰 혀 끝쪽으로 스푼을 가져가 여러 가지 미각에 민감한 혀끝으로 받아먹게 한다.

○ 처음 먹는 음식은 미각에 민감한 혀끝으로 받아먹게 한다.

오징어나 다시마를 씹게 한다

오징어나 다시마 같은 것은 아기에게 집중력을 길러줄 뿐 아니라 씹는 힘도 길러준다. 씹는다는 것은 뇌에 자극이 되어 뇌의 발달을 촉진시킨다. 자꾸 씹다보면 아기는 더 잘 씹을 수 있게 되고, 스스로 씹어 자른 것을 삼킬 수 있게 된다. 그러나 길이가 너무 짧으면 미처 씹기 전에 삼켜질 위험이 있다.

생활습관을 자극한다

'안 된다'는 것을 했을 때는 따끔하게 꾸중을 한다

걸을 수 있게 되면 행동 범위도 넓어지고 위험한 것도 많아지기 때문에 금지할 일도 늘어나게 된다. 그럴 경우 절대로 해서는 안 되는 일은 먼저 '안 된다'고 금지를 시키고 어떤 경우에도 허락할 수 없음을 알린다.

만약 사고가 나지 않았다 해도 금지한 일을 했을 때는 따끔하게 혼을 내서 다시는 그것을 하지 못하게 해야 한다. 이 시기에 필요한 것은 아기가 접근해서는 안 되는 구역이나 행동이 있음을 알리는 것이다.

세 번째로 금지 사항을 어겼을 때는 엄한 벌을 준다

하지 말라는 일을 하거나 금지구역으로 들

○ 해서는 안 되는 일은 '안 된다'고 단호하게 금지시키고 이를 어겼을 때, 엄한 벌을 준다.

어가려 할 때 '안돼!' 라고 제지하는데도 반응을 보이지 않고 고집대로 한다면 체벌을 가해야 한다. 이때 그 자리에서 당장 하지 않으면 자기가 무슨 행동을 했는지 잊어버리므로 엄마가 왜 때리는지 이해하지 못하게 된다. 가능하다면 엉덩이를 가볍게 손바닥으로 치는 정도의 체벌을 가하는 것이 좋다.

그리고 다음날 또 그 행동을 하면 전날보다 더 심하게 혼을 낸다. 세 번째 똑같은 행동을 할 때는 매를 든다. 얼굴 표정도 무섭게 하고, 울어도 모른 척 해야 한다.

유아 비만을 막기 위해 엄마가 버려야 할 태도

한 번 불어난 아이의 몸무게는 쉽게 줄어들 줄 모른다. 따라서 비만은 무엇보다 바람직한 식습관을 길러 예방하는 것이 최선책이다.

● 통통한 아이가 건강하다는 생각을 버려라

많은 엄마들은 아이가 잘 먹는 게 잘 먹지 않는 것보다 낫다고 생각한다. 또 수유기 아이가 자기의 정량을 다 먹었는데도 울거나 보채면 마음의 갈등을 풀어줄 생각은 하지 않고 배고픈 것으로 착각하고 우유병을 물린다. 또 한사코 먹지 않으려는

아이에게 정량을 먹여야 한다며 억지로 먹이는 모습도 흔히 볼 수 있다. 안 먹어서 탈이지 먹기만 한다면 얼마든지 음식을 제공하겠다는 태도, 아이의 모든 행동이나 반응을 먹을 것으로 해결하는 엄마의 태도가 비만아를 만드는 지름길이다.

● 먹을 것으로 보상하지 말아라

'이번에 엄마 말 잘 들으면 피자 사줄게' '피아노 열심히 치면 햄버거 먹으러 가자' 등 먹을 것을 담보로 아이의 착한 행동을 요구하고 음식으로 보상하는 엄마의 태도도 바람직하지 않다. 자녀가 귀엽고 사랑스러우면 음식을 제공할 것이 아니라 함께 산책하고 놀아주는 등 친밀한 애정표현을 하는 것이 좋다.

● 아이 키우기 방법을 한 번 돌아보라

흔히 엄마들은 무의식중에 집 밖에서의 교통사고, 유괴, 안전 사고 등에 대한 불안으로 아이를 집 안에만 두는 경우가 많다. 그것도 엄마의 눈길이 미치는 곳에서만 아이를 놀게 하는 경우가 많다. 특히 아이에게 비디오를 보여주며 그 앞에 간식을 주는 습관도 고쳐야 할 부분이다.

두뇌 발달을 돕는 기분 좋은 자극법

보여준다

눈 높이를 맞춰 대화를 나눈다

엄마가 위에서 아기를 내려다보면서 말을 걸거나 대답을 하게 되면 아기와의 의사 소통이 어려워진다. 또 아기도 눈을 위로 치켜 뜨게 되면 물체를 정확하게 보기도 어렵다.

엄마와 아기 사이의 커뮤니케이션을 형성하기 위해서라도 아기와 대화를 나눌 때는 언제나 아기 눈 높이에 맞춰서 허리를 낮추도록 한다.

◑ 아기와 대화를 나눌 때는 허리를 낮추어 반드시 눈 높이를 맞추도록 한다.

물체의 움직임을 좇는 훈련이 필요하다

막연하게 보는 것과 확실하게 주시하는 것은 다르다. 주시하는 훈련은 귤 몇 개를 바닥에 놓아두고 '가지고 와' 라고 시켜 지시하는 장소로 갈 수 있게 될 때까지 가르친다. 또 사물을 지속적으로 주시하게 하려면 움직이는 것을 눈으로 좇는 훈련을 시키면 좋다. 손거울에 나비나 자동차 같은 그림을 잘라 붙여 빛을 비춰서 천장을 향해 움직이게 하고 그림

자를 보여주면서 놀이를 한다. 움직임을 눈으로 좇으면서 여러 가지 말을 해주면 재미있어서 아기는 싫증내지 않고 눈 운동을 할 수 있다.

단, 주의할 것은 가까이 있는 것만 보고 멀리에 있는 것을 보지 않을 경우 근시가 되어 버릴 수 있으므로 주시훈련을 시킨 다음에는 멀리에 있는 것을 보게 해야 한다.

색깔의 차이와 물건의 크기, 무게를 가르친다

색채 감각이 좋아지게 하려면 생활 속에서 색깔이 있는 것이나 색깔의 이미지를 머릿 속에 많이 저장시키는 것이 중요하다. 색깔의 이름을 아는 것보다 색깔 차이를 구별할 줄 아는 것이 이 시기에는 중요하다. 더불어 물체의 크기나 무게를 알 수 있도록 훈련시켜야 한다. '아빠 셔츠는 이렇게 큰데 내 건 작아.' 라는 식으로 익혀 가는 것이 중요하다. 물체의 무게 역시 몸으로 익히는 것이 필요하므로 직접 손에 들어봐서 그 감각을 알게 한다.

◑ 크기와 무게 등을 몸으로 익혀보는 것은 좋은 학습이 된다.

업거나 안아서 눈 높이를 높여준다

아기의 눈 높이를 높여주기 위해 업거나 안아서 백화점의 상품이나 바깥경치를 보게 하는 것도 중요하다. 어떤 사실을 가르치거나 기억시킨다는 것은 아기에게 몇 번이고 체험시켜 눈과 귀와 피부를 통해서 정보를 집어넣는 것을 말한다.

◑ 아기를 업어서 정면을 보게 하거나 앞을 볼 수 있도록 안아서 눈 높이를 높여준다.

위를 올려다보는 훈련을 시킨다

이 시기에 중요한 것은 물체를 정면에서 마주보는 훈련이다.

또 시선과 몸의 움직임을 같이 훈련시키기 위해서는 물체를 아래에서부터 올려다보는 트레이닝이 효과적이다. 턱을 올리고 위를 보는 것은 상반신의 무게를 지탱해줄 만큼 하반신이 발달된 다음이 아니면 힘들다.

이럴 때 공을 천장에 매달아 보게 한다거나 2층 창에서 소리내 불러 그쪽을 보게 하는 트레이닝이 효과적이다.

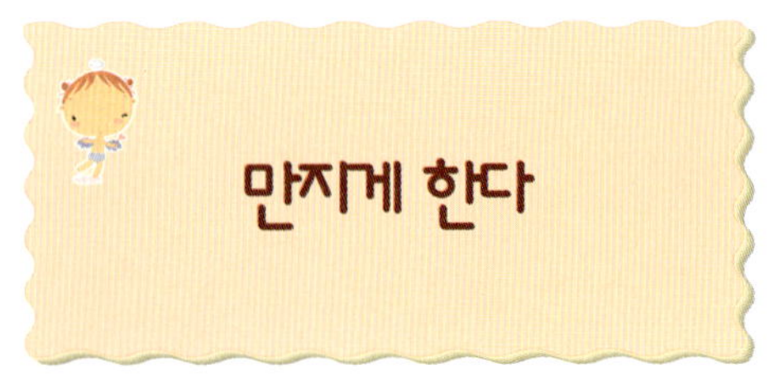

만지게 한다

감각 단련에는 진흙 장난이 좋다

아기는 부드러운 감촉을 아주 좋아하기 때문에 식사할 때 푸딩이나 두부, 바나나 같은 것을 손으로 짓이기면서 즐거워한다. 입으로만 그 부드러움을 알고 있다가 이제는 손으로 감촉을 즐기기 시작하는 것이다. 이럴 때 무턱대고 못하게 하지 말고 감각을 체험시키고 난 다음에 '먹을 것을 갖고 노는 것은 안 된다'고 가르친다.

또 아기들은 진흙장난을 아주 좋아한다. 진흙장난은 아주 중요한 촉각 자극이므로 맨발로 마음껏 놀게 해 준다. 진흙장난을 할 수 없는 환경이라면 밀가루를 반죽해서 놀게 하는 것도 좋다.

부드럽고 단단한 느낌을 구별하게 한다

실제로 물건을 만져보게 한 다음 부드러운지 단단한지를 아기와 이야기해 보도록 한다. '이 수건은 부드럽지? 라든가 '이쪽 게 좀더 부드럽지 않니? 하는 식으로 말해서 부드러운 정도의 차이를 알게 하는 것이다.

크기 차이, 무게 차이 같은 것도 만져보게 하거나 들어보아 확인하게 한 다음에 가르쳐 주도록 한다. 무거운 물건은 '들 수 있겠어? 하며 들어보게 한다. 설령 들지 못한다 하더라도 아직 자기 힘으로는 들 수 없을 만큼 무거운 것이 있음을 알게 되는 것이다.

◐ 촉감이 다른 것을 손으로 만져보게 하고 그 느낌을 말로 표현하게 해 본다.

손가락을 빠는 것은 욕구불만의 신호

이 시기에 손가락을 빠는 것은 문제가 된다. 신생아 시절의 손가락 빨기는 많이 시키는 것이 좋지만 아장아장 걸을 수 있게 되고 나서도 손가락을 빨기 시작했다면 빨리 금지시켜야 한다. 이 시기의 손가락 빨기는 심리적인 것으로 심신에 불만이 있을 때 나타난다. 지나친 손가락 빨기는 치열에 변화를 가져오므로 버릇을 고쳐주어야 한다.

◐ 돌 이후에 손을 빨기 시작했다면 욕구불만이 생긴 것이므로 빨리 문제를 해결한다.

손의 운동신경을 자극한다

젓가락 잡는 법을 가르친다

손을 능숙하게 쓰게 하려면 젓가락이나 크레파스 같은 것을 잡을 때 올바르게 잡는 법을 가르쳐야 한다. 처음엔 엄마가 손으로 잡아 손가락 위치를 바로 잡아준다. 아기가 크레파스나 연필을 쥐고 싶어하는 시기가 온다면 바로 그때가 올바르게 쥐는 법을 가르칠 절호의 기회이다.

종이를 잘라 붙이는 놀이를 한다

손끝을 잘 발달시켜 주고 두 손을 동시에 사용할 수 있게 하는 놀이로 종이를 테입 모양으로 자르는 것이 있다.

아기는 세 살 무렵까지 종이를 찢으며 노는 것을 즐겨하므로 엄마가 그 옆에서 종이를 폭 1~2cm의 테입 모양으로 찢어서 그것을 길게 늘어놓거나 반으로 접으면서 놀도록 한다. 엄마가 하는 것을 보고 아기가 흥미를 보이면 아기에게도 잘 찢어지지 않는 종이를 주어 테입 만들기에 도전하게 한다.

듣고 말하는 것을 자극한다

입 운동을 하면 말을 빨리 할 수 있다

말을 잘 하게 하려면 입을 움직이는 방법이나 호흡을 잘 하게 하는 놀이가 중요하다. 효과적인 놀이를 몇 가지 소개한다.(사진 참조)

How to Play

호흡법을 가르치는 입운동 놀이

●부글 부글 빨대놀이

빨대는 빨기보다 숨 내쉬기를 가르친다. 컵의 물을 빨대로 불어 부글부글 끓게 함으로써 코와 입을 사용해서 호흡하는 법을 기억한다.

●하모니카 놀이

하모니카를 이용하면 입안의 공기를 조절하여 천천히 숨을 내뱉는 연습을 할 수 있다. 하모니카는 불면 소리가 나기 때문에 아기들이 좋아한다. 나팔도 효과적이다.

◐ 컵의 물을 빨대로 부글부글 끓게 하는 놀이는 코와 입을 사용한 호흡법을 익히게 한다.

올바른 발음을 반복하여 들려준다

아기의 발음은 불명확하지만 그것은 주변 연장자의 말을 흉내내서 발음하고 있는 것이므로 엄마는 절대로 아기용 말을 반복한다거나 써서는 안 된다.

말을 할 때는 단어만을 단편적으로 가르칠 것이 아니라, 두 개를 조합시키거나 짧은 이야기를 지어서 날마다 들려주면 말을 빨리 하게 할 수 있다.

호기심을 자극한다

온몸으로 같이 놀아 준다

어른이 아기와 같이 많이 놀아주는 것은 지능을 싹틔우는 데 상당히 효과적이다. 특히 아기는 어른 흉내를 내고 싶어하므로 말을 하고, 몸을 움직이며, 행동을 보여주면서 놀도록 한다.

아기를 등에 태우고 노는 말놀이 같은 것은 아기들이 아주 좋아하는 놀이다. 이 놀이는 언어를 익힌다는 점에서나 운동 자극을 준다는 점에서나 효과가 있다. 공 굴리기, 블럭 쌓기 같은 놀이도 여유 있게 시간을 가지고 하면 집중력을 기르는데 도움이 된다.

그림 그리기 놀이를 할 때도 동물이나 물체를 이미지화 시키면서 그리게 하

◑ 엄마, 아빠가 아기와 같이 많이 놀아주면 아기의 지능을 싹틔우는 데 큰 도움이 된다.

거나 말하면서 그리게 하면 더 좋다. 모양이 제대로 그려지지 않는다 하더라도 감정이나 생각을 말이나 태도가 아닌 도형으로 나타낼 수 있으므로 아주 중요한 트레이닝이 된다.

먹는 것으로 자극한다

'흘리지 마' 라는 말은 하지 않는다

스스로 먹을 수 있게 되면 집중해서 먹는 법을 가르친다. '흘리지 마' 라든가 '빨리 먹어' 라는 말을 하지 말고 아기가 원하는 대로 먹게 둔다. 먹는 법이 잘못되었을 때도 야단을 치기보다 칭찬을 하는 편이 효과가 있다.

더럽혀도 되고 흘려도 상관없다는 마음으로 지켜보도록 한다. 젓가락이나 숟가락을 잘 쓸 수 있고, 그릇을 꼭 잡아 음식을 보면서 빨리 입으로 넣고 잘 씹어 전부 삼킬 수 있게 되

◑ 혼자 먹을 수 있게 되면 집중해서 먹는 법을 가르치고, 아기의 실수를 탓하지 않는다.

면 더 이상은 흘리지 않게 된다. '잘 씹어 먹어라' '잘 먹었네' 같은 말을 격려 삼아 해주면 좋다.

다양한 맛을 접해주어 편식을 막는다

단맛은 쾌감을 일으키기 때문에 아기들이 좋아하는 것이 당연하지만 맛의 조화를 통해 미각을 기르고 편식을 하지 않도록 해 나가야 한다. 싫어하는 음식은 간을 좀 세게 하고 잘 먹는 것은 간을 약하게 한다. 늘 똑같은 것만 먹으려 할 때도 간을 약하게 한다.

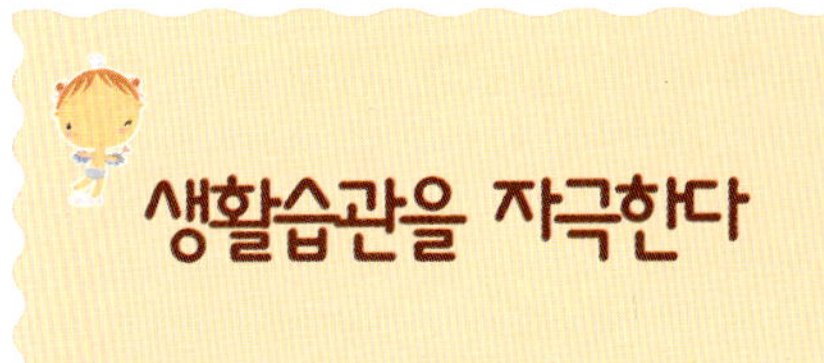

생활습관을 자극한다

놀 때는 간식을 먹지 않는다

한창 놀고 있을 때는 간식을 먹이지 않는 것이 좋다. 놀 때는 확실하게 놀고, 먹을 때는 열심히 먹고, 다시 다른 놀이를 하는 식으로 리듬을 가르칠 필요가 있다. 이것은 하나 하나의 동작에 획을 그어주고 집중력을 길러준다는 점에서 효과가 있다.

반대로 아기가 싫어하는 일도 경험하게 해서 참는 것도 가르쳐야 한다. 싫은 일도 참을 줄 알려면 어떻게 해야 하는지, 싫은 상황을 만들지 않으려면 어떻게 해야 하는지, 되도록 이른 시기에 아기 스스로 판단할 수 있게 하는 것이 바람직하다.

Mom & Baby

감수성이 예민한 아이가 누리는 혜택

감수성이 예민한 아이는 그렇지 않은 아이들에 비해 주변으로부터 더 많은 것을 얻을 수 있다. 아이가 감수성이 예민하면 다른 사람에게 맡기기 어려워 어릴 때부터 어떤 곳이나 데리고 다니게 되는 경우가 많다. 그래서 보다 더 많은 접촉을, 보다 더 많은 실제적인 위안을, 보다 더 많은 수유 시간을, 보다 더 쾌적한 수면 장소를 얻을 수 있게 된다. 다시 말해 감수성이 예민한 아이는 인생이라는 여행에서 일등석을 배정 받은 셈이나 마찬가지다.

감수성이 예민한 아이를 둔 부모들은 그렇지 않은 부모들에 비해 자기 아이를 더 잘 이해하고 있으며, 보다 여러 가지 방식으로 아이를 기르려고 이런 저런 생각을 하게 되는 경우가 많으므로 예민한 아이에게는 더없이 좋은 환경을 갖게 된다고 할 수 있다.

약속을 가르친다

습관들이기는 엄마와 아기가 반응을 주고 받는 사이에 싹트게 된다.

즉, 미래에 성격이나 버릇이 싹튼다고 생각해도 될 것이다. 습관들이기 중에서도 가장 중요한 것은 아이와의 약속 지키기, 아이가 약속 지키게 하기가 있다. 아기와 약속해서 정한 원칙은 예외를 만들어서는 안 된다. 그리고 아기가 약속을 잘 지켰을 때는 반드시 칭찬해 주도록 한다.

○ 아기와 한 약속은 반드시 지키고, 아기에게 약속은 꼭 지켜야 한다는 것을 가르친다.

체력의 한계까지 운동을 시킨다

아기의 집중력을 지속시키고 한 가지 일을 해낼 수 있는 아기로 키우려면 하루에 한 번, 체력의 한계라고 할 만큼의 운동을 시키도록 한다. 즉, 피곤해서 움직이지 못할 정도로 시키는 것이다. 아기가 열중할만한 놀이를 궁리해 마음껏 놀게 한 다음 조용히 말을 걸어 진정을 시키고 쉬도록 유도하자.

체벌은 나쁜 행동을 한 즉시 가한다

한두 살 때는 야단을 칠 때 체벌을 하는 것도 중요하다. 위험으로부터 몸을 지키게 하기 위해서는 필요한 일이라고 생각하자. 특히 체벌은 말을 듣지 않았을 때에만 하는 것이 좋다. 또한 체벌은 나쁜 행동을 한 즉시 해야만 가장 효과적이다. 체벌의 아픔을 통해서 자신의 잘못을 아는 것이 효과적이기 때문이다.

야단을 칠 때는 원칙이 있어야 한다

잘못한 이유를 알지 못하는 아기에게 짜증스럽게 야단을 치는 것은 좋은 방법이 아니다. 그 날의 기분에 따라, 엄마가 언짢은 일이 있었다고 해서, 평소 같으면 별말 없이 지나갔을 일에 대해 야단을 치는 것도 삼가야

한다.

야단을 칠 때는 자신이 왜 야단을 맞는지 아기가 이해해야만 한다.

그러므로 야단을 칠 때는 다음의 여섯 가지 원칙에 주의하도록 하자.

① 한꺼번에 여러 가지를 갖고 야단치지 않는다.
② 한없이 줄줄이 늘어놓지 않는다.
③ 이유를 세세하게 설명하지 않는다.
④ 다른 사람이 보고 있다고 해서 야단치다가 갑자기 말투를 바꾸지 않는다.
⑤ 시간이 지나버린 과거 일에 대해서는 야단치지 않는다.
⑥ 나쁜 짓을 했을 때는 그 즉시 바로 야단을 친다.

○ 아기가 열중할만한 놀이를 궁리해 마음껏 놀게 한 다음 진정을 시키고 쉬게 한다.

엄마를 돕게 한다

엄마를 돕게 하는 것도 이 시기에 가르쳐야 할 중요한 습관들이기 중 하나다. '저것 좀 가지고 올래?' 라고 시킨 다음 제대로 가지고 오면 충분히 칭산을 해 준다.

아기의 성장 발달 체크 요령

● 생기가 있으면 건강하다는 증거

아기가 얼마나 자랐는지 궁금한 나머지 매일 체중을 재보고 좋아했다 걱정했다 하는 엄마들도 있다. 그러나 아기의 몸무게는 5~7일 단위로 재보는 게 좋다. 몸무게가 눈에 띄게 쑥쑥 늘지 않고 다른 아기보다 덜 자라는 듯해도 크게 걱정할 필요는 없다. 미숙아로 태어난 아기가 아니라면 평균치보다는 작아도 기준치와 비슷한 곡선을 그리며 늘어가고 있다면 안심해도 된다.

다만 모유로 키우는 아기인데 몸무게가 늘지 않는 경우에 그 원인이 모유 부족 때문이라 여겨지면 우유로 보충해 줄 필요가 있다. 젖

에 매달려 20분 이상 빨면서 있는 등 좀처럼 떨어지지 않으려 하면 의사와 상담해 보고 결정한다.

또한 3~4개월 정도가 되면 식욕이 떨어지거나 변덕스러워져 몸무게 증가가 둔해지는 경우도 있다. 흔한 일이므로 걱정하지 않아도 좋다. 다만 몸무게도 늘지 않으면서 기운이 없고 칭얼대며 잘 먹지 않으려 하면 의사에게 보이는 게 좋다.

● 비만이 걱정되는 아기

엄마의 젖이 충분하고 식욕도 왕성한 아기는 아무래도 살이 많이 찐다. 그러나 아기의 비만은 그다지 신경쓰지 않아도 된다. 아기일 때는 좀 뚱뚱하더라도 유아기가 되어 활발하게 움직이게 되면 대부분 몸이 단단해지며 군살이 빠지게 된다.

살이 쪄 뚱뚱해 보이는 아기가 커서도 살이 찔 확률은 8% 정도로 적은 편이다. 그러므로 많이 먹는다고 우유 량을 줄이거나 하지 않아도 된다. 그러나 학교에 갈 나이가 다 되어 가는 데도 살이 쪄 있는 아이의 약 80% 정도는 그대로 비만한 어른이 되므로 유아기 때부터는 지나치게 살이 찌지 않도록 해주는 게 좋다. 유아의 몸무게와 키로 몸의 균형을 판단하는 '카우프지수' 의 계산방법은 다음과 같다.

카우프지수＝〈(신장×신장(cm))÷체중(g) 〉×10

만약 아기의 키가 60cm이고, 몸무게가 6.5kg일 때 이 공식대로 계산한다면 18.05라는 지수가 나온다. 계산결과 비만지수가 15~18이면 보통, 18~20이면 대단히 영양상태가 좋은 우량아로 본다. 20 이상이면 다소 뚱뚱한 편이지만 유아기에 들어서면서 살이 빠진다면 걱정하지 않아도 된다.

18~24 개월

두뇌 발달을 돕는 기분 좋은 자극법

보여준다

복잡한 색깔을 기억해 내게 한다

아기가 두 돌이 될 때까지 물체의 형체나 색깔을 보여주지 않으면 앞으로 형태나 색을 볼 수 없게 되고 극단적인 경우에는 실명하게 된다. 붉은 색이나 농담이 뚜렷한 색은 일찍부터 구분할 수 있지만 1년 반 정도가 되면 보다 복잡한 색깔 배합을 익히게 할 필요가 있다. 여러 가지 색의 자수 실을 늘어놓고 '더 진한 파란색, 이리 줄래?' 라든가 '붉은색 실들을 전부 꺼내보렴' 하고 게임을 하듯이 색깔을 익히게 하면 정확하게 빨리 익힐 수 있다. 또는 '어떤 색이 제일 좋아?' 라고 하며 고르는 훈련을 시켜도 좋다.

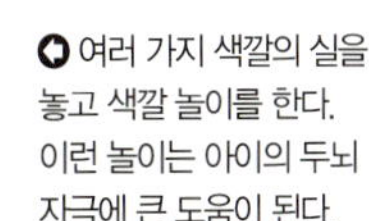
❂ 여러 가지 색깔의 실을 놓고 색깔 놀이를 한다. 이런 놀이는 아이의 두뇌 자극에 큰 도움이 된다.

움직이는 것에 대한 반사적인 반응을 자제시킨다

어린 아기는 움직이는 물체 쪽으로 몸을 기울이는 특성이 있다. 움직이는 것에 대해 아기는 마치 빨려들 듯이 가까이 접근하므로 자동차에 대해서는 특별한 주의가 필요하다. 길에 데리고 나갈 때는 절대로 아무 곳으로나 튀어 들어가서는 안 된다는 점, 엄마 옆에 꼭 붙어 있어야 한다는 점을 확실하게 가르친다.

❂ 자동차 등 움직이는 물체 쪽으로 몸을 기울이는 아기의 반사적인 반응을 자제시킨다.

백화점이나 수퍼는 좋은 학습 장소다

보여주고 들려주고 만지게 하는 기회를 늘려주면 그만큼 아기의 뇌는 감각 파일이 풍성해져 간다. 그런 면에서 백화점이나 수퍼는 아주 좋은 학습 장소가 된다. 뇌에 전달되는 정보를 위해 많은 기회와 종류가 주어지는 장소인 것이다.

손님이 적은 시간대에 데리고 가서 물건들을 보여주고 만져보게 하면서 이야기를 나눠 보자. '와, 이 파란색, 너무 예쁘지?' 라든가 '이 고기 좀 봐. 윤이 나지?' 하며 말을 걸어주도록 한다.

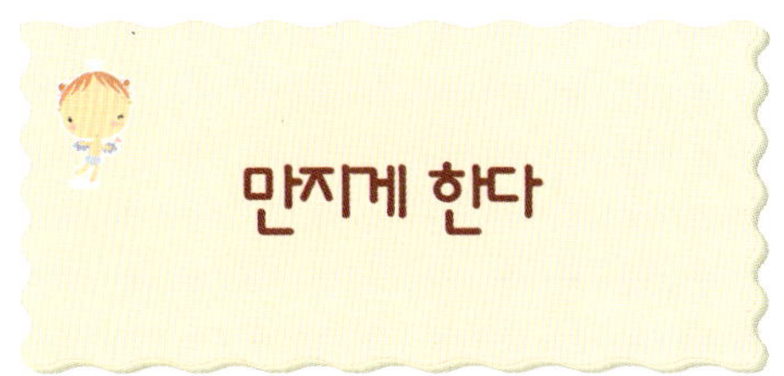

만지게 한다

물체를 직접 만지게 해서 손발의 감각을 길러준다

피부로 직접 물체를 만질 때는 맨발로 그 감촉을 기억하게 한다. 물웅덩이, 진흙, 울퉁불퉁한 자갈길, 흙의 촉감 같은 것들을 기억시키기 위해 밖으로 데리고 나가 맨발로 놀게 하는 것도 필요하다. 어떤 감촉이든 아기에게는 모두 첫 체험이므로 처음에는 싫어할는지도 모른다. 끈적끈적, 첨벙첨벙, 미끌미끌한 느낌을 싫어하는 아기도 있으므로 그럴 때는 무리하게 하지 말고 다음 기회로 미루도록 한다.

쌀통놀이나 진흙놀이로 촉각을 자극한다

촉각을 길러주기 위해서는 일상 생활 속에서 자주 사용되는 것을 골라 체험시켜 나가도록 한다. 쌀통 속에 손을 넣어 보게 한다든지 진흙 놀이를 하게 하는 것도 촉각을 보다 발달시키는 데 효과적이다.

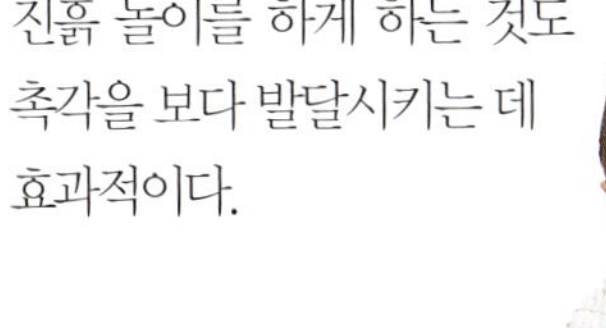
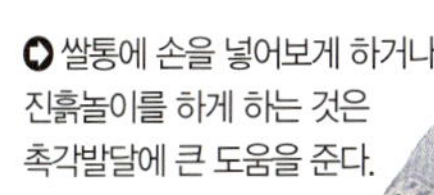

❂ 쌀통에 손을 넣어보게 하거나 진흙놀이를 하게 하는 것은 촉각발달에 큰 도움을 준다.

 ## 손과 몸의 운동신경을 자극한다

연필을 올바르게 쥐게 한다

이 시기의 아기들은 호기심이 왕성해서 무엇에나 흥미를 갖는데 특히 그림이나 글자를 쓰고 싶어한다. 물론 만족스럽게 형태를 그리지는 못하지만 연필이나 볼펜, 크레파스 같은 것을 쥐어 주면 꼭 잡고 그리려고 한다.

이때 적당히 쥐게 하거나, 마치 장난감을 잡듯이 연필을 쥐는 일이 없도록 올바르게 쥐는 법을 되풀이해서 가르쳐 준다.

❶ 글자 쓰기와 그림 그리기에 관심이 많은 아이들에게 올바르게 연필 쥐는 법을 가르친다.

원과 직선 그리기를 연습한다

원과 직선은 물체를 그릴 때 기본이 되지만 어른이라도 똑바르게 둥근 원을 그리기는 어렵다. 직선 역시 구부러진 곳 없이 똑바로 그린다는 것이 쉽지는 않다. 아기에게 연필을 쥐어 주고 원을 그리게 할 때는 엄마가 같이 손을 잡고 단숨에 그리도록 한다. '와아!'에잇' 하고 소리를 내면서 원을 그리고 직선을 그어 호흡에 맞춰 손을 움직인다는 것을 익히게 한다.

계단 내려오기 연습을 시킨다

계단 오르내리기는 이 시기 아기들에게 굉장히 흥미 있는 운동이다. 계단 오르기는 비교

❶ 계단 오르내리기는 이 시기 아기들에게 아주 흥미로운 놀이다.

적 쉽지만 내려가기는 아주 어렵다. 처음에는 뒤를 보고 마치 미끄러지듯이 내려오는 연습을 시킨다. 어떤 근육에 힘을 주어야 좋을지, 발을 딛는 위치는 어느 부분이 좋을지 익히게 하기 위해서는 엄마가 뒤를 향한 아기의 엉덩이를 가볍게 받쳐주면서 지켜보도록 한다.

엉덩이를 가볍게 눌러서 아기가 체중을 잘 이동시키고 발판을 찾도록 도와주는 것도 좋다. 단, 한쪽 발을 아래로 딛고 난 다음에 체중을 옮기는 것이 확실하게 될 때까지는 아기 혼자서 계단을 올라가게 해서는 안 된다.

쪼그리고 앉는 자세는 등과 허리를 발달시킨다

허리나 등을 발달시키기 위해서는 쪼그리는 자세 트레이닝이 필요하다. 허리를 낮추고 전신의 무게를 무릎 아래에 주면서 앉는 것은 허리와 등을 단련시키는데 중요한 자세이다. 또 등을 똑바로 펴고 앉는 훈련도 필요하다. 정좌하게 한다거나 다리를 곧게 펴고 등을 벽이나 문에 기대게 한다거나, 발끝으로 걸어다녀 등을 똑바로 펴는 훈련 같은 것을 하루에 한 번 정도 시키도록 한다.

❶ 허리를 낮추고 쪼그리고 앉는 자세는 허리와 등 근육을 단련시킨다.

공 굴리기는 복합감각을 자극한다

걸을 수는 있지만 아직은 손발을 잘 쓰지 못하는 이 시기의 아기에게 끊임없이 손발을 쓰

게 하면 운동을 잘 하는 아이로 자라게 할 수 있다. 이 시기에는 여러 가지 운동 패턴을 익히게 해서 뇌에 자극을 줄 필요가 있다. 특히 손이나 손가락을 움직이면 뇌에 직접적으로 자극이 전달되므로 두 손을 잘 쓰는 운동이 중요하다.

엄마와 공 굴리기를 하는 것도 효과적이다. 아직 공을 던질 수는 없지만 목표를 향해 굴리는 트레이닝은 가능하다. 손을 사용하고, 목표를 생각하며, 눈으로 보면서, 굴리는 이 놀이는 복합감각을 길러주는 데에 아주 좋은 자극이 된다.

양손을 모두 쓰는 놀이를 시킨다

한쪽 손으로 종이를 누르며 가위로 자른다거나 두 손으로 작은 물체를 쥐는 것은, 손가락에 힘을 주어 강하게 하면서 자유롭게 움직이게 하므로 효과적인 놀이가 된다. 그리고 텔레비전의 스위치를 아기에게 누르게 하는 것도 트레이닝이 된다.

두 손을 다 잘 쓰게 하려면 늘 쓰는 손만 쓰게 할 게 아니라 두 손을 모두 쓰는 놀이를 시키는 것이 중요하다.

컵에서 컵으로 물을 따르는 놀이는 두 손을 모두 쓰게 하고 집중력을 기르게 한다는 면에서도 뛰어난 트레이닝이다. 따르다가 흘려도 야단치지 말고 집중하는 모습을 지켜보도록 한다.

❶ 이 컵에서 저 컵으로 물을 따르는 놀이는 두 손을 모두 쓰게 하는 집중력 향상놀이다.

듣고 말하는 것을 자극한다

좋아하는 음악을 되풀이하여 들려준다

아기들은 마음에 드는 음악을 몇 번이고 반복해서 들어도 싫증을 내지 않는다. 이미 음계를 구분하는 능력이 있는 것이다. 아기가 좋아하는 음악이라면 몇 번이라도 되풀이해서 들려주는 게 좋다. 아기들은 텔레비전을 보면서 음악에 맞춰 몸을 움직이기도 한다.

현대 생활에서 텔레비전이나 컴퓨터를 멀리한다는 것은 어려운 일이므로 이왕 가까이 할 바에는 적극적으로 활용하는 것이 바람직하다.

두 개의 단어를 조합하여 말하게 한다

아기가 '엄마' '아빠' 라는 말을 할 수 있게 되었다면 '엄마 발' 하는 식으로 두 단어를 조합시켜 말해 주도록 한다. 그 말을 그대로 아기가 따라하지 못한다 하더라도 상관없다.

흉내를 잘 내는 시기에는 단어를 단편적으로 가르칠 것이 아니라 긴 말 속에서 하나 하나의 단어를 끌어내서 의미 있는 연결을 가진 단어로 기억시켜 나가도록 한다. 이렇게 하면 아기는 어느 시기에 폭발적으로 말을 쏟아놓게 된다.

입으로 부는 놀이를 통해 훈련시킨다

입을 움직이는 것과 호흡을 잘 하는 것, 그리고 혀를 부드럽게 하는 것 이 세 가지는 말을 잘할 수 있게 만드는 조건이다.

비누방울 놀이, 삐삐 종이 놀이를 엄마가 해보이며 아기가 흉내내게 해보자. 삐삐 종이 놀이는 셀로판지나 파라핀 지를 입에 대고서 '아~' '이~' 하고 소리내며 노는 것이다. 처음에는 종이가 침으로 푹 젖겠지만 시간이 지나면 그다지 젖지 않게 되고 잘 불게 된다. 그러면 말할 수 있는 기본 조건이 상당히 갖춰지게 된다.

이때쯤 중요한 트레이닝은 혀 움직임을 부

드럽게 하는 것으로 혀를 떨면서 소리를 내게 하는 놀이가 효과적이다.

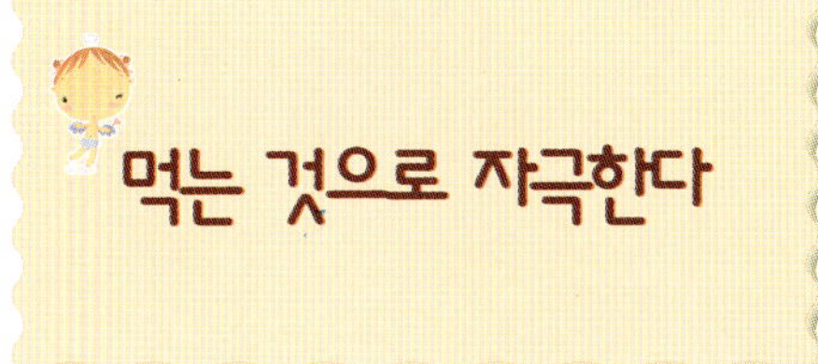
❍ 비눗방울 놀이를 통한 입 운동은 혀의 움직임을 부드럽게 해 준다.

되풀이해서 묻고 대답을 유도한다

좀처럼 말문이 트이지 않는 아기는 환경에 문제가 있는 경우가 많다. 그 중 가장 큰 원인은 말할 기회를 주지 않고 어른이 먼저 말을 해버리는 데 있다. 이럴 경우 아기에게 말할 기회를 주기 위해 어른들은 질문하는 역할을 맡아야 한다. '무슨 일이 있니?' '이건 뭐야?' 하는 식으로 대답을 유도하는 질문을 하면서 대답을 기다리도록 한다.

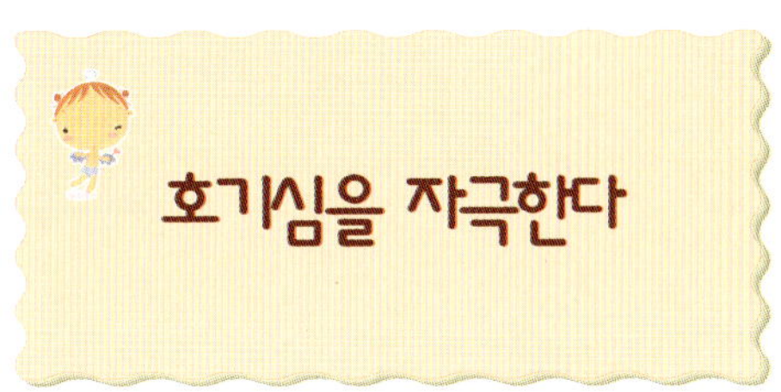

호기심을 자극한다

도구 사용법을 익히게 한다

이 시기의 아기는 뭐든 자기가 하겠다고 나선다. 이럴 때는 무조건 '안 돼!' 라고 소리치지 말고 '빨리 커서 도와줘.' 라고 하거나, 조금 어렵다고 생각되는 일이라도 그 적극성을 활용해서 시켜보도록 한다.

❍ 조금 어렵다고 생각되는 일이라도 아이가 적극성을 발휘하여 문제를 해결하게 유도한다.

높아서 물건을 잡을 수 없을 때는 발판을 사용하는 법을 가르쳐 주고, 그것을 잘 해내면 칭찬을 해준다. 그러면 아기는 그 다음부터 자기 손이 닿지 않는 높은 곳에 있는 물건은 발판을 사용하면 잘 잡을 수 있다는 것을 알게 된다. 그리고 두 가지를 비교해서 그 차이를 알게 하는 것도 중요한 학습이다. '어느 게 더 좋아?' '어느 게 더 크지?' '어느 게 더 무겁니?' 하고 물어서 그 차이를 알게 훈련시킨다.

먹는 것으로 자극한다

뜨거운 음식을 식혀가며 먹게 한다

미각 발달에 있어서 음식의 온도나 단단한 정도, 냄새 등 아주 중요한 요소이다. 아기는 뜨거운 것을 잘 먹지 못하지만 그렇다고 해서 언제나 미지근한 것만 주면 미각이나 입술의

❍ 조금 뜨거운 음식을 호호 불어가며 식혀 먹는 동안 냄새를 통해 맛의 감각이 자란다.

감각, 피부 감각의 발달에 영향을 줄 수 있다.

조금 뜨거운 것을 호호 불어가면서 식히는 동안은 먹지 않고 기다려야 하므로 음식 냄새를 맡을 수 있다. 음식 냄새를 알고 맛을 봄으로써 비로소 맛의 감각이 자라게 되는 법이다.

맛을 보고 말로 표현해 보게 한다

매일의 식사에서 단맛, 매운맛, 쓴맛, 신맛 등의 네 종류의 맛을 혼합해서 맛보게 하고 각각의 맛을 체험하게 한다. 그렇게 하려면 매번 식사나 간식 때에 먼저 엄마가 '이건 시네' '이건 달다' 라고 말해서 맛을 말로 표현할 수 있도록 훈련시켜 나가도록 한다.

생활 습관을 자극한다

 **정리정돈 놀이로 엄마를 돕게 한다**

습관들이기라는 것은 보고 흉내내서 일정한 운동 패턴을 하는 것으로, 일상 생활 속에서 어른이 하는 행동을 보고 흉내를 내서 몸에 익혀 가는 것이다. 이 시기의 아기는 지능 발달도 빨라지고 자아도 생기게 되므로 엄마를 도와주게 하는 행동을 통해서 생활습관을 들여가는 방법이 아주 효과적이다. '이것 좀 해 줄래?'라고 부탁해서 아기가 잘 해내면 충분한 칭찬을 해주도록 한다. 정리정돈 놀이 같은 것을 시켜 마치 놀이처럼 엄마를 도와주게 하는 것도 좋은 방법이다.

 놀고 난 다음에는 정리정돈 놀이를 하여 정리하는 습관을 들인다.

참는 것을 가르친다

참는 것을 가르칠 수 있는 시기도 이때다. 무엇이든 마음먹은 대로 되지 않으면 짜증을 낼 경우 장래의 성격 형성에도 문제가 될 것이다. 참는다는 것은 자기를 조절하는 능력이 싹텄다는 것이며 사회성이 자라났다는 증거이기도 하다.

충분한 애정을 쏟는 것이 습관들이기의 기본이다

이때 가장 중요한 것은 엄마가 애정을 갖고 아기를 대하는 것이며 아기에게 '나는 귀여움을 받고 있다'는 확신을 갖게 만드는 것이다. 그것을 통해 아기는 배려하는 감정, 사랑의 감정을 엄마에게 갖게 된다.

엄마의 애정을 받지 못하거나 애정이 부족한 상태에서 자란 아기는 항상 우울한 모습으로 식욕도 없으며 놀 때도 활발치 못하며 타인에게 미소짓는 일도 없다.

이런 상태에서는 생활 습관을 들이기가 무척 어렵다. 엄마와 아기의 강한 신뢰 관계, 애정 관계가 있어야만 비로소 습관들이기가 성공적으로 이루어질 수 있으며 장래 성격이라고 불릴 수 있는 것으로까지 발전하기 때문이다.

눈깜짝할 사이에 일어나기 쉬운 사고

● **감전**

감전사고가 일어나면 우선 전류 차단기로 전원을 꺼서 이중사고를 막는 게 최우선. 그런 다음 구급차를 부르면서 호흡이나 심장이 멈추면 인공호흡, 심장 맛사지를 해준다.

화상이 있는 경우라면 아이를 완전히 전원으로부터 떼어낸 후에 물로 식힌다. 감전에 의한 화상은 심한 경우가 많으므로 빨리 의사에게 간다.

● **가스중독**

가스가 새어나와 중독이 되면 창문을 열어 공기를 통하게 하고 폭발로 이어지는 화기나 불꽃에 주의하고 나서 환자를 돌본다. 우선 아기의 옷을 느슨하게 해주어 호흡을 편하게 해준다. 이때 머리를 높게 하고 얼굴을 옆으로 향하게 해 구토에 의한 질식이 없도록 한다.

혹시 호흡이나 맥박이 정지하면 곧 인공호흡이나 심장 맛사지를 해준다.

● **열사병 · 일사병**

강한 직사광선을 쐬거나 완전히 닫힌 더운 방, 차 안에 아기를 장시간 두었을 때 생긴다. 더위 때문에 체온조절을 할 수 없게 돼 몸 속에 열이 모인 상태다. 빨간 얼굴을 하고 축 늘어져서 구토나 경련, 헛하품을 하기도 한다. 열이 높고 멍한 상태로 그대로 두면 털수상태가 되어 위험하다.

증세가 가벼우면 우선 시원한 장소로 옮겨서 옷을 느슨하게 하고 머리와 손발을 물이나 찬바람으로 식혀서 조용히 재운다. 아기가 의식이 있으면 소금을 조금 탄 물이나 엽차를 조금씩 마시게 한다. 그러나 의식이 없을 때는 빨리 병원으로 데려간다.

● **귀에 벌레가 들어갔을 때**

어두운 방에서 손전등을 귀에 가까이 대거나 담배의 연기를 조용히 불어넣으면 나오는 경우가 있다. 이렇게 해서 안 되면 귓속에 올리브유를 몇 방울 넣어 벌레를 죽이고 귀를 기울여서 빼낸다. 그래도 안 되면 빨리 이비인후과에 가서 꺼낸다.

귀에 물이 들어간 경우라면 물이 들어간 귀를 밑으로 하여 수건을 댄 상태에서 반대쪽 귀를 통통 친다. 소량이면 면봉으로 닦아주면 된다.

● **코에 이물질이 들어갔을 때**

이물질이 없는 쪽 코를 눌러 '흥' 하고 풀어주거나 종이로 가늘게 꼰 끈 등으로 코의 입구를 자극해 재채기와 동시에 빠져 나오게 해본다. 이물질이 보이면서도 이렇게 해서 안 빠지면 핀셋으로 빼낸다.

그러나 콩 등이 코에 들어가면 습기 때문에 부풀어 커지고 무리하게 꺼내나가는 오히려 속으로 늘어간다. 이때는 무리하지 말고 이비인후과로 간다.

아이들은 코피가 나는 일도 많다. 아이들 코피의 95%는 금방 지혈되므로 크게 걱정하지 않아도 된다. 코피가 날 때는 머리를 오히려 앞으로 숙이고 손가락으로 5~10분 동안 코를 꽉 잡고 있으면 지혈된다. 찬 물수건이나 얼음주머니를 코 위에 얹어 놓아도 효과가 있다.

● **눈에 이물질이 들어갔을 때**

절대로 눈을 문질러서는 안 된다. 눈물로 자연스럽게 흘러 넘쳐 떨어지기를 기다리거나 안과에 가서 뺀다.

단순한 위 눈꺼풀의 이물질이면 아이에게 눈을 가볍게 깜빡이게 해서 이물질이 나오게 한다.

아래 눈꺼풀에 들어간 이물질은 아래 눈꺼풀을 뒤집은 다음 청결한 가제 등을 물에 적셔 일부를 먼저 제거해 준다.

조기교육

어떻게 시작해야 할까?

조기교육의 열풍이 대단하다. 한글과 영어는 물론이거니와 음악, 미술, 체육, 과학까지 그 분야도 다양하다. 아이의 재능을 조기에 발견하여 키워주는 것은 부모로서 해주어야 할 일임에 틀림없다. 하지만 반드시 아이의 적성과 능력이 고려되어야 할 것이다. 각 분야의 조기교육을 시작하기 전에 부모가 먼저 알아두어야 할 것들을 정리했다.

조기교육을 잘 하려면...

엄마, 아빠가 먼저 시작하라

진정한 조기교육은 가정 안에서 이루어져야 한다. 예를 들어 아기를 돌보면서 부드럽게 말을 걸어준다거나, 잠자기 전에 그림책을 읽어준다거나, 칭얼거릴 때 자장가를 불러준다거나 하는 것이야말로 진정한 조기교육이며 이런 조기교육이 제대로 이루어져야 학교교육을 받게 되었을 때 좀 더 의욕적이고 적극적인 아이가 될 수 있다.

빠를수록 좋다는 말에 현혹되지 말자

능력을 길러주는 것은 빠르면 빠를수록 좋다는 생각이 주목을 받게 되자, 두 살 전후의 아기들, 아직 기저귀도 제대로 떼지 못한 아기들이 글자와 숫자, 영어 같은 것을 배우는 일이 성행하고 있다. 실제로 방정식을 푸는 세 살 짜리 아이, 흰지를 줄줄 읽어 내려가는 두 살짜리 아이, 영어 회화를 유창하게 하는 네 살짜리 아이까지 나오고 있는 세상이다. 하지만 아이마다 능력이나 개성이 다르므로 '남이 하니까 나도 한다' 라는 식의 천편일률적인 조기교육 풍조는 피해야 한다.

뇌 성장은 세 살 이후에도 진행된다

이런 조기교육의 전제 조건이 되고 있는 것은 사람의 대뇌가 세 살 이전까지 거의 완성이 된다는 학설이다. 어린 시절의 대뇌발달은 확실히 놀라울 정도로 빠르고 특히 한 살까지는 눈부실 만큼 발달한다. 그러나 뇌의 중요한 부분이 세 살까지에 거의 완성되고 그 이후에는 거의 발달되지 않는다는 학설은 전혀 실증된 사실이 아니다. 세 살 이후에도 아이의 뇌는 계속 성장해 나가기 때문이다. 대뇌는 성장의 각 시기에 체험하는 것, 본인의 의사에 따라 배운 것으로도 충분히 발달할 수 있다.

늦게 시작해도 능력은 길러진다

대뇌 발달이 2~3세에 급속도로 진행되는 것은 사실이다. 그러므로 이 시기에 여러 가지를 배우게 한다면 일정한 능력이 길러질 것은 분명하다. 그러나 대뇌는 그 이후에도 발달을 계속하므로 다른 아이들보다 조금 늦게 시작해도 그 능력을 충분히 기를 수 있다. 5~6세에 시작한 아이가 1~2세에 시작한 아이보다 늘 뒤쳐진다는 학설은 없다. 유아기에는 충분히 놀고 초등학교 입학 무렵부터 조금씩 지적인 훈련을 받기 시작해도 충분하다.

아이가 성장하면서 부모는 아이에게 어떤 교육을 시켜야할지 고민을 하게 된다. 특히 요즘은 그 분야도 다양해지고,

방법도 더 구체화되고 있다. 각 분야의 조기교육을 시작하기 전에 언제, 무엇을, 어떻게 시작해야 할지, 주의해야 할 것은 무엇인지 등

부모가 미리 알아두어야 할 점들을 알아본다.

조기교육이 스트레스가 되어서는 안 된다

18개월 무렵부터 글자와 숫자 공부를 시작한 한 여자아이는 두 돌이 지나자 구구단을 외울 수 있었다. 이 아이의 엄마는 하루에 아침, 점심, 저녁 3회 공부를 습관화시키고 게으름을 방지하기 위해 심야까지 할 때도 있었는 데 잘 못하면 때려서라도 하게 하는 스파르타식이었다. 결국 이 아이는 초등학교 3학년 때 이런 학습을 중지 했고 지금은 극히 평범한 중학생이 되어 있다. 물론 드물지만 조기교육을 재미있어 하고 즐기는 아이도 있다. 이런 경우엔 문제가 없지만 대부분의 경우 엄마의 압력으로 하게 되므로 아이에겐 심각한 스트레스가 될 수 있다.

발상력을 떨어뜨릴 수 있다

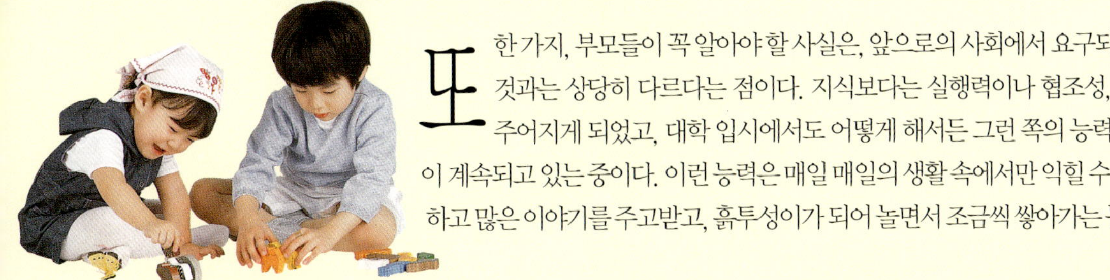

또 한 가지, 부모들이 꼭 알아야 할 사실은, 앞으로의 사회에서 요구되는 능력은 지금까지의 그 것과는 상당히 다르다는 점이다. 지식보다는 실행력이나 협조성, 발상의 풍부함에 중점이 주어지게 되었고, 대학 입시에서도 어떻게 해서든 그런 쪽의 능력을 찾아내려고 하는 흐름 이 계속되고 있는 중이다. 이런 능력은 매일 매일의 생활 속에서만 익힐 수 있다. 친구들과 싸우기도 하고 많은 이야기를 주고받고, 흙투성이가 되어 놀면서 조금씩 쌓아가는 능력인 것이다.

아이다움이 사라지고 꼬마 어른 같은 개성이 형성되기 쉽다

너무 어린 나이에 교육이 시작되면 아이는 경험하지 않은 것만을 지식으로 지니게 되기 쉽다. 그 결과 아이다움 이 사라져 꼬마 어른 같은 개성이 형성되기 쉽다. 예를 들어 읽을 줄은 알지만 내용 을 깊이 이해하지는 못하는 4~5살 된 아이가 "우주란 게 뭐야?" 하고 물어올 때 우주의 개념을 아이가 이해할 수 있도록 설명한다는 것은 무척 힘든 일이다. 진정한 체 험은 몸으로 익혀 기억으로 남아야한다.

일찍부터 가르치면 몸으로만 익히게 된다

피아노나 바이올린 같은 것은 빨리 시작할수록 좋다고들 한다. 예전에는 세 살부터 라고 했는데 요즘은 더 앞당겨진 모양이다. 절대 음계를 몸으로 익히는 데는 빨리 시작하는 게 최고라고들 하는데, 악보를 읽는다는 행위가 원래 대뇌의 작업이지 만 익숙해짐에 따라 소뇌의 작업으로 변하는 것을 말한다.

한글 깨우치기

요즘은 한글을 깨우치는 아이들의 연령이 점점 낮아지고 있다. 어떤 아이들은 가르쳐주지도 않았는데
스스로 한글을 깨우치는가 하면, 열심히 가르쳐도 다른 아이들만큼 못 따라가는 경우도 있는데, 아이에게 가장 기본적인 교육인
한글을 가르칠 때 어떤 방법으로 가르치고, 어떤 점을 주의해야 하는지 알아보자.

아기 때부터 책을 많이 읽어준다

글자를 아는 것보다 중요한 것은 아이 스스로 책읽기를 즐기는 것이다. 가능한 한 일찍부터 책읽기를 습관화하는 것이 좋다. 캐나다의 한 학자는 아기가 태어나는 순간부터 커다란 그림이 그려져 있는 책을 보여주면서 아기에게 이야기를 건네는 정도의 적극적인 독서 지도를 권장한다. 어떤 엄마는 아직 앉지도 못하는 아기에게 책을 읽어주기 위해 집안 일을 빨리 마치고 나서 아기와 같이 누워

○ 일찍부터 책읽기를 습관화한 아기가 빨리 글을 깨우친다.

서 책을 읽어주었다고 한다. 이렇게 일찍부터 책을 접한 아이는 누구보다도 책을 좋아하게 되고, 어휘 수가 많을 것이며 어휘의 수준 또한 높을 수밖에 없다.

잠들기 전에 책을 읽어준다

매일 밤 책을 읽어주거나 해서 문자의 세계가 즐거운 것임을 알게 된 아이는 비교적 일찍 문자에 흥미를 느낀다. 그러나 책을 읽어주는 것은 좋아해도 좀처럼 문자를 익히려고 들지 않는 아이도 있다.

문자가 만들어 내는 즐거움을 알고 있는 아이는 언젠가는 독서를 아주 좋아하게 되고 독해력도 붙게 되므로 초조해 하지 말고 지켜보도록 하자. 책의 종류는 아무 상관이 없으므로 아이가 흥미를 보이는 책을 많이 읽어주도록 한다.

이때 조심해야 할 것은 지나치게 교육적이 되지 말라는 것이다. 줄거리를 읽어주다가 도중에 "거봐. 얘는 책도 읽을 줄 알잖아." 하는 식으로 지적하면 상상의 세계를 즐기고 있던 아이의 꿈

○ 책의 종류에 상관없이 아이가 흥미를 갖는 주제의 책을 많이 읽어주도록 한다.

을 깨버리는 게 된다. 그런 일이 거듭되면 아이는 점점 엄마가 책을 읽어주는 것을 싫어하게 되므로 조심해야 한다.

글을 조금 빨리 읽고 늦게 읽은 것으로 국어 실력을 가늠할 수는 없다

약간 빠르고 늦은 정두의 차이는 있겠지만 결국 누구나 다 읽고 쓸 수 있게 되는 법이므로 그 자체에 큰 의미는 없다고 봐야 할 것이다. 진정한 국어 실력이란 쓰여있는 내용을 이해하고 공감할 수 있는 것이다. 또 자기 생각과 느낌을 문자로 표현해서 다른 사람에게 전달할 수 있어야 한다. 다른 사람의 말을 이해할 수 있고 자기가 하고 싶은 말을 전달할 수 있는 능력이야말로 유아기에 길러두는 게 좋다.

아이가 글자를 읽을 줄 안다고 해서 그 단어의 의미까지 알고 있다고 생각해서는 안 된다. 시나 산문을 큰소리로 읽게 하여 글자나 문장의 의미를 이야기하는 기회를 제공하는 것도 필요하고, 광고 문구들에서 찾아보기 쉬운 비유적인 언어를 많이 접하게 하여 그것들이 어떤 느낌을 주는지에 대해서도 이야기하게 해 보자.

할머니가 들려주시는 옛날 이야기가 창의력을 키워준다

창의적 사고를 개발하기 위해서는 책을 그냥 읽어주기보다는 생생한 느낌이 들도록 이야기해 주는 것이 좋다. 화롯가에 둘러앉아 할머니가 들려주시는 옛 이야기를 듣게 하는 것도 전통적인 좋은 방법이다.

어린아이들은 자기 자신에 대해 이야기하는 것을 좋아하는데, 특히 자기가 태어날 때 가족들이 어떤 반응을 보였는지, 또 어떻게 준비했는지에 대해서 이야기하는 것을 듣고 싶어한다.

대개 3~5세의 아이들은 줄거리가 단순하고, 대화가 적고, 행동이 많으며, 행복하게 그리고 빨리 끝나는 이야기를 좋아하고, 6~8세의 아이들은 옛날 이야기를 가장 좋아한다고 한다.

뛰어난 구연가가 되려면 이야기를 모두 외워서 상황이 눈앞에 보일 듯이 전달할 수 있어야 하며, 때로는 조용히 침묵할 수도 있어야 한다. 책을 읽어주는 것도 좋지만 그보다는 이야기를 직접 해 주는 것이 보다 다양한 상호작용을 할 수 있고 융통성 있고 생생한 상상력을 기를 수 있게 해 준다.

❶ 3~5세 아이들은 줄거리가 단순하고 행동이 많으며 빨리 끝나는 이야기를 좋아한다.

교재를 신중하게 선택하고 아이가 교재에 흥미를 갖게 한다

요즘은 글자 학습을 위해 여러 가지 교재가 개발되어 있다. 그런데 이런 교재를 이용할 경우는 사용법에 주의해야 한다. 겉에 그림이 그려져 있고 안에는 글자가 쓰여 있는 카드 같은 것을 이용할 때는 강요해서 가르치는 분위기가 되지 않도록 특히 조심하는 것이 좋다.

예를 들어 카드의 글자를 보여주고 "이건 뭐라고 읽어?" 하고 물었을 때 아이가 읽을 줄 알면 "잘 하는구나!"라고 기쁜 표정을 지어 보이고, 읽을 줄 모를 때는 "또 잊어 버렸니?" 하면서 무서운 표정을 짓는다면 아이는 글자를 학습하는 것을 싫어하게 된다. 이런 강요된 학습에 반발하는 것은 아이들의 정상적인 반응으로 모든 아이들은 누구나 자발적인 학습을 하고 싶어한다.

3~4세 경에 문자에 흥미를 갖는 아이들이 많다

90% 정도의 아이들은 초등학교 입학 전에 기본적인 읽고 쓰기가 가능해진다. 그리고 3~4세 무렵부터 조금씩 문자에 흥미를 갖게 되는 추세다. 물론 4세인데도 글자에 전혀 흥미를 보이지 않는 아이도 많이 있다. 그렇다고 해서 그런 아이가 입학 후에 국어를 못한다는 것은 아니다. 흥미와 관심의 개인차가 클 뿐이다.

최근에는 방문학습 등으로 공부한 아이들이 3세 전후로 글을 줄줄 읽기 때문에 엄마들이 초조해지는 심정은 이해가 가지만 초등학교 입학 전까지 한글을 읽을 줄 아는 정도에 문자가 만들어내는 세계에 대해 관심이 있을 정도라면 걱정할 필요가 없다.

빨리 읽을 줄 알게 되는 것보다 읽는 즐거움을 아는 아이로 자라는 게 중요하다는 사실을 잊지 말아야 한다.

학습에서 중요한 것은 흥미 유발이다

만일 엄마가 강요해서 가르치려 할 때 반발하지 않고 얌전하게 따라오기만 하는 아이가 있다면 그

❶ 누가 더 빨리 읽느냐보다 아이가 읽는 즐거움을 아느냐 하는 것이 더 중요하다.

아이가 새로운 것을 시도할 때

● 아이의 새로운 경험을 방해하지 말자

아이가 뭔가 새로운 것을 시도할 때는, 그것이 너무 심한 행동이라면 관심을 가지고 주의하면서 지켜봐야겠지만 동시에 거기에서부터 뭔가를 배울 수 있는 여지를 남겨 주는 테크닉이 필요하다.

예를 들어 집안에서 단단한 공을 마구 던져 대서 위험하다는 생각이 들었다면 무작정 아이 손에서 그 공을 빼앗으려 하지 말고, 물렁물렁하고 부드러운 공으로 바꿔 주거나 아이를 집밖으로 데리고 나가서 공놀이를 즐기게 해 준다.

● 아기는 항상 새로운 체험을 하고 싶어한다

성장 단계에 있는 아이는 언제나 새로운 체험을 하고 싶어한다. 이런 행동을 하면 주변 사람들은 어떻게 반응하고 자기는 어떤 느낌을 받게 될 것인지 알고 싶어하는 것이다.

이런 호기심을 방해하지 말고 아기가 새로운 경험에 도전할 수 있게 도와주자.

아이는 엄마와의 기본적인 신뢰감이 충분히 형성되지 않은 채 "어차피 무슨 말을 해도 소용이 없을 걸 뭐, 엄마 하자는 데로 하는 수밖에 없어." 하는 커뮤니케이션이 형성되어 버린 아이이다. 이런 아이는 자아 형성이 약해 자라서 곤란을 겪게 되는 수가 많다.

카드 종류를 사용할 때는 그림책을 읽을 때와 마찬가지로 "이건 사과잖아.", "이건 고양이네." 하는 식으로 그림과 글자를 즐기도록 한다. 그런 가운데 아이가 읽을 수 있게 되면 마음껏 칭찬을 해주되 지나치게 과장된 칭찬은 삼간다. 읽을 줄 알아도 좋고, 몰라도 괜찮다. 그저 흥미를 가져주면 된다는 자세를 꼭 지켜주는 것이 중요하다. 이런 행동을 날마다 반복해 나가면 자연스럽게 아이 쪽에서 흥미를 보이게 된다.

◑ 엄마와 기본적인 신뢰감이 형성되지 못한 아이는 자신감 없는 아이로 자라게 된다.

우리 아이의 언어적인 재능을 발견하자

어린아이들의 언어적인 재능은 여러 가지 소도구로 꾸며진 이야기 판을 놓고 상상을 통해서 이야기를 만들어내는 경험을 통해 더 잘 발휘된다. 이러한 이야기 꾸미기 활동 외에도 과학, 수학, 사회 현상 등에 관해서 이야기할 때 효과적으로 표현하는 능력을 동시에 고려하여 판단한다. 재능이 뛰어난 아이들일수록 어른의 질문이 없어도 구체적이고, 자세하며, 일관성 있는 이야기로 주말의 활동을 보고한다.

예를 들면 "지난 일요일에 아빠, 엄마랑 그림자 연극을 보러 갔어요. 제목은 빨간 도깨비와 파란 도깨비였어요. 그 연극에서 제일 기억에 남는 건 빨간 도깨비와 파란 도깨비의 우정이에요. 파란 도깨비는 친구 빨간 도깨비를 위해서 일부러 사람들을 괴롭힌 다음 마을을 떠났고, 빨간 도깨비는 그런 착한 친구 파란 도깨비를 그리워하며 눈물을 흘렸어요. 그걸 보니 나도 눈물이 났어요."라고 상세하고 논리적이며 순서적으로 보고하는 것이다.

그러나 대부분의 아이들은 어른의 질문을 받았을 때 아주 짧게 그 상황만을 이야기한다. 예를 들면 "어제 무엇을 했니?"라고 물으면 "집에 있었어요."라고 말하고, "뭔가 한 일은 없니?"라고 물으면 "게임을 했어요."라고 답하며, "또 다른 일은 없었니?"라고 물으면 "누나가 친구를 데리고 왔어요."라고 답하는 식이다.

글자가 쓰여진 장난감을 이용하라

글자가 쓰여진 나무 블럭 같은 것도 이용 방법에 따라 글자에 대한 흥미를 기를 수 있다. 아이들은 처음에는 아주 간단한 글자에서부터 읽게 되지만 하나하나 읽어가면서 갑자기 글자에 대해 흥미를 갖게 되기도 한다. 하지만 별로 흥미가 없어 보인다면 무리하지 말자.

흥미가 생기는 시기가 두 살이건 다섯 살이건 아무 상관이 없다. 어디까지나 아이의 자주성을 존중해 주는 것이 중요하다.

◑ 글자가 쓰여진 놀잇감이 아이의 한글 깨우치기에 도움을 주기도 한다.

Mom & Baby

아이의 언어능력을 계발시켜 주려면

아이의 언어능력을 계발시켜 주려면 먼저 관찰력을 길러주어야 한다. 섬세한 관찰력으로 사물을 관찰하는 경험이 없다면 아무리 언어적 능력이 뛰어난 아이라 해도 그 능력을 발휘할 수 없다.

풍부한 경험을 하게 하기 위해서는 아주 어려서부터 아이에게 이야기를 많이 들려주고, 걸어다닐 수 있게 되면 어디든지 데리고 다니며 설명해 주고 보여 주어, 많은 것을 실제로 경험하게 해 준다. 그리고 정확하고 상세하게 관찰할 수 있도록 하기 위해서 자기가 본 것을 다른 사람에게 이야기해 주거나, 그림으로 그려보게 하거나, 사진으로 찍어서 모아두게 한다. 그리고 특별한 사람, 예를 들면 친구, 할머니, 할아버지를 묘사하는 글을 쓰게 해보는 것도 좋다.

말 잇기 놀이도 도움이 된다. 아이가 자라 글을 쓸 수 있게 되었을 때부터는 자주 글을 쓰는 습관을 들이는 것도 좋다. 책을 읽고 난 후의 느낌, TV나 영화를 보고 난 느낌 등을 말이나 글로 자주 표현하는 것이 도움이 되기 때문이다. 그리고 풍부한 정서를 길러주어야 한다. 그러기 위해서는 다양한 경험의 기회를 가져야 할 것이다.

◑ 사물을 관찰하는 능력이 뛰어난 아이가 언어 능력이 뛰어나다.

숫자 익히기

숫자는 가르치지 않으면 쉽게 익히기 힘들다는 것이 언어와 다른 점이다. 하지만 숫자를 가르치기 위해
억지로 공부를 시키려 들면 아이는 당연히 반발심을 갖게 마련이다.
아이가 숫자에 관심을 보이게 하는 방법과 재미있게 흥미를 유발하는 방법에 대해 알아보자.

✎ 세 살까지는 숫자 '3'까지만 이해하면 충분하다

숫자에 흥미를 갖게 하기 위해 누구나 꼭 하는 것이 욕조 안에서 "20까지 세면 나가자."라고 하면서 하나, 둘, 셋…을 헤아리는 일일 것이다. 거의 모든 아이들이 이런 식으로 숫자와 만나게 되는 지도 모른다. 그러나 20까지 셀 수 있다고 해서 아이가 1~20까지의 숫자의 의미를 이해했다고는 단정지을 수 없다.

1, 2, 3 하고 헤아리면서 아이는 그것을 '욕조 안에서 견디기 위한 노래' 정도로 이해하고 있을는지도 모를 일이다. 바로 이런 면에 대한 오해가 없어야 한다.

숫자를 이해한다는 것은 세 살 무렵이면 '3' 정도라고 생각하는 게 확실하지 않을까. 예를 들어 귤이 세 개라도 '3' 이고 나무 블럭이 세 개라도 '3' 임을 체험적으로 이해한다는 것을 뜻한다. 아이의 생활에서는 그렇게 큰 숫자가 필

⊕ 숫자에 흥미를 갖게 하려면 생활 속에서 자연스럽게 접근한다.

요치 않으므로 세 살에 '3' 정도까지 이해한다면 매일 매일의 생활에 곤란을 겪는 일은 없을 것이다.

✎ 숫자를 실제 물건과 대응시키며 익힌다

숫자에는 여러 가지가 있어서, 양의 단위로서의 숫자가 있는가 하면 순서를 나타내는 수도 있다. 그리고 그때 숫자의 의미는 달라지게 된다. 이처럼 숫자는 글자보다 훨씬 더 추상적이므로 아이에게 어떻게 가르쳐야 좋을지 당혹스러울 수도 있다. 그러나 숫자를 익힐 기회는 생활 속에 많이 있다. 간식을 주면서 과자를 하나, 둘, 셋 헤아리고 "오늘은 과자가 세 개나 되네."라고 한다거나 "엄마는 두 개밖에 없어."라는 식으로 말해서 숫자를 헤아리는 것에 대해 흥미를 갖게 한다. 산책할 때도 "자전거가 하나, 둘, 셋 정

⊕ 숫자 헤아리기에 흥미를 갖게 한다.

말 많다."라는 식으로 매일 반복적으로 해 본다. 이때 아이가 함께 수를 세지 않더라도 엄마가 헤아리는 모습을 흥미롭게 지켜보기만 하면 된다. 이렇게 반복하다 보면 아이는 자연스럽게 숫자에 흥미를 갖게 된다.

아이가 숫자를 조금 헤아릴 줄 알게 되면 아이와 함께 숫자 헤아리는 놀이를 해 본다. 계단을 올라가면서 "일, 이, 삼…"하고 헤아린다거나 나무나 전신주를 헤아리면서 3까지 센 다음에 한 번 쉬는 식의 단순한 놀이라도 충분하다. 그 다음에는 "반대쪽에서 세어보면 어떻게 될까?", "그래도 마찬가지네."라는 체험을 시켜주도록 한다.

✎ 4~6세가 되면 규칙을 이해한다

순서의 수로서의 숫자, 즉 숫자에 규칙성이 있음을 이해하는 것은 네 살 무렵부터이다. 3세를 넘기면 간단한 순서를 이해하기 시작한다. 그래서 예를 들어 '빨강, 흰색, 노란색' 을 늘어놓고 다시 '빨강, 흰색' 을 놓은 다음에 "다음에는 무슨 색일까?"하고 물으면 "노란색!"이라

고 대답할 줄 아는 시기가 3~4세 무렵이다.

이것을 이해하게 되면 '순서'를 이해할 수 있다. 그 전까지는 "줄 서, 줄 서."라고 말은 하면서도 서로 밀고당기지만 이제는 자기 순서를 확실하게 기다릴 수 있게 된다. 그 전까지는 입으로는 '순서'라고 하면서도 순서라는 말을 그저 줄을 서는 것 정도라고 생각하는 것이다. 유치원 같은 곳에서 3살짜리 아이들 집단은 서로 순서 다툼을 벌이지만 4살 짜리 아이들 집단은 질시 있게 줄을 서서 자기 차례가 오기를 기다리는 광경을 곧잘 보게 된다.

○ 네 살 무렵이면 숫자에 규칙이 있음을 이해하게 된다.

수학적 능력이 뛰어난 아이의 재능 알아내는 방법

● 숫자세기, 측정하기, 무게 달기, 사물을 순서대로 배열하는 것 등 수학적인 활동을 좋아한다.

● 수학과 관련된 활동을 할 때 오랜 시간 집중을 한다.

● 시간(시계, 달력)이나 돈과 관련된 개념에 대해 재미있어 하고 잘 이해한다.

● 더하기, 빼기 등의 간단한 계산은 쉽게 한다.

● 산수 능력과 개념을 다른 활동에 응용하기도 한다.

● 같은 문제라도 다양한 방법으로 풀어보려고 한다.

● 배운 방법에 의존하지 않고 자기 나름의 법칙을 만들어 푼다.

숫자는 추상적인 사고이지만 이처럼 실생활과도 관련이 되어 있다. 숫자를 학습한다는 것이 수를 헤아린다거나 계산을 하는 것만을 의미하는 것은 아님을 알아야 할 것이다.

✎ 입학 전에 십진법의 기초를 이해시킨다

십진법의 기초라고 말하면 좀 거창한 느낌이 들지만 1, 2, 3, …하고 헤아리다가 10까지 가고 난 다음에 11, 12, 13, …을 세고, 20까지 간 다음 다시 21, 22, 23, … 하고 되풀이하게 된다는 것

○ 덧셈과 뺄셈의 기본이 되는 십진법을 가르친다.

을 이해시킨다는 뜻이다.

십진법을 확실하게 이해하지 못하면 덧셈이나 뺄셈 연습을 이해하는 데에 장애가 되므로 십진법의 규칙을 충분히 이해시킬 필요가 있다. 여기에는 수 헤아리기가 도움이 된다.

처음에는 기계적으로 1, 2, … 11, 12, … 21, 22, …라고 하지만 어느새 자연스럽게 십진법을 깨닫게 된다. 수를 헤아릴 기회는 가능한 한 놀이 속에서 만드는 것이 좋다.

예를 들어, 산책을 할 때 손을 잡고 리듬을 붙여가면서 "오늘은 20까지 세자.", "이번에는 엄마가 할게." 하는 식의 대화를 나누어 가며 헤아리는 건 어떨까. 100까지 헤아리는 것이 목표가 아니라, 십진법이라는 것을 익히는 데 의

의가 있다고 생각하도록 한다. 초등학교 입학 전에 그 정도까지는 이해시키는 편이 좋을 것이다.

✎ '하나를 더하면 몇 개?'를 이해하는 것은 5세 무렵이다

요즘은 2~3세부터 계산을 할 줄 아는 아이들이 많아졌다. 주변에 그런 아이들을 보면 엄마 입장에서는 초조해질 수도 있을 것이다. 그러나 속셈 학원에서는 기계적인 계산 테크닉을 가르쳐서 익히게 하므로 아이들은 '5+1'이나 '8-3' 같은 것의 의미를 제대로 알고 하고 있는 것이 아니라고 볼 수 있다. 따라서 어릴 때부터 계산을 할 줄 알았다고 해서 계속 수학 실력이 뻗어나갈 것이라고는 할 수 없다.

다만 계산을 할 줄 알면 수학에 자신이 생겨서 수학를 좋아하게 되기 쉽다는 장점은 있다.

4세 정도의 아이와 함께 1~3개의 점이 찍힌 주사위를 던져 하는 말판 놀이 등은 수 조작에 대한 관심을 갖게 할 수 있다.

아이가 흥미를 더 가지면 4~5세 무렵부터 "하나를 더하면 몇 개가 될까?" 하는 계산의 세계가 있음을 체험시키는 것도 좋겠다.

이것 역시 놀이나 일상 생활 속에서 충분히 학습할 수 있다. 예를 들어, 간식을 줄 때 "과자가 다섯 개 있네. 하나를 더 하면 몇 개가 될까?" 하고 물어본다. 처음에는 "1, 2, 3, 4, 5." 하고 헤아리고, 하나가 늘어나면 다시 '1, 2, 3, …'을 헤아

○ 숫자에는 순서로서의 의미와 양 단위로서의 의미가 있음을 인식시킨다.

리다가 "여섯 개!"라고 말하겠지만 차츰 5 다음이 6이므로 5에 1을 더하면 6이 된다는 것을 이해하게 된다. 이렇게 해서 숫자에는 순서로서의 의미와 양의 단위로서의 의미가 있음을 확실하게 인식할 수 있게 되어 가는 것이다.

"절반으로 하면 몇 개가 될까?" 같은 것은 '더하기, 빼기' 보다 상당히 고도의 사고이다. 즉, '절반'은 2로 나누는 나눗셈의 세계이므로 너무 일찍 가르치려는 시도를 하지 않는 게 좋겠다.

🖎 집안에는 수학놀이에 필요한 자료가 무궁무진하다

집안은 수학놀이에 필요한 자료가 무궁무진하게 많은 창고와도 같다. 부모들은 우리 주변에서 찾을 수 있는 많은 소품들을 활용해 자녀들이 수학 개념을 습득하고 적용할 수 있는 기회를 제공하는 데 노력해야 한다.

집에서 할 수 있는 수학 놀이에는 다음과 같은 두 가지가 있다. 이 활동들은 수학과 관련된 여러 가지 문제를 해결해 가는 과정을 통해 자연스럽게 문제 해결 능력을 기를 수 있도록 만들어진 것이다.

↑ 버스놀이나 도형놀이를 통해 수학적 문제 해결 능력을 기른다.

첫 번째는 버스놀이이다. 장난감 버스를 이용해 하는 놀이로, 사람 모양의 판(board) 인형을 만들어 정거장마다 사람이 내리고 타는 것을 제시하고 현재 버스에는 몇 사람이 타고 있을까를 맞추는 놀이다. 아이의 수준에 맞춰 덧셈과 뺄셈을 연습시킬 수 있다.

두 번째는 도형놀이이다. 차를 타고 가면서 가구나 빌딩에서 원, 사각형, 삼각형 등의 기하학적 모양을 찾아보게 하거나 그림책을 보면서 타원 모양, 다이아몬드 모양, 육각형 등을 찾게 하여 수학적 어휘를 늘려주고 도형에 관심을 갖게 한다.

삼각형 위에 작은 원을 얹어 아이스크림을 만드는 것 등 기본 도형에 다른 물체를 얹어 창의력을 개발시킬 수도 있다. 이런 간단한 활동을 통해 대칭을 가르칠 수도 있다.

🖎 잠깐씩 자주 가르치는 것이 효과적이다

다른 학습도 마찬가지겠지만 수를 가르칠 때도 절대 무리하게 시키지 말아야 한다. 그리고 지루하게 하지 말아야 하며 어느 경우에나 아이가 싫어하기 전에 중지해야 한다. 한 번에 오랜 시간을 공부하기보다는 잠깐씩 자주 하는 것이 효과가 있다.

수학 공부도 게임이라는 것을 명심해야 한다. 아이로 하여금 수학은 재미있는 놀이라고 생각하게 만들어야 한다. 아이가 엄마의 질문에 맞는 답을 말했을 때는 큰 소리를 내어 마음껏 기쁨을 나타내고 칭찬을 풍성히 해주도록 한다.

↑ 수학공부는 게임이라는 것을 인식시켜야 한다.

조기교육을 받은 아이가 학교 공부도 잘 할까?

아이가 조기교육을 받았다고 해서 초등학교 입학 후에 다른 아이들보다 훨씬 좋은 성적을 낸다는 보장은 없다. 오히려 그런 교육을 전혀 받지 않고 발달하는 과정에 따라 자연스럽게 기르면서 마음껏 놀게 한 아이들이 더욱 뻗어나가는 경우도 있다.

● 맘껏 놀며 자란 아이는 학습 성취도가 높다

초등학교 진학 후에는 모든 분야에 흥미를 갖고 공부를 하는 아이가 훨씬 빠르게 성장한다. 물론 조기교육을 받은 아이가 그대로 순조롭게 엘리트 코스를 밟아 일류대학에 합격하는 예도 있지만, 그런 아이가 과연 조기교육을 받았기 때문에 그런 결과를 빚었는지는 확신하기 어렵다. 조기교육을 받지 않았더라고 일류대에 입학할 수 있는 능력을 가진 아이였을 수도 있기 때문이다.

반대로, 우리 아이는 조기교육을 받지 못했기 때문에 일류대에 못 갔다고 말하는 사람은 아마 없을 것이다.

● 스스로 공부에 흥미를 갖는 아이가 성공한다

어린 나이에 조기교육을 시작하는 풍조는 극히 최근에 생긴 일이기 때문에 결과적으로 좋다, 나쁘다라고 결론짓기에는 어려움이 있다. 그러나 일반적인 경향으로는, 조기교육을 받은 아이가 청년기에 자아나 사회성 형성에서 여러 가지 곤란을 겪게 될 확률은 그렇지 않은 아이보다 높다고 한다. 그러므로 아이의 상황을 살펴보지도 않은 채 무조건 빨리 시작하는 게 좋다는 생각은 버려야 한다.

음악 재능 키우기

아이의 감수성을 풍부하게 길러주는데 음악만큼 좋은 것이 없다고 한다. 물론, 음악 같은 경우는
따로 타고난 재능이 있다면 더없이 좋지만 그렇지 않더라고 충분히 정서적, 신체적 발달을 촉진할 수 있다.
아이의 음악 재능을 키워주기 위해 엄마가 해야 할 일을 알아본다.

음악교육은 조기교육의 대표적인 분야다

조기교육의 효과를 가장 많이 거둘 수 있는 것은 음악이고, 음감이나 리듬감을 기를 수 있는 적절한 시기는 바로 유아기다. 음악이 조기교육에 좋은 이유는 음의 고저, 강약 등을 귀로 들어서 분별하는 능력이나 피아노, 바이올린을 연주 할 때에 표출되는 운동기능의 반사적인 힘, 리듬을 타는 능력 등을 몸에 젖게 하는 것은 유아기가 가장 적당하기 때문이다.

또 한 가지 이유는, 이른바 풍부한 감성의 기초가 유아기에 형성되기 때문이다. 예술적 재능을 위해서 없어서는 안 되는 것이 바로 풍부한 정서를 기르는 일이다. 미의 세계, 감정의 세계를 창조해 나가려면 유아기에 풍부한 감성 능력을 형성해주지 않으면 안 된다.

피아노를 먼저 시작하는 것이 좋다

음악교육은 조기교육의 대표적인 것이지만 악기를 배우는 것만이 교육이 아니다. 아기 시절부터 명곡을 들려주고 아름다운, 안온한, 향기 높은 음악이 부드러운 피부에 젖도록 해주어야 한다.

한 살이 지나서 동요를 좋아하게 되면 엄마가 노래를 하고, 테입이나 CD를 틀어주도록 한다. 두 살이 되면 아이는 음악에 맞춰서 머리나 손을 흔들고 박자에 맞출 수 있으므로 북이나 땍버린 등의 초보적인 악기를 주고, 엄마도 같이 리듬에 맞춰서 즐거운 음악적인 분위기를 만들어 주어야 한다. 피아노는 4~5세에 시작하면 무리가 없다.

❍ 피아노는 4~5세 경에 시작할 수 있다.

바이올린은 6세 무렵 시작한다

바이올린은 3세부터라는 말도 있지만 한편에서는 처음에 피아노 등의 악기로 음악적 능력을 기른 후에 6세 무렵부터 바이올린을 시작하는 것이 적당하다는 의견도 있다. 그러나 악기의 연습은 어디까지나 교육의 일부이며, 역시 가정의 음악적인 환경이나 풍부한 감수성, 미적 감각을 기르는 등 균형이 잡힌 폭넓은 정서교육,

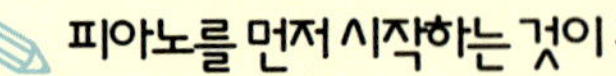

❍ 음감이나 리듬감을 기를 수 있는 가장 적절한 시기는 유아기다.

인간성이 겸비되어야 비로소 음악적 재능이 아이에게서 발휘될 수 있다.

음악적 영재성은 키워줘야 지속된다

어렸을 때 음악적 영재성을 보였던 많은 영재들이 사춘기가 되면서 그 영재성을 잃는 경우가 많다. 어렸을 때 나타나는 음악 영재성은 대부분 직감적인 능력에 의존하는 것인데, 이것이 사춘기 이후까지 계속되지는 않기 때문이다. 결국 직감이 사라지기 전에 음악을 더 사랑할 수 있게 해 주어야 하는데 이를 위해서는 부모가 좋은 선생님을 찾아야 한다.

◆ 어떤 선생님을 만나느냐에 따라 아이의 음악에 대한 열정은 달라진다.

재능을 살려줄 선생님이 필요하다

세계적인 음악가의 부모들은 아이가 어렸을 때에는 본인들이 직접 아이와 놀아주면서 음악을 경험하게 하였지만 점점 아이의 음악적 수준이 높아지면 아이의 음악적 열정을 높여줄 선생님을 찾아서 직접 아이를 데리고 다니기도 하고 때로 이사를 가기도 했다고 한다.

만약 아이들이 적절한 선생님을 만나지 못했을 때는 음악을 좋아하게 되기는커녕 오히려 싫어하게 될 수도 있다.

음악을 더 좋아하게 하는 선생님이란 음악에 대한 열정을 가지고 있는 사람으로 그 열정을 그대로 아이에게 전달시킬 수 있는 선생

◆ 책을 많이 읽고 비디오를 많이 보는 것도 음악적 정서를 길러준다.

님을 말한다. 그럴 경우 아이는 선생님을 통해서 자기도 모르는 사이에 음악에 대한 넘치는 열정을 갖게 되는 것이다.

풍부한 음악적 정서를 길러준다

풍부하고 깊이 있는 정서 없이는 감동적인 음악을 할 수 없다. 음악은 대단히 복잡한 것으로 기능이 충분히 연마되지 않으면 안 되는 것이 사실이다. 그러기 때문에 많은 부모와 교사들은 어려서부터 음악적 기능을 익히게 하는 데 노력을 쏟는 경우가 많았다.

하지만 음악적 기능을 아무리 쉽게 익히는 아이라도 정서의 깊이가 충분하지 않으면 그 음악에는 생명이 없다고 해도 과언이 아니다. 따라서 간접적으로라도 다양한 경험을 할 수 있게 해주어야 한다. 여행을 하거나, 책을 읽거나, 비디오를 많이 보는 것도 정서를 깊고 풍부하게 하는데 도움이 된다.

크고 작은 음악회를 자주 찾는다

굳이 대단한 음악가의 연주회가 아니어도 좋다. 식구들끼리, 음악을 좋아하는 사람들끼리 모이는 자리에 자주 아이를 데리고 가서 음악을 즐기는 모습을 경험하게 하고 아이들도 즐길 수 있게 한다. 이런 시간들을 자주 갖게 되면 아이들은 저절로 음악을 아끼고 가치 있는 것으로 여기게 된다.

음악적 재능은 수많은 시간 동안의 고된 훈련을 필요로 한다. 이런 고된 훈련을 극복해 내려면 우선 음악을 좋아하고 즐길 수 있

어야 한다. 어려서부터 좋아하고 즐기던 것은 아무리 고되더라도 감내하게 되는 법이다.

아이에게 자신감을 불어넣어 준다

어떤 악기든지 아이가 어느 정도 연주를 할 수 있게 되면 식구나 친척들 또는 친구들이 모인 자리에서 아이에게 실력을 발휘해 보게 한다. 이런 기회를 자주 만들게 되면 아이는 대중 앞에 나서는 것에 자신을 갖게 된다. 그리고 작은 실수가 있더라도 많은 사람들로부터 칭찬과 격려를 받게 될 것이다. 아이는 그런 자신을 작은 음악가로 생각할 수 있게 되고 스스로를 자랑스럽게 여기게 된다.

◆ 자신감이 아이를 훌륭한 음악가로 성장하게 한다.

Mom & Baby

음악적 재능이 뛰어난 아이 알아보는 방법

● 음악적인 분위기에 민감하게 반응한다.

● 짧은 리듬의 형태는 쉽게 익혀 반복한다.

● 음정을 정확하게 맞춰 노래한다.

● 한 번 들은 노래는 잘 기억하고 따라한다.

● 악기를 남보다 빨리 배우고 처음 듣는 곡을 연주하거나 즉흥적으로 변주하기도 한다.

● 청음력이 뛰어나 조금만 음이 틀려도 민감하게 반응한다.

● 수리적인 재능과 음악적인 재능은 비교적 어릴 때 발견되기 쉽다.

미술 재능 키우기

아이들은 그림을 그리고 색칠하는 과정에서 자신을 표현할 수 있는 자신감을 얻게 되고
창의력과 독창성도 쑥쑥 자라게 된다. 특히 기본적인 미적 감각은 유아기에 만들어진다고 하는데,
아이의 미적 감각을 길러주고, 재능을 길러주는 방법에 대해 알아보자.

기본적인 미적 감각은 유아기에 만들어진다

유아기는 "아~ 하늘이 정말 맑고 푸르다."라고 말하는 엄마의 말이 깊은 감동으로 파고드는 시기이다. 엄마가 입고 있는 옷의 색깔이 머리 속에 인식되는 시기이기도 하다. '깨끗하다, 더럽다'와 같은 미적 감각도 유아기에 만들어진다.

그러므로 아이 시절부터 명곡을 들려주는 것과 마찬가지로 항상 엄마가 아름다운 것에 대해서 민감한 마음을 가지고, "하얗고 깨끗한 꽃이구나!", "와~ 엄마 옷이 하늘빛과 같이 예쁜 색이지?"라고 하며 아름다움을 말과 표정으로 표현하고 아이의 감정 형성을 도와주어야 한다.

엄마의 미적 정서나 색채감각의 좋은 점은 유아에 대해서 중요한 미적 환경이기 때문이다.

그림책 등도 값이 싼 대신 조잡한 것들을 구입하지 말고, 정성 들여 만들어진, 예술적 수준이 높은 책을 보여주어야 한다.

값싼 책 세 권보다 제대로 된 책 한 권이 아이에게는 더 유익하다.

다양한 재료로 미술활동을 해보게 한다.

다양한 미술 재료를 제공해 풍부한 경험을 하게 한다

여러 가지 굵기와 색깔의 크레파스나 색연필, 수채화 물감, 롤러, 스펀지, 손가락, 다양한 색깔의 색종이, 나무, 흙, 부직포, 스티로폼, 조개껍질 등을 이용해 그림을 그리게 해보자. 이런 다양하고 풍부한 재료를 제공해주고 자유롭게 사용할 수 있게 해주면 아이들은 어른들이 생각지도 못했던 다양한 느낌들을 창의적으로 표현할 수 있게 된다.

아이가 그림에 흥미를 보이면 주변에 미술 도구를 놓아두어 언제든 접할 수 있게 한다.

18개월쯤이면 그림에 흥미를 가진다

유아는 18개월 무렵이 되면 그림 그리기에 흥미를 가지기 시작

한다. 이때 커다란 스케치북이나 연필, 크레파스 등 그림 그리는 재료를 주고 그리고 싶은 의욕을 불러일으켜야 한다. 엄마는 아이가 그림을 '잘' 그리기를 원하지만 유아의 그림은 잘, 잘못으로 평가해서는 안 된다.

아이들에게 대단히 중요한 표현능력, 창조 능력을 기르는데 중요한 것은 "그게 뭐지?" "오토바이가 쓰러진 거예요." "와, 정말 잘 그렸는데!"하고 이야기해서 그림을 인정해주면 아이는 자신을 가지고 의욕을 불태우게 된다. 좋은 선생님은 아이가 가지고 있는, 그리고 싶은 의욕을 더욱 풍부하게 해주고 표현 능력, 창조능력을 길러준다.

미술 도구를 언제나 아이 주변에 놓아둔다

아이들이 그림을 그리면 주위가 어질러지고 지저분해진다. 이런 것을 싫어하는 부모는 아이들의 미술

재능을 길러주지 못한다. 그림 그리기를 좋아하는 아이들의 주위는 당연히 어질러질 수 있고 더러워져도 괜찮도록 꾸며져야 한다. 어떤 부모는 방이나 거실의 벽을 아이의 손이 닿을만한 높이까지 하얀 종이로 발라두고 아이가 마음놓고 그림을 그릴 수 있도록 배려하기도 한다.

아이 방이 별도로 있다면 그 방에서는 마음껏 어질러 놓을 수 있고 마음껏 그림을 그려도 좋게 하여야 한다. 매일 이야기를 들려줘 그것을 그림으로 그리게 하거나 책에 나오는 사자, 호랑이, 나비 등을 그리게 해도 좋다. 어릴 때는 대체로 사물을 사실적으로 그리는 데 중점을 둔다.

미술적 재능은 지도해서 길러지는 것이 아니라 스스로 발견하고 터득하며 발휘된다.

비판은 금물! 감탄으로 아이의 재능을 살릴 수 있다

다른 아이의 그림과 비교를 하거나 아이가 그려놓은 그림에 대해 비판을 가해서는 안 된다. 표현력이 뛰어난 아이도 때로는 인정받지 못할 수 있고 비교 당하고 비판받는 동안 아이만이 갖고 있는 느낌과 생각이 망가질 수 있기 때문이다.

가능한 모든 비판과 지적은 삼가는 것이 좋다. 미술적인 재능은 지도해서 길러지는 것이기보다는 스스로 발견하고 터득하면서 발휘되는 것이다. 그러므로 부모는 아이가 그림을 그릴 수 있는 기회와 다양한 경험을 할 수 있는 기회를 제공하는 데 관심을 기울여야할 것이다.

아이에게 필요한 것은 "잘 그리긴 했어. 그런데…"라는 식의 지적보다는 "정말 잘 그렸구나."라는 칭찬이다.

아이의 작품 전시로 자신감을 갖게 한다

아이의 그림을 부모가 벽에 전시해서 많은 친척과 식구, 친구들이 볼 수 있게 하는 것은 아이의 그림 재능을 더 발휘할 수 있게 해 주는 훌륭한 방법이다. 아이로 하여금 그림을 그리는 것이 얼마나 가치 있는 것인가를 스스로 깨닫게 하기 때문이다.

세계적인 미술가들의 부모들은 자기의 아이들이 그린 그림을 매우 중시한다. 그래서 어려서 그린 그림들을 거의 빠뜨리지 않고 모아 둔다. 화가가 어른이 되었을 때에도 어렸을 때의 그림을 계속 벽에 걸어놓고 다른 사람들에게 보여줄 정도라는 것이다.

부모의 이러한 태도는 아이들에게 뿌듯함을 느끼게 해주고 좀더 다른 표현, 더 나은 그림을 시도하게 하는 원동력이 된다.

창의성을 표현할 기회를 많이 마련해 준다

그림에서 가장 중요한 부분은 창의성이다. 어려서부터 근사한 그림을 그리도록 강요당한 아이들은 아무리 오랫동안 그림 연습을 해도 자기 그림을 그리지 못한다. 창의성과 생명력을 갖지 못하는 것이다. 그러므로 아이가 나름대로 표현할 수 있게 해야 한다.

사물이나 남의 그림을 그대로 복사해낼 수 있는 사람을 보고 '예술가'라 일컫지 않는다.

책이나 TV, 영화, 비디오 등을 많이 보고 부모와 토론할 기회를 자주 가지도록 한다.

창의적인 그림은 원숙한 인생의 경험에서 나오기 때문이다. 그래서 간접 경험도 중요한 것

이다. 또한 그림은 다른 사람에게 감동을 주어야 명작으로 평가받는다. 그림을 그리는 사람 자신이 정서적으로 풍부해야 다른 사람에게 그 감동을 전달할 수 있는 법이다.

표현 능력과 창조 능력을 길러주어야 한다

대상물을 주고서 그림을 그리는 경우 아이가 관찰력이 없다든지, 귀찮아서 보지도 않고 그려버릴 때는 다시 한번 대상물을 관찰하도록 하고 다른 아이 그림과 자신의 그림을 비교해 보도록 조언을 해준다. 그렇게 되면 아이는 점점 주의를 하게 되고, 본 그대로를 그리려고 해서 관찰력도 생기게 된다. 보이는 것과 같은 색깔을 만들려고 색을 섞어본다든지 아이 나름대로 연구하고 노력한다.

이같이 표현하려고 고심해 나가는 과정이 그림을 완성하는 것보다 중요하다. 이러한 것을 잘 이해하면 가정에서도 아이의 미술 지도를 할 수 있다. 엄마가 관대한 조언자가 될 수 있는 것이다.

그림에서 가장 중요한 것은 '창의성'이다.

최근에는 미술이라고 하면 단순히 그림 그리기의 차원이 아니라 EQ미술, 창작미술, 종이접기 등 그 분야가 세분화되어 다양한 차원에서 미술교육이 진행되고 있다.

그림 그리기는 아이의 감정과 욕구를 나타내야 한다

그림을 그리는 목적은 자기의 생각과 느낌을 표현하기 위해서이지만 기교를 익히는데 중점을 두는 경향이 있다. 그림 그리기는 아이가 가

지고 있는 감정과 욕구를 나타내는 중요한 과정이므로 여러 가지 사물을 다양한 선과 색으로 그리거나 만들게 하여 자신의 느낌과 감정, 생각을 자유롭게 표현할 수 있도록 해야 한다.

최근 미술학원에서는 이러한 아이의 세계와 감정, 느낌 등을 마음껏 표현하게 하는 것보다는 특정한 기교를 가르치는데 더 중점을 두는 경우가 많다. 하지만 정말 중요한 것은 아이들이 자신의 세계를 표현할 수 있게 하는 것이다.

아직 어린아이들은 언어나 다른 수단을 사용하여 자신을 정확히 표현하지 못한다. 그러므로 다양한 소재로 자신의 생각과 주위 세계에 대한 개념을 표현해 보게 하는 것이 아이의 정서 및 인지발달에 도움이 된다.

모형 만들기는 사고력과 창조력을 길러준다

아이가 5~6세가 되면 간단한 모형을 사다가 "이 모형을 며칠이 걸려도 좋으니 한 번 만들어 보렴." 하고 말한다. 아이는 작은 부분을 잘라 설계도를 보면서 접착제로 붙이며 만들기를 시작할 것이다.

이때 중추신경이 자극되어 그것이 대뇌를 더욱 자극하여 어느 부분을 어디에 붙이면 되는가를 생각하게 된다. 즉 사물을 생각하는 사고력의 단련으로 이어지게 되는 것이다. 또 섬세한

○ 모형 만들기는 아이의 중추신경을 자극하여 두뇌발달을 돕는다.

설계도를 봄으로써 차나 선박 같은 것들의 구조를 알게 된다. 그리고 작은 부분을 접착제로 붙임으로써 신경의 정교성 발달로 이어진다.

신경은 7~8세 무렵이면 이미 상당한 발육을 하게 되므로 초등학교 입학을 전후하여 단련시켜야 한다. 신경을 단련하는데 안성맞춤인 것이 바로 모형 만들기이다. 완성된 모형은 아이에게 자신감을 심어주고 또 다른 모형 만들기에 도전하게 하는 동기를 부여한다.

색종이 오리기 놀이는 손재주와 상상력을 키워준다

아이가 맨 처음 할 수 있는 손 작업은 종이를 자르는 일이다. 가위가 위험하다는 이유로 아이에게 가위를 주지 않는 부모가 있는데, 그러면 아이는 몇 살이 되더라도 손끝이 섬세해지지 않는다. 끝이 둥근 가위라면 위험하지도 않다. 가위를 자유롭게 움직일 수 있게 된다는 것은 손끝 운동기능을 좋게 하는데 중요한 일이다. 게다가 손끝을 움직이는 것은 지능을 높이는 것과도 연관이 있다. 손의 신경은 머리의 신경중추

와 바로 연결되어 있어서 손끝의 움직임이 뇌에 자극을 준다. 즉 손은 머리 활동의 바로미터인 셈이다.

미술 활동시 과제를 주면 아이가 부담을 느낀다

아이에게 가위로 무언가를 자르게 할 때 주의할 점이 있다. 절대 과제를 주어서는 안 된다는 것이다. '무엇을 만들어라' 하고 주제를 제시하게 되면 아이들은 부담을 느껴 결국은 오리기 놀이를 싫어하게 된다. 일단 아이가 마음대로 가위질을 하게 한 다음 완성한 것이 무엇인지를 물어보는 것이 좋다. "그게 뭐니?"라고 물었을 때 "이건 토끼에요."라고 한다면 "토끼는 귀가 좀더 길면 좋겠구나."

○ 오리기 놀이는 손끝 운동 기능을 좋게 하여 지능을 높여준다

하는 식으로 가르쳐 주는 것이 좋다.

종이 접기 놀이는 논리성과 치밀성을 발달시킨다

손가락 끝을 복잡하게 사용해야 하는 종이 접기는 아이의 지능이나 언어의 발달과 밀접한 관계가 있다. 여러 가지 색깔의 색종이로 학이나 배를 접으면 아이는 그 접는 방법을 알고 싶어 한다. 한 장의 정사각형 종이가 입체화 되어 동물이나 물건의 모양으로 되는 것이 아이의 호기심을 자극하기 때문이다. 종이 접기의 순서를 반복하는 것은 아이에게 논리성을 심어주게 된다. 한번 잘못 접게 되면 원하는 모양이 나오지 않기 때문이다. 다 접은 다음에는 새로운 것을 다시 접게 하기 전에 완성된 것을 하나씩 풀어가며 반대로 완성을 더듬어볼 필요가 있다.

과학 재능 키우기

과학적인 재능이 있는 아이는 호기심이 왕성하고 주위 환경에 여러 가지 관심을 보인다. 아이들의 이런 호기심은
지극히 당연한 것으로 사물에 대한 관찰을 통해 주변 환경을 넓혀간다.
만약 자신의 아이가 주변에 대해 너무 관심이 없다면 다양한 방법을 통해 호기심을 자극시켜 주자.

주위 현상에 관심이 많고 질문도 많은 아이를 주시하자

장래 과학자가 될 가능성이 많은 아이라면 자기의 주위 환경 속에서 나타나는 현상들에 대해서 관심이 많고 질문도 많이 할 것이다. 해결이 어려운 과제를 제시해도 "나는 못해!"라고 하기보다는 어떻게든 해결해 보려고 노력할 것이다.

과학 분야에 종사하는 사람들을 분류해 보면 자연 과학자, 실험 과학자, 기계 공학자 등이 있다. 자연 과학자는 자연적인 현상에 대해서 관심이 가장 많고 관찰 능력이 뛰어나다. 아이들을 자연 과학자로 키우기 위해서는 관찰, 기록, 분류 활동을 격려해 주어야 한다. 가능하면 현재 있는 그대로를 두고 관찰하도록 해야 할 것이다.

과학적인 아이는 관찰력이 뛰어나고 호기심이 많다

실험과학자는 세밀하게 관찰하는 능력 외에도 가설을 설정하고 실험을 수행하는 능력이 있어야 한다. 어떤 현상에 관계되는 규칙을 추론하기 위해서 수집한 자료를 분석하고 종합해야

하기 때문이다.

기계 공학자는 원인과 결과 관계 및 기능적인 관계를 인식할 수 있어야 한다. 기계나 전자 제품이 어떻게 작동되는가에 대해서 관심이 많고 물건을 해체해보고 다시 조립해 보기를 좋아하는 아이들은 대체로 기계 공학자의 성향을 갖고 있다.

과학적인 능력은 현실세계의 경험을 바탕으로 발달된다

아이들은 자기의 주위 환경을 탐색하면서 주위 세계에 대한 이해를 발전시켜 나간다. 여러 가지 물체를 관찰하고 가지고 놀면서 행동과 상호 작용에서 예측 가능한 것을 찾아내기 시작한다. 과학적인 능력은 수학이나 예능 분야의 능력보다 현실세계의 경험을 바탕으로 발달된다.

따라서 과학적 능력은 수학적 능력이나 음악적 능력보다 더 늦게 나타난다. 때문에 아이들

◑ 과학적 재능이 뛰어난 아이는 호기심이 풍부하고 주위 현상에 관심이 많다.

◑ 과학적 재능은 다른 재능에 비해 늦게 나타난다.

이 지식을 배우거나 어떤 산출물을 만들어 낼 수 있을 때까지는 과학적 능력이 평가되지 않는 경향이 있어 왔다.

하지만 매일 매일의 생활 속에서도 아이들의 과학적 능력을 가늠해 볼 수 있다. 과학적인 능력은 여러 가지 형태로 나타난다. 어떤 아이들은 기계가 어떻게 작동하는가에 대해서 관심을 보이는가 하면, 어떤 아이들은 식물이 어떻게 자라나는 가에 대해서 관심을 보이고, 또 다른 아이들은 물건들을 여러 가지 종류별로 나누는 데 관심을 보인다.

다른 분야에서도 과학적 접근을 할 수가 있다. 그림을 잘 그리지 않는 아이라도 메뚜기의 모습을 정확하고 세밀하게 그려내느라 오랫동안 매달려 있을 수 있다. 또 한 아이는 관찰한 것을 토대로 결론을 내릴 수 있다.

호기심과 동기를 유발하고 창의성·융통성을 길러준다

과학에 대한 관심은 호기심, 동기, 융통성, 창의성 등의 다양한 측면이 고루 계발되었을 때 비로소 나타난다. 유명한 과학자들의 전기를 통해서도 이러한 특성들을 찾아볼 수 있다. 한 예로, 플레밍 박사의 호기심이 아니었더라면 페니실린은 발명되지 않았을 것이다.

그는 빵 곰팡이처럼 보이는 푸른곰팡이를 검사했다. 특히 그는 푸른곰팡이에 의해서 박테리아를 배양하기 위한 페트리 접시의 죽은 세균을 발견하고 호기심이 생겨서 세균이 죽은 접시 안을 기호화하고 관찰하는 실험을 거듭하였다. 그리하여 그는 결국 인체에 해가 없으며 효과적인 항생 물질인 페니실린을 발명하게 된 것이다.

❶ 식물이 어떻게 자라나는지 곤충이 어떻게 분류되는지에 높은 관심을 보인다.

그는 매우 호기심이 많았고 주의가 깊었으며 창의적이었기 때문에 남들은 그저 지나쳐 버렸을 현상을 면밀히 검토하고 거듭 검사한 끝에 페니실린을 발명, 노벨상까지 수상하게 된 것이다.

과학적 능력이 뛰어난 아이는 질문을 많이 한다

어린아이에게 어떻게 하면 과학적 관심을 계발시켜 줄 수 있을까? 바람직한 자녀 교육의 기본 원리는 유아 시절부터 자유롭게 생각하고 창조적으로 머리를 쓰고 호기심을 갖게 하는 일이다. 가정에서 유아로 하여금 사물이나 사상을 무심히 지나치지 않고 탐구하는 자세를 길러주어야 하고, 정확하게 보고, 재고, 자유롭게 표현하고 생각하는 힘을 길러주어야 한다.

질문을 많이 하되 횟수가 중요한 것이 아니라 어떻게 질문하며, 그 내용이 무엇인가가 더욱 중요하다. 여러 방향에서 생각해볼 수 있는 질문, 같은 점과 다른 점을 말하게 하는 질문, 공통점을 찾도록 유도하는 질문들은 새로운 시각으로 사물을 보거나 생각하게 만든다.

끊임없이 탐구하게 하고 다양한 사고를 유도하는 질문을 한다

아이들은 기본적으로 매우 호기심에 가득

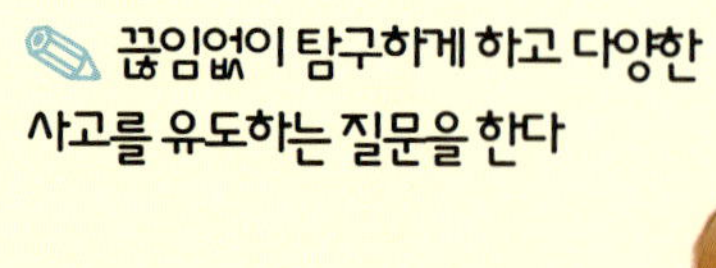

❶ 이것저것 만들어보고 만든 것을 변형해 보는 것도 과학 탐구학습이다.

차서 사물이나 문제를 바라보고, 다양한 방법으로 끈질기게 이런 저런 시도를 해 보는 것이 보통이다. 블럭을 이용해서 이것저것 만들어 보기도 하고 만든 것을 변형해 보기도 하며 또 퍼즐을 맞추기 위해서 다양한 방법을 모색해보고 완성이 될 때까지 끈질기게 노력하기도 한다. 이러한 활동을 추구하도록 격려하고, 탐구의 기회를 제공해주며, 끈질기게 질문할 수 있도록 훈련시키는 것 등이 부모가 할 일이다.

자연을 탐색할 기회를 자주 갖게 한다

세계적인 과학자들은 어려서부터 부모를 따라 여기 저기를 돌아다니면서 자연을 탐색할 기회를 많이 가졌다는 공통점을 가지고 있다. 아이들에게 자연을 탐색할 기회를 주기 위해 집 주위에 있는 자연적인 환경을 이용하자.

자녀에게 새로운 환경과 그 환경에서 관찰하고 탐색할 거리들을 충분히 제공함으로써 우선은 그들의 호기심을 자극할 수 있다. 휴가를 이용해 시골이나 해변에 가게 되면 아이들은 즐겁게 노는 동안 곤충도 채집하고, 조개껍질이나 해초 같은 것도 수집하여 살펴볼 수 있는 기회를 갖게 해 준다.

채집한 곤충이나 수집한 조개껍질을 분류해 보게 한다

부모들은 아이에게 새로운 것을 보여주기도 하고 적절한 질문을 하기도 하며 새롭게 발견하게 된 것을 그림으로 그리거나 글로 기록하게 할 수 있다. 또 그저 '신기하다'는 생각에 그치지 않고 정확하고 치밀하게 관찰할 수 있도록 지도한다. 수, 길이, 시간을 재거나 하면서 좀더 정확히 관찰하는 습관을 갖도록 한다.

또 그냥 구경만 하고 오기보다는 탐색한 것들을 수집해 와서 종류별로 분류하고, 각 종류별 특징을 적어보게 한다. 그리곤 책을 펴서 과연 자신들이 수집하고 관찰한 것과 어떻게 다르고 같은지를 살펴보게 한다.

✎ 식물을 길러보게 하는 것도 도움이 된다

집에서 시간과 비용, 힘을 들이지 않고 할 수 있는 실험이 무 싹 기르기, 콩나물 기르기, 양파 기르기 등이다.

무 싹을 기르는 실험을 하기 위해서는 무씨와 접시, 솜이 필요하다. 두 개의 접시 위에 물에 적신 솜을 깐 다음 그 위에 무씨를 뿌린다. 한 접시는 햇빛이 잘 드는 곳에 두고, 다른 접시는 어두운 곳에 둔다. 그리고 매일 무 싹이 어떻게 변화

❂ 집에서 꽃이나 양파, 무싹 등 식물을 길러 관찰해 보게 한다.

하는지를 관찰 일지에 기록하게 한다. 시간이 흐르면서 어두운 곳에 둔 무씨의 성장이 느린 것을 볼 수 있게 되는데, 그 이유가 무엇인지 이야기해보는 것도 좋다.

양파와 콩나물 기르기도 같은 방법으로 실험하고 관찰 일기를 써보게 하자.

✎ 과학적 능력을 길러주는 장난감을 집안에서 찾아라

꼭 새로운 장소에 가야만 어린 과학자의 호기심을 충족시킬 수 있는 것은 아니다. 흔하게 구할 수 있는 나무 젓가락, 이쑤시개, 끝에 구멍이 있는 나무 막대기, 레고, 블럭 등을 가지고 탑이나 다리 등을 만들게 하면 아이들은 무게 거리,

중력과 같은 개념뿐 아니라 길이, 넓이, 부피 등의 기하학적 개념도 배울 수 있게 된다.

아이들 놀이에 확대경, 자석, 거울, 돌, 화석, 식물, 인조물 등을 추가해주면 아이가 관찰하고, 예측하고, 분류하며 조작해 보는 활동을 더 쉽게, 자주 할 수 있다. 자유롭게 분해하고 조립하는 활동을 통해 과학자의 꿈을 키운다.

아이들은 과학 활동을 수시로 하면서 많은 개념들을 발견할 수 있다. 헌 전화기, 시계, 문 손잡이, 라디오, 타자기, 녹음기 등도 좋은 장난감이다. 아이들은 이것들을 자유롭게 분해하고 조립하는 활동을 통해 기계 공학 분야의 능력을 기르게 된다.

집안을 탐색해보게 하는 것도 도움이 된다. 캐비닛 잠금 장치, 싱크대 아래의 파이프, 문 잠금 장치, 서랍 등을 살펴보게 하고 이들이 어떻게 작동하는지 생각해보게 한다. 아이가 좀더 크면 작은 실험실을 만들어주고 그곳에서 다양한 실

과학적 재능이 뛰어난 아이 알아보는 방법

- 사물을 주의 깊게 관찰한다.
- 사물을 분류하는 능력이 뛰어나다.
- 원인과 결과 관계에 대해 잘 이해한다.
- 추상적인 개념의 이해가 뛰어나다.
- 과학이나 자연과 관련된 활동을 오랫동안 지루해 하지 않고 한다.

험과 연구를 해보게 하는 것도 좋은 방법이다.

✎ 놀이터는 물리 실험실이다

대부분의 부모는 놀이터를 신나게 뛰어 노는 곳이라고만 알고 있다. 하지만 놀이터는 물리실험을 하기에 더없이 좋은 장소이다.

특히 시소는 거리, 무게, 균형에 관한 실험을 하기에 아주 적당하다.

아이들은 시소가 올라갔다 내려갔다 하려면 시소의 양쪽 끝에 한 사람씩 앉아야 된다는 것을 안다. 이때 "만약 한쪽에는 두 사람이 있고 다른 한쪽에는 한 사람만 앉는다면 어떻게 될까?" 라고 아이들에게 물어보고 실제로 아이들을 시소에 앉혀서 어떻게 되는지 확인해보자.

그리고 "만약 한 사람씩 앉되 한쪽 아이는 시소 끝에 앉고 반대쪽 아이는 시소 중간에 앉으면 어떻게 될까?" 하는 질문도 해보자. 이것은 거리에 관한 문제이다.

이것 또한 실험을 통해 답을 얻어내도록 하면 아이들은 거리, 무게, 균형 등의 물리학 이론을 쉽게 터득하게 되고 문제를 해결해나가는 과정에서 과학적 창의성이 더욱 고취될 것이다.

❂ 놀이터는 거리, 균형, 무게 등의 물리실험을 하기에 더없이 좋은 장소다.

컴퓨터 박사 만들기

아이들의 필수 교육 중 하나인 컴퓨터 교육. 요즘은 집집마다 컴퓨터가 없는 집이 없을 정도이다.
그러다 보니 유아 때부터 마우스를 만지고 인터넷이란 말을 자연스럽게 사용하며 초등학생만 되어도
친구들과 이메일을 주고받을 정도로 컴퓨터는 아이들 세계에서도 없어서는 안 될 분야가 되었다.
제대로 된 컴퓨터 교육을 위해 엄마가 꼭 해야 할 일을 알아본다.

❶ 컴퓨터는 여러 가지 문제점들이 있지만 이제는 친숙해져야 할 교육 프로그램임에 틀림없다.

규칙을 지키게 해 컴퓨터 중독을 피한다

컴퓨터 교육이 필수 과목으로 인정되어 가고 있는 오늘의 시점에서 컴퓨터의 장점을 아이들에게 최대한 활용하고자 하는 부모들이 늘고 있다. 특히 가장 관심이 모아지고 있는 것은 언제부터 아이에게 컴퓨터를 가르쳐야 할까 하는 것이다.

아직은 너무 어려서 컴퓨터를 만지게 했다간 이것저것 건드려서 괜히 컴퓨터만 고장나게 만들지는 않을까, 너무 일찍부터 키보드를 두드리고 마우스를 움직이는데 흥미를 갖게 되면 사회성이 떨어지지는 않을까 하는 걱정들로 선뜻 컴퓨터를 내 주지 못하는 부모들도 있다.

하지만 아이가 말귀만 알아들을 무렵이면 컴퓨터를 시작할 수 있다. 단, 엄마나 아빠가 아이 옆에 붙어 앉아 가르쳐주며 함께 즐길 수 있어야 한다. 같이 컴퓨터를 하면서 무엇은 만지면 안 되고, 어떻게 하면 고장이 나는지 그때그때 알려주고, 아이들에게 그것을 지키게 하다 보면 오히려 아이에게 규칙과 약속에 대한 개념을 일깨워줄 수 있게 된다.

또 컴퓨터를 처음 대할 때부터 시간을 정해 두고 그 시간에만 컴퓨터를 켤 수 있게 하면 아이가 컴퓨터에 중독이 되지 않을까 하는 걱정은 접어둘 수 있다.

컴퓨터를 거실에 두어 온 가족이 즐길 수 있게 한다

아이가 컴퓨터를 하는 동안 엄마는 아이와 떨어져 자기만의 시간을 가질 생각을 한다면 그것은 아이가 하는 일이 컴퓨터가 아니라 다른 무엇이라 하더라도 좋지 않은 결과를 낳을 수 있다. 최소한 아이가 어릴 때는 아이 옆에서 최대한 시간을 함께 보내고자 노력해야 한다. 컴퓨터를 하건, 비디오를 보건, 책을 읽건 간에 엄마가 아이와 함께 있어주는 것은 아이 혼자 무언가를 하는 것과는 비교도 되지 않을 정도로 아이의 정서에 큰 영향을 미치게 된다.

컴퓨터 폐해의 하나로 손꼽히고 있는 음란물 보기 또한 부모와 함께 있을 때는 있을 수 없는 일이다. 아

❶ 컴퓨터는 유아들도 한 번 시작하면 쉽게 빠져드는 매력이 있다.

이 혼자 독립된 방에 컴퓨터와 마주 두었을 때 생기는 문제인 것이다.

컴퓨터로 인해 파생되는 문제를 없애려면 컴퓨터를 아이 방에 두기보다는 거실 한 곳에 자리를 잡아 온 가족이 함께 즐기는 프로그램으로 이용하는 것이 좋겠다. 아이가 하는 것에 온 가족이 관심을 보인다는 것은 아이를 으쓱하게 만드는 일이기도 하기 때문이다.

✎ 좋은 프로그램을 선택해 준다

컴퓨터는 따로 조기 교육을 시키고자 노력하지 않아도 아이들이 쉽게 빠져드는 매력이 있다. 컴퓨터의 장점이라면 프로그램의 애니메이션과 소리, 음악, 동화상, 색상, 재미들이 결합해 뇌의 생각하는 부분과 감성 영역을 동시에 자극한다는 점이다.

때문에 좋은 프로그램의 경우 엄마, 아빠가 책을 읽고 그에 대해 설명하는 것보다 훨씬 더 쉽게 생각과 감정을 자극할 수 있다. CD-ROM 속 주인공을 따라하다 보면 저절로 한글을 깨우치게 되기도 하고, 영어 단어나 문장을 익히게 되기도 하며, 상상력이나 창의력, 수 개념 등을 터득하게 되는 것이다.

공중도덕이나 생활습관을 바꿔놓는 훌륭한 프로그램들도 있다.

엄마, 아빠가 아무리 잔소리를 하며 이렇게 저렇게 하라고 해도 듣는 둥 마는 둥 하는 아이가 컴퓨터의 CD-ROM 프로그램을 통해 좋은 것, 나쁜 것, 해야할 일, 하지 말아야할 일등을 혼자서 터득해 가는 것을 보노라면 엄마, 아빠의 마음은 흐뭇해지게 마련이다.

다시 말해 컴퓨터는 아이로 하여금 본보기를 보여주어 동화시키는 작용을 한다고 할수 있다.

✎ 자아와 성취감을 맛볼 수 있게 해준다

컴퓨터를 통해 유아의 언어 발달과 사회성 발달, 인지 발달, 신체 발달, 정서의 발달을 이끌어낼 수 있다. 우선 유아와 컴퓨터 간의 상호작용을 통해 시각적 변별 기술과 언어기술 및 어휘력을 증진시키고 의사소통을 자극하며, 키보드의 사용과 모니터 화면에 나타나는 글을 통해 읽고 쓰기가 가능해진다.

❍ 컴퓨터를 통해 언어 · 사회성 · 인지 · 신체발달 등을 이끌어낼 수 있다.

또한 컴퓨터의 사용 예절 및 규칙을 배우며 나누기, 돕기, 협동하기 등과 같은 사회 상호 작용을 증진시키며, 문자에 대한 인식과 일반적인 언어기술을 향상시키고 기초적인 수학적 개념과 기술, 공간 및 관계에 대한 개념을 학습할 수 있다. 더불어 창조적 사고력, 문제 해결력, 의사 결정력 및 인과 관계에 대한 인지를 향상시킨다. 또한 키보드와 마우스 조작을 통한 신체발달, 손과 손의 협응력을 증진시키며, 유아의 능동적이고 자유로운 컴퓨터 조작을 통해 자율성이 발달하며 유아 스스로 자아와 성취감을 맛볼 수 있게 해준다.

✎ 재미있고 교육적인 소프트웨어를 고른다

소프트웨어를 고를 때는 첫째, 유아 스스로 사용할 수 있는 것을 고른다. 처음부터 끝까지 어른의 손을 거쳐야 하는 것이라면 아무런 의미가 없다. 엄마, 아빠가 도와준다 하더라고 최소한의 도움만이 필요한 것으로 선택한다.

둘째, 작은 것이라도 교육적인 가치가 있어야 한다. 아무런 교훈이 없는 프로그램은 시간과 돈만 낭비한 느낌을 줄 수 있다. 그렇다고 지나치게 교육적인 것만을 강요해서도 안된다.

셋째, 재미가 있어야 한다. 아무리 내용이 좋고 배울 점이 많다고 해도 재미가 없으면 아이들은 흥미를 잃는다. 아이들이 컴퓨터를 좋아하는 가장 큰 이유가 재미있기 때문인데 그것이 없다면 컴퓨터를 하는 의미를 찾지 못하게 된다. 평소에 관심을 갖고 있던 분야였다 해도 그 관심의 폭이 줄어들 위험까지 있다.

넷째, 아이의 수준을 고려해야 한다. 책을 고를 때도 마찬가지지만 엄마, 아빠는 아이의 눈높이에서 교재를 선택하는 법을 터득해야한다. 지나치게 어렵거나 쉬운 교재는 아이의 학습능력만을 저하시킬 뿐이다.

마지막으로 아이에게 설득력이 있는 내용을 담고 있는가를 살핀다. 대개 외국에서 제작된 CD-ROM의 경우 우리 사회와 동떨어진 세계를 담고 있어 아이에게 혼란을 주는 경우가 있다. 최근에는 우리 나라에서 제작된 유아용 소프트웨어도 좋은 내용이 많으므로 육아정보 사이트를 통해 이런 정보를 활용해도 좋다.

✎ 발달 과정에 맞는 자극을 준다

❍ 컴퓨터는 아이의 EQ능력도 향상시켜준다.

가족의 관심 속에서 컴퓨터를 하거나 친구들과 컴퓨터로 대화를 나누다 보면 자연스럽게 사회성을 발달시킬 수 있다. 단, 너무 많은 시간을 컴퓨터 놀이에 노출시키지 않도록 규칙을 정해두는 것이 바람직하다.

그런 의미에서 컴퓨터는 아이에게 다양한 간접 경험을 제공하며 아이의 감성 개발에 좋은 자극제가 된다.

경제박사 만들기

돈에 대한 올바른 생각과 가치관은 초등학교 때부터 시작해야 한다는 이론과 함께 조기 경제 교육의 바람이 일고 있다.
조기 경제교육은 우리 아이가 성인이 되었을 때 부모의 도움 없이도 현명하게 자산관리를 할 수 있는 밑거름을 마련해 준다는
의미에서 가치가 있다. 우리 아이 경제 박사 만들기에 도전해 보자.

아이들은 언제부터 돈을 알게 될까?

아이가 돈을 아는 시기는 엄마와 수퍼에서 사탕 하나라도 같이 산 그 시점이다. 뭔가를 주면 자신이 원하는 것을 갖게 되는 그 과정을 직접 경험하면서 돈을 알게 되는 것이다. 이때부터 그 돈은 어디서 생기고 어떻게 관리하며 사용하는지, 또 돈을 번다는 것은 어떤 것인지 아이가 생활 속에서 자연스럽게 배우고 익히도록 하는 것이 바람직하다.

노력의 대가는 가치있다는 것을 가르친다

아이가 자기 방을 깨끗이 치웠다거나, 아빠 구두를 닦아놓았다거나, 엄마 심부름을 하거나 했을 때는 반드시 그에 합당하는 대가를 지불하도록 한다.

이것은 일정한 노력을 하면 돈을 벌 수 있다는 생각을 심어주는 동시에, 세상에 공짜는 없다는 사실을 다시 한 번 깨닫게 해준다. 단, 아이가 돈 받는 것에만 연연하지 않도록 돈을 주는 항목을 몇 가지로 제한해 두도록 한다.

경제 개념이 뛰어난 아이로 자라게 하려면 어릴 때부터 부모가 가르쳐야 할 것들이 있다.

첫째, 투자와 투기(혹은 도박)를 혼동하지 않게 하기 위해서는 세상에 노력없이 얻어지는 것은 없다는 것을 확실히 알려줄 필요가 있다.

또한 부모가 부자인 것과 아이와는 아무런 상관이 없음을 가르친다. 아이는 부모와 별개의 인간으로 그 또한 부자가 되려면 스스로 계획성 있게 돈을 관리해야 한다는 것을 일깨워주어야 한다.

용돈은 초등학교 입학을 전후하여 준다

아이에게 용돈의 개념으로 돈을 주는 시기는 초등학교 입학을 전후한 때가 적당하다고 할 수 있다. 때문에 용돈은 초등학교 입학을 전후로 주는 것이 좋다.

돈의 가치 즉, 돈이 있으면 자신이 갖고 싶은 것을 가질 수 있다는 것은 3세 정도만 되어도 충

분히 이해하게 된다. 하지만 아이에게 직접 용돈을 주는 시기는 이보다 한참 뒤에 하는 것이 좋다.

아이 이름의 통장을 만들어준다

아이들은 자기 것에 내한 애착이 강하므로 자기 이름이 적힌 통장을 만들어주면 아주 신기해하며 저축하기를 즐기게 된다.

아이에게 일정한 시기에, 일정한 금액의 용돈을 주고, 그 안에서 저금을 할 수 있게 유도하자.

또한 일정 목표액을 두고 저축을 할 경우에는 아이의 저축액에 비례해 일정액을 '종자돈'(seed money)으로 부모가 지원해 줌으로서 저축동기를 강화해 줄 수 있다.

용돈관리 능력과 저축습관을 길러준다

대부분의 아이들은 용돈을 받으면 일단 쓰기에 바쁘다. 그리고 혹시라도 남으면 저금을 할까 생각을 하게 되는데 이런 사고를 확 바꿔주어야 한다. 용돈을 받으면 일단 저금부터 하고 나머지

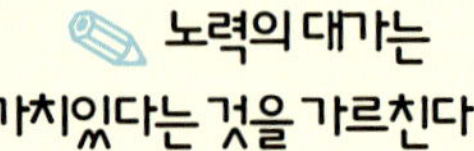

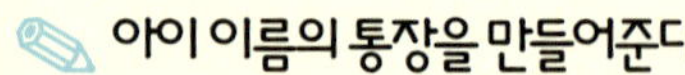
경제관념이 뛰어난 아이로 키우려면 어려서부터 '세상엔 공짜가 없다는 것'을 가르친다.

○ 용돈을 받으면 저축부터 하는 습관을 들인다.

를 쓰게 하는 것이다.

　경제에 밝아지기 위한 첫 단계는 용돈 관리 능력을 키우는 것이다. 이것은 합리적인 소비습관을 길러주는 방법이기도 하다. 저축보다 투자를 가르치고 부자들의 사고방식이나 사업가적 기질이 어떤 것인지를 체득시키는 것도 중요하다.

　유태인들이 자녀에게 경제·금융 교육을 잘 시키는 이유도 돈의 노예가 되지 말고 주인이 되어야 한다는 것을 절감했기 때문이다.

✎ 어려서 금융교육을 받지 못한 아이는 '돈맹'이 되기 쉽다

　부모는 아이에게 경제적 책임감을 가르칠 의무가 있다. 용돈 받는 것을 당연하게 여기지 않게 해야 하며, 돈이 생겼을 때는 그것을 어떻게 관리할 것인가 하는 것도 가르쳐야 한다. 아이가 이해할 수 있는 한도 내에서 저축은 무엇이며 빚은 무엇이고 신용카드의 허점은 무엇인지 등도 알려주어야 한다.

　어려서 금융교육을 잘 받은 아이는 성인이 되어서도 저축 및 투자 결정을 제대로 할 수

○ 경제관련 뉴스나 신문을 가까이 해 경제와 금융에 민감해지게 한다.

있다고 한다. '돈맹' 즉 금융문맹이 되면 자신의 재산을 지키거나 늘리기는커녕 계획 없이 생활하다 신용불량자가 되기 십상이다.

✎ 금융기관을 찾을 때는 아이를 동반한다

　금융기관을 찾을 일이 있을 때는 반드시 아이를 데리고 간다. 그리고 그곳에서 하는 일이 무엇인지 설명해 주도록 한다. 경제와 금융은 꾸준한 반복학습과 현장 경험을 통해 터득할 수 있게 된다. 일단 아이가 금융에 흥미를 갖게 하는 것이 중요하다.

　경제관련 뉴스나 신문에 관심을 기울이게 하는 것도 필요하다. TV를 보다가 경제 관련 뉴스가 나오면 아이에게 그것을 쉽게 설명해 주는 습관을 들이자.

경제 개념이 확실한 아이로 자라게 하는 놀이와 습관

● 은행놀이를 한다

　10원, 100원, 1000원, 10000원 등 종이돈과 동전의 차이를 설명하고 가짜 돈을 만들어 시장놀이나 은행놀이를 하게 한다. 아이는 동전과 종이돈의 개념을 익히게 되고 얼마를 주면 어떤 물건을 얻을 수 있는 지를 알게 된다.

● 물건을 구입할 때 가격표를 읽게 한다

　과자나 옷, 신발 혹은 장난감에 붙어있는 가격표를 읽어보게 하여 돈이 얼마나 있어야 원하는 물건을 살 수 있는지 아이에게 가르친다. 아이는 돈의 액수에 따라 달라지는 물건의 크기나 가치를 익히고, 꼭 필요한 물건은 무엇이며, 그 돈을 모으려면 얼마의 기간이 필요한 지를 익히게 된다.

● 돼지 저금통은 아이와 함께 뜯는다

　돼지 저금통이 꽉 차면 아이와 함께 뜯는다. 10원이 10개 모이면 100원이 되고, 100원이 10개 모이면 1000원이 된다는 것을 손으로 세어 익힐 수 있게 한다. 이렇게 아이와 돈을 헤아린 뒤에는 그 돈을 가

지고 아이와 함께 은행에 가서 지폐로 바꾸는 과정을 보여주고 동전과 지폐의 차이를 알려준 뒤 그 돈을 저금하게 하거나 물건을 산다.

● 수퍼마켓 놀이를 한다

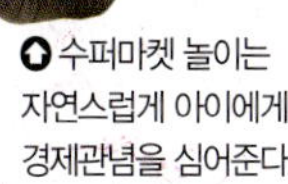
○ 수퍼마켓 놀이는 자연스럽게 아이에게 경제관념을 심어준다.

　집안에 있는 물건을 나열하고 그 위에 각각 가격을 붙여 가짜 돈을 주고 물건을 사는 놀이를 한다. 이때 엄마는 점원이 되고 아이가 소비의 주체가 되어 직접 돈을 지불하게 한다. 처음에는 있는 돈을 모두 내놓지만 차츰 물건에 붙은 가격만큼 지불할 줄 알게 된다.

● 계획된 구매습관을 보여준다

　수퍼에 가기 전에 아이와 함께 그날 살 물건의 목록을 적어보고 예산을 짜본다. '오이, 당근, 양파, 우유, … 스케치북, 색연필…' 등 무엇을, 몇 개 살 것인지 체크하고 수퍼와 문방구에 가서도 하나씩 체크해 가며 구입하는 모습을 아이에게 보여준다.

　목록을 정해 아이와 함께 시장을 보는 것은 엄마의 계획적인 구매를 아이가 본받을 수 있다.

운동 재능 키우기

아이에게 기본적인 운동능력을 길러주는 것은 신체적 발달 그 이상의 의미가 있다.
운동을 하게 되면 자신감을 얻게 될 뿐 아니라 도전 정신을 길러주는 등 정신 건강을 튼튼하게 해준다.
우리 아이에게 필요한 운동을 골라보고 그 재능을 키워줄 수 있는 방법을 알아보자.

유아기의 운동 능력이 기초가 된다

유아기는 높은 곳에서 뛰어내리고 그네를 난폭하게 뛰는 등 그야말로 무서운 것을 모르는 원기 발랄한 시기이다. 그렇지만 엄마 쪽에서도 '아직도 유아에 지나지 않으니까' 라는 생각 때문에 조금만 위태로워도 "얘, 위험하다. 위험해!" 라는 말이 저절로 나오게 된다.

물론 위험하면 안되지만 너무 지나친 보호는 아이의 정당한 발달을 저해하게 된다. 적극적으로 몸을 움직이는 이유는 몸이 그만큼의 운동을 요구하고 있기 때문이다. 유아기에서부터 성장 정도에 따라 적극적으로 전신을 움직이고, 운동을 하게 되면 당연히 그에 상응하는 운동기능이 발달하게 된다. 운동선수도 될 수 있을 만큼 민첩하고 강인한 몸이 길러지는 것이다.

평형감각은 유아기에 눈에 띄게 자란다

체력에는 근력, 유연성, 민첩성, 평형성 등이 있다. 이 중에서 근력을 기르는 것은 10세가 지난 후가 적당하지만 민첩성과 평형성의 감각적인 기능은 유아기에 현저하게 자란다. 술래잡기, 줄넘기, 공놀이, 드리블 등의 운동은 눈과 손의 감각을 맞춰야 하는 운동으로 반사적 감각을 좋아지게 한다. 매트리스에서 뒹굴고, 뛰어 넘고, 풀장에서 수영하는 것 등도 좋은 운동이다.

운동은 소극적인 성격을 변화시킨다

아이가 유연하고, 균형이 좋고, 민첩하며, 지구력이 있는 몸을 가지고 있다면 빠른 시간에 운동 능력이 발달된다. 이런 운동 능력은 야외에서의 자유로운 놀이나 기타 모든 운동을 통해 기를 수 있다. 유아 운동의 또 한 가지 장점은 겁쟁이라든가 협동성, 적극성이 없는 성격적 결함을 고칠 수 있다.

스포츠로 익힌 밸런스 감각이 지능을 높인다

스키나 스케이트, 서핑, 스케이트보드, 자전거 등 밸런스 감각 즉 평형 감각이 포인트가 되는 스포츠가 많다. 아이들은 이런 스포츠를 통해 평형 감각을 몸에 익혀가게 된다. 평형 감각이 없으면 인간은 서 있을 수가 없다. 버스나 지하철에서 조금만 흔들려도 금방 넘어질 것 같은 아이들이나, 조금만 높은 데서 뛰어내리거나 누군가 뒤에서 조금만 밀어도 힘없이 넘어지는 아이들은 평형 감각이 부족하다고 할 수 있다.

이 감각을 키우는데 좋은 운동은 눈감고 외발 서기이다. 방법은 눈을 감고 두 손을 벌려 균형을 잡은 후, 한 쪽 발을 위로 올린다. 좌우 번갈아 가며 처음에는 30초, 다음에는 60초와 같이 시간을 늘려 가면 된다. 평형 감각은 연습을 거듭할수록 향상된다. 이 운동은 일상 생활에서

➊ 운동 능력이 뛰어난 아이의 몸은 적극적인 활동을 요구한다.

도 쉽게 할 수 있는데, 버스나 지하철을 탔을 때도 손잡이를 잡지 말고 서서 균형을 잡아보도록 한다. 다리를 모으고 서면 더욱 좋다. 한쪽 다리를 들고 줄넘기를 하거나 두 눈을 감고 양팔을 앞으로 뻗쳐 제자리걸음을 50번쯤 하는 것도 효과가 있다.

배드민턴은 민첩성과 순발력을 길러준다

6~7세 아이에게 적합한 운동으로 배드민턴을 들 수 있다. 배드민턴은 반사신경을 기르는데 적합하며 민첩성과 순발력, 그리고 지구력을 길러주는 훌륭한 스포츠라 할 수 있다.

또한 배드민턴은 여러 가지 스포츠 요소를 포함한 스포츠의 기초라고 해도 좋다. 또한 배드민턴은 양손을 모두 쓸 수 있는 운동이라 평소에 잘 쓰지 않던 손을 자연스럽게 쓰게 되어 좌우 뇌를 동시에 자극하게 된다. 때문에 야구를 하는 오른손 타자를 왼손 타자로 바꿀 경우, 가장 쉽게 왼손 훈련을 시킬 수 있는 방법으로 배드민턴을 시키는 것이다.

배구는 도약력을 키워주는 전신 운동이다

배구의 최대 장점은 도약력이 길러진다는 점이다. 다시 말해 배구는 전신운동으로 높이 뛰어오르는 동작을 통해 자기도 모르는 사이에 온몸의 근육을 사용해 근육의 발달이 촉진되는 것이다.

또한 배구는 6명이 한 팀이 되어 하는 운동으로 자연히 남과 힘을 합치는 것에 대해 배우게

되며, 넘어질 때도 반사적으로 팔을 앞으로 뻗어 몸을 지탱하는 법을 배우게 된다.

하루 30분 조깅이 심장을 튼튼하게 만들어준다

조깅은 발목의 단련뿐만 아니라 심장의 강화에도 효과가 있다. 하지만 아무리 조깅이 좋다고 해도 아이의 연령에 알맞은 방법으로 하는 것이 중요하다.

무조건 시간과 거리를 길게 하는 스파르타식 조깅은 심장의 기능을 좋게 하기는커녕 오히려 나쁜 영향을 주게 된다. 8세 아이의 경우 30분간 5km 정도의 거리를 목표로 달리는 것이 적당하다고 한다. 조깅은 특히 비만아에게 효과가 뛰어나다. 조깅 외에 심장 강화에 도움이 되는 운동으로 수영, 농구, 축구 등이 있다.

매트운동은 3세 경부터 시작할 수 있는 신체유연운동이다

몸을 부드럽게 하기 위한 체조에는 매트운동이 적합하다. 매트운동은 다리를 뻗거나, 벌리거나, 몸을 작게 웅크려서 매트 위를 구르는 운동으로 온몸의 근육을 곧고 부드럽게 해준다. 부모가 도와준다면 이 운동은 3~4세 경부터 시작할 수가 있다.

매트운동으로 기를 수 있는 힘은 순발력과 일상생활에서는 거의 쓰지 않는 신체 일부를 구르거나 넘어지거나 회전하거나 거꾸로 서면서 자연스럽게 운동시킨다는 점이다.

집에서 매트운동을 시키려면 우선 방석을 세

장 정도 나란히 깔고, 그 위에서 반복하여 뒹구는 것을 가르치면 된다. 운동 횟수가 늘어나면 아이는 2회 연속 회전을 할 수 있게 되고, 아이의 몸은 자연히 유연해지게 된다.

뜀틀 넘기는 도전정신을 길러준다

뜀틀운동은 매트운동과 함께 행해지는 운동으로 흔히 '목마' 라고도 한다. 뜀틀에서 가장 필요한 운동능력은 뛰어넘을 때의 순발력이다. 멀리뛰기나 높이뛰기와 같이 뛰는 순간에 얼마만큼 큰 힘을 끌어낼 수 있는가가 포인트가 된다.

몇 단을 뛰어넘는가가 중요한 것이 아니다. 타이밍이 맞아서 순간적으로 뛰어넘는다면 달려온 힘으로 몸을 앞으로 밀어내고 뜀틀을 넘을 수 있게 된다.

뜀틀에 약한 아이는 뜀틀 위에서 엉덩방아를 찧게 마련인데, 이럴 때는 낮은 목마를 몇 번이고 뛰어넘는 훈련을 시켜서 순발력을 발휘하는 타이밍을 익히도록 가르쳐야 한다.

또 한 가지 뜀틀의 효용은 아이들에게 모험심을 심어주는 것이다. 자기의 가슴이나 어깨 높이가 되는 뜀틀을 뛰어넘게

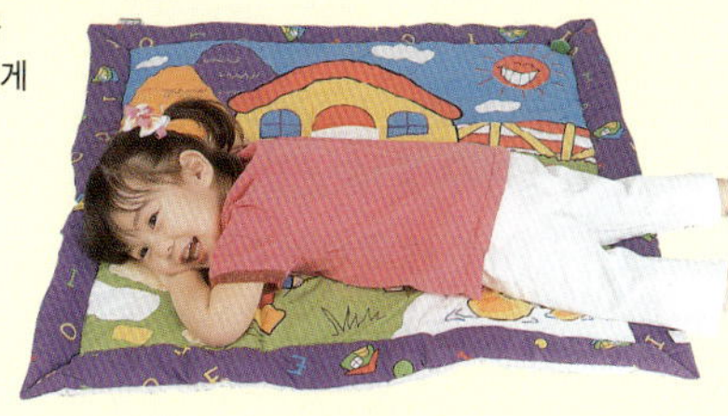

되면 아이는 어려운 것에 도전하는 용기와 두려움을 극복하는 방법을 배우게 된다. 이러한 경험은 학습에도 도움이 된다. 어려운 수학문제를 만났을 때 몇 번이고 도전해 봄으로써 해답을 얻어낼 수 있다.

✎ 수영은 신진대사를 원활하게 하고 뇌를 자극한다

수영은 온몸운동으로 지속적으로 온몸을 움직이기 때문에 신진대사도 좋아지고 뇌에 좋은 자극을 주게 된다. 그러므로 아이들에게는 꼭 권하고 싶은 스포츠이다.

그렇지만 뇌에 좋은 자극을 준다고 하여 1시간 이상 수영을 하도록 그대로 두는 것은 오히려 역효과를 낸다. 수영과 근력의 관계를 알아보기 위해 매주 1회 1시간 수영하는 것과 매주 2회 각 20분씩 수영하는 경우를 비교해 보면, 매주 2회 각 20분씩 수영하는 것이 몸에 더 지속력이 붙는 걸로 나타났다. 그러므로 수영교실을 다닐 때는 1주일에 1회보다는 2회를 다니는 것이 좋고, 헤엄을 치는 시간도 긴 것보다는 짧은 것이 좋다.

✎ 야구의 배팅연습은 손재주와 집중력을 향상시킨다

아이들 사이에 스포츠를 잘하는 아이는 성적이 좋은 아이보다 인기가 있다. 운동신경이 둔한 아이는 우물쭈물하다가 열등감을 갖게 될 수 있고 부상을 당하기도 쉽다.

스포츠를 싫어하는 것은 두뇌의 발달에도 좋지 않다. 그러므로 운동신경을 좋게 하기 위한 운동을 시키는 것이 중요하다.

대표적인 것이 야구의 배팅연습이다. 신문지를 테니스 공 정도로 크게 만들어 그것을 부드러운 천으로 감싼다. 그 공을 아이에게 던지고 그것을 장난감 야구 방망이로 치게 한다. 신문지를 말아서 만든 종이 방망이로 쳐도 괜찮다. 처음에는 방망이에 맞히기만 해도 된다. 이것은 생각보다 어려운 일로 집중력이 없으면 성공하기 어렵다.

배팅을 하는 데 싫증을 느끼면 이번에는 공받

기를 시킨다. 이런 운동을 반복하게 되면 집중력도 증가하고 운동 신경의 발달도 촉진된다.

✎ 자전거는 스포츠의 기본 능력인 평형 감각을 길러준다

평형감각, 즉 밸런스는 어렸을 때부터 훈련시키면 놀라울 정도로 발달하게 된다. 특히 밸런스 감각은 운동신경 중에서도 가장 중요하므로 충분히 신장시켜 주어야 한다. 밸런스 감각은 스포츠뿐만 아니라 모든 생활에서 요구되는 것으로, 이 능력을 키워주는 데 가장 좋은 스포츠는 바로 자전거 타기이다. 자전

❂ 운동신경 중 가장 중요한 밸런스 감각을 키워주는 운동이 자전거 타기이다.

거는 밸런스 감각이 좋지 않으면 탈 수 없기 때문이다.

4~5세 무렵의 아이는 세발 자전거부터 시작하여 6세 이상이 되면 보통의 두발 자전거로 뒷바퀴에 보조바퀴가 달린 것을 사용하면 된다. 이것으로 탈 수 있게 되면 다음에는 보조바퀴를 떼어내고 정식 두발 자전거에 도전하게 한다. 그것이 제대로 되었을 때 롤러스케이트를 타게 하여 점차 밸런스 감각을 키워 나간다.

만약 아이가 자전거 타기를 두려워하면 체조를 시켜도 된다. 어른의 무릎이나 다리 위에 아이를 올리고 비행기 놀이를 하거나, 한쪽 발로 뛰게 하거나, 아이를 어른의 발등에 올려서 걷게 하는 등의 체조는 밸런스 감각을 좋게 한다. 밸런스 감각이 좋아지면 사고활동에도 좋은 결과가 나타난다.

Mom & Baby

스포츠로 아이의 성격을 바꿀 수 있다

● 심술쟁이나 개구쟁이는 배구·농구를 시켜라

심술쟁이 아이는 협조성이 부족해 사람들과 어울리지 못할 가능성이 많다. 때문에 이런 아이에게는 배구나 농구가 좋다. 적극적으로 게임을 전개하다 보면 자연스럽게 협조심도 기를 수 있게 된다.

● 신경질적인 아이는 축구를 시켜라

신경질적인 아이란 감수성이 예민한 아이라고도 할 수 있다. 때문에 신경질적인 아이의 경우 학습면에서는 머리가 좋은 아이인 경우가 많다. 이런 아이는 축구에 도전해 보게 하자. 축구는 집단적으로 이루어지는 스포츠이므로 자연히 협조정신도 싹트게 되고 친구도 금방 사귈 수 있게 된다.

● 겁이 많은 아이는 수영이나 스케이트를 시켜라

겁이 많은 성격을 고치려면 수영이나 스케이트, 스키와 같은, 미지의 것에 접촉하는 스포츠가 좋다. 처음에는 부모가 함께 가서 하고, 소심한 아이는 개별레슨을 시키는 것이 좋다. 스포츠란 항상 무언가에 도전하는 것이다. 이것이 두려움을 많이 타는 아이를 적극적인 아이로 바꾸는 비결이다.

❂ 심술궂은 아이에게 농구나 배구를 시키면 독창성을 잃지 않되 협조성을 기를 수 있다.

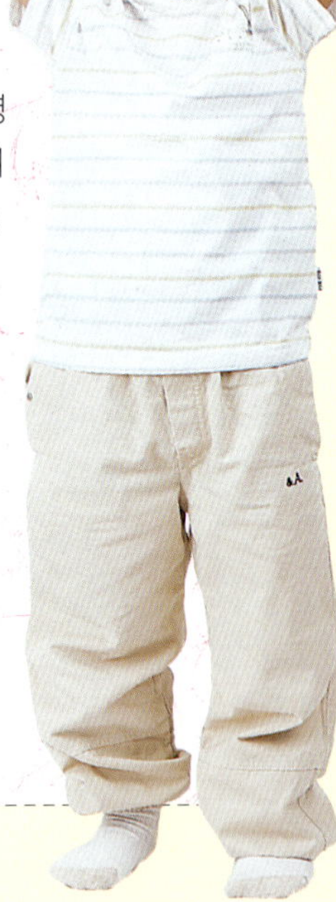

철저한 계획과 사전 준비가 필요한

조기유학의 허와 실

글/ 김상환(교육학 박사/영동고등학교 상담교사)

어린 아들을 조기 유학 보낸 한 고등 학교 교사가, 어렵게 이루어낸 성공적 인 조기 유학 성공기를 소개한다. 이 글은 조기 유학의 가능성을 타진하기 위한 글이 아니라 조기유학을 보내기 로 결심한 이들을 위한 조언이자, 참고 가 되는 정보를 얻고자 하는 사람들을 위한 글로 성공적인 조기유학을 위한 실제 체험과 상황이다. 이 체험담은 미 국 동부의 한 사립학교에서 이루어진 제한적인 체험임을 밝혀둔다.

조기유학에 대한 나의 생각

나는 7년 전 13세(중2)의 아들을 미국 동부 필라델피아에 있는 한 사립학교에 조기 유학을 보냈다. 아들은 어려운 세월과 과정을 거쳐 인디애나 음대(바이올린 전공)에 합격하여 현재 2학년에 재학중이다. 아들은 지금 그야말로 활기 넘치는 대학생활을 보내고 있으니 일단 조기유학의 성공 케이스라고 할 수 있겠다.

나는 자식을 조기 유학시킨 경험자로써 조기유학이 얼마나 어려운 것인지를 직접 체험하였다. 그렇기에 조기유학을 아무에게나 쉽게 권장할 마음은 없다. 더구나 조기유학의 성공률이 5% 미만이라니 함부로 권장할 수 없는 일이긴 하다. 그러나 비록 어렵게 이룩해낸 조기 유학이기는 하지만 나 외의 다른 사람은 불가능하다고 단언할 마음 또한 추호도 없다.

인종차별과 언어장벽이 제일 큰 문제다

인종차별의 장벽을 뛰어넘을 각오를 한다

조기유학을 보낸 아이가 학교에서 소위 따돌림을 당했다고 생각해 보자. 같은 민족, 같은 문화권에서 살아가는 상황에서도 따돌림을 당하는 학생들은 이를 감당치 못하여 우리사회에서도 하나의 교육문제가 되고 있다. 하물며 생긴 모습도 다르고 언어도 미숙한 생소한 문화권에서 따돌림을 당했을 때 어린아이들이 이를 감당할 수 있을까?

뛰어난 운동재능이 언어장벽을 뛰어넘게 했다

아들은 13세 때 혼자 미국으로 갔다. 아이는

필라델피아의 유펜대학(University of Pennsylvania)의 대학원에서 미술을 공부하고 있던 외삼촌의 주선으로 필라델피아의 다운타운 중심부에 있는 프렌드 셀렉트 스쿨(Friend Select School: 퀘이커 교도들이 많은 310년의 전통을 지닌 사립학교임)에 8학년(중2)으로 입학했다.

이 8학년에는 한국인은 물론 동양 학생이 한 명도 없었다. 영어 예비과정도 거치지 않고 직접 수업에 들어간 아들은 심각한 언어의 장벽으로 인해 학교생활에 적응하는데 어려움을 겪었다. 아들은 음악공부를 위하여 미국에 갔으나 일단 입학했던 곳은 수준 있는 사립학교 였다. 음악을 공부하는 사람도 인문적 교양의 뒷받침이 있어야 한다고 생각했기 때문이다.

그러나 미국사립학교의 수준은 높았고 특히 언어의 장벽은 극복하기 어려운 것이었다. 아들은 이로 인해 심한 고생을 했다. 그런데 이러한 사립학교에서 겪게 된 장벽을 극복하고 현지의 아이들과 쉽게 가까워지게 만들어준 것은 아이러니 하게도 아들의 예체능 능력 덕분이었다.

아들은 어려서부터 운동을 잘했는데 마침 아이가 입학한 학교에는 축구팀이 있었다. 운동에 뛰어난 아들은 곧 축구선수로 발탁되어 중요한 학교 대항전에서 수 차례 득점하여 친구들로부터 인정을 받게 되었고, 전공인 음악에서의 능력은 당연히 인정받아 이로 인해 학교생활에 쉽게 적응할 수 있게 되었다.

성공적인 조기유학을 위한 필요 조건은 폭넓은 전인 교육이다

전인 교육은 어려서부터 가정에서 이루어져야 한다. 그러나 우리의 교육은 가정에서건 학교에서건 전인교육에서는 크게 벗어난 느낌을 받는다. 때문에 자식의 행복을 원하는 부모들은 전인 교육의 의의를 다시 생각해 보아야 할 것

이다.

특히 미국과 같은 선진국의 교육은 학생 선발이나 교과 과정의 운영이 전인적인 측면에서 이루어진다는 사실을 명심하고 조기 유학을 희망하는 부모는 이에 대한 준비를 아이가 어렸을 때부터 미리 해야 한다. 오직 공부만 잘하면서 과보호 되어온 아이들, 문제 해결력과 자생력은 결핍되어 있으며 의식도 없는 아이들은 차라리 한국에서 계속 공부시키는 것이 현명할 것이다.

영어의 쓰기와 독해능력이 조기유학의 성공여부를 가름하는 척도이다

미국에 도착하여 생활 영어를 배우는 것은 많이 노력했을 경우 1년 내지는 1년 반정도면 어느 정도 익숙해진다. 이때쯤 미국을 방문하여 자녀들의 회화능력을 듣는 부모들은 자녀들이 영어가 상당히 익숙해진 것으로 생각하게 된다. 그러나 영어에서의 쓰기와 독해 능력은 상당한 시간 노력할 때 얻어실 수 있다.

나와 아내는 이러한 사실을 모르고 아무 특별한 준비도 시키지 않은 채 필라델피아의 좋은 사립학교에 입학시켰다. 흔히 외국 유학생이 많은 학교에서는 1년 정도의 영어 예비과정을 두어 유학생들의 영어적응 훈련을 시킨다. 그러니까 유학을 하노라면 1년 정도의 유급기간이 생기게 마련. 그것이 정상이다. 그러나 아들이 입학한 학교는 외국인이 거의 없었기에 영어 예비과정이라는 것이 없었고 아들은 학교에 입학(사실은 편입)하자마자 곧 바로 수업에 들어가야 했으니 이건 정말로 부모의 큰 실수였다. 이로 인해 아들은 심한 고생을 하게 되었다.

조기유학을 보내고자 하시는 부모들에게 말하고 싶은 것은 조기 유학을 보내기 전에 할 수 있는 한 독해와 쓰기 능력을 훈련시키라는 것이다. 그리고 유학 이전에 두어 차례 아이와 함께

유학하고자 하는 학교의 서머스쿨(Summer School) 과정에 참여하여 적응훈련을 시키는 것도 아이가 겪게 될 고통을 덜어주는 데 도움이 될 것이다.

많은 어려움이 있을 수 있다

✎ 건강상의 문제

조기 유학을 보내려면 아이가 정신적으로 육체적으로 건강해야 한다. 아들은 어려서부터 활달하게 놀기를 좋아했으며 나는 아이와 함께 등산이나 야영 등 기회를 많이 가졌다. 정말 건강 하나만은 자랑할만했다.

그런 아들이 심각한 병으로 인해 우리 부부를 크게 긴장시킨 일이 있다. 유학 생활 1년쯤 되던 해, 아내가 처음 미국에 갔을 때의 일이다. 1년 만에 보는 아들이 반갑기만 했다. 그러나 만난 지 1주일 후에 아들은 열이 엄청나게 오르고 오한에 떨며 의식을 잃는 일이 발생했다. 아이는 주위 한국인들의 도움으로 필라델피아의 아동병원에 입원하였고 온갖 종류의 검사들이 이루어졌다.

아내는 이때의 상황들을 병상일지 식으로 기록하여 보내 왔고 난 그 편지들을 보면서 아들을 잃을지도 모른다는 각오를 해야 할 정도였다. 그러나 병원 측에서는 아들의 병명을 끝까지 밝혀내지를 못하였다. 하지만 다행스럽게도 아들은 10일 만에 안정을 얻기 시작했다. 그때 난 왜 아들이 그러한 병에 걸렸는지를 알만했다.

몇 년의 세월이 흐른 후 나는 아들에게 처음으로 미국에 건너가 홀로 지낼 때 엄마 아빠가 보고 싶어서 눈물 흘린 일이 있었는지를 물은 적이 있다. 그때 아들은 다음과 같이 대답했다. '없었어요. 아니, 엄마 아빠를 생각할 겨를이 없었

어요. 정신없는 날들을 보냈으니까요' 바로 이 1년에 걸친 정신없는 적응의 날들을 보내면서 아들은 엄청난 스트레스를 감당해야 했고, 1년만에 엄마를 만나는 순간 그 동안 억압되어 왔던 스트레스들이 일시에 분출되면서 나타난 부작용이었던 것이다. 비록 짧기는 했으나 이 10일 간이야말로 우리 부부가 아들 유학에서 경험했던 가장 어려운 순간이었다.

✎ 복병 IMF

1995년 아들이 최초로 유학 길에 올랐을 때 달러와의 환율은 800원 선이었다. 한 달에 드는 평균 유학비용이 3000달러 정도로서 좀 힘겹기는 했으나 그런대로 감당해 오던 중 1997년 예기치 않았던 IMF로 인하여 환율이 1800원 선을 넘어 유학경비를 도저히 감당할 수 없게 되었다.

이때 많은 유학생들이 귀국해야 했고 우리 가정도 예외일 수가 없는 상황을 맞이했다. 그 해 겨울 나는 미국으로 건너가 그 곳에 있던 아들과 아내를 만났다. 세 식구가 모여 앉아 맥이 빠진 상태로 귀국 문제를 논의하던 중 아들이 놀라운 제안을 했다.

🔴 조기유학을 보내기 전에 해야 할 일은 영어 독해와 쓰기 능력을 훈련시키는 것이다.

아들의 학급에 아들과 절친했던 네드(Ned)라는 백인 친구가 있는데 아들이 한국의 IMF상황을 설명하고 한국으로 귀국해야 할 것 같다고 말했더니, 자신의 집에서의 소위 '홈 스테이(Homestay)'를 제안해 왔다는 것이었다. 즉, 수업료만 우리가 낼 수 있다면 아들이 기거할 방과 식사 등을 제공하겠다는 제안이었다. 만일 그것이 가능하다면 우리로서는 매달 1000달러는 절약할 수 있었기에 귀가 번쩍 뜨이는 제안이었다.

우리 부부는 며칠 내로 Ned의 집을 방문하여 그의 부모들을 만나 '홈 스테이'를 성사시킬 수 있었고 아들은 유학을 계속할 수 있게 되었다. 정말 뜻이 있는 곳에 길이 있다는 말을 실감할 수 있었던 사건이었다.

이 '홈 스테이'의 성사야말로 아들의 유학에 커다란 분수령을 이루었던 것이다. 아들은 품위 있는 미국의 중 상류층의 가정에서 1년 반 동안 같이 생활하면서 상류층의 언어와 예법도 배우고, 무엇보다 홀로 살아가는 외로움과 그로 인한 방황에서 벗어날 수 있었던 계기가 되었다.

✎ 아들의 방황

유학 후 1년 반 내지 2년 정도의 세월이 흘러 언어와 주위 환경에 어느 정도 익숙해지자, 아들은 청년기 특유의 커다란 방황을 나타내기 시작하였다. 컴퓨터 게임과 오락에 빠져 학교에 무단 결석, 조퇴하는 일이 빈번했고, 이상한 친구들과 어울렸으며 바이올린은 연습은커녕 몇 개월간이나 악기의 뚜껑을 열어보지도 않았다. 부모가 보내는 피 같은 외화를 오락기 구입 등 쓸데없는 곳에 많이 낭비했으며, 학교의 성적은 엉망이어서 써머 스쿨을 다녀야 하는 사태까지 발생했다.

엄마가 미국에 가서 통제하려 했으나 이미 힘으로는 엄마가 당할 수 없을 만큼 아이가 성장

했기 때문에 아이가 반항하는 것을 속수무책으로 보고만 있어야 했다. 그 때 아내는 그런 괴로운 심정을 팩스로 계속해서 띄울 뿐이었다. 나는 한국에서 아들에게 수많은 격려와 질책의 글 등을 보냈으며 인내심을 가지고 훈계했다. 하지만 지구 반대편에서의 아빠의 훈계가 곧 바로 아들의 행동의 변화를 가져오지는 못했다.

상류층 가족과의 생활이후 방황 극복

그 해 여름 나는 무거운 마음을 안고 태평양을 건넜고 필라델피아에 도착하자마자 아파트 문을 안으로 잠그고 굵은 몽둥이로 10대의 강한 체벌을 가했다. 바지를 입고 있어 밖으로 드러나지는 않았으나 엉덩이와 허벅지 근처의 속살은 아마 피멍이 심하게 들었을 것이다.

내가 이 일을 그곳에서 사귄 한국인 이민자들에게 이야기했더니 모두들 깜짝 놀라며 그곳에서는 동물을 때려도 수갑을 차는 곳임을 일깨워주었다. 나는 아들을 신뢰는 했으나, 체벌을 가하면서 어쩌면 더 어려운 사태가 발생할지도 모른다는 사실을 각오했다. 그러나 그 당시의 절박한 상황은 나로 하여금 어려운 도박을 감행하게 했고, 다행히 아들은 아빠의 체벌을 수긍하고 받아들였다. 아들은 심기 일전하여 열심히 살아갈 것을 다짐하였는데, 마침 이때가 위에서 말한 IMF시대였고 친구 Ned의 집에서의 '홈 스테이' 가 성사되는 순간들이었다. 그후 아들은 교양 있는 상류층의 가족과 생활하면서 방황에서 벗어날 수 있었고 항상 그들의 도움을 고맙게 생각하고 있다.

아빠는 자녀들의 도덕 및 인성교육에 책임을 져야 한다

자녀들은(특히 아들들은) 아빠와 동일시하며

성격형성을 해 나가는 것임을 기억해야 한다. 요즘 교실붕괴를 우려하는 목소리가 높다. 많은 학생들이 무법자처럼 행동한다. 물론 여기에는 여러 가지 원인이 있다. 그러나 이에 대한 일차적인 책임은 가정에, 특히 가장인 아빠들에게 있는 것이다.

요즘의 아빠들은 자식들을 끔찍이 사랑하기는 하나 자식을 바르게 교육시키는 데에는 다소 허술한 느낌을 받는다. 자식을 사랑하되 자식과의 기 싸움에서 져서는 안 된다.

필요하다면 자식(특히 아들)과의 대결 내지는 한판 승부를 두려워하거나 피해서는 안 된다. 특히 조기 유학을 보내고자 하시는 아빠들에게 말하고 싶다. 아들을 통제할 수 있는 자신이 없으십니까? 유학비용만 마련해 주면서 실제적인 모든 교육문제는 부인에게 일임하시려 합니까? 그렇다면 적어도 조기유학은 포기하시는 것이 현명합니다. 왜냐하면 앞의 경우에서도 언급한 것처럼 언젠가는 엄마가 아들을 감당하기 힘든 때가 오기 마련이며 이 때 이 어려움을 감당해 주어야할 사람이 바로 아빠들이기 때문이다.

기러기 아빠의 외로움

아빠가 자녀의 조기유학에서 감당해야 할 어려움은 이것만이 아니다. 흔히 자녀들을 조기 유학을 보낼 경우, 엄마는 외국에서 아이들과 함께 지내고 아빠들은 한국에서 혼자 지내는 시간이 많아지게 된다. 이런 아빠를 두고 '기러기 아빠'라고들 부른다. 부부가 떨어져 살아가게 되는 것인데, 이것은 생각보다 대단히 심각한 문제이다. 물론 부부가 떨어져 살다보니 엄마도 힘들지만 여성특유의 모성 본능으로 잘 견뎌낸다. 문제는 아빠들이다. 언제나 부인의 내조 속에서 편안히 지내다가 혼자서 가정의 여러 가지 자잘한 문제까지도 해결하며 살아가다 보면 대

단히 어렵고 힘들게 여겨진다.

그리고 저녁 무렵 직장에서 퇴근하여 집에 돌아와 텅빈 거실에 홀로 들어와 소파에 앉아 있을 때, 마침 떨어지는 가을 빗소리라도 듣게 될 때 느껴지는 정신적인 고통과 외로움은 너무나도 감당하기 힘든 어려움이다. 이러한 부작용으로 인해 부부가 이혼에 이를 수도 있다. 때문에 자녀의 조기유학을 위해서는 부부간의 확고한 애정과 화합이 우선되어야 한다.

그 외 생겨날 수 있는 여러 가지 문제들

가디안(Guardian: 보호자) 문제

아들이 다닌 학교는 필라델피아 도심지에 있는 사립학교였다. 그리고 도심지의 학교들은 대체로 기숙사 시설이 없기 마련이다. 기숙사가 없다보니 작은 아파트를 얻어 살게 되었고 아들이 아직 미성년자이다 보니 가디안 문제가 부각되게 되었다. 우리 한국의 부모들은 이 문제를 다소 대수롭지 않게 생각하여 잘 알지 못하는 사람에게 돈을 주고 가디안으로 고용하여 낭패를 보는 경우가 많다.

나의 경우는 아들의 외삼촌이 1년 정도 가디안의 역할을 맡았기에 별일 없었으나 외삼촌은 1년 후 영국으로 공부하기 위해 떠났고 아들은 15세의 나이에 혈혈 단신으로 남게 되었다. 가디안이 없는 것이 발각되면 퇴학을 당할 수 있기 때문에 미국에 드나들면서 사귄 교민들에게 부탁을 했다.

가디안이 될 사람은 학교에 나가 상담교사를 만나 학생을 돌보는 문제를 상의해야 하고 학생의 모든 생활에 대해 책임을 진다는 내용의 서식에 서명도 해야 한다. 경우에 따라서는 법적인 책임도 져야 하기에 가디안을 맡기를 꺼리는 편이다.

✏️ 전화나 이메일로 자주 연락하고 체크한다

내 경우에는 절친하게 지냈던 교민 한 분이 다행히 가디안의 역할을 맡아주기로 하고 학교에 나가 서명도 해 주었으나 같은 집에 살지도 않는 남의 자식을 돌본다는 것이 쉽지는 않은 일이었을 것이다. 주위 사람들에게 아이가 혼자 사는 모습을 보이지 않기 위해(아이가 혼자 사는 것을 알면 주위 사람들이 신고한다) 우리 부부는 자주 미국에 드나들었다.

그러나 엄마 아빠가 미국에 체류하는 시간에는 한계가 있었고 아들이 홀로 지낼 때에는 마음을 조이며 지켜보아야 했다. 이때 우리 부부는 많은 양의 편지를 팩스로 보내며 아들을 격려, 훈계했다.

그러한 문제는 아들이 친구 Ned의 집에 입주하면서 깨끗이 해결되었다. 1년 반의 홈 스테이 이후에 아들은 이미 법적으로 성년이 되어 있었다.

자녀교육은 가능한 한 부모가 담당해야 한다. 나의 경우도 여의치 않아 아이를 홀로 지내게 하기도 했으나 그러할 때는 편지나 전화 또 요즈음 같으면 이 메일(E-mail)로 자주 연락하고 체크 할 수 있어야 한다. 그러나 무엇보다 중요한 일은 어려서부터 혼자서 문제를 해결 할 수 있는 힘과 자생력을 길러 주는 것이 전제가 되어야 한다.

✏️ 유학생들의 과외학습 문제

미국의 학교는 1년에 4차례의 방학 내지는 휴가기간이 있다. 이중에서 여름 방학은 무척 길다. 이 여름 방학동안 미국학교는 다양한 유형의 교육 프로그램을 마련해 놓고 있으므로 이 가운데서 자신에게 필요한 것을 선택하여 참여하면 상당히 유익할 것이다. 그런데 이 긴 여름방학 동안

유학생들은 한국에 돌아와 또 과외를 한다고 한다.

더구나 그 과외가 다름 아닌 토플점수를 올리기 위한 것이며, 점수를 올리기 위해 문제의 의미는 모르더라도 답을 찾아내는 요령을 배우기도 한다니 기막힌 일이다. 이런 식으로 공부해서는 대학진학이 어려울 뿐만 아니라, 요행히 대학에 진학한다 해도 대학공부를 따라 가기가 어려울 것은 너무나 명백하다.

✏️ 방학 때도 귀국하지 못하게 하고 그곳의 문화를 경험하게 한다

미국대학은 우리와는 달리 입학보다 졸업이 훨씬 어렵다. 유학을 보내는 목적이 건전하지 못할 때 좋은 방법이 등장할 리가 없다. 좀더 폭넓고도 대국적인 안목을 가지고 자녀유학에 신경을 써야 한다. 그럴 때 자녀들도 세계를 대상으로 하여 경쟁할 수 있는 능력을 키워나갈 수 있을 것이다.

앞에서 언급한 것처럼 미국에는 1년에 4차례의 길고 짧은 방학이 있다. 그중 겨울방학과 봄, 가을의 휴가기간은 상당히 짧다. 여름 방학기간은 상당히 길기에 일정한 시간 한국에 나와 휴식을 취하는 것도 좋다. 그러나 나머지의 짧은 휴가기간은 가능한 한 홈스테이 등을 통해 현지 아이들과 어울리면서 그들의 문화를 배우는 것이 현명하리라 생각한다.

내 아들은 1995년 13세의 나이에 유학 길에 오른 후 대학에 합격하기 전인 2000년 중간까지 단 한번도 한국에 나온 적이 없었다. 대신 우리 부부들이 비교적 자주 미국에 드나들었다.

아들은 인디애나 음대에 합격한 작년 여름, 한국을 떠난 지 6년만에 고국의 땅을 밟을 수 있었다.

■ 수준 있는 미국 사립학교의 규칙은 엄격하다

학교에 입학하게 되면 학교에서 여러 안내 책자들이 우편으로 날라 온다. 그 가운데에는 학교의 제반 규칙과 상벌 규정도 포함되어 있다. 자녀들이 학교에 빨리 적응하기 위해서는 학교의 여러 안내 책자의 내용을 잘 읽고 숙지해야 한다. 그런데 그 가운데서 학교의 규칙과 이에 수반되는 상벌 규정은 특히 유의해서 알아두어야 할 것이다.

우리의 상식으로는 그리 큰 잘못이 아닌 것처럼 보이는 일들이 외국인들의 정서와는 크게 다를 수 있으며, 이로 인해 무거운 벌을 받거나 심지어는 퇴학을 당하는 일까지 발생할 수 있다. 로마에서는 로마의 법을 따라 로마인처럼 행동해야 한다.

❍ 아이를 통제할 능력이 없는 부모는 아이의 조기유학을 포기하는 것이 현명하다.

✏️ 로마에서는 로마법을 따라야 한다

나는 유학 초에는 아들의 영어 읽기 능력이 어느 정도의 수준에 오를 때까지 한동안은 학교에서 오는 중요한 우편물들의 내용을 요약, 발췌하여 아들에게 보내주었다. 그리고 학교규칙과 상벌규정은 완전히 번역하다시피 하여 보내주어 뜻하지 않은 피해를 당하지 않도록 힘썼다.

미국 문화의 특징 중의 하나가 합리주의다. 인정이라는 것이 잘 통하지 않는다는 사실을 이해하고 학교의 제반 규칙을 잘 이행할 수 있도록 지도해야 한다.

■ 조기 유학의 적절한 시기

요즘은 조기 유학을 보내는 연령을 낮추려고 하는 경향이 있다. 이왕 보낼 바에야 하루라도 일찍 보내어 영어도 빨리 배우고 유학하는 나라의 문화에 신속히 적응시키려는 의도인 것으로 보인다. 그러나 조기유학도 적절한 시기가 있다. 물론 약간의 개인차이는 있으나 중2, 중3 시절이 적절한 것으로 전문가들은 한결같이 말한다.

이때쯤 되면 한국어를 잊을 염려도 없고 한국인으로서의 정체성도 어느 정도 형성되기 때문이다. 너무 일찍 보내면 한국어도 잊어버리는 등 국가 정체성이 상실되어 유학 후에 한국에서 생활하기가 어려우니 그 만큼 운신의 폭은 좁아진다. 두 가지 언어를 다 구사할 수 있어야 한다. 그리고 진정한 세계 시민이 되기 위해서도 주체성 있는 한국인이 되는 일이 우선되어야 하는 것이다. 아들은 중1 과정을 마치고 유학 길에 올랐는데 대학생이 된 지금에도 한국적인 예절을 잘 지키며 우리말도 잘 구사하고 있어 별다른 이질감은 느끼지 않는다.

■ 조기 유학의 효과는 언제 나타나는 것일까?

많은 돈과 노력을 들여 조기유학을 보낸 부모들은 유학의 효과를 가능한 한 신속히 보고 싶을 것이다. 그래서 생각한 것보다 빨리 그 효과가 나타나지 않으면 아이를 다그치기도 하고 낙심하여 조기유학을 그르치는 경우도 있다. 그리고 앞에서 말한 것처럼 유학하는 나라에서, 또는 방학중에는 한국에서 과외를 집중적으로 시키기도 한다.

이점에 대해 나의 경험에 의한 결론은 이렇다. 조기 유학생들이 현지의 아이들과 대등한 상태에서 경쟁할 수 있는 능력을 갖추기 위해서는 대략 5년 안팎의 세월이 요구된다. 한국의 조기유학생들이 가장 어려움을 겪는 것은 앞에서도 얘기한 바와 같이 영어의 쓰기와 읽기 능력이다.

흔히 조기 유학을 시작하는 한국 학생과 정상적인 능력을 갖춘 같은 학년의 미국 사립학교 학생과의 영어능력 차이를 전문가들은 5년 내지는 6년의 학년수준 차가 나는 것으로 보고 있다. 내 아들은 8학년(중2)부터 유학을 시작하여 어려운 과정을 거치며 사립고등학교를 졸업하였다. 아들의 8학년의 여름방학 때 나는 아들을 처음으로 방문하여 아들의 영어 독본을 보고는 정말 크게 놀랐다. 한국의 대학생들이 보는 영어 소설들을 교재로 쓰고 있었던 것이다.

그러나 아들은 여러 차례 실패를 거듭하며 영어에 점차 익숙해졌는데, 한국에서 초등학교 시절 독서를 많이 했던 것이 결정적인 도움이 되었다. 학년이 올라갈수록 성적은 향상되어 12학년으로 졸업할 때는 우등생은 아니지만 좋은 성적을 거두고 인디애나 음대에 합격할 수 있었다. 5년의 조기유학이 나름대로 효과가 드러난 것이라 할 수 있을 것이다.

✏️ 조기유학의 효과는 대학 입학 후에 나타났다

그러나 미국의 대학은 학생의 학력만이 아닌, 다양한 평가 기준을 내세워 학생들을 선발한다. 공부만 잘해서 합격할 수 있는 것이 아니다. 따라서 현지 학생들과의 경쟁을 위해 필요하다고 말한 5년이라는 시간은 어린 유학생이 한 나라의 문화에 충분히 적응하는데 소용되는 시간이며 그러한 문화적인 적응이 이루어질 때 현지 학생에 버금가는 쓰기와 독해 능력도 형성할 수 있다고 생각한다.

어쨌든 아들의 그 동안의 조기유학의 효과는 대학에 들어간 후 본격적으로 드러났다. 금년 아들은 인디애나의 1년을 마치고 여름방학을 맞이해 귀국했다. 아들의 얼굴은 고된 대학생활로 인해 반쪽이 되어 있었으나 A와 A플러스로만 수놓은 1학년 성적표를 그 동안의 부모의 노

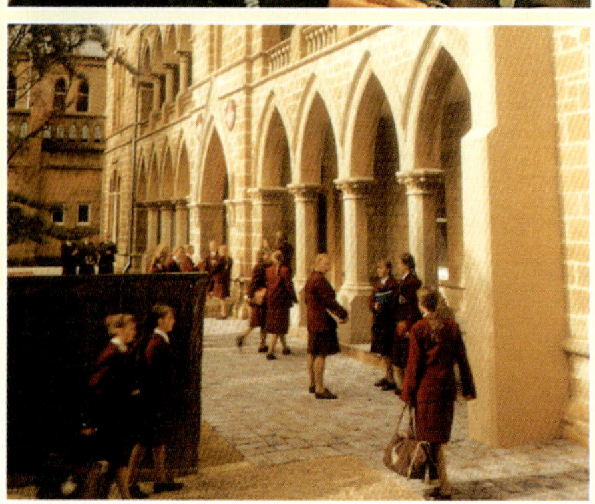

❶ 짧은 휴가 동안은 그곳에 머물면서 그들의 문화를 배우게 하는 것이 현명하다.

고에 대한 보답으로 선사해 왔던 것이다.

학교의 선생님을 방문해야 하는 일도 생긴다

나는 아들의 학교를 여러 차례 방문하여 선생님들을 만났다. 영어 회화가 부족한 나로서는 곤혹스러운 일이었으나 때로는 직접, 때로는 아들의 통역을 통해 선생님들과 대화를 나누었다. 부모로서 아들의 학교를 방문하여 선생님을 만나 상의하는 일은 대단히 중요하고 필요한 일이다.

미국의 선생님들도 자녀 교육에 성의가 있는 학부모를 좋게 평가하며 학생을 위해서 나름대로의 배려를 해주니 동서양을 막론하고 인지상정이란 말이 통한다. 이때 학교를 방문하면서 정성이 깃 든 조촐한 선물을 마련하는 것은 좋으나 지나치면 오해를 받는다. 비싼 것보다는 특징 있는 선물이 좋은데, 한국에서 우리의 특색을 살린 선물을 미리 준비하였다가 선물하면 대단히 좋아한다.

나의 경우는 선생님들을 여러 차례 만난 일로 인해 뜻하지 않은 혜택을 받기도 했다. 즉 IMF 시대에 2년에 걸쳐 12,000달러의 장학금을 받은 일이다. 미국의 학교는 꼭 공부를 잘하는 학생에게 장학금을 주는 것은 아니다. 나의 아들은 그 당시 학교성적이 중간정도 머물기에 바빴으나 음악과 축구로서 학교에 봉사한 공적이 인정되어 장학금을 받은 것인데, 이 당시의 12,000달러는 대단히 큰돈으로 아들유학에 감로수와 같은 역할을 해 주었다.

유학 경비에 대하여

나는 평범한 고등학교 교사이다. 많은 사람들이 교사인 내가 아들을 조기유학, 그것도 음악을 전공으로 하는 유학을 보낸 것에 대해 신기해하고 궁금해 한다. 그 유학이 IMF라는 장애에도 중단되지 않았고 7년이 다 되어 가는 지금까지 유지되고 있으니 나의 경제사정을 잘 아는 주위의 친척들이 더욱 신기해할 따름이다.

이제 아들은 대학생이 되어 1년 정도 지났으니 장학금을 받든, 학비 보조를 받든, 또는 아르바이트를 하든 스스로의 학비를 벌 수 있기를 바라고 있으며, 아들도 그럴 생각인 모양이다. 참고로 아들을 처음으로 유학 보냈던 1995년을 기준으로 하여 1달 유학경비의 내역을 소개한다.

한달 유학 경비

1) 등록금 : 1000달러(1년 치의 수업료를 매달 분할해서 낸 것)
2) 집세 : 700달러
3) 전화 · 전기세 : 70달러
4) 식비 : 530달러
5) 용돈 : 300달러(용돈이라고는 하지만 생각 외에 드는 경비)
6) 바이올린 레슨비 : 400달러

합계 : 3,000달러

유학 보낼 당시의 경비 내역

이외에 유학초기에 국제 전화를 이용해야 했는데 1년에 15만원정도 들었고 여름방학에 써머 스쿨을 다닐 때는 과외의 지출이 있었다. 우리 부부가 1년에 두 차례씩 미국에 드나들었는데 항공료가 4,000달러 소요되었다. 그러니까 1년 유학에 대략 40,000달러가 지출되었다. 중간에 IMF가 있어서 몇 차례 큰돈이 들어가기는 했으나 Ned의 집에서 홈 스테이를 1년반 하면서 18,000달러를 절약했고 학교로부터 12,000달러를 보조받기도 한 것이 큰 도움이 되기도 하였다.

그리고 다행히 내가 영어독해가 가능했기 때문에 학교에서 오는 많은 양의 우편물(Mail)들의 내용을 아들에게 직접 알려줄 수 있었고, 학교에 제출하는 서류 같은 것들도 내 스스로 작성할 수 있어서, 이것을 타인에게 의뢰했을 때 드는 경비를 절약할 수 있었다.

음악을 전공으로 한 조기유학

지금까지 많은 지면을 이용하여 조기유학에 대한 나의 일반적인 체험을 이야기했다. 그러나 나의 경우는 그리 흔치 않는 음악을 전공으로 하는 조기 유학이었다. 이제 자녀들에게 음악을 전공시키고자 하시는 부모님들을 위한 조기유학 이야기를 하려고 한다.

✎ **최초의 실패**

자녀를 관심 있게 키우다 보면 아이의 재능이나 적성을 어렵지 않게 발견할 수 있는 것이라 생각한다. 나는 아들이 어려서부터 음악에 재능이 있다는 사실을 본능적으로(?) 알아 차렸다. 물론 음악 외에도 몇 가지의 특징이 눈에 띄지 않은 것은 아니었다. 책읽기와 운동을 무척 좋아했고 공부도 곧잘 했다. 글짓기 대회에서 상을 받은 적도 있다. 그러나 우리 부부는 음악이라는 험난한 길을 아들로 하여금 선택하게 했다.

아들은 피아노를 전공으로 한 엄마에게서 5살 때부터 피아노를 배우기 시작했고, 7세부터는 바이올린을 배우기 시작했는데 초등학교 2학년 때 바이올린 선생님으로부터 바이올린을 전공으로 결정할 것을 권유받았었다. 아들은 가르치는 선생님들로부터 잘한다는 칭찬을 한결같이 받았다.

그러나 아들의 유년기는 많은 양의 독서와 여행, 등산, 야영 등으로 점철되어 바이올린에만 치중하여 교육받은 아이들보다 기능 면에서 뛰어나지는 못했을지도 모른다. 하지만 우리 부부는 서둘지 않았다. 오히려 진정 훌륭한 음악인이 되기 위해서는 인문적인 교양과 전인적인 품성이 뒷받침되어야 한다는 것이 나의 철석같은 교육신조였다.

어쨌든 아들은 활기 넘치는 초등학교 생활을 마치고 이름을 대면 누구나 알만한 예술중학교에 응시했다. 아들을 지도해온 선생님들은 모두 합격을 장담하다시피 했다. 그러나 아들은 실패했다. 아들로서는 태어나서 최초로 겪는 좌절이었다. 그러나 나는 아들의 능력을 결코 의심하지 않았다. 전인 교육에 많은 시간을 투자해 온 것이 오히려 불합격의 원인이 되었던 것이다. 그러나 인생만사 새옹지마, 이때부터 우리부부는 조기 유학을 결심했고 오늘에 이르게 되었던 것이다.

🖊 악기 문제

아들의 조기유학을 결심하는 데에는 악기문제가 한몫 거들기도 했다. 다른 악기와는 달리 바이올린은 가격이 천차만별이다. 그야말로 몇 만원부터 수십억 원에 이를 정도.

아들은 초등학교 3학년 때 성인용 싸이즈로 바이올린을 바꾸었다. 이 당시 우리로서는 초등학생이 쓰기에는 괜찮은 악기를 사주었다고 생각했으나 주위의 전공학생들을 보니 그게 아니었다. 수 천만원 대는 물론이고 억 단위의 고급 악기를 쓰는 것을 보고는 적지 않은 스트레스를 받았다.

그러나 우리 부부는 비싼 악기를 살 바에야 차라리 그 돈으로 유학을 보낼 것을 결심하였던 것이다. 아들은 유학 중 미국의 여러 선생님들로부터 레슨을 받았으나 악기를 더 고급으로 바꾸라는 권고를 받은 일이 한번도 없었다. 그리고 아들은 초등학교 3학년 때 구입한 그 악기로 인디애나 음대에 합격하였다. 대학 2학년이 된 아들은 지금도 그 악기를 가지고 공부를 하고 있다.

🖊 고난의 시간들

아들의 8학년부터 12학년까지 5년간의 세월은 눈물겨운 고난의 시간들이었다.

아들로 하여금 5년여의 고통을 감당할 수 있게 해준 것은 무엇이었을까? 그것은 바로 '자신감'이었다. 만일 주위의 사람들이 내가 아들을 위해 해준 가장 큰 것이 무엇인지를 묻는다면 나는 '자신감을 심어준 일'이라고 말할 것이다. 아들은 미국의 부유한 계층의 현지 아이들과 어울리면서도 전혀 위축되지 않았다.

나는 어려서부터 아들을 격려해 왔다. 그리고 아들은 아빠를 신뢰했기에 아빠가 해주는 격려의 내용들을 그대로 받아들일 수가 있었던 것이다. 돌이켜 볼 때 그 고난의 순간들은 가치가 있었다. 그 고난이 아들의 성장을 촉진시켰기 때문이다. 그 고난의 과정이 없었다면 오늘의 아들도 없었을 것이다.

🖊 음악원인가? 아니면 음악대학인가?

미국에서 음악을 공부하는 고교생들은 상급학교 진학에서 서로 성격이 다른 둘 중의 하나의 과정을 선택해야 한다. 즉, 음악원으로 갈 것인지 음악대학으로 갈 것인지를 선택해야 하는 것이다. 음악원은 실기를 중심으로 공부해온 학생들에게, 그리하여 연주가의 꿈을 안고 있는 학생들에게 적합하다. 그리고 음악대학은 인문교과의 공부도 상당 수준에 있는 학생들에 적합한과정이다.

흔히 명문 음대들은 토플성적 600점 이상을 요구하기도 한다. 물론 음악원들도 일반대학과 연계되어 졸업에 필요한 교과에 대한 학점을 이수토록 요구하기도 하고, 음악대학에서 공부한다고 해서 연주자로서의 길이 막힌 것도 아니다.

아들은 자연스럽게, 그리고 순리대로 음대에 진학했다. 자녀들을 음악유학 시키시는 분들은 이 사실을 미리 알고 자신의 입장에 맞게 체계적이고 통일성 있는 진로지도를 하기를 바란다.

▌후회하지 않은 선택

조기유학을 앞두었거나 조기유학을 계획하고 있는 분들이 이 글을 읽고 어떠한 결론을 내리든 간에 여러분의 자녀 교육에 도움이 될 수 있기를 바란다. 작년, 나의 아들이 인디애나 대학에 합격한 후 6년만에 귀국했을 때 내가 물어보았다.

"세월을 6년 전으로 돌릴 수 있다고 하자. 그래도 너는 조기유학을 원하니?"

6년간의 어려운 세월을 체험하고 난 지금에도  다시 시작할 마음이 있는지를 물어본 것이다. 아들은 잠시 생각에 잠기더니 답했다.

"예, 도전할 거예요. 아빠는 어떻게 생각하세요?"

나는 아들을 바라보며 미소지었다. 그리고 다음과 같이 대답했다.

"나도 틀림없이 도전할 거다!"

8
PART

연령별 게임과 놀이

똑똑한 아이로 키우려면 어휘력, 지각력, 수리력, 사고력 등이 고루 발달해야 하는데 그러기 위해서는 성장발달에 따른 개월별 게임과 놀이가 필요하다. 매일 조금씩 다양한 놀이와 게임을 통해 아기의 신체와 두뇌, 그리고 언어와 사회성 발달을 자극해 보자.

두 · 뇌 · 발 · 달 · 을 · 돕 · 는

	0~6개월	7~12개월	13~18개월
성장 발·달·놀·이	● 앞에 있는 물건 잡기 ● 엎드려서 두 팔 짚고 머리와 가슴 일으키기 ● 통 안의 물건 꺼내기 ● 혼자서 앉기	● 장난감 밀며 기어가기 ● 소리나는 악기 두드리기 ● 공 굴리기 ● 엄마와 집게손가락으로 물건 집어 올리기 ● 양손으로 잡아 마시기 ● 블럭 옮기기 	● 혼자 걷기 ● 거꾸로 끌어당기기 ● 무릎 위에서 흔들어주기 ● 계단 기어오르기 ● 가방 운반 놀이 ● 공 굴리기 ● 탑 쌓기 ● 전화기 놀이
지능 발·달·놀·이	● 거울놀이 ● 냄새맡기 놀이 ● 촉감 놀이 ● 책 읽어주기 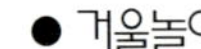	● 낙서하기 ● 장난감 찾기 ● 퍼즐놀이 	● 퍼즐 맞추기 ● 음악에 맞춰 춤추기 
시력 발·달·놀·이	● 응시놀이 ● 시야 넓히기 놀이 ● 까꿍놀이 	● 이불 넘어가기 ● 거울놀이 ● 짝짜꿍·잼잼·곤지곤지놀이 ● 아기나 동물 사진 보여주기 	● 움직이는 장난감 가지고 놀기 ● 블럭놀이 ● 텔레비전 보기 
언어 발·달·놀·이	● 옹알이 대꾸하기 ● 다양한 소리 들려주기 	● 동화 녹음해 들려주기 ● 이름 알기	● 두 개의 다른 음절 결합하기 ● 통 안에 물건 넣기 ● 숨긴 물건 찾기 ● 신체 부위 가르키기 ● 식구들 이름 말하기
사회성 키·우·기·놀·이	● 쳐다보며 옹알이 해 주기 ● 악손놀이 ● 목말타기 ● 입으로 물건 가져가기 ● 다른 사람의 얼굴 표정 보고 미소 짓기	● 거울보고 미소 짓기 ● 대인관계 가르치기 ● 물건 줄 때 손 내밀기 	● 거울에 비친 자기 모습에 반응하기 ● 아기 얼굴 그리기 ● 돌탑 쌓기 놀이 

연 · 령 · 별 · 게 · 임 · 과 · 놀 · 이

19~24개월

- 구슬 꿰기
- 장난감 자동차 타고 놀기
- 계단 걸어 오르기
- 크레파스로 선 긋기
- 허리를 굽혀서 물건 집어 올리기
- 계단을 뒤로 기어 내려가기
- 인형 옷 입히기

- 모래놀이
- 구슬꿰기
- 밀가루 반죽놀이

- 두 발 동시에 구부리고 펴기
- 고구마 굴리기
- 앞으로 출발
- 안구운동 놀이

- 음식 이름 말하면서 달라고 하기
- 동물 이름 말하기 · 소리내기
- 손 인형 놀이

- 인형 밥 먹이고 잠 재우기
- 동네 한 바퀴 돌기

25~36개월

- 동그라미 그리기
- 음악에 맞춰 행동 따라하기
- 블럭과 똑같은 모양 만들기 놀이하기

- 흉내내기 놀이
- 종이 오리기
- 숫자놀이

- 두발 동시에 차기
- 한 발 차기
- 비행기 놀이

- 책에서 그림 지적하기
- 엄마 · 아빠 놀이
- 소꿉놀이
- 사진 보며 이야기 나누기

- 요리하기
- 애완동물과 놀기
- 공주님 행차놀이
- 동물 회의 놀이
- 우리는 어깨동무 친구

37~48개월

- 볼링
- 가위질하기
- 줄넘기
- 건너뛰기
- 깡통다리로 걷기

- 같은 글자 오리기
- 끝말잇기
- 과거 · 현재 · 미래 놀이

- 신발장 정리하기

- 수수께끼 놀이
- 자연학습 놀이

- 공놀이
- 복잡해진 블럭놀이

49~60개월

- 꼬불꼬불 걷기
- 뒤로 던지기
- 철봉 매달리기
- 축구하기
- 공치기

- 홀짝놀이
- 정전기 놀이
- 물고기 잡기
- 돋보기 놀이

- 롤러코스터 놀이
- 눈동자 놀이

- 명시 외우기
- 이야기 꾸미기
- 그림 그리기 놀이

- 화산 만들기
- 체크 무늬 천 짜기
- 윷놀이

키도 쑥쑥, 몸도 튼튼, 건강한 아이로 키우는

성장발달을 위한 놀이

아기가 조금씩 자라나면서 엄마와 함께 하는 적당한 놀이나 운동은 아기의 근육을 제대로 발달시켜
앉기, 서기, 걷기 등을 쉽게 하도록 도와준다. 매일 시간을 내서 아기와 가벼운 놀이나 운동을 해보자.
엄마가 부지런히 움직여야 아기가 쑥쑥 잘 자라고 건강해진다.

0 ~ 6개월

생후 3개월 무렵이면 소리를 듣고 팔다리를 흔들어 반응하지만 색상은 아직 구별하지 못한다. 따라서 이 시기에는 색조대비가 강한 흑백의 장난감을 이용하는 것이 효과적이다. 음악에 따라 천천히 움직이는 모빌 등도 좋은 자극이 된다.

4~6개월에는 주변 세계에 관심을 가지게 되며 목을 가누어 고개를 들 수 있다. 눈에 보이는 것을 손을 뻗어 잡고 무엇이든 입으로 가져가 빤다. 이 시기에는 색깔이 있는 장난감이 좋다. 이가 날 무렵에는 잇몸이 근지러워 입에 닿는 것은 무엇이든 깨물려고 하는데 이때 치아발육기를 주면 도움이 된다. 고를 때는 색이나 모양이 예쁜 것, 깨물어도 안전한 것, 색상이 벗겨지지 않는 것을 선택한다.

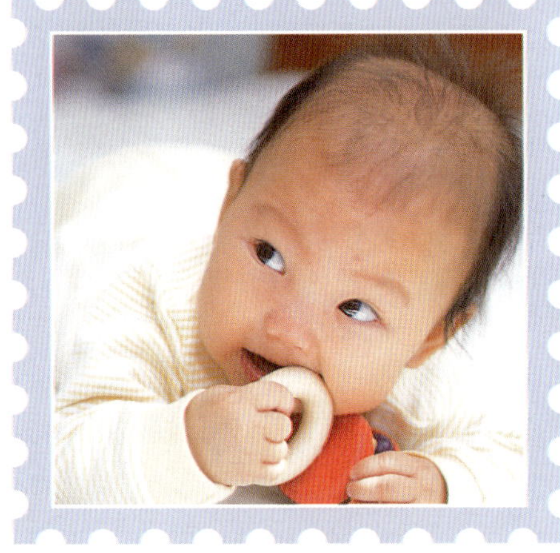
❶ 목을 가눌 수 있게 되면 주변 세계에 관심을 가지게 된다.

이 시기에 하면 좋은 놀이

♣ 손을 내밀어 앞에 있는 물건 잡기

1 … 엄마가 아기를 무릎에 앉히고 아기가 좋아하는 물건이나 우유병, 고무풍선, 장난감 등을 아기가 손을 뻗어야 닿을만한 곳에 둔다. 아기가 앞에 있는 물건에 손을 내밀지 않으면 물건을 아기 가까이에 가져가 관심을 끌어본다.

❶ 아기 앞에 좋아하는 물건을 놓아 손을 뻗어 잡게 한다.

2 … 아기가 손을 내밀면 그 물건을 조금씩 위로 올린다. 아기가 잡기 위해 손을 뻗으면 잘했다고 칭찬해 준다.

3 … 그런 다음 아기를 눕힌다. 엄마 목에 밝은 색 스카프를 두르고 몸을 숙여 아기가 스카프를 만질 수 있도록 해준다.

4 … 아기가 스카프를 잡거나 잡으려고 하면 미소를 지으며 칭찬해 준다. 만 2개월 정도면 가능한 놀이다.

♣ 아기 팔에 방울 달린 팔찌 끼워주기

1 … 아기 팔을 잡아주어 자신의 손을 볼 수 있게 해준 다음 아기 손을 흔들어서 아기의 관심을 끈다.

2 … 아기 손을 아기 얼굴에 갖다 대주어 자신의 얼굴을 만지게 해준다.

3 … 아기 팔에 '방울 달린 팔찌' 등을 끼워서 자신의 손이 움직일 때마다 소리가 나는 것을 알게 해준다. 만 3개월 정도에 적당하다.

♣ 엎드려서 두 팔 짚고 머리와 가슴 일으키기

❶ 두 팔을 짚고 엎드려 머리와 가슴을 들어 올리게 한다.

1 … 만 4개월 정도에 좋은 놀이로, 아기를 마룻바닥에 엎드려 놓고 머리 위에서 소리나는 장난감이나 딸랑이, 방울 등을 흔들어서 아기가 위를 쳐다보기 위해 머리를 들도록 한다.

2 … 아기를 베개 위에 엎드려 놓고 말을 걸거나 딸랑이 등을 흔들어 엄마를 쳐다보게 한다. 낮은 베개를 사용하면 몸을 더 많이 일으키게 되므로 효과적이다.

3 … 엎드려 있는 아기 앞에 거울을 놓고 아기가 고개를 들도록 소리를 내거나 말을 걸어본다. 아기가 머리를 들어올릴 때 머리, 배, 팔, 근육이 발달하게 된다.

♣ 열려진 통에 손 집어넣어 물건 꺼내기

1 … 통 속에서 물건 꺼내는 것을 엄마가 아기에게 보여주면서 '꺼낸다'고 말하며 여러 번 되풀이해 준다.

2 … 그런 다음 그 물건을 다시 넣고 통을 가리키며 아기에게 '꺼내보자'고 말한다. 이때 아기가 물건을 꺼내도록 아기의 손을 잡고서 가르쳐준다. 만 5개월 정도에 한다.

♣ 혼자서 앉기

1 … 엄마가 바닥에 앉아서 아기를 두 다리 사이에 앉힌 다음 아기가 두 손으로 엄마 다리를 짚고 지탱할 수 있게 해준다.

2 … 아기가 바닥을 짚고 앉도록 해주고 앉아 있는 동안에 아기의 어깨를 가볍게 눌러준다. 아기의 눈높이에 흥미를 끄는 물건을 준비해 두면 오래 앉혀둘 수 있다.

point 베개를 아기 둘레에 쌓아서 아기 몸이 기울어지면 베개 받친 것에 닿도록 해준다. 그런 다음 엄마가 아기와 마주보고 다리를 뻗고 앉아서 아기에게도 공이나 장난감 등을 준다. 오랫동안 연습하면 만 6개월 무렵에는 좀 더 앉아있게 된다.

♣ 여러 가지 손 운동

만 6개월이 되면 아기의 손가락과 손을 능숙하게 발달시켜 줌으로써 여러 가지 필수적인 기술들을 익히게 해주는 놀이를 한다.

- **활동판** – 다양한 활동들을 통해 아기는 소근육 운동 기술들을 연습할 기회를 많이 갖게 된다.
- **실제 가정용품이나 장난감 가정용품** – 아기들은 가정용품이나 가정용품 모양으로 된 전화기, 숟가락, 계량컵, 주전자, 종이컵 등을 좋아한다.
- **손가락 게임** – 처음에 부모가 짝짜꿍 놀이, 눈·코·입 맞추기 놀이 등 손으로 하는 놀이를 직접 시범을 보여 주면, 아기가 금방 잘 따라한다.
- **공** – 천으로 만든 다양한 크기의 공은 앉아서 굴릴 수 있고, 아기가 공을 따라 다닐 수도 있다.
- **블럭** – 나무나 플라스틱, 천 등으로 만든 단순하고 크기가 다양한 입방형 블럭을 가지고 놀도록 한다.

❖ 블럭놀이를 통해 아이가 손을 능숙하게 사용하게 한다.

7～12개월

생후 7~8개월경이 되면 아기가 양손을 자유롭게 사용할 수 있게 된다. 이 시기에 헝겊으로 된 공같은 엄지와 검지를 많이 사용하는 장난감을 가지고 놀면 손가락과 손의 근육이 발달된다. 특히 검지의 앞 부분에는 대부분의 신경세포가 밀집되어 있어 반복적인 자극을 주면 두뇌발달에도 효과가 있다.

이 무렵에는 기어다니는 것이 점차 능숙해지고, 붙잡고 일어서면서 발을 옮겨놓기 시작하며 자유롭게 이동할 수 있게 되고, 입으로 물건을 빠는 일이 적어진다.

이 시기에 하면 좋은 놀이

♣ 기어가기

기는 것은 앞으로의 운동기능 발달에 매우 중요한 일이다. 만 7개월이면 기어가기 운동을 시켜본다.

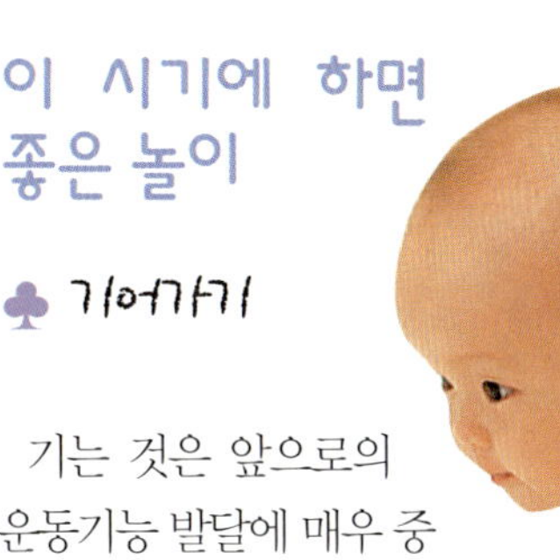

❖ 아기 앞에 장난감을 놓으면 집기 위해 기게 된다.

---

1 … 아기를 바닥에 두고 아기가 좋아하는 장난감이나 과자 등을 아기 손이 조금 못 미치는 곳에 둔다. 아기가 앞에 놓인 장난감이나 과자를 보도록 하기 위해 마룻바닥을 두드리며 아기에게 말을 건다.

2 … 아기가 장난감이나 과자에 손을 뻗으면 그것을 상으로 아기에게 준다.

3 … 아기가 잘하면 점점 물건들을 아기에게서 멀리 떨어진 곳에 둔다. 그러나 처음부터 멀리 두지는 않는다. 아기가 그것들을 향해 기어가다가 먼저 포기할 수도 있기 때문이다.

point 아기가 기는 자세에서 한쪽 발을 뒤로 잡아당겼다가 놓아주면 아기는 반사적으로 그 발을 앞으로 당기게 된다. 양쪽 발을 번갈아 해주다가 차차 발 잡아당기는 힘을 약하게 하고 나중에는 발만 잡아준다.

엄마도 기는 동작을 하면서 팔을 움직이고, 다리도 움직여 보여주면서 '장난감 가지러 가자' '아빠 찾으러 가자'라고 말하여 기는 행동이 아기에게 어떤 목적을 위한 행동임을 느끼게 해준다.

놀이를 중단시킬 때의 요령

놀이에 열중해 있을 때 "이제 그만 하자."고 하면 아이는 저항을 보인다. 식사시간이나 잠잘 시간이 다 되었을 때, 남의 집에 있다가 돌아갈 시간이 되었을 때, 계속 놀고 싶어하는 아이를 어떻게 하면 잘 설득할 수 있을까.

● 놀이를 끝내기 몇 분전에 마음의 준비를 시킨다

우선 놀이를 중단하게 하기 몇 분전에 "자, 이제 밥 먹어야지." "이젠 잘 시간이 다 되었구나." "집에 돌아가야 할 시간이야."하고 알려 준다. 아이가 장난감과 헤어질 마음의 준비를 할 수 있

도록 도와주는 것이다. 그러면서 엄마가 "자, 안녕, 장난감 트럭아, 안녕, 레고 블럭아."하며 장난감 정리를 시작한다. 그러다 보면 아이는 적극적으로 이 놀이를 끝낼 수 있게 된다.

이렇게 함으로써 엄마 역시, 아이가 결코 엄마의 강요에 의해서 움직이는 것이 아니라 창조적인 가르침을 필요로 하는 자신의 의지를 가진 한 사람임을 이해하게 될 것이다.

❖ "강아지가 피곤하니깐 재울까?" 라는 말로 놀이를 끝내게 한다.

♣ 소리나는 악기 두드리기

1 … 엄마가 먼저 안에 구슬이 들어있는 북을 두드려 보인다. 두드리면 구슬이 튀는 소리가 나는 거북이 모양의 북, 그냥 소리만 나는 북 등 모양과 소리가 여러 가지이므로 다양하게 준비한다.
2 … 엄마가 북을 두드리면 아기도 바로 따라 한다. 북을 두드리면 칭찬해 준다.
3 … 북 대신 실로폰이나 탬버린도 좋다.

point 북 같은 장난감 대신 양동이나 바구니, 쟁반 등 집안의 물건을 두드릴 때는 한 번 두드리도록 허락한 것이 아기가 앞으로 계속 두드려도 혼내지 않는 것이 좋다. 같은 물건인데도 두드려도 될 때가 있고 안 될 때가 있으면 아기가 혼란스러워 할 수 있다.

♣ 건전지나 태엽으로 움직이는 장난감 가지고 놀기

1 … 아기 앞에 건전지나 태엽으로 움직이는 장난감을 놓아주면 아기는 장난감을 잡으려고 몸을 움직이게 된다.
2 … 엄마는 아기 옆에 앉아 아기가 움직이다 다치지 않도록 주의한다. 장난감이 너무 빨리 움직

이거나 움직이는 동작이 크고 소리가 큰 것은 아기를 놀라게 하므로 좋지 않다.

♣ 공 굴리기

공은 아기가 성장할 때까지 다양하게 사용할 수 있다. 7~8개월 시기에는 보통 손으로 잡거나들어서 굴리는 것이 보통이므로 잡기 쉽도록 비닐이나 헝겊과 같이 부드러운 소재로 된 것을 고른다.

1 … 아기 바로 앞에 헝겊공을 굴려준다.
2 … 그러면 아직 잘 기어다닐 수 없는 아기라도 몸을 앞으로 굽혀 잡을 수 있고 그렇게 함으로써 기는 것을 자극할 수 있다. 공을 잡으면 칭찬해 준다. 폭신한 촉감에 여러 가지 색으로 만들어진 공은 아기들의 촉감·색채 자극 효과도 있다.

♣ 엄마와 집게손가락으로 물건 집어 올리기

1 … 쟁반 위에 과자나 끈적

❶ 사탕이나 과자를 놓고 집게손가락으로 들어올리는 연습을 시킨다.

신체발달을 돕는 놀이의 효과

어린아이는 태어날 때부터 '지적인 존재'는 아니다. 생후 2년 동안은 '사고'하기 보다는 감각과 운동을 통해 자기 중심적으로 세상을 이해하고 받아들이게 된다. 그 다음 2~3년 동안에도 '정신적 능력'보다 '신체적 능력'을 바탕으로 문제를 해결하고 자신의 능력을 발달시키는 것을 더 편안하게 여긴다고 한다.

아이들은 이처럼 생후 몇 년 동안은 모든 것을 손으로 만지며 느끼는 반복적인 활동을 통해 점차 세상에 대한 시력을 갖게 된다. 따라서 이 시기의 아이들에게는 모든 감각에 호기심을 줄 수 있는 자극과 이러한 자극을 자유롭게 탐색하고 조사, 실험할 수 있는 개방된 놀이환경이 좋다.

아이들의 발달단계에 맞는 놀이 환경과 활동은 아이들의 이러한 욕구를 만족시켜 주고 아이들의

능력에 확신을 주는 효과가 있다.

❶ 아이들은 정신보다 신체가 먼저 발달하므로 그에 맞는 환경을 만들어 주어야 한다.

거리는 건포도, 젤리 등을 담아 아기 앞에 놓아둔 후 엄마가 엄지와 집게손가락으로 집는 것을 보여 주도록 한다.
2 … 아기에게 쟁반 위에 있는 것을 집어 보도록 하고 잘 잡지 못하면 아기가 엄지와 집게손가락으로 잘 집을 수 있도록 엄마가 아기의 손을 잡고 도와준다.

❶ 아기가 들 수 있을 만한 컵에 물을 담아 양손으로 들고 마시게 한다.

♣ 양손으로 잡고 마시기

돌이 지나면 손가락 힘도 뛰어나서 우유병이나 컵 등을 양손으로 집어 입으로 가져 가기도 한다.

1 … 아기가 먹는 우유나 물, 또는 약간 걸쭉한 밀크 쉐이크나 크림수프 같은 음식을 컵에 담아서 먹을 수 있도록 준비해 두는 것이 좋다. 이때 음식을 너무 많이 담게 되면 컵을 드는 데 힘이 들뿐만 아니라 쏟을 수 있으므로 조금만 담아서 주도록 한다.
2 … 엄마가 아기 뒤에 앉아서 컵을 들어 입으로 가져가고 다시 내려놓을 수 있게 아기의 양손을 잡고 가르쳐준다.
3 … 아기가 잘하게 되면 칭찬해주고 아기 혼자서 잡고 마실 수 있도록 한다. 처음에는 약간 무거운 컵으로 연습하다가 익숙해지면 플라스틱 컵을 사용하도록 한다.

♣ 블럭 옮기기

블럭놀이는 연령에 따라 다양한 응용이 가능하다. 6~12개월까지는 블럭을 원래 담긴 그릇에서 다른 그릇으로 옮기는 손과 눈의 협응력(조화를 이루어 반응하는 능력)을 기를수 있고 손가락 힘의 균형 감각도 발달하게 된다.

1 … 한 쪽 바구니에 블럭을 5개정도 담아 놓은 다음, 엄마가 먼저 하나를 집어 다른 쪽으로 옮겨 담는다. 그런 다음 아이에게 블럭을 하나씩 옮기게 한다.

2 … 아이가 따라하면 잘했다고 칭찬해준다.

3 … 블럭을 마음껏 흩뜨리게 해서 어떤 느낌인지를 알게 한다. 엄마가 블럭을 부딪쳐서 소리를 들려주거나 큰 블럭 끼우기도 해본다.

13~18 개월

이 시기의 아이들은 감각이 점차 확실해져 색깔, 무게, 크기 등의 차이를 인지할 수 있다. 또 한 두 마디씩 말을 하기 시작하고 보다 많은 단어를 이해할 수 있게 된다. 이 시기에 같은 모양을 맞추는 놀이 등으로 아기를 자극하면 손과 손가락을 움직이는 기술이 세련되어지고 기억력도 키울 수 있다.

이 시기에 하면 좋은 놀이

♣ 혼자 걷기

13~15개월이면 균형감각 발달을 위해 걷기 훈련을 시키는 것이 좋다. 첫 돌이 지나면 대개의 아이는 혼자 걸을 수 있다. 만일 아이가 혼자 걷기를 싫어한다면 걷고 싶은 마음이 생길 수 있는 놀이를 해본다.

아이를 바닥에 세워두고 손을 잡고 뛰게 하거나 좋아하는 장난감을 굴려주는 것도 요령이다. 앉은 자세에서 일어나는 놀이나 아이 잡아당기기, 거꾸로 끌어당기기, 무릎 위에서 흔들어주기, 계단 기어오르기 등도 13~15개월에 할만한 놀이다.

1 … 아이를 벽이나 가구에 기대어 세워두고 엄마는 아이가 넘어지면 잡을 수 있는 거리에 떨어져 앉는다. 그런 다음 과자나 장난감을 내밀면서 엄마에게 오라고 한다.

2 … 1~2m 정도 간격으로 작은 의자 두 개를 놓아두고 아이를 그 가운데 세워둔다. 엄마와 아빠가 각각 먹을 것을 들고 의자에 앉아서 아이가 이쪽에서 저쪽으로 왔다 갔다 하도록 부른다. 점차 의자 사이의 간격을 조금씩 넓혀가고 아이가 잘할 때마다 칭찬해준다.

♣ 앉은 자세에서 일어나기

1 … 아이가 바닥에 앉은 자세에서는 손이 닿지 않는 곳에 엄마가 과자나 장난감을 들고 서 있는다. 그러다가 아이가 일어서면 과자나 장난감을 준다.

2 … 엄마가 아이에게 손을 뻗어서 일어서게 도와준다. 그리고 칭찬해 주면서 아이에게 과자를 준다.

3 … 아이가 스스로 일어서게 도움을 줄여간다.

4 … 의자를 이용해서 아이가 일어서도록 한다. 점점 더 낮은 의자를 준다.

5 … 아이를 맨 아래 계단에 앉히고 엄마 손이나 난간을 잡고 일어설 수 있게 도와준다.

6 … 아이를 상자나 낮은 의자에 앉힌 다음 무겁고 큰 의자를 아이 앞에 놓아서 잡고 일어서게 한다.

♣ 아이 거꾸로 끌어당기기

1 … 아이를 엎드리게 하고 엄마가 아이의 발목을 꽉 잡은 채 발, 허리, 배, 가슴, 머리의 순서로 바닥에서 떨어지도록 천천히 끌어올린다.

2 … 아이의 양손이 바닥에서 떨어질 때까지 끌어올릴 때는 위험하지 않도록 각별히 신경을 쓰면서 위로 올렸다 아래로 내렸다 하고,

① 아이의 몸이 바닥에서 떨어지게 끌어올린다.

② 아이의 다리를 잡고 좌우로 흔든다

③ 아이의 손바닥을 바닥에 붙인 다음 천천히 내린다.

Baby Clinic

월령에 따라 일어나기 쉬운 사고

아이가 성장하면서 새로운 기술을 익히게 되고 그로 인해 예기치 않은 사고가 나는 경우가 많다.

♣ 출생이후~6개월까지

- 아기 침대에서 떨어지거나 모서리에 부딪히는 사고
  - 뜨거운 물이나 가열된 물체에 의한 화상사고
  - 테이블이나 아기 시트에서 기저귀를 갈다가 떨어지는 사고
  - 자동차 사고

✪ 갑작스러운 사고로 아이가 다치지 않게 항상 조심한다.

♣ 6개월~12개월까지

- 장난감으로 인한 사고 – 끝이 뾰족한 것에 찔리거나, 작은 것을 삼키는 사고 등
- 뜨거운 커피를 엎지르거나 깨진 유리를 만지는 사고
- 보행기를 타고 넘어지거나 부딪히는 사고
- 넘어져서 테이블 모서리에 부딪히는 사고
- 자동차 사고
- 담배에 의한 화상사고

♣ 12개월~24개월

- 높은 곳에 올라갔다가 떨어지는 사고
- 수영장이나 욕조에서의 익사 사고
- 자동차 사고

좌우로 흔들어준다.

3 ··· 반대로 다시 내릴 때는 아이의 손바닥을 바닥에 충분히 붙인 다음 머리를 완전히 안쪽에 넣고 천천히 몸통 부분을 내린다.

♣ 아이 잡아당기기

1 ··· 아이의 손과 발을 뻗게 하고 만세 자세로 눕힌다.

2 ··· 엄마는 낮은 자세를 취하고 아이의 양 발목을 꽉 쥐고 천천히 끌어당긴다. 익숙해질 때까지는 방석 위에 눕힌 채 방석과 함께 끌어당겨 주어도 괜찮다.

3 ··· 여러 번 하여 몸이 이동한다는 감각을 익히게 한 후 아이의 양손을 잡아당기거나 배로 기는 자세로 해본다. 이때 위험하지 않도록 반드시 입고 있는 옷이나 바닥을 살펴보아야 한다.

♣ 공 굴리기

1 ··· 엄마가 아이와 함께 다리를 넓게 벌리고 1m쯤 떨어져 마주보고 앉아 아이에게 공을 굴려보낸다.

2 ··· 아이 손을 공에 얹어

엄마에게 되돌리도록 도와준다.

3 ··· 점점 더 멀리 떨어져 앉아 굴리면서 아이가 잘해갈수록 칭찬한다.

4 ··· 아이 뒤에 앉아서 아이 손을 잡고 굴러온 공 잡는 것을 도와준다.

♣ 무릎 위에서 흔들어주기

1 ··· 엄마가 바닥에 다리를 펴고 앉아 양 무릎 위에 아이를 세우고 손이나 허리를 받쳐주면서 무릎을 사용하여 가볍게 흔들어준다.

2 ··· 아이를 받치는 위치는 처음에는 양 겨드랑이를 단단히 잡고, 다음은 허리를 잡으며 익숙해지면 손을 바꾸어 잡도록 한다.

3 ··· 흔들 때도 처음에는 상하로 천천히, 익숙해지면 상하좌우로 소리를 내면서 흔든다.

♣ 계단 기어오르기

1 ··· 아이의 손과 무릎을 계단에 짚게 한다. 이때 아이가 좋아하는 것을 한 계단 위에 놓아서, 그것을 가지러 가라고 하며 올

◐ 아이와 마주보고 공 굴리기를 하다가 점점 거리를 멀리한다.

라가게 한다.

2 ··· 아이를 계단에 놓고 올라가도록 도와준다. 아이를 잡고 무릎과 손을 움직여 준다. 아이가 움직이려고 조금만 애써도 칭찬해준다.

3 ··· 처음에는 두 계단 기어올라가는 것으로 시작한다. 과자나 장난감을 둘째 계단에 놓고 아이가 혼자 올라가지 못하면 도와주어서 그 물건들을 가지게 한다. 점차 도움을 줄이고 과자나 장난감을 갖기 위해 기어올라가야 할 계단 수를 늘린다.

4 ··· 큰 베개나 받침대 몇 개를 방바닥에 두고 아이가 그 위를 기어오르게 유도한다.

5 ··· 벽에 낮은 의자나 상자를 붙여놓고 아이가 거기에 몇 번 기어올라보게 한 다음 낮은 계단 오르기를 해보게 한다.

♣ 가방 운반 놀이

16~18개월에 적당한 놀이로 공 굴리기나 탑 쌓기, 고리 끼우기도 이때 좋다.

1 ··· 가방이나 배낭에 장난감들을 집어넣고 아이에게 적당한 무게로 만들어 끌어당기거나 들어서 이쪽저쪽으로 자리를 옮기게 한다.

2 ··· 누가 먼저 끌고 가나 시합을 하면서 일부러 져주면 아이는 더욱 재미있어 한다.

♣ 탑 쌓기

1 ··· 블럭 3~4개를 주고 탑처럼 쌓아보게 한다. 처음에는 엄마가 아이의 손을 잡고 도와준다. 차차 익숙해지면 혼자 하도록 격려해준다.

2 ··· 익숙하게 잘 쌓으면 블럭의 개수를 늘려나간다.

3 ··· 벽면에 선이나 그림으로 표시해 그곳까지 쌓아보도록 한다.

4 ··· 블럭 대신 스펀지, 나무토막, 깡통, 플라스틱, 그릇 등을 이용해도 된다.

♣ 고리 걸대에 고리 끼워 넣기

1 ··· 나무나 플라스틱으로 된 다양한 색깔의 동그란 고리

◐ 걸대에 다양한 크기의 고리를 끼워 넣게 하고 잘 할 때마다 칭찬해준다.

집에서 쓰는 물건을 살 때 아이를 참여시킨다

유미네 집의 냉장고는 아빠 엄마가 결혼할 때 장만한 것이라서 지금은 용량이 부족하다.

냉장고를 사기로 결정한 날 아빠는 퇴근길에 냉장고 대리점에 들러서 팜플렛을 가지고 와서 "유미는 어떤 것이 좋아?" 하고 물었다.

"이 핑크색이 좋아. 예쁘잖아."

"그래. 물론 예쁜 것이 보기 좋지만 냉장고는 보려고 있는 것이 아니잖아. 사용하기 편리한지를 생각해야지."

편리한 냉장고는 어떤 걸까에 대해 유미는 잠시 생각해 본다. '친구가 놀러왔을 때 주스에 얼음을 넣어주려고 해도 얼음이 없을 때가 많아.'

"냉동실이 넓은 게 좋아요." "얼음을 많이 만들려면 냉동실이 넓어야 하는데 폭이 너무 넓으면 부엌문이 열리지 않으니깐 최대 어느 정도면 될지

한번 치수를 재 봐야지!"

"유미는 뭐 더 바라는 것이 없니? 냉장고는 한번 사면 최소 10년은 쓰니깐 나중에 쓰다가 불편하면 안되잖아."

아빠의 말을 들은 유미는 생각해야 할 것이 무척 많았다. 이런 식으로 집에서 사용할 물건을 장만할 때는 아이도 참여시키는 것이 좋다. 어떤 점에 주의를 해서 선택해야 하는지 아이가 실제로 배울 수 있기 때문이다.

◐ 생활도구를 살 때 아이를 참여시키면 실제 경제를 배울 수 있다.

와 세워놓는 큰 고리 걸대를 이용해 아이에게 고리와 걸대를 만져보고 살펴보게 한 다음, 걸대에다 고리를 끼워 넣게 한다. 그리고는 아이에게 고리를 하나 주고 아이 손을 잡고 걸대에 끼워 넣도록 도와준다. 도와준 것과는 관계없이 칭찬해 준다.

2… 아이가 방법을 터득함에 따라 점차 도움을 줄인다.

3… 아이에게 고리를 주고 걸대 끝을 손가락으로 가리키면서 "여기다 끼워 봐"하고 말하고 고리를 끼우면 칭찬해 준다. 아이가 도움이나 지시 없이 고리 하나를 끼우게 되면 다른 고리들도 주면서 잘 걸때마다 계속 칭찬해 준다.

♣ 춤추는 지네 놀이

아기가 손으로 잡고 기거나 걸을 수 있는 지네 장난감으로, 아기의 기거나 걷는 능력을 촉진시켜 준다. 지네 장난감은 몸체가 여러 부분으로 나누어져 있어 어느 한 부분이 뒤집혀도 염두에 두지 않고 구불구불 기어간다. 장난감처럼 아이도 기게 해본다.

♣ 전화기 놀이

전화에 흥미를 갖기 시작하므로 아기 전용 장난감 전화기를 주고, 전화 예절과 바르게 사용하는 법을 알려준다. 버튼을 누르는 식의 전화기는 손가락 운동이 너무 단순하게 이루어지므로 다이얼식이 좋다.

전화를 사용하는 방법과 전화 예절을 가르쳐 준다.

1… 엄마가 전화를 거는 모습을 보여준다.
2… 아기가 해볼 수 있도록 도와준다. 엄마의 흉내를 내면서 머릿속에 이미지를 사용하여 생각할 수 있게 되고, 전화로 대화를 유도하면 아기의 손 근육과 언어발달이 촉진된다.

♣ 밀고 당기는 장난감 놀이

아기의 힘으로 움직일 수 있는 미니카에 끈을 묶어 아기의 손에 쥐어 주고 당기게 한다. 물론 잘 움직여지는 것이 좋다. 조작하는 기술과 대 근육 운동을 돕는 놀이다.

1… 처음에는 엄마가 손으로 장난감을 밀어 아기의 흥미를 끈 다음 아기에게 시켜본다.
2… 아기 손위에 엄마의 손을 겹쳐 잡고 아기에게 손이 힘이 들어가는 상태를 체험시키면 장난감을 능숙하게 미는데 도움이 된다.

19~24개월

젖니가 완성되고 지적기술보다 운동기술이 발달하는 시기다. 또 조작능력이 발달하고 속도조절도 가능해진다. 글자나 숫자에도 관심을 갖게 되는 때이므로 성장발달에 도움이 되면서 글자나 숫자의 기초적인 개념을 배울 수 있는 놀이가 좋다.

이 시기에 하면 좋은 놀이

♣ 모양맞추기 장난감

같은 모양을 맞추는 놀이를 하면서 아기는 기억력이 발달되고 꼭 맞는 구멍에 퍼즐을 집어넣는 활동으로 손과 손가락을 움직이는 기술이 세련돼진다. 단, 이 장난감은 퍼즐의 모양 및 종류, 복잡함, 구멍에 넣는 것을 아이가 소화해 낼 수 있는지의 여부에 따라 난이도가 달라야 한다. 또한 해답을 처음부터 알려주는 것은 도움이 되지 않으므로 생각할 시간을 준다.

♣ 구슬꿰기

15~24개월 정도면 구슬 꿰기나 장난감 자동차 타고 놀기, 모양 맞추기, 피라미드 탑 같은 놀이를 해본다.
구슬은 여러 가지 모양과 색이 있는데 재질은 나무나 플라스틱이 좋다. 구슬의 작은 구멍에 끈을 집어넣다 보면 손가락의 소근육이 발달되고 집중력과 끈기가 길러진다.

1… 엄마가 먼저 구슬을 꿰는 것을 보여준다.
2… 그런 다음 아이에게 해보도록 시킨다. 아이가 하나하나 꿰면 잘했다고 칭찬해준다. 또는 끈 묶기 놀이나 단추 채우기, 지퍼 잠그기, 옷을 갈아 입히는 인형놀이 같은 놀이도 좋다.

♣ 장난감 자동차 타고 놀기

아이는 걷게 되면서 혼자 올라타고 바퀴를 굴려 갈 수 있는 자동차 등을 좋아하게 된다. 자동차는 핸들이나 소리가 나는 클랙슨이 붙어 있으면 더 좋다. 처음에는 움직이지 않고 몸만 걸터 앉아 있거나 밀어주는 것만으로 끝날 수 있다. 그러나 아기는 점차 시행착오를 겪으면서 장난감에 탔을 때 몸을 움직이며 균형을 잡는 법 등에 익숙해진다.

장난감 자동차를 타면서 아이는 몸의 균형을 잡는다.

1… 장난감 자동차나 작은 세 발 자전거를 아이가 타도록 도와준다.
2… 아이가 밀고 다닐 수도 있게 아기의 몸에 적당한 높이의 손잡이나 끌고 다니는 끈을 달아주면 좋다. 또는 바퀴 달린 흔들목마, 그네 타기 등도 아이들이 좋아하는 놀이다.

♣ 장난감을 밀고 끌면서 걸어다니기

장난감 밀고 끌면서 걷기, 계단 걸어 오르기, 크레파스나 연필로 선 긋기 놀이 등은 19~21개월 아이에게 좋다.

1… 유모차나 작은 의자, 종이상자, 인형 유모차 등을 밀고 다니게 한다.
2… 아이에게 장난감 끈이나 손잡이를 쥐어주고 다

잘 걷기 시작하면 끌고 다닐 수 있는 장난감을 준다.

른 사람에게 가서 그 장난감을 보여주고 오라고한다.

3 ··· 아이가 장난감을 끌고 걸어다닐 때 엄마가 아이 손을 잡고 같이 한다.

4 ··· 구두상자 같은 것을 연결해서 기차를 만들어 주고 장난감이나 다른 물건들을 싣고 끌고 다닐 수 있게 한다.

♣ 계단 걸어 오르기

1 ··· 아이 손을 잡고 턱이 있는 길 아래에서 위로 올라가는 연습을 한다. 처음에는 맨 아래 두 계단에서만 시작한다. 아이의 한 손은 엄마가 잡고 나머지 손은 난간을 잡게 한다. 계단을 걸어 올라갈 때 아이 손을 약간 끌어당겨서 아이가 발을 떼고 올라가도록 한다.

2 ··· 행진하는 모양으로 다리를 위로 올렸다 내리게 한다. 이때 엄마가 아이 무릎 뒤에 손을 대고 밀어서 다리를 들어 계단으로 올라가게 한다.

3 ··· 엄마가 뒷걸음질로 계단을 오르면서 아이가 한 계단씩 따라올 때마다 칭찬해 준다.

♣ 피라미드 컵 쌓기

크기가 조금씩 다른 컵을 피라미드 형태로 쌓는 놀이로 아이들에게 크기의 다름에 대한 감각을 키워줄 수 있다. 컵을 크기가 가장 큰 것부터 작은 것까지 겹쳐서 담는 놀이를 해보도록 한다.

♣ 크레파스나 연필로 선 긋기

1 ··· 종이를 탁자 위에 고정시켜 잡지 않아도 되게 준비한다. 종이에 (|) 또는 (—)와 같이 선을 긋고 아이에게 엄마처럼 그리게 한다. 어떤 자국만 내어도 칭찬해 준다.

2 ··· 종이 크기대로 긴 선을 그리고 아이에게 따라 하게 한다. 엄마가 선을 그은 후에 아이에게 크레파스는 쥐어주고 아이 손을 잡고 선 긋는 것을 몇 번 되풀이한다.

3 ··· 종이 위에 크레파스 대신 손가락으로 금을 그어 보이고 아이도 엄마를 따라 손가락으로 연습한 다음 크레파스로 긋게 한다.

4 ··· 아이가 서서도 할 수 있게 벽이나 냉장고에 종이를 붙여둔다.

♣ 허리를 굽혀서 떨어뜨리지 않고 물건 집어 올리기

22~24개월이면 가능한 놀이다. 작은 의자에 앉기나 계단을 뒤로 기어 내려가기, 동그라미 그리기 등도 이 시기에 하면 좋다.

1 ··· 아이가 서 있을 때 아이에게 공을 굴려주고 집어 올리게 한다.

2 ··· 아이에게 어떻게 물건을 집어 올리는지 엄마가 해 보인다. 아이가 엄마처럼 허리를 굽히면 칭찬해준다.

3 ··· 처음에는 큰 물건을 집어 올리게 하고, 허리를 잘 굽히게 되면 점차 작은 물건으로 바꾸어서 허리를 더 많이 굽혀야 집어 올릴 수 있게 한다.

♣ 계단을 뒤로 기어 내려가기

1 ··· 아이를 계단 아래에 세워두고 엄마가 계단을 기어 내려오는 모습을 지켜보게 한다. 계단을 내려오면서 아이에게 즐겁다는 표시를 한다.

2 ··· 아이를 첫 계단에 세워두고 엄마가 아이의 허리를 잡고 말로 지시를 한다. 그러면서 한 계단씩 기어 내려서 바닥으로 내려오도록 해준다.

3 ··· 한 단계씩 기어 내리기를 여러 번 되풀이한 다음 차차 내려와야 할 계단 수를 늘려 간다.

4 ··· 아이를 맨 위 계단에 둔다. 엄마는 그보다 두 계단 아래에 서서 아이가 엄마한테 내려올 때마다 아이가 다 내려오기 바로 전에 엄마가 두 계단 더 내려간다. 이렇게 해서 아이가 바닥에까지 내려오게 되면 아이를 칭찬해 주고 껴안아 준다.

5 ··· 엄마가 계단 아래에 앉아서 아이에게 엄마한테로 내려오라고 유도한다.

Mom & Baby

아이들은 실수와 반복을 통해 배운다

편안하고 즐거운 마음으로 아기와 모양 맞추기 놀이를 같이 해보자. 아마 아이들은 사각형의 구멍에 맞는 모양을 찾기 위해 힘겨울 정도로 여러 번 반복하여 끼워 볼 것이다. 이때 마음이 급한 어른들은 "아니야! 그거 말고 저기, 저게 네모잖아!" 라고 소리를 칠 수 있다.

그러나 아이들에게 다그치거나 미리 답을 가르쳐 주는 것은 금물.

지금 아이들은 스스로 모양을 탐구, 조사, 실험하면서 여러 가지 모양의 다양함과 크기, 색깔, 감각 등을 익히고 있는 중이다.

이렇게 반복하는 과정에서 아이들은 점차 기초적인 모양 · 분류 능력을 충분히 익힐 수 있다. 뿐만 아니라 색깔, 크기와 같은 다른 개념과의 관계로 연결된다. 이것은 아이가 후에 배우게 되는 학습의 기초이며, 점차 주변 세계가 어떻게 다르며 내가 행동을 가했을 때 주변 세계가 어떻게 변하는지 등의 인과 관계까지 배우게 된다.

❶ 아이들은 반복놀이를 통해 주변 세계를 넓혀간다.

♣ 작은 의자에 앉기

1 … 아이가 앉을 경우 의자 곁에 큰 의
자를 놓아둔다. 엄마가 천천
히 큰 의자에 앉은
다음 작은 의자를
가리키며 아이도 엄마
처럼 의자에 앉아보라고
한다.
2 … 아이가 앉을 작은 의자 곁에 세워두
고 아이의 몸을 낮춰주어 앉게 한다. 앉으
면 아이를 칭찬해 준다.
3 … 아이를 다시 일으켜서 혼자 앉도록 놓
아둔다. 앉을 때 양손으로 의자 가장자리를
잡게 한다. 잘 앉으면 칭찬해 준다.
4 … 아이를 의자 앞에 세워두고 아이에게 손
을 뒤로해서 의자를 잡고 앉는 방법을 가르쳐
준다.

25 ~ 36 개월

이 시기의 아이들은 교통 장난감, 과학동화
그림책이나 자신이 스스로 움직이고 소리 낼
수 있는 장난감을 좋아한다. 놀이터에서 그
네, 미끄럼틀, 시소, 낮은 평균대, 공놀이도 즐
기는 시기다. 또한 밝은 색깔을 더 좋아하므
로 밝은 색깔의 장난감을 골라준다.

이 시기에 하면 좋은 놀이

♣ 동그라미 그리기

1 … 종이에 동그라미를 그려 보이고 아이에
게 따라서 그리게 한다.
2 … 아이의 손을 잡고 크레파스로 동그라미
모양을 그리도록 가르쳐 준다.
3 … 엄마가 그린 동그라미의 금을 따라 가면
서 그려보게 한 다음 혼자서 동그라미를 그려
보게 한다. 아이가 혼자 동그라미를 그리면
잘 그렸다고 칭찬해 주고 동그라미 속에 웃는
얼굴을 그려 넣어 준다.
4 … 처음에는 큰 신문지에 크게 그리게 하고,
차차 종이 크기를 줄여서 작게 그리게 한다.

5 … 아이에게 동그라미 안에
조그만 동그라미를 그리게
한다.
6 … 아이에게 비누 거품이
나 면도 크림을 가지
고 화장실의 타
일 벽이나 플
라스틱 판
위에 연습하게 한다.

♣ 음악에 맞춰 행동 따라하기

음악에 맞춰 춤추고
박자에 따라 걷는 놀
이이다.

1 … 아이가 좋아하
는 음악을 틀어놓고 아이와 함께 춤을 춰본다.
2 … 음악에 맞춰 박자에 따라 재미있게 걷는
것도 좋다. 또는 아기에게 병과 수저를 주고
두드리게 하거나 팬이나 냄비 뚜껑 등 일상용
품을 주어 소리를 내게 하면 상상력을 활용할
수 있어 더 좋다.

♣ 블럭과 똑같은 모양 만들기 놀이

25~36개월 무렵에는 그림을 그리고 가위
로 오리는 놀이를 시작한다. 모양인지 능력과
섬세한 소근육 발달에 좋은 영향을 준다. 음
악에 맞춰 행동을 따라하는 것도 이 시기에
하면 좋다.

1 … 크레파스와 큰 종이, 끝이 무딘 가위를 준
비한 다음 서로 모양이 다른 블럭을 준비해서
종이에 대고 블럭 본을 그려보게 한다. 가위나
손으로 하나씩 찢거나 오려보게 한다. 아이가
좋아하는 그림책에 나오는 사물을 만들어보
는 놀이도 좋다.
2 … 아이에게 시켜본 후 아이가 비슷하게 만
들면 칭찬해 준다.
3 … 엄마가 색깔별로 블럭을 배열한 다음 아
이에게 같은 순서로 그 뒤를 잇게 해본다.
양쪽 손에 개수를 달리해 블럭을 올린 뒤 무
거운 쪽 팔을 아래로 내린다. 이 놀이는 무게
개념을 익히는 데 좋다.

37 ~ 48 개월

3세가 지나면서 아이는 비로소 놀이다운
놀이를 하게 된다. 뛰는 것을 매우 좋아하고
공이나 다른 물건을 잘 던질 수도 있으며, 움
직이는 공도 잘 찬다. 또 장난감을 가지고 혼
자 놀려고 하기보다는 친구들과 같이 놀고 싶
어한다. 그래서 바깥놀이가 늘어난다. 인형
놀이나 병원놀이, 학교놀이처럼 역할을 바꾸
는 놀이에도 흥미를 보인다. 이런 놀이를 통
해 성장발달이 이루어지고, 주위 사람들의
역할과 행동을 이해하며 주변 환경을 인식하
는 것이다.

이 시기에 하면 좋은 놀이

♣ 볼링

1 … 플라스틱 병 10개와 큰공을 준비한다. 우
선 플라스틱 병을
깨끗이 닦아 겉
면을 서로 다른
색종이나 컬러시트
를 붙인 후 1부터 10까지
숫자를 적어 넣는다.

2 … 병 10개를 삼각형으로 배열한 후 공을
굴려 쓰러뜨리는 게임을 한다. 공은 삼각형
의 꼭지점에 1개를 놓고 다음 줄부터 1개씩
늘려놓는다. 시중의 볼링 세트를 이용해도
좋다.

♣ 가위질하기

1 … 어린이용 가위와 색종이나 색 도화지를
준비한 다음 약 3㎝ 간격으로 직선을 그려 넣
는다.
2 … 아이에게 가위 사용법을 가르쳐주고 엄

마가 먼저 종이 오리기를 해 보인다. 아이에게 선을 따라 가위질을 해보도록 하는데 만약 똑바로 자르지 못하더라도 격려해준다.

익숙해지면 곡선이나 사선 등을 그려 넣고 잘라보게 한다. 오려낸 종이는 고리를 만들어 연결해 장식으로 사용한다.

♣ 줄넘기

48개월 정도부터는 전신을 이용하는 달리기, 계단 오르기, 줄넘기, 건너뛰기 등의 운동도 가능하다. 이중에서 한 가지를 아침, 저녁 운동으로 정해 시켜도 된다.

1 … 아이의 키에 맞는 줄넘기를 준비해 혼자 해보도록 해본다.
2 … 엄마도 같이 줄넘기를 하면서 아이가 잘하면 격려해 준다.

♣ 건너뛰기

1 … 두 가지 색깔의 긴 헝겊이나 막대 2개가 필요하다. 준비한 막대를 폭 50cm 정도로 평행하게 놓아두고 아이가 4~5 걸음 뛰어가서 건너도록 한다.
2 … 익숙하게 건너뛰면 밖에 나가 폭을 넓혀가며 놀이를 계속하면 된다.

♣ 깡통다리로 걷기

1 … 아이가 올라설 수 있는 깡통 2개와 튼튼한 끈이 두 줄이 필요하다. 깡통의 위쪽 양옆을 송곳으로 뚫고 끈을 꿰어 묶은 후 색종이 등으로 예쁘게 장식한다.
2 … 각각의 깡통에 한 발씩 올리고 끈을 손으로 붙잡은 후 걸음을 걷게 한다. 끈의 길이는 아이의 허리 높이쯤에 닿도록 하는 것이 좋다.

◐ 콩 주머니를 던져 원안에 들어가게 하는 놀이나 농구를 하게 한다.

49 ~ 60개월

5세 이후에는 '이겼다' '땄다' 등의 동사를 구사하면서 경쟁놀이를 시작한다. 성별간의 차이가 있는 놀이를 시작한다는 것도 이 시기의 특징이다. 신체의 섬세한 움직임이나 기술을 요하는 활동을 즐기고 모래·물·블럭·종이 등으로 무엇을 꾸미는 데 오랜 시간을 보내기도 한다.

단, 이때는 쓰고 난 장난감은 반드시 아이가 스스로 정리하는 습관을 들여주자. 아이에게는 정리하는 일도 놀이의 하나다. 차고에 차를 집어넣어야지' '인형에게 잘 자라고 인사해야지' 하는 등 정리도 놀이의 일부인 것처럼 하게 하면 효과적이다.

이 시기에 하면 좋은 놀이

♣ 꼬불꼬불 걷기

의자나 쿠션 등 장애물 다섯 가지와 굴릴 수 있는 공만 있으면 할 수 있는 놀이다.

1 … 방바닥에 장애물을 적당한 간격으로 늘어놓고 한쪽 끝에는 스카프 매단 깃발을 세워놓는다.
2 … 아이가 공을 S자형으로 굴리면서 장애물을 통과해 깃발을 쓰러뜨리지 않고 돌아오도록 한다. 아이가 잘 하면 칭찬해 준다.

♣ 뒤로 던지기

집에 콩이 있다면 콩 주머니를 주먹보다 작게 만들어서 사용하거나 문방구에서 구입한다.

1 … 콩 주머니 5개와 긴 리본이 필요하다. 리본으로 둥그런 원

을 만들고 아이는 조금 떨어져서 그 원을 뒤로하고 서도록 한다.
2 … 돌아선 채 콩 주머니를 뒤로 던져 그 원 안에 넣는 놀이다. 목표한 대로 콩 주머니가 원 안으로 많이 들어가게 되면 거리를 조금씩 넓혀 놀 수 있게 도와준다. 콩 주머니 말고 큰 공을 바스켓 안에 집어넣는 놀이도 재미있게 할 수 있다.

♣ 철봉 매달리기

이 시기에는 철봉에 20초 정도는 매달리는 것이 가능해진다.

1 … 아이와 함께 놀이터에 가면 철봉 매달리기를 한 번 시켜본다. 처음에는 엄마가 몸을 안아 철봉대를 손으로 잡도록 도와주어야 한다.
2 … 아이가 잘 매달려 있으면 잘했다고 칭찬해 준다.

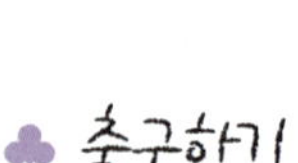
◐ 처음에는 엄마가 안아서 20초 정도 철봉에 매달리게 한다.

♣ 축구하기

1 … 밖에 나가 아이랑 축구를 해본다. 엄마가 골대에 서 있고 아이한테 공을 힘껏 차서 넣도록 한다. 아이가 공을 넣으면 칭찬해 준다.
2 … 다음에는 엄마가 공을 차고 아이가 골대 앞에서 공을 지키도록 역할을 바꾸어본다.

♣ 공치기

1 … 바깥에 나가 아이가 들어갈 수 있는 원을 분필로 그린 다음 그 안에 서게 한다.
2 … 그 안에서 원을 벗어나지 않고 몇 번까지 공을 튀어 오르게 하는지 지켜본다. 큰 소리로 "하나, 둘, 셋, 넷…" 하고 숫자를 세어주거나 함께 센다. 익숙해지면 "오른손, 왼손" 하고 지시를 해가며 한다.

똑똑하고 현명한 아이로 키우는

지능발달을 돕는 놀이

머리 좋은 아이로 키우는 것은 대부분 엄마들의 소망이다.
만 4세까지 지능의 70%가 발달하는 것으로 알려져 있는 만큼 이 시기를 어떻게 보내느냐 하는 것이 지능발달에
매우 중요하게 작용한다. 아이의 발달단계에 맞는 지능발달에 좋은 놀이를 알아본다.

0 ~ 6개월

아기는 머리로 알기 전에 감각으로 느끼는 단계가 있다. 1~12개월 무렵의 아기는 온몸으로 지식을 흡수한다. 이때는 시각·청각·촉각·후각 등 여러 가지 감각 자극으로 다양한 세상을 만나게 해주어야 뇌세포 발달에도 도움이 된다.

이 시기에 하면 좋은 놀이

♣ 거울놀이

생후 1~2개월에는 거울로 시각을 자극시키는 것도 좋은 방법이다.

1 … 아기를 무릎에 앉히거나 두 팔로 안아서 거울로 엄마의 얼굴이나 아기의 얼굴을 이리저리 비춰본다.

2 … 아기의 시선이 거울을 쫓도록 하다 보면 아기의 목 근육도 단련된다. 모빌이나 딸랑이로 대신해도 된다.

아기와 마주보고 엄마가 흰 종이로 얼굴을 가렸다가 보였다가 하면서 "엄마, 여기 있다" "엄마, 없다"를 반복하면서 아기의 반응을 살펴보는 놀이도 있다. 아기가 소리내어 반응을 보이면 칭찬을 해준다.

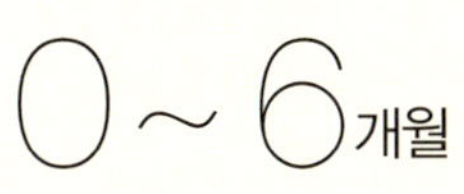
❶ 아기의 모습을 거울로 비춰보면서 시각을 자극한다.

♣ 냄새맡기 놀이

1 … 엄마가 쓰는 향수를 아기의 코끝에 3번 정도 스치게 해준다.

2 … 점차 월령이 높아지면 무릎에 앉혀서 다른 향으로 후각을 자극시키도록 하는데, 향기는 너무 강하지 않은 것이 좋다. 생후 1~2개월에 하면 적당하다.

좀더 자라면 한 단계 진한 향수나 신선한 과일 향을 맡게 하면서 "이것은 ○○ 과일이란다. 맛있겠지?"하는 식으로 말을 걸어준다. 단, 싫어하는 동작을 보이면 멈춘다.

♣ 자전거 놀이

1 … 아기를 눕혀 놓고 마치 자전거 페달을 밟듯이 아기의 두 발을 잡고 30초 정도 앞뒤로 움직여준다. 이때는 아기가 힘들어하거나 지루해 하면 바로 멈춘다. 생후 1~2개월에 좋은 놀이이다.

2 … 아기를 부드러운 천이나 쿠션 위에 엎어놓고 45° 정도 들어놓았다가 내려놓는 것을 3번 정도 반복해도 좋다. 아기의 손앞에 장난감을 두고 그것을 집으려 하는지도 살펴본다. 이 놀이는 생후 3~4개월에 좋다.

3 … 아기가 더 크면 아기를 앉혀 놓고 탁자를 두드리도록 유도해 본다. 맨 처음은 엄마가 두드려주고 그 다음은 아기 손을 잡고 두드린다.

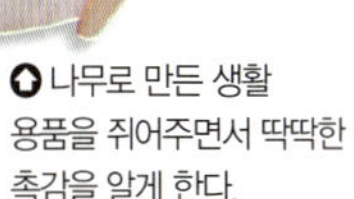
❶ 나무로 만든 생활 용품을 쥐어주면서 딱딱한 촉감을 알게 한다.

그다음 혼자 할 수 있도록 한다.

♣ 촉감 놀이

1 … 부드러운 천 소재와 딱딱한 플라스틱, 나무 등의 여러 가지 소재를 늘어놓고 아기 손에 쥐어주며 한 번 만져보게 한다.

2 … "이것은 딱딱하지? 이것은 부드럽지?" 하면서 엄마가 아기의 손을 잡고 직접 느끼게 해준다. 좀 더 자라면 아기 혼자서도 촉감 장난감을 가지고 잘 논다.

♣ 읽어주기

1 … 아기를 무릎 위에 앉히고 신문이나 그림책 등을 억양을 섞어가며 또박또박 읽어준다.

2 … 중간 중간에 아이의 이름을 불러가면서 엄마의 소리에 어떻게 반응하는지 살핀다. 누워지내는 어린 아기라 하더라도 클래식 음악을 자주 들려준다거나 다양한 청각자극을 주는 것이 좋다.

7 ~ 12개월

아기가 기어다니기 시작하고, 걷기 시작하면 집안의 이것저것을 다 만지려고 든다. 특히 첫돌을 전후한 호기심으로 똘똘 뭉친 아이의 장난은 날이 갈수록 심해진다. 엄마의 화

장품 뚜껑도 열어놓고, 싱크대 아래에서 그릇을 꺼내기도 한다.

이 시기에 하면 좋은 놀이

♣ 낙서하기

1 ··· 아기 손에 크레용 또는 연필을 쥐어주고 신문이나 광고지에 낙서를 하게 한다.

2 ··· 꼭 하얀 종이가 아니어도 좋다. 아기가 하고 싶은 대로하게 둔다. 단, 엄마가 옆에서 지켜보면서 아이가 선을 하나 그린다든지 뭔가를 그리면 칭찬해 주어야 효과적이다.

❍ 큰 종이에 아이가 마음껏 그림을 그릴 수 있게 한다.

♣ 장난감찾기

1 ··· 우선 상자나 깡통 등에 아기가 좋아하는 장난감을 넣는다.

2 ··· 그런 다음 아기에게 그 박스에 손을 넣어 무엇이 들어있는지 찾아내도록 한다. 아기가 잘 찾아내면 칭찬해 준다. 뚜껑이 있는 여러 가지 상자를 가지고 놀면서 열거나 끼우게 하는 놀이도 좋다.

❍ 아이가 좋아하는 장난감을 넣어놓고 직접 찾게 해본다.

13 ~ 18개월

아기의 장난이 급속도로 심해지는 시기로 아기는 더 많은 것을 알고 싶어하고, 직접 만져

보고 싶어한다. 하지만 호기심은 아이의 두뇌 발달에 중요한 원동력이므로 아이의 장난을 무조건 금지하지 말고 위험한 물건만 치우고 마음껏 놀게 하는 게 바람직하다.

이 시기에 하면 좋은 놀이

♣ 퍼즐 맞추기

1 ··· 아기가 좋아하는 동물 그림이나 음식 등이 그려진 퍼즐처럼 흥미로운 것을 고른다. 처음에는 맞추기 쉬운 2~3개 조각의 퍼즐이 좋다.

2 ··· 처음에 아기가 어려워하면 엄마가 도와주면서 같이 하다 차차 혼자 하도록 지켜본다. 아기가 다 하면 잘했다고 칭찬해 준다.

3 ··· 퍼즐이든 다른 것이든 어떤 새로운 장난감이 있을 때는 처음에는 엄마가 함께 놀아주는 게 좋다. 아기들은 물건에 흥미를 갖고 몇 번 만져보다 금세 싫증을 내는 경우가 많다. 그러므로 엄마가 먼저 장난감을 가지고 재미있게 놀아주면 아기의 흥미와 상상력을 높일 수가 있다.

♣ 음악에 맞춰 춤추기

1 ··· 아이가 좋아하는 동요 등 음악을 틀어놓고 아기의 손을 잡아 이끌어 좌우로 몸을 흔들어 춤추게 한다.

2 ··· 또는 장난감 피아노 같은 악기를 직접 연주해 보도록 해준다. 굳이 장난감이 아니더라도 젓가락 두 짝을 마주쳐 소리를 나게 하거나 냄비뚜껑 등을 주어 가지고 놀다 보면 청각이 자극된다.

19 ~ 24개월

아이가 2~3세가 되면 비로소 놀이다운 놀이를 할 수 있게 된다. 운동능력이 눈에 띄게 발달하고 손놀림도 다양해지기 때문이다.

또 가능한 한 아이를 밖으로 데리고 나가 아이의 경험을 풍부하게 해주고, 주위의 지식을 확대시키도록 노력한다.

Mom & Baby

5가지 영역이 고루 발달해야 똑똑하다

무조건 아이를 훌륭하게 키워야 한다는 부모의 생각으로 아이의 발달 상태를 고려하지 않은 채 부모가 주입식 방법으로 지식을 넣어주려 하는 것은 좋지 않다. 좀더 효과적인 방법으로 지능 발달을 도와야 한다. 지능은 보통 지각력, 어휘력, 이해력, 수리력, 사고력의 5가지 영역으로 나누어지므로 이 부분들을 고루 발달시키는 것이 비결이다.

● 지각력

구체적인 경험을 통해 시각·청각·촉각 등의 여러 가지 감각을 사용하게 한다. 모양이 같은 사물 찾기, 그림자 찾기, 그림 조각 맞추기, 음식냄새 알아 맞히기, 여러 가지 물감 만져 보기, 음식 냄새 알아 맞히기 등의 놀이가 좋다.

● 어휘력·이해력

아이들의 흥미와 상상력을 자극할 수 있는 책을 골라 읽어 준다. 물건의 이름 말하기, 같은 글자가 들어가는 낱말 찾기, 수수께끼 놀이, 자기 생각이나 원하는 것을 말로 표현하기 등도 좋다.

● 수리력

수 자체를 가르치기 전에 직접 사물을 가지고 크기나 무게를 비교하고 차례대로 나열하는 놀이 등으로 수를 자연스럽게 경험할 수 있도록 도와준다. 예를 들어, 주스 마실 사람에게 잔 나누어 주기, 식사 때 수저 놓기, 길이 재기, 물건의 무게 비교하기 등을 해 보게 한다.

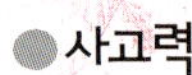
❍ 수리력 발달 놀이로 저울을 이용해 직접 밀가루를 재본다.

● 사고력

아이들과 친근한 물체로 호기심을 자극하는 질문을 해보고, 왜 그런지 해답을 찾아보자. 이 과정에서 아이는 판단력과 추론하는 능력이 생긴다. 물건의 크기나 용도에 따라 분류하기, 관계 있는 것끼리 짝 짓기, 같은 성질이 있는 물건 고르기 등이 좋은 방법이다.

이 시기에 하면 좋은 놀이

♣ 모래놀이

1 … 놀이터에 가면 모래를 가지고 엄마가 함께 놀아준다.

2 … 모래로 두꺼비집 짓기나 그릇에 꼭꼭 눌러 담았다 쏟기, 체에 밭치기 등 놀이는 무궁무진하다. 장난감이나 체, 삽, 깔대기 등의 소

❍ 모래놀이는 소근육 발달과 정서 발달에 좋다.

도구를 준비해 가면 더욱 재미있어 한다. 소근육 발달과 정서발달에 좋은 자극제가 되며 지능 개발에도 좋은 것이 바로 이 모래놀이이다. 단, 아이가 모래를 먹거나 모래 묻은 손으로 눈을 비비지 않게 주의시킨다.

♣ 구슬꿰기

1 … 손놀림이 발달한 아이라면 큰 구슬에 실을 꿰는 놀이가 좋다. 그러나 구슬에 실 꿰기가 무리라고 생각이 들면 빳빳한 종이에 구멍을 뚫고 실을 꿰는 놀이를 시키면 된다.

2 … 엄마의 실 끝이 빳빳해지도록 풀을 먹이거나 테이프를 감아주면 더 쉽다. 아이가 스스로 할 때까지 기다렸다가 성공하면 칭찬해 주도록 한다.

♣ 밀가루 반죽놀이

1 … 찰흙이나 지점토를 이용해도 좋지만 집에서 밀가루를 반죽해 놀게 해보자. 더 위생적일 뿐 아니라 밀가루 반죽에 식용 색소를 넣어 색깔을 내면 시각이 자극되어 더욱 좋다.

2 … 이 밀가루 반죽을 여러 가지 모양의 틀, 장난감 칼 등을 이용해서 마음껏 가지고 놀게 해준다. 엄마가 어떤 모양이나 형태를 모방하

아이가 위험한 물건을 들고 있을 때

위험한 물건은 아기 손이 닿지 않는 곳에 두어야 하는 것이 원칙이다. 하지만 자칫 잘못해서 칼 같은 물건을 아기가 집었을 때라면 당황해하면서 억지로 빼앗아서는 안 된다.

아기들은 자기 마음에 드는 것이 있을 때는 그 물건의 소유를 고집하기 때문에 억지로 빼앗다가 손을 베일 염려도 있다.

● 자연스럽게 다른 장난감과 바꿔준다

이럴 때는 아기의 손목을 한 손으로 가볍게 압박해서 손가락을 오므릴 수 없도록 한다. 손목에 압력을 주면 손가락을 오므리기 어렵다.

그리고 "이건, 엄마한테 줘"라고 하면서, 아이가 좋아할 만한 다른 장난감과 바꿔 준다. 아기는 아직 엄마가 자기 손에서 위험한 물건을 빼앗는 이

유를 알지 못하기 때문에 장난감 바꾸기 놀이를 하듯이 자연스럽게 해야 무리없이 위험을 피할 수 있다.

● 위험한 물건이라는 것을 미리 알려준다

만약 송곳이나 과일 칼 등 찔리기 쉬운 위험한 물건을 자꾸 만지려고 하면 칼등으로 살짝 눌러준다. 그러면 아이는 깜짝 놀라면서 칼은 아픈 것 무서운 것이라는 인식을 하게 되어 다음부터는 만지려고 들지 않는다. 라이터 같은 경우도 살짝 만지게 해서 뜨거운 것이라는 것을 알려주면 다시는 가지고 놀지 않게 된다.

무조건 만지지 못하게 하는 것보다 자극을 주어 관심을 끊어버리도록 한다.

라고 요구하지 말고, 자유자재로 놀게 해주어야 더 효과적이다.

25~36 개월

여러 가지 감각과 수 개념이 생기는 시기이므로 인지 발달을 돕는 놀이를 시작하면 두뇌 발달에 도움이 된다. 좀 더 복잡한 퍼즐과 숫자 놀이, 블럭놀이, 모래 놀이, 간단한 이야기가 있는 그림책, 소꿉놀이와 병원놀이 기구 등이 이 시기에 적당한 장난감들이다.

이 시기에 하면 좋은 놀이

♣ 흉내내기 놀이

1 … 엄마가 동화책의 내용을 읽어주면서 나오는 동작을 아이가 그대로 따라하게 하는 놀이다. 24~30개월이면 할 수 있다.

2 … 글자가 없는 간단한 그림책을 보여주고 아이에게 그것이 어떤 내용인지를 말하게 해

본다. 잘하면 칭찬해 준다.

♣ 종이 오리기

1 … 엄마가 동그라미, 세모, 네모 모양을 잘라낸 후 아이에게 두꺼운 색 도화지에 그 모양을 대고 그린 다음 자르게 한다.

2 … 또는 종이에 삼각형, 원, 사각형 등을 많이 그려놓고 같은 도형을 찾게 해본다. 똑같은 물건을 세 개 그려놓고 그 중에서 제일 큰 것, 제일 작은 것을 고르게 하는 방법도 있다.

♣ 숫자놀이

아이가 30~36개월이면 시계나 달력을 보면서 숫자를 가르치기 시작해도 좋다. 너무 조급해하지 말고 매일 조금씩 아이가 재미있어 할 수 있게끔 놀이처럼 가르친다.

❍ 숫자를 가르칠 때 아이가 자신의 나이를 손가락으로 말해 보게 한다.

37 ~ 48 개월

이제 아이는 자신의 놀이 계획을 혼자서 세울 수 있을 만큼 인지능력과 지능이 발달한다. 엄마는 아이가 자신의 놀이를 컨트롤할 수 있을 정도로 자랐으므로, 스스로 놀고 정리할 수 있도록 지도해 주면 된다.

이 시기에 하면 좋은 놀이

♣ 같은 글자 오리기

1 … 아이가 오릴 수 있도록 종이에 자음을 적어 놓는다.
2 … 엄마가 자음 카드를 준비해 하나씩 보여주면서 같은 글자를 아이가 찾아 오리게 한다. 잘 오리면 칭찬해 주면서 글자의 이름을 말해준다.

♣ 끝말잇기

1 … 아이와 시장에 간다거나 차를 타고 놀러 갈 때 등 시간이 날 때 끝말잇기를 해본다. 엄마가 먼저 단어를 하나 말하고 끝 글자로 시작하는 단어를 아이가 말하도록 하면 된다.

2 … 다음 번에는 아이가 먼저 단어를 말하고 엄마가 이어 말하도록 한다. 아이가 단어를 생각해내지 못하면 엄마가 힌트를 조금씩 주면서 생각해내게 도와준다.

♣ 과거·현재·미래 놀이

1 … 색 도화지에 아이가 쉽게 알아볼 수 있도록 인과관계에 있는 두 개의 그림을 그린다. '컵에 우유를 따르는 모습과 우유를 마시는 아이' '아이가 잠자는 모습과 이불을 개는 모습' 등이 좋은 예다.
2 … 다 그리면 두 개의 그림을 동시에 보여주고 어느 것이 먼저 일어난 일인지 아이에게 물어본다. 잘 대답하면 칭찬해 주고, 아이에게 그림이 시작되기 전, 혹은 후에 무슨 일이 벌어졌을지 또 묻는다. 그러면 아이는 나름대로 상상하여 대답하려고 노력한다. 만약 아이가 대답을 잘 하지 못하면 그림과 같은 행동을 직접 해보게 한다.

49 ~ 60 개월

이 시기 아이들에게는 전화놀이나 좀 더 복잡한 블럭놀이, 종이 접기 등의 놀이가 좋다.

이 시기에 하면 좋은 놀이

♣ 물고기잡기

1 … 자석의 원리를 이용한 놀이. 자석과 막대, 끈, 도화지, 크레파스, 가위, 클립 등이 필요하다.
2 … 크레파스로 도화지에 여러 모양의 물고기를 그려 모양대로 오려낸 뒤, 물고기 입 부분에 클립을 끼운다.
3 … 막대 끝에 끈으로 자석을 묶은 후 낚싯대로 사용한다. 바닥에 그림 물고기를 놓아두고 자석으로 낚으면 클립이 자석에 붙어 올라오므로 아이가 재미있어 한다.

❍ 물고기 잡기 놀이를 통해 아이는 자석의 원리를 깨닫게 된다.

또는 열쇠·못 등의 쇠와 인형 옷·단추·연필 등 아이 주변의 놀잇감을 함께 놓고 자석을 이용해 그것들을 하나하나 들어올려 본다. 반복하다 보면 아이는 쇠만 자석에 붙는다는 사실을 알게 된다.

♣ 홀짝놀이

1 … 구슬을 5개 이상 준비해 엄마가 한 손에 감추고 홀짝 놀이를 한다.
2 … 또는 딱지를 20개정도 준비해 아이와 반씩 나누고 홀짝으로 따먹기 놀이를 한다.

♣ 정전기 놀이

1 … 풍선에 한 손으로 잡을 수 있을 만큼 바람을 불어넣고 입구를 묶는다.
2 … 바람이 든 풍선을 머리카락에 대고 10회 문지른 다음 종이 가까이 가져간다. 그러면 정전기 때문에 종이 끝이 일어서게 된다. 날씨가 차고 습도가 낮은 날 해야 잘 된다.

또는 책받침을 겨드랑이에 끼고 팔을 오므린 후 6~7회 앞뒤로 움직여준다. 이것을 곧바로 머리카락 가까이 가져가면 머리카락이 당겨 올라가므로 아이의 호기심을 키울 수 있다.

빌려온 물건을 소중하게 여기도록 가르친다

책을 좋아하는 강철이는 친구 병규에게 책을 빌려 달라고 했다.

"더럽히지 말고 봐야 해" 병규는 책을 빌려주면서 그렇게 말했다. 강철이는 집에 오자마자 과자를 먹으면서 책을 읽기 시작했다. 그 모습을 보고 엄마가 물었다.

"무슨 책인데 그렇게 재미있게 보니?" "병규에게 부탁해서 빌려온 책이야." "그럼 과자를 먹으면서 보면 안되지, 책이 더러워지잖아."

❍ 다른 사람의 물건을 아끼는 습관을 들인다.

돈을 빌리는 것과 마찬가지로 물건을 빌리는 것도 빌려 온 쪽에서 조심하지 않을 경우 상대방의 신용을 잃게 된다는 것을 알려준다. 아이에게는 물건을 빌렸을 때 소중하게 다뤄야 한다는 것 그리고 약속한 날짜 전에 돌려주는 게 중요하다는 것을 가르치도록 하자.

"더러워지지 않게 책 표지를 싸자." 엄마는 포장지로 책을 쌌다.

"소중하게 여기는 책이 더러워지면 병규가 속상할 거야. 그리고 다음에는 절대로 너한테 책 같은 것은 빌려주려고 하지 않을걸."

다른 사람에게서 물건을 빌렸을 때 단 한번의 사소한 실수로 인해 인간관계에 큰 틈이 생기는 수가 있다는 것을 말해준다.

시력발달을 돕는 놀이

흔히 '눈은 마음의 보배' 라고 표현한다. 그러나 요즘은 아주 어린아이들도
눈이 나빠 안경을 끼고 다니는 모습을 자주 보게 된다. 시력은 유전적인 경우보다는 후천적인 환경에 의해
많이 나빠지는 만큼 건강한 시력을 만들어주려면 엄마의 여러 가지 노력이 필요하다.

0 ~ 6 개월

처음 1개월을 전후한 아기의 눈동자는 아무런 목적 없이 움직이다가 1개월경부터 빛이 비치는 쪽을 유심히 본다.

2개월 정도 되면 눈을 수평으로 움직여 사물을 쫓는 등 사물을 제대로 볼 수 있게 된다. 이때는 사시현상이 있으면 알 수 있으며 3~4개월부터는 빛에 대한 반응을 나타낸다.

사물이 많이 보이는 낮 동안에 바깥 경치가 보이는 창가에 눕혀두면 아기는 하늘과 구름, 나무 등을 보게 되므로 시력발달에 좋은 영향을 받는다. 뿐만 아니라 감성 발달에도 좋은 영향을 미쳐 감수성이 풍부해 진다.

이 시기에 하면 좋은 놀이

♣ 시야넓히기 놀이

1 ··· 아기를 업혀줄 때처럼 아기 등을 뒤로 한 상태에서 양 겨드랑이를 꼭 잡는다.

2 ··· 그런 다음 엄마의 발 사이에서부터 힘차게 들어올려 준다. 아기는 이렇게 하면 엄마의 얼굴이 보이지 않아도 무서워하지 않는다.

point 이 놀이는 아이가 바닥에 누워 있거나 앉아 있을 때와는 다른 시야를 경험하게 해주고 담력을 길러준다.

◐ 아이의 겨드랑이를 잡고 높이 들어 올려주면 평소보다 시야가 넓어진다.

♣ 까꿍놀이

1 ··· 엄마가 얼굴을 가렸다가 "우리 아기가 어디 갔니? 안 보이네." 등의 말을 한 다음 "까꿍." 하며 손을 치우는 놀이다.

2 ··· 그 다음엔 반대로 아기의 눈을 가리고 까꿍놀이를 해본다. 이렇게 하면 아기는 움직이는 물체를 눈으로 쫓다가 없어 여기 저기를 둘러본다.

point 시력발달은 물론, 있던 것이 없어졌다 다시 나타나므로 아기의 호기심과 지각능력을 키우는데도 좋은 놀이이다.

♣ 응시놀이

1 ··· 아기의 얼굴에서 30cm 정도 떨어진 거리에서 엄마의 얼굴을 아기에게 보여준다.

2 ··· 아기와 시선이 딱 마주치면 그대로 엄마의 상체를 왼쪽, 오른쪽으로 움직여본다. 아기의 눈이 엄마의 얼굴을 똑바로 따라가는 것을 알 수 있다. 이때 엄마가 너무 빨리 움직이면 아기의 시야가 좁아서 따라 갈 수 없으므로 천천히 움직이도록 한다.

point 딸랑이를 이용해서 왼손과 오른손으로 번갈아 소리를 내어 아기의 시선이 따라오도록 하는 놀이도 좋다. 딸랑이를 한 손에만 가지고 흔드는 것은 금물. 아기의 시력을 고르게 발달시키려면 양쪽을 똑같이 자극해주어야 한다. 집안 환경을 꾸밀 때나 조명을 설치할 때도 아기의 시선이 한 쪽으로만 머물지 않도록 주의한다.

◐ 응시놀이를 할 때 아이가 시선을 따라갈 수 있게 천천히 움직인다.

7 ~ 12 개월

9개월이면 물체의 원근이나 입체형태를 구별할 수 있는 감각 능력이 증진된다.

색깔을 구별하고 그 짙고 옅음을 느끼게 되는 때는 10개월쯤으로, 이때는 사물을 볼 때 사시현상이 있던 아기도 점차 정상으로 발달한다.

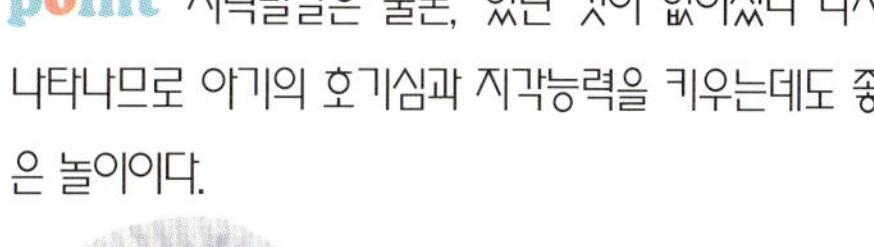

◐ 아기는 처음에 아무런 목적이 없이 사물을 보다가 점차 빛에 대한 반응을 나타낸다.

이 시기에 하면 좋은 놀이

♣ 이불 넘어가기

1 ··· 매트리스나 이불을 둘둘 말아서 산처럼 만들어 놓는다.
2 ··· 그 다음 아기의 겨드랑이를 잡은 채로 이불 위에 엎어놓고 바닥에 얼굴을 가까이 대게도 하고 떼게도 해준다. 이때 아기 손이 바닥에 닿으면 성공이다.

❏ 평지보다 조금 높은 곳에 장난감을 놓은 뒤 아이가 기어올라가서 잡도록 한다.

point 이 놀이는 조금 높은 곳에서 아래를 내려다봄으로써 지금까지와는 다른 시야를 경험할 수 있다. 또 시야가 높아졌다 낮아지면서 아이가 자연스럽게 손을 뻗어 자기 몸을 받치는 요령을 배우게 된다.

♣ 거울놀이

1 ··· 아기를 무릎 위에 앉혀 놓고 함께 손거울을 본다. "우리 아기가 여기 있네" "저기도 있네" "아기가 어디 있니?" 등의 이야기를 하면서 아기가 자신의 모습을 찾게 한다.
2 ··· 아기가 완전히 자신을 알아본다는 생각이 들면 신체 각 부분을 가리키면서 이름을 말해주는 것도 좋다.
3 ··· 또 아기가 좋아하는 장난감을 거울 속에 비춰본다. 아기가 거울 쪽으로 손을 내밀다가 엄마를 돌아보면 그 장난감을 주도록 한다.

point 아기가 혼자 있을 때는 거울이 깨질 위험이 있으므로 손이 닿지 않는 곳에 둔다. 그렇지만 깨지지 않는 특수재질로 된 것이면 안전하다.

♣ 앞으로 출발

1 ··· 아기를 엎드리게 한 뒤 무릎을 배 아래에 넣고 엉덩이를 꼭꼭 눌러준다.
2 ··· 그러면 자극을 받아 앞으로 기어간다.

point 고개를 들어 대상물을 보고 이곳 저곳을 살피는 동안 눈 운동의 기초가 이루어진다.

❏ 아이를 엎드리게 한 다음 엉덩이를 눌러주면 앞으로 기어간다.

♣ 짝짜꿍 · 잼잼 · 곤지곤지놀이

1 ··· 엄마가 먼저 아기 앞에서 해 보인 후 따라 하게 한다. 그 중에서도 곤지곤지는 짝짜꿍, 잼잼보다 손가락 하나의 동작만을 요구하므로 더 세밀한 놀이라 할 수 있다.
2 ··· 만약 아기가 잘 따라하면 동작을 시범 보이지 말고 소리만 듣고도 할 수 있는지 본다.

❏ 곤지곤지나 잼잼과 같은 놀이로 아이의 손동작을 단련시킨다

point 6~12개월 정도의 시기에 눈과 손의 동시반응을 훈련시키고, 소근육들을 발달시키는 효과가 있다.

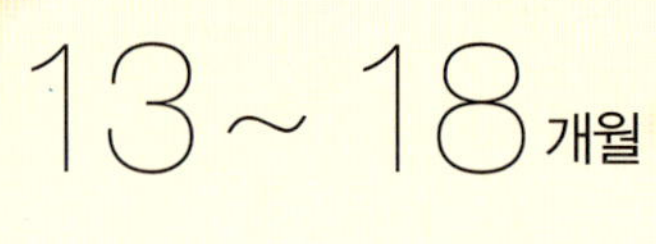

돌 무렵이 되면 시력이 점차 발달된다. 이때 사물의 '입체, 원근, 농도, 색감' 등의 구별을 통해 시력은 물론 지능이 발달된다.

이 시기에 하면 좋은 놀이

♣ 움직이는 장난감 가지고 놀기

돌무렵이 되면 아이가 개 · 고양이 · 자동차 등 움직이는 것에 흥미를 갖기 시작한다. 이 때는 너무 크지 않은 동물이나 인형 등의 장난감을 갖고 놀게 하면서 움직이는 물체에 대한 시력을 발달시켜 주도록 한다.

♣ 블럭놀이

1 ··· 원색계열의 블럭 장난감을 가지고 처음에는 엄마와 함께 여러 가지 모양을 만든다.
2 ··· 나중에는 아이 혼자 만들고 싶은 모양을 만들도록 엄마는 옆에서 지켜 보기만 한다.

point 시력발달 외에도 색감각을 길러주고 응용력을 키워주는 등 여러 면에서 좋다.

아이 시력 테스트

이런 행동을 보이면 병원에 가본다

아이에게 혹시 다음과 같은 증상이 있는지 평소에 잘 살펴보고 만약 이상증세가 있다면 전문가에게 보이도록 한다.

● 생후 3~4개월이 되어도 엄마와 눈을 잘 맞추지 못한다.
● 한쪽 눈을 자주 감거나 눈의 위치가 이상하다.
● 빛을 잘 보지 못하고 눈부셔 한다.
● 눈동자(동공)의 색이 이상하다.
● 고개를 기울이거나 얼굴을 옆으로 돌려서 본다.
● 물건이나 책, TV 등에 가까이 다가가서 본다.

● 미숙아거나, 유전질환이 있거나, 눈에 관련된 질환의 가족력이 있다.
● 눈을 자주 찡그리고 눈의 표정이 나쁘다.
● 사물을 보기가 어려운 것 같으며 자주 눈을 비비는 버릇이 있다.
● 그림을 보거나 그리는 데 싫증을 잘 낸다.
● 집중력이 떨어지고 침착성이 없다.
● 자주 머리가 아프다고 한다.
● 집에서나 길을 가다 자주 넘어진다.
● 눈물을 자주 흘린다.
● 머리를 한쪽 방향으로 기울여 물체를 보곤 한다.

♣ 텔레비전 보기

아기는 시력이 발달하게 되는 3~4개월이 지나면서부터 TV에 흥미를 갖게 된다. 그러나 올바른 시청습관을 들이지 않으면 오히려 심각한 시력장애나 정서, 언어장애 등을 일으킬 수 있으므로 주의한다.

1 … 시청시간은 하루에 30분~1시간을 넘지 않도록 하고, 화면과 거리는 3m 이상이 좋다. 물론 엄마나 보호자가 함께 있어야 한다.
2 … 대사가 많고 복잡한 줄거리보다는 움직이는 그림책 느낌이 나는 간결하고 반복적인 내용의 비디오가 아기의 흥미를 끌 수 있다. 처음에는 지점토나 헝겊 인형 등 색다른 재질의 주인공이 나오는 것, 전체적으로 원색의 컬러가 많이 사용된 것을 고르고 시간이 지나면 동요나 율동 비디오, 자연 비디오 등 상호작용이 가능한 것을 선택하는 게 요령이다.

○ TV를 가깝게 보지 않도록 엄마가 주의를 준다.

19~24 개월

이 시기에는 아이들의 그림책에 대한 관심이 커지는데, 엎드려서 책을 읽으면 책에 그림자가 생겨 눈이 나빠지므로 주의한다. 책과 눈과의 거리는 35~50cm가 적당하다. 이 때 방안의 조명은 그늘진 곳이 없도록 설치해야 하는데, 방안에 그늘진 곳이 있으면 눈의 피로를 쉽게 느끼게 되고 급기야 시력이 나빠지게 되기 때문이다.
1~2세 무렵 아이의 시력발달에 좋은 여러 가지 놀이체조를 소개한다.

12~24개월의 아이를 데리고 외식을 할때

아이를 데리고 밖에 나가서 식사를 한 번 하려면 복잡한 일이 한 두 가지가 아니다. 혹시 사람이 많은 곳에서 아이가 울지 않을까, 소리는 지르지 않을까 등. 아이를 데리고 외식할 때 조용히 식사를 할 수 있는 방법을 알아본다.

● 먼저 밥을 먹인다

가능하다면 외출하기 전에 밥을 먼저 먹이도록 한다. 아니면 레스토랑에 도착하자마자 아이용으로 빨리 나올 수 있는 음식을 주문한다. 배고픈 아이는 도저히 다룰 수 없을 만큼 부산해 지는 경우가 많기 때문이다. 아이가 먼저 배불리 먹고 만족하면 혼자 얌전히 놀 것이다. 그러면 어른들도 마음놓고 편하게 식사를 하면 된다.

● 아이가 자는 시간을 이용한다

아이가 피곤해 잠이 들만한 시간대에 예약을 하는 것도 하나의 방법이다. 레스토랑까지 운전해서 가는 동안에 아이가 잠들어 버릴 수도 있다. 그러면 아이를 안고 들어가 소파에 그대로 눕혀 두도록 한다. 어쩌면 식사시간 내내 잠들어 주는 고마운 일을 기대할 수 있을지도 모른다. 아이를 환영하는 분위기의 레스토랑, 아이용 놀이방이 있는 레스토랑을 찾을 수 있다면 물론 더 좋을 것이다.

○ 식당에 도착하면 아이에게 먼저 음식을 미리 먹이도록 한다.

이 시기에 하면 좋은 놀이

♣ 고구마 굴리기

1 … 엄마가 아기 엉덩이에 손을 대고 살짝 밀어 몸을 옆으로 굴린다.
2 … 엎어지면 다시 한 번 같은 방향으로 밀어 뒤를 보도록 한다

point 같은 동작을 반복하는 동안 사물을 순간적으로 포착하는 능력이 생기게 하는 효과가 있다.

♣ 안구운동 놀이

아기를 눕힌 뒤 시선을 끌 만한 인형을 보여주고, 아기의 시선을 유도하면서 인형으로 천천히 8자를 그린다.

point 누워 있는 자세에서 일정한 거리에 있는 사물을 응시하면 눈의 초점을 맺는 연습이 된다. 또한 사물의 움직임을 쫓으면서 안구운동도 할 수 있다.

♣ 두발 동시에 구부리고 펴기

1 … 엄마가 아기의 무릎을 구부려서 배 쪽으로 밀어준다.
2 … 그러면 아기는 배에 힘을 주면서 발을 다시 펴려고 한다. 이때 손에 서서히 힘을 빼서 다리를 쭉 펴게 한다.

point 두 발을 동시에 구부린다는 것은 뇌와 시력의 발달이 정상적으로 이루어지고 있다는 증거다. 반복적으로 연습하면 무릎의 근력과 안근육의 발달이 함께 이루어진다.

25~36 개월

아이들 책상에 스탠드를 놓을 때는 전등에 갓을 씌우지 말고 갓이 없는 전등을 고르도록 한다. 갓 없는 전등이 그림자가 덜 생겨 아이들의 눈에 좋기 때문이다. 책은 반듯한 자세로 책상에 앉아서 봐야 눈의 피로를 덜 느낀다.

이 시기에 하면 좋은 놀이

♣ 한발차기

아기의 발에 엄마 손바닥을 대고 한 쪽 다리씩 번갈아 가며 힘을 준다. 이때 아기는 반동을 이용해 발을 쭉 뻗는다.

두발 동시 차기

point 발차기를 하는 동안 흥미롭게 한 곳을 응시하면 자연스럽게 눈의 초점을 맺는 연습이 된다.

1 … 엄마가 손바닥을 아기 발바닥에 대고 밀면 아기는 반동을 일으켜 발을 뻗으려고 한다.

2 … 엄마가 힘을 조절하여 무릎을 구부렸다 폈다 하는 동작을 반복하게 해준다.

point 몇 번 반복하는 사이에 다리의 힘도 생기고, 발을 뻗으면서 일정한 방향으로 시선을 옮기게 된다.

◆ 아기의 발바닥을 손바닥으로 살짝 밀면서 무릎을 구부렸다 편다.

비행기 놀이

1 … 아기를 엎드리게 한 뒤 양손을 잡는다.
2 … 그런 다음 쭉 펴서 고개를 들게 해준다.

point 아기의 허리에 힘이 생기고 점차 먼 곳을 보면서 시야가 넓어진다.

37 ~ 48 개월

시신경의 발달이 마무리되는 5세부터는 정기적인 시력 검사를 받는 것이 바람직하다는 게 전문가들이 조언이다. 물론 그 전이라도 아기 눈에 이상이 있거나 부모나 가족 중에 백내장, 녹내장, 심한 난시나 근시인 사람이 있다면 병원에 가서 검사를 받아본다.

이 시기에 하면 좋은 놀이

♣ 신발장 정리하기

1 … 아이에게 놀이 삼아 혼자서 신발장 정리를 해보도록 한다.
2 … 잘할 수 있으면 다음에는 크기, 색깔, 사람 등의 조건별로 나누어 정리하도록 한다.

point 아이가 이런 분류의 기준을 생각하면서 정리하다 보면 길이와 크기, 색깔 구별능력 등을 키울 수 있다.

49 ~ 60 개월

많은 엄마들이 걱정하는 사시의 경우는 생후 6개월이면 알 수 있으므로 이때쯤 사시 검사를 받는 것이 좋다. 사시 역시 일찍 발견할수록 치료가 쉽고 완치율이 높다고 한다.

이 시기에 하면 좋은 놀이

♣ 롤러 코스터

롤러 코스터를 가지고 색깔별로 구분하는 등 여러 가지 방법으로 아이와 함께 놀아준다. 구슬을 움직이면서 '슝' 같은 의성어를 내면 아이가 흥미를 보인다. '저쪽으로 옮긴 구슬은 몇 개지?' 하는 식으로 물어보면서 롤러 코스터 구슬을 건너편으로 옮기며 숫자공부도 한다. 아이가 자랄수록 구슬 수가 많고 많이 구부러져 있는 레일이 좋다.

point 색색의 구슬을 레일을 따라 움직이면서 색채감각과 방향 감각, 공간개념 등을 익힐 수 있다. 또 구슬의 숫자를 세며 수 개념도 익힐 수 있으며 소근육 발달에도 도움이 된다.

♣ 눈동자 놀이

1 … 아이에게 눈동자를 상하좌우로 굴리는 안구운동을 시켜본다. 엄마가 먼저 시범을 보인 후 따라 하도록 하면 된다.

2 … 아이의 눈 주변을 지압해주는 놀이도 마찬가지 효과가 있다.

point 양쪽 눈이 골고루 발달하는데는 양쪽 신체를 고루 움직이게 하는 가벼운 놀이나 눈동자를 상하좌우로 굴리는 안구운동이 효과적이다.

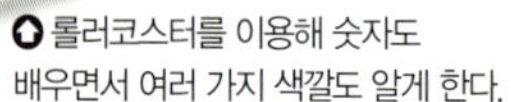

◆ 롤러코스터를 이용해 숫자도 배우면서 여러 가지 색깔도 알게 한다.

잠 안자고 보채는 아기 길들이기

정광희(30세, 웹 디자이너)

우리 아기가 7개월 정도 되었을 때다. 직장 생활을 하느라 항상 녹초가 되어서야 집에 들어오는 나를 괴롭히는 우리 아기의 유별난 잠투정. 정말 스트레스가 이만저만이 아니었다.

결국 이대로는 안되겠다 싶어 작전에 돌입했다. 일단 아기가 자신이 잘잘 때가 되었다는 것을 알 수 있도록 신호를 만들었다. 내가 사용한 신호는 클래식 음악이었는데, 낮에 아기가 낮잠을 잘 때도 음악을 꼭 틀 것을 시어머니에게도 부탁했다. 그리고 목욕을 시키면 숙면할 수 있다는 말을 듣고는 피곤하더라도 항상 내가 직접 따뜻한 물로 씻기고 맛사지를 해줬다. 다리를 쭉쭉 늘려주기도 하고, 발바닥을 만져주면서 아기가 상쾌한 기분을 느낄 수 있도록 해 주었고, 그 다음에 불을 끄고 음악을 틀거나 자장가를 불러줬다. 이때 너무 불을 깜깜하게 끄면 아기가 놀랠 수 있다고 해서 은한 조명의 스탠드를 켜놓았다. 사실 그 전까지는 내가 너무 피곤해서 불을 끄고 억지로 재우려고 했었는데 그것이 오히려 자극이 되지 않았나 하는 생각이 들었기 때문이다.

어쨌든 고맙게도 우리 아기는 금새 적응을 했다. 다른 집 엄마들은 그래도 소용없다며 속상해하지만, 끈기를 갖고 꾸준히 진행해보라고 말하고 싶다.

언어발달을 돕는 놀이

언어 발달이 빠른 아이들은 대체로 똑똑하고 다른 면에서의 발달도 빠른 편이다.
언어를 빨리 그리고 풍부하게 습득할수록 그만큼 다른 분야에서 많은 것을 체험할 수 있는 가능성이 높기 때문이다.
아이의 능력의 기초가 되는 언어를 발달시킬 수 있는 방법을 알아본다.

0 ~ 6 개월

언어를 가르칠 수 있는 가장 훌륭한 교사는 바로 엄마다. 누워있는 어린 아기라도 소리나는 것에는 반응을 보이기 때문에 지속적으로 말 걸기를 시도하는 것이 중요하다. 기저귀를 갈거나 우유를 먹일 때, 목욕할 때 등 다양한 상황 속에서 아기에게 언어 자극을 주도록 한다.

말 걸기를 할 때는 아기와 시선을 맞추는 것이 중요하며, 아기가 옹알이로 응답을 하는 듯이 보이면 더 적극적으로 대꾸해준다.

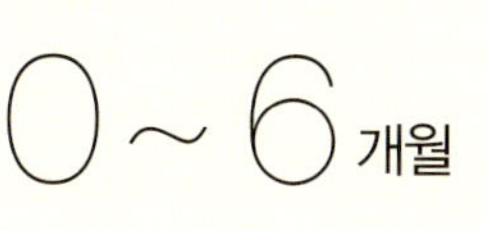

○ 책을 읽는 것을 좋아하는 아이는 어휘 구사력이 더 풍부하다.

이 시기에 하면 좋은 놀이

♣ 옹알이 대꾸하기

1 ··· 아기가 옹알이를 하거나 우는소리를 내면 반드시 아기가 낸 소리와 똑같은 소리를 흉내내어 반응해 준다.

2 ··· 아기를 돌볼 때는 엄마가 항상 아기처럼 옹알이를 하면서 어르고, 아

○ 아이의 옹알이에 적극 대꾸한다.

기가 어떤 소리를 내면 웃으면서 안아주는 게 좋다.

♣ 다양한 소리 들려주기

1 ··· 아기에게 종이 구기는 소리, 책장 넘기는 소리, 시계 소리, 딸랑이 소리 등 다양한 청각 자극을 주면서 그 소리에 대해 설명해주는 것도 좋다.

2 ··· 조금 더 큰 아기의 경우는 주위의 사물 중에서 친숙하게 느끼는 작은 물체나 행동들의 이름을 반복적으로 불러주도록 한다.

한 예로 아기가 강아지를 좋아한다면 '강아지' 라는 단어를 계속해서 들려준다. 아기가 '강아지' 라는 단어를 알게 된 후에는 강아지라는 단어를 이용해서 간단한 문장을 다양하게 만들어 들려준다. 이런 활동이 반복되다 보면 자연스럽게 아기의 어휘력이 좋아진다.

7 ~ 12 개월

생후 7~12개월이 되면 아기의 이름을 많이 불러주자. 말 걸기를 할 때도 항상 아기의 이름을 부르는 것으로 시작하고, 점차 엄마, 아빠와 같은 단어를 말하기 시작하면 주변 사물을 많이 접하게 하고 이름을 하나하나 들려준다.

하지만 단순히 사물의 이름을 나열하듯 주입시키는 것보다는 사물의 다양한 특징을 설

○ 장난감으로 아이에게 구체적인 단어를 알려준다.

명해주며 말을 걸어주는 것이 효과적이다.

이 시기에 하면 좋은 놀이

♣ 동화 녹음해 들려주기

아이들은 엄마가 직접 동화책을 읽어주는 것을 좋아한다. 가장 좋은 방법은 아이들이 원하고, 엄마의 시간이 가능한 때에 아이들에게 재미있는 동화책을 읽어주는 것이다.

하지만 엄마가 직장을 다니거나 집안 일로 바쁠 때는 아이가 좋아하는 동화책을 녹음해서 들려준다. 이때 각 페이지의 끝 부분에서 책장을 넘겨야 할 때는 실로폰 소리 등으로 신호를 넣어서 아이가 책을 읽지 못해도 책장을 넘길 수 있게 한다.

♣ 이름 알기

11개월쯤 된 아기는 아직 말은 못 해도 많은 단어들을 안다. 그래서 엄마가 하는 간단한 말을 이해하고 엄마의 말에 따라 행동하기도 하고, 엄마가 말하는 단어와 비슷하게 소리를 내기도 한다.

1 ··· 아기가 좋아하는 장난감이나 과일, 음식

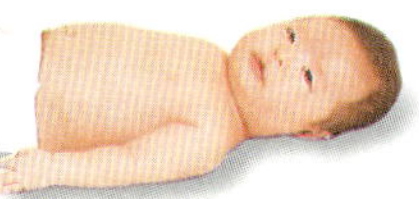

등의 이름을 그림책이나 실제 사물을 통해 보여 주면서 사물의 이름을 여러 번 말해준다. 예를 들어 아기와 함께 그림책을 보다가 숟가락 그림이 나오면 "○○의 숟가락과 똑같네.", "○○의 숟가락은 어디 있지?" 하는 식으로 물어본 후 아기에게 자신의 숟가락을 가져오게 해서 그림과 비교해 보게 한다.
또는 반대로 집에 있는 사물을 하나 가리키면서 그림책에서 같은 것이 있는지 찾아보도록 한다.
2··· 그 사물을 이용한 여러 가지 놀이를 해주어 아기가 사물의 이름을 재미있게 익힐 수 있게 도와준다. 아기의 반응을 잘 살피면서 다른 물건으로 바꾸어 가며 계속하면 된다.
단, 아기가 다른 것에 관심을 두고 있을 때 억지로 사물의 이름 등을 가르치기보다는 아기가 실제 사물을 보고 있거나 흥미를 보일 때 자연스럽게 놀아 주면서 사물의 이름을 가르쳐 주는 것이 가장 효과적이다.

13~18개월

생후 13~18개월이면 호기심이 매우 많아진다. 발음은 불분명해도 예전보다 훨씬 많은 단어를 말하고, 50단어 정도는 이해하기 때문에 엄마의 말 걸기가 한층 수월해진다. 이때는 바깥놀이를 통해 많은 것을 보고 듣고 느끼게 해서 아기의 어휘력과 표현력 향상에 도움을 준다.

이 시기에 하면 좋은 놀이

♣ 두 개의 다른 음절 결합하기

1··· 아기에게 두 개의 다른 음절 즉 '바'와 '아' 하는 식으로 여러 번 되풀이해서 소리를 들려주고 아기가 그 음절을 소리내어 보도록 한다.
2 ··· 이때 엄마가 작

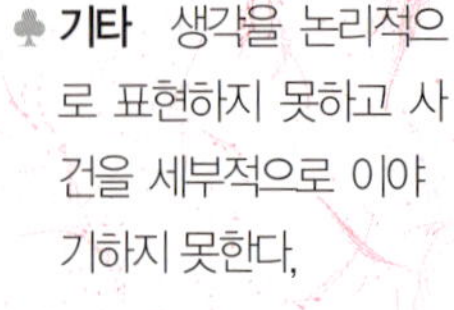

○ 그림책에 나온 사물을 보여준 후 직접 그 단어를 따라하게 한다.

은 소리보다는 큰 소리로 정확하게 천천히 소리내주는 것이 중요하다. 소리내는 음절을 따라하면 안아주거나 뽀뽀 등으로 칭찬해 준다.
3··· 아기가 잘 따라하면 여러 가지 다른 음절들을 소리내 준 후 다시 따라하도록 한다. '엄마' '아빠' '맘먀' 등의 단어에서 우선 음절을 하나씩 소리낸 후 따라하도록 했다가 나중에는 두 음절을 합한 소리를 내도록 한다.

♣ 통안에 물건 넣기

아이들은 통 안의 물건을 넣고 꺼내는 일을 매우 좋아하므로 재미있게 놀이를 할 수 있다.

1··· 통 속에 몇 개의 물건을 넣은 후 엄마가 하나를 꺼내며 이름을 말해준다. 그리고 다시 "○○야, 연필을 넣어라."라고 말하며 아기에게 넣도록 시킨다.
2··· 그리고는 아기에게 다시 "○○야, 연필을 꺼내봐라."하고 말해서 잘하면 칭찬해 준다. 빨래바구니에서 자기 옷을 꺼내게 하거나 수저통에서 숟가락을 꺼내게 하는 놀이도 마찬가지 효과가 있다.

○ 아이에게 손 코 입 등의 신체부위를 가르쳐 준다.

♣ 숨긴 물건 찾기

장난감 등 여러 물건들을 안 보이는 곳에 감추었다가 아기에게 찾아보게 하고, 그 물건의 이름을 말해보게 하는 것도 언어발달에 도움을 준다.

1··· 엄마가 아기의 양말이나 다른 물건 등을 소파 뒤에 숨겨둔 후 "○○야, 네 빨간색 양말이 어디 있을까? 한 번 찾아보세요." 하는 식으로 말한다.
2··· 아기가 물건을 잘 찾아 가지고 오면 "○○가 양말을 잘 찾았구나. 잘했어. 그런데 이게 뭐지?" 하는 식으로 이름을 물어본다.

♣ 신체부위 가르키기

1··· "○○야, 코 어디 있니?" 하고 물은 후 아기의 손을 가져다가 자신의 코를 만져보게 한다. 그리고는 "이게 코야." 하고 말해준다. 그런 다음 다시 같은 질문을 해서 아이 혼자서도 코를 지적할 수 있는지 본다.
2··· 처음에는 거울 앞에서 엄마가 아기의 몸에 손을 가져다대면서 신체부위 하나 하나의 이름을 말해

○ 아이의 언어 발달은 성장속도에 따라 각각 다르다.

주는 게 좋다. 그리고 아이가 따라해 보도록
한다. 목욕시킬 때도 신체부위를 말해주면서
씻기도록 한다.

♣ 식구들 이름 말하기

1 ⋯ 식구들의 이름을 자주 불러서 아이가 자
주 듣도록 해준다. 아이가 식구들의 이름을
구별할 수 있게 되면 "이 공을 ○○에게 주고
오렴."하는 식으로 식구들의 이름을 대며 심
부름을 시킨다.
2 ⋯ 식구들이 한 자리에 모여 앉아 아이가 정
확하게 이름을 부른 사람이 아이에게 공을 던
지는 놀이를 하는 방법도 있다.

19 ~ 24 개월

이 시기에는 두 단어 이상의 문장으로 말을
할 수 있으며 이전보다 호기심이 훨씬 많아져
서 아기의 탐색 욕구가 늘어난다. 그런 만큼
아기의 행동이나 말에 엄마가 적극적으로 반
응해 주어야 언어발달이 잘 이루어질 수 있
다. 많은 이야기를 들으며 자란 아이일수록
언어 표현 능력이 뛰어나다.
19~24개월 정도가 되면 전화놀이나 손 인
형 놀이, 사진놀이 등을 해주면 좋다.

이 시기에 하면 좋은 놀이

♣ 음식이름 말하면서 달라고 하기

1 ⋯ 음식을 그릇에 담아주기 전에 아이에게
"이것은 샌드위치야"라는 식으로 말해주고
엄마를 따라 음식 이름을 말해보게 한다.
2 ⋯ 그런 다음 "이게 뭐지?" 하고 물어봐
서 아이가 잘 맞추면 칭찬해주고 음식을
준다.
3 ⋯ 아이가 간식을 먹고 싶어할 때도 마찬가
지로 이름을 말해주고 따라해 보도록 한다.
간식을 줄 때는 조금만 주어 아이가 더 달라
고 하도록 한 다음에 다시 이름을 말하게 하
는 것이 요령이다.

아기의 성장을 기록으로 남기려면 언어 일기를 쓰자

하루가 다르게 자라는 아기의 성장 기록을 글로
남겨보자. 일반적으로 육아 일기를 가장 많이 쓰
는데, 육아일기 뿐 아니라 아기가 한 말들을 기록
하는 언어일기를 써보는 것도 좋다.

● 아이가 처음 한 말을 기록한다

성장의 각 단계에서 아이가 하는 단어나 문장을
기록해 두면 아이의 언어 능력 발달 기록이 된다.
단어만 기록하지 말고 아이가 잘못 사용함으로써
가족들을 웃긴게 만들었던 문장 같은 것도 기록
해 두면 좋다. 좀더 재미있게 하고 싶다면 연상 일
기를 써보도록 한다. 아이가 한 말이나 행동에서부
터 지금 아이가 무슨 생각을 하고 있는지를 연상해
서 적어 보는 것이다. 이런 기록을 나중에 아이가

큰 다음에 보게 되면 아이의 성장에서 가장 재미있
었던 시절을 기억해 내는 데에 도움이 된다.

● 포인트만 간략하게 기록한다

너무 많은 것을 기록하면 정말 중요한 포인트가
흐려지기 쉽다. 작은 제목들을 붙여서 알기 쉽게
해 두면 나중에 찾기도 쉬울 것이다. 예를 들어 처
음 앉았을 때, 처음 걸었을 때, 처음 말
을 했을 때, 등등 아이의 발달에서 중
요한 포인트가 되었던 것들을
적어 두도록 한다.
유머러스한 일이 생겼을 때
나 귀여운 행동을 했을 때도 그
순간을 기록해 두도록 한다.

♣ 동물이름 말하기 · 소리내기

1 ⋯ 동물그림이나 장난감 모형 등 아이가 좋
아하는 두세 가지 동물을 택한다. 아이에게 동
물 이름과 동물이 내는 소리를 들려주고 따라
해 보게한다. 집에서 애완동물을 키운다면 강
아지나 고양이 우는 소리 등을 직접 들어보게
하고, 엄마가 흉내내어 아이에게 다시 들려준
다. 그리고 아이 혼자서도 해보게 한다.
2 ⋯ 그림이나 장난감 동물을 보여주면서 아
이에게 동물의 이름과 소리를 내도록 한다.

● 손 인형으로 아이에게
직접 말을 시켜 반응을
유도한다.

♣ 손 인형 놀이

1 ⋯ 낡은 양말의 발끝 부분을 잘라서 인형 입
을 만들고, 두꺼운 종이를 동그랗게 자른 다
음 반으로 접어 입 속에 넣어 붙인다. 그런 다
음 단추나 색실로 눈과 코, 입을 만들어 붙이

면 멋진 손 장갑 인형이
된다. 여기에 수염을 달아 고양이를 만들거나
귀를 달아 토끼를 만들 수도 있다.
2 ⋯ 손 장갑 인형이 완성되면 엄마가 손에 끼
고 아기에게 말을 건다. 손 인형의 입을 움직
이며 "안녕, ○○야, 난 토끼란다. 만나서 반
가워." 하고 말해 주면 아기가 신기해한다.
3 ⋯ 인형을 여러 개 만들어 목소리를 바꾸어
가며 이야기를 해주거나 아기의 손에 인형을
끼워 주고 아기가 직접 인형을 움직이며 말을
해 보게 한다.

25 ~ 36 개월

24개월 이후가 되면 아이는 세 단어 이상으
로 된 문장으로 이야기하며 평균 200~300개
이상의 단어를 기억하고 사용한다고 한다. 이
때는 아이가 문장으로 말하는 것이 가능한 시
기이므로 사물의 이름만 일러주는 것에서 그
치지 말고, 사물과 동사를 연결한다거나 사물
의 특징을 다양한 수식어로 표현하는 등 문장
으로 이야기해 주는게 좋다.
특히 그림을 보며 이야기를 재미있게 들려
주면 아이들이 더 좋아한다.

이 시기에 하면 좋은 놀이

♣ 책에서 그림 지적하기

1 ··· 먼저 아이가 잘 아는 물건 그림을 가지고 시작한다. 처음에는 한 가지 물건 그림이 있는 간단한 책을 이용하고, 다음에는 한두 가지 물건 그림이 있는 책을 보고 그 중에서 고르게 한다. 맞게 고르면 칭찬해 준다.
2 ··· 장난감 홍보물이나 헌 잡지 등에서 흔히 쓰는 물건을 오려서 스크랩북을 만들어 사용해도 좋다. 혹시 아이가 실물은 알면서도 그림과 실물이 같은 물건이라는 것을 모르면 그림을 실물에 붙여 알게 해준다.
3 ··· 친숙한 물건과 이름이 나오는 동요를 들려준다.

♣ 엄마·아빠 놀이

생후 19개월 무렵이 되면 아이들은 엄마와 아빠의 행동에 부쩍 많은 관심을 보이며 따라하고 싶어한다. 아이들은 이런 엄마·아빠 놀이나 소꿉놀이, 병원놀이 같은 모방놀이를 통해 다른 사람의 역할을 해보면서 사회적인 행동도 배우게 된다.
또 병원놀이, 시장놀이 등에서 여러 가지 소품을 가지고 놀다 보면 물건의 이름과 쓰임새에 대해서도 알게 되고, 어휘력을 늘리는 데도 큰 도움이 된다.
따라서 이때는 그냥 말로만 역할놀이를 하기보다는 직접 아빠의 옷도 걸쳐보고 엄마의 앞치마도 해보면서 놀도록 해준다.

✚ 엄마, 아빠의 소품을 이용해 소꿉놀이를 한다.

1 ··· 엄마의 치마나 핸드백, 아빠의 양복 상의, 넥타이, 구두 등을 준비한다. 이중에서 아기가 마음대로 옷을 골라 입고, 소품들을 가지고 놀게 한다.
2 ··· 아기가 엄마의 역할을 하면 엄마는 아기의 역할이나 아빠의 역할을 해주는 등 아기가 요구하는 대로 하면서 놀아 준다.

♣ 사진 보며 이야기 나누기

1 ··· 아이들은 사진 보기를 좋아한다. 아기가 태어났을 때부터 기고, 걷고, 목욕하고, 장난감을 가지고 노는 모습 등을 찍어 놓은 사진을 보여 주면서 사진 속의 아기가 무엇을 하고 있는지 말을 해준다.

✚ 사진 속의 인물들을 하나하나 설명해 준다.

2 ··· 아이의 사진 뿐 아니라 할아버지나 할머니, 아빠, 엄마 등 가족 사진도 보여 준다. 아이는 자기가 좋아하는 사람들이 사진 속에 있는 것을 보면서 무척 반가워한다. 더러는 아이가 사진 속의 인물을 손으로 가리키며 누구라고 아는 척을 하기도 한다. 그러면 엄마가 다시 한 번 자세히 실명해 준다.

♣ 소꿉놀이

1 ··· 작은 플라스틱 그릇이나 숟가락, 컵, 주전자, 모형 과일 등 소꿉놀이에 필요한 도구를 바구니에 담아 아이에게 준다.
2 ··· 아이가 밥을 짓거나 반찬을 만들어 그릇에 담고 엄마에게 먹어 보라고 하면 엄마는 "○○가 맛있는 밥을 가져왔네. 고마워." 하면서 맛있게 냠냠 먹는 모습을 보여 준다.
아이와 소꿉놀이를 할 때는 여러 가지 물건들의 쓰임새에 대해 엄마가 자세히 이야기를 해주고, 올바른 식사 습관을 기를 수 있도록 유도하는 게 요령이다.
시장놀이도 아이가 파는 사람이면 엄마가 사는 사람, 아기가 사는 사람이면 엄마가 파는 사람의 역할을 하면서 즐겁게 놀아주면 된다.

37~48개월

4~5세가 되면 아이는 논리력과 상상력이 균형을 이루고, 언어능력이 뛰어나 혼자서 이야기를 만들 수가 있다. 그래서 그림책이나 만화에서 본 내용에 자신의 상상을 섞어 이야기를 하는 일이 늘어난다.

이 시기에 하면 좋은 놀이

♣ 자연학습 놀이

1 ··· 화분이나 꽃 등의 식물을 가지고 자세한 설명을 하면서 이야기를 만들어 들려준다. 예를 들어 "○○야, 예쁜 꽃을 만져볼까? 이 꽃은 냄새도 좋단다. 그래서 나비랑 벌이 이 꽃을 찾아온대." 하는 식으로 이야기를 끌어간다.

✚ 아이들은 나무나 꽃 등을 통해 상상력을 키워 나간다.

2 ··· 질문에 아이가 대답하면 엄마가 거기에 대해 또 언급하고 넘어간다. 아이들은 꽃과 나뭇잎도 사람과 똑같이 아프고, 기쁘고, 배가 고프다고 생각하기 때문에 잘 받아들이고 상상의 나래를 펴게 된다.

♣ 수수께끼 놀이

1 ··· 동물 이름 맞추기 등 간단한 수수께끼 놀이를 아이와 해본다.
2 ··· 또는 '야'로 시작되는 단어 말하기 등의 게임을 통해 아이의 어휘수가 늘어나도록 도

와주는 방법도 있다. 단, 게임이 어렵지 않고 쉽게 맞출 수 있어야 아이가 싫증내지 않는다.

49 ~ 60 개월

이 시기에 이야기를 만들 수 있는 그림을 아이에게 3~5장 정도 보여준 다음 아이에게 이야기를 만들어 보도록 하는 놀이가 효과적이다. 내용이 완벽하지 않아도 나름대로 이야기를 꾸몄으면 칭찬해 준다. 이야기가 막히면 엄마가 약간의 힌트를 주어 끝까지 완성할 수 있게 이끌어 주는 것이 요령이다.

이 시기에 하면 좋은 놀이

♣ 명시 외우기

이 무렵에는 어느 정도의 기억 훈련을 시켜주면 좋다. 세계의 국가나, 철도의 역명, 또는 좋은 시를 여러 편 외우게 하거나 논어를 가르치는 것 등의 방법이 그것이다. 특히 시를 외우게 하면 어휘력 향상에도 도움이 될 뿐 아니라 아이의 정서를 안정시키는 데도 효과가 뛰어나다.

1 … 우선 엄마가 포근한 목소리로 좋은 시를 아이에게 들려준다. 이때 주의할 것은 테이프나 비디오 등의 기계음은 변화가 없어 큰 도움이 되지 못한다는 점이다.
2 … 그런 다음 아이에게 한 번 읽어보도록 하고, 시의 내용에 대해서도 설명해 준다.
3 … 아이가 자주 읽어보게 해서 차츰 외우도록 도와주는 것이 좋다.

♣ 이야기 꾸미기

1 … 부모가 예전에 경험했던 일이나 아이의 어린 시절 이야기, 주변에서 일어난 일 등을 엄마가 나름대로 각색하여 이야기 해 준다.
2 … 아이의 어릴 적 사진이나 글자 없는 그림책을 소재로 하여, 아이가 그 광경에 대한 상상력을 발휘해 이야기를 꾸며 나가도록 도와준다.

아이가 책읽기를 좋아하게 하려면

아이의 언어 발달을 위해서 '책 읽어주기' 만큼 좋은 것도 없다.
특히 0~24개월까지의 아기들에게 그림책을 읽어주면 언어 능력은 물론 생각도 커지고 마음도 살찐다.

● 단순한 그림의 동물이나 가족 이야기를 담은 책이 좋다

처음 만나는 그림책은 단순한 이야기, 밝고 씩씩한 이야기가 좋다. 특히 1~2세의 아기에게는 동물이나 친구, 가족 이야기가 좋다.

책을 읽고 나서 아기가 중얼중얼 읽는 시늉을 하면 잘했다고 칭찬을 해준다. 말을 할 줄 아는 아기에게는 그림책을 읽어주고 그림을 보면서 질문과 대답을 유도한다.

단, 그림책은 한 번에 3~5권 정도만 꺼내 보게 한다. 한 권만 가지고 놀게 하면 금방 싫증이 나고, 수십 권씩 가지고 놀게 하면 아기가 혼란스러워한다. 또 매일매일 보게 하면 싫증을 내기 쉬우므로, 하루 건너씩 보게 해서 싫증나지 않게 하는 것도 요령이다.

● 은은하고 부드러운 색의 그림책을 고른다

그림책의 경우는 그림이 글만큼이나 중요하다. 그림 속에 이야기가 가득 담겨 있고, 색깔이 은은하고 부드러운 그림책이 좋다. 또한 그림책에 등장하는 얼굴은 너그럽고 푸근한 표정, 넉넉하고 순한 표정이 좋으며 장면 장면이 살아 있는 그림이어야 한다. 지금까지의 여러 연구에 의하면 책 읽기를 하는 동안 부모와 따뜻하고 친밀한 유대를 형성하였던 경험이 있었던 아이들은 언어능력이 훨씬 빠르고 뛰어나다고 한다. 책에 흥미를 느끼게 하기 위해 가장 중요한 일은 책읽기가 즐거운 일이라고 느끼게 해주는 것이다.

● 아이가 책을 좋아하게 만드는 요령

① 일과 중 '책읽기' 시간을 따로 만든다. 특히 아기가 지금 한두 살이라면 책읽기 시간은 더욱 중요하다. 이 시간은 아주 짧은 시간이어도 괜찮지만 내실이 있어야 하고 규칙적인 것이 좋다.
② 엄마가 함께 즐길 수 있는 책을 고른다. 만약 엄마가 재미없게 느낀다면 아이가 금방 알아차리고 아이도 그 책에 대한 흥미를 잃게 될 것이다.
③ 아이의 수준에 맞는 책을 고른다. 아이들이 이해할 수 있는 것보다 더 높은 수준의 책을 읽어주는 것은 아이가 책에 대한 흥미를 잃게 만드는 지름길. 아이마다 지적발달에 차이가 있을 수 있으니 반드시 출판사 등에서 정한 연령에 얽매일 필요는 없다.
④ 책을 읽기 전에는 항상 읽을 책의 저자와 제목을 이야기해 준다. 그러면 아이가 이제부터 읽을 책에 대한 기대를 가질 수 있고, 책에 집중할 마음의 준비를 할 수 있다.
⑤ 엄마가 책을 읽어줄 때는 그 장면들을 상상하면서 더 재미있게 읽어준다. 책에 있는 그림이 평범할 지라도 엄마가 멋진 상상을 하면서 책을 읽어준다면 이야기가 더욱 생동감 있게 아이에게 전달된다.
⑥ 다양한 기법들을 사용해서 읽어준다. 책을 읽을 때 다양한 몸짓과 억양, 강약을 주어가며 읽는다.
⑦ 책장 넘기기는 가능하면 아이가 직접 하도록 유도한다. 책장은 아이 스스로 넘기게 하고 아이가 원한다면 읽을 수 있는 문장의 경우 아이가 읽어보도록 해준다. 아이와 함께 음향효과와 대화와 몸짓을 주고받는 것은 이야기를 더욱 흥미롭도록 느끼게 하는 데 효과적이다.
⑧ 천천히 읽고, 이야기 중간에 물어보거나 아이의 질문에 대답해 준다. 또 다음 장면에 무슨 일이 일어날지 아이에게 예측하게 해본다. 그림이나 사진을 가지고 이야기하고 토론도 해본다.
⑨ 엄마가 예전에 읽어준 특별한 책과 관련 있는 다른 놀이나 활동의 연상활동을 유도한다.

● 아이의 수준에 맞는 그림책을 골라 다양한 기법으로 읽어주도록 한다.

사회성을 키우는 놀이

**사회성은 엄마가 길러주기 나름이다. 아이들은 또래들과 놀이를 하면서 자연스럽게 규칙이나 질서의 개념에 알게 되고,
나누어 쓸 줄도 알게 되기 때문이다. 단순히 노는 경험이 아니라 경쟁하고 싸움도 하면서
아이들은 그야말로 사회적인 인간으로 자라나는 것이다.**

0 ~ 6 개월

생후 2~3개월이면 아기의 옹알이가 시작되며 가끔씩 엄마의 말을 알아듣는 것처럼 반응을 보이기도 한다. 엄마는 이때부터 아기에게 끊임없이 말을 걸어주는 것이 사회성 발달에 좋다. 엄마가 이렇게 해주면 아기의 언어발달이 빨라지고, 언어발달이 빠른 아이는 다른 사람들과 의사소통이 빠르고 정확해 좋은 사회적인 관계를 맺게 된다.

❶ 언어발달이 빠른 아이는 사회적인 관계도 잘 맺게 된다.

이 시기에 하면 좋은 놀이

♣ 시선 맞춰 쳐다보기

1 ··· 엄마는 아기가 보는 앞에서 왔다 갔다 하거나 머리를 이쪽저쪽으로 움직여 보아, 아기가 움직임을 쫓아서 쳐다보는지 잘 살펴본다.
2 ··· 아기가 쳐다보지 않으면 가까이 다가가 말을 걸고 미소짓거나 딸랑이를 흔들어 본다.

❶ 아이와 눈이 마주치면 다정하게 웃어 준다

3 ··· 아기와 눈이 마주치면 엄마의 다정한 목소리를 들려준다. 아기가 움직임을 따라가며 쳐다보는 것에 익숙해지면 거리를 점점 더 멀리해본다.

♣ 쳐다보면 옹알이 해주기

1 ··· 젖을 먹일 때, 기저귀 갈 때, 안아줄 때 등 아기에게 말을 걸어준다.
2 ··· 아기가 옹알이를 하거나 우는소리를 내면 반드시 아기가 낸 소리와 똑같은 소리로 반응해 준다.
3 ··· 이기를 돌볼 때는 아기처럼 옹알이를 하면서 어르고, 아기가 소리를 내면 미소를 지으며 안아주도록 한다.

♣ 약손놀이

아기의 배가 조금 아플 때나 평소에 놀이로 엄마나 아빠가 맨손바닥으로 아기의 배에 원을 그리며 문질러 준다. 아기가 엄마, 아빠의 애정을 듬뿍 느끼는 것은 사회성 발달의 좋은 기초가 된다.

♣ 목말타기

1 ··· 아빠가 목 뒤로 아기를 올려놓고 두 다리가 아빠의 가슴으로 내려오게 하여 두 손으로 아기의 손을 잡고 떨어지지 않게 해준다.
2 ··· 이리저리 걸어 다니며 아기의 시선이 닿지 못했던 곳을 보여준다.
3 ··· 잘 하게 되면 아기의 다리만 잡아 아기

스스로 중심을 잡게 한다. 그러면 아기가 아빠를 신뢰하고 믿게 된다.

♣ 입으로 물건 가져가기

1 ··· 아기 손을 쥐고 흔들거나 짝짜꿍 놀이를 한다음 아기 얼굴에 아기 손을 갖다댄다.
2 ··· 그런 다음 아기 손에 물건이나 과자를 쥐게 해서 아기 입으로 가져가도록 도와준다.
3 ··· 아기가 물건을 잡지 못하면 테이프를 이용해 붙여준다.
4 ··· 쟁반에 과자를 담고 엄마가 하나 집어서 엄마 입 속에 넣고, 아기 손에 과자를 놓아주어 엄마처럼 따라하게 한다.

❶ 엄마가 먼저 과자를 입으로 가져간다.

5 ··· 아기가 따라하지 못하면 아기 손에 과자를 놓고 그 손을 입으로 가져가도록 도와준다. 차츰 아기 손을 느슨하게 잡아서 아기 힘으로 할 수 있도록 해준다. 아기가 4개월 정도면 가능한 놀이다.

♣ 다른 사람의 얼굴 보고 미소짓기

1 ··· 아기를 쳐다보면서 입술을 움직이거나,

혀로 입천장을 울려서 소리를 내거나, 옹알이 소리 등을 내본다.

2 … 머리를 좌우로 흔들며 아기를 어르고 웃어준다. 아기가 쳐다보면 아기 배에 살살 간지럼을 태워 아기가 미소짓게 한다.

3 … 엄마의 얼굴 표정에 따라 아기가 미소를 지으면 간지럼 태우기를 멈춘다.

아기와 놀아줄 때는 이렇게 다양하고 다소 과장된 여러 가지 얼굴 표정, 즉 놀라고 기뻐하는 표정들을 지어서 아기가 웃도록 해준다. 아기는 주위 사람들과의 접촉을 좋아하게 되며, 엄마를 가만히 쳐다보고 생긋 웃음 짓는 것을 배우게 된다. 5개월 정도에 해준다.

아기가 아빠와 함께 하는 즐거운 놀이 시간을 자주 갖는 것도 중요하다. 아빠와의 관계가 친밀한 아기일수록 사회성이 뛰어나다고 한다.

따라서 바쁘더라도 물구나무서기나 세워서 흔들기, 빙글빙글 돌기와 같은 놀이를 아기와 틈틈이 해주도록 한다.

또한 백일이 지나면 낯가림이 심해지는데, 아기가 낯가림이 심할 때는 너무 급격히 이웃과 친해지려 하기보다는 서서히 생활 속에서 보다 많은 사람을 접하고 경험할 수 있는 기회를 아기에게 만들어 주는 게 바람직하다.

이 시기에 하면 좋은 놀이

♣ 대인관계 가르치기

아기가 7개월 정도가 되면 여러 가지 방식으로 미소짓고, 웃고, 비명을 지르는 등 자기 뜻을 전달하며 오는 사람 누구에게나 친근함을 교류하려고 한다. 그래서 이 시기가 되면 사회성을 높이기 위해 다양한 연령의 사람들에게 아이를 소개한다.

❶ 어른을 보면 인사를 시켜 대인관계의 기초를 가르친다.

1 … "안녕."하고 간단히 인사하는 것을 가르친다.

2 … 이외에도 대인관계를 돕는 것들, 빠이빠이나 뽀뽀하는 것, "고맙습니다."라고 표현하는 것들을 가르친다.

♣ 거울보고 미소짓기

1 … 아기를 안고 거울 앞에 서서 "거울 속에 ○○가 있네."라고 말한다.

2 … 만약 아기가 거울 속에 있는 자기 모습을 보고도 웃지 않으면 엄마나 아빠, 그 밖의 다른 가족들 얼굴이 거울 속에 비치게 한 다음 아기 얼굴과 함께 가리켜본다. 이때 아기에게 밝은 색의 모자나 스카프 등 주의를 끌만한 것을 이용해 자기 모습을 쉽게 찾을 수 있게 한다. 6개월 정도에 알맞은 놀이다.

3 … 밤에 손전등을 켜고 거울 속의 아기 찾기 놀이를 해 본다. 손전등을 거울에 비쳐 아기가 거울을 보면서 미소를 지으면 "불빛을 보자."하고 말한다. 밤에 유리창이나 꺼놓은 TV화면, 찬장, 유리문 등 앞에서 아기를 안고 유리를 두드리면서 아기가 비치는 것을 보여주며 "○○를 보세요."라고 말해준다.

♣ 물건 줄때 손 내밀기

1 … 아기가 좋아하는 장난감이나 밝은 색깔의 물건, 또는 반짝거리는 것을 아기의 손 가까이에 내밀어 준다.

2 … 아기에게 물건을 내밀 때 아기의 주의를 끌기 위해 장난감이나 물건들을 소리나게 흔들거나 가볍게 두드려 준다.

3 … 아기가 손을 내밀면 그 물건을 주고, 아기가 손을 내밀지 않으면 아기 손을 잡아서 물건 쪽으로 내밀게 해준다.

물건을 아기 쪽으로 내밀 때는 아기에게 "○○야, 우유병을 잡아볼래?"하는 식으로 말을 걸고, 아기가 물건을 잡으려고 하면 손을 내밀면서 웃어준다.

외동아이의 사회성 길러주기

외동아이는 형제끼리 서로 물건을 뺏기도 하고 나누어 갖는 경험을 하지 못한다. 또 엄마를 비롯한 주위의 어른들이 자칫 응석받이로 키워서 달라는 것은 무엇이든 주고 언제나 아이가 원하는 대로 해주는 경향이 많은 것은 사실이다.

그러나 이렇게 아이를 키우는 것은 역효과를 낸다. 귀한 아이일수록 주위사람들과도 잘 어울리고, 겸손하게 키워야 한다.

우선 아이와 친구가 되어준다. 엄마, 아빠가 아

❶ 형제가 없는 외동아이의 경우는 엄마가 친구가 되어 준다.

이와 친구가 된 기분으로 같이 많이 놀아주는 게 좋다. 친구 사이는 대등한 것이므로 일방적으로 아이의 요구를 들어주기만 하지는 않아야 한다.

● 이웃집 아이와 놀게한다

이웃에 나이가 비슷한 친구가 있으면 함께 자주 놀게 한다. 놀다 보면 싸움도 하고, 장난감 빼앗기도 시작된다. 그러나 그것은 발달하는 과정상 당연한 일이다. '정말 곤란한 아이야' 하고 고민하지 말고 대범한 기분으로 지켜봐 주어야 한다. 다만 위험한 일만은 하지 않도록 주의해야 한다.

실패도 경험하게 해야 한다. 형제자매가 없더라도 또래와 자주 어울려 놀고 싸우다 보면 '이 세상에는 내 중심으로만 돌아가는 것이 아니라 꾹 참아야 할 일도 있는 거구나' 남의 일도 생각하지 않으면 안 된다'고 하는 것을 차차 알게 될 것이다.

13 ~ 18 개월

두 돌 전의 아기들은 대개 같은 공간에 있더라도 서로 다른 장난감을 가지고 혼자서 논다. 또래들과 장난감을 나누어 가지고 놀거나, 자기보다 나이가 많은 아기들과 어울려 놀게 되는 것은 두 돌 무렵부터이다. 이때부터는 또래들과도 잘 싸우지 않고 서로 어울려서 놀게 된다.

이 시기에 하면 좋은 놀이

♣ 거울에 비친 자기 모습에 반응하기

아기가 아장아장 걷게 되어 눈으로 볼 수 있는 세계가 넓어지면 아이를 커다란 거울 앞으로 데리고 가서 놀아준다. 몇 번의 반복을 통해 거울 속에 있는 자신을 깨닫게 된다. 이런 자기 인식은 사회성을 키우는데 기본이 된다.

1 … 아기와 함께 거울 앞에 서서 "아기 어디 있니?"라고 해본다. 아기가 거울을 보고 거울 속의 자신을 가리키지 않으면 아기 손가라을 잡고 거울에 비친 모습을 짚으면서 "○○가 여기 있네."라고 말해준다.

2 … 아기가 자신을 가리키면서 팔을 뻗치거나 자신의 얼굴에 비쳐진 얼굴 부분을 두드리며 가리키면 "우리 ○○가 여기 있었구나." 하면서 칭찬해 준다.

3 … 엄마나 아빠도 거울에 비치게 하여 아기에게 "엄마 어디 있니?" 혹은 "아빠 어디 있니?"라고 물어서 아기가 가리키도록 해본다.

4 … 아기가 엄마, 아빠를 잘 짚어내면 아기가 좋아하는 인형을 거울에 비쳐서 아기가 거울 속에 비친 인형을 가리키도록 한다.

♣ 아기 얼굴 그리기

아이가 좀더 자라면 물감끼리 색깔을 섞는 것을 좋아하므로 거울에 아기 얼굴 그리는 놀이도 좋다.

1 … 엄마가 거울, 물감, 붓, 걸레를 준비한 다음 붓에 물을 조금 적셔서 뻑뻑한 느낌이 들도록 팔레트에서 물감을 묻혀낸다.

물의 양을 적게 해야 물감이 거울에 흘러내리지 않는다.

2 … 거울에 비친 아기의 얼굴표정을 자세히 관찰한 후 붓으로 직접 거울에 아기 얼굴을 그린다. 처음에는 아이와 함께 하고, 나중에 혼자 할 수 있게 되면 옆에서 지켜만 본다.

3 … 다른 표정을 그리고 싶다면 물로 씻어 낸 다음 원하는 표정을 짓고 다시 그린다.

♣ 돌탑쌓기 놀이

1 … 주변에 널려있는 돌멩이를 이용해 아이와 함께 돌탑 쌓기를 한다. 엄마랑 번갈아 하나씩 쌓아 올리는 재미도 있으며, 누군가와 함께 노는 것에 아기가 익숙해진다.

2 … 조심조심 높이 쌓다가 한꺼번에 왕창 무너뜨릴 때의 짜릿함도 즐긴다.

돌탑 쌓기 놀이는 크기에 대한 구분능력을 키우게 되고 조형물의 안정성을 익히게 해준다. 탑을 쌓는 동안 손끝에 감각이 길러지고 집중력도 생긴다. 집안에서 할 때는 상자나 블럭 등을 이용하도록 한다.

19 ~ 24 개월

주로 부모와의 관계만 알던 아이가 자꾸 밖으로 나가려는 호기심이 커지는 시기다. 엄마의 입장에서는 아이가 집밖으로 나가면 크고 작은 사고의 위험이 더 많기 때문에 자연히 걱정을 하게 되고, 자신도 모르게 잔소리를 하게 쉽다.

하지만 이 시기에 즐거운 놀이를 경험한 아이는 4세, 5세가 되었을 때 놀랄 정도로 사회성이 발달하게 된다고 한다.

이 시기에 하면 좋은 놀이

♣ 인형 밥먹이고 잠재우기

아이와 함께 인형에게 밥을 먹이고 잠을 재우는 등의 놀이. 아이는 평소 엄마가 자신에게 밥을 하는 모습을 늘 보아왔기 때문에 익숙하게 흉내낼 수 있을 것이다. 정서 발달에 도움이 되

○ 인형에게 밥 먹이는 놀이를 통해 상대방을 이해하는 마음이 생기게 된다.

애완 동물을 키울 때 주의할 점

아이가 있는 집에 애완동물을 키울 경우 장단점이 있다. 애완동물을 키우면서 자연을 사랑하게 되고 책임감이 생긴다는 면에서 보면 좋지만, 위생, 건강문제 등 주의해야 할 점도 많다.

● 함부로 건드리지 않게 한다

24개월 이전의 아이는 애완 동물을 마치 장난감처럼 다룬다는 것을 기억하자. 귀나 꼬리를 잡아당긴다거나 고양이를 던져 버리려고 할 때도 있다. 애완 동물이 자고 있을 때나 뭔가를 먹고 있을 때 만져서는 안 된다는 것을 가르쳐야 한다. 애완 동물은 먹고 있을 때 방해받는 것을 싫어하므로 지칫 잘못하다가는 물릴 수도 있다. 낯선 동물에게 다가갈 때는 동물 쪽에서 먼저 냄새를 맡을 수 있도록 가만히 있어야 한다는 것도 가르친다.

● 항상 청결을 유지하도록 한다

아이들은 애완동물에게 뽀뽀를 하거나 애완동물을 만진 손을 다시 자신의 입에 넣고 빨기도 한다. 이런 식으로 오염된 손가락을 빨다보면 아이에게 병이 옮을 수가 있다.

또한 장난을 치다가 애완동물에게 물리거나 할퀴는 경우도 많고 그들의 털로 인해 기관지 염증이나 알레르기가 생길 수도 있으므로 애완동물을 만진 손으로는 눈을 비비거나 입에 놓지 않도록 하고 손을 깨끗이 씻도록 가르친다.

고 상대방에 대한 이해가 생기게 된다.

1 … 아이와 함께 인형에게 밥을 먹인 후 잠재운다. 밥을 먹일 때는 아기에게 먹일 때 엄마가 늘 하는 행동을 아기가 따라해 보도록 한다.
2 … 잠을 재울 때도 단순히 재우는 단계가 아니라 침대나 이불 등 잠을 자기 위한 장소에 데려다 눕히는 동작까지 연결해서 한다. 아이가 엄마처럼 인형을 토닥이며 달래는 시늉도 해보게 한다.

♣ 동네 한 바퀴 돌기

아이와 함께 시장을 가거나 동네 한 바퀴를 도는 것도 훌륭한 사회성 교육이 된다. 아기는 수많은 사람과 사물을 접하면서 자극을 받고, 조금씩 이해의 폭이 커진다.

❶ 동네를 산책하면서 만나는 사람들에게 인사를 하도록 가르친다.

1 … 아기와 함께 밖에 나가 아기의 시선이 머무는 곳이 있으면 엄마가 이런저런 자세한 설명을 해준다.
2 … 어른이나 또래를 만나면 간단한 인사를 하도록 가르친다.

25 ~ 36 개월

아이가 자꾸 밖에서 놀려고 하는 것은 독립심과 사회성을 키우기 위한 자발적인 표현이므로, 이러한 행동을 무조건 제한하거나 꾸짖어서는 안 된다. 오히려 이런 기회를 아이의

사회성이 좋은 아이로 키우려면 아빠와 친해지자

아이의 능력은 아빠가 어떤 성격의 소유자냐, 또 아이를 어떻게 대하느냐 하는 것과 밀접한 관계가 있다. 특히 아이의 지적 발달과 리더십, 사회성, 자립심, 도덕성 등을 발달시키는 데 커다란 영향을 미친다고 한다.

만약 엄마와 아빠가 같은 행동을 보이더라도 아이는 다르게 자극 받는다. 엄마로부터는 정서적으로 자극을 받는 반면에 아빠로부터는 지적이고 사회성을 키우는 쪽으로 자극을 받게 되는 것이다.

따라서 어릴 때부터 아빠와 친밀감을 느껴온 아이는 지적으로 발달되고, 사회성 있는 사람으로 성장한다. 그래서 아빠와 잘 노는 아이가 밖에 나가서 친구들과도 잘 지내는 결과를 보인다고 한다.

그렇다면 어떤 아빠가 아이의 사회성 발달에 많은 영향을 줄까? 바로 아이의 자율성을 인정하고

친밀감을 주는 아빠다. 이런 아빠 밑에서 자란 아이들이 리더십이 탁월하고 새로운 개념을 잘 이해하며 벅찬 일이라도 스스로 해보려는 의지와 능력이 있다.

그러므로 아이에게 친밀감을 주려면 아이를 다정스런 얼굴로 바라보고 쓰다듬어 주는 등 친밀한 행동을 자주 보이고 아이들의 의견을 존중하며 여러 가지 일을 스스로 결정하도록 맡겨야 한다.

❶ 아기와 자주 놀아주고 대화를 나누도록 한다.

사회성과 독립심을 키워 주는 계기로 삼도록 한다.

아이는 집안에 가둬 두고 키우는 존재가 아닌 사회적인 존재이므로 사회 속에서 키운다는 생각으로 아이를 적극적으로 도와주는 것이 이 시기에 엄마의 역할이다.

이 시기에 하면 좋은 놀이

♣ 요리하기

1 … 밥을 하고 차를 끓이는 등 소꿉놀이 세트를 이용해 아이로 하여금 요리를 하게 해본다.
2 … 준비가 다 된 음식을 함께 나눠 먹는 시늉을 해보는 것도 재미있다. 역할 이해와 사회성 향상에 도움이 되고, 가상으로 진행하는 과정을 통해 상상력이 자라난다. 28~30개월에 적당한 놀이다.

♣ 애완 동물과 놀기

아이에게 강아지 같은 애완 동물을 선물할 경우에는 아이가 직접 돌보도록 하여 책임감을 길러주도록 한다. 애완 동

물 기르기는 아이가 타인의 입장에서 생각할 수 있도록 해주므로 사회성 발달에 매우 좋다. 또 자연을 사랑하게 하며 애정을 쏟음으로써 얻는 보람을 아이에게 가르쳐 준다.

1 … 아이가 직접 애완 동물의 먹이를 주도록 해본다.
2 … 먹이를 잘 주면 배변도 맡겨본다. 집에서 함께 놀 형제가 없는 외동 아이라면 애완 동물이 더할 나위 없이 좋은 친구가 된다.

♣ 공주님 행차놀이

1 … 신문지를 여러 장 겹쳐 붙인 후, 중간에 아이 한 명이 들어갈 정도의 구멍을 낸다. 그리고 신문지를 또래 아이들(혹은 엄마)이 맞잡아 주면 한 아이가 구멍에 들어가서 함께 걸어가는 것이다.
2 … 이때 엄마가 "임금님 행차요!" 혹은 "공주님이 나가신다. 길을 비켜라!", "공주님(왕자님) 어디까지 모실까요?"라고 말해주면서 역할놀이를 하도록 한다. 더 크면 아이들끼리도 할 수 있다. 아이

❶ 애완동물을 보살핌으로써 자연스럽게 사랑하는 법을 배우게 된다.

들이 신문지가 찢어지지 않도록 서로 보폭을 맞추고 팀웍을 이루면서 협동심을 발휘하고 신체조절능력을 키우게 된다.

♣ 동물 회의놀이

1 … 아이와 엄마가 원하는 동물을 정한다.
2 … 자기가 정한 동물의 입장이 되어서 그 동물의 소리도 내보고 이야기를 해나간다.

만약 강아지라면 인간들이 자꾸 발로 차서 아프다는 이야기, 고양이는 도둑 고양이가 되고 나니 쓰레기통을 뒤져서 밥을 먹는 게 너무 힘들다는 이야기, 참새는 도시에 나무가 없어서 둥우리를 지을 곳이 없다는 등의 이야기를 나눈다. 아직은 아이가 말하는 것이 서투르므로 엄마가 의성어, 의태어를 많이 섞어서 재미있게 말해준다.

♣ 우리는 어깨동무 친구

1 … 여러 명이 어깨동무를 하고 원을 그리며 도는 동안 "어깨동무 세 동무 미나리 밭에 앉았다."라는 노래를 부르고 노래가 끝나자마자 동시에 주저앉는 놀이다.
2 … 엄마가 먼저 해 보인 후 아기에게도 노래가 끝나면 앉으라고 말해준다. 또래끼리 있을 때도 이 놀이를 하도록 엄마가 노래를 부르며 도와준다. 아이들은 자연스럽게 어깨동무를 하며 같이 노는 사이에 웃음보가 터져 끈끈한 정을 맺게 된다.

박자를 못 맞추고 너무 늦게 앉는 아이나 너무 빨리 앉는 아이는 다음 번에 한 번 빠지는 규칙을 정하면 좋다.

37 ~ 48 개월

4세 전후 아이는 다른 아이들과 어울려 여러 가지 놀이를 한다. 이전에는 또래와 함께 있어도 제대로 어울리지 못했지만, 이제는 서로 상호작용을 할 수 있게 된 것이다. 혼자서 할 수 없는 일을 친구에게 함께 하자고 할 수도 있다.

이 시기에 하면 좋은 놀이

♣ 복잡해진 블럭놀이

손 조작 놀이를 통해 머리를 좋게 하고 세심한 관찰력을 길러주는 놀잇감으로 손꼽는 블럭은 사회성 발달에도 좋다. 블럭 놀이는 혼자 하기보다는 여럿이 하는 경우가 더 많기 때문이다.

블럭놀이를 하면서 일단 아이들 사이의 사회적 역할이 생기고, 협력을 통해 아이들은 자기 중심적인 사고에서 벗어나 남의 생각을 배울 수 있는 기회가 된다.

1 … 아이가 좀 자랐으므로 블럭은 모양이 다양하고 수가 많은 것을 고른다. 교통 표지판이라든가 자동차, 사람 인형, 동물 등 소품이 많으면 더욱 좋다. 쌓기와 끼우기, 변형 블럭 등 여러 종류 중에서 택하면 된다.

◑ 다양한 블럭놀이로 사고의 폭을 좀 더 넓혀간다.

낮가림이 심한 아기 돌보기

낮가림이 심한 아기는 엄마가 조금만 집안 일을 하려고 해도 눈앞에서 보이지 않으면 울어버리곤 한다. 그래서 엄마는 아기가 잠자는 시간에만 겨우 일을 할 수밖에 없다.

● 낮가림이 심하다고 단정짓지 않는다

만약 너무 심각한 경우라면 부모의 지속적인 관심과 배려가 필요해진다. 우선은 "우리 아이가 아직도 낮가림을 해요."라는 엄마의 표현을 아기가 듣지 않도록 한다. 이런 부모의 반복된 표현과 걱정이 정말로 낮가림을 심하게 할 수밖에 없는 아이로 만들 수도 있다. 또 "낮가림을 해선 안돼"라고 야단치는 일도 열등감으로 인해 사회성 발달이 더욱 늦어지는 결과를 가져올 수 있다.

● 다양한 사람들을 접하게 한다

일찍부터 생활 속에서 보다 많은 사람을 접하고 경험할 수 있는 기회를 아기에게 만들어 주는 것이 바람직하다. 낮가림이 심한 경우의 대부분은 발달이 다소 늦거나 주위 환경으로부터 학습된 경험이 부족하

◑ 또래의 아이들과 접할 수 있는 기회를 자주 갖도록 한다.

거나 없기 때문이다.

집안에서나 혹은 바깥에서 여러 사람들과 함께 접촉할 기회가 없었던 아기들은 처음 보는 낯선 사람에게 두려움을 느낀 나머지 선뜻 접근하지 않으려 하는 것이다.

● 이웃 또래들을 집으로 초대한다

아기가 처음 경험하는 낯선 장소에 억지로 데려가는 것보다는 평소 사람이 많은 백화점이나 은행, 공원 등지에서 많은 사람들과 접할 수 있는 기회를 마련해 주는 것이 좋다. 또 엄마가 시장에 갈 때 함께 데려가 많은 사물과 사람들을 접하게 하거나 이웃의 또래 아기들을 집으로 초대하여 함께 놀 수 있도록 해준다.

처음에는 아기가 심하게 울고 불안해할 것을 미리 계산에 넣어 짧은 시간으로 했다가 자주 반복하면서 점차 그 시간을 늘려나가게 되면 아기의 적응력을 키울 수 있다.

2···갖고 놀고 난 뒤에는 블럭이나 블럭 소품들을 따로 구분해서 상자에 담도록 알려준다.

♣ 공놀이

생후 37개월 이후가 되면 커다란 공을 가슴으로 받아 안는 동작도 가능해지고, 스스로 놀이법을 만들어 내기도 하므로 공을 가지고 놀게 해준다. 신체 발달은 물론 사회성을 기르는 데도 적당하다.

아직 또래 아이들과 어울려 정식 야구나 축구 등을 하기는 어렵지만 간단한 규칙과 게임 방식으로는 가능하다.

1···작은 공보다는 아이가 가슴에 안을 수 있을 만큼 큰공이 좋다. 축구공이나 야구공, 농구공, 볼링공 등 실제 스포츠에 쓰이는 공과 똑같이 생겼으면서 가볍고 작은 크기의 공을 마련해 준다.

2···엄마가 훌라후프나 큰 박스로 골대를 마련해 주고 그곳으로 공을 차서 넣도록 한다. 규칙은 아이와 함께 정하면 좋다. 볼링놀이처럼 블럭이나 페트병 등을 세워놓고 공을 굴려 넘어뜨리게 하는 놀이도 재미있다.

49 ~ 60 개월

아이는 전보다 이기적이지 않으며, 부모를 덜 의지하게 되고 주변 사람들의 모습을 모방하는 놀이, 스스로 놀잇감을 만드는 창의적인 놀이 등을 많이 하게 된다. 아이는 이러한 놀이를 통하여 조금씩 사회화된다.

이 시기에 하면 좋은 놀이

♣ 화산만들기

1···화산을 만들기 전에 화산에 대한 그림이나 사진을 보고 아이에게 자세한 설명을 해준다. 아이의 친구들과 함께 하면 더욱 좋다.

2···두꺼운 종이, 찰흙 덩어리, 빈 병, 신문지, 모래, 나뭇가지, 돌멩이, 소다, 식초를 준비한 후 두꺼운 종이 가운데에 빈 병을 세우

고 신문지로 감싼다.

3···빈 병 주위를 찰흙과 모래, 나뭇가지, 돌멩이를 이용해서 산처럼 꾸민다.

4···병 주둥이에 소다를 넣고 식초를 적당히 부으면 화산이 끓어오르는 것처럼 연기와 거품이 올라온다.

5···친구와 함께 이 놀이를 하면서 서로 친밀을 느끼게 된다. 또한 화학 변화로 생기는 거품을 보고 신기해하면서 사물이 형태만 변하는 게 아니라 성질도 변할 수 있음을 직접 보게 된다.

♣ 체크 무늬 천짜기

아이가 스스로 놀잇감을 만들 수 있으므로 친구들과 창의력을 동원해 놀잇감을 만들어 노는 것도 효과적이다.

1···색이 다른 도화지 2장과 가위, 칼을 준비한다. 한 장은 반을 접어서 위아래 15cm 정도 남기고 4cm 간격으로 칼집을 낸다. 접힌 부분은 2cm만 남긴다.

2···나머지 한 장은 4cm 정도로 길게 자른다.

3···길게 자른 종이조각을 칼집 낸 도화지를 펴서 칼집마다 한 칸씩 건너뛰면서 직물을 짜듯이 끼운다. 아이가 못할 때는 엄마가 먼저 시범을 보여주고 친구들과 함께 하도록 한다. 만 4세 정도에 알맞은 놀이다.

♣ 윷놀이

전래놀이 중에 하나로 규칙이 간단한 편이므로 아이들이 하기에도 쉽다.

1···윷과 판을 준비한 다음 엄마와 아이 둘이서 놀이를 한다. 윷판은 아이에게 직접 도화지에 그리도록 하면 더 좋다.

2···아이가 규칙에 익숙해지면 나중에는 친구와 같이 둘이서만 하게 한다.

물건값에 대해 말해준다

● 같은 상품의 물건값을 비교해 본다

수빈이는 엄마랑 매일 수퍼에 장을 보러 간다. "오늘 저녁에는 뭐 해 먹을까, 수빈이 뭐 먹고 싶어?" "햄버거!"

수빈이는 언제나 자기가 좋아하는 것을 말하지만 엄마는 항상 "햄버거? 아, 오늘은 삼치가 싸네. 삼치 구이를 해 먹자."라고 한다. 그렇다면 햄버거는 "햄버거를 싸게 파는 날"밖에 먹을 수가 없는 것이다.

"엄마, 햄버거는 언제 싸게 팔아?"라고 묻자 엄마는 "햄버거는 다진 고기로 만드니깐 다진 고기를 싸게 파는 날이 햄버거

◆ 물건 가격에 관심을 갖게 하면 경제에도 관심을 갖게 된다.

를 싸게 파는 날인 셈이지. 언제 싸게 팔 것인지는 엄마도 잘 몰라."라고 말한다.

● 물건값은 변동된다는 사실을 알려준다

쇼핑을 가서 아이가 물건값에 흥미를 가진다면 물건값은 언제나 똑같은 것이 아니라 변동 된다는 사실을 알려주도록 하자. "고기뿐만이 아니고 생선이나 채소, 두부 같은 것도 싸게 파는 날이 있어. 엄마는 그런 걸 잘 보고 싸게 파는 날 사는 거지" "그럼 싸게 팔지 않는 날은 아무도 안 사겠네." "매일 먹는 음식 같은 것은 싸게 팔지 않아도 사야 되잖아. 그런 것은 엄마도 산단다."

이렇게 같은 물건이라도 가격 변화를 매일 체크해 보도록 하면 아이는 즐겁게 시장 경제의 구조를 배울 수 있게 된다.

◆ 아이의 사회성을 키워주기 위해 친구와 윷놀이를 시킨다.

유럽 유치원 탐방기

글 / 곽노의(문학박사, 서울교대 유아교육학과 교수)

영국편 — 자신이 주인공이 되게 가르치는 교육

영국의 유아교육은 자기 자신이 주인공이 되어 스스로 스케줄을 정하고 그에 따라 활동하는, 책임의식이 따라자유활동을 기본 바탕으로 한다.

영국에서 만났던 꼬마 앤디의 하루일과를 보면서 그들이 어떤 식으로 교육을 받고 있는가에 대한 단적인 모습을 볼 수 있었다. 앤디는 영국의 보통 유아원에 다니고 있는 5살 꼬마이다. 앤디는 유아학교에 오면 먼저 벽에 붙어 있는 자기의 이름표를 돌려놓고 자유활동에 참여한다. 그리고 하루를 어떻게 보낼 것인가 스스로 계획한다. 학습계획을 세우고 난 다음 학습센터로 가서 언어활동에 참여한 후 잠시 휴식시간을 갖고 다시 산수활동에 참여한다. 오전 활동이 끝나고 보조교사 또는 나이 많은 형과 누나가 준비한 점심 식탁이 차려지면 필요한 만큼 음식을 가져와서 정해져 있는 자리에 앉아 친구들과 이야기를 나누면서 먹는다. 점심이 끝나면 자기가 먹은 자리를 치운 후에 실외놀이를 선택한다. 실외놀이는 매일 40분 정도를 하는데, 비나 눈, 바람이 불어도 그 나름대로 활동이 이어진다. 영국에서 실외놀이는 모든 유아교육기관에서 철저히 지켜지고 있다.

▲ 날씨 조건에 상관없이 그 날씨에 맞는 실외놀이가 매일 이어진다.

프랑스편 — 시민적 자질을 가르치는 교육

공원 미끄럼틀 위에서 4, 5세 정도의 두 아이가 놀고 있다. 뒤에서 기다리고 있던 아이는 친구가 내려가지 않자 앞의 아이를 가로질러 먼저 내려왔다. 이

▲ 프랑스 유아 교육은 시민적 자질을 가르치는 교육을 기본으로 한다.

를 지켜보던 아이의 부모들은 자녀 앞으로 다가가서 "곧 내려오지 않으려거든 기다리는 친구를 위해 자리를 비켜주어야 한다." "먼저 내려오기 전에 앞의 아이에게 내려가지 않을 것인지, 그렇다면 먼저 내려가도 좋은지를 물어 보았어야 한다"고 자신의 아이에게 엄격하고 단호하게 가르친다. 프랑스의 교육은 이렇게 사소하다고 여기기 쉬운 작은 것에서부터 시작해 자연스럽게 시민적 자질을 가르치는 교육을 바탕으로 한다.

프랑스의 유치원은 숙련된 작품을 만들어 내는 것이나 연주를 하기 위한 기능교육에 치우치지 않고 그 놀이 자체를 즐기는 예술적 감각교육에 중점을 두고 있다. 이러한 접근은 아이들의 창의력 발달에 중요한 역할을 한다. 악기를 연주하는 것을 배우기 위해서는 소리를 듣는 훈련, 각종 악기에 대한 관찰 학습 등 자연스럽게 음악과 친해질 수 있게 한다. 이런 과정을 1년 동안 거쳐야 비로서 자신이 선택한 악기를 연주할 수 있는 교육을 시작할 수 있다.

독일편 — 자연을 그대로 옮겨놓은 교실 속 유치원 교육

발도르프 유치원은 독일의 대표적인 사립유치원 중 하나. 보통 건물은 사각형, 삼각형 모양을 띠게 되는데 발도르프 유치원은 각이 없는 형태로 지어졌다. 자연에는 각이 없으며 자연물은 모두 다양한 곡선으로 되어 있기 때문에 이렇게 자연과 닮은 공간을 만들기 위해 지붕도 교실도 복도도 모두 곡선 구조로 되어 있는 것이다.

유치원 앞의 잔디밭에는 모래밭, 그리고 나무로 된 조그만 오막살이 집, 뉘어져 있는 고목(古木) 등이 전부. 교실 안도 물론 상품화된 놀잇감은 없으며 나무토막을 다양하게 잘라 놓은 것, 다양한 형태를 띤 통나무 가지들, 나뭇잎, 밀짚, 수작업으로 만든 인형 등이 있다. 발도르프 교육학에서 생각하는 7살까지의 어린이 학습의 기본 형태는 모방이다. 아이들은 모방을 통해 생각을 할 수 있게 되고 자신이 생각하면서 받아들인 것들은 자연스럽게 신체에 영향을 미쳐 움직임, 행동, 태도 등을 유발시킨다는 것이다. 때문에 교사는 어떤 행동 방식을 요구하지 않고 아이들 내부의 모방 행동과 모방 학습을 자극하면서 아이들의 개성을 존중하며 교육한다.

▲ 독일의 유아 교육은 자연과 닮은 공간에서, 자연을 통해 얻은 놀이도구들로 자유롭게 수업이 이루어진다.

영어

잘하는 아이로 키우고 싶다

글/ 신충호(미 Teaching English School Language 강사 역임/현 이익훈 어학원 강사)

요즘 많은 관심을 모으고 있는 영어 조기 교육. 영어 조기교육을 언제부터 어떤 방법으로 시켜야 할지 막막하다는 부모들이 많다. 무턱대고 과대광고에 현혹되어 비싼 영어학원에 보내는가 하면 개인 선생을 초빙하여 가르쳐보기도 하지만 노력에 비해 비용만 들이고 효과를 거두지 못하는 사례가 많다. 이런 경우를 피하기 위해 영어 교육 전문가를 초대, 영어 교육 제대로 시키는 방법을 구체적으로 들어본다.

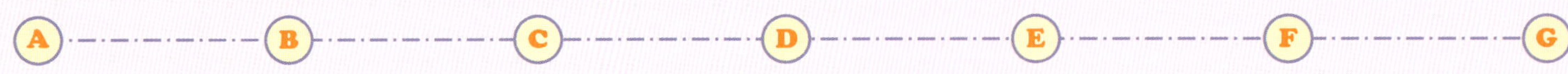

영어교육, 언제부터 시작해야 할까

아이의 영어교육을 생각할 때 가장 먼저 떠오르는 질문은 '과연 언제부터 시작해야 효과적일까' 하는 부분이다. 다른 아이들보다 늦어서도 안될 것 같고, 또 너무 일찍 시작하는 것도 아이에게 좋지 않을 것 같고…. 영어 교육을 시작하기 가장 좋은 시기는 언제인지 알아본다.

 ### 영어 태교로 시작한다

일찍이 태교의 중요성을 인식한 사람들은 임신 중 몸가짐을 조심하는 것부터 시작해 언행을 바로 하고, 좋은 것만 보고, 듣는 식으로 태교를 해 왔다. 또한 태아의 청각은 외부 세계의 소리를 들을 수 있을 정도로 발달해 있다는 사실이 과학적으로 밝혀져, 태교에 관한 임신부들의 관심은 더더욱 커졌다.

말이나 음악을 들려주는 것이 태아에게 교육적 효과가 있다면 영어를 들려주는 것도 태아에게 교육적 효과를 가져올 수 있을 것이다.

 태아의 청각은 태내 6개월부터 발달되므로 이 시기에 영어태교를 시작한다.

 ### 자연스럽게 접근한다

아기가 어렸을 때부터 영어를 가르쳐야겠다는 생각이 확고하다면, 일찍 시작하는 것이 나쁠 것은 없다. 이것도 아기를 맞이하는 준비 과정 중의 하나로 볼 수 있기 때문이다.

영어 태교를 위해 태교용 영어 교재를 사거나 태교 프로그램에 참여하는 등의 특별한 접근을 하지 않아도 된다. 태아와 함께 들을 수 있는 영어 이야기 테입을 듣거나 영화, 비디오를 집에서 보는 것만으로도 충분하다.

젖먹이 때는 간단한 인사말부터 시작한다

조기 영어교육에 대한 부모들의 관심이 커지면서 어떻게 하면 젖먹이 때부터 영어교육을 잘 시킬 수 있는 지에 대한 논의가 많다. 이 시기는 영어교육은 물론, 모국어도 엄마의 영향이 그 어느 때 보다도 크다고 할 수 있다. 대부분의 젖먹이 아기의 경우 대화하는 상대가 엄마고, 엄마로부터 말을 배우기 시작하기 때문이다.

가끔, 영어 조기 교육을 한다고 아이에게 하루종일 영어 방송이나 비디오를 틀어 주는 엄마가 있다. 하지만 엄마의 노력이 들어있지 않은 이런 방법은 아이에게 큰 도움이 되지 않는다. 오히려 아침에 일어나서 하는 간단한 인사말부터라도 쉬운 영어를 사용해 본다면 아이가 본격적으로 영어를 공부할 때 영어를 좀 더 자연스럽게 받아들일 수 있을 것이다.

 ### 말 배울 무렵에는 생활영어로 시작한다

8개월 무렵이면 아기는 옹알이를 시작한다. 비로소 말을 시작하는 단계가 된 것이다. 아기에게 본격적으로 영어교육을 시키고 싶다면 이 때가 바로 적당한 시기이다.

아기와 함께 쇼핑을 한다거나 동물원에 갔을 때 등 일상 생활에서 자연스럽게 영어를 접할 수 있도록 간단한 단어부터 알려주자. 될 수 있으면 발음을 정확하게 하는 것이 좋으므로 이왕이면 엄마도 미리 연습을 해둔다.

물론, 이런 훈련이 하루아침에 이루어 질 수 있는 간단한 것은 아니지만 연습을 하는 과정에서 엄마의 노력이 아이에게 전달될 수 있다.

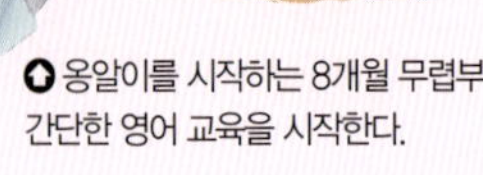 옹알이를 시작하는 8개월 무렵부터 간단한 영어 교육을 시작한다.

그러므로 발음이 안 좋다고 해서 미리 포기할 필요는 없다. 사랑이 가득 담긴 엄마, 아빠의 목소리야말로 가장 좋은 선생님이기 때문이다.

조금 더 정확하게 발음을 연습시키고 싶다면 엄마가 들려준 단어들을 집에 있는 영어 테입으로 들려주면 된다.

글자를 배울 무렵 한글과 영어를 함께 배운다

한글을 배울 때가 되면 영어도 함께 배우는 것이 효과적이다. 아이가 우리말에 흥미를 느끼고 있다면 '글자란 것은 생각이나 말을 무언가로 옮겨 놓은 것'이라는 사실을 깨달았다는 것을 의미한다. 그러므로 외국어인 영어도 충분히 같이 가르칠 수 있는 시기이다.

요즘은 글자를 배제한 영어교육이 진행되고 있는 추세다. 그 동안의 교육이 읽기와 문법 위주로 행해져서 한국인이 영어 한마디도 못 하는 민족이 됐다고 생각한다.

하지만 우리가 오랜 기간동안 영어를 배웠음에도 말하고 듣지 못하는 것이 단지, 그 동안의 교육 방법의 잘못 때문은 아니다.

그 원인은 우리 나라 언어와 영어의 너무나 다른 구조적, 문화적 차이 등 여러 가지 원인에서 찾을 수 있다. 그러므로 이전에 다른 방식으로 듣기, 말하기 연습이 잘 되어있는 아이에게까지 글자 교육을 통제하는 것도 옳은 방법은 아니다. 아이가 글자를 안다면 영어를 폭 넓게 익히고 정보를 얻는데 많은 도움이 되기 때문이다.

주입식 교육은 피하고 책을 많이 읽힌다

읽기의 중요성은 아무리 강조해도 지나치지 않다. 사실 미국인들 중에서도 영어로 의사 소통을 하긴 하지만 읽은 내용을 이해하지 못하거나 글자를 읽지 못 하는 사람들이 있다.

우리가 아이에게 영어를 가르치는 목적이 세계를 무대로 큰 뜻을 펼칠 수 있는 기반을 마련해 주기 위해서라면 여러 가지 지식과 교양을 얻을 수 있는 바탕인 읽기를 가볍게 생각해서는 안 된다. 아이가 자랄수록 대부분은 읽기를 통해서 지식을 얻기 때문이다.

그렇지만 이 시기의 아이에게 받아쓰기를 해서 혼을 내는 방법으로 지나치게 글자위주로 교육을 시키면 영어에 대한 친근감보다는 공포심을 불러일으킬 수 있다. 강제적인 것은 좋지 않다. 어렵지만 적당한 선을 지켜야 한다.

❶ 글자를 배울 무렵에 한글과 영어를 함께 배우면 더욱 효과가 있다.

영어는 세계 공통의 언어라는 것을 인식시킨다

교실 안에서 영어로 노래하고 게임을 하다가 교실 밖에 나오면 아무도 영어를 쓰지 않고, 또 쓰지 않아도 전혀 불편함을 느낄 수 없기 때문에 영어가 실제로 쓰이는 언어라는 것을 지도하는데 많은 어려움이 있다.

이것과 비교하여 ESL(English as a Second Language)은 영어권 국가에 이민간 사람이 영어를 접하는 환경, 즉 배운 것을 밖에 나가서 바로 연습할 수 있는 환경을 말한다.

이 시기에 비디오나 오디오 등 다양한 방법을 이용해 세계의 많은 사람들이 우리가 한국어를 하듯이 의사 소통의 수단으로 영어를 쓴다는 것을 깨닫게 해 준다면, 아이들이 영어를 살아 있는 언어로써 인식하고 필요성과 공부하는 재미를 동시에 느낄 수 있을 것이다.

영어를 의사소통의 한 수단으로 인식시킨다

요즘은 대부분의 유치원에서 전체적으로 혹은 부분적으로 영어교육이 이루어지고 있다. 이 때 유치원에서 배운 영어가 실생활에서 쓰이는 살아있는 언어라는 것을 아이들에게 알려 주는 것이 중요하다.

❶ 아이들에게 영어를 가르칠 때 영어는 실생활에 쓰이는 언어임을 인식시킨다.

사실 아이들은 대부분 게임이나 노래를 통해서 영어를 처음 접하게 되므로 그것이 실생활에서도 쓰이는 언어라는 것을 깨닫지 못하는 경우가 많다. 왜냐하면 우리 아이들은 EFL(English as a Foreign Language) 환경에서 영어를 배우게 되는데, EFL 환경이란 외국어로써 영어를 배우는 환경을 말한다.

억지로 시키지 말아라

아이들이 입학을 하게 되면 영어 외에도 많은

숙제와 학원 수업 등에 시달린다. 심지어는 초등학생임에도 불구하고 십여 군데의 학원에 갔다가 새벽이 되어서야 집에 귀가하는 아이들이 있다. 한국적 교육 환경에서 남들이 하는 것을 완전히 무시한다는 것도 쉽지 않겠지만 강제적인 교육은 기대한 만큼 효과가 나타나지 않는다. 특히 좋아하지도 않는 영어 공부를 억지로 시키면 오히려 스트레스로 작용해 교육적인 효과를 전혀 기대할 수 없다.

일단 영어는 필요한 것이라기보다 재미있는 놀이라는 인식을 심어주는 데 최선을 다해야 한다. 비록 처음에는 실력이 좀 더디게 향상된다 하더라도 하루에 100개씩 단어를 외우게 하는 등 강제로 시키지 않도록 하자. 지혜와 인내력을 가지고 아이를 지켜보는 것이 중요하다. 그러면 나중에는 영어가 재미있어서 스스로 공부하는 아이의 모습을 보게 될 것이다.

◐ 영어교육이 스트레스가 되면 교육적인 효과를 기대할 수 없다.

일찍 배우면 빨리 친해진다

영어 조기교육의 장점은 많다. 일단 영어 공부를 일찍 시작한다면 영어를 접하는 시간이 많아질 것이고, 접하는 시간이 많아진다면 이후의 교육이 지속적으로 이루어졌을 때 늦게 시작하는 것보다 그 숙달(proficiency)면에서 비교할 수 없는 우위를 차지하게 된다.

특히 발음 면에서 조기교육의 효과는 대단히 뛰어나다. 성인이 되어서도 영어를 습득하는데 문제가 없다고 주장하는 학자들도 발음에 있어서는 조기교육이 효과적이라는 점에 대해서 부인하지 못하고 있다.

우리 나라에서도 지역에 따른 사투리 때문에 특정 발음을 이상하게 한다든지, 아예 하지 못한다든지 하는 경우를 TV에서 종종 본다. 그것이 외국어라면 더 말할 필요도 없을 것이다.

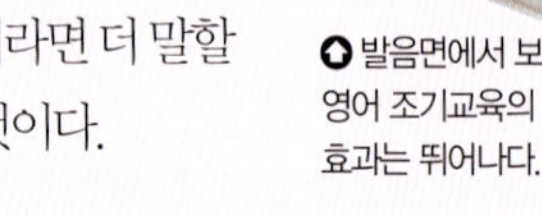

영어 조기교육은 아이에게 스트레스를 주기도 한다

조기교육을 꺼리는 이유에는 위와 같은 장점도 있는 반면 이에 따르는 단점들도 많이 있기 때문

◐ 발음면에서 보면 영어 조기교육의 효과는 뛰어나다.

이다. 영어 공부란 것이 아이에게 커다란 스트레스가 될 수도 있고, 금전적인 투자만큼의 효과를 거둘 수 있는지도 생각해 봐야 할 부분이다. 그리고 발음이나 듣기의 측면에서는 분명 장점이 있지만, 읽기나 쓰기 등 영어의 다른 측면에서도 긍정적인 영향을 미치는지에 대해서는 미지수이다.

읽기나 쓰기는 시작을 언제 하느냐 보다 늦게 시작하더라도 얼마나 많은 시간을 투자해서 효율적으로 하느냐가 중요하기 때문이다.

영어의 조기교육에 대해선 찬반이 많은 만큼 부모의 소신이 절대적으로 필요한 부분이다.

하지만 비디오, 오디오, 동화책 등 어떠한 방법으로든지 아이에게 일찍부터 기회를 제공하는 것이 다양한 체험을 하게 해 준다는 측면에서는 나쁠 것이 없을 것이다.

Mom & Baby

영어 조기교육에 관한 여러 가지 논쟁들

조기 교육을 주장하는 학자들은 인간에게는 LAD(Language Acquisition Device) 란 것이 있고, 이것은 보통 만 14세 정도인 특정 나이까지만 존재하는데, 이 시기가 지나면 결코 새로운 언어를 숙달할 수 없다고 주장한다.

즉 언어학습에는 보통 4~10세라고 얘기하는 절대적 시기가 있다는 것이다. 만 14세가 될 때까지 늑대에 의해서 키워지다 발견된 소녀는 언어 능력을 관장하는 뇌의 활동이 소멸돼 어떠한 언어도 배울 수 없었다는 것을 예로 들고 있다.

반면 조기 교육 신중론자들은 나이가 들어서도 특정 언어를 접하는 시간만 많다면 그 언어를 배우

는 데는 문제가 없다고 주장한다.

이들은 조기에 외국어를 가르치기 시작한 집단과 그렇지 않은 집단을 비교하면서 조기에 영어교육을 시작한 집단이 처음 2년 동안은 그렇지 않은 집단보다 실력이 앞서지만, 시간이 지나면서 그 차이는 점점 없어진다는 연구 결과를 예로 들었다.

하지만 두 가지 주장 모두 일반화 하기는 어렵다. 어떠한 주장에도 예외가 많기 때문이다.

영어는 새로운 놀이라는 개념으로 접근한다

영어를 가르치기 전 영어란 재미있는 새로운 놀이라는 사실을 아이들에게 인식시켜 줘야 한다.
아이들은 모든 일에 금방 질려하므로 억지로 영어를 시키게 되면 시작도 하기 전에
질려 버릴 수가 있다. 또한 영어 교육과 우리말 교육을 조화롭게 훈련시키는 것도 중요하다.

영어는 즐거운 놀이라는 것을 알게 한다

영어를 처음 시작할 때는 아이가 영어를 즐겁게 받아들일 수 있도록 환경을 조성하는 것이 중요하다. '영어 공부는 즐겁더라' '엄마 아빠랑 실컷 놀 수 있더라' 하는 생각을 아이에게 심어줘야 한다. 처음부터 영어를 배우는 것에 대한 부담을 아이에게 지나치게 지우면 아이는 시작도 하기 전에 영어에 대해 질려 버릴 것이다.

○ 영어 동화책이나 비디오 등으로 재미있게 접근한다.

엄마와 아이들은 거의 대부분의 시간을 함께 보내는 것처럼 보이지만, 질적으로 아이만을 위해 보내는 시간이 얼마나 되는 지를 생각해 본다면 그렇게 길지는 않을 것이다.

하루에 1시간, 혹은 30분이라도 시간을 내어 아이의 영어교육을 위해 보낸다는 생각을 한 번 해보자. 영어 동화책을 소리내어 읽어주고 엄마와 간단한 게임을 즐긴다면 아이는 그 시간을 기다릴 것이다. 이 때 주의할 점은 엄마의 기분에 따라 어떤 날은 싫다는 아이를 앉혀놓고 몇 시간을 지겹게 공부하고, 또 며칠은 하루 종일 한마디도 하지 않는 등 일관적이지 못한 태도는 삼가해야 한다는 것이다.

하루에 몇 분이라도 규칙적인 시간을 가져야 기대하는 효과를 거둘 수 있다. 적어도 아이의 영어교육에 관심이 있다면 말이다.

영어에만 치중하면 우리말을 더듬게 될 수도 있다

아이들은 동시에 4개 정도의 국어를 배울 수 있다고 한다. 물론 4~5세 정도에 한 개의 언어를 익히는 상황에서 새로운 언어를 접한다면, 처음엔 혼란을 일으킬 수도 있겠지만 대부분의 경우는 곧 적응을 하게 된다.

이때는 아이의 상태를 잘 살피는 것이 중요하다. 어떤 아이는 잘하던 우리말까지도 더듬게 되는 경우가 있다. 이렇게 심각한 반응을 보일 때는 다른 방법을 써 보거나 영어 학습을 잠시 쉬는 것도 해결책이 될 수 있다.

하지만 영어학습을 영원히 안 할 것이라는 생각이 아니라면 영어를 피해 가는 것보다는 지혜롭게 헤쳐 나가는 것이 더 좋다. 단, 처음부터 너무 많은 욕심을 내는 것은 절대 금물. 차근차근 한 계단씩 올라가도록 하자.

아이는 두 가지 언어 습득이 가능하다

앞에서 말했듯이 아이들은 모두 언어에 있어서는 천재들이다. 그래서 동시에 여러 나라의 언어를 습득할 수 있는 것이다. 예를 들어 엄마는 한국 말을, 아빠는 영어를, 할머니는 독일어를, 할아버지는 중국어를 한다면, 아이는 이 모든 말을 별 부담 없이 받아들일 수 있을 것이다. 물론 이 4개의

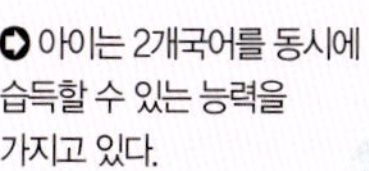
○ 아이는 2개국어를 동시에 습득할 수 있는 능력을 가지고 있다.

언어를 접하는 시간이 비슷하다는 가정이 있다면 말이다.

부모가 서로 다른 언어를 구사할 경우에 그 두 가지 언어를 완벽히 구사하는 아이들을 본 적이 있을 것이다. 어렸을 때 부모를 따라 외국의 여러 나라를 돌아다녀 3~4개 언어를 하는 사람들도 있다.

어느 정도의 숙련을 원하느냐에 따라, 또 교육을 하는 시기가 언제이냐에 따라 다르긴 하지만 영어와 한국어를 동시에 시작해도 상관이 없다는 것은 분명하다. 아이들은 언어를 논리적으로 분석하지 않고 직관적으로 습득하기 때문이다. 어려서 다양한 외국어를 접한 아이는 여러 개의 LAD(Language Acquisition Device)를 가지고 있으므로 영어와 한국어를 동시에 시작하는 것도 괜찮다.

영어 스트레스를 조심한다

유치원도 잘 다니고 영어로 된 비디오와 노래도 즐기던 아이가 영어 유치원에 다니게 되면서 스트레스를 받아 유치원에 가기도 싫어하고, 영어 자체에 대한 거부 반응을 보이게 된 경우가 있다. 심지어는 평소에 좋아하던 영어 비디오도 영어라는 이유로 싫어하게 되고, 가끔씩 부모가 한마디씩 던지는 영어도 영어라는 이유만으로 신경질적으로 받아들였다고 한다.

이와 같이 과도한 영어교육은 틱장애의 원인이 되기도 한다. 같은 정도의 교육 양도 받아들이는 아이에 따라 많은 차이가 있으므로 영어 조기교육을 할 때는 아이의 반응을 잘 살펴야 한다.

❂ 아이의 정서적 안정은 영어를 유창하게 구사하는 것보다 훨씬 더 중요하다.

영어 학원과 선생님 선택 요령

영어학원을 고를 때 단순히 유명세만 보고 학원을 골랐다가는 낭패를 보기 쉽다.
아이의 성격과 선생님의 자질, 성품 등을 충분히 고려한 후 아이에게 가장 잘 맞을 만한 학원을 선택해야 한다.

● 아이에게 맞게 선택한다

아이에게 맞는 영어 선생님과 학원을 고를 때는 기본적으로 그 자격과 자질을 고려해야 한다. 영어 실력이 아무리 좋아도 아이를 사랑하는 마음이 없는 선생님은 아이를 제대로 가르칠 수 없다.

학원의 브랜드나 시설들에는 너무 현혹되지 말자. 또한 아이가 어릴수록 선생님의 경력 또한 고려해 봐야 한다.

❂ 영어학원을 고를 때는 그 학원의 유명세보다는 선생님의 자질과 성품을 고려한 후 선택하도록 한다.

● 아이의 인격 형성에 도움이 되는 유치원을 고른다

아이가 유치원에 가게 되는 시기는 선입관 없이 직관적으로 언어를 받아들이는 때이다. 그러므로 투자하는 시간에 비해 처음에는 속도가 느리지만 갈수록 더 빨리 영어가 늘게 된다. 특히 듣기와 발음 효과는 매우 크다고 볼 수 있다.

하지만 유치원에 다니는 시기는 영어가 아닌 다른 많은 것들도 접해야 하는 일생을 통해 가장 중요한 시기이다. 많은 영어 유치원들이 있지만 아이의 인격을 올바르게 형성시켜줄 수 있고, 더 큰 사람이 되기 위한 다양한 경험을 제공하는 곳으로 선택하는 것이 좋다.

● 한국인 선생님은 아이를 더 잘 이해한다

아이가 한국인 선생님에게 배울 경우, 아이와 같은 문화적 배경을 가지고 있으므로 아이를 좀 더 잘 이해할 수 있다는 장점이 있다. 또 급할 때 우리말로 도움을 청할 수 있다는 것도 장점이라 할 수 있다. 실제로 영어 유치원에서 아이들이 선생님과 의사소통이 되지 않아 옷에다 오줌을 싼다든지 하는 일이 많이 있는데, 이런 스트레스는 줄일 수 있을 것이다.

문제는 선생님조차도 때로는 적절한 표현을 모르고 있거나, 잘못 알고 있는 경우가 있다는 것이다. 무엇보다도 잘 모르는 것이 있으면 같이 찾아 익힐 줄 아는 솔직한 태도와 마음자세를 가지고 있는 선생님이라면 충분히 좋은 선생님이 될 수 있다.

● 외국인 선생님에게 배우면 발음이 정확해진다

아이가 외국인 선생님에게 배울 때의 가장 큰 장점은 그 언어를 잘 알고 있기 때문에 적절한 표현을 제대로 배울 수 있다는 것이다. 또한 정확한 발음을 배울 수 있다는 것도 가장 큰 장점 중 하나다.

하지만 제대로 자질을 갖춘 선생님을 만나기가 참 힘들다는 것이 현실이다. 그러므로 영어를 배운다고 외국인 선생님만을 고집하는 것은 좋은 방법이 아니다.

엄마와 함께 시작한다

영어공부는 꾸준히 지속적으로 해야 비로소 그 효과가 나타난다.
그래서 많은 엄마들이 일상 생활 속에서 아이에게 영어를 가르쳐주고 싶어하지만
적절한 방법을 몰라 포기하는 경우가 많다. 하지만 알고 보면 그 방법은 쉽다.
아이를 사랑하는 마음만 있으면 이미 반은 성공한 셈이다.

엄마 발음이 서툴다고 겁내지 말아라

가능하면 아이에게 제대로 된 영어발음으로 가르치기 위해 엄마, 아빠도 노력해야 한다. 나쁜 발음보다는 정확한 발음으로 가르치는 것이 아이에게 좋은 것이 분명하지만 발음이 안 좋다고 해서 아이들에게 직접 영어 가르치는 것을 포기할 필요는 없다. 아이들에게 가장 중요한 것은 사랑이 가득한 엄마 아빠의 가르침이기 때문이다.

또한 요즘은 비디오, 오디오, 학원이나 학교 등 정확한 발음의 영어를 접할 수 있는 기회가 많다. 이런 기회를 통해 아이들이 스스로 고쳐 나갈 수 있으므로 너무 걱정하지 말고 읽어 주자.

❍ 영어 동화책을 읽어 줄 때는 엄마가 먼저 내용을 파악한 다음 읽어준다.

처음에는 간단한 문장부터 시작한다

아이에게 처음 영어를 가르칠 때 알파벳을 먼저 가르치고 단어나 문장을 가르칠까, 단어나 문장을 먼저 가르친 후 알파벳을 가르칠까 하는 고민을 하게 된다. 하지만 가장 먼저 고민할 문제는 바로 아이의 연령을 고려하는 일이다. 이제 겨우 3살 짜리 아이를 앉혀 놓고 알파벳을 강제로 외우라고 시키면 오히려 역효과가 생길 것이고, 10살 짜리 어린이에게 알파벳을 전혀 무시한 채 단어나 문장만을 익히라는 것도 교육적인 효과가 없을 것이다. 우리말을 읽고 쓸 수 있는 정도의 나이라면 영어도 단어나 문장과 함께 알파벳이나 읽기법(Phonics)을 가르치는 것이 바람직하다.

다양한 문장을 익히면 단어 공부는 저절로 된다

아이에게 영어교육을 시킬 때는 문장을 외우게 하는 것이 훨씬 효과적이다. 외울 때는 단순히 암기하는 것이 아니라 자연스럽게 터득할 수 있도록 많이 반복해야만 아이가 자연스럽게 받아들일 수 있다.

단어도 문장을 통해 그 문장 속에서 익히게 하는 것이 좋다. 어떤 단어를 사전에서 찾아보면 여러 가지 혹은 수십 가지의 의미를 가지고 있는 경우가 많이 있다.

이처럼 한 단어는 어떤 문장에 쓰이느냐에 따라 다양한 뜻으로 바뀌기 때문에 단어 공부는 꼭 문장을 통해서, 문장은 여러 번 반복 연습을 통해서 익혀야 한다. 그러면 결과적으로 단어 공부도 하는 셈이 되며 그렇게 익힌 단어는 잘 잊혀지지도 않는다.

한 가지 언어로만 가르친다

특별히 번역이나 통역을 하고자 하는 경우를 제외한다면 영어를 할 때 자꾸 우리말로 해석하는 것은 나쁜 습관이다. 두 언어는 구조적으로 너무 다르고, 사고자체가 틀리기 때문이다. 우리말을 해석하는 습관이 배어 있으면 영어를 이해할 때 영어를 한글로 번역하는 단계, 그것을 인지하는 단계 이렇게 두 단계를 거쳐야 하므로 늦어질 수밖에 없다. 영어를 가르치는데 있어서 영어만을 쓰느냐 아

❍ 반복 학습을 통해 문장 속에서 단어나 알파벳을 가르치는 것이 효과적이다.

니면 모국어를 병행하느냐 하는 것도 역시 조기 교육이 좋은 지 나쁜 지가 논란이 되는 것처럼 많은 논란이 되고 있다.

모국어를 보조어로 이용한다

물론 어렸을 때부터 시키는 교육이라면 목적언어로만 가르치는 것이 효과적이고, 초등학생과 같이 벌써 우리말을 완전히 습득하고 있는 경우라면 모국어를 보조적으로 이용하는 것도 시간 절약 차원에서 효과적이다. 예를 들어 아이들에게 'apple'에 대해 설명한다고 하자. 물론 사진이나 실물을 보여주면 되지만 그렇지 못할 경우에 목적 언어만으로 설명한다면 10분 이상이 걸릴지 모른다. 하지만 우리말로 사과라고 한마디만 해주면 금방 'apple'의 의미를 알게 될 것이다. 논란이 많은 중에도 요즘은 혼용론 혹은 모국어 보조론이 힘을 얻어가고 있는 추세다.

문법은 응용력을 길러준다

그동안 '문법 위주의 영어교육 때문에 우리 나라의 영어교육이 엉망이 되었다', '문법은 아무 소용이 없다'는 식의 말들이 많았다. 하지만 학생들의 경우 간단한 문법을 배워 다양하게 응용하는 것을 종종 볼수 있다.

또 어린이의 경우 멋모르고 이런 저런 말을 하다가 왜 이런 식으로 말을 해야하는지를 물어올 때, 문법에 관해 설명해 주면 모든 것이 간단 명료하게 풀리는 경우가 있다.

이처럼 특히 초등학생 이상의 레벨이라면 문법은 영어를 배우는데 많은 도움을 준다. 하지만 문법을 위한 문법공부나, 너무 깊이 있는 문법공부는 기존의 영어 학습법을 되풀이하는 결과가 되고, 그것이 오히려 영어를 말하는데 장애를 일으키는 원인이 될 수도 있다.

문법은 아이가 궁금해 할때 가르친다

문법이라는 것이 표준어를 구사하는 사람들의 말하기 또는 글쓰기 방법을 체계화한 것이란 사실을 생각해 볼 때, 잘 쓰여진 다양한 문장을 접하다 보면 대부분의 경우 자연스럽게 기본적 문법 사항을 깨닫게 될 것이다. 그리고 그 시기에 그것을 확인해 주는 정도가 적당한 문법 지도의 선이라 할 수 있다.

사실 미국인들도 모국어인 영어 문법에 대해 확실하게 아는 것은 아니다. 친구들이 대화하는 것을 5분만 신경 써서 들어본다면 우리도 매일 다른 문법을 사용한다는 것을 알 수 있을 것이다. 문제는 스스로 깨달을 만큼의 영어를 양적으로 접할 수 있느냐 하는 것이다.

결론적으로 어린이에게 문법을 가르치는 적당한 시기는 아이 자신이 궁금해 하기 시작하는 때, 아니면 문법 사항을 많은 문장을 통해 스스로 깨닫기 시작하는 때이다. 그 때를 잘 살피는 것도 역시 부모의 몫이다.

하루 중 일정 시간을 영어로만 대화한다

언어란 것은 자꾸 쓰지 않으면 잊어버리게 마련. 어릴수록 숙련되는 시간도 빠르고 잊는

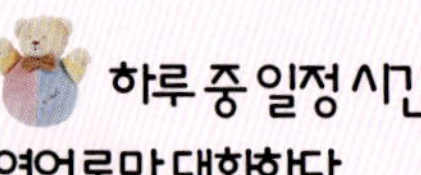
아이가 영어공부에 싫증을 내면 억지로 시키지 않는다.

데 걸리는 시간도 빠르다. 아이가 지겨워하지 않는다면 학원을 꾸준히 다니는 것도 한 방법일 수 있다. 그것이 어렵다면 집에서 많은 노력을 해야한다.

마치 게임처럼 하루 중 언제부터 언제는 영어만 하는 'English Time'을 정해 매일 그 시간만큼은 영어로만 말하고, 영어 방송만 보고, 영어 책만 읽는 것도 하나의 방법이 될 수 있다.

영어에 대한 아이의 흥미를 찾아낸다

영어로 하는 재미있는 게임을 생각해 아이와 같이 해본다든지, 영어로 된 노래를 불러본다든지 다양한 방법을 동원하여 아이의 흥미를 끌어야한다. 방법만 다양하고 재미있다면 아이들은 흥미를 갖게 되어 있다. 물론 노력이 뒤따라야 하는 부분이다. 또 외국인을 개인적으로 만날 수 있는 기회를 만들어주는 것도 한 방법이 될 수 있고, 영어가 어떻게 세계인들과 소통을 시켜줄 수 있는지를 비디오나 영화, 여행 등을 통해 실제로 보여주는 것도 좋다.

싫증내면 강제로 시키지 않는다

아이가 영어공부를 하다가 싫증을 내거나 거부감을 보인다고 해서 공부를 바로 중단하는 것은 좋지 않다. 일단 중단하게 되면 아이는 무의식중에 '하기 싫은 것은 안 해도 되는구나' 하는 생각을 하게 된다. 그러므로 계속 공부를 하면서 원인을 찾아본다.

하지만 심한 거부감을 보이는 아이에게 강제로 교육을 시키게 되면 정신적으로 문제가 생길 수 있다.

영어교육에 한글을 보조적으로 이용하면 빠른 이해를 도울 수 있다.

영어 학습용 비디오와 오디오를 엄마와 함께 보고 듣는다

서점에 가면 아이들을 위한 영어교재, 비디오 테입 등이 많이 나와 있다. 하지만 아무리 좋은 교재라도
어떻게 사용하느냐에 따라 그 효과는 엄청나게 달라지는 법.
좋은 영어 교재로 최대의 효과를 낼 수 있는 구체적인 방법을 알아보자.

영어 비디오나 오디오는 엄마와 함께 본다

단순히 비디오나 오디오를 틀어 주는 것으로 많은 효과를 기대하긴 힘들다. 언어란 것은 다분히 양방향적(interactive)인 것으로 서로의 의사소통에 만 쓰이는 것이 아니라는 것을 알게 되면 그때부터는 아이는 별로 주의를 기울이지 않는다.

예를 들어 농아자인 부모가 장애가 없는 아이를 낳아서 장애 없이 키우려고 TV나 라디오를 하루종일 틀어준다고 하자. 주위에 도와주는 사람이 전혀 없다고 할 때 아이의 언어의 발달이 제대로 이루어지지 않아 오히려 부모가 사용하는 수화를 배우게 되더라는 케이스가 있다. 신체적으로는 청각적인 장애가 전혀 없었음에도 불구하고 말이다.

아이 혼자 두면 능력이 향상되지 않는다

다른 곳에서의 학습 없이 단순히 비디오나 오

디오를 틀어주는 것만으로는 효과를 기대하기 힘들다. 바로 이런 이유 때문에 우리말로 된 비디오를 보면서 아이들이 많은 것을 배우는데 비해 영어 비디오가 기대만큼의 효과를 내지 못하는 것이다.

비디오를 보더라도 부모와 함께 보고, 또 그곳에서 사용되었던 말을 부모와 연습하는 과정에서 아이들은 언어를 배울 수 있다. 아이에게 비디오를 틀어주고 혼자서 다른 일을 하지 말고, 아이와 함께 대화하면서 가끔 비디오의 내용을 얘기해 준다면 좋은 효과를 얻을 수 있게 된다.

아이들은 보는 것에 더 흥미를 느낀다

처음 영어를 접할 때는 오디오보다 비디오가 더 효과적이다. 아이들은 보는 것에 흥미를 가지고 지루해 하지 않으며, 다양한 그림과 소리를 머리 속에서 조합해 보며 '이럴 땐 이런 말을 하는구나' 하는 인식을 할 수 있기 때문이다.

그렇지만 그 아이가 영어를 어느 정도 능숙하게 할 수 있는 정도라면 귀를 예민하게 하는데는 오디오가 더 도움이 된다.

비디오를 볼 때는 그림을 보면서 '이렇게 얘기했겠지' 하고 대충 상상을 하지만 오디오를 들을 때는 듣는 것으로만 완전히 그 내용을 이해해야 하기 때문이다.

그러므로 가장 좋은 방법은 아이의 수준에 맞춰 아이가 지루해 하지 않게 미디어를 골고루 사용하는 것이다.

비디오를 보기 전 자막을 볼 건지, 소리만 들을 건지 결정한다

어른들과 마찬가지로 아이도 글씨를 읽으면서 동시에 소리에 집중하기 힘들다. 극장에서 영화를 볼 때 아주 쉬운 영어 표현도 자막에 빠지다 보면 들리지 않았던 것을 생각해 본다면 알 수 있을 것이다.

◑ 좋은 교재보다 엄마와 같이 하는 것이 더 중요하다.

◑ 영어를 처음 접할 때는 비디오를 활용하는 것이 좋다.

◑ 영어 비디오를 보여줄 때는 반복해서 보여주는 것이 효과적이다.

만약 전혀 자막이 없었다면 몇 마디라도 들었을지도 모른다.

자막을 본다면 소리에는 귀를 기울이지 않을 것이고, 소리만 열심히 듣는다면 자막이 구태여 필요 없을 것이다.

요즘에 많이 나오는 DVD 같은 경우는 자막을 생기게 할 수도, 없앨 수도 있으며, 영어 자막과 한글 자막을 골라서 볼 수 있으므로 효과적으로 이용할 수 있다. 만약 새로 구입 할 계획이 있다면 한 번쯤 고려해 보는 것도 좋겠다.

그리고 비디오를 보여줄 때는 여러 가지를 보여주는 것보다는 한 가지를 보여주더라도 외울 정도까지 반복해서 보여주는 것이 훨씬 효과적

◐ 엄마와 함께 인터넷 사이트를 통해 영어를 배우는 것도 효과적이다.

이라는 것도 알아두자.

🧸 학습용 CD-ROM이나 인터넷 사이트 등을 통해 양방향학습이 가능하다

인터넷이나 CD-ROM은 비디오나 오디오에 비해서 능동적인 학습을 할 수 있는 방법이다. 컴퓨터는 때에 따라서 상대방과 양방향의 학습을 진행할 수 있기 때문이다.

간단하게 영어 채팅을 한다거나, 영어 이메일 쓰기, 게임 등을 통해 기존의 수동적인 매체보다 훨씬 더 참여적인 학습을 할 수 있다. 동영상이라든지 화상 등을 이용한 양방향 학습도 효과적이다.

오디오, 비디오, 인터넷, CD-ROM 등 매체가 다양할수록 아이는 많은 것을 얻을 수 있다.

단, 컴퓨터 앞에서 너무 많은 시간을 보내지 않도록 엄마가 조절해 주어야 한다.

Mom & Baby

해외 연수, 보낼까? 말까?

방학 때 해외로 어학 연수를 떠나는 아이들이 해마다 점점 늘어나고 있다.

하지만 무조건 연수를 간다고 해서 모두 실력이 느는 것은 아니다. 연수의 목적과 공부방법에 따라 무용지물이 될 수도 있고 좋은 효과를 거둘 수도 있으므로 내용을 잘 살펴서 아이의 연수를 결정한다.

● 아이 스스로 마음의 준비가 됐을 때 보낸다

어학 연수는 언제 가느냐 보다 연수의 목적이나 방법이 중요하다. 연수 기간을 얼마만큼 잡느냐에 따라 다르긴 하지만, 목적이 오직 영어 한 가지라면 한 1년 정도 학교를 다닐 때 가는 것이 효과적이다.

어려서 가는 것이 좋다고 4~5세 아이들을 데리고 엄마까지 무작정 해외로 간다는 보도가 TV나 신문을 통해 종종 나오기도 한다.

그럴 경우, 4~5세 아이들은 너무 어려서 교육기관에 가지도 못하고 집에서 한국 말로 놀다가 오는 경우가 많다. 그러므로 아이가 좀 더 성장하여 자신의 의지가 생기고, 스스로 결정할 수 있게 되어 마음의 준비가 됐을 때가 가장 적당한 시기라 할 수 있다.

● 방학 때의 해외 연수는 그 목적과 공부 방법에 따라 많은 차이가 난다

해마다 방학이면 아이들 해외연수 바람이 분다. 하지만 연수의 목적이 무엇인지, 연수 기간동안 어디서 어떻게 공부를 하는지 그것부터 알아보아 어학연수가 확실한 곳을 택해서 보낸다.

만만치 않은 비용을 따진다면 그 만큼의 효과가 있는지를 한 번 생각해 본다.

단지 견문을 넓히고, 영어 공부의 필요성을 깨달을 수 있으면 좋겠다는 정도가 목적이라면 모르는 일이지만.

많은 사람들이 실제로 영어를 쓰고 있다는 것을 보고 자신은 의사 소통을 할 수 없어 답답함을 느껴 열심히 공부해야겠다는 동기부여를 할 수 있다는 측면에서 또는 한국에서 배웠던 영어를 교실이 아닌 실생활에서 써 볼 수 있다는 것 등은 장점으로 들 수 있다.

◐ 해외 연수는 아직 어린 아이들에게 큰 스트레스가 될 수 있다.

 **만화영화와 학습용 비디오를 병행한다**

아이에게 영어 비디오를 보여줄 때 학습용으로 나온 비디오와 만화영화 중 어떤 것이 좋다고 단정하기 힘들다.

학습용 비디오는 언어 학습이라는 목적을 가지고 만들어진 것이므로 외국어로서 영어를 배우는 아이에게는 꼭 필요하다.

하지만 아무리 흥미 있게 만들어졌다 하더라도 재미 면에서는 만화 영화나 명작형의 비디오보다 덜 할 수 있기 때문에 두 가지를 병행해서 보는 것이 좋다.

 **외우기 쉬운 팝송은 영어와 빨리 친해지게 한다**

외국인과 대화를 하거나 영어 시험을 볼 때 어딘가에서 들은 팝송의 구절이 생각나서 위기를 벗어나 본 경험이 누구나 한 번쯤 있을 것이다. 음악은 반복되는 문장 연습을 지루하지 않게 해 줄 뿐만 아니라, 그 멜로디나 박자가 문장에 빨리 친숙해지게 도와주므로 영어 노래 테입을 듣는 것은 교육 효과가 높다.

실제로 ESL Class(영어가 모국어가 아닌 학생을 위한 수업)에서도 재즈를 이용한 재즈 챈(Jazz Chant : 재즈의 음률에 맞추어 영어를 연습하는 것) 학습 효과가 입증되어 널리 활용되고 있다.

 **영어 교재는 아이의 레벨에 맞춰 선택한다**

서점에 나가 보면 국내 교재부터 수입 교재에 이르기까지 너무나 많은 영어 학습 교재들이 나와 있다. 대부분의 엄마들은 어떤 교재를 선택할까 망설이곤 하는데, 몇 가지 수칙만 분명히 정하고 고른다면 분명히 좋은 교재를 선택할 수 있다.

아이가 아직 글을 읽지 못할 때는 글씨보다는 그림의 비중이 크므로 그림이 아름답고 색감이 뛰어난 책을 고르는 것이 좋다. 그렇다고 그림만 있는 것은 영어가 능숙하지 않은 부모가 이야기를 꾸미기에 부담이 되므로 간단한 글씨나 부모의 지침이 있는 책으로 선택하자.

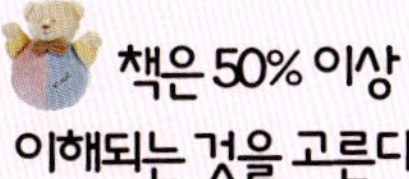

영어 교재를 고를 때 아직 글을 읽지 못하는 아이라면 그림 위주로 선택한다.

책은 50% 이상 이해되는 것을 고른다

책을 스스로 읽을 수 있는 수준이 되면 아이의 레벨에 맞추는 것이 중요하다. 너무 어렵거나 복잡한 책은 사놓기만 하고 그냥 꽂아두게 되는 경우가 많다. 전체를 쭉 훑어서 50% 이상 이해가 되는 책이어야 나머지 내용들을 찾아가며 공부할 마음이 생기게 되는 것이다.

내용도 지나치게 교육적인 내용을 담은 것은 읽기의 즐거움을 앗아갈 수도 있으므로 적당히 흥미로운 것을 고르도록 한다.

요즘은 오디오 테입이 함께 나와 있는 책들도 많다. 이런 교재들은 듣기와 발음 연습을 할 수 있다는 측면에서는 훨씬 교육적이다.

하지만 한꺼번에 지나치게 많은 책을 사주면 아이가 겁을 먹고 질려할 수 있으므로 조금씩 흥미를 잃지 않을 정도로만 사주도록 한다.

영어 천재 현수 엄마의 똑똑 학습법

사람들은 내게 자주 묻는다. 도대체 어떻게 했길래 현수가 이렇게 영어를 잘 하느냐고, 물론 현수를 임신했을 때부터 철저히 영어 태교를 했기 때문이지만 가장 중요한 것은 현수의 귀가 영어에 익숙해지게 끊임없이 영어를 들려줬다는 사실이다.

● 영어와 자연스럽게 친해지게 했다

우선 비디오를 볼 때는 비디오를 보자는 말 대신 현수가 사자를 좋아하면 'Let's see the lion'이라고 구체적으로 말을 했으며, 비디오에 나오는 대사를 따라하게 했다.

비디오를 보면 일부러 외우지 않아도 재미있는 대사 등으로 자연스럽게 말을 배울 수 있어서 효과가 뛰어나다. 단, 하루에 1시간 이상은 보지 못하게 했다.

아침에는 영어 노래를 불러서 현수를 깨웠으며, 평상시에도 끊임없이 영어로 말을 걸었다. 또한 말을 할 때는 감정을 넣어 그 말이 갖고 있는 분위기를 최대한 살렸다. 그래서인지 현수가 하는 영어는 생기가 넘친다는 말을 많이 듣는다.

이런 식으로 일상 생활 속에서 영어를 자주 사용하다 보니 현수는 자연스럽게 영어와 친해졌다.

아이들은 원래 일부러 시키면 더 하기 싫어하는데, 다른 아이들도 현수처럼 생활 속에서 영어를 보여주고, 들려주고, 말하게 하면 거부감없이 영어를 받아들일 수 있을 것이다.

오디오를 통해 말하기·듣기 능력을 동시에 향상시킨다

아이에게 영어를 가르치다 보면 어떤 한계에 부딪힐 때가 있다.
우리 아이가 남들보다 머리가 나쁜 것은 아닌지, 왜 듣기는 잘하는데 말하기는 못하는지 등.
영어 공부를 해 나가는 데서 나타나는 몇 가지 의문점들을 골라 그 해답을 찾아본다.

 영어는 노력에 의해 향상될 수 있다

영어는 모국어가 아닌 외국어이기 때문에 아이의 아이큐가 영어 실력에 처음에는 약간은 영향을 미칠 수 있다. 모국어를 말하는 것은 아이큐와 크게 연관이 없지만, 영어를 배우는 것은 EFL(English as a Foreign Language) 환경에서 외국어로 공부를 하는 것이기 때문이다.

아무래도 아이큐가 좋은 아이들이 이해가 좀 빠르고 응용도 잘할 것이다. 하지만 영어는 다른 학문과 달라 오랜 시간 동안 열심히 연습하면 아이큐의 장벽은 충분히 뛰어 넘을 수 있다.

 듣기와 말하기를 동시에 가르쳐라

외국어를 배우는 과정도 우리말을 처음 배우는 것과 비슷한 과정을 거친다. 우리말을 배울 때 듣기와 말하기를 동시에 배우는 것처럼 영어도 같은 과정으로 습득하게 된다.

듣기와 말하기 뿐만 아니라, 아주 어리지만 않다면 쓰기, 읽기도 같이 하는 것이 서로서로 상승작용을 해서 언어를 배우는데 도움이 된다고 하는 '홀 랭귀지 프로그램(Whole Language Program)'이 많은 사람들로부터 인정을 받고 있다.

처음부터 아이들을 이런 식으로 가르친다면 듣기는 잘하는데 말은 못하고, 읽기는 하는데 듣기는 못하는 등의 문제가 생길 가능성이 훨씬 낮아진다.

◐ 말하기, 듣기, 읽기를 동시에 습득할 수 있게 한다.

 듣기를 잘해도 말하기 연습이 필요하다

현재 우리의 영어 교육 환경을 볼 때 들을 수 있다고 다 말을 잘하는 것은 아니다. 따라서 일단 아이가 듣기는 어느 정도 하는데 말문이 열리지 않는 경우가 발생되면 개개의 접근(Approach)을 하는 수밖에 없다.

굉장히 어려운 수준의 말을 알아듣지만, 정작 말은 잘 하지 못하는 아이에게는 듣기와는 또 다른 별도의 말하기 연습이 필요하다. 들었던 것들을 실제로 연습해 봐야 한다.

물론 마음껏 영어를 말할 수 있는 여건이 허락되지 않는 것도 사실이지만 꼭 외국인과 같이 대화를 나누지 않더라도 하루에 몇 시간은 영어로만 말하기 등 나름대로의 규칙을 정해 보는 것도 방법일 수 있다.

 듣기는 오디오 연습이 효과적이다

반대로 읽기는 하는데 듣기 능력이 떨어지는 아이의 경우도 마찬가지로 듣기 연습이 부족해서이다. 읽기가 되는 학생이라면 같은 시간 연습했을 때 읽기를 못하는 아이보다 빨리 어느 정도의 듣기 수준에 도달할 수 있다. 듣기는 철저히 오디오를 통해 연습해야 한다.

읽기가 된다면 짧은 것부터 한 문장씩 들려주고 따라 하게 하는 연습이 효과적이다. 듣기나 말하기를 책으로 공부하려는 것보다 어리석은 방법은 없다.

이 연습이 제대로 되지 않았기 때문에 성인 중에도 'Time' 같은 잡지는 줄줄 읽어 내려가면서 간단한 인사말조차도 알아듣지 못하는 경우가 있다.

일상생활 속에서
영어와 친숙한 환경을 만든다

아이가 영어와 금방 친해지고 실력이 쑥쑥 향상되게 하려면 그 방법도 달라져야 한다.
일상 생활 속에서 영어를 생활화할 수 있는 효율적이고 구체적인 방법이 필요하다.
아이의 영어 실력을 향상시키는 방법을 자세하게 알아본다.

 **매일 일정 시간 영어와 친구가 되게 한다**

영어적 환경이란 벽과 바닥에 알파벳이 쓰여 있는 괘도(wall picture)를 붙이고 알파벳 매트를 까는 단순한 것이 아니다. 생각날 때마다 1주일에 두 서너 번 '이게 뭐지?' 라고 묻고 대답하는 즉흥적인 공부는 효과가 거의 없다.

엄마 아빠가 영어에 대한 두려움을 버리고 아이와 함께 공부하겠다는 열린 마음으로 시작해 보는 것이 영어 환경 만들기의 기본이다. 아이도 엄마 아빠와 TV보는 것 말고 다른 활동을 하기를 바라고 있을 것이다.

간단한 것부터 시작하면 된다. 다음에 제시하는 방법들은 7세 정도까지의 아이들이 할 수 있는 것들로 매일 시간을 정해 두고 다양한 방법으로 실천하는 것이 효과적이다.

❤ 매일 일정한 시간에 영어를 공부해 아이의 흥미를 끌어낸다.

♥ 괘도(wall picture) 만들기

준비물 – 전지, 크레파스, 스케치북, 풀, 가위

① 아이와 엄마가 26장의 종이를 나눠 가진 후 엄마는 알파벳을 쓰고 아이는 색칠을 한다.

② 알파벳을 차례대로 전지에 붙이면서 알파벳 노래를 같이 부른다. 아이가 동작 하나를 완수할 때마다 'Good job! Very good!' 등으로 칭찬의 말을 해 준다.

♥ 플래시 카드(Flash Card) 만들기

준비물 – 잡지, 가위, 풀, 스케치북

① 잡지에서 동물원과 관련되는 사진을 찾아 오린다. 그런 후 'Oh, You found an elephant! Good!' 하고 해주어 동물의 이름을 알게 한다.

② 이 카드로 동물 게임을 하면서 전치사의 의미라든지 동물의 이름을 복습할 수 있다. 또 특정 동물카드가 여러 장이면 복수와 단수의 개념에 대해서도 공부할 수 있다.

또 다른 게임으로 숨바꼭질 게임도 할 수 있다. 카드를 반씩 나눠 가진 후 집안 곳곳에 숨겨 놓고 차례로 찾기를 하는 것으로 많이 찾아낸 사람이 이기게 된다. 이 과정에서 아이에게 동물의 위치를 알려 주면서 전치사의 개념을 터득할 수 있게 된다.

🧸 엄마도 공부를 한다

영어를 전공하거나 영어에 자신이 있는 엄마가 아닌 보통의 엄마가 영어로 대화하기란 결코 쉬운 일이 아니다. 더구나 영어교육의 경력이 없는 엄마라면 아이를 가르치는 일이 더더욱 힘들 것이다.

하지만 영어를 전공하고 독해력이 있는 엄마들도 아이의 영어 교육에 선뜻 나서기를 두려워한다. 왜냐하면 발음 때문이나. 섣불리 가르쳤다가 아이의 발음을 망치면 어쩌나 하는 염려로 포기하고 마는 경우가 많다.

그래도 두려워하지 말고 엄마가 조금만 더 부지런해져 보자. 만약 그럴 자신이 없다면 전문가에게 맡기는 수밖에 없지만, 아이의 영어교육에 직접 나서 보겠다는 생각이 있다면 다시 엄마부터 학생으로 돌아가 다음과 같은 것들을 시도해 보도록 한다.

○ 과일 이름을 영어로 가르치는 것부터 시작해본다.

♥ 학원이나 학교에서 배운 것 복습, 보충해 주기

아이의 학교나 학원에서 보내주는 강의 계획서나 교재를 충분히 읽어 본 후, 그날 아이가 배웠을 법한 것을 복습해 둔다. 그리고 '오늘 뭘 배웠니?' 하고 엄마가 질문을 하면 아이는 당황해서 '몰라' 라는 대답을 하기 쉽다.

그러면 아이에게 '이런 것을 배웠지?' 하며 묻거나 직접 배웠을 것을 예상한 질문을 하는 것

○ 게임을 통해 영어를 가르친다.

이다.

예를 들어 강의 계획서에 이번 주는 색깔이 주제였다면 주위의 색깔 있는 사물들을 가리키며 'What color is this?' 혹은 'What color is the banana?' 하고 물어본다.

♥ 놀이나 게임 등으로 대화하기

앞의 환경 만들기에서 예를 든 것처럼 함께 영어로 놀이를 해본다. 영어 게임을 하거나 직접 동물원에 데려가서 집에서 했던 내용들을 영어로 대화하려면 많은 준비가 필요하지만 효과는 매우 크다.

♥ 영어 동화책 읽어주기

동화책 읽기는 여러 가지 활동으로 많이 응용할 수 있다. 'Story Telling' 이라고 하는 활동으로 발전시킬 수 있는데 이는 읽기뿐만 아니라

Mom & Baby

추천! 연령별 영어학습 교재 & 동화책

♣ 유치원생

1. Balloons 1, 2 (Longman)
2. Finding out (Heinemann)
3. Tiny Talk (Oxford University Press)
4. How big is a pig? (Barefoot Books)
5. What do you like? (North South Books)
6. It looked like split Milk
   (Harper Collins Children's Books)
7. Imaginary Menagerie
   (Chronicle books)
8. Where's My Teddy?
   (Walker Books)
9. Owl Babies (Walker Books)
10. Today is Monday
    (Putnam Pub Group)

♣ 초등학생

1. Balloons 3 (Longman)
2. Popcorn (Harcourt)
3. First English Grammer
4. American Start with English
   (Oxford University Press)
5. Smile (Heinemann)
6. Henny Penny (Scholastic Trade)
7. Inside a Barn in the Country
   (Scholastic Trade)
8. The very hungry caterpillar
   (Putnam Pub Group)
9. My friends
   (Chronicle Books)
10. Silly Sally (Harcourt)

◆ 유치원 등에서 가르치는 영어 동요는 아이에게 영어를 친숙하게 해준다.

'Whole Language' 즉, 듣기·말하기·쓰기의 모든 영역을 한꺼번에 연습할 수 있는 좋은 활동이다. 하지만 책을 선정할 때는 신중하게 골라야한다. 너무 교육적이거나 명작을 선택하려다 보면 자칫 너무 길거나, 어려운 책을 선택할 수도 있다. 예쁜 그림도 있고, 내용도 재밌는 것을 골라야한다.

가끔 우리 전래 동화를 영어로 번역한 교재들을 보면 대부분 번역이 이상하거나 실제 구어로는 쓰이지 않는 표현들이 많이 있어 교재로는 부적당한 것들이 있다.

기존의 이런 동화책보다는 창작 동화가 읽기의 첫 단계로는 더 효과적이다. 그리고 읽기의 시작 단계에서는 후렴구가 있는 책을 선택하는 것이 좋다.

♥ 영어 동시 가르치기

영어 동시 역시 리듬을 익힐수 있는 아주 좋은 교재지만 동화처럼 얘기의 흐름이 자연스럽지 않은 것이 많아서 선정할 때 많은 신경을 써야한다.

그리고 일단 동시가 정해지면 여기에 노

래를 붙여 본다든지 하는 방식으로 다양하게 활용해 보는 것도 좋다.

♥ 영어 동요 가르치기

대부분의 아이들은 노래 부르기를 좋아하기 때문에 보통 학교, 학원, 유치원 등에서 아이들이 영어를 처음 접하는 형태가 바로 영어 동요이다. 노래 부르기를 통해 아이들은 공부하는 지루함을 없앨 수 있고, 영어의 리듬이나 자주 쓰이는 간단한 내용의 대화 등을 익힐 수 있다. 하지만 이것은 첫 단계에서만 효과가 클 뿐, 계속해서 교육에 이용하는 것은 한계가 있다.

♥ 사물이름 익히기

직접 또는 플래시 카드를 통해 사물의 이름을 익힌 후 우리말 배울 때처럼 엄마와 동물 이름 대기 등의 게임을 하는 방법. 아이들이 학습자체를 지루한 또 하나의 공부라는 생각이 들지 않게 하는 것이다.

♥ 문장으로 가르치기

문장으로 가르치기의 장점은 단어들의 나열에는 어떠한 구조적인 규칙이 있다는 것을 자연스럽게 알 수 있다는 것과 단어의 다양한 쓰임새를 익힐 수 있다는 데 있다. 단순히 과일 이름 하나를 가르칠 때도 'banana' 하지 말고 'This is a banana.' 혹은 'These are bananas.' 하고 얘기해 준다면 아

◆ 한가지 단어만 가르치기보다 문장으로 가르치는 것이 더 효과적이다.

이들은 복수 개념까지도 자연스럽게 익히게 된다. 물론 이 자체도 지도하는 사람의 입장에서는 부담이 될 수도 있지만 시중에 나와 있는 다양한 교재를 이용한다면 얼마든지 가능하다.

♥ 신체 명칭 알려주기

신체 명칭을 나타내는 단어로 이루어진 노래들을 응용하면 아이들이 좀 더 쉽게 배울 수 있다. 예를 들어 'head and shoulders knees and toes' 노래에 다른 신체 명칭을 붙여보면 아이들은 분명히 흥미로워 할 것이다.

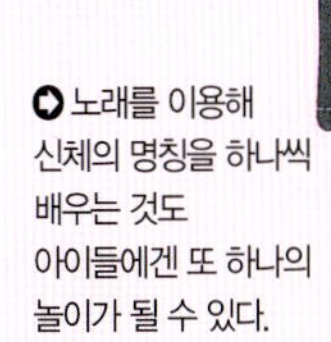

◆ 노래를 이용해 신체의 명칭을 하나씩 배우는 것도 아이들에겐 또 하나의 놀이가 될 수 있다.

아이와 함께 연습하는 Every day English

아침에 일어나서 밤에 잠들 때까지, 쉽고 재미있게 아이와 나눌 수 있는 생활 영어들을 정리해 보았다. 쇼핑을 할 때와 식당에서 할 수 있는 대화들도 소개한다. 처음엔 아이들이 좀 어려워할 수 있지만 반복하다보면 어느샌가 아이의 영어가 되어 있을 것이다.

아침에 일어나서

Good morning, Mom. 안녕히 주무셨어요?
Good morning, Jiwon. 잘 잤니, 지원아.
How do you feel today? 오늘은 기분이 어때?
Great! How about you? 좋아요. 엄마는요?

학교 갈 준비를 하면서

Breakfast is ready! Brush your teeth!
아침이 준비되었으니 양치질을 하고 오너라.
Yes. Mom. 네 엄마.

Hurry up! You're going to be late for school.
서둘러, 학교에 늦겠다.
I'll be done in 5 minutes. 5분만 있으면 돼요.

학교에 가면서

Good-bye, Mom. 다녀오겠습니다.
Have a nice day. 좋은 하루 되거라.

학교에서 돌아와서

How was your day? 오늘 어땠니?
It was great! 좋았어요!
How were your classes (test)?
수업(시험)은 어땠어?
There were some difficult math problems, but it was O.K.
수학 문제 푸느라 좀 어려웠지만 괜찮았어요.
Before you go out, finish your homework.
밖에 나가기 전에 숙제를 하거라.
I have no homework today.

오늘은 숙제가 없어요.
I don't understand this part. Could you give me a hand, Mom? 엄마, 이 부분은 잘 이해가 안되요. 좀 도와주시겠어요?
O.K. Let's see. 그래, 한 번 보자.

I've done my homework. Can I go out and play? 숙제 다 했어요. 나가 놀아도 돼요?
O.K. but don't be late for diner.
저녁 전에 오거라.
Yes, Mom. 네 엄마.

쇼핑가서

Can I have this? (가리키면서) 이거 사주세요.
Let me think. 생각 좀 해 보자.
Please! 제발 사주세요.
O.K. but no more wining.
좋아. 하지만 더 조르지는 마라.
Yes. I'll be a good girl (boy).
네, 착하게 굴게요.

식당에서

What do you want to eat (have)? 뭘 먹을래?
I want cheeseburger and a Coke.
치즈버거와 콜라를 먹겠어요.
Coke is not healthy. Why don't you drink some juice?
콜라는 몸에 안좋단다. 주스를 먹으렴.
Then, I'll drink apple juice.
그럼, 사과 주스를 먹을게요.

That's my boy. 참 착하구나.

Don't speak with your mouth full.
음식을 먹으면서 말하는 게 아니란다.
Don't go around in a restaurant.
식당 안에서 돌아다니지 말아라.
No yelling in a restaurant!
식당에서는 소리지르지 말아라.

Do you want any dessert? 디저트를 먹겠니?
No, thanks. I am already full.
아니요. 배가 불러요.
Are you sure? 그러겠니?

지하철에서

Where are we going now, Mom?
우리 지금 어디가요, 엄마?
We are going to grandparents.
우리는 지금 할머니 댁에 간단다.
Is it far from here? 여기서 머나요?
No, it is very close. 아니, 아주 가깝단다.
How long will it take? 얼마나 걸릴까요?
About 10 to 15 minutes. 십분에서 십오분쯤.

잠자기 전에

Time for bed! 잘 시간이다!
After I finish this puzzle. 이 퍼즐만 끝내구요.

Have a nice dream/Sweet dreams/Nighty night, sweetie. 잘 자거라, 애야.

영어 조기교육에 관한 세 가지 선택

영어 조기교육, 시켜야 할지 말아야 할지 여기저기서 의견이 분분하다.
게다가 다른 집을 보면 우리집 아이도 꼭 시켜야 할 것 같은데, 무작정 시켜도 괜찮은 건지 등 정말 어떻게 할지 고민이 된다.
다른 집 엄마들은 어떤지, 타입별로 분류해 살짝 들여다본다.

뒤쳐질까봐 불안, 어쩔 수 없이 시키는

불안형

왜 영어공부를 시켜야 하는지 뚜렷한 목적이나 이유 없이 '남들도 다 시키니까 불안해서 아이에게 영어 공부를 시키는' 타입. 사실 시켜야 할지 말아야 할지 고민하면서도 선뜻 결론을 내리지 못하고 남들이 하는 만큼은 해주어야 한다는데 자신의 기준을 맞추는 경우가 많다.

이 타입의 엄마들은 아이를 영어 유치원에 보내거나 학습지, 과외 등 최상의 교육 환경을 만들어 주고자 한다. 하지만 문제는 엄마가 스스로 교육에 신경을 쓰고 열정을 쏟기보다는 사교육에 맡겨 해결을 하려고 하기 때문에 대부분 만족스러운 결과를 얻지 못하게 된다.

사례 우리 아이에게 맞는 영어 방법은 무엇인지 해답을 찾고 싶다

큰 아이는 초등학교 2학년으로 영어 유치원에 다닌 경험이 있다. 내성적인 성격이라 무척 가기 싫어했는데 교육비가 비싼 만큼 손해를 보기 싫어 억지로 아이를 유치원에 보냈다. 하지만 다른 아이들처럼 수업시간에 적극적으로 영어를 따라하지 않고 매일 겉돌다가 결국, 한 학기만 하고 그만 두었다. 그 뒤에는 불안해서 영어 학습지를 시작했고, 지금은 영어 동화책 읽기 수업을 받고 있다. 사실, 그 동안 영어 교재며 비디오 테입 등 투자한 비용이 엄청나고 5살 이후부터 꾸준히 영어교육을 시켰지만, 이렇다 할 효과는 보지 못하고 있다. 최근엔 AFKN 방송을 틀어 놓았다가 아이가 스트레스를 받아서 그만

두었다. 하지만 별 대책이 없다. 시키지 않는 것보다는 시키는 것이 나을 것이고, 영어를 접해보지 않은 아이보다는 친근하게 영어를 대할 것이라는 막연한 믿음만 가지고 있을 뿐이다.

나만의 방법으로 밀고나가는

소신형

영어에 대한 필요성은 인정하지만 분위기에 휩쓸리지 않고 나름대로의 가치관이 세워져 있는 타입. 이들에게는 자신들만의 영어 교육 계획이 서 있으며 남들이 무엇을 하든 소신을 지키며 교육시키겠다는 입장이다.

학원비를 모아서 해외여행을 가겠다

사례
올해 5학년인 우리 아이는 수업시간에 영어 때문에 엄청난 스트레스를 받는다. 원인은 다른 아이들이 너무 잘해서이다. 하지만 나는 아이에게 학습지를 시키거나 학원에 보내지 않는다. 대신 하루 10분씩 예습 복습할 때 교과서에 딸려 나오는 테입을 들을 것을 권유했다. 물론 그 정도로 수업시간에 다른 아이들처럼 말하기는 턱없이 부족했지만 영어 사교육을 시키지 않겠다는 나의 생각은 변함이 없다.

대신 매달 학원에 들어가는 비용을 모아 아이가 중학교에 들어가기 전에 유럽으로 배낭여행을 떠날 것이다. 한 달에 20만원씩 드는 사교육비를 초등학교 내내 모으면 호화여행도 갈 수 있는 돈이 모이게 될 것이다. 학원에서 하는 영어교육보다 여행을 통해 실제로 보고 느끼는 교육이 더 값지지 않을까.

영어가 아이 인생의 전부는 아니라는

대체형

영어 대신 새로운 나라의 다른 언어를 배우는 것이 영어로 승부하는 것보다는 빠르다는 결론을 내리고 있는 타입. 영어가 아닌 다른 대안 교육으로 눈을 돌리고 있으며 지금까지 아이들에게 해왔던 교육방식으로는 안된다고 생각해 스스로 다른 방법을 찾아 수업 모델을 제시하고 있다.

❖ 영어공부는 학원에 보내는 것만이 능사가 아니다.

집에서 엄마 아빠가 직접 가르친다

사례
올해 초등학교 1학년, 3학년이 되는 아이들이 있다. 아이들에게 외국어를 가르쳐야 한다고는 생각하지만 이렇다 할 소신도 없고, 무리하게 집을 장만해서 한 달에 아이들 영어교육비로 투자할 수 있는 돈은 고작 7만원 밖에 안된다. 하지만 남들 시키는 것을 못해준다고 생각하니깐 마음에 걸려서 남편과 상의를 했다. 그래서 얻은 결론. 일주일에 두 번 씩 남편과 번갈아 아이들을 가르치기로 했다.

집이 복층식인데 2층에 화이트 보드를 걸고 학원처럼 구조를 바꾸고, 한번에 1시간씩, 일주일에 두 번 아카데미를 열었다. 남편은 역사와 철학을, 나는 영어를 가르쳤다. 두 달 정도 했는데 가장 좋은 점은 엄마, 아빠한테 배우는 것을 아이들이 너무 행복해 한다는 것이다. 그리고 우리 부부도 수업을 빼먹지 않기 위해 더 철저히 준비를 하면서 자기 개발도 할 수 있어 일석이조의 효과를 보고 있다.

우리아이,
PART
10

창의력 있는 아이로 키우고 싶다 ● 말 잘하는 아이로 키우고 싶다 ● 침착한 아이로 키우고 싶다 ●

감성이 풍부한 아이로 키우고 싶다 ● 집중력 있는 아이로 키우고 싶다 ● 사회성 좋은 아이로 키우고 싶다 ●

수 개념이 밝은 아이로 키우고 싶다 ● 운동을 잘 하는  아이로 키우고 싶다

이렇게 키우고 싶다

창의적인 아이, 집중력 있는 아이, 감성이 풍부한 아이, 침착한 아이, 말 잘하는 아이, 수 개념이 밝은 아이, 운동을 잘 하는 아이로 키우고 싶은 것은 모든 부모들의 한결같은 바람이다. 아이의 능력을 조기에 발견하는 방법과 원칙을 상세히 알려준다.

창의력 있는 아이로 키우고 싶다

아이들은 누구나 창의력을 갖고 태어나지만 어떻게 계발해 주느냐에 따라 꽃이 필 수도 있고 시들 수도 있다.
아이들의 창의력의 싹을 찾아내 꽃필 수 있게 해주는 것은 부모의 몫이다.
무한히 잠재되어 있는 창의력을 적절한 자극과 훈련으로 최대한 개발시켜 주는 것이 중요하다.

◐ 아이들 안에 잠재된 창의력을 꽃피우려면 적절한 자극과 훈련이 필요하다.

창의력이 뛰어난 사람이 성공한다

공부만 잘한다고 사회에서 성공하는 경우는 드물다. 비록 학교 성적은 뒤떨어졌어도 창의력이 뛰어난 사람들이 사회에 나가 성공하는 예가 훨씬 많다. 학교에서 공부를 하는 데는 뛰어난 이해력과 기억력이 필요하지만 사회에서 능력을 발휘하는 데는 우수한 창의력이 필요하기 때문이다.

창의력이란 한 마디로 '새로운 것을 생각해 내거나 표현하는 능력' 을 말한다. 따라서 창의력이 풍부한 사람은 상상력과 표현력이 뛰어나며 모든 사물을 그냥 보아 넘기지 않고 새로운 문제를 발견해서 생각하는 태도를 갖고 있다.

◑ 창의력이 풍부한 사람은 상상력과 표현력이 뛰어나며 새로운 것에 도전하기를 좋아한다.

창의력이 풍부한 아이는 끊임없이 의문을 제기한다

창의력이 풍부한 사람들은 어떤 문제를 풀어나가는 데 있어 한 가지 방법에 집착하지 않고 다양한 접근 방법을 취하려고 하며, 평범한 것보다는 독특하고 참신한 아이디어를 곧잘 내곤 한다. 또한 늘 생동감 있게 주변의 사물에 대해 의문을 갖고 끊임없이 질문을 제기하며, 문제 해결을 위해 다양한 정보를 수집하고, 문제가 해결될 때까지 끈질기게 물고 늘어지는 경향이 있다.

너불어 세상의 변화에 대해 스스로 변화의 주체가 되어야 한다는 자발적인 태도를 가지고 있는 것도 창의력이 풍부한 사람들의 일반적인 특성이다.

타고나는 것보다 '길러주는 노력' 이 중요하다

그렇다면 창의력은 태어날 때부터 갖고 태어나는 것일까, 자라면서 학습에 따라 길러지는 것일까?

이에 대한 대답은 학자마다 조금씩 다르지만 공통된 의견은 '아이들마다 모두 창의력을 갖고 태어나지만 지능과 마찬가지로 잠재되어 있기 때문에 어떻게 계발해 주느냐에 따라 꽃 필 수도 있고, 시들 수도 있다'는 것. 유전적 잠재력을 어느 정도 인정한다고 하더라도 중요한 것은 계발과 육성을 통하여 잠재된 창의력이 최대로 발현될 수 있다는 것이다.

여러 연구 결과 창의력은 지능보다는 환경의 영향을 더 많이 받는다는 것으로 밝혀졌다. 그런 점에서 부모의 역할이 아이의 창의력 발달에 큰 영향을 끼친다고 할 수 있다. 창의력은 특히 0~7세의 유아기 때 가장 왕성하게 발달하므로 이 시기에 부모가 올바른 교육관을 가지고 아이의 창의력 발달을 위한 노력을 하는 것이 중요하다.

연령에 맞는 적절한 자극이 잠재된 창의력을 개발한다

창의력 개발을 위해서는 무엇보다 아이의 호기심에 적극적으로 반응하고 연령에 맞는 적절한 자극으로 동기를 유발하는 것이 효과적이다. 창의력이란 누구에게나 있는 능력이므로, 아이들에게 기회를 주고 칭찬을 하고 훈련을 시키면 잠재된 창의력을 최대한 계발시킬 수 있다. 그러나 교육방법에 따라

◑ 창의력 개발을 위해서는 아이의 호기심에 적극적으로 반응을 해주어야 한다.

서는 오히려 가지고 있던 창의력마저 잃어버리게 될 수도 있다.

창의력은 아이가 생활 속에서 자연스럽게 많은 것을 보고 듣고 경험하는 과정중에 키워진다. 그러한 활동을 통해 아이의 호기심은 조금씩 싹트기 시작한다.

창의력이 풍부한 아이로 키우기 위한 원칙

자연을 통한 산 교육으로 창의력을 개발시킨다

아기는 태어나자마자 오감을 통해 주변 세계를 깨닫기 시작한다. 보고, 듣고, 맛보고, 촉각으로 느낀 모든 정보를 바탕으로 외부 세계에 적응하는 능력을 키워 나가는 것이다.

이때 엄마를 비롯한 사람들과의 접촉이 많으면 많을수록, 자극이 많은 환경을 자주 접하면 접할수록 아기의 경험은 풍부해진다.

아기의 방도 자주 분위기를 바꾸어주고, 노래도 들려주고, 산책도 하는 등 경험을 하며 자라게 한다. 공원에 나가 나무나 꽃을 보여주고, 동물원에 가서 여러 가지 동물도 보여주고, 시장이나 야외로 나가 자연을 접하게 해주는 것도 좋다. 자연을 통한 경험은 창의력을 키우는 산 교육이 된다.

외부 세계의 사물이나 다양한 상황을 아기가 마음껏 탐험할 수 있을 때 아기의 관심은 자라나는 것이며 이로써 창의력의 기초가 마련된다는 사실을 명심하자.

○ 자연이나 외부의 접촉이 많으면 많을수록 창의력 개발에 도움이 된다.

호기심을 북돋워준다

지식욕이 왕성한 아이들은 스스로 학습을 해서 지적 성장을 한다. 지식의 근원은 바로 호기심이다. 이 호기심이 바탕이 되어 지적 발달을 이루는 것이다. 이 시기에 엄마의 대응에 따라 자연발생적인 호기심의 싹이 쑥쑥 자라기도 하고 그렇지 않기도 하다. 아기들의 지적 성장은 호기심에서 비롯된다는 사실을 잊지 말자.

예를 들어 아기는 눈에 보이는 것마다 손을 뻗어 만지려 하고 입으로 가져가 빨기도 한다. 이런 행동을 꾸짖거나 중지시키는 것은 호기심에 대한 욕구를 포기하게 하는 것이다. 오히려 실컷 하도록 내버려두는 것이 좋다.

관심을 다른 데로 돌려 호기심의 방향을 바꾸어주는 것은 괜찮다. 엄마는 무엇보다도 아기가 호기심을 충분히 만족시킬 수 있도록 애써야 한다. 실수를 해서 물건을 깨뜨리거나 했을 때도 일방적으로 야단을 치기보다는 알아듣도록 설명을 해서 호기심을 억제하지 않아야 한다.

○ 아이들의 호기심은 창의력으로 연결된다.

끊임없는 질문에 성실하게 대답해 준다

오감으로 탐색하던 아기들은 말을 배우면서 '왜'라는 질문을 끊임없이 한다. 호기심이 많은 아이일수록 유난히 많은 질문을 하기 때문에 엄마로선 그 질문에 일일이 상대해 주기가 무척 힘이 들 때가 있다. 그러나 아무리 꼬리에 꼬리를 무는 질문이라도 귀찮아하지 말고 알고 있는 범위 내에서 정성껏 답해 주는 것이 좋다.

간혹 귀찮은 태도로 얼렁뚱땅 넘어가거나 핀잔을 주면 아이의 호기심을 억제시켜 창의

아이의 창의력을 방해하는 요소들을 없앤다

● 규칙을 강요하지 마라

부모의 기준에 맞추어 아이 행동을 규제하는 것은 자유로운 사고를 억제할 수 있다. 권위주의적인 규칙을 강조하는 가정에서 자라난 아이는 스스로 생각하는 힘을 잃을 가능성이 많다. 집안의 규칙은 되도록 적게 해서 편안한 마음으로 자신의 생각을 얘기하고 행동할 수 있는 분위기를 만드는 것이 좋다.

● 호기심을 억제하지 마라

호기심이 강한 아이들은 엄마의 립스틱으로 그림을 그리고, 아빠의 시계를 물 속에 담가보고, 장난감을 뜯어보는 등 여러 가지 말썽을 일으키곤 한다. 하지만 아이가 호기심 때문에 물건을 망가뜨렸더라도 무조건 야단을 칠 것이 아니라 왜 그랬는지, 결과는 어땠는지 등 인내심을 갖고 차근차근 물어보고, 그로 인해 빚어진 결과에 대해 알아듣기 쉽게 설명을 해주어야 한다.

아이들이 부모의 꾸중이 무서워 호기심 발휘를 억제해서는 안 된다. 아이들의 호기심은 창의력을 키우는 원동력이 되기 때문이다.

● 틀에박힌 사고에서 벗어나라

부모 자신이 먼저 틀에 박힌 사고에서 벗어나야 한다. 아이와 함께 그림을 그릴 때도 머리는 검은색, 하늘은 파란색, 나무는 초록색으로만 칠하게 하는 것이 아니라 아이가 표현하고 싶은 대로 할 수 있도록 그냥 두는 것이 좋다. 일반적인 것과는 다르고, 눈에 보이는 것과도 다르게 표현하는 독창성이 창의력의 구성요소임을 잊지 말아야 한다.

● 집중해 있을 때는 방해하지 마라

아이가 어떤 일에 몰두하고 있을 때는 방해가 되지 않도록 해야 한다. 그 순간이 아이 나름대로 새로운 생각이 떠오르는 시간일 수 있기 때문이다. 밥을 먹을 시간이 되었건, 잠잘 시간이 되었건 간에 아이가 뭔가에 몰두해 있으면 집중력을 흐트러지게 하거나 방해하지 말아야 한다. 누구나 자신이 흥미를 가진 일에 집중하는 시간이 길어지면 새로운 아이디어나 해결책을 발견할 수 있는 것이다.

력의 싹을 잘라버리는 결과가 될 수 있다.

창의력 교육이란 아이로 하여금 어떤 현상에 대해 의문을 갖고, 섬세한 관찰을 하고, 원인과 결과를 찾아내고, 사물을 끊임없이 탐색하고 감탄하는 태도를 갖게 하는 것이다.

되도록 많이 움직이게 한다

아기들의 두뇌는 신체활동과 밀접한 관련이 있다. 그렇기 때문에 창의력 계발을 위해서는 운동을 적극적으로 시키는 것이 좋다. 걸음마를 뗀 아기라면 충분히 운동할 수 있는 환경을 만들어 주어야 한다. 처음엔 다소 서툴더라도 옆에서 그냥 지켜보도록 하자. 걷고, 뛰고, 계단을 오르내리고 하면서 아기들은 스스로 운동 능력을 터득해 나간다.

아이들은 운동 기능을 충분하게 발달시키지 않으면 얌전하고 소극적인 성격으로 자라기 쉽다. 이런 아이들은 탐구심 또한 부족하고 매사 의욕이 없으며 게으른 아이로 성장할 수 있다. 특별한 도구가 없어도 엄마와 아기가

◐ 종이를 오린다든지 진흙으로 무언가를 만드는 등의 손놀림은 창의력 개발에 도움이 된다.

창의력 있는 아이의 특징

「창의력을 기르는 지적 육아법」의 저자 조안 벡(Joan Beck)은 창의력이 있는 아이의 특징을 다음과 같이 들고 있다.

● 간단한 답으로 만족하지 않고 납득할 때까지 답을 구한다.
● 보고 듣고 만지고 겪은 일에 대하여 민감하다.
● 새로운 것을 계속 생각해 낸다.
● 상상력이 풍부하여 명랑하고, 유머가 넘친다.
● 나이에 비해 어려운 일을 해낸다.
● 유연성이 있다.
● 속박되기 싫어하는 자유로운 사고로 인해 부모와 충돌할 때가 있다.

함께 노래 부르며 동작 표현을 하거나 달리기를 하는 등 많이 움직이게 해보자.

유아기에 하고 싶어하는 활동을 많이 시키면 뇌의 발달이 촉진되어 지능과 창의력이 점점 발달된다.

다양한 놀이를 경험하게 한다

창의력은 스스로 연구하고 궁리해서 새로운 것을 발견하는 힘이라고 할 수 있다. 따라서 창의력 발달을 위해서는 아이가 좋아하는 놀이만 되풀이하지 말고 다양한 놀이를 경험하게 하는 것이 좋다.

꼭 장난감을 가지고 하는 놀이가 아니더라도 다양한 것을 만져보게 하고, 두드려보거나 그려보게 하는 것이 중요하다. 찢거나 자를 수 있는 낡은 잡지, 색연필, 그림물감, 찰흙 등 여러 종류의 재료들을 제공해 마음대로 표현해 보게 한다.

만들기 놀이도 나무로 만들기, 다시 점토로 만들기 등의 변화를 준다. 두 발로 뛰기에서 한 발로 뛰기 등의 변화도 좋다. 새로운 자극을 받아들이면 뇌에도 좋은 영향을 끼쳐 잠재돼 있던 창의력이 쑥쑥 자란다.

물놀이, 모래놀이를 시킨다

목욕탕이나 수영장에 데리고 가면 아이들은 물놀이를 하느라 정신이 없다. 마구 물장구를 치든가 서로 물을 튀기면서 신나게 논다. 놀이터 모랫더미에서도 아이들은 옷이 더러워지는 것도 모르고 두꺼비집을 짓고, 터널을 만들며 재미있게 논다. 이럴 때는 지칠 때까지 실컷 놀게 해주자. 이것이 아이에게 창의력 개발의 기회를 제공하는 길이다.

물이나 모래는 형태가 없고 변화가 많아서 아이들의 호기심을 자극하기에 충분하다. 이처럼 형태가 마음대로 변화하는 것은 아이의 창조력을 길러주는 데 안성맞춤인 장난감이다.

풍부한 언어로 표현력을 길러준다

아기의 언어 발달은 엄마에 의해 크게 좌우된다. 아기로 하여금 말을 자주 하도록 격려하고 발달 단계에 맞추어 다양한 표현언어를

◐ 운동을 적극적으로 시키는 것도 창의력을 키우는 데에 도움이 된다.

접하게 하자.

유아기에 엄마와 함께 하는 언어놀이는 단지 말을 배우는 것에 그치지 않는다. 다소 수다스러울 정도로 아기와 대화를 하는 것이 아기의 표현력 향상에 크게 도움이 된다. 색깔이나 형태, 크기 등의 개념을 가르쳐 효과적으로 표현하게 하는 일은 아이의 사고를 넓히고 창의력의 토대를 마련하는 일이기도 하다.

그림책을 많이 보여준다

창의력 발달을 위해서는 어려서부터 아이에게 그림책을 많이 보여주는 것이 좋다. 그림을 보면서 뜻을 연결시키게 하면 이해력과 표현력을 키울 수 있다. 같은 책이라도 읽을 때마다 표현을 달리 해서 읽어주면 아기가 무척 재미있어 한다.

그림책을 많이 보여주는 것도 중요하지만 책을 읽고 나서 "만일 나였다면 어떻게 했을까?"하는 등의 질문을 해서 아이가 상상을 해서 새로운 이야기를 만들어 내도록 유도해보자.

◐ 아이들이 책을 읽고 나서 그 내용을 엄마에게 이야기 할 수 있도록 유도해 상상력을 키워준다.

집중력 있는 아이로 키우고 싶다

유아기에는 한 가지 장난감을 가지고 놀다가도 다른 새로운 것이 눈에 띄면 금세 거기에 매달리는 등 집중을 못하고 산만한 경향이 있다. 산만한 아이에게 집중력을 키워주기 위해서는 우선 좋아하는 것에 열중하는 습관을 길러주고 집중할 수 있는 환경을 만들어 주어야 한다.

집중력은 아이의 성장과 함께 자란다

어떤 일에 몰두해 한참 동안 그 일에 매달리는 것을 '집중력'이라고 한다. 흔히 아이들은 한 가지 장난감을 가지고 놀다가도 다른 새로운 것이 눈에 띄면 금세 거기에 매달리거나, 저녁밥을 먹다가 아빠가 퇴근해 들어오면 거기에 매달려서 밥 먹는 것을 잊어버리는 등 어른에 비해 집중력이 크게 떨어진다.

♥ 아기들은 집중시간이 짧다

집중력은 아이가 태어나서 성장하면서 함께 자라난다. 생후 3개월부터는 짧은 시간이지만 빛이나 소리 등 외부 자극에 반응을 보이기 시작하며, 생후 5~6개월부터는 주변의 물건을 손으로 쥐거나 입으로 가져가려는 등의 집중력을 보인다. 생후 7~8개월부터는 손 조작 능력이 생기면서 좀더 확실하게 물건을 쥐고 놀이에 집중하게 된다.

발달 단계에 따라 집중력이 조금씩 자라나지만 유아기에는 집중을 하더라도 몰두하는 시간이 짧고 대체로 산만한 편이다. 그 중에서도 유난히 분주하며 가만히 있지 못하는 아이들이 있다. 산만한 아이는 유치원이나 학교에 갔을 때 학습과 생활습관에 영향을 미칠 수 있기 때문에 되도록 어릴 때 적절한 지도를 해주어야 한다.

○ 아이들이 무언가에 집중할 수 있는 시간은 월령에 따라 달라지므로 그 단계를 잘 알아 지도하는 것이 효과가 있다.

지나치게 산만한 아이는 육아 방법에 문제가 있을 수 있다

유난히 산만하거나 싫증을 잘 내는 아이들의 경우 일단 부모의 육아방법에 문제점은 없는지 되새겨 봐야 한다. 또 생활습관이나 주변환경이 아이를 산만한 성격으로 만드는 것은 아닌지 주위를 한 번 살펴보자.

놀이를 할 때 엄마가 너무 큰 소리로 이야기하거나 자주 참견을 하면서 이래라 저래라 하면 아이의 집중력이 떨어진다. 큰 소리에 익숙해지면 아이는 작은 소리에 집중하는 능력을 키울 수 없게 된다.

특히 퍼즐 맞추기나 블럭 쌓기 놀이 등 집중을 요하는 놀이를 할 때 엄마가 옆에서 아이를 자꾸 채근하거나, 엄마가 다른 흥미로운 일을 시작하면 아이는 엄마에게 신경을 쓰느라 놀이에 집중하기 힘들다.

지나친 조기교육이 아이의 집중력을 떨어뜨릴 수 있다

또 엄마가 너무 일찍부터 무리하게 교육을 시키거나 나이에 비해 부담스러운 과제를 주는 것도 아이의 집중력을 키우는 데 부작용을 나타낸다.

○ 놀이를 할 때 주변이 시끄럽거나 엄마가 너무 큰소리로 이야기를 하면 아이가 산만해지기 쉽다.

아이의 집중력이 떨어질 때는 집중을 하지 않는다고 야단을 치기보다는 아이가 관심 있어 하는 게 무엇인지 눈여겨보아 차근차근 집중력을 키워주는 것이 좋다. 집중력을 키워주기 위해서는 아이로 하여금 어떤 일이든 시작한 일은 끝을 내고 다른 일을 시작하도록 하고, 시작한 일에 끝까지 최선을 다하도록 북돋아준다.

집중력이 뛰어난 아이로 키우기 위한 원칙

장난감은 너무 많이 사주지 않는다

자녀 수가 많지 않은 요즘 부모들은 아기에 대한 애정이 무조건적이어서 무엇이든 사주고 싶어한다. 그러다 보니 아기 방은 장난감 창고로 변하기 일쑤다.

하지만 장난감을 사줄 때는 기간과 단계에 맞추어 구입계획을 세우고, 같은 목적인 장난감을 중복해서 사지 않도록 한다.

뿐만 아니라 아이들은 주변에 여러 가지 장난감이 산만하게 흩어져 있으면 이것저것에 정신이 분산되어 한 가지 놀이에 집중할 수 없다. 장난감은 보이지 않도록 상자에 넣어두었다가 한 두 종류의 장난감만을 꺼내고, 시간을 두어 다른 장난감을 꺼내주도록 한다. 또한 장난감을 소중히 생각하는 정신도 길러 준다.

산만하지 않은 환경을 만들어준다

집중을 하는 데는 주위 환경도 매우 중요하다. 조용하고 산만하지 않은 환경으로 만들어 줘야 하는 것은 물론이고, 가능하면 아이 방 인테리어에도 신경을 쓰도록 한다.

지나치게 많은 치장을 하거나 요란한 무늬의 벽지를 사용하면 안정감을 해쳐서 아이는 집중을 잘 하지 못하게 된다. 벽면이나 방 전체의 분위기는 단순하면서도 아늑하게 꾸며 주는 것이 좋다.

원색을 사용하기보다는 마음을 차분하게 가라 앉혀주는 파스텔 톤이나 자연스러운 느낌의 원목을 이용한다. 연한 미색이나 그린 색은 안정되면서도 따뜻한 분위기를 전해준다. 명도가 낮으면 기분을 우울하게 할 염려가 있으므로, 명도는 높고 채도는 낮은 파스텔 톤의 벽지가 무난하다.

놀고 난 뒤에는 반드시 장난감을 정리하게 한다

대부분의 아이들은 가지고 놀던 장난감을 제자리에 갖다 놓지 않고 사방에 흩어 놓거나 그냥 내버려둔다. 처음부터 엄마가 정리를 해주는 것이 버릇이 된 아기는 커서도 잘 못한다. 그러므로 돌 무렵이 되면 스스로 정리하면서 노

○ 놀고 난 다음에는 반드시 주변을 정돈하는 습관을 갖도록 가르친다.

는 습관을 기르도록 해주는 것이 좋다. 앞으로 자기 주변 정리를 습관적으로 할 수 있도록 신경 써서 가르치도록 하며, 주변이 늘 정리되어 있어야 아이가 집중력 있게 자란다.

정리를 할 때는 아이가 노는 것을 살펴보았다가 일단 놀이가 끝난 장난감을 놓고 아이에게 권유하는 말부터 시작하면서 시범을 보여준다. 만약 강아지 장난감이라면 "자, 우리 강아지 집에 가자."라거나, 자동차 장난감은 "이제 자동차는 주차장으로 들어갈 시간이네."하는 식의 재미있는 표현을 해보자.

○ 아이가 무언가에 열중해 있을 때는 시간이 좀 오래 걸려도 내버려 둔다.

이처럼 하나하나 특색이 있는 장난감의 이름을 부르면서 정해진 장소에 한 가지씩 집어넣는다. 이런 행동이 거듭되면 아이도 자연히 따라하게 되고, 주변도 깔끔하게 정리하게 된다.

식사할 때 텔레비전을 보지 않게 한다

늘 텔레비전을 켜둔 채 생활하는 집이 있다. 집에만 들어오면 텔레비전을 켜놓는 것이 습관이 돼서 식사를 할 때나 공부를 할 때, 가족끼리 모여 이야기를 나눌 때도 텔레비전은 혼자 돌아간다. 이러한 가정 습관은 아이를 산만하게 해서 집중력을 키우는 데 방해가 된다.

텔레비전을 보면서 식사하는 습관이 된 아이들은 밥 먹는데 1시간 이상씩 걸리기도 한다. 또는 식사 때 장난감을 가지고 놀거나 이리저리 왔다갔다 하며 딴 짓을 하는 아이들도 밥 한 번 먹이려면 여간 힘든 게 아니다.

밥을 먹을 때는 텔레비전을 켜놓거나 장난감을 아이 앞에 두는 등 주위에 아이의 관심을 끌만한 요인을 제거해 밥을 먹을 수 있는 분위기를 만들어 준다. 적어도 식사 중에는 텔레비전을 끄고 가족과 대화를 하면서 밥 먹는 일에만 몰두하게 하는 것이 좋다. 아이의 집중력 훈련은 이처럼 작은 일에서부터 출발한다.

일상생활의 규칙을 정해 실천하게 한다

'공부할 때는 책상', '밥을 먹는 곳은 식탁', '텔레비전을 보는 시간은 몇 시', '잠자리에 들어야 하는 시간은 몇 시' 등 일상생활에서 몇 가지 규칙을 정해 두고 그 시간에는 어떤 일이 있어도 그 자리에 앉아서 밥을 먹거나, 공부를 하는 습관을 들인다. 놀이방은 거실이나 아이 방으로 정해 놓고 놀이를 하고 난 뒤에는 반드시 정리하는 등의 습관도 함께 들인다.

아이들은 어른보다 습관에 쉽게 익숙해져서 이곳은 내가 공부하는 곳, 이 시간은 밥 먹을 시간이라는 인식이 확실해 지고, 그것이 습관이 되면 산만하지 않고 집중을 잘 할 수 있게 된다.

먼저, 좋아하는 일에 열중하게 한다

집중력을 키운다고 무작정 공부를 시키거나 책을 읽히거나 하는 것은 좋지 않다. 억지로 붙들어 두고 시키면 오히려 집중이 더 안 되고 거부감만 생겨서 역효과가 난다.

집중력을 키우기 위해서는 좋아하는 것부터 시작해야 한다. '좋아서 하는 일은 잘하게 된다'는 말이 있는 것처럼 우선 좋아하는 것에 열중하는 습관을 들이도록 한다. 이렇게 좋아하는 한 가지에 열중하다 보면 차츰 집중하는 시간이 길어지게 되고, 그러다 보면 집중력과 지구력이 생겨서 '좋아하는 것' 뿐 아니라 '해야 하는 것'에 집중하는 시간도 길어

○ 집중력을 키우기 위해서는 아이가 좋아하는 것부터 시작한다.

지게 된다.

우선은 무엇인가에 열중해 그 한 가지를 즐겁게 몰두할 수 있도록 해주자.

집중하면 칭찬과 보상을 해 준다

유난히 분주하며 가만히 있지를 못하는 아이들이 있다. 이런 아이들은 유치원이나 학교에 가서도 분위기를 흐려 문제가 되곤 한다.

집중력이 떨어지는 아이들은 칭찬이나 보상을 통해 집중력을 키우도록 유도할 수 있다. 10분씩 조용히 앉아 제 할 일을 할 때마다 쿠폰을 하나씩 줘보자. 쿠폰이 열 개가 되면 아이가 좋아하는 것을 사주거나 좋아하는 것을 할 수 있게 해준다. 이렇게 해서 조금씩 집중하는 시간을 늘려 나간다.

◐ 아이가 한 가지
일에 집중을 잘 하면
칭찬해 준다.

한꺼번에 두세 가지 일을 못하게 한다

공부를 하면서 음악을 듣거나, 텔레비전을 보면서 책을 읽는 등 두세 가지를 한꺼번에 하려는 아이가 있다.

이런 생활습관이 몸에 배면 산만한 아이가 되기 쉽다. 아이들의 이런 버릇은 전적으로 부모 책임이 크다. 어른들도 식사를 하면서 신문을 보거나 책을 읽는 습관을 가진 사람이 있는데 이러한 습관을 그대로 본받아 아이도 산만한 성격이 되는 것이다.

책을 읽을 때는 책 읽는 일만, 놀 때는 노는 일만 하는 등 일상생활에서 한계를 분명히 하는 습관을 만들어 준다. 먹을 때 먹고, 잘 때 자고, TV 볼 때는 TV를 보게 함으로써 중복을 피하게 하는 것이다. 식사하며 책을 읽거나 텔레비전을 보는 등 뒤죽박죽인 가정은 생활도 뒤죽박죽이라는 사실을 잊지 말자.

집중력을 높여주는 놀이 5가지

아이들이 집중하는 대상은 우선 흥미가 있는 것이다. 따라서 초등학교에 입학하기 전까지 아이의 가장 큰 흥밋거리가 되는 놀이를 통해 아이의 집중력을 키워주는 것이 중요하다.

● 퍼즐 맞추기

퍼즐놀이는 아이에게 집중력을 키워주는 대표적인 놀이다. 바탕그림과 퍼즐조각을 비교하는 것뿐 아니라, 한자리에 앉아서 문제를 해결하기 위해 꾸준히 생각해야 하기 때문에 한 가지 일에 몰두하는 집중력과 끈기를 길러준다. 퍼즐 놀이는 그림을 다 맞췄다는 성취감, 맞추고 난 뒤 엄마의 칭찬 등 놀이의 결과가 확실하게 나타나기 때문에 집중력을 키우는 데 아주 효과적이다.

● 공놀이

두 살 이하의 어린 아기들의 집중력 발달을 위해 공놀이만큼 좋은 게 없다. 아이와 마주앉아 공 굴리기를 하면서 공을 튀겨주고 공이 어디로 가는지 보자고 하면서 아이가 공의 움직임을 따라가도록 한다. 아이는 공의 움직임을 보면서 집중하게 된다. 공놀이는 집중력뿐만 아니라 근육 발달에도 좋다.

◐ 공놀이는 두 살 이하 아기에게 적합한
집중력 향상 놀이다.

● 바둑놀이

바둑은 아이들의 집중력과 인내력을 키우기 좋은 놀이다. 바둑을 가르치기에 적당한 연령은 5세 정도. 한 수씩 두면서 다음 수를 생각하기 때문에 머리도 좋아지고 승부가 명쾌해 대부분의 아이들이 재미있어 한다.

● 숨은 그림 찾기 놀이

숨은 그림 찾기는 아이가 그림을 찾으려고 몰두하는 동안 집중력이 길러지는 놀이다.

재미있는 이야기가 곁들여진 숨은 그림 찾기는 그림을 하나하나 찾을 때마다 성취감을 맛볼 수 있으며 못 찾은 것은 계속 찾고 싶은 끈기가 생기게 한다. 처음에는 아이가 읽던 그림책으로 그림

찾기 놀이를 한다. 늘 보아왔던 동화책 안에서 그동안 보지 못했던 작은 그림들을 찾아보게 하는 것이다. 이것은 아이들에게 책을 꼼꼼히 살피게 하는 집중력은 물론, 익숙한 책을 다시 한 번 재미있게 보게 하는 방법이다. 동화책 그림에 익숙하면 차츰 난이도가 있는 숨어 있는 그림 찾기를 한다.

◐ 블럭쌓기를 통해
집중력과 인내력을
키울 수 있다.

● 블럭 쌓기 놀이

블럭 쌓기 놀이는 원하는 모양을 완성하기 위해서 기초부터 차근차근 블럭을 쌓아나가기 때문에 집중력과 인내력을 키울 수 있다. 또한 요철을 꼼꼼하게 맞추면서 주의 깊게 사물을 관찰하는 연습을 할 수 있다. 처음에 쌓은 모양을 허물었다가 다시 그것과 똑같은 모양을 쌓아보게 하면서 주의력 훈련도 시킬 수 있다.

◐ 아이들이 가장
관심을 보이는 것을
찾아 집중력을
키우도록 한다.

감성이 풍부한 아이로 키우고 싶다

감성이 풍부한 아이들은 상대방의 입장을 잘 헤아리고 감정 조절을 잘 해서 성공적인 사회생활을 하는 경우가 많다.
또 작은 일에 기뻐하고, 긍정적인 사고를 하며 성취 동기가 높아 목표를 향해 열심히 노력한다.
성격 좋은 아이, 감성이 풍부한 아이로 키우기 위해서는 다양한 감성 활동과 자연을 가까이 하는 것이 필요하다.

감성은 유아기에 형성된다

두뇌 발달은 생후 1년 동안 가장 빠르게 진행된다. 감성의 발달도 마찬가지다. 감성 세계는 생후 일년 동안에 결정적으로 형성된다. 자기 신뢰, 절제력, 따뜻한 심성, 타인의 감정을 헤아리는 마음, 대인관계 등은 이미 가정을 통해 아이에게 형성되는 기본적인 능력이다. 이러한 요소들이 자라면서 감성 계발의 토대가 된다.

어렸을 때 감성교육을 제대로 받지 않으면 성인이 되어서도 자신의 고유한 감정과 타인의 감정에 지적으로 대처하는 법을 모르게 된다. 반면 어렸을 때부터 자신의 감정에 잘 대처해 나가는 법을 배운 아이는 감정적으로 미숙한 아이에 비해 학업 성취도나 교우관계가 뛰어나다.

감성교육을 제대로 받은 아이는 작은 일에 기뻐할 줄 알고, 부모와도 마음에서 우러나는 친밀한 관계를 유지할 뿐만 아니라 행동 장애나 병적인 습관에 빠질 확률이 적다.

○ 어렸을 때 감성교육을 제대로 받지 않으면 성인이 되어서도 감정 표현이 서툴게 된다.

감성지능이 높은 부모가 감성이 풍부한 아이를 길러낸다

부모가 의식하지 못할 때에도 아이는 보고 듣는 것을 모방함으로써 굉장히 많은 학습 체험을 한다. 감성도 마찬가지다. 부모의 심성이나 대인관계, 의지력 등은 아이에게 그대로 비춰져 아이가 그대로 따라 하게 된다. 특히 아이는 자신과 감정적으로 좋은 관계를 맺고 있는 사람을 강하게 모방하는데, 그 첫 번째는 당연히 부모일 수밖에 없다. 따라서 부모는 아이가 커 가기를 원하는 방향대로 모범을 보이는 것이 중요하다.

아이가 신중하기를 원한다면 부모 자신도 실제로 신중하게 행동해야 하며, 심성이 곱고 바른 아이로 키우고 싶다면 부모도 아이 앞에서 모범을 보여야 한다. 부모는 자신의 고유한 감성적 행동 양식을 통해 자녀에게 학습을 시키고 있는 것이다.

감성지능이 높은 부모는 결과적으로 성공적인 감성 교육을 수행한다는 점을 잊지 말자.

아기의 울음에 빨리 반응한다

엄마가 아기의 울음에 반응을 보이는 것은 아기의 감성 발달에 매우 중요한 체험이 된다. 아기는 엄마의 반응을 통해 자신이 도움을 받을 수 있고, 위기 상황에 영향력을 행사할 수 있을 뿐만 아니라 그 상황을 변화시킬 수 있다는 것을 경험하게 된다. 그리고 이러한 경험으로 인해 자신감을 얻을 뿐 아니라 자기를 돌보아주는 엄마의 존재를 인정하게 되고, 정서적으로 안정을 얻게 된다.

그러나 울음이나 어리광을 피우고 싶은 욕구를 표현해도 지속적으로 부모한테 무시를 당한다면, 아이는 자신이 아무런 영향력을 행사할 수 없다는 생각에 무력감과 절망감을 느끼게 된다. 어려서 이런 경험을 많이 한 아이는 환경에 영향을 미치고자 하는 성취 동기가 항상 부족하며 자신감이 결여되어 소심한 사람으로 자라게 된다.

가능한 한 자주 마주 보며 웃어준다

생후 2개월쯤 되면 아기는 사람의 얼굴을 보고 웃음을 띠게 된다. 처음에는 낯도 가리

○ 감성 교육을 제대로 받은 아이는 작은 일에 기뻐할 줄 알고 누구하고나 친밀한 관계를 유지할 줄 안다.

아기 웃음에 반드시 대응을 해 주자. 그것이 아기의 감성을 풍요롭게 하는데 도움이 된다.

지 않고 누구에게나 웃어 보이는데, 그 중에서도 가장 좋아하는 상대는 역시 엄마이다. 이런 아기의 웃음에 대해 엄마도 환한 웃음으로 대해 주는 것이 정서 발달에 좋다.

엄마의 웃음을 대하는 아기는 충분한 만족감을 맛보는 동시에 엄마에 대한 신뢰감도 더욱 커진다. 이런 체험은 아기의 정서 발달에 무엇보다 크게 작용하므로, 엄마의 웃음에서 풍요로운 마음이 길러진다고 해도 과언이 아닐 것이다.

인간은 기분 좋은 감정을 느끼면 뇌에 반응이 일어나 뇌가 급속히 확장된다. 아기가 웃을 때 마주 보며 웃어주면 아기의 뇌에도 같은 반응이 일어나면서 뇌가 급속히 확장된다. 어떤 교육보다도 엄마의 반응, 엄마와의 상호작용이 아이에게 더 크게 작용하는 것이다.

아기는 장난감이나 물건보다 엄마의 모습을 통해 훨씬 많은 것을 배우게 된다. 아기의 뇌는 무한한 용량을 지닌 컴퓨터와 같다는 점을 명심해야 한다.

남을 배려하는 마음을 길러준다

아기가 태어나서 처음으로 관계를 형성하는 사람은 엄마다. 자라면서 엄마에서 아빠, 형제, 친구 등 여러 사람으로 관계를 발전시켜 나간다. 이렇게 하나하나 자기 이외의 사람과 접촉을 하면서 아이는 더불어 살아가는 것을 배우게 된다.

형이나 동생, 친구들과 어울리다 보면 가끔 다투기도 하고 질투를 느끼기도 하지만, 이런 과정을 통해 상대방을 인정하고 배려하며 양보하는 마음이 길러지게 된다. 어렸을 때 안정된 관계를 형성한 아기들은 따뜻한 감성의 소유자가 되어 또래 친구들과의 관계나 성장 후의 대인관계도 원만하게 유지해 나간다.

음악을 많이 들려준다

아이에게 다양한 장르의 음악을 들려주고, 가능하면 노래와 춤이 있는 아동극이나 뮤지컬, 음악회 등에 자주 데리고 가는 것이 좋다. 그러면 아이의 정서적 경험 영역이 넓어질 뿐만 아니라 아이는 다양한 방법으로 자신의 감정을 표현하는 방법에 대해 경험하게 된다.

북이나 탬버린, 캐스터네츠 등의 타악기를 두드려보게 하거나 피아노, 하모니카, 실로폰 등을 연주하게 하는 것도 좋다. 아이가 즐겁게 음악놀이를 하면 음악적 잠재능력이 개발될 뿐만 아니라, 감수성과 창의력·집중력이 발달되어 EQ가 높아진다. 즐거운 음악적 경험을 통해서 음악을 좋아하고 생활의 일부로 받아들이는 감성 풍부한 아이로 키워보자.

엄마와 함께 미술놀이를 한다

집에서 엄마와 함께 하는 그림 그리기는 아기의 정서를 키워줄 뿐 아니라 예술적인 감각, 즉 아름다움에 대한 감수성을 계발시켜 준다는 점에서 좋다. 특히 아이들의 그림 그리기는 잘하고 못하고를 떠나 그림을 그린다는 사실 하나만으로도 아이들의 정서 안정에 도움을 주고 창의성도 높여준다.

미술교육이라고 하면 복잡하고 어려운 것으로 생각하기 쉽지만 데칼코마니, 점토놀이, 손·발가락 찍기, 가족 얼굴 그리기 등 엄마와 아이가 집에서 간단하게 할 수 있는 놀이를 활용하면 쉽고 재미있게 할 수 있다.

엄마와 함께 하는 미술놀이는 아이의 정서발달에 도움이 되며 창의력을 키워 준다.

감수성 계발에 효과 있는 비디오 시청법

Mom & Baby

비디오를 볼 때는 엄마가 옆에서 함께 보면서 반응을 이끌어내는 것이 바람직하다. 텔레비전이나 비디오에 장시간 방치되면 대화하는 시간이 적어 언어 발달이 늦을 뿐만 아니라 매사 수동적인 아이가 된다고 한다.

하지만 잘만 활용하면 아이의 감성 개발에 도움이 되는 비디오 시청법을 알아본다.

● 엄마와 함께 보는 습관을 들인다

아이 혼자 비디오를 보게 해놓고 엄마는 따로 집안 일을 하는 것은 바람직하지 않다. 엄마와 아이가 같이 시청하면서 아이의 반응을 관찰하고 비디오 내용을 객관적으로 받아들이게 도와준다.

● 시청시간은 1회에 30분 이하로 제한한다

한창 움직여야 할 나이에 오랫동안 TV나 비디오를 보면 두뇌 활동이 저하돼 감각 발달이 늦어지고 수동적인 성격이 된다. 텔레비전 시청 시간을 포함해 유아들의 하루 시청 시간은 2시간 이내가 좋다.

● 다양한 내용을 접하게 한다

비디오는 아이들의 사고에 영향을 미치기 마련. 다양한 내용의 비디오를 통해 두뇌를 계발하고 감수성도 기를 수 있어 교육 효과가 한결 높아진다.

● 보고 난 후의 느낌을 이야기한다

아이가 궁금한 부분이 있다면 설명해 준다. 흔히 아이들은 비디오를 보면서 주인공과 자신을 동일시하는 경향이 강하다. '너는 저 상황이 되면 어떻게 하겠니?' 하는 식으로 물어보는 것이 바람직하다. 그러면 아이가 갖고 있는 생각을 쉽고 빠르게 파악할 수 있다.

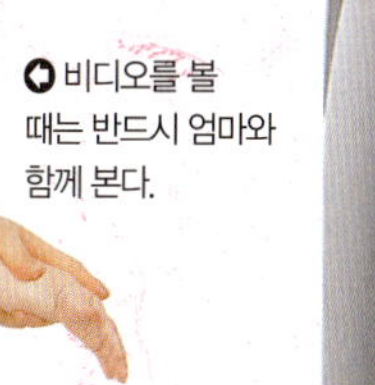

비디오를 볼 때는 반드시 엄마와 함께 본다.

이러한 미술놀이를 통해 아이는 말로 표현하지 못했던 자신의 감정을 새롭게 표현하게 되고, 그러한 표현을 통해 아이의 감수성은 더욱 풍부해 진다.

아이와 스킨십을 나눈다

아기를 업고, 안고, 어루만져주는 스킨십은 아기의 정서를 안정시켜 주고 독립적인 존재로 자립할 수 있는 기반을 마련하게 된다. 따라서 자연스럽게 아기를 안아주고, 볼을 비벼주고, 손발을 어루만져 주는 것이 좋다.

아기가 보챌 때 꼭 안아주면 금방 그치듯이 아기는 몸에 꼭 붙어 안기는 것을 좋아한다. 아기를 안고 싶은 것은 엄마로서 당연한 감정이고 아기 역시 안기고 싶어하는 것은 본능이다. 이 욕구가 충족되지 않으면 아기는 우울하고 정서적으로 불안해진다.

○ 엄마에게 사랑을 받고 있다는 느낌은 아기의 정서를 풍부하게 만들어 준다.

아기를 업어주는 것 역시 아기의 심리적 안정에 큰 도움을 준다. 아기를 업으면 아기의 심장이 엄마의 등에 맞닿아 정서적 안정감이 생길 뿐만 아니라 엄마의 움직임에 따라 리듬감이 생겨 신체의 평형감각을 길러준다.

긍정적인 감성을 경험할 수 있도록 도와준다

4세쯤 되면 아이는 기쁨, 슬픔, 분노, 놀람 등과 같은 비교적 단순한 감정과 이들 감정을 유발하게 하는 상황과의 관계를 이해하기 시작한다. 5~6세가 되면 질투, 죄의식, 감정의 격앙 등 다소 복잡한 감정도 이해할 수 있게 된다.

그런데 이 시기에는 동일한 상황에서도 받아들이는 감정이 아이들마다 다를 수가 있다. 이것은 아이가 지금까지 겪었던 자신의 경험을 토대로 상황을 판단하기 때문이다. 따라서 이 시기에 부정적인 정서가 과다하게 표출되는 아이에게는 긍정적인 정서를 경험할 수 있도록 도와주도록 한다.

아울러 이 시기의 아이들은 자아 존중감이 생기므로 부모로부터 충분히 사랑하고 있다는 느낌을 갖게 해주고, 충분히 격려하여 성취동기를 부여해 줌으로써 긍정적인 사고를 형성시켜 준다.

자연과 자주 접하게 한다

자연을 가까이 접하고 자라난 아이들은 감성이 풍부하고 마음에 여유가 있다. 요즘에는 마음놓고 뛰어다니며 자연과 접촉할 수 있는

○ 자연을 배울 수 있는 기회를 마련해 주는 것도 감성 발달에 좋다.

기회가 점점 줄어들고 있지만 엄마가 조금만 신경을 쓰면 얼마든지 자연과 어울리게 할 수 있다.

공원에 자주 데리고 나가 꽃, 나무들을 보여줌으로써 자연에 대한 관찰력과 친화력을 키워주자. 주말농장에서 직접 야채를 길러보게 하거나 베란다에서 고구마나 파, 토마토 등의 간단한 채소를 기르게 하는 것도 감성 발달에 도움이 된다.

집안에 수족관을 설치해서 아이들에게 물고기를 키워 보게 함으로써 생물체에 대한 호기심과 친근감, 책임감, 생명 존중의 마음 등을 키워줄 수 있다.

그밖에 놀이터의 부드러운 모래를 밟게 하거나, 가족끼리 수목원이나 동물원으로 놀러가 아이가 재미있게 자연을 배울 수 있는 기회를 마련해 주는 것도 감성 발달에 좋다.

공격적인 아이 다스리는 방법

아이들의 공격성은 시간이 지나면서 성숙과 경험을 통해 차차 감소하게 되는데, 이에 대처하는 부모의 태도가 무엇보다 중요하다.

공격성은 집안에서의 폭력적인 분위기나 또래관계, 폭력적인 만화·TV프로그램·게임 등에 영향을 받으며, 부모에게서 충분한 사랑을 받지 못한 경우에도 공격적이 될 수 있다.

공격적인 아이는 또래와의 관계가 별로 좋지 않을 뿐만 아니라 사회생활이 미숙할 수 있다. 아이가 화가 나서 자신의 공격적 성향을 분출하려 한다면 그 순간 아이가 관심을 갖는 다른 활동이나 놀이로 유도함으로써 스스로 감정을 누그러뜨리는 경험을 시켜주는 것이 좋다. 이를 반복적으로 하다 보면 스스로 화를 다스릴 수 있게 된다.

아이의 공격적 행동에 대해 매를 들거나 큰 소리로 꾸짖는 등 공격적인 태도를 보여서는 안 된다. 대신 아이가 화가 난 원인을 함께 찾아보고 해결방법에 대해 이야기해 보는 것이 좋다.

● 부모의 태도가 중요하다

① 아이의 폭력적 태도에 대해 분명하고도 일관성 있는 태도로 다스린다.

② 폭력적인 주변 환경에 노출되지 않도록 한다. 자극할만한 모델, 즉 또래관계나 만화, 게임, TV 프로그램 등에 노출되지 않도록 한다.

③ 폭력적인 만화나 게임, TV 프로그램 시청을 제한하고 공격적인 내용에 대해 이야기하는 시간을 갖는다.

④ 공격의 결과로 상대방이 겪게 되는 고통에 대해 알려준다.

⑤ 화난 감정을 이해하고 극복하도록 가르친다.

침착한 아이로 키우고 싶다

아이는 결코 엄마를 기다려 주지 않는다. 조금만 늦어도 숨 넘어갈 듯 울어대거나 떼를 써서 엄마의 정신을 쏙 빼놓는다.
이렇게 엄마가 정신적으로 긴장한 상태에서 육아에 임하면 아이도 침착한 성격으로 자라기 어렵다.
내 아이를 침착하고 차분한 아이로 자라게 하려면 육아에 대한 엄마의 자신감과 느긋함이 필요하다.

엄마가 침착해야 아이도 침착하다

아이를 많이 낳아 기르던 옛날에는 일일이 자녀들의 요구를 들어주지 못해도 아이들이 보채지 않고 순하게 자랐다. 하지만 요즘 아이들은 기다리는 법이 없으며 조금만 불편해도 울고 짜증을 부린다. 한 번 울기 시작하면 좀처럼 그치지 않는 것도 요즘 아이들의 일반적인 성향이다.

이렇게 해줘도 안 되고, 저렇게 해줘도 안 될 때 자칫 짜증이 나기 쉽지만, 그럴수록 엄마 스스로 인내심을 갖고 아이를 대해야 한다. 아이들에게 엄마가 매사 여유가 없다면 아이도 느긋하고 침착한 성격으로 자라기 어렵다.

초보엄마로서는 모든 것이 처음이라 불안할 수 있지만 육아에 자신감이 없어 불안한 심리상태로 아이를 대하면 바로 그 불안감이 아이에게도 전달되어 정서가 불안정한 아이로 성장하게 된다. 엄마가 느긋해야 아이도 느긋하고 침착한 성격으로 자란다는 것을 잊지 말자.

아이의 요구를 들어지 못할 때는 상황을 설명한다

엄마의 뱃속에서 조금도 부족한 줄 모르고 지내던 아기가 기다림을 필요로 하는 새로운 상황에 적응하려면 시간이 필요하다.

따라서 아기가 무엇을 요구할 때에는 조금이라도 망설이거나 시간을 끌려고 하지 말고 아기의 요구대로 젖을 주거나 원하는 것을 들어주어야 한다. "지금 엄마가 하던 일이 있으니 기다리렴. "하고 내버려둔다거나, 아기가 기다려야 하는 그런 상황을 이해시키는 일은 불가능하다. 아이의 요구를 바로 들어줄 수 없을 때는 상황을 잘 설명해주는 것이 좋다. "지금 엄마가 생선을 굽고 있었거든. 지금 네게 달려가면 생선이 타버려서 먹을 수 없단다." "엄마가 머리를 감고 있는 중이었는데 샴푸 묻은 채로 갈 수는 없겠지?"라는 식으로 아이에게 당장 달려갈 수 없는 사정을 설명해 준다.

이렇게 하다 보면 아이에게도 차츰 인내심의 싹이 움트게 될 것이다. 무엇보다 엄마의 태도가 아이의 침착성을 길러주는 데 아주 중요한 영향을 미치게 된다는 점을 잊지 말자.

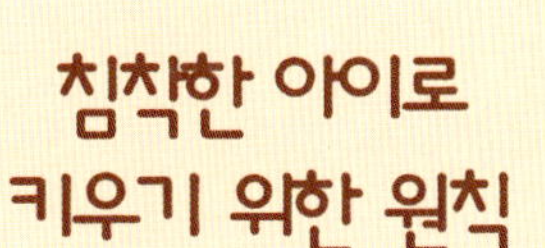

부모가 먼저 모범을 보인다

아이는 부모를 거울로 삼아 인격을 형성해 나간다. 특히 자녀교육에 대해서는 열 마디 잔소리보다 아이 앞에서 부모가 단 한 번의 모범을 보이는 것이 효과적이다. 침착한 아이로 키우고 싶다면 부모가 먼저 아이 앞에서 침착하고 여유 있는 모습을 보이는 것이 좋다.

만약 아이가 퍼즐 조각을 잘 맞추지 못해 화가 나서 퍼즐을 흩뜨려놓고 있다면 놀라지 말고 침착하게 대처해야 한다. 아이의 갑작스런 행동에 놀라 강압적인 태도로 제지하는 것은 좋지 않다. 야단을 치는 대신 "잘 안 되니? 엄마가 좀 도와줄까?"라고 말을 건넨 다음 차분한 태도로 천천히 반복해서 시범을 보여준다.

이렇게 해서 완성을 하고 나면 한 마디 덧붙인다. "누구나 잘 안 될 때가 있지만 그럴수록 서둘지 말고 침착하게 해야 한단다. 그러면 얼마든지 할 수 있거든."이라고 얘기해 주는 것이다. 이때 아이는 자신에게 보여준 엄마

❶ 아이가 떼를 쓰고 짜증을 낼 때도 엄마가 인내심을 갖고 침착하게 대해야 침착한 성격으로 자랄 수 있다.

의 침착한 태도를 마음속에 깊이 새겨 본받게
된다.

산만한 주변을 정리해 준다

아이는 스펀지와 같아서 보고 듣고 느낀 모
든 것을 그대로 흡수해 버린다. 육아 환경이
중요하다는 것도 이런 이유 때문이다.

주변이 산만하고 어수선하면 아이도 그대로
환경의 영향을 받아 정서가 불안하고 산만하
기 쉬우며 늘 뭔가에 쫓기는 듯하고 서두르는
성격이 되기 쉽다. 반면에 차분하고 조용한 환
경에서 자란 아이는 정서적으로 안정되어 있
을 뿐만 아니라 매사 침착하고 어른스럽다.

식사시간에는 TV를 끄고 가족끼리 이야기를 나누며 식사를 한다

식사시간에 텔레비전을 켜놓으면 아이가
침착하게 식사를 못하거나, 이리저리 옮겨다
니며 먹는 습관을 들이기 쉽다. 대체로 이런
아이들은 식당 같은 곳에서도 마구 뛰어 다녀
서 다른 사람들을 눈살을 찌푸리게 만들곤 한
다. 그러므로 식사시간에는 항상 식탁이나 밥
상 앞에 조용히 앉아서 가족끼리 이야기를 나
누며 음식을 먹는 분위기를 만들어준다.

맞벌이 부부는 아이앞에서 서두르지 않는다

맞벌이하는 부부들은 늘 시간에 쫓기기 쉬
운데, 그렇다 하더라도 아이 앞에서
는 되도록 어수선하고 서두르는
모습을 보이지 말자. 엄마가
퇴근해 들어와서 해야 할 일
이 산더미같이 쌓여있어도
우선은 아이와 차분하게
놀아주면서 여유를 갖는
것이 좋다. 집안일은 나중
에 남편에게 도움을 청하
거나 아이가 잠들었을
몰아서 한꺼번에 처
리한다.

따뜻하고 자상하게 설명하여 기다리는 법을 가르친다

아이의 참을성을 기른다고 일부러 아
기를 기다리게 하거나 울려서는 안 된
다. 그것보다는 왜 기다리지 않으면
안 되는지, 왜 서둘러서는 안 되는
지 이해시키는 것이 중요하다.

아이가 젖을 달라고 숨 넘어
갈 듯 울어대면 따뜻한 말로
달래면서 상황을 설명해준다.
분유를 타서 데우는 데는 시간
이 걸리며, 데우지 않은 우유를 먹었
다가는 배탈이 난다는 것, 저녁을 준
비하다 말고 달려가면 음식이 다 타서 엄마
아빠가 못 먹게 되거나 위험해질 수도 있다는
것 등을 알아듣기 쉽고 자상한 태도로 설명해
준다.

약속은 꼭 지킨다

대신 '엄마가 세수를 다 하고 나서' 라든가,
'가스 불을 끄고 나서' 라는 식으로 아이가 이
해할 수 있는 구체적인 언어로 표현하는 것이
좋다. 아직 말을 못 알아듣는 아기라고 할지라
도 아기는 차츰 느낌으로 이해할 수 있게 된
다. 중요한 것은 기다림 후에 약속을 확실히
지키는 것이다.

이러한 훈련에 익숙하다 보면 아이도 차츰
기다리는 법을 배우고 침착한 성격으로 바뀌
어간다.

퍼즐 맞추기, 숨은 그림 찾기 같은 놀이를 한다

산만한 아이가 하루아침에 침착한 아이
로 바뀌는 것은 아니다. 침착하고 정서적
으로 안정된 아이로 키우려면 훈련을 통
해 침착한 습관이 몸에 배게 해야 한

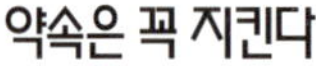

❶ 침착한 아이로 키우려면
그림 맞추기나 실꿰기와
같은 놀이를 한다.

❶ 실꿰기, 바둑, 다이아먼드
게임 같은 것은 침착한 성격
형성에 도움이 된다.

다. 그 중 대표적인 것이 놀
이를 통한 훈련이다.

예를 들어 그림 맞추기, 단
추에 실 꿰기, 퍼즐 맞추기,
숨은 그림 찾기 등은 아이
의 침착성을 길러주는 데 효
과적인 놀이다.

바둑, 다이아먼드 게임을 한다

유치원에 갈 정도가 되면
서서히 다이아먼드 게임이
나 바둑 등을 시켜 보는 것
이 좋다. 특히 바둑이나 다
이아먼드 게임 같은 것은 수를 두느라 집중
을 하다 보면 자연히 침착성이 길러지고 머
리도 좋아진다.

처음에는 쉬운 단계에서 시작해 아이의 상
태를 봐가며 단계를 서서히 높여 나가는 것이
좋다. 한 가지에 몰두할 수 있다는 것은 그만
큼 정서적으로 안정됐다는 의미이며 안정된
아이는 변덕스럽거나 산만하지 않고 침착하
게 행동하게 된다.

실수를 해도 윽박지르지 않는다

일반적으로 잔뜩 주눅이 들어 있으면 평소
하던 일도 잘 하지 못하게 된다. 특히 어린아
이의 경우는 더더욱 그렇다. 한두 번 실수로
엄마에게 야단을 맞으면 그 일뿐만 아니라 다

❶ 아이가 실수를 해도 윽박지르지
말고 자상하고 따뜻한 말로 타일러야
정서 발달에 도움이 된다.

른 일을 할 때도 매사 자신이 없어 허둥거리
고 실수를 연발하게 된다.

컵으로 우유를 마시다가도 곧잘 쏟거나, 밥
을 먹을 때도 여기저기 흘려서 주위를 늘 지
저분하게 만든다. 이럴 때는 더럽혀졌다고 윽
박지르지 말고 자상하고 따뜻한 말로 아이에
게 자신감을 불어넣어 주는 것이 좋다. 우선
은 답답하고 속이 상하더라도 엄마가 인내력
을 가지고 꾸준히 도와주다 보면 아이도 차츰
자신감이 생겨서 침착하고 차분한 성격으로
변화될 수 있다.

무엇보다 아이는 칭찬을 먹고 자라는 열매
라는 사실을 잊지 말자.

규칙적인 생활을 익히게 한다

규칙적인 생활습관이 몸에 배면 자연스럽
게 아이의 침착성도 길러지게 된다. 그러기
위해서는 매일 아기에게 똑같은 일을 해주고
언제나 같은 태도로 대해 주어야 한다.

아기가 울기 시작하면 가능한 한 빨리 달려
가 그 원인을 찾아내 해결해 준다. 즉 아기가

◑ 아이에게 규칙적인
생활 습관을 갖도록
가르치는 것도 침착한
성격을 길들이는 좋은
방법이다.

배가 고플 때는 언제든지 젖을 먹이고, 기저
귀는 시간에 맞추어서 갈아주도록 하자. 물론
그렇지 못할 때는 아기가 알아들을 수 있도록
따뜻한 말로 설명해 주는 것이 좋다.

이렇게 해서 아기의 생활의 예측이 가능하
게 하고 일정한 시간에 이루어지도록 해준다.
이런 생활이 습관화되면 아기는 다음에도 엄
마가 같은 일을 해줄 것으로 기대하게 되고,
자기 예상대로 되면 불안해하거나 초조해하
지 않는다.

엄마와 떨어져 있는 연습을 시킨다

엄마와 단둘이서만 생활을 한 아기들은 좀
처럼 엄마 곁을 떠나려 하지 않는다. 그것이
습관이 된 아기는 엄마가 보이지 않으면 막연
한 불안과 공포까지 느낀다.

어디를 갈 때도 엄마 옆에 바짝 붙어 있거
나, 조금만 이상한 것을 보면 엄마 치맛자락
에 숨어 버린다. 이런 아이들은 학교에 들어
갈 나이가 되어도 혼자서 아무 것도 못하고
자립심이 결여되기 쉽다.

혼자 노는 훈련을 미리 시키지 않으면 뜻밖
에 곤혹을 치르게 될 수 있으며, 아이의 행동
발달에도 큰 장애가 된다. 자기의 의사결정을
내리지 못하는 의지가 약한 아이가 되어 자연
히 침착성도 잃게 된다.

◑ 침착한 아이로
키우려면 엄마 스스로
자신감을 갖고
아이에게 일관성 있는
태도를 보여야 한다.

아이의 침착성을 기르기 위해 엄마가 해야할 일

● 엄마 스스로 육아에 자신감을 갖는다

엄마 자신이 정신적으로 긴장하게 되면 당연히
아기도 침착성을 잃고 차분해지지 않는다. 엄마의
불안하고 긴장된 기분은 아이의 정서에 나쁜 영향
을 끼치고 이런 성격은 아이가 성장해서까지 연장
이 되므로 엄마 스스로 자신감을 갖고 아기를 대
하는 것이 좋다.

● 시간에 얽매이지 않는다

아기를 키울 때 뜻대로 되지 않으면 엄마는 초
조해지고 답답해진다. 젖을 먹는 시간이 4시간 간
격인데 아기가 잘 먹지 않으면 쩔쩔매거나, 반대
로 아직 젖 먹을 시간이 되지 않았는데 아기가 보
채면 속을 끓이면서도 못 주고 답답해한다.

이런 경우 중요한 것은 육아 시간표를 구애받지
말고 아기가 느긋하게 기다릴 수 있게 하는 일이
다. 수유 시간에 상관없이 아기가 원하면 언제든
지 주저 말고 젖을 주도록 한다. 그래야 아기도 여
유 있고 성질이 급하지 않은 침착한 아이로 자라
게 된다.

● 일관성을 가지고 육아에 임한다

기를 살려준다고 제멋대로 행동하는 아이를 내
버려두는 엄마가 있는가 하면, 어떤 엄마들은 '지
금 버릇을 들이지 않으면 아이를 버린다' 며 지나
치게 엄격하기도 하다.

온갖 매체와 인터넷의 발달로 육아에 대한 정
보도 홍수를 이루다 보니 육아에 대한 경험담이
수도 없이 많고 그런 것들이 다 제 각각이어서 혼
란스러울 때가 많다. '남의 아이는 이럴 경우 이
렇다고 했는데, 우리 아이는 왜 그럴까?' 하는 식
으로 줏대 없이 갈팡질팡하다가는 아무 것도 못
하게 된다.

육아에 대한 소신과 안정된 자신감이 아이를 느
긋하고 침착하게 자라게 하는 기초임을 잊지 말자.

◑ 아이의 요구를
들어주더라도 엄마는 일관된
태도를 보여주어야 한다.

사회성 좋은 아이로 키우고 싶다

아기는 태어나면서부터 사회적 관계를 맺기 시작해 엄마에서 아빠, 그리고 가족, 또래 등으로 관계를 발전시켜 나간다. 이때부터 쌓여진 대인관계에서의 경험은 이후의 사회생활을 원만하게 할 수 있다는 점에서 매우 중요하다. 특히 자기 중심적이고 이해심이 부족한 요즘 아이들에게 절실히 요구되는 것이 사회성이다.

사회성 발달의 중요 학습 모델은 부모이다

아기가 태어나서 최초로 만나는 사람은 엄마이다. 엄마에서부터 시작된 대인관계는 자라면서 아빠에서 형제, 자매 등 다른 가족과 또래 친구 등으로 발전되어 나간다.

따라서 영유아기 때 빈번한 접촉을 통해서 부모와 만족스러운

○ 아이에게 인사하는 것을 가르치는 것은 사회성 기르기의 시작이다.

정서적 관계를 갖게 되면, 그 아기는 훗날 살아가면서 만나게 되는 다른 사람과도 만족스러운 대인관계를 형성할 수 있게 된다. 특히 아기의 학습 모델인 엄마와 아빠는 각기 다른 역할로 자녀들의 사회성 발달에 영향을 준다.

아빠와 친한 아이가 사회성이 뛰어나다

아빠가 위엄이 있으면서도 스스럼이 없을 때 아이의 사회성이 발달해 대인관계가 좋은 아이로 자란다. 놀이 친구로서 아빠와의 관계가 또래 친구를 사귀는 데에도 영향을 줄 수 있기 때문이다. 엄마의 경우도 마찬가지여서

대화 상대로서 엄마와의 관계가 또래 친구를 사귀는 데 도움을 준다.

그러나 뭐니뭐니 해도 아이의 사회성 발달에서 가장 중요한 것은 엄마와 아빠가 서로 협력하고 대화하는 모습을 보여주는 것이다. 아이는 자기 눈에 비춰진 엄마, 아빠의 모습을 그대로 모방하기 때문에 긍정적인 인격 형성과 사회성 발달을 위해서는 부모가 모범을 보여야 한다. 엄마, 아빠가 서로를 존중하고, 의견이 다를 때 견해 차를 좁혀 가는 모습은 아이에게 훌륭한 학습 모델이 된다.

한 자녀 가정일수록 사회성 발달에 신경 써야 한다

요즘은 특히 한 자녀 가정에서 자란 아이들이 많아진 반면 이웃과의 교류는 오히려 줄어들면서 아이들의 대인관계의 폭이 점점 좁아지고 있다. 형제, 자매, 또래 친구들과 어울려 살아가는 법을 배우지 못한 아이들이 점점 자기 중심적이고 이해심이 부족한 아이로 자라고 있는 것이다.

아이가 사회성이 좋으냐 아니냐는 타고난 성격과 부모와의 관계에서 비롯된 신뢰

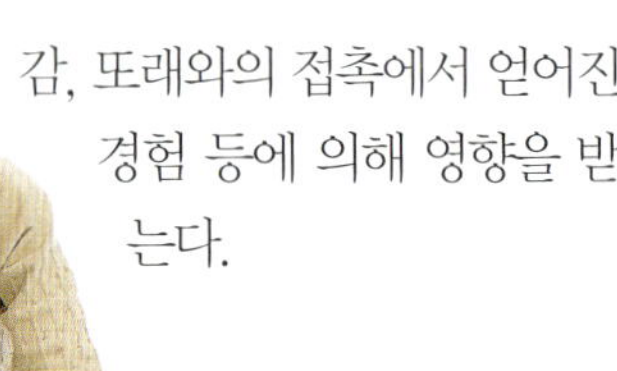

○ 또래 친구와 형제가 서로 어울려 얻어진 경험이 훗날 대인 관계에 도움이 된다.

감, 또래와의 접촉에서 얻어진 경험 등에 의해 영향을 받는다.

형제나 또래친구와 어울릴 기회를 자주 마련한다

사회성이 움트는 유아기에는 특히 부모가 아이의 대인관계에 세심한 주의를 기울여야 한다. 어릴 때부터 형제나 또래 등과의 어울림을 통해 원만한 대인관계를 유지할 수 있는 기회를 자주 마련해주는 것이 좋다. 좋은 친구는 평생의 재산이라는 옛말을 거울삼아 아이들의 친구 관계에 따뜻하고 지속적인 관심을 기울여 준다.

유아기에 원만한 대인관계를 형성한 아이가 자라서도 사회생활을 원만하게 할 수 있다는 사실을 잊지 말자.

○ 형제가 없는 아이들은 또래 친구들과 어울릴 기회를 많이 만들어 준다.

사회성이 뛰어난 아이로 키우기 위한 원칙

'나' 아닌 '다른 사람'을 인식시켜 준다

아이는 세 살 무렵이 되면 자아가 생겨서 '나', '내 것'만 주장한다. 무엇을 할 때도 "내가, 내가."라고 주장하며, 장난감을 갖고 놀더라도 "내 꺼야!"라고 말하며 욕심을 부린다. 하지만 이 시기를 잘 보내야 아이가 더불어 살아가는 법을 배우며 사회성을 키울 수 있다.

이때쯤 되면 자신의 물건뿐 아니라 남의 것도 관심이 가거나 갖고 싶은 것은 무조건 내 것이라고 주장하기도 한다. 아이가 '나'라는 자아개념과 '내 것'이라는 소유 개념이 생기면 서서히 '다른 사람', '다른 사람의 것'도 알 수 있도록 가르치는 것이 좋다.

친구와 함께 노는 방법을 가르친다

이 시기의 아이는 또래 친구가 옆에 있어도 함께 어울려 놀기보다는 같은 자리에 앉아서 각각 따로 노는 경우가 많다. 이것은 아이가 아직 다른 사람과 함께 노는 방법을 모르기 때문이다. 따라서 아이가 세 살쯤 되면 엄마는 아이에게 친구와 함께 노는 법을 가르치면서 서서히 사회성을 계발시켜 줄 필요가 있다.

이런 단계를 거치면서 차츰 사회성이 발전되어 4~5살쯤 되면 차츰 또래 친구와 사회적 관계를 맺으며 어울려 살아가는 법을 배우게 된다.

친구와 어울리는 기회를 마련해 준다

한 자녀 가정에서 자라나는 아이들의 경우 양보할 줄을 몰라 자기 중심적이고, 이해심이 부족한 아이로 자라기 쉽다. 특히 부모 외에 다른 사람을 접해 본 경험이 적은 아이는 유치원이나 초등학교에 들어갔을 때 단체생활에 적응하기가 힘들다. 이웃 친구들과 접하는 기회가 늘어나면서 아이는 서서히 단체생활에 적응할 준비를 하는 것이다.

또래 경험은 자기보다 나이가 많거나 어린 아이들과 먼저 시작되다가 같은 또래로 진행해 간다. 너무 어린아이들과만 놀 경우 지나치게 주도적이 되기 쉽고, 너무 나이 많은 아이들과만 놀 경우 수동적이 되기 쉬우므로 다양한 연령의 아이들을 접하게 하는 것이 좋다.

◑ 자아가 싹트기 시작하는 3세 무렵에 내것이 아닌 다른 사람의 것도 있다는 것을 가르쳐 준다.

양보하는 법을 배우고 도움을 받기도 하면서 사회성을 키워간다

또래뿐 아니라 형이나 동생 등과 어울리면서 아이는 자연스럽게 양보하는 법도 배우고 도움을 받기도 하는 등 사회적 인간이 되어간다. 그렇다고 아이가 여러 명의 친구들을 사귀어야만 사회성이 좋아지는 것은 아니다. 아이들은 저마다 특성이 있어서 여러 명의 친구들과 골고루 잘 지내는 아이가 있는 반면 몇몇 아이들과 깊이 사귀는 아이가 있다. 이런 아이 특성은 부모가 그대로 인정해 줄 필요가 있다.

긍정적인 성격을 길러준다

사람을 쉽게 사귀는 아이가 있는가 하면 이와는 대조적으로 수줍음을 많이 타고 타인에게 접근하는 걸 주저하는 소극적인 아이도 있다.

이러한 성격 차이에는 여러 요인이 있겠지만 엄마의 육아 방법에도 원인이 있다. 사소한 것이라도 아이가 잘 해내면 다소 과장스럽게 칭찬을 해주자.

칭찬은 아이에게 '더 잘해야지' 하는 의욕을 북돋아 주어 적극적인 성격을 형성하는데 도

◑ 칭찬은 적극적인 성격과 긍정적인 성격을 형성하는데 도움이 된다. 이런 성격은 대인관계도 원만하다.

움이 되며, 덩달아 사회성도 좋아지게 한다.

사회성은 타고난다기보다는 길러지는 것이다. 따뜻하고 관용적인 분위기 속에서 어른들로부터 많은 칭찬과 인정을 받으며 성장한 아이들은 적극적이고 긍정적인 성격으로 자라 대인관계가 원만해진다. 사회성이 좋은 아이로 성장하느냐 아니냐 하는 것은 긍정적인 마음가짐이 뒷받침되어 있느냐 아니냐에 달려있다고 할 수 있다.

화목한 가정의 모습을 보여준다

부모의 성격이나 마음가짐 등은 그대로 아이에게 영향을 준다. 안정되고 평화로운 가정에서 자란 아이는 성격도 밝고 적극적이며 사람을 사귀는 데도 스스럼이 없다. 대인관계에서 특별히 어려움이 없었기 때문에 자신감이 생겨나기 때문이다.

불행한 가정생활이나 부모의 계속적인 불화 속에서 자란 아이들은 성격이 비뚤어지거나 사회성에 모난 경우가 많다.

그런 점에서 따뜻한 가정을 만드는 것이 아이를 올바로 자라게 하는 비결이다. 지나치게 권위주의적인 아빠는 아이를 주눅들고 욕구불만이 쌓이게 만들 수 있으므로 엄마든 아빠든 아이를 강압적인 태도로 다루려 해서는 안 된다.

아빠는 적당한 자애로움과 권위로 아이를 대해야 한다

특히 아빠는 아이가 매일 만나는 유일한 남자 어른이다. 이것은 아이의 사회적 능력발달에 매우 중요한 요소가 된다. 아빠와 안정적인 애착관계를 형성한 아이들은 공포심이나 죄의식 등의 부정적인 정서를 덜 표현하며 자신의 감정과 충동을 잘 조절할 수 있다고 한다.

아빠가 적당한 권위와 자애로움으로 아이를 대할 때 아이의 절제력과 의지, 사회성이 발달될 수 있다.

무엇보다 아이는 엄마 아빠와 친밀하고 안정된 관계를 맺으면서 사회성이 발달한다는 점을 잊지 말자.

평소 다양한 사람과 접하게 한다

내성적인 성격의 아이들은 또래들과도 잘 어울리지 못하고 처음 보는 사람 앞에서는 금방 긴장을 하거나 당황하곤 한다. 그러다 보면 바깥놀이를 즐길 나이가 돼서도 집안에만 있으며 혼자 노는 것을 좋아한다.

이런 아이는 서서히 사람들 앞에 나서는 경험을 갖게 하면서 자신감을 키워 주는 것이 중요하다. 친척, 이웃 등을 자주 방문해서 가족 외의 다른 사람들과 어울릴 수 있는 기회를 만들어주자.

많은 사람들과 접해 본 아이일수록 사람을 잘 사귀며 성격도 활달하다. 조금 귀찮더라도 아이를 데리고 다니며 많은 사람을 만나게 해 주도록 하자. 아이의 사교성이 눈에 띄게 발달할 것이다.

여러 사람 앞에 나설 기회를 만들어준다

집에서는 말도 잘하고 활발하다가도 남들 앞에만 서면 유난히 목소리가 기어들어 가거나 엄마 치마 뒤로 숨어 버리는 아이들이 있다. 지나치게 수줍어하는 성격은 커서도 그대로 유지되어 사회생활에 지장을 초래하기도 하므로 일찍부터 바로잡아 주는 것이 좋다.

그러려면 엄마 아빠뿐 아니라 여러 식구들 앞에서부터 말할 수 있는 기회를 만들어주는 것이 필요하다. 부담 없이 식구들과 모여 앉아 돌아가며 이야기를 한다거나 앞에 나가 오늘 있었던 일이나 좋아하는 동화의 내용을 가족에게 들려주는 방법도 효과가 있다.

예절 바른 아이로 키운다

예절 바르며 말씨와 행동이 반듯한 아이는 어디서든 환영받는다. 집에서 하던 버릇 그대로 밖에 나가서도 어른에게 반말을 하거나 버릇없이 행동을 한다면 아무리 어린아이라도 귀엽

○ 어려서부터 바른 예절과 공손한 말씨, 바른 행동을 몸에 익힌다.

사회성 발달을 돕는 놀이 4가지

● 상대방을 이해하는 마음을 길러주는 역할놀이

또래 친구들과 함께 어울리는 것을 익히기 위해 소꿉놀이나 병원놀이, 시장놀이 등 다양한 역할놀이를 시켜본다. 소꿉놀이를 하면서 엄마, 아빠의 역할을 정해 놀다 보면 자연스럽게 사회성이 길러진다. 또한 역할놀이는 다른 사람의 입장에서 생각하고 행동하는 놀이이므로, 역할놀이를 하다 보면 저절로 상대방을 이해하고 배려하는 마음이 길러지게 된다. 뿐만 아니라 역할놀이를 통해 내가 가진 것을 양보하고 상대방을 인정하는 마음을 키워주면 아이의 사회성이 더 빨리 발달될 수 있다.

● 더불어 사는 법을 가르쳐주는 협동놀이

서너 살 무렵부터 또래 친구와의 관계를 시작한 아이는 다섯 살쯤 되면 친구와 함께 노는 법을 터득하게 된다. 이때 가장 좋은 것이 힘을 모아 할 수 있는 협동놀이다.

모래놀이 같은 협동놀이는 두세 명의 아이들이 함께 모래를 모아오고, 성을 쌓고, 물을 떠오고 하는 과정을 통해 협동심을 길러준다. 뿐만 아니라 협동놀이를 하면서 다른 친구의 의견을 존중하고 서로 도우며 규칙을 지켜가면

서 남과 더불어 즐겁게 생활하는 능력이 길러진다.

● 사람에 대한 관심을 유도하는 흉내내기놀이

흉내내기는 학습의 한 과정이자 아이들이 가장 즐거워하는 놀이이기도 하다. 엄마나 아빠, 할머니, 할아버지 등 가족의 특징을 잡아서 아이와 함께 흉내내기 놀이를 해보자. 흉내내기 놀이는 사람에 대한 관심과 관찰력을 길러줄 뿐만 아니라 사회성을 익혀 예의범절이 몸에 배게 한다.

● 수줍은 성격 개선해주는 가족 노래자랑

남 앞에 나서는 것을 두려워하는 아이라면 가족 노래자랑이나 장기자랑을 열어 자연스럽게 앞에 나서는 것을 유도해 보자. 노래를 하기 전에 TV 노래자랑 프로그램에서 하는 것처럼 자기 소개도 하게 하고, 가능하면 무대처럼 단을 마련해 마이크를 쥐어준다.

○ 가족들의 특징을 잡아서 역할 놀이를 해 보자. 사회성 형성에 도움이 된다.

게 봐주지 않는다. 어려서부터 공손한 말씨와 바른 행동이 몸에 배면 자라서도 대인관계에 있어 무리가 없게 된다. 인사성과 예절은 상대방을 배려하는 마음에서 나오며, 그런 마음가짐을 길러주는 것이 사회성 좋은 아이로 키우는 지름길이라는 점을 기억하자.

다른 아이와 비교하지 않는다

툭하면 자신의 아이를 다른 아이와 비교해서 말하는 엄마들이 있다. 부모의 이러한 태도는 아이에게 질투심을 유발해 자신과 비교되는 아이에게 괜한 적

대감을 갖게 할 수도 있다. 아이로 하여금 열등의식을 갖게 하는 말이나 행동은 삼가도록 한다.

부모가 자기에게 무슨 불만이 있어 보이면 아이는 표정이나 눈치로 금방 느끼게 되며, 성격뿐만 아니라 대인관계에도 좋지 못한 영향을 주게 된다.

반대로 '내 아이는 다른 아이와 다르다'는 식으로 지나친 우월감을 심어주는 것도 좋지 않다. 그렇지 않아도 자기 중심적인 아이가 독불장군이 될 가능성이 크기 때문이다. 아이들에게는 저마다 다양한 장점과 재능이 있다는 점을 인식하고 아이에게도 이런 사실을 알게 해주자.

말 잘하는 아이로 키우고 싶다

유아기에 얼마나 많은 언어 자극을 받느냐 하는 것이 앞으로 언어 발달에 커다란 영향을 미친다.
이 시기에 어휘력, 문장능력을 발전시킬 수 있는 기초를 닦아주어야 한다. 아이와 끊임없이 이야기를 나누고
귀를 자극하는 것이야말로 아이의 언어능력 발달을 돕는 첫걸음이다.

줄거리가 있는 그림책을 읽어준다

3~4세 이후부터는 언어능력이 크게 발달되는 시기이므로 어휘력 발달에 도움이 되는 책, 이야기에 줄거리가 있는 그림책을 선택해서 엄마가 다정한 목소리로 읽어주도록 하자. 책을 읽고 난 후에는 그 느낌을 말하게 하거나 엄마와 함께 역할 놀이를 해보는 것도 좋다.

이 시기의 아이들에게 특히 중요한 것은 상상력과 어휘력, 문장력을 발전시킬 수 있는 기초를 닦아주어야 한다. 책을 다 읽기 전에 결말을 한 번 미리 생각해 볼 수 있도록 유도하는 것도 효과적이다.

끊임없이 말을 걸고 이야기를 해준다

아이와 함께 그림책을 보면서 "하얀 뭉게구름은 어디로 흘러가는 거지?" 라는 등의 질문에 아이가 스스로 생각하고 답하게 함으로써 사고력과 어휘능력을 익히도록 해주자.

흔히 말을 잘 하는 아이로 키우고 싶다면 청각적 자극을 많이 주어야 하고, 글을 잘 읽는 아이로 키우고 싶다면 시각적으로 문자 자극을 주어야 한다고 생각하기 쉽다. 하지만 말과 글을 전혀

별개의 것으로 교육해서는 안되며 총체적으로 이뤄져야 한다고 전문가들은 강조한다. 말과 글이란 결국 하나의 개념을 이해하는 것이기 때문이다.

따라서 아이의 언어능력을 최대한 개발시키기 위해서는 끊임없이 말을 걸어주고 이야기를 들려주고 책을 보여줌으로써 청각적, 시각적 자극을 유도하는 것이 가장 효과적이라고 할 수 있다.

말 잘하는 아이로 키우기 위한 원칙

보고, 만지고, 맛볼 수 있는 것들을 찾아 이야기해준다

사람의 목소리, 특히 엄마 아빠의 목소리는 아기의 언어 발달을 돕는 데 무엇보다 중요하다. 가능하면 자주 아기에게 말을 건네주는 것이 좋다. 우유를 먹이고 기저귀를 갈아주고 목욕을 시키고 옷을 갈아 입히면서도 아기와 함께 대화하는 기분으로 말을 걸어주자. 이렇게 하면 아기의 언어 발달을 자극해 말문을 틔워주는 결정적 요인이 된다.

아기가 태어난 지 3~4개월이 되어 옹알이를 할 때 비록 의미 없는 옹알이일지라도 아기에게 응답을 해준다. 그러면 아기는 그것에 응답하기 위해서라도 더욱 열심히 입술을 움직인다. 아기에게 말을 할 때는 아기가 직접 볼 수 있고, 만질 수 있고, 냄새 맡을 수 있고, 맛볼 수 있고, 들을 수 있는 대상에 관해 말하는 것이 좋다.

말하고 싶은 의욕을 불러일으킨다

한 단어 수준에서 문장으로 단계를 옮겨갈 때 아이가 미처 문장으로 연결하지 못한 낱말을 엄마가 올바르게 해석해 주는 것도 중요하다. 예를 들면 아기가 "아빠, 맘마."라는 단어를 말할 때 엄마는 이 말을 '아빠가 식사를 하

◐ 밝고 긍정적인 아이들이 어휘력도 뛰어나고 사회성도 좋다.

◐ 아이의 언어 능력을 키워 주려면 책을 많이 읽어 주고 아이와 끊임없이 대화를 나눈다.

"

고 계신다' 라는 뜻으로 해석하여 아기에게 "아빠가 식사를 하고 계시지?" 라고 한 번 해석해 준 다음 "아빠 식사 다 하시면 뭐 하고 놀까?" 하면서 대화를 이끌어낸다. 이러한 노력이 언어 능력을 더욱 발달시키는 계기를 만들어주는 것은 물론, 아이와의 정서적 공감대를 넓히면서 아이에게 말하고자 하는 의욕을 불러일으킬 수 있는 가장 좋은 방법이다.

말놀이를 한다

아이들에게 말에 대한 흥미를 갖게 하기 위해 여러 가지 놀이를 해보자. 예를 들어 '바나나, 나무, 무용' 등 엄마와 아이가 끝말잇기 놀이를 해보는 것이다. 끝말잇기 놀이는 언어에 대한 흥미를 돋우어 줄 뿐 아니라 지능을 개발해 주는 효과도 있다.

● 어휘력을 키우려면 엄마와 함께 말놀이를 해 본다.

또는 비슷한 종류 나열하기 놀이를 하는 것도 좋다. 예를 들어 엄마가 아이에게 "시장에 가면 무엇을 살 수 있을까" "색깔에는 어떤 것들이 있는지 말해 볼까?" "동물원에 있는 것들은?" "바다에 사는 물고기는?" 등 소재는 무궁무진하다.

노래로 즐겁게 가르친다

팝송으로 영어를 배우듯 한글 공부도 노래를 활용해 할 수 있다. 노래는 멜로디와 함께 내용이 전달되므로 재미있게 따라 부르는 동안 거부감 없이 언어 학습을 할 수 있다는 장점이 있다.

아이들은 특히 멜로디가 있는 소리를 좋아하므로 말을 배울 무렵에 동요를 자주 들려주면 아이가 따라 흥얼거리다가 자연스럽게 말을 배울 수 있다.

그림책을 보여주면서 가르친다

아이에게 그림책을 읽어주면 언어 자극에 도움이 될 뿐만 아니라 엄마와의 정도 싹트게 된다. 그림책을 읽어줄 때는 글자를 읽어준다기보다 이야기를 들려주는 기분으로 자연스럽게 읽어준다. 등장인물의 성격에 맞추어 좀 더 드라마틱하게 여러 가지 몸짓이나 표정을 섞어가면서 다양한 형태로 변화를 주면 아이들이 무척 좋아한다.

아이에게 책을 읽어줄 때 처음에는 글자가 적거나 아예 없는 그림책을 보여주다가 차츰 글자 있는 그림책으로 발달시켜 나간다. 두 돌 무렵 되면 어느 정도 줄거리가 있는 그림책을 읽어주도록 한다.

책을 읽은 뒤에는 그 내용을 이야기하게 한다

책을 다 읽어주고 난 다음에는 그 내용을 아이들에게 정리해 말해 주고 같이 이야기를 나누는 것이 효과적이다. 아이로 하여금 다시 그 내용을 엄마에게 들려달라고 해서 아이가 스스로 말할 수 있도록 유도하는 것도 좋다.

아이들 중에는 책의 내용에 더 보태어 스스로 이야기를 꾸며 남에게 들려주는 것을 좋아하는 아이들이 있다. 이럴 때는 틀렸다고 바로 잡아줄 것이 아니라 그대로 장단을 맞춰가며 아이의 이야기를 들어주는 것이 좋다. 이렇게 해서 무한한 상상력을 키워갈 때 문학적 능력이 뛰어난 아이로 자랄 수 있는 것이다.

아이의 언어 발달을 위해 중요한 것은 항상 눈에 띄는 곳에 책을 놓아두고 놀잇감처럼 친숙해지도록 해야 한다는 것. 먼저 엄마가 책 읽는 모습을 보여줌으로써 서서히 아이의 관심을 유도한다.

표준어를 사용한다

아이와 대화할 때는 되도록 표준어를 사용해서 어려서부터

올바른 말을 배울 수 있도록 훈련한다. 아이가 처음 말을 하기 시작할 때는 입이 제대로 움직여 주지 않기 때문에 쉬운 유아어를 사용하게 된다.

그러나 아이가 커서 훌륭히 바른 말을 할 수 있는데도 계속 유아어를 하면 아이는 좀처럼 올바른 표준어를 익히기 힘들 것이다.

어렸을 때 익혀둔 바른 말씨는 평생을 따라다니는 것이므로 이때는 부모를 비롯한 온 집안 식구가 신경을 써서 올바르게 지도해야한다.

● 여러 가지 몸짓이나 표정을 섞어가며 글자를 가르친다.

질문에 쉽고 정확하게 대답해 준다

아이들은 두세 살이 되면 주위의 모든 사물에 대해 호기심을 가지면서 "이건 뭐야?" "왜?"라는 식의 질문을 엄마가 짜증이 날 정도로 많이 한다. 아이들의 질문이 늘어나는 것은 아이들의 지능이 그만큼 자라났다는 것이다. 이때 끊임없이 퍼붓는 아이의 질문을 귀찮은 듯 무성의하게 받아넘기거나, 어떻게 대답하면 좋을지 몰라 적당히 얼버무리면 자라나는 아이의 호기심과 흥미를 짓밟아 버리는 실수를 저질러 온다.

따라서 아이들이 질문을 할 때는 가벼운 마음으로 성의껏 대답해 주도록 하자. '왜' 나 '어째서' 와 같은 질문에는 쉽고 정확하면서도 아이에게 알맞은 정도의 대답을 주는 것이 좋다.

● 아이가 자신의 생각을 이야기할 수 있도록 유도한다.

글을 배울 때는 글자카드를 활용한다

아이가 막 한글을 배우기 시작할 때 집안 곳곳에 글자카드를 붙여 놓으면 효과적이다. '텔레비전'이나 '냉장고', '책상', '신발장' 등 눈에 보이는 물건에 이름을 적어 붙여 놓으면 물건과 단어가 바로 연상이 되어 글자를 배우기가 쉬워진다.

당장 손으로 쓸 수는 없더라도 무의식 속에서 단어에 익숙해지면 나중에 글을 읽고 쓰는 일이 훨씬 앞당겨진다.

○ 아이가 글을 쓸 수 없더라도 글을 배울 때는 글자 카드를 이용한다.

대화를 많이 나눈다

엄마와 아이가 서로의 생각이나 하는 일 등에 대해 자주 이야기를 나누는 것이 좋다. 엄마와 아이의 대화는 서로간의 정을 깊게 할 뿐 아니라 말을 연습하는 기회가 되며 지적인 발달도 자극한다.

부모와 아이 사이에 좋은 인간관계를 유지하면서 원활한 대화를 이끌어가기 위해서는 어느 정도의 기술이 필요하다. 대화를 잘하기 위해서는 자녀로 하여금 자신의 생각과 감정을 부모에게 자연스럽고 솔직하게 꺼내놓도록 하는 것이 중요하다. 그러기 위해서는 아이의 생각이나 감정, 욕구 등을 받아들이려는 자세가 갖춰져 있어야 한다.

또한 아이가 무슨 말을 하든 중간에 가로막지 말고 아이 스스로 말하고 판단할 수 있도록 적극적으로 들어주는 태도를 취해야 한다.

책을 좋아하는 아이로 자라게 하자

지적 호기심이 왕성한 3살 무렵에 한글을 접하게 하면 그 이후에 배우는 것보다 쉽게 터득할 수 있을 뿐만 아니라, 보다 많은 문자를 접하고 싶어해 책을 좋아하는 아이로 자라게 된다. 처음 책을 고를 때는 아기가 책에 대해 관심과 흥미를 가질 수 있도록 배려해야 한다. 이왕이면 만지고, 보고, 들을 수 있는 놀잇감 형태의 책을 고르는 것이 좋다.

요즘엔 장난감처럼 가지고 놀 수 있는 책들이 많이 나와 있는데, 이런 책은 아기의 오감을 활용할 수 있는 아주 효과적인 놀잇감이자 교육 도구가 될 수 있다.

잠자기 전에 이야기를 들려준다

아이들은 언제나 책을 읽어주는 것을 좋아한다. 그 중에서도 아이들은 잠들기 전에 책을 읽어주거나 이야기를 들려주는 것을 좋아한다. 편안하고 안락한 상태에서 듣다 보면 따뜻하고 포근한 느낌이 들어 잠이 사르르 들게 된다. 따라서 잠들기 바로 전 침실에서 책을 읽어주거나 이야기를 들려주는 것이 언어 발달은 물론 정서 발달에도 좋다.

잠자기 전에 책을 읽어주는 습관은 아이들이 학교에 들어갈 나이가 되었을 때까지 계속해도 된다. 비록 아이가 글을 혼자 읽을 수 있다 해도 엄마가 계속 읽어주는 것이 좋다.

○ 책을 좋아하는 아이들이 말도 잘한다. 이왕이면 오감을 자극할 수 있는 책을 읽게 하는 것이 효과적이다.

이런 경험을 통해 아이는 부모의 사랑을 체험하게 되고 책을 읽는다는 사실이 매우 행복하고 흐뭇하다는 인상으로 남게 된다.

EQ · IQ를 동시에 높여주는 아빠와 요리하기

요리는 아이들 정서에 많은 도움을 주어 EQ가 발달하고, 아이들의 IQ까지 높이는 창작시간이 될 수 있어 일석이조의 효과가 있다.

● 창의력을 키워주는 동물농장 쿠키

아이들이 가장 좋아하는 쿠키 만들기. 동물모양의 틀을 가지고 그대로 찍어도 되지만 가능하면 아이들이 직접 좋아하는 동물 모양을 만들어 보게 시킨다.

4세 이상이면 손목 조절 힘도 생기고 동물과 관련된 노래를 불러주면서 하면 더 효과만점이다. EQ 발달에 좋은 EQ 음식으로, 이유기 전의 어린 아기에게는 모유가 가장 좋다. 모

○ 아빠와 함께 하는 요리 놀이는 EQ와 IQ를 높여준다.

유엔 아기의 두뇌 발달에 필요한 모든 영양소가 들어 있기 때문이다.

이유를 시작한 아기라면 철분이 다량 함유된 달걀노른자나 간, 쇠고기 등을 이용해 만든 음식이 좋다. 시중에 판매하는 이유식을 그대로 사용하는 것은 작은 양이라 해도 향료나 색소를 아이에게 먹이는 셈. 따라서 가능한 한 제철식품을 엄마가 직접 만들어 주도록 한다.

● 표현력을 늘리는 경단 만들기

찹쌀가루를 치대어 만드는 반죽을 주무르는 작업을 아이와 같이 하면서 의성어, 의태어, 형용사를 다양하게 쓰면서 아이의 표현력을 길러준다. 예를 들면 "주물럭, 주물럭, 조물조물 반죽해서 동글동글 빚은 후 오물오물 먹어요." 하는 식으로 실천해보자.

● 근육 발달을 돕는 감자 으깨기

간식 만들기를 하다보면 미세한 부분이지만 아이들의 근육 발달에도 도움이 된다. 감자 샐러드를 만들 때 아이들에게 감자 으깨기를 시키면 대근육이 발달하고 브로콜리를 잘게 자르라고 시키면 소근육이 발달한다고 한다.

수 개념이 밝은 아이로 키우고 싶다

수 개념은 타고나는 것이므로 유아기 때 개발만 잘 시켜 준다면 어렵지 않게 수학과 친한 아이로 자랄 수 있다.
아이에게 숫자공부를 시킬 때는 암기보다는 근본적인 수 개념을 익히도록 해주고 실생활에서
다양하게 응용할 수 있도록 관심을 유도해 주자.

생활 속에서 수 개념을 익히게 하자

인간은 태어날 때 모두 수학적 잠재력을 갖고 태어나며, 아장아장 걸음마를 할 때부터 간단한 형태의 수학적 개념을 배우기 시작해 생활 속에서 숫자 개념을 차츰 발전시켜 나간다. 일단 숫자 개념을 이해하고 나면 아이는 일상생활에 적용하려는 노력을 끝없이 한다.

하지만 많은 부모들이 일상생활에서 수학이 얼마나 많은 부분을 차지하는지 깨닫지 못해 유아기 때 자녀의 수리력을 발달시킬 기회를 놓쳐 버린다. 그렇다면 일상생활 속에서 아기에게 숫자나 양의 개념을 가르쳐 줄 수 있는 방법은 없을까? 아기의 수학적 잠재력

○ 숫자 개념은 일상생활 속에서 가르치는 것이 효과적이다.

을 충분히 발휘하게 하기 위해서는 어떻게 해야 할까? 이제 그 방법들을 찾아보자. 어릴 때부터 수 개념을 익혀 두어야 학교에 들어가서도 어렵지 않게 수학을 이해하고 수학과 친한 아이로 자랄 수 있다.

세기부터 가르치면 수학에 대한 흥미를 잃는다

대부분의 엄마들은 아이가 말을 시작함과 동시에 '1, 2, 3' 또는 '하나, 둘, 셋' 등 숫자 세기와 쓰기를 가르친다. 하지만 아이는 왜 그렇게 되는지 개념을 이해하기보다는 외우기에 급급할 뿐이다.

이런 과정이 반복되면서 아이들 중에는 자칫 수학을 지루하고 어려운 것이라고 생각하는 경우가 생긴다. 유아 시절 잘못된 수학과의 만남이 수학을 그저 싫고 어려운 학문으로 인식하게 만드는 것이다.

어린아이들이 수학공부를 싫어하는 이유는 재미가 없기 때문이다. 지금까지 계속 그래왔던 것처럼 수를 연산 위주로 교육시키기 때문에 아이는 숫자를 지루하고 어렵다고 생각하게 되는 것이다.

수학과의 첫 만남, 재미있게 호기심을 유도한다

그런 점에서 유아기 때의 수학과의 첫 만남이 매우 중요하다. 어떤 식으로 수학을 만나느냐에 따라 관심의 정도가 달라진다. 아이가 어릴수록 계산이나 주입식 방법으로 수 개념을 익히게 하는 것은 좋

지 않다. 대신 호기심을 갖게 하는 것이 중요하다.

무엇보다 일상생활에서 자연스럽게 호기심을 유도해 아이 스스로 관심을 갖게 하는 것이 수학과의 만남에 있어서 가장 좋은 방법이다.

이를 위해서는 수 개념 놀이 등을 통해 수학을 보다 효과적으로 재미있게 이해시키는 것이 중요하다.

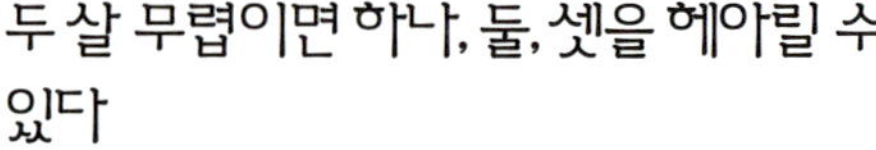

○ 수개념은 아이가 스스로 숫자에 대한 호기심과 관심을 보일 때 가르쳐도 늦지 않다.

두 살 무렵이면 하나, 둘, 셋을 헤아릴 수 있다

어린아이에게 추상적인 숫자개념을 가르치는 일은 분명 쉽지 않다. 하지만 아이들의 발달 단계를 잘 이해하고 단계에 맞춰 아이들이 좋아하는 놀이나 활동을 지도한다면 훨씬 쉽고 자연스럽게 수를 익히게 할 수 있다.

첫돌이 되면 아이들은 '많다', '적다'는 등의 기초적인 수 개념을 갖게 된다. 아직 수라고 하기보다는 막연한 양으로 의식하는 것이다.

그러다가 두 살 무렵부터는 '하나, 둘, 셋' 하고 세는 것이 가능해진다. 하지만 끝까지 정확하게 세는 일은 드물고 중간에 빠뜨리거나 순서가 뒤바뀌기도 한다.

발달 단계에 맞춰 자연스럽게 접근한다

세 살 무렵부터는 셀 수 있는 수가 많아져서 다섯 정도까지 세는 것이 가능해진다. 또 물건을 가지고 간단하게 뺄셈의 기초를 다질 수 있다. 예를 들어 세 개 있는 것에서 하나를 빼면 두 개가 남는다는 것을 이해하는 정도다.

네 살 무렵이 되면 숫자 '10'을 셀 수 있다. 하지만 수 개념이 아직 미숙해서 크기가 큰 것은 수가 작아도 많다고 할 수 있다. 다섯 살 정도가 지나면 10 이하의 숫자를 셀 수 있고 간단한 덧셈, 뺄셈을 할 수 있다. 유아의 발달 단계를 잘 이해하고 이에 맞춰 서서히 흥미를 붙이게 한다면 수 개념을 가르치는 일이 결코 어려운 일이 아니라는 것을 알 수 있다.

간단한 퍼즐 맞추기로 도형의 기초를 가르친다

'크다'와 '작다', '가볍다'와 '무겁다', '길다'와 '짧다' 같은 개념들은 기본적인 수학 개념들이다. 블럭 한 상자, 볼링핀 한 세트 등과 같이 장난감을 함께 모으는 것은 아이에게 집합과 부분집합 이론에 대한 기초를 확실히 세워주며, 연관되는 것끼리 짝을 맞추는 놀이는 '같다'와 '다르다', '홀수와 짝수' 그리고 '~보다 많다'와 '~보다 적다' 등과 같은 수학 개념을 가르친다.

또 간단한 퍼즐 맞추기 게임은 도형에 대한 개념과 기초를 세워 줄 수 있다. 하지만 무엇보다 중요한 것은 억지로 강요하지 말고 아이의 능력에 맞게 가르치는 것이다.

수리력 발달의 4단계

1단계 크기와 양 이해하기

'크다'와 '작다', '많다'와 '적다' 등 크기와 양에 대한 개념을 쌓아 가는 시기. 본격적인 수 개념이라기보다는 모든 것을 막연히 크기와 양으로써 의식한다. 양과 수에 대한 개념이 정확치 않아서 수와 양을 간혹 혼동할 수 있다. 그림카드나 그림책을 보여주면서 '크다'와 '작다', '많다'와 '적다'는 개념을 반복해서 가르쳐주도록 한다.

2단계 숫자 세기

'하나, 둘, 셋, 넷, 다섯' 등 간단한 숫자를 세는 단계. 하지만 기계적인 숫자 세기는 수 개념을 이해시키지 못하고 그저 외우게 할뿐이다. 아이들이 좋아하는 장난감이나 과자, 사탕 등을 가지고 숫자 세기를 익히게 하는 것이 바람직하다.

'엄마 하나, 나 하나' 하는 식의 놀이라든가, 물건과 수의 1대 1 대응을 통해 수 개념을 이해시키는 것이 효과적이다. 숫자 세기에 재미를 붙이면 아이는 주변에 있는 모든 물건들을 세는 것에 몰두한다. 이 단계에서 무엇보다 아이의 흥미를 유도하는 것이 중요하다.

3단계 숫자 이름 알기

숫자 세기에 재미를 붙였다면 그 다음은 '1, 2, 3, 4, 5' 등 숫자의 이름 알기 단계다. 각 숫자가 어떻게 생겼으며 그것의 이름은 무엇인지 서로 연관을 짓는 것이다. 일상생활에서 눈에 띄는 숫자를 가리켜 아이로 하여금 읽게 하거나, 엘리베이터에 탔을 때 아이에게 가고자 하는 층의 번호를 직접 누르게 하면서 수의 모양을 자연스럽게 익힐 수 있도록 한다.

4단계 수 비교하기

숫자 세기 단계가 지나면 아이는 자연스럽게 비교 개념이 생긴다. '많다'와 '적다', '크다'와 '작다'는 식의 아주 기초적인 비교의 개념이 아니라 이제부터는 구체적인 비교의 단계로 넘어간다.

'과자가 셋 있었는데 엄마에게 하나 주어서 두 개가 남았다'라고 하거나 '사탕 두 개가 있었는데 엄마가 두 개 더 주어서 네 개가 되었다'는 식으로 구체적인 사물을 가지고 더하기와 빼기의 원리를 터득한다.

Mom & Baby

재미있게 수 개념을 익히려면 수학동화를 읽힌다

겨우 한두 살 된 아이에게 수 개념을 가르치기는 쉽지 않다. 그래서 나온 것이 바로 수학동화. 재미있는 동화 속 이야기로 상상의 나래를 펼치면서 논리를 이해시키는 방법이다.

수학동화는 유아들의 풍부한 상상력을 활용해 수학을 보다 효과적으로 재미있게 이해시키면서도 문제 해결 능력을 키워준다. 동화라는 소재에 논리적이고 체계적인 수의 세계를 접목시켜 아이들 스스로 수에 대한 자연스런 개념 이해와 더불어 '어떻게'와 '왜'의 개념을 통해 통합적인 교육이 가능해진다.

● 동화 속 놀이를 체험하게 한다

동화를 통해서 구체적으로 '하나, 둘, 셋, ~보다 큰', '~와 같은' 등의 수학적 어휘를 자연스럽게 배울 수 있다. 더 나아가 동화 속에 나왔던 사물이나 동물 등을 실생활에서 보고 동화 속 놀이를 체험하면서 크기와 모양, 길이, 질감 등의 차이에 대해 자연스럽게 이해하게 된다.

예를 들면 그림책을 읽으면서 "책에 나오는 토끼, 호랑이, 사자 중에서 누가 오른쪽 맨 앞에 서 있니?" 또는 "앞에서부터 세 번째 사탕은 무슨 색이니?" 등의 질문을 해서 아이가 순서를 익히게 하고 더불어 왼쪽과 오른쪽, 앞과 뒤에 대한 방향 개념도 자연스럽게 가르친다.

숫자 개념이 밝은 아이로 키우기 위한 원칙

일상생활에서 숫자를 자주 접하게 한다

우리의 생활은 온통 숫자 투성이다. 조금만 생각하면 아기와 얼마든지 재미있게 숫자공부를 할 수 있다. 아이와 놀 때 숫자놀이, 숫자노래, 주사위놀이 등 숫자를 익힐 수 있는 놀이를 함께 하고 엄마가 집안 일을 할 때도 자연스럽게 숫자를 익히게 한다.

예를 들면 양말을 개키면서 '아빠 양말은 크다', '아기 양말은 작다'는 식으로 비교의 개념을 심어주거나 '양말 한 짝에 또 한 짝을 몇 짝이 될까?' 라는 식으로 덧셈의 원리를 가르치는 것이다.

일상생활에서 숫자 세기와 덧셈, 뺄셈을 할 수 있는 일은 무궁무진하다. 일상생활에서 이런 교육을 일찍 시작하면 아이의 수리능력이 자연스럽게 발달된다.

숫자카드를 반복해서 보여준다

아이에게 수개념을 가르치려면 우선 쓰기에 앞서 많이 보여주는 것이 좋다. 숫자를 많이 보여줌으로써 아이가 숫자와 친해질 수 있는 분위기를 만들어주는 것이다.

숫자카드를 보여줄 때는 아이에게 숫자의 이름을 커다란 소리로 말해 주고 따라하도록 시킨다. 이렇게 숫자를 꾸준히 반복해서 보여주다 보면 아이가 어느새 숫자를 눈으로 익히게 돼 훨씬 쉽고 자연스럽게 쓸 수 있다. 단, 반복 학습을 할 때는 아이가 지루해하지 않도록 주의한다.

놀이를 통해 수 개념을 가르친다

즐거운 놀이를 통해 아이에게 숫자 세기를 가르쳐주면 아이는 훨씬 재미있게 수 개념을 파악할 수 있다. 이때 셀 수 있는 것은 무엇이든 사용해도 좋다. 사탕이나 과자, 장난감, 사람, 동물 등 아이가 좋아하는 것을 가지고 숫자 세기를 가르치면 아이가 더욱 흥미 있어한다. 블럭 쌓기나 장난감 분류하기, 주사위놀이, 모양 맞추기, 종이 오리기와 접기, 가게놀이 등이 수 개념을 익히는 데 도움이 되는 놀이다.

실제 물건을 놓고 가르친다

어린아이들에게 숫자 세기와 더하기 빼기를 가르치려면 실제 눈으로 보고 만질 수 있는 구체적인 대상을 선택하도록 한다. 아이는 숫자를 단순한 기호로 인식하기 쉬우므로 구체적인 사물로 제시를 하는 것이 바람직하다.

아기 옷의 단추를 가리키며 "우리 아기 옷에 단추가 몇 개 달렸는지 세어 볼까?"라고 한다거나, 새가 땅에 내려앉을 때 "새가 한 마리 있었는데 한 마리 더 와서 두 마리가 됐네."라고 하는 것이다. 또는 과자를 한 개 주거나 한 개 집어먹는다, 신발장의 신발을 비교한다는 식으로 실제 물건을 놓고 가르친다.

⊙ 엄마 양말과 아기 양말을 가지고 길고 짧은 것을 가르친다.

자신감을 갖게 한다

발달 단계를 앞질러서 무리하게 덧셈과 뺄셈을 가르치거나, 아이의 흥미를 고려하지 않은 채 억지로 숫자공부를 시키면 아이가 숫자에 대해서 공포감을 갖거나 수를 헤아리는 일에 흥미를 잃게 된다. 이럴 때는 아이가 자신감을 갖게 하는 것이 중요하다.

우선 아이가 셀 수 있는 것, 할 수 있는 것만 물어보도록 한다. 이렇게 해서 자신감이 생긴 다음에 하나씩 단계를 높여간다.

셈을 잘하는 아이에게는 더하거나 빼는 산수 공부가 놀이처럼 즐겁지만 그렇지 못한 아이는 아주 간단한 수를 더하고 빼는 것도 무척 힘들어한다. 이런 아이에게는 무리하게 시킬 것이 아니라 하나하나 틀리지 않고 세어나가는 연습을 시키는 것이 좋다.

칭찬을 많이 해준다

칭찬은 아이의 올바른 성장을 유도하는 거름과도 같다. 수 개념을 익힐 때도 마찬가지. 단계별로 수의 개념을 이해하면 적극적으로 칭찬을 해주는 것이 좋다. 무엇보다도 일관성 있게 아이를 칭찬해 주어서 학습이 효과적으로 이루어질 수 있도록 한다. 이런 과정을 통해 아이는 성취감을 느끼며, 잘 할 수 있다는 자신감과 더욱 잘하려는 의지가 생긴다.

무엇보다 아이에게 용기와 자신감을 북돋아줄 수 있도록 엄마의 끊임없는 애정과 인내가 있어야 한다.

스스로 생각할 기회를 준다

대다수의 엄마들은 아이가 문제를 못 풀거나 틀리면 조바심이 나서 얼른 끼어 들어 답을 알려줘 버린다. 그러면 아이는 제 스스로 생각할 기회를 잃어버린다. 아이가 문제를 풀지 못할 때 가장 좋은 방법은 아이가 스스로 문제를 해결할 때까지 가만히 내버려두는 것이다.

문제 해결 방법을 직접 알려주기보다는 보조자로서 한 발 물러나 기다리는 것이 좋다. 이렇게 되면 몰랐던 것을 배우게 될 뿐 아니라 두뇌 회전도 빨라진다.

⊙ 색깔이나 모양 블럭으로 분류를 해 보게 한다.

수리력 발달을 돕는 놀이

아이들에게 숫자 개념을 자연스럽게 가르치려면 실제 보고 만질 수 있는 구체적인 장난감으로 놀이를 하면서 가르치는 것이 효과적이다.
주사위놀이, 블럭 쌓기, 바둑놀이, 가게놀이… 등은 수 개념을 익히기에 좋은 놀이들이다.

part
10

● 모양찾기 놀이

수학의 공간 개념 내지는 도형의 원리를 이해하기 위해서 모양 찾기 놀이를 시킨다. 아이들은 구멍에 맞는 조각을 찾아 끼우는 놀이를 좋아한다. 이 놀이를 통해 조각의 방향을 어떻게 돌려야 구멍에 맞출 수 있는지도 깨우치게 된다.

● 주사위 놀이

주사위 놀이는 숫자 개념과 계산능력, 공간개념을 동시에 키울 수 있다. 주사위를 던져서 나온 수만큼 방향을 옮기면서 칸의 숫자를 익히고, 앞으로 전진했다 뒤로 후퇴했다 하면서

◑ 모양 찾아 끼우기 놀이로 도형의 원리를 이해시킨다.

자연스럽게 덧셈과 뺄셈을 익힐 수 있다. 또한 궁리를 하면서 말판을 쓰는 것은 두뇌회전이 빠르게 하는 효과도 있다.

● 블럭 쌓기

블럭놀이 역시 공간 개념을 이해하는 데 도움이 된다. 공간 개념은 아이의 주변 세계를 다루기 때문에 아이가 무척 재미있어 하는 분야이다. 위, 아래, 앞, 옆, 오른쪽, 왼쪽 등과 같은 공간에 대한 개념을 확실히 알게 되면 도형이나 숫자에 대한 이해도 빠르게 된다. 또한 블럭 쌓기는 창의력과 상상력을 높이는 효과도 있다.

● 카드놀이

카드놀이는 일종의 숫자카드 학습과 같은 효과를 볼 수 있다. 숫자에 해당하는 카드를 가지고 놀이를 하는데, 이때 아이의 수준에 맞게 단계를 조정하는 것이 필요하다. 우선 10에서 5까지의 숫자를 1단계로 하

고, 다음 10까지의 숫자로 발전해 나가는 등 단계에 맞게 놀이를 한다.

● 퍼즐 맞추기

퍼즐놀이 역시 모양 찾기 놀이와 마찬가지로 공간 개념을 익힐 수 있다. 같은 크기와 모양을 이리저리 바꿔 보는 동안 아이의 두뇌도 발달된다.

● 바둑놀이

바둑의 승패는 집이 많고 적음에 따라 판가름이 난다. 바둑판 위의 내 집과 상대방 집을 눈으로 보고 계산을 하게 되는데, 이때 자연히 더하기, 빼기, 곱하기 등을 이용해 암산을 하게 된다.

또 '수 읽기'를 하다보면 계산능력이 빨라지고 수에 대한 개념이 잡히게 되는데, 이런 반복을 통해 수리력이 향상된다.

● 종이 접기, 오리기

생활 주변의 물건들은 모두 여러 가지 모양을 지니고 있다. 먼저 도형의 기초 개념인 동그라미, 세모, 네모 모양을 찾고 직접 그리거나 오려서 모양 만들기를 많이 하면 도형에 대한 개념이 발달한다. 유아기의 아이는 호기심이 많아서 만지거나 들고 움직이기 때문에 공간적 능력이 수를 다루는 능력보다 빨리 발달한다. 종이 접기나 종이 오리기를 하면 손 근육도 발달하고 일정한 무늬가 반복되는 패턴에 대한 개념도 익힐 수 있다.

◑ 색깔이 있는 종이테입을 붙이면서 숫자놀이를 하는 것도 아이들이 흥미 있어 한다.

● 분류놀이

사물의 특성에 따라 공통적인 것을 묶는 놀이는 아이에게 사물의 공통점과 차이점을 알게 하고 분류 개념을 이해하게 한다. 모양과 색깔이 같은 빨래집게 모으기, 크기가 같은 포크 골라놓기 등 일상생활에 있는 물건으로 분류 개념을 익히게 한다.

● 가게놀이

유아 수학교육의 목적은 문제 상황이 생겼을 때 수학적 사고를 통해 문제를 해결하는 능력을 키워주는 데 있다.

덧셈은 가게놀이를 하면서 물건 사고 팔기 등을 통해 많아지는 것에 대한 개념을 익히게 되고, 뺄셈은 심부름을 시켜서 있는 돈에서 잔돈이 얼마나 남았는지 그 차이를 익히게 하는 것이다. 수학적 개념과 더불어 교육적 효과도 기대할 수 있다.

◑ 가게놀이를 하면서 덧셈과 뺄셈을 자연스럽게 가르친다.

운동을 잘하는 아이로 키우고 싶다

적절한 운동은 뇌에 자극을 주어 지능 발달을 돕는다. 특히 유아기는 운동 능력이 잘 발달하는 시기이므로
마음껏 뛰어 놀 수 있는 환경과 여건을 마련해 주는 것이 중요하다. 걷고 뛰고 뒹굴고 하는 등
자연스런 행동을 통해 운동을 몸에 익히도록 해주자.

육체적 운동이 뇌 발달을 돕는다

흔히 아기의 머리와 몸을 분리해서 생각하는 경우가 있다. 그러나 아기들의 경우 머리와 몸의 발달은 밀접한 관계가 있다. 뇌의 발달로 운동능력이 길러지고 또 육체적 운동이 뇌에 자극을 주어 뇌를 더욱 발달시키기 때문이다.

따라서 아기의 운동능력이 급속도로 발달하는 유아기에 적절한 자극을 주는 것이 좋다. 이러한 자극은 활발하고 긴깅힌 이기, 머리 좋은 아기로 키우는 데 결정적인 역할을 한다.

생후 1~2개월이 되면서 아기의 운동이 활발해지는데, 이 시기에 마음껏 손발을 뻗고 자유롭게 움직이게 해야 운동신경이 발달해 뒤집기도 빨리 하게 된다. 두꺼운 옷은 자유스런 운동을 방해하므로 생후 2~3개월쯤 지나면 손발의 운동을 마음껏 할 수 있도록 얇고 편한 옷을 입힌다.

아이가 마음껏 손을 뻗고 활발하게 움직이게 하려면 옷을 가볍게 입히는 것이 좋다.

운동능력이 뛰어난 아이가 지능 발달도 빠르다

어린아이의 운동능력은 단순한 신체의 움직임으로만 보면 안 된다. 사물에 대한 인지 능력과 신체의 움직임이 조화를 이루면서 발달하기 때문이다. 일례로 아이의 손놀림이 얼마나 섬세한가를 보면 지능을 어느 정도 파악할 수 있다. 운동능력이 뛰어난 아이들은 지능 발달이 빠를 뿐만 아니라 다른 능력도 대체로 좋은 편이다.

♥ 놀이 행동을 통해 운동력을 키운다

종합적인 능력이 뛰어난 아이로 기르고 싶다면 아이가 흥미를 느끼는 종목의 운동을 시켜보는 것도 좋다.

그러나 유아기는 특별히 가르치지 않아도 손발의 기교나 체력, 운동능력이 눈에 띄게 발달하는 시기이므로 집 밖에서 마음껏 뛰어 놀게 해주는 것으로도 충분하다. 무엇보다 아이들이 씩씩하고 활발하게 놀 수 있는 환경과 여건을 마련해 주는 것이 중요하다.

걷고, 뛰고, 뒹굴고, 높이 뛰고, 헤엄치는 등의 능력은 태어날 때부터 지니고 있는 것이 아니라 자연스런 놀이 행동을 통해 몸에 익혀지는 것이라는 점을 기억하자.

운동이 부족한 아이는 반사신경이 무디다

사람에게는 순간적으로 위험에 대처하는 '방어 반사'라는 통제 기능이 있다. 예를 들어 무엇인가에 부딪쳐 몸을 비틀거리면 무의식중에 재빨리 균형을 잡아 넘어지지 않게 한다든지, 어쩔 수 없이 넘어지더라도 손을 짚어 얼굴이나 머리 부분을 보호하려고 한다. 이것이 바로 '방어 반사 기능'이다.

그런데 이러한 반사 작용이 잘 이루어지지 않는 아이들이 있다. 이러한 현상은 유아기 때의 운동 부족으로 인해 나타나는데, 운동능력이 왕성하게 발달하는 유아기에 충분하게 운동을 시키지 않고 집안에서만 키우게 되면 근육의 힘이나 집중력이 개발되지 않아 결과적으로 반사 신경이 둔해지고 만다.

유아기의 운동과 놀이는 지능의 발달뿐만 아니라 아이의 반사 신경의 촉진을 위해서도 중요하므로 반드시 신경을 기울여야 한다.

운동 능력이 왕성한 유아기 때에 충분히 운동을 시키지 않으면 반사 반응이 떨어진다.

아이들의 운동능력은 성장하면서 달라진다

아무런 원인 없이 운동능력이 유난히 떨어지는 아이들이 있다. 이런 아이들은 대개 다른 아이들보다 걸음마가 늦거나, 걷다가 자주 넘어지거나, 걷는 모습이 왠지 불안하다.

하지만 발육이 느리다고 하더라도 이것이 꼭 운동능력과 연결되는 것은 아니다. 아기들은 흔히 다리가 휘어 보이고, 막 걸음마를 시작하는

경우 걸음걸이가 매우 불안한 것이 보통이다. 아기들의 이런 모습은 부모를 불안하게 만들지만 대부분 성장하면서 저절로 교정된다.

또한 유아기 때 운동능력이 조금 떨어지는 것 같아도 자연스러운 운동놀이를 통해 운동을 몸에 익히게 하면 나중에 성장해서 운동을 잘할 수 있게 된다. 반대로 운동발달이 조금 뛰어났던 아기라도 활동범위가 제한되고 운동이 생활화되지 않으면 나중에 운동신경이 무뎌지는 경우가 대부분이다.

아이의 신체적 특성과 흥미를 고려해 운동을 시킨다

자신의 아이가 다른 아이들에 비해 운동신경이 좋을 경우 이러한 능력을 조기에 계발시키면 어떨까 생각하는 부모들이 있다. 특히 최근 스포츠 신동들이 화제가 되자 적지 않은 부모들이 운동 조기교육에 커다란 관심을 보이고 있다.

아이들의 운동능력은 성장하면서 크게 달라지기 때문에 어릴 적에 미리 장래를 판단하기는 힘들다. 하지만 어려서부터 꾸준히 운동발달을 도와주는 것이 바람직하다. 아이들은 신체적인 특성과 운동에 대한 흥미가 제각각 다르기 때문에 이를 잘 고려해서 운동을 시작하는 것이 좋다.

♥ 무리한 운동은 운동능력을 감퇴시킨다

어떤 아이들은 근육이 매우 단단해서 육상, 검도, 태권도 등 힘을 쓰는 운동이 적합한가 하면 어떤 아이들은 연약해 보여도 관절이 유연해 몸의 동작을 자유자재로 취하는 경우 체조나 수영 등이 적합한 경우가 있다.

무엇보다 중요한 것은 잠재되어 있는 아이들의 운동능력을 발견하고 잘 교육시키는 것이다.

한 가지 주의할 점은 운동에 뛰어난 재능을 가지고 있더라도 무리하게 조기교육을 시키면 오히려 능력을 감퇴시키는 결과를 가져올 수 있다는 것이다.

운동을 잘하는 아이로 키우기 위한 원칙

되도록 많이 움직이게 한다

아기가 스스로 움직일 수 있게 되면 충분히 운동할 수 있는 환경을 만들어 주어야 한다. 이 과정에서 아기가 부모로부터 떨어져 스스로 학습하려고 하는 의욕을 막아서는 안 된다. 특히 아기들의 손발은 뇌와도 관계가 깊어 성장과 지능이 함께 발달한다. 손발의 운동기능을 충분하게 발달시키지 않으면 소극적인 타입의 아이로 자라게 되며 탐구심 또한 부족하고 태만한 아이로 클 수 있다.

마음껏 뛰어 놀 수 있는 환경을 만들어준다

위험하다고 좁은 방안에 가둬 두지 말고 충분히 기어다니고 걸음마를 하면서 운동할 수 있도록 가재도구를 치우고 정돈해서 적당한 공간을 마련해 주어야 한다. 깨지기 쉬운 것이라든가 위험한 것은 치우고 아이가 자유롭게 집안을 돌아다니고 탐색할 수 있도록 해야 한다.

걸음마를 뗀 후에도 위험하다고 무조건 나가 놀지 못하게 하는 것보다는 사고의 위험이 없는 환경을 마련해 주고 안전 사고에 대해 사전에 훈련을 시켜 마음껏 뛰어 놀 수 있게 해주는 것이 바람직하다.

돌전 아이는 걸음마 연습을 통해 손과 발의 힘을 길러준다

6개월쯤 되어 아기가 기어다니기 시작하면 아기의 행동 반경에 일대 혁명이 일어난다. 이리저리 기어다니면서 닥치는 대로 기어오르고 물건을 집어들어 던지기도 한다.

7~8개월쯤 되면 잡고 일어서다가 10개월쯤 되면 슬슬 걸음마를 시작한다. 이때 아기는 수없이 엎어지고 넘어지는 과정을 되풀이하면서 결국 걸음을 한 발짝씩 내

● 아기는 7~8개월 무렵 잡고 일어서고 10개월 무렵부터 걸음마를 시작한다.

운동 능력을 키우는 단계별 놀이

● 1 ~ 6개월

전신 맛사지, 팔다리를 쭉쭉 뻗게 해주는 체조, 다리를 굽혔다 펴는 체조, 엄마 발에 올려놓고 비행기 태우기, 기어서 장난감 갖고 오기

● 7 ~ 12개월

문턱 기어올라가기, 터널 통과하기, 엄마 다리 사이로 빠져나가기, 엄마 발등에 태우고 걷기, 스스로 발 움직이는 체조, 걸음마, 공 굴리기

● 12 ~ 24개월

이불에서 데굴데굴 구르기, 발끝으로 서기, 고리 던지기, 달려가서 물건 가져오기

● 24 ~ 36개월

달리기, 계단 오르내리기, 공차기, 책장 넘기기, 블록 쌓기, 그림 그리기, 박자에 맞춰 춤추기, 두 발 모아 깡총깡총 뛰기, 찰흙놀이

● 3 ~ 4세

통에 구슬 집어넣기, 음악에 맞춰 춤추기, 숨바꼭질, 나무토막 쌓기, 블록으로 형태 만들기, 정글짐 기어오르기, 찰흙놀이, 매트에서 구르기, 그네 타기, 가위질하기, 두발을 교대로 움직여 계단 올라가기, 세 발 자전거 타기, 엄마와 함께 하는 수영, 한발로 뛰기, 한발씩 내디뎌 계단 내려오기, 철봉 매달리기

● 5 ~ 6세

보조바퀴 달린 두발 자전거 타기, 그네 타기, 줄넘기, 무릎높이의 고무줄 뛰어넘기, 철봉, 외발로 균형잡고 서있기, 깨금발 뛰기

딛게 된다. 이 시기에 짚고 일어서서 걷는 걸음마 연습 운동은 손과 발의 힘을 길러주고 등뼈를 튼튼히 하며 근육을 단련시키므로 될 수 있는 한 느긋하게 그 운동과 시도를 지켜봐 주어야 한다.

활동을 위해 옷은 되도록 얇게 입힌다

뒤집기를 할 무렵부터는 아기 옷에 대해서도 충분한 고려가 있어야 한다. 이전까지는 보온이 잘 되고 입히고 벗기기 쉬운 배내옷을 입혔지만 이때부터는 활동하는 데 불편함이 없는 옷을 입히는 것이 좋다. 겹겹이 싸서 움직임이 둔한 옷은 자유롭게 활동하는 데 방해가 된다. 두꺼운 옷보다는 춥지 않을 정도로 얇은 옷을 입혀서 자유롭게 기어다니고 걸음마를 하는 등 활동에 지장이 없도록 한다.

맨발이 운동신경 발달에 좋다

돌이 되면 아기들은 한 발짝 한 발짝 걸음마를 한다. 하지만 걸음마도 아기에게는 쉬운 것이 아니다. 몸의 중심을 잡아 서는 데도 엄청난 노력과 시행착오가 따른다.

걸음마가 시작되면 되도록 아기를 맨발로 있게 한다. 삼기에 설릴까 봐 양말을 신겨 주지만 양말을 신으면 발이 미끄러워 걸음마 하는 데 불편하다.

맨발은 축축해서 잘 미끄러지지 않으므로 걸음마가 서투른 아이에게는 안성맞춤이다. 게다가 발바닥 중앙 위쪽에는 '용천혈' 이라는 혈이 있는데, 되도록 맨발로 다니게 해서 이 혈에 자극이 가도록 해 주는 것이 좋다.

월령에 맞는 장난감으로 운동능력을 자극한다

아기가 걸음마를 할 시기에는 걷기 연습을 위해 밀고 다니는 장난감을 주는 것도 좋다.

걸음마가 능숙하면 엄마와의 게임을 유도해서 뛰기 연습을 시키고, 두 돌쯤 되면 서서히 계단을 오르내리는 연습도 시킨다. 이때쯤 되면 아기들은 박자에 맞추어 뛰거나 발끝으로 걷기도 한다. 동작이 민첩해지고 걸음걸이도 어른과 같이 되는 세 살 무렵부터는 세 발 자전거를 타게 하거나 공놀이를 시키는 것이 좋다. 아울러 블럭 쌓기, 그림 그리기 등 좀 더 섬세한 놀이를 즐길 수 있도록 배려한다.

놀이를 통해 운동능력을 개발한다

어릴 때는 마음껏 뛰노는 것이 최고의 운동이다. 유아기의 운동능력을 향상시켜 주기 위해서 전문적인 운동놀이 기관에 보내는 것도 좋지만 밖에서 충분히 뛰어노는 것도 훌륭하고 적극적인 운동이 된다. 게다가 가끔 아빠가 함께 놀아 준다면 아이들은 더욱 신이 나서 운동 놀이를 즐기게 된다.

부모가 함께 놀아 주면서 아이들의 운동능력을 길러 줄 수 있는 놀이는 공놀이이다. 유아기 때부터 공과 친숙해지고 공놀이에 대한 기초적인 기술을 익히게 지도해 주면, 유치원에 들어가서도 친구들과 어울려 공놀이를 즐길 수 있게 된다.

공놀이를 통해 아이들은 사회성, 민첩성, 정확성을 기르게 되고, 이런 놀이를 통해 자연스럽게 운동능력이 몸에 배게 되면 체육과 관련된 재능교육을 보다 효과적으로 받을 수 있다.

적절한 자극으로 호기심을 유도한다

아기는 호기심 투성이다. 색깔이 예쁜 것에 당장 시선이 가고 물건이 가까이 있으면 손을 내밀어서 입으로 가져간다. 그리고는 물건을 흔들어대거나 잡아당기기도 한다. 아기들은 이런 식의 단조로운 운동을 되풀이하면서 다음 단계로 발전해 나간다.

허리운동을 한참 하다가 어느 날 옆으로 눕고, 그 다음은 엎드리게 되며, 엎드린 몸으로 좌우 또는 앞으로 긴다. 끝내 몸을 일으켜 앉고는 일어서기를 시도한다.

❶ 월령에 맞는 놀이로로 아기의 운동신경을 자극한다.

이때 걸음마를 촉진하는 것은 바로 엄마의 활동이다. 그러므로 아기 앞에서 손뼉을 치면서 목표물이 되어준다. 그리고 아기에게 관심이 가는 색깔의 장난감이나 물건을 눈앞에 놓고 걸음마를 자극해 본다.

움직이는 장난감을 준다

아기들은 관심이 가는 장난감이 저만큼 떨어져 있으면 어떻게 해서든 잡아오고야 만다. 따라서 장난감도 손앞에 놓아주기보다는 손을 뻗쳐서 잡을 수 있도록 멀리 놓아두는 것이 좋다. 이렇게 손을 뻗치거나 기어서 잡는 등의 동작을 통해 자연스럽게 운동을 유도하도록 한다.

근육 발달을 돕는 놀이

대근육 발달을 돕는 놀이

- 운동장에 직사각형을 그려 칸을 나누고 각 칸에 번호 매겨 번호순으로 쫓아 뛰는 놀이
- 바닥에 원을 그린 후 원을 등지고 뒤돌아서서 콩 주머니를 어깨 뒤로 던져 넣기
- 조그마한 농구골대를 설치해 농구공 넣기
- 공 던지고 받기

소근육 발달을 돕는 놀이

- 실뜨기나 공기 놀이
- 보다 복잡해진 블럭 쌓기
- 찰흙이나 점토로 그릇 등의 간단한 모형 만들기
- 간단한 퍼즐 맞추기
- 구슬을 쏟았다 집어넣었다 하기

❶ 한 발로 뛰는 놀이는 아이의 균형 감각을 자극하는 좋은 운동이다.

TV 시청, 학습에 적극 활용하기

요즘 어린이 프로가 상업성이 짙어지고, 점차 폭력성이 심해지면서 과연 아이들에게 TV를 보여줘도 좋은지에 관해 논의가 되고 있다.
하지만 TV를 보지 못하게 하는 것만이 최선은 아니다. 시청방법을 바꿔 TV를 학습에 이용하는 요령을 알아보자.

● 시청일기를 쓰게 한다

아이가 TV에 중독되기 전에 어렸을 때부터 TV를 시청하는 잣대를 마련해 주는 것이 좋다. 그 방법으로 가장 좋은 것이 바로 시청일기를 쓰게 하는 것이다. 분량이 많아야 하거나 딱 부러진 형식을 가져야 할 필요는 없다. 또한 아직 어리기 때문에 프로그램에 관한 불만이나 비판은 기대하기 힘들 것이다. 하지만 TV를 보면서 그 내용과 느낌을 정리하는 것부터 시작하면 아이들도 어느새 '볼만한 프로'와 '시간이 아까운 프로'는 구분할 수 있게 된다.

● 프로그램을 보기 전에 미리 선정한다

시청일기를 쓸 때는 아무 채널이나 돌려서 시간 때우기 식으로 보지 않고 미리 볼 프로그램을 정하는 것이 좋다. 그리고 시청한 후에는 그것에 대해 이야기하기로 미리 계획을 세워 놓는다. 아이의 시청일기를 보고 엄마가 조언을 해주면 아이들 스스로도 TV 프로그램을 고르는 기준이나 관점을 가지게 되는 것 같아 흐뭇해 할 것이다.

● 프로그램을 선정할 때는 토론을 한다

프로그램을 선정할 때는 반드시 아이들과 함께 왜 그 프로그램을 보려고 하는지에 대해 토론을 한다. 그래야 아이들도 책임감을 느끼게 되기 때문이다. 하루에 두시간 내의 시청 시간을 정하고, 프로그램을 정하면 가능한한 엄마와 아이가 함께 보는 것이 좋다.

그리고 다음날 아이가 학교에서 돌아오면 어제 보았던 프로그램의 내용과 느낌에 대해서 쓸 수 있도록 지도를 해준다. '어떤 점이 재미있었는지 아쉬움이 있었다면…' 하는 식으로 그러면서 오늘 볼 만한 프로그램을 찾는 것도 좋다.

◐ 무조건 TV를 못 보게 하는 것보다 시청 방법을 바꿔 학습에 이용하는 것이 더 효과적이다.

● 좋은 프로그램을 골라 보여준다

아기가 계속 TV를 보려고 고집하면 좋은 프로그램을 골라주는 것도 중요하다. 좋은 프로그램을 고를 때는 우선 아이들이 흥미를 가지고 지속적으로 볼 수 있는 프로그램인가를 따져야 하고, 같은 주제, 같은 내용이라도 점토인형을 이용하는 등 창의적 요소들이 많은 것이 좋다.

어른이 봐도 재미있는 프로를 선정하는 것도 중요하다. '아이들은 수준이 낮다'는 그릇된 생각은 아이들을 더 유치하게 만들뿐이다. 어른들이 재미있게 웃을 수 있는 프로그램이라야 아이들도 재미있게 볼 수 있다.

● TV 시청을 줄이는 방법을 병행한다

무조건 'TV를 보지 마라'가 아니라 TV 시청보다 더 흥미로운 일과 놀이를 하게 해서 TV 시청 시간을 줄인다.

아이와 함께 동네 시장에 가거나 어두워질 때까지 친구들과 밖에서 뛰어 놀도록 내버려두는 것도 좋다. 구민회관 같은 곳에서 단돈 천원에 하는 좋은 영화를 보여주거나, 휴일에 큰 도서관에 가서 아이들에게 다양한 종류와 그림을 가진 책을 보여주는 것도 효과가 있다.

● 전문 MC가 진행하는 프로를 고른다

프로그램의 진행자가 누구냐에 따라 프로그램 선택 여부도 달라져야 한다. 요즘 어린이 프로도 개그맨이나 신인 탤런트가 진행하는 경우가 많은데 어떤 프로그램이든 그 분야의 전문가가 진행하는 것으로 선택하는 것이 좋다. 만약 음악 프로그램이라면 유명한 성악가나 음악인이 진행하는 것이 아이들의 감성을 일깨워 줄 수 있으며, 조금 더 까다롭게는 연출자 역시 전문성이 있는 사람이 맡은 프로를 더 신뢰할 수 있다.

또 색깔이 지나치게 화려하거나 화면이 너무 바뀌는 프로그램은 피하는 것이 좋다. 이런 프로그램을 오래 시청할 경우 아이의 정서에 영향을 미칠 수 있기 때문이다.

● 엄마, 아빠의 노력이 중요하다

TV를 통한 교육을 하려면 엄마, 아빠의 노력이 중요하다. 우선 그 기준을 명확하게 세워야 한다. '그래, 그렇게 보고싶어 하는데…' '한번쯤이야 하는 마음을 가지면 부모 스스로 무너지게 되고 아이들도 부모의 교육방침을 따라오지 않게 된다.

또한 무엇보다도 아빠의 도움이 필요하기도 하다. 밤늦게까지 일하고 피곤한 몸으로 돌아오는 남자들의 유일한 취미가 바로 TV 시청으로, 아이에게 교육을 시키려면 남편의 취미생활도 자제를 해야 한다. 자신의 취향대로 채널을 돌리지 말고 좋은 다큐멘터리 위주로 보도록 노력하자.

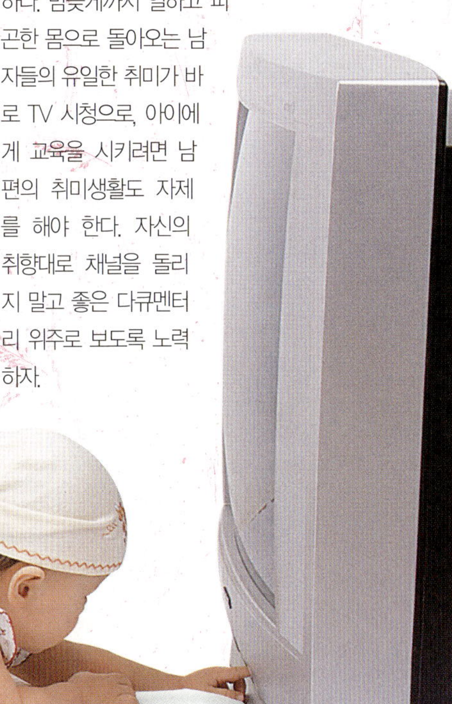

우리 아이,
우리 아이,

PART 11

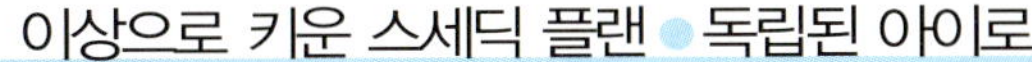

창의력 개발 인기 플랜

좌뇌와 우뇌를 균형 있게 발달시키는 전뇌개발, 네 자매를 모두 IQ 160 이상으로 키운 스세딕, 아이의 숨은 잠재력을 찾아내는 시찌다 · 몬테소리, 논리력과 수리력을 높여주는 프뢰벨 · 오르다 등 엄마들 사이에서 인기가 높은 창의력 향상 교육 프로그램을 소개한다.

전뇌계발 플랜

한때 우뇌를 계발시켜야 창의성이 뛰어나다고 해서 우뇌계발교육이 인기를 끌었던 적이 있었지만 창의적인 사고력은 좌·우뇌의 균형 있는 발달이 이루어져야 극대화된다. 우리 아이는 좌뇌형일까 우뇌형일까? 전뇌를 계발하는 방법에 어떤 것이 있는지 알아보자.

도움말/ 한국전뇌개발연구소

❖ 좌우뇌를 조화롭게 이용해야 아이의 잠재능력을 끌어낼 수 있다.

좌우뇌가 고르게 계발된 아이가 똑똑하다

인간의 대뇌 구조는 크기와 모양이 같은 좌뇌와 우뇌가 대칭 형태로 나뉘어져 있다. 좌·우뇌는 '뇌량'이라는 신경섬유 다발로 연결된다. 이 좌뇌반구와 우뇌반구는 그 기능이 달라서 좌뇌가 발달하면 논리적·분석적·이성적·합리적인 사고를 하게 되고, 우뇌가 발달하면 창의적·확산적·전체적·감성적인 사고와 응용력이 생긴다는 사실은 이미 잘 알려져 있다. 그래서 한동안은 우뇌를 자극해야 창의력·응용력이 뛰어나다고 하여 우뇌계발교육이 큰 인기를 끌기도 했다.

그러나 중요한 점은 서로 독립되어 있는 두 반구가 전혀 다른 기능을 한다기보다는 '뇌량'을 통해 끊임없이 정보를 교환하고 협력하고 있다는 사실이다.

따라서 왼쪽 뇌와 오른쪽 뇌를 모두 다 고르게 발달시키는 것이 한쪽 뇌만 계발시키는 것보다 더 좋다는 것은 두말할 필요가 없다.

이런 사실이 알려지면서 좌·우뇌를 골고루 계발시키자는 전뇌계발 육아 프로그램이 큰 인기를 끌고 있다.

교육적인 효과도 양쪽 뇌를 조화롭게 잘 이용할 때 한층 극대화

되어 아이의 잠재능력이 쑥쑥 자라게 된다. 사실 지금까지는 학교교육도 그렇고 좌뇌의 기능이 더 강조되어 왔지만 이제는 양쪽 뇌를 골고루 발달시켜주는 교육이 필요하다.

기능은 달라도 정보를 교환하는 좌·우뇌

'언어 뇌'라고도 불리는 좌뇌에는 언어중추가 자리잡고 있다. 그래서 좌뇌가 발달하면 언어구사 능력, 문자나 숫자·기호에 대한 이해력, 사리에 맞는 사고능력 등이 뛰어나다. 즉, 분석적이고 논리적이며 합리적인 능력이 발달한다는 것이다.

그런가 하면 우뇌는 '이미지 뇌'라고도 하며 그림이나 음악감상, 스포츠 활동 등 상황을 빨리 파악하는 직관력이나 공간인식 능력과 같은 감각적인 분야를 담당한다. 공간인식 능력이란 사물의 공간적 위치를 판단하여 행동을 계획하는 능력을 말한다. 예를 들어 미로에 빠졌을 때 목적지를 찾아낼 수 있는 것은 바로 이 능력 때문이다.

또 우뇌는 기억을 이미지화하여 머리 속에 파일 형태로 저장해 놓았다 필요할 때

❖ 좌뇌가 발달하면 언어구사능력과 문자나 숫자에 대한 이해력이 뛰어나다.

꺼내쓰는 능력도 있다. 이것이 바로 '패턴 인식력'이다. 아기가 부모와 남을 구별해내는 것은 이 때문이다.

이렇게 좌뇌와 우뇌가 하는 일은 서로 다르지만 중요한 것은 좌·우뇌가 단절돼 있는 것이 아니라 뇌량으로 연결돼 서로 정보를 교환하면서 활발하게 움직인다는 것이다. 그래서 좌·우뇌가 고르게 발달될 때 내 아이의 잠재능력을 200% 발휘할 수가 있다.

❖ 우뇌가 발달한 아이는 변화를 좋아하고 좌뇌가 발달한 아이는 질서를 좋아한다.

좌뇌형이냐 우뇌형이냐에 따라 교육방법이 달라진다

보통 좌뇌보다 우뇌가 더 발달한 우뇌형의 아이는 변화를 좋아하고 특이한 것을 좋아한다. 반면 우뇌보다 좌뇌가 더 발달한 좌뇌형은 질서·안전·규칙 등을 좋아하며 무슨 일을 할 때 계획을 세워 움직이는 편이다.

예를 들면 같은 스포츠라도 우뇌형은 예술적인 아름다움이나 스피드를 즐기는 다이빙, 피겨스케이팅, 무용 등을 좋아하지만 좌뇌형

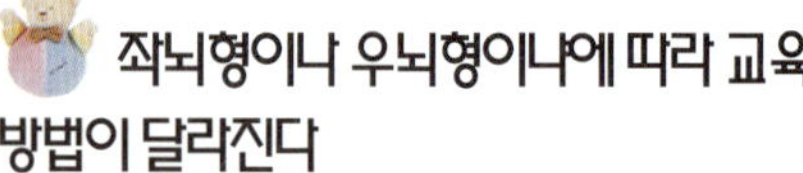

은 경쟁하면서 경기하는 종목을 좋아한다는 것이다.

그렇다면 내 아이는 좌뇌가 발달한 좌뇌형일까, 아니면 우뇌가 발달한 우뇌형일까? 이것을 손쉽게 알아볼 수 있는 좌·우뇌 발달 테스트를 한번 해보자.

아이가 어떤 유형이냐에 따라 개발이 덜 된 쪽의 뇌에 자극을 줌으로써 전뇌 계발이 가능해진다. 이런 이유에서 엄마는 내 아이가 어떤 유형인지 잘 알고 있는 것이 바람직하다.

좌·우뇌를 고루 계발시키는 방법

좌우 신체를 균형있게 사용하게 한다

아이가 잘 쓰지 않는 쪽의 신체를 많이 사용하도록 도와주면 양쪽 뇌가 고르게 자극된다. 오른손, 왼손을 모두 쓰는

것도 뇌를 고르게 계발하는 한 방법. 오른손잡이는 왼쪽 대뇌가, 왼손잡이는 오른쪽 대뇌가 더 발달되어 있다.

알려진 대로 우리의 좌뇌는 오른쪽 몸의 지각과 운동을 담당하고, 우뇌는 몸의 왼쪽을 맡고 있다. 그래서 오른손을 움직일 때는 손과 반대쪽에 있는 좌뇌에서 오른손으로 명령이 내려진다. 뇌출혈이나 사고 등으로 뇌를 다쳤을 때, 사고가 난 뇌의 반대쪽 몸에 마비증세가 오는 것은 이 때문이다.

클래식 음악을 들려준다

음악은 아이들의 정신건강은 물론 두뇌력 향상에 좋은 방법이

우뇌를 자극시키는 음악

드뷔시	바다
쇼팽	강아지왈츠
요한 스트라우스	아름답고 푸른 도나우강
알비노니	아다지오
드보르작	유모레스크
브람스	자장가
비발디	사계
헨델	라르고
모차르트	아이네 클라이네 나하트 뮤직
바하	브란덴부르크 협주곡, G선상의 아리아

된다. 가사가 있는 곡이 좌뇌를 자극한다면 조용하고 가벼운 클래식 음악은 우뇌를 자극하는 효과가 있다.

음식도 뇌를 활성화시키는 것을 섭취한다

사람의 뇌는 체액과 혈액이 약알칼리성으로 유지될 때 자극을 받고 활성화된다고 한다. 따라서 산성식품은 가능하면 피하는 것이 좋다. 대신 단백질이 풍부한 약알칼리성 식품을 자주 먹인다.

식물성 단백질 식품인 콩이나 콩으로 만든 두부 같은 콩제품도 좋다. 비타민군 식품 또한 뇌의 모세혈관 생성을 촉진시켜 준다.

일상생활에 아이를 자주 참여시킨다

쓰레기 분리 수거하기, 걸레질하기, 빨래 개기 등 사소한 일들을 아이와 같이 하면서 방법을 알려준다. 아이는 이런 과정에서도 많은 자극을 받는다.

그리고 백화점이나 수퍼마켓, 시장처럼 많은 자극이 있는 곳에 갈 때도 아이를 데리고 가보자. 가서 물건을 고르게 하는 등 아이가 흥미를 느낄 수 있도록 해주면 아이는 자기가 가진 여러 가지 지식을 종합해서 판단하는 능력을 기를 수 있다.

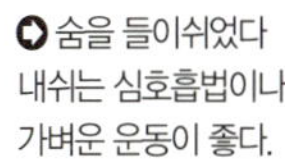

좌·우뇌 발달 체크 리스트

다음 두 개의 문장 중에서 우리 아이가 해당되는 내용 쪽의 ( )안에 O표를 하세요.

1 ··· **A** 처음 만난 사람의 얼굴을 잘 기억한다( ).
   B 사람 얼굴이나 모습을 기억 못한다( ).

2 ··· **A** 자연 재료로 만든 것을 좋아한다( ).
   B 플라스틱이나 금속으로 만든 것에 더 흥미를 나타낸다( ).

3 ··· **A** 배가 고프지 않으면 식사하지 않는다( ).
   B 매일 시간을 잘 지켜 식사를 한다( ).

4 ··· **A** 야단을 맞아도 금방 기분이 풀린다( ).
   B 야단을 맞으면 오랫동안 의기소침해 있는 편이다( ).

5 ··· **A** 새 장난감이나 게임에 흥미를 나타낸다( ).
   B 새 장난감이나 게임에도 흥미가 없다( ).

6 ··· **A** 미니카 같은 장난감이나 다른 잡동사니 등을 모으는 데 열중한다( ).
   B 소꿉놀이나 흉내내는 놀이를 좋아하고 직접 이야기를 생각해내 그 역할을 한다( ).

7 ··· **A** TV나 그림책에 나오는 등장인물의 얼굴, 장면 등을 자세하게 기억하고 있다( ).
   B 자신이 본 TV드라마나 동화책 스토리를 다른 사람들에게 들려주는 경우가 많다( ).

8 ··· **A** 어른들이 운동을 하고 있으면 흉내를 내려고 신체를 움직이곤 한다( ).
   B 애써 가르치지 않으면 새로운 운동을 해보려고 하지 않는다( ).

9 ··· **A** 다른 사람들과 같이 식사를 하려고 한다( ).
   B 혼자 있더라도 식사를 잘하는 편이다( ).

10 ··· **A** 상대방에게 말할 때 손짓 발짓을 섞어 이야기한다( ).
   B 이야기를 할 때 동작이나 반응이 적은 편이다( ).

11 ··· **A** 산책 중에 주위 풍경이나 사람들을 두리번거리며 잘 참견한다( ).
   B 산책중이라도 앞만 보고 성급하게 걸으며 다른 것에 별로 흥미를 보이지 않는다( ).

✱ 위의 테스트 결과 A문장에 O표가 더 많이 표시된 아이는 우뇌가, B내용에 O표가 더 많이 표시된 아이는 좌뇌가 발달한 경우로 본다.

– **좌(우)뇌 점수가 3 이하** : 좌(우)뇌 자극을 반복해야 한다.
– **좌(우)뇌 점수가 4~6** : 좌우뇌 발달 상태가 양호한 편 좀더 활성시키도록 하자.
– **좌(우)뇌 점수가 7 이상** : 좌(우)뇌가 많이 발달한 상태다.

읽고 그림으로 표현하는 훈련이 효과적이다

아이가 책을 읽고 나면 내버려 둘 것이 아니라 읽은 내용을 상상해 보고 그림으로 그려보도록 해본다. 이렇게 하면 좌·우뇌가 고르게 발달한다. 음악을 들려준 후 그 느낌을 글로 표현하거나 그림으로 그리게 하는 것도 같은 효과가 있다. 이렇게 아이에게 음악이나 그림, 스포츠 등을 접하게 하면 우뇌가 자극을 받게 된다.

상상을 많이 하도록 유도한다

아이가 다소 비논리적이더라도 다양한 상상이나 공상을 하게 해 준다. 만화에서나 볼 수 있는 상상이나 공상을 논리적이지 않다고 무시하지 말자. 상상력이 우뇌를 계발시킨다. 아이가 다양한 상상을 통해 현재의 지식을 뛰어넘을 수 있는 가능성을 키워주는 훈련이다.

패턴 인식력을 높이는 훈련이 필요하다

어떤 형태의 특징을 기억해내 전체로 종합하는 능력이 패턴 인식력이다. 동물의 일부분을 보여준 뒤 전체를 상상하게끔 한다든가 숨은 그림 찾기, 미로 찾기 게임, 장기, 바둑 등은 이런 패턴 인식력을 높여준다고 한다.

엄마랑 하는 재미있는 전뇌계발 놀이

● 스틱바 놀이

스틱을 이용하여 다양한 도형과 모양을 창의적으로 만들어 보는 놀이. 도형 인식력을 키워주는 효과가 있다.

준비물 스틱 15 ~ 20개(아이스크림 먹고 난 막대기나 나무젓가락 자른 것)

● 틈새로 보는 세상

부분의 형태나 색깔을 통해 연관성 있는 그림을 그려본다. 우뇌영역의 연상력을 길러주는 놀이이다.

준비물 색종이, 풀, 색연필

다양한 감각을 접하게 해준다

아이가 다른 사람과 이야기할 때 논리적인 데만 신경 쓰지 않고 다른 사람의 감정과 사고방식을 느끼게 하려면 상대방과 시선을 마주치거나 주위에 있는 색, 공간, 향기, 감정 등에 주의를 기울이도록 한다.

긴장·이완상태를 반복시킨다

천천히 코로 숨을 들이마셨다가 입으로 내쉬는 심호흡을 하거나 신체의 일부에 천천히 힘을 주었다가 잠시 멈춘 다음 서서히 힘을 빼는 동작을 반복하면 좋다. 이렇게 함으로써 긴장·이완상태가 반복된다.

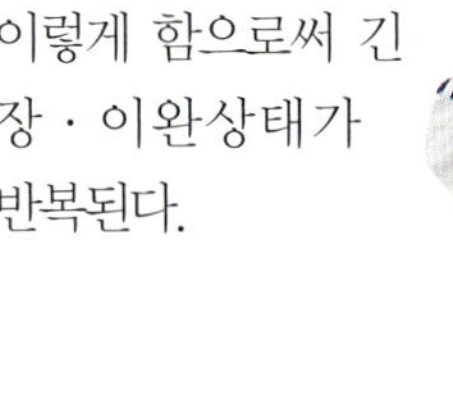
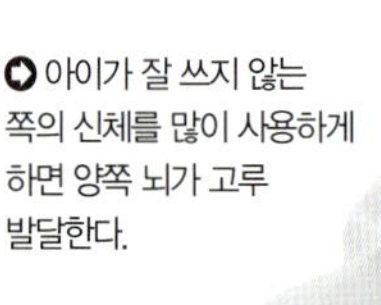

◑ 아이가 잘 쓰지 않는 쪽의 신체를 많이 사용하게 하면 양쪽 뇌가 고루 발달한다.

■ ■ ■ 좌·우뇌는 이렇게 달라요

우뇌	좌뇌
비언어적(시각적)	**언어적**
• 얼굴 기억을 잘한다	• 이름 기억을 잘한다
• 대화할 때 몸짓, 손짓을 잘한다	• 대화시 단어를 더 많이 사용한다
• 운율적인 자료의 기억을 잘한다	• 언어적인 자료의 기억을 잘한다
• 경험적·활동적인 학습에 익숙하다	• 언어적 정보의 학습에 익숙하다
직관적(은유적)	**분석적(논리적)**
• 직관적 판단에 의해 문제를 해결한다	• 체계적인 방법으로 문제를 해결한다
• 유머러스한 생각·행동을 한다	• 논리적인 생각·사고를 한다
공간적	**직역적**
• 기하학적 학습에 뛰어나다	• 논리적 추리를 통한 학습을 한다
• 공간적·시각적 과정을 통한 학습에 익숙하다	• 수학학습에 익숙하다
감정적·예술적	**이성적·인지적**
• 감정 발산을 잘한다	• 감정 억제를 잘한다
• 창조적이다	• 지적이다
• 새로운 사실 발견을 선호한다	• 기존의 것을 선호한다
• 환상적·상상적인 것을 선호한다	• 사실적·현실적인 것을 선호한다

전통적인 아기키우기 플랜

예전이나 지금이나 변함없는 건 내 아이를 튼튼하고 똑똑하게 잘 키우고 싶은 모든 부모의 바람이다.
다만 그 방식에는 여러 가지 차이가 있다. 우리네 할머니들이 우리를 키워온 전통적인 방법은
과연 어떤 것인지 알아보고, 거기에서 지혜로운 아기 키우는 방법을 배워본다.

 ### 내 아이 '구식' 으로 한번 키워볼까?

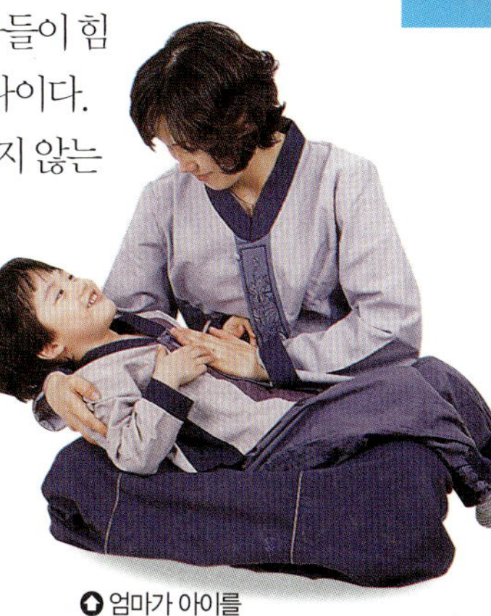

많은 자녀를 낳던 옛날 어머니, 할머니들의 고달픈 삶과는 달리 요즘 엄마들은 보통 한 명 또는 두 명의 자녀만을 낳는다. 그러다 보니 아이들이 형제들 속에서 부대끼며 자연스럽게 자라나도록 했던 전통 육아방식과는 달리 요즘은 극성이다 싶을 정도로 자녀에 대한 관심과 교육열이 대단한 편이다.

◑ 전통적인 방법으로 아이를 품성이 바르고 영특하게 키울 수 있다.

그럼에도 불구하고 그런 열성과는 달리 바른 육아법을 알고 있는 엄마들은 드물다. 그때그때 유행하는 새로운 육아방식이 절대적인 것인 줄 알고 쉽게 따라 하기도 한다. 마치 그렇게 해야 앞서가는 좋은 부모라도 되는 것으로 생각하는 것이다.

하지만 새로운 것이 꼭 좋은 것은 아니다. 우리네 조상들의 전통 육아법에는 오늘날의 엄마들이 미처 알지 못한 지혜가 곳곳에 숨어 있다. 그래서 알고 보면 오늘날에도 본받고 따라할 것들이 많기만 하다.

 ### 전통 육아로 이렇게 키운다

젖먹일 때는 왼손으로 안고 먹인다

예전에 엄마들은 아기가 원할 때마다 젖을 물렸다. 젖을 먹일 때는 다정하게 안고 아기와 눈을 맞추면서 먹였다.

또한 짝짝이가 될 정도로 유난히 왼쪽 가슴의 젖을 많이 물렸다고 하는데, 이것은 아기가 엄마의 왼쪽 가슴의 심장박동 소리를 들으며 뱃속에서처럼 편안히 젖을 먹으라는 뜻이었다는 것이다. 이렇게 젖을 먹이면 아이는 정서적으로 안정되어 잘 자란다고 한다. 그러나 요즘은 모유를 먹이는 엄마도 많이 줄었을 뿐더러 모유를 먹이는 시간도 미리 정해 놓고 규칙적으로 먹인다. 아기가 배가 고파 울더라도 시간이 될 때까지 기다리는 무정한 엄마도 있다. 이럴 경우 아기는 신경질적인 성격이 될 수 있으므로 주의한다.

자주 업어준다

아기를 업고 어르는 어부바는 아기의 정서 발달에 더할 나위 없이 좋은 우리의 전통육아법이다. 아기의 혈액순환에 지장을 주고, 소화불량의 원인이 된다고 주장하는 사람들도 있지만 아기의 가슴과 배를 지나치게 압박하는 자세만 피한다면 아기에게 엄마의 등은 세상에서 가장 좋은 안식처다.

목을 정확하게 가눌 만한 시기인 4개월 정도가 되면 아기를 업는 것이 가능해진다. 엄마 등에 업힌 아기는 엄마의 목소리를 가까이서 듣게 되므로 안정된 기분을 느낀다고 한다.

단, 업을 때는 우유를 먹인

◑ 엄마의 등은 아이에게 있어 세상에서 가장 편안한 안식처다.

직후에 업는 것은 피하고, 한 시간 이상 등에 동여매 두면 아기의 혈액순환이 나빠져 발끝이 차가워지거나 얼굴이 창백하게 변할 수도 있으므로 때때로 아기 포대기를 풀어서 휴식을 취해야 한다.

안거나 업어서 재운다

아기 잠 재우기는 엄마들이 힘들어하는 부분 중 하나이다. 특히 저녁에 잘 자려 하지 않는 아이나 밤중에 자주 깨는 아기들이 많다. 이때 아기가 안 자도 버릇 나빠질까 봐 모른 척하거나 그대로 두는 것은 좋지 않다.

◑ 엄마가 아이를 안거나 업고서 재우면 아이가 쉽게 잠든다.

보통 혼자 떨어져 자는 아이가 밤에 잘 자려 하지 않는다. 아기들은 혼자 재우면 불안해하고 무서워하므로 예전의 엄마들이 했던 것처럼 엄마가 안아서 재워주도록 한다. 아기와 함께 누워 자장가를 불러주거나 토닥이며 옛날이야기나 동화책을 읽어주는 것도 좋은 방법이다.

또 만 3세 정도까지는 엄마, 아빠와 같은 방에서 자는 게 좋다. 이렇게 해야 배가 고프거나 칭얼댈 때, 아플 때 바로 돌봐줄 수 있어 아기가 불안해하지 않는다.

간식거리는 직접 만들어 먹인다

요즘은 굳이 직접 만들어 먹이지 않아도 아기의 두뇌발달에 단계별로 맞춘 특수 분유나 이유식, 아기들 입맛에 맞는 간식 등 종류가 매우 다양하다.

그러나 이런 좋다는 것을 먹고 자란 아이들이 웬일인지 덩치는 커도 체력은 허약하기만 하다. 아이가 좋아하고 엄마가 편하다는 이유로 과다한 인스턴트 음식을 섭취하고, 과잉보호속에 자라기 때문이다.

그러니 우리 아이들에게 가장 좋은 것은 우리네 조상들이 그러했듯 이 땅에서 난 것으로 정성스럽게 만들어 먹이는 영양만점 먹을거리다. 이것저것 사 먹이지만 말고 집에서 직접 만들어 주다 보면 다른 집 아이보다 더 튼튼하게 잘 크는 것을 느낄 수 있을 것이다.

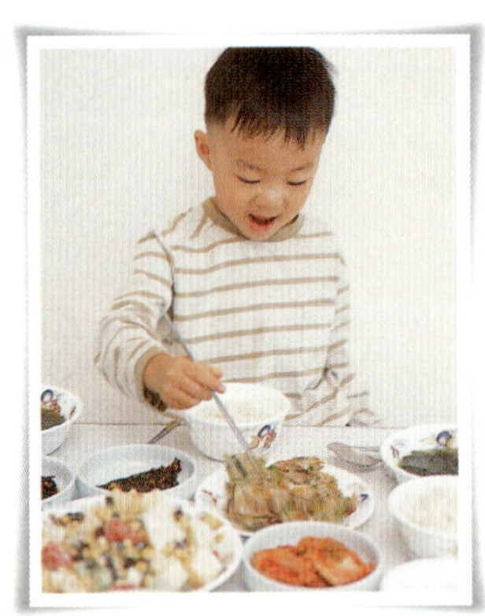

❶ 아이들 간식은 엄마가 직접 만들어주어야 아이가 몸도 마음도 건강하게 자란다.

대소변 가리기는 자연스럽게 진행한다

처음 대소변을 가리는 일은 아이에게는 매우 어려운 일이다. 이런 시기일수록 엄마의 애정이 더 필요하다. 흔히 하듯 반강제적으로 대소변 가리기 훈련을 시키기보다는 조상들이 했던 것처럼 자연스럽게 해본다. 무조건 강요하면 아이에게 심리적 압박감을 주어 오히려 더 안 된다.

할머니들은 전래 동요를 가르치면서 대소변 가리기를 시켰다. 또 장난기 있는 방법으로 철이 들도록 잠결에 오줌을 쌌다든지 하면 키를 씌워 옆집에 가서 소금을 얻어 오게 했다. 이는 아이에게 수치심을 갖게 하여 오줌을 싸지 않게 하는 방법이었다. 그렇게 해서 '두 돌이 지난 겨울에는 기저귀 빨래를 하지 않는다' 고 할 정도로 대소변 가리기가 빨랐다고 한다.

인스턴트 음식은 피하고 자연음식에 길들인다

이유식 초기에는 된장국과 물김치 국물 같은 것도 먹어보고, 이가 나서 간지러워할 때는 무나 오이를 길게 썰어 잡고 빨 수 있도록 해본다. 이렇게 하면 나중에는 저절로 곡류와 채식에 입맛이 길들여진다.

아이가 좀 크면 된장국에 현미밥, 김치 같은 자연식을 주식으로 해본다. 간식으로는 두부나 구운 감자 등이 좋다. 되도록 유기농 식품을 사용하도록 한다. 엄마가 정성스럽게 해준 이런 자연식에 입맛이 든 아이들은 인스턴트 음식은 잘 찾지 않고 편식도 하지 않는다.

더운 여름에 자주 사먹는 음료도 집에서 직접 만들어 주어보자. 냉장고에 오렌지 주스, 콜라 같은 음료 대신 정성스레 만든 과실차나 수정과, 식혜 같은 자연음료를 넣어두는 것이다.

먹을거리에는 영양가만 담겨 있는 게 아니라 엄마의 사랑이 담겨 있다. 엄마가 직접 만들어주는 간식이나 제철 식품이야말로 아이의 건강을 위한 좋은 먹을거리인 것이다.

어려서부터 젓가락질을 가르친다

어릴 때부터 젓가락질을 가르치는 게 좋다. 손에 수저를 들게 되면서 포크를 쥐는 아이들이 많다. 그래서인지 어른이 되어서도 젓가락질을 제대로 못하는 사람들이 꽤 많다.

우리의 독특한 음식문화에 맞게 숟가락을 들 때부터 젓가락 쓰는 법을 가르쳐 주도록 한다. 서투르다고 포크를 쥐어주는 것은 삼간다.

예절교육에 신경 쓴다

아이들 인성교육에 더없이 중요한 것이 예절 교육. 높임말을 쓰고 다른 사람을 배려할 줄 아는 습관이 몸에 배어야 다른 사람도 존중하고 자기 자신도 소중히 여길 수 있다는 것이 조상들의 생각이었다.

❶ 어른들에게 높임말을 쓰게 하고 인사성이 밝은 아이로 키운다.

그렇다고 아이에게 예절교육을 가르치는 방법이 특별하거나 유별난 것은 아니다. 평소 엄마, 아빠가 서로를 존중하고 높임말을 쓰는 모습을 보여주는 것만으로도 아이들은 자연스럽게 따라 배우게 된다.

남편이 출근할 때 엄마가 먼저 "잘 다녀오세요."하고 인사를 하면 처음에는 그냥 앉아 있던 아이들도 엄마와 함께 인사를 하게 된다. 엄마, 아빠가 다른 이들을 대할 때 서로 존중하며 높임말을 쓰면 아이들도 스스로 어른에게는 높임말을 써야 된다는 것을 알게 되는 것이다.

엄마, 아빠가 먼저 항상 남을 존중하고 배려해 주는 자세를 보여주는 게 중요하다. 특히 공공장소에서의 예의는 반드시 지키게 해야 한다.

잘못했을 때는 과감하게 회초리를 든다

요즘은 아이를 너무 귀하게 키우다 보니 웬만한 것은 거의 들어주려고 하고, 잘못을 해도 그냥 지나치기 쉽다. 그러나 아이가 귀할수록 엄하게 키우라던 조상들의 지혜를 배워야 한다.

❶ 귀한 아이일수록 엄하게 키운다.

아이의 요구를 무조건 승낙하거나 잘못해도 그냥 두면 아이가 버릇없고 이기적으로 자라게 된다. 이것은 아이를 망치는 지름길이다. 아이를 바르게 키우고 싶다면 분명한 선을 그어놓고 안 되는 것을 요구하거나 잘못하면 혼을 내야 한다.

평소에는 애정으로 아이들을 대하지만 아이들을 혼낼 때는 엄해야 한다. 야단을 칠 때는 표정도 평소와 달리 엄하게 지으며 잘못한 점을 찬찬히 일러주도록 한다.

흔히 체벌이 나쁘다고만 생각해 아예 매를 들지 않는 경우가 많은데, 아이가 큰 잘못을 했을 때는 그것이 잘못된 일이라는 것을 알려주기 위해서라도 회초리를 들어야 한다. 옛날 어머니들이 종아리에 회초리 자국이 남도록 때린 것은 아이를 그만큼 사랑하기 때문이었다. 잠든 아이의 종아리에 약을 발라주며 우시던 어머니들의 모습에 진정한 사랑이 담겨져 있는 것이다.

양보심을 길러준다

요즘 아이들은 거의 대부분이 외동인 경우가 많다. 형제가 있다고 하더라도 한 명 정도이기 때문에 나누는 것에 익숙하지 않다. 이렇게 자기만 아는 아이는 친구와도 어울리지 못하고, 성격에 문제가 많다. 그러므로 틈틈이 다른 사람과 나누어 쓰거나 먹는 경험을 하게 만들어주는 것이 좋다. 엄마와 함께 양보놀이를 해보는 것도 한 방법이다.

옛날 어머니들은 아이에게 먼저 겸손을 가르쳤다. 내 아이만 뛰어나다고 자랑하지도,

내세우지도 않았다. 아이를 지켜보면서 묵묵히 키워냈다. 똑똑하다고 무조건 아이를 튀게 가르치지 말고 남과 어울리며 살아갈 수 있는 사람으로 키워야 한다.

가족과 전통 놀이를 즐긴다

요즘 아이들은 컴퓨터 오락 게임이나 지능개발 놀이, 로봇이나 차, 블럭놀이 등을 주로 하며 자란다. 그러나 예전부터 해오던 전래놀이는 요즘 장난감처럼 비싸지도 않고 별 도구가 필요 없는 것들이 대부분이다.

그러면서도 감각, 동작훈련을 시키는 동시에 아이의 운동능력과 소근육을 발달시켜 주는 매우 과학적인 놀이들이다. 협동심과 지혜를 발휘하도록 돕는 효과도 있다.

요즘 아이들에게 전래놀이를 가르

❸ 가족과 함께 닭싸움과 같은 재미있는 전통놀이를 즐긴다.

처보자. 어린 아기일 때는 도리도리 · 짝짜꿍 · 잼잼 · 곤지곤지 · 호루라기 불기 · 바람개비 놀이, 조금 자라서는 쌀보리놀이 · 공기놀이 · 닭싸움 · 실뜨기 · 딱지치기 · 닭싸움 · 기차놀이 · 윷놀이 등이 좋다.

이런 놀이시간에는 되도록 온 가족이 즐거운 시간을 보내는 게 좋다. 특히 윷놀이를 할 때는 윷판을 아이와 직접 그리면 효과적이다. 보통 하얀 스케치북에 그리기도 하지만 우리나라 지도를 펴놓고 지도 위에서 말을 움직이며 평양도 가고, 제주도도 가는 식으로 놀이를 하면 아이가 무척 재미있어 하고 지리공부도 된다.

감정을 잘 절제할 수 있게 도와준다

옛 어른들은 화가 날 때면 '침을 모아서 세 번만 삼켜라', '부엌에 가서 찬물 한 컵을 마시고 오라'고 시켰다고 한다. 똑똑한 아이보다 인내심 있고 사려 깊은 아이로 키우는 것을 최상으로 여겼던 전통 육아법은 이렇게 아이가 자연스럽게 자신의 감정을 잘 절제하고 상대방을 배려하도록 했다.

전문가들도 아이들이 분노를 느낄 때 물을 마시게 하거나 텔레비전을 크게 틀거나 해서 당분간 분노를 잊어버릴 수 있게 하라고 조언한다. 그 다음엔 '내가 화를 내는 것이 정당한가?'를 스스로 물어보게 하고, 화를 낸다고 문제가 해결되거나 사정이 달라질 수 있는지 생각해 보게 한다.

또래 아이들과 자주 어울리게 한다

내성적인 아이의 성격을 개선시켜 보겠다고 놀이학원에 보내고 지능 발달에 좋다는 놀이를 시키는 게 얼마나 효과가 있을까? 아이들은 또래끼리 충분히 어울리면서 성격도 원만해지고 품성이 다듬어진다. 그래서 형제, 자매 틈바구니에서 자라던 예전에는 따로 공부가 필요하지 않았다. 서로 부대끼면서 그 속에서 질서와 사회성, 또래의식 등을 배울 수 있었기 때문이다. 아이를 과보호해 집안에서만 키우지 말고 자주 친구들과 어울려 놀도록 해주자. 그러다보면 아이는 학습을 통해서는 못 배우는 것들을 자신도 모르는 새 배우게 된다.

한방에서 말하는 아기 키우는 요령 10가지

① **아기의 등은 항상 따뜻하게 한다.** 이것은 바깥으로부터 바람(風)이 등을 통해 몸으로 들어오기 때문에 이를 방지하기 위해서다.

② **아기의 배를 늘 따뜻하게 한다.** 아기들의 소화기는 그 기능이 완전하지 못하므로 배를 차게 하면 기능에 이상이 생겨 설사 등을 일으킨다. 그래서 여름에도 배는 꼭 덮고 자야 한다.

③ **발을 따뜻하게 해준다.** 발은 신체의 제2심장이라 할 만큼 중요한 곳이므로 발이 따뜻해야 혈액순환이 잘 되어 온몸이 튼튼해진다.

④ **머리는 항상 서늘하게 한다.** 머리는 인체의 모든 따뜻한 기운이 모이는 곳이므로 늘 서늘하게 하여야 맑고 상쾌한 상태를 유지할 수 있다.

⑤ **가슴부위를 서늘하게 한다.** 이곳은 열이 많은 곳이므로 서늘하게 하여 열을 식혀 주어야 한다.

⑥ **아기에게 이상한 물건이나 낯선 사람을 보여주지 않는다.** 아기의 뇌는 완전히 발육되지 않았으므로 이상한 물건이나 낯선 사람을 보면 놀라서 경기를 일으킬 수 있다.

⑦ **소화기는 늘 따뜻하게 한다.** 소화기가 따뜻하지 않으면 기능장애가 나타난다. 아기의 소화기는 아직 완전하지 못하므로 찬 음식을 먹으면 질병을 일으킬 수 있다.

⑧ **우는 아기를 달래기 위한 목적으로 젖을 먹이지 않는다.** 억지로 젖을 먹이게 되면 젖이 호흡기로 들어가서 질식할 우려가 있다.

⑨ **수은이 든 경분이나 주사 등의 약을 함부로 먹이지 않는다.** 이것은 꼭 필요한 경우가 아니고서는 약을 먹이지 말라는 것으로, 약을 먹일 때는 반드시 전문가와 의논해야 한다.

⑩ **목욕을 너무 자주 시키지 않는다.** 어린아이의 피부는 연약하므로 잦은 목욕은 피부를 상하게 할 뿐 아니라 각종 세균의 침입을 쉽게 받을 수 있다.

영특하고 감성적인 아이로 키우는

스세딕 플랜

미국에 거주하는 '지쓰코 스세딕' 이란 일본인 여성이 네 딸을 IQ 160 이상의 영특하면서도
감성이 풍부한 아이로 키워냈다고 해서 화제가 된 적이 있다. 그 비결은 남다른 태교와 조기교육이었다고 한다.
그가 실천한 태교, 아기 키우는 방법이 어떤 것인지 알아본다.

네 아이를 모두 영재로 만든 지쓰코 스세딕 부인

스세딕 부인은 일본인으로 미국인인 조셉 스세딕과 결혼해 딸만 넷을 낳았다. 남편은 평범한 기계공이었다. 그런데 이 네 자매가 모두 미국 전체의 지능지수 상위자 0.5% 안에 들어있는 천재 자매들이라고 한다.

자녀 한 명을 이렇게 키우는 것도 힘든데 네 자녀 모두 IQ가 160이 넘는다는 사실이 알려지면서 그들이 살고 있는 오하이오주 뉴 콩코드 시골마을은 한동안 취재진으로 북적거렸다. 전 세계 엄마들의 관심이 쏠릴 수밖에 없었다.

그 당시 맏딸인 스잔은 11세로 마스킨큼 대학의 의예과생이었고, 9세의 스테이시는 고교 1년생, 7세의 스테파니는 중학교 2학년에 재학중이였으며, 막내 조안나는 4세로 아직 학교에 다니지 않았으나 초등학교 고학년 수준의 공부를 하고 있었다. 현재 19세가 된 스잔은 일리노이 주립대학에서 세포학 대학원 과정을 밟다가 예술대학으로 옮겨 성악, 연극, 사진에 정열을 쏟고 있다고 한다.

둘째딸은 맨들린대학 4학년으로 심리학과 교육을 전공하고 있으며, 셋째딸 역시 맨들린 대학에서 성악을 전공하고 있다. 그리고 12살인 막내는 고등학교 2학년 과정을 밟고 있는 중이다.

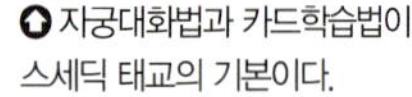

스세딕 태교

스세딕 부부의 태교에서는 임신중의 어머니가 보고 듣고 생각하는 것은 어머니의 목소리, 신체적 변화, 마음가짐 등에 의해 태아에게 전달되고, 이것을 받아들인 태아는 태어나면서부터 어떠한 지적 능력 또는 소질을 갖추게 된다고 본다.

그래서 무엇보다 어머니의 마음가짐이 중요하다. 뱃속의 아기와 대화를 나누거나 책을 읽어줄 때, 음악을 들려줄 때 등 언제라도 아기에게 애정을 듬뿍 가지고 대해야 한다.

❷ 자궁대화법과 카드학습법이 스세딕 태교의 기본이다.

대표적인 스세딕식 태교법은 자궁 대화법과 카드 학습법이다

뱃속 아기에게 끊임없이 이야기를 들려주는 자궁대화법과 카드로 글자와 숫자를 인지시키는 카드학습법이 대표적인 스세딕식 태교법이다.

스세딕 부인은 임신 5개월 때부터 뱃속의 아기에게 이미지를 그리며 자주 말을 걸었다. 그림카드나 문자 카드, 숫자카드 등을 이용해 학습을 하기도 했다. 그랬더니 그렇게 태어난 장녀가 생후 7개월 때 글자를 읽었고, 돌 무렵 중학교 수준의 책을 읽었다고 한다. 또 태어나서 처음 배운 글자들을 한눈에 기억했다.

자궁대화를 꾸준히 한다

스세딕 부인은 뱃속의 아기들과 끊임없이 대화를 나누었다. 바로 스스로 생각해 낸 '자궁대화법'이다. 대화를 통해 어떤 학습을 시키겠다는 생각보다는 가슴에 넘쳐흐르는 아기에 대한 애정을 자연스럽게 표현했다고 한다.

아기의 뇌는 임신 3~4개월이 되면 기본 구조를 이루게 되어 태아도 얼마든지 학습이 가능하기 때문에 이 시기에 좋은 정보를 많이 주어야 한다는 것이 스세딕 부부의 주장이다.

태아가 엄마 뱃속에서 경험하는 것은 엄마의 말을 통해서이므로 일상 생활에서 일어나는 모든 일들을 재미있게 이야기해 준다.

아침에 잠에서 깨어났을 때부터 밤에 잠자리에 들 때까지 엄마나 가족이 무엇을 하고, 무슨 생각을 하며, 무엇을 느끼고 무엇에 대해 이야기하는지를 뱃속 아기에게 들려준다.

예를 들면 어떤 음식을 먹을 때의 느낌이나 불에 올려놓은 냄비나 목욕물의 느낌을 '뜨겁다' 라는 음성과 함께 뱃속 아기에게 차근차근 설명해 주는 식이다. 마룻바닥의 딱딱한 감촉과 푹신한 카펫의 감촉의 작은 차이도 직접 만지면서 '딱딱하다' 또는 '부드럽다' 라는 말로 표현해 준다.

❷ 임신 3~4개월이면 태아의 뇌가 기본 구조를 이뤄 학습이 가능해진다.

일상생활 이야기를 재미있게 들려 준다

아침에 눈을 떠서는 "잘 잤니?"하고 말을 건네 본다. 이렇게 아침 인사를 함으로써 태아에게 아침이 되었다는 것을 알려줄 수 있다. 또 햇빛이 가득 들어오는 창가로 가서 "오늘은 날씨가 참 맑구나."하고 말하면 아기는 '맑은 날씨란 이런 것이구나' 하고 느끼게 된다.

이렇게 태아가 뱃속에서 여러 가지 감각에 대해 배우게 되면 태어난 후 인식능력이 뛰어나고 감각 발달이 촉진된다고 한다.

단, 태아에게 말할 때는 아주 쉽게 시각적으로 설명하는 게 요령.

예를 들어 정원에 피어 있는 장미에 대해서 태아에게 말하려고 한다면 식물 사전의 설명처럼 표현하는 것이 아니라 "이 꽃의 이름은 장미라고 한단다. 빨간색, 노란색, 흰색 등 여러 가지가 있는데, 아주 좋은 향기가 나지. 자, 맡아보렴. 향기가 참 달콤하지 않니? 하지만 가시가 있어서 꼭 쥐면 손을 다치니까 조심해야 한단다." 하는 식으로 향기도 직접 맡아가면서 말해준다.

카드학습법으로 태아의 뇌를 자극한다

태아의 기억능력은 임신 6개월부터 시작되어 8개월이면 완성되기 때문에 이 무렵이면 글자 학습이 가능하다. 이때 글자카드를 사용하면 태아가 보다 확실하게 인식할 수 있어 학습효과가 커진다.

글자카드는 흰 종이에 다양한 색깔로 말이나 글자를 써서 만들면 된다. 하루에 받침 없는 글자를 다섯 자씩 가르치면서 그 글자로 시작되는 몇 개의 단어를 가르치고 그 단어에 대한 이미지를 설명해 준다.

글자를 가르칠 때는 여러 번 정확하게 발음하면서 글자 모양을 따라 손가락으로 그려나간다. 이때 글자 모양이나 색깔을 마음에 새겨 넣듯이 천천히 시각화하는 것이 중요하다. 예를 들어 '가' 자를 가르친 다음에는 '가지', '가방', '가위' 등과 같이 그 글자를 사

용한 낱말을 세 개씩 가르치고, "가지란 밭에서 나는 채소인데, 짙은 보라색의 길쭉한 열매란다." 하는 식으로 이미지를 자세히 설명해주면 태아가 쉽게 이해할 수 있다.

엄마의 생각이 태아의 뇌를 자극한다

숫자카드는 글자와 마찬가지로 흰 종이에 선명한 색깔로 숫자를 써서 카드를 만든 다음 그 모양이나 빛깔을 들여다보면서 머릿속에 이미지를 새기는 방법으로 시작한다.

이때 단지 '1'이라는 숫자를 그대로 시각화하면 태아가 따분해하므로 '연필을 세워 놓은 모양'이라든지 '손가락처럼 생겼다'든지 그 모양에서 연상되는 것을 말해준다. 이와 함께 '하나', '둘' 하고 정확하게 발음해 들려준다. 숫자를 가르치면서 산수도 함께 가르치면 수에 대한 이해를 도울 수 있다.

예를 들어 "여기에 사과가 한 개 있는데 또 한 개의 사과를 더하면 몇 개일까?"라고 말하고, 태아와 함께 생각한 다음 "두 개!" 하고 엄마가 대신 대답해 주는 식이다.

이렇게 엄마가 태아와 함께 생각하는 과정에서 태아의 뇌가 자극받아 학습하게 된다고 한다. 이때 사용한 카드는 버리지 말고 잘 보관해 두었다가 아기가 태어난 다음에 유아기의 학습 교재로 다시 한 번 쓸 수 있다.

클래식 음악을 자주 듣는다

스세딕 부인은 임신 중에 클래식을 즐겨 들었다고 한다. 바흐나 모차르트, 비발디, 헨델의 음악을 거실이나 침실, 부엌에 늘 배경음악으로 흘려두고 살았다는 것. 이따금 경쾌한 슈트라우스의 왈츠음악에 맞추어 태아와 왈츠 스텝을 밟기도 하고, 포레의 진혼곡을 틀어놓고 경건한 시간을 갖기도 했다고 한다.

하버드 대학 교수가 권하는 태교 음악

작곡가	태교에 좋은 음악
바흐	관현악조곡, 무반주 첼로곡
비발디	플룻협주곡, 바이올린 협주곡, 사계
헨델	하프 협주곡, 수상음악
하이든	현악 4중주
모차르트	피아노 협주곡, 세레나데

하버드대학 교수를 역임한 토머스 바니 박사는 임신 중 1주일에 2번, 1시간씩 클래식 음악을 듣는 것과, 태아의 생후 지능지수는 함수관계가 있다면서 다음과 같은 곡목을 권하고 있다.

우리의 전통 태교에도 '칠태도(七胎道)'라고 해 태아가 다섯 달이면 머리가 형성되니 아름다운 말만 듣고, 성현의 명구를 외며 시를 읽거나 예악을 듣도록 하라고 가르쳤다고 한다. 동서양 모두 음악태교의 효과를 인정하고 있는 셈이다.

다양한 악기의 소리를 들려준다

태아는 이미 아름다운 음악과 엄마의 상냥한 노랫소리에 익숙해 있으므로 임신 후기에

아빠가 하는 자궁대화법

임신 기간 내내 엄마와 함께 생활하기 때문에 태아는 엄마의 목소리에는 익숙하지만, 아빠의 목소리는 낯설게 느끼기 쉽다.

따라서 태아가 아빠의 목소리에 익숙해지도록 하기 위해 매일 아빠의 목소리를 들려주는 게 좋다. 저녁식사 후 1시간 정도는 아빠의 태교시간으로 정해서 아빠와 태아가 대화할 수 있도록 해본다.

아내의 배에서 50cm 정도 떨어져 이야기하는 것이 적당하다. 태아가 아빠의 굵고 묵직한 목소리에 안심과 신뢰감을 갖도록 천천히 큰 목소리로 상냥하게 이야기해 준다.

대화의 내용은 회사에서 있었던 일도 좋고, 아빠의 직업이나 취미에 관련된 것, 장래의 설계와 꿈, 과학이나 사회현상, 전기나 기계 등 엄마가 잘 알지 못하는 분야에 대해서 이야기해 주는 것도 좋다.

들어서면 더욱 구체적으로 가르치는 것도 좋다. 피아노나 하모니카, 피리 등 가까이에 있는 악기를 태아에게 직접 보여 주면서 연주해 어떤 악기가 어떤 소리가 나는지 들려주면 된다. 악기의 모양과 구조도 엄마가 눈으로 자세히 보고 손으로 만지면서 태아에게 자세히 설명해 준다. 악기는 하루에 한 가지씩만 가르치는 게 좋다.

'도레미파솔라시도'의 음계와 화음을 엄마가 피아노나 다른 악기로 직접 쳐서 들려준다. 엄마가 잘 다루는 악기가 있다면 연주를 들려주어도 좋다. 이렇게 하면 음계와 선율, 화음 등에 쉽게 익숙해진다.

스세딕 교육 프로그램

스세딕 부부가 남다른 태교법만으로 네 딸을 영특한아이로 키운 것은 아니다. 뱃속에서의 태교뿐만 아니라 유아기, 성장과정에까지 이어지는 끊임없는 노력이 있었기 때문이다.

아기에게 늘 많은 이야기를 해준다

하루종일 잠만 자는 갓난아기일지라도 젖을 먹이거나 목욕을 시킬 때 아무런 말없이 침묵

◑ 아이에게 그림책을 읽어줄 때는 아이가 엄마의 목소리를 즐길 수 있게 배려한다.

만으로 대하면 아기에게 아주 안 좋은 영향을 미친다는 것은 누구나 다 아는 사실이다.

그러므로 아기의 기저귀를 갈아준다든지 젖을 먹일 때 사랑의 마음을 듬뿍 담아 아기의 이름을 부르며 얼러준다든지, 아니면 노래를 불러준다든지 하는 방법으로 짧은 시간이라도 아기에게 계속 엄마의 목소리를 들려주어야한다.

이렇게 어느 정도 시간이 지나자 스세딕 부인의 아기는 분명치 않은 발음으로 엄마의 발음을 따라했다고 한다.

그림책을 많이 읽어준다

스세딕 부인은 아기가 태어난 지 두 달이 지나자 동물 그림이 많이 그려져 있는 소박하고 아름다운 동화책을 자주 읽어주곤 했다. 물론 아이가 이 그림책을 보면서 이해하는가 하는 문제는 별로 중요한 것이 아니었다. 왜냐하면 언젠가는 아기가 그림책의 내용을 이해할 수 있을 것이기 때문이다.

다만 엄마가 그림책을 읽어줄 때 아기가 싫증을 낸다든지 싫어한다면 굳이 그림책을 읽는 것을 계속할 필요는 없다. 아기가 기분이 좋은 시간에 편안한 마음으로 엄마의 그림책 읽는 목소리를 즐길 수 있도록 배려해준다.

특히 색이 아름다우면서 분명한 그림이 실려있는 그림책이 훨씬 효과적이다. 스세딕 부인이 네 자매를 키우면서 터득한 것은 아기가 좋아하는 그림책이 따로 있다는 사실.

아기들은 빨강이나 파랑, 초록색 등의 원색적인 그림책을 좋아한다. 또 그림이 분명하지 않은 그림은 눈에 잘 들어오지 않으므로 가능한 한 단순하고 선명한 그림이 실린 책이라야한다.

한 페이지에 너무 많은 글이 실려있으면 싫증을 내는 경우가 많다. 글은 페이지의 반이 넘지 않는 것을 고른다.

놀면서 배우는 장난감을 준다

아기의 지능발달은 즐거운 놀이에 의해 이루어진다는 점을 이제 많은 엄마들이

◑ 아이들이 놀이를 통해 배울 수 있게 신경을 써야 한다.

알고 있다. 그러므로 학습을 놀이와 따로 구분해 생각하는 것은 바람직하지 않은 태도다.

특히 한두 살 때 가지고 놀던 장난감이나 책이 아기의 사고력과 창의력, 오감의 발달에 큰 영향을 미친다는 것은 학계에서도 인정하고 있는 사실이다.

놀이를 통해서 아기가 많이 배울 수 있도록 엄마가 신경을 써야 한다. 하지만 아기가 인형을 갖고 노는 것을 좋아한다고 해서 늘 인형만을 갖고 놀게 하는 것은 좋지 않다.

그렇다면 스세딕 부인이 네 딸들에게 가지고 놀게 한 장난감은 어떤 것이었을까? 주로 예술감각을 길러주거나 생각하는 힘을 길러주는 장난감, 구성력을 길러주는 장난감, 말하기 놀이 장난감, 수학 놀이 장난감 등이다. 구체적인 종류는 다음과 같다.

✱ 예술감각을 길러주는 장난감 – 크레파스로 그림 그리기를 하게 한다. 색칠을 하다 보면 색채감각을 자연스럽게 익히게 되고 손의 근육 또한 발달하게 된다.

점토놀이는 아이의 상상력을 끌어내기에 아주 좋은 놀이다. 점토를 이용해

◑ 색칠놀이를 통해 손 근육을 발달시킨다.

만들고 싶은 것을 만들면서 이름을 붙이면 상상력을 발달시킬 수 있다. 또 점토를 주무르면서 손가락이나 팔의 근육 발달을 촉진시키는 좋은 운동이기도 하다.

✱ 생각하는 힘을 길러주는 장난감 – 순서 맞추기 카드게임은 어느 일련의 움직임을 시작에서 끝내기까지 그림으로 나타낸 것으로, 이 카드를 순서에 맞지 않게 늘어놓고 아이에게 맞추도록 하는 게임이다.

이 놀이를 통해 사고의 과정을 연결시키는 능력을 길러줄 수 있다. 그림 퍼즐도 아주 간단한 그림 맞추기 퍼즐에서부터 점차 그 수준

을 높여가면서 하다 보면 사고력을 발달시키는데 아주 좋은 장난감이다.

✽ **말하기 놀이 장난감** – 봉제 완구나 인형 등을 주면서 혼자 놀도록 해본다. 스세딕 부인이 이렇게 했더니 아기는 그만의 대화로 인형에게 '오우오우' 하면서 대화를 하기 시작했다고 한다. 이런 대화의 상대로는 장난감 전화기도 좋다. 아기도 엄마, 아빠를 흉내내며 무언가 이야기하려고 하는 것을 볼 수 있다. 이외에도 스세딕 부인은 알파벳이 쓰여있는 퍼즐을 가지고 아기와 놀면서 글자를 배우도록 했다고 한다.

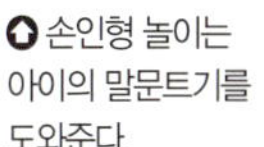
❍ 손인형 놀이는 아이의 말문트기를 도와준다.

✽ **구성력을 길러주는 장난감** – 집짓기 놀이는 아이의 상상에 따라 한 개, 한 개 쌓아가면서 집을 만드는 것으로 아이의 구성력과 상상력을 키우는 데 좋다. 블럭쌓기도 마찬가지 효과가 있다.

✽ **수학 장난감** – 장난감 시계는 수와 더불어 시간의 개념을 알게 해주는 장난감. 아기용으로 저울은 눈금이나 숫자가 알아보기 쉽게 되어있는 저울도 좋다. 사물의 무게를 달아보고 무게의 개념을 익히게 해주기 때문이다.

일상속에서의 자연스런 교육이 효과 있다

아침에 자고 일어나면 세수하고, 밥 먹고, 친구들과 어울려 놀고, 공원에 놀러가서 산책을 하다가 나무 이름을 알고, 풀과 날아다니는 나비를 보며 자연의 이치를 하나하나 알아가고… 이것이 바로 스세딕 부인이 나름대로 실천한 육아법의 하나다.

스세딕 부인은 집에서 케익이나 간단한 요리를 만들어 먹을 때도 아이들과 함께 만들었다고 한다. 아이들은 밀가루나 설탕 등의 재료를 엄마와 함께 저울에 달면서 수학을 배우고, 버터나 기름을 달구면서 손가락 근육을 움직이고, 또한 크림이나 과일로 장식을 하면

서 예술적인 감각을 익힐 수가 있었다.

물론 아이들과 함께 요리를 하려면 엄마의 상당한 인내심이 필요하다. 그렇더라도 억압적이거나 부모의 의도대로만 하려는 교육은 부자연스러운 것인 만큼 아주 사소한 것이라도 아이가 자연스럽게 받아들이고 몸에 익힐 수 있도록 해주는 것이 무엇보다도 중요하다.

부엌에서 함께 식사준비를 하다가 야채의 이름을 알아가고, 계단을 오르내리면서 숫자를 익혀가는 일상생활 속에서의 자연스러운 교육이 훨씬 효과적이라는 사실을 꼭 알아두자.

충분한 애정을 표시해 준다

스세딕 부인의 네 딸이 똑똑하고 감정이 풍부하고 정서적으로 안정된 아이들로 자라난 것은 남다른 그의 교육법과 함께 늘 아이에게 충분한 애정을 느낄 수 있도록 해주었기 때문이다.

그는 아이들이 '사랑받고 있다'는 마음으로부터 느낄 수 있도록 항상 애정을 가지고 대했다. 또 꼭 '아이들이 어떤 사람이 되었으면 좋겠다'는 부모의 욕심이 아니라 여러 가지 경험을 할 수 있도록 배려하고, 아이 스스로 좋아하는 일을 선택할 수 있도록 아이들의 사고를 길러 주는 데 최고의 목표를 두었다.

물론 그 바탕에는 아이가 자신의 삶을 소중하게 생각하고 신중히 선택해 즐겁고 행복하게 살 수 있기를 바라는 부모의 애정이 있어야 한다.

❏ 아이가 충분한 애정을 느낄 수 있게 자주 안아준다.

[스세딕 카드 만들기]

글자카드

♣ **준비물** 흰 도화지, 크레파스, 가위, 자
♣ **이렇게 만들어요**

① 가로 15cm, 세로 14cm 정도 크기의 흰색 도화지를 준비한다. 도화지의 중앙에 크게 글자를 쓰고 가능한 한 선명한 색깔로 색을 칠한다.

② 한글의 경우 받침이 없는 문자와 받침이 있는 글자를 따로 구분한다.

숫자카드

♣ **준비물** 흰 도화지, 크레파스, 가위, 자
♣ **이렇게 만들어요**

① 글자카드와 같은 크기의 도화지를 준비한다. 1~10까지의 숫자를 2벌씩 준비하고 각 숫자의 색상은 다르게, 같은 숫자는 같은 색깔로 정한다.

② 같은 크기의 도화지에 '+' '-' '=' 등의 부호를 그리고 다양한 색으로 칠한다.

낱말카드

♣ **준비물** 흰 도화지, 크레파스, 가위, 자
♣ **이렇게 만들어요**

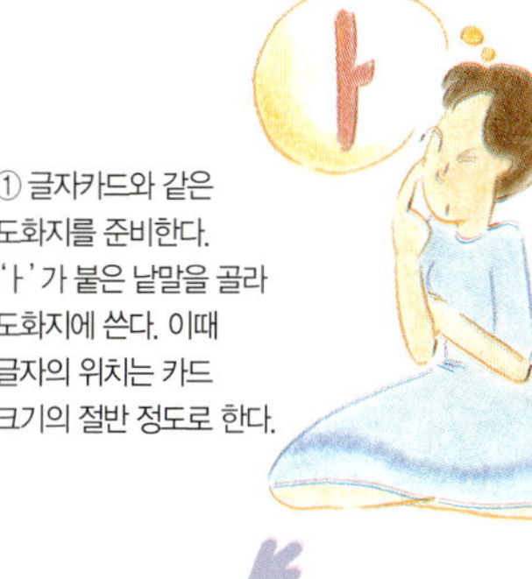

① 글자카드와 같은 도화지를 준비한다. 'ㅏ'가 붙은 낱말을 골라 도화지에 쓴다. 이때 글자의 위치는 카드 크기의 절반 정도로 한다.

② 낱말 아래에 그림을 그린다. 컬러로 된 인쇄물의 사진이나 다른 그림을 오려 붙여도 상관 없다.

시찌다 플랜

영 · 유아기에는 많은 자극을 받아야 두뇌발달이 잘 이루어진다.
자신의 세 아이를 어려서부터 독특한 교육법으로 영리하게 키운 시찌다 박사가 그 좋은 예다.
왜 시찌다 교육법이 인기인지, 어떻게 하는 것인지 그 방법들을 알아본다.

도움말/ 한국시찌다교육원

 ## 우뇌를 발달시키는 시찌다 교육

시찌다 교육법은 한마디로 '0~6세까지 좌우뇌를 고루 발달시키는 교육'이다.

시찌다 박사는 유아의 두뇌에 입력되는 정보가 많아야 창조적인 아이로 자랄 수 있다고 주장한다.

6세 이전의 아이들은 논리적으로 사고하기보다는 직관적으로 사고하기 때문에 똑같은 단어, 똑같은 그림을 반복해서 보여줌으로써 사물이나 단어를 기억하게 되고 이것이 잠재의식 속에 각인되어 창조력의 바탕이 된다는 이야기다.

이런 능력은 우뇌 활동이 활발한 시기인 6세까지가 가장 뛰어나므로 이때 아이가 가진 무한한 잠재능력을 개발해주면 우수한 아이로 키워낼 수 있다는 것이다.

특히 3세까지는 우뇌가 더욱 발달하며 3세 이후부터 좌 · 우뇌가 함께 발달하기 때문에 3세 이전에 우뇌를 최대한 계발시켜 주어야 한다는 것이 시찌다 교육법의 포인트다.

● 사방 28cm의 종이에 동물 · 과일 등 다섯 종류의 그림을 그리거나 붙여서 카드를 만든다.

물방울무늬카드(도트카드)

숫자를 배우기 전이라면 물방울무늬카드를 만들어 양적 개념을 알게 해주고, 숫자를 알게 되면 숫자와 물방울무늬를 묶어서 보여준다.

♣ **준비물** 두꺼운 도화지, 가위, 크레파스, 풀, 자
♣ **이렇게 놀아요**

① 사방 28×28cm의 크기로 된 톡톡한 종이에 빨간 동그라미를 지름 2cm 정도로 그려 넣거나 붙여서 만든다.
② 물방울무늬를 카드에 그려 넣을 때는 불규칙하게 배열되게 한다.

게임방법
1. 5장(1~5)을 순서대로 1초에 한 장씩 빨리 보여주는 플래시 기법으로 하루 3차례씩 보여준다.
2. 첫날은 1~5까지 순서대로 보여주고, 둘째 날부터는 순서대로 하지 않고 섞어서 보여준다. 가령 '1, 3, 5, 4, 2' 식이다.
3. 6일째부터는 1을 빼고 6을 넣어 같은 방법으로 보여준다. 덧셈은 아이가 20까지 알았을 때 시작하는데 물방울무늬카드 1, 2, 3을 준비해 차례대로 쥐고 한 장씩 넘기면서 "1 더하기 2는 3" 하면서 보여준다. 이런 식으로 하루에 3문제씩 한다.
4. 덧셈을 2주 정도 하고 난 후 아이가 덧셈을 인지했다면 같은 방법으로 뺄셈을 한다.

국기카드

국기의 종류와 세계의 나라에 대해 알게 되는 놀이다.

♣ **준비물** 여러나라의 국기, 풀, 두꺼운 도화지 여러 장
♣ **이렇게 놀아요**

▲ 여러 나라의 국기를 카드 한 장에 한 개씩 오려 붙인 국기카드를 만든다.

게임방법
1. 카드를 뒤에서 앞으로 한 장씩 넘기면서 국기를 보여준다.
2. 조금 깊이 있게 가르치고 싶을 때는 "한국 국기는 태극기예요" 하며 정보를 말해준다.
3. 아이가 국기를 알게 되면 "한국의 수도는 서울이에요." 하는 식으로 정보를 더 많이 들려준다.

영어 동요를 통해 영어에 친숙해져 모르는 새 영어 단어와 문장을 익히게 된다.

▲ 도화지에 영어 노래 가사를 크게 쓰고, 위에다 적당한 그림을 그리든지 그림을 오려서 붙인다. 서점에서 도안집을 사다가 색칠해서 붙이면 편하다.

♣ **준비물** 영어 노래 테입이나 책, 두꺼운 도화지, 크레파스, 가위, 풀

♣ **이렇게 놀아요**

> **게임방법**
> 1. 엄마가 노래를 배워서 불러주거나 테이프를 틀어주면서 플래시 기법으로 보여준다.
> 2. 아이가 노래를 익히면 그 노래에 나오는 단어를 카드로 만들어서 그것을 가지고 낱말 익히기를 한다. 알고 있는 노래 중에 나오는 낱말이기 때문에 쉽게 익힐 수 있다.

어려운 한자를 재미있게 익히게 된다. 글자나 단어나 고사성어나 어느 것으로 시작해도 상관없다. 고사성어를 해주면 고사성어의 뜻을 알게 되면서 어휘력도 풍부해진다.

♣ **준비물** 두꺼운 도화지, 색연필, 가위

♣ **이렇게 놀아요**

▶ 앞에는 한자를 쓰고 뒷면에는 해당하는 그림을 그려 한자카드를 만든다.

> **게임방법**
> 1. 1초에 한 장씩 빠르게 보여준다.
> 2. 아이가 글자를 어느 정도 인지하고 게임을 즐길 수 있게 되면 바닥에 늘어놓고 집어오게 한다.
> 3. 카드를 뒤집어 사물을 보여준다.

시찌다식으로 아이를 대하는 방법 6가지

● **단점을 보지 않는다**

가능한 한 아이의 장점만을 보도록 노력하면서 장점을 키워나가다 보면 단점은 자연히 눈에 띄지 않게 된다.

● **완성된 모습이 아닌 과정의 모습으로 본다**

아이들은 신체적으로나 정서적으로 꾸준히 커나가는 과정에 있다. 아이가 뭐든지 잘해주었으면 싶은 부모 마음에서는 현재 아이의 행동이 어설퍼 보이고 안심보다는 걱정이 앞서기 마련이다. 그러나 이런 과정을 거치면서 아이는 조금씩 새롭게 변해가므로 조바심 내지 말자.

● **아이에게 완벽한 것을 요구하지 않는다**

엄마가 아이에게 너무 완벽한 면을 요구하다 보면 아이는 아이대로 의욕을 잃고, 엄마는 엄마대로 아이의 부족함만을 더 느끼게 된다.

조금 서툴더라도 칭찬을 해주면 아이는 다음 번에는 보다 잘해낼 수 있다. 조금 서툴다고 화내서 아이가 의욕을 잃는 일이 없도록 신경 쓴다.

● **비교하지 않는다**

모든 아이는 어느 한 가지 분야에서는 잘할 수 있는 소질을 가지고 있다. 아이들마다 그것이 무엇인가가 다르므로 똑같은 잣대로 평가하는 것은 금물. 다른 아이와 비교하기보다는 아이가 가지고 있는 개성을 찾아내 발전시키면 아이는 그 분야에서 최고가 될 수 있다.

● **학력 중심으로 기르지 않는다**

예를 들면 아이가 공부하다가 발 밑을 지나는 개미를 보고 한눈을 팔더라도 혼내지 말고 그대로 두는 게 좋다. 아이는 거기서 공부를 통해서는 배우기 힘든 생명의 신비를 느낄 수 있다.

● **늘 내 아이가 최고라는 생각으로 대한다**

아이에게 보내는 엄마의 시선은 아이에게 그대로 전해진다. 엄마가 아이에게 '넌 잘할 수 있어'라고 생각하며 대해주면 아이는 이 플러스 파동을 자신도 모르는 새 받아들이고, 진짜 그렇게 된다.

자연스럽게 신체의 이름을 알게 되는 동시에 글자를 익히게 된다.

♣ **준비물** 두꺼운 도화지, 가위, 색연필, 풀, 신체 사진

♣ **이렇게 놀아요**

◀ 카드 앞면에 신체 이름을 적고 해당하는 그림이나 사진을 옆에 붙이는데, 가능하면 사진이 좋다.

> **게임방법**
> 1. '머리 어깨 무릎 발' 노래를 부르며 직접 아이 몸이나 엄마 몸을 짚으며 신체 이름을 가르쳐준다.
> 2. 노래를 부르며 나오는 신체부위를 신체카드로 보여준다. 2~3세 정도 되어서 신체 이름이 무엇인지 아는 아이에게는 글자만 써서 보여준다.

프뢰벨 플랜

프뢰벨은 아이들의 창의력 개발에 중점을 두고 있는 교육 프로그램. 그런 만큼 프뢰벨의 그림책과 교육 놀잇감들은
연령이나 개인별 발달 정도에 따른 사고력과 창조력 증진을 목적으로
제작되고 있다. 프뢰벨의 교육 이념을 응용한 놀이 프로그램과 교육법을 알아본다.

도움말 / 한국 프뢰벨

 창의력을 키워주는 프뢰벨 교육

프뢰벨 교육의 기본 원리는 아이를 놀게 하면서 지도하고, 타고난 창조력을 키워주자는 데에 있다. 그런 만큼 프뢰벨 프로그램은 수학, 과학적 두뇌 계발을 효과적으로 도와주는 창의력 교육 프로그램이 주를 이룬다. 그 중 기본적인 소재로, 계속해서 새로운 것을 만들어 낼 수 있는 '은물' 이라는 프로그램이 가장 인기를 끌고 있다. 은물 프로그램의 원리를 이용하여 집에서 할 수 있는 놀이들을 꼽아봤다.

컬러 앨범 만들기

주변 사물에서 있는 색깔을 찾아내게 해서 아이 주변에 있는 색깔들에 대해 주의를 기울이도록 하고 색을 느낄 수 있도록 하는 놀이다.

♣ **준비물** 스케치북, 크레파스, 색종이
♣ **이렇게 놀아요**

① 스케치북의 위쪽에 색종이를 한 장씩 붙이고, 그 색종이의 색깔 이름을 써준다.

② 빨강, 파랑, 노랑, 초록, 주황, 보라색 등 색깔 구분이 쉬운 6가지색으로 한다.

③ 사물이나 과자 상표 등에서 색깔을 찾아내어 해당 색깔을 스케치북에 붙이거나 그려보게 한다.

④ 색깔이 분류되어 있는 앨범이 된다.

대칭무늬 만들기

이 놀이를 통해 아이는 대칭개념을 자연스럽게 익히고 또한 방향의 움직임에 따른 변화를 느끼게 된다. 그림이 있는 블록을 이용할 경우 대칭놀이는 상당한 주의력을 필요로 하므로 적은 수의 조각부터 차근차근 해야 한다.

♣ **준비물** 스탬프, 모양 도장, 도화지
♣ **이렇게 놀아요**

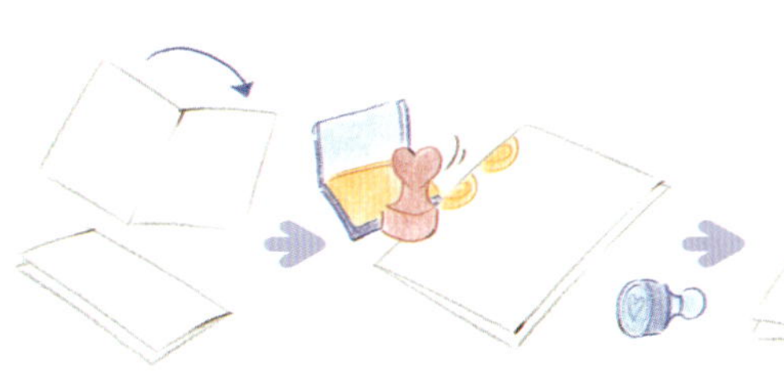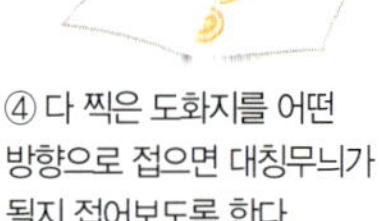

① 도화지를 가로 또는 세로로 반을 접는다.

② 여러 가지 모양의 도장은 반만 찍어 가로 또는 세로의 무늬를 만든다.

③ 찍혀진 도장의 방향과 개수를 세어보게 하고 그와 같은 방향, 개수의 도장을 찍어보도록 한다.

④ 다 찍은 도화지를 어떤 방향으로 접으면 대칭무늬가 될지 접어보도록 한다.

모양 완성놀이

만들어진 도형과 자신이 오려 만든 도형을 함께 비교함으로써 도형에 대한 특징을 쉽게 알 수 있다. 또한 함께 오려진 색종이, 도형조각들을 서로 만나게 하여 새로운 모양이 만들어질 수 있도록 놀이한다.

♣ **준비물** 색종이, 크레파스, 스케치북, 풀
♣ **이렇게 놀아요**

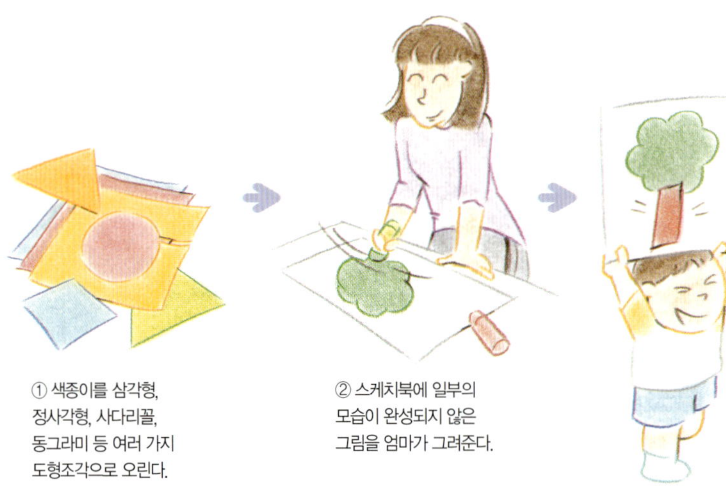

① 색종이를 삼각형, 정사각형, 사다리꼴, 동그라미 등 여러 가지 도형조각으로 오린다.

② 스케치북에 일부의 모습이 완성되지 않은 그림을 엄마가 그려준다.

③ 아이에게 그 그림의 일부가 어떤 도형으로 채워지면 알맞을지 찾아보도록 하고 풀로 붙이게 한다.

걸리버 여행놀이

세계 건축물이라는 입체물을 만들어 보면서 아이들은 이웃나라에 대한 관심을 갖게 된다. 같은 크기의 조각이 여러 크기의 공간을 만들 수 있다는 사실에 흥미를 갖게 된다.

♣ **준비물** 직육면체 모양의 블럭 16조각, 색깔이 다른 색종이 2장

♣ **이렇게 놀아요**

① 색깔이 다른 2장의 색종이를 준비한 후 한 장은 거인나라, 한 장은 소인나라로 정한다.

② 8개의 블럭 조각으로 거인나라의 색종이 위에 가장 커다랗게 집을 만들 수 있는 방법을 생각해보고 만들게 한다.

③ 나머지 8개의 조각으로는 소인나라의 색종이 위에 가장 작은 집을 만들 수 있는 방법을 생각해 보고 만들게 한다.

소리 만들기

아이에게 주변의 여러 소리들이 주는 즐거움을 경험시킨다. 빗소리, 자동차소리를 들려주고, 더 나아가 스스로 소리를 만들어보는 과정을 통해 소리에 민감한아이로 만든다.

♣ **준비물** 짧은 내용의 동화책, 녹음 도구, 소리를 낼 수 있는 주변 사물들

♣ **이렇게 놀아요**

① 동화책을 읽어주고 책 속에 필요한 소리들을 생각해본다.

② 동화책에 필요한 소리를 만들 수 있는 주변 사물들을 찾아본다.

③ 엄마가 책을 읽어주고 아이가 소리를 만들거나 아이가 책을 읽고 엄마가 소리를 만든다. 소리를 녹음기에 녹음하여 들려준다.

아이의 몸 재보기

그냥 지나쳤던 주변사물들의 길이를 재보면서 자연스럽게 측정에 대한 관심과 길이를 잴 수 있는 도구들을 생각하게 한다. 이것은 길이를 재는 도구를 사용하기 전에 무엇을 재볼수 있는 경험을 하게 한다.

♣ **준비물** 전지 1장, 크레파스

♣ **이렇게 놀아요**

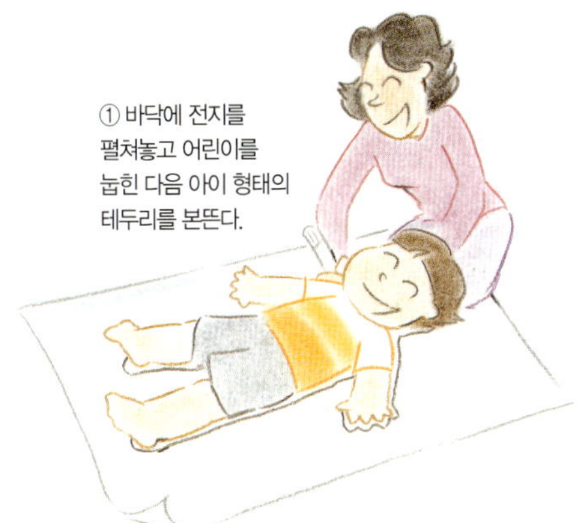

① 바닥에 전지를 펼쳐놓고 어린이를 눕힌 다음 아이 형태의 테두리를 본뜬다.

② 본뜬 그림 위에 손바닥을 그려서 채운 다음 각 신체의 길이를 재본다.

프뢰벨이 추구하는 교육 효과

● 아이의 자발성을 존중한다

교육적 효과나 목적을 떠나서 가장 중요한 것은 아이의 마음이다. 어떤 개념이나 이상보다도 아이의 행복이 가장 중요하므로 아이가 자발적으로 놀이를 하게끔 만들어야 한다.

● 정서를 안정시킨다

놀이의 단계를 정하거나 놀이방법을 선택할 때 아이의 정서상태를 최대한 배려해야 한다. 아이가 느끼는 여러 가지 감정을 놀이를 통해 표현해 봄으로써 자신의 감정을 조절하게 만드는 것도 중요하다. 또한 좋아하는 것과 싫어하는 것, 위기 상황을 극복하는 방법을 터득하도록 해서 집중력과 성취감을 함께 맛볼 수 있게 한다.

● 사회성의 기초를 길러준다

자신에 대한 긍정적인 정체성은 물론 협동놀이, 역할 놀이 등을 통해 유치원, 학교, 이웃나라와 같은 사회를 간접 경험시키고 다른 사람을 배려하고 함께 성과를 거두는 기쁨을 느껴보게 한다.

● 창조성을 길러준다

아이 눈에 비치는 모습과 생각을 스스로 표현할 수 있도록 인정해주며 여러 시각과 다양한 사고를 보여줌으로써 새로운 생각을 해내는 방법을 연습할 수 있도록 해준다. 끊임없이 아이의 상상력을 자극하면 아이만의 창의적인 생각을 이끌어낼 수 있다.

독립된 아이로 키워주는

몬테소리 플랜

'똑똑한 아이는 똑똑한 부모가 만든다'. 부모가 직접 아이를 가르치지 않고 아이가 스스로 배울 수 있도록
환경을 만들어 줄 수 있는 부모가 똑똑한 부모. 이러한 환경 중심의 몬테소리 식 교육을
집에서 활용 할 수 있는 방법에 대해 알아본다.

도움말 / 한국 몬테소리

 잠재력을 개발해주는 몬테소리 교육

아이는 무한한 잠재능력을 가지고 있다. 그런 아이의 두뇌 속 잠재능력을 어떻게 이끌어 내는가에 따라 아이의 성장은 차이를 나타낸다.

몬테소리 교육은 이러한 아이들의 능력을 발휘할 수 있는 직접적인 환경을 만들어 주는 것을 기본으로 삼고 있다. 아이들의 잠재능력을 어떠한 형식으로 이끌어 내야 하는 지 몬테소리 식 놀이 프로그램을 통해 알아본다.

나누어 따르기

선에 맞춰서 쌀을 따르는 과정을 통해 집중력과 눈과 손의 협응력을 키울 수 있는 놀이 방법으로, 소근육을 발달시킬 수 있으며 '따른다' '높다' '낮다' 등의 어휘를 익힐 수 있다.

♣ **준비물** 유리컵 2개, 작은 패트병, 쌀, 종이 깔대기, 쟁반, 고무밴드 2개

♣ **이렇게 놀아요**

① 투명 유리컵 2개를 나란히 놓은 다음 각각 높이가 다르게 고무 밴드를 끼운다.

② 작은 패트병에 쌀을 담고 고무 밴드를 끼운 선에 맞춰 유리컵에 쌀을 따른다.

③ 쌀을 따르는데 익숙해지면 조금 더 집중을 요하는 액체로 놀이를 시도해 본다.

구슬 그림

아이들이 좋아하는 미술 놀이를 응용한 것으로 놀이를 하는 동안 집중할 수 있도록 유도해 집중력을 키울 수 있다.

또한 많은 색들을 경험해 봄으로서 미적 감각을 기를 수 있다.

♣ **준비물** 물감, 구슬 여러 개, 상자, 흰 도화지, 호일

♣ **이렇게 놀아요**

① 상자 안에 하얀색 도화지를 깐다.

② 호일에 빨간색 물감을 풀고 붓으로 구슬에 물감을 묻힌다.

③ 상자 뚜껑에 구슬을 담고 좌우로 기울여 구슬이 굴러가는 방향대로 그림이 그려지게 한다.

④ 구슬에 각각 다른 색의 물감을 묻혀 놀이해 본다. 놀이가 끝나면 상자 뚜껑에서 도화지를 꺼내 감상한다.

비밀주머니

감각으로 사물을 알아맞히는 놀이이기 때문에 촉각발달에 가장 큰 영향을 준다.

또한 촉각을 통해 실체를 인식할 수 있는 감각을 익힐 수 있으며 사물의 이름을 자연스럽게 익힐 수 있다.

♣ **준비물** 집안에 있는 여러 가지 물건, 주머니

♣ **이렇게 놀아요**

① 준비한 여러 가지 물건들을 주머니에 넣는다. 아이와 함께 주머니에서 한 개씩 꺼내가며 무엇인지 이야기한다.

② 어떤 물건인지 맞춰보게 한다.

③ 물건들을 다시 주머니에 넣은 다음 아이의 눈을 가리고 하나씩 꺼내어 소리를 내주거나 만져보게 한다.

④ 놀이가 다 끝난 후 물건들을 하나씩 제자리에 찾아 놓아본다.

목걸이를 만들면서 모양에 대해 이해를 할 수 있다. 또한 일정한 규칙을 정해서 그대로 끼워보게 함으로써 규칙에 대해 자연스럽게 알려줄 수 있다. 색 구슬을 이용해서 이 놀이를 활용해 보는 것도 좋다.

♣ **준비물** 색종이, 가위, 빨대, 끈

♣ **이렇게 놀아요**

① 색종이로 삼각, 사각, 사각, 별 등 여러 가지 도형의 모양을 여러장 오려둔다.

② 아이와 함께 같은 모양 찾기 놀이를 하면서 자연스럽게 도형에 대해 알려준다.

③ 예쁘게 도형을 여러 장 오리고 빨대를 1.5cm~2cm 정도로 자른다.
사각형 → 별 → 삼각형 → 세모의 패턴으로 엄마가 먼저 도형들을 한 줄 끼워본다.

④ 이 규칙에 따라 아이와 함께 빨대와 도형을 순서대로 끼워 목걸이를 만든다.

손끝의 느낌, 촉감각을 이용해 숫자를 익히는 놀이로 손목을 조절하여 연필 잡는 준비를 하는데도 효과적이다.

♣ **준비물** 두꺼운 마분지, 가위, 색연필, 풀, 모래

♣ **이렇게 놀아요**

① 두꺼운 마분지를 적당하게 자른 다음, 그 위에 색연필로 두껍게 숫자를 쓴다.

② 숫자를 따라 풀을 바른 후 모래를 뿌려 그늘진 곳에서 말린다. 이때 색 모래를 사용하면 아이들이 좋아한다.

③ 혹은 흰색 크레파스로 스케치북에 숫자를 쓴 다음 빨강색이나 파란색 물감으로 스케치북 전체를 칠하면 숫자가 드러난다.

④ 마른 후 손가락으로 숫자를 따라 써 본다. 이 때 큰 소리로 숫자를 말해준다.

입체 도형을 그림으로 그리면서 집중력이 높아지고 아이들이 직접 그리고 만드는 과정을 통해서 입체의 각 면의 모양, 평면과 도형의 관계를 파악할 수 있다.

♣ **준비물** 입체 도형(나무 블록), 색연필, 도화지, 가위, 테입

♣ **이렇게 놀아요**

① 집안에 있는 물건 중에서 입체 도형을 찾아본다. 블럭이나 상자도 좋다.

② 도화지 위에 입체 도형을 놓고 밑면을 따라 색연필로 그리고 그 상태에서 도형을 굴려가면서 모든 밑면을 연결해 그린다.

③ 전개도가 완성되면 선을 따라 가위로 오린다.

④ 직선을 따라 먼저 접어준 다음 면과 면을 대고 스카치테입으로 붙여 입체를 완성한다.

몬테소리 식으로 아이를 키우는 방법

유아기의 아이는 마치 스펀지와 같이 주변의 환경을 흡수한다. 따라서 이 시기에 아이를 둘러싼 물리적, 인적 환경이 아이에게 미치는 영향은 매우 크다.

몬테소리 교육은 엄마가 아이에게 어떤 교육을 하도록 강요하기보다는 아이가 습득할 수 있도록 환경을 만들어 주어 아이가 능동적으로 반응할 수 있도록 유도하는 교육법이다. 따라서 이러한 교육을 받으며 자란 아이는 독립적으로, 현명하게 자신의 문제를 해결해 나갈 수 있도록 성장할 수 있다.

● 몬테소리 교육법과 효과

① 일상생활 안에서 배운다

물 따르기, 병뚜껑 열고 닫기 등의 구체적 놀이를 통해 일상생활에 필요한 운동 능력, 신변 처리 능력을 자연스럽게 익힐 수 있게 도와주는 교육 영역이다.

아이들은 이러한 일상 생활 연습을 통해서 신체 인지의 발달을 이룰 수 있을 뿐 아니라 의지력과 자립심을 키울 수 있다.

❖ 몬테소리 교육은 아이의 능동적인 학습을 유도한다.

② 감각 능력을 자극시킨다

영유아기는 자극 대상물의 감각적인 특성, 크기나 색 모양 등에 대해 흥미를 갖는 시기이다. 따라서, 이 시기에는 감각적 능력을 자극하기 위한 자극의 대상물이 필요하다.

감각 교육이란 단순히 감각을 자극하는 것만을 목적으로 하는 것이 아니라 수, 언어, 문화에 필요한 논리적 사고력을 기르게 하고, 인격을 형성하기 위한 기초적인 힘을 기를 수 있다

③ 수와 양은 생활속에서 배운다

수 교육은 지적 발달을 자극해 사물을 논리적으로 생각하는 힘을 몸에 익히게 한다. 이러한 수 교육은 아이들이 생활 경험 속에서 수와 양을 논리적으로 배울 수 있도록 교육한다.

이러한 수 교육을 통해 인격 형성을 위해 필요한 추상력, 상상력, 이해력, 판단력 등을 기를 수 있다.

④ 언어를 이해하고 표현하게 한다

언어 교육에 있어 가장 기본이 되는 것은 그 언어를 정확하게 이해하고 표현하는 것이다. 몬테소리 교육은 이러한 기초 능력은 물론 사고력과 이해력을 높여 논리적인 생각을 할 수 있는 교육에 중점을 둔다.

게임식 놀이를 통해 논리력과 수리력을 키워주는

오르다 플랜

유태인의 교육철학 및 교육원리를 바탕으로 한 오르다 교육프로그램은
생후 6개월부터 초등학생까지 활용할 수 있는 게임 형식의 놀이 교육이다. 놀이를 하다보면 자연스럽게
수리력, 사고력, 문제 해결 능력을 키울 수 있다.

도움말 / 오르다 코리아

 ## 사고력을 향상시키는 오르다 교육

유아의 연령, 흥미, 인지발달 등에 맞게 구성된 오르다 교육 프로그램은 1:1 개인수업에서부터 또래들과의 그룹수업까지 단계별로 구성되어 있으며, 부모와 자녀가 함께 할 수 있는 교육으로 가족 놀이문화를 여는 데도 기여하고 있다.

다양한 연령의 아이들에게 창의력과 논리력을 키워준다

오르다 교육 프로그램의 가장 큰 특징은 게임 방법의 응용범위가 넓어 다양한 연령의 아이들이 여러 가지 전략을 구사하는 가운데 창의력과 논리력·수리력·사고력 형성에 도움을 준다는 것이다. 뿐만 아니라 게임 식으로 진행이 되기 때문에 유아의 능동적인 참여가 가능하며 또래와의 상호작용을 통해 사회성 발달 및 인지발달에 도움이 된다.

놀이에 부모가 참여하고, 실수를 하더라도 나무라지 않는다

오르다 게임을 할 때는 아이가 문제를 해결하지 못하더라도 답을 미리 제시하지 말아야 하며, 실수를 하더라도 나무라지 말고 격려해 주도록 한다. 그리고 놀이를 통해 아이의 창의력 계발은 물론 아이의 감정과 내면의 생각 등도 알 수 있게 되므로 엄마나 아빠가 함께 참여하는 것이 좋다.

기하도미노 (Geomino)

만 2~4세 아이들을 위한 사고력 향상 프로그램. 여러 가지 기하학적 모양들을 변별하는 능력을 기를 수 있다.

게임방법
1. 기하학적 도형 모양의 그림카드와 사물 그림카드를 연결하는 게임.
2. 자신의 차례에 카드를 한 장씩 사용해 여러 가지 도형의 모양을 맞춘다.

♣ **준비물** 두꺼운 도화지 2장, 도형이 포함된 사물 그림 24장, 사인펜, 풀, 가위

♣ **이렇게 놀아요**

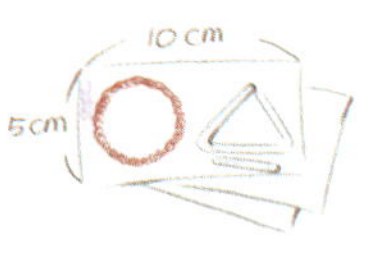

① 두꺼운 도화지를 오려서 직사각형 모양을 24장 만든다.

② 카드를 반으로 접어 한쪽에는 도형을, 한쪽에는 같은 모양의 사물을 붙인 다음 반으로 자른다.

출발 1, 2, 3!

수리력을 향상시키는 놀이 프로그램. 만 2~6세 아이들이 할 수 있다. 6 이내의 수와 양을 일대일 대응할 수 있으며, 게임을 통해 수의 합성과 분해를 익힐 수 있다.

♣ **준비물** 두꺼운 도화지 3장, 야쿠르트 병 36개, 색종이(빨강, 노랑), 흰 종이, 색 테입(빨강, 노랑), 사인펜, 가위, 풀, 접착제, 컴퍼스

♣ **이렇게 놀아요**

① 노란 색종이와 빨간 색종이에 야쿠르트 병 바닥과 동일한 크기의 원을 각각 18개씩 그린 후 오린다.

② 도화지 1장에 출발점을 표시하고, 노란 원 18개를 지그재그 모양으로 붙인 뒤 도착점을 표시한다. 빨간 원 18개도 같은 방법으로 만든다.

③ 야쿠르트병 중간에 색 테입을 붙인다. 이때 노란색이 18개, 빨간색이 18개가 되게 한다.

④ ③에서 만든 야쿠르트 병을 색상별로 1·2·3개 짜리가 각각 3개씩 되도록 접착제를 이용해 연결한다.

⑤ 두꺼운 도화지로 주사위를 만든 후, 각 면에 1~6까지의 숫자를 적는다.

게임방법
1. 주사위의 숫자와 야쿠르트 병의 개수를 비교하면서 게임판에 자신의 야쿠르트 병을 최대한 많이 놓는다.
2. 주사위를 던진 후 그 수만큼 야쿠르트 병을 놓아 목표지점에 먼저 도착하는 사람이 이긴다.

얼굴 맞추기 빙고

만 3~6세 아이가 할 수 있는 사고력 향상 프로그램. 부분 카드를 이용해 전체 얼굴 카드를 만들어, 부분과 전체에 대한 개념을 익힌다.

♣ **준비물** 두꺼운 도화지 2장, 싸인펜, 색연필, 가위
♣ **이렇게 놀아요**

① 두꺼운 도화지 1장을 8등분한 후, 각각 얼굴형은 같으나 생김새가 서로 다른 얼굴모양을 그려둔다.

② ①의 그림을 두꺼운 도화지에 복사한다. ①에 해당하는 ②의 얼굴모양이 서로 같도록 꾸민 후, 복사한 그림은 각각의 얼굴모양을 가로로 3등분한다.

③ ①에서 만든 카드는 전체얼굴카드로, 3등분한 카드는 부분얼굴카드로 활용한다.

게임방법
1. 얼굴 전체가 그려진 카드를 보고, 부분카드를 이용해 전체 얼굴을 완성시킨다.
2. 전체 얼굴카드를 나눠 가진 후, 진행자는 뒤집어 쌓아놓은 부분카드를 한 장씩 제시한다.
3. 자신의 전체 얼굴카드에 있는 부분카드라면 '빙고'라고 외치고, 부분카드를 가져와 전체카드의 얼굴을 완성한다.

바닷가의 색깔 (Match a color)

만 3~6세 아이들이 할 수 있는 사고력 향상 프로그램. 유사한 사물들을 결합시키는 게임을 통해 분석적·논리적인 사고력을 기른다.

♣ **준비물** 두꺼운 도화지 4장, 색연필, 가위
♣ **이렇게 놀아요**

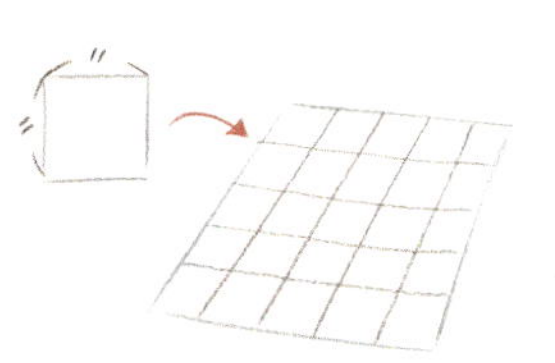

① 두꺼운 도화지 2장을 붙인 다음 5칸×5칸을 그려 게임 판을 만든다. 각 칸의 모양은 정사각형이 되도록 한다.

② 다른 두꺼운 도화지 2장을 이용해 게임 판의 각 칸과 동일한 크기의 카드 24장을 만든다.

③ 4장은 서로 다른 색으로 칠하고, 다른 4장은 모양만 그려 기준카드를 만든다. 나머지 16장은 색과 모양을 조합해 교차점 카드를 만든다.

게임방법
1. 바다 생물과 배 그림 등 5가지 종류의 카드를 만든다.
2. 다양한 가로·세로 기준을 조합해 교차점 카드가 놓일 위치를 찾아 게임판을 채워나간다.

메모리 퍼즐

만 3~8세 아이들의 사고력을 길러주는 놀이 프로그램. 메모리 퍼즐을 통해 기억력을 증진시키고, 전체와 부분의 개념을 익힌다.

♣ **준비물** 두꺼운 도화지 2장, 그림, 가위, 풀, 자, 연필
♣ **이렇게 놀아요**

① 잡지나 동화책에서 그림을 오려낸다.

② ①의 그림을 두꺼운 도화지에 붙인 후, 가장자리를 제외하고 12등분하여 퍼즐조각을 만든다.

③ ②의 남겨둔 가장자리는 두꺼운 종이의 테두리에 붙여 퍼즐 판을 완성한다.

게임방법
1. 퍼즐 조각의 위치를 기억해 퍼즐을 완성하는 게임.
2. 뒤집어 놓은 퍼즐 조각을 가져와 자신의 퍼즐 판에 맞춘다. 자신의 퍼즐 판을 먼저 완성한 사람이 이긴다.

숫자 10 만들기

수리력을 향상시키는 만 3~9세까지의 놀이 프로그램. 1~7까지의 수를 이용해 10을 만들어 다양한 연산능력과 경우의 수를 알게 된다.

♣ **준비물** 두꺼운 도화지 4장, 싸인펜, 자, 가위
♣ **이렇게 놀아요**

① 두꺼운 도화지에 4칸×4칸을 그린 후, 서로 연결하여 게임 판을 만든다. 다른 두꺼운 도화지에 게임 판의 각 칸과 동일한 크기의 칸을 40장 이상 만들어 오려둔다.

② 앞에서 만든 카드에 1에서 7사이의 숫자와 조커를 적어 수 카드를 만든다. 예를 들어, 1은 12장, 2는 8장, 3은 6장, 4는 5장, 5,6,7은 각 3장, 조커는 2장으로 한다.

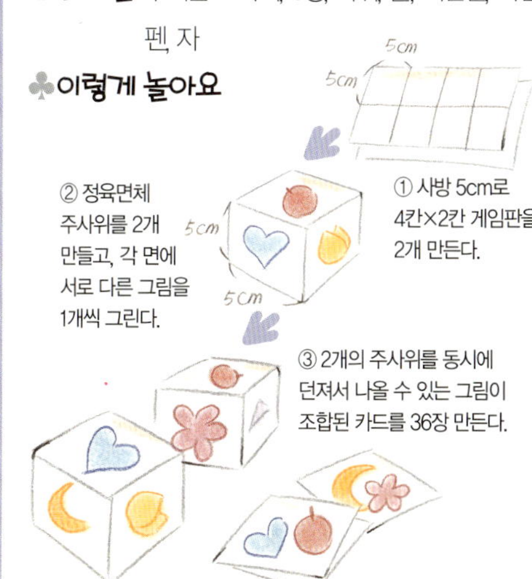

게임방법
1. 가로나 세로, 대각선 방향으로 4장의 카드가 이어져 숫자의 합이 100이 되게 한다.
2. 조커는 어떤 값으로도 사용이 가능하며, 숫자 10을 만든 사람이 카드 4장을 모두 가진다.

패스트 카드

사고력 향상 프로그램. 만 4세에서 만 7세 아이들이 할 수 있는 놀이. 두 사물이 합성된 그림카드를 빨리 찾음으로써 분류·조합의 능력 및 순발력과 변별력을 기른다.

♣ **준비물** 두꺼운 도화지, 6장, 가위, 풀, 색연필, 싸인펜, 자
♣ **이렇게 놀아요**

① 사방 5cm로 4칸×2칸 게임판을 2개 만든다.

② 정육면체 주사위를 2개 만들고, 각 면에 서로 다른 그림을 1개씩 그린다.

③ 2개의 주사위를 동시에 던져서 나올 수 있는 그림이 조합된 카드를 36장 만든다.

게임방법
1. 주사위를 던져 나온 그림카드를 빨리 찾는 게임.
2. 2개의 주사위를 동시에 던진 후, 주사위에 나타난 그림이 함께 있는 카드를 자신의 게임 판 위에 놓는다.

PART
12

맞벌이 부부의 아이 키우기 ● 안심하고 아기 맡기기 ● 터울에 따른 아이 키우기

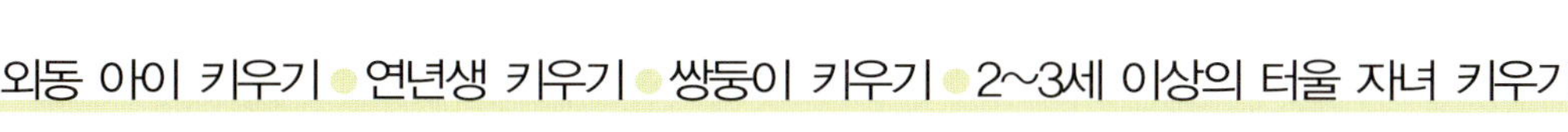

외동 아이 키우기 ● 연년생 키우기 ● 쌍둥이 키우기 ● 2~3세 이상의 터울 자녀 키우기

특수상황에서 아이 키우기 ● 장애아 ● 입양아　　　　　이혼 가정의 아이 키우기

맞벌이 & 상황별 아이 키우기

맞벌이 부부가 늘어나면서, 안심하고 아기를 맡길만한 곳은 어딘지, 아기와의 친밀감 형성은 어떻게 해야 하는지, 아기를 맡기는 데 드는 비용은 얼마나 되는지에 대한 관심이 높다. 더불어 터울별 아기 키우기와 특수상황일 때 아기 다루는 방법도 소개한다.

맞벌이 부부의 아이 키우기

직장에 다니는 엄마의 경우 출산 휴가가 끝나감에 따라 걱정이 많아진다. 직장에 계속 다녀도 될지,
아이는 누구한테 맡길지, 아이를 직접 돌보지 않아도 문제는 없을지 등.
맞벌이 부부가 아이를 키우면서 나타날 수 있는 문제와 그 해결 방안을 알아보자.

 출산 휴가를 최대한 이용한다

직장에 다니는 엄마의 경우 아이를 낳고 집에서 몸조리를 하는 3개월은 엄마와 아이에게는 참 중요한 시간이다. 하루종일 같이 있으면서 아이를 관찰할 수 있고 동시에 엄마의 사랑을 듬뿍 줄 수 있는 기회인 것이다.

이 시기에는 다시 직장에 나가는 날만을 생각해서는 안 된다. 몸만 같이 있을 뿐 마음이 떠나 있으면 아기와 같이 보낼 수 있는 귀중한 몇 주일이 쓸모 없어지므로 아기와 함께 있는 동안은 되도록 아기에게만 열중해야 한다.

또한 아기가 보내는 신호를 알아채고 그에 반응하면서 더 깊은 애정을 쏟아야 한다. 가장 중요한 것은 아기와 보내는 시간을 즐겨야 한다는 것이다.

 기회가 있을 때마다 아기와 많은 시간을 갖는다

일하는 엄마는 아무래도 아기와 함께 지내는 시간이 적을 수밖에 없으므로 아이와 함께 있을 때 효율적으로 시간을 보내는 것이 중요하다. 힘들어도 집에 와서는 많은 시간을 아기와 함

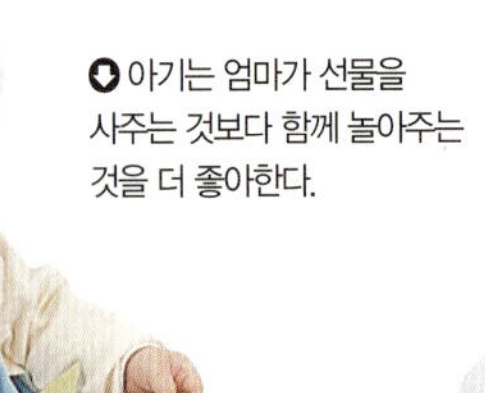

◑ 아기는 엄마가 선물을 사주는 것보다 함께 놀아주는 것을 더 좋아한다.

께 보낸다. 많이 안아주고, 놀아주고, 함께 데리고 자면서 엄마의 사랑을 충분히 느끼게 해주어야 한다. 집안 일을 할 때나 장을 보러 갈 때도 되도록 아기를 안거나 업어 밀착된 상태를 가질 수 있도록 신경 쓴다. 미안한 마음을 여러 가지 물건을 사 주는 것으로 보상하려 해서는 안 된다.

 휴일에는 남편의 적극적인 협조가 필요하다

휴일에는 남편의 도움이 절대적으로 필요하다. 남편이 알아서 아기와 놀아주면 좋겠지만 그렇지 않은 경우에는 잠재우기, 목욕시키기, 산책하기 등 남편이 할 수 있는 일을 골라 도움을 청하도록 한다. 아내가 아기를 돌보는 동안 남편이 밀린 가사 일을 하는 것도 좋은 방법이다.

단, 남편이 아기와 시간을 보내는 동안은 이래라 저래라 너무 간섭하지 않도록 하자. 특히, 첫째 아기라면 아기를 돌보는 일이 아무래도 서툴 수밖에 없으므로 스스로 하게 그냥 지켜보는 것이 좋다. 남편이 이렇게 아기를 돌보아 주는 시간에 아내는 밀린 가사일을 하고, 책을 읽는 등 평소 하고 싶어도 바빠서 하지 못했던 일을 하는 시간으로 활용한다.

 자연스럽게 아기 생각을 한다

아기 사진을 갖고 다닌다거나 친정 어머니나 베이비시터 등 아기를 맡긴 사람에게 정기적으로 전화를 거는 일은 정신적으로 아기와 엄마를 연결시켜 주는 매개체이다. 직장에서 일을 하면서 아기를 머리 속에 떠올리면 되레 초조해지는 경우도 있을 것이다. 이것은 직장을 가진 엄마가 가장 걸리기 쉬운 병인데 이런 감정을 자연스러운 것으로 인정하도록 하자. 하루종일 떨어져 있으면서 아기에 대한 생각이 전혀 떠오르지 않는다는 것이 오히려 부자연스러운 현상이다.

◑ 정기적으로 전화를 해서 아이의 안부를 확인한다.

마음놓고 맡길 수 있는 곳을 찾는다

만 3세의 아기는 심리적으로 엄마로부터 독립하여 자율성을 기르고 연습하는 시기이므로 아기가 3~4세 정도라면 놀이방에 맡겨도 괜찮다. 그러나 그 전에 아이를 맡길 때는 여러 가지로 신경을 써야한다.

이 시기에는 돌봐주는 사람이 자주 바뀌면 아기가 안정감을 가질 수 없으므로 탁아시설에 맡긴다면 믿을만한 곳을 잘 알아봐야 한다. 돌봐주는 사람을 구할 때는 아기를 길러 본 경험이 있는 사람으로 사랑의 감정을 잘 표현해 주는 사람이 좋다. 어쩔 수 없이 아기를 돌보는

사람이나 시설을 바꿀 때는 아기에게도 적응할 시간이 필요하다. 가장 좋은 방법은 미리 여러 번 현재 돌보는 사람과 새로 아기를 맡아줄 사람이 같이 아기를 보아가며 친밀감을 쌓는 것이다. 이것이 어려우면 주말을 이용해 아기를 새롭게 돌봐줄 사람과 엄마가 아이를 같이 한두 번쯤 보면서 낯을 익히게 하면 좋다.

➡ 아이를 맡겨놓고 불안해하지 말고 믿을 만한 사람을 찾아보도록 한다.

♥ 저소득층 부부에게 우선권이 있다

구청이나 복지기관에서 운영하는 어린이집은 비용이 저렴한 편으로 연령에 따라 조금씩 다르다. 보통 1~2세의 영아반과 3세 이상의 유아반으로 나누어지는데, 보육비는 월 10~20만원 정도. 생활보호대상자와 저소득층 맞벌이 가정의 자녀에게 우선권이 있다.

또 아이들세상 어린이집이나 하이버디 같은 24시간 탁아소도 있으며, 대부분 놀이방이나 탁아소에서 잘 받아주지 않는 0~2세의 아기들만 맡아주는 영아전문 탁아소도 있다.

🧸 놀이방에 맡기는 경우

아파트나 자기 집을 이용해 하루종일 아이들을 맡아주는 놀이방도 늘고 있다. 각 사회단체에서 실시하는 교육을 받은 가정 탁아모가 자신의 집을 놀이방으로 꾸며 아이를 돌보

안심하고 아기 맡기기

🧸 친정 부모님이나 시댁 부모님에게 맡기는 경우

맞벌이 부부의 경우 아기를 돌봐줄 수 있는 부모님이 계신다면 일단 안심이 된다. 그래서 맞벌이 부부 중에는 결혼 후 분가해 살다가도 아기가 생기면 시댁으로 들어가거나 친정 가까운 곳으로 집을 옮기는 경우가 많다.

이때는 어른들의 육아 방식이 부부의 생각과 다를 때의 갈등을 잘 해결하는 지혜가 필요하다. 또 아무리 손자라 할지라도 어린아이를 돌보는 일은 어려운 것이므로 항상 고마운 마음으로 어른들을 대하도록 한다.

🧸 어린이집 · 공동 육아 어린이집에 맡기는 경우

시어머니나 친정 어머니에게 아기를 맡길 수 없는 상황이면 탁아시설을 생각해 볼 수 있다. 그러나 우리나라의 영 · 유아 보육시설은 너무 부족한 편이다.

현재 운영되는 탁아시설은 구청이나 사회복지관, 업체 등에서 운영하는 어린이집과 아파트 · 주택에 10명 정도의 아이를 모아 맡아주는 조그만 사설 놀이방 등이 있다.

♥ 맞벌이 부부의 육아 사례

파트타임으로 일하며 아기와의 친밀감 형성에 성공했다

B씨 부부는 첫 출산을 앞두고 있었다. 둘다 직장 생활을 하며 만족하고 있었지만 가족의 상황을 현실적으로 판단할 때 적어도 아내는 파트 타임으로 일할 필요가 있음을 깨달았다. 임신중에 두 사람은 아이와의 친밀감 형성에 대해 여러 가지로 생각했고 일이냐 육아냐, 어느 한쪽을 선택해야만 한다는 생각을 하지 않기로 했다.

● 아기와의 친밀감을 택했다

우선 아내는 직장으로 복귀할 경우 생길 수 있는 여러 가지 일 때문에 골머리를 앓지 않기로 했다. 경제적인 압박감에 신경 쓴 나머지, 아기와의 관계 형성에 찬물을 끼얹고 싶지 않았던 것이다. 출산 후에도 그들은 현명한 선택을 했다. 아기가 보내는 신호에 따라 젖을 먹이고 하루 거의 대부분을 아기를 안고 지냈다. 친밀감 형성을 위한 기본을 실행했던 것이다. 남편도 수유를 제외한 육아의 모든 부분에 참여했다. 아기와의 친밀감은 더욱 강해졌다.

● 친밀감이 형성된 후 파트타임을 했다

한 달 동안 친밀감이 형성되자 아내는 아기와 강한 일체감을 느끼게 되었고 자기와 아이의 관계에 자신감을 가질 수 있었다. 아내는 다시 일을 해야 한다는 것을 잘 알고 있었지만 동시에 친밀감을 유지한다는 것이 얼마나 중요한 것인지도 충분히 이해하고 있었다. 그 동안 갖게 되는 경제적인 손실이야 나중에 얼마든지 절충할 수 있다고 생각했기 때문에 완전한 직장 복귀는 나중에 고려하기로 했다. 우선은 파트 타임으로 일을 하다가 아기의 상태를 보면서 조금씩 일하는 시간을 늘려 나가기로 마음먹었다.

● 신중하게 베이비시터를 골랐다

엄마와 아기 사이에 확실하게 친밀감이 형성되면 아기를 다른 사람에게 맡기고 나갈 경우에도 아기와 엄마의 적응이 훨씬 쉬워진다.

친밀감 형성에 성공한 부부는 아이를 좋아하고 아이의 행동에 민감하게 반응해 줄 수 있는 베이비시터를 신중하게 골랐다. 그리고 베이비시터에게, 아기를 어떻게 대하기를 원하는지에 대해 충분한 설명을 했다.

직장에서 일하는 동안에도 아내는 정기적으로 아기의 모습을 머리 속으로 그리고 밤에는 아기를 부부 사이에 눕혀 재워서 낮 동안에 부족했던 친밀감을 보충해 주었다.

➡ 아이와 친밀감을 형성할 수 있는 시기에는 적극적으로 그 시기를 이용하는 것이 좋다.

는 것이다.

이 놀이방의 장점은 가정집과 같은 분위기에서 아이를 돌본다는 것이다. 아이에게는 새로운 환경에 대한 이질감이 덜하고, 엄마도 안심하고 편안하게 아기를 맡길 수 있다. 보육비는 10~30만원 선으로 다양하고 보통 두 돌 미만의 유아를 맡기는 비용이 2~3만원 더 비싸다. 시간은 종일반, 반일반으로 나누어지고 일요일은 쉰다.

♥ 교사나 탁아모의 자질을 살핀다

어린이집이나 놀이방을 선택할 때 중요한 점은 교사나 탁아모가 진심으로 아이를 좋아하는 사람인가 알아보는 것이다. 또 돌보는 아이 수가 너무 많지는 않

❍ 비슷한 또래의 아이들이 많은 놀이방을 선택하는 것이 아이의 정서발달에 좋다.

은지, 아이들 연령차는 어떤지, 시설이 깨끗하고 아이들의 장난감이 월령에 맞게 구비되어 있는지, 교육내용은 어떤지, 아이의 수에 비례해 장난감은 충분한지, 식사나 간식은 어떤지, 주변환경 등 자세하게 살펴본다.

또한 아이를 맡길 때 교사나 탁아모에게 미리 아이에 대해 충분히 알려주면 많은 도움이 된다. 가까운 곳에 어린이집이나 놀이방이 있는지 알아보려면 각 구청 가정복지과에 문의하면 된다.

🧸 전문 탁아모에게 맡기는 경우

집 주위의 어린이집이나 놀이방에 빈자리가 없거나 조건이 맞지 않을 경우에는 가정 탁아모를 구하는 것도 하나의 방법이다. 요즘에는 탁아모가 예전처럼 단순한 집안 일을 하면서 아이를 돌보던 파출부 개념이 아니다. 정해진 기관에서 일정 기간 기초적인 아동 심리, 아이들 병과 응급처치, 놀이 지도, 아이들 과제물 챙기기, 옷장 정리, 식단 짜기 등의 교육을 마친 전문 탁아모가 늘고 있다.

♥ 신생아부터 맡길 수 있고 2명도 가능하다

이들 전문 탁아모는 교육과정 후 교육기관의 주선으로 가정에서 아이를 돌보게 된다. 육아와 관련된 가사 외에는 일체의 집안 일을 하지 않도록 되어 있다.

탁아모가 매일 출퇴근하는데 드는 비용은 각 기관마다 약간의 차이가 있다. 기본비용에 시간당 추가하는 곳도 있고 월급제로 정하기도 한다. 아이의 연령은 신생아부터 가능하며, 돌볼 아이가 2명이어도 된다. 물론 비용은 더 올라간다.

🧸 이웃집에 맡기는 경우

평소 잘 알고 지내는 이웃의 전업주부에게 아기를 맡기는 방법도 있다. 이웃집 탁아는 아파트 단지를 중심으로 많이 형성되어 있다. 보통 한 주부가 한두 명의 이웃 아기를 돌보며 1인당 한 달에 40~50만원 정도 받는다. 아기를 맡길 이웃에 대한 정보는 반상회나 모임, 아파트 게시판 등에서 얻을 수 있다.

아기를 맡기는 엄마는 집에서 가까우니 좋고 직업적인 탁아모보다 훨씬 정성스럽게 돌봐주므로 만족스럽다. 돌보는 이웃은 자기 아기와 함께 이웃 아기를 돌보면서 경제적인 이득을 얻을 수 있어 일석이조다.

단, 탁아모는 엄마가 없는 동안 소중한 아기를 돌봐 줄 사람인 만큼 사소한 일로 불안해하지 말고 믿고 맡길 수 있는 사람이어야 한다. 만약의 경우를 대비해 탁아모에게 응급 상황 시의 연락처를 알려준다.

♥ 직장에서 가까운 곳을 정한다

인격적인 대우와 시간 약속 등 사소한 일에서부터 신뢰를 지키는 것도 중요하다. 부모나 친척이 아닌 한 지각이나 결석 때의 비용, 지불 날짜 등 세부 사항까지 합의해 계약서를 주고받는 것도 바람직하다.

아침마다 아기를 탁아모에게 데려다 줘야 할 수도 있고 반대일 수도 있다. 아기를 데려다 줘야 하는 조건이라면 되도록 직장에서 가까운 곳에 사는 사람을 찾는 것도 좋다. 그렇게 하면 점심 시간에 잠시 나가 젖을

Mom & Baby

할머니의 사랑을 받고 자란 아이가 사회성이 뛰어나다

● 할머니가 기른 아이는 예의가 바르다

할머니가 기른 아이는 예의 바르게 자라는 경우가 많다. 또 할머니집에 또래나 나이 차가 적은 사촌형제라도 있으면 잘 어울려 놀 수 있는 장점도 있다. 때로는 싸우기도 하지만 싸우고 나면 어떻게 화해해야 하는지도 알게 되고, 안 싸우려면 어떻게 양보해야 하는지도 알게 된다.

이런 경험이 쌓이면 다른 또래친구들과도 원만하게 잘 지내고 사회성이 좋아진다. 그러므로 사촌형제와 한 집에서 지내게 될 때는 서로 존중하며 사이좋게 지낼 수 있도록 잘 지도해 준다.

● 아이를 맡겼으면 간섭하지 않는다

시부모님이든 친정 부모님이든 할머니에게 아이를 맡기다 보면 아이는 옛날 식으로 기르는 게 좋다는 어른들의 생각과 엄마의 생각이 맞지 않아 갈등이 생기는 일이 흔하다. 또 항상 모든 것을 받아주기만 하는 할머니에게 의지해 엄마가 혼이라도 내면 할머니 품으로 달려가서 어리광을 부릴 때도 속이 상한다.

하지만 아이를 일단 할머니에게 맡기고 나면 지나친 간섭을 삼가야 한다. 할머니 때문에 아이가 버릇이 없다는 등의 불평을 해서는 안 된다는 이야기다.

할머니와 엄마는 신뢰감이 절대적으로 필요하다.

❍ 할머니의 손에서 자란 아이는 사회성이 뛰어나다.

◑ 아이를 이웃집에 맡기면 집에서도 가깝고 안심할 수 있다는 점이 좋다.

먹일 수도 있기 때문이다.

 ## 베이비시터에게 맡기는 경우

♥ 필요할 때 맡길 수 있다

직장에 다니지 않지만 외출을 해야 하는 엄마나 일정기간 일을 해야하는 엄마, 갑자기 야근을 하게 되어 놀이방에서 돌아오는 아이를 돌볼 수 없을 때에는 베이비시터를 이용하면 좋다. 몇 시간에서 며칠, 한 달 이상의 기간도 베이비시터를 이용할수 있다.

♥ 유아교육 전문 프로그램으로 아이를 돌본다

베이비시터 전문 파견업체들은 필요할 때 아이를 맡아주는 단순 탁아 외에도 육아교육 전문 베이비시터가 지도해 주는 교육프로그램, 생일·백일·돌 등 기념일 파티만 전문적으로 도와주는 이벤트 프로그램, 박물관 문화체험을 같이 해주거나 방학숙제를 관리해주는 학습관리 프로그램, 체육전공자가 비만 방지를 위해 같이 운동을 해 주는 체육활동 프로그램, 특수 아동을 위한 특수 교육 프로그램 등을 다양하게 운영중이다.

♥ 아이의 연령에 맞게 선택한다

베이비시터를 구할 때는 일단 아이 연령에 맞는 사람을 선택하도록 한다. 0~12개월 전후의 신생아들은 언제 아플지 모르므로 너무 젊은 사람에게 맡기기 보다는 아이를 키워본 경험이 있는 주부나 40~50대가 좋다.

그러나 한창 활동량이 많은 3~6세 아이는 누나와 언니, 때로는 선생님이 될 수 있는 20대가 적당하다. 또 아이를 맡기기 전 베이비시터에게 낮잠시간 등 아이의 습관이나 상태를 충분히 설명하는 것이 매우 중요하다.

♥ 하루 2~3시간이 기본, 시간당 5~6천원 정도의 비용이 든다

비용은 업체에 따라 차이가 있지만 회원에 가입한 경우 하루 2~3시간을 기본으로 아이 한 명을 돌볼 때 시간당 5,000~6,000원 정도의 비용이 든다. 한 달 이상 아이를 맡기면 할인도 되며 오전 9시 이전과 오후 9시 이후에는 시간당 추가요금이 있는 곳도 있다.

베이비시터를 구하고자 할 때는 '아이들세상(02-1588-0065, 전국에 지점)', '대한주부클럽(02-752-4222~9)' 등에 연락하면 도움을 받을 수 있다.

◑ 아이에게 필요한 프로그램을 골라 맡기면 교육적인 효과를 얻을 수 있다.

커리어 우먼으로서는 성공했지만 엄마로서는 실패했다

A씨는 커리어 우먼으로 첫 출산을 앞두고 있었다. 프로로서의 내면의 목소리는 "지금까지 학위를 받느라 오래 동안 공부해 왔잖아. 반드시 직장을 계속 다녀야 해"라고 주장했다. 그런 한편 엄마로서의 목소리는 "아기에 대해서도 공부했잖니? 엄마의 역할은 정말 중요한 거야"하고 가르치고 있었다. 출산 후 그녀는 엄마로서의 역할에 너무 열중하다 보면 직장을 그만두게 되는 게 아닐까 싶은 불안감을 갖게 되었다.

● 아기를 돌보는 대신 일을 선택했다

불안감은 무의식적으로 아기와의 접촉을 피하게 했고 머리 속은 직장으로 돌아가는 문제로만 꽉 차 버렸다.

아기를 돌봐 줄 사람을 수소문하고 아기 용품을 이것저것 챙기는 사이에 출산 휴가는 끝났고 그녀는 하루의 거의 대부분을 직장에서 보내게 되었다. 아기 생각을 하면 가끔씩 마음이 아프긴 했지만 그거야 육아의 부작용 비슷한 것이므로 금방 사라질 것이라고 마음을 달랬고 실제로 그렇게 되었다.

아기는 잘 돌봐 주는 탁아모 손에서 무럭무럭 자랐고 A씨는 점점 더 직장 일에 열중했다.

● 한번 생긴 거리감은 좁히기 힘들었다

그러는 사이에 엄마와 아기 사이에는 거리가 생기기 시작했다. 아빠와 아기 사이에도 "거리"가 생겼다. 처음에는 희미한 징후였지만 점점 분명해졌다. 아기가 두 살 정도 되자 그녀는 사사건건 아기와 충돌하게 되었다. 의사 소통이 불가능했다. 여러 가지를 가르치려 했지만 절망적이었다. 그녀는 손에 잡히는 대로 여러 종류의 육아책에 나오는 방법을 시도해 보는 수밖에 없었다. 그리고 도무지 말을 듣지 않는 아이 때문에 전문가의 조언을 구하는 경우도 많아졌다. 엄마도, 아기도 친밀감 형성이 필요한 시기에 그것을 잘 형성하지 못했기 때문에 지금 두 사람은 엄청난 고생을 하고 있는 셈이다.

◑ 아이와 한번 생긴 거리감은 좀처럼 좁히기 힘들다.

터울에 따른 아이 키우기

큰아이에게 있어 동생이 생기는 것은 대단한 변화다. 동생이 엄마, 아빠의 사랑을 모두 빼앗아갈까 봐
스트레스를 받아 소변을 잘 가리던 아이가 갑자기 실수를 하거나 투정을 부리기도 한다.
연년생, 쌍둥이 등 터울에 따른 아기 키우기를 알아본다.

외동 아이 키우기

친구와 어울리게 한다

한 자녀만을 둔 부모는 형제, 자매가 있는 또래들을 보면 아이가 안쓰러워 더 잘해주려 하다 보니 과잉보호를 하기 쉽다. 그러나 외동아이를 키울 때 가장 주의할 점이 바로 이 점이다. 지나친 보살핌보다는 아이가 바르고 건강하게 자라날 수 있도록 도와주는 태도가 필요하다.

한 조사에 의하면 외동아이는 형제가 있는 아이에 비해 머리가 좋고, 친구들과 잘 어울려 놀며 호기심이 많지만 이기적인 태도를 보였다고 한다. 형제, 자매와 같이 커가면서 알게 되는 양보, 타협, 협동심 등이 부족하기 때문이다.

따라서 외동아이에게는 부모가 좋은 친구 역할을 해주어야 한다. 아이의 친구

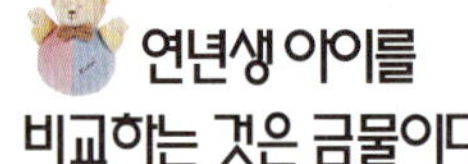
○ 외동아이일수록 다른 친구들과 자주 어울리게 하고 과잉보호를 하지 않는다.

들을 집으로 데려온다든지 소그룹 모임을 가져 아이가 친구를 사귈 수 있는 기회를 자주 만들어주는 것도 좋다. 그리고 놀이방에 갈 수 있는 연령이 되면 가능한 한 보내서 엄마 없이 친구와 어울려 지내는 훈련을 시킨다. 애완동물을 아이에게 기르게 하는 것도 자기만 알던 이기적인 마음을 많이 바꾸는 데 도움이 된다.

연년생 키우기

서로 돕는 놀이를 시켜 형제애를 북돋운다

아이를 둘 이상 둘 때는 첫째아이가 만 2세에 둘째를 갖는 3세 정도의 터울이 가장 좋다고 한다.

우선 엄마가 큰아이를 돌보는 것에 어느 정도 익숙해지는 시기이고, 큰아이를 키운 육아 경험이 잊혀지기 전이므로 둘째는 쉽게 키울 수가 있다. 큰아이의 육아용품을 그대로 물려 쓸 수 있으므로 경제적인 도움도 된다. 또 큰아이 입장에서도 만 2세가 되면 사람과 사물에 대한 개념이 생겨 동생을 인정할 수 있게 된다.

연년생으로 동생을 보는 엄마는 출산 2~3

개월 전에는 큰아이에게 동생이 생길 것이라는 사실을 알려야 한다. "이제 네 동생이 생긴단다. 넌 형(언니, 오빠)이 되는 거야. 동생이 생겨도 엄마는 너를 지금처럼 사랑할 거야." 하는 식으로 불안하지 않게 해준다.

연년생 아이를 비교하는 것은 금물이다

○ 연년생 아이를 키우면 경제적으로 절약이 된다는 장점도 있다.

연년생을 둔 엄마는 한창 첫아이에게 손이 많이 가야 할 때 동생을 돌보게 되므로 육체적으로나 정신적으로 훨씬 피곤하다. 큰아이는 아이대로 너무 일찍 엄마의 사랑을 나누어 받게 되어 스트레스를 받을 수도 있다. 그래서 연년생 형제들은 많이 다투기도 한다.

싸울 때는 부모가 간섭해 한 쪽 편을 들기보다는 아이들 스스로 싸움의 원인이 누구에게 있는지, 어떻게 화해해야 다시 즐겁게 놀 수 있는지 생각해보도록 해준다.

연년생의 경우 잘 싸우면서도 발달수준이 크게 차이가 나지 않고 욕구 수준이 비슷해 다른 아이들과 어울리지 않아도 둘이서 잘 논

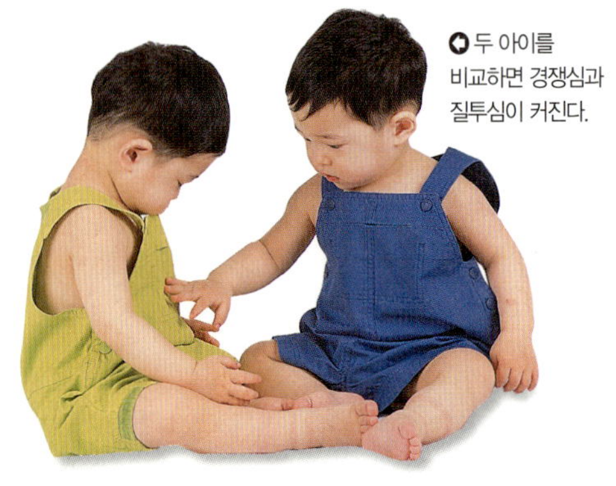
○ 두 아이를 비교하면 경쟁심과 질투심이 커진다.

다. 하지만 너무 둘만 놀게 하면 서로의 성격이 독특한 방식으로 굳어질 수 있으므로 이웃집이나 다른 아이들과 자주 어울리게 해준다. 연년생 아이들을 키울 때는 서로 비교하거나 편애하는 것은 금물이다. 경쟁보다는 함께 도움을 주고받으며 협동심을 기를 수 있는 놀이를 하도록 하고 두 아이가 잘 놀면 충분히 칭찬해 주도록 하자.

쌍둥이 키우기

기쁨 두 배, 어려움도 두 배

아이를 키우는 일이 쌍둥이라고 다른 건 아니지만 아무래도 한 아이만 키우는 것보다는 여러 가지 주의해야 할 점도 많고 요령이 필요하다. 그러나 쌍둥이 육아에 관한 유용한 정보는 매우 드문 편이고, 쌍둥이 출산율이 초산모에게 높다 보니 육아 지식과 경험이 전혀 없어 더 당황하기 쉽다.

같은 두 아이를 키우더라도 나이 차가 나는 형제보다는 훨씬 키우기 힘든 쌍둥이 엄마들을 위한 육아요령을 소개한다.

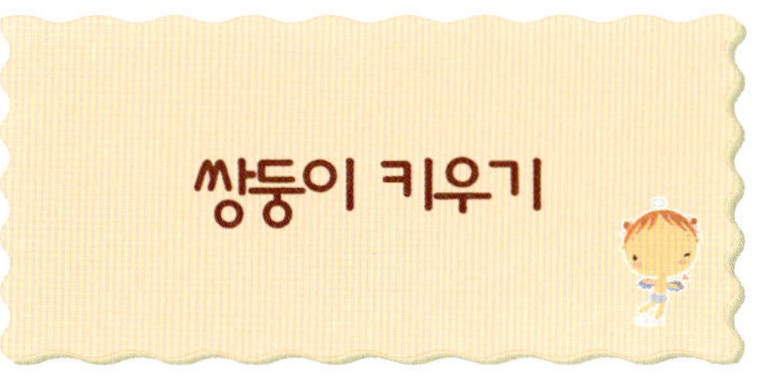
❂ 쌍둥이를 키우기 힘들다고 둘이 따로 키우는 것은 좋지 않다.

쌍둥이를 한꺼번에 돌보기가 힘겨운 엄마가 해결책으로 생각하는 방법은 한 아이를 다른 사람에게 맡기는 것이다. 그러나 쌍둥이 중 한 아이를 친가나 외가 등에 보내어 따로 키우는 일은 삼가는 것이 좋다. 엄마와 떨어져 자란 아이는 엄마 곁에 남는 아이에게 상대적으로 박탈감을 느끼게 되기 때문이다.

따라서 한 아이를 떼어놓는 것보다는 세탁이나 청소 등 가사를 도와줄 사람을 구하는

것이 현명한 방법이다.

엄마 혼자 모든 일을 해결하려고 하면 육체적 고달픔은 물론 정신적 스트레스를 견디기 힘들다. 그러므로 남편의 육아와 가사분담은 물론 친지, 주변 사람의 도움을 기꺼이 받도록 한다. 그것도 어렵다면 시간제 베이비시터나 놀이방 등을 적극적으로 활용하는 것도 좋다.

엄마의 힘을 덜 수 있는 육아용품을 적절히 사용하면 한결 도움이 된다. 두 아이를 동시에 재울 때는 흔들 침대와 그네가 있으면 좋고, 가능하다면 쌍둥이용 유모차도 마련한다. 거의 수입품으로 나란히 앉히는 일자형과 앞뒤형이 있다.

젖병 소독기도 있으면 편리하다. 쌍둥이들은 대부분 일찍 분유 수유를 시작하고 젖병역시 두 배로 쓰기 때문에 일일이 다 씻고 삶기가 쉽지 않기 때문이다.

굳이 상하구분을 하지 않는다

어른들은 쌍둥이더라도 형, 동생의 상하구분을 두려고 한다.

그러나 신체발육이나 정신발달 단계가 비슷한 쌍둥이 사이에서는 서열이 무의미하다. 억지로 구분하기보다는 평생 친구로 지낼 수

있도록 좋은 관계 형성을 도와주는 게 바람직하다.

억지로 서열을 정하면 역효과만 나타나기 십상이다. 먼저 태어난 아이가 큰아이라고 해서 그 아이만 데리고 외출하거나 반대로 동생이라고 작은아이를 감싸는 등의 태도는 아이들에게 심한 박탈감을 안겨줄 수 있다.

남녀 쌍둥이의 경우 성 역할은 크면서 저절로 익히게 되므로 지나치게 성역할을 강조해서 키우지 않아야 한다.

출생 후 한 달쯤이면 아기들의 청력이 발달해 한 아기가 울면 잘 자던 아기도 따라 울게마련이다. 따라서 엄마 외에 육아를 거들어주

❂ 형, 동생을 구분하기 보다 친구처럼 지내게 하는 것이 바람직하다.

Mom & Baby

쌍둥이를 구별하는 방법

● 아이들을 서로 구별해 둔다

헤어스타일을 달리 하거나 기저귀 커버 색깔을 달리 하는 식으로 구분을 한다. 일란성 쌍둥이라 해도 몸을 구석구석 잘 관찰해 보면 어느 하나에게만 있는 특징이 반드시 있게 마련이다. 또한 아무리 닮은 쌍둥이라 하더라도 커감에 따라 서로 다른 특징을 보이게 된다.

● 아이들의 이름을 부른다

지금 쌍둥이를 기르는 것이 아니라 서로 다른 개성을 지닌 두 명의 아이를 기르고 있다는 사실을 명심한다. 그러므로 아이들을 부를 때 '쌍둥이'가 아니라 '찬호, 찬수' 등으로 이름을 부른다.

● 닮아 보이지만 서로 다르다

아이들은 자라면서 극단적인 태도를 보이게 된다. 쌍둥이라는 사실의 특별함을 즐기면서도 또 거기에서 압박감을 느끼는 부분도 있다. 똑같은 옷을 입고 싶어하는 날도 있지만 그렇지 않은 날도 있다. 아이들 감정의 흐름에 따라 쌍둥이로 있고 싶은 날은 그렇게 해 주도록 하자.

❂ 아이들의 개성을 인정해주고 다른 인격체로 대해준다.

는 사람이 있다면 따로 재우도록 한다. 분유를 먹이고 있다면 밤엔 엄마와 아빠가 각각 데리고 잔다.

특히 한 아기가 병에 걸렸을 경우에는 반드시 따로 재워야 한다. 병이 다 나을 때까지는 수건이나 우유병, 이유식 스푼, 그릇 등을 구분해 전염되지 않도록 주의한다.

아이들은 재우기 1시간쯤 전에 목욕을 시키면 잘 잔다. 쌍둥이의 목욕은 적어도 세 돌이 지나 꼿꼿이 앉아 물장난을 할 수 있을 때까지는 따로 시킨다. 따로 목욕을 시키는 동안에는 다른 아기를 돌보면서 잔심부름을 해줄 사람이 필요하다. 그러므로 혼자서 시킬 때는 모든 목욕 준비를 갖추어 놓고 한 아기가 자고 있을 때 하는 게 요령이다.

 ### 서로 다른 개성을 찾아준다

보통 쌍둥이를 키우는 엄마는 쌍둥이에게 똑같은 옷을 입히고 똑같은 장난감을 많이 사준다. 그러나 다른 형제보

○ 쌍둥이라고 해서 똑같은 개성을 요구하지 않는다.

다는 비슷한 점이 많이 있더라도 각자의 개성을 살려 개성에 맞게 옷이나 신발을 입히고 장난감도 다른 것으로 사주어 서로 바꿔가며 놀 수 있도록 해주는 것이 좋다. 그렇다고 아이가 똑같은 요구하는 데도 억지로 서로 다른 것은 강요하지 않도록 한다.

엄마의 젖이 두 아기를 먹일 만큼 풍부하다면 모유로 키우는 것이 가장 좋지만 쌍둥이는 모유가 부족해 분유를 먹여야 하는 경우가 많다. 모유와 분유를 혼용할 경우에는 아기들에게 번갈아 젖을 주고, 미리 타 놓은 우유를 먹인다.

그렇더라도 초유는 가능한 한 먹이도록 한다. 쌍둥이는 다른 태아에 비해 저체중으로 태어나므로 면역성 관리가 더 필요하기 때문이다.

모유를 줄 때는 처음에는 한 아이씩 따로 먹이다가 익숙해지면 함께 먹이는 시도를 해본다. 쌍둥이에게 동시에

○ 쌍둥이는 작게 태어나서 더 많은 영양분을 필요로 하므로 초유는 반드시 먹인다.

모유를 먹이려면 럭비공을 잡듯이 아기를 양쪽으로 부둥켜안거나, 아기의 다리를 서로 포개서 무릎 위에 놓는 자세를 취하면 된다.

모유 수유를 하는 쌍둥이 엄마는 특히 잘 먹어야 한다. 양질의 단백질, 비타민과 미네랄을 함유하고 있는 영양가 있는 식단을 짜되, 엄마의 몸에서 수분이 많이 빠져나가므로 충분한 수분을 섭취하도록 한다.

또 이유식을 시작하면 엄마가 직접 만들어 주면 좋지만 여건이 어려울 때는 시판되는 신선한 것을 함께 먹여도 된다.

예방 접종일을 잘 활용한다

아기 둘을 데리고 병원 다니기가 쉽지 않다 보니 쌍둥이 엄마는 특별한 이상이 없는 한 병원을 찾게 되지 않는다.

그러나 쌍둥이는 몸무게가 적게 나가고 여러 가지 문제점을 안고 출생하는 경우가 많으므로 두 돌 때까지는 세심한 주의가 필요하다. 따라서 꼭 필요한 예방 접종을 하러 가는 날을 꼼꼼히 건강상담을 하는 기회로 잘 이용하도록 하고 가능하면 믿을만한 병원을 한 곳 정해 지속적으로 다니는 게 좋다.

형제끼리 싸울 때 대처 방법

● 한계를 정한다

✱ "이건 네 오빠 거야. 오빠의 허락 없이는 만지면 안 돼."

✱ "이 선반은 네 동생이 소중한 물건을 올려놓는 곳이야. 그러니까 만지지 말아라."

✱ "다른 사람 물건을 망가뜨리면 용돈에서 제하거나 네가 아끼는 장난감과 바꿔야 한단다."

✱ "공동 장난감이나 게임, 컴퓨터는 함께 사용해야 해. 자기만 쓰겠다고 떼를 써선 안 돼."

✱ "나누어 쓰지 않으면 그 장난감을 15분 동안 사용하지 못하게 할 거야."

✱ "침실은 개인 공간이야. 허락없이는 들어가지 말아라."

✱ "식사시간에는 건드리거나, 서로 싸우거나 발장난을 해선 안 돼."

✱ "숙제할 때는 절대 방해하지 말아라."

● 스스로 해결하도록 자극한다.

✱ 불평 때문에 싸움이 시작되었을 경우 판결을 내리지 않고 "이 문제를 어떻게 풀 수 있을까?"라고 물어본다. 그리고 몇 가지 선택사항을 제시하고 1분 후에 어떤 해결책을 찾았는지 물어본다.

✱ 삼진아웃 방법을 사용한다. "너희 둘 모두 이 문제를 해결할 수 있지?" "1분 이내에 해결책이 나오기를 기대한다. 생각해 내지 못하면 둘 다에게 타임아웃을 작용하겠다." "1분이 지났으니깐 각자 방으로 가!"

○ 아이들이 싸울 때는 편을 들지 말고 알아서 해결하게 한다.

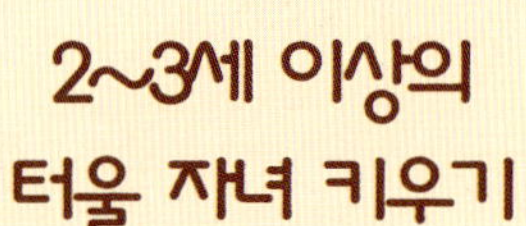

2~3세 이상의 터울 자녀 키우기

동생이 생긴다는 사실을 이해시킨다

큰 아이와 작은 아이간에 2~3세 정도 나이 차이가 난다면 엄마가 아기를 가져 동생이 생긴다는 사실을 큰아이에게 알려주는 것이 중요하다. 이때는 아이가 말귀를 알아들을 수 있는 나이이므로 차근차근 설명하도록 한다.

형제든 자매든, 오누이든 아이들이 평생 서로 돕고 의지하며 살 수 있도록 키우는 것이 부모의 역할이다. 특히 성별이 같은 형제, 자매는

부모도 키우기가 한결 쉽고, 아이들끼리도 자라면서 서로 좋은 의논상대가 되어줄 수 있다. 그러므로 큰 아이에게 동생이 생기면 어떤점이 좋을지, 동생을 어떻게 보살펴야 하는지 알려준다.

터울이 크면 형제간의 유대감 형성이 떨어질 수 있다

만약 두 아이의 나이차가 많으면 큰아이가 동생의 존재에 대해서 잘 받아들일 수 있다. 또한 자신이 나이가 더 많은 어른이므로 동생을 잘 보살펴야 한다고 스스로 생각할 수 있을 것이다.

하지만 단점도 있다. 우선 큰아이가 쓰던 육아용품을 쓸 수 없어 새로 마련해야 하므로 경제적으로 지출이 생기게 되고, 큰아이를 키웠던 경험이 많이 잊혀져 마치 아이를 처음 키울 때처럼 힘이 들 것이다. 아이들끼리도 서로 관심이 다르다 보니 형제간의 유대감이 떨어질 수 있다.

관심을 끌려는 큰 아이의 어리광을 어느 정도는 받아준다

잘 지내던 아이가 동생이 생기자 괜히 심통을 부리고 어린아이처럼 행동하며 말썽을 부리는 일이 많아지는 경우를 본다. 혹은 엄마, 아빠의 사랑을 갑자기 동생에게 빼앗긴 것 같

동생이 태어나면 큰 아이가 서운하지 않게 식구들이 더욱 신경을 써준다.

아 관심을 끌려고 퇴행현상을 보이기도 한다.

이때는 아이가 느끼는 감정을 표현할 수 있게 해주고 어느 정도는 받아주는 게 좋다. 아이의 감정을 무시하면 자신감도 잃게 되고 소외감을 느낄 수 있기 때문이다. 그렇다고 아이의 모든 요구에 맞추는 것은 금물이다.

큰아이에게는 예전보다 더 신경을 쓴다

동생을 돌봐야 하는 엄마 대신 큰아이는 아빠가 놀아주는 것이 효과적이다. 두 아이의 낮잠시간을 다르게 해서 큰아이와 엄마가 단둘이 있는 시간을 최대한 활용해 왜 전처럼 엄마가 큰아이와 많은 시간을 보내지 못하는지 등을 잘 설명해 주는 것도 한 방법이다.

아이가 엄마의 말을 잘 알아듣고 스스로 예전과 똑같이 사랑 받고 있다는 느낌을 받으면 퇴행현상은 저절로 없어지고 한결 의젓해지므로 크게 걱정하지 않아도 된다. 단, 아이가 서운함을 느끼지 않도록 엄마, 아빠가 예전보다 더 많은 신경을 써주도록 한다.

두 아이를 사이좋게 잘 키우려면 둘째를 가진 엄마는 무엇보다 큰아이가 소외감을 느끼지 않도록 마음을 써야 한다. 특히 엄마가 아기를 분만한 병원에서 처음 동생을 보게 되는 큰아이는 충격이 클 수 있다. 그러므로 엄마가 아닌 다른 사람이 아기를 안고 있도록 하는 게 좋다. 엄마가 안고 있으면 큰아이는 자기는 소외당한 것 같아 불안해진다.

큰아이를 불안하지 않게 하려면 가끔씩 동생을 돌보게 하는 것도 좋다. 그러면 동생은 보호를 받아야하는 존재임을 알게된다.

형이라는 의무감을 심어주지 않는다

흔히 부모들은 큰아이와 동생의 다툼이 생기면 "형이

니까 양보해야 돼." "형이니까 동생을 보살펴야지." 하는 식으로 부담을 준다. 그러나 이것이 지나치면 동생에 대한 질투와 적개심을 갖게 만들 수 있다.

따라서 큰아이에게 너무 의무감을 주기보다는 사랑과 칭찬을 먼저 해주고 가끔은 큰아이에게 우선권을 주어 큰애로서의 좋은 점을 느끼게 해준다. 예를 들면 간식을 주더라도 동생보다 조금 더 준다든지 동생 앞에서 큰아이를 야단치지 않도록 한다.

큰아이에게 동생에 대한 애정이 생기도록 도와주는 것도 중요하다. "동생이 너만 보면 벌써 알고 웃는다. 널 굉장히 좋아하는 거야." 하는 식으로 말해주는 게 요령이다. 기저귀를 심부름이나 장난감 등을 가져오게 하는 간단한 일로 동생을 돌보게 해주고 칭찬해 주는 것도 좋다. '동생은 돌봐주어야 하는 존재' 라는 생각을 가질 수 있다.

형제가 방을 같이 쓰면 타인에게 양보하는 마음이나 존중하는 마음 등을 배울 수 있다.

아이들이 싸울 때는 누구의 편도 들지 말고 스스로 해결하게 둔다

대개의 경우 둘째는 큰아이보다 더 과보호하고 버릇없이 키우는 엄마들이 많다. 이렇게 하면 의존적인 아이로 자라게 되고, 큰아이가 보기에 부모가 동생만 감싸는 것 같아 부모에 대한 반감이 생길 수 있으므로 주의한다.

두 아이가 다툴 때라면 더욱 엄마의 지혜가 필요하다. 두 아이가 싸우면 보통 형을 야단치기 쉽다. 하지만 이럴 때는 누구 편을 들지 말고 두 아이 스스로 감정을 정리하고, 해결할 수 있도록 맡겨두는 게 바람직하다.

성별이 같거나 성별은 다르더라도 아직 어린아이들이라면 방을 같이 쓰는 것도 좋다. 타협과 협동, 양보, 다른 사람을 존중하는 마음 등을 배울 수 있기 때문이다.

특수상황에서 아이 키우기

별거나 이혼, 재혼 등 특수 상황에서 아이를 키워야 할 때 부모도 부모지만 아이의 스트레스는 더 크다.
아이가 이런 가정환경을 잘 이해하고 받아들이게 하는 데는 무엇보다 부모의 지혜가 필요하다.
입양한 아이이거나 장애아를 키우는 때도 부모의 세심한 배려가 필요하다.

 부모가 헤어져 사는 가정의 아이

♥ 아이가 이해할 수 있게 설명한다

불가피하게 별거나 이혼을 하게 되었을 때는 말을 알아듣는 나이의 아이라면 아이 수준에서 설명해주는 게 좋다.

부부가 함께 또는 엄마나 아빠 혼자서라도 직접 말을 해야 한다. 남을 통해서 우연히 듣거나 대화를 엿듣다 알게 되면 아이는 더 큰 상처를 받을 수 있다. 아이에게 알릴 때는 흥분하거나 절망하는 태도를 보이지 말고 아이에게 상처를 덜 주고 안심할 수 있도록 유노한다.

말하기 전에 아이가 별거나 이혼의 뜻을 아는지, 어떻게 생각하는지 물어보는 것도 좋다. 그런 다음 부모가 왜 떨어져 살거나 이혼하는지, 누구와 살게 될 것인지, 헤어지는 부모와는 얼마나 자주 만날 수 있는지 등에 대해서도 설명해 준다.

화해의 가능성이 분명한 별거라면 아이에게 그 사실도 말해준다. 그러나 그렇지 않은 경우에는 헛된 희망을 품게 해서는 안 된다.

♥ 친척들과 함께 살거나 자주 왕래를 한다

부모의 말뜻을 잘 이해하는 나이의 아이일 경우 부모의 별거나 이혼사실을 알게 되면 놀라서 울거나 무서워하기도 하며, 의기소침해지거나 신경이 예민해져 곧잘 울기도 한다. 이때는 부모가 충분한 사랑으로 대하면 곧 좋아지게 되는데 만약 좋아지지 않고 2~3개월 계속되면 전문가와 상의하도록 한다.

부모의 말뜻을 잘 이해하지 못하는 나이의 아이라면 조금 당황하더라도 곧 태연해지기도 한다. 아주 어린아이는 별 반응 없이 잘 놀기도 하지만 아직 부모의 말뜻을 충분히 이해하지 못했을 뿐 그렇다고 아이가 괜찮은 것은 아니다.

이렇게 부모가 헤어지게 된 후에 할아버지나 할머니 등 다른 가족과 한 집에서 살면 아이에게 가족유대감을 심어줄 수 있어서 정서적으로도 좋다. 그리고 한쪽 부모와 헤어지더라도 다른 친척들과의 관계까지 갑자기 모두 단절되지 않도록 잘 배려해준다.

 재혼가정의 아이

♥ 아이의 감정과 행동을 이해하기 위해 많이 노력한다

재혼 상대가 생기면 재혼하기 전에 먼저 아이에게 소개시켜 서로가 친해질 시간을 가지는 게 바람직하다. 아이가 현실을 받아들이기 전에 계부나 계모 될 사람이 선물 등으로 아이의 환심을 사려고 하면 오히려 거부반응을 보이기도 한다. 아이가 계부모될 사람에게 마음을 조금씩 열기 시작하는 정도에 맞춰 애정을 표시하도록 한다.

아이가 어느 정도 사실을 받아들이면 재혼 결심을 설명해 준다. 계부모도 아이를 많이 사랑할 것이라는 점을 얘기한다.

친부모를 따르는 아이일수록 계부나 계모를 맞이하면 더 많이 질투를 하게 된다. 계부모가 자기와 친부모 사이에 끼여드는 것으로 생각해 이상한 행동을 해서라도 친부모의 관심을 받으려 한다. 그래서 친부모와 잠깐만 떨어져 있게 돼도 당황한다.

♥ 아이가 계부모를 신뢰하게 만든다

이런 적응시기에는 아이의 감정이나 행동을 이해하려는 노력이 필요하다. 너무 관대해서도 안 되지만 한꺼번에 모든 것이 바뀔 수는 없으므로 여유를 가진다.

처음에는 친부모가 주로 아이에게 관심을 쏟다가 아이가 계부모의 존재에 대해 어느 정도 인정하게 되면 계부모도 아이의 교육에 참여하는 게 좋다.

계부모가 나름대로 생각하는 방법이 있다면 부부가 미리 의논한다. 아이 앞에서 이런저런 일로 부부가 의견이 다른 모습을 보이면 아이는 더욱 계부모를 불신하게 된다.

♥ 의붓 형제끼리 자연스럽게 가까워지도록 한다

부모가 재혼했을 때 만들어지는 또 하나의 관계는 바로 의붓형제다. 서로 계부모에게 적응해야 하므로 긴장된 상황인데다 의붓형제끼리 어색하기만 하다.

이때는 함께 어울리는 시간을 자주 마련하는 게 한 방법이다. 소풍을 간다든지, 같이 게임을 한다든지 하는 식으로 서로 어울리도록 해준다.

그리고 부모는 자신이 낳은 아이를 더 감싸고 돌지 않도록 주의해야 한다. 부모의 태도가 공정하지 못하면 아이들 사이에 경쟁심이 커질 수 있다.

♥ 아이와 양부의 성이 다르다는 사실을 차근차근 이해시킨다

계부모 중 특히 계부가 생겼을 때는 양부의 성을 따르지 못하고 친부의 성을 그대로 쓰다 보니 아이가 느끼는 갈등이 크다. 주변에서 친구들이 "너는 왜 아빠하고 성이 틀리냐?"고 놀리는 소리라도 들으면 혼란스럽다. 여기에 대해 미리 아이가 이해할 수 있도록 충분히 설명해 둔다.

친부모의 이혼으로 계부모가 생긴 아이가 헤어진 친부모와 계속 전화를 하거나 편지를 할 수도 있다.

이때는 아이가 자연스럽게 친부모에 대해서 계부모와 상의할 수 있는 분위기로 이끌어 주어야 아이의 마음이 편해진다.

친부모가 사망해서 계부모를 맞이한 경우라도 아이가 친부모에 대해 좋은 기억을 잘 간직하고 마음을 열어 이야기할 수 있도록 배려해준다.

 엄마나 아빠 혼자 키우는 가정의 아이

♥ 힘든 고비를 잘 넘겨 당당하게 키운다

별거나 이혼, 사별 등의 여러 가지 이유로 엄마든 아빠든 혼자서 아이를 키우는 이들도 많다. 이때 아이와 부모의 충분한 애정이 바탕이 되면 힘든 고비를 잘 넘길 수 있다.

아이가 자라면 다른 집은 엄마, 아빠가 모두 있는데 우리 집은 왜 안 그러냐고 불평을 하기도 한다. 이때는 다른 집과의 차이가 있다는 사실을 인정하고, 잘 받아들이도록 관심을 가져준다.

혼자서 아이를 기를 때는 안쓰러운 마음에 아이를 하고 싶은대로 하게 해주는 경향이 있다. 그러나 이렇게 하면 아이의 장래를 위해 오히려 해가 되므로 아이의 버릇을 들일 때는 단호함도 필요하다.

 장애아

♥ 정상인과 똑같이 대한다

선천적이든 후천적이든 아이에게 크고 작은 장애가 있는 경우에는 엄마는 더욱 신경이 쓰인다. 아이의 장애가 치료 가능한 것이 아닐 때는 있는 그대로 받아들이고 정상인과 똑같이 자연스럽게 대해주는 태도가 필요하다.

부모는 물론 가족구성원이 아이를 정상아와 똑같이 대해주고 남의 눈을 의식하지 않는다면 아이도 자신에 대해 자신감을 갖고 당당해질 수 있다.

♥ 지나친 관대함은 아이의 자립심을 해친다

아이의 장애를 자꾸 숨기려고 하거나 또래 친구들과 어울리는 기회를 막는 것은 바람직하지 않다.

또 장애가 있는 아이는 안타까운 마음에 다른 형제보다 관대하게 대하기 쉽다. 그러나 그렇게 하면 오히려 아이의 자립심을 해치고 다른 형제와의 관계도 나빠진다. 아이가 잘못했을 때는 다른 형제와 같이 혼을 내야 한다.

아이의 장애가 심해서 특수학교에 가야 한다면 2~3세에 빨리 시작하는 게 좋다. 재활을 위한 치료를 꾸준히 하면 훨씬 도움이 되기 때문이다.

병원에 다녀야 할 경우, 부모가 조급한 마음에 여러 병원을 전전하면 아이에게 오히려 심리적 부담만 되므로 믿을만한 주치의를 정해 정기적으로 가도록 한다.

 입양아

♥ 친부모 못지 않게 키울 수 있다

여러 가지 사정으로 아이를 입양하는 가정도 늘어나고 있는 추세다. 그렇지만 아이를 입양해서 기르게 되면 아이가 어떻게 자랄지 많은 걱정을 하게 된다. 우선 아이가 잘 성장하는 데는 무엇보다도 자라나는 환경이 중요하다는 점을 알아두자. 아이는 부모가 애정을 쏟는 만큼 쑥쑥 자란다. 그러므로 입양은 친부모 못지 않게 아이를 아끼고 사랑하며 키울 수 있을 때 결심해야 한다.

♥ 아이에게 입양한 사실을 알려준다

아이를 입양해서 기를 때, 부모는 대부분 아이에게 이런 사실을 숨기고 싶어한다. 그럼에도 불구하고 언젠가는 아이가 알게 되는 경우가 많다. 아이를 입양했을 때는 아이가 어느 정도 자랐을 때 부모가 먼저 알려주는 것이 좋을 수 있다. 때문에 요즘에는 공개입양이라고 해서 처음부터 입양한 사실을 이야기해주기도 한다. 또 아이를 키울 때 부모가 아이를 데리고 친척들과 자주 왕래하는 모습을 보여주는 게 여러모로 좋다.

아이 버릇 들이기

● **규칙이 필요하다** 어떤 가정이든 이치에 맞는 규칙의 틀은 필요하다. 규칙은 간단하고, 공정하고, 분명하게 이해되어야 하는데 예를 들면 '저녁 식사 전에는 간식을 먹어서는 안된다.' '자기 전에는 꼭 이빨을 닦아라.' 와 같은 것이다. 그리고 규칙을 깨뜨리면 그에 응하는 벌을 주어야 하는데 아이가 아무리 떼를 써도 결정을 바꾸어선 안된다.

● **격려와 보상을 한다** 정신적 보상, 물질 보상, 반복 보상은 착한 행동을 계속하게 한다. 가장 효과적인 방법은 부모의 부드럽고 자상한 칭찬, 격려, 관심이다.

● **화를 내지 않는다** 아이들 때문에 화가 나면, 사건의 본질을 파악하지 못하고 열을 받기 쉽다. 그러므로 아이가 부모의 요구대로 하지 않았다면 마음을 진정하고 평소의 목소리로 지시사항을 다시 반복하는 것이 좋다.

● **대립을 피한다** 다루기 힘든 아이의 경우, 부모는 더 단호해지는 것이 유일한 해결책이라고 생각하기 쉽다. 그러나 그런 식으로 다루면 엄청난 대결을 초래하게 된다.

아이와 심한 대립 상태에 처해 있을 경우 대립을 피하기 위해서는 먼저 마음을 진정하고 아이에게 규칙을 말한다. 그리고 낡은 방법일지도 모르지만 셋까지 세서 아이가 할 기회를 주는 것도, 위기를 넘기고 뒤로 물러서는 시간을 갖게 해주는 멋진 방법이 될 수 있다.

삐뽀삐뽀 소아과,

아기가 아파요!

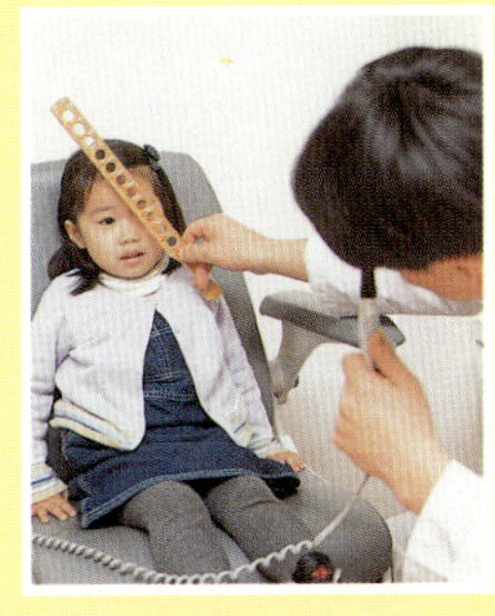

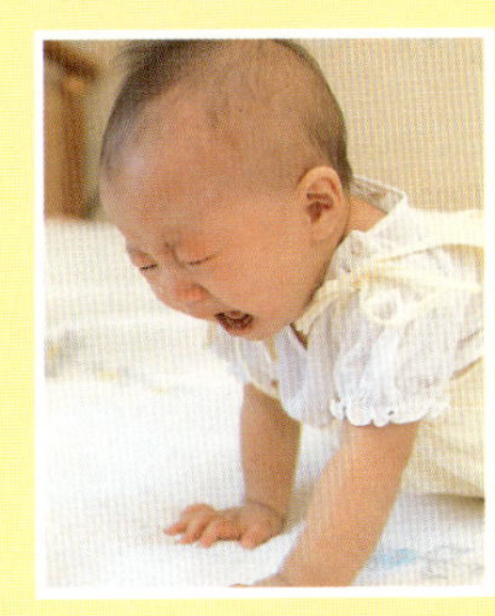

아기들은 자라면서 크고 작은 사고와 질병에 노출된다. 아차 하는 순간에 다치고, 밤늦은 시간에 갑자기 열이 오르거나 토하기도 한다. 여러 가지 유행병이나 전염병에 대한 지식을 챙겨두고, 개월별 예방접종도 놓치지 말자.

— 김길영 (건양대 병원 소아과 전문의) —

신생아기에 흔한 병

생후 28일까지의 신생아는 특별히 잘 보살펴야 한다. 세상에 태어나면서 새로운 환경에
노출되면서 아직은 신체기능이 미숙하고 병균에 대한 저항력이 약해 병에 쉽게 걸리기 때문이다.
신생아기를 어떻게 건강하게 넘기는가에 따라 아기의 평생 건강이 좌우된다.

산류

분만 도중 힘이 가해져서 머리에 피가 맺혔
기 때문에 생긴다. 출생 직후에 나타나며 크기
는 여러 가지다.

 나타나는 증세

갓 태어난 아기의 머리 꼭대기가 멍든 것처
럼 피가 맺히고 넓게 혹처럼 부어 올라 있는 상
태를 말한다. 아기는 대개 머리부터 태어나므
로 머리에 산류 증세를 보이는 경우가 가장 많
지만 거꾸로 나오는 아기는 엉덩이나 다리 등
에 멍이 생기는 수도 있다.

 아기 돌보기

생후 며칠이 지나면 자연적으로 없어지므로

특별한 치료는 필요없다.

두혈종

태아가 산도를 통과할 때 압박을 받아 두개
골과 그것을 덮고 있는 골막 사이의 혈관이 터
져 그곳에 피가 고임으로써 생긴다.

 나타나는 증세

갓 태어난 아기의 머리가 혹처럼 부어오르
고 만져보면 말랑말랑한 느낌이 든다. 머리 앞
쪽이나 위쪽, 또는 머리 한 쪽에 생기며 때로
는 양쪽에 생기기도 한다.

아기 돌보기

생후 6주에서 2~3개월이 지나면 차차 없어

지므로 특별한 치료는 필요 없다. 가끔 피가
굳으면서 뼈처럼 딱딱해지는 경우도 있지만 6
개월 정도면 자연히 사라진다. 그러나 상처를
입으면 감염되기 쉬우므로 피부를 깨끗하게
해주고 긁거나 다치지 않도록 주의한다.

특발성 호흡곤란증후군

호흡을 할 때에 폐포가 눌리지 않도록 해주
는 '폐 설팩턴트'라는 물질이 폐의 안쪽을 감
싸고 있는데 미숙아의 경우에는 이 물질이 부
족하기 때문에 폐가 줄어들어서 공기가 들어
가기 어렵다. 빨리 태어난 미숙아일수록 발달
이 불충분하기 때문에 이 병에 걸리기 쉽고 치
료도 상당히 어렵다.

나타나는 증세

태어나자마자 호흡장애를 일으킨다. 호흡수
가 늘어나고 숨을 쉴 때 가슴을 위아래로 움직
이며 청색증을 일으켜서 피부나 점막이 창백
해진다.

 아기 돌보기

일단 인공호흡을 해서 호흡을 회복시킨 후
에 폐 설팩턴트를 폐에 보충해준다. 예전에는

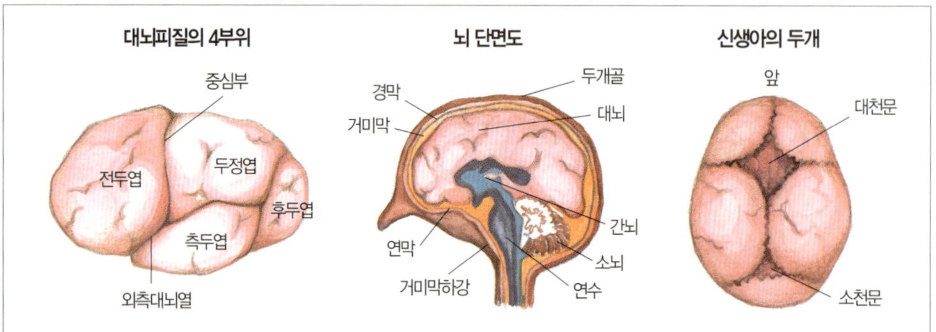

산소투여나 인공호흡으로 호흡관리, 전신관리를 해서 폐가 발달하면 자연히 폐 설팩턴트가 보충되도록 했었지만, 요즘은 폐 설팩턴트를 보충해주는 방식으로 치료를 하게 되면서 아기들의 생명을 많이 구하고 있다.

신생아 가사

모체 내에서 산소가 결핍되었을 때 발생한다. 난산이거나 또는 제대탈출이나 제대압박으로 탯줄이 산도에 눌려서 산소가 부족하여 가사되는 경우도 있다. 그 중 원래 뇌에 장애가 있어서 가사상태로 태어나는 아기도 있다.

 나타나는 증세

아기가 태어나서 바로 크게 소리를 내어 울면 폐가 확장되면서 폐호흡을 시작하게 된다. 그러나 가끔 분만 상태가 나빠서 태어나서도 울지 않고 호흡도 하지 않는 경우가 있다. 또 심장도 충분히 운동을 하지 않아서 맥박수가 적어지고 피부도 창백해지면서 근육에 힘이 없고 자극을 주어도 반응이 없는 경우도 있다.

 아기 돌보기

출산 직후에 소생술을 실시한다. 몸을 두드

❶ 모체 내 산소 부족으로 아기가 태어나서도 호흡이 시작되지 않는 상태를 신생아 가사라 한다.

리는 등 자극을 주어서 호흡이 시작되고 맥박도 정상으로 돌아오면 증상이 가벼운 것이다. 그러나 이렇게 해도 증상이 좋아지지 않으면 산소요법을 써서 소생시킨다.

태변흡인 증후군

보통 아기는 태변을 누지 않는다. 그러나 태아가사나 진통이 오래가면 아기에게 부담이 되어 스트레스를 받아서 태변을 누게 되어 양수를 더럽히게 된다.

 나타나는 증세

아기가 태내에서 상태가 나빠지면 타르 모양의 태변을 배설해서 양수가 더럽혀진다. 태어날 때 이 양수를 먹어서 폐에까지 도달하면 호흡장애를 일으키게 된다.

 아기 돌보기

머리가 나왔을 때 또는 분만직후에 기구를 써서 양수를 흡인하고 그 후에 인공호흡을 해서 치료한다.

감염증

대장균, 연쇄구균이 주된 세균의 종류이다. 태어난 후에 인후나 피부를 통해서 감염되는 것으로는 포도구균이 많다.

 나타나는 증세

감염 중에서 가장 중증인 것은 세균감염이다. 그 중에서도 혈액 속으로 세균이 침투하여 감염되는 패혈증과 수막까지 감염시키는 수막염은 특히 무서운 병이다. 패혈증은 한기와 오한이 심하고 치아노제나 혈압이 저하된다.

수막염은 발열과 함께 구토나 경련 등의 증상이 나타난다.

 아기 돌보기

원인이 되는 세균의 종류를 확인해서 그 세균에 효과가 있는 항생제를 투여한다. 그러나 특별한 세균을 찾아낼 수 없는 경우가 있는데 이런 경우에는 치료 가능성이 있다고 생각되는 항생제를 사용하기도 한다.

신생아 황달

피부와 눈이 '빌리루빈' 이라는 색소에 의해서 노랗게 변하는 상태로 가볍게 지나가는 것에서부터 치료가 필요한 중증 황달까지 종류가 다양하다.

나타나는 증세

생후 일주일 전후로 아기의 피부와 눈의 흰자위가 황갈색으로 변한다.

생리적 황달 신생아들은 정상인 경우에도 황달이 생기는 경우가 흔하다. 정상인 신생아에게 생기는 황달을 생리적 황달이라고 하는데, 보통 태어난 지 3~5일에 생기며 7~10일 경에는 사라진다. 황달을 일으키는 빌리루빈은 대개 피의 적혈구에서 나오는데 신생아의 경우는 적혈구가 연약하여 잘 깨지므로 빌리루빈이 많이 생성된다. 생성된 빌리루빈은 간에서 제거되는데 신생아는 간의 기능이 미숙해 정상인 경우에도 황달이 잘 생긴다.

모유 황달 모유를 먹인 아기는 흔히 황달이 10일 이상 오래가고 심한 경우가 있는데 이런 경우에는 모유를 1~2일 정도 일시적으로 끊어보아 황달이 모유 때문이라는 것을 확인해야 한다. 모유를 끊어서 황달이 좋아지면 모유황달이라 판단하는데 모유를 먹이는 아기의 경우, 간에서 빌리루빈 제거를 방해하는 지방산이 증가되기 때문일 수 있다.

모유황달의 경우 모유가 나빠서 생기는 것이 아니므로 다시 모유를 먹여도 된다. 단 모유황달을 확인하기 위해서 잠시 모유를 끊고 분유를 먹이는 동안은 열심히 젖을 짜야 한다. 젖을 짜내지 않으면 결국 나중에 모유가 적게 나와 못 먹이는 수도 있기 때문이다.

병적 황달 신생아에게 나타나는 황달이 다 저절로 좋아지는 것은 아니다. 황달이 생후 24시간 이내에 나타나거나, 10일 이후에도 지속되며, 황달의 수치가 14mg/dl 이상인 경우 병적인 황달로 생각할 수 있다. 병적인 황달의 원인으로는 용혈성 질환(엄마와 아기의 혈액형이 맞지 않는 경우), 감염, 선천성 대사질환 등이 있다.

병적인 황달은 청각장애, 지능장애 및 뇌성마비 등을 일으킬 수 있으며 사망에 이르기도 한다.

그러나 병적인 황달의 경우에도 조기에 발견하면 핵황달의 예방이 가능하기 때문에 황달이 있을 때는 소아과 의사를 찾아가 황달의 원인과 정도를 빨리 알고 치료를 해야 한다.

 **아기 돌보기**

신생아 황달의 대부분은 치료가 필요 없지만 병적 황달일 경우는 그 원인을 밝혀 보아야 하며 핵황달을 예방하기 위한 치료가 필요한 경우들이 있다.

치료법으로는 약물투여, 광선요법, 교환수혈 등이 있다. 광선요법과 교환수혈은 입원하여 시행하는 치료법이다. 광선요법은 아기의 피부에 광선을 쬐어서 황달을 일으키는 빌리루빈을 낮추는 방법으로 간혹 황달이 있는 아기의 원인을 밝히지 않은 채 집에서 형광등이나 햇볕을 이용해서 치료하려는 경우가 있다.

이런 방법들은 그냥 두어도 좋은 생리적인 황달에는 약간 도움이 되지만 병적인 황달의 치료에는 별 소용이 없다. 교환 수혈은 황달이 너무 심한 아기의 피를 정상인 피로 바꿔 주어 황달 수치를 빨리 떨어뜨려 주는 치료법이다.

요즘에도 잘 모르고 신생아는 모두 황달이 있고 그냥 두면 좋아지는 것이라고 말하는 경우가 있는데, 황달이 있는 아기가 항상 멀쩡하게 좋아지는 것은 아니다. 황달이 심한 경우에는 빨리 발견해서 치료하지 않으면 뇌의 손상을 일으켜 뇌성마비가 된다. 그런데 어느 정도 심한 것인지를 엄마가 잘 모르는 경우가 대부분이므로 아기에게 황달이 있는 것 같으면 바로 소아과 전문의의 진료를 받는 게 좋다.

배꼽의 염증

아직 떨어지지 않은 탯줄에 화농성 병원균이 묻어 배꼽과 그 주변의 피부가 염증을 일으키거나 곪기 때문이다.

 **나타나는 증세**

배꼽에서 노란 피고름이 나오고 역겨운 냄새가 나며, 주변의 피부까지 빨갛게 변하고 부어오른다.

원래 탯줄은 생후 1주일 정도 지나면 자연히 말라 떨어진다. 탯줄이 떨어질 때까지는 병원균에 감염되지 않도록 배꼽과 탯줄을 잘 소독하고 물에 젖지 않도록 주의해야 한다. 물에 젖었으면 마른 거즈로 닦아 물기를 없애고 말리는 게 좋다.

 **아기 돌보기**

내버려두면 온몸에 세균이 퍼져 패혈증 같은 무서운 병을 일으킬 위험이 있으므로 빨리 치료해야 한다. 의사의 지시에 따라 소독제, 항생제 연고를 바르는데 열이 나거나 증세가 더 심해지면 입원치료도 필요하다.

배꼽육아종

탯줄이 말라 떨어지기 전에 배꼽이 쓸려 감염되거나 탯줄이 떨어진 뒤 상처가 낫지 않고 새살이 돋아 생긴 것이다.

 **나타나는 증세**

탯줄이 떨어진 뒤에 배꼽에서 점액이 나오고 좀처럼 마르지 않으며 소량의 피가 나오는 경우도 있다. 배꼽의 우묵한 곳을 보면 분홍색의 사마귀 같은 게 보이는데, 큰 사마귀는 배꼽 밖으로 솟아 나와 잘 보인다.

 **아기 돌보기**

붉고 젖은 새살은 작아서 안쪽에 박혀 있으면 잘 보이지 않으므로 배꼽에서 진물이 나고 열이 있으면 일단 의사에게 보인다.

아구창

분만 도중에 산도에 있는 곰팡이 균이 신생아의 입안에 전염되어 생긴다.

 **나타나는 증세**

아기의 입속을 보았을 때 혀나 잇몸, 볼 안쪽에 우유 찌꺼기 같은 하얀 곱이 끼어있는 경우가 있다. 닦아지지 않으나 별 증세는 없다.

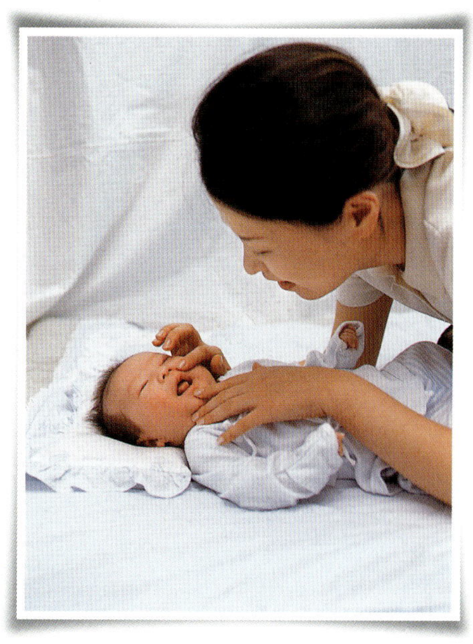

 ### 아기 돌보기

아기에게 비교적 흔한 병이며 쉽게 치료되므로 걱정하지 않아도 된다. 1%의 겐티안 바이올렛을 한두 번 입안에 발라주면 잘 낫는다. 또 의사의 지시에 따라 마이코스타틴액을 하루 몇 차례 10일 정도 입에 떨어뜨려 주거나 면봉에 묻혀 발라준다.

그러나 이런 치료에도 잘 안 낫거나 자주 감염되면 선천성 면역결핍증의 가능성이 있으므로 세심한 주의가 필요하다.

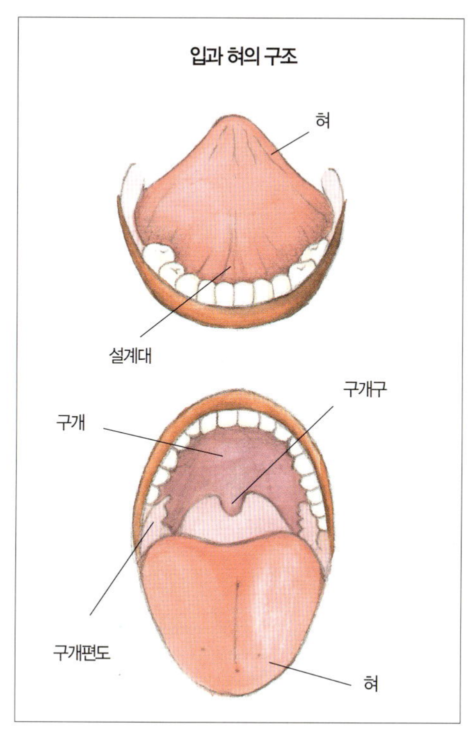

비타민 K 결핍증

비타민 K가 부족하면 혈액이 응고되기 힘들고 위나 장, 때로는 폐나 뇌에서도 출혈이 있게 된다.

 ### 나타나는 증세

생후 1주일 이내에 아기가 피가 섞인 것을 토해 내거나 혈변을 배설한다.

 ### 아기 돌보기

비타민 K를 투여해서 치료를 한다. 갓 태어난 아기는 비타민 K가 부족하기 때문에 예방을 하기 위해서 비타민 K 시럽을 먹이면 좋다. 또 모유에도 비타민 K가 부족하므로 엄마가 간이나 시금치를 많이 먹는 것도 효과적이다.

미숙아와 저체중아

미숙한 기능, 저항력이 없는 것이 특징으로 일반적으로 2.5kg 미만의 아기를 미숙아라 부른다. 그러나 같은 2.4kg이라도 예정일 전후로 태어난 경우와 36주로 태어난 것과는 아기의 몸의 발달이나 기능 면에서의 성숙도가 뚜렷하게 다르다.

예정일 전후로 태어난 아기 쪽이 훨씬 건강하게 자란다. 예정일을 전후로 해서 태어난 아기는 미숙아와 달리 구별해서 저체중아라고 하며, 조산으로 태어난 아기를 미숙아라고 한다. 2.5kg이 될 때까지는 미숙아실에서 관리한다.

 ### 나타나는 증세

미숙아인 아기의 특징은 몸이 작을 뿐 아니

라 기능도 미숙해서 저항력이 약하다. 호흡기도 미숙해서 특발성 호흡장애 증후군 등의 호흡기 장애를 일으키기 쉽다. 두개내 출혈, 괴사성장염 등의 합병증을 일으키거나 저체온이 되거나 감염증에 걸리기 쉬운 약점을 많이 가지고 있다.

 ### 아기 돌보기

미숙아로 태어났을 경우에는 신생아 처치시설이 있는 미숙아실로 옮겨서 체중이 2.5kg이 될 때까지 키운다.

무호흡발작

호흡중추가 미숙하고 호흡리듬이 일정치 못해서 생기는 증상이다.

 ### 나타나는 증세

태어났을 때에는 순조롭게 호흡을 하는데 도중에 호흡이 멎는 경우가 있다. 30주미만으로 태어난 아기에게 나타나는 현상으로 산소가 부족해서 뇌에 장애가 생기는 것이다.

 ### 아기 돌보기

무호흡 발작이 일어나면 자력으로 다시 호흡을 시작하는 아기도 있다. 발견했을 때 피부에 자극을 주면 숨을 다시 쉰다. 그것이 잘 안될 때에는 약으로 호흡 중추를 자극하는 방법이 있다.

미리 예방할 수 있어요

아기가 엄마로부터 받은 면역력은 생후 6개월 정도면 거의 없어진다고 한다.
따라서 때를 놓치지 않고 예방주사를 맞아야 안심할 수 있다. 아기와 어린이들이 꼭 받아야 할
예방접종과 시기, 주의사항 등을 알아본다.

 여러 가지 전염병, 예방이 최선이다

예전에는 심각한 전염병이었던 콜레라나 페스트, 발진티푸스, 천연두, 황열 등은 우리 나라에서는 볼 수 없게 되었다. 예방 접종이 잘 이루어지면서 장티푸스, 파라티푸스, 디프테리아, 말라리아, 소아마비 등도 놀랄 정도로 많이 줄어들고 있다.

그러나 성홍열이나 홍역, 인플루엔자 등은 여전히 많으며 수두, 볼거리, 풍진 등도 마찬가지라고 한다.

이런 전염병을 예방하기 위해서는 무엇보다 적절한 시기에 예방 접종을 해두어야 한다. 아울러 아이의 몸이 허약하면 더 잘 걸리는 만큼 평소 균형 있는 영양을 섭취하고 일광욕, 적당한 운동 등으로 체력을 길러주도록 한다.

전염병이 유행하는 시기에는 사람이 많이 모이는 곳에 가는 것을 피하고, 식사 전 또는 외출해서 돌아왔을 때는 반드시 양치질을 하고 손을 잘 씻는 게 상식이다. 여름철에는 끓이지 않은 물이나 날 것을 먹지 않아야 한다.

또 곤충이나 동물에 의해 매개되는 전염병도 적지 않다. 파리, 모기, 이, 쥐 등이 옮기는 전염병도 많으므로 항상 청결하게 해야 한다.

 생후 6개월이면 물려받은 아기의 면역력이 약해진다

산모는 지금까지 걸린 질병이나 예방 접종에 의해 신체에 면역 항체를 가지고 있다. 이 항체의 일부가 태반을 통해서 태아에게 전해져 어느 기간 동안은 질병으로부터 보호되나 아기 자신이 만든 것은 아니므로 점점 면역이 적어져 생후 6개월이 지나면 그다지 방어력이 없어진다고 한다.

이 항체가 조금이라도 남아 있으면 홍역, 풍진, 유행성이하선염 등의 생백신을 접종해도 면역이 잘 생기지 않기 때문에 생후 12개월을 넘어서 접종하는 것으로 되어 있다.

그러나 폴리오 생백신은 이런 영향을 받지 않으므로 일찍부터 접종한다. 백일해도 특이하게 산모로부터 받은 면역이 남아 있지 않아 태어나면서 즉시 감염되는 경우가 많으므로 빨리 접종해 준다.

요즘 전염병이 줄어들어 산모 자신도 면역성이 없는 경우가 늘어나고 있는데 그런 경우 태어난 아이에게도 면역성이 결핍된다. 면역이 없는 기간을 없애기 위해서는 되도록 빨리 예방접종을 하는 편이 좋을 것 같지만 질병의 유행상황이나 백신의 반응 강도를 고려하여 접종 받는 나이가 정해지게 된다.

 예방접종의 종류와 시기를 알아둔다

예방접종은 크게 정기접종과 임시접종으로 나뉜다. 정기접종은 접종 나이가 정해져 있는 예방접종으로, 그 나이 때 예방 접종을 하면 정해진 모든 정기접종을 받는 것이 된다.

정기 예방접종

백일해, 디프테리아, 폴리오, 풍진, 홍역, 파

❍ 전염병을 예방하려면 무엇보다도 적절한 시기에 예방접종을 해 두어야 한다.

상풍, 결핵, 간염, 볼거리가 이 정기접종에 속한다.

임시 예방접종

그런가 하면 인플루엔자나 수두, 일본뇌염, 렙토스피라, 유행성출혈열, 콜레라, 뇌수막염, 폐렴, 장티푸스처럼 병의 유행을 막기 위해 유행시기 전에 실시하는 것으로 예방접종을 받아야 하는 아이의 범위와 시기가 정해져 있다는 것은 임시접종이다.

정기접종의 나이는 기간 내에만 접종하면 된다는 생각은 하지 말고 되도록 빨리 접종을 끝내는 것이 좋다. 하지만 늦어진다고 효과가 없는 것은 아니다.

예방접종을 해도 괜찮은 상태

① 가벼운 감기 ② 미숙아(미숙아는 보통 태어난 날짜를 기준으로 접종한다) ③ 항생제 사용 중 ④ 모유수유 ⑤ 비특이성 알레르기 ⑥ 경련의 가족력 ⑦ 예방접종 부작용의 가족력 ⑧ 정지성 중추신경 질환.

그러나 가벼운 감기라 하더라도 아이의 상태에 따라서 접종할 수 없는 경우가 많은 것이 사실이다. 간혹 감기가 있으면 접종 안 해준다는 이야기를 듣고 가벼운 감기가 있는데도 의사에게 이야기를 안 하는 이들도 있는데, 감기

○ 예방접종은 건강상태가 좋을 때 한다.

가 걸렸을 때는 반드시 의사의 진찰에 의한 지시를 따라야 한다.

예방접종을 하는 시기

생백신을 먼저 접종한 후 그 다음 생백신을 접종하기 위해서는 적어도 1개월의 간격을 두어야 한다. 첫번째 생백신이 두번째 생백신에 대해 면역반응을 방해할 수 있고, 생백신의 부작용이 나타나기까지 1~3주의 잠복기간이 있기 때문이다.

그리고 예방접종을 받은 후에는 반드시 육아수첩에 기재를 하도록 한다. 접종표를 받는 경우 육아 수첩에 붙여두고 그 후의 반응 등을 엄마가 적어 넣어야 한다.

체크 포인트

★ 홍역 예방주사 전에는 투베르쿨린 반응 검사를 실시해야 한다. 홍역 유행 시에는 생후 7개월에도 조기 접종하되, 이때는 생후 15개월에 재 접종한다.

★ 간염 예방접종은 엄마가 보균상태가 아닌 경우 생후 1개월, 2개월, 7개월에 접종한다.

★ 경구용 장티푸스는 3세 이상에서 접종한다.

★ 수두 백신은 보통 건강한 아이에게는 필요 없지만 다른 생백신 예방주사와는 1개월 이상의 간격을 두고 맞힌다.

예방접종을 받을 때의 주의사항

기간 내에 맞힌다

예방접종의 종류와 시기는 분만병원에서 퇴

원할 때 주는 아기수첩을 참고해 시기를 놓치지 않게 받는다. 아기의 상태가 좋지 않거나 기타 다른 사정으로 제때 받지 못했을 때는 의사나 보건소 등에 상담한다.

건강 상태가 좋을 때 맞는다

예방접종 시기는 만 나이로 계산하며 아이의 건강 상태를 가장 잘 알고 있는 가족이 데리고 가서 하는 것이 좋다.

부작용이 생기거나 예방접종의 효과가 떨어질 염려가 있기 때문에 예방접종은 건강 상태가 양호할 때 하는 것이 좋으며, 감기·설사 등의 증상을 보이거나 열이 있을 때는 뒤로 미루는 편이 낫다.

접종 후 2~3일은 아이의 몸 상태를 주의

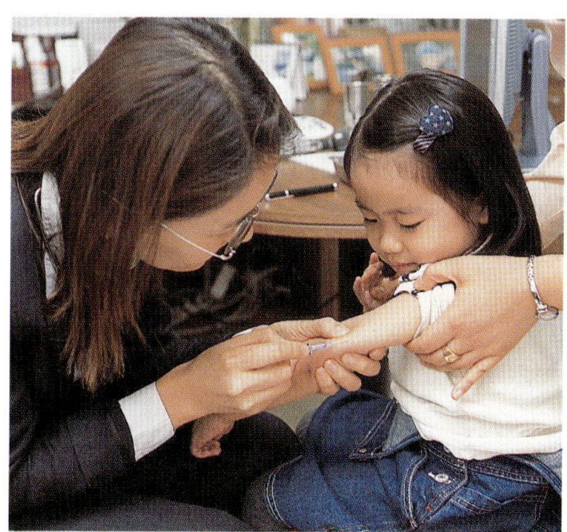

○ 모든 예방접종에는 부작용이나 주의사항이 있으므로 알아보고 반드시 지키도록 한다.

깊게 관찰해야 하는데, 고열이나 경련 증세가 있을 경우엔 곧바로 의사의 진찰을 받도록 해야 한다. 접종 당일 목욕은 피하는 게 좋다.

접종 전날 밤과 당일 아침의 체온상태, 식욕,

Baby clinic

아기의 건강 상태가 좋지 않을 때 대처방법

★ **열이 있을 때** – 접종 당일의 오전 중, 가만히 있는데도 37℃ 이상의 열이 있을 때는 의사에게 그것을 알리고 상담한다.

★ **현재 어떤 병으로 치료 중일 때** – 접종을 받을지를 의사에게 상담한다. 특히 만성병인 경우, 부작용이 생기기 쉬운 경우도 있으므로 신중을 기해야 한다. 또한 홍역, 수두, 이하선염에 걸려서 1개월이 지나지 않았을 때는 다른 생백신 접종을 피한다.

★ **생백신 접종 후** – 접종 후 1개월 이내면 다른 종류의 생백신은 피한다.

★ **과거 1년 이내에 경련을 일으켰을 때** – 경련의 원인이 명확해질 때까지 접종은 보류한다.

★ **알레르기 체질인 경우** – 알레르기 체질이라는 사실을 알리고 의사와 상담한다.

★ BCG와 같이 피부에 접종하는 백신은 접종하는 부위의 습진이 심하면 접종을 연기한다.

기분 상태에 따라 무리하지 않았는지 살핀 후 접종을 한다. 접종 전날 밤은 청결히 목욕을 시키는 게 좋다.

접종 시기에 너무 얽매일 필요는 없다

예방접종은 정해진 시기에 하는 것이 원칙이다. 하지만 접종 시기가 약간 늦어지거나 접종 간격이 길어져도 백신의 효과에는 큰 지장이 없으므로 접종 횟수를 권장 횟수 이상으로 늘릴 필요는 없다.

부작용이 걱정돼도 맞히는 게 낫다

일어날 확률이 적다고는 하지만 예방접종에 의해 병에 걸리는 이상의 부작용이 일어날 수도 있지만 그래도 접종을 하는 게 낫다.

접종 후 주의사항을 잘 지킨다

모든 예방접종에는 부작용이나 주의사항이 있으므로 알아보고 지킨다. 주의사항을 잘 지키면서 예방접종을 하면 접종을 안 해서 생기는 위험보다는 해서 얻는 이익이 훨씬 크다.

홍역 등의 백신 접종 후, 열이 나거나 경련을 일으키면 우선 의사의 진단을 받아 그 원인을 알아보는 것이 중요하다. 열성 경련이 양성이 명확하면 예방 접종은 받을 수 있다. 또한 부작용이 일어날 때의 대책에 대해서도 서로 잘 합의하여 필요하다면 해열제나 항경련제 등의 처방도 받는다.

접종 후의 반응도 알아둔다

접종 후에는 주사를 맞은 부위가 빨갛게 되기도 하고 통증을 느낄 만큼 아프거나 몸이 축 처지는 등의 나른한 증상이 수반되기도 한다.

그러나 고열, 구토, 설사, 발진, 림프절이 붓는 등의 증상이 1일 이상 계속될 때에는 의사에게 증상을 자세히 알리고 진찰을 받는다. 특히 다른 의사에게 치료를 받을 때는 언제, 어떤 접종이 있었는지를 꼭 알린다.

아기의 피부병을 예방하려면

● **곰팡이가 생기지 않게 한다** 방바닥이나 침대 밑, 카펫 등은 곰팡이가 많은 곳 중의 하나. 벌레나 곰팡이를 잘 청소하기 위해서는 진공청소기로 잘 빨아들이는 게 효과적이다. 먼지가 많으면 하루에도 여러 번 청소를 해야 한다.

● **아기 몸을 늘 잘 살핀다** 아침에 옷을 갈아 입히거나 목욕을 시킬 때에는 아기의 옷을 모두 벗기고 몸을 잘 살펴본다. 이렇게 하면 피부에 조그만 이상이 있을 때 빨리 발견할 수 있다.

예방접종에 관한  Q & A

Q 예방접종을 할 때마다 다른 소아과에서 해도 되나요?

A 사정상 그럴 수 있겠지만 별로 좋은 방법은 아니다. 예방접종을 하기 위해 소아과를 찾게 되면 자연히 아기의 건강상태를 체크하게 된다. 예방접종이 가능한지를 알아보기 위해서 진찰을 하다 우연히 뜻하지 않은 병을 발견할 수도 있고, 무엇보다 아기가 제대로 크고 있는지 분명하게 알 수 있다. 또 엄마가 궁금해하는 것을 물어볼 수 있는 좋은 기회도 된다.

예방접종은 예정일에서 1주 정도까지는 별 지장이 없으므로 다소 늦어지더라도 다니던 소아과에서 접종을 받는 게 낫다.

그렇다고 출산한 병원이 먼데도 예방접종을 하러 굳이 찾아가지 않아도 된다. 아기수첩에 접종의 종류가 기재되어 있으면 병원을 바꾸어도 괜찮으므로 집에서 가깝고 편한 병원에서 받는다.

Q 어떤 경우는 팔에, 어떤 경우에는 엉덩이에 하는데 무엇이 다른가요?

A 예방접종은 종류에 따라서 근육주사, 피하주사, 피내주사로 나뉜다. 피하주사는 팔에, 피내주사는 어깨에 접종하고, 근육주사는 엉덩이나 허벅지에 한다. 근육주사는 원래 엉덩이에 놓는데, 어린 아기는 엉덩이 근육이 많이 발달하지 않아 근육에 들어가지 않는 경우가 있으므로 요즘은 허벅지 근육에 투여한다. 이렇게 주사 부위가 다른 이유는 약의 종류에 따라 최대의 효과를 내면서 부작용을 적게 하는 방법이 각기 다르기 때문이다.

Q 감기로 예방접종이 늦어졌는데 어떻게 해야 하나요?

A 아기들이 예방접종을 받는 시기가 바로 감기도 잘 걸리고 한번 걸리면 오래 가는 시기다.

그러나 접종이 늦었다고 다시 접종할 필요는 없다. DPT는 5~6개월이 늦어도 다시 접종하지 않고 이어서 접종한다.

15개월에 맞는 홍역·볼거리·풍진도 걸리기 전에만 접종하면 되므로 늦었다고 그냥 두지 말고 되도록 빨리 맞힌다. 수두 같은 것도 반드시 만 12개월에 접종해야만 하는 것은 아니다. 그렇다고 일부러 늦게 맞추기보다는 제때 맞추도록 신경 쓴다.

하지만 일부 예방접종은 늦어지면 다시 접종하는 것도 있다. 그러므로 늦어졌으면 가능하면 빠른 시일에 소아과 의사와 상의해서 접종해야 한다.

Q 예방 접종 카드를 어디다 두었는지 못 찾고 있는데 계속 보관해야 하나요?

A 아기를 출산하면 산부인과에서 아기에게 처음으로 예방접종을 하고 접종카드를 주게 된다. 간염을 접종한 아이는 카드에 그 기록이 되어 있는 것이다.

다음에 다른 병원을 다니거나 이사를 해서 다른 소아과를 방문할 때 이 접종수첩을 바꾸어 주는 줄 아는데 접종수첩은 하나로 평생을 사용하므로 잘 보관해야 한다. 외국에서는 학교에 갈 때 이 접종기록을 요구하는 곳도 있으므로 아이가 클 때까지도 버려서는 안 된다.

기본 예방접종 표

기본접종

연령	접종 종류	내용
0~4주	✚ BCG ✚ B형 간염	★ BCG는 결핵 예방접종으로 생후 4주 경에 맞혀야 한다. 접종 후 2~3주 사이에 빨갛게 되고 곪았다가 4주 후에 딱지가 않는다. 이때 딱지를 무리하게 떼서는 안 된다
2개월	✚ DTap(디프테리아 · 백일해 · 파상풍) ✚ 폴리오(소아마비 1차) ✚ B형 간염 ✚ Hib	★ DTap는 디프테리아, 백일해, 파상풍을 섞은 백신으로 각각 단독으로 맞는 것보다 강한 면역을 얻을 수 있다. DTap는 경구용 소아마비와 같이 생후 2~6개월 사이에 3~4주간을 사이에 두고 세 번 맞는다. 추가접종은 만 18개월과 만 4~6세에 받으며, 12세가 되는 해에 디프테리아, 파상풍 2종의 혼합 백신으로 3차 접종을 한다
4개월	✚ DTap(디프테리아 · 백일해 · 파상풍) ✚ 폴리오(소아마비 2차) ✚ Hib	★ B형 간염을 예방하는 백신으로 생후 2개월에 1차 접종을 하고 3개월에 2차, 8개월에 3차 접종을 한다
6개월	✚ DTap(디프테리아 · 백일해 · 파상풍) ✚ 폴리오(소아마비 3차) ✚ B형 간염 ✚ Hib	
12~15개월	✚ MMR(홍역 · 볼거리 · 풍진) ✚ 수두 ✚ Hib	★ 볼거리 예방접종은 남자아기에게, 풍진은 여자아기에게 특히 중요한 예방접종이다. 볼거리는 고환염이나 고환의 동통과 종창을 일으킬 수 있고, 풍진은 어른이 된 다음에 접종할 수도 있지만 주사 후 3개월간은 피임을 해야 한다
12~36개월	✚ 일본 뇌염	★ 돌 지난 아기를 대상으로 첫 해는 2회 접종(1회 접종 후 10일 뒤에 2회 접종 실시)을 하고 다음 해부터는 1회 접종한다

추가접종

연령	접종 종류	내용
18개월	✚ DTap(디프테리아 · 백일해 · 파상풍)	
4~6세	✚ DTap(디프테리아 · 백일해 · 파상풍) ✚ 폴리오(소아마비 4차) ✚ MMR(홍역 · 볼거리 · 풍진)	
10~12세	✚ Td(성인형 Td)	
매년마다	✚ 일본뇌염	

우리 아기 자주 걸리는 단골 병

아기는 아직 모든 기능이 미숙하고 저항력이 약해 병에 걸리기 쉽다. 여름철이나 겨울철의 감기,
아토피성 피부염처럼 아기가 체질적으로 잘 걸리는 질병도 있다. 따라서 이런 질병의 원인과 증세, 치료법 등을
미리 알아두면 조기발견에 도움이 되며 예방하는 지혜도 얻을 수 있다.

여름철에 잘 걸리는 감기

아기들의 감기는 여름에도 매우 흔하다. 하지만 감기같은 증세라 하더라도 실제로는 감기가 아니라 다른 병이 원인인 경우도 있으므로 아기의 증세나 상태를 주의 깊게 살펴봐야 한다.

단지 열만 나고 목이 아프기만 할 때는 그냥 여름감기지만 열과 함께 목이 아프면서 목에 물집이 생기거나 손발 등에 발진이 생긴다면 수족구병이나 헤르판지나, 인두결막염 등일 수도 있다.

여름감기

장 바이러스에 의해 일어나는 것이 대부분이므로 특별히 잘 듣는 약은 없지만 증세에 따라 해열제, 지사제 등을 먹여 가볍게 해주면 한결 낫다. 이때는 피곤하지 않게 조용히 놀게 하고 입맛이 없어 잘 먹지 않으면 과일즙, 보리차 등으로 수분을 보충해 주도록 한다. 또 보통 때보다 소화가 잘 되는 음식을 가볍게 먹인다.

겨울감기에 비해 증세가 가볍고 콧물, 기침도 심하지 않은 편. 열이 나고 나른하며 발진, 설사, 구강염 등을 동반하는 것이 특징이다.

그러나 좀 안정을 취하지 않을 경우 무균성 뇌막염, 뇌염, 마비성 질환 등의 합병증을 초래할 수 있다.

여름철 열

감기는 아니다. 열이 나면 감기로 생각하기 쉬운데, 감기는 오후에 열이 더 높아지는데 비해서 여름철 열은 새벽부터 오전에 걸쳐 38~39℃의 고열만 나는 게 특징이다. 이때는 시원한 방에 아기를 옮겨 찬 음료수를 마시게 하면 열이 내린다.

아기는 체온조절이 잘 되지 않기 때문에 여름철 뜨거운 기온의 열이 체내에 머물러 있다

가 뒤늦게 발산되기 때문에 생기는 것으로 보면 된다. 그러므로 여름철에는 햇빛이 많이 드는 더운 방에서 아기를 오래 재우거나 놀게 하지 않도록 한다.

수족구병

2~3세 정도의 아기가 많이 걸리는 비교적 가벼운 전염병에 속한다. 주로 손과 발바닥, 입안에 팥알 크기의 붉은 발진이 생겨서 붙은 병명이다. 발진의 가운데에 물집이 있으며 열은 없지만 있더라도 38℃ 정도이며 길어도 2

~3일 정도 지나면 가라앉는다. 발진도 1주일 정도면 자연히 없어지므로 그리 걱정하지 않아도 된다.

헤르판지나

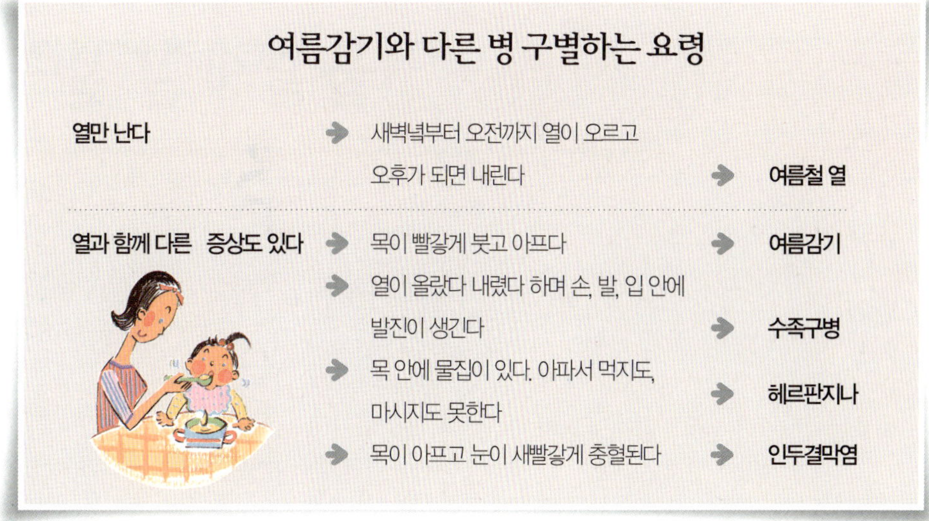

갑자기 39℃ 정도 되는 고열이 나며 목이 아파 음식을 넘기지도 못하고 입맛이 떨어진다. 입천장이나 목젖 등에 작은 물집이 생겨 자극을 받으면 많이 아프기 때문에 아기는 곧잘 울게 된다. 심하면 물만 삼켜도 아파하는 경우가 있다.

그러나 바이러스에 의한 병이므로 특별한 약은 없고 진통제나 해열제를 처방 받아 먹이면 증세가 가라앉는다.

열은 대개 하루 정도 지나면 떨어지고 물집도 5~6일이면 좋아진다. 이때도 감기와 마찬가지로 삼키기 쉬운 젤리나 요구르트, 푸딩 등을 조금 차게 해서 먹이고 수분을 충분히 보충시켜 준다.

인두결막염

여름부터 가을에 걸쳐 많이 생긴다. 38~40℃의 열이 나면서 목이 빨갛게 붓고 아프며, 눈도 충혈되어 새빨갛게 된다. 아기가 목이 아파 음식을 먹으려 하지 않아 탈수증상을 일으켜 몸이 축 늘어지는 경우도 있다.

이때도 특별한 약은 없고 해열제를 먹이고 편히 쉬도록 해준다. 대개 1주일이면 좋아진다. 음식은 조금씩 먹고 싶어할 때마다 자주 먹여주고 수분섭취에도 신경써야 한다.

한 가지, 인두결막염은 전염성이 강하므로 가족 중에 누군가 이런 증상을 보일 때는 아기에게 가까이 가지 않도록 한다.

여름감기에 걸린 아기 돌보기

찬바람을 직접 쏘이지 않도록 한다
선풍기나 에어컨 날개 방향을 벽 쪽으로 돌려 놓거나 수건으로 가려 찬바람이 직접 닿지 않게 한다.

긴 팔, 긴 바지 잠옷을 입힌다
덮어준 이불을 차서 배를 차갑게 만들면 감기가 잘 낫지 않는다. 긴 옷을 입히면 이불을 걷어차도 안전하다. 너무 덥지 않은 얇은 면 소재의 속옷을 입혀도 좋다.

바닥에 바로 눕히지 않는다
에어컨을 켜 놓으면 찬 공기는 밑으로 가라앉기 때문에 아기의 발이 차가워져 좋지 않다. 이때는 방바닥이나 마루에 아기를 눕히지 말고 당분간 아기침대처럼 조금 높은 곳에 눕힌다. 부득이 바닥에 눕힐 때는 가능하면 찬바람이 닿지 않는 곳에 눕혀둔다.

실내온도를 너무 춥게 하지 않는다
안 그래도 더운 날씨에 아기가 열이 나면 더울까봐 실내를 좀 시원하게 하려는 사람이 있다. 그러나 오히려 역효과. 어른이 움직였을 때 약간 땀이 나는 정도가 아기에게는 적당한 실내온도다.

삼키기 쉬운 음식을 먹인다
이유기의 아기라면 푸딩, 아이스크림, 요구르트 젤리 등이 좋다. 보리차나 과즙으로 수분을 충분히 보충시키는 것도 중요하다.

겨울철에 잘 걸리는 감기

아기건 어른이건 할 것 없이 겨울이면 가장 많이 걸리는 병이 바로 감기다. 열이 나면서 콧물도 나고 목이 아프며 머리도 지끈지끈. 이런 증상이 나타나면 으레 감기려니 하고 아기에게 감기약을 먹이는 게 보통이다.

그러나 단순한 감기가 아닌 병일 수도 있으므로 증세를 자세히 살펴보아야 한다. 특히 아기는 말로 표현하지 못하므로 엄마의 주의 깊은 관찰이 필요하다.

❶ 감기 증상이라고 해서 전문의의 진단 없이 감기약을 먹여서는 안 된다. 다른 병이 원인일 수 있기 때문이다.

를 하기도 한다. 이렇게 되면 어른처럼 몸이 무겁거나 아프다는 걸 말로 표현 못하는 아기는 기분이 좋지 않거나 축 늘어진다.

특히 아기의 인플루엔자는 기관지염이나 폐렴, 중이염 등의 합병증을 일으킬 수 있으므로 주의해야 한다.

우선은 아기의 방을 따뜻하게 하고 안정을 시킨다. 열성경련을 일으키기 쉬운 아기라면 미리 해열제를 쓰기도 한다. 이때 식욕이 없으면 무리하게 먹일 필요는 없지만 소화가 잘 되고 영양가가 높은 것을 조금이라도 먹인다. 수분보충에도 신경을 쓴다.

아기의 인플루엔자는 부모, 또는 유아원이나 놀이방, 초등학교에 다니는 형제로부터 옮는 일이 많으므로 다른 식구들에게 밖에서 돌아오면 반드시 손을 잘 씻고 양치질을 한다음 아기를 만지도록 한다.

인플루엔자인 경우 해열제로 아스피린을 사용할 경우 '라이증후군'의 합병률이 높다는 보고가 있으므로 주의한다.

성홍열

겨울부터 초여름까지 유아나 초등학생 사이에서 많이 생긴다. 아기에게는 많지 않은 편이다.

성홍열에 걸리면 갑자기 39℃ 이상의 고열을 보이며 목의 통증과 두통을 호소하게 된다. 그러다 1~2일 후에 자잘한 선홍색의 발진이 온몸에 퍼진다. 이때 입 주위만은 발진이 생기

인플루엔자

매년 겨울에서 다음해 봄까지 유행하는 감기의 일종이다. 흔히 '유행성 독감'이라고 부른다. 보통 감기보다는 열도 높고 통증이 있으며 증세도 심한 특징이 있다. 바이러스에 감염된 후 발병까지 기간이 1~2일 정도로 짧고, 갑자기 38~39℃의 고열이 난다. 콧물, 목 아픔, 기침 등의 증세를 동반하며 토하거나 설사

겨울철 감기에 걸린 아기 돌보기

● 열이 나기 시작하면서 안색이 창백해지고 몸을 덜덜 떨고 있을 때는 따뜻하게 해주고, 얼굴이 빨개지며 몸이 후끈후끈 더워져 오면 입고 있던 옷을 한 겹 벗겨서 기분 좋게 만들어준다.

● 설사나 구토가 심하면 몸에서 수분이 빠져나가 탈수가 된다. 보리차, 과즙 등을 원하는 만큼 먹여 수분공급을 충분히 하는 것도 중요하다.

● 난방을 하고 있을 때에도 환기에 신경쓰자. 겨울에는 창문을 열 때 한 곳만을 열어둔다. 두 곳을 동시에 열어 환기시키면 아기가 너무 추워하기 때문이다.

● 목이 그르렁거리며 가래가 끓을 때는 물을 마시게 하면 한결 증세가 좋아진다.

● 공기가 너무 건조하면 코가 심하게 막히거나 기침이 심해진다. 가습기를 사용하거나 방안에 빨래나 젖은 수건을 두어 적당한 습기를 유지한다.

● 무조건 해열제에 의존해서 빨리 열을 내리게 하는 것은 좋지 않지만 열성 경련을 일으킬 염려가 있는 아기는 평소에 의사에게 해열제를 처방 받아 두었다가 열이 높아지기 전에 사용하는 것이 안전하다.

● 방바닥이 차면 아기침대 등으로 바닥을 피해 눕힌다.

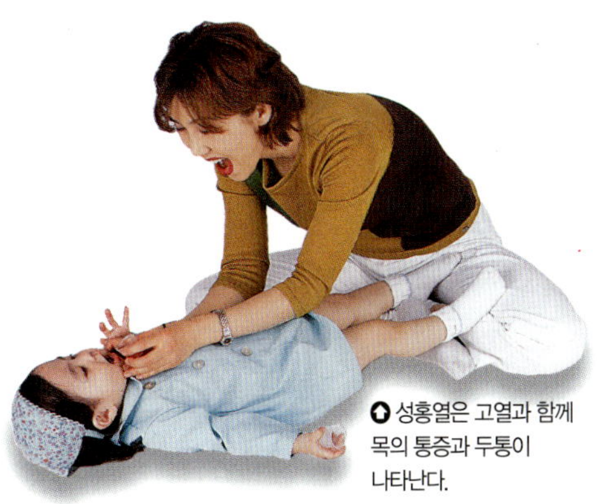

○ 성홍열은 고열과 함께 목의 통증과 두통이 나타난다.

지 않고 오히려 창백해 보인다. 목도 새빨갛게 부어오르고 혀에는 딸기처럼 작은 발진이 울퉁불퉁하게 돋아난다.

열은 5~7일 동안 계속 나는데 열이 내리면서 온몸의 발진도 없어진다. 좀 더 지나면 발진이 돋은 피부도 깨끗해진다.

성홍열은 페니실린으로 치료하면 잘 듣지만 드물게는 합병증으로 급성신염을 일으키는 경우도 있으므로 병이 나은 뒤에는 반드시 소변검사를 해서 신염에 걸리지 않았는지 확인하는 게 좋다.

모세기관지염

감기처럼 바이러스에 의해 생긴다. 다만 감기는 코, 인후부, 상기도 부위에 염증이 생기는 데 비해 모세기관지염은 여러 갈래로 나뉘어진 기관지 중에서 가장 작은 기관지에 바이러스가 들어와 염증이 생기는 것이다.

모세기관지염은 두 돌 전의 어린아이, 특히 생후 6개월 전후의 아기들이 잘 걸리며 겨울

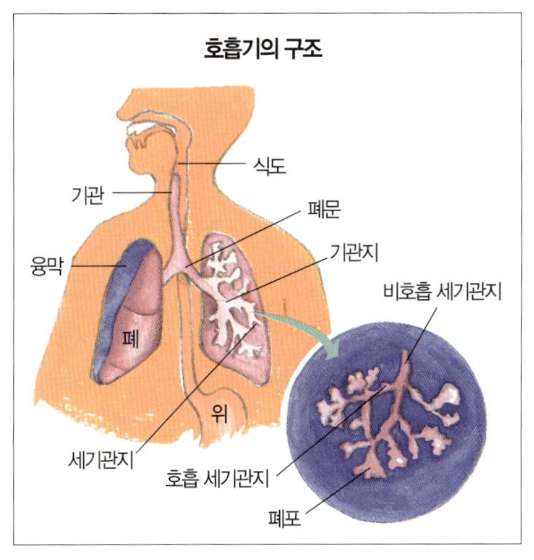

호흡기의 구조

겨울철 감기 안 걸리는 건강한 아기로 키우려면

아기를 보기 전에 손을 씻는다 감기는 입으로 감염된다. 밖에서 바이러스가 묻은 전철의 손잡이나 전화수화기 등을 만진 어른이 그 손으로 자기의 입이나 코를 만진 후 아기를 만지면 아기에게 바이러스가 감염되는 것이다. 따라서 외출에서 돌아오면 무엇보다 손을 잘 씻어야 한다.

손가락을 빨지 못하게 한다 감기 바이러스는 입이나 코의 점막으로 감염되는 만큼 아기가 되도록 손가락을 빨거나 코를 후비지 않도록 주의시킨다. 물론 밖에서 놀다가 돌아왔을 때나 식사 전에 손을 잘 씻겨 주는 일도 중요하다.

감기환자는 아기 옆에 가지 않는다 아기의 감기는 거의 가족으로부터 감염된다. 가족 누군가 감기에 걸렸을 때는 아기 가까이 가지 않도록 조심한다.

맛사지로 피부를 단련시킨다 아침에 일어나 옷을 갈아입힐 때 마른 수건이나 찬물에 적셔 짠 수건으로 아기 피부를 문질러 피부를 단련시키는 것도 한 방법으로 특히 알레르기가 있는 아이에게 좋다. 그러나 아직·어린 아기에게는 엄마의 손바닥으로 가볍게 몸을 문질러주는 정도만 한다.

사람이 많은 곳에 데리고 가지 않는다 감기에 걸리기 쉬운 겨울에 아직 저항력이 없는 아기를 사람들이 많은 곳으로 데려가면 좋지 않다. 어쩔 수 없이 수퍼마켓이나 백화점 등에 가더라도 사람이 적은 오전에 아기를 데려가는 게 더 좋다.

얇은 옷을 입히는 습관을 들인다 추울까봐 아기에게 두꺼운 옷을 입히면 땀을 흘리게 돼 오히려 땀이 식으면서 감기에 걸리기 쉽다. 아기의 목 뒤로 손을 넣어 등에 대보아 땀이 촉촉하면 옷을 너무 많이 입힌 것이다. 평소에 되도록 얇게 옷을 입혀서 자율신경을 단련시켜 두면 어느 정도의 기온변화에는 잘 적응할 수 있게 된다.

외출할 때는 겉옷은 두껍게, 속옷은 얇게 입힌다 추울 때의 외출은 겉옷으로 온도조절을 해준다. 밖에서 난방이 잘 된 실내에 들어갔을 때 코트를 벗는 것만으로 해결이 되도록 속에는 비교적 얇은 옷을 입히더라도 겉에는 따뜻한 옷을 입힌다.

가끔은 밖에서 놀게 한다 춥더라도 밖에 데리고 나가 몸을 움직이게 하고 바깥바람을 쐬게 한다. 마음껏 몸을 움직여야 식욕도 나고 밤에도 푹 잔다.

일광욕을 시킨다 일광욕을 시켜 자외선을 쐬면 뼈의 발육을 촉진시키는 동시에 혈액순환을 좋게 해 신진대사를 돕는다. 피부도 건강해진다. 단, 겨울철에는 집밖에서 일광욕을 하기 어려우므로 바깥바람을 쐰 뒤에 실내에서 유리를 통해 햇빛을 쪼이는 게 좋다.

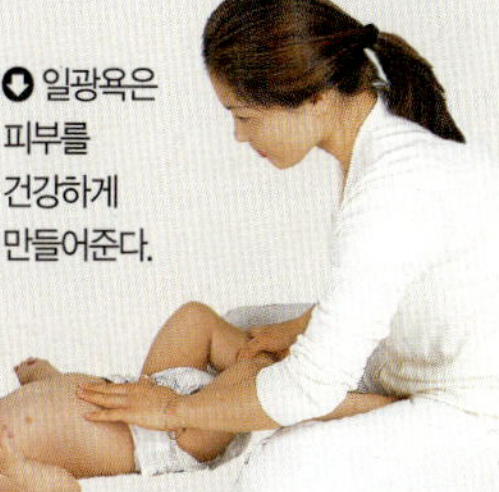

○ 일광욕은 피부를 건강하게 만들어준다.

영양균형을 맞춘 식사가 되도록 신경 쓴다 영양상태가 좋은 아기는 몸의 저항력이 높아 감기에 잘 걸리지 않는다. 따라서 매일 매일의 식사에 신경써서 여러 가지 음식을 고루 먹도록 해준다.

과 이른 봄에 유행하는 전염성 질환이다.

이 병에 걸린 아이는 감기처럼 시작하여 수일 후에 급작스럽게 기침을 하게 되고, 호흡이 빨라지고 숨을 내쉴 때 흔히 쌕쌕거리는 소리가 들리기도 한다.

대표적인 증상은 기침과 호흡곤란. 대개 증상이 시작되고 2~3일째가 가장 위험하며 이 때를 잘 넘기면 서서히 회복된다.

따라서 감기와 비슷한 증상을 나타내지만 증상이 너무 심하다고 여겨질 때는 모세기관지염을 한번쯤 의심해 보는 게 좋다. 모세기관지염에 걸리면 감기보다 훨씬 세심한 주의와 보호를 해야 한다.

만약 아이가 숨을 쉴 때 가슴벽이나 명치끝이 쑥쑥 들어가고 코를 벌름거리면서 숨을 얕고 빠르게 쉬면 호흡곤란이 심해지는 것을 의미하는데 이럴 때는 입원치료를 받아야 한다. 모세기관지염은 원래 자주 반복되지는 않으므로 만약 어린아이가 반복적으로 모세기관지염에 걸린다면 이 때는 반드시 천식을 의심해 본다.

갑자기 배가 아프다

잘 놀던 아이가 어느 순간 갑자기 심하게 배가 아프다고 울면서 고통을 호소하면 부모는 당황스럽기 그지없다. 우선은 부모가 침착하게 병원에 데리고 가도록 한다. 장중첩증이나 급성맹장염, 로타바이러스성 위장염, 복막염, 췌장염 등일 가능성이 있다. 병에 따라 나타나는 증상이 조금씩 다르므로 주의해서 살펴봐야 한다.

그러나 대변이 장에 꽉 들어차 장이 늘어나 통증을 호소하는 경우가 대부분이므로 이때는 관장을 해주기만 하면 된다.

소아변비

아이가 1주일에 2회 이하의 배변을 보거나 단단하고 마른 변을 볼 때, 또는 변을 볼 때 힘들어하면 소아변비를 의심해 본다.

변비의 원인을 살펴보면 우선 식사량이 적으면 음식중의 섬유질이 부족해 대변량이 줄어들어 변비가 생긴다. 모유를 먹는 아이보다는 분유를 먹는 경우에 변비가 많고, 특히 생우유를 많이 먹이면 다른 음식의 섭취가 줄어들어 변비가 잘 생긴다고 한다.

불규칙적인 배변습관도 문제다. 놀이에 열중하거나 화장실이 지저분한 곳을 싫어해 변보는 것을 자꾸 참게 되면 변을 보고 싶은 반응이 줄어들게 되는 것이다. 부모의 다툼이나 동생이 태어나는 등 여러 가지 스트레스 또한 변비의 원인이 된다. 드물게는 대장이나 항문자체의 기형으로 변비가 생길 수 있고, 갑상선질환이나 당뇨 같은 신체의 여러 질병상태가 원인인 경우도 있다.

 변비는 요로감염, 야뇨증의 원인이 된다

아이의 변비를 오래 방치할 경우 배가 더부룩해지고 가스가 차며 머리가 맑지 못하는 등 전반적인 몸의 상태를 저하시키고, 학습의 집중력에 문제를 일으킨다.

변이 굳어지면 아이는 변 보기가 힘들어지고 항문 안쪽이 찢어지는 등 더욱 대변보기가 힘들어진다. 또한 변비는 반복적인 요로감염, 야뇨증의 원인이 되기도 한다. 따라서 소아의 변비는 적극적인 치료가 필요하다.

흔히 관장을 하면 습관성이 된다고 생각하는 이들이 많다. 그러나 단단한 대변이 차 있다면 관장을 하는 것이 좋다. 관장은 가능하면 안 하는 것이 좋지만 필요할 때는 해야 한다. 따라서 주치의의 지시에 따라 관장을 해주면 된다.

유아라면 관장 외의 방법으로 누런 설탕이나 엿기름을 먹여 볼 수 있다. 모유를 먹는 아기는 물 50cc에 황설탕 한 찻숟갈이나 엿기름 내린 물 5~10cc를 타서 하루에 2번 먹인다. 우유를 먹이는 아기는 우유를 먹일 때 한 번 걸러서 분유에 같은 양을 타서 먹이면 된다. 그리고 이유식을 늦지 않게 진행시키면 섬유질 섭취가 늘어나므로 좋다.

 식이요법과 규칙적인 배변훈련이 필요하다

조금 큰 아이들은 곡물, 과일, 야채 등의 섭취를 늘려준다. 밥과 반찬, 특히 김치를 많이 먹이는 것이 좋다. 식사를 잘 하지 않는 아이에게는 콩 등의 곡물을 갈아서 식사 때마다 2~6찻숟갈씩 물에 타서 먹인다.

이런 식이요법은 효과가 나타날 때까지는 최소한 3~5일 이상 걸리며 이후에도 꾸준하게 해주는 게 좋다.

아울러 하루 중 제일 여유 있는 시간을 정해서 매일 같은 시각(가능하면 식사 직후)에 10분 정도 변기에 앉아 변을 보도록 배변습관을 들여준다. 변기에 앉아 있는 동안 책을 읽게 하거나, 라디오를 듣게 해도 좋다. 단, 너무 오래 앉아 있게 해서는 안 된다.

 로타바이러스성 위장염

11~2월에 많이 발생한다. 주로 9~18개월된 영·유아에게 많이 나타나는 것으로 알려져 있다.

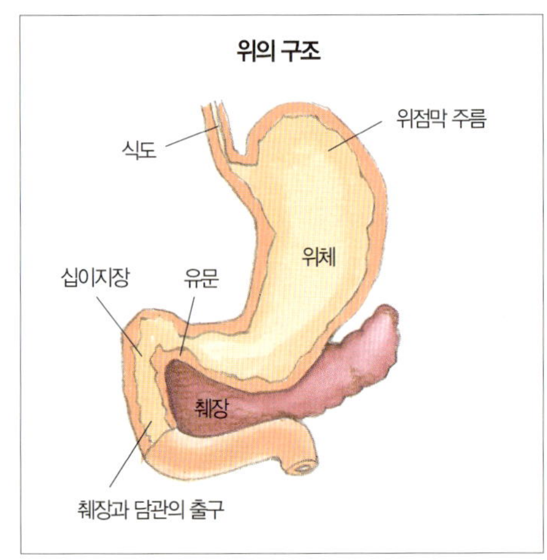

설사와 구토가 심한 이 병은 가성콜레라라고 불리기도 한다. 나쁜 것을 먹이지 않았는데도 갑작스레 먹었던 것을 토하거나 입에 넣자마자 바로 토해 버린다. 그리고 마치 쌀 뜨물 같은 물 상태의 대변을 하루에 몇 번이고 반복해 보면서 축 늘어진다. 또 열, 콧물, 기침 등의 감기증세가 먼저 나타나는 경우도 있다.

바이러스성 장염 중 가장 흔한 원인이 바로 로타바이러스로 로타바이러스에 감염된 후 증상이 나타나기까지의 잠복기는 보통 48~72시간 정도라고 한다.

따라서 위의 증상이 나타나면 그냥 감기라고 생각하지 말고 의사의 진단을 빨리 받는 게 좋다. 경우에 따라서는 입원해 링거주사를 맞는 경우도 있다. 그러나 탈수증까지 일으키지 않는다면 3~4일이면 낫는다.

집에서도 수분을 충분히 공급해 탈수가 되지 않도록 예방해 주는 것이 중요하다.

장중첩증

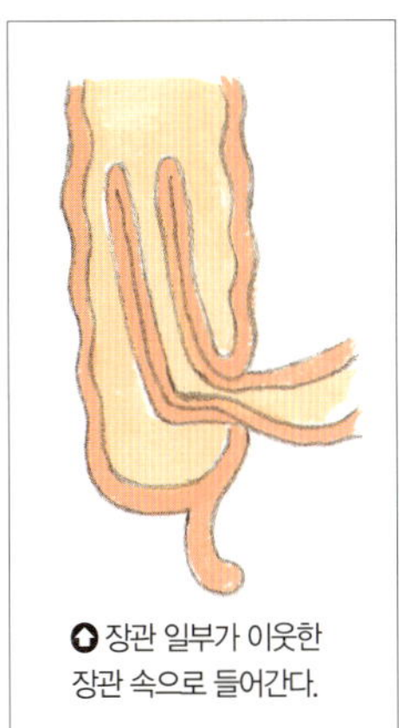

3개월~2세까지의 영·유아기에 많은 후천성 장폐쇄증의 가장 흔한 원인 중 하나로 남자아이에게 더 많다. 계절적으로는 장염이 많은 봄과 여름, 상기도염이 잘 생기는 겨울철에 많다고 한다.

장관 일부가 이웃한 장관 속으로 들어간다.

회맹장 부위가 하부 대장내로 말려 들어가서 처음에는 복통과 구토증상을 보이는 것이 특징이다. 시간이 지나면서 복부팽창, 점액성 혈변까지 나타난다.

그러나 원인을 알 수 없는 경우가 95%이며, 5% 정도는 낭종성 중복회장, 용종, 림프종, 출혈성 질환에 의한 혈종괴 등이 원인이 된다.

따라서 건강하고 살이 찐 영·유아가 갑자기 복통으로 보채고 울며 창백해지면 장중첩증이 의심된다. 다리를 복부에 붙여서 몸을 비트는 식으로 괴로워하다가 조용해지고, 이런 복통이 반복적으로 진행되면서 복통기간이 점점 길어진다. 또 장폐쇄증의 증상인 초록색 담즙성 구토를 하기도 하며, 발열, 탈진 등 탈수현상과 쇼크 현상이 나타나기도 한다.

이때는 빨리 병원을 찾아 치료를 받아야 한다. 얼마나 빨리 발견하느냐에 따라 치료율도 달라지므로 엄마가 늘 아기를 주의해 지켜봐되도록 빨리 발견해야 한다. 드물게는 치료 후에 다시 재발할 수도 있다.

급성맹장염

아이가 복통을 호소하면 정확히 어디가 아프고, 어떻게 변하는지 잘 살펴봐야 한다. 만약 오른쪽 아랫배가 아픈 장간막 림프절염이 원인이라면 염증이 가라앉으면서 저절로 낫는다. 어린아이는 어른과 달라 감기 같은 감염병에 걸렸는데도 소장이 끝나는 부위의 림프절에 염증이 생겨 복통을 유발하기도 한다. 이것이 바로 장간막 림프절염이다.

반면에 반나절 정도 기다려도 계속 통증을 호소하면 급성맹장염일 가능성이 더 크다.

어린아이의 급성맹장염은 1세 미만에서의 발병이 아주 드물고 평균적으로 주로 발생하는 연령은 6~10세 정도다. 식욕감퇴와 오심, 구토가 대표적인 증세이다.

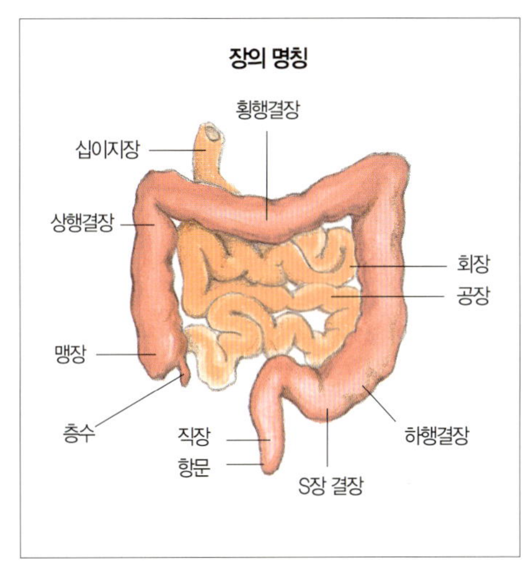

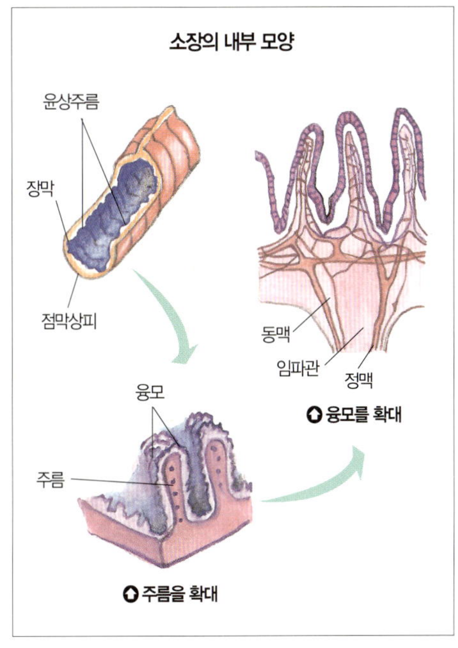

경련을 일으킬 때 엄마가 해야 할 일

아기가 경련을 일으킬 때 엄마는 우선 진정한 후 아기의 상태를 관찰하면서 다음과 같은 조치를 취해주도록 한다.

① 의복을 느슨하게 하고 끈이나 허리띠를 풀어서 호흡을 편하게 해준다.

② 토한 것이 있으면 토해낸 물질이 기관 속에 들어가지 않도록 머리를 옆으로 뉘어 재워준다.

③ 높은 열이 나면 머리를 물수건 등으로 차게 하고 경련을 일으키기 쉬운 아이에게는 의사에게 처방 받은 해열제를 먹인다.

④ 경련을 일으키면 치아와 치아 사이에 소독저를 끼우기도 하지만 오히려 위험할 수도 있다.

⑤ 밤에 경련이 일어나도 2~3분만에 그것이 진정되어 금방 의식을 회복하고 평소와 같을 때는 무리해서 병원에 간다든지 하지말고 조용히 재우는 게 좋다. 그런 다음 날이 밝으면 원인을 확인하기 위해 병원에 가도록 한다.

그러나 경련이 5분 이상 지속되고 반복될 때, 혹은 경련이 끝나도 반응이 확실하지 않을 때는 밤이더라도 서둘러 병원에 가야 한다.

알레르기성 체질

요즘에는 아기나 어린아이에게서도 알레르기성 질환이 많이 나타나는 추세로 알레르기성 체질은 부모에게서 물려받는 경우가 많다. 그러나 음식물이나 벌레, 먼지, 꽃가루, 애완동물의 털이나 표피 등에 의해서도 나타난다.

 알레르기 체질은 유전의 영향이 크지만 음식물로 인한 경우도 많다.

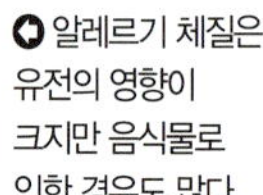 아기 알레르기 원인은 대개 음식물이다

달걀·우유·콩은 알레르기를 일으키기 쉬운 대표적인 음식물이다.

'아기가 우유를 먹더니 토한다' '이유식으로 달걀을 먹였더니 습진이 생겼다' 이런 경우 엄마들은 혹시 우유나 달걀 알레르기가 아닐까 걱정하게 된다.

분유에는 사람 몸에 이물질로 작용하는 단백질이 많이 있다. 따라서 장 점막의 면역성이 덜 성숙한 신생아에게 모유가 아닌 분유를 먹이면 이러한 이물질이 알레르기를 유발할 가능성이 많고, 이는 태열 뿐만 아니라 성인에 이르기까지 치료하기 힘든 알레르기성 피부병인 아토피성 피부염으로 발전할 가능성이 있다고 한다.

그러므로 알레르기 증세가 있어 보이는 아기는 되도록 우유보다 모유로 키우도록 하고 이유식도 너무 서둘러서 시작하지 않는 게 좋다. 소화기능이 완전히 완성되는 6개월이 지나서부터 이유식을 시작하면 안전하다.

 알레르기성 설사·구토

어떤 음식물만 먹으면 설사를 하거나 토할 때, 그 음식물로 인한 알레르기를 의심해 볼 수 있다. 아기가 처음 접하는 음식물인 우유에 알레르기가 있는 아기는 빠르면 생후 1~2주 정도부터 설사나 구토를 반복하며 배가 아픈 듯이 울고 보챈다. 심하면 잘 먹지 않아 성장발육에 장애가 올 수도 있다.

그러나 알레르기가 아니더라도 아기는 소화기능이 아직 미숙해 설사를 하기도 하고, 선천적으로 우유 분해효소가 부족해서 설사, 구토, 복통을 일으키는 경우도 있다.

이때는 아기에게 무엇을 먹였을 때 어떤 증상이 나타나는지 며칠동안 식사일기를 적으면서 아기의 상태를 관찰해 본 후 의사에게 정확한 진단을 받으면 판단하는 데 도움이 된다.

 소아천식

아기가 기침을 몹시 하거나 목 안쪽에서 캑캑거리며 기관지가 그르렁그르렁 울릴 때가 있다. 이때는 소아천식이 의심된다.

원인은 음식물 외에도 벌레나 먼지, 곰팡이, 섬유찌꺼기, 애완동물의 털이나 표피, 심리적인 원인까지 매우 다양하다. 아기가 뒤뚱뒤뚱 걸어다니기 시작하면 행동반경이 넓어지면서

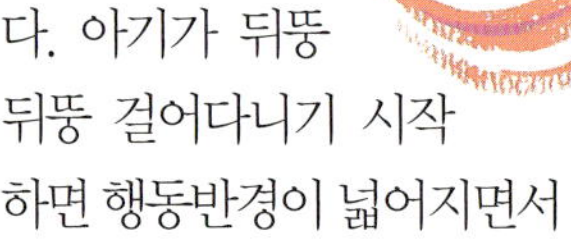

그만큼 여러 원인에 노출되는 셈이다. 이런 증상이 있을 때도 전문의의 진단이 필요하다.

 천식성 기관지염

심하면 그르렁거리는 목울림과 기침, 호흡곤란이 일어난다. 알레르기 반응을 일으켜 점막이 충혈돼 부어오르고 가래가 생겨 기관지가 좁아졌기 때문에 호흡이 힘들어지기도 한다. 중증이면 진땀을 흘리거나 입술이 보라색이 되기도 한다.

아기가 이런 발작증상을 보이면 우선 물을 먹이고 가래가 나오기 쉽게 해준다. 누워있을 때는 윗몸을 일으켜서 복식호흡을 시키고 창문을 열어 신선한 공기를 마시게 해주는 등의 처치가 필요하다.

발작이 없는 증상은 천식성 기관지염이라 부르는데 가끔 기관지천식이 된다. 소아천식의 원인은 매우 다양한 만큼 우선 그 원인을 찾아내어 치료를 한다. 소아천식은 어른의 천식에 비하면 치료되는 확률도 높고 대부분은 중학교를 졸업할 무렵까지면 체력이 생겨 발작을 일으키지 않게 된다.

이와 아울러 알레르기가 심한 음식물은 피하고 청소를 꼼꼼히 해서 벌레나 먼지가 적은 청결한 환경을 만들어 주도록 한다.

 아토피성 피부염

아토피성 피부염(태열)은 빠른 경우 태어나자마자 바로 나타나는 수도 있지만 일반적으

로는 생후 3~6개월경부터 나타난다. 주로 얼굴에 습진처럼 붉은 발진이 나타나 커지면서 진물이 나거나 딱지 등이 생긴다. 아기는 잘 긁지 못하기 때문에 가려움증으로 잠을 안 자고 보챌 수도 있고 자주 울게 된다. 또는 몸 군데군데에 심하게 건조하고 하얀 각질이 일어나 비늘모양의 피부가 되기도 한다.

아토피성 피부염을 방치해 두면 합병증이 생길 수 있다

최근에는 습진이 생기면 모두 아토피성 피부염인 것으로 생각하는데 그렇지는 않다. 이 기들에게는 단순한 습진도 곧잘 생기므로 정말 아토피성 피부염인지는 전문의의 진단이 필요하다.

신생아에서 영, 유아기 사이에 아토피성 피부염으로 밝혀지면 일단 원인을 찾고, 그 정도에 따라 잘 대처해야 한다. 나중에 저절로 좋아진다고 해도 초기에 잘 관리해야만 심하지 않게 지나간다. 심한 경우에도 합병증이 생기거나 적절한 치료의 기회를 놓칠 수가 있다.

아토피성 피부염의 원인이 무조건 달걀 같은 음식물이라고 생각하기 쉬우나 3세가 지난 아기들에게는 음식물이 원인이 되는 경우는 드물다. 음식물 외에 곰팡이, 몸의 때, 의류, 세제 등 여러 가지 원인이 관련되므로 집안 구석구석을 청소하고 피부를 자극하는 소재의 옷은 피하는 등 주의를 기울인다.

연고선택과 사용기간 등은 전문의의 지시에 따른다

아기가 가려움이 너무 심하면 소아과에서 진료를 받은 후, 스테로이드(부신피질 호르몬 제제) 연고를 사용해도 된다. 흔히 스테로이드제제는 부작용이 커서 사용을 꺼리는 엄마들이 많으나, 스테로이드제제는 강도와 농도에 따라서 매우 많은 종류가 있으므로 강도가 약하고 농도가 낮은 연고를 적절히 사용하면 아기에게 많은 해가 되지 않는다. 치료 연고를 바르는 방법이나 사용기간에 대해서는 반드시 의사의 처방을 따른다.

그래도 아토피성 피부염이 지속되거나 심해진다면 알레르기가 원인인 만큼 알레르기 전문가와 상의하는 게 좋다. 특정 음식들에만 알레르기를 보이는 아기라면 전문 영양사에게 균형 있는 적절한 영양 식단을 도움 받으면 좋다.

소아들에게 흔한 질병으로 재채기, 맑은 콧물, 코막힘이라는 세 가지 주 증상이 특징인 만성질환. 심하면 눈부심, 과도한 눈물, 전두통 등의 증상이 나타난다. 잘 치료하지 않는 경우에는 만성부비동염(축농증)을 유발할 수 있다.

집먼지진드기나 동물의 털 등 어떤 특정항원에 대해 특이한 면역반응이 원인이다. 알레르기성 비염 환자의 혈액을 검사하면 이런 특정항원에 대한 면역 단백질 IgE 수치가 정상보다 높다고 한다. 이러한 과민성 소질은 유전적인 경향이 있으며, 코 안의 물혹과도 관련이 있다.

급성이면서 식물의 화분이 날아다니는 계절과 관련이 있는 것을 화분증, 계절성 알레르기성 비염, 고초열이라 하며, 만성이고 연중 계속되며 계절과 관련이 없으면 진드기와 집먼지, 곰팡이, 식품 등이 원인인 통년성 알레르기성 비염이다.

감기와 다른 것은 코만 훌쩍거리는 것과 밤이나 아침에 심하게 나타나는 것이다. 4세 이하의 아이라면 집안의 먼지가 주원인인 경우가 많다. 개나 고양이, 작은 새 등 애완동물의 털이나 비듬도 마찬가지.

따라서 원인이 되는 것이 있다면 그것을 먼저 없애준다. 또한 꽃가루가 날리는 시기에는 아이를 데리고 외출 나가는 것을 삼간다. 증세가 심하고 오래 갈 때는 반드시 소아알레르기 전문의와 상담을 해야 한다. 약물치료로는 항히스타민제를 사용한다.

○ 꽃가루가 원인이 되어 알레르기성 비염이 될 수도 있다.

알레르기성 비염에 걸린 아기를 돌보려면?

실내의 환기를 적절히 해야 한다 부엌에서 조리를 할 경우라면 연기를 빨리 외부로 배출시킨다. 실내에서의 흡연은 피하고, 냄새가 나는 방향제, 향수 등의 사용도 줄인다. 베개, 매트리스, 이불 등은 커버를 씌운다. 커버는 2~3주에 한 번은 70℃ 이상의 물에 물세탁 하고 먼지가 많이 쌓이는 가구나 봉제형 장난감은 치우는 것이 좋다.

먼지가 쌓이는 장식을 치운다 옷장은 문이 있는 옷장을 사용하고 가급적 먼지가 쌓이는 벽걸이나 벽화, 책꽂이는 침실에서 과감히 제거한다. 청소를 할 때는 진공청소기, 물걸레를 사용하며 특히 소파, 침대의 경우는 틈 사이의 먼지를 철저히 제거한다. 커튼도 먼지가 적게 타는 것을 사용하며 자주 세탁한다.
청소할 때는 마스크를 착용하고 청소를 하는 게 좋다. 알레르기성 비염이 있는 아이는 실내를 청소한 뒤 2시간 후에 들어오게 한다. 청소로 인하여 공기 중의 먼지 농도가 높아져 있기 때문이다.

장마철에는 제습기를 사용한다 공기청정기를 사용할 경우에는 되도록 청소가 가능한 필터가 있거나 아니면 새것으로 바꿀 수 있는 제품을 사용한다. 그리고 공기청정기가 최대의 성능을 낼 수 있도록 관리를 잘 해야 한다.
자동차 운전 시의 에어컨 사용은 비염 증상을 유발할 수 있다. 차안의 먼지와 밖에서 들어오는 매연이 문제가 되기 때문이다. 그러므로 차안의 먼지를 제거하고 외부의 공기를 차단하는 것이 좋다.
그런데 외부와의 공기를 차단하면 차안의 이산화탄소 농도가 증가되어 머리가 아플 수도 있다. 따라서 한 시간에 한 번 이상은 외부의 신선한 공기를 유입시켜 환기를 시켜야 한다. 잠자리에 들 때는 침구를 미리 깔아서 먼지가 일지 않게 하며 약간 따뜻해진 뒤에 들어간다. 고양이나 개의 털이 원인인 경우에는 증상을 유발시키는 동물을 가까이 하지 말아야 한다.

땀띠·발진이 잘 생긴다

'우리 아기는 피부가 약한가봐' 하며 피부에 뭐가 유난히 잘 나는 아기를 보는 엄마 마음은 안쓰럽기만 하다. 기저귀성 피부염, 부스럼, 접촉성 피부염 등 피부에 나타나는 여러 가지 증세는 보통 아기보다 알레르기성 체질인 아기에게 더 자주, 심하게 나타난다고 한다.

❶ 알레르기성 체질인 아기는 각종 피부염이나 땀띠가 자주, 심하게 나타난다.

땀띠

갓난아기나 유아는 땀을 잘 흘리는데 비해 아직 조절기능이 서툴기 때문에 땀띠가 잘 난다.

땀띠는 좁쌀만한 맑은 물집으로 나타나는데, 이것이 터지면 땀샘에 세균이 들어가서 곪게 된다. 머릿속이나 엉덩이 등에 잘 생기므로 머리카락을 짧게 깎아주거나 머리를 잘 감기고 손톱도 짧게 깎아준다.

또 곪아서 뾰족하게 부은 것은 핀셋으로 끝을 살짝 터트리고 약솜으로 고름을 닦아주거나, 거즈가 붙은 반창고를 하룻밤 붙여둔 다음에 떼내면 곪은 부분이 터

❶ 땀띠는 머릿속이나 엉덩이 등에 잘 생긴다.

져 고름이 나온다. 고름이 빠지면 항생제연고를 발라준다.

자주 씻기고 물기가 남아있지 않도록 잘 말려준다

땀띠가 날 때는 무엇보다 아기 피부를 늘 깨끗이 해주고 잘 닦아 습기가 없도록 말려주는 게 좋다. 아기를 씻기고 나서 물기가 완전히 마르기도 전에 베이비파우더를 바르는 엄마들이 많다. 특히 땀띠가 나면 더덕더덕 발라주는데 그런다고 땀띠가 빨리 낫는 것은 아니다. 오히려 파우더에 들어있는 화학물질이 아기 피부를 자극할 수도 있다.

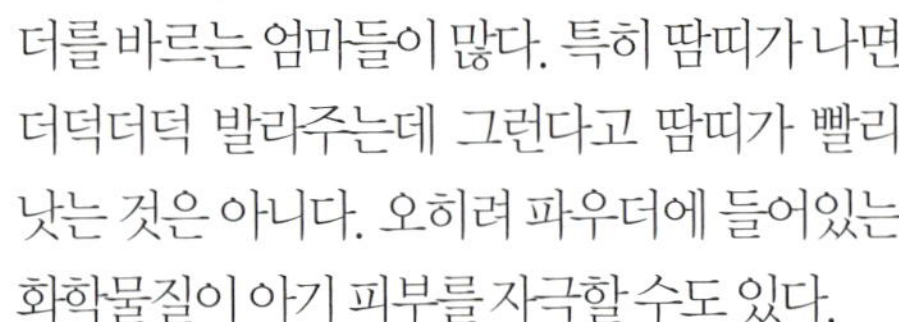

땀은 더위로 체온이 올라가서 흘리는 것인 만큼 땀띠가 나면 우선 방의 온도를 조절해주어야 한다. 아무리 깨끗이 자주 씻어도 온도가 높으면 다시 땀이 난다.

옷은 얇게 입히고 이불도 얇은 것으로 덮어준다

겨울철에 추울까봐 너무 감싸주어도 땀띠가 나기 쉽다. 이때는 땀이 나지 않을 정도의 얇은 이불이나 담요로 바꾸어 덮어준다. 옷도 얇은 것을 겹쳐서 입혔다 땀이 나면 한 겹 정도 벗기는 식으로 조절해 준다.

사실 요즘에는 선풍기나 에어컨 등으로 실내온도를 시원하게 할 수 있어 땀띠가 나는 아기가 줄어들고 있다고 한다.

그러나 역효과도 있다. 땀샘의 작용은 3세 정도까지 자라는 동안 환경에 의해 결정된다. 그런데 여름에도 냉방이 너무 잘 되어 땀을 흘릴 기회가 없으면 땀샘이 충분히 발달하지 못한 채 어른이 되어 더위에 약한 피부가 된다. 그러므로 밖에서 놀면서 적당히 땀을 흘리는 게 아기에게 좋다.

기저귀성 피부염

아기가 대·소변을 본 채로 기저귀를 계속 차고 있거나 습기가 많을 때 피부가 자극을 받아 생긴다. 엉덩이 부위에 빨간 발진이 돋고 진물이나 고름도 생기며 몹시 가려워하는 게 특징. 기저귀 자체가 원인이 되어 생기기도 하며 아토피성 피부인 아기는 더 쉽게 생긴다.

이를 예방하려면 기저귀가 젖지 않는지 자주 만져보고 젖으면 바로 갈아 채우는 게 좋다. 특히 알레르기성 체질인 아기인 경우 면으로 만든 천기저귀를 쓰면 공기가 잘 통하고 흡습성도 좋으며 젖어있는 상태도 빨리 알 수 있어 좋다.

또 기저귀를 갈 때는 부드러운 거즈나 낡아서 부드럽게 된 수건을 뜨거운 물에 적셔 짠 후 엉덩이를 깨끗이 닦아주고 항상 잘 말린 다음 기저귀를 채워야 보송보송하다. 물로 씻길 때는 비누를 쓰지 않는 게 좋다.

기저귀를 빨 때 표백제나 살균제를 사용한 경우는 보통 세탁물의 두 배 정도의 시간을 들여 잘 헹구는 것도 한 방법이다. 섬유 유연제는 오히려 피부를 자극하는 경우가 있으므로 아기 옷에는 사용하지 않는다.

기저귀성 피부염이 너무 심하면 의사와 상담해 자극이 없는 연고를 하루 3~4회 발라준다. 크림타입의 약은 습기찬 피부병의 상태를 더 악화시키므로 좋지 않다.

피부칸디다증

기저귀성 피부염과 비슷하지만 칸디다곰팡이균에 의한 것이다. 건강한 피부에는 생기지 않지만 기저귀성 피부염 등으로 약해진 부분에 곰팡이균이 붙어 생긴다.

엉덩이 부위에만 빨갛고 좁쌀만한 알맹이

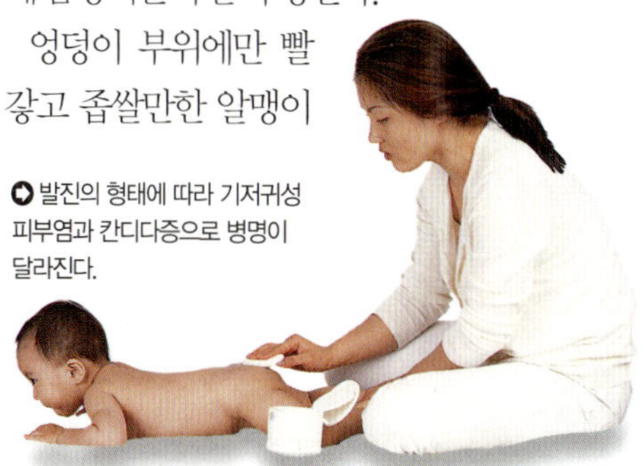

❶ 발진의 형태에 따라 기저귀성 피부염과 칸디다증으로 병명이 달라진다.

가 생기면 기저귀성 피부염이고, 빨간 발진이 사타구니 안까지 퍼져 있으면 칸디다증이다. 따라서 기저귀성 피부염이 좀처럼 낫지 않을 때는 피부과에 가서 혹시 칸디다증이 아닌지 살펴보고 약을 처방 받아 치료해준다.

피부칸디다증 역시 피부를 보송보송하게 잘 말려주는 것이 가장 좋다. 기저귀를 갈아줄 때는 바로 채우지 말고 얼마동안 바람을 좀 쏘인 후에 채우고 기저귀는 햇볕에 잘 말려 살균이 되도록 한다.

농가진

흔히 부스럼이라고도 하는 것으로 땀띠나 벌레 물린 곳, 습진 등에 화농균이 들어가 생긴다. 여름철에 잘 씻지 않아 피부가 더러워지거나 곤충에 물려 가려우면 아기가 긁기 때문에 균이 붙어 생기기도 한다.

피부가 빨갛게 되고 맑은 물집이 몸의 여러 곳에 생기는데, 이 물집에 고름이 생기고 터져서 마른 딱지로 변한다.

물집은 터져도 상관없지만 그 내용물이 묻으면 또 다시 농가진이 생겨 묻는 대로 퍼진다. 따라서 물집이 터지면 마른 거즈로 분비액

땀띠에 효과적인 민간요법

녹두가루는 열을 내려주는 작용을 한다 녹두를 곱게 갈아서 파우더처럼 땀띠가 난 부위에 뿌리고 녹두죽을 함께 먹이면 상당한 효과가 있다. 녹두가루는 분쇄기에 간 다음 체에 받쳐 고운 가루만 이용한다.

복숭아 잎 끓인 물을 바른다 복숭아 잎을 따다가 진한 푸른색이 되도록 잘 끓여서 그 끓인 물을 솜에 묻혀 상처에 바른다. 아기를 목욕시킬 때 복숭아 잎 끓인 물을 목욕물에 연하게 타서 사용해도 효과가 있다.

오이즙을 바른다 오이는 열을 식혀주는 작용을 하기 때문에 여름철 각종 피부질환에 효과적이다. 싱싱한 오이 한 개를 강판에 갈아 즙을 낸

후 그 즙을 솜이나 거즈에 묻혀 하루에 여러 번 환부에 대주면 좋다.

우엉즙을 바른다 우엉의 떫은맛을 내는 탄닌 성분은 소염·해독·수렴 작용을 한다. 특히 아이들 땀띠에 발라주면 효과가 있다. 우엉의 뿌리나 잎 5~10g에 물 200㎖를 붓고 진하게 삶은 물을 목욕한 후에 발라준다.

대황·황기·사상자 끓인 물을 바른다 각 10g씩 끓여서 탈지면에 적셔 환부에 1일 2~3회 발라주면 된다.

을 빨아들인 후 소독을 하고 항생제연고를 발라주어야 한다.

연고를 1~2일 정도 발라도 좋아지지 않으면 피부과에 반드시 가본다. 드물게는 심한 합병증을 일으킬 수 있으므로 '부스럼 정도야' 하는 생각으로 방치하지 않아야 한다.

지루성 피부염

생후 1~2개월 된 아기에게 많고 보통 2세 전의 아기들에게도 생긴다. 노란 지방성 진물이 배어 나오는 질환으로 머리에 잘 생기며 흔히 '쇠똥'이라 부르기도 한다. 얼굴과 머리, 겨드랑이 등에도 잘 생기는데 대개 큰 문제는 없지만 겉으로 보기에 심각해 보여서 걱정을 많이 한다.

증세가 가벼운 경우는 목욕을 시킬 때 비누로 머리를 잘 감겨주면 된다. 머리를 감기기 전에 5~10분 정도 충분히 불리면 딱지가 잘 떨어진다. 바셀린연고를 바른 후 5~10분 기다렸다가 감겨도 좋다.

그러나 두피에 두껍게 층을 형성하면 베이비 오일이나 보습력이 뛰어난 로션을 자주 발라주어야 하며 순한 베이비 샴푸로 잘 감아내

야 일정한 시간이 지나면 사라진다.

보기 싫다고 손으로 문지르거나 손으로 뜯어내게 되면 아기의 머리에 상처를 입힐 수 있으므로 주의하고, 증상이 심하면 의사의 도움을 받도록 한다.

Baby clinic

아기의 피부병을 예방하려면

● **아기 피부를 늘 깨끗이 해준다** 피부가 더러우면 감염되기 쉽다. 늘 깨끗하게 씻겨주자. 또 피부병이 났다고 목욕을 시키지 않으면 더 나빠지기 십상이다. 샤워하는 정도로만 씻기든지 자극이 적은 비누로 가볍게 씻기는 게 좋다.

● **손톱관리를 청결하게 한다** 엄마의 손톱은 짧게 엄마의 손톱이 길면 손톱 밑에 세균이 끼거나 손톱이 아기 피부에 상처를 입히기도 한다. 따라서 엄마의 손톱은 늘 짧고 청결하게 한다. 이와 함께 아기의 손톱이 길면 가려울 때 긁게 되므로 짧게 깎아준다.

코피가 잘 난다

2~10세 어린이들 중에는 코피가 유난히 자주 나는 경우가 있다. 자다가 새벽에 코피가 나기도 하고, 우유를 먹다가 나기도 한다. 보통 양이 많지는 않고 지혈해 주면 잘 그치는 편이다.

이렇게 코피가 자주 나는 것은 주로 코의 앞쪽 혈관이 쉽게 터져서 코피를 흘리게 되는 것으로, 어린이 일곱 명 중 한 명 정도의 빈도를 보인다. 2~10세 어린아이 외에도 50세 이상 노인들이나 코 안의 혈관이 약한 어른의 경우, 알레르기성 비염이 있거나 나이가 들면서 혈관이 약해질 때도 코피가 자주 난다.

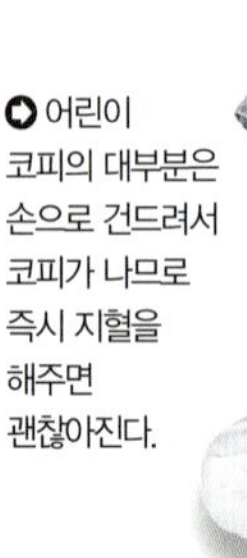

⬥ 코 앞쪽 혈관이 터져서 생기는 코피는 2~10세 어린이들에게 자주 나타난다.

손으로 코를 건드려 생기는 '수지성 비출혈'이므로 크게 걱정하지 않아도 된다. 습관적으로 콧구멍을 후비는 아이라면 버릇을 바로 잡아주는 것이 좋다. 감기에 걸렸을 때는 코를 세게 풀지 않도록 주의시킨다.

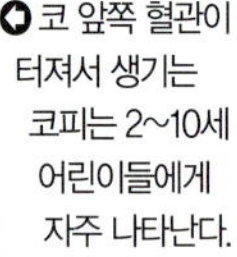

평소 비타민을 충분히 섭취한다

특히 코피가 자주 나는 아이가 있는 가정에서는 실내습도에 유의해야 한다. 코 점막의 습도가 60% 미만이면 코딱지가 생겨 코피의 원인이 되기 때문. 아이에게 코딱지가 생기면 무리하게 떼어내지 말고 물을 묻혀 부드럽게 만든 뒤 제거하는 게 좋다. 코딱지가 유난히 많이 생기는 아이라면 항생제 연고를 코 점막에 발라주는 것도 예방법 중 하나다.

자는 동안 콧속이 건조해져 코피가 나는 경우에는 바셀린을 면봉에 묻혀서 콧속에 살살 발라준다. 바셀린을 5일 정도 발라 코피가 예방되었다면 일주일에 한 번씩 4~5주간 바르

⬥ 코피가 자주 날 때는 모세혈관을 강화시키는 비타민 C를 충분히 섭취한다.

면 완전히 치료가 된다.

평소 식사에서 모세혈관을 강화시키는 비타민 C를 충분히 섭취하도록 하는 것도 좋다. 단 아스피린이나 소염진통제는 혈소판 기능 장애를 유발하는 경우가 있으므로 반드시 의사의 처방을 받아 사용한다.

95%는 단순한 수지성 비출혈이다

보통은 코피가 나는 즉시 지혈을 하면 5분 정도면 지혈이 되지만 그렇지 않을 때는 반드시 소아과를 찾아보아야 한다. 코피가 너무 자주 나거나 양이 많다면 드물게는 백혈병이나 자반증, 출혈성 질환, 혈소판 감소증, 응고장애일 염려도 있기 때문이다.

그러나 어린이 코피의 95% 이상은 아이가

⬥ 어린이 코피의 대부분은 손으로 건드려서 코피가 나므로 즉시 지혈을 해주면 괜찮아진다.

아이가 코피가 날 때의 응급처치

① 우선 엄마가 침착한 모습을 보인다. 엄마가 당황하면 아이는 더욱 불안해한다.

② 아이를 편안히 앉히고 머리를 약간 앞으로 숙이게 한다. 흔히 코피가 나면 고개를 뒤로 젖히게 하는데 이는 잘못된 상식이다.

③ 목이나 가슴부위의 옷을 느슨하게 풀어주어 호흡을 편하게 해준다.

④ 입으로 숨을 쉬게 하고, 코의 말랑한 부분을 엄지와 검지로 꼭 잡아준다.

⑤ 입 속에 있는 피는 삼키면 구토를 유발하므로 삼키지 말고 뱉도록 한다.

⑥ 10분여동안 잡아주고 나서도 피가 나면, 다시 한번 10분 정도 잡아준다.

⑦ 손가락으로 잡고 있는 동안 입과 코 주위의 피를 닦아주고 찬 물수건으로 얼굴을 닦아주어 코 주위를 시원하게 한다.

⑧ 콧구멍을 다른 것으로 틀어막지 않아야 한다.

⑨ 피가 멈춘 후, 코를 심하게 풀거나 힘을 쓰는 일은 최소한 4시간 동안 하지 않아야 한다. 또 코피를 흘린 경우 찬 음료수를 먹는 것이 좋다.

⑩ 코를 잡아주고도 30분이 지나도록 피가 계속 나오면 의사의 도움을 받도록 한다. 병원에 다녀온 후에도 피가 계속 나거나, 구토나 구역질이 있거나, 지혈용 거즈를 삽입한 뒤 체온이 38℃ 이상 고온으로 유지되는 경우에는 즉시 의사를 다시 찾아야 한다.

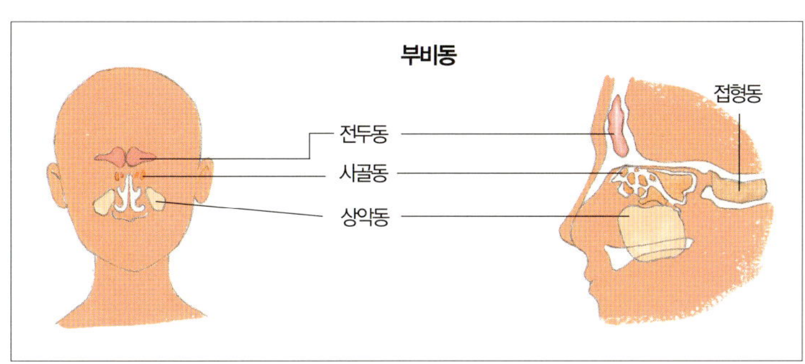

코가 유난히 잘 막히는 축농증

코의 주변에는 '부비동'이라고 하는 공간들이 있는데, 코에 염증이 여러 번 생기면 '만성 부비동염'이라고도 하는 축농증이 된다. 감기로 인해 발생할 수 있는 가장 흔한 질병 중 하나다.

미국에서의 한 보고에 의하면 감기에 걸리는 빈도는 성인이 1년에 2~3번, 어린이가 6~8번으로 훨씬 많다고 한다. 그만큼 부비동염에 걸릴 확률도 높은 셈이다.

소아는 감기에 쉽게 걸리기 때문에 축농증을 구별하기는 쉽지 않지만, 기침이나 가래로 고생하는 아이들 혹은 머리가 아파서 병원을 찾는 아이들을 진찰해보면 의외로 만성비염이나 축농증을 가지고 있는 경우가 많다고 한다.

 10일 이상 지속되는 감기일 때 축농증을 의심한다

부비동염은 염증의 기간이나 양상에 따라 급성과 만성으로 나눈다. 급성은 새로운 감염으로 약 4주까지 지속될 수 있고, 만성은 대개 12주 이상 지속되는 경우다. 요즈음은 비염과 부비동염의 구분이 애매하고 서로 밀접한 관계가 있으므로 '비부비동염'이라는 용어를 사용하기도 한다.

흔한 증상으로는 코가 막히고 누런 코가 나오며, 얼굴이나 머리의 통증, 기침과 때로는 열이 동반된다. 따라서 어린아이의 감기 증상이 5일 정도 지난 후에 더 악화되거나, 10일 이상 지속적으로 코가 나오거나 기침을 하면 축농증을 의심해 본다.

감기에 걸린 후 만성비염이나 축농증으로 진행하는 경우에는 말간 콧물이 줄어들면서 콧물이 노란색을 띠고 진해진다. 노란색의 코가 나오는 이때, 코를 세게 풀면 귀가 멍해지거나 고막 속에 고름이 고이는 급성 중이염에 걸리기 쉬우므로 코를 세게 푸는 것은 삼가도록 주의시킨다.

 감기를 오래 앓으면 만성비염이나 부비동염으로 발전할 수 있다

축농증에 의해 생기는 콧물은 코 뒤에 있는 점막을 자극하여 이관 출입구를 좁게 하고 삼출성 중이염이나 급성 중이염을 일으키기도 하므로 축농증 환자는 귀에 대한 검사도 반드시 받도록 한다.

또한 축농증이 자주 재발하거나 잘 낫지 않는 경우에는 알레르기 비염이 동반되었을 가능성이 높으므로 주의깊게 살펴본다.

대부분 약물치료가 가능하다

진단은 자세한 병력 청취와 내시경 검사 등의 이학적 검사를 통하여 이루어지며, 그 외 방사선 검사, CT촬영이 필요할 때도 있다.

진단이 나오면 대부분은 항생제 약물치료가 가능하다. 감염을 없애고, 점막부종을 감소시켜 부비동의 폐쇄를 정상화시키며, 효과적인 점액수송이 이루어지도록 만들어 주기 때문이다.

급성 부비동염의 경우에는 10~14일 정도의 약물복용으로 증상이 호전되지만, 점막 내부의 균까지 없애려면 증상이 없어진 후 약 7일 정도의 기간이 더 필요하다. 만성 부비동염이라면 우선 2주간 항생제를 사용하면서 반응에 따라 기간을 결정하거나 다른 항생제로 바꾸기도 한다.

그러나 약물 치료에 대한 반응이 좋지 않으면 아데노이드 절제수술을 고려한다. 그래도 어려우면 내시경 수술을 하게 된다.

Baby clinic

축농증, 내시경 수술로 치료한다

약물치료로 효과가 없을 때는 축농증 내시경 수술을 통해 축농증을 치료한다. 다양한 크기와 각도를 지닌 코 내시경을 사용해 치료하는 방법으로 특히 정상 점막을 보존하기 때문에 수술 후 치유 기간이 짧으며, 합병증이 없고, 입원도 필요 없다. 시기는 대개 초등학교 고학년이나 중학생 정도가 적당하다.

그러나 축농증 수술은 수술도 중요하지만 수술 후의 관리가 매우 중요하다. 수술 후에도 약물치료를 오랫동안 하게 되며, 생리식염수로 코 안을 자주 세척해 주고 장기간 스프레이제재를 사용하거나 알레르기 비염에 대하여 치료를 해야 한다.

수술 직후에는 지혈을 목적으로 코 안에 심지를 넣어두는데 이 때문에 코가 막혀 잠을 잘 때 불편한 경우가 있다. 이때는 수건에 물을 적셔서 입에 대고 자면 좀 낫다. 이 심지는 대개 수술 후 2~3일 후에 제거한다. 수술 후 약 10일간은 코피가 날 수 있기 때문에 코를 풀지 말아야 한다.

또한 깨끗이 나은 후에도 3~6개월 간격으로 정기적으로 진찰을 받는 것이 좋으며 감기에 걸리게 되면 조기에 치료를 하는 것이 좋다.

겨울에 잘 생기는 소아중이염

소아 중이염은 급성 중이염과 삼출성 중이염이 대부분이고, 어른의 중이염은 고막에 구멍이 있는 만성 화농성 중이염이 대부분이다. 모유에는 아이의 방어력을 높여주는 성분이 들어 있어 모유를 먹는 아이는 중이염에 덜 걸린다고 한다. 또 간접 흡연도 해로우므로 아이 주변에서 담배 연기를 내뿜는 것은 좋지 않다.

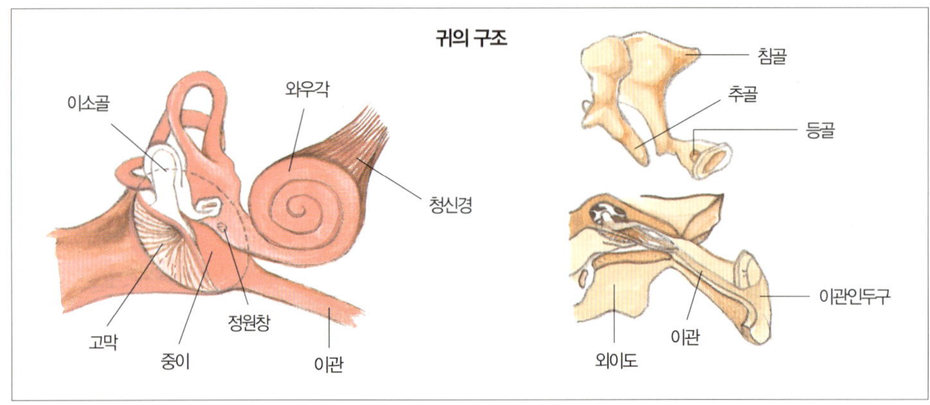

급성 중이염

고막 안에 염증이 생기는 병으로 발병 기간이 3주 이내로 짧다. 대개 겨울철에 많이 발생하고, 여름에 적게 발생하는 편이다. 주로 코와 귀를 연결하는 통로인 이관의 기능장애로 코 안의 염증이 귀로 전파되어 생긴다.

3세까지 약 절반 정도의 어린이가 3번 이상 앓는 흔한 병으로 6~24개월 소아에게 가장 많이 발생한다고 한다. 어린 나이일수록 면역

❶ 급성중이염은 고막 안에 염증이 생기는 것으로 겨울철에 많이 발생한다.

기능이 떨어져 있고 이관이 넓어 염증이 잘 생길 수 있기 때문이다.

아이가 감기 후에 귀의 통증을 호소하며, 간혹 열이 있고, 귀에 멍한 느낌이 있다고 하면, 급성 중이염을 의심해 본다. 고막에 구멍이 생기면서 고름이 나오는 경우도 있다.

그렇더라도 대개는 적절한 수분섭취와 심신의 안정, 진통제의 투여 등 대증요법이 도움이 되며, 적절한 경구용 항생제 처방으로 증상이 좋아진다.

고막에 구멍이 생긴 경우에는 항생제 투여와 함께 귀에 넣는 물약을 함께 사용하기도 한다. 또한 심한 통증과 발열이 있으면 고막을 미리 터뜨려 안에 있는 고름을 빼내기도 한다.

그러나 적절한 치료를 받지 않는 경우에는 만성중이염으로 발전할 수 있고, 드물게는 뇌에 합병증을 일으킬 수도 있으므로 주의가 필요하다.

삼출성 중이염

중이 안에 삼출액이 고여 있는 상태로 급성 중이염에서 진행되기 쉽다. 때로는 감염이나 염증증상 없이 발병하는 수도 있다. 2세 때 가장 많이 발생지만, 7세 이후에는 빈도가 줄어든다. 마찬가지로 겨울에 잘 생긴다.

삼출성 중이염은 취학 전과 취학 무렵의 아이들에게 가장 흔한 청력장애의 원인이 된다. 따라서 감기를 자주 앓는 아이가 항상 TV를 가까이 가서 본다든지 소리가 들리는 데도 볼륨을 높인다든지, 뒤에서 불러도 잘못 알아듣는다든지 하면 의심해볼 수 있다.

삼출성 중이염을 가져오는 원인으로는 급성 상기도염(감기), 알레르기성 비염, 아데노이드 증식증, 만성부비동염, 구개열(언청이), 종양, 급격한 기압의 변화(비행기 이착륙의 경우) 등이 대표적이다.

치료는 항생제, 점막수축제, 항히스타민제 등의 약물요법을 우선적으로 사용하며, 원인이 되는 질환에 대한 적절한 치료가 필요하다. 대개는 이런 약물치료를 하면 좋아진다. 그러나 환자의 40%에서 1개월, 20%에서 2개월, 10%에서는 3개월까지도 삼출액이 계속 나오므로 2~3개월 이상 주의해서 치료를 마쳐야 한다.

충분한 기간 동안의 약물치료에도 호전이 없을 경우에는 고막절개 및 환기관삽입술이 필요하다.

❶ 감기에 자주 걸리는 아이가 뒤에서 불러도 잘 알아듣지 못한다면 삼출성 중이염을 의심해본다.

늘어나는 유·소아비만

한 조사에 따르면 1970년에는 2%에 불과했던 우리나라 소아 비만율이 1990년에는 16%로 급격히 증가했다고 한다. 특히 생활수준이 높은 지역에서는 약 22%가 넘는 것으로 조사됐다.

아이를 튼튼히 키우고자 하는 것은 모든 부모들의 바람이지만, 이젠 아이의 과식을 눈여겨보아야 한다.

운동부족과 영양과잉이 비만의 원인이다

비만의 원인은 크게 두 가지로 구분된다. 하나는 내분비계 이상이나 유전에 의한 '증후성 비만'이고, 다른 하나는 운동부족, 영양과잉, 정서장애 등으로 에너지 수지균형이 깨어지는 '단순성 비만'이다.

이중 증후성 비만은 전체 비만의 0.1% 미만으로 적고, 단순성 비만이 대부분이다. 요즘 아이들은 식생활이 밥보다 햄버거나 분식을, 된장국이나 김치보다 수프를 좋아하고 운동이 절대 부족한 생활환경에 놓여 있다. 그런만큼 누구나 비만아가 될 수 있는 것이다.

유년기 비만은 성인비만으로 이어진다

비만도 측정방법은 현재 아이의 체중을 표준체중으로 나눈 뒤 100을 곱하면 된다. 이때의 표준체중은 자신의 키에서 100을 빼고 거기에 0.9를 곱해서 나오는 숫자다. 계산 결과 100%에서 20~30% 초과면 경도 비만, 30~50% 초과는 중등도 비만, 50% 이상이면 고도 비만으로 본다.

고도 비만아의 80% 정도는 어른이 돼서도 비만증이 된다고 한다. 흔히 비만증의 1/3 이상은 유아기에 나타나며 반수 이상은 6세 이전에 나타난다.

소아비만은 지방이 급격히 증가하는 영아기에 처음 나타나지만 출생 후 2세까지는 크게

🔴 햄버거, 피자, 콜라 등의 패스트푸드를 즐기는 아이들의 식습관이 소아비만을 초래한다.

걱정할 필요가 없다. 너무 살찐 아기 가운데 일부는 유아 비만이 될 수도 있지만, 별도로 영양관리를 하지 않아도 대부분 돌이 지나면서 운동이 활발해지면 자연히 정상체중을 되찾는 경우가 많다.

문제가 되는 것은 5~6세의 유년기 비만이다. 지방세포의 크기만 커지는 성인비만과는 달리 지방 세포가 수적으로 증가하는데, 문제는 이 숫자가 평생 거의 고정되기 때문에 성인비만으로 연결될 확률이 크다는 것이다.

따라서 전문의들은 나이가 어릴수록, 비만의 정도가 가벼울수록 치료가 쉬우므로 유아기부터 체중관리를 해주어야 한다고 조언한다. 엄마가 아이의 평생건강을 생각한다면 과식하는 습관, 과체중을 그냥 넘겨서는 안 된다.

건강해 보여도 잔병치레가 잦다

유아기 때부터 뼈가 감당하기 힘든 과다한 체중이 되면 아이가 겉으로는 건강해 보여도 실제로는 잔병치레가 잦다.

무엇보다 아이의 정상적인 성장을 방해하는데, 무거운 몸무게를 지탱하느라 무릎관절이나 고관절, 척추 등의 통증을 호소하기도 하고, 피부가 겹쳐져서 종기나 부스럼이 잘 생긴다.

또한 소아비만증은 아이의 성격형성에도 큰 영향을 끼친다. 비만한 아이는 대개 주의가 산만하고, 참을성, 객관성, 지구력이 부족하며

소극적이거나 행동이 느린 게 특징이다. 특히 스스로 주변의 놀림감이 된다고 생각해 열등감, 소외감 등으로 상처를 입기 쉬우며 내성적이거나 공격적, 반항적인 성격이 형성된다고 한다.

자주 뛰어 놀게 하고 식습관을 고친다

일단 비만아로 판단되면 우선 내분비계통 소아과 전문의에게 보이고 각종 합병증 여부를 검진하는 게 좋다. 그리고 의사의 지시에 따라 식이요법, 운동요법을 잘 실행하도록 한다.

비만아들은 대부분 먹을 것이 입에서 떠나지 않거나 식사가 불규칙하고, 폭식, 과식을 하며 습관적으로 과자나 음료수를 먹는다. 게다가 기분이 좋지 않으면 먹는 것으로 해소하고 야채보다는 고기, 튀김류, 인스턴트 음식을 좋아한다.

🔴 아이가 살이 찌는 것을 예방 하려면 습관적으로 과자나, 음료수 등을 먹지 못하게 한다.

따라서 엄마는 이런 식습관을 주의해서 보고 고쳐주어야 한다. 튀김보다는 찌거나 굽는 게 좋으며, 열량이 적고 포만감을 주는 김·미역 등 해조류를 활용하는 것도 좋다. 채소와 과일섭취는 좋지만 단맛이 많은 과일을 많이 먹는 것은 바람직하지 않다.

또 가능한 한 외식과 인스턴트 음식을 피하고 물은 하루 6~8컵 이상 마시게 한다. 아이가 먹는 것으로 스트레스를 푸는 습관도 빨리 고쳐주는 것이 좋다.

또래 친구와의 놀이시간이나 운동, 독서 등 아이 스스로 생각하고 움직이는 시간을 평일은 하루 1시간, 주말에는 2~4시간 정도로 충분히 가지게 해 준다.

늘어나는 소아당뇨

흔히 소아기에 당뇨병이 얼마나 있을까 생각하지만 의외로 많다. 한 통계에 의하면 우리나라 전체 소아인구 중 약 10만 명 정도가 소아당뇨로 추정된다고 한다.

성인당뇨병은 주로 유전, 비만, 스트레스 등이 원인으로 운동, 식이요법과 혈당강화제를 복용하면 혈당조절이 가능하다. 즉 인슐린 비의존성 당뇨병이다. 그러나 소아당뇨는 인슐린이 절대 부족한 인슐린 의존성 당뇨병이다.

5~7세에 많이 생긴다

소아당뇨는 볼거리, 풍진 등 접촉감염이 많은 5~7세에 많이 생기는 것으로 알려져 있다. 또 스트레스가 많은 사춘기에도 마찬가지로 많이 생긴다. 당뇨를 유발하기 쉬운 체질적 요인에 환경적 요인이 더해져서 발병하는 것이 대부분이다.

신생아 당뇨는 생후 6개월 이전의 아기에게 생기는 당뇨병으로, 인슐린으로 적절히 치료하면 2주~1년 반 후에는 정상으로 회복된다.

소아당뇨병에 대한 임상연구는 현재 활발히 진행중이지만, 아직까지 원인도 확실히 규명하지 못했고 완치방법도 모르는 실정이다. 따라서 중요한 것은 발병 후의 관리다. 적절한 조절과 치료를 잘 하면 정상적인 삶을 살아갈 수 있지만 너무 방치했을 경우 심각한 상황에 이르게 될 수도 있다.

아이가 소변을 자주 보고 갈증을 느끼면 당뇨를 의심해본다

소아당뇨를 의심할만한 증상은 다음과 같다. 우선 전형적인 당뇨병 증세다. 소변을 자주 보고, 음식을 많이 먹고, 갈증을 많이 느껴

자꾸 수분을 섭취하려 하는 것이다.

둘째, 섭취한 당이 에너지로 이용되지 못할 때 체중이 감소되고 허약해진다. 늘 피곤해하고 싫증, 짜증을 잘 내고 무기력해 하는 등 전신쇠약 증세를 보일 수 있다.

셋째, 세균에 대한 저항력이 약해져서 호흡기, 요로, 피부 등에 감염을 잘 일으킨다. 그러나 이러한 증세가 미처 발견되기도 전에 처음부터 위중한 케톤산혈증으로 발병하는 경우도 많다. 소아당뇨는 언제, 누가 발병하게 될지 예측할 수 없으므로 미리 혈당검사를 통해 확진을 해두는 편이 현명하다. 정상 소아의 혈당은 공복시 약 80~120mg 정도다.

적절한 치료가 필요하다

아이의 소아당뇨가 의심된다면 반드시 소아당뇨 전문의를 찾아 정확한 진단을 받는 게 좋다. 인슐린 요법과 식사요법, 운동요법 및 심리요법이 소아당뇨의 주된 치료방법이다. 대부분이 인슐린 의존성 당뇨병인 소아당뇨의 혈당조절은 매일매일 평생동안 해나가야한다.

사실상 아이의 생활이 의사의 지시를 잘 따르고 복잡한 요법을 철저히 지키기는 어려운 일이므로 부모의 많은 도움이 필요하다. 인슐린 조절이 안 되면 의식불명, 경련, 혼수, 쇼크 등이 일어나는 케톤산혈증과 인슐린 과다로 인한 인슐린쇼크가 올 수 있으므로 매우 위험하다.

Baby clinic

아이가 당뇨일 때의 간식과 외식 포인트

아이들에게 놀이와 간식은 매우 중요한 부분이다. 당뇨가 있는 아이들에게 운동을 시키라고 하면 부모들은 어떤 운동을 시켜야 하나 고민을 한다. 그러나 별다른 운동이라기 보다는 아이가 좋아하는 놀이를 자연스럽게 운동이 될 정도로 이어나가면 된다. 억지로 운동을 시키면 아이가 힘들어서 해내지 못한다.

간식은 우유나 과일이 적당하다

간식도 마찬가지다. 자연스럽게 당뇨치료에 도움이 되는 간식으로 바꾸어주면 좋다. 그러나 요즈음의 과자들이 워낙 당분이 많아 쉽지가 않다.

그렇다고 무작정 간식을 먹지 못하도록 하면 아이는 스트레스를 받게 된다. 그러므로 적당한 간식을 주되 집에서 손수 만들어 먹는 지혜가 필요하다. 주로 우유와 과일 등이 좋다. 당도가 낮은 비스킷이나 빵 종류도 괜찮다.

외식은 채식식단이 바람직하다

간식을 선택할 때는 우선 성분과 열량을 확인한 후 영양소를 골고루 갖춘 것을 고른다. 외식은 자주 권할 것이 못되지만 지나치게 외식을 자제하게 되면 아이에게 심한 스트레스를 줄 수 있으므로 외식 기회를 가지되 채식 위주의 메뉴를 고르는 지혜가 필요하다.

걱정되는 증세와 조치

아기가 먹은 것을 토하거나 설사를 할 때, 갑자기 열이 나거나 안색이 좋지 않으면 엄마는 '왜 그럴까?'
염려스럽기만 하다. 단순한 증세인지, 아니면 어딘가 병이 난 것인지 몹시 걱정스럽다. 아기가 평소와 다른
증세를 보일 때 어떻게 하면 좋은지 증세별로 알아본다.

울음을 그치지 않는다

● 울음은 말 못하는
아기의 유일한 의사표현
수단이다.

말을 못하는 아기에게 울음은 유일한 의사
표현 수단이다. 울 때는 뭔가 불만족스러운 상
황이라고 보면 된다. 안아주어서 그치는 울음
이라면 졸리거나 안아주는 습관이 붙은 경우
이므로 걱정할 필요는 없다.

그러나 안아주어도 심하게 울면서 좀처럼
그치지 않을 때는 아기에게 다른 이상이 생겼
는지 꼼꼼히 체크할 필요가 있다.

젖을 먹여보거나 전신상태를 살핀다

아기가 좀처럼 울음을 그치지 않으면 우선
모유나 우유를 먹여 보자. 스스로 젖꼭지에 입
을 가져다 대면서 울음을 그치면 배가 고팠기
때문이다. 기저귀가 젖어 불편해서 울기도 하
므로 기저귀도 한 번 만져본다.

그래도 울음을 그치지 않으면 열은 없는지, 안색은 어떤지 살
펴보고 아무 이상이 없으면 옷을 벗겨본다. 옷에 핀이나 가
시 같은 게 붙어서 아기가 아프거나 벌레에 물
려 부은 곳은 없는지 꼼꼼히 살펴본다.

3~4개월 된 아기가 아무 이상이 없고 안색
도 좋은데 계속 운다면 '3개월 산통' 또는 '영
아 산통'으로, 변비가 되면서 가스가 찼기 때
문에 복통을 일으킨 것일 수도 있다. 이때는
관장을 해주면 가스가 나오면서 아기가 울음
을 그치고 좋아지므로 괜찮다.

또 아기가 심하게 울면서 안색도 나빠지고
토할 때도 관장을 먼저 해본다. 그 결과 대변
에 혈액이나 점액이 섞여 있으면 장중첩증일
가능성이 있으므로 빨리 병원에 데리고 가서
진료를 받는 게 좋다. 관장시킨 대변 기저귀를
가지고 가서 의사에게 보이면 진단에 도움이
된다.

우는 모습으로 병을 알아차려야 한다

3개월 산통이라면 아기는 배가 아파서 다리
를 배 쪽으로 당겨 올리고 새우처럼 몸을 구부
리고 운다. 그러나 열이 있고 귀를 만지면서
심하게 울거나 고개를 옆으로 젓거나 흔들며
젖을 토하기도 하면 중이염일 수 있으므로 빨
리 병원으로 데리고 간다.

갑자기 심하게 운 다음 몇 초쯤 숨이 멎으
며 처음에는 얼굴빛이 붉은 색이었다가 보
라색으로 변하면서 정신이 몽롱해지면 울다
가 일으키는 경련이다.

이 경우는 대부분 자연스럽게 가라앉지만
정서가 불안정한 아기로 생각되므로 지나치
게 위해주거나, 반대로 지나치게 관심을 보
이지 않도록 한다. 고집이 센 아기들에게 이
런 증세가 많이 나타나며 부모 중 어느 한 쪽
이 고집이 셀 때 많다고 한다.

또는 열이 있고 기저귀를 갈려고 다리를 벌렸을 때 울거나 싫어하면 고관절염을 의심할 수 있다. 얼마 전에 감기 같은 상기도염을 앓았다면 가능성이 더 크므로 이때도 빨리 의사에게 보이는 게 좋다.

한밤중에 심하게 울 때는 병이 난 것일 수 있다

아기들이 한밤중에 울 때는 덥거나 추울 때, 목이 마를 때, 가려울 때, 핀이나 바늘 등에 피부를 찔려 아플 때 등 여러 가지 이유가 많다. 젖을 빨다가 잠이 들어서 공기를 듬뿍 빨아들이고는 트림이 나오지 않아 울기도 한다. 안아주는 버릇이 든 아기라면 안아달라고 밤에 울기도 한다.

보통 어떤 경우든 우는 원인을 살펴 아기의 불만을 해결해 주고, 품에 안고 아기 몸을 약간 흔들어주면 곧 그친다.

이렇게 해도 잘 그치지 않거나, 보통 때는 울지 않던 아기가 심하게 운다면 뭔가 다른 원인이 있는지 잘 살펴본다. 열은 없는지, 안색은 좋은지 등 꼼꼼히 체크한다.

아기가 울 때 엄마가 해야 할 일

① 배가 고파서 울 수도 있으므로 모유나 우유를 준다.

② 열이 없는지 체온을 재본다.

③ 안색을 살펴 이상이 없으면 옷을 벗기고 벌레에 물리거나 핀에 찔리지 않았는지 온몸을 꼼꼼히 살핀다.

④ 어디에도 이상이 없는데도 심하게 울면 관장을 해본다.

전문의의 진단이 필요한 경우

① 안색이 나쁘고 토하려 한다.

② 관장을 했더니 혈변과 점액이 나왔다.

② 열이 많다.

③ 기저귀를 갈아주려고 하면 싫어하고 더 운다.

변비로 고통받는 우리 아이

박미정(29세 · 주부)

21개월 된 우리 딸이 변비에 시달릴 때면 나는 항상 면봉을 갖고 달려가야 했다. 변비에 좋다는 복부 맛사지도 해주고 좌욕도 해봤지만 소용이 없었다.

그러다가 아무래도 먹는 음식에 문제가 있는 것이 아닐까 하는 생각이 들어 어느 책에서 본대로 오렌지 주스를 물과 1대 1 정도로 희석시켜 먹여보았다. 그렇지만 별 효과가 없어, 이번에는 두유를 먹여보았다. 생우유보다는 두유가 낫다는 말을 듣고는 당장 두유를 먹였는데, 우유에 입맛이 길들여졌던 탓인지 도통 두유를 먹으려 하지 않았다. 그래서 우유와 조금씩 섞어가면서 먹였더니 효과가 있는 것 같았다.

그렇다고 아주 편하게 변을 보는 것은 아니었다. 변은 염소 똥 같았지만 그래도 예전처럼 아예 항문이 막힐 정도로 심하지는 않아 다행이었다. 우리 딸에게는 두유가 적중했지만, 아이마다 맞는 음식이 다를 것이다. 그러므로 일단 변비의 원인이 무엇인지, 그리고 어떤 음식이 맞는지를 유심히 지켜본 후 처방방법을 찾는 것이 중요하다.

정상 신생아에게 나타나는 신체적 특징

① 체중이 감소한다

출생 후 약 일주일 동안은 출생 시 몸무게의 약 10% 정도가 감소한다. 수분의 배설은 계속되는데 비해 먹는 양은 아직 부족하기 때문으로 대개 생후 10~14일이 되면 출생시의 몸무게로 다시 회복된다.

② 호흡수와 심장박동수가 빠르다

신생아의 평균 호흡수는 분당 30~40회로 큰 아이들의 20~25회에 비해 빠르다. 아기가 울거나 흥분하였을 때에는 분당 60회가 넘기도 한다.

또 신생아의 평균 심장박동수는 분당 120~160회로 큰 아이들의 80~120회보다 빠르다. 마찬가지로 아기가 울면 심장박동수가 더 빨라지게 된다.

③ 체온이 높다

신생아가 열이 있는 것 같아 체온을 잴 때에는 두꺼운 아기 보나 옷을 벗기고 나서 잰다. 신생아의 정상 체온은 큰 소아보다 높아서 37.5℃ 정도다. 나이가 들수록 정상 체온이 낮아져서 만 5세 정도에는 정상 체온이 37℃ 정도이며 만 7세 정도가 되면 어른과 비슷한 36.6~37℃가 정상 체온이 된다.

④ 깜짝깜짝 놀란다

신생아들은 아직 신경이 미숙하기 때문에 팔을 뻗으려 하여도 쭉 뻗지 못하고 움찔움찔 거리며 마치 깜짝 놀라는 듯한 동작을 자주 한다. 다리나 팔, 턱을 갑자기 덜덜 떠는 경우도 있다. 모두 정상적인 동작들이다.

⑤ 처음에는 잘 먹지 못한다

신생아는 태어난 직후에는 젖이나 우유병을 잘 빨지 못한다. 대개 3~4 차례의 수유 시도가 있은 후에야 비로소 제대로 젖이나 우유병을 빨게 된다. 또한 수유량도 첫 하루 이틀 동안은 그렇게 많지 않다. 그러나 대개 만 3일이 지나면 수유량도 점차 늘어난다.

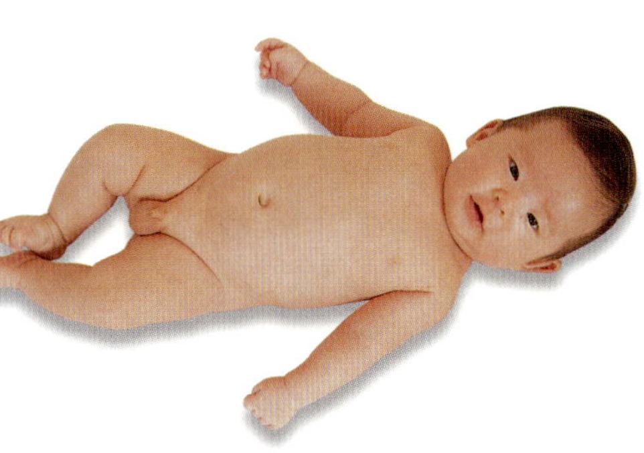

❖ 신생아는 복식호흡을 주로 하기 때문에 숨을 헐떡이는 것처럼 보일 수 있다.

배가 아프다고 한다

 우는 모습에 따라 아픈 부위와 병에 차이가 있다.

듯 심하게 울면 배가 아파서 우는 것이다. 경우에 따라서는 장염이나 장중첩증 등 심각한 병일 수 있다. 이럴 때는 아기가 괴로워하는 모습을 엄마가 민감하게 관찰해 대처하는 것이 가장 중요하다.

어쨌든 아기가 심하게 아파하면 의사의 진찰을 받는다. 식은땀을 흘리거나 얼굴색이 나쁘고 구토까지 하면 서둘러야 한다.

 복통 외에 다른 증세는 없는지 살핀다

아기가 배가 아픈 것 같으면 먼저 복통 이외에 다른 증세는 없는지 살펴보아야 한다. 때로는 장중첩증이나 급성맹장염, 복막염, 췌장염처럼 곧바로 처치하지 않으면 위험한 경우도 있기 때문이다. 급한 병인가 아닌가를 판단하려면 열이 있는지, 구토를 하는지, 안색은 어떤지, 그밖에 전신상태는 어떤지 주의하도록 한다. 배가 아프다고 해도 전신상태가 좋으면

급한 병일 경우는 드물다.

아기가 3개월 무렵쯤 심하게 울며 잘 먹지도 않는 경우가 있는데 이때 토하거나 설사를 하지 않고 안색이 좋으면 3개월 산통일 수 있다. 관장을 해서 대변이 정상으로 나오고, 가스가 나온 뒤 상태가 좋아지면 걱정할 것 없다.

5세 이전에 구토나 설사를 동반하지 않고 배가 아픈 증세가 계속될 때는 변비에서 오는 복통일 수도 있다. 이때도 관장을 해서 대변을 보게 하면 된다.

아기는 배가 아프든, 배가 고프든 무조건 울음으로 호소한다. 똑같은 울음 같아서 판단하기가 쉽지 않지만 우는 모습을 잘 관찰하면 알아차릴 수 있다. 이때 정말 어딘가가 아파서 우는 것인지 올바로 판단해야 한다.

몸을 뒤틀면서 운다

아기는 배가 아프다는 것을 말로 표현할 수 없으므로 무조건 울음으로 호소할 수밖에 없다. 그러나 아픈 부분에 자주 손을 댄다든지 몸을 비틀어 아픈 상태를 표현하는 경우도 있다. 따라서 아기가 아파서 울면 아파하는 모습을 잘 관찰하여 대처해 주는 것이 중요하다.

온몸을 살펴보아도 상처가 없고 특별히 눈에 띄는 증상도 없는데 새우처럼 몸을 뒤틀면서 울 때는 배가 아픈 게 아닌가 의심해 본다. 젖을 주어도 먹지 않고 배를 만지면 자지러지

Baby clinic

우는 아기 이렇게 대처한다

우는 모습을 살펴본다
아기가 새우처럼 등을 구부리고 울며, 몸을 펴주려고 하거나 배를 만지려고 하면 더욱 심하게 운다. 이 경우 복통일 가능성이 높다.

어디가 아픈지 배를 만져본다
배가 아픈 위치에 따라서 병도 다르다. 특히 오른쪽 아랫배를 눌렀을 때 불에 덴 듯이 울어대면 맹장염이나 췌장염일 가능성이 있으므로 서둘러 병원으로 간다.

다른 증세가 있는지 살펴본다
열이 있는지, 구토를 하는

지, 설사를 하는지, 안색은 어떤지 살펴보고 언제부터 배가 아픈 것 같았는지 등 아기의 상태를 적어 두었다가 의사에게 보이도록 한다.

열이 없으면 관장을 시켜본다
열이 없고 별다른 증세가 없이 복통을 호소하면 관장을 시켜 본다. 변비로 인해 배가 아플 수 있기 때문이다. 그러나 열이 있거나 구토, 설사 등 걱정되는 증상이 함께 나타나면 관장을 시키면 안 된다.

열과 별다른 증세 없이 복통만 호소하면 관장을 시켜본다.

설사를 한다

아기의 변 상태는 건강상태를 잘 드러낸다. 아기의 대변은 대체로 묽고 횟수도 잦은 편이지만 아기마다 조금씩 다르다. 특히 모유를 먹는 아기는 묽은 대변을 잘 본다. 설사인 듯해도 아기의 기분이 좋고 잘 먹으면 괜찮다.

설사를 할 때는 탈수가 되기 쉬우므로 물이나 사과즙을 충분히 먹인다.

체질적으로 설사를 잘하는 아기가 있다

아기 중에는 체질적으로 설사를 잘 하는 아이가 있다. 과식을 하거나 어떤 음식을 처음 먹었을 때, 단단한 음식을 잘 씹지 않고 먹었을 때, 체질에 맞지 않는 음식을 먹었을 때 등 병이 난 것이 아니면서 설사를 하는 경우가 흔하다. 아기가 기분 좋게 놀며 잘 먹고 체중도 순조롭게 늘고 있으면 걱정하지 않아도 좋다.

그런데 설사를 하면서 습진이 생기거나 정신이 몽롱한 듯 보이면 알레르기성 설사일 수 있다. 알레르기성 설사라 해도 크게 걱정할 일은 아니지만 우선 의사에게 보여 정확한 원인을 찾는 게 좋다.

특히 우유는 알레르기를 잘 일으키는 음식 중 하나이다. 선천적으로 유당 분해효소가 정상보다 적게 분비되는 아기일 경우에 우유나 유제품을 먹으면 유당이 분해되지 못해서 배가 아프고 가스가 차면서 설사를 하기 때문이다.

설사할 때 감귤류 이유식은 삼간다

설사를 하면서도 아기가 잘 먹으려 하면 모유는 원하는 만큼 먹이고, 우유는 4시간 이상 간격을 두고 먹여 위나 장에 부담이 가지 않도록 하는 게 좋다. 우유를 좀 묽게 타도 좋은지는 의사와 상담한 후에 결정한다.

이유식을 시작한 아기가 대변이 갑자기 묽어졌다면 다른 조치를 취하지 말고 그대로 2~3일 정도 상태를 본다. 대개는 그냥 낫지만 만약 설사를 하면 의사에게 보인다.

과즙의 경우, 사과즙은 설사를 할 때도 주어도 괜찮지만 오렌지, 귤 등 감귤류즙은 설사를 더 심하게 할 우려가 있으므로 먹이지 않는다.

아기가 설사를 할 때는 몸에서 수분이 빠져나가 탈수가 되기 쉬우므로 미지근한 보리차를 충분히 먹이는 게 좋다.

탈수상태가 되면 먼저 아기의 입술이 마르고 소변의 양과 횟수가 줄어든다. 더 심해지면 입안이 바싹 마르고 소변이 전혀 나오지 않게 되며 울어도 눈물이 별로 나오지 않고 꾸벅꾸벅 졸기 시작한다. 이때 그대로 두면 경련이나 쇼크를 일으켜 심각한 상황이 될 수 있으므로 주의한다.

대변에 피나 점액 보이면 병원으로 달려간다

아기들은 가끔 피가 섞인 혈변을 본다. 대변이 단단하고 겉에 피가 조금 묻어 있는 경우는 항문이 조금 찢어진 경우다. 엉덩이를 벌려 보아 항문이 찢어져 있으면 깨끗이 닦아주거나 미지근한 물로 잘 씻어준다. 엉덩이가 좀 부어 있는 듯하면 일단 소아과에 가서 정확한 원인을 알아보는 것이 좋다.

그러나 대변에 점액과 피가 섞여 있어도 아기의 기분이 좋고 잘 먹으며 열도 없다면 알레르기성 혈변일 가능성이 크다. 걱정할 만한 증세는 아니지만 마찬가지로 일단 의사에게 보인다.

왜냐하면 장중첩증이나 이질에 걸렸을 때, 로타바이러스성 장염 등 병원에 빨리 가서 치료받아야 하는 경우도 있기 때문이다.

설사 대처법

아기의 상태	대처법
★ 가벼운 감기로 생각되는 증세와 함께 토하며 기분이 나쁘고 하얗고 쌀뜨물 같은 대변을 본다	★ 수분을 충분히 공급해 주고 빨리 병원에 간다
★ 혈변을 누며 몸을 비틀면서 심하게 운다 토하기도 한다	★ 급히 병원에 간다
★ 설사를 하며 열이 나고 토한다 심한 복통이 있다	★ 병원에 간다
★ 걸쭉한 죽 같은 혈변을 누며 토하고 열이 높으며 축 늘어진다	★ 서둘러 병원에 간다
★ 설사처럼 묽은 대변을 하루에 10회 정도로 자주 누지만 열도 없고 토하지도 않는다	★ 기분이 좋고 생기가 있으면 2~3일 상태를 본다
★ 수유 후 조금 있다가 설사를 하고 토한다. 대변에는 점액이 많이 섞여 있다. 가끔 피가 섞여 있기도 한다	★ 병원에서 진찰을 받고, 알레르기 검사를 받은 후 우유를 바꾸어 먹인다

변비 증세가 있다

○ 아기변이 동글동글하고 단단하면 습관성 변비를 의심할 수 있다.

아기마다 하루에 보는 대변횟수는 다 다르다. 하루에 10회 정도 보는 아기도 있고, 2~3일에 한 번 보는 아기도 있다. 3일 정도 대변을 보지 않아도 보통 묽기의 대변을 아파하지 않고 본다면 괜찮다.

 변비인 듯하면 관장을 해준다

젖이나 우유 양이 부족하거나, 이유식을 먹지 않거나, 편식을 해도 아기는 변비가 되기 쉽다. 또는 대변이 단단해져 나오기 힘들어서 항문이 찢어지기도 한다. 이때는 배에 가스가 차서 부풀어오르고 아파하므로 관장 등의 조치를 해야 한다.

2~3일 간격으로 대변을 보는 아이의 변이 단단하고 동글동글하면 일단 습관성 변비를 의심한다. 이때는 면봉에 베이비오일을 조금 묻힌 다음 항문에 1~2cm쯤 집어넣고 천천히 2~3회 돌린 후 종이를 가늘게 돌돌 말아 항문에 1cm쯤 집어넣고 자극을 주어 관장을 시켜본다. 동시에 아기 배에 커다란 동그라미를 그리듯 맛사지 해주면 좋다. 생약을 사용하는 관장은 자주 시키면 습관성이 될 우려가 있지만 종이를 말아 하는 관장은 그럴 염려가 없다.

드물게는 결장이나 담도에 선천적으로 장애가 있어 대변을 잘 보지 못하는 경우도 있다. 4~5일이 지나도 대변을 보지 못하고 헛배가 부른 듯하면 선천성 거대결장이 의심된다. 또는 태어날 때부터 직장의 일부분에 부교감신경이 없어서 대변을 항문 쪽으로 밀어내지 못해 정상적으로 대변을 보기 힘든 경우로 변비가 심하거나 대변을 전혀 못 누는 때도 있다.

만약 잘 울지 않고 순한 아기인데도 변비가 되어 얼굴이 붓거나 거칠거칠해지면 갑상선기능저하증으로 인한 가능성이 크다. 신생아인 경우는 신생아 황달이 보통 아기보다 오래 가고, 정도가 심하며, 잠을 많이 자면서 변비가 있으면 갑상선기능저하증이 의심되므로 빨리 의사에게 보이는 게 좋다.

다른 증세까지 있으면 빨리 병원에 간다

변비가 있어도 아기가 잘 놀고 잘 먹으며 안색이 좋으면 괜찮지만 변비만 있는 것이 아니라 다음과 같은 증세까지 함께 보이면 빨리 병원에 데리고 가야 안전하다.

▶ 토하려 하거나 기분이 나쁘며 칭얼거린다. 안색도 나쁘다.

▶ 배에 가스가 찬 듯이 부풀어오르고 아파서 운다.

▶ 대변을 볼 때 힘을 주며 괴로워한다. 항문이 찢어져 피가 묻어나오며 심하게 울기도 한다.

▶ 식욕이 없으며 먹거나 마신 뒤 바로 토한다.

▶ 평소에는 대변을 잘 보다가 갑자기 잘 못 보면서 기운이 없고 축 늘어진다.

▶ 거의 대변을 보지 못하고 배가 부풀어오르며 관장을 시키면 질척질척한 대변이 나온다.

▶ 만성적인 변비 상태를 반복한다.

○ 병원에 갈 때는 변의 상태를 상세히 적어가거나 기저귀를 직접 가지고 가는 것이 도움이 된다.

변비 대처법

아기의 상태	대처법
★ 3일 정도 대변을 안 봤지만 배가 불러있지 않고 기분 좋게 잘 논다	★ 젖이 모자라거나 편식이 원인이므로 대책을 세운다
★ 칭얼대거나 울며, 배도 빵빵하고 우유도 먹지 않는다. 안색은 좋지만 토하지는 않는다	★ 걱정은 없지만 관장을 한다
★ 대변을 볼 때 아파하며 운다. 동글동글한 대변을 누며 피가 묻는다	★ 소아과 진료 후 수유나 이유식, 일상생활을 바꾸어준다
★ 3일 이상 대변을 안 보고 관장을 하면 질척질척한 진흙 같은 변을 본다	★ 선천적인 결함이 있을 수 있으므로 빨리 병원에 간다
★ 괜찮던 아기가 갑자기 3일 이상 대변을 안보면서 기운이 없고 피부가 거칠거칠하다	★ 빨리 병원에 간다
★ 회백색의 단단한 대변을 보며 황담이 섞여 있다	★ 빨리 병원에 간다

소변이 이상하다

어른에 비해 아기는 소변을 자주 보고 양도 많다. 어릴수록 횟수가 많다가 차츰 줄어든다. 여름에는 땀을 흘리므로 소변의 횟수와 양이 적어진다.

 **양이 적거나 피가 섞여 있다**

평소보다 소변의 양이나 횟수가 적으면 주의가 필요하다. 반나절 이상 소변을 안 보면 얼굴이나 눈꺼풀에 부기가 있는지 먼저 살펴본다.

소변의 횟수나 양이 줄면서 기저귀에 고름이나 피가 묻어 있고 열이 나면서 토하기도 하면 요로 감염 등 요로계에 병이 난 것일 수 있다. 소변을 볼 때 울음을 터뜨리는 것은 아프기 때문이므로 빨리 병원에 간다.

또 아기의 성기에 병이 생겨도 기저귀에 고름이나 피가 묻고 가렵고 아파하며 기분이 나빠진다. 이때도 서둘러 병원에 가봐야 한다.

 **빨리 병원으로 가야 하는 경우**

평소보다 소변의 횟수가 많아도 다른 증세가 없고 생기가 있으며 잘 먹으면 신경성일 가능성이 높으므로 좀 더 상태를 지켜본다. 그러나 다음과 같은 증세가 있을 때는 원인을 찾아내 치료해야 하므로 빨리 의사에게 보이는 게 좋다.

▶ 소변의 횟수는 많지만 양이 적다. 소변을

볼 때 얼굴을 찡그리거나 아파하면서 운다. 열이 나기도 한다.

▶ 감기를 앓다가 나은 뒤 얼마 지나서 소변의 횟수가 줄어들며 얼굴이나 손발이 붓고 왠지 나른해 보인다.

▶ 기저귀에 붉거나 검은 작은 덩어리가 묻어나거나 고름 같은 얼룩이 묻는다.

▶ 3개월쯤 된 아기인데도 진한 노란색 소변을 보며 나른해 보이고 생기가 없다.

 **소변에 이상이 있을 때 엄마가 해야 할 일**

아기의 소변에 이상이 있다면 엄마는 먼저 아기에게 열이 있는지 재본다. 체온을 정확히 재서 적어둔다.

다음에는 소변의 양과 색이 어떻게 평소와 다른지, 기저귀를 갈 때마다 얼룩 같은 것은 없는지, 뭔가 묻어있지 않은지 등을 자세히 살펴본다. 아기가 소변을 볼 때의 얼굴표정은 어떤지, 아파서 울지는 않는지, 기저귀 발진이나 배가 부른 정도, 발의 움직임, 손발이 붓지는

소변이 잦고, 양이 적으며, 소변 볼 때 아파하면 바로 병원으로 간다.

않는지, 성기나 외음부에 염증은 없는지 등도 본다.

병원에 가야 하는 경우, 이런 증세를 적어둔 메모와 아기 소변을 가지고 가면 진단에 많은 도움이 된다.

Baby clinic

아이 씻기는 방법

아기를 씻길 때 여자아기는 엉덩이를 잘 씻겨주고, 남자아기는 성기 주변 위생에 신경을 써야 소변 이상을 가져오는 여러 가지 병을 예방할 수 있다.

여자 아기 씻기는 요령

① 대변을 본 뒤에는 소독솜으로 엉덩이를 깨끗이 닦는다. 반드시 앞에서 뒤로 닦아야 요도에 대장균이 묻지 않는다.

② 기저귀는 뒤를 두껍게 해서 소변이 새지 않도록 하고 자주 갈아서 깨끗하게 해준다.

③ 성기의 분비물을 너무 심하게 닦아내지 않는다. 아기라도 조금씩 분비물이 나오는데 너무 닦아내면 염증의 원인이 될 수도 있다.

④ 냄새가 나거나 색 있는 분비물이 있으면 염증이 생긴 것이다. 표면이 건조하고 피부가 벗겨져 있으면 의사에게 보이는 게 좋다.

남자 아기 씻기는 요령

① 목욕을 시킬 때 귀두를 깨끗이 씻긴다.

② 기저귀를 채울 때는 앞을 두껍게 해서 흡수가 잘 되고 새지 않도록 한다. 기저귀를 섬유유연제를 사용하지 않고 여러 번 잘 헹군 후 햇볕에 잘 말린 것을 사용한다.

③ 대소변을 본 뒤에는 반드시 젖은 수건으로 깨끗이 닦아준다.

④ 염증이 있으면 가려워 손으로 만지기 쉬우므로 손톱을 깎아 덧나지 않게 해준다.

자주 토한다

장의 기능이 미숙한 아기는 먹은 것을 소화시키지 못하고 잘 토한다. 하지만 토하는 것만 가지고 병으로 보긴 어렵다. 아기가 잘 토한다면 얼마나 자주 토하는지, 다른 증세는 없는지, 아기의 기분은 괜찮은지 주의 깊게 살펴서 대처하는 것이 중요하다.

증세가 심해 병원에 가야할 때, 토사물의 내용을 알아두면 의사의 진단에 도움이 된다.

장이 미숙한 신생아일수록 곧잘 토한다

신생아들은 특히 식욕 조절이 안 돼서 젖이 목까지 꽉 차도록 먹는 수가 있는데, 이렇게 배부르게 먹었을 때나 젖을 먹은 후 바로 뉘었을 때 줄줄 젖을 토하는 일이 많다. 이것을 '역류'라고 하는데 병적인 구토와는 다르다. 이런 경우는 토해도 특별히 괴로워하거나 영양실조나 탈수증에 걸릴 염려가 없다.

간혹 젖을 먹고 난 후 조금 있다가 트림을 하면서 토하는 수도 있다. 아기는 흘러 넘치기 쉬운 병 모양의 위를 가지고 있어 트림을 하다가 먹은 젖까지 올리는 것이다. 이는 젖을 먹으면서 공기를 함께 마셔 기포가 위를 자극하기 때문이다.

아기들은 보통 하루 2~3회 가량 역류나 트림으로 인해 구토를 하는데 염려하지 않아도 된다. 젖은 먹은 지 한참 지나 하얀 덩어리처럼 응고된 젖을 토하는 경우도 크게 걱정할 필요는 없다.

구토 증상이 생후 3개월 정도까지 습관적으로 계속되기도 하지만 토해도 생기가 있고 잘 놀며 체중도 순조롭게 늘고 있다면 일시적으로 나타나는 생리적 구토이므로 걱정하지 않아도 된다. 이런 습관성 구토는 3개월이 지날 무렵에는 자연히 가라앉는 경우가 대부분이다.

구토 증상을 덜하게 하려면 젖을 반드시 앉은 상태에서 먹이고, 먹인 뒤에는 곧바로 눕히지 말고 트림을 시켜주는 것이 좋다

이유기 이후의 구토는 신경성일 가능성이 높다

젖을 떼고 이유기를 마친 아이가 토하는 것은 장 기능 때문이라기보다는 다른 이유일 경우가 많다.

간혹 신경이 예민한 어린아이들은 신경성 구토를 일으키기도 한다. 예를 들어 싫어하는 음식을 억지로 먹일 때 먹은 것을 그대로 토하거나, 심지어 먹지도 않았는데 토하는 경우도 있다. 때로는 울다가 성질을 못 이겨 토하는 경우도 있는데 특별한 병은 아니다.

또한 기침과 함께 토하거나 목에 염증이 있으면 목이 자극을 받아 토하는 일도 있다. 이 경우 구토 그 자체는 걱정하지 않아도 되며 원인이 되는 질병을 치료하면 대개 낫는다.

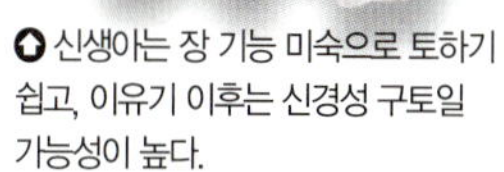
자주 토하는 것은 건강의 위험신호일 수 있다

잘 토한다는 것은 경우에 따라서는 위험한 병을 알리는 신호일 수도 있으므로 방심은 금물. 아기의 상태를 주의 깊게 살피는 것이 중요하다. 특히 유문협착증이나 장중첩증, 뇌막염, 뇌종양 등은 구토를 동반하는 병이므로 주의가 필요하다. 또한 머리를 세게 다친 뒤의 구토는 뇌 속의 출혈이 있었기 때문인지도 모르므로 서둘러 의사에게 보이도록 한다. 다음과 같은 증상을 보이면 의사에게 진찰을 받아본다.

▶ 토사물에 혈액이나 황녹색을 띤 담즙이 섞여 있다.

▶ 안색이 창백하며 축 늘어져서 생기가 없다.

▶ 잘 먹으려 하지 않는다.

▶ 먹을 때마다 토하며 체중이 늘지 않는다.

▶ 구토와 함께 설사가 심하다.

▶ 배가 아픈 듯 괴로워하며 몹시 운다.

신생아는 장 기능 미숙으로 토하기 쉽고, 이유기 이후는 신경성 구토일 가능성이 높다.

Baby clinic

아기가 토할 때 엄마가 해야 할 일

젖을 먹인 뒤에는 트림을 시킨다

젖먹이는 젖과 함께 공기를 들이마셔 조금만 움직여도 토하는 수가 있으므로 젖을 먹인 뒤에는 반드시 트림을 시키도록 한다. 트림을 시킬 때는 아기의 몸을 세워 어깨에 걸치듯이 안거나 무릎에 엎어놓고 등을 문질러 준다.

수분을 충분히 보충시킨다

먹은 것을 다 토하면 탈수가 되기 쉬운데 이때는 보리차 등을 먹이는 것이 좋다. 토하면 염분을 빼앗기게 되므로 묽은 된장국 등을 숟가락으로 조금씩 떠 먹이도록 한다. 더운 음식보다는 차가운 음식을 먹이면 덜 토한다.

얼굴을 돌려 눕히고 입안을 닦아준다

토한 것이 기도로 들어가지 않도록 얼굴을 옆으로 돌려 눕힌다. 또 입안에 토한 찌꺼기가 남아 있으면 그 냄새 때문에 다시 토하므로 거즈로 입안을 깨끗이 닦아준다. 토한 내용물을 관찰해서 기록해 두면 진료를 받을 때 도움이 된다.

안색이 나쁘다

아기들이 항상 혈색이 좋은 분홍빛을 하고 있는 것은 아니다. 얼굴빛이 창백한 아기도 있고 피부색이 검어 안색이 나빠 보이는 아이도 있다. 안색이 좋지 않더라도 건강이 좋고 잘 먹으며 체중도 순조롭게 늘어난다면 걱정할 필요는 없다.

 ### 얼굴이 창백하고 생기가 없다

아기가 기운이 없고 힘들어하거나 입술, 손톱 등이 보라색을 띠고 있을 경우, 혹은 울면 새파래지는 경우 등은 빈혈이나 심장병, 결핵 등의 병을 의심할 수 있다. 이때는 빨리 의사에게 보인다.

미숙아로 태어난 아기라면 빈혈 때문에 얼굴이 창백해지는 것일 수 있다. 미숙아로 태어난 아기는 2~3개월경이나 6개월이 지날 즈음 심한 빈혈상태가 되므로 주의가 필요하다.

건강한 아기가 갑자기 안색이 나빠지면서 기운을 잃거나 토하고 열이 있으면 약물을 잘 못 먹었거나 폐렴 같은 급성질환에 걸렸을지도 모르므로 빨리 병원에 데리고 간다.

 ### 얼굴이 노랗다

모유를 먹는 아기라면 모유성 황달이 가장 흔하다. 모유성 황달은 1개월 정도 계속되다 없어지므로 걱정할 필요는 없다. 그러나 다른 원인일 수도 있으므로 얼굴이 노랗게 변하는 증세가 나타나면 3일 정도 모유를 주지 말고 우유를 먹여서 확인한다. 우유를 먹여서 없어지면 모유성 황달이다. 이때는 모유를 일시적으로 먹이지 말고 우유를 먹이는데 그 동안은 젖을 짜줘야 젖이 마르지 않는다.

그러나 피부가 노랗다고 모두 황달은 아니다. 진짜 황달이면 눈의 흰자위 부분이 노래진다. 얼굴이나 몸은 아무렇지 않은데 손바닥이나 발바닥이 노래지는 아기는 귤이나 오렌지 등 감귤류를 많이 먹어서 나타나는 일시적인 현상이므로 걱정하지 않아도 된다.

 ### 아기 안색이 나쁠 때 엄마가 해야 할 일

▶ 안색의 변화와 함께 기운은 있는지, 잘 먹는지 등 다른 증세를 살핀다.

▶ 황달인 것 같으면 눈을 보고 흰자위가 노란색인지 확인한다.

▶ 열이 있나 체온을 잰다. 열이 없으면서 빈혈인 경우에는 의사에게 보인다. 전에 수혈을 받은 적이 있다면 혈청간염일 수도 있다.

▶ 대소변을 살펴 평소와 같은지 본다. 아기의 대변이 새하얄 때는 선천성 담도폐쇄증이 우려되므로 병원에 가봐야 한다. 열이 나면서 소변의 색이 짙은 노란색일 때, 열이 나며 얼마 지나고 나서부터 황달이 되는 경우에는 급성 간염일 수 있으므로 마찬가지로 빨리 병원에 데리고 간다.

○ 피부가 노랗다고 모두 황달은 아니다. 눈의 흰자위 부분이 노래지는 것이 진짜 황달이다.

안색이 좋지 않을 때의 조치법

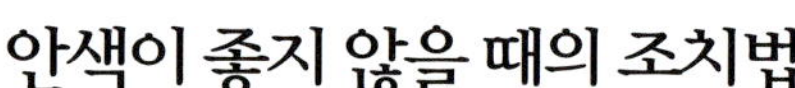

아기의 상태	조치
★ 안색이 나쁘고 기운이 없으며 입술 · 손톱이 보라색을 띤다	★ 병원에 가서 검사를 받는다
★ 갑자기 기운이 빠져 축 늘어지고 안색이 나쁘다	★ 곧 병원에 데리고 간다
★ 울었을 때 얼굴이 새파래진다	★ 일단 검사를 받아본다
★ 열이 나고 얼마 지난 후 얼굴이 노래졌다. 소변의 노란색도 짙어졌다	★ 곧 병원에 간다
★ 태어난 후 2~3주가 지나도 황달이 계속 되고 하얀 대변을 본다	★ 빨리 의사에게 보인다

쟈주 콧물이 나고 코가 막힌다

아기들은 어른보다 콧구멍이 매우 좁은 데다 부비동간의 발달이 미숙해 곧잘 콧물을 흘리고 코가 막힌다. 게다가 아기의 코나 목의 점막은 매우 섬세해서 아침, 저녁으로 차가운 바람을 쐬거나 공기가 건조하면 콧물이 나거나 재채기를 잘 하게 된다.

 **열이 없으면 괜찮다**

콧물이 나고 재채기를 하다가도 낮에 기온이 따뜻해지면 대체로 증세가 가라앉고 별다른 이상이 없으면 괜찮다. 일시적으로 코나 목의 점막이 자극을 받아 생긴 증세다.

열도 없고 기침도 안 하며 단지 콧물만 흐를 때도 마찬가지다. 콧물, 코막힘은 흔한 감기의 초기증세다. 감기 초기라 해도 열도 없고 재채기와 콧물만 나는 정도의 코감기라면 몸을 따뜻하게 해주고 상태를 살펴본다.

아기들이 감기에 잘 걸리는 시기는 태어나서 3개월 정도까지로 이 시기는 아직 면역력이 낮아 바이러스에 의한 저항력도 낮기 때문이다. 따라서 이 시기에는 특히 주의한다.

엄마와 아빠는 밖에서 돌아오면 손을 잘 씻은 후에 아기를 안아주고, 사람이 많은 곳에 아기를 데리고 가지 않는 게 좋다.

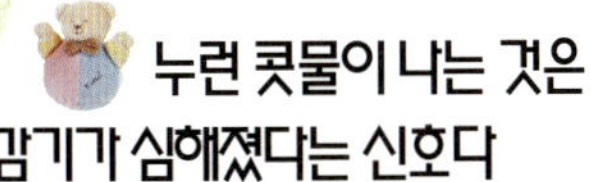 **누런 콧물이 나는 것은 감기가 심해졌다는 신호다**

온종일 콧물이 나거나 1주일 이상 멈추지 않을 때, 처음에는 투명하던 콧물이 노란색이 되어 끈기가 있고 코가 막혀 괴로워하면 병원에 데리고 간다.

이는 감기의 초기증세이거나 감기가 심해졌다는 신호다. 열이 나거나 대변이 묽어지면 상태를 살핀 후 소아과로 간다. 감기가 아닌데도 늘 누런 콧물이 나며 코가 막혀 있다면 콧병이 의심되므로 이비인후과로 간다. 아기에게는

드물지만 알레르기성 비염일 때도 재채기, 콧물, 코막힘이 나타난다.

따라서 다음과 같은 증세가 나타나면 병원에 데리고 가는 게 좋다.

★ 열이 있고 생기가 없이 축 늘어져 있다.
★ 누런 색의 콧물이 난다.
★ 눈물이 나거나 재채기를 하고 열이 난다.
★ 코가 막혀 잠을 잘 자지 못하고 때때로 눈을 뜨고 운다. 코가 늘 막혀 있어 입을 벌리고 숨을 쉰다.
★ 코를 심하게 골거나 갑자기 코를 곤다.
★ 숨을 쉬는 게 괴로워 보인다.
★ 우유나 젖을 먹기가 힘들고 기분이 좋지 않으며 심하게 보챈다.

 **코막힘을 없애는 방법**

① 면봉에 베이비오일을 묻혀 콧구멍에 5mm 정도 집어넣고 천천히 돌리면서 닦는다. 너무 깊숙이 넣거나 세게 문지르면 점막에 상처가 나므로 주의한다.

② 코딱지가 부드러워지면 스포이드로 천천히 빨아내도 좋다. 세게 빨아내면 귀가 찡해지므로 아기가 싫어한다.

③ 따뜻한 물에 적셔 꼭 짠 수건을 아기의 코에서 입에 걸쳐 대주면 코의 점막이 촉촉하게 젖어 코딱지를 빼내기가 쉬워진다.

④ 따끈한 수프나 데운 우유를 먹이면 일시적으로 코막힘이 가벼워진다. 더러워진 코밑을 깨끗이 해줄 때는 미지근한 물에 적신 거즈나 솜을 잘라 가볍게 짠 후 콧물을 살짝 닦아준다. 의사의 처방을 받은 후 흰색 바셀린이나 연고를 발라주면 거칠거칠해지거나 코밑이 갈라지는 것을 막을 수 있다.

콧물, 코막힘이 있을 때의 대처법

아기의 상태	대처법
★ 늘 줄줄 흐르는 투명한 콧물이 나오며 재채기를 하고 코막힘도 있다	★ 이비인후과나 소아과에 가서 진찰을 받는다
★ 노란색, 녹색을 띠는 콧물이 계속 나와 입으로 숨을 쉰다	★ 소아 축농증인지 모르므로 이비인후과에 간다
★ 봄, 여름, 가을이면 물 같은 콧물이 많고 눈이 충혈되고 재채기도 잦다	★ 꽃가루알레르기일 가능성이 높으므로 병원으로 가는 것이 좋다
★ 늘 코가 막혀 숨을 쉴 때마다 코를 씩씩거리며 입을 벌리고 숨을 쉰다. 코를 골며 잔다	★ 이비인후과에 가본다
★ 갑자기 코를 심하게 골고 입을 벌리고 숨을 쉰다. 진하고 끈적끈적한 콧물이 나고 코막힘이 심하다	★ 이물질이 우려되므로 이비인후과에 가본다

목이 붓거나 소리가 난다

아기의 목에서 그르렁그르렁 가래 끓는 소리가 나거나 목이 부은 듯하면 목에 병이 났는지를 살펴본다. 그렇다고 모두 병이 난 것은 아니다. 열이 있고 기운이 없어도 발진 등이 없으면 일단 안심해도 된다.

그르렁거리는 소리가 나면 기관지천식을 의심할 수 있다

아기의 목에서 그르렁거리는 소리가 나면 흔히 천식이 아닐까 걱정하는데 모두 천식은 아니다. 아기들 중에는 젖을 먹은 뒤에 그르렁거리는 아기도 있으므로 젖도 잘 먹고 체중이 제대로 늘고 있다면 괜찮다.

아침에 일어나 얼마동안 가래가 끓는 것처럼 그르렁거릴 때도 마찬가지다. 자고 있는 동안 분비물이 목에 걸려 있었던 것뿐이므로 걱정하지 않아도 된다.

그러나 아기의 목 부분에 손을 살짝 대보아 그르렁거리거나 태어날 때부터 그랬다면 후두천명이 의심된다. 대개 만 1세 정도가 되면 자연스럽게 낫는 병이므로 의사와 상의해 가며 상태를 살핀다.

아기가 알레르기 체질인지 상담이 필요하다

목을 그르렁거릴 때 걱정되는 것은 기관지천식이다. 기관지천식은 알레르기성 질환으로 가벼울 때는 간간이 기침을 하는 정도지만 조금 심하면 숨이 가쁘고 끈적끈적한 가래가 끓게 되고 목에서 그르렁거리는 소리가 난다.

천식일 때 감기, 독감, 폐렴 같은 전염병에 감염되면 천식발작을 일으켜 기침이 심해지면서 토하고 창백해지며 탈수상태가 된다. 또한 호흡이 빨라지고 숨이 가빠지면서 쌕쌕거리거나 그르렁거린다. 이때는 아기가 알레르기 체질이 아닌지 의사와 상담해서 지시에 따라 치료하는 동시에 몸을 단련시키는 게 좋다.

만약 열이 높고, 기침이 나며, 쌕쌕거리면서 숨쉬기가 힘들어 보인다면 급성 세기관지염일 수 있으므로 빨리 병원으로 데리고 간다.

잘 놀다가 갑자기 캑캑거리며 그르렁거리고 숨쉬기가 힘든 것 같을 때는 목에 무언가 걸려 있을지도 모르므로 역시 곧 병원을 찾는다.

임파선은 병원균의 침입을 막고 면역체를 만들어 낸다

임파선은 목 뒤나 귀 뒤, 턱 밑, 겨드랑이, 사타구니 등 몸의 여러 곳에 퍼져 있는 둥근 조직

기관지천식이 의심되는 경우

★ 감기에 걸리면 기침이 더 심해지고 자주 그르렁거린다

★ 열이 있고 안색이 나쁘며 괴로워한다

★ 기침을 하면서 숨이 가쁘다

★ 갑자기 캑캑거리며 숨쉬기가 힘들어 보인다

★ 얼굴이 창백해지고 발작을 일으킨다

으로 좁쌀만한 크기에서 콩알만한 것까지 다양하다. 몸에 침입한 병원균이 그 부위에서 더 이상 온몸으로 퍼지지 않게 막아주는 역할을 하며 면역체를 만들어내는 중요한 작용도 한다.

이 임파선이 부어서 손끝으로 만져보았을 때 약간 딱딱하면서 피부 밑에서 동글동글 움직이는 경우가 있다. 또 아무 병이 없는 아이라도 목의 임파선이 부어서 콩알만큼 커지고 피부 바로 밑에 불쑥 솟아서 눈으로 알아볼 수 있는 경우도 있다. 이때는 크게 염려하지 않아도 된다.

임파선이 붓고 열이 나면 풍진일 수 있다

얼굴이나 귀 뒤, 머리 부위에 습진이나 부스럼이 있을 때, 머리를 깎다가 상처를 입었을 때 그 부위의 임파선이 붓는 경우도 마찬가지다.

아파하지는 않으므로 상태를 며칠 지켜보다가 더 커지지 않으면 그대로 두어도 된다. 자연스럽게 없어지기도 하고 꽤 오랜 후에까지 남아 있기도 한다. 아기가 잘 놀고 식욕도 좋으며 평소와 다름없다면 작은 망울이 만져지더라도 별 걱정하지 않아도 된다는 이야기다.

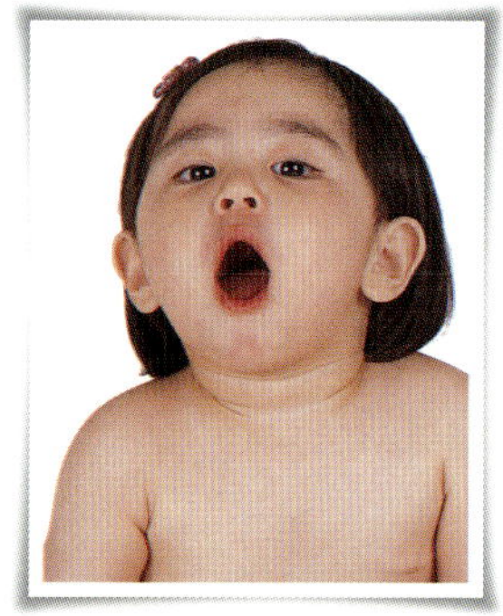

❶ 임파선에 작은 망울이 만져지더라도 아기가 잘 놀고 식욕도 좋으면 걱정하지 않아도 된다.

원인에 따라 임파선이 부어 꽤 커져도 만져서 아프지 않은 경우도 있고, 만지면 몹시 아픈 경우도 있다. 우선 턱 밑의 임파선이 갑자기 크게 부어올라 열이 나는 경우는 편도선염이나 인두염, 구강염 등을 일으킨 세균이 목에 있는 임파선으로 퍼졌을 때로 누르면 아파한다.

만약 임파선이 점점 부어 커다랗게 되고, 턱 밑 외에 겨드랑이, 사타구니 등의 임파선까지 부으며 아프지는 않지만 안색이 나쁘고 타박상을 입을 때처럼 피하출혈 같은 반점이 많이 생기면 악성 백혈병일 수도 있으므로 이런 증세가 나타나면 병원에서 검사를 받아보아야 한다.

또한 임파선이 붓고 열이 나면서 발진이 보이면 풍진이나 가와사키병일 가능성이 있으므로 병원에 가본다.

풍진이나 가와사키병이 의심되는 경우

★ 눌러도 아파하진 않지만 팥알만큼 커졌다

★ 누르면 아파하고 부은 부분에 열이 있다

★ 열이 있고 발진이 나타난다

★ 점점 커지며 온몸에 여러 개가 부어오른다

★ 안색이 나쁘며 기운이 없고 코피가 나기도 하며 피하출혈이 보인다

잘 먹지 않는다

엄마들은 아기가 잘 먹어야 건강하고 빨리 자란다고 생각하기에 잘 먹지 않으면 은근히 걱정스럽다. 그러나 대개의 경우는 그리 염려하지 않아도 된다. 어른도 식욕이 좋을 때가 있고, 그렇지 않을 때가 있는 것처럼 아기도 마찬가지이다. 아기가 먹지 않으려 할 때는 억지로 먹이지 말고 잘 살펴보는 게 좋다.

 안 먹는 이유를 찾아본다

아기들이 잘 먹지 않을 때는 그만한 이유가 있다. 생후 1개월 이내의 모유를 먹는 아기가 젖을 잘 먹지 못하면 엄마의 젖이 너무 팽팽하게 부풀어올라 젖꼭지를 물기가 힘들지 않은지 살펴본다. 이때는 젖을 먹이기 전에 조금 짜내고 먹기 쉽게 한 다음 젖을 물린다.

생후 2~4개월쯤 되면 어느 정도 식욕을 조절해 자기에게 맞는 양을 발견해내므로 이때 먹는 양이 조금 줄더라도 살이 오르고 기분이 좋다면 괜찮다.

또 이유식을 먹는 아기가 음식물을 혀로 쏙 밀어내 버리는 것은 조리형태나 맛이 익숙하지 않아 당황했거나 아직 혀를 잘 움직이지 못하는 탓이다. 그 외에 외출을 하거나 다른 곳에 놀러가는 등 환경이 바뀌어도 긴장하고 피곤해서 잘 먹지 않을 수 있다. 일시적인 현상이므로 걱정하지 않아도 된다.

 무리해서 먹이면 아기는 더 안 먹는다

아기가 잘 먹지 않는 원인 중에 가장 많은 것은 강제로 먹이는 것이다. 엄마가 억지로 더 먹이려고 할수록 아기는 점점 식욕을 잃어버리게 된다.

아기가 조금이라도 더 먹었으면 하는 엄마의 마음은 이해가 가지만 적어도 식사는 아기가 느긋한 마음으로 즐겁게 먹을 수 있도록 한다. 아기가 먹고 싶지 않은 것 같으면 억지로 계속 먹이지 말고 길어도 20분 정도가 지나면 그만두도록 한다. 4시간에 한 번 정도로 주는 게 좋으므로 잘 안 먹는다고 해서 횟수를 자주 늘릴 필요는 없다.

이유식을 먹일 때도 시간을 오래 끌면 다 먹지 않았더라도 적당한 시간이 되면 그냥 치우도록 한다. 잘 먹지 않아도 아기가 생기가 넘치고 잘 자라면 괜찮다.

약간 신경질적인 아기나 어린 아기들도 먹는 데 까다로운 편이므로 잘 놀고 생기가 있으면 걱정하지 않아도 된다.

단, 모유로 자라던 아기에게 우유를 주어보아 잘 먹지 않을 때는 지금까지 먹이던 제품과 다른 것으로 바꾸어 보거나 조금 빨리 이유식을 시작해 보는 것도 좋다.

아프면 잘 먹지 않는다

잘 먹지 않는다고 해서 무조건 걱정할 필요는 없지만 아무래도 아기가 아픈 듯할 때는 아기의 상태를 잘 살펴보는 게 좋다.

이제까지는 잘 먹던 아기가 갑자기 잘 먹으려 하지 않으면 우선 기분이 어떤지, 안색이 어떤지 살펴본다. 또 열은 없는지 체크해보고 혹시 설사를 하지 않았나 본다. 왠지 기운이 없고 칭얼대며 보채기만 한다면 어딘가 병이 난 것일 수 있다. 이처럼 마음에 걸리는 증세를 보이면 곧 병원으로 가본다.

❶ 잘 먹던 아기가 안 먹을 때는 병이 난 것일 수 있으므로 세심한 관찰이 필요하다.

걱정하지 않아도 되는 증세 vs 걱정되는 증세

걱정하지 않아도 되는 증세	의사의 진단이 필요한 걱정되는 증세
★ 놀 때는 잘 먹지 않다가 꾸벅꾸벅 졸면서도 잘 먹는다	★ 기운이 없고 야위어 간다
★ 음식은 잘 먹지 않으려 하지만 기분도 좋고 생기도 있다	★ 열이 있고 기침을 하거나 설사 등의 증세가 보인다
★ 신경질적이고 편식을 한다	★ 항상 기분이 나쁜 상태로 있다
★ 조금밖에 안 먹지만 잘 놀고 기운이 있다	

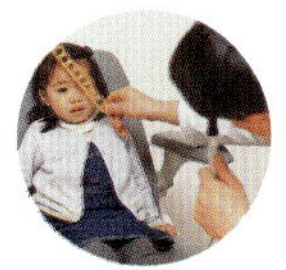

눈곱이 많이 낀다

아기 눈에 눈곱이 끼면 눈에 병이 난 것이거나 다른 병에 의해 눈곱이 끼는 두 가지 경우를 생각해 볼 수 있다.

 눈곱만 끼면 괜찮다

2~3개월 정도 된 아기의 눈에 눈곱이 끼는 것을 많이 볼 수 있다. 이것은 눈에서 코로 이어지는 눈물길이 막혔거나 너무 좁아서 남은 눈물이 코로 흘러 들어가야 하는데 잘 빠지지 못하고 세균이 붙어 눈곱이 되는 것이다.

결막염 증세는 없고 다만 눈물길만 막혔다면 대개는 자연스럽게 치료가 된다. 그러나 생후 9개월이 지나도록 자연적으로 뚫리지 않는 경우에는 수술을 해서 뚫어주어야 한다. 눈곱은 낄 때마다 물에 적신 소독솜이나 거즈로 부드럽게 닦아낸다.

 속눈썹이 안으로 자란 아이

아기 중에는 눈꺼풀 가장자리에 나는 속눈썹이 안쪽으로 자라는 '첩모난생'인 경우가 있다. 이때도 속눈썹이 각막을 자극하게 되므로 눈물을 흘리고 눈곱이 낀다.

생후 6개월까지의 아기에게서 많이 볼 수 있는 것으로 심하면 안과에 가는 것이 좋다. 그러나 아기의 속눈썹은 부드러워서 생각보다는 각막을 해치지 않으므로 뽑거나 자르지는 않는 것이 좋다. 자연히 치료되는 경우도 있다.

 유행성 결막염이 원인일 수 있다

만약 엄마나 다른 가족으로부터 옮은 유행성결막염일 원인일 때는 눈이 새빨개지며 눈물을 흘리고 눈부셔 한다. 이때는 곧 안과에 데리고 간다.

이외에 눈 주위의 습진이 원인이 되어 눈곱이 생기기도 한다. 또 열이 나고 발진까지 보인다면 가와사키병이나 홍역일 가능성도 있다. 이때는 반드시 병원에 가서 의사에게 보인다.

아기의 눈·시력에 대해 알아보는 

Q 아기 눈이 보이는지, 안 보이는지 어떻게 알 수 있나요?

A 엄마가 할 수 있는 체크요령으로는 아기의 안구가 살짝살짝 움직인다든가 3개월이 지났는데 눈앞에서 장난감을 움직여도 눈으로 쫓지 않거나, 불을 켜도 그 방향을 보지 않을 때는 시력에 이상이 있을 수 있으므로 의사에게 보이는 게 좋다.

Q 사시란 어떤 상태인가요?

A 아기가 사물을 바라볼 때 양쪽 눈의 시선이 하나로 합쳐지지 않는 경우다. 한 쪽 눈은 엄마 얼굴을 보고 있는데 다른 쪽 눈은 다른 곳을 보고 있는 상태로 여러 종류가 있다.

어느 한쪽 눈이 코쪽으로 향해 있는 것을 '내사시'라고 하는데 사시 중에 가장 많다. 이 상태는 시력의 발달에도 영향을 준다. 이외에 눈이 기울어지는 방향에 따라 외사시, 상하시 등이 있다.

내사시는 안경착용, 수술, 약물투여 등으로 교정할 수 있다. 그렇다고 무조건 수술로 교정해주는 것은 위험하다. 수술은 적어도 4세 이후에 하는 게 좋다.

Q 아기도 시력검사가 가능한가요?

A PL법이라고 하는 방법으로 그림이 그려져 있는 종이와 백지를 동시에 아기에게 보였을 때 그림이 그려져 있는 쪽을 보는 방법을 이용한 것이 있다. 이 방법으로 생후 2개월부터 검사가 가능하지만 어디까지나 대략적인 시력이다.

Q 아이에게 안대를 착용시켜도 되나요?

A 시력은 여러 가지 것을 보면서 발달해 가기 때문에 보는 것을 쉬면 시력의 발달도 멈춰버린다. 이런 이유로 6세 전에 안대를 착용할 때는 주의해야 한다. 사소한 병이나 상처에는 되도록 안대를 사용하지 않는 게 좋다.

Q 텔레비전을 보는 자세로 시력의 이상을 알 수 있나요?

A 텔레비전을 보면서 눈을 찌푸리거나 얼굴을 옆으로 기울이고 혹은 눈을 치켜뜨는 등 눈매가 부자연스러울 경우에는 의사에게 보이는 게 좋다. 또 그림책이나 텔레비전에 얼굴이 닿을 정도로 가까이에서 볼 때, 반대로 이런 것들은 이상하게 보기 싫어하고 금방 싫증을 느낄 때도 시력이상을 체크해봐야 한다.

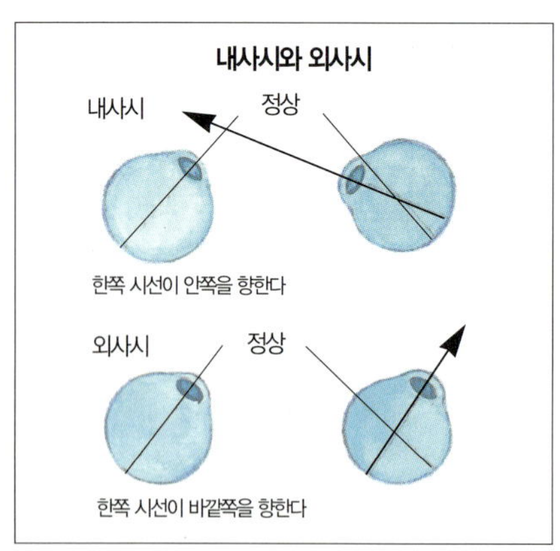

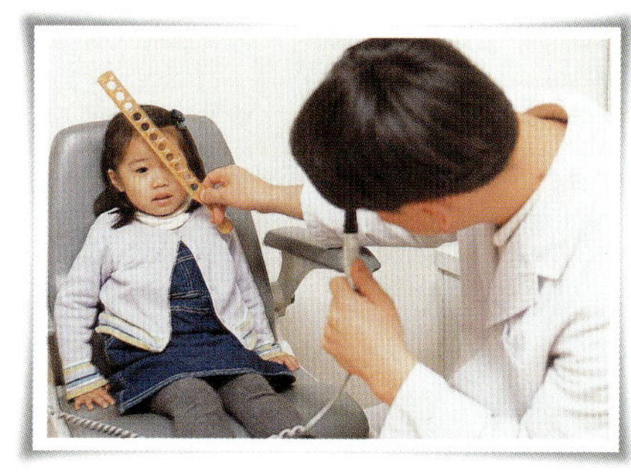
❖ 생후 2개월부터 시력검사가 가능하지만 이 시력은 대략적인 시력이다.

경련을 일으킨다

아기나 어린아이들은 갑자기 열이 오를 때 경련을 일으키기도 한다. 갑자기 의식이 없어져 눈의 흰자위를 보이고 호흡이 일시적으로 멈춰서 몸을 떤다면 엄마는 매우 당황하게 된다.

그러나 단순한 경련이라면 크게 걱정하지 않아도 된다. 다만 다른 병이 원인일 수가 있으므로 회복 후에는 반드시 의사에게 보이는 게 좋다.

 아기들은 갑자기 열이 오를 때 경련을 일으키기도 한다.

 단순한 열성경련이면 안심이다

아기가 편도선염이나 폐렴 등으로 고열이 나기 시작할 때, 열이 오른 끝에 의식이 없어지고 전신의 근육이 수축되거나 몸을 떠는 때가 있다. 이것은 열성 경련으로 아이들 경련의 95%를 차지한다. 경련이 2~3분 동안 일어나다 진정된 뒤에는 씻은 듯이 깨끗해진다.

또 이유기에서 3세 전후의 신경질적인 아이들에게는 분노경련(울어대는 경련)이 잘 일어난다. 화를 내거나 무서워하며 심하게 울 때 소리가 갑자기 그치고 호흡할 수 없게 되면서 얼굴에서 핏기가 사라지고 의식을 잃는다. 이렇게 몇 초간 경직상태가 됐다가 의식이 되돌아오는 것으로 일종의 소아 히스테리로 보면 된다.

분노경련은 좋아하는 것이나 장난감, 음식물 등을 억지로 빼앗거나 꾸짖을 때 등에 생기는 갈등과 분노가 그 원인이다. 뇌 자체에 이상은 없으므로 갈등을 잘 해소시키면 4~5세쯤에는 자연스럽게 발작이 치료된다. 단 빈번하게 발작이 일어나는 경우에는 의사에게 보인 후 가벼운 진정제나 정신안정제를 처방 받는 것이 좋다.

 점두간질은 지능발달을 저하시킨다

경련 중에는 치료가 필요한 병이 원인인 경우도 있으므로 주의해야 한다.

우선 생후 5~12개월 정도의 아기에게서 볼 수 있는 점두간질이 원인일 때다. 이 간질은 지능발달이 더디고 잘 낫지 않기 때문에 가능한 한 빨리 치료를 시작하는 게 좋다. 점두간질이 있으면 갑자기 머리를 앞쪽으로 덜컥 구부려 양팔을 앞쪽으로 올리려는 것 같은 동작을 보이고, 몇 초 만에 원래로 되돌아가는 발작을 하루에도 몇 번 반복하는 증세를 보인다.

간질은 출산이나 사고 등으로 받은 뇌의 이상, 뇌염, 뇌막염, 뇌종양 등이 원인이 되기도 하지만 대부분은 원인불명이고 일부는 유전적인 것도 있다. 보통 열도 없고 경련이나 의식불명이 되는 발작이 여러 번 일어나는 게 특징이다. 또한 갑자기 의식이 없어지고 몸을 경직시킨 후 코를 골며 자거나 근육을 벌벌 떠는 가벼운 발작 등으로 다양하다.

 무균성 수막염은 후유증과 합병증이 적다

뇌막염(수막염)이 원인인 간질도 빨리 병원에 가야 한다. 뇌척수를 덮고 있는 막에 바이러스나 세균이 감염돼 일어나는 염증이 바로 뇌막염이다. 바이러스 감염에 의한 무균성 수막염, 세균감염에 의한 세균성 수막염, 결핵성 수막염 등이 있다.

이중 무균성 수막염은 볼거리나 여름감기가 계속되면서 일어나는 경우가 많은데 38~39℃의 고열이 3~4일간 계속된다. 이와 함께 경련과 두통, 구토가 있으나 후유증, 합병증이 비교적 적은 가벼운 수막염이다.

세균성 수막염은 젖먹이 유아에게 많이 나타난다

세균성 수막염은 젖먹이 유아기에 많으며 경련과 구토, 39~40℃의 고열이 주된 증상으로 빨리 치료해야 한다. 가족 중에 결핵 환자가 있어서 결핵균이 혈관을 통해 뇌나 수막에 감염되는 결핵성 수막염은 발병 2주 이내에 치료하지 않으면 지능장애, 수두증, 뇌성마비 등 심한 후유증이 남는다. 그러므로 조기에 잘 치료해야 한다.

이외에 파상풍이 경련의 원인이 되기도 한다. 파상풍은 외상의 상처부위가 진흙이나 오염된 흙으로부터 더러워질 때 감염되기 쉽다. 1~2주의 잠복기에는 입을 열기 어렵게 되고 전신근육의 발작도 생긴다. 심한 병이므로 증세가 보이면 빨리 치료해야 한다.

파상풍을 예방하려면 파상풍 면역글로불린 주사를 미리 맞아둔다.

분노경련은 크게 걱정하지 않아도 되는 일종의 소아 히스테리로 볼 수 있다.

"우리 아이도 걸렸어요"

계절마다 아기나 어린아이들이 걸리기 쉬운 유행병들이 여러 가지 있다.
엄마는 이때 사람이 많은 곳에 가지 않도록 하고 제때 예방 접종을 미리 해두는 게 바람직하다.
그러나 일단 발병한 후에는 적절한 치료로 빨리 회복될 수 있도록 한다.

홍역

홍역바이러스가 주범이다. 침, 콧물과 함께 입이나 코로 침입하여 다른 사람에게 직접 전염되므로 미리 예방 접종을 받아두어야 한다.

나타나는 증세

갓난아기는 엄마에게서 홍역에 대한 면역체를 받아서 태어나므로 이 면역체가 없어지는 생후 5개월까지는 거의 안 걸리고 생후 6개월경부터 1~2세에 많이 걸린다. 9~12일 동안의 잠복기에는 아무 증상이 없다가 열이 먼저

○ 홍역은 감기 증상과 비슷하며, 생후 6개월에서 1~2세 아기들이 많이 걸린다.

나면서 재채기를 하고 곧 기침을 하게 된다. 이때는 보통 감기와 증상이 거의 비슷하지만 열이 점점 더 오르고 눈곱도 끼게 되는데 발병 3일 후면 입안에 독특한 증상이 나타난다.

즉 입을 벌리고 양쪽 아래 어금니와 맞대어 있는 볼의 안쪽 점막에 부드러운 모래알 정도의 흰 점이 몇 개에서 수십 개까지 다양하게 나타난다. 이 흰 점들은 하나 하나가 붉은 테두리로 둘러싸여 있다. 이 반점을 '코플릭 반점'이라고 하는데 홍역에서만 나타나는 증상이다.

이 반점이 나타난 지 12~24시간 후면 귀 뒤, 얼굴 등에 좁쌀 정도 크기의 붉은 꽃이 나타나기 시작해 차차 얼굴 전체와 목, 가슴, 배, 등, 사지 등 여기저기에 생긴다. 이렇게 늘어나면서 온몸에 번져 손발까지 퍼지고 2~3일 뒤에는 가까운 발진끼리 달라붙어 크고 작은 불규칙한 검은 반점이 생긴다. 그러나 반점 사이에는 반드시 건강한 피부면이 있는 것이 특징이다.

아기 돌보기

보온과 안정이 제일 중요하다. 몸이 식지 않을 정도로 옷이나 이불을 조절해주고 방안의 공기를 늘 신선하게 유지해 주도록 한다. 병이 심하면 아이가 일어나지 못하지만, 열이 내리기 시작하면 곧 일어나서 돌아다니려고 하기 쉽다. 그러나 너무 일찍 일어나서 돌아다니면 병의 회복이 더디고 몸도 몹시 쇠약해져 있어 합병증이 생길 수 있다.

그리고 고열이 나므로 항상 수분을 충분히 보충해 주어야 하며 삼키기 쉽고 소화에 좋은 고칼로리 음식을 준다. 열 때문에 땀이 많이 나므로 몸도 항상 청결하게 유지해 주되 목욕은 열이 내리고, 의사의 허락이 있을 때 시킨다.

회복되어 가는 증세로는 발병 7~10일만에 반점이 거무스레해지면서 얼룩을 남기고 사라지고, 열이 내리고 기침이 멎으며 식욕도 생긴다. 발진 뒤에 남은 얼룩은 1개월 정도 지나야 눈에 보이지 않을 정도로 희미해진다.

주의해야 할 합병증

만약 홍역꽃이 사라졌는데도 고열이 계속되거나, 열이 올랐다 내렸다 하면 합병증이 생기지 않는지 반드시 진찰해 보아야 한다. 중이염이나 기관지염, 폐렴, 결막염, 백일해, 결핵 등 합병증이 많기 때문이다. 특히 가장 무서운 것이 폐렴과 결핵이다.

예방접종은 만 1세가 된 아기에게 생백신을 주사한다. 이 백신은 한번 주사하면 그 후 3~4주일 동안 홍역에 대한 면역성이 생겨서 평생 홍역에 걸리지 않게 된다. 드물게 예방접종을 해도 홍역에 감염되는 경우도 있는데, 이때는 증상이 훨씬 가볍게 지나간다고 한다.

풍진

풍진바이러스에 의해서 일어나는 병으로 한 번 앓으면 평생 면역이 된다.

 나타나는 증세

봄과 여름에 유행하며 3~10세 때에 많이 걸린다. 잠복기는 2~3주로 긴 편이다.

처음에는 열이 나면서 발진이 나는데 얼굴, 목부터 시작해서 하루만 지나면 전신에 퍼진다. 모양은 홍역 발진과 비슷하지만 그보다 빛이 연하고 수도 적으며 발진이 서로 엉기는 일이 없어서 1개마다 독립된 발진의 경계선이 명확하다. 귀 뒤와 목덜미에 콩알보다 더 크게 임파선이 붓는 것도 특징 중 하나다.

약 2일이 지나면 발진이 누그러지고 나중에 색소침착도 없어진다. 열은 약 3일이 지나면 내린다.

 아기 돌보기

특별한 치료법이 없고 의사의 치료를 받은 후 조용히 안정을 시키면 대개 4~5일 후면 낫는다. 가려워할 때는 처방 받은 약을 쓰도록 한다. 단, 풍진은 유치원이나 학교에서 전염되는 일이 많으므로 풍진 증상이 나타나면 아이를 쉬게 한다. 목욕은 발진이 사라진 뒤 1~2일 후에 시킨다.

수두

수두 바이러스에 감염되어 발병한다. 기침, 재채기 외에 환자와의 접촉에 의해서도 전염된다. 전염되는 시기는 발병하기 며칠 전부터 발진이 물집으로 되는 동안으로 이미 딱지가 생긴 후에는 옮지 않는다. 특히 물집 속에는 바이러스가 있으므로 만지면 전염되기 쉽다.

 나타나는 증세

잠복기간은 2~3주 정도. 열은 나지 않지만 나더라도 37~38℃ 정도이고 갑자기 빨간 발진이 생긴 것을 발견하는 경우가 많다. 발진은 처음에는 좁쌀만한 것이 등, 가슴, 배 등에 산발적으로 생기는데 점차 얼굴, 손, 발, 입 안, 머리, 피부 등 전신에 퍼진다. 남자아이는 성기에까지 생긴다.

머리의 피부에까지 발진이 생기는 것이 수두의 특징으로 발진의 크기나 수가 다 다르다. 발진이 24시간 정도 지나면 하나씩 물집이 되어서 처음에는 투명했던 것이 고름이 든 것처럼 하얗고 탁하게 된다. 2~3일 후면 건조하고 검은 딱지가 되고, 1주 후면 생겼던 발진이 모두 딱지가 되는데 이것이 떨어지려면 2주정도 걸린다.

딱지가 떨어진 후에도 한 동안은 색소가 빠진 것처럼 흔적이 남지만 시간이 흐르면 사라진다.

⊕ 수두에 감염되면 좁쌀만한 발진이 등과 가슴, 배에 산발적으로 나타난다.

 아기 돌보기

열이 날 때에는 먼저 옷을 벗기고 몸을 시원하게 해준다. 그래도 열이 떨어지지 않으면 해열제를 사용한다. 그러나 수두에 고열이 나는 경우는 별로 없다.

수두의 발진은 가렵기 때문에 아기가 자꾸 긁게 되는데, 긁으면 균이 들어가서 감염되고 흉터가 남는 게 문제다. 그러므로 가려워하면 처방된 연고를 발라주어야 화농을 방지하고 가려움도 덜어준다. 아기가 긁을 경우를 대비해 손톱을 짧게 깎고 청결하게 해준다.

음식은 목에 발진이 생겨 잘못 먹는 만큼 삼키기 쉬운 것을 먹인다. 열이 떨어지면 가볍게 샤워하는 정도는 괜찮지만 딱지가 떨어질 때까지 목욕은 삼간다. 옷은 얇게 입히되 속옷을 자주 갈아 입히고 아이의 옷을 따로 분리해서 잘 세탁해야 한다.

유행성 이하선염

뭄프바이러스에 의해서 전염된다. 초기에 가장 전염력이 강하며 바이러스가 들어가는 곳은 입, 코 등으로 역시 한 번 앓으면 평생 면역이 생긴다.

 나타나는 증세

잠복기는 17~21일. 가벼운 열이 나지만 때로는 39~40℃의 고열이 나기도 한다. 대개 양쪽 또는 한 쪽의 귀밑에 있는 이하선이 부으면서 양쪽 귀 아래가 달걀만큼씩 부으며 통증이 심하다.

따라서 식사를 전혀 하지 못하는 수도 있다. 한 쪽만 부었을 때는 4~6일, 양쪽이 다 부은 경우는 10일정도 지나야 부은 것이 깨끗이 없어진다.

 아기 돌보기

특효약은 없고 부은 이하선에 세균이 붙어 화농되는 것을 막기 위해 항생제를 복용해야 한다. 부어 아픈 부분에는 냉습포를 해주고 부종이 완전히 가라앉을 때까지는 다른

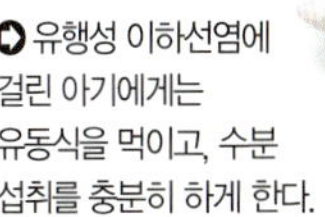

⊕ 유행성 이하선염에 걸린 아기에게는 유동식을 먹이고, 수분 섭취를 충분히 하게 한다.

사람에게 전염되므로 외출을 삼가야 한다. 외출이나 유아원은 열이 내리고 부기가 가라앉은 다음에 간다.

부종이 심하면 딱딱한 것을 먹을 수 없으므로 식사는 유동식을 먹이는 것이 좋다. 수분도 충분히 준다. 신 음식을 먹으면 통증이 심해지기 쉬우므로 주의한다.

돌발성 발진

'HHV6'이라는 허피스균의 바이러스 감염에 의한 것이다.

 나타나는 증세

생후 6개월~1세 정도 아기에게 많이 발생한다. 갑자기 39℃ 전후의 고열이 3~4일 동안 계속되면서 짜증을 내고 밤에 울거나 잠을 못 자며 식욕도 없고 설사를 하기도 한다. 그러나 열에 비해 감기 증상인 재채기나 콧물, 기침 등이 적은 것이 특징이다.

그러나 발병 후 3~4일이 지나면 갑자기 열은 내려가는 동시에 전신에 붉고 자잘한 발진이 생긴다. 열이 내려가면 발진이 생겨도 아기는 기운이 나고 식욕도 생긴다. 발진도 2~3일이 경과하면 사라지고 색소침착도 남지 않으므로 큰 걱정은 없다.

 아기 돌보기

열을 내리고 합병증을 막기 위해서는 의사의 처방을 받아 해열제, 항생제를 사용하고, 설사를 하면 설사약을 쓴다. 그러나 돌발성 발진은 열이 있는 동안은 확실한 진단을 내릴 수 없어 열이 내려가고 발진이 생길 때까지는 감기나 편도선염으로 알고 치료를 하게 되는 경우가 많다. 그렇다 해도 치료방법은 크게 걱정하지 않아도 된다.

치료하는 동안 아이를 집에서 푹 쉬게 하고

 돌발성 발진에 감염되었을 때는 아이가 푹 쉴 수 있게 배려하고, 수분공급도 충분히 한다.

목에 염증이 있으므로 푸딩이나 죽같이 부드러운 것을 먹인다. 설사를 하면 이유식은 삼가고 우유만 주며, 수분공급도 충분히 해준다.

백일해

환자의 가래 속에 들어 있는 백일해균이 대화나 기침, 재채기 등으로 인한 타액에 의해 전염된다. 한 번 앓고 나면 평생 면역이 생기지만 얼마 동안은 감기만 걸려도 기침이 심해서 백일해와 비슷한 기침을 한다. 그러나 기침이 나올 뿐, 백일해는 아니다.

 나타나는 증세

'백일 기침' 또는 '당나귀 기침'이라고도 하는 백일해는 출생 직후부터 걸릴 뿐만 아니라 어리면 어릴수록 잘 걸리고 심하게 야윈다.

1~2주의 잠복기간이 지나 기침이 시작된다. 처음에는 기침 감기와 같으나 다른 점은 열이 아주 없거나 있더라도 미열 정도이며, 기침이 나날이 심해지는데도 불구하고 몸의 상태는 비교적 좋으며, 낮에는 기침이 적고 밤과 새벽에는 심하다는 점이다.

이 시기가 1~2주일 지나면 누구든지 알 수 있는 특유의 기침이 나타난다. 특히 기침을 시작하면 계속해서 쉴 새 없이 하므로 숨을 쉴 수가 없어서 얼굴이 빨갛게 되고, 심하면 창백해지고 잠깐 실신하기도 있다. 이런 기침 발작을 하루에도 몇 번씩 되풀이한다.

이런 증상이 또 3~6주일 계속되다가 기침의 횟수가 줄고 없어지면서 차차 회복되나, 그렇게 회복되어도 6개월에서 오래가면 1년 동안은 감기에 걸리기만 해도 기침발작 상태가 된다.

 아기 돌보기

백일해를 치료하는 데는 시간이 걸린다는 것을 미리 알아두고 무엇보다도 기침의 발작을 줄이기 위해서 항상 실내의 습도를 40℃ 이상 유지하는 게 좋다.

또 오랫동안 기침을 하면 체력소모가 심하므로 영양가 높은 식사를 하도록 신경 써준다. 형제에게 옮기지 않도록 방을 따로 쓰고 두터운 옷을 입혀도 기침을 하기 쉬우므로 주의한다. 합병증으로는 폐렴이 가장 많다.

성홍열

편도선이 화농균의 하나인 용혈성 연쇄상구균에 감염돼 일어난다. 주로 비말감염이다.

나타나는 증세

3세부터 초등학생 시기에 흔한 병으로 2세 전후의 아기에게도 생기므로 주의한다. 잠복기는 2~5일 정도로 빠르면 감염된 지 이틀만에 증세가 나타난다. 처음 증세가 나타난 후 열이 내리면서부터 온몸의 발진이 사라질 때까지는 전염성이 강한 시기다.

갑자기 39℃ 정도의 고열이 나서 음식을 삼키기 어려워지며 울거나 보채는 게 처음 나타나는 증세다. 목이 새빨갛게 부어오르고 편도선에 염증을 일으키며 좁쌀크기의 하얀 발진이 돋기도 한다.

그러다 1~2일이 지나면 자잘한 선홍색의 발진이 생겨 온몸으로 퍼지는데 입 주위만 발진이 안 생기므로 그곳만 창백해 보인다. 또 혀에는 하얀 이끼 같은 것이 생기다가 마침내 빨개져서 좁쌀 크기의 발진이 되고 입

속 전체에 빨간 발진이 생겨 음식을 먹기 어려워진다.

 아기 돌보기

법정 전염병이므로 입원치료가 원칙이지만 처음에 열과 목의 통증을 호소할 때 빨리 치료를 하면 입원하지 않고도 잘 낫는다. 식사는 유동식 위주로 하되 영양가가 높은 수프나 죽을 주고 수분도 충분히 공급해준다.

처음 증세가 발생한지 5~7일이면 열이 내리고, 그로부터 2~3일이 지나면 온몸의 발진도 사라지기 시작한다.

그러나 합병증을 일으키기 쉬우므로 증세가 사라지더라도 의사가 괜찮다고 할 때까지는 약을 잘 복용하고 안정해야 한다. 도중에 치료를 그만두는 것은 금물이며, 다 나은 뒤에도 소변이나 심장, 신장, 류머티스 등의 검사로 합병증 유무를 확인하도록 한다.

수족구병

입을 통해 콕사키바이러스에 감염될 때 생긴다.

 나타나는 증세

5세 이하의 어린이에게서 볼 수 있는 여름감기의 하나다. 이름 그대로 손바닥과 발바닥, 입 속에 작은 수포가 있는 발진이 생기나 합병증 걱정이 없는 가벼운 병이다. 그러나 발진이 물집이 되어 있는 동안은 전염되므로 주의가 필요하다.

잠복기는 3~5일. 처음에는 열이 나지 않는 경우가 많고 나더라도 38~39℃ 정도로 1~3일이면 내린다. 또 뺨 안쪽의 점막과 혀, 잇몸, 입술 등에 빨간 좁쌀알갱이 같은 게 많이 생긴다.

이 빨간 발진은 점차 물집으로 바뀌었다가 터져 궤양이 되고, 손바닥과 발바닥, 무릎, 엉덩이 등에도 쌀 알갱이 크기의 수포성 발진이 생긴다.

 아기 돌보기

1주일이면 낫게 되므로 크게 걱정하지 않아도 좋다. 수포와 궤양 때문에 입 속이 아프고 식욕이 떨어지므로 우유나 식사는 미지근하게 데워주고, 딱딱하고 매운 것, 신 것을 피해서 입에 부드럽게 닿는 것 위주로 준다.

열이 없더라도 목욕은 수포가 사라지고 난 뒤에 하는 게 좋다. 수포 속에 바이러스가 있기 때문이다.

발병 후 1주일이면 발진 자국도 다 사라진다.

 헤르판지나

수족구병과 마찬가지로 콕사키바이러스의 감염으로 발생한다.

 나타나는 증세

봄에서 여름에 유행하는 감기로 잠복기는 3~5일이지만 전염되는 것은 발진이 생기기 전후 4~5일로 알려져 있다.

갑자기 39℃ 전후의 고열이 1~3일 계속되면서 목이 아프고 목젖에 수포가 많이 생기는 게 초기 증세로 침도 많이 흘린다. 수포가 생긴지 2~3일 지나면 터져서 질척질척한 궤양이 되면서 아프다.

 아기 돌보기

열은 발병 2~4일이면 내

리고 궤양도 1주일이면 치료되므로 크게 걱정하지 않아도 된다. 단, 바이러스는 목에서는 1~2주일, 변에서는 몇 주 계속 배출될 수 있다.

목을 자극하지 않는 음식을 주고 헤르판지나에 걸린 아이의 옷은 다른 가족들과 따로 세탁하도록 한다. 목욕은 수포가 사라진 뒤에 시킨다.

 전염성 홍반

눈과 입을 통해 파르보바이러스에 감염되는 것이 원인이 된다.

 나타나는 증세

2세 이하의 아기에게 발병하는 일은 거의 없고 봄에서 여름에 유행한다. 붉은 반점 때문에 '사과병'이라고도 하고 '피프스병'(제5병)이라고도 한다.

처음에는 열이 없는 경우가 많고 있더라도

❶ 전염성 홍반은 2세 이하 아기들에게 많이 나타나며 봄에서 여름으로 넘어가는 환절기에 많다.

38℃ 이하로 1~2일이면 내린다. 또 양 볼에 약간 부풀어오른 좌우대칭의 빨간 발진이 번져 마치 사과 같은 뺨이 된다.

그러다 1~2일 지나면 팔이나 넓적다리에도 빨간 발진이 생기며 지도 또는 뺨을 맞은 것같은 모양으로 번진다. 뺨이나 양다리의 발진이 달아오르거나 가렵고 아프기도 한다.

아기 돌보기

보통 뺨의 발진이 생긴지 1~2주일이면 발진이 없어지고 붉은 기도 사라진다. 특별한 치료법은 없고 외출을 삼가고 집에서 충분히 쉬게 해준다. 유아원도 쉬는 게 좋으며, 목욕은 다 나은 뒤에 시키도록 한다.

단 회복되어 갈 때 햇볕을 쬐거나, 목욕을 시키거나, 찬바람을 쐬면 다시 발진의 색이 짙어지므로 재발에 주의한다.

풀열

여름감기의 하나로 아데노바이러스에 의해 감염되며 눈과 입으로 침입한다.

나타나는 증세

한여름에서 초가을에 주로 어린아이나 초등학생에게 많이 생긴다.

처음에는 나른해 보이며 감기에 걸린 것 같은 증세가 나타난다. 눈이 충혈되거나 눈에 눈

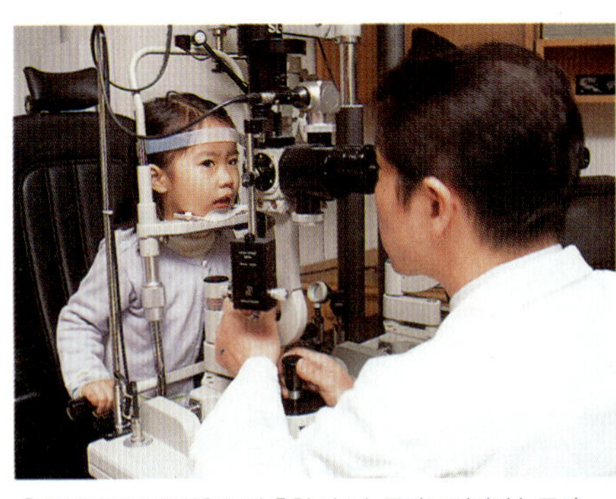

❖ 풀열의 주요 증상은 눈이 충혈 되고 눈물이 고이면서 눈곱이 끼는 것이다.

물이 고이며 눈곱도 낀다.

점차 38~40℃ 가까운 열이 3~4일이나 1주일이나 지속된다. 목에 빨갛게 염증이 생기고 통증이 있으며 식욕도 떨어진다. 콧물, 코막힘, 눈곱은 더 심해진다.

아기 돌보기

초기 증세가 나타날 때 빨리 의사에게 보이고 항생제나 해열제를 복용하도록 한다. 열이 내리고 감기증세가 없어지면 회복되어 간다는 신호. 목의 붉은 기도 없어지고 차츰 식욕도 살아난다.

풀열은 주로 실내수영장 등 사람이 많은 곳에서 옮아오는 경우가 많으므로 유행할 때에는 보내지 않는 게 좋다. 또 큰 아이가 감염되었다면 수건이나 장난감을 따로 구분해 동생에게 옮기지 않도록 주의한다.

Baby clinic

알레르기 체질 체크 리스트

다음의 아래 항목 중 많이 해당할수록 알레르기 체질이 의심되거나 앞으로 나타날 가능성이 높아진다고 보면 된다.

① 친비람, 친물, 친 음식에 약해 감기에 지주 걸리는 편이다. 일년 내내 감기가 떨어지지 않는다.
② 양쪽 아래 눈꺼풀이 푸르스름하다.
③ 별다른 병은 없는데 얼굴색이 창백하고 허약한 편이다.
④ 태열이 있었다.
⑤ 코가 잘 막히거나 재채기, 콧물이 자주 난다.
⑥ 눈이나 코를 잘 비빈다.
⑦ 혀가 지도모양으로 얼룩덜룩하다.

⑧ 감기 후에 기침을 몇 개월 계속한다.
⑨ 찬바람을 쏘이거나 하면 기침을 잘 한다.
⑩ 아이스크림 등 찬 음식을 먹으면 기침을 한다.
⑪ 편도선 등 목이 지주 붓는다.
⑫ 축농증이 있다.
⑬ 야뇨증이 있다.
⑭ 목 부위에 멍울이 만져진다.
⑮ 모세 기관지염을 앓았다.
⑯ 두드러기가 난 적이 있다.
⑰ 폐렴을 자주 앓았다.
⑱ 모기 등 벌레에 물려 퉁퉁 붓는 경우가 많다.
⑲ 손톱으로 피부를 긁으면 그대로 일어난다.
⑳ 입학하거나 새 학년이 시작되면 긴장하여 소변을 자주 본다.
㉑ 목 속이 자주 가렵다고 한다.
㉒ 자반증이 있었다.
㉓ 신경이 예민한 편이며 겁이 많다.
㉔ 속열이 많아 유난히 더워하며 찬물을 좋아한다. 이불을 걷어차고 자며 몸을 찬 바닥에 대고 자려 한다.
㉕ 자면서 식은땀을 많이 흘리거나 낮에 조금만 움직여도 땀이 많이 난다.
㉖ 부모 중 한 사람이 장이 허약하여 설사나 변비가 잦다.
㉗ 피부가 너무 건조하여 비듬 같은 것이 잘 생긴다.

아이가 알레르기일 때 지켜야 할 일

① 수면, 기상 등 일상생활의 리듬을 지킨다.
② 먼지 등의 원인 물질을 최대한 줄이며 가급적 피한다.
③ 저항력을 키우기 위해 운동(수영, 체조)이나 냉수마찰, 건포마찰 등을 해주고 필요하다면 적절한 약물치료를 한다.
④ 과잉보호는 피하고 독립적이고 적극적인 성격으로 키운다.
⑤ 과식하지 않도록 한다.
⑥ 되도록 감기에 걸리지 않도록 하고 걸리게 되면 즉시 치료한다.
⑦ 좋아하는 노래를 부르거나 악기 연주 등을 하게 해 정서를 안정시켜 준다.
⑧ 애완동물은 실내에서 키우지 않는다.
⑨ 피로하거나 과로하지 않고 충분한 수면을 취하도록 한다.
⑩ 아이스크림 등 청량음료를 피하고 몸을 차게 해서는 안 된다.
⑪ 카펫을 치우고 진공 청소기를 사용해 집안을 늘 청결하게 한다.
⑫ 알레르기 질환을 더욱 심하게 하거나 유발시키는 음식을 피하면서 여러 가지 음식을 골고루 섭취하게 한다.

아이가 다쳤어요

아기가 사고를 당했을 때 엄마는 매우 당황하게 된다. 그러다 간단한 응급처치를 하면 될 상황에서도
대처를 못해 더 심각한 상태가 되는 경우가 흔하다. 아기가 갑자기 다치더라도 엄마는 절대 당황하지 말고
침착하게 응급처치를 한 후에 증세가 심하면 빨리 병원으로 가도록 한다.

머리를 다쳤다

아기는 넘어질 때 손을 짚으면 머리를 다치지 않는다는 것을 아직 모르므로 넘어지면 대개 머리를 부딪치게 된다. 머리는 중요한 신체 부위이므로 아기가 다치지 않도록 주의가 필요하다.

 **먼저 확인해야 할 일**

아기가 떨어지거나 뭔가에 부딪쳐서 울면 엄마는 당황하기 쉽다. 그러나 침착하게 우선 아래의 상태를 살펴본다. 그 결과 아기가 많이 아파하면 치료를 하거나 병원으로 데려간다.

① 머리에 패인 곳이 있는가, 출혈이 심하며 상처가 깊이 남아있지는 않은가, 혹처럼 말랑말랑하게 부어오른 곳이 없는가.

② 토하거나 토하려 하는가, 2~4일 후에 토하지 않았는가.

③ 멍하며 눈빛이 흐리고 안색이 창백한가, 졸려 하며 이상하게 잠만 자지 않는가.

④ 우는 소리에 힘이 없는가, 울지도 않고 움직이지도 않는 상태가 오래 가는가.

⑤ 몸에 경련을 일으키고 있지 않은가, 열이 높아지지 않았는가.

⑥ 한쪽 팔·다리의 힘이 약한가.

 **안심해도 좋은 경우**

아기가 떨어졌을 때는 얼마나 높은 곳에서 떨어졌는가, 어느 곳에 떨어졌는가가 중요하다. 떨어진 곳이 이불이나 카펫 위 등이고 그리 높지 않은 곳이라면 우선 크게 걱정하지 않

아도 된다.

침대나 유모차에서 굴러 떨어지거나 뒤뚱거리며 걷다가 가구에 부딪치는 정도라면 대개 뇌에는 큰 영향이 없다. 또 계단에서 굴러 떨어지는 경우 도중에 2~3번 구르게 되므로 부딪치는 힘이 약해져 뇌를 크게 다치지는 않는 경우가 많다.

머리를 다친 다음 큰소리로 울지만 별다른 증세가 없고 우유나 모유, 간식 등을 주면 울음을 그치고 진정되는 듯하면 안심해도 좋다. 머리에 긁힌 상처나 혹이 생겼더라도 크게 걱정하지 않아도 좋다.

그러나 증세가 나중에 나타나는 수도 있으므로 2~3일은 아기의 상태를 세심하게 살펴보는 게 좋다. 다행히 아기가 심하게 다친 상태가 아닌 듯하면 머리는 차게, 다리는 따뜻하게 해서 조용히 누워서 안정하도록 한다.

 **심하지 않을 때의 처치**

① 긁힌 상처가 있고 피가 나면 소독용 거즈로 상처를 눌러 지혈하고 소독약을 바른다.

② 혹이 났으면 냉수로 식혀주고 얼마동안

○ 아기는 넘어지거나 부딪칠 때 머리부터 넘어지는 경향이 있어 머리를 다치기 쉽다.

얼음 베개를 베고 조용히 누워지내도록 한다.

③ 사고가 난 날은 목욕을 시키지 말고 집안에서 조용히 놀게 하며 가능한 한 몸을 움직이지 않게 한다.

④ 2~3일 동안은 아기의 상태변화에 주의한다. 때때로 밤에도 아기의 의식이 어떤지, 별다른 증세가 없는지 잘 살펴본다.

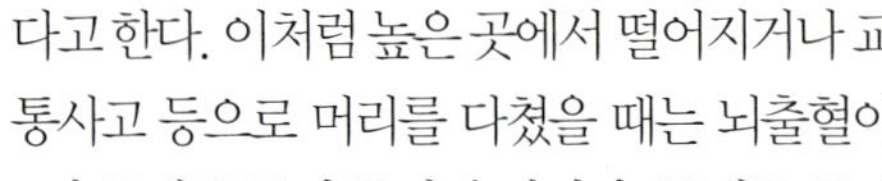

◐ 머리를 다친 아기가 큰 소리로 운다거나, 달랬을 때 울음을 그친다면 큰 문제는 없다.

 **빨리 병원으로 가야 하는 경우**

요즘 아파트에 사는 사람이 늘면서 베란다에서 떨어져 사고를 당하는 아기들이 늘어났다고 한다. 이처럼 높은 곳에서 떨어지거나 교통사고 등으로 머리를 다쳤을 때는 뇌출혈이나 두개골 골절 등이 우려된다. 두개골 골절이 생기면 뇌진탕이 함께 생기기도 한다.

따라서 아기가 머리를 다친 뒤 울지도 움직이지도 않는 경우나 멍해져서 이름을 불러도 반응이 둔한 경우에는 일단 빨리 병원에 가야 한다. 또는 토하거나 토하려 하고, 얼굴을 찡그리며 울고 보채는 경우, 안색이 창백한 채로 좀처럼 회복이 안 되고, 졸려 하며 잠만 자려 하면서 식욕이 없는 경우에도 뇌를 다쳤을지 모르므로 역시 바로 병원에 가는 게 좋다.

심하게 다치면 우선 귀나 코에서 피가 나오며 부딪친 부분이 푹 패이고 몸을 벌벌 떨기도 하며 열이 높아진다. 또 이런 심한 증세가 사고가 난 당일에는 나타나지 않다가 다음날 증세를 보이는 수도 있으므로 그 날 밤에는 아기의 상태를 잘 살펴보면서 이름을 불러보아 의식이 있는지 확인해본다. 열이 높으면 얼음 베개로 열을 식혀주고 안정을 시킨다.

이때 병원에 가기 전에도 간단한 응급처치가 필요하다.

머리를 다쳤을 때의 응급처치

① 흔들거나 머리를 만지지 말고 턱을 들어올려서 기도를 넓혀 숨쉬기 편하게 해주고, 얼굴을 옆으로 돌린 상태로 조용히 눕히고 구급차를 기다린다.
② 아기를 옆으로 안고 부딪친 부분을 차게 식혀 가면서 차를 탄다. 다리 쪽은 따뜻하게 감싸준다.
③ 열이 높으면 얼음 베개로 열을 식혀주고 안정을 시키는 게 좋다.

집안 곳곳에서 생길 수 있는 안전사고

아기는 아직 무엇이 위험한지 판단하지 못하기 때문에 갑작스런 사고가 생길 가능성이 매우 높다. 높은 곳에서 굴러 떨어지거나, 뜨거운 물주전자를 만져 데기도 하고, 물을 채워놓은 욕조에 빠지기도 한다.

아기에게 일어나는 이런 여러 가지 사고는 엄마의 부주의로 일어나는 것이 대부분. 그런 만큼 엄마는 위험으로부터 아기를 보호하는 안전대책을 세우고 만일의 경우를 대비해 집에 비상약과 구급용품을 준비해 놓는 지혜가 필요하다.

가슴이나 배를 부딪쳤다

아기가 기어다니거나 뒤뚱거리며 걸어다니기 시작하면 집안 곳곳의 가구나 장식품 등 단단한 물체에 부딪치는 일이 흔해진다. 그러나 탁자 모서리 같은 곳에 가슴이나 배를 부딪치게 되면 단순한 외상뿐 아니라 내장에 손상을 입을 수도 있으므로 주의가 필요하다.

 **먼저 확인해야 할 일**

아기를 만지면 아파서 울거나 가볍게만 눌러도 심하게 울어대는 곳은 없는지 본다. 또 출혈이 심한 상처가 있는지, 토하려 하거나 토하는지, 식욕이 없는지, 대변에 검은 것이 섞여 있는지 등도 살펴 본다. 호흡이 괴로워 보이고 안색이 창백해져도 뭔가 이상이 있는 것이다.

 **안심해도 좋은 경우**

아기는 큰 사고가 아니더라도 부딪친 충격으로 크게 운다. 그러니 심하게 울더라도 우선 달래면서 간식이나 우유를 주어 진정되는 것 같으면 괜찮다.

가슴이나 배 등을 만져서 아파하는 부분이 없고 출혈이나 상처가 없으면 일단 안심해도 되지만 얼마동안은 아기의 상태에 변화가 있는지 잘 살펴보도록 한다. 토하려 하지 않는지, 졸려 하거나 숨쉬기가 괴롭지는 않은지, 안색이 창백해지거나 검은 색의 대변을 누지는 않는지 등을 본다.

만약 가벼운 외상이거나 출혈이 있더라도 곧 지혈이 되었다면 얼마동안 상태를 보고 나서 어딘가 이상하다고 느껴지면 병원에 데리고 간다. 가기 전에 아기의 옷을 벗기고 몸을 꼼꼼히 잘 살펴본 후에 병원에 가서 자세히 이야기해 주면 진단에 도움이 된다.

 **가벼운 상처일 때의 처치**

가벼운 상처에서 피가 나면 우선 거즈나 깨끗한 수건으로 눌러서 지혈시켜 소독약을 먼저 바른 후 다음과 같이 한다.

① 소독약을 바른 부위에 거즈를 대고 반창고로 고정시킨다.
② 옷을 벗기고 멍이 든 곳이나 부어있는 곳이 없는지 잘 살핀다.
③ 식욕이 없는지, 토하려 하지는 않는지, 기분이 어떤지 등을 계속 본다. 밤에도 상태에 변화가 있는지 주의한다.
④ 대변에 검은 것이 섞여 있지 않은지 체크한다. 당일은 물론 3~4일 동안 본다. 그리고 다친 날은 목욕을 시키지 않는 게 좋고, 밖에 나가지 말고 집안에서 조용히 쉬게 한다. 몸을 움직이는 놀이도 못하게 한다.

 **빨리 병원으로 가야 하는 경우**

가슴이나 배를 심하게 부딪쳤을 때 걱정되는 것은 겉으로는 보이지 않는 내장의 손상이다. 아주 세게 부딪치거나 그렇지 않더라도 걱정스러우면 일단 병원에 데리고 가는 게 좋다.

아기가 사고 후 울음을 그치고 생기를 찾은 것 같다가도 다시 식욕이 없고 나른해 보이며 몸을 안 움직이려 하면 상태를 주의해서 보아야 한다. 밤중에도 유난히 보채고 잠을 못 자면 바로 외과에 데리고 간다.

특히 다친 곳을 만지면 심하게 울거나 기운이 없고 얼굴이 창백한 경우, 얼굴을 찡그리거나 몸을 비틀며 계속 울 때, 얼마 있다가 토하거나 검은 대변을 보며 먹지 않을 때는 얼른 진찰을 받는다.

병원에 가기 전에도 적절한 응급처치를 해주는 게 좋다. 우선 아기의 얼굴을 옆으로 돌리고 조용히 눕힌 후 병원에 전화해서 증세를 자세히 말한 뒤 지시에 따른다. 이때 머리를 옆으로 돌려 토한 것이 기도를 막지 않도록 주의한다.

만약 증세가 심해 보이면 빨리 구급차를 부르고, 차에 탈 때는 옷을 느슨하게 풀어놓고 가볍게 옆으로 안고 탄다. 정확한 상태를 알기 전이므로 마실 것을 주거나 음식을 먹이지 않도록 한다.

Baby clinic   **피부 연고 사용하는 방법**

아이가 아플 때 엄마가 약을 어떻게 쓰느냐에 따라 회복 속도가 빨라질 수도 있고, 느려질 수도 있다.

피부에 약을 바를 때
병원에서 약을 받으면 하루에 몇 번 정도 바르면 좋은지 반드시 묻는다. 피부약은 반드시 여러 번 바르는 것이 효과적이다.

반창고를 붙일 때
습진이나 상처 위에 1회용 반창고 등을 붙인 채 오래 두면 안이 젖거나 더렵혀져서 치료가 늦어진다. 되도록 붙이지 않는 것이 좋고, 붙여야 할 때는 자주 갈아준다.

크림을 바를 때
연고와 크림은 다르다. 젖은 상태에서 크림계의 약을 바르면 오히려 자극이 되어 악화시키므로 질척거리는 상처나 습진에는 크림계 약은 금물이다. 바셀인 연고가 자극이 없어 좋다.

화상을 입었다

혼자 움직이기 시작한 아기에게 흔한 사고 중 하나가 바로 화상으로 항상 주의해야 한다. 아기의 화상은 보기보다 심한 경우가 많으므로 잘못 치료하거나 치료가 늦으면 악화될 수 있다. 특히 뜨거운 국물이나 물 등 액체에 데었을 때 더 심한 화상이 되기 쉽다.

 먼저 확인해야 할 일

아기가 데면 엄마는 우선 아기의 상태가 어떤지 살펴봐야 한다. 우선 화상의 크기가 어른 손바닥보다 큰가, 피부가 하얗게 변하거나 피부가 벗겨지고 뭉그러졌는가, 물집이 생겼는가, 얼굴이나 손·발·외음부 등을 데었는가, 통증이 심해서 심하게 우는가 등을 본다.

 화상의 정도를 체크한다

화상은 덴 부위의 깊이에 따라 1, 2, 3노로 구분되며, 덴 정도에 따라 증세도 다르고 치료도 달라진다.

1도 화상은 피부가 빨갛게 되어 얼얼하게 아프고 부으며, 물집은 생기지 않는 정도. 피부가 빨갛게 되고 타는 듯한 통증으로 심하게 울며 상처가 붓고 물집이 생기면 2도로, 피부 속 깊은 곳까지 염증이 생기는 상태다.

그리고 3도는 피부가 하얗게 타서 피부 속 깊은 곳까지 화상을 입은 정도를 말한다. 피하 신경이 타버려서 오히려 통증은 못 느끼지만

중증이다.

따라서 1도 화상은 집에서 치료해도 좋지만, 2, 3도라면 덴 곳을 차게 식혀주면서 빨리 병원으로 가야 안전하다.

 빨리 병원으로 가야 하는 경우

화상은 치료를 잘못하면 곪거나 고열에 시달리게 되고, 흉터가 남는 만큼 다음과 같은 때는 얼른 병원에 가야 한다. 일단 덴 면적이 좁고 조금 빨개져서 얼얼하기만 하다면 괜찮지만, 어른 손바닥보다 넓으면 집에서 응급처치를 한 뒤 외과나 피부과로 가서 진찰을 받는다. 또 덴 면적은 작더라도 물집이 잡혔거나 피부가 벗겨지고 쭈글쭈글 쪼그라든 상태거나 피부가 하얗게 변했다면 빨리 병원으로 간다.

옷을 입은 채로 뜨거운 물을 뒤집어쓰거나 뜨거운 욕조에 떨어졌을 때, 얼굴이나 발목보다 아래의 화상, 손을 데었을 때도 마찬가지다.

 병원에 가기 직전까지의 처치

무엇에 데었든 화상을 입으면 먼저 상처 부위의 열을 식혀야 한다. '병원에 가니까' 하고 그냥 두면 더 심해질 수도 있으므로 병원에 가는 동안이나 구급차를 기다리는 동안에도 계속 열을 식혀줘야 한다. 식히는 방법은 부위별로 약간 다르다.

① 얼굴이나 머리를 데었다면 샤워기를 틀어놓고 식혀주거나, 얼음물에 적신 찬 수건이나 얼음주머니로 식힌다.

② 손발을 데었으면 수돗물을 틀어놓은 채 20~30분 동안 계속 식히거나 세면기, 양동이, 아기 욕조 등에 얼음물을 채워 손이나 발을 담근다.

③ 온몸에 화상을 입었으면 우선 구급차를 빨리 부르고 기다리는 동안에 물을 틀어 옷을 입힌 채로 욕조나 아기욕조에 넣고 식힌다.

④ 눈이나 귀, 코 주변의 화상에는 얼음 베개나 얼음주머니, 찬 물수건으로 식히면 된다.

옷을 입은 채로 화상을 입어 벗기기가 힘들면 억지로 벗기지 말고 가위로 잘라내는 편이 안전하다. 증세가 심하면 옷을 입힌 채로 목욕수건 등으로 감싸서 병원으로 간다. 또 간장, 된장 등을 바르는 민간요법은 삼가는 게 좋고 물집을 터뜨리지 않고 소독약을 바른 후 거즈를 대고 붕대를 감아주도록 한다.

물에 빠졌다

아기에게는 욕조나 세면기의 얕은 물도 위험하다. 아기가 물에 빠져 머리까지 물 속에 들어갔다면 물이 기관지나 폐까지 들어가 기도를 막으므로 질식하는 경우도 있다.

먼저 확인해야 할 일

아기를 물에서 건져냈을 때 큰소리로 운다면 일단 걱정 없지만 그렇지 않으면 응급처치를 하면서 빨리 병원에 가야 한다. 운다는 것은 숨을 쉰다는 신호다.

따라서 아기를 건져내고 나서는 건져낼 때 큰 소리로 울었는가, 숨을 쉬고 있는가, 심장은 뛰고 있는가 등 아기의 상태가 어떤지 꼼꼼히 본다. 의식이 멍해져서 반응이 둔하지 않고 확실한가, 배가 부풀어있는가, 안색이 창백하고 축 늘어져 있지는 않은가 등도 살핀다.

빨리 병원으로 가야 하는 경우

아기를 건졌을 때 큰 소리로 울면 숨을 쉬는 것이므로 괜찮다. 그래도 혹시 물을 많이 마셨을 수도 있으므로 물을 토하는 응급처치를 한 후 병원에 가보는 게 안전하다.

그러나 울지 않고 심장이 뛰지 않으면 서둘러 구급차를 부르고 기다리는 동안 인공호흡

◐ 물에 빠진 아기를 건졌을 때 큰 소리로 울면 숨을 쉬는 것이므로 안심해도 된다.

과 심장맛사지를 해서 숨을 쉬게 해야 한다. 숨을 쉬고 나면 물을 토하게 하고 젖은 옷을 벗기고 담요 등으로 감싸준다. 이런 응급처치는 혼자 하기 힘든 만큼 이웃에게 빨리 도움을 청한다.

차에 탈 때는 머리와 상체를 몸보다 낮게 하고 옆으로 눕혀서 기도에 괸 물이 흘러나오게 한다. 호흡과 심장박동이 되돌아오지 않았다면 차안에서도 계속 인공호흡과 심장 맛사지를 해줘야한다.

인공호흡과 심장 맛사지 요령

우선 아기를 똑바로 눕히고 얼굴을 옆으로 돌려 입 속을 깨끗이 한다. 그다음 턱을 조금 들어 머리를 젖혀서 기도를 넓히고 혀가 목구멍을 막지 않게 주의하며 숨을 불어넣는다.

인공호흡

젖먹이 아기 – 아기의 코와 입을 어른에 입에 함께 넣고 숨을 불어넣는다. 1분 동안 30회 정도(2초에 1회씩) 한다.

어린 아기 – 코를 잡고 입 속에 충분히 숨을 불어넣는다. 가슴이 부풀어오르면 입을 떼고 숨을 내쉬기를 기다렸다가 다시 숨을 불어넣는다. 1분에 20회 정도(3초에 1회씩) 스스로 숨을 쉴 때까지 한다.

심장 맛사지

심장이 뛰지 않는다고 포기해서는 안 된다. 심장 주위를 규칙적으로 힘을 주어 맛사지 하면 다시 숨을 쉴 수도 있기 때문이다. 우선 아기를 위로 향하게 하고 똑바로 눕힌다. 바닥은 딱딱한 것일수록 좋다.

젖먹이 아기 – 가슴 한 가운데서 늑골 밑의 가운데를 둘째와 셋째 손가락으로 힘을 넣어 꾹 누른다. 누른 부분이 3cm 정도 들어가는 세기로 1

분에 100~200회 정도 계속 해준다.

어린 아기 – 양손 또는 한 손으로 늑골 아래 가운데를 세게 누르고 힘을 뺀다. 1분에 80~100회의 속도로 반복하되 나이가 많을수록 천천히 한다. 때때로 심장이 뛰는지 확인하면서 계속한다. 3~4시간동안 맛사지를 해서 목숨을 건지는 경우도 있으므로 끈기 있게 한다.

물을 토하게 하는 방법

숨을 쉬지 않으면 인공호흡부터 하고, 숨을 쉬게 되면 물을 토하게 한다. 어른의 무릎이나 넓적다리 위에 엎드린 상태로 아기를 올려놓고 머리를 낮게 숙이게 한 후 등을 힘껏 누르거나 때려 위와 기도의 물을 쏟아내게 한다. 어린 아기면 엎드린 상태로 해서 배 밑에 팔을 넣고 들어올려 등을 톡톡 두드려 준다.

물에 빠졌을 때의 위험한 증세

▶ 물에서 건져냈을 때 울지 않는다.

▶ 맥박이 약하고 느리게 뛴다.

▶ 숨을 쉬지 않는다.

▶ 배가 이상하게 부풀어 있다.

▶ 심장이 뛰지 않는다.

▶ 의식이 몽롱하고 얼굴이 창백하다.

염좌·골절·탈구

아기의 팔을 심하게 잡아당기거나 손목만을 잡고 위로 들어올릴 때 아기의 팔이 늘어지는 사고도 많다. 이것은 관절 속의 뼈가 빠져 주위의 근육을 상하게 하는 경우로 '탈구' 라고 한다.

그런가 하면 장난을 치거나 운동을 하다가 손목이나 발목, 무릎, 팔꿈치 등을 삐는 '염좌' 도 흔하다. 이것은 관절을 정도 이상으로 움직여 무리하기 때문에 생긴다.

다치는 부위에 따라 증세가 다르다

팔꿈치나 어깨의 탈구일 때는 통증은 비교적 심하지 않지만 아기가 놀라서 울게 된다. 또 팔이 아래로 축 늘어진 채 올라가지 않고 관절이 부어오르며 모양이 변한다. 이때는 부목을 내고 고정시킨 후 얼음주머니나 찬 물수건으로 식혀주면서 정형외과로 간다.

만약 무릎과 관절을 삐었다면 아기는 통증이 심해 몹시 운다. 너무 아파 움직이려 하지 않고 관절 부위가 푸르스름해지면서 부어오른다.

이런 증세가 나타나면 베개나 쿠션 등을 삔 곳에 받쳐 다른 부위보다 높게 하고 얼음주머니나 찬물로 냉찜질해 부기와 통증을 가라앉히면서 병원에 가는 게 좋다. 그냥 단순히 삐었을 때는 탄력붕대를 감아 보호하면 대개 2~3주면 낫는다.

빨리 병원으로 가야 하는 경우

아이가 울면서 손가락을 마음대로 움직이지 못하면 손가락이 탈구된 경우다. 이때도 부어오르고 심하면 모양이 변하고 출혈이 있을 수도 있다. 증세가 가벼우면 찜질약을 바르고 냉찜질을 해주면 된다

그러나 심하게 다친 경우에는 골절이 됐을

수 있으므로 서둘러 병원에 가야 한다. 치료가 늦거나 잘못되면 더 심각하므로 병원에서 완전한 치료를 받는다.

아기에게 골절이 많은 부위는 팔과 다리, 손가락, 늑골, 쇄골, 두개골 등이다.

병원에 가기 직전까지의 처치

아기가 뼈를 다쳤을 때 삔 건지, 탈구인지, 골절인지 엄마가 육안으로 구별하기 어렵다.

이때는 우선 아기의 상태를 잘 살펴본다.

탈구가 되면 뼈의 모양이 변하므로 반대쪽 뼈와 비교해보면 대개 알 수 있고, 탈구된 관절은 움직여지지 않으며 아프고 붓는다. 그러나 팔꿈치의 탈구와 비슷한 증상을 보이지만 근육이 어긋나서 팔을 못쓰는 경우도 있다. 이때는 부기는 거의 없지만 일단 어긋나면 습관성이 되기 쉽다.

삐었을 때는 몹시 아파 아이가 심하게 울고 관절 부위가 푸르스름하게 부어오른다. 특히 발을 삐었을 때는 얼른 신발을 벗기지 않으면 부어 올라서 벗길 수 없을 정도가 되므로 빨리 병원에 가는 게 좋다. 어떤 경우든 다친 곳을 주무르거나 바로잡으려 움직이지 말고 부목을 대어 고정시켜 병원으로 가야 한다.

골절이 됐을 때의 응급처치와 부목 대는 방법

골절된 부위에 외상이나 출혈이 있으면 흐르는 물에 더러움을 씻어낸 후 소독약을 바르고 거즈나 붕대로 가볍게 감싼다. 출혈이 심하다면 출혈이 있는 곳 주변에서 심장에 가까운 곳을 붕대로 힘껏 동여매 지혈을 해준다.

그런 다음 주변에서 구할 수 있는 것으로 부목을 만들어 골절부위에 대고 고정시켜 빨리 병원으로 간다. 상처 부위를 주무르거나 움직여서는 안 된다.

부목을 대는 방법

부목은 응급 시에 쉽게 구할 수 있는 자, 나무젓가락, 볼펜, 연필, 도마, 우산, 방석 등 어느 것이라도 좋다.

무릎관절 – 억지로 똑바로 펴려 하지 말고 구부러진 모양에 맞추어 부목을 대고 붕대를 감아 고정시킨다.
무릎 아래 – 발목과 무릎관절에 걸쳐지도록 부목을 대고 붕대로 고정한다.

팔꿈치에서 팔뚝 – 팔 안쪽에 부목을 대고 붕대를 감아 고정시킨 다음 삼각붕대나 긴 붕대를 목에 걸고 부목을 댄 팔을 끼운다.
팔꿈치에서 손목까지 – 손목부터 팔꿈치 관절까지 부목을 대고 붕대를 감아 고정시킨 다음 늘어뜨린 삼각붕대에 팔을 끼워 받쳐지도록 한다.
손가락 – 나무젓가락을 부목으로 삼아 붕대로 고정시킨다.

이물질을 먹거나 마셨다

판단능력이 없는 아기들은 단추나 장난감 등을 삼키거나 샴푸, 로션, 세제 등을 마시기도 한다. 아기가 먹거나 마셔서는 안 되는 이런 것들은 엄마가 평소에 신경을 써서 손에 닿지 않는 곳에 치워두는 게 좋고, 만일의 경우에는 적당한 조치를 취한 후 병원에 데리고 가도록 한다.

 **먼저 확인해야 할 일**

무언가를 가지고 잘 놀던 아기가 갑자기 기침을 하면서 캑캑거리면 아기 주변을 살펴서 무언가를 먹거나 마신 게 아닌지 확인해 본다. 숨이 가쁘고 쉰 목소

◑ 아기들은 판단능력이 없어 세제나 약, 단추 등을 먹거나 마실 수 있으므로 특별한 주의가 필요하다.

리를 내지는 않는가, 토하거나 토하려 하지 않는가, 의식이 몽롱해지는 않은가 아기의 상태도 잘 살핀다. 아기가 축 늘어져 있거나 경련을 일으키는지, 호흡이 약하고 안색이 보랏빛으로 변하는지도 살펴본다.

 **빨리 병원으로 가야 하는 경우**

아기의 행동을 보아 이물질을 먹거나 마신 것 같으면 서둘러 병원으로 가서 치료를 받는 게 안전하다. 마신 것이 무엇이냐에 따라 아기를 토하게 하면 회복되기도 하고, 삼킨 것이 무엇이고, 양이 얼마나 되는지, 독성이 있는지에 따라 다르다.

특히 아기가 의식이 멍하며 불러도 반응이 둔하거나 안색이 창백하고 축 늘어져 있을 때, 숨쉬기가 아주 힘들거나 경련을 일으킬 때, 토하게 해서는 안 되는 이물질을 삼켰을 때는 급히 구급차를 불러야 한다. 구급차로 가는 동안은 아기의 체온이 낮아지지 않도록 따뜻하게 감싸준다.

이때 주의할 것은 증세가 심할 때는 목에 손가락을 넣어 토하게 하려 애쓰거나 물, 우유 등을 마시게 해서는 안 된다. 병원에 갈 때 아기가 무엇을 언제 입에 어느 정도 넣었는지 자세히 적은 메모와 아기가 먹다 남은 것이 있으면 가지고 가면 도움이 된다.

만약 호흡곤란일 때는 기도를 넓혀 조금이라도 숨을 잘 쉬도록 해주고 인공호흡을 하면서 구급차를 기다린다.

Baby clinic

이물질을 먹거나 마셨을 때의 응급처치

증세가 심각하거나 독성이 있는 물질을 마신 게 확실하면 서둘러 병원으로 가야 하지만 심하지 않으면 우선 아기의 상태를 보면서 토하게 한다. 토하게 하려면 손가락으로 혀 안쪽을 세게 누르는 방법과 물이나 우유를 2~3컵 먹여 토하게 하는 방법이 있다.

목구멍에 이물질이 걸렸을 때 즉시 옆으로 눕히고 이물질이 더 들어가지 않게 주의하면서 핀셋이나 손가락을 넣어 꺼낸다. 손가락으로 혀 안쪽을 세게 누르면 토하게 되어 이물질도 함께 나온다.

그러나 잘못해서 더 들어가 기도를 막게 하는 수도 있으므로 자신이 없으면 즉시 병원으로 데려간다. 특히 호흡곤란이 심하면 시각을 다투는 경우이므로 10분 이내에 갈 수 있는 가까운 병원으로 간다.

목에 걸린 이물질 토하게 하는 방법
젖먹이 아기 – 배를 안고 들어올려서 머리를 밑으로 내리고 등을 치거나 두드린다.
어린아기 – 어른의 무릎 위에 엎드리게 하고 머리를 낮게 해서 등을 두드린다.
어린이 – 어른이 어린이의 등뒤에 서서 양손으로 명치를 세게 조이면서 들어올리고 몸을 앞으로 숙이게 하여 머리를 낮춘다.

물이나 우유로 토하게 하는 방법 우유는 위 속의 독성을 약하게 해 혈액에 흡수되는 양을 적게 한다. 따라서 이물질을 삼켰을 때는 코를 잡고 물이나 우유를 1컵 정도 먹여 토하게 한다.

30분 정도 지나면 점점 흡수되므로 토한 후에도 물을 먹여 2~3회 더 토하도록 한다. 그러나 우유를 먹여서는 안 되는 이물질이 있으므로 알아두도록 한다.

● **우유나 물로 토하게 해도 되는 것** – 비누, 빨래용 세제, 부엌용 세제, 섬유 유연제, 헤어린스, 샴푸, 화장수, 헤어토닉, 향수, 건조제, 담배 등
● **우유를 먹여서는 안 되는 것** – 나프탈렌, 간장 등 ⇒ 물을 먹여 토하게 한다.
● **우유나 물을 먹이되 토하게 하지 말 것** – 화장실용 탈취제, 표백제, 합성수지도료, 유성도료, 얼룩제거제, 청소용 세제 등
● **아무 것도 먹이지 말고 토하게 하지도 말 것** – 매니큐어, 시너, 등유, 벤젠, 화장실용 세제 구두약, 살충제, 배수펌프제, 알칼리 전지 등. 또 토하게 하면 식도나 기관을 다칠 수 있는 유리조각, 바늘, 금속조각 등도 토하게 하지 않는다.

다쳐서 피가 난다

아기가 베이거나 찔리는 등 다쳐서 피가 나면 엄마는 크게 놀라기 마련. 그러나 상처가 작고 얕으며 피가 조금 나면 크게 걱정하지 않아도 된다.

 ### 먼저 확인해야 할 일

피가 나는 상처가 있다면 상처의 크기와 깊이, 출혈의 양과 지속되는 정도가 어느 정도인지 잘 살피도록 한다. 또 상처가 우툴두툴하게 찢어진 건 아닌지, 몹시 뭉그러져 있는지, 유리조각이나 나무, 금속 등 날카로운 것에 찔린 것인지, 찔린 조각이 상처에 박혀있지는 않은지 등도 본다.

 ### 병원에 가기 직전까지의 처치

응급처치는 우선 흐르는 물이나 비눗물로 상처를 깨끗이 씻는 게 좋다. 모래나 흙이 묻어 있기도 하고 녹슨 못 등에 찔리면 녹이 남을 수가 있기 때문이다.

그런 다음 찔린 유리조각 등이 남아있으면 핀셋 등으로 빼내고 상처부위를 눌러 피를 짜낸 후 수돗물로 다시 씻긴다. 씻은 후에는 수건이나 소독거즈로 상처를 눌러 지혈하고 피가 멈추면 소독약을 바른다. 연고는 바르지않아도 좋다.

만약 가벼운 상처라면 붕대를 감거나 반창고를 붙이지 않는 쪽이 더 빨리 낫는다. 그러나 상처가 벌어져 있으면 상처를 꼭 맞추고 거즈를 댄 다음 반창고로 고정시켜 준다.

 ### 빨리 병원으로 가야 하는 경우

출혈이 좀처럼 멈추지 않거나 출혈은 적어도 상처가 크고 심할 때, 피부가 찢어진 듯이 우툴두툴하면 응급처치를 하면서 서둘러 병원으로 가서 치료받아야 한다.

상처가 작더라도 나무 조각이나 유리조각, 금속조각 등에 찔린 경우도 마찬가지다. 파상풍에 걸릴 수도 있으므로 그 날을 넘기지 말고 반드시 병원에 간다. 또 응급처치로 피가 멈춰 안심했더니 2~3일이 지나 곪는 경우도 빨리 병원치료가 필요하다.

개나 벌레에 물렸다

개나 고양이에게 다가갈 때는 반드시 어른이 안고 가고, 손이나 손가락을 내밀지 않도록 주의한다. 집에서 기르는 동물이라도 아기와 혼자 있게 두어서는안된다.

또 벌레나 진드기, 모기 등은 집안청소를 잘하고 방충제를 뿌려 생기지 않도록 한다.

 ### 먼저 확인해야 할 일

개나 고양이에게 가볍게 물린 것 같아도 동물의 입 속에는 세균이 많아 감염되어 곪는 수도 있으므로 무언가에 물렸을 때 다음과 같은 증상이 나타나면 반드시 의사에게 보인다.

① 출혈은 심하지 않으나 상처가 깊다.
② 개에 물린 뒤 1~3개월 정도 지나 토하려 하거나 기분이 좋지 않고 나른해 보인다.
③ 고양이가 할퀸 뒤 10~20일 정도 지나 겨드랑이나 사타구니의 임파선이 부어 올랐다.
④ 살모사 같은 독뱀에게 물리거나 독이 있는지 없는지 모르는 뱀이 물었다.
⑤ 큰 벌이나 벌떼에 쏘였다.
⑥ 물린 뒤 토할 듯하거나 머리가 아프고 창백해지며 기운이 없다.

 ### 병원에 가기 직전까지의 처치

개나 고양이 등에 물렸을 때는 흐르는 물에 상처를 비눗물로 깨끗이 씻어준다. 그런 다음에 소독약을 바르고 상처가 가볍더라도 그 날 안에 병원에 가본다.

아기 피부는 저항력이 약해서 모기나 빈대, 진드기, 독나방, 송충이 등 벌레에 물려도 증세가 심하다.  심하게 가려워서 칭얼대거나 식욕부진, 수면부족이 되기도 한다. 대개는 몇 시간에서 2일 정도면 가라앉지만 긁으면 감염돼 덧나므로 긁지 못하게 해야 한다. 물린 곳이 열도 없고 부기나 가려움증이 심하지 않고 잘 먹고 잘 자면 집에서 잘 씻고 소독한 다음 연고를 발라주면 된다.

그러나 송충이, 독나방 등에 물렸을 때는 피부과에 가는 게 안전하다. 벌에 물렸을 때는 핀셋으로 침을 뺀 다음 입으로 독을 빨아낸 후에 암모니아수를 발라준다. 그런 다음 얼음주머니로 부기와 통증을 가라앉히고 계속 가려우면 의사의 처방을 받도록 한다.

좋은 아빠

아기 키우기

좋은 아빠가 되는 12가지 노하우

1 아이와 함께 여행을 한다

아빠와 함께 하는 여행은 아이에게 좋은 추억을 남기고 단둘이 보내는 시간 동안 아이는 아빠에 대한 애착을 갖게 된다

2 아이를 칭찬해 주는 아빠가 되자

자녀의 단점보다는 장점을 보려고 노력하고 사소한 것이라도 아이가 잘 하면 적극적으로 칭찬을 해주자. 그래야 아이는 의욕이 생기며 긍정적이고 적극적인 성격이 형성될 수 있다.

3 아이와 함께 서점에 가보자

아빠와 아이가 함께 책을 고르는 것 자체가 교육이 된다. 좋은 책을 선물해서 읽게 한 다음에 함께 이야기를 나누는 것이 효과적이다.

4 아이가 가정의 따뜻함을 느끼게 하자

따뜻하고 평화로운 가정 분위기를 만들자. 권위적인 아빠보다는 적당한 권위와 자애로움으로 아이를 대하는 아빠가 되자.

5 아이의 학교에 가보자

한 학기에 한 번만이라도 자녀가 공부하는 교실을 찾아가 보자. 학교를 찾아가 아이가 공부하는 분위기도 느껴보고 담임 선생님과 자녀에 대한 대화를 나누는 등 자녀교육에 관심을 가져 보자.

6 아내와 아이에게 편지를 써 보자

좋은 아빠가 되려면 아내의 도움이 절대적이다. 가끔 아내에게는 감사의 편지를, 아이에게는 사랑의 편지를 써보자. 백 마디 말보다 한 줄의 글이 효과적일 때가 있다.

7 부모님의 고향을 아이와 함께 찾아보자

아이에게 할아버지, 할머니와 친해질 수 있는 기회를 만들어 주도록 하자. 효와 도덕은 우리 사회를 지켜준 아름다운 덕목이다.

8 아빠도 감정을 가진 인간임을 보여주자

아빠라는 책임감에 눌려 혼자서 힘들어하기보다는 가족과 함께 고민을 나누는 아빠가 되자. 가족들의 따뜻한 지지와 격려가 필요한 존재가 아빠다.

9 일주일에 한 번은 가족의 날로 정하자

일주일에 한 번은 가족과 저녁식사를 포함한 가족의 시간을 갖도록 하자. 가족이 정기적으로 함께 식사를 하면 가족 간에 이해와 가족애가 더욱 깊어지게 된다.

10 교통신호를 지키는 아빠가 되자

교통신호를 밥먹듯이 어기는 아빠, 불의와 타협하는 아빠의 모습은 보이지 말자. 조그마한 것이라도 원칙과 질서를 지켜보자. 마음만 먹으면 가장 쉽게 할 수 있는 일이다.

11 아이가 자라는 데 조력자로서의 역할에 충실하자

가능하면 간섭하지 말자. 작은 결정이라도 스스로 결정하게 해 보고 믿어주자. 그리고 그들이 성장해 나가는 데 도움을 주는 조력자로서의 역할에 충실하자

12 약속을 지키는 아빠가 되자

가족과의 약속, 사회와의 약속, 자신과의 약속 등 우리는 약속 속에서 살고 있다. 특히 아이들과의 약속은 어떻게 해서든 지키도록 하자.

좋은 아빠 되기 기본 자세

좋은 아빠가 되자고 마음 먹기는 쉬워도 실천하기는 어렵다.
좋은 아빠가 되기 위해서는 언제나 따뜻한 마음, 사랑의 감정
으로 아이에게 다가가고, 시간을 투자하고 아이를 위해 헌신하
고 아빠로서의 책임을 다하려는 마음과 자세가 필요하다. 과연
좋은 아빠란 어떤 아빠이며 좋은 아빠가 되기 위해서는 어떻게
해야 하는지 구체적인 방법을 알아본다.

아이와 유대가 좋은 아빠들이 아이와 관계가 단절된 아빠들에 비해 삶에서 더 큰
행복을 느끼고, 신체적으로도 더 건강하며, 우울증에 걸릴 확률도 적다고 한다.
아이들과의 적극적인 관계는 직업적인 성공에 기여한다는 조사 결과도 있다.
좋은 아빠가 된다는 것은 남성에게 있어서 사회적인 성공 이상의 가치가 있다는
것을 의미한다.

좋은 아빠가 되기 위한 기본 자세

좋은 장난감, 좋은 선물을 사 주는 것이 아빠의 역할은 아니다. 눈 맞춤, 말 한마디,
칭찬 한마디가 아이를 행복하게 한다. 이렇게 좋은 아빠가 되기 위해서
어떠한 노력을 해야 하는지 또한 아빠는 어떠한 자세로 아이들을 대해야 하는지 알아본다.

아내에게 협조적인 태도를 갖는다

아빠는 아기의 성장에 엄마 못지 않은 중요한 존재이기 때문에 아기 키우기의 주체가 되어야 한다.

특히, 신생아를 둔 가정의 아빠는 모든 아기 키우기 활동에 참여하자. 아기 키우는 일이 낯설기는 엄마 또한 마찬가지이기 때문에 함께 배워가려는 자세가 중요하다. 처음이라 낯설고 어렵겠지만 적어도 이 시기에 아기 돌보기에 직접 참여하면 아기에 대한 사랑도 모성애 못지 않게 깊어진다.

아이에게 사랑을 충분히 전달한다

아이들을 사랑하는 마음도 중요하지만 그러한 마음을 표현하고 전하는 방법도 그것 못지 않게 중요하다. 아이들에게는 엄마, 아빠의 사랑 표현이 가슴 속에 두고두고 환한 빛으로 남는다.

사랑을 전하는 방법 중 가장 대표적인 것은 사랑한다고 이야기하면서 안아주거나 뽀뽀를 해주는 것. 퇴근 후 현관에 들어서면 아이를 꼭 껴안아주고 뽀뽀를 해주자. 또는 직장에 가서도 점심시간을 이용해서 아이에게 전화를 걸어 사랑 표현을 해보자.

잠들기 전에는 20~30분 정도 아이에게 동화책을 읽어주거나 이야기를 들려주는 것도 좋다. 이렇게 아빠와 함께 하는 시간이 아이에게 사랑을 전달할 수 있는 좋은 기회라는 점을 잊지 말자.

부부가 사랑하는 모습을 보여준다

좋은 아빠는 아이들과 아내 모두를 사랑해야 한다. 연구에 의하

아이와 함께 하는 시간이 부족할 때는 전화로라도 대화를 나누자.

면 서로 사랑하고 신뢰하며 존경하는 부모를 둔 아이들이 학교에서 성적이 좋고 자신감이 더 높으며 신체적·정신적으로 건강해 문제 행동을 일으킬 확률이 적은 것으로 나타났다.

또한 미국의 과학잡지 '청소년기(Adole-scence)'에 실린 연구 결과에 의하면 아이들의 자아상은 그들의 아버지가 아내를 얼마나 사랑하느냐에 따라 달라지는 것으로 나타났다.

좋은 남편이 되려고 노력한다

좋은 아빠가 되기 위해서는 좋은 남편이 되려고 노력해야 한다. 아빠가 일이 있어 집에 늦게 들어오더라도 그런 사실을 전하는 엄마의 태도가 긍정적이라면 아이는 좋은 아빠관을 가질 수 있다. 그러나 만약 엄마가 그런 아빠에 대해 불평조로 이야기하면 아이도 아빠에게 그런 감정을 갖는다. 반대로 아빠가 엄마에 대해 하는 이야기도 아이에게 그런 감정을 갖게 한다. 따라서 엄마 아빠 서로가 신뢰감과 사랑이 있어야 아이도 정서적으로 바르게 자란다.

아기와 적극적으로 놀아준다

좋은 아빠가 되기 위해서는 아이와 함께 있는 시간을 늘려서 놀아주어야 한다. 그러기 위해서는 나름대로 원칙을 세워 퇴근 후 바로 집에 돌아와 아이와 함께 하는 시간을 가질 수 있도록 노력한다. 퇴근해서 집에 들어와 아내가 저녁 준비를 하는 동안 아이와 놀아주거나 동화책을 읽어주는 방법도 있다.

평일에 시간이 없다면 휴일을 잘 활용한다

평일에 시간을 내기 어려운 아빠라면 주말 시간을 적극 활용하도록 한다. 물론 일주일 동안 쌓인 피로 때문에 쉬고 싶은 마음이 간절하겠지만, 일주일 동안 놀아주지 못한 것에 대한 보상으로라도 주말에는 아이를 위해 희생하겠다는 마음가짐을 갖자.

친척, 친지를 방문하거나 쇼핑을 하는 등의 주말 일정에 아이를 항상 동참시키는 것도 좋은 방법이다. 평소에 아이와 함께 하는 시간에 대한 계획을 세워 짧은 시간에 질적 효과를 올릴 수 있는 방법을 찾아보도록 한다.

아이와 눈높이를 맞춘다

아이와 대화를 할 때는 아이의 눈높이에서 아이가 이해할 수 있는 언어로 이야기하는 것이 좋다. 놀아줄 때도 마찬가지. 아이와 놀 때는 전적으로 아이의 눈높이로 돌아가 아이처럼 놀아주어야 한다.

아빠들은 아이를 지나치게 엄격하게 대하거나 반대로 지나치게 관용적으로 대하는 경우가 있다. 아이를 엄격하게 대하는 아빠들은 아이가 받아들이는 능력이나 상태에 관계없이 자신의 기준으로 아이를 대한다. 반면 지나치게 관용적인 아빠들은 아이를 하나의 인격체로 보고 부모와의 교류를 통해 상호관계를 이루어나가는 존재라는 사실을 인식하지 못하고 무조건 돌봐줘야 할 존재라고만 생각하는 경우가 많다. 아이와 놀거나 대화를 할 때는 전적으로 아이의 눈높이로 돌아가야 함을 잊지말자.

전화나 편지, 이메일로 자주 대화를 나눈다

새벽에 출근하고, 밤늦게 들어와서 얼굴조차 보기 힘든 경우에는 전화로 아빠의 마음을 전한다. 아직 말을 하지 못하는 아기라도 아빠의 목소리를 전화기로 들려주면 아빠라는 존재를 느낄 수 있게 된다. 아이가 글을 읽는다면 매일매일 아이에게 이메일을 보내는 것도 아이와 대화할 수 있는 좋은 방법이다.

아이들과의 약속은 꼭 지킨다

아이들과의 약속은 그 어떤 사람과의 약속보다 신중하게 생각해야 한다. 아이들은 아빠와의 약속을 순수하게 믿기 때문에 아빠가 약속을 어길 경우 큰 상처를 받고 부모를 불신하는 마음이 생길 수 있다. 아이들과의 약속을 지키지 못하고 계속 다음으로 미룬다면 결국 아이들은 아빠를 신뢰하지 않고 더 이상 아무 요구도 하지 않게 된다.

아기와 같이 자주 목욕을 한다

목욕하기, 이 닦기, 세수하기 등의 과정을 아빠와 같이 하는 것은 아이에게 바른 생활습관을 들일 수 있게 한다. 그 과정을 통해 아빠의 사랑이 아이에게 전달돼 정서가 안정된 아이로 클 수 있다.

어렸을 때 아빠와 자주 목욕을 한 아이는 커서도 친구를 잘 사귀는 등 사회성이 좋은 반면 그렇지 않은 아이는 사회적 적응력이 약해 문제를 일으키는 경우가 많다는 연구 결과도 있다. 어릴 때 목욕을 통한 아빠와의 신체적 접촉이 오랫동안 영향을 미치는 이

아이는 아빠와의 약속을 순수하게 믿기 때문에 어떤 일이 있어도 꼭 지키도록 한다.

유 중 하나는 옥시토신이라는 호르몬 때문. 이것은 따뜻한 온도에서 신체와 접촉할 때 분비가 촉진되기 때문이라고 한다.

아이들이 좋아하는 프로그램을 함께 본다

아이들이 좋아하는 TV 프로그램을 같이 보면서 자연스럽게 이야기도 나누고 아이와 정서적인 교감을 갖는 것이 좋다. 간혹 아이들이 좋아하는 프로그램 중에는 좋지 않은 것도 있으므로 함께 보면서 무엇이 좋은지, 어떤 것이 좋은지 제시를 해주는 것도 좋다.

책도 마찬가지. 아이에게 좋은 책을 골라서 선물하고, 아이가 좋아하는 책을 함께 읽으며 대화를 나누도록 한다. 그러다 보면 자연히 아이의 생각을 알 수 있게 되고 판단력과 사고력을 키워줄 수 있다.

아내에게 협조적인 태도를 갖는다

아내의 아기 키우기 방법이나 태도가 자신과 다르거나 마음에 들지 않더라도 아이 앞에서 반대의 입장을 취하면 아이는 혼란스러워 누구의 말도 믿으려 하지 않는다. 우선 아내의 입장을 이해하고 수용하는 자세가 필요하다. 엄마가 아이를 타이를 때 아빠도 동조적인 입장을 취하는 것이 좋다.

아이 앞에서 모범적인 행동과 언어를 사용한다

아이들에게는 교통신호를 지키라고 하면서 정작 자신은 신호를 지키지 않는 아빠들이 있다. 이처럼 겉과 속이 다르게 말하고 행동하는 것은 아이들 교육상 좋지 않다. 어떠한 장소나 상황에서도 항상 일관된 모습을 보여주는 아빠가 되어야 한다.

또 대중교통 수단에서 노약자에게 자리를 양보한다거나, 길거리에 버려진 휴지를 줍는 등 모든 생활에서 아이에게 모범을 보이는 아빠가 되도록 한다.

아기 키우기 정보는 꼭 챙겨본다

아빠노릇도 배워야 한다. 그러기 위해서는 매일매일 아기 키우기에 대한 관심을 갖고 정보에 귀기울이는 것이 좋다. 신문이나 방송, 잡지 등의 육아정보에도 관심을 가져보자.

아기 돌보는 방법이 나와 있는 육아책과 비디오테입을 참고하거나 여러 기관에서 실시하고 있는 부모교육프로그램을 수강하는 것도 한 방법이다.

좋은 아빠가 되기 위한 원칙 8가지

좋은 아빠가 된다는 것은 사회적인 성공 이상의 가치가 있음을 자각하는
아빠들이 많아졌다. 아이들에게 사랑을 베풀고, 아이들에게 좀더 많은 시간을 투자하고
아이들을 위해 책임을 다하는 적극적인 아빠. 그런 아빠들의 모임도 상당수다.
더구나 인터넷 홈페이지 만들기는 젊은 아빠들이 많이 활용하는 아기 키우기 아이템이다.

'아이가 무엇을 원하고 있는지, 어떤 식으로 대해 주어야 기뻐하는지' 단순히 바쁘다는 핑계로 이러한 것들을 무시하면서 넘어가고 있지는 않는지 생각해 본다. 그래도 좋은 아빠가 되는 방법을 모르겠다는 아빠들을 위해 8가지 원칙을 소개한다.

원칙 1 아이를 얼마큼 사랑하는지 보여준다

아이에게 아빠가 얼마나 자기를 사랑하는지 보여줄 수 있는 가장 좋은 방법은 무엇일까. 과거에는 아빠가 아이에게 신체적인 접촉으로 사랑을 표시해서는 안 된다는 통념이 이 사회를 지배해 왔다.

아직도 아들을 안아주면 여자 같은 남자아이가 될 것이라고 생각하는 아빠들이 있다. 어떤 아빠들은 그 점을 지나치게 걱정한 나머지 어린 아들에게 잘 자라고 뽀뽀하는 것조차 꺼린다. 아이에게 약간의 거리를 둔 강하고 남성적인 남자를 좋은 아빠라고 생각한다면 그것은 착각이다. 아빠로부터 신체적인 애정 표현을 많이 받은 남자아이들은 그렇지 않은 아이들보다 자신의 남성상에 대해 더 건전하고 안정된 의식을 지니고 자란다.

좋은 아빠가 되기 위해 가장 필요한 것은 아이와 함께 지내는 시간을 갖는 것이다.

원칙 2 딸의 이성관 형성은 아빠의 역할이라는 사실을 명심하자

딸 역시 자주 안아주고 사랑의 감정을 표현해 준다. 딸이 남성의 존재를 처음 알게 되는 것이 아빠와의 관계이다. 아이가 아빠를 사랑하고 아빠로부터 사랑을 받고 있다는 것을 느낄 때, 아이는 자신이 사랑받을 가치와 자격이 있음을 느끼며 자랄 것이다. 아이가 성장하여 데이트를 하기 시작하면 아빠로부터 받은 것과 같은 애정을 보이는 남자 친구를 찾아낼 가능성이 높다.

아빠가 자상하고 친절하고 사랑을 많이 쏟았다면 그런 남자 친구를 찾아낼 것이다.

원칙 3 아이에게 시간을 많이 투자한다

좋은 아빠는 아이들에게 사랑뿐만 아니라 시간을 내주어야 한다. 그것도 많은 시간을 함께 할수록 좋다. 아빠와 함께 하는 시간이 없으면 아이는 스스로를 '부모로부터 관심을 받을 가치가 없는 대상'으로 인식할 가능성이 있다.

'너희들과 함께 시간을 보내지 못해서 아빠도 속상하다'고 말하는 것은 아이들에게 위로가 되지 않는다. 그런 말은 아이들로 하여금 '아빠의 인생에 있어 자신들보다 더 중요한 것이 많다'는 것을 깨닫게 할 뿐이다. 아이들을 위해 시간을 마련하는 것이 '아빠에게는 네가 소중하단다' 라는 말보다 더 큰 효과가 있다.

원칙 4 아빠와 함께라면 거창한 놀이가 아니어도 좋다.

아이들과 함께 시간을 보낸다고 해서 그럴 듯한 놀이를 할 필요는 없다. 함께 책읽기, 게임하기, 놀이터에서 함께 놀아주기, 공원에 가서 자전거 타기, 목욕탕에 손잡고 가기 등이면 된다. 방바닥에서 레슬링을 하거나 술래잡기를 하는 것도 좋다. 중요한 것은 아이의 눈높이에 맞춰 시간을 함께 보내는 것이다.

원칙 5 규칙적으로 아이와 함께 보내는 시간을 정해 둔다

아이들과의 시간을 확실하게 지키기 위해 단체 활동에 등록해 함께 활동을 하는 것도 좋다. 아니면 매주 토요일 오후나 일요일을 아이들과 함께 보내는 시간으로 정해 놓는다.

가족의 식사 시간을 계획하는 것 역시 중요하다. 가족이 정기적으로 함께 식사를 하면 좋은 효과를 얻을 수 있다. 조사 결과에 의하면 저녁을 함께 하는 가정의 아이들이 언어능력과 독서력이 그렇지 않은 아이들보다 더 발달되어 있는 것으로 나타났다. 가족의 식사 시간은 대화를 하도록 분위기 조성이 되기 때문에 아이들의 언어 능력을 향상시키고, 가족간의 관계가 더 원만해지며 정서적인 문제도 안정되는 것으로 나타났다.

원칙 6 아이를 위해 책임을 다한다

다른 약속보다 아이들에게 한 약속은 꼭 지켜야 한다. 아이들에게 계속해서 '내일은 꼭 하자, 약속할게'라고 약속을 미룬다면, 결국 아이들은 더 이상 아무 요구도 하지 않는다. 아이들에 관한 것이라면 오늘 해야 할 일을 내일로 미루지 말자.

원칙 7 아이가 참여하는 행사에 적극적인 관심을 보인다

아이들의 학예회나 운동회, 피아노 연주회 같은 큰 행사에 참여한다. 불가피하게 참석하지 못할 경우 아내에게 그 행사를 비디오 카메라로 녹화해 달라고 한다. 그런 다음 비디오 테입을 혼자 보지 말고 온 가족이 함께 보는 특별 이벤트로 마련한다.

원칙 8 아이를 위해 헌신한다

훌륭한 아빠는 자녀들의 행복을 책임진다. 그렇다고 아이들이 원하는 모든 것을 사줘야 한다는 얘기는 아니다. 아이들의 의식주를 잘 해결해 주고, 훌륭한 인격체로 성장하기 위해 필요한 도덕적 교훈을 제공하는 것이 중요하다.

좋은 아빠가 되려면 자신의 결정이 아이들의 행복에 어떤 영향을 미칠 것인가를 고려해야 한다 좋은 아빠가 되려면 아이들을 위해 희생하는 자세가 필요하다.

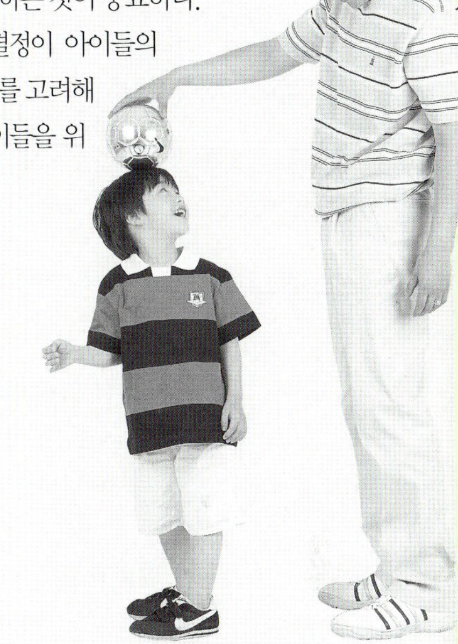

아이가 좋아하는 활동에는 아빠 역시 적극적인 관심을 보여 주어야 한다.

바쁜 아빠를 위한 시간관리법

● 시간의 우선 순위를 정하라

사람들이 저지르는 가장 큰 실수는 시간의 우선 순위를 정하지 못하는 것이다. 출근해서 가장 정신이 맑을 때인 오전에 비중 있는 일을 하지 않고 이메일을 확인하거나 인터넷 검색을 한다. 그러다가 몸이 피로해지는 오후에 중요한 일을 하려고 하니 결과적으로 시간 부족으로 인해 중압감을 느끼게 된다.

● 매일 해야 할 일을 목록으로 작성하라

일의 우선 순위를 정하기 위해 매일 '해야 할 일'의 목록을 만들고 우선 순위를 매긴다. 목록에는 직장 일과 가족의 일 모두를 포함시키고 반드시 가족을 우선 순위 목록의 맨 위에 둔다. 그 목록을 가족에게 보여주는 것이 좋다. 그러면 자신이 정한 우선 순위에 충실할 수 있는 동기가 계속 생길 것이다.

● TV를 꺼라

TV는 가족과의 시간을 죽이는 최대의 장애물이다. TV 시청 시간을 제한하면 아이들과 함께 보낼 수 있는 시간이 증가할 것이다.

● 소모적인 습관을 없애라

많은 사람들은 비교적 중요하지 않거나, 시간을 적게 들여 할 수 있는 일에 너무 많은 시간을 소비한다. 예를 들어 신문을 1시간 가까이 읽는 사람들이 있다. 큰 제목과 중간 중간 중요한 기사만 재빨리 훑어보더라도 결국 얻는 정보는 거의 같다. 자신의 일상습관을 점검하여 거기에 소요되는 시간을 줄이는 방법을 찾는 것이 좋다.

● 전날 밤에 다음 날 할 일을 준비하라

전날 밤을 활용해 다음 날을 준비하면 많은 시간이 절약된다. 그렇게 하면 컨디션이 가장 좋은 상태인 아침 시간에 중요한 일을 마무리할 수 있다.

● 여러 가지 일을 동시에 하는 법을 터득하라

메모를 읽거나 이메일을 열어보는 것과 같은 많은 일들은 고작 몇 분이면 된다. 짬을 이용해 그런 일을 끝내는 법을 터득하라.

● 편지나 전화 대신 이메일을 이용하라

이메일은 편지를 쓰거나 전화번호부를 넘기는 것보다 더 적은 시간을 들여 의사를 전달할 수 있게 한다. 또 한 번의 전화로 상대방과 연결이 안 되는 경우가 많다. 메시지 전달을 필요로 할 때 이메일을 적극 이용하는 것이 합리적이다.

Tip

아빠가 아이들에게 사랑을 표현하는 방법 10가지

1. 아이에게 뽀뽀를 해준다.
2. 아이를 꼭 껴안아준다.
3. 아이와 방바닥에서 뒹굴며 논다.
4. 목마를 태워준다.
5. 아이에게 진심 어린 충고를 해준다.
6. 아이의 말을 귀기울여 들어준다.
7. 아이를 침대에 눕혀주고 이불을 덮어주며 잘 자라고 인사한다.
8. 아이에게 특별한 별명을 지어준다.
9. 직장에서 아이에게 전화를 걸어 간단하게 인사한다.
10. 사랑한다는 말을 자주 한다.

객관적인 시각으로 아이들을 본다

평소 나는 컴퓨터에 관심이 많아서 홈페이지를 만들게 됐고, 홈페이지를 만든 김에 가족 사진도 넣고 하다 보니 우리 첫 아기가 태어나게 됐다. 그리고 얼마 후 아기가 커서 아빠의 사랑을 듬뿍 느낄 수 있도록 육아일기를 남겨줘야겠다고 결심하게 되었다.

아이에 대해 객관적인 시각을 갖게 되었다

아기의 행동발달 과정에 따른 갖가지 에피소드들을 소재로 일기를 쓰다보니 좋은 점이 참 많다. 우선 아이에 대해 객관적인 시각을 가질 수 있고, '내 아이만 최고다'라는 식의 편협한 생각에서 많이 벗어날 수 있는 것 같다.

아기 키우기 정보를 쉽게 얻을 수 있다

육아일기를 쓰기 시작하면서 나와 같은 젊은 아빠들이 아기 키우기에 굉장히 적극적이라는 것에 놀랐다. 처음 우리 가족만의 공간으로 생각하고 올린 글들이 여기저기 알려지면서 많은 분들이 메일을 보내주고 글을 남겨 주었다. 그 속에서 좋은 육아정보를 얻기도 하고 또 의견을 교환하고 있다.

또래 아빠들을 만나 아이 교육 문제를 의논한다

우리 동네에는 내 친구들이 많이 살고 있는데, 모두 아이들의 나이가 비슷해서 가족끼리 자주 만나 아기 키우기에 관한 이야기도 많이 하고 서로 정보를 나누고 있다. 요즘 우리의 화젯거리는 '어떻게 하면 조기교육 열풍을 피해서 우리 아이들을 맘껏 뛰놀며 자랄 수 있도록 할까' 하는 것이다.

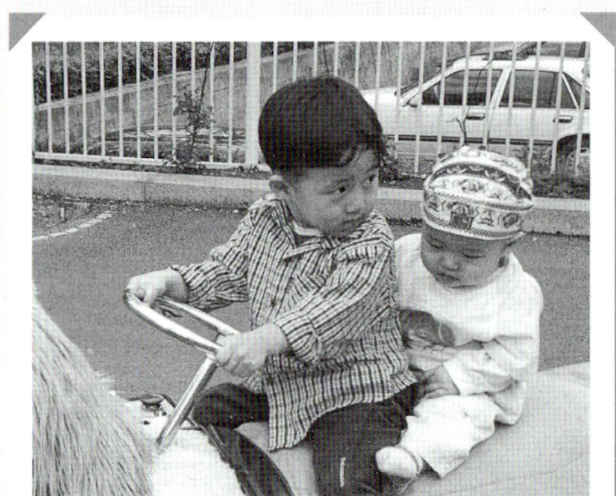

달리기를 잘하는 큰아들 현호가 동생 기성이를 뒤에 태우고 의젓하게 형 노릇을 한다.

그림 그리고, 컴퓨터 게임하고, 노래 부르기는 아빠 몫이다

우리 집은 대부분의 아기 키우기 방침이나 직접적인 교육은 주로 엄마가 전담하고, 아빠인 나는 휴일이나 시간이 날 때마다 컴퓨터 게임 등을 즐기고 가족 모두가 동네 산책을 즐겨 한다.

아이의 입장에서 생각하는 것이 나의 방침이다

우리 부부가 아이를 위해 가장 중요하게 생각하는 것은 아이의 입장에서 생각하고 보는 것이다. 누구나 어릴 때의 기억은 있을 텐데, 지금 내 아이가 이유없이 떼를 쓰거나 유독 어떤 상황에서 말을 지독히 안들을 때는 내 어릴 적 기억을 떠올려 보는 것이다. 아이의 입장에서 말이다. 그렇게 하다보면 아이에 대해서 쉽게 이해할 수 있고 이유를 알게 되어 해답도 쉽게 나온다.

남에게 피해를 주는 일은 절대로 못하게 한다

우리 부부는 스스로 정하고 꼭 지키는 룰이 있다. 아이가 아무리 어릴 때라도 다른 사람에게 피해를 주는 일은 절대로 못하게 한다는 것이다. 우리가 제일 싫어하는 것이 식당에서 여기저기 뛰어다니거나 상에 덥석덥석 올라가는 아이들, 지하철에서 신발 신고 좌석에 올라가는 아이들인데, 이걸 보고도 가만히 있는 부모들을 보면 아주 화가 날 때가 많다. 적어도 남에게 불편을 끼치지 않기 위해서 예절바르게 자라나는 아이들로 키워야 된다는 것이 우리 부부의 공통된 생각이다.

예의범절 가르치기

요즘은 현호에게 예의를 가르치려고 노력중이다. 특히, 밥 먹을 때 함께 기도하고 "잘 먹겠습니다"를 시키는 데까지는 성공했다.

아빠 : 아빠 먼저 잡수세요~ 한 다음에,
　　　 아빠가 밥을 먹으면 현호도 먹는 거야.
현호 : "왜?"
아빠 : 아빠가 더 크잖아 ^^
현호 : 네~

그 날 저녁식사 시간.
기도하고 "잘먹겠습니다."도 하고 난 후.
현호 : 아빠 밥 먼저 잡수세요~~
아빠 : (흐뭇해서 찌개 한술 뜨면서)
　　　 그래 현호도 이제 먹어라
현호 : 아빠!! 밥 먼저 잡수세요,
　　　 밥 먼저 먹구 반찬 먹으세요.
　　　 – 절반의 성공이라고 할 수 있을까요? –

눈높이 맞춰 아기 키우기

아빠는 아이에게 엄마와는

또 다른 존재로 영향을 준다.

아빠는 아이에게 과학적, 논리적 사고와

체계적인 사고 방법을 가르치며,

꿈을 실현하는 구체적인 방법을

제시해 주기도 한다. 또한 진취적이고

자신감 있게 성장할 수 있도록

아이들을 도와주는 것도

아빠의 눈높이 교육이 효과가 있다.

아이들의 균형잡힌 인격 형성을 위해

아빠의 역할이 얼마나 중요한지 알아본다.

아빠를 통해 배울 수 있는 것들

아이에게 있어서 아빠는 세상에서 가장 큰 사람이다. 때문에 아빠가 하는 말이나 행동은 그대로 아이에게 흡수되며 아빠가 해 주는 놀이는 아이에게 많은 자극을 준다. 이렇게 중요한 영향을 주는 아빠를 통해서 아이들은 어떠한 것들을 배울 수 있는지 또한 아이의 성장 발달에 어떠한 영향을 미치는지 알아본다.

진취적이고 자신감 있는 아이로 자랄 수 있다

아이들의 잠재능력을 알아내어 개발시킬 수 있는 조건은 여러 가지가 있지만 그 중에서도 아빠와의 관계는 큰 영향을 미친다. 아빠가 적극적으로 육아에 참여해 아이와 좋은 관계를 형성하고 있다는 것은 아이에게 정신적 지지기반을 튼튼하게 만들어 주는 것이다.

정신분석학자 프로이드는 '아이들에게는 특히 아빠의 역할이 중요하다'고 강조했다. 즉 아빠와의 관계가 잘못된 아이들은 자라면서 사회적·정서적인 면에서 어려움을 겪게 된다고 말했다.

체계적인 사고 방법을 배울 수 있다

흔히 아빠는 엄마에 비해 아이들과 접촉할 시간이 적기 때문에 그만큼 아이들에게 영향을 덜 미칠 거라는 생각을 한다. 하지만 이것은 잘못된 생각이다. 엄마와 아빠는 모두 아이에게 커다란 영향을 미친다. 다만 다른 점은 어떤 영향을 미치는가 하는 것이다.

아빠의 가슴은 엄마의 품과는 또 다르다. 아빠와의 놀이는 아이에게 신나는 체험이 되고 아빠의 따뜻한 격려는 아이에게 자신감을 심어준다. 아빠와 많은 이야기를 하면서 자란 아이는 사고의 폭이 넓어지고 정서적으로 안정이 된다.

아이들은 아빠와의 관계 속에서 과학적이고 논리적이며 체계적인 사고 방법을 배우며 도전적이고 진취적인 기상을 키워 나간다. 아빠와 사이가 좋지 않은 아이들이 소심하고 겁이 많으며 모험심이 부족한 경향이 있는 것도 이러한 이유 때문이다.

아빠의 존재는 아이에게 있어서 가장 큰 정신적 지지기반이 된다.

꿈과 희망을 갖게 해준다

아이에게 있어 아빠는 정신적인 지주가 된다. 아빠는 아이에게 꿈과 희망을 갖게 하고 그것을 실현하게 하는 방법을 가르쳐 준다. 아빠가 아이의 장래에 대해 따뜻한 애정을 갖고 격려해 줄 때 아이는 자신감과 성취욕을 갖게 된다.

아이들은 아빠로부터 도덕성이나 사회성을 배우게 되며, 특히 남자아이들의 경우는 아빠가 역할 모델이 되어 무의식중에 생각하고 행동하는 데 있어 아빠가 판단 기준이 된다. 아빠가 없는 아이들은 동료 집단에 잘 융화되지 못하는 경우가 많은데, 그것은 생활 속에서 융화의 방법을 제대로 배울 수 없었기 때문이다. 그렇기 때문에 잘 어울리지 못하고 부끄러워하거나 겁이 많은 성격이 되는 것이다.

균형 잡힌 인격형성이 이루어진다

엄마, 아빠의 아기 키우기 방식이 다를 때 아이의 정서발달에 서로 다른 영향을 미친다. 균형 잡힌 인격 형성을 위해 아이에게는 아빠의 육아 참여가 절대 필요하다.

하루에 조금씩이라도 시간을 내서 아이와 함께 놀도록 하자. 아빠와 아이가 단둘이서 책을 읽고, 게임을 하며, 여러 가지 신체활동을 하고, 유치원 생활에 대해 이야기를 나누는 행동은 아이의 정서를 풍부하게 해줄 뿐만 아니라 균형 잡힌 인격 형성에 도움이 된다.

잠재능력을 자극시킨다

아기들은 빠르면 생후 1~2개월 무렵부터 엄마와 아빠를 구별할 수 있다. 그래서 엄마가 돌봐줄 때는 정서적으로 차분해 지지만 아빠가 옆에 있으면 감정이 상승되고 흥분된다.

엄마들은 대부분 아기를 안을 때도 늘 똑같은 자세로 안는 데 반해 아빠들은 아기를 한 손으로 안거나 어깨에 걸치기도 하고 거꾸로 들기도 하는 등 다양한 자세로 안아준다.

또 엄마들은 아이들과 놀 때도 장난감이나 도구를 많이 활용하는 반면 아빠들은 자신의 몸으로 놀아준다. 아이에게 목말이나 무동을 태우거나 방바닥을 뒹굴면서 아이와의 신체놀이를 즐긴다.

위험에 대처하는 방법을 배울 수 있다

아빠들은 아이가 시야에서 벗어나거나 다소 위험한 장난을 하더라도 엄마들보다 의연하게 아기를 멀리서 지켜보는 편이다. 엄마들은 아이가 처음 보는 사람이나 동물 등 낯선 상황에 직면했을 경우 본능적으로 아이에게 가까이 다가가 안심시키는 반면에 아빠들은 한 발짝 뒤로 물러서서 아이가 그 상황에 어떻게 대처하는지 관찰하려는 경향이 있다.

이처럼 아빠와 엄마의 아기 키우기 방식에는 서로 다른 점이 있다. 이러한 두 가지 상반된 아기 키우기 방식은 아기의 정서 발달에 영향을 미친다.

아빠의 적극적인 보살핌을 받고 자라는 아기들은 엄마, 아빠가 잠시 안 보이거나 낯선 사람을 만나도 쉽게 울음을 터뜨리지 않으며, 자라면서 대체로 도전적이고 모험심이 강한 것으로 나타났다.

독립적이고 자율적인 아이로 만든다

아빠가 아기 키우기에 적극 참여함으로써 나타나는 장점은 그뿐이 아니다. 아빠가 적극적으로 육아에 참여했을 때 아기들의 지능지수가 높아지고 사회 적응력이 강하다는 연구결과도 있다. 아빠가 아이의 자주적이고 독립적인 행동을 지지해 줄 때 아이는 자기의 욕구나 충동을 억제하는 법을 배우고 독립적이고 자율적인 아이로 자라날 수 있다는 것이다.

부모가 된다는 것은 결코 쉬운 일이 아니다. 아이가 바람직한 가치관을 가지고 성장할 수 있게 하기 위해서는 외적인 역할은 물론 정서적으로도 든든한 버팀목이 되어 주어야 한다.

아이에게 관심을 가지고 애정 어린 손길로 보살펴주자. 따뜻한 사랑을 주는 아빠의 태도가 아이의 능력을 키워줄 것이다.

인지발달에 영향을 준다

아빠와의 관계는 아이의 인지발달에 커다란 영향을 미친다. 연구결과에 따르면 아빠와의 관계가 친밀한 아이들이 인지능력이 높은 것으로 나타났다.

사람은 출생 후 5년 동안에 얻은 감각적이고 지적인 자극이 평생 동안 영향을 미친다고 한다. 아빠가 아이와 함께 신체놀이도 하고 재미있는 이야기도 들려주고 여행도 함께 하면서 놀아주면 아이는 다양한 자극을 받게 되어 두뇌가 충분히 발달할 수 있게 된다.

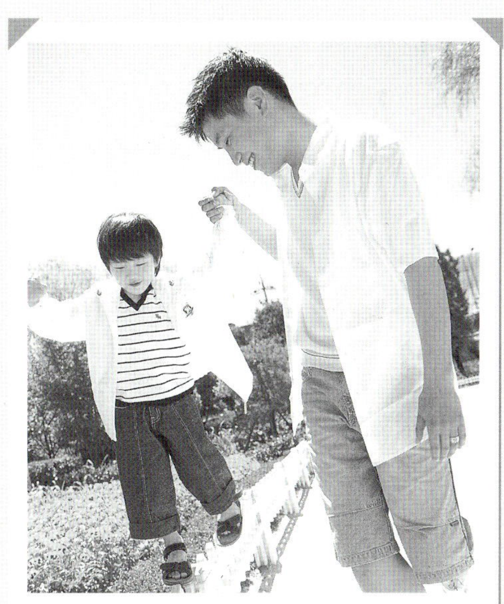

아빠와 함께 하는 신체놀이나 여행, 산책 등은 아이에게 다양한 자극을 줄 수 있다.

과학적이고 창조적인 사고를 길러준다

아빠와의 놀이는 아이의 창의성을 자극해서 아이에게 과학적이고 창조적인 사고력을 길러준다. 따라서 아빠와의 관계 속에서 아이는 체계적인 사고방법을 배우기도 한다.

이처럼 엄마, 아빠의 상반된 육아방식이 아이에게 더욱 다양한 자극을 주게 되며, 아이는 엄마 아빠의 양쪽 자극을 고루 받아야 지적능력을 충분히 발휘할 수 있다.

아이의 언어발달을 돕는다

아기들은 옹알이를 하면서부터 언어구사 능력을 갖게 된다. 이때 엄마와 아빠의 각기 다른 언어 표현이 아이의 언어발달을 더욱 촉진시키게 된다.

아기의 말문이 트이는 시기에 아빠도 적극적으로 아기와의 옹알이에 참여해 단어를 반복해서 들려주고 말을 붙여주자.

아기에게 말을 자주 붙이고 아기 표현이 서툴더라도 끝까지 들어주는 아빠의 역할이 아기의 언어발달을 자극하는 좋은 교육이 된다.

아빠가 아기에게 큰 소리로 리드미컬하게 시를 낭송해 주거나 동화책을 읽어주는 것도 아기의 언어능력을 발달시킬 수 있는 또 한 가지 방법이다. 특히 잠자기 전에 책을 읽어주면서 책 속의 동물 흉내를 내거나 주인공의 말투를 사실적으로 묘사해 들려주면 아기는 언어능력 발달뿐 아니라 정서적 안정을 얻게 된다.

아빠는 사회생활을 통해 더 많은 정보를 받아들이기 때문에 아이에게 다양한 내용을 전할 수 있다.

아빠가 아이 인격에 미치는 영향

아빠와의 관계가 친밀한 아이들이 인지능력이 높다. 또한 동성뿐만 아니라 이성관계에 있어서도 항상 자신감이 있다는 연구 결과도 있다. 이렇게 유년시기의 아빠의 적극적인 자세가 아이의 인격 형성에 중요한 역할을 하게 된다.

좋은 아빠 아기 키우기

사회성 발달을 돕는다

대개 아빠는 아이가 매일 만나는 유일한 남자 어른이다. 이것은 아이의 사회성 발달에 매우 중요한 요소가 된다. 아이에게 아빠는 세상과 연결시켜 주는 통로 역할을 하며 아이는 아빠를 통해 긍정적인 직업관과 대인관계를 배운다.

따라서 어려서부터 아빠와 안정적이고 친밀한 관계를 형성한 아이들은 정서적으로 안정되어 있으며 새로운 사람이나 환경에 더 잘 적응하고 대인관계도 원활하고 긍정적인 것으로 알려져 있다.

성 역할 발달에 영향을 미친다

아빠는 남자아이에게는 모험적이고 진취적인 기상을, 여자아이에게는 여성다움을 길러주는 데 결정적인 역할을 한다. 그래서 아빠와 오래 떨어져 지낸 남자아이는 대체로 겁이 많고 소심하며 부끄러움을 많이 탄다.

여자아이 또한 남성에 대한 관심과 남자와 자연스럽게 지내는 방법을 아빠와의 관계 속에서 배운다.

아빠와 좋은 관계로 성장한 아이들은 사람들의 관계에서 자신감을 갖고 행동한다.

이성간의 관계에서 자신감을 갖게 된다

반면 아빠와 좋은 사이로 지내온 아이들은 동성은 물론 이성간의 관계에서도 자신감을 갖고 행동하게 된다. 자신 있게 사는 여자의 뒤에는 어렸을 때부터 그녀를 항상 지지해온 아버지가 있다는 사실을 주변에서 어렵지 않게 확인할 수 있다.

유능하고 지도력이 뛰어나다

아이들이 매사에 적극적이고 자신감 있는 태도를 갖고 있는 경우 이것은 아빠의 역할 때문인 경우가 많다.

연구 결과에 의하면 아이의 자율성을 인정하면서 적극적으로 아기 키우기에 참여한 아빠 밑에서 자란 아이들은 그렇지 않은 아이들보다 유능하고 지도력이 뛰어나며 모험심이 강한 것으로 나타났다. 또한 새로운 개념과 환경을 잘 이해하고 받아들이며 벅찬 일이 닥쳤을 때 적극적으로 해보려는 의지가 강한 편이라고 한다.

감정·충동 조절을 잘 할 수 있게 한다

아빠는 아이의 도덕성 발달에 커다란 영향을 미친다. 아빠가 아이에게 긍정적인 사랑을 베풀었을 때 아이는 사람을 이해하고 사랑하는 관대한 마음을 기르게 된다.

아빠와 안정적인 관계를 형성한 아이들은 공포심이나 죄의식 등의 부정적인 정서를 덜 표현하며 자신의 감정과 충동을 잘 조절할 수 있다고 한다.

아이의 도덕성 발달에 영향을 미친다

도덕성 있는 아이로 자라게 하기 위해서는 아이가 바람직한 행동을 했을 때는 즉시 칭찬을 해주는 것이 좋다. 즉시 칭찬해 주고 격려해 주면 아이는 자신의 행동에 대한 반응이 긍정적이라는 것에 자극을 받아 도덕성 있는 아이로 자라나게 된다. 그러나 중요한 것은 아빠가 아이들에게 모범을 보이는 것이다. 아이에게는 도덕성을 요구하면서 아빠가 그렇지 못한 모습을 보여준다면 아이는 혼란스러울 수밖에 없다. 아빠는 자식의 거울이라는 점을 명심하자.

아빠의 격려는 아이에게 긍정적인 성격을 갖게 한다.

아이들의 성격 형성에 있어 아빠의 태도는 중요한 영향을 미친다. 아빠가 아이를 따뜻한 미소로 대하면 아이는 그것을 격려와 관심의 표현이라고 생각해 긍정적인 사고방식을 갖게 되고, 타인과의 관계에서도 포용력과 이해심을 발휘하게 된다. 이렇게 격려 받으며 자란 아이는 자신의 노력을 중시하고 성취감이 높으며 실패를 극복하기 쉬운 성격으로 자라난다.

아빠 태도에 따라 달라지는 아이의 성격

부모는 아이의 거울이라는 말이 있다. 그만큼 아이는 부모의 태도에 따라 많은 영향을 받는다. 그것은 아빠의 경우 아이와 보내는 시간이 짧기 때문에 더 민감하게 영향을 받는지도 모른다. 아빠의 태도에 따라 아이의 성격도 달라질 수 있다는 사실을 기억해 두자.

무관심한 아빠는 아이를 내성적으로 만든다

아이들은 모두 아빠로부터 사랑받길 원한다. 하지만 아빠가 자기에게 아무런 관심을 보이지 않으면 실망감을 느끼고 애정 결핍을 느끼게 된다. 아빠와 충분한 교류를 하지 못할 경우 지적·신체적 발달이 늦어지고 내성적인 성격이 될 수 있으며, 여자아이의 경우는 남자를 기피하는 현상이 나타날 수도 있다.

엄격한 아빠는 아이를 수동적으로 만든다

엄격한 아빠는 아이를 수동적인 성격으로 만든다. 특히 어릴수록 아빠와의 친밀감이 중요한데 모든 일에 안 돼' 하지 마' 하는 식의 금지와 명령을 자주 듣게 되면 아이가 주눅이 들게 된다. 이러한 것이 계속된다면 아이들은 점점 더 움츠러들고 수동적이 되어서 자기의 의견을 제대로 표현하지 못하는 아이가 될 수 있다.

권위적인 아빠는 아이를 욕구불만으로 만든다

지나치게 권위주의적인 아빠 밑에서 자란 아이는 항상 두려움과 불안 속에서 살며 욕구불만에 쌓여 있는 경우가 많다. 아빠가 엄하고 무서운 경우 아이는 아빠 앞에서는 주눅이 들고 자신감을 잃기 쉬운 반면, 엄마에게는 무조건 의지하려는 경향을 보인다.

특히 아빠는 권위적인 존재이므로 주로 혼내는 역할을 맡고, 엄마는 아이를 품어주는 역할을 맡는 식으로 역할 구분이 이루어지면 아이는 아빠에 대해 부정적인 이미지를 안고 성장하게 된다.

응석을 받아주는 아빠는 이기적인 아이를 만든다

아빠가 지나치게 허용적인 태도를 취하는 경우 아이는 좌절을 견디고 극복해 내는 인내심이 부족하고, 정서적으로 미숙해 사회성이 떨어지게 된다. 또한 의존적인 성격과 자기중심적인 성격을 강하게 나타낸다. 무조건 원칙이나 기준 없이 아이의 응석을 받아주는 것은 바람직하지 않다.

과보호형 아빠는 소심한 아이를 만든다

요즘처럼 한두 명의 아이만 둔 가정에서는 흔히 아이를 과보호하는 현상을 볼 수 있다. 과보호 현상은 아빠보다는 엄마에게 많이 나타난다. 하지만 보상심리를 가진 아빠들의 경우 아이를 과보

사소한 일에도 신경질을 내는 행동은 아이를 불안하게 만들기 때문에 자제하도록 한다.

호하거나 물질로서 보상해 주려는 경향이 두드러진다. 아이 스스로 할 수 있도록 내버려두지 못하고 무엇이든지 아빠가 대신 해주거나 지나치게 내 아이만 감싸고 돌면 아이는 나약해지고 의존적인 성격이 될 수밖에 없다.

신경질적인 아빠는 거친 성격의 아이를 만든다

사소한 일에도 신경질을 내는 아빠는 아이를 주눅들게 하고 불안하게 만든다. 특히 신경질적인 아빠는 논리적이거나 일관성이 없이 그때그때 자신의 기분에 따라 감정적인 태도를 보이기 때문에, 아이는 자기 잘못과는 상관없이 공포와 분노를 느끼게 된다. 이런 과정이 반복되면 아이도 신경질적으로 변하게 되며, 말과 행동이 거칠고 누구에겐가 분풀이를 하는 문제아가 되기 쉽다.

Tip

아빠가 된다는 것은?

"이제 시간이 됐습니다. 아빠가 될 준비가 다 되었습니까?" 누군가 당신에게 이렇게 묻는다면 당신은 어떻게 대답하겠는가? 물론 생소하고 두려운 말일 것이다. 하지만 아빠가 된다는 것은 비로소 진정한 남자가 된다는 것이고 남자가 가장 원하는 삶의 한 모습을 갖추게 되는 것이다.

- 무관심과 외로움에서 벗어난다.
- 동정심, 인내, 관대함, 조건 없는 사랑의 가치를 배울 수 있다.
- 자부심 그리고 큰 성취감을 얻을 수 있다.
- 친척들과 유대관계가 돈독해진다.
- 아빠가 됨으로 인해 전과는 다른 대우를 받게 된다.
- 조금씩 성숙한 남자로 다듬어져 간다.

아빠의 사랑으로 아이를 변화시키는 법

명령이나 규칙을 앞 세워서 다스리려 하지 말고 사랑으로 가르쳐라. 아이들의 마음을
움직이는 것은 아빠의 권위나 힘이 아니라 사랑이기 때문이다. 아이 스스로 협조하도록 하는 방법,
사랑으로 아이를 변화시키는 비결을 꼼꼼히 살펴본다.

아이를 변화시키기 전에 본받고 싶은 아빠가 되자

아빠가 씻으라고 딱 한 번 말했을 때 씩씩하게 목욕탕으로 달려가서 세수를 하는 아이. 내 아이를 그런 아이로 키우고 싶다면 우선 나부터 아이가 본받고 싶어하는 아빠가 되자.

걸핏하면 아이들에게 큰소리로 야단을 치고 있지는 않은지 자신을 돌이켜 본다. 아이가 즐거운 마음으로 기꺼이 아빠의 말을 들어주길 바란다면 긍정적인 태도로 일깨워 주는 자세가 필요하다. 즉, 강압적인 태도로 명령하지 말고 아이가 해야 할 일이 무엇인지 솔선수범하면서 가르치도록 하자.

큰소리 치는 대신 자제심을 보여 주도록 한다

변화를 가져오기 위해서는 아이들의 특성상 무섭게 처벌을 하기보다 포용하도록 노력해야 한다. 하지만 아이가 밥투정을 하거나 형제들끼리 서로 싸우는 걸 볼 때 큰소리를 내지 않는다는 건 여간 힘든 일이 아니다. 이런 상황을 극복하기 위해서는 무엇보다 아빠가 자제심을 키우고, 스스로 자신을 다스리는 법부터 배워야만 한다.

자제를 한다는 건 다른 사람과 공감을 나누고 교류하는 것이다. 공감과 교류를 밑바탕으로 한 자제심은 오히려 아이들에게 문제점을 가르칠 수 있는 절호의 찬스가 될 것이다.

서로를 위한 버팀목이 되어 주자

대개 아이의 요구가 아빠의 요구와 충돌할 때, 아빠의 요구가 우선되는 경우가 많다. 쉽게 말해 권위와 강압으로 아이들을 지배한 것이다.

그러나 최근에는 그런 경향이 뒤바뀌었다. 힘세고 목소리 큰 아이들이 무기력한 어른을 지배하는 경우가 늘어난 것이다. 이것은 어릴 때 힘으로 지배하는 환경 속에서 자라났기 때문에, 거리낌없이 그런 행동을 취할 수 있다고 봐야 한다.

이런 병폐를 막기 위해서 이 시대의 아빠는 달라져야 한다. 힘으로 가르치는 것보다 사랑으로 아이들을 이끌어야 한다. 자신을 비하하지 않고, 다른 사람을 지배하지 않고도 요구를 충족시키는 방법. 사랑은 남에게 피해를 주지 않고 사회에서도 인정받은 교육법이다.

아이를 통해 얻을 것인가, 줄 것인가를 생각하라

만약 아빠가 아이들 위에서 군림하고, 지배하려 든다면 그 저변에는 아이들을 통해 무언가 얻고자 하는 욕심이 있기 때문이다. 당신이 지금 그렇다면 '아이들에게 권위를 인정받고 싶은 욕구 때문이 아닐까' 생각해 볼 여지가 있다. 군림하는 건 얻고자 하는 마음이다. 반면 가르치는 것은 아이들에게 아낌없이 주는 것이다.

그렇다면 나는 과연 아이를 통해 무언가를 얻고 싶은 아빠인가, 아니면 아이에게 주고 싶은 아빠인가 생각해 보자.

사랑은 아름다운 교육법이다

아이를 자유롭게 키우되 책임감 있는 인간으로 키우는 비결이 있다. 그것은 바로 사랑이라는 두 글자다. 사랑은 효율적인 교육방법이자, 아빠와 아이의 정을 돈독하게 만들어주는 아름다운 교육방법이다. 이번에는 사랑으로 이끄는 교육법이 당신의 아이에게 어떤 결과를 가져다 줄지 살펴보자.

사랑은 아이에게 안정감을 준다

아이와 함께 놀이공원에 갔다고 가정을 해보자. 수많은 사람들 사이에서 넋 놓고 있는 아이에게 "어서 따라 오지 못해! 아빠 잃어버리고 싶니?" 하고 소리치는 경우가 생길 것이다. 이런 상황이 발생하면 아이는 두려움에 휩싸이고 결국 놀이공원에 간 기분을 망치고 만다. 그럴 때 다음과 같이 대처하면 어떨까.

"놀이공원에서는 아빠와 함께 다녀야 한다, 그렇지 않으면 널 잃

어버릴 수도 있어. 아빠는 그래서 너와 함께 꼭 붙어 다니는 게 좋아."

아이에게는 두려움 대신 사랑이 싹트고 아빠와 아이 사이를 더욱 돈독하게 만들어 줄 것이다.

사랑은 좋은 것을 바라보는 올바른 시야를 길러준다

아이와 저녁을 먹는데 웨이터가 주문을 잘못 받았다고 상상해 보자. 당신의 입에서 설마 이런 말이 흘러나오는 것은 아닐런지.

"아니 뭐 저런 사람이 있어! 당장 해고 시켜야 돼."

이런 말 대신 웨이터에게 잠깐의 여유를 줘 보면 어떨까. 그리고 아이에게 이렇게 말해 보자.

"실수는 누구나 다 하는 법이란다. 우리가 상냥하게 웃으면서 말하면 아저씨도 미안해서 다시는 그러지 않을 거야."

사랑은 잘못된 것에 초점을 맞추지 않는다. 그것은 아이에게 지금 상황에서 가장 좋은 것을 바라보는 시야를 길러준다.

자신을 소중하게 생각해야 다른 사람도 사랑할 수 있다

우리는 스스로의 생활에 만족할 때, 삶의 아름다움을 느낀다. 그러면 자연히 행복도 따라오고 동시에 주변에 있는 사람도 모두 선량하고 아름다워 보인다. 자신이 불만족스럽다면 아무리 돈을 많이 벌고, 남들이 보기에는 괜찮은 상황이라도 의례 주변환경과 사람들을 비판하게 된다. 그러므로 다른 사람을 사랑하기 위해서는 나 자신을 먼저 사랑하는 것이 필수다.

현재 나 자신을 사랑하고 있다면 같은 상황에 처했을 때 아이들에게도 윽박지르기보다 한결 부드러운 목소리로 타이르게 될 것이다. 그렇게 되면 아이도 아빠의 배려를 고맙게 여기고 자신의 잘못을 뉘우치게 된다.

사랑은 현실을 받아들이게 하고 해결책을 준다

일이 잘 안될 경우 우리는 핑계나 비난거리를 찾고 있는 나 자신을 발견한다. 그러나 사랑은 현실을 받아들이면서 해결책을 찾아 준다.

"장난감을 이렇게 어질러 놓으면 아빠는 어디에 누우란 말이니?" 하고 소리치는 대신 부드럽게 타일러 보자

"장난감을 다 가지고 놀았으면 장난감 보관함에 넣어두렴. 그래

아이들은 힘으로 가르치지 말고 사랑으로 이끌어야 한다.

야 다음에 또 찾기가 쉽지 않겠니?"

사랑은 비난거리를 찾는 대신 해결책을 구해 준다.

부정적인 시각과 두려움은 스트레스와 학습장애를 일으킨다

사랑의 반대되는 표현, 강압과 윽박지름은 부정적인 시각과 두려움을 낳는다. 그 두려움은 아이들에게 치명적인 결과를 초래한다. 우리는 누구나 어릴 때 벌받는 것을 두려워했다. 심지어 '다리 밑에 버린다'는 등의 말을 들으면서 부모에게 버림받을지도 모른다는 두려움을 가지기도 했다. 두려움 속에서 성장한 우리 시대 아빠들은 무의식중에 그 두려움을 아이 교육에 이용하고 있다.

그 중에 하나가 보상이나 벌을 이용하는 것이다. 말 잘 들으면 아이스크림을 사준다든가, 장난감을 사준다든가 하는 것이다. 아이들은 맛있는 간식을 못 먹게 될 까봐, 장난감을 못 갖게 될 까봐 은연중에 두려워한다.

잘못 처리한 일에 초점을 맞추지 말아라

아이들과 싸우고 왔을 때 "네가 아빠한테 그렇게 맞으면 기분이 좋겠냐?"는 질문은 아이를 비굴하게 하고, 두려움에 휩싸이게 만든다.

두려움에 기초한 교육법은 대개 잘못 처리한 일에 초점을 맞춘다. 아이가 잘못한 일에 아빠가 계속 초점을 맞춘다면 그것은 아이에게 불완전함을 부각시키고, 무의식중에 자신이 쓸모 없는 인

Tip

자제력을 효율적으로 보여주는 방법

첫째, 침착한 태도로 아이들에게 바라는 점을 간접적으로 표현한다

둘째, 아이들을 존중해 줌으로써 아빠를 존중하도록 가르치고, 의존할 수 있게 유도한다.

셋째, 안 된다고 말할 수 있는 단호함을 보인다

넷째, 선택의 기회를 주어 자존심과 의지력을 길러주고 책임감을 가르친다.

다섯째, 긍정적인 태도로 반항의 마음을 협력으로 바꿔 준다

여섯째, 감정적인 기복이 심한 아이들에게는 공감대를 이끌어 내어 간접적으로 사랑의 의미를 가르쳐 준다.

일곱째, 행동의 결과에 대한 적절한 대응을 해 줌으로써 아이들 자신이 저지른 실수로부터 스스로 배울 수 있는 기회를 준다.

간이란 생각을 심어 주게 된다.

결국 아이들에게 신체적인 스트레스 반응을 유발시키게 되고, 학습장애 요소가 되기도 한다. 아이가 스트레스를 받으면 호르몬이 분비되는데, 그 중에 하나가 '코르티졸'이다. 코르티졸의 농도가 높으면 '해마'라는 부위의 뇌 세포에 손상을 줄 수 있다고 한다. 해마는 기억과 학습에 중요한 역할을 한다. 즉, 두려움을 유발시키면 해마에 장애가 일어나고 학습에 지장을 초래할 수 있다.

잘못된 행동을 통해 배울 수 있도록 하자

잘못된 행동은 아이의 발달에 중요한 영향을 미친다. 아이들은 실수를 통해 많은 것을 배우기 때문이다. 따라서 아이가 실수를 저지른다고 해서 너무 크게 야단을 치거나 걱정을 할 필요는 없다. 다만 잘못이 반복되고 습관적으로 되지 않도록 예방하는 것이 중요하다.

아이가 잘못을 저지를 때 아빠가 현명하게 대처한다면 가능한 일이다. 그러기 위해서는 아이들의 잘못된 행동을 통해 아빠가 무엇을 가르칠 수 있는가 알아두어야 한다.

우선 아이들의 실수를 통해, 안전한 것과 그렇지 못한 것을 교육할 수 있다. 또 자신의 욕구를 충족하는 방법을 깨닫게 만들 수 있다. 다음, 건강에 좋은 것과 나쁜 것에 대해 말하는 방법을 터득시킬 수 있다. 자기가 할 일이 무엇이고, 해서는 안 되는 일은 뭔지 일러 줄 수도 있다. 그밖에 잘못을 통해 책임지는 방법을 가르치고 자제력도 키워 줄 수 있다.

이런 것을 가르친다는 게 어렵게 느껴진다면 실제 생활에 대입해 보자. 한결 이해가 쉬울 것이다. 아이들이 '아니오'를 통해 '예'를 터득하는 것과 같은 이치다.

마찬가지로 아이들은 부당한 행동을 인식함으로써 공정함을 이해하고, 끊임없이 요구함으로써 끈기의 의미를 익힌다. 잘못된 행동은 아이들에게 있어 통신 수단이다. 아빠의 사랑을 통해 아이의 잘못된 행동을 올바른 것으로 알려주는 교육의 수단으로 재 탄생시킬 수 있는 것이다.

변덕을 부리는 아이에게는 단호한 지시, 혹은 칭찬이 필요하다

아이에게 간식으로 주스와 우유 중에서 어느 것을 선택 할 것인가 물어 본 일이 있는가. 아빠가 처음 물었을 땐 "우유"

아이가 짜증을 부릴 때는 무조건 혼내기 보다 아이의 기분을 충분히 이해하고 공감해 주는 것이 필요하다.

라고 말 했다가도 막상 가져다주면 "우유 싫어, 주스."하고 변덕을 부린다면? 게다가 여기서 그치지 않고 다시 주스를 주었을 때 "우유, 먹고 싶어."라는 반응을 보이면 제 아무리 성인군자 같은 아빠라도 화가 날 것이다.

하지만 현명한 아빠라면 화를 내기 전에 원인을 분석한다. 아이가 이랬다, 저랬다 하는 건 수동적으로 아빠와 주위 환경을 지배하려고 드는 것이다.

아이의 짜증이 가끔씩 나타나는 건지, 상습적인지 확인하자

별 이유가 없는 듯하고 가끔씩 나타난다면 일시적인 스트레스일 가능성이 높다. 아이들은 발달과정에서 스트레스를 받으면 퇴행하는 특성이 있기 때문이다. 이럴 때는 단호한 지시가 약이 된다.

"네가 무얼 먹어야 할지 고르기 힘든가 보구나. 여기 우유 있다. 이걸로 마셔라."하고 단호하게 말한다.

만약 변덕이 상습적인 행동이라면 상황은 달라져야 한다. 아이는 얌전하게 말을 들을 때 보다 변덕을 부릴 때 더 많은 관심을 얻는 게 사실이다. 이미 버릇이 됐다면 아빠가 서두르지 말고 인내심을 보여야 한다. 그러다가 아이가 저도 모르게 그 상태에서 벗어났을 때 칭찬을 아끼지 말자. 해야 될 행동과 그렇지 않은 행동을 칭찬으로 가르쳐주는 것이다.

아이가 흥분하고 짜증을 부릴 때 아이와 눈높이를 같이 한다

어린 시절 흥분을 잘하는 아이는 어른이 되서도 흥분을 억누르지 못한다는 연구 발표가 있다. 그렇다면 감정을 온화하게 처리하는 방법을 가르치는 기회는 언제가 좋을까. 바로 아이가 징징거리고 떼를 쓸 때, 발을 동동거리며 짜증을 부릴 때이다.

아이가 흥분하거나 짜증을 부릴 때는 무조건 그 반응을 막으려 하지 않는 게 좋다. 대신 아이와 눈높이를 같이 하여 아이의 마음을 공감하고 있다는 표현을 해 주자. 아빠는 지금 아이와 같은 입장에서 생각하고 있으며, 아이가 처한 상황을 충분히 이해하고 감정을 교류한다는 사실을 알려야 한다.

아빠가 자신에게 관심을 갖고 있음을 깨닫게 되면, 지금 자신의 행동에 대해 반성할 수 있는 여유가 생길 것이다. 아이는 자연스럽게 스스로 감정을 추스리고 흥분과 분노의 상태에서 벗어 날 것이다.

진정한 공감이란 아이의 감정과 생각에 귀를 기울여 주는 것이다. 아빠의 '공감'은 아이에게 가장 큰 선물이 된다. 정서 발달에 기초가 되어 주고, 건강한 가족을 형성하는 씨앗을 만들어 준다. 나아가서는 행복한 생활의 든든한 초석이 되어 줄 것이다.

아빠와 아이가 함께 즐기는
쑥쑥 성장놀이

몸을 이용하는 활동적인 놀이는
아이에게 좋은 자극이 된다.
특히 아빠와의 신체놀이는 운동 신경 발달에
큰 도움을 줄 뿐만 아니라 아빠와 아이 사이의 관계를
더욱 친밀하게 만들어 주는 효과가 있다.
구르고, 뛰고, 목에 올라타고,
아빠만이 할 수 있는 신체놀이를 통해
아이의 성장 발달을 적극 유도해 보자.

아이와 아빠가 함께 즐기는 '쑥쑥' 성장놀이

아빠와 아이가 서로 만지고, 부딪치며 하는 신체놀이는 아이를 쑥쑥 자라게 한다. 또한 아이의 마음을 안정시키며 따뜻한 마음 씀씀이와 풍부한 감성을 길러 주는 데도 큰 도움이 된다. 특히 아빠와 아기가 교환하는 신체적 접촉은 아기의 두뇌 발달에 결정적인 역할을 하므로 적극적으로 놀이를 시도해 보자.

아이의 성장을 돕는 아빠와의 놀이

▲아무리 다이내믹한 놀이를 좋아하는 아이라 할지라도 신체에 무리가 가는 동작은 피하도록 한다.

◀아빠와 직접 몸을 부딪치며 하는 신체놀이는 아이에게 자신감과 표현력을 키워준다.

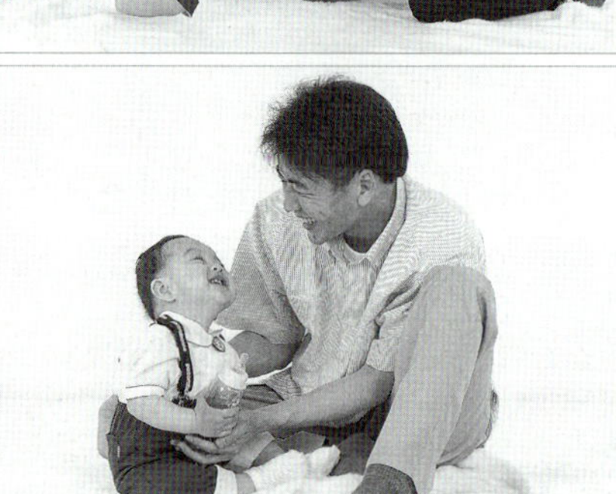

◀아빠와 하는 신체놀이는 엄마와의 놀이보다 활동적이고 다양하기 때문에 한창 자라나는 아이에게 꼭 필요하다.

주말에는 같이 목욕을 한다

마음은 아이와 매일 놀아주고 싶은데 시간이 없다면 주말에 같이 목욕을 하도록 한다. 물론 아이가 아주 어릴 때는 아기 욕조에서 따로 목욕을 시키지만, 아이가 어느 정도 자라면, 어른 욕조에서 같이 목욕을 해본다. 같이 목욕을 함으로 인해 더 친밀해질 뿐 아니라 아이의 정서 발달에 좋은 자극이 된다.

아이가 아직 목을 가누지 못할 경우에는 아이를 옆으로 안아 씻기고, 목을 가눌 수 있게 되면 아이를 무릎 위에

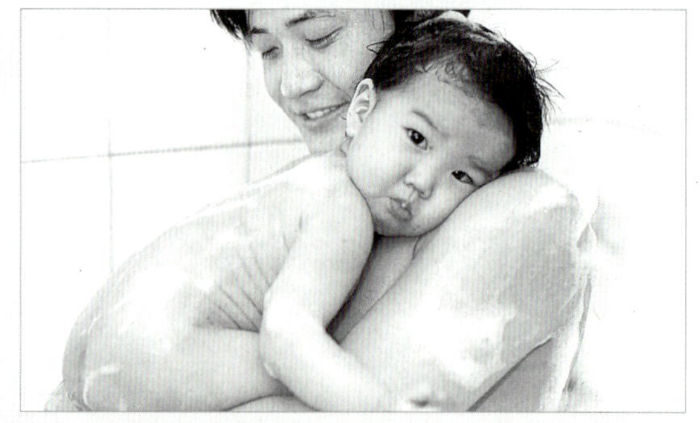

아이는 아빠의 피부접촉을 통해 안정감과 친밀감을 느끼게 된다.

올려놓고 마주보게 안고 씻긴다. 몸을 닦아줄 때는 다정하게 말을 걸면서 부드럽게 몸을 맛사지해준다.

복부 맛사지 (출생직후~ 6개월)

아기의 뱃속에 들어 있는 가스를 제거하고 변비를
예방하는데 도움이 된다.

① 아기를 바닥이나 무릎 위에 눕혀 놓고 손바닥으로 아기의 배
　를 좌우로 살살 문지른다. 이때 손가락 끝으로 문지르지 않도
　록 조심해야 한다. 3~4분 정도 부드럽게 배를 맛사지한다.
② 아기의 다리가 배에 닿도록 천천히 다리를 들어올린다. 아
　기의 무릎을 받쳐들고 약 3분 정도 아기를 천천히 좌우로
　흔든다.
③ 아기의 발바닥으로 아빠의 가슴을 살짝 민다. 이렇게 하면 아
　기가 배변을 할 때나 방귀를 뀔 때 밀어내는 힘이 생긴다.

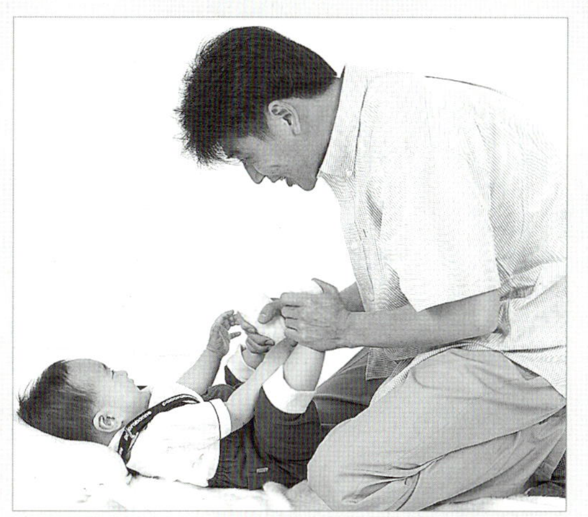

advice 아기가 이유식을 처음 먹을 때 변비로 고생하는
수가 있다. 이때 복부 맛사지를 해주면 도움이 된다.

수건 당기기

기저귀 가는 시간을 이용해서 아기의 어깨와 팔 힘을 길러준다.
또한 몸을 앞으로 내미는 훈련을 시키고,
눈과 손이 조화를 이루게 하는 데도 도움이 된다.

① 기저귀를 간 다음에 아기를 똑바로 눕혀 놓고 양말이나 새 기
　저귀를 입에 물고 아기에게 다가간다.
② 아기를 격려해 양말이나 기저귀를 잡게 만든다. 장난으로 으
　르렁 소리를 내면서 양말이나 기저귀를 아기에게서 뺏어 가
　는 시늉을 한다. 얼마 뒤에 아기가 아빠의 입에서 양말이나
　기저귀를 잡아당김으로써 게임에서 '승리하게' 해준다.

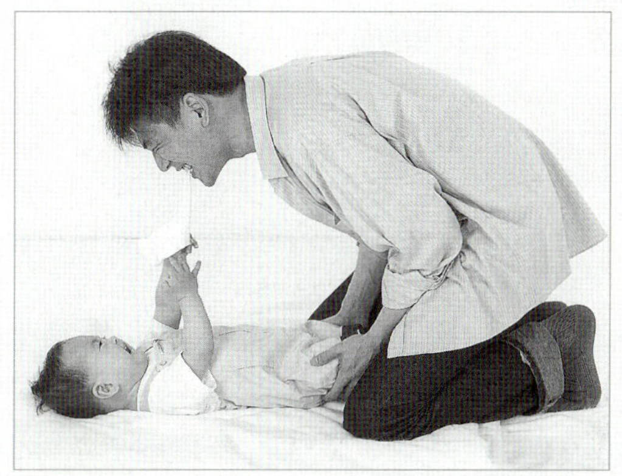

advice 아기가 이제 막 몸을 내밀기 시작했으면, 이 놀
이를 하는 동안에 안전하게 손으로 아기의 어깨를 받혀주는
것이 좋다.

자전거 타기

양쪽 다리를 번갈아 가면서 움직이는 동작은 아기의 배변에
많은 도움이 된다.

① 아기를 바닥에 똑바로 눕힌다.
② 아기의 다리를 굽히고, 아빠의 손을 향해 다리를 뻗게 한 다
　음에 아기의 다리를 자전거 타는 것처럼 움직인다.
③ 아기의 다리를 굽힌 채 좌우로 움직인다.
④ 아기에게 노래를 불러준다. "따르릉 따르릉 비켜나세요. 자
　전거가 나갑니다 따르르릉~. 저기 가는 저 노인 꼬부랑 노
　인, 우물쭈물 하다가는 큰일납니다."

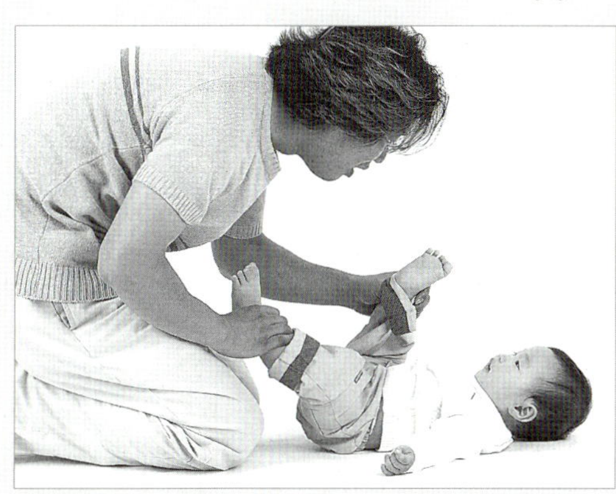

advice 아기의 발을 잡고 자전거를 타는 것처럼 움직이
면 아기의 복부 근육을 강화할 수 있으며, 배변 작용도 원활
하게 해준다.

잠재울 때 하는 놀이

촉감 기르기 (출생직후~ 2개월)

아기가 새로운 세계를 익히는 데는 눈이나 귀 못지 않게 손가락도 중요하다. 이 놀이를 통해 아기는 새로운 촉감을 익히게 되고 촉감을 통해 아빠와 더 친해질 수 있다. 또한 이 놀이는 아기를 차분하게 만들어 수면을 유도하는 데에도 도움이 된다.

① 아기를 푹신한 요나 침대에 옆으로 눕혀놓고, 뒤로 넘어가지 않도록 베개로 등을 받친다.

② 아기와 얼굴을 마주보고 누워서 아기에게 하나씩 새로운 촉감을 소개한다. 아빠가 입고 있는 셔츠, 수건, 비닐 봉투, 플라스틱 장난감, 울퉁불퉁한 레몬 등을 차례로 만져보게 하고 아기가 물건을 탐구하고 기억할 수 있는 시간을 준다.

③ 아기가 아빠의 손, 손가락, 귀, 까칠까칠한 수염을 만져보게 하고 아빠의 머리카락을 느껴보게 한다.

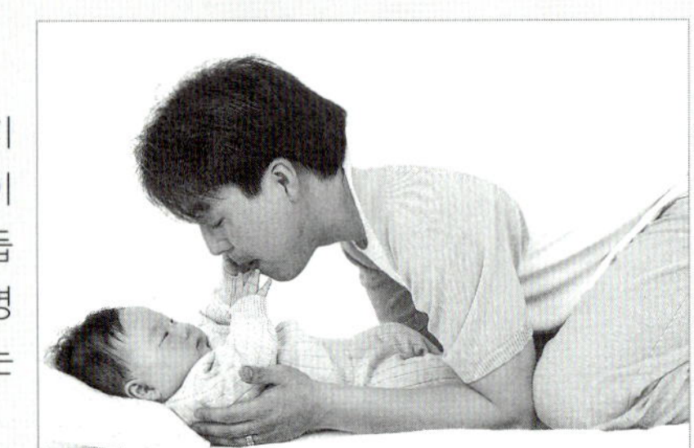

advice 수면을 유도하기 위한 이런 놀이는 조명을 어둡게 하거나 조명을 꺼놓고 하는 것이 좋다.

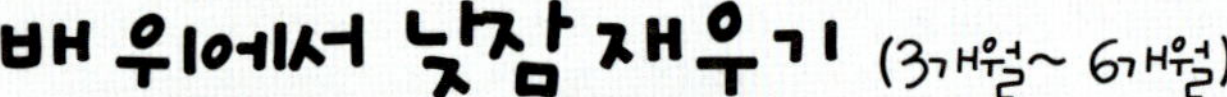

배 위에서 낮잠 재우기 (3개월~ 6개월)

아기가 잠에 빠지는 시간은 아빠도 달콤한 휴식을 취할 수 있는 시간이다. 이때 아빠의 배 위에 아기를 뉘고 낮잠을 즐겨보자. 오르락내리락 아빠 배의 리듬을 타며 아기는 곧 잠에 빠지고 아빠의 심장소리, 코고는 소리를 정겹게 기억할 것이다.

① 아기가 졸리면서도 잠이 오지 않아 칭얼거릴 때 아기를 안고 흔들며 달래준다.

② 아기가 실며시 잠이 들면 아기를 안은 채 침대 위에 미끄러지듯 조심스럽게 눕는다.

③ 아기를 배 위에 엎드리게 해서 한 손으로 아기의 어깨를 감싸안고 다른 한 손으로는 엉덩이 부분을 안아 떨어지지 않게 잡은 뒤 고개를 살짝 옆으로 돌리게 한다.

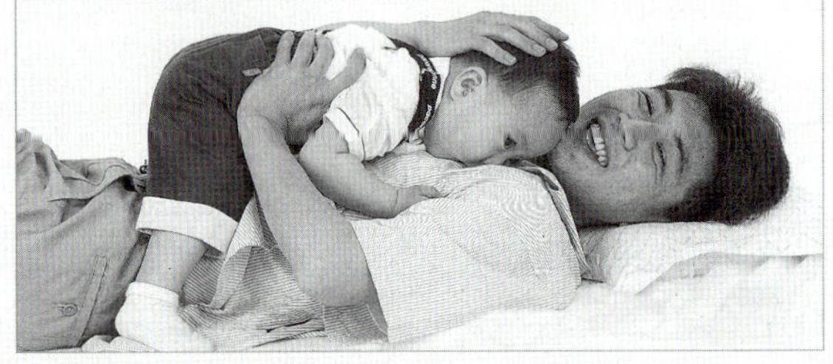

advice 숨을 쉬면서 자연스럽게 오르락내리락 하는 배의 리듬으로 아기의 수면을 유도한다.

공 잡기 (출생직후~ 6주)

이 놀이를 통해 아기는 물체의 움직임에 따라 시선을 움직일 수 있는 능력을 기르고 고개를 똑바로 가눌 수 있게 된다. 등을 똑바로 펴고 몸을 앞으로 내미는 훈련을 하는 데도 도움이 된다.

① 푹신한 요나 침대에 아기를 눕힌다.

② 빨간색이나 흑백 무늬의 공을 줄에 매달아 아기가 손을 내밀면 닿을 수 있는 높이로 든다.

③ 공이 가까이 갔을 때 아기가 공을 잡게 한다. 아기가 공을 쳐다보게 한 다음에 공을 천천히 좌우로 흔들어 아기의 시선이 공의 움직임을 따라 가게 한다.

④ 아기가 공을 쳐다보지 않으면 동작을 멈추고 아기로 하여금 다시 공을 쳐다보게 한 다음에 공을 움직인다.

⑤ 공을 조금씩 높이 들어 아기가 몸을 앞으로 내밀어야 공을 잡을 수 있게 한다.

advice 신생아는 색깔은 구분하지 못하지만 명암은 구분할 수 있다. 생후 2개월이 되면 색깔을 구분할 수 있다.

플래시 비추기 (출생 직후~ 3개월)

이 놀이는 아기가 눈으로 물체의 움직임을 추적하는 능력을 길러주고 아기를 나른하고 차분하게 만들어 수면을 유도하는 데 도움이 된다.

① 아기를 옆으로 해서 푹신한 요나 침대에 눕힌다. 방안의 불을 끈다.
② 플래시를 켜고 아기에게 노래를 불러주거나 말을 걸면서 방안 구석구석에 불빛을 비춘다. 불빛을 천천히 움직여 아기가 좋아하는 장난감이나 인형을 하나하나 비추면서 이름을 말해준다.

advice 아기가 생후 2개월이 넘은 후에는 색깔이 다른 전구를 사용해서 이 놀이를 하면 더 재미있다.

그네 타기 (3개월~ 8개월)

이 놀이를 통해 아기는 균형 감각과 움직임에 따른 무게 중심 이동 감각을 익힐 수 있다.

① 아빠가 바닥에 베개를 베고 누워서 다리를 굽혀 아기가 아빠를 마주 볼 수 있도록 정강이 부위에 아기를 엎어놓는다. 그리고 아기가 팔을 앞으로 내밀게 한다.
② 아빠가 다리를 좌우로, 앞뒤로 흔든다. 이때 아기가 떨어지지 않도록 아기를 조심스럽게 잘 받쳐야 한다.

advice 이 놀이를 할 때에는 아기가 떨어지지 않게 다리를 너무 높이 올리지 않는다. 바닥에는 푹신한 요나 담요를 까는 것이 좋다.

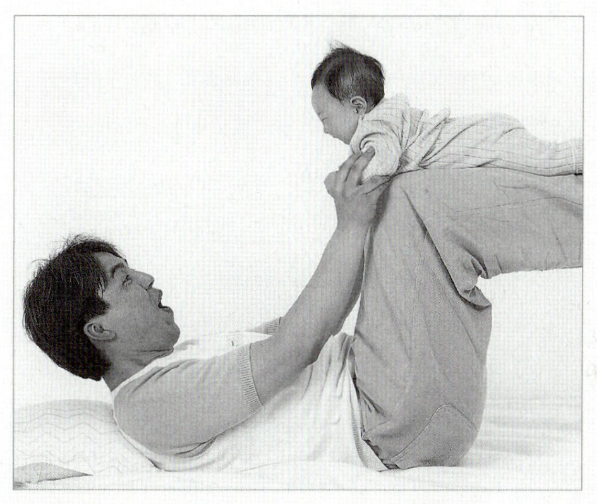

스위치 놀이 (8개월~ 24개월)

이 간단한 놀이를 통해 아기는 원인과 결과에 대해 배울 수 있다. 또한 스위치를 켰다 껐다 하는 동작을 반복하면 손가락을 섬세하게 움직일 수 있는 능력이 생겨 글씨 쓰기, 그림 그리기, 단추 잠그기, 지퍼 올리기를 위한 훈련이 될 수도 있다.

① 전깃불 스위치나 스탠드를 어떻게 켜는지 보여준다.
② 전깃불 스위치나 스탠드를 끄면 어떻게 되는지 보여준다.

advice 침실용 스탠드처럼 조명 밝기를 몇 단계로 조절할 수 있는 기구를 켰다 껐다 하는 놀이도 아기의 발달에 도움이 된다.

뒤집기 할 무렵 하는 놀이

아빠 얼굴 만지기 (3개월~ 4개월)

이 놀이를 통해 아기는 운동 신경을 향상시키고 손놀림을 민첩하게 할 수 있다. 또한 아빠와의 유대 관계도 돈독히 할 수 있다.

① 아기를 옆으로 눕히고 아빠도 옆으로 누워 아기와 마주 본다.

② 아기의 손을 아빠의 뺨에 놓고 아빠의 수염을 만져보게 한다.

③ 아빠의 얼굴 위로 아기의 손을 살살 문지르면서 "우리 아가가 아빠를 면도시켜 주네."라고 말한다. 머리, 코 등도 만지게 해서 각 부위의 이름을 알려준다.

④ 아기의 손으로 아빠의 머리를 문지르면서 "이번엔 우리 아가가 아빠 머리를 빗겨주네."라고 말한다.

⑤ 방향을 바꿔 누워 아기가 반대쪽 손으로도 같은 놀이를 하게 한다.

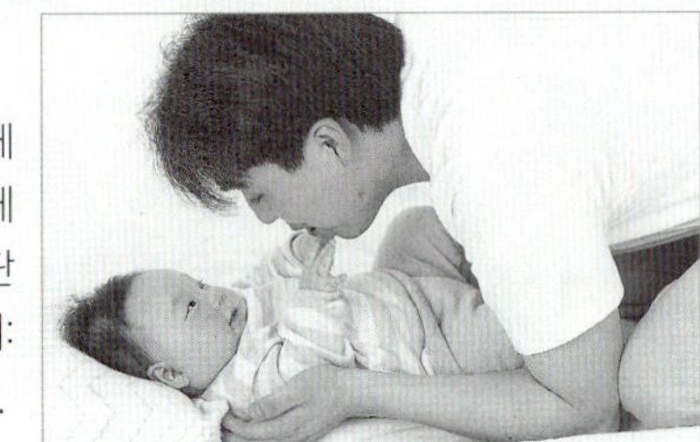

advice 아기에게 말을 할 때 아기에게 가르쳐주고 싶은 단어를 강조한다 (예: "그건 아빠 코란다!").

옆으로 구르기 (3개월~ 6개월)

수건이 안정성을 제공하기 때문에 아기를 놀라게 하지 않고 옆으로 뒹구는 연습을 시킬 수 있다. 이 놀이를 통해 아기는 서서히 단계적으로 위치를 이동하는 능력을 기를 수 있다.

① 아기를 느슨하게 수건으로 감싸서 똑바로 눕힌다.

② 눕힌 채로 아기를 천천히 좌우로 굴린다. 몇번 반복한다.

advice 수건에 감싼 채 아기를 혼자 내버려두면 안 된다. 아기가 잠들면 수건을 치워야 한다.

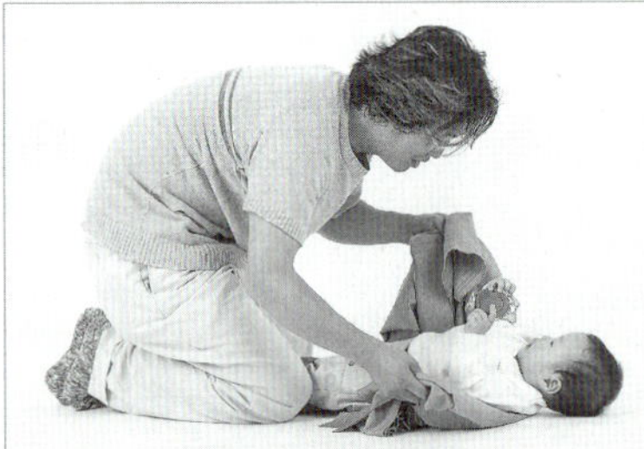

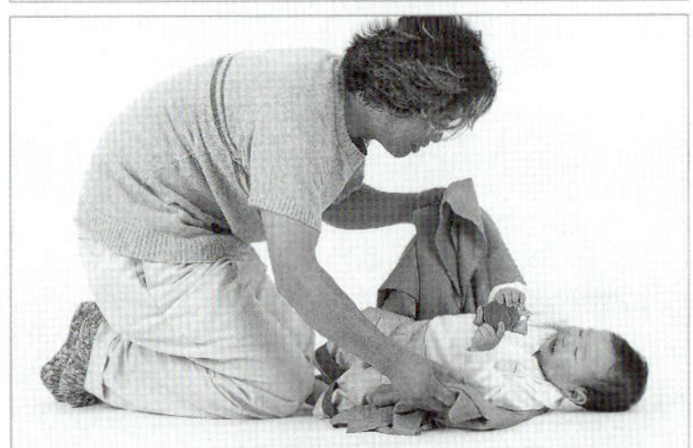

수건 타기 (2개월~ 6개월)

아기의 복근을 단련시키고 몸의 무게 중심을 뒤에서 앞으로, 오른쪽에서 왼쪽으로 이동하는 능력을 길러준다. 기어가기 위한 준비 단계로 고개를 들고 몸을 앞으로 밀어내는 힘을 기르는 데에도 도움이 된다.

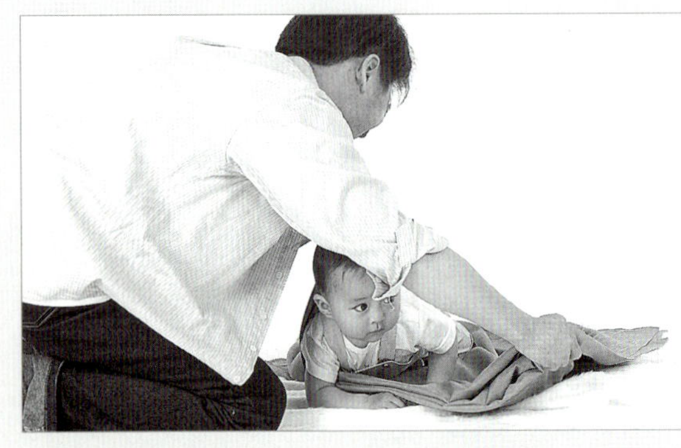

① 바닥에 담요나 요를 깔고 아기를 엎어놓는다. 이 놀이는 아기가 고개를 들고 숨을 편히 쉴 수 있을 때 해야 한다.

② 담요를 천천히 앞으로, 뒤로, 좌우로 당기면서, "자 간다!"라고 말한다. 아기가 몸의 균형을 맞출 시간을 갖도록 동작을 천천히 차분하게 한다.

advice 이 놀이를 하는데 아이의 받침대가 필요하다면 아기의 가슴 밑에 수건을 말아 넣거나 작은 쿠션을 받혀준다.

아기 들어올리기 (2개월~ 6개월)

아빠와 아기 모두에게 도움이 되는 동작. 아기는 일어나 앉을 때를 대비해서 등 근육을 발달시킬 수 있고 아빠는 이두박근을 발달시킬 수 있다.

① 일어서서 양손을 아기의 겨드랑이 아래에 넣고 아기를 위로 들어올린다. 아기의 얼굴을 천천히 아빠의 얼굴 가까이로 들어올려 아기에게 키스한다.

② 아기를 천천히 가슴 높이로 다시 내려놓았다가 동작을 반복한다.

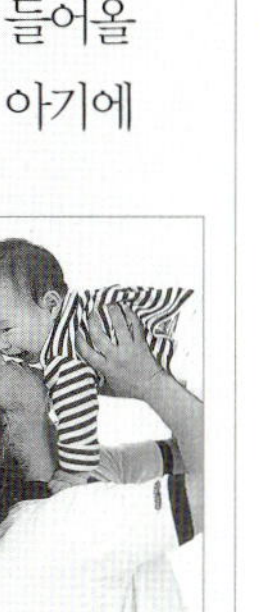

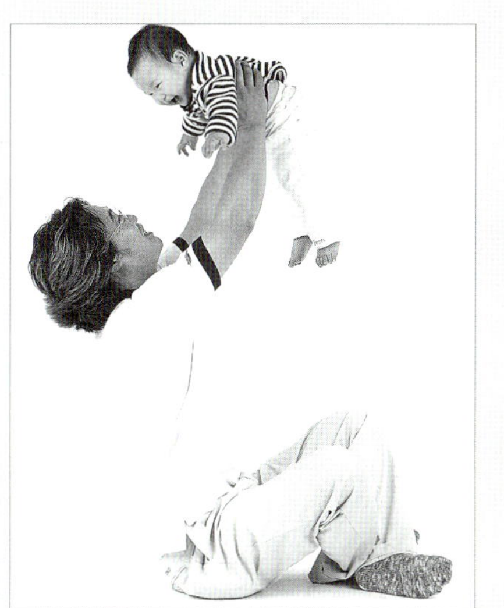

advice 이 동작을 하면서 아기를 위로 던지는 행위는 피해야 한다. 아빠가 항상 아기를 꼭 붙잡고 있어야 한다.

아빠들의 고민 Dad's Q&A

Q 4개월 된 아기 침대에 머리카락이 떨어져 있는데, 아기 머리가 벌써 빠질 수 있나요?

A 아기 머리는 빠질 수 있지만 걱정하지 않아도 된다. 4개월이 되면 태어날 때 가지고 있던 솜털 같은 머리가 빠지기 시작하면서 새 머리카락이 자란다.

Q 아내는 토요일 밤에 외식도 하고 영화도 보자고 하지만 6개월 된 딸을 베이비시터 손에 맡긴다고 생각하면 불안해서 외출을 못 하겠어요.

A 다음과 같은 간단한 규칙을 적용해서 베이비시터를 선택한다면 걱정을 덜 수 있을 것이다. 우선, 아기가 한 살 미만이면 경력이 1년 이상인 베이비시터를 고른다. 만약 이웃에 사는 베이비시터를 고용한다면 그가 일했던 부모의 이름을 반드시 물어보도록 한다. 또한 같은 베이비시터를 주기적으로 고용할 경우, 때때로 예정 시간보다 일찍 집에 들어오거나 무언가를 놓고 간 것처럼 불쑥 집에 들어온다. 집안에서 술을 마셨다거나 다른 사람을 데리고 온 흔적이 없나 살펴본다.

하지만 가장 중요한 것은 고용한 베이비시터를 신뢰하는 것이다. 베이비시터가 불안하다면 외출을 해도 전혀 즐길 수 없을 것이다.

Q 아기에게 천으로 된 기저귀가 좋을 것 같지만 아내는 일이 너무 많다고 종이기저귀를 고집하여 자주 다투게 됩니다.

A 문제는 간단하다. 천으로 된 기저귀를 사용하되, 뒷일은 남편이 담당하면 된다. 예를 들면 기저귀를 빨고, 개고, 모아서 정리하는 일을 남편이 하면 아내도 당연히 찬성할 것이다.

Q 아내가 공공장소에서 아기에게 젖을 물릴 땐 창피하다는 생각이 듭니다. 왜 젖병을 이용하지 않는 걸까요?

A 아내가 젖병을 이용하려 하지 않는다면 아기의 영양을 생각해 모유를 먹여야 한다는 아내의 결정을 존중해 준다. 그리고 아내가 젖을 물리기에 적당한 장소를 찾도록 도와준다. 아내가 젖을 물릴 때 아내 앞에 서서 사람들의 시선을 막아주는 방법도 있다.

Q 아내는 아기가 보채거나 잠을 못 자면 무조건 젖을 물린다. 우리 아기가 너무 많이 먹거나 혹은 버릇 없는 아기가 되는 것은 아닐까요?

A 아기는 아직 불안한 상태이므로 엄마의 품을 느끼며 안심하려고 한다. 아기에게 이 세상은 낯선 곳이며 아는 사람이라고는 엄마와 아빠밖에 없으므로 자주 아기를 안아주고, 냄새를 맡게 해주어야 한다. 시간이 지나면 아기도 마음을 놓아 혼자 자는 시간이 많아지며 젖을 빠는 시간도 적어진다.

앉을 무렵 하는 놀이

들어올리기 놀이 (5개월~ 8개월)

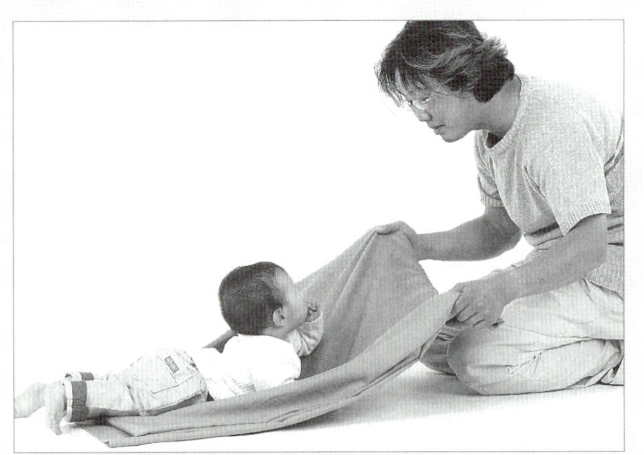

이 놀이를 통해 아기는 행동에 민첩하게 반응하고 몸의 균형이 일그러졌을 때 바로 잡는 법을 익힐 수 있다.

① 그림처럼 아기를 담요 위에 엎어놓는다.
② 담요의 양 귀퉁이를 잡고, 아기의 상체가 바닥에서 약간 위로 올라오도록 귀퉁이를 들어올린다.
③ 담요를 천천히 움직여 아기에게 무게 중심을 유지하고 몸의 균형을 잡는 법을 가르친다.

advice 이 놀이는 아기가 머리를 제대로 들 수 있고 적어도 몇 분 동안 편안하게 엎드려 있을 수 있을 때 해야 한다.

비행기 타기 (6개월~ 24개월)

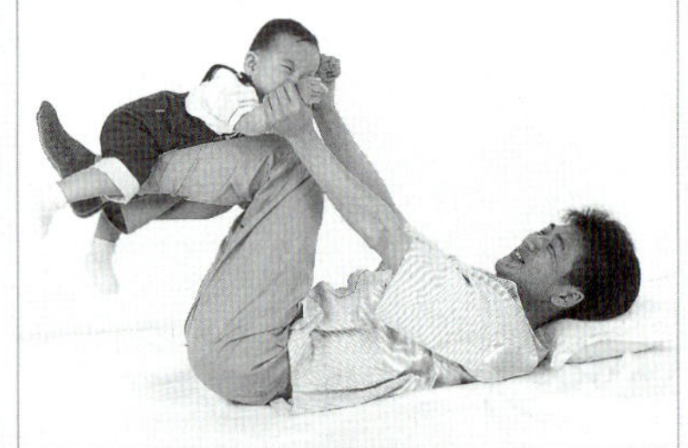

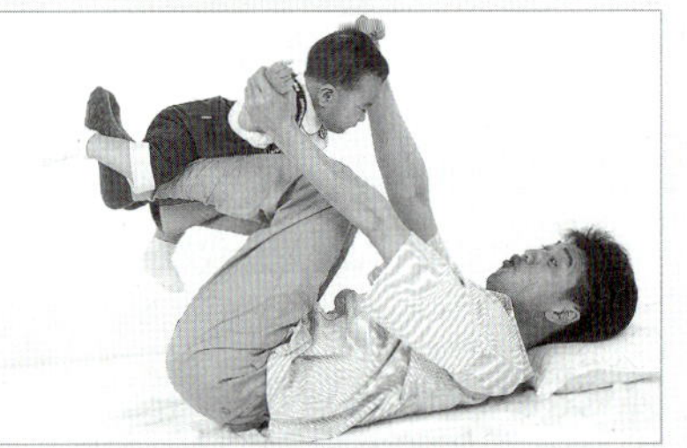

아기의 복부와 등 근육을 강화시켜 주는 스트레칭으로 온몸을 쭉 뻗게 함으로써 평형감각을 기를 수 있다.

① 아빠는 등을 대고 누워 무릎이 바닥에서 직각이 되게 구부린다.
② 아기를 마주보고 안아 올려서 아기의 배를 구부린 무릎 위에 올려놓는다.
③ 아기의 양손을 아빠의 양손으로 잡아 날개 펴듯이 쭉 펼친다.
④ 아기의 몸을 펼치고 무릎을 앞뒤, 좌우로 왔다갔다하면서 비행기 소리를 낸다.

advice 처음 할 때는 무릎 위에 올려서 스트레칭 하는 정도로만 하고 아기가 익숙해지면 무릎을 흔들어준다.

아빠 등타기 놀이 (6개월~ 24개월)

아기는 균형 감각을 익히고 등에 힘을 기를 수 있으며, 아빠를 믿음직하고 푸근한 사람으로 인식하게 된다.

① 아빠가 바닥에 팔꿈치를 대고 엎드린다.
② 엄마가 아빠의 등에 아기를 올려놓는다.
③ 아빠가 엉덩이를 3~5cm 정도 좌우로 살살 흔든다.
④ 이렇게 하면 아기는 아빠의 등 중앙에서 무게가 한쪽 옆에서 반대쪽 옆으로 옮겨가는 것을 느낄 수 있다.
⑤ 놀이가 끝나면 엄마가 아기를 아빠의 등에서 내린다.

advice 이 놀이를 할 때에는 갑자기 많이 움직이지 않도록 주의해야 한다.

아빠 등위에서 스트레칭 (6개월~ 24개월)

이 놀이를 통해 아기의 척추 근육을 유연하게 하고
상체 근육을 강화시킬 수 있다.

① 아빠가 앉은 상태에서 아기를 업듯이 잡는다. 이때 아
  기는 배를 하늘로 향하고 아빠 등에 눕듯이 업힌다.
② 아빠가 아기의 팔을 잡고 상체를 앞뒤로 움직여서 아
  기의 스트레칭을 도와준다.

advice 아기의 기분이 안 좋을 때는 버둥거려서 균형감각이
깨지기 때문에 등에서 떨어질 수 있다. 그러므로 아기의 기분이
좋을 때 한다.

무동 타기 (6개월 이상)

높은 곳에 올라가 보는 색다른 경험을 함으로써 아기의 시야를 넓히는 효과를 가져올 수 있다.
바닥만 기던 아기가 천장도 손으로 짚어보고, 천장에 걸린 모빌도 만져보고,
커진 자신의 키를 거울로도 비쳐볼 수 있게 해본다. 또한 무동 타기는
아빠와 아기의 정서적 유대를 높이는 효과도 있다.

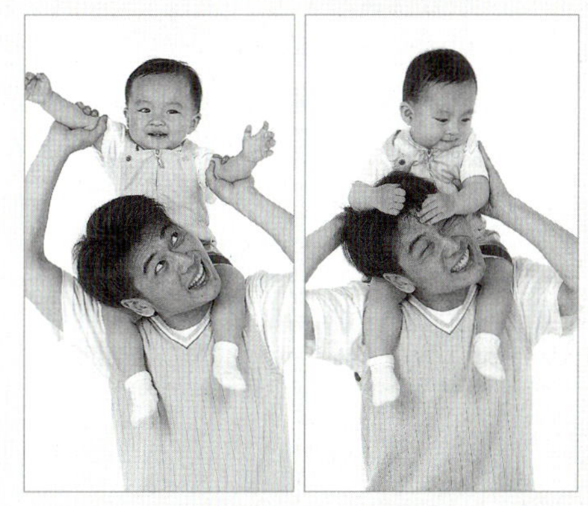

① 아기를 아빠와 같은 방향을 보게 해서 뒤에서 번쩍 들어 올린다.
② 아빠 목 뒤로 올려서 목에 아기를 앉혀 놓는다.
③ 아기의 두 손을 아빠의 양손으로 잡고 이곳저곳 옮겨다니며 바라
  보게 한다.

advice 아기는 무동 타기를 좋아하면서도 무서워한다. 처음 시도할 때 아
기가 무서워하면 낮은 높이에서 천천히 시작한다.

언어 가르치기 (6개월 이상)

아기는 앉을 무렵이 되면 아빠, 엄마를 따라함으로써 새로운 단어나 행동을
익히는 것을 좋아한다. 이 놀이를 통해 아기는 말을 빨리 익힐 수 있고,
'아빠' '엄마' 라는 소리를 더 빨리 할 수 있게 된다.

① 의자나 바닥에 아기와 마주보고 앉는다.
② 아기에게 "아기야, 아~야 해 봐." 라고 말한다. 아기가 거기에 반응
  해 무슨 소리라도 내면 칭찬하고 박수를 쳐준다.
③ '어~' '오~' '우~' '마~' '빠~' 등의 소리를 따라하게 만든다.

advice 아기는 모음(아, 오, 어)을 먼저 배우고 나중에 자음(ㄱ, ㄴ, ㄷ)을 나중
에 배우게 된다.

공중 돌기 (3개월~ 9개월)

아기는 아빠가 꽉 잡아주는 가운데 공중을 날아 다니는 것을 즐긴다.
이 동작을 통해 아기는 머리, 목, 등의 자세를 똑바로 하고,
중력에 대항해 몸을 들어올리는 법도 자연스럽게 익히게 된다.

① 아기의 겨드랑이 밑을 꽉 잡고 아기를 아빠의 어깨 높이까지 들어
　올려 방을 빙빙 돈다. 아기가 놀라지 않도록 천천히 움직인다.
② 아기가 아빠의 얼굴 가까이로 착륙할 때마다, 아기에게 세게 키스
　를 해 준다.

advice　아기를 위로 들어올리는 동작을 할 때에는 아기가 너무 크거나 헐
렁한 옷을 입고 있지 않아야 한다. 너무 크거나 헐렁한 옷을 입고 있으면 아기
를 꽉 붙잡기 어렵기 때문이다.

물뿜기 놀이 (6개월~ 15개월)

더운 여름에 공원이나 해변에서 하면
좋은 놀이. 우유병을 빨기 시작한 아기에게도 도움이 된다.
이 게임을 하는 동안, 아기는 아빠의 행동을 예상하는 법을 배우게 되고
눈으로 아빠의 동작을 따라가게 될 것이다.

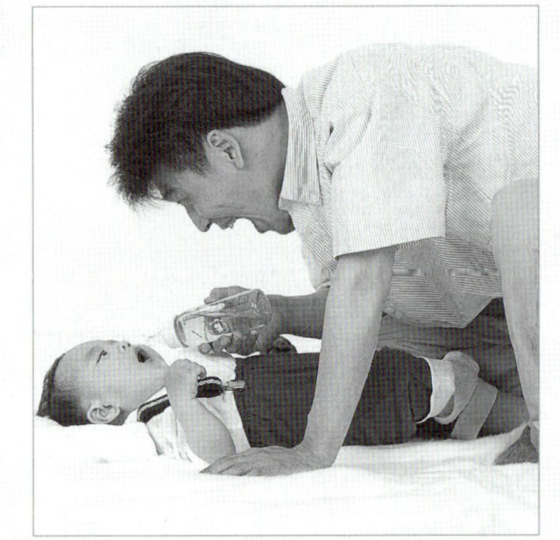

① 아기를 담요에 똑바로 눕힌다.
② 아기 옆에 누워서 아기의 입으로 물을 조금씩 바로 뿜어 넣는다. 아기
가 물을 삼킬 충분한 시간을 준 다음에, 다시 입으로 물을 뿜어 넣는다.

advice　물이 아기의 입으로 들어가도록 정확하게 조준을 잘 하고, 아기가 질식
하지 않도록 물을 조금씩 뿜어 넣도록 한다.

공 잡기 놀이 (5개월~ 12개월)

체중을 앞뒤로 이동하는 법을 배우게 되고,
팔을 사용해서 넘어지는 것을 막는 법을 배우게 된다.

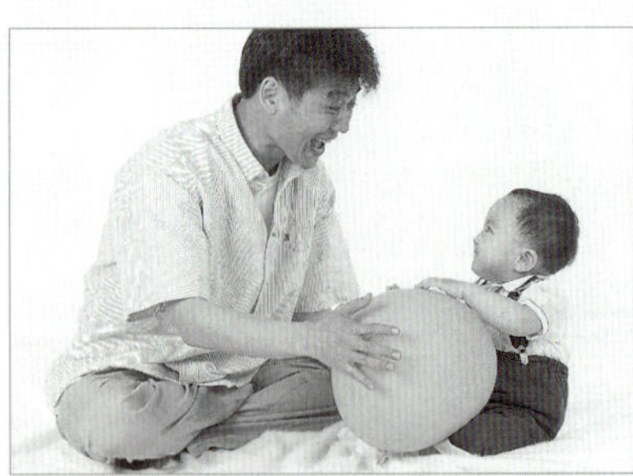

① 푹신한 바닥에서, 앉아 있는 자세로 아기를 아빠 앞에 앉힌다. 그리
　고 큰공을 아기 앞에 놓는다.
② 아기에게 공을 잡게 하고 공 쪽으로 아기를 민다. 이때 아기 가까이에
　서 아기를 받혀줘야 한다.

advice　공이 클수록 앉는 법을 배우기 시작한 아기에게는 더 큰 의지가 된다.

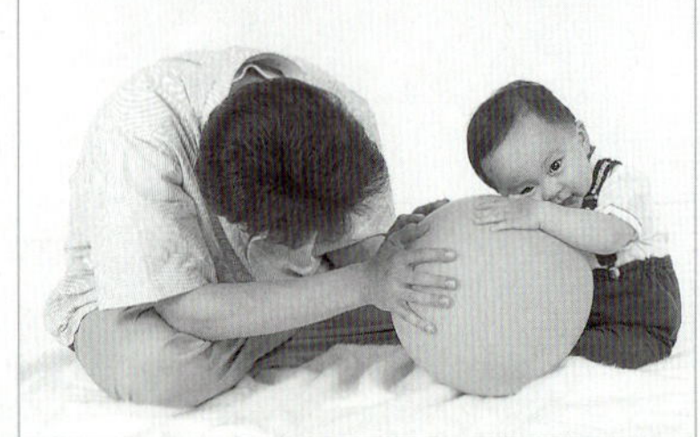

베개 타기 (6개월~ 10개월)

타월로 아기를 잡아 앉히는 놀이보다 조금 더 어려운 놀이로 중심 잡는 법을 배울 수 있다.

① 사진에서와 같이 아기를 무릎 위의 베개 위에 올려놓는다.
② 팔로 아기를 고정시키고 아기를 좌우로 천천히 흔든다.
③ 아기를 다시 옆으로 흔들기 전에 항상 아기를 중앙에 원위치 시킨다.

advice 몸을 좌우로 기울이는 것이 처음에는 아기에게 위협적으로 느껴질지 모른다. 그러므로 아기를 포근하게 안아서 아기에게 안정감을 줘야 한다.

뒤집기 놀이 (4개월~ 8개월)

고개를 똑바로 들어 세울 수 있고 이제 막 뒤집기를 시작한 아기에게 좋은 놀이이다. 아기의 근육을 탄탄하게 만들어주고 균형과 조정 능력을 향상시켜 준다.

① 아빠의 아랫배에 아기를 엎어놓고, 아기가 옆으로 굴러갈 수 있도록 아빠가 상체를 일으킨다. 동작을 천천히 하고, 아기의 팔은 앞으로 내놓도록 한다.

advice 체중이 많이 나가는 아기는 중력에 대해 들어 올려야 할 무게가 더 많기 때문에 다른 아기들보다 뒤집는 데 시간이 더 걸린다.

꼬마 요트 놀이 (3개월~ 6개월)

아기의 등, 목, 어깨의 안정성을 향상시키고 아기에게 독립심을 길러 준다.

① 아기가 들어갈 정도로 큰 빨래 바구니 안에 타월을 깔고 아기를 바구니에 넣는다.
② 처음에는 바구니를 가만히 두고, 아기에게 책을 읽어주거나 아기와 함께 장난감을 가지고 놀면서 아기가 앉아 있는 것 자체를 즐기게 한다. 그 다음 천천히 바구니를 움직인다.

advice 아기를 더 받혀줄 필요가 있거나 아기가 넘어질 것 같아 염려스러우면 바구니 안에 타월을 더 넣어주면 된다.

돌 무렵에 하는 놀이

장난감 찾기 (8개월 ~ 24개월)

기억력과 청취력, 어휘력을 높이는데 도움이 되며 물건을 잡았다 놓았다 하는 운동신경을 기를 수 있다.

① 두루말이 화장지 안쪽에 있는 튜브나 종이컵, 작은 장난감을 준비한다.
② 아기를 앉히고 종이 튜브나 종이컵, 한 쪽 구멍이 아기의 손에 닿도록 튜브를 쥔다.
③ 아기에게 작은 장난감을 주고 튜브 속에 그것을 넣으라고 말한다.
④ 아기가 장난감을 넣으면 "우리 아기 장난감이 어디로

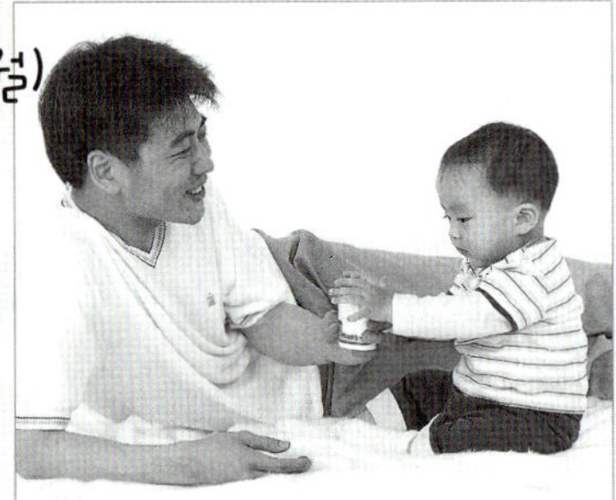
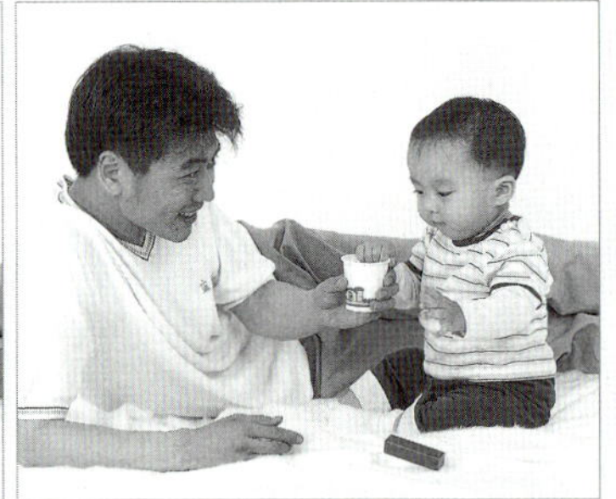

갔지?"라고 말한다. 아기가 수수께끼를 풀 수 있도록 충분한 시간을 준다.

advice 이 놀이를 할 때에는 아기가 조그만 장난감을 삼키지 않도록 항상 아기를 지켜봐야 한다.

실로폰 연주 (10개월 이후)

일찍부터 아기의 음악적 감성을 길러줄 수 있는 좋은 놀이. 이 놀이를 통해 아기는 섬세하게 손을 움직일 수 있는 능력을 기를 수 있고 단계적인 팔 동작과 청음 능력을 향상시킬 수 있다.

① 이 놀이를 하려면 장난감 실로폰이 필요하다.
② 아기에게 실로폰을 치게 해서 강, 약의 개념을 이해시킨다.

advice 실로폰이 없을 때에는 튼튼한 플라스틱 물컵에 물감을 탄 물을 서로 높이를 달리해서 넣은 다음에 아기에게 나무 젓가락을 사용해서 두드리게 하면 된다.

아빠와 함께 하는 공놀이 (10개월 이후)

이 놀이는 시선 집중, 시선을 움직이는 방법, 손과 눈의 협응에 이르기까지 많은 것들을 단 몇 분만에 훈련시킬 수 있다.

① 사진에서처럼 아기를 잡고, 다른 한 손으로는 아기의 손이 닿을 수 있는 곳에 공을 쥐고 있다.
② 공을 움직이면서 아기에게 공이 어디에 있는지 찾아보라고 하고, 그것을 만져보게 유도한다.
③ 공을 아래위로 또는 좌우로 움직이고 아기를 중심으로 한 바퀴 돌려보기도 한다.

advice 공 대신에 콩주머니 같은 것으로 이 놀이를 해도 좋다.

아빠 나무 오르기 (12개월 이후)

아기의 팔 근육을 튼튼하게 해주고 아빠와 아기의 정서적 유대를 높이는 효과를 가져온다.

① 아빠는 보디빌딩 하는 것처럼 양팔을 벌려서 위로 구부린다.
② 아이는 손을 깍지 끼어서 아빠의 팔에 매달린다.
③ 한 그루의 아빠 나무에 아이가 열매처럼 간당간당 매달려 있게 한다.

advice 아이가 둘이면 양팔에 매달리게 할 수도 있다.

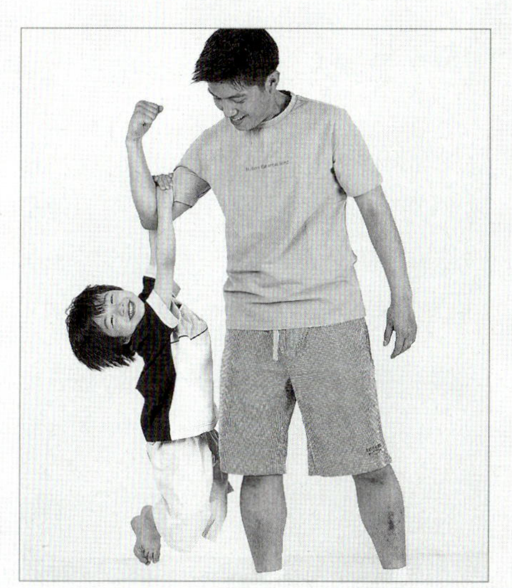

아빠 몸 터널 통과하기 (12개월 이후)

아빠 몸으로 터널을 만들고 아이가 이 터널을 통과함으로써 공간 지각력이 자라게 한다. 터널의 크기를 조절해 크고 작은 터널을 통과하게 함으로써 신체 조절력을 키워줄 수 있다.

① 아빠는 양팔로 바닥을 짚고 바닥에 무릎을 댄 채 허리를 든 자세로 엎드린다.
② 아빠의 배 아래쪽으로 터널이 생기면 아기가 터널의 높이에 맞게 신체를 조절하여 통과한다.

advice 아빠는 몸을 낮추거나 높여 터널의 크기를 변화시킨다. 아기가 터널을 통과할 때 아기를 잡아 가두는 활동으로 연결해 본다.

블럭 놀이 (9개월 이후)

아기들은 블럭놀이 세트로 벽돌쌓기, 벽돌 허물기, 건물 짓기 등 여러 가지 놀이를 할 수 있다. 그 과정에서 공학적인 기술을 익히고 손과 눈의 조화를 꾀할 수 있다.

① 아기가 블럭을 한 개 집어서 다른 것 위에 올려 놓게 한다.
② 블럭 쌓기가 끝나면 그것을 무너뜨리는 재미를 느끼게 해준다.
③ 이번에는 블럭으로 경사로를 만든다. 아기가 장난감 자동차, 공, 인형 등을 경사로 위에서 밑으로 굴리도록 유도한다.

advice 블럭놀이를 할 때에는 살짝이라도 블럭으로 아기의 머리를 때리는 일이 없게 조심한다.

걸음마 할 무렵 하는 놀이

거북이 놀이 (8개월~12개월)

무게가 다른 물건을 등에 지고 기어가는 활동을 통해 신체 조절력을 기를 수 있다. 민첩성과 팔다리 근력 강화에도 효과가 있다.

① 기어가는 아기의 등 위에 가벼운 베개나 쿠션을 올려놓는다.
② 아빠가 맞은편에서 아기를 유도하여 아빠가 있는 곳까지 기어오게 한다.

advice 아기의 활동이 익숙해지면 조금 더 무거운 베개나 쿠션을 올려놓는다.

아기 축구 (8개월~14개월)

발로 비치볼의 촉감을 느끼면서 다리에 힘을 주어 차는 활동은 하체 근육을 발달시킨다. 또한 아기가 눈으로 보고 발로 차봄으로써 눈과 발의 협응력을 키울 수 있다.

① 비치볼이나 탱탱볼 같은 부드러운 볼을 준비한다.
② 아빠는 아기의 발이 땅에 닿은 상태에서 양손으로 겨드랑이를 잡고, 아기 몸을 살짝 앞으로 밀어 아기가 발로 공을 차볼 수 있도록 한다.
③ 공을 따라 움직이면서 활동을 반복한다.

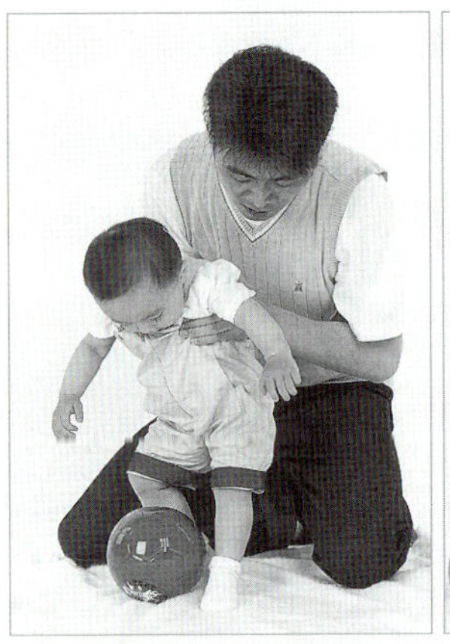

advice 아기의 겨드랑이를 잡을 때 옆구리 조금 위쪽을 잡는다. 바로 겨드랑이를 잡으면 어깨가 치켜 올라가 아기가 불편을 느낀다.

걸음마 운동 (8개월~14개월)

이 운동을 통해 아기는 아빠 엄마의 도움 없이 혼자 설 수 있다는 자신감을 얻을 수 있다.

① 아기를 앞에 세우고 아빠는 뒤에 앉아서 아기의 가슴 둘레에 수건을 두른다. 수건이 느슨해지지 않도록 꽉 당겨 쥔다.
② 수건으로 아기를 받치고 아기를 격려해서 혼자 힘으로 서게 한다. 이때 아기가 다리를 똑바로 세우고 엉덩이를 밖으로 빼지 않도록 해야 한다.
③ 아기가 완전히 혼자 힘으로 설 수 있어 수건으로 몸을 지탱시켜 줄 필요가 없게 될 때까지 조금씩 받치는 정도를 줄여나간다.

advice 아기의 발이 바깥 쪽을 향하면 아빠가 아기의 발 양쪽에 발을 두어 길잡이 역할을 해준다.

걸음마 운동 2 (10개월~12개월)

아기들은 아빠의 신발을 신고 걸음마 연습하는 것을 좋아한다. 이 운동을 통해 아기는 균형 감각을 기르고 혼자 서는 데 필요한 자신감을 얻을 수 있다.

① 아기에게 아빠의 신발을 신긴다. 두 신발 간의 간격이 아기의 어깨 넓이를 넘지 않도록 주의한다.
② 아기가 서 있는 동안 넘어지지 않도록 뒤에서 살짝 아기를 붙잡아 준다. 아기가 앞이나 뒤로 한 걸음 떼려고 하면 아기를 조금만 부축해 준다.

advice 끈 달린 신발을 사용할 때에는 끈이 바닥에 끌리지 않도록 끈을 위로 맨다.

말타기 놀이 (8개월~14개월)

이 동작을 통해 아기는 둔부에 힘을 빼는 법과 앉고 설 때 둔부를 구부리는 법을 배우게 된다. 특히 털썩 주저앉는 것이 아니라 천천히 앉은 자세를 취하는데 필요한 점진적인 엉덩이 움직임과 엉덩이의 안정성을 향상시키는 데 도움이 된다.

① 아빠가 바닥에 엎드린다.
② 아빠의 한쪽 다리에 아기가 두 다리를 벌리고 걸터앉도록 엄마가 아기를 앉힌다.
③ 아빠가 엉덩이를 들어올려 아기를 일으켜 세운다.
④ 아기가 다시 앉을 수 있게 아빠가 엉덩이를 낮춘다.

advice 아기에게 재미를 더해주기 위해, 아빠의 등 위로 아기를 향해 공을 굴린다

운전 놀이 (6개월~24개월)

아기가 균형 감각을 익히고 무게 중심을 쉽게 이동하는 데 도움이 된다.

① 아기를 빨래 바구니나 사각 상자에 앉힌다. 아기가 작을 경우엔 작은 타원형 바구니를 사용하고 수건으로 아기를 받쳐 준다. ② 상자를 아빠의 무릎 위에 올려놓는다.
③ 아빠의 다리로 상자를 좌우로 움직이면서 자동차 소리를 낸다.
④ 상자를 바닥에 내려놓고 상자를 살짝 밀거나 당기면서 집안을 한바퀴 돈다.

advice 장난감 열쇠를 흔들거나 열쇠를 돌리는 흉내를 내서 어떻게 자동차의 시동을 거는지 보여준다. 안전벨트를 매 준다거나 주유소에 들러 휘발유를 넣는 흉내를 낼 수도 있다.

24개월 이후에 하는 놀이

만 3세가 되면 자아가 형성되면서 자기 주장이 강해져 질문도 많아지고 자기가 하고
싶은 대로만 하려는 경향이 있다. 그러므로 이때는 아이가 원하는 대로 놀아주는 것이 좋다.
신체도 어느 정도 자유롭게 사용할 수 있으므로 마음껏 놀아주도록 한다.

한창 많이 움직이고 호기심이 많은 이 시기에는 좀 더 과격하고 적극적인 놀이가
가능하다.

이 시기의 놀이는 좀 더 과격해지고 다양해진다. 그동안 할 수 없
었던 가벼운 레슬링이나 장애물 넘기, 높은 곳에 오르기 등 활동범
위가 더 커지고 대담해진다.

징검다리 놀이는 이 시기의 아이와 아빠가 할 수 있는 놀이 중 하
나다. 아이가 편하게 밟을 수 있는 나무토막이나 상자 2개를 준비
해 발을 각각 올려놓게 한다. 아이가 상자에 발을 디디면 발을 디딘
상자를 빼내 앞의 상자와 적당한 거리가 되게 옮겨 놓고, 아이가 그
상자를 밟으면 뒤의 것을 계속 앞으로 옮겨 징검다리를 건너는 것
처럼 놀이를 한다. 잘하게 되면 상자의 간격을 차츰 넓혀간다.

신체놀이를 통해 아이에게 자신감을 심어준다

자신의 신체를 원하는 대로 움직일 수 있는 이 시기에는 아이들

의 활동범위가 상당히 넓어진다. 그래서 아빠와의 신체 놀이를 즐
거워하면서 놀이하는 시간을 기다리게 된다. 아이는 놀이를 통해
운동기능을 향상시킬 수 있으며, 정서적 긴장감을 해소하게 된다.
자신의 신체를 원하는 대로 사용할 수 있다는 확신을 통해 자신감
도 얻게 된다. 그러므로 아빠는 아이의 흥미를 이끌어주면서 잘할
수 있다는 용기를 북돋워주어야 한다.

 우리 아이 이렇게 키워요

아빠와 함께 뒹굴고 노는 아이들

송일섭 (교육 연구원)

기쁨이 세배인 우리 집

큰 아이와 남녀 쌍둥이를 눈 나는 아이가 셋이라 힘들겠다는 주
위의 걱정을 듣기도 하지만 항상 자신 있게 말한다. 아이들 수만큼
기쁨이 세 배라고. 남녀 쌍둥이라 키우는 재미도 있을 뿐 아니라
큰 아이가 썼던 물건들을 동시에 쌍둥이에게 물려줘 절약도 된다.

뿐만 아니라 아이들 간에 어떠한 서열이 매겨져 아직 아기들임에
도 불구하고 셋이서 쌓아가는 정이 상당하다. 바쁜 엄마 아빠 대신
아이들 셋이서 서로 놀이친구가 되고 재미있는 학습도 할 수 있어
부모로서는 아주 뿌듯한 마음이 든다.

신체놀이를 통해 친밀감을 높여준다

세 아이와 엄마 아빠가 한데 어우러져 잡기 놀이를 한다든지 작
은 고무공으로 팀을 나눠 축구놀이를 하거나 침대에 누워서 차례
대로 구르기를 시켜주기도 한다. 이러다 보면 아이들은 피곤해서
금방 잠이 든다.

엄마 아빠의 일손을 덜어주는 자전거 놀이

자전거나 보행기 타기도 효과가 크다. 아직 어린 쌍둥이들은 보
행기, 큰 아이는 자전거를 타고 서로 잡기놀이를 하면서 거실을 오
가다 보면 온통 아이들의 놀이터가 된다. 우리 아이들의 경우 일상
생활 속에 아이들이 함께 즐기고 익혀나갈 수 있는 놀이를 통해 신
체발달과 균형있는 성장을 이루고 있다.

훌라후프 통과하기 (24개월 이후)

아빠가 훌라후프를 움직임으로써 아기의 운동량도 많아지고
공간 감각과 신체 조절 능력을 키울 수 있다.
능숙해지면 깡충깡충 줄넘기하듯 움직일 수 있다.

① 훌라후프를 준비한다.
② 아빠가 한 손으로 훌라후프를 잡고 서 있는다.
③ 아이가 멀리서 뛰어오면서 훌라후프 사이로 통과하
　 게 한다. 잘 하지 못하면 걷거나 기어서 넘게 한다.

advice 아이의 적응도에 따라 훌라후프를 움직여서 난이도
를 높여준다.

운동 능력을 발달시키는 아기 안기놀이

두 손으로 감싸안기	옆으로 세워안기

아기를 안는 가장 기본적인
방법으로 아기가 안정감을 느
낄수 있다.

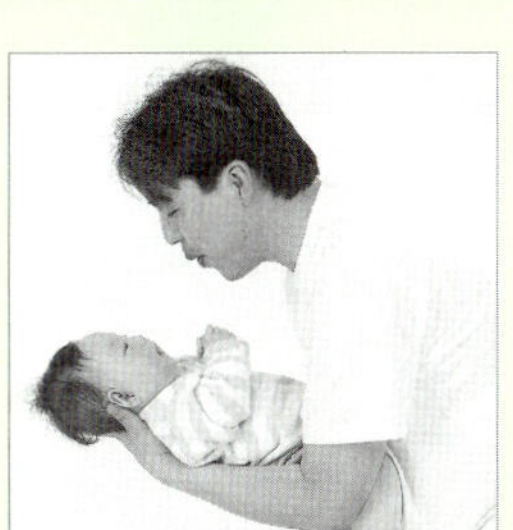

*양손으로 겨드랑이 밑 몸통을
감싸 안는다. 이때 엄지 손가락
은 아기 가슴 윗 부분에 오고,
나머지 손가락은 아기 등에 가
볍게 펼친 상태가 되는데 전체
적으로는 양손이 아기를 감싸
는 넓은 갑옷 모양을 이룬다.
이때 바로 밑을 잡으면 아기가
아파하므로 조금 아래를 잡는
것이 좋다.

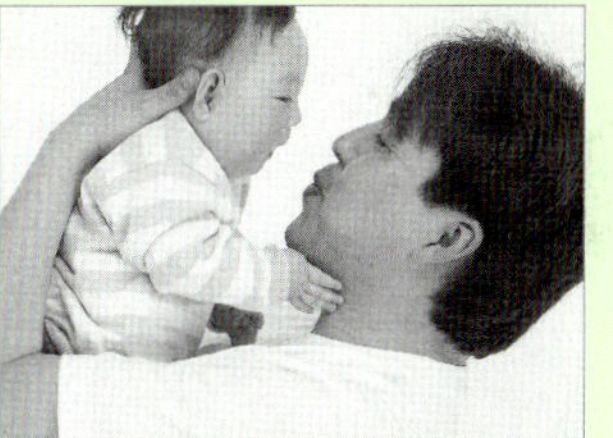

*아기가 누워 있을 땐 비
스듬히 옆으로 들어 올리
는 것이 가장 좋다.
*누워있는 아기의 겨드랑
이 밑 몸통을 양손으로
감싼다. 그리고 아기가
옆으로 누운 자세가 되도록 모로 세운 다음, 그 상태에서 천천히
들어올린다. 이때 아기는 손으로 머리를 받쳐주지 않아도 혼자 머
리를 가누게 된다.
*아기를 다시 눕힐 때도 마찬가지로 먼저 아기를 모로세워 내려놓고
조심스럽게 눕힌다. 이때 넓적다리와 어깨가 먼저 바닥에 닿고 다
음에 머리가 내려온다.

좋은 아버지 되는 데 도움을 주는 책

좋은 아빠가 되고 싶어하는 사람이라면 지침서 한두 가지는 갖고 있어야 하지 않을까. 바쁘게 사는 아빠들이지만 늘 곁에두고 다니면서 출퇴근 시간이나 시간이 날 때마다 틈틈이 읽어보도록 하자.

- 안심하세요 첫아기 임신출산/학원사
- 좋은 아빠가 되기 위한 1분 혁명/ 스펜서 존슨 지음/동아일보사
- 한권으로 끝내는 첫임신출산 대백과/북플러스
- 아이에게 특별한 아빠가 되는 101가지 방법 /비키랜스키 저/정미숙 역 /샘터
- 아빠의 일기/홍인종 저/ 파이디온 선교회 출판부
- 지혜로운 엄마 아빠가 되기 위한 아이 사랑법/최정자 편/박우사
- 달빛에 그네 타는 아버지/ 이동렬 저/중원사
- 명품 육아 365일/베이비플러스
- 이제는 좋은 아버지가 되자/ 이재택 글/여성사
- 아빠가 들려주는 우주 이야기/ 이기구지시도쿠지/나일싱 역/현암사
- 신세대 아버지를 위한 지침서/ 강무홍 저/둥지
- 아버지의 마을/임병호 저/동신
- 아버지는 힘이 세다/ 김용화 저/시와 시학사
- 행복한 40주 임신출산 신생아키우기/ 베이비플러스
- 아버지와 아들이 만든 천국 1,2/ 김세역 저/웅지교육
- 아빠와 한판승/엘리자벳포세 저/ 글이랑 편/파랑새
- 아빠가 들려주는 철학이야기 1,2/ 이종훈 저/최달수 그림/현암사
- 아빠도 울어본 적이 있나요/ 최봉식 저/세진출판사
- 아빠 미안해요/김현옥 저/열린 책들
- 아버지의 세월/부산기독교문화회 편/ 부산기독문화회
- 명품 임신출산 40수 프리비엄 육아/여성자신
- 행복한 임신출산 10개월 임신궁금증& 로하스육아/베이비플러스

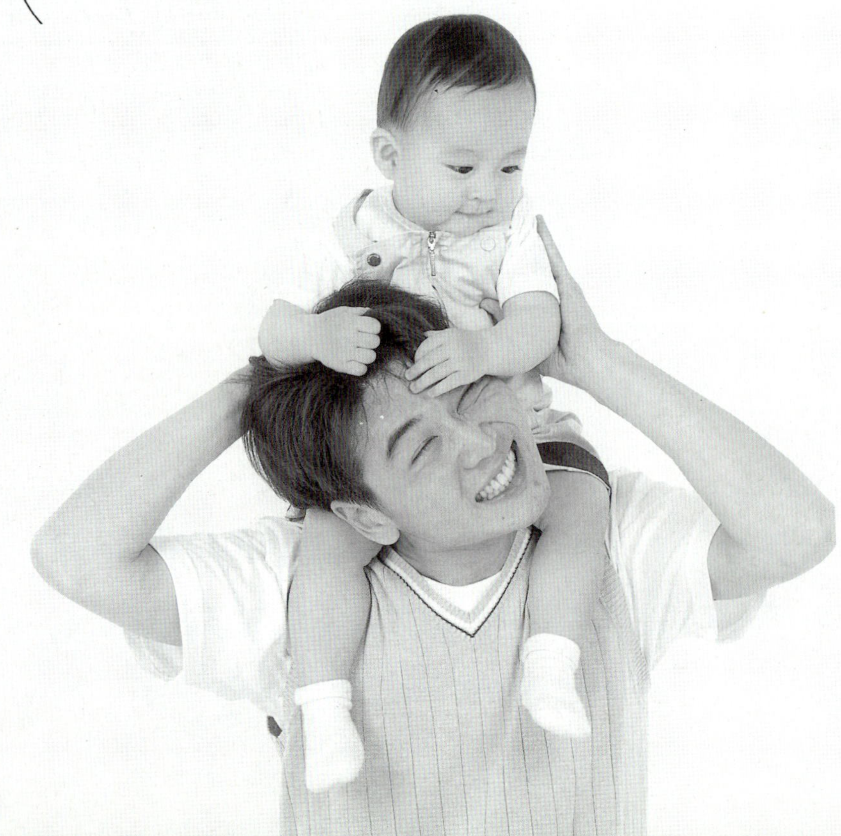

I · N · D · E · X

아이를 착하고 똑똑하고 건강하게

키우고 싶은 엄마 아빠의 꿈.

그 꿈을 이루어 보세요.

요즘엔 하나, 아니면 둘만 낳아 키우다 보니,

아기 키우기에 대한 관심도 다양해져서

천편일률적인 해답만으로는 만족할 수가 없죠.

내 아이에 딱 맞는 그런 방법을 찾는 엄마, 아빠라면

이 책을 꼭 보세요.

어느 순간 아기 키우기에 대해

안심하고 있는 자신을 발견하게 될 거예요.